金马威工程管理咨询丛书

工程造价咨询手册

Consulting Manual of Project Cost

周和生　尹贻林　主编

天津大学出版社
TIANJIN UNIVERSITY PRESS

内 容 提 要

本书重点对工程造价咨询单位、人员从事投资估算、概算、预算、结算、决算以及全过程造价管理、审计等咨询工作的具体操作进行了阐述，包括工程造价咨询概述、工程造价咨询基本业务、工程造价咨询延伸业务、实例、附录等五篇内容。该手册既有工程造价咨询工作经常使用的常用参数、图例等内容，也有规范的工程造价咨询业务实例，可作为广大的工程造价专业人员执业参考，也可作为高等学校教学以及专业培训的重要参考资料。

图书在版编目（CIP）数据

工程造价咨询手册/周和生，尹贻林主编．—天津：天津大学出版社，2012．5（2012．6重印）
金马威工程管理咨询丛书
ISBN 978-7-5618-4352-9

Ⅰ．①工…　Ⅱ．①周…②尹…　Ⅲ．①工程造价－手册
Ⅳ．①TU723．3-62

中国版本图书馆CIP数据核字（2012）第087155号

出版发行　天津大学出版社
出 版 人　杨欢
地　　址　天津市卫津路92号天津大学内（邮编：300072）
电　　话　发行部：022-27403647　邮购部：022-27402742
网　　址　publish．tju．edu．cn
印　　刷　北京华联印刷有限公司
经　　销　全国各地新华书店
开　　本　210mm×297mm
印　　张　50
字　　数　1410千
版　　次　2012年5月第1版
印　　次　2012年6月第2次
定　　价　98．00元

本书编审人员

主　编：周和生（北京金马威工程咨询公司　董事长）
　　　　尹贻林（天津理工大学管理学院　院长 教授 博士生导师）
副主编：严　玲（天津理工大学　教授）
　　　　李　飞（北京金马威工程咨询公司　总经理）
　　　　周锦棠（北京金马威工程咨询公司　博士）
参　编：第 1 章　赵进喜
　　　　第 2 章　赵进喜
　　　　第 3 章　崔　健　孙　彤　贺星红
　　　　第 4 章　李英一　戴安娜　董　宇
　　　　第 5 章　贾丽霞　孙　鑫　刘媛媛　崔　健　杨　松
　　　　第 6 章　邢世永　周付彦　董　宇　张译元　张晓丽
　　　　第 7 章　冉　浩　梁跃红　李　彪　王　川
　　　　第 8 章　李永明　唐海荣
　　　　第 9 章　严　俊　安娇娇
　　　　第 10 章　恽其鋆　孙乐心　李　莹
　　　　第 11 章　王四红　闫金芹
　　　　第 12 章　罗高峰
主　审：沈维春（中国造价管理协会　副理事长）
　　　　吴佐民（中国造价管理协会　副秘书长）
　　　　鲍国明（中国内部审计协会　副会长兼秘书长）
　　　　唐榕辉（北京建设工程造价管理处　处长）
　　　　马　楠（华北科技学院　教授）
　　　　郭婧娟（北京交通大学　教授）

序

1996年,原建设部和人事部联合发布了《造价工程师执业资格制度暂行规定》,自此,工程造价行业企盼多年的造价工程师执业资格制度和工程造价咨询制度在我国正式建立。该制度实施以来,我国工程造价行业取得了三个方面的主要成就。

一是形成了独立执业的工程造价咨询产业。通过住房和城乡建设部标准定额司和中国建设工程造价管理协会(以下称中价协)以及行业同人的共同努力,造价工程师执业资格制度和工程造价咨询制度得以顺利实施,目前,我国已拥有注册造价工程师11万多名,甲级工程造价咨询企业2 300多家,工程造价及其相关业务年产值近300亿元,进而形成了一个社会广泛认同、独立执业的工程造价咨询产业。该产业的形成不仅为工程建设事业做出了重要的贡献,也使工程造价专业人员的社会地位和行业认知度显著提高。

二是工程造价管理的业务范围得到了较大的拓展。通过大家的努力,工程造价专业从传统的工程计价业务发展为工程造价管理,该管理贯穿于建设项目的全过程、全要素,甚至项目的全寿命周期。目前,部分工程造价咨询企业已经通过他们的工作能力,得到了政府和业主的充分肯定,在我国工程建设中发挥着管理的核心作用。

三是通过推行工程量清单计价制度实现了建设产品价格属性从政府指导价向市场调节价的过渡。1986年以前,在计划经济体制下,我们实行的是预算定额计价,显然其价格的属性是政府定价。1986年,我国进行了生产资料的价格改革,提出了对超产的生产资料价格实行计划外价格,打破长期以来价格的高度统一制度,开始了计划经济向市场经济的过渡。在此阶段我们仍然沿用预算定额计价,同时提出了"固定量、指导价、竞争费"的计价指导原则,其价格的属性具有政府指导价的显著特征。2003年《建设工程工程量清单计价规范》实施后,我们推行工程量清单计价方式,该计价方式不仅是计价模式形式上的改变,更重要的是通过"企业自主报价"改变了建设产品的价格属性,它标志着我们成功地实现了建设产品价格属性从政府指导价向市场调节价的过渡。

尽管工程造价的改革为适应市场经济发展的需要,取得了具有划时代意义的成就,但是,必须清醒地看到,从国家工程造价的宏观管理上,我国工程造价管理的法律、法规不够健全,国有投资项目的工程造价监管制度和符合市场经济体制的工程计价体系尚不完善,工程计价定额也不能较好地适应工程量清单计价的需要;工程造价信息化建设还不能适应工程建设市场的需要,工程造价信息发布的工作机制尚不完善,工程造价信息数据标准化、时效性、准确性有待提高;具有推动工程造价行业创新和发展的理论研究尚不能适应行业发展和行业管理的需要。从工程造价咨询业微观来看,工程造价咨询行业整体实力有待提升,工程造价咨询业的规范管理和诚信建设有待加强;大多数工程造价咨询企业主要业务范围相对单一、狭小,具有系统管理理论和技能的工程造价专业人才仍很匮乏,学历教育的知识体系还不能适应社会和行业发展的要求。以上现状要求我们用科学发展观重新审视工程造价管理的内涵和任务、工程造价行业发展战略和工程造价管理体系等核心问题。

1. 工程造价管理的内涵和任务。工程造价管理是建设工程项目管理的重要组成部分,它是以建设工程技术为基础,综合运用管理学、经济学和相关的法律知识与技能,为建设项目的工程造价的确定、建设方案的比选和优化、投资控制与管理提供智力服务。工程造价管理的主要任务是依据国家有关法律、法规和建设行政主管部门的有关规定,对建设工程实施以工程造价管理为核心的全面项目管理,重点作好工程造价的确定与控制、建设方案的优化、投资风险的控制,进而缩小投资偏差,以满足建设项目投资期望的实现。工程造价管理应以工程造价的相关合同管理为前提,以事前控制为重点,以准确工程计量与计价为基础，并通过优化设计、风险控制以及现代建筑信息技术等手段，实现工程造价控制的整体目标。

2. 工程造价行业发展战略。一是在工程造价的形成机制方面，要建立和完善具有中国特色的“法律规范秩序，企业自主报价，市场形成价格，监管有据可依”工程价格的形成机制。二是在工程造价管理体系方面，构建以工程造价管理法律、法规为前提，以工程造价管理标准和工程计价定额为核心，以工程计价信息为支撑的工程造价管理体系。三是在工程造价咨询业发展方面，要在“加强政府的指导与监督，完善行业的自律管理，促进市场的规范与竞争，实现企业的公正与诚信”的原则下，鼓励工程造价咨询行业“做大做强，做专做精”，促进工程造价咨询业可持续发展。

3. 工程造价管理体系。工程造价管理体系是指建设工程造价管理的法律法规、标准、定额、信息等相互联系且可以科学划分的整体。制定和完善我国工程造价管理体系的目的是指导我国工程造价管理法制建设和制度设计，依法进行建设项目的工程造价管理与监督。规范建设项目投资估算、设计概算、工程量清单、招标控制价和工程结算等各类工程计价文件的编制。明确各类工程造价相关法律、法规、标准、定额、信息的作用、表现形式以及体系框架，避免各类工程计价依据之间不协调、不配套甚至互相重复和矛盾的现象。最终通过建立我国工程造价管理体系，提高我国建设工程造价管理的水平，打造具有中国特色和国际影响力的工程造价管理体系。工程造价管理体系的总体架构应围绕四个部分进行完善，即工程造价管理的法规体系，工程造价管理的标准体系，工程计价定额体系以及工程计价信息体系。前两项以工程造价管理为目的，需要法规和行政授权加以支撑，要将过去以红头文件形式发布的规定、方法、规则等以法规和标准的形式加以表现；后两项是服务于微观的工程计价业务，应由国家或地方授权的专业机构进行编制和管理，作为一种政府服务。

近些年来，工程造价咨询业发展迅猛，造价工程师的地位显著提高，优秀的工程造价咨询企业脱颖而出。为了避免同质化的发展和低水平的竞争，部分工程造价咨询企业开始专业分工的细化和深化，如：有的工程造价咨询企业提出了主要面向全国超高层公共建筑、大型建筑、群体建筑、大型场馆等进行全过程工程造价咨询的“蓝海战略”；有的工程造价咨询企业提出了把主要业务面向水电、地铁、石油化工的“专业化战略”；还有的工程造价咨询企业把主要业务面向“全过程造价管理咨询”、“全过程造价审计”、“工程造价经济纠纷鉴定”、“财政投资评审”等，这些咨询市场的进一步挖掘为行业发展带来了更广阔的空间，符合工程造价行业可持续发展的要求。

周和生教授是最早开展建设项目全过程造价管理审计业务的人员之一，其倡导的全过程造价管理咨询和全过程造价管理审计理念和实践，对推动工程造价行业可持续发展起到了积极的作用。他和他的团队也非常注重资料的积累，在天津理工大学尹贻林教授等多位行业权威的支持和帮助下，他和“手册”编制组，在以往工程造价咨询实例的基础上，编写了这本《工程造价咨询手册》。该手册既有工程造价咨询工作中经常使用的参数、图例等内容，也有规范的工程造价咨询业务实例，可为广大的工程造价专业人员提供执业参考，也可作为高等学校教学以及专业培训的重要参考资料。应编制组的要求，本人欣然提笔，对行业发展做了些回顾与展望，并就本书做了简要的评述，是以为序，不足之处，恳请同人们批评指正。

中国建设工程造价管理协会 副秘书长

吴佐民

2012 年 3 月 19 日

前　　言

我1996年追随徐大图教授从天津大学到天津理工大学，创建了公共项目与工程造价研究所(IPPCE)。1998年徐大图教授英年早逝后，我继续从事工程造价和投资控制研究，培育了一支立志于工程造价研究的学术共同体，并在IPPCE的旗帜下勉力前行，取得了一系列的研究成果。2000年以后，我感受到国家自然科学基金委关于科学研究的"顶天立地"指导思想十分契合IPPCE研究所未来的研究方向，于是部署了两条工作主线，其一是以项目治理为核心的理论研究体系，近年来取得了一系列国家自然科学基金和国家社科基金资助并应用于一系列大型基础设施的投资控制实践，取得了很好的实践效果；其二是以工程造价咨询业为对象的研究体系。在第二条工作主线中，我决定以扭转业主或委托方信息弱势为主攻方向，选择世界上发达国家咨询业常用的咨询工具，如全生命周期造价管理(LCC)、价值工程(VM)、可施工性分析、合同风险合理分配(PRA)等，为中国工程造价咨询业把脉。这种从一开始就"高举高打"的策略，在中国刚起步的工程造价咨询业的生存环境中遇到了很大阻力。因为业主的这种高端需求并未自觉地萌生，需要工程造价咨询业用成功的案例做标杆来培育，而往往需求的培育是最困难的。困难的另一个方向来自工程造价咨询公司本身，它缺乏熟练掌握高端咨询工具与方法的专业人员，也常陷于为企业生存而战的计量计价等低端业务的泥沼不能自拔。但从2008年北京奥运会、2010年上海世博会及往前推5年的工程准备中，建筑市场出现了对高端工程造价咨询业务井喷式的需求。据我调查，上海、北京等地的咨询公司前几位先进者，其新型业务(也就是我所谓的高端业务)已占全部业务的50%以上。这真是一件令人兴奋的事情。北京奥运会、上海世博会、广州亚运会后，工程造价咨询业掀起了举办工程造价高端业务高峰论坛的高潮，大家都在为实施这种高端业务准备人才，储备工具与知识。恰逢此时，周和生先生提出写一本"工程造价咨询手册"，与我一拍即合。周和生是一位儒雅的工程造价咨询业精英，他每次都能从跟我的交流中找到咨询业需要的知识、理论或工具，而我正苦于理论界那么多新成果找不到需求或供求渠道不畅，这种结合的典型特征就是所谓"产学研结合"的研究发展模式。我们的合作导致了这本著作的诞生，它必将对未来中国工程造价咨询业产生深远影响，值得我们期待。

尹贻林　博士　教授
国家级教学名师
天津理工大学公共项目与工程造价研究所 所长

目　录

第1篇　工程造价咨询概述

第2篇 工程造价咨询基本业务

第3篇 工程造价咨询延伸业务

第8章 全过程审计

第4篇　实例

第5篇　附录

第 1 篇　工程造价咨询概述

第1章 概　述

1.1 工程造价咨询业的发展

1.1.1 中国工程造价咨询业的发展成就

1996年，原建设部和人事部联合颁布了《造价工程师执业资格制度暂行规定》，工程造价行业期盼多年的造价工程师执业资格制度和工程造价咨询制度在我国正式建立。该制度实施以来，我国造价行业取得了以下三个方面的主要成就。

一是形成了有中国特色的工程造价咨询产业。根据产业经济学理论，产业形成的标志主要有以下四个方面：①该产业符合社会需要，能为当时经济和生活条件下的消费者所接受，从而获得生存和发展的空间；②该产业生产已进入商业领域，具备一定的规模；③该产业具有专业化的从业人员，包括专门的设计、技术人员，管理人员以及工人群体；④具有专业化的生产技术装备和技术经济特点。目前，中国工程造价行业经过30年的发展，已成为社会的需要，形成了一定的规模，具备了工程造价专业人员队伍和工程造价业的专有技术，具体参见表1-1-1。

表1-1-1　工程造价行业形成产业的标志

序号	产业形成的标志	现状的描述	相关数据
1	产业符合社会需要	1.工程造价工作目前贯穿工程建设的各个阶段，同时也是施工方、监理方、业主等建设方的主要需求 2.固定资产投资处于增长状态	固定资产投资增长率达30%
2	产业生产已进入商业领域，具备一定的规模	目前工程造价行业已进入买方市场，该产业目前竞争性加强，且已进入商业领域	1.固定资产投资增长带动工程造价行业增长，工程造价行业增长市场容量年涨幅为20%以上 2.目前，甲级工程造价咨询企业1 800多家，年产值近300亿元
3	专业人员	已形成职业资格制度	截至2009年年底，注册造价工程师93 084人，近三年平均增长率6.64%
4	专业化的生产技术装备和技术经济特点	计价计量软件技术得到普及。金马威全过程造价咨询和审计软件已正式推向市场	计算软件普及率达90%。广联达软件公司已上市

二是工程造价管理的业务范围得到很大拓展。通过大家的努力，工程造价专业从传统的工程计价发展为工程造价管理，该管理贯穿于建设项目的全过程、全要素，甚至项目的全寿命周期。

三是通过推行工程量清单计价制度实现了建设产品价格属性从政府指导价向市场调节价的过渡，实现与世界接轨。计划经济体制下我们实行的是预算定额计价，显然其价格的属性就是政府定价；在计划

经济向市场经济过渡阶段,国内造价界仍然沿用预算定额计价,同时提出了"固定量、指导价、竞争费"的计价指导原则,其价格的属性具有政府指导价的特征。2003 年《建设工程工程量清单计价规范》实施后提出了"政府宏观调控,企业自主报价,市场形成价格,加强市场监督"的管理原则,推行工程量清单计价方式不仅是计价模式形式上的改变,更重要的是标志着我们成功地实现了建设产品价格属性由政府指导价向市场调节价的过渡,基本与国际接轨。

1.1.2 中国工程造价咨询业的发展展望

尽管我们取得了具有划时代意义的三大成就,但是,仍必须清醒地看到我们的主要业务范围还是相对单一、狭小的。我们的工程造价专业人员大多还从事于计量和计价的基本工作。具有系统管理理论和技能的人员仍很匮乏。随着我国工程建设项目大型化、系统化以及中国建筑业国际化的发展要求,需要我们的造价工程师更加深入和全面地开展建设项目全过程造价管理的研究和工程实践,加强自身业务学习,开展好建设项目全要素造价管理的研究与实践,以工程造价管理为前提,关注质量、工期、安全、环境和技术进步等其他要素,进一步开展建设项目全寿命周期价值管理的研究与探索。

今天,传统的工程造价管理体系已经不能完全满足构建适应我国法律框架和不断拓展的业务管理要求,这就要求我们重新审视工程造价管理的内涵和任务、工程造价行业发展战略和工程造价管理体系等核心内容。

1. 工程造价管理的任务

工程造价管理的任务是依据国家有关法律、法规和建设行政主管部门的有关规定,运用管理学、经济学和相关的法律知识与技能,对建设工程实施以工程造价管理为核心的全面项目管理,重点做好工程造价的确定与控制、建设方案的优化、投资风险的控制,进而缩小投资偏差,以满足建设项目投资期望的实现。

2. 工程造价行业发展战略

一是在工程造价的形成机制方面,要建立和完善具有中国特色的"法律规范秩序,企业自主报价,市场形成价格,监管行之有效"工程价格的形成机制。二是在工程造价管理体系方面,构建以工程造价管理法规为前提,以工程造价管理标准和工程计价定额为核心,以工程计价信息为支撑的工程造价管理体系。三是在工程造价咨询业发展方面,要在"加强政府的指导与监督,完善行业的自律管理,促进市场的规范与竞争,实现企业的公正与诚信"的原则下,鼓励工程造价咨询行业"做大做强,做专做精",促进工程造价咨询业可持续发展。

3. 工程造价管理体系

工程造价管理体系是指规范建设项目的工程造价管理的法律、法规、标准、定额、信息等相互联系且可以进行科学划分的一个整体。

1.2 工程造价管理体系

我国的工程造价管理体系包括工程造价管理的相关法律、法规、管理标准、计价定额和计价信息等。研究并制定我国工程造价管理体系的目的是指导我国工程造价管理法制建设和制度设计,依法进行建设项目的工程造价管理与监督,规范建设项目投资估算、设计概算、工程量清单、招标控制价和工程结算等各类工程计价文件的编制;明确各类工程造价相关法律、法规、标准、定额、信息的作用,表现形式以及体系框架,避免各类工程计价依据之间不协调、不配套甚至互相重复和矛盾的现象。最终通过建立我国工程造价管理体系,提高我国建设工程造价管理的水平,打造具有中国特色和国际影响力的工程造价管理体系。

1.2.1 工程造价管理体系框架

工程造价管理体系的总体框架应围绕四部分进行完善，即工程造价管理法规体系、工程造价管理标准体系、工程计价定额体系和工程计价信息体系。前两项定义属工程造价管理范畴，后两项定义属工程计价管理的范畴。前两项是以工程管理为目的，需要有法规和行政授权加以支撑，要将过去以红头文件形式发布的规定、方法、规则等以法规和标准的形式加以表现；后两项是在国家或地方授权的机构进行编制和管理，应由国家或地方授权的专业机构进行编制和管理，并服务于微观工程计价业务。工程造价管理体系总体框架示意图如图 1-2-1 所示。

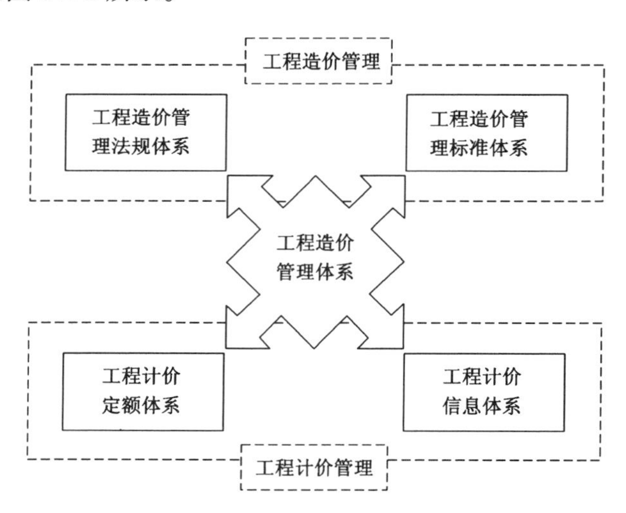

图 1-2-1　工程造价管理体系总体框架示意

1.2.2 工程造价管理法规体系

工程造价管理的法规体系主要包括工程造价管理的法律、法规和规范性文件。其中，法规体系的重点是两个方面：一是宏观工程造价管理的相关制度，二是围绕工程造价行业管理的相关制度。在工程造价管理法规体系建设方面，应逐步建立包括国家法律、地方立法和部门立法在内的多层次法律框架体系。工程造价管理法律法规体系见图 1-2-2 及表 1-2-1。

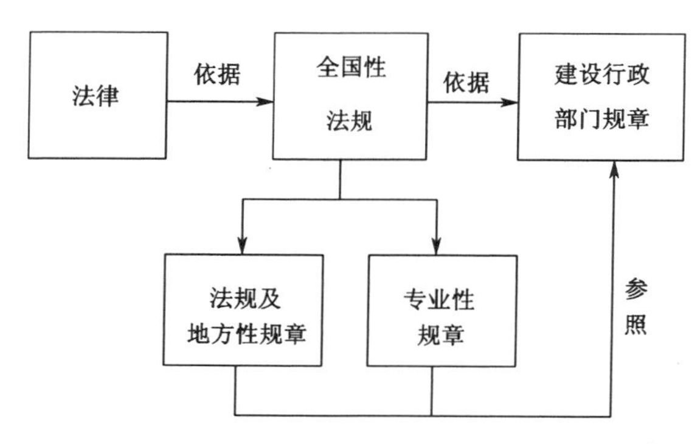

图 1-2-2　工程造价管理法律法规体系示意

表 1-2-1　工程造价管理法律法规体系

法律法规体系	法律法规名称	生效时间
国家法律	《中华人民共和国建筑法》	1998-03-01
	《中华人民共和国招标投标法》	2000-01-01
	《中华人民共和国价格法》	1998-05-01
	《中华人民共和国合同法》	1999-10-01
	《中华人民共和国政府采购法》	2003-01-01
	《中华人民共和国审计法》	2006-06-01
行政法规	《中华人民共和国招标投标法实施条例》	2011-12-20
行业规章	《建筑工程施工承发包计价管理办法》	2001-12-01
	《建设工程结算管理办法》	2004-10-20
	《工程造价咨询资质管理办法》	2006-07-01
	《造价工程师注册管理办法》	2007-03-01
地方性法规规章	《江苏省建设工程造价管理办法》	2010-11-01
	《四川省〈建设工程工程量清单计价规范〉实施办法》	2009-12-01
	《山东省〈工程造价咨询企业管理办法〉实施细则》	2007-01-01
	《天津市建筑市场管理条例》	2011-09-11

1.2.3　工程造价管理标准体系

工程造价管理标准体系泛指除应以法律、法规进行管理和规范的内容外,还应以国家标准、行业标准进行规范的工程管理和工程造价咨询行为、质量的有关技术内容,主要包括:①统一工程造价管理基本术语、费用构成等的基础标准;②规范工程造价管理、项目划分和计算规则等管理规范;③规范各类工程造价成果文件编制的操作规程;④规范工程造价咨询质量和档案的质量标准。

工程造价管理标准体系见图 1-2-3。目前已经制定或正在制定的标准如表 1-2-2 所示。

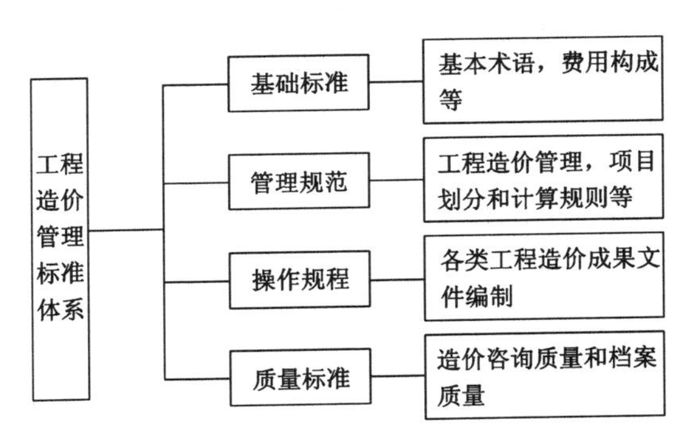

图 1-2-3　工程造价管理标准体系示意

表 1-2-2　工程造价标准体系

标准体系	标准名称	实施时间
基础标准	《工程造价术语标准》	已征求讨论稿
	《建设工程计价设备及材料划分标准》	2009 年已立项
	《建筑安装工程费用项目组成》	2004-01-01
管理规范	《建设工程工程量清单计价规范》(GB 50500—2008)	2008-12-01
	《建筑工程建筑面积计算规范》	2005-07-01
操作规程	《建设项目全过程造价咨询规程》	2009-08-01
	《建设项目全过程审计咨询规程》	已出版征求讨论稿
	《建设项目投资估算编审规程》	2007-04-01
	《建设项目设计概算编审规程》	2007-04-01
	《建设项目施工图预算编审规程》	2010-03-01
	《建设项目工程结算编审规程》	2007-08-01
	《建设项目竣工决算编审规程》	已征求讨论稿
	《建设工程招标控制价编审规程》	2011-10
	《建设工程进度款支付操作规程》	已启动编制
	《建设工程经济纠纷鉴定操作规程》	已征求讨论稿
质量标准	《建设工程造价咨询成果文件质量标准》	已征求讨论稿

1.3　工程造价咨询业的主要业务

1.3.1　中国工程造价咨询业业务

中国工程造价咨询业经过 30 年的发展，已经突破了传统的造价咨询的算量业务(估算、概算、预算、结算、决算等)，逐步将造价咨询业的业务范围向决策前期和竣工后期延伸，如拓展了决策前期的投资决策，竣工之后的司法鉴定、造价审核及审计、财政评审等业务。

新增业务的拓展使造价咨询业发生了根本性的变化：第一，从简单的重复劳动到复杂的脑力劳动；第二，从批量化服务到定制化服务。复杂劳动与定制化是服务业竞争优势的来源，是长远发展的根本保证。

从国内知名工程造价咨询企业的主要业务范围以及不同业务在企业营业收入中所占比重可以看出，虽然各企业的工程造价咨询服务产品涵盖的范围大致相当，大部分企业仍涉及部分基本业务，但大多以全过程工程造价咨询服务为主要赢利点，这类赢利点与目前市场需求是吻合的。更为高端的工程造价咨询服务，如工程造价纠纷的司法鉴定、仲裁等，已经引起了一定程度的重视，但这类咨询服务产品的市场需求仍需拓展。

通过以上的分析，可以将国内造价咨询业业务构成用图 1-3-1 的形式表示。

图 1-3-1 从劳动复杂程度及赢利水平(其中劳动复杂程度与所需知识多少呈正比，与是否可工具化呈反比；赢利水平主要与取费标准、利润率有关)两个维度将国内造价咨询业业务分为基本业务和增值业务。基本业务的基本属性是赢利水平低、劳动复杂程度低，包括估算、概算、预算、结算、决算。增值业务基本属性是赢利水平高、劳动复杂程度高，但根据所需知识程度的多少又可以将增值业务细分为全过程造价控制(审计)业务与司法鉴定仲裁等两类。

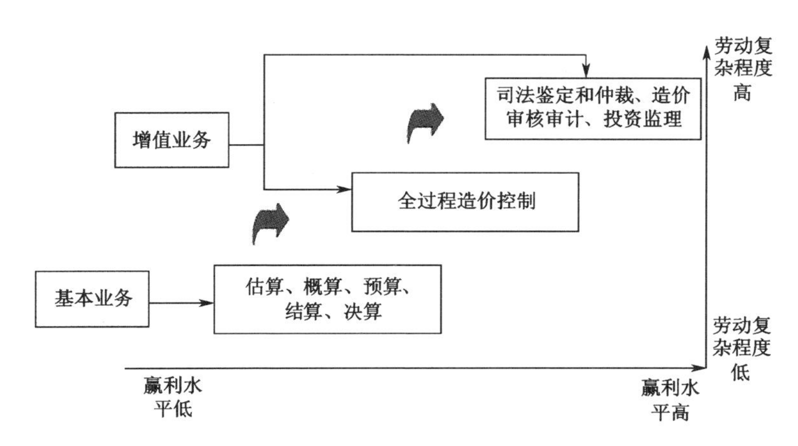

图 1-3-1　国内造价咨询业业务构成

1.3.2　国际工程造价咨询业业务

国际工程造价咨询业业务以工料测量及造价咨询产品为主,在传统产品的支撑下,发展了项目管理、项目监督、尽职调查、法律咨询、研究工作等增值产品,其新增增值产品是应关键客户要求而逐渐发展起来的,但其业务量相对较小,所占业务量不足 5%，根据产品是否赢利,可将其分为两类:赢利性产品和支持性产品。如图 1-3-2 所示。

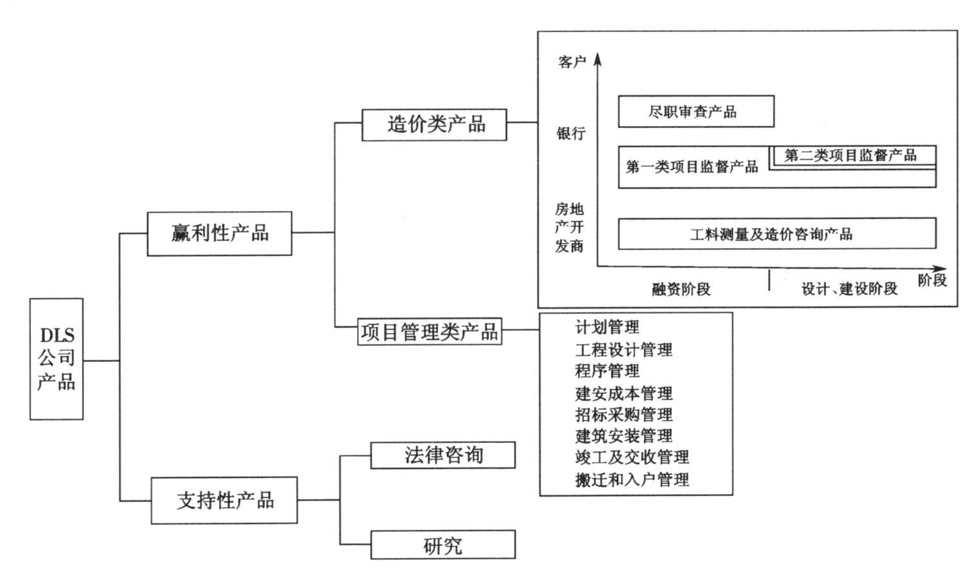

图 1-3-2　咨询公司业务分类

其中支持性产品包括法律咨询和研究,该类产品不以营利为目的,对内作用主要是为赢利性业务的开展提供技术支持，对外作用主要是为保持良好的客户关系而向客户提供一些研究成果(如造价指数)。

赢利性产品包含两大类相互独立的产品:造价类产品与项目管理类产品。造价类产品主要是指咨询单位利用工程造价类知识、工具与方法为客户提供成本分析、价值分析、造价确定、造价控制等服务。根据服务对象及工作范围,可细分为三个产品:为银行等金融机构服务的项目监督及尽职审查,为房地产开发商服务的工料测量及造价咨询产品。其中项目尽职审查是为银行提供贷款单位抵押物价值评价与拟建项目的存在性、赢利性分析等工作;项目监督有广义和狭义之分,狭义项目监督是指造价咨询单位受银行委托监管借贷资金的使用情况,广义的项目监督还包含尽职审查工作。工料测量及造价咨询产品是指

在工程设计、建设、竣工及交付阶段，为业主提供采购策略及合同安排；同时通过成本审核、财务报表、价值工程等手段，实现对设计和建设阶段的工程成本的有效控制。

项目管理类产品为客户提供工期、质量、成本、风险等方面的控制工作，帮助客户实现既定工期、质量、成本。主要工作包含图 1-3-2 所示的八个部分。

第2章 工程造价咨询项目管理

2.1 概述

2.1.1 咨询程序

建设项目造价咨询服务的基本程序应体现项目全过程生命周期发展的规律。其基本程序如图2-1-1所示。

1. 项目的前期准备

在项目的前期准备阶段，主要工作如下。

(1)签订全过程造价管理咨询合同。

(2)建立项目组织，配备人员。

(3)建立管理体系及管理制度，其中包含质量管理制度、信息管理制度、风险管理制度等。

(4)制定全过程造价管理咨询实施规划或方案。根据咨询合同，同时结合受委托工程的项目概况、管理范围、管理阶段、管理目标、管理要求、责任模式、管理工期、资金来源、资金到位情况等，制定项目造价咨询实施规划或方案。

2. 项目的实施阶段

在项目实施阶段，主要是根据委托服务合同范围进行造价咨询，具体的工作内容受委托范围影响。目前常见的受委托服务为：估算、概算、预算、结算、决算编审，工程量清单的编审，投标报价的编审，工程计量与支付咨询，工程索赔咨询，全过程造价咨询，后评价咨询，造价纠纷鉴定，全过程审计咨询，财政投资评审咨询等。

3. 成果检验阶段

在成果检验阶段，主要的工作为成果文件的检查，包括自审、内审、外审等审查方法。

4. 项目收尾阶段

在项目收尾阶段，主要工作如下。

(1)成果文件的提交。

(2)回访及项目评价。

(3)咨询成果交付与资料交接；咨询资料的整理归档。

2.1.2 咨询项目的管理

工程造价咨询项目管理包含：项目范围管理、组织管理、质量管理、进度管理、成本管理、信息管理、风险管理、资料整理与存档管理、回访与总结管理。

按管理任务的具体作用方式看，上述任务可分为如下两个不同的层面。

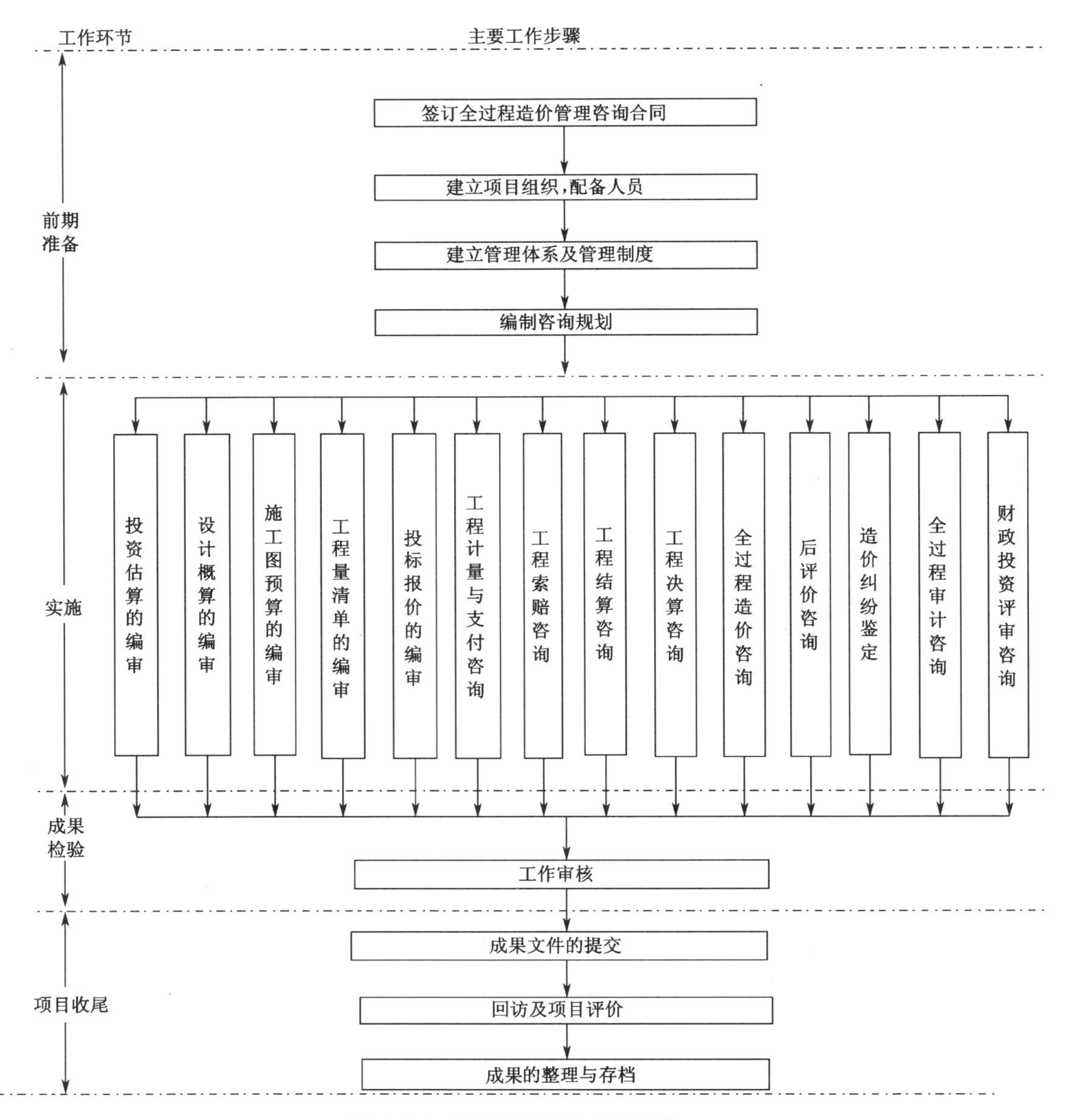

图 2-1-1　造价管理咨询业务程序

第一层面的管理任务包括范围与质量管理、进度管理、费用管理，这是外在的项目管理任务，其完成的效果直接构成了项目交付成果及与交付成果直接相关的管理目标实现的情况，是客户直接关注的管理任务。

第二层面的管理任务包括信息管理、风险管理、资料整理与存档管理、回访与总结管理，这是内在的项目管理任务，它们的管理状态不会直接表现为项目管理目标实现的状态，但会影响到第一层面管理任务的执行，从而间接影响项目管理目标的实现状态，客户对此一般不直接关注。

上述两个层面管理任务的关系详见图 2-1-2。

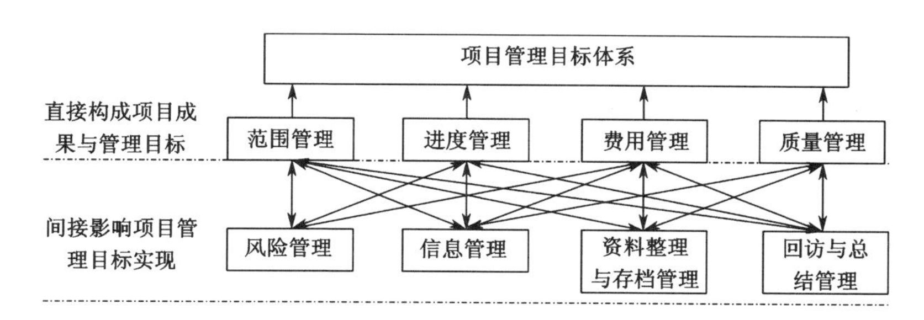

图 2-1-2　项目管理任务层面划分示意

2.2　项目范围管理

2.2.1　项目范围的形成

项目范围的定义是“项目所涉及的所有工作的集合”。这种工作不仅包含可见的、有形的产出物，即可交付成果，而且包括辅助的、隐形的工作，如会议、沟通、验收等。

同样，工程造价咨询项目范围也包含两部分：一部分为完成可交付成果所做的基本工作；另一部分为为完成可交付成果所做的辅助工作，有些辅助工作占用时间，如会议；有些辅助工作占用资源，如打印。其中，第一部分范围界限明朗，第二部分弹性较大，是企业节约成本、提高工作效率的重要方面。咨询项目工作划分的主要工作方法是 WBS 分解。

由此可以看出，项目范围形成是一个不断优化的过程：第一步，以可交付成果为核心构建辅助工作范围；第二步，不断优化项目范围，直至满足咨询项目的时间约束、成本约束条件。项目范围的形成过程如图 2-2-1 所示。

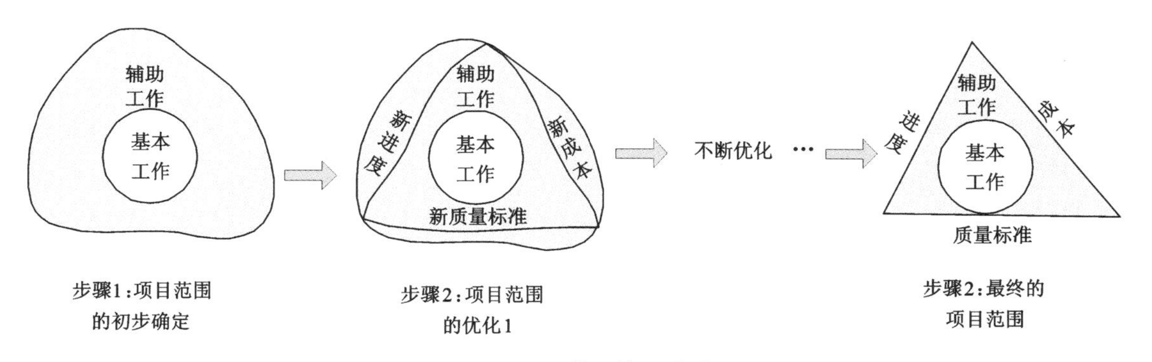

图 2-2-1　项目范围的形成过程

2.2.2　项目范围说明书

项目范围要以项目说明书加以固化。项目范围由项目负责人（或项目经理）根据客户的要求整理出项目范围，项目范围要描述清楚，能满足客户的质量要求。同时项目范围要反复与客户商议，并取得客户的认可。项目范围说明书的内容如表 2-2-1 所示。工程造价咨询公司造价咨询规划范例如表 2-2-2 所示。

表 2-2-1 项目范围说明书的内容

	包括方面	内容描述	定义或说明
项目范围说明书	项目目标	目标	项目成功所必须满足的定量标准
	项目内容	产品范围说明书	项目应创造产品、服务或成果的特征
		可交付成果	产品、服务或成果的组成结果、附带结果,管理报告和文件
	工作范围		确定项目需要完成的工作,包括基本工作和辅助工作
	制约因素	进度里程碑	确定强制性日期
		资金限制	资金上的所有限制,包括总金额和时间
		费用估算	预期总预算、概念估算和确定估算等
		其他制约因素	列出与范围相关并限制团队选择的具体制约因素
		假设	列出与范围相关的具体假设
	项目假设		记录制定项目目标、项目内容、工作范围时所作的假设
	项目风险	初步确定的风险	组织风险、管理风险、技术风险、外部风险

表 2-2-2 工程造价咨询公司造价咨询规划范例

1. 项目概况	
项目名称	
项目编号	
项目经理	
项目发起人	
2. 项目质量目标	
顾客满意度达到____% 工作质量标准:____	
3. 合同要求须提供的服务	
建设项目投资估算的编制、审核与调整	是或者否
建设项目经济评价	是或者否
设计概算的编制、审核与调整	是或者否
施工图预算的编制或审核	是或者否
参与工程招标文件的编制	是或者否
施工合同的相关造价条款的拟定	是或者否
招标工程工程量清单的编制	是或者否
招标工程招标控制价的编制或审核	是或者否
各类招标项目投标价合理性的分析	是或者否
建设项目工程造价相关合同履行过程的管理	是或者否
工程计量支付的确定,审核工程款支付申请,提出资金使用计划建议	是或者否
施工过程的设计变更、工程签证和工程索赔的处理	是或者否
提出工程设计、施工方案的优化建议,各方案工程造价的编制与比选	是或者否
协助建设单位进行投资分析、风险控制,提出融资方案的建议	是或者否
各类工程的竣工结算审核	是或者否
竣工决算的编制与审核	是或者否
建设项目后评价	是或者否
建设单位委托的其他工作	是或者否

续表

4. 项目工作分解（WBS 细分）	
5. 制约因素	
咨询项目进度安排 咨询项目成本上限 咨询项目质量要求	
6. 项目假设	
7. 风险管理	
部门审定意见 项目负责人： 日期：	

2.2.3 项目范围变更管理

造价咨询项目在进行中，可交付成果变化的概率虽然不变，但是根据 WBS 分解得到的项目工作范围经常发生变化，且该变化会影响咨询成本、咨询进度、咨询质量，因此有必要对项目范围变更进行管理。

项目范围变更管理最有效的手段是严格控制变更程序，谨慎批准项目范围的变更。项目范围变更管理包含项目范围变更申请、项目范围变更评价、批准或否决。具体的项目范围变更程序如图 2-2-2 所示。变更申请表如表 2-2-3 所示。

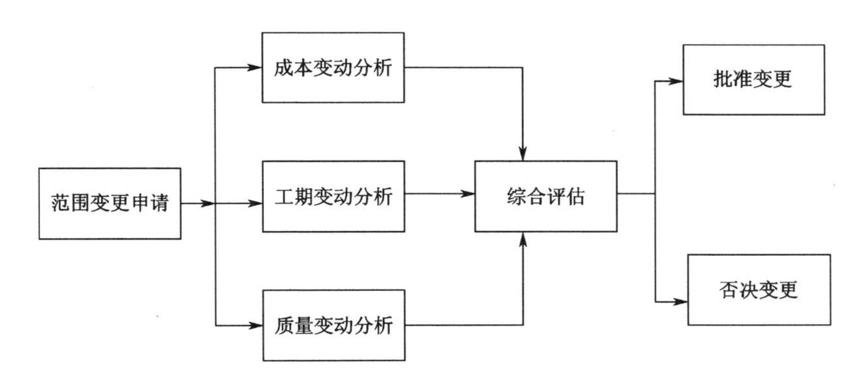

图 2-2-2　项目范围变更程序

表 2-2-3　项目范围变更申请表

申请日期		需求变更内容的关键词			
申请人		归属 WBS 编码			
变更内容					
变更理由					
对其他工作的影响及所需资源					
申请人评估		负责人评估			
若不变更,负责人批复					
若变更,那么					
优先级		编号		执行人		结束时间	
负责人		负责人签发时间			

2.3　项目组织管理

2.3.1　组织机构结构形式

造价咨询项目部一般包含项目主管、项目部经理及助理、各类技术人员。其中,项目主管为造价咨询企业技术总负责人,通过委托书形式,项目主管将项目的执行权授予项目部经理,项目部经理在其授权范围和授权时限内进行造价咨询业务,当项目部经理有其他业务时,启动备用项目部经理方案;项目部经理助理协助项目部经理处理日常性事务;相关造价咨询业务可以设立专业负责人,对项目经理负责。其组织结构如图 2-3-1 所示。

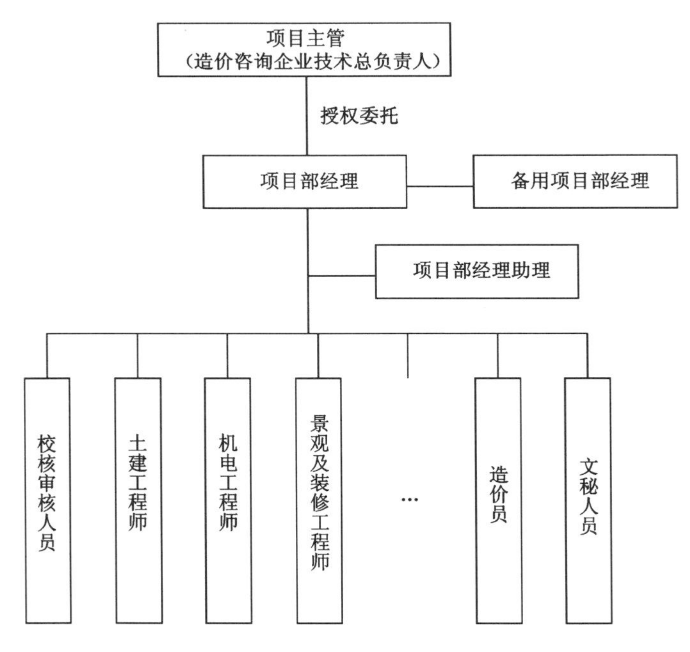

图 2-3-1　造价咨询项目部组织结构

2.3.2 组织机构人员职责分工

目前在我国工程造价咨询公司中，从事过程造价咨询的人员主要是造价工程师及其他有关专业的造价人员（土建、安装、水暖电、通风等）。其中造价工程师的业务水平和职业素质，在相关实际工作经验的基础上能够满足该项业务的要求，并成为该项业务的主要执行者。

从事过程造价咨询的人员根据职责岗位不同可以分为项目主管、项目经理、专业造价工程师、造价员、校核人员、审核人员，各个岗位职责权利各不相同，具体如表2-3-1所示。最终，应该形成全过程造价项目操作人员配置一览表，如表2-3-2所示。

表2-3-1 咨询项目部职责分工表

序号	岗位及有关人员	职责分工
1	项目主管（造价咨询单位技术总负责人）	1. 审阅重要咨询成果文件，审定咨询条件、咨询原则及重要技术问题 2. 协调处理咨询业务各层次专业人员之间的工作关系 3. 负责处理审核人、校核人、编制人员之间的技术分歧意见，对形成的咨询结果质量负责
2	项目经理（总造价工程师）	1. 制定造价咨询项目部人员的分工和岗位职责 2. 主持编写项目全过程造价管理实施规划，并负责造价咨询项目部的日常工作，负责咨询业务中各子项、各专业间的技术协调、组织管理、质量管理工作 3. 试行代建制或项目管理制责任模式时委托合同明确的受托的总造价工程师职责 4. 审阅重要的咨询成果文件，审定咨询条件、咨询原则及重要技术问题 5. 根据咨询实施方案，有权对各专业交底工作进行调整或修改，并负责统一咨询业务的技术条件，统一技术分析原则 6. 负责项目咨询造价组内各层次、各专业人员之间的技术协调、组织管理、质量管理等工作，研究解决存在的各种问题 7. 动态掌握咨询业务实施状况，负责审查及确定各专业界面，协调各子项各专业进度及技术关系，研究解决存在的问题 8. 根据项目全过程造价管理实施规则，负责统一咨询业务的技术条件、工作原则，确定阶段或阶段控制目标和风险预测方法、偏差分析、纠偏办法 9. 组织综合编写咨询成果文件的总说明、总目录，审核相关成果文件最终稿，并确定签发最终成果文件和相关成果文件
3	专业造价工程师	1. 负责项目全过程造价管理业务实施及其质量管理工作，指导和协调造价员的工作 2. 在总造价工程师的带领下，组织本专业造价人员拟定项目全过程造价管理业务实施细则，核查资料使用、咨询原则、计价依据、计算公式、软件使用等是否正确 3. 动态掌握本专业项目全过程造价管理实施状况，协调并研究解决存在的问题 4. 组织编制本专业的咨询成果文件，编写本专业的成果文件说明和目录，检查成果文件是否符合规定，负责审核和签发本专业的成果文件
4	造价员	1. 依据咨询业务要求，执行作业计划，遵守有关业务的标准与原则，对所承担的咨询业务质量和进度负责 2. 根据咨询实施方案要求，开展咨询工作，选用正确的咨询数据、计算方法、计算公式、计算程序，做到内容完整、计算正确、结果真实可靠 3. 对实施的各项工作进行认真检查，做好咨询质量的自主控制，咨询成果经较审后，负责按校审意见修改 4. 完成咨询成果并符合规定要求，内容表达清晰规范

续表

序号	岗位及有关人员	职责分工
5	校核人员	1. 对咨询业务的基础资料和咨询原则及咨询成果进行全面校核，对所需校核的咨询内容质量负责 2. 校核咨询使用的各种资料和咨询依据是否正确合理，引用的技术经济参数及计价方式是否正确 3. 校核咨询业务中的数据引用、计算公式、计算数量、软件使用是否符合规定的咨询原则和规定，计算数字是否正确无误，咨询成果文件的内容是否符合规定，能否满足使用要求，各分项内容是否一致，是否完整，有无漏项 4. 在校核记录上列述校核出的问题，递交咨询成果原编制人员修改后进行复核，复核后方能签署并提交审核
6	审核人员	1. 参与咨询业务准备阶段的工作，协调制定咨询实施方案，审核咨询条件和成果文件，对所审核的咨询内容的质量负责 2. 审核咨询原则、方法是否符合咨询合同的要求与相关规定，基础数据、重要计算公式和计算方法以及软件使用是否正确，检验关键性计算结果 3. 重点审核咨询成果的内容是否齐全、有无漏项，采用的技术经济参数与标准是否恰当，计算与编制的原则、方法是否正确合理，各专业的技术经济标准是否一致，咨询成果说明是否规范，论述是否通顺，内容是否完整正确，检查关键部分及相互关系 4. 在校审记录单上列述审核出的问题，递交咨询成果原编制人员进行修改，修改后进行复核，复核后方可签署

表 2-3-2　组织机构人员配置

有关操作人员		姓名	职称	年龄	执业资格证书编号
项目负责人					
专业造价工程师	土建				
	安装				
	市政				
造价咨询人员					
校核人员					
审核人员					

2.4　项目质量管理

为了加强行业的自律管理,规范工程造价咨询成果文件的格式、深度要求和质量标准,提高工程造价咨询的成果质量,依据国家的有关法律、法规、规章和规范性文件,中国建设工程造价管理协会组织有关单位编制了《建设工程造价咨询成果文件质量标准》,这是造价咨询企业质量管理的主要依据。

《建设工程造价咨询成果文件质量标准》规定了各类造价咨询业务的质量管理要素,其目的是:保证工程造价咨询企业编制的各类工程造价咨询成果在已评定的编制大纲基础上进行。成果文件经相关责任人的审核、审定这二级审查。工程造价咨询成果文件的编制、审核、审定人员应在工程造价咨询的成果文件上签署注册造价工程师执业资格章或造价员从业资格章。如表2-4-1所示。

《建设工程造价咨询成果文件质量标准》同时规定了各类造价咨询业务的质量评定标准,其目的是:保证工程造价咨询企业出具的各阶段工程造价咨询成果文件质量符合国家或行业工程计价的有关规定、标准、规范的要求。工程造价咨询合同应约定具体的工程咨询质量精度标准。工程造价咨询项目质量管理如表2-4-1所示。

同时,《建设工程造价咨询成果文件质量标准》还规定了各类造价咨询业务的成果构成及过程文件,本部分也构成了资料整理及存档清单。具体参照本章2.9节。

表 2-4-1　工程造价咨询项目质量管理

质量管理及评定	质量管理要素				质量评定	
	咨询项目细分	工程项目划分	咨询服务过程要求	格式要求	编制方法、深度	质量要求
投资估算	投资估算文件应按投资估算的编制办法、标准或惯例进行编制，应按专业类型对建设项目进行合理的划分和分解，分别编制投资估算汇总表、单项工程投资估算表	1. 房屋建筑工程应按主要建筑工程、附属建筑工程、室外工程进行单项工程划分，并依次列项，其单项工程应按土建工程、装饰工程、电气工程、给排水工程、采暖通风工程、弱电工程等进行单位工程的划分 2. 工业或生产性建设项目应按主要生产系统、辅助生产系统、公用和福利设施、外部工程进行单项工程项目划分，依次列项，其单项工程应按土建工程（包括给排水工程、采暖通风工程、照明工程）、工艺设备安装工程、工艺金属结构工程、工艺管道工程、电气安装工程、保温筑炉工程等划分	1. 项目建议书阶段建设项目的投资估算可采用生产能力指数法、系数估算法、比例估算法和指标估算法。可行性研究阶段建设项目的投资估算应采用指标估算法 2. 项目建议书阶段建设项目的投资估算的编制应将项目分解到单项工程，采用适宜的方法，确定各单项工程的费用后编制投资估算汇总表 3. 可行性研究阶段建设项目的投资估算的编制，应首先进行项目的合理分解，以单项工程为主要对象，套用规模、形式、标准相当的单位工程投资估算指标，并应依据估算编制期与指标编制基期的价格水平进行价差调整，然后分别计算各单位工程的费用，汇总单项工程费用，编制单项工程投资估算表，最后编制投资估算汇总表	投资估算成果文件的格式应符合成果文件的组成和要求的相关规定	投资估算的编制方法、编制深度等应符合《建设项目投资估算编审规程》的有关规定	1. 在相同口径下，项目建议书阶段建设项目的投资估算与可行性研究阶段投资估算或评估审定的投资估算的综合误差率应小于 20% 2. 在相同口径下，可行性研究阶段建设项目的投资估算与初步设计概算或评估审定的投资估算的综合误差率应小于 10%
设计概算	设计概算文件应按地方政府和行业主管部门颁发的设计概算的编制办法、标准进行编制，应对建设项目进行合理的划分和分解，分别编制总概算表、综合概算表、单位工程概算表等	1. 房屋建筑工程应按主要建筑工程、附属建筑工程、室外工程进行的单项工程划分，并依次列项，其单项工程应按土建工程、装饰工程、电气工程、给排水工程、采暖通风工程、弱电工程等进行单位工程的划分，土建工程可以进一步按照建筑与结构、地上与地下等划分 2. 工业或生产性建设项目应按主要生产系统、辅助生产系统、公用和福利设施、外部工程进行单项工程项目划分，依次列项，其单项工程宜按土建工程（包括给排水工程、采暖通风工程、照明工程）、工艺设备安装工程、工艺金属结构工程、工艺管道工程、电气安装工程、保温筑炉工程等划分	1. 建设项目扩初设计阶段暂未明确的工程，设计概算可采用概算定额法、指标法、类似工程预算，或者参照该项目的可行性研究报告中项目估算金额作为概算编制基数 2. 扩初设计阶段建设项目的单位工程概算的编制应将项目分解到分部分项工程，采用适宜的方法，确定各单位工程的费用后编制综合概算表、总概算表 3. 建设项目的设计概算的编制，应首先进行项目的合理分解，并以单位工程为主要对象，分别计算各分部分项工程的费用，套用定额、按项目所在地工程造价管理机构发布的价格信息，然后汇总单位工程费用为单项工程费用，编制单项工程工程概算表，最后编制设计概算汇总表	工程概算成果文件的格式应符合成果文件的组成和要求的相关规定	工程概算的编制方法、编制深度等应符合《建设项目工程概算编审规程》的有关规定	1. 在相同口径下，建设项目的扩初设计阶段工程概算与施工图设计阶段的工程施工图预算的综合误差率应在 ±5% 之内 2. 相同口径下，在同一成果文件中，综合计算的各种累计误差与误差修正后的设计概算相比，误差率应在 ±5% 之内 3. 设计概算的过程文件内容应完备，记录真实有依据

续表

质量管理及评定	质量管理要素				质量评定	
	咨询项目细分	工程项目划分	咨询服务过程要求	格式要求	编制方法、深度	质量要求
施工图预算	施工图预算文件应按工程项目所在地工程造价管理机构或行业主管部门颁发的施工图预算的编制办法、标准或惯例进行编制，应对建设项目进行合理的划分和分解，分别编制工程总预算汇总表、单项施工图预算汇总表、单位施工图预算书等	1. 民用或公共建筑工程应按主要建筑工程、附属建筑工程、室外工程、红线外工程进行的单项工程划分，并依次列项。其单项工程应按土建工程、装饰工程、电气工程、给排水工程、采暖通风工程、弱电工程等进行单位工程的划分 2. 工业或生产性建设项目应按主要生产系统、辅助生产系统、公用和福利设施、厂区总图竖向布置和综合管网线路、厂区外工程进行单项工程项目划分，依次列项。其单项工程应按土建工程(包括给排水工程、采暖通风工程、照明工程)、工艺设备安装工程、工艺金属结构工程、工艺管道工程、电气安装工程、保温筑炉工程等划分	施工图预算书的编制，应首先根据施工图设计的子项和单位工程图纸，按定额规定的计量原则认真计算分部分项工程量、合理套用定额子目、选定取费标准、调整价差等，分别计算各单位工程的费用，然后汇总单项工程费用，编制单项工程施工图预算表，最后编制工程总预算汇总表	施工图预算成果文件的格式应符合成果文件的组成和要求的相关规定	施工图预算的编制方法、编制深度等应符合《建设项目施工图预算编审规程》(CECA/GC 5)的有关规定	1. 相同口径下，在同一成果文件中，因工程量计算有误导致的累计误差与误差修正后的施工图预算相比，误差率应在 ±1%之内 2. 相同口径下，在同一成果文件中，因定额子目套取有误导致的累计误差与误差修正后的施工图预算相比，误差率应在 ±2%之内 3. 相同口径下，在同一成果文件中，因单价构成依据不足或无合理解释，或单价调整错误、甲供材料扣除错误等导致的累计误差与误差修正后的施工图预算相比，误差率应在 ±3%之内 4. 相同口径下，在同一成果文件中，因取费程序、取费基数、取费标准有误导致的累计误差与误差修正后的施工图预算相比，误差率应在 ±1%之内 5. 相同口径下，在同一成果文件中，综合计算的各种累计误差与误差修正后的施工图预算相比，误差率应在 ±5%之内
工程量清单	工程量清单应按照现行的《建设工程工程量清单计价规范》(GB 50500)中规定的方法进行编制，应由分部分项工程量清单、措施项目清单、其他项目清单、规费项目清单、税金项目清单组成	工程量清单的章节和清单项目设置在满足现行《建设工程工程量清单计价规范》(GB 50500)的所有要求的前提下，应根据工程具体情况考虑按地上/地下、各专业、分部工程、分项工程等而分别设置清单章节	1. 工程量清单的工程量计算规则应执行现行的《建设工程工程量清单计价规范》(GB 50500)中的规定 2. 工程量清单中涉及的材料暂估单价/专业工程暂估价/暂列金额应经招标人确认	工程量清单成果文件的格式应符合成果文件的组成和要求的相关规定	工程量清单的编制应符合现行的《建设工程工程量清单计价规范》(GB 50500)的有关规定	1. 相同口径下，在同一成果文件中，清单漏项或重复性清单列项的项目数量与所有清单列项项目数量相比，误差率应在 ±3%之内 2. 相同口径下，在同一成果文件中，清单描述的失误的项目数量与所有清单列项项目数量相比，误差率应在 ±3%之内 3. 相同口径下，在同一成果文件中的单项子目，因工程量计算有误与误差修正后的工程量相比，误差率应在 ±5%之内 4. 工程清单编制的过程文件内容应完备，记录要真实

续表

质量管理及评定	质量管理要素				质量评定	
	咨询项目细分	工程项目划分	咨询服务过程要求	格式要求	编制方法、深度	质量要求
招标控制价			1. 招标控制价应当依据招标控制价编制委托合同、建设工程量清单计价规范、招标文件(包括工程量清单)及其补遗文件、招标施工图、施工现场地质水文地上情况等资料,与建设项目相关的标准规范和技术资料,国家或招标工程所在地省级行业建设主管部门颁发的计价定额和计价办法,国家或招标工程所在地省级行业建设主管部门颁发的工期定额,招标工程所在地工程造价管理机构发布的工程造价信息和影响招标控制价的其他相关资料等进行编制 2. 招标控制价应当按照国家现行工程量清单计价规范及国家或招标工程所在地省级建设主管部门颁发的计价定额和计价办法,在招标文件给定的工程量清单的基础上,依据工程招标施工图及与建设工程项目有关的标准、规范和技术资料,结合施工现场情况、工程特点和常规的施工方法进行编制 3. 招标控制价的编制范围应当与招标文件中的招标范围一致,应当满足招标人对招标工程的质量、工期要求,应当涵盖招标文件要求投标人承担的一切相关责任、义务及风险 4. 招标控制价中的材料、机械、人工等价格应当参照招标工程所在地市级及以上行业建设主管部门发布的市场价格信息并结合市场行情确定,应当反映招标控制价编制期的工程所在地市场价格水平 5. 招标控制价应当综合考虑招标工程的自然地理条件和施工现场条件等因素,将由于自然条件和施工现场条件导致施工因素变化的费用计入招标控制价内	招标控制价成果文件组成及相关计价表格应符合成果文件的组成和要求的相关规定		1. 相同口径下,在同一成果文件中,因采用的计价定额、取费标准有误,套用消耗量定额项目错项、漏项、重项,计价程序、取费基数有误导致的累计误差与误差修正后的招标控制价相比,误差率应在 ±2% 之内 2. 相同口径下,在同一成果文件中,因材料、机械、人工等价格未按照招标工程所在地市级及以上行业建设主管部门发布的市场价格信息进行确定,或未能提供有效合理的市场价格调查依据证明该等价格可以通过市场正常采购渠道取得,或未按招标文件给定的材料暂估单价计入综合单价导致的累计误差与误差修正后的招标控制价相比,误差率应在 ±3% 之内 3. 相同口径下,在同一成果文件中,因对于招标工程的自然地理条件和施工现场条件导致的施工因素变化费用考虑不足导致的累计误差与误差修正后的招标控制价相比,误差率应在 ±3% 之内 4. 相同口径下,在同一成果文件中,综合计算的各种累计误差与误差修正后的招标控制价相比,误差率应在 ±5% 之内 5. 招标控制价的过程文件应内容完备并记录真实

续表

质量管理及评定	质量管理要素				质量评定	
	咨询项目细分	工程项目划分	咨询服务过程要求	格式要求	编制方法、深度	质量要求
竣工结算审查	工程结算审查应按《建设项目工程结算编审规程》CECA/GC 3 及惯例进行,并应分别编制工程结算审查汇总对比表、单项工程结算审查汇总对比表、单位工程结算审查汇总对比表、分部分项(措施、其他、零星)工程结算审查对比表等		1. 结算审查严禁采取抽样审查、重点审查、分析对比审查和经验审查的方法,并应根据施工发承包合同约定的结算方法进行,根据施工发承包合同类型采用不同的审查方法 2. 结算审查应首先审查结算的递交程序和资料的完备性和符合性,并审查发承包合同及其补充合同的合法性和有效性,然后根据合同约定的计价方法分别计算并编制各专业的分部分项工程结算审查对比表,再编制单位工程结算审查汇总对比表,编制单项工程结算审查汇总对比表,最后编制结算审查汇总对比表	结算审查成果文件的格式应符合成果文件的组成和要求的相关规定	结算审查成果文件的编制方法、深度应符合《建设项目工程结算编审规程》CECA/GC 3的有关规定	1. 相同口径下,在同一成果文件中,因工程量计算有误,取费程序、取费基数、取费标准有误导致的累计误差与误差修正后的结算审查结论性金额相比,误差率应在 ±3 %之内 2. 相同口径下,在同一成果文件中,因单价构成依据不足或无合理解释,或单价调整错误、甲供材料扣除错误等导致的累计误差与误差修正后的结算审查结论性金额相比,误差率应在 ±3 %之内 3. 相同口径下,在同一成果文件中,因工程签证、工程索赔计价不合理或缺乏相应证据支持导致的累计误差与误差修正后的结算审查结论性金额相比,误差率应在 ±2 %之内 4. 相同口径下,在同一成果文件中,综合计算的各种累计误差与误差修正后的结算审查结论性金额相比,误差率应在 ±5%之内 5. 结算审查的过程文件应内容完备并记录真实
计量与支付审核报告			1. 工程计量支付审核报告应依据施工承包合同中工程款支付(包括工程预付款及工程进度款)相关约定及监理公司的工程形象进度确认单进行编制 2. 工程计量支付的审核中需要控制每期付款金额与工程款总额的关系,原则上不应超过工程款总额	成果文件的格式应符合成果文件的组成和要求的相关规定	工程计量支付审核报告的编制方法、编制深度等应符合《建设项目全过程造价咨询规程》CECA/GC 4 的有关规定	相同口径下,在同一成果文件中,综合计算的各种累计误差与误差修正后的工程款支付审核报告的结论性金额相比,误差率应在 ±5%之内

续表

质量管理及评定	质量管理要素				质量评定	
	咨询项目细分	工程项目划分	咨询服务过程要求	格式要求	编制方法、深度	质量要求
工程索赔审核			1. 工程索赔审核报告应重点审核索赔理由的正当性、索赔要求的合理性、索赔证据的有效性、索赔提出时间的有效性 2. 索赔证据应具备真实性、全面性、关联性、及时性及具有法律证明效力	成果文件的格式应符合成果文件的组成和要求的相关规定	编制方法、编制深度等应符合《建设项目全过程造价咨询规程》CECA/GC 4的有关规定	相同口径下，在同一成果文件中，综合计算的各种累计误差与误差修正后的工程索赔审核报告的结论性金额相比，误差率应在±10%之内
造价纠纷鉴定			1. 鉴定范围和内容必须符合鉴定委托。鉴定成果文件表述的鉴定范围和内容应严格按照委托书的委托，不得做出不符合委托的鉴定表述 2. 在合同约定有效的条件下，鉴定成果文件中表述采用的鉴定方法应采用当事人的合同约定。除非另有约定，不得以一种计价方法推翻另一种计价方法的计价结论，也不得修改计价条件以推翻原计价条件下的结论 3. 对当事人合同无效或约定不明而未确定计价方法的鉴定，受托人可以事实为依据，根据国家法律、法规和建设行政主管部门的有关规定，独立选择适用的计价方法形成鉴定结果。选择计价方法的理由应在成果文件中有所表述 4. 鉴定成果文件应按建设工程单项工程、单位工程、分部分项工程的划分规定分别计算后汇总，不宜混编混算	工程造价经济纠纷鉴定成果文件的格式应符合成果文件的组成和要求的相关规定		1. 鉴定成果文件中的鉴定范围和内容必须符合鉴定委托。鉴定成果文件表述的鉴定范围和内容应严格按照委托书的委托，不得做出不符合委托的鉴定表述 2. 在合同约定有效的条件下，鉴定成果文件中该鉴定采用的鉴定方法应符合当事人的合同约定 3. 对于因合同无效、事实不清、证据不力或依据不足且当事人无法达成妥协，导致鉴定机构独立选择鉴定方法或无法确定的项目、部分项目及其造价，鉴定机构应在鉴定报告中逐项提出做出结论或不能做出结论的原因，提交当事人双方的分歧理由，必要时做出估价或估价范围供委托人参考 4. 相同口径下，在同一成果文件中，综合计算的各种累计误差与误差修正后的工程造价经济纠纷鉴定成果文件的结论性金额相比，综合误差率应在±5%之内

2.5 项目进度管理

2.5.1 进度计划的编制

进度计划编制经历四个步骤:①准备工作分解;②确定工作间先后顺序;③估计每项活动的持续时间;④确定关键路径。

最终形成的成果文件如图 2-5-1 所示。

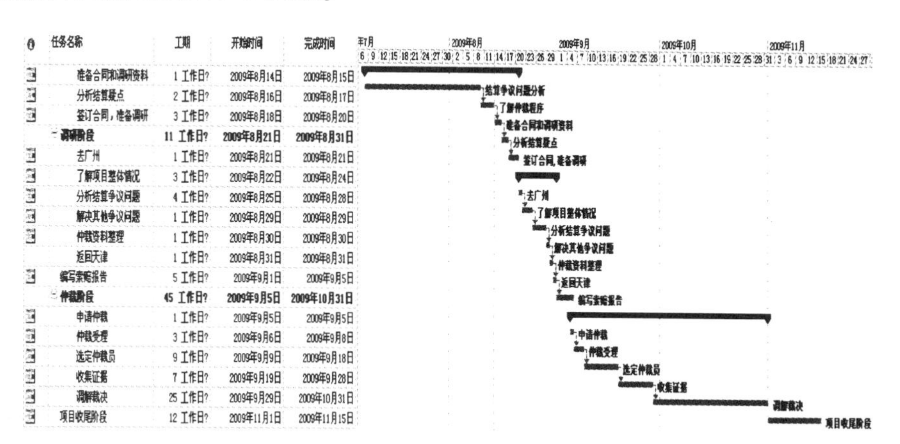

图 2-5-1 某造价纠纷咨询项目进度计划

2.5.2 进度计划的控制

1. 项目进度进展情况检查

项目进度进展情况检查,即比对目标值和真实值之间的差距,常用的方法是挣得值法。常见的进度控制表如表 2-5-1 所示。

表 2-5-1 项目进展计划控制表

工程名称						咨询内容					
里程碑						偏差					原因分析
	BCWS	BCWP	ACWP	SC	CI	BCWS	BCWP	ACWP	SC	CI	
项目负责人建议	项目负责人: 年 月 日										
项目总负责人意见	项目负责人: 年 月 日										

2. 项目进度失控的原因及解决对策

找出偏差产生的原因,可以采用头脑风暴法或者德费尔法;其偏差出现的原因一般存在于上述关键控制点中。常见的进度失控原因有项目经理不称职、马虎的计划、管理混乱、控制薄弱等。如图 2-5-2 所示。

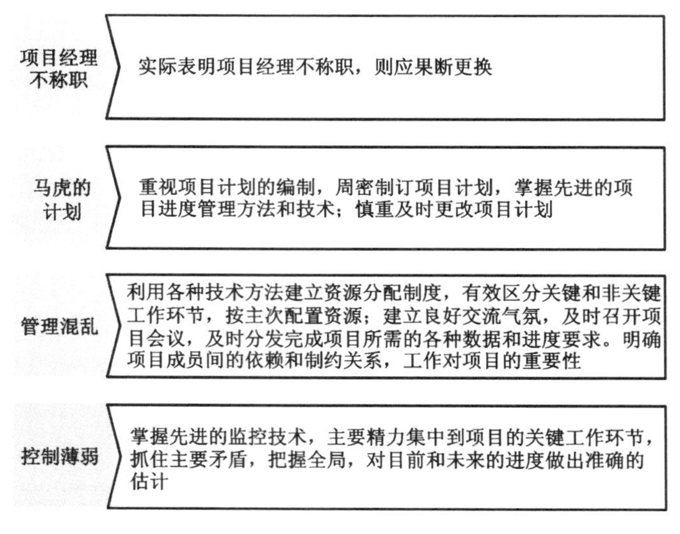

图 2-5-2 项目进度失控及其对策

2.6 项目成本管理

2.6.1 成本计划

工程造价咨询项目成本包含直接费、间接费。其中直接费包含工资,间接费包含打印装订费、会议费、差旅费等。此处的项目成本不含无形资产的摊销及固定资产的折旧,这些成本进入企业成本,虽然影响投标报价,但不是咨询项目成本控制的重点。最终形成的成本计划形式如表 2-6-1 所示。

表 2-6-1 工程造价咨询项目成本计划

项目名称				项目负责人		
费用项目	费用计划(单位 元)					成本负责人
	2009 年 1 月	2009 年 2 月	2009 年 3 月	……	项目终止日	
人员工资						
打印装订费						
会议费						
差旅费						
其他费用						

2.6.2 成本控制

工程造价咨询业务的成本控制要在事先约定的成本控制点(一般是按里程碑确定)检查项目实际造

价与目标成本之间的偏差。其工作主要分为四个步骤，如图 2-6-1 所示。

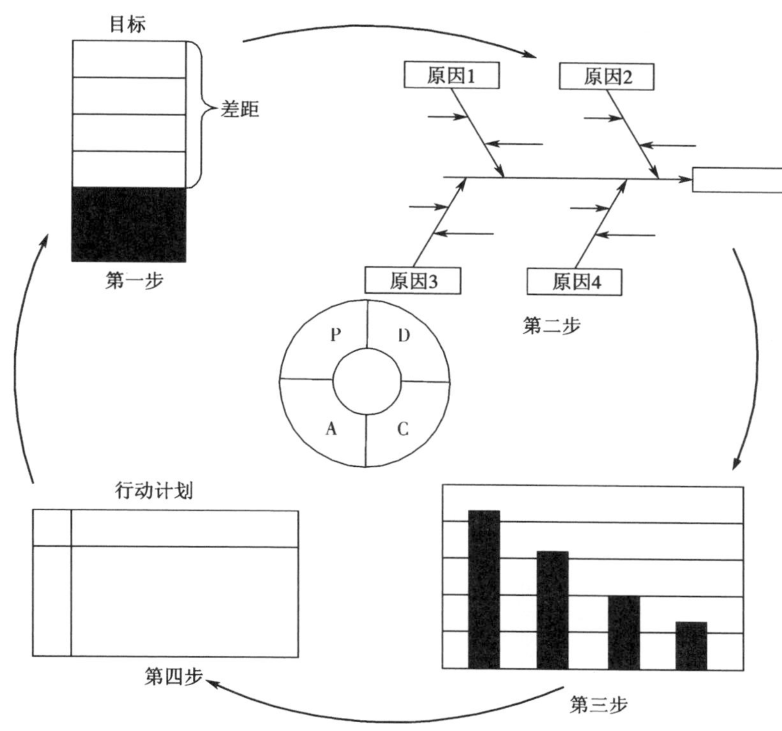

图 2-6-1　关键控制点工作检查步骤

第一步，定义差距，即比对目标值和真实值之间的差距，这步工作的前提是必须在项目计划阶段有详细具体的控制目标，并且一要保证控制目标 SMART（简单、可度量、可实现、合理和可追踪），二要保证控制目标体现目标的阶段性和连续性。其偏差成果形式如表 2-6-2 所示。

表 2-6-2　造价咨询目标成本偏差分析及管理建议表

工程名称			咨询内容		
里程碑	目标成本	实际成本	偏差		
			差值（±）	比例（%）	原因分析
项目负责人建议	项目负责人：　　年　月　日				
项目总负责人意见	项目负责人：　　年　月　日				

第二步，找出偏差产生的原因，可以采用头脑风暴法或者德费尔法；其偏差出现的原因一般存在于上述关键控制点中。

第三步，在帕累托图中排列影响因素，找出关键影响因素。

第四步，制订行动计划，纠偏。

经过以上四个步骤，最终形成造价控制工作检查 A3 报告（见图 2-6-2）供内部参阅。A3 报告优点是

直观形象地显示检查结果、偏差原因、下一步的行动方案，属于可视化管理的一个应用和体现。

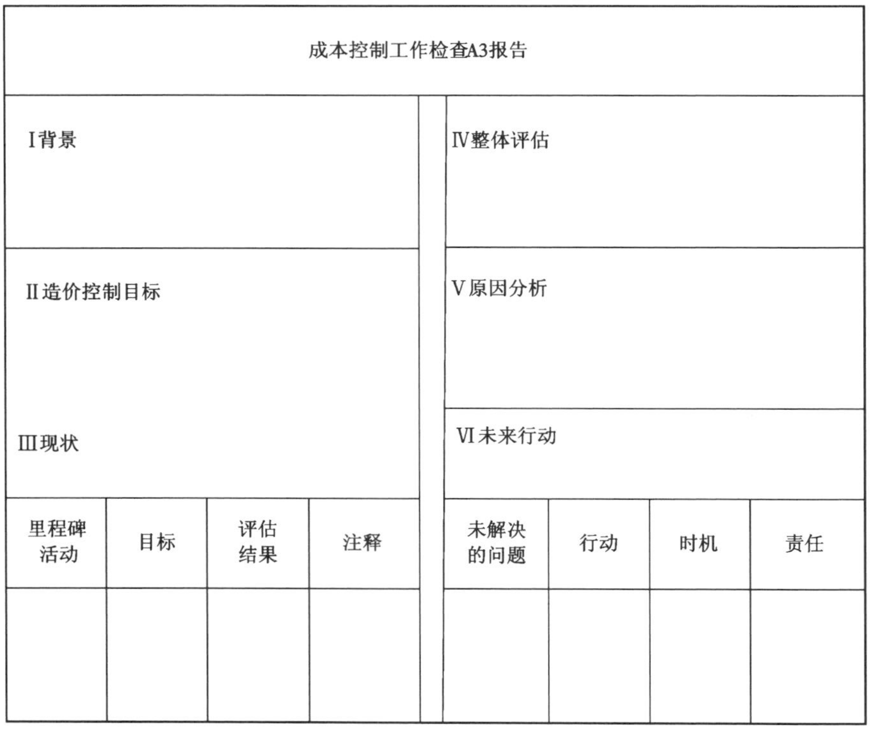

成本控制工作检查A3报告
Ⅰ背景
Ⅱ造价控制目标
Ⅲ现状
里程碑活动
目标
评估结果
注释
Ⅳ整体评估
Ⅴ原因分析
Ⅵ未来行动
未解决的问题
行动
时机
责任

图 2-6-2　成本控制工作检查 A3 报告

2.7　项目信息管理

工程造价信息管理就是对造价信息进行收集、分类、处理、运用的过程。它始终贯穿于工程造价管理的全过程。全过程造价管理必须建立在信息管理的基础上，造价信息管理是合理确定有效控制工程造价的先决条件和重要内容。掌握造价信息，充分利用造价信息，可以提高工程造价管理水平，有利于尽早发挥投资效益和社会效益，减少工程造价管理中的盲目性，加强原则性、系统性、预见性和创造性。

全过程造价管理咨询信息管理贯穿于工程建设的各个阶段，其工作包含信息的收集、传递、加工整理、归档、分发与检索、存储以及资料的积累，具体如图 2-7-1 所示。

工程造价信息管理
造价信息收集、传递
造价信息加工整理
造价信息的归档
造价信息的分发和检索
造价信息存储和积累

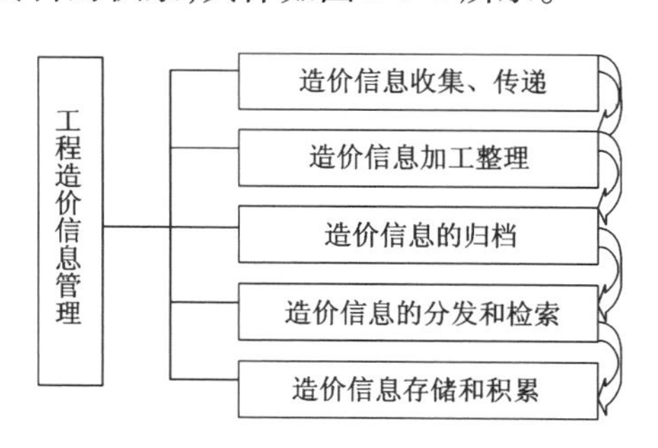

图 2-7-1　信息管理流程

1. 工程造价信息的收集

(1)向施工企业收集。施工企业是工程造价信息使用最频繁、最直接的单位，他们的经营活动依赖于各项工程造价资料及信息；同时他们又通过自身的生产经营活动，在实践中积累了大量的工作经验和

工程建设技术经济资料。因此,施工企业应该是工程造价信息的主要收集对象。在收集工程中应注意对被收集企业的经营状况及工艺水平做细致了解,作为对所收集信息进行再加工时的重要参考。

(2)向其他工程造价咨询单位收集。不同的工程造价咨询企业都在各自的经营活动中积累了大量的经验和技术经济资料。这些资料都已进行了一定的分析和整理。通过对这些资料的消化和总结,对信息收集单位而言,可以节省时间,加快自身所掌握的工程造价信息的更新速率。此处所指的工程造价咨询企业也包括从事大量工程设计工作的设计单位。

(3)向建筑材料、机械租赁等供应单位收集。建筑材料价格及机械设备使用价格是工程造价最基本的信息,它直接影响到工程造价及其合理性。建筑材料、机械租赁等供应单位直接面对市场,加强对这些单位供应价格的收集整理,可以得到建筑材料价格及机械设备使用价格在一定周期内的价格波动曲线,并可以此为基础,对未来一定周期内对建筑材料价格及机械设备使用价格走势做出预测和评估,为咨询单位提供优质服务做出保障,为设计单位优化其设计提供基础资料,为建设单位决策提供依据。

2. **工程造价信息的传递**

全过程造价咨询的信息系统能使信息在工程造价全过程中完全传递。信息系统所实现的信息传递并不是一种线性传递,它所实现的是不同阶段的直接的信息联系,见图 2-7-2。

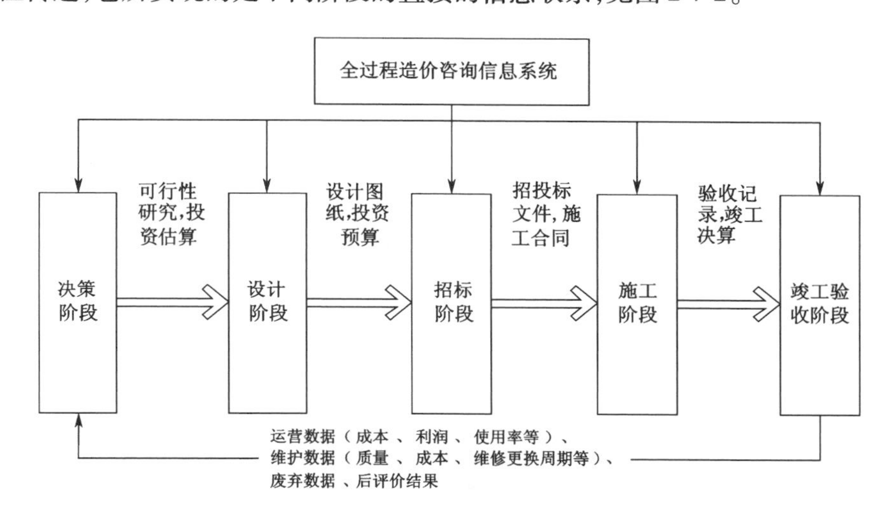

图 2-7-2　造价咨询信息传递流程

3. **工程造价信息的加工整理**

信息的加工整理主要是把得到的数据和信息进行鉴别、选择、核对、合并、排序、更新、计算、汇总、转储,生产不同形式的数据和信息,提供给不同需求的各类管理人员使用。

工程造价信息的分类及整理的方法如表 2-7-1 所示。

表 2-7-1　工程造价信息分类及整理的方法

工程造价信息的分类			工程造价信息整理的方法		
按用途分类	按来源分类	按性质分类	典型测算	统计方法	单项测算
定额编制、指标测算、指数测算、投标报价测算和工程造价索赔测算等	工程结算,单项造价测算,工程设计,施工签证,技术交底以及人工、材料和机械的市场价格等	技术信息和经济信息	当收集的工程造价信息离散性较大,不便于使用统计方法时,可以在规定的条件下对典型工程进行测算	当工程造价信息一致性较好时,即在时间、标准、规模基本一致的情况下,可以通过统计的方法测算出评价结果	对于特殊的工程项目,可以对某个单项按要求进行测算

4. 工程造价信息的归档

咨询信息应在项目经理的领导下，由专人负责整理归档。归档的信息参见资料整理及归档一节。

5. 造价信息的分发和检索

在通过对收集的数据进行分类加工、整理产生信息后，要及时提供给需要使用数据和信息的部门。信息和数据的分发，要根据需要来进行。分发和检索的原则是：需要的部门和使用人，有权在需要的第一时间、发表地得到所需要的、以规定形式提供的一切信息和数据，但要保证不向不该知道的部门（人）提供任何信息和数据。

造价信息的分发和检索设计注意事项如表 2-7-2 所示。

表 2-7-2　造价信息的分发和检索设计

分发设计	1. 了解使用部门（人）的使用目的、使用周期、使用频率、得到时间、数据的安全要求 2. 决定分发的项目、内容、分发量、范围、数据来源 3. 决定分发信息和数据的结构、类型、精度，以及组合成规定的格式 4. 决定提供的信息和数据介质（纸张、显示器、磁盘或其他形式）
检索设计	1. 允许检索的范围、检索的密级划分、密码的管理 2. 检索的信息和数据能否及时、快速地提供，采用什么手段实现（网络、通信、计算机系统） 3. 提供检索需要的数据和信息输出形式、是否根据关键字实现智能检索

6. 信息的存储和积累

1）信息的存储

信息的存储需要建立统一的数据库。各类数据以文件的形式组织在一起。组织的方法一般由单位自定。应按照以下方法对工程造价信息进行规范化。

（1）按照工程进行组织，同一工程从投资、进度、质量、合同的角度组织，各类进一步按照具体情况细化。

（2）文件名规范化，以定长的字符串作为文件名。

（3）各建设方协调统一存储方式，在国家技术标准有统一的代码时应尽量采用统一代码。

（4）有条件时可以通过网络数据库形式存储数据，达到建设各方数据共享，减少数据冗余，保证数据的唯一性。

2）信息的积累

工程造价咨询公司在项目进行中，应注重对以前工程造价资料的积累。工程建设各阶段的工程造价资料主要包括两个方面：一方面包括建设项目总造价和单项工程、单位工程的造价资料；另一方面包括有关新材料、新工艺、新设备、新技术的分部分项工程造价资料。工程造价资料积累的内容应包括“量”（如主要工程量、材料量、设备量等）和“价”，还要包括对造价确定有重要影响的技术经济条件，如工程概况、建设条件等。

工程造价信息的分类及具体内容详见表 2-7-3。

表 2-7-3　工程造价信息的积累

信息类别	具体内容
建设项目和单项工程造价资料	1. 对造价有主要影响的技术经济条件，如项目建设标准、建设工期、建设地点等 2. 主要的工程量、主要的材料量和主要设备的名称、型号、规格、数量等 3. 投资估算、概算、预算、竣工决算及造价指数等

续表

信息类别	具体内容
单位工程造价资料	工程的内容，建筑结构特征，主要工程量，主要材料的用量和单价、人工工日和人工费以及相应的造价
其他资料	有关新材料、新工艺、新设备、新技术的分部分项工程的人工工日、主要材料用量、机械台班用量

2.8 项目风险管理

承担建设项目工程造价管理咨询时，应在工作大纲中拟定建设项目风险管理方案，提出或分析主要风险因素。工程造价咨询企业应根据风险分析与风险评估的预测结果，向建设单位提出风险回避、风险分散、风险转移的措施。具体操作步骤如表 2-8-1 所示。

表 2-8-1 造价咨询项目风险管理

风险管理程序	主要工作内容	工作方法	工作程序
造价风险识别	识别出建设项目造价管理咨询中的风险	核对表法、项目工作分解结构法、常识经验和判断法、敏感性分析和流程图法	1. 收集与建设项目造价风险有关的信息，对影响建设项目造价的不确定性因素进行分析 2. 确定影响建设项目造价的风险因素，提出初步风险源清单 3. 确定各种风险事件和潜在结果，进行风险分类或分组 4. 建立建设项目造价风险清单 5. 编制建设项目造价风险识别报告
造价风险度量	1. 风险事件发生的概率 2. 风险损失量的估计 3. 风险等级评估		1. 获得建设项目造价风险识别报告 2. 建设项目造价风险度量信息的收集、跟踪、处理和生成 3. 建设项目造价风险的概率及其分布度量 4. 建设项目造价风险后果严重程度的度量 5. 建设项目造价风险发展事件进程的度量 6. 建设项目造价风险综合度量与优先序列安排 7. 编制建设项目造价风险度量报告
造价风险评价	1. 风险存在和发生的时间分析 2. 风险的影响和损失分析 3. 风险发生的可能性分析 4. 风险级别分析 5. 风险的起因和可控性分析	调查分析法、专家打分法、层次风险法、蒙特卡罗法、敏感性分析、模糊数学决策树法等	1. 确定建设项目造价风险评定基准 2. 确定建设项目造价整体风险水平 3. 编制建设项目造价风险评价报告
造价风险响应	确定风险应对策略	风险规避、风险减轻、风险转移、风险自留	1. 造价项目部在风险度量及风险评估基础上确定针对该项目的造价风险的对策 2. 选择风险策略组合 3. 建设项目造价风险应对策略应形成文件

2.9 项目资料的整理与归档

工程造价技术档案可分为成果文件和过程文件两类。成果文件包括投资估算、工程概算、工程预算、工程量清单、招标控制价、工程计量支付文件、工程索赔处理报告、工程结算等。过程文件包括编制、审核、审定人员的工作底稿，相应计价软件和数据库等。见表2-9-1。成果文件交付登记表见表2-9-2。

表2-9-1 造价咨询成果文件及过程文件

咨询项目	成果文件	过程文件
投资估算	投资估算书封面、签署页、目录、编制说明、投资估算汇总表、单项工程投资估算表等	工程造价咨询合同、工作计划及实施方案、编制人的编制工作底稿、审核人的审核工作底稿、审定人的审定工作底稿、与投资估算成果文件形成相关的应用软件（软件公司名称、软件名称及版本号）和电子文件、有关设计方案工程量确定的设计交底和会议纪要等、有关价格或费率确定的文件等、使用或移交的资料清单
工程概算	工程概算书封面、签署页、目录、编制说明、总概算表、综合概算表、单位工程概算表、补充单位估价表等	工程造价咨询合同、工作计划及实施方案、编制人的编制工作底稿、审核人的审核工作底稿、审定人的审定工作底稿、与设计概算成果文件形成相关的应用软件和电子文件、扩初设计图纸、与设计师沟通联系记录、有关设计方案工程量确定的设计交底和会议纪要等、有关价格或费率确定的文件等、使用或移交的资料清单
施工图预算	施工图预算书封面、签署页、目录、编制说明、施工图预算汇总表、单项施工图预算汇总表、单位施工图预算书、措施费用计算表、人工材料机械用量分析表及价差计算表、其他基本建设费用计算表等	工程造价咨询合同、预算编制工作计划及实施方案、编制人的工作底稿、审核人的审核工作底稿、审定人的审定工作底稿、与施工图预算成果文件形成相关的应用软件和电子文件、设计交底和会议纪要等、有关价格或费率确定的文件等、使用或移交的资料清单
工程量清单	工程量清单封面、编制说明、汇总表、分部分项工程量清单表、措施项目清单表、其他项目清单表、规费/税金项目清单表等	工程造价咨询合同、工作计划及实施方案、编制人的工作底稿、审核人的审核工作底稿、审定人的审定工作底稿、与工程量清单成果文件形成相关的应用软件和电子文件、设计交底和会议纪要、材料暂估单价/专业工程暂估价/暂列金额确认书、确认工程范围相关的文件等、使用或移交的资料清单
招标控制价	招标控制价封面、签署页、目录、编制说明、招标控制价计价表等	提交资料清单、工作计划及实施方案、工作交底单、编制人的编制工作底稿、审核人的审核工作底稿、现场踏勘记录、材料和工程设备询价汇总表及询价记录、成果文件形成相关的应用软件和电子文件、数据和资料移交单
工程结算审查	工程结算审查报告书封面、签署页、工程结算审查报告书正文、工程结算审定签署表、工程结算审查汇总对比表、单项工程结算审查汇总对比表、单位工程结算审查汇总对比表、分部分项（措施、其他、零星）工程结算审查对比表等	工程造价咨询合同、工作计划及实施方案、编制人的编制工作底稿、审核人的审核工作底稿、审定人的审定工作底稿、结算审核协调会议记录、与工程结算审查成果文件形成相关的应用软件和电子文件、有关价格或费率确定的文件等、使用或移交的资料清单
工程计量支付	工程计量支付报告封面、目录、编制说明、合同摘要、汇总表、分项工程付款组成清单、相关附件	编制人的编制工作底稿、审核人的审核记录、与工程款支付审核报告形成相关的应用软件和电子文件、会议纪要、往来函件等
工程索赔审核	工程索赔审核报告封面、签署页、目录、概述索赔事项、索赔费用汇总表、单项索赔费用计算明细表、索赔依据等	工程造价咨询合同、编制人的编制工作底稿、审核人的审核工作底稿、审定人的审定工作底稿、与工程索赔审核报告成果文件形成相关的应用软件和电子文件、有关价格或费率确定的文件等、使用或移交的资料清单

续表

咨询项目	成果文件	过程文件
纠纷鉴定	鉴定报告书封面、签署页、目录、鉴定人员声明、鉴定报告书正文、有关附件等	要求当事人提交鉴定举证资料的函、要求当事人补充提交鉴定举证资料的函、当事人要求补充提交鉴定举证资料的函、工作计划或实施方案、当事人交换证据或质证的记录文件、现场勘验通知书、各阶段的造价计算征求意见稿及其回复或核对记录、鉴定报告征求意见函及复函、鉴定工作会议(如核对、协调、质证等)及开庭记录、工作底稿、资料移交单等

表 2-9-2 成果文件交付登记表

编制单位:　　　　编号:

序号	合同/项目标志	成果文件名称	份数(含存档)	委托方名称/分发情况	交付时间、地点

2.10 项目回访与总结

在工程造价咨询服务完成后,项目负责人应组织有关人员对咨询业务委托方进行回访,听取委托方对服务质量的评价意见,及时总结咨询服务的优、缺点和经验教训,将存在的问题纳入质量改进计划,提出相应的改进措施。

针对大型或技术复杂及某些特殊工程,咨询单位的技术管理部门应制定相关的咨询服务回访与总结制度。回访与总结一般应包括以下内容。

咨询服务回访由项目负责人组织有关人员进行,回访对象主要是咨询业务的委托方,必要时也可包括使用咨询成果资料的项目相关参与单位。回访前由有关专业造价工程师拟定回访提纲;回访中应真实记录咨询成果及咨询服务工作产生成效及存在问题,并收集委托方对服务质量的评价意见;回访工作结束后由项目负责人组织专业造价工程师编写回访记录,报技术总负责人审阅后留存归档。

咨询服务的总结应在完成回访活动的基础上进行。总结应全面归纳分析咨询服务的优缺点和经验教训,将存在的问题纳入质量改进目标,提出相应的解决措施与方法,并形成总结报告交技术总负责人审阅。

技术负责人应了解和掌握本单位的咨询技术特点,在咨询服务回访与总结的基础上归纳出共性问题,采取相应解决措施,并制订出有针对性的业务培训与业务建设计划,使咨询业务质量、水平和成效不断提高。

根据咨询收尾阶段要求,需进行咨询工作的回访。造价咨询成果征询意见表见表 2-10-1。之后,形成如表 2-10-2 所示的表格,作为后续工作的改进指导文件。

表 2-10-1　造价咨询成果征询意见表

编制单位：　　　　　　　　　　　　　　　　　　　　　　　　　　编号：

<table>
<tr><td>致______________ 单位：
贵单位委托的__________ 项目，我公司咨询即将结束，先将拟发的成果文件（附后）送达你处征询意见，并请填写“造价咨询项目征询意见回访记录表”以便我们改进工作。
（请在收到后三日内回复）
造价咨询单位：（盖章）
项目负责人：
年　月　日</td></tr>
</table>

表 2-10-2　造价咨询项目征询意见回访记录表

编制单位：　　　　　　　　　　　　　　　　　　　　　　　　　　编号：

<table>
<tr><td>咨询项目名称</td><td colspan="2"></td><td>项目编号</td><td></td></tr>
<tr><td>回访对象</td><td colspan="2"></td><td>服务内容</td><td></td></tr>
<tr><td>序号</td><td colspan="4">内容</td></tr>
<tr><td>1</td><td colspan="4">业务水平</td></tr>
<tr><td>2</td><td colspan="4">管理能力</td></tr>
<tr><td>3</td><td colspan="4">规范服务</td></tr>
<tr><td>4</td><td colspan="4">职业道德</td></tr>
<tr><td colspan="5">征询单位评价意见：
记录人：　日期：</td></tr>
<tr><td colspan="5">汇总小结：
项目负责人：　日期：</td></tr>
<tr><td colspan="5">完善措施：
技术总负责人：　日期：</td></tr>
</table>

第 2 篇　工程造价咨询基本业务

第3章 决策阶段

3.1 概述

3.1.1 决策阶段对工程造价的影响

决策阶段是项目建设全过程的起始阶段,对项目全过程的造价起着宏观控制的作用,主要体现在投资估算的编制和审核中以及选择和决定投资行动方案,对不同建设方案进行技术经济比较并做出判断和决定的过程,主要体现在财务评价中。所以决策阶段的工作重点有两个方面:投资估算编制和审核及财务评价。决策阶段的工作重点主要有以下两点。

一是投资估算的编制与审核。投资估算是进行建设项目技术经济评价投资决策的基础。不同决策阶段投资估算的精度要求不同。投资估算编制的主要工作内容为估算建设项目投资,估算建设项目流动资金。同时投资估算的编制应满足项目在项目建议书、预可行性研究、可行性研究、方案设计等不同阶段对建设项目进行经济评价的要求,选择不同的估算编制方法进行编制。投资估算审核的主要工作内容为审核投资估算编制所采用的依据、方法、内容及费用项目的科学性、准确性、合理性、全面性。

二是可行性研究报告的编制,其中以建设项目的经济评价为主。建设项目经济评价按照《建设项目经济评价方法与参数(第三版)》的有关规定执行。一般项目仅要求进行财务评价,部分特殊的工业项目有时还需进行国民经济评价。财务评价主要内容包括财务评价基础数据与参数选取、销售收入与成本费用估算、财务评价报表编制、赢利能力分析、偿债能力分析、不确定性分析以及财务评价结论等。

3.1.2 可行性研究概述

3.1.2.1 可行性研究的概念

可行性研究是指通过对项目的主要内容和配套条件,如市场需求、资源工艺、建设规模、工艺线路、设备选型、环境影响、赢利能力等,从技术、经济、工程等方面进行调查研究和分析比较,并对项目建成以后可能取得的经济、社会、环境效益进行预测,为项目决策提供依据的一种综合性的系统分析方法。

建设项目经济评价是项目可行性研究的有机组成部分和重要内容,是项目决策科学化的重要手段。经济评价的目的是根据国民经济和社会发展战略及行业、地区发展规划的要求,在做好市场需求预测及厂址选择、工艺技术选择等工程技术研究的基础上,计算项目的效益和费用,通过多方案比较,对拟建项目的财务可行性和经济合理性进行分析论证,做出全面的经济评价,为项目的科学决策提供依据。

按我国现行评价制度,建设项目经济评价分为财务评价和国民经济评价两个层次。财务评价是在国家财税制度和价格体系条件下,从项目财务角度分析、计算项目的财务赢利能力和借款清偿能力,以判断项目的财务可行性。财务评价可分为融资前分析和融资后分析,一般宜先进行融资前分析。在融资前分析结论满足要求的情况下，初步设定融资方案，再进行融资后分析。国民经济评价是从国家整体角度出发分析、计算项目对国民经济的净贡献，以判断项目经济的合理性。

财务评价是建设项目经济评价中的微观层次，它主要从微观投资主体的角度分析项目可以给投资主体带来的效益以及投资风险。根据《关于建设项目经济评价工作的若干规定（第三版）》，财务评价的内容应根据项目的性质和目标确定。对于经营性项目，财务评价应通过编制财务分析报表，计算财务指标，分析项目的赢利能力、偿债能力和财务生存能力，判断项目的财务可接受性，明确项目对财务主体及投资者的价值贡献，为项目决策提供依据；对于非经营性项目，财务分析应主要分析项目的财务生存能力。

3.1.2.2 可行性研究的作用

可行性研究主要有以下五方面作用。

（1）工程项目的可行性研究是确定项目是否进行投资决策的依据。

（2）可行性研究是编制项目初步设计的依据。

（3）可行性研究是国家各级计划综合部门对固定资产投资实行调控管理、编制发展计划、固定资产投资、技术改造投资的重要依据。

（4）可行性研究是项目建设单位拟定采用新技术、新设备，研制供需采购计划的依据。

（5）批准的可行性研究是项目建设单位向国土开发及土地管理部门申请建设用地的依据。

3.1.3 投资估算概述

3.1.3.1 投资估算的概念

根据《建设项目投资估算编审规程》（CECE/GC 1—2007）规定，投资估算是“在项目决策过程中，对建设项目投资数额（包括工程造价和流动资金）进行估计”。

3.1.3.2 投资估算的作用

投资估算涉及项目规划、项目建议书、初步可行性研究、可行性研究等阶段，是项目决策的重要依据之一。投资估算的准确性不仅影响可行性研究工作的质量和经济评价结果，还直接关系到下一阶段设计概算和施工图预算的编制。因此，应全面准确地对建设项目建设总投资进行投资估算。其中，投资估算在不同阶段的误差率要求及作用如表 3-1-1 所示。

表 3-1-1　投资估算各阶段的误差率及作用

序号	阶段名称	估算误差率	作用
1	项目规划阶段	≥ ±30%	否定一个项目或继续进行研究的依据之一
			仅具参考作用，无约束力
2	项目建议书阶段	≤ ±30%	领导部门审批项目建议书的依据之一
			据此判断一个项目是否需要进行下一阶段的工作
3	初步可行性研究阶段	≤ ±20%	初步明确项目方案，为项目进行技术经济论证提供依据
			确定是否进行详细可行性研究的依据
4	可行性研究阶段	≤ ±10%	进行较详细的技术经济分析，以决定项目是否可行，并比选出最佳投资方案
			批准后的投资估算额是工程设计任务书中规定的项目投资限额
			批准后的投资估算额对工程设计概算起控制作用

3.1.4 决策方案的比选概述

3.1.4.1 决策方案的比选概念

决策方案的比选一般是指为实现预期投资目标,运用一定的科学理论、方法和手段,通过一定的程序对投资的必要性、投资目标、投资规模、投资方向、投资结构、投资成本与收益等经济活动中重大问题所进行的分析、判断和方案选择。

3.1.4.2 决策方案的比选作用

决策方案的比选是项目决策分析与评价中的一项重要工作,所构造的方案是项目前期工作研究成果的重要组成部分,其作用体现在以下六个方面。

(1)在市场、资源研究的基础上,研究确定产品方案和建设规模。

(2)为投资估算、融资方案、财务效益、经济效益、社会效益、环境效益等后续分析工作提供条件。

(3)决策方案比选中反复开展的技术、经济比较,既可完善建设方案,又能优化项目的经济指标等目标。

(4)为项目的初步设计提供依据。

(5)为建设用地预审报告、项目选址报告、项目安全条件论证与项目安全预评价、项目申请报告、环境影响报告书(含项目环境风险评价)、水资源论证报告、建设项目场地地震安全性评价、地质灾害危险性评估、职业病危害预评价、金融机构贷款评估等相关工作提供基础数据和材料。

(6)为建设资源节约型社会,提供节能、节水、节地等资源性利用标准和设计技术。

一个好的决策方案,是实现项目目标、增加投资收益、规避投资风险的基础,因此,决策方案比选工作的好坏,往往对项目的科学性决策起着关键性作用。

3.2 可行性研究报告

3.2.1 依据

可行性研究报告的依据有以下六个方面。

(1)国家经济发展的长远规划、国家经济建设的方针及任务和技术经济政策。部门、地区发展规划,经济建设的方针、任务、产业政策和投资政策。

(2)国家颁发的评价方法与参数,如国家基准收益率、行业基准收益率、外汇影子汇率、价格换算参数等。

(3)国家正式颁发的技术法规和技术标准以及有关行业的工程技术、经济方面的规范、标准、定额资料。

(4)厂址选择、工程设计、技术经济分析所需的地理、气象、水文、地质、自然和经济、社会、环保等基础资料和数据。

(5)批准的项目建议书和委托单位的要求。

(6)对于大中型骨干建设项目,必须具有国家批准的资源报告、国土开发整治规划、区域规划、工业基地规划。

3.2.2 程序

当项目建议书经国家计划部门、贷款部门审定批准后，该项目即可立项。项目业主或承办单位就可以以签订合同的方式委托有资格的咨询公司（或设计单位）着手编制拟建项目可行性研究报告。双方签订的合同中，应规定研究工作的依据、研究范围和内容、前提条件、研究工作质量和进度安排、费用支付方法、协作方式及合同双方的责任和关于违约的处理方法。受托人与委托单位签订咨询合同后，即可开展可行性研究工作。一般按以下程序开展工作，如图3-2-1所示。

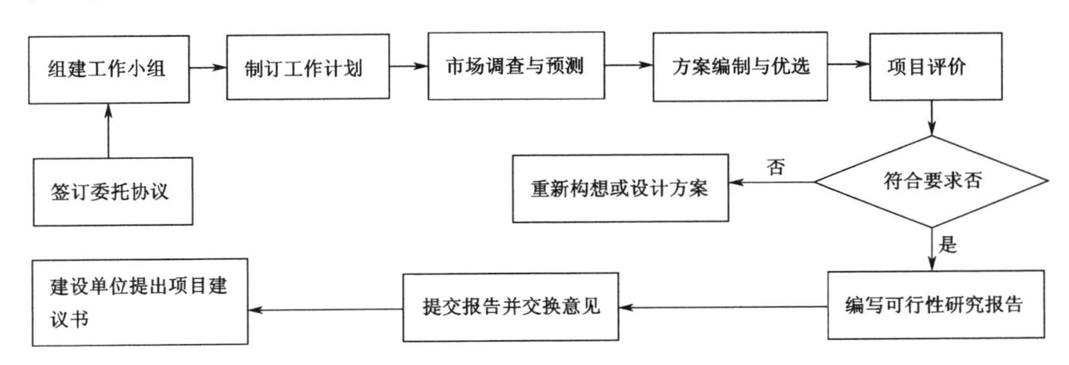

图3-2-1　可行性研究报告编制程序

(1)签订委托协议。可行性研究报告编制单位与委托单位，就可行性研究报告编制工作的范围、重点、深度要求、完成时间、费用预算和质量要求交换意见，并签订委托协议，据以开展可行性研究各阶段工作。

(2)组建工作小组，制订工作计划。了解有关部门与委托单位对建设项目的意图，并组建工作小组（即造价咨询项目部），制订工作计划。

(3)调查研究与收集资料。造价咨询项目部应组织收集和查阅与项目有关的自然环境、经济与社会等基础资料和文件资料，并拟定调研提纲，组织人员赴现场进行实地踏勘与抽样调查，收集整理所得的设计基础资料。通过分析论证，研究项目建设必要性。

(4)方案设计和优选。根据项目建议书要求，结合市场和资源调查，选择建设地点，确定生产工艺，建立几种可供选择的技术方案和建设方案，结合实际条件进行方案论证和比较，从中选出最优方案，研究论证项目在技术上的可行性。

(5)经济分析和评价。项目经济分析人员根据调查资料和相关规定，选定与本项目有关的经济评价基础数据和定额指标参数，对选定的最佳建设总体方案进行详细的财务预测、财务效益分析、国民经济评价和社会效益评价。研究论证项目在经济方面和社会方面赢利性与合理性，进一步提出资金筹集建议和制订项目实施总进度计划。

(6)编写可行性研究报告。项目可行性研究各专业方案，经过技术经济论证和优化后，由各专业组分工编写，经项目负责人衔接协调，综合汇总，提出可行性研究报告初稿。

(7)与委托单位交换意见。

3.2.3 内容

1. 总论

(1)项目提出的背景与概况。

(2)可行性研究报告编制的依据。

(3)项目建设条件。
(4)问题与建议。

2. 市场预测

(1)市场现状调查。
(2)产品供需预测。
(3)价格预测。
(4)竞争力与营销策略。
(5)市场风险分析。

3. 资源条件评价

(1)资源可利用量。
(2)资源品质情况。
(3)资源赋存条件。
(4)资源开发价值。

4. 建设规模与产品方案

(1)建设规模与产品方案构成。
(2)建设规模与产品方案的比选。
(3)推荐的建设规模与产品方案。
(4)技术改造项目推荐方案与原企业设施利用的合理性。

5. 场(厂)址选择

(1)场(厂)址现状及建设条件描述。
(2)场(厂)址方案比选。
(3)推荐的场(厂)址方案。
(4)技术改造项目场(厂)址与原企业的依托关系。

6. 技术、设备、工程方案

(1)技术方案选择。
(2)主要设备方案选择。
(3)工程方案选择。
(4)技术改造项目的技术设备方案与改造前比较。

7. 原材料、燃料供应

(1)主要原材料供应方案选择。
(2)燃料供应方案选择。

8. 总图运输与公用辅助工程

(1)总图布置方案。
(2)场(厂)内外运输方案。
(3)公用工程与辅助工程方案。
(4)技术改造项目与原企业设施的协作配套。

9. 节能措施

(1)节能设施。
(2)能耗指标分析(技术改造项目应与原企业能耗比较)。

10. 节水措施

(1)节水设施。
(2)水耗指标分析(技术改造项目应与原企业水耗比较)。

11. 环境影响评价

(1)环境条件调查。

(2)影响环境因素分析。

(3)环境保护措施。

(4)技术改造项目与原企业环境状况比较。

12. 劳动安全卫生与消防

(1)危险因素和危害程度分析。

(2)安全防范措施。

(3)卫生保健措施。

(4)消防措施。

13. 组织机构与人力资源配置

(1)组织机构设置及其适应性分析。

(2)人力资源配置。

(3)员工培训。

14. 项目实施进度

(1)建设工期。

(2)实施进度安排。

(3)技术改造项目的建设与生产的衔接。

15. 投资估算

(1)投资估算范围与依据。

(2)建设投资估算。

(3)流动资金估算。

(4)总投资额及分年投资计划。

16. 融资方案

(1)融资组织形式选择。

(2)资本金筹措。

(3)债务资金筹措。

(4)融资方案分析。

17. 财务评价

(1)财务评价基础数据与参数选取。

(2)销售收入与成本费用估算。

(3)财务评价报表。

(4)赢利能力分析。

(5)偿债能力分析。

(6)不确定性分析。

(7)财务评价结论。

18. 国民经济评价

(1)影子价格及评价参数选取。

(2)效益费用范围与数值调整。

(3)国民经济评价报表。

(4)国民经济评价指标。

(5)国民经济评价结论。

19. 社会评价

(1)项目对社会影响分析。

(2)项目与所在地互适性分析。

(3)社会风险分析。

(4)社会评价结论。

20. 风险分析

(1)项目主要风险识别。

(2)风险程度分析。

(3)防范风险对策。

21. 研究结论与建议

(1)推荐方案总体描述。

(2)推荐方案的优缺点描述。

(3)主要对比方案。

(4)结论与建议。

3.2.4 方法

根据《投资项目可行性研究指南(试用版)》第一部分——可行性研究内容和方法中列举的可行性研究内容的方法及参考其他相关文献,归纳见表 3-2-1。

表 3-2-1 可行性研究的方法

<table>
<tr><th>序号</th><th>可行性研究内容</th><th colspan="2">方法</th></tr>
<tr><td rowspan="6">1</td><td rowspan="6">市场调查</td><td rowspan="3">抽样调查法</td><td>随机抽样</td></tr>
<tr><td>分层抽样</td></tr>
<tr><td>分群抽样</td></tr>
<tr><td rowspan="3">专家调查法</td><td>专家访谈</td></tr>
<tr><td>专家会议</td></tr>
<tr><td>特尔菲法</td></tr>
<tr><td rowspan="12">2</td><td rowspan="12">市场预测</td><td colspan="2">特尔菲法</td></tr>
<tr><td colspan="2">回归分析法</td></tr>
<tr><td colspan="2">趋势外推法</td></tr>
<tr><td colspan="2">弹性分析法</td></tr>
<tr><td colspan="2">投入产出分析法</td></tr>
<tr><td colspan="2">简单移动平均法</td></tr>
<tr><td colspan="2">简单指数平滑法</td></tr>
<tr><td colspan="2">霍特双参数线性指数平滑法</td></tr>
<tr><td colspan="2">时间序列分解法</td></tr>
<tr><td colspan="2">产品终端消费法</td></tr>
<tr><td colspan="2">马尔可夫转移概率矩阵法</td></tr>
<tr><td colspan="2">比价法</td></tr>
</table>

续表

<table>
<tr><th>序号</th><th>可行性研究内容</th><th colspan="2">方法</th></tr>
<tr><td rowspan="5">3</td><td rowspan="5">交通量需求预测方法</td><td colspan="2">趋势类推法</td></tr>
<tr><td colspan="2">弹性分析法</td></tr>
<tr><td colspan="2">OD 调查法</td></tr>
<tr><td colspan="2">专家调查法</td></tr>
<tr><td colspan="2">四阶段模型系统法</td></tr>
<tr><td rowspan="6">4</td><td rowspan="6">多方案经济比较方法</td><td rowspan="4">效益比选方法</td><td>净现值比较法</td></tr>
<tr><td>净年值比较法</td></tr>
<tr><td>净现值率比较法</td></tr>
<tr><td>差额投资财务内部收益率法</td></tr>
<tr><td rowspan="2">费用比选方法</td><td>费用现值比较法</td></tr>
<tr><td>等额年费用比较法</td></tr>
<tr><td rowspan="4">5</td><td rowspan="4">风险概率分析方法</td><td rowspan="2">变量概率的确定方法</td><td>特尔菲法</td></tr>
<tr><td>历史数据推定法</td></tr>
<tr><td colspan="2">概率树分析法</td></tr>
<tr><td colspan="2">蒙特卡洛模拟法</td></tr>
</table>

在可行性研究阶段,也可以运用价值管理的方法。主要是通过优化方案设计,求得一个最佳的设计方案,从而确定一个合理的投资估算。此阶段,建设工程的范围、组成、功能、标准、结构形式等并不是十分明确,所以优化的限制条件较少,优化的内容较多,对工程造价的影响也最大,应是应用价值工程进行全过程造价管理的重点。一切发生费用的地方都可以运用价值管理的基本原理和方法来提高产品或作业的价值,在工程项目可行性研究中,除了全面应用价值工程的思想进行工程项目价值分析之外,尤其是应将表 3-2-2 中所列内容作为价值管理的主要研究对象。

表 3-2-2　价值管理在可行性研究中的应用

序号	应用对象	应用方法	应用结果
1	工程项目的资源开发条件	从资源的可利用量、资源品质、资源储存条件、资源开发价值等方面对资源开发利用的可能性、合理性和可靠性进行综合评价	为确定项目的开发方案和建设规模提供依据
2	拟建项目的建设规模和产品方案	从单位产品生产能力(或者使用效益)投资、投资效益(即投入产出比、劳动生产率)、多产品项目资源综合利用方案与效益等方面进行综合评价和优选	为确定项目技术方案、设备方案、工程方案、原材料燃料供应方案及投资估算提供可靠依据
3	多个场址方案	从场址的工程条件(主要有占用土地种类及面积、地形地貌气候条件、地质条件、地震情况、征地拆迁移民安置条件、社会依托条件、环境条件、交通运输条件、施工条件等)和经济性条件(建设投资、运营费用)两个方面分析	选择可使工程项目价值最大化的具体坐落位置
4	工程项目的技术方案	从技术的先进程度、技术的可靠程度、技术对产品质量性能的保证程度、技术对原材料的适应性、工艺流程的合理性、自动化控制水平、技术获得的难易程度、对环境的影响程度、购买技术或专利费用等方面分析	选择可使项目价值最大化的技术方案

续表

序号	应用对象		应用方法	应用结果
5	工程项目的主要设备方案		分析各设备方案对建设规模的满足程度、对产品质量和生产工艺要求的保证程度、设备使用寿命、物料消耗指标、备品备件保证程度、安装试车技术服务、设备投资等方面	选择可使工程项目价值最大化的主要设备方案
6	工程项目的工程方案	一般工业项目	分析建筑面积、建筑层数、建筑高度、建筑跨度、建筑物构筑物的结构形式、建筑防火、建筑防爆、建筑防腐蚀、建筑隔音、建筑隔热、基础工程方案、抗震设防等方面	选择可使工程项目价值最大化的工程方案
		房地产开发项目	从配套设施性能、环境协调性、居住适用性、科技智能性、美学性能和经济等方面评价	选择可使住宅开发项目价值最大化的设计方案
7	工程项目的主要原材料燃料供应方案		从满足生产要求的程度、采购来源的可靠程度以及价格和运输费用等方面评价	选择可使工程项目价值最大化的主要原材料燃料供应方案
8	工程项目的总图布置方案		从技术经济指标(主要包括场区占地面积、建筑物构筑物占地面积、道路和铁路占地面积、土地利用系数、建筑系数、绿化系数、土石方挖填工程量、地上和地下管线量、防洪治涝措施工程量、不良地质处理工程量以及总图布置费用等)和功能方面(生产流程的短捷、流畅、连续程度,内部运输的便捷程度以及满足安全生产程度等)进行综合评价	获得可使工程项目价值最大化的总平面布置图
9	工程项目的场内外运输方案		从运输量、运输方式、运输路线、运输设备和运输设施等方面进行分析	选择可使工程项目价值最大化的场内外运输方案
10	工程项目环境保护治理措施的各局部方案和总体方案		从技术水平对比、治理效果对比、管理及监测方式对比、环境效益对比等方面进行分析	选择可使工程项目价值最大化的环境保护治理措施方案
11	工程项目的安全措施方案		针对不同危害和危险性因素的场所、范围及危害程度,从安全防护措施、满足劳动安全规范的生产工艺、防护和卫生保健措施等方面进行分析	选择可使工程项目价值最大化的安全措施方案
12	工程项目组织机构的设置方案		从组织机构模式、管理层次、管理跨度、人员的构成等方面进行分析	选择可使工程项目价值最大化的组织机构设置方案
13	工程项目的融资方案		从资金来源、融资结构(资本金、与债务资金的比例、股本构成、债务结构)、融资成本(债务资金融资成本、资本融资成本)、融资风险(资金供应风险、利率风险、汇率风险)等方面进行分析	选择可使工程价值最大化的融资方案
14	工程项目的社会评价		对项目可行性研究拟定的建设地点、技术方案和工程方案中涉及的主要社会因素进行定性和定量分析	比选推荐社会正面影响大、社会负面影响小的方案

鉴于工程项目可行性研究阶段的特点,重点推荐使用40小时工作法、澳大利亚法和日本3小时工作法,在具体的价值管理研究中,价值工程价值优选的基本方法均可以使用。

3.2.5 注意事项

1. 正确对待市场与价格的预测

对于一个具体建设项目特别是经营性项目来说,市场和价格就是影响项目成败的关键所在。市场走向和价格高低往往成为项目经济上是否可行的最重要砝码,预测的准确与否直接关系到经济评价结果的可靠性。

在实际工作中,经常遇到这种情况,即一种产品的销售价格在短短几个月内涨落很大。同一个项目半年之内的财务评价结果可能截然相反,问题就在于产品销售价格预测。因此,要保持评价结果的科学

性，且经得住时间的推敲，必须重视市场与价格的预测，既要了解市场的过去和现状，更要掌握市场的发展趋势，用动态的观念、动态的方法收集动态的市场信息进行整理、分析和运用。要确定合理的预测价格，需要考虑多种因素，包括国内外市场走向、开工率、市场占有率、市场服务范围、区域条件、运输条件、外贸进出口情况、相关行业的情况、税收等，要制定合理预测模型，进行必要的概率分析，预测应该是有科学根据的预测，不能是随意和盲目的人为取舍。

2. 风险分析应作为可行性研究报告强调的重点内容

目前国内可行性研究报告虽已设有风险分析专篇，但对项目的风险分析却重视不够，尤其对市场、投资以及经济效益方面可能出现的各种情况以及项目的影响程度分析预测不够，导致许多项目实施后实际数据与可研出入很大，甚至完全失实。尽管可行性研究报告中做了敏感性分析，并显示项目效益对一种或几种不确定因素敏感的程度，但决策者认识不够，仅依据方案内部收益率和还款期的大小进行决策，显得过分简单，容易导致失误，造成无可挽回的损失。投资项目的建设要耗费大量资金、物资和人力等宝贵资源，且一旦建成，难于更改，因此投资项目的风险防范和控制更显重要。为了有效地防范和控制风险，不仅在投资项目的前期工作中需进行风险分析和风险对策研究，更重要的是在项目实施过程及经营中应有效地进行风险评价和风险分析。

3. 应考虑通货膨胀及其影响

近年来，许多建设项目财务评价的失实，与过于简化评价影响因素是分不开的，通货膨胀就是其中很重要的基础数据之一。尽管在计算 FIRR（Financial Internal Rate of Return，财务内部收益率）等赢利能力指标时，剔除通货膨胀因素，但通货膨胀对清偿能力的影响不容忽视。世界银行在项目评价中，把所采用价格分为其基价、现价和实价，这种划分很有道理，不同的价格有不同的用途，目的是真实地反映项目实际财务状况，使财务评价结果更趋于相对合理和准确。

4. 清偿能力分析应给予重视

在项目评价中，一般以全部投资 FIRR 来判定经济上的可行性。人们对赢利能力分析的理解和接受程度要高于清偿能力分析。然而，清偿能力指标分析也决不能忽视。在项目实施过程中，清偿能力指标较赢利能力指标来得更为直观、清晰，一个项目如果背着沉重的债务包袱，那是极其危险的。同时，银行在评估项目的时候，对资产负债较高的项目，也是难以放贷的。

3.2.6 成果文件

3.2.6.1 格式

1. 报告书文本排序格式

可行性研究报告书的格式如下。

（1）封面。项目名称、研究阶段、编制单位、出版年月，并加盖编制单位印章。

（2）封一。编制单位资格证书。如工程咨询资质证书、工程设计证书。

（3）封二。编制单位的项目负责人、技术管理负责人、法定代表人名单。

（4）封三。编制人、校核人、审核人、审定人名单。

（5）目录。

（6）正文。内容包括总论，市场预测，资源条件评价，建设规模与产品方案，场址选择，技术、设备、工程方案，原材料、燃料供应，总图运输与公用辅助工程，节能措施，节水措施，环境影响评价，劳动安全卫生与消防，组织机构与人力资源配置，项目实施进度，投资估算，融资方案，财务评价，国民经济评价，社会评价，风险分析，研究结论与建议等 21 个方面。

（7）附图、附表、附件。附图主要为规划图、平面图、流程图或建筑方案图等。附表主要为投资估算

表、财务评价表等。附件主要为批复文件、审批文件等。

2. 文本的外形尺寸统一

报告书的外形尺寸统一为A4(210 mm×297 mm)。

3.2.6.2 表格

(1)封面。见表3-2-3。

表3-2-3 可行性研究报告封面

×××项目 可行性研究报告   编制单位:(单位盖章) 编制日期: 年 月 日

(2)封一。见表3-2-4。

表3-2-4 可行性研究报告封一

工程咨询资质证书:(盖资质章) 工程咨询资质证书编号: 工程咨询资质证书有效期: 年 月 日— 年 月 日 工程设计证书:(盖资质章) 工程设计证书编号: 工程设计证书有效期: 年 月 日— 年 月 日

(3)封二。见表3-2-5。

表3-2-5 可行性研究报告封二

编制单位负责人:(签字或盖章) 技术管理负责人:(签字或盖章) 法定代表人:(签字或盖章)

(4)封三。见表3-2-6。

表3-2-6 可行性研究报告封三

编制人:(签字或盖章) 校核人:(签字或盖章) 审核人:(签字或盖章) 审定人:(签字或盖章)

(4)目录。见表3-2-7。

表3-2-7　可行性研究报告目录

目录
第一章　总论
第二章　市场预测
第三章　资源条件评价
第四章　建设规模与产品方案
第五章　场址选择
第六章　技术、设备、工程方案
第七章　原材料、燃料供应
第八章　总图运输与公用辅助工程
第九章　节能措施
第十章　节水措施
第十一章　环境影响评价
第十二章　劳动安全卫生与消防
第十三章　组织机构与人力资源配置
第十四章　项目实施进度
第十五章　投资估算
第十六章　融资方案
第十七章　财务评价
第十八章　国民经济评价
第十九章　社会评价
第二十章　风险分析
第二十一章　研究结论与建议

(5)正文部分格式。以一般工业建设项目可行性研究报告为例,可行性研究报告书格式如下。

一、总论

(一)项目背景

1. 项目名称

2. 承办单位概况(新建项目指筹建单位情况,技术改造项目指原企业情况,合资项目指合资各方情况)

3. 可行性研究报告编制依据

4. 项目提出的理由与过程

(二)项目概况

1. 拟建地点

2. 建设规模与目标

3. 主要建设条件

4. 项目投入总资金及效益情况

5. 主要技术经济指标

(三)问题与建议

二、市场预测

(一)产品市场供应预测

1. 国内外市场供应现状

2. 国内外市场供应预测

(二)产品市场需求预测

1. 国内外市场需求现状

2. 国内外市场需求预测
(三)产品目标市场分析
1. 目标市场确定
2. 市场占有份额分析
(四)价格现状与预测
1. 产品国内市场销售价格
2. 产品国际市场销售价格
(五)市场竞争力分析
1. 主要竞争对手情况
2. 产品市场竞争力优势、劣势
3. 营销策略
(六)市场风险

三、资源条件评价(指资源开发项目)

(一)资源可利用量
矿产地质储量、可采储量、水利水能资源蕴藏量,森林蓄积量等。
(二)资源品质情况
矿产品位、物理性能、化学组分,煤炭热值、灰分、硫分等。
(三)资源赋存条件
矿体结构、埋藏深度、岩体性质,含油气地质构造等。
(四)资源开发价值
资源开发利用的技术经济指标。

四、建设规模与产品方案

(一)建设规模
1. 建设规模方案比选
2. 推荐方案及其理由
(二)产品方案
1. 产品方案构成
2. 产品方案比选
3. 推荐方案及其理由

五、场址选择

(一)场址所在位置现状
1. 地点与地理位置
2. 场址土地权属类别及占地面积
3. 土地利用现状
4. 技术改造项目现有场地利用情况
(二)场址建设条件
1. 地形、地貌、地震情况
2. 工程地质与水文地质
3. 气候条件
4. 城镇规划及社会环境条件
5. 交通运输条件
6. 公用设施社会依托条件(水、电、汽、生活福利)
7. 防洪、防潮、排涝设施条件
8. 环境保护条件

9. 法律支持条件
10. 征地、拆迁、移民安置条件
11. 施工条件
(三)场址条件比选
1. 建设条件比选
2. 建设投资比选
3. 运营费用比选
4. 推荐场址方案
5. 场址地理位置图

六、技术方案、设备方案和工程方案

(一)技术方案
1. 生产方法(包括原料路线)
2. 工艺流程
3. 工艺技术来源(需引进国外技术的,应说明理由)
4. 推荐方案的主要工艺(生产装置)流程图、物料平衡图,物料消耗定额表
(二)主要设备方案
1. 主要设备选型
2. 主要设备来源(进口设备应提出供应方式)
3. 推荐方案的主要设备清单
(三)工程方案
1. 主要建、构筑物的建筑特征、结构及面积方案
2. 矿建工程方案
3. 特殊基础工程方案
4. 建筑安装工程量及"三材"用量估算
5. 技术改造项目原有建、构筑物利用情况
6. 主要建、构筑物工程一览表

七、主要原材料、燃料供应

(一)主要原材料供应
1. 主要原材料品种、质量与年需要量
2. 主要辅助材料品种、质量与年需要量
3. 原材料、辅助材料来源与运输方式
(二)燃料供应
1. 燃料品种、质量与年需要量
2. 燃料供应来源与运输方式
(三)主要原材料、燃料价格
1. 价格现状
2. 主要原材料、燃料价格预测
(四)编制主要原材料、燃料年需要量表

八、总图运输与公用辅助工程

(一)总图布置
1. 平面布置
列出项目主要单项工程的名称、生产能力、占地面积、外形尺寸、流程顺序和布置方案。
2. 竖向布置
(1)场区地形条件

(2)竖向布置方案
(3)场地标高及土(石)方工程量
3. 技术改造项目原有建、构筑物利用情况
4. 总平面布置图(技术改造项目应标明新建和原有以及拆除的建、构筑物的位置)
5. 总平面布置主要指标表
(二)场内外运输
1. 场外运输量及运输方式
2. 场内运输量及运输方式
3. 场内运输设施及设备
(三)公用辅助工程
1. 给排水工程
(1)给水工程(用水负荷、水质要求、给水方案)
(2)排水工程(排水总量、排水水质、排放方式和泵站管网设施)
2. 供电工程
(1)供电负荷(年用电量、最大用电负荷)
(2)供电回路及电压等级的确定
(3)电源选择
(4)场内供电输变电方式及设备设施
3. 通信设施
(1)通信方式
(2)通信线路及设施
4. 供热设施
5. 空分、空压及制冷设施
6. 维修设施
7. 仓储设施

九、节能措施

(一)节能措施
(二)能耗指标分析

十、节水措施

(一)节水措施
(二)水耗指标分析

十一、环境影响评价

(一)场址环境条件
(二)项目建设和生产对环境的影响
1. 项目建设对环境的影响
2. 项目生产过程产生的污染物对环境的影响
(三)环境保护措施方案
(四)环境保护投资
(五)环境影响评价

十二、劳动安全卫生与消防

(一)危害因素和危害程度
1. 有毒有害物品的危害
2. 危险性作业的危害
(二)安全措施方案

1. 采用安全生产和无危害的工艺和设备
2. 对危害部位和危险作业的保护措施
3. 危险场所的防护措施
4. 职业病防护和卫生保健措施
(三)消防设施
1. 火灾隐患分析
2. 防火等级
3. 消防设施

十三、组织机构与人力资源配置

(一)组织机构
1. 项目法人组建方案
2. 管理机构组织方案和体系图
3. 机构适应性分析
(二)人力资源配置
1. 生产作业班次
2. 劳动定员数量及技能素质要求
3. 职工工资福利
4. 劳动生产率水平分析
5. 员工来源及招聘方案
6. 员工培训计划

十四、项目实施进度

(一)建设工期
(二)项目实施进度安排
(三)项目实施进度表(横线图)

十五、投资估算

(一)投资估算依据
(二)建设投资估算
1. 建筑工程费
2. 设备及工器具购置费
3. 安装工程费
4. 工程建设其他费用
5. 基本预备费
6. 涨价预备费
7. 建设期利息
(三)流动资金估算
(四)投资估算表
1. 项目投入总资金估算汇总表
2. 单项工程投资估算表
3. 分年投资计划表
4. 流动资金估算表

十六、融资方案

(一)资本金筹措

1. 新设项目法人项目资本金筹措
2. 既有项目法人项目资本金筹措
(二)债务资金筹措
(三)融资方案分析

十七、财务评价

(一)新设项目法人项目财务评价
1. 财务评价基础数据与参数选取
(1)财务价格
(2)计算期与生产负荷
(3)财务基准收益率设定
(4)其他计算参数
2. 销售收入估算(编制销售收入估算表)
3. 成本费用估算(编制总成本费用估算表和分项成本估算表)
4. 财务评价报表
(1)财务现金流量表
(2)损益和利润分配表
(3)资金来源与运用表
(4)借款偿还计划表
5. 财务评价指标
(1)赢利能力分析
a. 项目财务内部收益率
b. 资本金收益率
c. 投资各方收益率
d. 财务净现值
e. 投资回报期
f. 投资利润率
(2)偿债能力分析(借款偿还期或利息备付率和偿债备付率)
(二)既有项目法人项目财务评价
1. 财务评价范围确定
2. 财务评价基础数据与参数选取
(1)“有项目”数据
(2)“无项目”数据
(3)增量数据
(4)其他计算参数
3. 销售收入估算(编制销售收入估算表)
4. 成本费用估算(编制总成本费用估算表和分项成本估算表)
5. 财务评价报表
(1)增量财务现金流量表
(2)“有项目”损益和利润分配表
(3)“有项目”资金来源与运用表
(4)借款偿还计划表
6. 财务评价指标

(1)赢利能力分析
a. 项目财务内部收益率
b. 资本金收益率
c. 投资各方收益率
d. 财务净现值
e. 投资回报期
f. 投资利润率
(2)偿债能力分析(借款偿还期或利息备付率和偿债备付率)
(三)不确定性分析
1. 敏感性分析(编制敏感性分析表,绘制敏感性分析图)
2. 盈亏平衡分析(绘制盈亏平衡分析图)
(四)财务评价结论

十八、国民经济评价

(一)影子价格及通用参数选取
(二)效益费用范围调整
1. 转移支付处理
2. 间接效益和间接费用计算
(三)效益费用数值调整
1. 投资调整
2. 流动资金调整
3. 销售收入调整
4. 经营费用调整
(四)国民经济效益费用流量表
1. 项目国民经济效益费用流量表
2. 国内投资国民经济效益费用流量表
(五)国民经济评价指标
1. 经济内部收益率
2. 经济净现值
(六)国民经济评价结论

十九、社会评价

(一)项目对社会的影响分析
(二)项目与所在地互适性分析
1. 利益群体对项目的态度及参与程度
2. 各级组织对项目的态度及支持程度
3. 地区文化状况对项目的适应程度
(三)社会风险分析
(四)社会评价结论

二十、风险分析

(一)项目主要风险因素识别
(二)风险程度分析
(三)防范和降低风险对策

二十一、研究结论与建议

(一)推荐方案的总体描述

(二)推荐方案的优缺点描述

1. 优点

2. 存在的问题

3. 主要争论与分歧意见

(三)主要对比方案

1. 方案描述

2. 未被采纳的理由

(四)结论与建议

附图、附表、附件

(一)附图

1. 场址位置图

2. 工艺流程图

3. 总平面布置图

(二)附表

1. 投资估算表

1)项目投入总资金估算汇总表

2)主要单项工程投资估算表

3)流动资金估算表

2. 财务评价报表(销售收入、销售税金及附加估算表)

(三)附件

1. 项目建议书(初步可行性研究报告)的批复文件

2. 环保部门对项目环境影响的批复文件

3. 资源开发项目有关资源勘察及开发的审批文件

4. 主要原材料,燃料及水、电、汽供应的意向性协议

5. 项目资本金的承诺证明及银行等金融机构对项目贷款的承诺函

6. 中外合资、合作项目各方草签的协议

7. 引进技术考察报告

8. 土地主管部门对场址批复文件

9. 新技术开发的技术鉴定报告

10. 组织股份公司草签的协议

5. 投资估算表

详见本章 3.3 节。

6. 财务评价报表

(1)销售收入、销售税金及附加和增值税表,分别见表 3-2-8。

表 3-2-8　销售收入、销售税金及附加和增值税估算表

单位:万元

序号	项目	合计	计算期				
			1	2	3	……	*n*
1	销售(营业)收入						
1.1	产品 A 销售收入						
	单价(含税)						

续表

序号	项目	合计	计算期				
			1	2	3	……	n
	销售量						
	销项税额						
1.2	产品A销售收入						
	单价(含税)						
	销售量						
	销项税额						
	⋮						
2	销售(营业)税金及附加						
2.1	营业税						
2.2	消费税						
2.3	城市建设维护费						
2.4	教育费附加						
3	增值税						
	销项税额						
	进项税额						

(2)总成本费用估算表,见表3-2-9。

表3-2-9 总成本费用估算表

单位:万元

序号	达产年份 项目	第一年(200×)	第二年	第三年	第四年	第五年
1	产销量					
2	直接材料					
3	直接燃料和动力					
4	直接人工					
5	制造费用					
5.1	其中:折旧费					
6	副产品回收					
7	生产成本					
8	管理费用					
8.1	其中:折旧与摊销费					
9	销售费用					
10	财务费用					
10.1	其中:利息支出					
11	期间费用					
12	总成本(销售成本)					

续表

序号	达产年份 项目	第一年(200×)	第二年	第三年	第四年	第五年
13	经营成本					

7 = 2 + 3 + 4 + 5 − 6　　11 = 8 + 9 + 10　　12 = 7 + 11　　13 = 12 − 5.1 − 8.1 − 10.1

注:①达产年份指项目产品实现生产和销售的年份;

②假定项目产品总成本与销售成本相同。

(3)财务现金流量表,见表3-2-10。

表3-2-10　财务现金流量表(全部投资)

单位:万元

序号	项目名称	合计	评估基准日	生产期							
			0	1	2	3	4	5	6	7	8
1	现金流入										
1.1	销售收入										
1.2	回收固定资产余值										
1.3	回收流动资金										
1.4	设备进项增值税										
	小计										
2	现金流出										
2.1	固定资产投资										
	更新改造资金										
	勘查投入										
2.2	流动资金										
2.3	经营成本费用										
2.4	销售税金及附加										
2.5	增值税										
2.6	调整所得税										
2.7	盈余公积金										
2.8	公益金										
	小计										
3	所得税前净现金流量										
4	累计所得税前净现金流量										
5	税后净现金流量										
6	税后累计净现金流量										

(4)损益和利润分配表,见表3-2-11。

表 3-2-11 损益及利润分配表

编制： 年 月 日 （每 填表） 单位：元

项目	行次	本月数	本年累计数	项目	行次	本月数	本年累计数
一、营业收入	1			减：应交所得税	20		
减：营业成本	2			其中：减免的所得税	21		
二、毛利	3				22		
毛利率(%)	4			六、税后利润	23		¥
减：营业费用	5			减：应交特种基金	24		
营业税金及附加(已交所得税)	6			其中：能源交通重点建设基金	25		
其中：营业税金	7			预算调节基金	26		
三、经营利润(亏损以“－”号表示)	8			加：上年未分配利润	27		
减：管理费用	9			减：单项留用的利润	28		
财务费用	10			减：归还借贷的利润	29		
其中：利息净支出	11			七、可供分配利润	30		¥
四、营业利润	12			加：盈余公积补亏	31		
加：投资收益	13			减：提取盈余公积	32		
其中：其他单位转来利润	14			其中：公益金	33		
加：营业外收入	15			减：应付利润	34		
减：营业外支出	16			减：转作奖金的利润	35		
加：以前年度损益调整	17				36		
	18			八、未分配利润	37	¥	
五、利润总额	19				38		

（5）资金来源与运用表，见表 3-2-12。

表 3-2-12 资金来源与运用表

单位：万元

序号	名称	年度 1	年度 2	年度 3	年度 4	年度 5	年度 6	年度 7	年度 8
1	资金来源								
1.1	利润总额								
1.2	折旧费								
1.3	摊销费								
1.4	长期借款								
1.5	流动资金借款								
1.6	短期借款								
1.7	自有资金投资								
1.8	回收流动资金								
1.9	回收固定资产余值								
2	资金运用								
2.1	建设投资								

续表

序号	名称	年度1	年度2	年度3	年度4	年度5	年度6	年度7	年度8
2.2	建设期利息								
2.3	流动资金增加额								
2.4	所得税								
2.5	特种基金								
2.6	长期借款本金偿还								
2.7	流动资金借款偿还								
2.8	短期借款偿还								
2.9	其他								
3	盈余资金								
4	累计盈余资金								

(6)借款偿还计划表,见表3-2-13。

表3-2-13　借款偿还计划表

项目名称:　　　　　　　　　　　　　　　　　　　　　　　　编号:

单位:万元

序号	年序 项目	建设期	投产期	达产期				合计
		1	2	3				
一	借款支出及还本付息							
1	年初借款累计							
2	本年借款支用							
3	本年应付利息							
4	本年应还本付息							
(1)	还本							
(2)	付息							
5	年末借款累计							
	其中:利息累计							
二	还款资金来源							
1	利润总额							
2	可用于还款的折旧							
3	可用于还款的其他收益							
4	还款期企业留利							
	合计							

编制单位:　　　　　　　　　　编制人:　　　　　　　　　　年　月　日

7. 国民经济评价表

(1)项目国民经济效益费用流量表,见表3-2-14。

表 3-2-14　项目国民经济效益费用流量表

序号		建设期		投产期		达到设计能力生产期				合计
		1	2	3	4	5	6	…	n	
	生产负荷(%)									
1	效益流量									
1.1	产品销售(营业)收入									
1.2	回收固定资产余值									
1.3	回收流动资金									
1.4	项目间接效益									
2	费用流量									
2.1	固定资产投资									
2.2	流动资金									
2.3	经营费用									
2.4	项目间接费用									
3	净效益流量(1～2)									
计算指标:经济内部收益率 经济净现值($i=$ %)										

(2)国内投资项目国民经济效益费用流量表,见表 3-2-15。

表 3-2-15　国内投资项目国民经济效益费用流量表

单位:万元

序号	年份 项目	建设期		投产期		达到设计能力生产期				合计
		1	2	3	4	5	6	…	n	
	生产负荷(%)									
1	效益流量									
1.1	产品销售(营业)收入									
1.2	回收固定资产余值									
1.3	回收流动资金									
1.4	项目间接效益									
2	费用流量									
2.1	固定资产投资中国内资金									
2.2	流动资金中国内资金									
2.3	经营费用									
2.4	流至国外的资金									
2.4.1	国外借款本金偿还									
2.4.2	国外借款利息支付									
2.4.3	其他									
2.5	项目间接费用									
3	净效益流量(1～2)									
计算指标:经济内部收益率 经济净现值($i=$%)										

注:本表引自《建设项目经济评价方法与参数》,2 版,30 页,北京,中国计划出版社,1994。

3.2.7 可行性研究报告的审核

可行性研究是在建设项目的投资前期,对拟建项目进行全面、系统的技术经济分析和论证,从而对建设项目进行合理选择的一种重要方法。加强对可行性研究报告的审核是非常有必要的。重点应从以下几方面审核。

(1)审核项目厂地、规模、建设方案是否经过多方案比较优选。

(2)审核各项数据是否齐全,可信程度如何。

(3)运用经济评价、效益分析考核指标对投资估算和预计效益进行复核、分析、测评,看是否进行动态分析、静态分析、财务分析、效益分析、重大项目进行国民经济评价。

(4)审核可行性报告审批情况。可行性报告审批的情况主要是审核可行性研究报告是否经其编制单位的行政、技术、经济负责人签字,以示对可行性研究报告负责;是否交有关部门审查,审查机构是否组织多方面专家参加审查会议并据实做出审查意见,审查对可行性机构、对上述审查意见的执行情况等。

(5)审核建设规模的市场预测的准确性。建设规模和市场需求预测准确性的审核主要是审查拟建项目的规模、产品方案是否符合实际需要,对国内外市场预测、价格分析、产品竞争能力、国际市场前瞻性分析是否正确合理。

(6)审查厂址及建设条件。厂址及建设条件从审核角度,主要审查与建设工程相关的地形、地质、水文等条件。

(7)审核建设项目工艺和技术方案,主要看建设项目在工艺技术、设备造型上是否先进,经济上是否合理,如引进设备,还要看是否与国内外之间衔接配套,设备是否在短期内发生功能损耗。

(8)审查交通运输环境条件是否有保证,并从长远规划角度考虑。

(9)审查环境保护的措施,主要审查"三废"治理措施是否与主体工程设计、建设投资同步进行。对于严重污染环境、治理方案不落实的建设工程,审核人员应提出停建或缓建的建议。

(10)审核投资估算和资金的筹措,主要是审查建设资金安排是否合理、估算和概算内容是否完整、指标选用是否合理、资金来源有无正常的来源渠道、贷款有无偿还能力、投资回收期是否正确等。

(11)审查投资效益,主要从建设项目宏观和微观两个方面进行认真审查,可采用建设项目经济评价汇总表表格式审查。

综上所述,对建设项目可行性研究审核是指在项目投资决策阶段,对拟建项目所进行的全面的技术经济分析论证,包括项目前期对拟建项目有关的自然、社会、经济、技术资料的调查、分析和预测研究,构造和比选可行的投资方案,论证项目投资的必然性,项目对主体的适应性和风险性、技术上的先进性和适用性、经济上的赢利性和投资条件上的可能性和可行性。这是一种综合性决策论证分析,包括每种市场调查和预测方法、方案构造和比选决策方法、风险分析方法、技术经济分析方法等,它是横跨工程技术科学、经济管理科学和自然科学的新型综合性学科。投资项目可行性研究和审计是决定和影响投资最重要阶段,在这个阶段要做出关于投资方案、投资实施方向性决策,这个决策不仅要明确回答拟建项目是否应该投资和推荐较好的投资选择,为投资决策提供科学依据,还应更进一步规划、设计和实施提高指导的原则、框架和基础。因此,对可行性研究报告审核的人员必须相当慎重,借助各方面技术力量反复论证、逐步推进,直至取得科学和稳妥的决策。特大项目可行性研究决策和审核工作流程见图3-2-2。

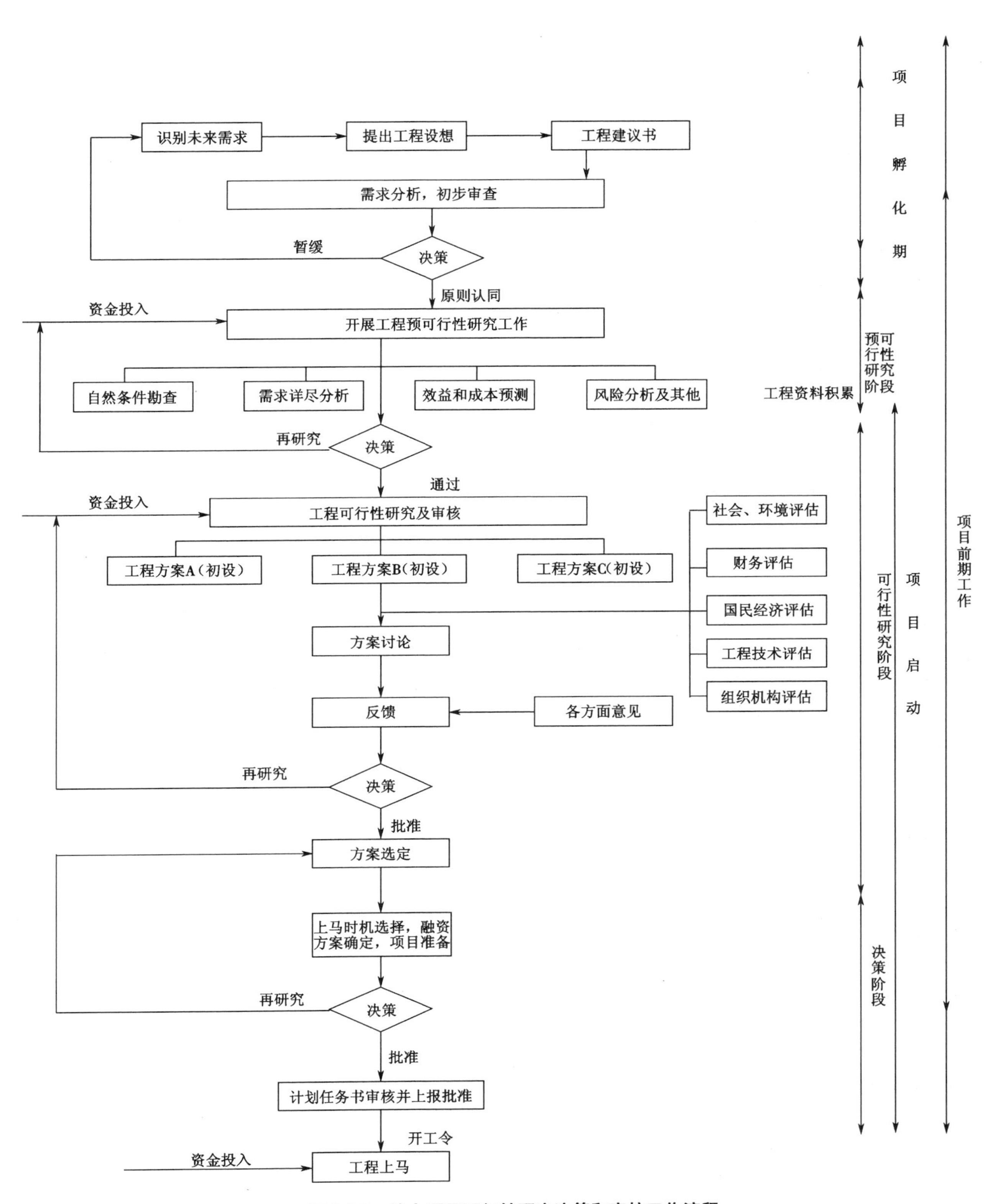

图 3-2-2　特大项目可行性研究决策和审核工作流程

3.3 投资估算

3.3.1 依据

投资估算的依据如下。

(1)国家、行业和地方政府的有关规定。

(2)工程勘察文件与设计文件,图示计量或有关专业提供的主要工程量和主要设备清单。

(3)行业部门、项目所在地工程造价管理机构或行业协会等编制的投资估算指标、概算指标(定额)、工程建设其他费用定额(规定)、综合单价、价格指数和有关造价文件等。

(4)类似工程的各种技术经济指标和参数。

(5)工程所在地的同期的工、料、机市场价格,建筑、工艺及附属设备的市场价格和有关费用。

(6)政府有关部门、金融机构等部门发布的价格指数、利率、汇率、税率等有关参数。

(7)与项目建设相关的工程地质资料、设计文件、图纸等。

(8)委托人提供的其他技术经济资料。

3.3.2 程序

根据投资估算的不同阶段可分为项目建议书阶段的投资估算及可行性研究阶段的投资估算。项目建议书阶段的投资估算一般要求编制总投资估算,常用生产能力指数法、系数估算法、比例估算法、混合法、指标估算法等。

可行性研究阶段的投资估算的编制一般包含静态投资、动态投资与流动资金估算三部分,主要包括以下步骤。

(1)分别估算各单项工程所需的建筑工程费、设备及工器具购置费和安装工程费。

(2)在汇总各单项工程费用的基础上,估算工程建设其他费用和基本预备费。

(3)估算涨价预备费和建设期贷款利息。

(4)估算流动资金。

(5)汇总得到建设项目总投资估算。

其编制流程如图 3-3-1 所示。

3.3.3 内容

建设项目的投资估算一般包括固定资产投资估算和流动资金估算。固定资产投资估算的费用内容包括建设投资及建设期贷款利息,其中建设投资是用于建设项目的工程费用、工程建设其他费用及预备费用之和。工程费用则包括建筑工程费、设备及工器具购置费、安装工程费;预备费包括基本预备费和涨价预备费。从体现资金的时间价值考虑,涨价预备费与建设期利息属于动态投资部分,其余除流动资金外均属于静态投资部分。投资估算的编制内容详见表 3-3-1。

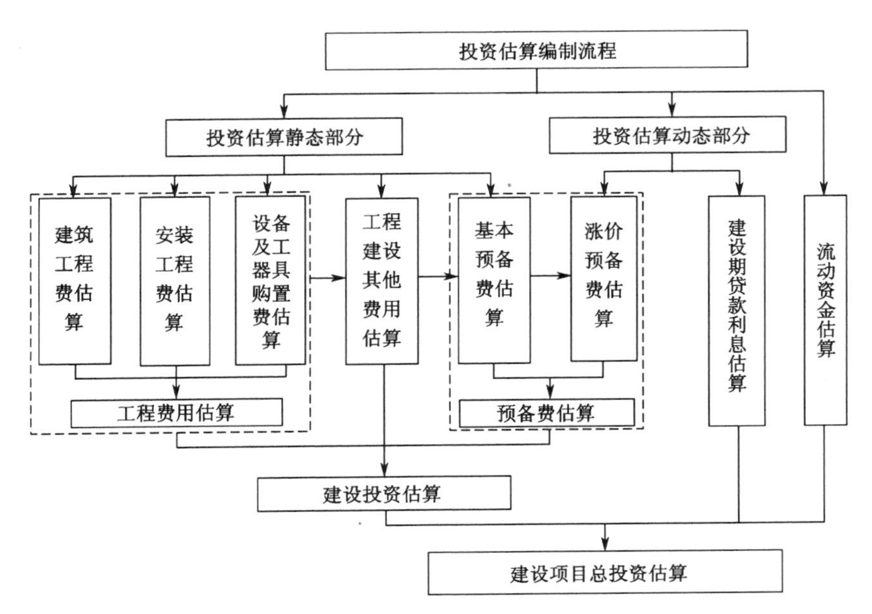

图 3-3-1 建设项目可行性研究阶段投资估算编制工作原理

表 3-3-1 投资估算编制内容

编制内容			解释说明
建设投资	工程费用	建筑工程费	各类房屋建筑工程和列入房屋建筑工程预算的供水、供暖、卫生、通风、煤气等设备费用及其装设、油饰工程的费用，列入建筑工程预算的各种管道、电力、电信和电缆导线敷设工程的费用 设备基础、支柱、工作台、烟囱、水塔、水池、灰塔等建筑工程以及各种炉窑的砌筑工程和金属结构工程的费用 为施工而进行的场地平整，工程和水文地质勘察，原有建筑物和障碍物的拆除以及施工临时用水、电、气、路和完工后的场地清理，环境绿化、美化等工作的费用
		设备及工器具购置费	设备及工器具购置费是指为建设项目购置或自制的达到固定资产标准的各种国产或进口设备、工具、器具的购置费用
		安装工程费	生产、动力、起重、运输、传动和医疗、实验等各种需要安装的机械设备的装配费用，与设备相连的工作台、梯子、栏杆等设施的工程费用，附属于被安装设备的管线敷设工程费用以及被安装设备的绝缘、防腐、保温、油漆等工作的材料费和安装费 为测定安装工程质量，对单台设备进行单机试运转、对系统设备进行系统联动无负荷试运转工作的调试费
	工程建设其他费用		工程建设其他费用是指在建设项目的建设投资开支中，为保证建设顺利完成和交付使用后能够正常发挥效用而发生的固定资产其他费用、无形资产费和其他资产费用
	预备费用	基本预备费	基本预备费是指针对在项目实施过程中可能发生难以预料的支出，需要事先预留的费用
		涨价预备费	涨价预备费是指针对建设项目在建设期间内由于材料、人工、设备等价格可能发生变化引起工程造价的变化，而事先预留的费用
建设期利息			建设期利息是指债务资金在建设期内发生并应计入固定资产原值的利息，包括借款（或债券）利息及手续费、承诺费、管理费等
固定资产投资方向调节税			根据《关于暂停征收固定资产投资方向调节税的通知》（财税字［1999］299 号）中“纳税义务人，其固定资产投资应税项目自 2000 年 1 月 1 日起新发生的投资额，暂停征收固定资产投资方向调节税”的规定，该税款已暂停征收，因此对于该税款的计算下文不再予以介绍

续表

编制内容	解释说明
流动资金	流动资金是指生产经营性项目投产后，用于购买原材料、燃料、支付工资及其他经营费用等所需的周转资金。它是伴随着建设投资而发生的长期占用的流动资产投资

3.3.4 方法

3.3.4.1 项目建议书阶段的投资估算编制方法

项目建议书阶段投资估算的编制方法主要包括：生产能力指数法、系数估算法、比例估算法、混合法及指标估算法。各方法的适用范围及计算公式如表3-3-2所示。

表3-3-2 项目建议书阶段投资估算编制方法介绍

编制方法	适用范围	计算公式
生产能力指数法	生产能力指数法是根据已建成的类似建设项目生产能力和投资额，进行粗略估算拟建建设项目相关投资额的方法。本办法主要应用于设计深度不足，拟建建设项目与类似建设项目的规模不同，设计定型并系列化，行业内相关指数和系数等基础资料完备的情况	$C=C_1(Q/Q_1)^X f$ 式中：C——拟建建设项目的投资额； C_1——已建成类似建设项目的投资额； Q——拟建项目的生产能力或已建类似项目的生产能力； Q_2——已建成类似项目的生产能力； X——生产能力指数($0 \leq X \leq 1$)； f——不同时期、不同的建设地点而产生的定额水平、设备购置和建筑安装材料价格、费用变更和调整等综合调整系数
系数估算法	系数估算法是以已知的拟建项目的主体工程费或主要生产工艺设备费为基数，以其他辅助或配套工程费占主体工程费或主要生产工艺设备费的百分比为系数，进行估算拟建建设项目相关投资额的方法。本方法主要应用于设计深度不足，拟建建设项目与类似建设项目的主体工程费或主要生产工艺设备投资比重较大，行业内相关系数等基础资料完备的情况	$C=E(1+f_1P_1+f_2P_2+f_3P_3+\cdots)+I$ 式中：C——拟建建设项目的投资额； E——拟建建设项目的主体工程费或主要生产工艺设备费； P_1、P_2、P_3……——已建成类似建设项目的辅助或配套工程费占主体工程或主要生产工艺设备费的比重； f_1、f_2、f_3……——由于建设时间、地点而产生的定额水平、建筑安装材料价格、费用变更和调整等综合调整系数； I——根据具体情况计算的拟建建设项目各项其他基本建设费
比例估算法	比例估算法是根据已知的同类建设项目主要生产工艺设备投资占整个建设项目的投资比例，先逐项估算出拟建建设项目主要生产工艺设备投资，再按比例进行估算拟建建设项目相关投资额的方法。本办法主要应用于设计深度不足，拟建建设项目与类似建设项目的主要生产工艺设备投资比重较大，行业内相关系数等基础资料完备的情况	$C=\sum_{i=1}^{n} Q_i P_i / k$ 式中：C——拟建建设项目的投资额； K——主要生产工艺设备费占拟建建设项目投资的比例； n——主要生产工艺设备的种类； Q_i——第i种主要生产工艺设备的数量； P_i——第i种主要生产工艺设备的购置费(到厂价格)

续表

编制方法	适用范围	计算公式
混合法	混合法是根据主题专业设计的阶段和深度,投资估算编制者所掌握的国家及地区、行业或部门相关投资估算基础资料和数据(包括造价咨询机构自身统计和积累的相关造价基础资料),对一个拟建建设项目采用生产能力指数法与比例估算法或系数估算法与比例估算法混合进行估算其相关投资额的方法	—
指标估算法	指标估算法是把拟建建设项目以单项工程或单位工程,按建设内容纵向划分为各个主要生产设施、辅助及公用设施、行政及福利设施以及各项其他基本建设费用,按费用性质横向划分为建筑工程、设备购置、安装工程等,根据各种具体的投资估算指标,进行各单位工程或单项工程的估算,在此基础上汇集编制成拟建建设项目的各个单项工程费用和拟建建设项目的工程费用投资。再按照相关规定估算工程建设其他费用、预备费、建设期贷款利息等,形成拟建建设项目总投资	—

3.3.4.2 可行性研究阶段的投资估算编制方法

可行性研究阶段的投资估算原则上应采用指标估算法,可行性研究阶段的投资估算应满足项目的可行性研究与评估,并最终满足国家和地方相关部门批复或备案的要求。

1. 工程费用估算

1)建设工程费用估算

建筑工程费用在投资估算编制中一般采用单位建筑工程投资估算法、单位实物工程量投资估算法、概算指标投资估算法等进行估算,其计算方法介绍如表3-3-3所示。

表3-3-3 建筑工程费用计算方法介绍

计算方法		计算公式	投资的表现形式
单位建筑工程投资估算法	单位长度价格法	建筑工程费用 = 单位建筑工程量投资 × 建筑工程总量	水库为水坝单位长度(m)的投资,铁路路基为单位长度(km)的投资,矿上掘进为单位长度(m)的投资
	单位功能价格法	建筑工程费用 = 每功能单位的成本价格 × 该单位的数量	医院为病床数量的投资
	单位面积价格法	建筑工程费用 =(已知项目建筑工程费用 ÷ 该项目的房屋总面积)× 该项目总面积 = 单位面积价格 × 该项目总面积	一般工业与民用建筑为单位建筑面积(m^2)的投资
	单位容积价格法	建筑工程费用 =(已知项目建筑工程费用 ÷ 该项目的建筑容积)× 该项目建筑容积 = 单位容积价格 × 该项目建筑容积	工业窑炉砌筑为单位容积(m^3)的投资
单位实物工程量投资估算法		建筑工程费用 = 单位实物工程量投资 × 实物工程总量	土(石)方工程为每立方米投资,矿井巷道衬砌工程为每延米投资,路面铺设工程为每平方米投资
概算指标投资估算法		对于没有上述估算指标且建筑工程费占总投资比例较大的项目,采用计算主体实物工程量套用相关综合定额或概算定额进行估算。采用此种方法,应具有较为详细的工程资料、建筑材料价格和工程费用指标	

2）安装工程费用估算

安装工程费通常按行业或专门机构发布的安装工程定额、取费标准和指标估算投资。计算公式如下。

安装工程费 = 设备原价 × 安装费率

安装工程费 = 设备吨重 × 每吨安装费

安装工程费 = 安装工程实物量 × 安装费用指标

3）设备及工器具购置费估算

根据项目主要设备表及价格、费用资料编制，工器具购置费按设备费的一定比例计取。对于价值高的设备应按单台（套）估算购置费，价值较小的设备可按类估算，国内设备和进口设备应分别估算，其估算方法如表 3-3-4 所示。

表 3-3-4　设备及工器具购置费估算方法

<table>
<tr><th colspan="2">估算内容</th><th colspan="2">估算方法</th></tr>
<tr><td rowspan="6">设备购置费</td><td>国产标准设备原价</td><td colspan="2">占投资比重较大的主体工艺设备出厂价估算，应依据设备的产能、规格、型号、材质、设备重量，向设备制造厂家和设备供应商进行询价，或类似工程选用设备订货合同价和市场调研价为基础进行估算
其他小型通用设备出厂价估算可以根据行业和地方相关部门定期发布的价格信息进行估算</td></tr>
<tr><td>国产非标准设备原价</td><td colspan="2">非标准工艺设备费估算，也应依据该设备的产能、材质、设备重量、加工制造复杂程度，向设备制造厂家、设备供应商或施工安装单位询价，或按类似工程选用设备订货合同价和市场调研价的基础上按技术经济指标进行估算
非标准设备估价应考虑完成非标准设备技术、制造、包装以及其利润、税金等全部费用内容</td></tr>
<tr><td rowspan="2">进口设备（材料）原价</td><td rowspan="2">一般向设备制造厂家和设备供应厂商询价，或按类似工程选用设备订货合同价和市场调研得出的进口设备价的基础上加各种税费计算的</td><td>采用离岸价（FOB）为基数计算：
进口设备原价 = 离岸价（FOB）× 综合费率
综合费率应包括：国际运费及运输保险费、银行财务费、外贸手续费、关税和增值税等税费</td></tr>
<tr><td>采用到岸价（CIF）为基数计算时：
进口设备原价 = 到岸价（CIF）× 综合费率
综合费率应包括：银行财务费、外贸手续费、关税和增值税等税费
对于进口综合费率的确定，应根据进口设备（材料）的品种、运输交货方式、设备（材料）询价所包括的内容、进口批量的大小等，按照国家相关部门的规定或参照设备进口环节涉及的中介机构习惯做法确定</td></tr>
<tr><td>设备运杂费</td><td colspan="2">一般根据建设项目所在区域行业或地方相关部门的规定，以设备出厂价格或进口设备原价的百分比估算</td></tr>
<tr><td>备品备件费</td><td colspan="2">一般根据设计所选用的设备特点，按设备费百分比估算，估算时并入设备费
备品备件费 = 设备费 × 百分比</td></tr>
<tr><td colspan="2">工具、器具及生产家具购置费</td><td colspan="2">工具、器具及生产家具购置费纳入设备购置费，一般以设备购置费为计算基数，按照部门或行业规定的工具、器具及生产家具费率计算：
工具、器具及生产家具购置费 = 设备购置费 × 定额费率</td></tr>
</table>

2. 工程建设其他费用估算

工程建设其他费用的计算应结合拟建项目的具体情况，有合同或协议明确的费用按合同或协议列入。无合同或协议明确的费用，根据国家和各行业部门、工程所在地地方政府的有关工程建设其他费用定额和计算办法估算。工程建设其他费用的计算办法如表 3-3-5 所示。

表 3-3-5 工程建设其他费用的计算办法

序号	费用内容	费用确定方法
1	建设管理费	计算公式:建设管理费 = 工程费用 × 建设管理费费率 采用建设监理时,监理费应根据委托的监理工作范围和监理深度在监理合同中商定,可按《建设工程监理与相关服务收费管理规定》(国家发改委、建设部发改价格[2007]670 号)相关规定计算 采用总承包方式,总包管理费根据总包工作范围在合同中商定,可按《基本建设财务管理规定》(财政部财建[2002]394 号)相关规定计算 改扩建项目的建设管理费费率应比新建项目适当降低
2	建设用地费	根据征用建设用地面积、临时用地面积,按建设项目所在省(市、自治区)人民政府制定颁发的土地征用补偿费、安置补助费标准和耕地占用税、城镇土地使用税标准计算 建(构)筑物如需迁建,迁建补偿费应按迁建补偿协议计列或按新建同类工程造价计算 建设场地平整中的余物拆除清理费计入"场地准备及临时实施费" 采用"长租短付"方式租用土地使用权,建设期间支付的租地费用计入建设用地费;经营期的土地使用费计入营运成本中核算
3	建设项目前期工作咨询费	依据《建设项目前期工作咨询收费暂行规定》(国家计委计价格[1999]1283 号),按建设项目估算投资额分档计算
4	招标代理服务费	依据《招标代理服务收费管理暂行办法》(国家计委计价格[2002]1980 号),按工程费用差额定率累进计费
5	可行性研究费	依据前期研究委托合同计列,或参照《国家计委关于印发〈建设项目前期工作咨询收费暂行规定〉的通知》(计投资[1999]1283 号)规定计算
6	研究试验费	按照研究试验内容和要求进行编制
7	勘察设计费	依据勘察设计委托合同计列,或参照国家计委、建设部《关于发布〈工程勘察设计收费管理规定〉的通知》(计价格[2002]10 号)规定计算
8	环境影响评价费	依据环境影响评价委托合同计列,或按照国家计委、国家环境保护总局《关于规范环境影响咨询收费有关问题的通知》(计价格[2002]125 号)规定计算
9	劳动安全卫生评价费	依据劳动安全卫生预评价委托合同计列,或按照建设项目所在省(市、自治区)劳动行政部门规定的标准计算
10	场地准备及临时设施费	根据实际工程量估算,或按工程费用的比例计算。改扩建项目一般只计拆除清理费 计算公式:场地准备及临时设施费 = 工程费用 × 费率 + 拆除清理费
11	引进技术和引进设备其他费	包括引进项目图纸资料翻译复制费、出国人员费用、来华人员费用、银行担保及承诺费等
12	工程保险费	根据工程特点选择投保险种,根据投标合同计列保险费用
13	联合试运转费	当联合试运转收入小于试运转支出时:联合试运转费 = 联合试运转费用支出 − 联合试运转收入
14	特殊设备安全监督检验费	按照建设项目所在省、市、自治区安全监察部门的规定标准计算。无具体规定的,可按受检设备现场安装费的比例估算
15	市政公用设施费	按工程所在地人民政府规定标准计列
16	专利及专有技术使用费	按专利使用许可协议和专有技术使用合同的规定计列 一次性支付的商标权、商誉及特许经营权费按协议或合同规定计列
17	生产准备及开办费	新建项目按设计定员为基数计算,改扩建项目按新增设计定员为基数计算:生产准备费 = 设计定员 × 生产准备费指标(元/人) 也可按费用内容的分类指标计算

3. 基本预备费估算

基本预备费是按工程费用和工程建设其他费用之和为计取基础,乘以基本预备费费率进行计算。计算公式为:

基本预备费 =(工程费用 + 工程建设其他费用)× 基本预备费费率

基本预备费费率的取值应执行国家及部门的有关规定。依据《建设项目投资估算编审规程》(CECA/GC 1—2007)的规定,投资估算的预备费费率应控制在行业或地方工程造价管理机构发布的计价依据和合理范围内。无相应规定者执行工程咨询预备费费率参考标准,项目建议书阶段为 10% ~20%,可

行性研究报告阶段为8% ~10%。

4. 动态预备费估算

建设投资动态部分主要包括价格变动可能增加的投资额，即主要是对涨价预备费的估算，如果是涉外项目，还应该计算汇率的影响。动态部分的估算应以基准年静态投资的资金使用计划为基础来计算，而不是以编制的年静态投资为基础计算。此处只介绍涨价预备费如何估算。汇率的估算依据实际汇率的变化情况进行估算。

涨价预备费一般根据国家规定的投资综合价格指数，以估算年份价格水平的投资额为基数，采用复利方法计算。计算公式为：

$$PF=\sum_{t=1}^{n} I_t[(1+f)^m(1+f)^{0.5}(1+f)^{t-1}-1]$$

式中：PF——涨价预备费；

n——建设期年份数；

I_t——建设期中第 t 年的投资计划额，包括工程费用、工程建设其他费用及基本预备费，即第 t 年的静态投资；

f——年均投资价格上涨率；

m——建设前期年限（从编制估算到开工建设，单位为年）。

5. 建设期利息估算

建设期利息包括银行借款和其他债务资金的利息以及其他融资费用。其他融资费用是指某些债务融资中发生的手续费、承诺费、管理费、信贷保险费等融资费用，一般情况下应将其单独计算并计入建设期利息；在项目前期研究的初期阶段，也可作粗略估算并计入建设投资；对于不涉及国外贷款的项目，在可行性研究阶段，也可作粗略估算并计入建设投资。

当总贷款是分年均衡发放时，建设期利息的计算可按当年借款在年中支用考虑，即当年贷款按半年计息，上年贷款按全年计息。计算公式为：

$$q_j=\left(P_{j-1}+\frac{1}{2}A_j\right)\cdot i$$

式中：q_j——建设期第 j 年应计利息；

P_{j-1}——建设期第（$j-1$）年末累计贷款本金与利息之和；

A_j——建设期第 j 年贷款金额；

i——年利率。

6. 流动资金估算

流动资金估算一般采用分项详细估算法，个别情况或者小型项目可采用扩大指标法。

1）分项详细估算法估算流动资金

分项详细估算法是根据周转额与周转速度之间的关系，对构成流动资金的各项流动资产和流动负债分别进行估算。流动资产的构成要素一般包括存货、库存现金、应收账款和预付账款；流动负债的构成要素一般包括应付账款和预收账款。流动资金等于流动资产和流动负债的差额，计算公式为：

流动资金 = 流动资产 - 流动负债

流动资产 = 应收账款 + 预付账款 + 存货 + 现金

流动负债 = 应付账款 + 预收账款

流动资金本年增加额 = 本年流动资金 - 上年流动资金

流动资金估算的具体步骤，首先计算各类流动资产和流动负债的年周转次数，然后再分项估算占用资金额，各项金额具体估算方法如表3-3-6所示。

表 3-3-6　分项详细估算法下各项金额估算方法

序号	估算内容	解释说明	估算方法
1	周转次数	各类流动资产和流动负债的最低周转天数，可参照同类企业的平均周转天数并结合项目特点确定；或按部门（行业）规定，在确定最低周转天数时应考虑储存天数、在途天数，并考虑适当的保险系数	周转次数＝360/流动资金最低周转天数
2	应收账款	应收账款是指企业对外赊销商品、提供劳务尚未收回的资金	应收账款＝年经营成本/应收账款周转次数
3	预付账款	预付账款是指企业为购买各类材料、半成品或服务所预先支付的款项	预付账款＝外购商品或服务年费用金额/预付账款周转次数
4	存货	存货＝外购原材料、燃料＋其他材料＋在产品＋产成品	在产品＝（年外购原材料、燃料＋年工资及福利费＋年修理费＋年其他制造费用）/在产品周转次数
			产成品＝（年经营成本－年其他营业费用）/产成品周转次数
			外购原材料、燃料＝年外购原材料、燃料费用/分项周转次数
			其他材料　＝年其他材料费用/其他材料周转次数
5	现金	项目流动资金中的现金是指货币资金，即企业生产运营活动中停留于货币形态的那部分资金，包括企业库存现金和银行存款	现金　＝（年工资及福利费＋年其他费用）/现金周转次数
			年其他费用＝制造费用＋管理费用＋营业费用－（以上三项费用中所含的工资及福利费、折旧费、摊销费、修理费）
6	流动负债	在可行性研究中，流动负债的估算可以只考虑应付账款和预收账款两项	应付账款＝外购原材料、燃料动力费及其他材料年费用/应付账款周转次数 预收账款＝预收的营业收入年金额/预收账款周转次数

2）扩大指标估算法估算流动资金

扩大指标估算法是根据现有同类企业的实际资料，求得各种流动资金率指标，亦可依据行业或部门给定的参考值或经验确定比率。将各类流动资金率乘以相对应的费用基数来估算流动资金。一般常用的基数有营业收入、经营成本、总成本费用和建设投资等，究竟采用何种基数依行业习惯而定。扩大指标估算法简便易行，但准确度不高，适用于项目建议书阶段的估算。扩大指标估算法计算流动资金的公式为：

年流动资金额＝年费用基数×各类流动资金率

3.3.5　注意事项

（1）估算时应明确建设项目的性质（如民用项目、生产性项目等），对于工程费用与其他费用的估算也应充分考虑。

（2）以指标估算法为例，影响投资估算编制精度的主要因素，在参照其造价信息时应予以适当调整，其调整内容及重点见表 3-3-7 所示。

表 3-3-7 投资估算历史造价信息调整重点

序号	调整内容	主要因素	调整重点
1	人工费的变化	拟建建设项目所在地区人工价格水平、建设年代、建设工期等	拟建建设项目与历史造价信息价格之间的差额 拟建建设项目每平方米消耗量
2	主要材料费的变化	拟建建设项目所在地区物价水平、建设年代、材料供应情况、材料规格	
3	费率的变化	综合单价取费费率	
4	施工条件的变化	建设场地条件,工程地质	
5	项目特征的变化	拟建项目是否在采用新技术、新方法、新结构等	

(3)对于影响指标修正的客观因素,如拟建项目建设地域、地址等也给予充分考虑。

3.3.6 成果文件

3.3.6.1 格式

根据《建设项目投资估算编审规程》(CECA/GC 1—2007)规定,投资估算文件一般由以下几部分组成:①封面;②签署页;③编制说明;④投资估算分析;⑤总投资估算表;⑥单项工程估算表;⑦主要技术经济指标。

其中投资估算编制说明应包含投资估算分析及主要技术经济指标,投资估算分析编制内容及编制要点如表 3-3-8 所示。

表 3-3-8 投资估算成果文件应包含的内容

编制名称	编制内容	编制要点
投资估算编制说明	工程概况	应明确建设项目总投资估算中所包括的和不包括的工程项目和费用;如有几个单位共同编制时,则应说明分工编制的情况
	编制范围	
	编制方法	应明确说明编制投资估算涉及的编制方法
	主要技术经济指标	应包括投资、用地和主要材料用量,指标单位按单位生产能力(设计规模)计算。当设计规模有远、近期不同的考虑时,或者土建与安装的规模不同时,应分别计算后再综合
	有关参数、率值选定的说明	如地拆迁、供电供水、考察咨询等费用的费率标准选用情况
	特殊问题的说明	必须说明的价格的确定;进口材料、设备、技术费用的构成与计算参数;采用巨(异)型结构的费用估算方法;环保投资占总投资的比重;未包括项目或费用的必要说明等
	采用限额设计的工程还应对投资限额和投资分解作进一步说明	
	采用方案必选的工程还应对方案必选的估算和经济指标作进一步说明	

续表

编制名称	编制内容	编制要点
投资估算分析	工程投资比例分析	一般建筑工程应分析土建、装饰、给排水、电气、暖通、空调、动力等主体工程和道路、广场、围墙、大门、绿化等室外附属广场总投资的比例
		一般工业项目应分析主要生产项目(列出各生产装置)、辅助生产项目、公用工程项目、服务性工程、生活福利设施、厂外工程占建设总投资的比例
	其他费用比例分析	应分析设备购置费、建筑工程费、安装工程费、工程建设其他费用、预备费占建设总投资的比例;分析引进设备给用占全部设备费用的比例
	与国内类似工程项目的比较	主要分析说明投资高低的原因

3.3.6.2 表格

1. 投资估算封面

投资估算封面格式见表 3-3-9 所示。

表 3-3-9　投资估算封面格式

（工程名称） 投资估算 档案号： （编制单位名称） （工程造价咨询单位执业章） 年　月　日

2. 投资估算签署页

投资估算签署页格式见表 3-3-10 所示。

表 3-3-10　投资估算签署页

（工程名称） 投资估算 档案号： 编制人：__________［执业（从业）印章］__________ 审核人：__________［执业（从业）印章］__________ 审定人：__________［执业（从业）印章］__________ 法定代表人：____________________

3. 投资估算编制说明

投资估算编制说明见表3-3-11所示。

表3-3-11　投资估算编制说明

××工程投资估算编制说明
一、工程概况
二、编制范围
1. 建筑工程费
2. 设备及工器具购置费
3. 安装工程费
4. 工程建设其他费用
5. 基本预备费
6. 涨价预备费
7. 建设期利息
8. 流动资金估算
9. 建设总投资估算
⋮
三、编制方法
四、编制依据
五、主要技术经济指标
六、有关参数、率值选定的说明
七、特殊问题的说明

4. 总投资估算表

项目总投资估算表如表3-3-12所示。

表3-3-12　项目投入总资金估算汇总表

工程名称：

序号	工程和费用名称	投资数额		占项目投入总资金的百分比(%)
		投资额	其中：外汇(万美元)	
1	建设投资			
1.1	建设投资静态部分			
1.1.1	建筑工程费			
1.1.2	设备及工器具购置费			
1.1.3	安装工程费			
1.1.4	工程建设其他费用			
1.1.5	基本预备费			
1.2	建设投资动态部分			
1.2.1	涨价预备费			
1.2.2	建设期利息			
2	流动资金			
3	项目投入总资金(1+2)			

编制人：　　　　审核人：　　　　审定人：

5. 单项工程估算表

单项工程投资估算表如表 3-3-13 所示。

表 3-3-13　单项工程投资估算汇总表

工程名称：

序号	工程和费用名称	估算价值(万元)					技术经济指标			
		建筑工程费	设备及工器具购置费	安装工程费	其他费用	合计	单位	数量	单位价值	%
一	工程费用									
(一)	主要生产系统									
1	×××车间									
	一般土建									
	给排水									
	采暖									
	通风空调									
	照明									
	工艺设备及安装									
	工艺金属结构									
	工艺管道									
	工业筑炉及保温									
	变配电设备及安装									
	仪表设备及安装									
	小计									
2	×××车间									
	合计									

编制人：　　　　　　　　　　审核人：　　　　　　　　　　审定人：

6. 工程建设其他费用估算表

工程建设其他费用估算表如表 3-3-14 所示。

表 3-3-14　工程建设其他费用估算表

工程名称：

序号	费用名称	计算依据	费率或标准	总价(万元)	含外汇(万美元)
1	建设单位管理费	工程费			
2	研究试验费				
3	勘察设计费				
4	前期工作咨询费				
5	工程保险费	工程费			
6	联合试运转费	设备费			
7	建设工程临时设施费	工程费			
8	生产准备及开办费				
9	工程建设监理费				

续表

序号	费用名称	计算依据	费率或标准	总价(万元)	含外汇(万美元)
10	质监、安监费	工程费			
11	环境影响评价费				
12	劳动安全卫生评价费				
13	水土保持咨询费				
14	招标代理服务费				
15	招投标交易费	工程费			
16	引进技术和进口设备其他费				
	合计				

编制人：　　　　　　　　　　审核人：　　　　　　　　　　审定人：

7. 建设期利息估算表

建设期利息估算表如表 3-3-15 所示。

表 3-3-15　建设期利息估算表

工程名称：

序号	项目	合计	建设期				
			1	2	3	……	n
1	借款						
1.1	建设期利息						
1.1.1	起初借款余额						
1.1.2	当期借款金额						
1.1.3	当期应计利息						
1.1.4	期末借款余额						
1.2	其他融资费用						
1.3	小计						
2	债券						
2.1	建设期利息						
2.1.1	起初债务余额						
2.1.2	当期债务金额						
2.1.3	当期应计利息						
2.1.4	期末债务余额						
2.2	其他融资费用						
2.3	小计						
3	合计						
3.1	建设期利息合计						
3.2	其他融资费用合计						

编制人：　　　　　　　　　　审核人：　　　　　　　　　　审定人：

8. 流动资金估算表

流动资金估算表如表 3-3-16 所示。

表 3-3-16　流动资金估算表

工程名称：

序号	项目	最低周转天数	周转次数	计算期				
				1	2	3	……	n
1	流动资产							
1.1	应收账款							
1.2	存货							
1.2.1	原材料							
1.2.2	××××							
	⋮							
1.2.3	燃料							
	⋮							
1.2.4	在产品							
1.2.5	产成品							
1.3	现金							
1.4	预付账款							
2	流动负债							
2.1	应付账款							
2.2	预收账款							
3	流动资金							
4	流动资金当期增加额							

编制人：　　　　　　　　　　　　审核人：　　　　　　　　　　　　审定人：

9. 主要技术经济指标

本项目主要技术经济指标见表 3-3-17 所示。

表 3-3-17　××工程主要技术经济指标

序号	名称	单位	数据	备注:外汇
I	建设规模			
1				
1.1				
1.2				
2				
Ⅱ	经济数据			
1				
1.1				
1.2				
2				

3.3.6.3 工作底稿

1. 建筑工程费用估算表

建筑工程费用估算表如表 3-3-18 所示。

表 3-3-18 建筑工程费用估算表

工程名称：

序号	建(构)筑物名称	单位	建筑面积	单价(元)	费用合计(万元)
1					
2					
	合计				

编制人： 审核人： 审定人：

2. 安装工程费用估算表

安装工程费用估算表如表 3-3-19 所示。

表 3-3-19 安装工程费用估算表

工程名称：

序号	安装工程名称	单位	数量	国产设备安装费率(%)	进口设备安装费率(%)	安装费用
1						
2						
	合计					

编制人： 审核人： 审定人：

3. 工程费用估算指标计算表

工程费用估算指标计算表如表 3-3-20 所示。

表 3-3-20 工程费用估算指标计算表

序号	估算对象	参考指标	指标修正系数	估算指标
1	建筑工程费			
2	设备及工器具购置费			
3	安装工程费			

4. 其他费用计算表

其他费用计算表如表3-3-21所示。

表3-3-21　其他费用计算表

序号	名称	计算依据或文件	计算基数	计算比率	计算公式	金额

3.3.7　投资估算的审核

投资估算是拟建项目建议书、可行性研究报告的重要组成部分，是拟建项目决策的重要依据之一，并影响到工程建设是否顺利进行，是论证拟建项目的重要经济文件。按照现行项目建议书和可行性研究报告的审批要求，投资估算一经批准，即为建设项目投资的最高限额，一般情况不得随意突破。其审核要点如下。

1. 审核投资估算编制依据

工程项目投资估算要采用各种基础资料和数据，因此在审核时，重点要审核这些基础资料和数据的时效性、准确性和适用范围。如使用不同年代的基础资料就应特别注重时效性，另外套用国家或地方建设工程主管部门颁发的估算指标，引用当地工程造价管理部门提供的有关数据，或直接调查已竣工的工程项目资料等一定要注意地区、时间、水平、条件、内容等差异，以达到准确、恰当地使用这些基础资料和数据的目的。

2. 审核投资估算编制方法

审核投资估算方法时要重点分析所选择的投资估算方法是否恰当。一般来说，供决策用的投资估算，不宜使用单一的投资估算方法，而是综合使用集中投资估算方法，互相补充，相互校核。

3. 审核投资估算编制内容

审核投资估算编制内容的核心是防止编制投资估算时多项、重项或漏项，保证内容准确合理，需从以下几方面予以重点审核。

(1)审核费用项目与规定要求、实际情况是否相符，估算费用划分是否符合国家规定，是否针对具体情况做了适当增减；是否包含建设工程投资估算、安装工程投资估算、设备购置投资的估算及工程建设其他费用的估算。

(2)投资估算的分项划分是否清晰，内容是否完整，投资估算的计算是否准确，是否达到规定的深度要求。

(3)审核是否考虑了物价变化、费率变动等对投资额的影响，所用的调整系数是否合适。

(4)审核现行标准和规范与已建设项目之时的标准和规范有变化时，是否考虑了上述因素对投资估算额的影响。

(5)审核拟建项目是否对主要材料价格的估算进行了相应调整。

(6)审核工程项目采用高新技术、材料、设备以及新结构、新工艺等时，是否考虑了相应费用额的变化。

4. 其他审核内容

(1)投资估算的编制是否满足《建设项目工程估算编审规程》的要求。

(2)投资估算是否经过评审，是否进行了优化，投资估算是否得到批复。

3.4 决策方案的比选

3.4.1 依据

决策方案比选的依据如下。

(1)国家相关法律法规。

(2)国民经济和社会发展规划、城市规划、土地利用总体规划以及行业发展规划。

(3)国家宏观调控政策、产业政策、行业准入标准。

(4)城市规划行政主管部门出具的规划意见。

(5)《国有土地使用权出让合同》或国有土地使用权证书,或国土资源行政主管部门出具的项目用地预审意见。

(6)环境保护行政主管部门出具的环境影响评价文件的审批意见。

(7)交通行政主管部门出具的交通影响评价文件的意见。

(8)自然、地理、气象、水文、地质、经济、社会等基础资料。

(9)有关工程技术方面的标准、规范、指标、社会等基础资料。

(10)国家所规定的经济参数和指标。

(11)项目比选方案的土地利用条件、规划设计条件以及比选规划设计方案等。

3.4.2 程序

决策方案比选的程序如下。

(1)摆明问题。在全面收集、调查、了解项目系统内部条件和外部环境的资料基础上,要系统分析该项目过程的历史、现状和未来可能趋势,找出需要解决的问题。只有通过分析和判断,抓住关键问题,才能为正确决策打下基础。

(2)找准目标。任何一项决策,都应该设有明确目标,即把项目引向何处,达到什么目的,将起到怎样的作用等。如果目标错误,将使整个决策趋于失败。

(3)拟订方案。解决任何一个问题,客观上存在着多种途径和多种办法,所以应该提出多个方案,有所比较。通过对比选择较理想的方案进行可行性研究。如果只提一个方案,没有选择的余地,也就谈不上决策。

(4)方案评估。对多种方案进行分析、权衡、论证和比较,从而达到选取最佳方案。主要包括:①限制因素分析;②效益综合评估;③潜在问题分析。

(5)方案选优。实质上决策就是选优,就是从一系列可以采取的策略和行动方案中,做出具体条件下相对最优的选择。全面权衡各个方案的利弊与得失进行选优,要使某一方案的各项指标都达到最优,并非易事,所以在选优过程中常常要对方案进行必要的修改和补充,或者综合各有关方案的优点形成新的更为理想的方案。

(6)决策的监督、检查和调整。监督检查,首先是为了及时发现实际执行情况与决策目标之间的偏差,并具体研究偏差的程度及消除偏差的措施。监督检查的另一目的,就是检验决策,根据客观条件的变化和实践提出的要求,对各项决策进行必要的调整和修正。

决策方案比选的程序如图 3-4-1 所示。

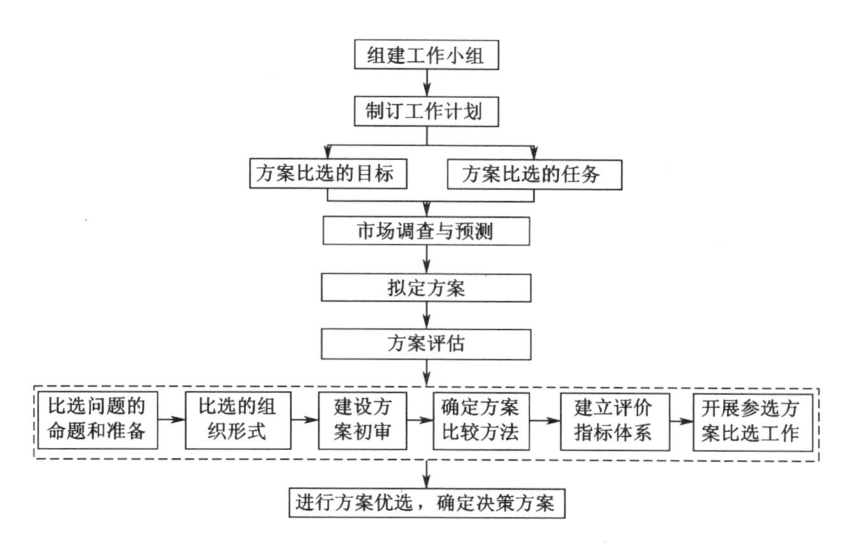

图 3-4-1 决策方案的比选程序

3.4.3 内容

根据行业和项目特点或复杂程度不同,在决策方案比选时,决策方案研究应与投资估算及项目财务、经济和社会评价相结合,相互完善,选出最优的决策方案。一般来说,决策方案比选包括的内容如下。

1. 项目概况

具体内容包括:项目名称、开发建设单位;项目的地理位置,如项目所在城市、区和街道,项目周围主要建筑物等;项目所在地周围的环境状况,主要从工业、商业及相关行业现状及发展潜力、项目建设的时机和自然环境等方面说明项目建设的必要性和可行性;项目的性质及主要特点;项目开发建设的社会、经济意义;可行性研究工作的目的、依据和范围。

2. 开发项目用地的现状调查及拆迁安置方案的制订

(1)土地调查,包括项目用地范围内的各类土地面积及使用单位等。

(2)人口调查,包括项目用地范围内的总人口数、总户数以及需拆迁的建筑物种类、数量和面积等。

(3)调查项目用地范围内建筑物的种类,各类建筑物的数量及面积,需要拆迁的建筑物种类、数量和面积等。

(4)调查生产、经营企业以及个体经营者的经营范围、占地面积、建筑面积、营业面积、职工人数、年营业额、年利润额等。

(5)调查各种管线,主要应调查上水管线、雨水管线、污水管线、热力管线、燃气管线、电力和电信管线的现状及规划目标和其可能实现的时间。

(6)调查其他地下、地上物。项目用地范围内地下物调查了解的内容,包括水井、人防工程、菜窖、各种管线等,地上物包括各种树木、植物等。项目用地的现状一般要附平面示意图。

(7)制订拆迁计划。

(8)制定安置方案,包括需要安置的总人数和户数,需要安置的各种房屋的套数及建筑面积,需要安置的劳动力人数等。

3. 市场分析和建设规模的确定

具体内容包括:市场供给现状分析及预测,市场需求现状分析及预测,市场交易的数量与价格分析及预测,服务对象分析,租售计划制订,项目建设规模的确定。

4. 规划设计方案的选择

(1)市政规划方案选择。市政规划方案的主要内容包括各种市政设施的布置、来源、去路和走向,大

型商业建设项目重点要规划安排好交通组织和共享空间等。

(2)项目构成及平面布置。

(3)建筑规划方案选择。建筑规划方案的内容主要包括各单项工程的占地面积、建筑面积、层数、层高、房间布置、各种房间的数量、建筑面积等。附规划设计方案详图。

5. 资源供给条件分析

主要内容包括:建筑材料的需要量、采购方式和供应计划,施工力量的组织计划,项目施工期间的动力、水等供应方案,项目建成投入生产或使用后水、电、热力、燃气、交通、通信等供应条件。

6. 环境影响评价

主要内容包括:建设地区的环境现状,主要污染源和污染物,项目可能引起的周围生态变化,设计采用的环境保护标准,控制污染与生态变化的初步方案,环境保护投资估算,环境影响的评价结论和环境影响分析,存在问题及建议。

7. 项目开发组织机构和管理费用的研究

主要内容包括:拟定项目的管理体制、机构设置及管理人员的配备方案,人员培训计划、估算年管理费用支出情况。

8. 开发建设计划的编制

(1)前期开发计划,包括从项目创意、可行性研究、下达规划任务、征地拆迁、委托规划设计、取得开工许可证直至完成开工前准备等一系列工作计划。

(2)工程建设计划,包括各个单项工程的开、竣工时间,进度安排,市政工程的配套建设计划等。

(3)建设场地的布置。

(4)施工队伍的选择。

9. 项目经济及社会效益分析

(1)项目总投资估算,包括开发建设投资和经营两部分。

(2)项目投资来源、筹措方式的确定。

(3)开发成本估算。

(4)销售成本、经营成本估算。

(5)销售收入、租金收入、经营收入和其他营业收入估算。

(6)财务评价。分析计算项目投资回收期、财务净现值、财务内部收益率和利润率、借款偿还期等技术经济指标,对项目进行财务评价。

(7)国民经济评价。对于工业开发区等大型建设项目,还需运用国民经济评价方法计算项目经济净现值、经济内部收益率等指标,对项目进行国民经济评价。

(8)风险分析。一方面结合政治形势、国家方针政策、经济发展趋势、市场周期、自然等方面因素的可能变化,进行定性风险分析;另一方面采用盈亏平衡分析、敏感性分析、概率分析等分析方法进行定量风险分析。

10. 结论及建议

(1)运用各种数据从技术、经济、财务等诸方面论证项目的可行性,并推荐最佳方案。

(2)存在的问题及相应的建议。

3.4.4 方法

1. 定性分析法

在建设项目方案优选中,根据建设项目对象的特点,分析各种可能的决策方案的优缺点,并结合本建设项目的着重点,从中选出一个最适合的方案。

2. 价值建设项目法(功能评价系数法)

价值建设项目是研究如何以最少的人力、物力、财力和时间获得必要的功能的技术经济分析方法。

价值建设项目理论可以概括地用公式表示为:$V=\frac{F}{C}$

式中:V——研究对象的价值;

F——研究对象的功能;

C——研究对象的成本,即寿命周期成本。

在建设项目中采用价值建设项目进行方案优选时,在初步可行的若干设计方案中,首先进行功能分析,确定各功能的比重(对于某一个具体建设项目而言,基本功能中需要突出的要点不尽相同);然后确定各功能的评价系数;再将各项评价系数汇集起来,得到综合评价系数;取综合评价系数最大的方案为最优方案。

3. 运筹学优选法

运筹学是用数学研究各种系统最优化问题的学科。它的研究方法是应用数学语言来描述实际系统,建立相应的数学模型并对模型进行研究分析,据此求得模型的最优解,以制定合理运用人力、物力、财力的最优方案。

运筹学在解决问题时的工作步骤大体上为:①提出和形成问题;②建立模型;③求解;④解的检验;⑤解的控制;⑥解的实施。

在建设项目中用得最多的运筹学模型是数学模型。模型的一般数学形式可用下列表达式描述。

目标的评价准则 $U=f(x_i,y_j,\varepsilon_k)$

约束条件 $g(x_i,y_j,\varepsilon_k)\geqslant 0$

式中:x_i——可控变量;

y_j——已知参数;

ε_k——随机因素。

4. 层次分析法

AHP 是把复杂系统分解成各个组成因素,又将这些因素按支配关系分组形成递阶层次结构,通过两两比较的方式确定层次中各因素的相对重要性,然后综合决策者的判断,确定决策方案相对重要性的总排序。整个过程既体现人的分析、判断、综合,又实现定性与定量相结合。

层次分析法(AHP)确定权重的方法步骤:①建立层次结构,将评价体系层次化;②构造判断矩阵;③层次单排序;④层次总排序;⑤一致性检验。

5. 模糊综合评判法

模糊综合评判法既有严格的定量刻划,也有对难以定量分析的模糊现象进行主观上的定性描述,把定性描述和定量分析紧密地结合起来,是一种比较适合建设项目综合评价的方法。

模糊综合评判主要分为两步:先按每个因素单独评判,再按所有因素综合评判。

因素评判方法和步骤:①建立因素集;②建立权重集;③建立备择集(评价集);④单因素模糊评判;⑤模糊综合评判;⑥评判指标的处理。

6. 定性与定量结合

有些因素如可靠性、社会环境、人文因素等很难量化,因此,在建设方案比较中,往往采用定量分析和定性分析相结合的方法进行研究。不能用技术经济指标来表达的,通常由专家进行定性和定量分析相结合的评议,采用加权或不加权的计分方法。

对于定量指标可以通过一定的数学公式求出准确数值;对于定性指标,则可以通过邀请专家进行打分确定其功能,将定性指标转换为可以量化的指标,最后通过计算这些量化指标的功能总分,确定出最优的决策方案。

根据决策方案的内容确定出决策评价指标,对各评价指标运用专家打分法来确定其权重,运用价值

工程法计算出各评价指标的价值系数(对定性指标可以通过专家打分法来进行量化处理),根据评价指标的权重计算出各决策方案的加权价值系数,通过对各决策方案的加权价值系数进行综合分析,选择最优方案。步骤:①确定评价项目的评价指标及其权重系数;②根据各方案对各评价项目的满足程度进行打分;③计算各方案的评分权数和;④计算各方案的价值系数,以较大的为优。

3.4.5 注意事项

1. 比选指标体系

比选指标体系包括技术层面、经济层面和社会层面(含环境层面)。不同类别的项目比选不同的比选层面和不同的比选重点。每一个比选层面都包含若干比选因素。不同类别项目,即使比选层面相同,比选因素也可能有较大的差别。因此,在进行建设方案比选时,不仅要注重比选层面,还要注重比选因素。市场竞争类项目比选层面侧重技术层面和经济层面;公共产品、基础设施类项目比选侧重社会层面和技术层面。

2. 基础资料及数据

建设方案比选应以可靠、可比的数据为基础,需要收集的基础资料和数据随投资项目类别不同而不同,主要有以下三类。

(1)地区资料:地理、气象、水文、地质、经济、社会发展、交通运输和环保等资料。

(2)建设项目规范资料:国家、行业和地区颁发的建设项目、技术、经济方面的规范、标准、定额等。

(3)市场调研的资料:细分市场、目标市场、市场容量等。

3. 评价指标设置

根据建筑工程特点和决策方案评价目的,邀请多位专家,选择决策评价指标。由于建立评价指标体系时面对的是一般建设项目,选取的指标要尽可能全面地反映建设项目实际情况,因此,评价某一特定建设项目决策方案时通常并不是需要所有的指标,而要根据建筑工程的特点选择适合该工程的指标。

一般的建设项目,选择如下因素作为评价指标:建设经济性、社会影响、环境影响、规划衔接性、施工难度和方案适应性等。这些指标只是有针对性的,而不是面向所有工程。其他工程可以根据建筑工程实际情况增删相应指标。决策方案评价指标见表3-4-1。

表3-4-1 决策方案评价指标

指标	分项指标	评价标准
建设经济性	投资估算	按投资额度小为优
社会影响	政府支持力度	采用经验数据
	拆迁量	拆迁量小为优
	青苗补偿	经济作物少为优
环境影响	环评敏感点数量	数量少为优
	途径城镇居住地数量	数量少为优
规划衔接性	城乡规划	符合规划为优
	土地利用规划	符合规划为优
施工进度计划	建设工期	采用经验数据
施工难度	技术复杂程度	采用经验数据
	专业配合衔接	涉及专业少为优
	交通道路状况	交通便利为优
	气象环境情况	晴好日多为优

续表

指标		分项指标	评价标准
财务评价	赢利能力分析	项目投资回收期	以小为优
		总投资收益率	以大为优
		项目资本金	以大为优
		净利润率	以大为优
	偿债能力分析	偿债备付率	以大为优
		利息备付率	以大为优
		资金负债率	以小为优
		流动比率	以大为优
		速动比率	以大为优
	财务生存能力分析	累计盈余资金	以大为优
	不确定性分析	累计盈余资金	以大为优
		盈亏平衡产量	以小为优
		盈亏平衡生产能力利用率	以小为优
		灵敏度	以小为优
		不确定因素的临界值	以小为优
	风险分析	$FNPV \geq 0$ 的累计概率	以大为优
		定性分析	采用经验数据

3.4.6 成果文件

3.4.6.1 格式

决策方案比选是项目设计的依据，对项目的投资建设起到很重要的作用。决策方案比选报告应包括如下内容：①决策方案比选的依据；②决策方案比选的内容；③决策方案比选的方法；④决策方案比选的程序；⑤决策方案比选的指标；⑥决策方案比选的结论。

3.4.6.2 表格

决策方案比选的表格，涉及定性指标和定量指标的表格，首先通过专家打分来确定其权重，然后确定各指标的价值系数：对定量指标的表格是通过数学计算直接得出其数据，通过对数据加工处理得出定量指标各自的价值系数；对定性指标是通过专家打分来实现其价值系数，其表格如表 3-4-2、表 3-4-3、表 3-4-4 所示。

表 3-4-2 指标权重的确定

分项指标	专家一打分	专家二打分	专家三打分	指标权重
投资估算				
政府支持力度				
拆迁量				
青苗补偿				

续表

分项指标	专家一打分	专家二打分	专家三打分	指标权重
环评敏感点数量				
途径城镇居住地数量				
城乡规划				
土地利用规划				
建设工期				
技术复杂程度				
专业配合衔接				
交通道路状况				
气象环境情况				
项目投资回收期				
总投资收益率				
项目资本金				
净利润率				
偿债备付率				
利息备付率				
资金负债率				
流动比率				
速动比率				
累计盈余资金				
盈亏平衡产量				
盈亏平衡生产能力利用率				
灵敏度				
不确定因素的临界值				
$FNPV \geq 0$ 的累计概率				
其他定性分析				

表 3-4-3 定性指标价值系数

分项指标	方案一专家打分	方案二专家打分	方案三专家打分
政府支持力度			
城乡规划			
土地利用规划			
技术复杂程度			
专业配合衔接			
交通道路状况			
气象环境情况			
其他定性分析			

表 3-4-4 定量指标价值系数

分项指标	方案一得分	方案二得分	方案三得分
投资估算			
拆迁量			
青苗补偿			
环评敏感点数量			
途径城镇居住地数量			
建设工期			
项目投资回收期			
总投资收益率			
项目资本金			
净利润率			
偿债备付率			
利息备付率			
资金负债率			
流动比率			
速动比率			
累计盈余资金			
盈亏平衡产量			
盈亏平衡生产能力利用率			
灵敏度			
不确定因素的临界值			
$FNPV \geq 0$ 的累计概率			

3.4.6.3 工作底稿

(1)备选方案资料、数据收集。

(2)确定决策方案评价指标体系。

(3)评价指标的加权价值系数。评价指标的加权价值系数得分如表 3-4-5 所示。

表 3-4-5 评价指标的加权价值系数得分表

评价指标	指标权重	方案一价值系数	方案一加权价值系数	方案二价值系数	方案二加权价值系数	方案三价值系数	方案三加权价值系数
指标一							
指标二							
⋮							
加权价值系数							

第4章 设 计 阶 段

4.1 概述

设计阶段是建设项目由计划变为现实的具有决定意义的工作阶段,是确定工程价值的主要阶段。在项目建设过程中,不同阶段影响工程项目投资的规律表明,影响工程造价最大的阶段是项目建设开始至初步设计结束的阶段(约占建设期的1/4),其影响程度为75%。

建设项目一般按初步设计、施工图设计两个阶段进行;技术上复杂的建设项目,根据主管部门的要求,可按初步设计、技术设计和施工图设计三个阶段进行,且技术设计阶段,必须编制修正总概算。在初步设计阶段,必须编制总概算。本章介绍了工程项目设计阶段的工程造价咨询工作,包括设计概算的编制、设计概算的审查、施工图预算的编制、施工图预算的审查等。

4.1.1 设计概算的概念

设计概算是指在初步设计(或扩大初步设计)阶段,设计单位根据初步设计(或扩大初步设计)图纸、概算定额或概算指标、地区材料价格、费用定额和有关取费标准,确定建设项目投资的经济文件。它是在设计阶段对建设项目投资额度的概略计算,设计概算投资应包括建设项目从立项、可行性研究、设计、施工、试运行到竣工验收等的全部建设资金,设计概算是初步设计文件的重要组成部分。它也是在投资估算的控制下由设计单位根据初步设计或扩大初步设计的图纸及说明,利用国家或地区颁发的概算指标、概算定额或综合指标预算定额、设备材料预算价格等资料,按照设计要求,概略地计算建筑物或构筑物造价的文件。其特点是编制工作较为简单,在精度上没有施工图预算准确。

4.1.2 设计概算的作用

设计概算的作用如下。

(1)设计概算是编制建设项目投资计划、确定和控制建设项目投资的依据。设计概算一经批准,将作为控制建设项目投资的最高限额。竣工结算不能突破施工图预算,施工图预算不能突破设计概算。如果由于设计变更等原因,建设费用超过概算,则必须重新审查批准。

(2)设计概算是签订建设工程合同和贷款合同的依据。建设工程合同价款是以设计概算、预算价为依据,且总承包合同不得超过设计总概算的投资额。银行贷款或各单项工程的拨款累计总额不能超过设计概算。

(3)设计概算是控制施工图设计和施工图预算的依据。设计单位必须按照批准的初步设计和总概算进行施工图设计,施工图预算不得突破设计概算。

(4)设计概算是衡量设计方案技术经济合理性和选择最佳设计方案的依据。

(5)设计概算是考核建设项目投资效果的依据。通过设计概算与竣工决算对比,可以分析和考核投

资效果的好坏，同时还可以验证设计概算的准确性。

4.1.3 设计概算的内容

设计阶段的咨询工作是在可行性研究确定项目可行的条件下解决如何进行建设的具体工程技术和经济问题，主要包括如下几方面工作。

（1）应用价值工程进行设计方案的比选，是在项目的成本、功能和可行性之间寻找最佳平衡点，着眼于寿命周期成本，并侧重于功能分析，在保证必要功能的前提下降低造价。

（2）设计概算编制，是在设计阶段对建设项目投资额度的概略计算和确定，设计概算投资包括建设项目从立项、可行性研究、设计、施工、试运行到竣工验收等的全部建设资金。

（3）设计概算审核，是对设计概算编制依据的合法性、时效性、适用性和概算报告编制的完整性、准确性、全面性进行检查、核对，确保设计概算编制正确合理。一般应控制在立项批准的投资控制额以内。总概算投资额超过批准投资估算 10% 以上的，应查明原因，重新上报审批。设计概算批准后一般不得调整。

（4）设计概算调整，是指自工程初步设计批准之日起至竣工验收正式交付使用之日止，对已批准的初步设计概算进行调整的行为。调整概算的编制是指由于某些原因，在建设过程中原设计概算额不能满足建设项目实际需要时，由建设单位调查分析变更原因报主管部门，经审批同意后，由原设计单位核实编制调整概算，并须经原概算审批部门的重新审批。一个工程只允许调整一次概算。

4.1.4 施工图预算的概念

施工图预算是指在施工图设计完成后、工程施工前，根据已批准的施工图纸，按照预算定额规定的工程量计算规则计算工程量；按照现行预算定额、工程建设定额、工程建设费用定额、材料预算价格和建设主管部门规定的费用计算程序及其他取费规定等确定单位工程预算、单项工程及建设项目建筑安装工程造价的技术和经济指标。

施工图预算编制的核心及关键是“量”、“价”、“费”三要素，即工程量要计算准确，定额及基价确定水平要合理，取费标准要符合实际，这样才能综合反映工程产品价格确定的合理性。施工图预算反映工程建设项目所需的人力、物力、财力及全部费用的文件，是施工图设计文件的重要组成部分，是控制施工图设计不突破设计概算的重要措施。

4.1.5 施工图预算的作用

施工图预算作为建设工程建设程序中一个重要的技术经济文件，在工程建设实施过程中具有十分重要的作用，可以归纳为以下几个方面。

1. 施工图预算对投资方的作用

（1）施工图预算是控制造价及资金合理使用的依据。施工图预算确定的预算造价是工程的计划成本，投资方按施工图预算造价筹集建设资金，并控制资金的合理使用。

（2）施工图预算是确定工程招标控制价的依据。在设置招标控制价的情况下，建筑安装工程的招标控制价可按照施工图预算来确定。招标控制价通常是在施工图预算的基础上考虑工程的特殊施工措施、工程质量要求、目标工期、招标工程范围以及自然条件等因素进行编制。

（3）施工图预算是确定标底的依据。

（4）施工图预算是拨付进度款及办理结算的依据。

2. **施工图预算对施工企业的作用**

(1)施工图预算是建筑施工企业投标时"报价"的参考依据。在激烈的建筑市场竞争中,建筑施工企业需要根据施工图预算造价,结合企业的投标策略,确定投标报价。

(2)施工图预算是建筑工程预算包干的依据和签订施工合同的主要内容。在采用总价合同的情况下,施工单位通过与建设单位的协商,可在施工图预算的基础上,考虑设计或施工变更后可能发生的费用与其他风险因素,增加一定系数作为工程造价一次性包干。同样,施工单位与建设单位签定施工合同时,其中的工程价款的相关条款也必须以施工图预算为依据。

(3)施工图预算是施工企业安排调配施工力量、组织材料供应的依据。施工单位各职能部门可根据施工图预算编制劳动力供应计划和材料供应计划,并由此做好施工前的准备工作。

(4)施工图预算是施工企业控制工程成本的依据。根据施工图预算确定的中标价格是施工企业收取工程款的依据,企业只有合理利用各项资源,采取先进技术和管理方法,将成本控制在施工图预算价格以内,企业才会获得良好的经济效益。

(5)施工图预算是进行"两算"对比的依据。施工企业可以通过施工图预算和施工预算的对比分析,找出差距,采取必要的措施。

3. **施工图预算对其他方面的作用**

(1)对于工程咨询单位来说,可以客观、准确地为委托方做出施工图预算,以强化投资方对工程造价的控制,有利于节省投资,提高建设项目的投资效益。

(2)对于工程造价管理部门来说,施工图预算是其监督检查执行定额标准、合理确定工程造价、测算造价指数及审定工程招标控制价的重要依据。

4.2 设计方案的比选

4.2.1 依据

设计方案比选的依据主要包括以下几部分。

1. **国家文件和规定**

国家文件和规定是指国家制定的有关设计的法律法规、管理条例、通行文件等,如《建设工程勘察设计管理条例》(国务院令第293号)、《工程建设标准强制性条文(房屋建筑部分)》(建标[2002]219号)等。

2. **设计规范**

建筑设计规范及内容广泛,主要包括建设国家标准和行业标准两类。

(1)工程建设国家标准,包括各种设计规范和设计标准,如《住宅设计规范》(GB 50096—1999)、《公共建筑节能设计标准》(GB 50189—2005)、《建筑给水排水设计规范(2009年版)》(GB 50015—2003)、《民用建筑设计通则》(GB 50352—2005)等。

(2)工程建设行业标准,包括各类建设工程设计规范和设计标准,如《城市桥梁设计规范》(CJJ 11—2011)、《城市道路设计规范》(CJJ 37—90)、《综合医院建筑设计规范》(JGJ 49—88)、《住宅建筑电气设计规范》(JGJ 242—2011)等。

3. **业主要求**

委托人按约定提供的项目设计方案及相关的技术经济文件,有关文件、合同、协议等,是建设工程咨询合同及委托方的要求,主要包括以下内容。

(1)设计说明书,包括各专业设计说明以及投资估算的内容。

(2)设计总平面设计以及建筑设计图纸。

(3)设计委托或合同中规定的透视图、鸟瞰图、模型等。

(4)设计方案相关技术经济资料文件。
(5)委托方对项目设计方案的限定条件和要求。

4.2.2 程序

价值工程的特点是有组织的活动,需要按照一定的程序通过集体群组式的工作方式去执行。价值工程以功能分析为核心,有一套完整的提出问题、分析问题、解决问题的科学过程,包括研究对象的选择、资料的收集整理、功能分析、方案评价等步骤,如图 4-2-1 所示。

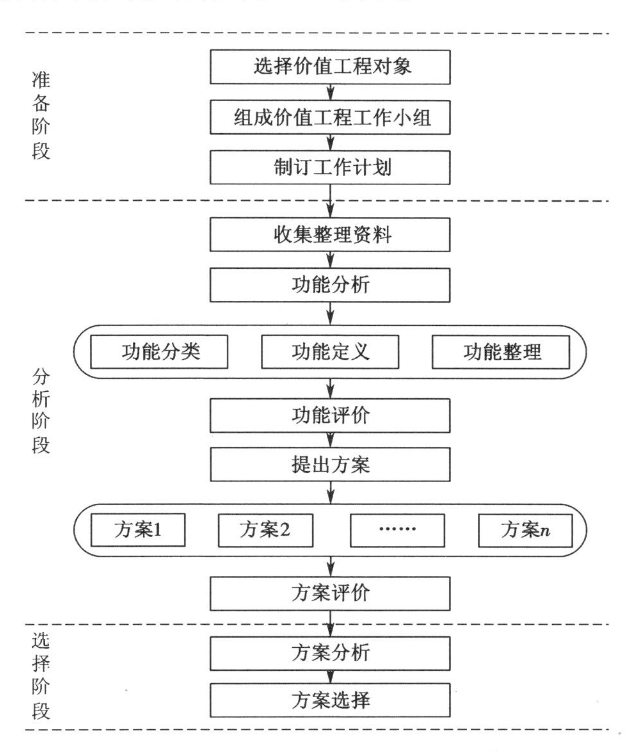

图 4-2-1 运用价值工程实现设计方案优化的应用程序

4.2.2.1 对象选择

在设计阶段应用价值工程进行方案比选,应以结构复杂、性能和技术指标差距大、对造价影响大的对象进行价值工程活动,这样可使研究对象在结构、性能、技术水平、造价等方面得到优化,从而提高价值。常用的对象选择方法包括经验分析法、ABC 分析法、价值指数法、强制确定法、百分比法等,各方法及适用条件见表 4-2-1 所示。

表 4-2-1 对象选择方法适用条件

方法名称	含义	适用条件	特点	备注
经验分析法(因素分析法)	在全面分析研究对象的各种因素的基础上,凭借分析人员的经验,集体研究确定选择对象	被研究对象彼此相差较大 时间紧迫	简便易行;但缺乏定量依据,准确性较差	

续表

方法名称	含义	适用条件	特点	备注
ABC分析法（重点选择法）	根据研究对象按数量和成本分别列队，找出占成本比重大、占数量比重小的A、B类作为分析对象	成本合理分配	简便易行；但在成本分配不合理时，可能会漏选对象	可与经验分析法、强制确定法结合使用
价值指数法	通过比较研究对象间功能水平位次和成本位次，寻找价值较低的对象作为研究对象	有成本、功能数据时	客观准确，受主观因素影响小，方便易行；但受数据因素制约	
强制确定法	以功能重要程度来选择研究对象	当研究对象间功能差别不大且较均匀时	简便适用；但受主观因素影响较大	当研究方案较多时，结合ABC分析法、经验分析法使用
百分比法	根据各部分费用所占比重选择对象	有成本、功能数据时	简便易行，受制约性小；但片面性强	

4.2.2.2 功能分析

建筑功能是指建筑产品满足社会需要的各种性能的总和。不同的建筑产品有不同的使用功能，它们通过一系列建筑因素体现出来，反映建筑物的使用要求。功能分析是价值工程活动的核心和基本内容。对于一个要分析的对象如何把握、表达、明确其功能特性，直接关系到其价值的评价值。功能分析一般包括功能分类、功能定义和功能整理三部分内容。

1. 功能分类

根据功能的不同特性，可将功能从不同的角度进行分类。通过功能分类，应弄清哪些功能是必要的，哪些功能是不必要的，从而在需比选的方案中去掉不必要的功能，补充不足的功能，使方案的功能结构更加合理，达到可靠地实现使用者所需功能的目的。

2. 功能定义

功能定义要求以简洁的语言对研究对象的功能加以描述，是对功能加以解剖的过程。功能定义要抓住问题的本质，反复推敲，简明准确，同时要便于测定和量化。通过功能定义，可以加深对产品功能的理解，并为后阶段提出功能代用方案提供依据。

3. 功能整理

功能整理是对已定义的功能加以系统化的过程，通过明确各功能间相互的上下级逻辑关系，建立功能系统图，为功能评价和方案构思提供依据。

4.2.2.3 功能评价

功能评价主要指评定功能的价值，是通过比较功能目标成本与现实成本的差异，选择功能价值低、改善期望值大的功能作为价值工程活动对象的过程。功能评价可以分为成本指数的确定、功能指数的确定和功能价值系数的确定三个步骤。

1. 成本指数(C)的确定

根据各评价对象功能/方案现实成本在全部成本中所占比率，确定功能/方案成本指数：

$$\text{第}\ i\ \text{个功能/方案成本指数}\ C_I = \frac{\text{第}\ i\ \text{个功能/方案现实成本}\ C_i}{\text{全部成本}\ \sum C_i}$$

2. 功能指数(F)的确定

功能指数是指评价对象的功能在整体功能中所占的比率，需要通过打分法加以确定。评分方法可分

为综合方案功能评分法和分项方案功能评分法两类。

1）综合方案功能评分法

综合方案功能评分法是指在综合考虑方案评价各指标的基础上，对比选方案进行综合打分的方法，可以直接得到方案的综合功能得分并求出方案的功能指数。综合方案功能评分法主要包括直接评分法、0～1 评分法、0～4 评分法和环比评分法。

A. 直接评分法

依靠评价人的感觉和经验，根据各方案的功能重要度进行直接打分，并计算出各方案总得分，将各方案总得分与所有方案总得分相比，得到功能指数，如表 4-2-2 所示。需注意的是，在各评价人对各方案直接打分时，对总得分没有要求，只要评价人认为得分比例或分值的分布合理即可。

$$\text{第 } i \text{ 个方案的功能指数 } F_I = \frac{\text{第 } i \text{ 个方案的直接评分总得分 } F_i}{\text{所有方案直接评分总得分之和} \sum F_i}$$

表 4-2-2　直接评分法方案功能指数计算表

方案	直接评分			总得分	功能指数
	评价人 1 评分	评价人 2 评分	评价人 3 评分		
F_1	1	3	3	7	0.08
F_2	2	4	5	11	0.12
F_3	6	9	8	23	0.26
F_4	10	11	9	30	0.34
F_5	8	5	5	18	0.20

B. 0～1 评分法

列出方案评价矩阵表，请熟悉评价对象各方案的评价人对方案进行评价，按照重要程度一一对比打分，相对重要的打 1 分，相对不重要的打 0 分，各方案自己与自己相比较的不得分（用"×"表示），保持对角线上的数据之和为 1，并计算出各功能的累计得分。根据方案累计得分情况，据实确定是否有修正的必要，若需要修正，则将各方案累计得分加 1 进行修正。最后根据各方案的累计得分情况，计算方案功能指数，如表 4-2-3 所示。

$$\text{第 } i \text{ 个方案的功能指数 } F_I = \frac{\text{第 } i \text{ 个方案的累计得分 } F_i}{\text{所有方案累计得分之和} \sum F_i}$$

表 4-2-3　0～1 评分法方案功能指数计算表

方案	F_1	F_2	F_3	F_4	F_5	功能累计得分	修正得分	功能指数
F_1	×	1	1	0	1	3	4	0.267
F_2	0	×	1	0	1	2	3	0.200
F_3	0	0	×	0	1	1	2	0.133
F_4	1	1	1	×	1	4	5	0.333
F_5	0	0	0	0	×	0	1	0.067
合计						10	15	1.00

C. 0～4 评分法

与 0～1 评分法类似，仅在打分中将分档扩大为 4 级，档次划分如下。

（1）F_A 比 F_B 重要得多：F_A 得 4 分，F_B 得 0 分。

(2) F_A 比 F_B 重要：F_A 得 3 分，F_B 得 1 分。

(3) F_A 与 F_B 同等重要：F_A 得 2 分，F_B 得 2 分。

(4) F_A 不如 F_B 重要：F_A 得 1 分，F_B 得 3 分。

(5) F_A 远不如 F_B 重要：F_A 得 0 分，F_B 得 4 分。

0～4 评分法修正方案功能得分和计算方案功能指数的步骤与 0～1 评分法类似，仅在打分时将档次划分扩大，且保持对角线上的数据之和为 4。

D. 环比评分法

对上下相邻的两个方案的重要性进行对比打分，所打的分作为暂定方案功能指数。如表 4-2-4 中第(2)栏数据，将 F_1 与 F_2 对比，若 F_1 的重要性是 F_2 的 1.5 倍，则将 1.5 记入第(2)栏内，同样，F_2 与 F_3 对比为 2.0 倍，F_3 与 F_4 对比为 3.0 倍。对暂定方案功能指数进行修正，将最后一项功能 F_4 的修正方案功能指数定为 1.0，填入第(3)栏。通过第(2)栏可知，F_3 的重要性是 F_4 的 3 倍，故 F_3 的修正功能指数为 3.0（=3.0×1.0），同理，F_2 的修正方案功能指数为 6.0（=3.0×2.0），F_1 的修正方案功能指数为 9.0（=6.0×1.5）。根据修正方案功能指数的情况，计算方案功能指数。

$$第\ i\ 个方案的功能指数\ F_I = \frac{第\ i\ 个方案的修正方案功能指数\ F_i}{所有方案的修正方案功能指数之和\ \sum F_i}$$

表 4-2-4　环比评分法功能指数计算表

方案	方案功能重要性评价		
	暂定方案功能指数	修正方案功能指数	方案功能指数
(1)	(2)	(3)	(4)
F_1	1.5	9.0	0.47
F_2	2.0	6.0	0.32
F_3	3.0	3.0	0.166
F_4		1.0	0.05
合计		19.0	1.00

2) 分项方案功能评分法

分项方案功能评分法主要是对各方案中的各功能评价指标分别进行评分，再按照功能评价指标的重要性程度给各功能评价指标分配权重，最终通过各功能评价指标得分与权重的乘积得到方案的综合功能得分，据此确定方案的功能指数。分项方案功能评分可以根据直接评分法确定，也可结合 0～1 评分法、0～4 评分法、环比评分法等评分方法确定。

3. 功能价值系数(V)的确定

通过上述两个步骤计算出成本指数(C)和功能指数(F)后，需要根据价值工程公式 $V=F/C$ 计算功能价值系数。

4.2.2.4　价值分析与改进

功能价值系数的计算结果有以下三种情况。

(1) $V=1$。此时评价对象的功能比重与成本比重大致平衡，合理匹配，可以认为功能的现实成本是比较合理的。

(2) $V<1$。此时评价对象的成本比重大于其功能比重，表明对于系统内的其他对象而言，目前所占的成本偏高，从而会导致该对象的功能过剩。应将评价对象列为改进对象，改善方向主要是降低成本。

(3) $V>1$。此时评价对象的成本比重小于其功能比重。出现这种结果可能有三种原因：第一，由于

现实成本偏低，不能满足评价对象实现其应具有的功能要求，致使对象功能偏低，这种情况应列为改进对象，改善方向是增加成本；第二，对象目前具有的功能已经超过其应该具有的水平，即存在过剩功能，这种情况应列为改进对象，改善方向是降低功能水平；第三，对象在技术、经济等方面具有某些特征，在客观上存在着功能很重要而需要消耗的成本却很少的情况，这种情况一般不列为改进对象。

在设计方案比选过程中，应尽量选择价值系数靠近 1 的设计方案；在设计方案改进过程中，应选择 $V<1$ 和部分 $V>1$ 的方案进行改进。

4.2.3 内容

根据建设部[2008]216 号文件《建设工程设计文件编制深度规定》，我国建筑工程的设计一般应分为方案设计、初步设计和施工图设计三个阶段；对于技术要求简单的建筑工程，经有关部门同意，并且合同中有不作初步设计的约定，则可以在方案设计审批后直接进入施工图设计。前一个阶段的设计文件应能够满足编制后一阶段设计文件的需要。

设计方案比选通常在方案设计和初步设计阶段进行，在设计方案比选过程中，应从方案设计和初步设计阶段设计方案拟定过程中所考虑的指标入手，严格执行相关设计标准或设计规范等依据。对于工程建设项目方案设计通用指标主要有结构形式、空间设计、平面布置等，各类型各行业建设项目均需从这几方面指标进行评价。

(1)建筑物内部各种使用空间的大小、形状、设施等结构形式：设计方案的结构形式应满足建筑物的立项意义、主题和功能要求设计，以及可能由此产生的社会与经济效益。

(2)建筑平面、空间布局和总平面布置：需要明确功能分区、空间组合及景观分析、交通分析等情况，关系到使用功能、交通流线组织的合理性，强调整个系统的“接口”联系及总体设计的合理性。在平面设计时要充分利用地形、地貌、地质，少占农田，尽量避开大型建筑物；纵断面设计时，避免大填大挖，减少土石方工程量；特殊路基、软基设计时，尽量采用经济实用的处理方法；在桥梁、涵洞设计时，尽量采用经济的结构形式。

(3)建筑方案与环境：建筑物自身最好能够尽量规避外来的污染，这在平面布置中应考虑到。同时建筑物会因自身的形体和一些特殊工艺对周围环境产生影响，能否将这些影响消除到最小，也是设计方案优化的一个主要目标，这不仅体现设计者的水平，也在一定程度上影响着项目的社会效益和经济效益。

4.2.4 方法

设计方案比选的方法有很多，主要有目标规划法、层次分析法、模糊综合评价法、灰色综合评价法、价值工程法和人工神经网络法等，较常用的方法是价值工程法。

价值工程(Value Engineering，简称 VE)是从合理利用资源发展起来的一门软科学管理技术，如今已发展成为一门比较完善的管理技术，并在实践中形成了一套科学的实施程序。其计算如下所示：

$$V=\frac{F}{C}$$

式中：V(Value)——价值系数；

F(Function)——功能系数；

C(Cost)——成本系数。

价值工程主要用于研究对象功能的提高与改进，通过提高功能(F)或降低成本(C)来提升价值(V)。其目标是以最低的寿命周期成本，使研究对象具备它所必须具备的功能。它将研究对象的价值、功能和成本作为一个整体同时考虑，以功能分析为核心，将其定量化并转化为能够与成本直接相比的量化值，强调不断的改革和创新以达到提高研究对象价值的目的。提高价值的途径有以下五种。

(1)在提高研究对象功能的同时,又降低成本,这是提高价值最为理想的途径,但对生产者要求较高,往往要借助科学技术的突破才能实现。

(2)保持研究对象成本不变,通过提高功能,提高利用资源的效果或效用,达到提高价值的目的。

(3)保持研究对象功能不变,通过降低寿命周期成本,达到提高价值的目的。

(4)研究对象功能有较大幅度提高,成本有较少提高。

(5)研究对象功能略有下降,成本大幅度降低。

随着价值工程应用范围的扩展,逐渐也应用于多方案间的优选比较,即计算互斥方案的价值系数,选择价值系数靠近1的功能与成本匹配程度较高的方案为较优方案。

4.2.5 注意事项

(1)应根据待比选设计方案实际情况选择恰当的比选依据和标准。设计方案比选的依据主要包括两类,即工程建设国家及行业标准和委托人提供的项目设计方案及相关资料。由于工程建设标准种类繁多,适用范围也各不相同,在进行设计方案比选过程中,应严格根据委托人提供的设计方案及相关资料选择合适的工程建设标准,以确保设计方案比选结果的正确合理性。

(2)确保待比选方案的可行性及具备满足用户需求的必要功能,不能盲目追求成本降低而删减必要功能或使方案不具备可行性。

(3)在通过价值系数选择设计方案的过程中,应尽量选择价值系数靠近1的方案,不能一味追求价值系数越大越好,因为价值系数过高有可能带来功能过剩、成本不能满足必要功能实现等问题。

4.2.6 成果文件

4.2.6.1 格式

设计方案比选是在设计阶段由设计单位提出不同的设计方案后,业主或组织的相关造价咨询企业在充分考虑设计的经济合理性的情况下,将技术与经济有效结合,对设计方案进行优化和选择,一般包括如下内容:①项目概况;②项目设计说明书;③设计总平面设计以及建筑设计图纸;④设计方案相关技术经济资料文件;⑤委托方对项目设计方案的限定条件和要求;⑥方案比选计算过程;⑦方案比选结论,设计文件咨询意见表;⑧有关建议等。

4.2.6.2 表格

(1)待选设计方案情况说明表,说明各待比选设计方案特征情况,见表4-2-5所示。

表4-2-5 待选设计方案情况说明表

方案序号	方案名称	方案特征描述				备注
		特征描述1	特征描述2	……	特征描述 n	
1						
2						
⋮						
n						

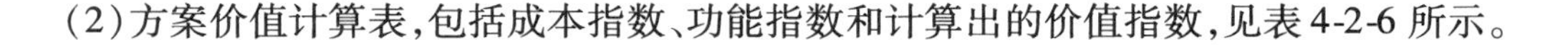

(2)方案价值计算表,包括成本指数、功能指数和计算出的价值指数,见表4-2-6所示。

表 4-2-6　方案价值计算表

方案序号	方案名称	成本指数 C	功能指数 F	价值指数 $V=F/C$	备注
1					
2					
⋮					
n					
合计					

(3)设计文件咨询意见表,将方案比选的结果、比选依据等进行说明,见表 4-2-7 所示。

表 4-2-7　设计文件咨询意见表

编号:

项目名称		建设单位	
设计单位		图纸编号	
造价咨询单位意见: 项目负责人:　　年　月　日			
建设单位意见: 负责人:　　年　月　日			

4.2.6.3　工作底稿

1. 方案比选工作概况表

该表说明方案特征、评价指标、委托方对项目设计方案的限定条件和要求等,见表 4-2-8 所示。

表 4-2-8　方案比选工作概况表

××工程方案比选工作概况表
一、方案概况 二、评价指标 三、特殊要求情况说明

2. 功能评分及功能指数计算表

(1)直接评分法功能指数计算表,见表 4-2-9 所示。

表 4-2-9　直接评分法功能指数计算表

方案	直接评分				总得分	功能指数
	评价人 1 评分	评价人 2 评分	……	评价人 n 评分		
F_1						
F_2						
⋮						
F_n						

(2)0～1 评分法或 0～4 评分法功能指数计算表,见表 4-2-10 所示。

表 4-2-10　0～1 评分法(0～4 评分法)功能指数计算表

功能	F_1	F_2	……	F_n	功能累计得分	修正得分	功能指数
F_1	×						
F_2		×					
⋮			×				
F_n				×			
合计							

(3)环比评分法功能指数计算表,见表 4-2-11 所示。

表 4-2-11　环比评分法功能指数计算表

功能区	功能重要性评价		
	暂定功能指数	修正功能指数	功能指数
F_1			
F_2			
⋮			
F_n			
合计			

(4)分项方案功能评分法功能指数计算表,见表 4-2-12 所示。

表 4-2-12　分项方案功能评分法功能指数计算表

功能评价指标	功能评价指标权重	方案 A_1		方案 A_2		……		方案 A_n	
		得分	加权得分	得分	加权得分	得分	加权得分	得分	加权得分
F_1									
F_2									
……									
F_n									
合计									
加权得分指数化									
功能指数									

4.3　设计概算

4.3.1　依据

1. 国家法律法规或行业标准

(1)《建设项目总投资组成及其他费用规定》(中价协［2003］17 号)。

(2)《建筑安装工程费用项目组成》(建标［2003］206 号)。

(3)《工程造价咨询业务操作指导规程》(中价协［2002］第 016 号)。

(4)《建设项目设计概算编审规程》(CECA/GC 2—2007)。

(5)《建设项目全过程造价咨询规程》(CECA/GC 4—2009)。

2. 相关文件和费用资料

(1)初步设计或扩大初步设计图纸、设计说明书、设备清单和材料表等。其中,土建工程包括建筑总平面图、平面图与立面图、剖面图和初步设计文字说明(注明门窗尺寸、装修标准等),结构平面布置图、构件尺寸及特殊构件的钢筋配置;安装工程包括给排水、采暖、通风、电气、动力等专业工程的平面布置图、系统图、文字说明和设备清单等;室外工程包括平面图、土石方工程量,道路、挡土墙等构筑物的断面尺寸及有关说明。

(2)批准的建设项目设计任务书(或批准的可行性研究报告)和主管部门的有关规定。

(3)国家或省、市、自治区现行的各种价格信息和计费标准,包括:①国家或省、市、自治区现行的建筑设计概算定额(综合预算定额或概算指标),现行的安装设计概算定额(或概算指标),类似工程概预算及技术经济指标;②建设工程所在地区的人工工资标准、材料预算价格、施工机械台班预算价格,标准设备和非标准设备价格资料,现行的设备原价及运杂费率;③国家或省、市、自治区现行的建筑安装工程间接费定额和有关费用标准,工程所在地区的土地征购、房屋拆迁、青苗补偿等费用和价格资料。

(4)资金筹措方式或资金来源。

(5)正常的施工组织设计。

(6)项目涉及的有关文件、合同、协议等。

3. 施工现场资料

概算编制人员应熟悉设计文件,掌握施工现场情况,充分了解设计意图,掌握工程全貌,明确工程的结构形式和特点。掌握施工组织与技术应用情况,深入施工现场了解建设地点的地形、地貌及作业环境,并加以核实、分析和修正。主要包括的现场资料如下。

(1)建设场地的工程地质、地形地貌等自然条件资料和建设工程所在地区的有关技术经济条件资料。

(2)项目所在地区有关的气候、水文、地质地貌等自然条件。

(3)项目所在地区的经济、人文等社会条件。

(4)项目的技术复杂程度以及新工艺、新材料、新技术、新结构、专利使用情况等。

(5)建设项目拟定的建设规模、生产能力、工艺流程、设备及技术要求等情况。

(6)项目建设的准备情况,包括"三通一平",施工方式的确定,施工用水、用电的供应等诸多因素。

4. 设计概算编制咨询合同

编制人员应根据委托人与受托人签订的咨询合同规定的范围、内容及要求进行编制,设计概算编制的深度应满足委托咨询合同的要求。

4.3.2 程序

若干个单位工程概算汇总后成为单项工程综合概算。若干个单项工程综合概算和工程建设其他费用、预备费、建设期利息等概算文件汇总成为建设项目总概算。单项工程综合概算和建设项目总概算仅是一种归纳、汇总性文件,因此,最基本的计算文件是单位工程概算书。建设项目若为一个独立单项工程,则建设项目总概算书与单项工程综合概算书可合并编制。

在设计概算编制前期准备的条件下,通过对所收集到的各项基础资料的充分研究和熟悉,合理选用编制依据,明确取费标准,计算各项费用,得出单位工程概算、单项工程综合概算和建设项目总概算。设计概算的编制流程见图 4-3-1 所示。

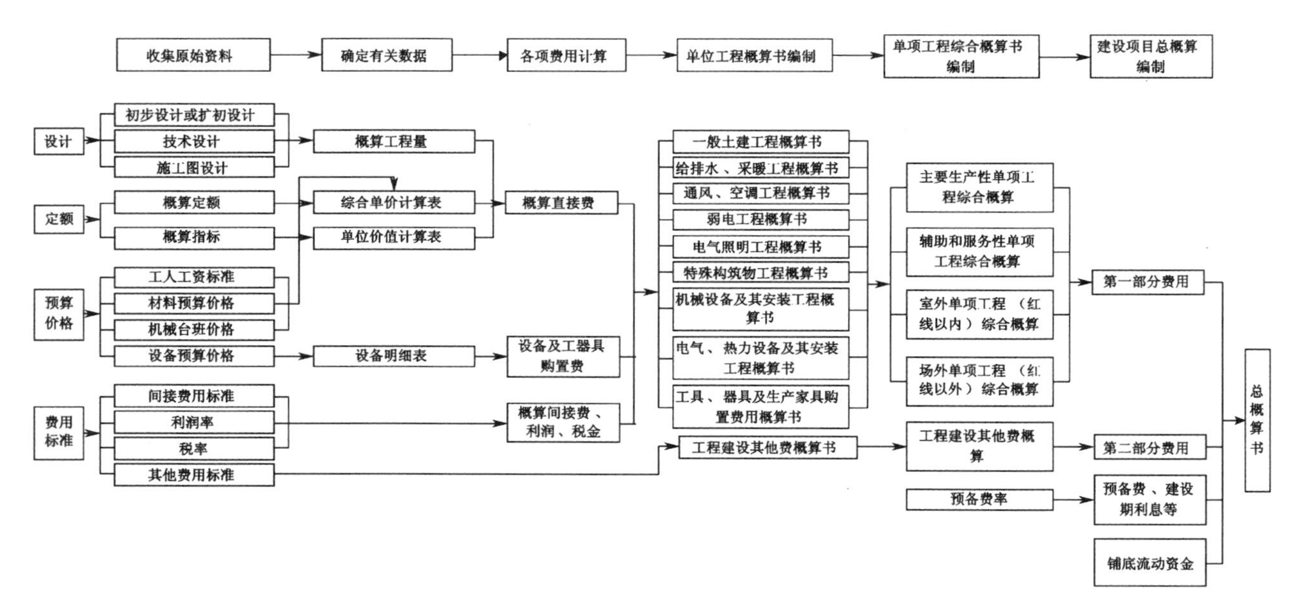

图 4-3-1　设计概算的编制流程

4.3.3　内容

设计概算的编制应采用单位工程概算、综合概算、总概算三级概算编制形式。当建设项目为一个单项工程时，可采用单位工程概算、总概算两级概算编制形式。三级概算之间的相互关系和费用构成，见图4-3-2 所示。

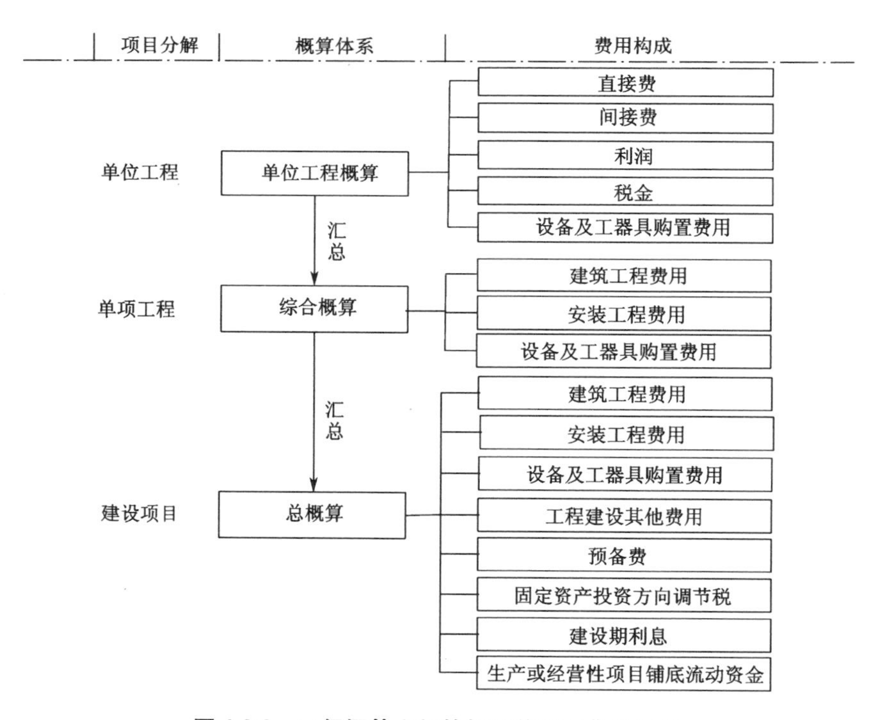

图 4-3-2　三级概算之间的相互关系和费用构成

1. 单位工程概算

单位工程是指具有独立的设计文件、可以单独组织施工的工程项目，是单项工程的组成部分。单位工程概算是确定一个单位工程费用的文件，是单项工程综合概算的组成部分，只包括单位工程的工程费用。

单位工程概算按其工程性质分为建筑工程概算和设备及安装工程概算两大类。建筑工程概算包括土建工程概算，给排水、采暖工程概算，通风、空调工程概算，电气照明工程概算，弱电工程概算，特殊构筑物工程概算等；设备及安装工程概算包括机械设备及安装工程概算，电气设备及安装工程概算，热力设备及安装工程概算，工具、器具及生产家具购置费概算等。单位工程概算的费用构成包括直接费、间接费、利润、税金和设备及工器具购置费用，其中直接费是由分部、分项工程直接费的汇总加上措施费构成的，设备及工器具购置费用包括设备购置费，工具、器具及生产家具购置费。

2. 单项工程综合概算

单项工程是指在一个建设项目中，具有独立的设计文件、建成后可以独立发挥生产能力或具有使用效益的项目。它是建设项目的组成部分。如生产车间、办公楼、食堂、图书馆、学生宿舍、住宅楼、一个配水厂等。单项工程综合概算是确定一个单项工程所需建设费用的文件，它是由单项工程中的各单位工程概算汇总编制而成的，是建设项目总概算的组成部分。单项工程综合概算的组成内容见图 4-3-3 所示。

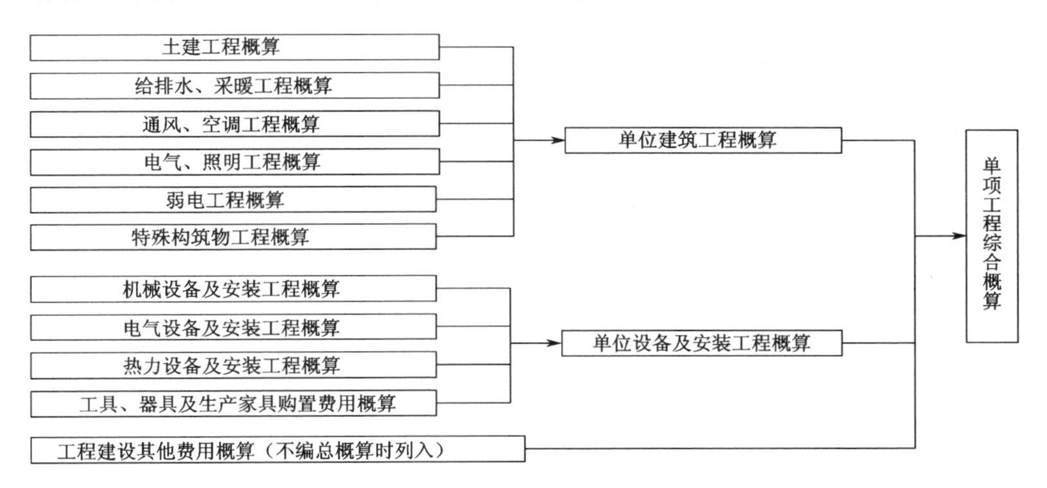

图 4-3-3 单项工程综合概算的组成内容

3. 建设项目总概算

建设项目是一个按总体规划或设计进行建设的各个单项工程所构成的总和，也可以称为基本建设项目。建设项目总概算是确定整个建设项目从筹建到竣工验收所需全部费用的文件，它是由各单项工程综合概算、工程建设其他费用概算、预备费、建设期利息和铺底流动资金概算汇总编制而成的。

4.3.4 方法

4.3.4.1 单位工程概算编制

单位工程概算是确定某一种单项工程中的某个单位工程建设费用的文件，是单项工程综合概算的组成部分。单位工程概算包括建筑工程概算、设备及安装工程概算两大类。建筑工程概算是一个独立工程中分专业工程计算费用的概算文件，分为土建工程概算、给排水和采暖工程概算、通风和空调工程概算、电气和照明工程概算、弱电工程概算、特殊构筑物工程概算。设备及安装工程概算分为机械设备及安装工程概算、电气设备及安装工程概算、热力设备及安装工程概算等。见图 4-3-4 所示。

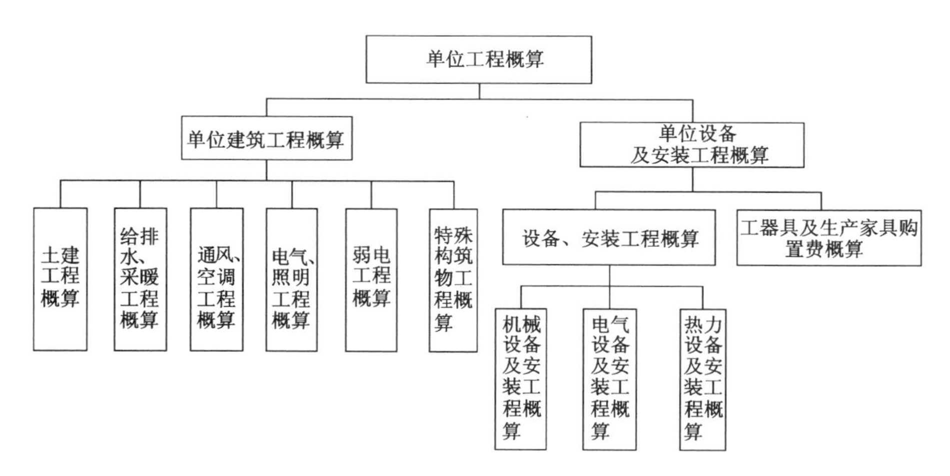

图 4-3-4　单位工程概算书的组成内容

1. 单位建筑工程概算

编制单位建筑工程概算的方法包括：概算定额计价法、概算指标法、类似工程预算法。

1）概算定额计价法

A. 适用条件

概算定额计价法又叫扩大单价法或扩大结构定额法。运用概算定额法，要求初步设计必须达到一定深度要求，建筑结构尺寸比较明确，能按照初步设计的平面图、立面图、剖面图纸计算出楼地面、墙身、门窗和屋面等扩大分项工程（或扩大结构构件）项目的工程量。

B. 编制方法

（1）收集基础资料、熟悉设计图纸和了解施工条件和施工方法。

（2）列出单位工程中分项工程或扩大分项工程项目名称并计算工程量。

工程量计算准确与否，会直接影响工程造价的准确性，因此，计算工程量必须认真仔细，按照一定的方法，并遵循一定的原则。工程量的计算顺序是先底层，后顶层；先结构，后建筑。对某一张图纸而言，一般是按顺时针方向先左后右，先横后竖，由上而下地计算。工程量计算方法，实际上就是工程量的计算顺序。一般有以下四种。

第一，按施工先后顺序计算，即从平整场地、基础挖土算起，直到装饰工程等全部施工内容结束为止。用这种方法计算工程量，要求具有一定的施工经验，能掌握全部施工的过程，并且要求对定额和图纸的内容十分熟悉，否则容易漏项。

第二，按“基础定额”或单位估价表的分部分项顺序计算，即按概算定额的章节、分部分项顺序，由前到后，逐项对照，核对定额项目内容与图纸内容、设计内容一致的内容，即可计算工程量。这种方法要求熟悉设计图纸，有较好的工程设计基础知识，同时还应注意设计图纸是否按使用要求设计，其建筑造型、内外装修、结构形式以及室内设施千变万化，有些设计还采用了新工艺、新材料和新设计，或有些零星项目可能套不上定额项目，在计算工程量时，应单列补充定额或补充单位估价表做准备。

第三，按轴线编号顺序计算工程量。这种方法适用于计算外墙、挖地槽、基础、墙砌体、装饰等工程。

第四，统筹法计算工程量。根据各分项工程量计算之间的固有规律和相互之间依赖关系，运用统筹原理和统筹图来合理安排工程量的计算程序，并按其顺序计算工程量。计算工程量的基本要点是：统筹程序、合理安排；利用基数、连续计算；一次计算、多次使用；结合实际、机动灵活。

（3）确定各分部分项工程项目的概算定额单价。

工程量计算准确完毕后，即可按照概算定额中各分部分项中的顺序，查概算定额的相应项目，将名称项目、定额编号、工程量及其计量单位、定额单价和人工、材料消耗指标，分别列入工程概算表和工料分析表的相应栏内。

(4)计算各工程分项工程的直接工程费,汇总得到单位工程的直接工程费。将确定的各扩大分项工程定额单价与工程量相乘,就可以得到各工程分项工程的直接工程费。汇总后就可以得到单位工程的直接工程费。

(5)计算措施费。依据当地地区的相关规定和取费标准,计算出措施费。直接工程费与措施费汇总,即成直接费。计算式:

直接费 = 直接工程费(人工费 + 材料费 + 施工机械费) + 措施费

(6)计算间接费、利润和税金。根据直接费、各项费用取费标准,计算间接费,再计算利润、税金及其他费用。计算式:

间接费 = 直接费 × 间接费费率

利润 =(直接费 + 间接费) × 利润率

税金 =(直接费 + 间接费 + 利润) × 税金税率

(7)计算单位工程概算造价。计算式:

单位工程概算造价 = 直接费 + 间接费 + 利润 + 税金

(8)编制每平方米建筑面积造价。用单位工程概算造价除以总建筑面积,即可得每平方米建筑面积造价。

(9)编制单位建筑工程概算文件,并由相关专业人员签字盖章。

2)概算指标法

A. 适用条件

(1)在方案设计中,由于设计无详图而只有一个概念性的轮廓时,或图纸尚不完备而无法计算工程量时,可以选定一个与该工程相似类型的概算指标编制概算。

(2)设计方案急需造价估算时,选择一个相似结构类型的概算指标来编制概算。

(3)图样设计间隔很久后再来实施,概算造价不适用于当前情况而又急需确定造价的情形下,可按当前概算指标来修正原有概算造价。

(4)通用设计图设计可组织编制通用图设计概算指标,来确定造价。

B. 编制方法

概算指标编制方法有直接套用概算指标编制概算和通过换算概算指标编制。

a. 直接套用概算指标编制概算

如果拟建工程项目中,在设计结构上与概算指标中某已建建筑物相符,则可套用概算指标进行编制。但根据所选用的概算指标的内容不同,可选用两种计算方法,具体如下。

第一,直接套用直接工程费指标的编制方法。该法是用拟建的厂房、住宅的建筑面积(或体积)乘以技术条件相同或基本相同工程的每平方米(或每立方米)的直接工程费指标,得出直接工程的直接工程费,然后按规定计算出措施费、间接费、利润和税金等,即可求出单位工程的概算造价。

这种简化方法的计算结果参照的是概算指标编制时期的价值标准,未考虑拟建工程建设时期与概算指标编制时期的价差,所以在计算直接工程费后还应用物价指数另行调整。

第二,以概算指标中规定的每 100 m^2 的造价或人工、主要材料消耗量为依据,首先计算人工、主要材料费,再套用人工、材料消耗指标计算直接工程费,最后计取各项规定的费用。计算公式如下:

每 100 m^2 建筑面积人工费 = 指标人工工日数 × 地区日工资标准

每 100 m^2 建筑面积主要材料费 = 主要材料数量 × 地区材料预算价格

每 100 m^2 建筑面积其他材料费 = 主要材料费 × 其他材料费占主要材料费的百分比

每 100 m^2 建筑面积机械使用费 =(人工费 + 主要材料费 + 其他材料费) × 机械使用费所占百分比

每 100 m^2 建筑面积直接工程费 = 人工费 + 主要材料费 + 其他材料费 + 施工机械费用

同样,根据直接费,结合其他各项取费方法,计算措施费、间接费、利润和税金,得到每平方米建筑面积的概算单价，乘以拟建单位工程的建筑面积，即可得到单位工程概算单价。

b. 通过换算概算指标编制概算

在实际工作中，新结构、新技术、新材料的应用，设计也在不断地发展和提高，同时概算指标是一种经验积累，但具有滞后性，不能反映新的工程特征。因此，在套用概算指标时，涉及的内容不可能完全符合相对滞后的概算指标中所规定的结构特征。此时，就不能简单地按照类似的或最相近的概算指标换算，而必须根据其差别情况，对其中某一项或某几项不符合设计要求的内容，分别加以修正或换算。经换算后的概算指标，方可使用。调整方法如下。

第一，设计对象的结构特征与概算指标有局部差异时的调整。

$$结构变化修正概算指标(元/m^2) = J + Q_1P_1 - Q_2P_2$$

式中：J——原概算指标；

Q_1——换入新结构的数量；

Q_2——换出旧结构的数量；

P_1——换入新结构的单价；

P_2——换出旧结构的单价。

或：

$$\begin{matrix}结构变化修正概算指\\标的工、料、机数量\end{matrix} = \begin{matrix}原概算指标的\\工、料、机数量\end{matrix} + \begin{matrix}换入结构\\件工程量\end{matrix} \times \begin{matrix}相应定额工、\\料、机消耗量\end{matrix} - \begin{matrix}换出结构\\件工程量\end{matrix} \times \begin{matrix}相应定额工、\\料、机消耗量\end{matrix}$$

以上两种方法，前者是直接修正结构件指标单价，后者是修正结构件指标人工、材料、设备数量。

第二，设备、人工、材料、机械台班费用的调整。

$$\begin{matrix}设备、人工、材料、\\机械修正概算费用\end{matrix} = \begin{matrix}原概算指标的设备、\\人工、材料、机械费用\end{matrix} + \sum\left(\begin{matrix}换入设备、人工、\\材料、机械数量\end{matrix} \times \begin{matrix}拟建地区\\相应单价\end{matrix}\right) - \sum\left(\begin{matrix}换出设备、人工、\\材料、机械数量\end{matrix} \times \begin{matrix}原概算指标设备、\\人工、材料、机械单价\end{matrix}\right)$$

3）类似工程预算法

A. 适用条件

类似工程预算法是利用技术条件与设计对象相类似的已完工程或在建工程的工程造价资料来编制工程设计概算的方法。由于类似法对条件有所要求，也就是可比性，对拟建工程项目在建筑面积、结构构造特征等方面要与已建工程基本一致，如层数相同、面积相似、结构相似、工程地点相似等。

B. 编制方法

对于已建工程的预算或在建工程的预算与拟建工程差异的部分进行调整。这些差异可分为两类，第一类是由于工程结构上的差异，第二类是人工、材料、机械使用费以及各种费率的差异。对于第一类差异可采取换算概算指标的方法进行换算，对于第二类差异可采用如下两种方法。

（1）类似工程造价资料有具体的人工、材料、机械台班的用量时，可按类似工程预算造价资料中的主要材料用量、工日数量、机械台班用量乘以拟建工程所在地的主要材料预算价格、人工单价、机械台班单价，计算出直接工程费，再乘以当地的综合费率，即可得出所需的造价指标。

（2）类似工程造价资料只有人工、材料、机械台班费用和措施费、间接费时，采用编制修正系数的方法予以解决。

首先，在编制修正系数之前，应求出类似工程预算的人工、材料、机械使用费，其他直接费及综合费（间接费与利润、税金之和）在预算造价中所占的权重（分别用f_1、f_2、f_3、f_4、f_5表示），然后再求出这五种因素的修正系数（分别用k_1、k_2、k_3、k_4、k_5表示），最后用下列式子求出预算造价总修正系数K。

$$K = f_1k_1 + f_2k_2 + f_3k_3 + f_4k_4 + f_5k_5$$

k_1、k_2、k_3、k_4、k_5分别表示人工费、材料费、机械使用费、其他直接费和综合费修正系数。计算公式为：

k_1 = 拟建工程概算的人工费(或工资标准)/类似工程概算的人工费(或地区工资标准)

k_2、k_3、k_4、k_5 类似。

计算出修正系数后,可按下列公式求出:

$$D = A \cdot K$$

式中:D——拟建工程单方概算造价;

A——类似工程单方预算造价。

2. 单位设备及安装工程概算编制

1)设备购置费概算的编制

设备购置费由设备原价和设备运杂费构成。设备原价是指国产设备或进口设备的原价;设备运杂费是指除设备原价之外的关于设备采购、运输、途中包装及仓库保管等方面支出费用的总和。按设备原价的性质不同,设备原价分为国产标准设备原价、国产非标准设备原价和进口设备原价。

A. 编制依据

(1)设备清单、工艺流程图。

(2)各部、省、市、自治区规定的现行设备价格和运费标准、费用标准。

B. 国产标准设备原价的编制

国产标准设备是指按照主管部门颁布的标准图纸和技术要求,由我国设备生产厂批量生产的,符合国家质量检测标准的设备。国产标准设备原价有两种,即带有备件的原价和不带有备件的原价。在计算时,一般采用带有备件的原价。国产标准设备一般有完善的设备交易市场,因此可通过查询相关交易市场价格或向设备生产厂家询价得到国产标准设备原价。

C. 国产非标准设备原价的编制

国产非标准设备是指国家尚无定型标准,各设备生产厂不可能在工艺过程中采用批量生产,只能按订货要求,并根据具体的设计图纸制造的设备。非标准设备由于单件生产、无定型标准,所以,无法获取市场交易价格,只能按其成本构成或相关技术参数估算其价格。非标准设备原价有多种不同的计算方法,如成本计算估价法、系列设备插入估价法、分部组合估价法、定额估价法等。但无论采用哪种方法都应该使非标准设备计价接近实际出厂价,并且计算方法要简便。成本计算估价法是一种比较常用的估算非标准设备原价的方法。按成本计算估价法,非标准设备的原价由以下各项组成。

(1) 材料费。其计算公式为:

材料费 = 材料净重 ×(1 + 加工损耗系数)× 每吨材料综合价

(2)加工费。加工费包括生产工人工资和工资附加费、燃料动力费、设备折旧费、车间经费等。其计算公式为:

加工费 = 设备总重量(吨)× 设备每吨加工费

(3)辅助材料费(简称辅材费)。辅助材料费包括焊条、焊丝、氧气、氩气、氮气、油漆、电石等费用。其计算公式为:

辅助材料费 = 设备总重量 × 辅助材料费指标

(4)专用工具费。按(1)~(3)项之和乘以一定百分比计算。

(5)废品损失费。按(1)~(4)项之和乘以一定百分比计算。

(6)外购配套件费。按设备设计图纸所列的外购配套件的名称、型号、规格、数量、重量,根据相应的价格加运杂费计算。

(7)包装费。按以上(1)~(6)项之和乘以一定百分比计算。

(8)利润。可按(1)~(5)项加第(7)项之和乘以一定利润率计算。

(9)税金,主要指增值税。计算公式为:

增值税 = 当期销项税额 - 进项税额

当期销项税额 = 销售额 × 适用增值税率

(10)非标准设备设计费。按国家规定的设计费收费标准计算。

综上所述,单台非标准设备原价可用下面的公式表达:

单台非标准设备原价 = {[(材料费 + 加工费 + 辅助材料费)×(1 + 专用工具费率)×(1 + 废品损失费率)+ 外购配套件费]×(1 + 包装费率)- 外购配套件费}×(1 + 利润率)+ 销项税额 + 非标准设备设计费 + 外购配套件费

D. 进口设备原价的编制

进口设备费用分外币和人民币两种支付方式,外币部分按美元或其他国家主要流通货币计算。进口设备的原价是指进口设备的抵岸价,通常是由进口设备到岸价(CIF)和进口从属费构成。进口设备的到岸价,即抵达买方边境港口或边境车站的价格。在国际贸易中,交易双方所使用的交货类别不同,则交易价格的构成内容也有所差异。进口从属费用包括银行财务费、外贸手续费、进口关税、消费税、进口环节增值税等,进口车辆的还需缴纳车辆购置税。进口设备到岸价的计算公式为:

进口设备到岸价(CIF) = 离岸价格(FOB) + 国际运费 + 运输保险费

= 运费在内价(CFR) + 运输保险费

进口设备到岸价的构成如下。

a. 货价

货价一般指装运港船上交货价(FOB)。设备货价分为原币货价和人民币货价。原币货价一律折算为美元表示,人民币货价按原币货价乘以外汇市场美元兑换人民币汇率中间价确定。进口设备货价按有关生产厂商询价、报价、订货合同价计算。

b. 国际运费

国际运费即从装运港(站)到达我国目的港(站)的运费。我国进口设备大部分采用海洋运输,小部分采用铁路运输,个别采用航空运输。进口设备国际运费计算公式为:

国际运费(海、陆、空) = 原币货价(FOB) × 运费率

国际运费(海、陆、空) = 单位运价 × 运量

c. 运输保险费

对外贸易货物运输保险是由保险人(保险公司)与被保险人(出口人或进口人)订立保险契约,在被保险人交付议定的保险费后,保险人根据保险契约的规定对货物在运输过程中发生的承保责任范围内的损失给予经济上的补偿。计算公式为:

$$运输保险费 = \frac{原币货价(FOB) + 国外运费}{1 - 保险费率} \times 保险费率$$

其中,保险费率按保险公司规定的进口货物保险费率计算。

d. 进口从属费的构成及计算

进口从属费的计算公式为:

进口从属费 = 银行财务费 + 外贸手续费 + 关税 + 消费税 + 进口环节增值税 + 车辆购置税

进口从属费的构成如下。

第一,银行财务费。银行财务费一般是指在国际贸易结算中,中国银行为进出口商提供金融结算服务所收取的费用,可按下式简化计算:

银行财务费 = 离岸价格(FOB) × 人民币外汇汇率 × 银行财务费率

第二,外贸手续费。外贸手续费是指按对外经济贸易部规定的外贸手续费率计取的费用,外贸手续费率一般取1.5%。计算公式为:

外贸手续费 = 到岸价格(CIF) × 人民币外汇汇率 × 外贸手续费率

第三,关税。关税是由海关对进出国境或关境的货物和物品征收的一种税。计算公式为:

关税 = 到岸价格(CIF) × 人民币外汇汇率 × 进口关税税率

到岸价格作为关税的计征基数时，通常又可称为关税完税价格。进口关税税率分为优惠税率和普通税率两种。优惠税率适用于与我国签订关税互惠条款的贸易条约或协定的国家的进口设备；普通税率适用于与我国未签订关税互惠条款的贸易条约或协定的国家的进口设备。进口关税税率按我国海关总署发布的进口关税税率计算。

第四，消费税。消费税仅对部分进口设备（如轿车、摩托车等）征收，一般计算公式为：

$$应纳消费税税额=\frac{到岸价格(CIF)\times人民币外汇汇率+关税}{1-消费税税率}\times消费税税率$$

其中，消费税税率根据规定的税率计算。

第五，进口环节增值税。进口环节增值税是对从事进口贸易的单位和个人，在进口商品报关进口后征收的税种。我国增值税条例规定，进口应税产品均按组成计税价格和增值税税率直接计算应纳税额，即：

进口环节增值税额＝组成计税价格×增值税税率

组成计税价格＝关税完税价格＋关税＋消费税

第六，车辆购置税。进口车辆需缴纳进口车辆购置税。其计算公式为：

进口车辆购置税＝（关税完税价格＋关税＋消费税）×车辆购置税率

E. 设备运杂费的编制

设备运杂费按设备原价乘以设备运杂费率计算，其计算公式为：

设备运杂费＝设备原价×设备运杂费率

其中，设备运杂费率按各部门及省、市有关规定计取。

2）设备安装工程费用概算编制

（1）预算单价法。当初步设计较深，有详细的设备清单时，可直接按安装工程预算定额单价编制安装工程概算，概算编制程序和编制方法基本同于安装工程施工图预算。该法具有计算比较具体、精确性较高之优点。

（2）扩大单价法。当初步设计深度不够，设备清单不完备，只有主体设备或仅有成套设备重量时，可采用主体设备、成套设备的综合扩大安装单价来编制概算。此种方法与单位建筑工程概算中的概算定额法相类似。

（3）设备价值百分比法又叫安装设备百分比法。当初步设计深度不够，只有设备出厂价而无详细规格、重量时，安装费可按占设备费的百分比计算。安装费率由相关管理部门制定或由设计单位根据已完类似工程确定。该法常用于价格波动不大的定型产品和通用设备产品。其计算公式为：

设备安装费＝设备原价×安装费率（%）

（4）综合吨位指标法。当初步设计提供的设备清单有规格和设备重量时，可采用综合吨位指标编制概算，其综合吨位指标由相关主管部门或由设计院根据已完类似工程资料确定。该法常用于设备价格波动较大的非标准设备和引进设备的安装工程概算。其计算公式为：

设备安装费＝设备吨重×每吨设备安装费指标（元/吨）

4.3.4.2 单项工程综合概算编制

单项工程综合概算文件一般包括编制说明（不编制总概算时列入）、综合概算表（含其所附的单位工程概算表和建筑材料表）两大部分。当建设项目只有一个单项工程时，此时综合概算文件（实为总概算）除包括上述两大部分外，还应包括工程建设其他费用、建设期贷款利息、预备费和固定资产投资方向调节税的概算。

1. 概算编制说明

概算编制说明应列在综合概算表的前面，其内容如下。

（1）工程概况：简述建设项目建设地点、设计规模、建设性质（新建、扩建或改建）、工程类别、建设期

(年限)、主要工程内容、主要工程量、主要工艺设备及数量等。

(2)主要技术经济指标:项目概算总投资(有引进的,给出所需外汇额度)及主要分项投资、主要技术经济指标(主要单位投资指标)等。

(3)编制依据:包括国家和有关部门的规定、设计文件,现行概算定额或概算指标、设备材料的预算价格和费用指标等。

(4)工程费用计算表:主要包括建筑工程费用计算表、工艺安装工程费用计算表、配套工程费用计算表、其他设计工程的工程费用计算表。

(5)引进设备材料有关费率取定及依据:主要是关于国外运输费、国外运输保险费、关税、增值税、国内运杂费、其他有关税费等。

(6)其他有关说明的问题。

(7)引进设备材料从属费用计算表。

2. 综合概算表

综合概算表是根据单项工程所辖范围内的各单位工程概算等基础资料,按照国家或部委所规定统一表格进行编制。

1)综合概算表的项目组成

工业建设项目综合概算表由建筑工程和设备及安装工程两大部分组成;民用工程项目综合概算表仅建筑工程一项。

2)综合概算的费用组成

综合概算的费用一般应包括建筑工程费用、安装工程费用、设备购置及工器具生产家具购置费等。当不编制总概算时,还应包括工程建设其他费用、建设期贷款利息、预备费等费用项目。

4.3.4.3 总概算书编制

总概算书是由各单项工程综合概算、工程建设其他费用、建设期贷款利息、预备费和经营性项目的铺底流动资金概算所组成,按照主管部门规定的统一表格进行编制而成的。

工程建设其他费用是指应在工程建设投资中支付并列入建设项目总概算或单项工程综合概算的费用。它可以分为三类:固定资产其他费用、无形资产费用和其他资产费用。

固定资产其他费用、无形资产费用和其他资产费用同第1章。

4.3.5 注意事项

1. 按图计算工程量

工程量计算所用原始数据必须和设计图纸相一致和选择合适的概算方法编制工程量按每一分项工程,根据设计图纸进行计算,计算时采用的原始数据必须以初步设计图纸所标志的尺寸或初步设计图纸能读出的尺寸为准进行计算,不得任意加大或缩小各部位尺寸。

2. 费用设置科学合理的弹性系数

由于初步设计受到外部条件的限制,如工程地质、设备材料的供应、物资采购、供应价格的变化以及主观认识的局限性,由此会引起对已确认造价的改变,但这种正常的变化在一定范围内是允许的,在编制工程概算的过程中应考虑到各种因素的动态变化,尤其是材料的价格、定额、利息等的时间变化因素,设置弹性系数,更科学合理地编制概预算。如物价上涨时考虑设置涨价预备费,其他费用根据费用调整模型设置调整系数。

3. 限额设计优化设计方案,向设计方提出合理化设计

在初步设计阶段,概算编制出来之后,对投资目标进行分解,分解为如机电、基坑、材料等专业工程,

对分解后的工程限制一个造价的额度，然后再把这个限额设计的额度返回给设计单位，要求设计单位调整设计，并在施工图设计阶段，按此额度进行施工图设计。投资目标分解后，针对造价较大的部分，进行多方案比选，从多个备选方案中选择一个合理的方案。对限额总值的分配可以依据以下几个步骤进行。

(1)对项目进行工作分解结构（Work breakdown structure，WBS），分解为各单项工程；根据设计概算，计算各单项工程工程量和造价，确定单项工程限额。

(2)对各单位工程进行分解，分解为各单位工程，进行生命周期成本分析，通过生命周期成本分解结构(Cost breakdown structure，CBS)进行成本分解，再次估算各单位工程的工程量和造价，确定单位工程限额。

(3)提取类似工程项目，对类似项目进行生命周期成本分析，参考类似工程的 CBS，为项目的限额分配提供参考。

4. 执行设计标准、推行标准设计优化设计方案，向设计方提出合理化设计

(1)执行设计标准。设计标准是国家经济建设的重要技术规范，房产市场中主要有国家《建筑设计规范》、《结构设计规范》、《建筑施工规范》等。各类建设的设计单位执行相应的不同层次的设计标准、规范，充分了解工程项目的使用对象、规模和功能要求，选择相应的设计规范作为依据，合理确定项目等级、面积分配和功能分区，以及材料、设备、装修标准和单位面积的工程造价指标，以降低工程造价，控制工程投资。

(2)推行标准设计。合理选择相应的设备标准体系，认真做好生产设备及配套设备的选型、定型，设备技术标准的选择应确保设备性能完善、质量可靠、维修方便。

4.3.6 成果文件

4.3.6.1 格式

独立装订成册的总概算文件一般分为封面、签署页、目录、编制说明、总概算表、综合概算书、其他费用概算表、其他费用计算表、建设工程概算表、设备及安装工程概算表、补充单位估价表、主要设备材料数量及价格表、总概算对比表、综合概算对比表、进口设备材料货价及从属费用计算表、工程费用计算程序表。

1. 封面

封面上部为工程名称和档案号；下部为编制单位的全称，工程造价咨询单位执业章，编制年、月、日。

2. 签署页

签署页上部为工程名称和档案号；下部为签署人姓名及执业(从业)印章，应由编制人、审核人、审定人逐级签署并加盖执业(从业)印章，最后法定代表人或其授权人签署名字。

3. 目录

按序号、编号、名称、页次顺序排列。

4. 编制说明

编制说明主要包括以下内容。

(1)工程概况。

(2)主要技术经济指标。

(3)编制依据。

(4)工程费用计算表：

①建筑工程工程费用计算表；

②工艺安装工程工程费用计算表；

③配套工程费用计算表；

④其他涉及的工程费用计算表。

(5)引进设备材料有关费率取定及依据，主要是指国外运输费、国外运输保险费、海关税费、增值税、国外运杂费、其他有关税费等。

(6)其他有关说明的问题。

(7)引进设备材料从属费用计算表。

5. 概算表及各种费用计算表

概算表及各种费用计算表按照目录中的排序顺序排列。

4.3.6.2 表格

1. 封面

封面式样见表4-3-1。

表4-3-1 封面

(工程名称) 设计概算 档案号： 共 册第 册 (编制单位名称) (工程造价咨询单位执业章) 年 月 日

2. 签署页

签署页见表4-3-2。

表4-3-2 设计概算签署页式样

(工程名称) 设计概算 档案号： 共 册第 册 编制人：_________[执业(从业)印章]_________ 审核人：_________[执业(从业)印章]_________ 审定人：_________[执业(从业)印章]_________ 法定代表人：_____________

3. 目录

目录见表4-3-3。

表4-3-3 目录

序号	编号	名称	页 次

4. **编制说明**

编制说明见表 4-3-4。

表 4-3-4　编制说明

编制说明
1. 工程概况
2. 主要技术经济指标
3. 编制依据
4. 工程费用计算表
(1)建筑工程工程费用计算表
(2)工艺安装工程工程费用计算表
(3)配套工程费用计算表
(4)其他涉及的工程费用计算表
5. 引进设备材料有关费率取定及依据,主要是指国外运输费、国外运输保险费、海关税费、增值税、国外运杂费、其他有关税费等
6. 其他有关说明的问题
7. 引进设备材料从属费用计算表

5. **总概算表**

总概算表格式见表 4-3-5 所示。

表 4-3-5　总概算表

序号	概算编号	工程名称或费用名称	建筑工程费	设备购置费	安装工程费	其他费用	合计	其中:引进部分		占总投资比例(%)
								美元	折合人民币	
一		工程费用								
		××××××								
		××××××								
二		其他费用								
1		××××××								
三		预备费								
四		专项费用								
1		××××××								
		建设项目概算总投资								

6. **工程项目其他费用表**

工程项目其他费用表格式见表 4-3-6 所示。

表 4-3-6　工程项目其他费用表

序号	费用项目编号	费用项目名称	费用计算基数	费率	金额	计算公式	备注
1							
2							
	合计						

7. **综合概算表**

综合概算表格式见表4-3-7所示。

表4-3-7　综合概算表

序号	概算编号	工程项目或费用名称	设备规模或主要工程量	建筑工程费	设备购置费	安装工程费	其他费用	合计	其中:引进部分	
									美元	折合人民币
一		主要工程								
二		辅助工程								
1		××××××								
三		配套工程								
1		××××××								
		单项工程概算费用合计								

8. **建筑工程概算表**

建筑工程概算表格式见表4-3-8所示。

表4-3-8　建筑工程概算表

序号	定额编号	工程项目或费用名称	单位	数量	单价(元)				合价(元)			
					定额基价	人工费	材料费	机械费	金额	人工费	材料费	机械费
1	××	××××										
		小计										
		工程综合取费										
		单位工程概算费用合计										

9. **设备及安装工程概算表**

设备及安装工程概算表格式见表4-3-9所示。

表4-3-9　设备及安装工程概算表

序号	定额编号	工程项目或费用名称	单位	数量	单价(元)					合价(元)				
					设备费	主材费	定额基价	其中:		设备费	主材费	定额费	人工费	材料费
								人工费	材料费					
一														
		小计												
		工程综合取费												
		合计(单位工程概算费用)												

10. **补充单位估价表**

补充单位估价表格式见表4-3-10所示。

表4-3-10 补充单位估价表

补充单位估价表编号				1	2	3	4
定额基价							
人工费							
材料费							
机械费							
名称		单位	单价	数量			
综合工日							
	其他材料费						
机械							

11. **主要设备材料数量及价格表**

主要设备材料数量及价格表见表4-3-11所示。

表4-3-11 主要设备材料数量及价格表

序号	设备材料名称	规格型号及材质	单位	数量	单价(元)	价格来源	备注

4.3.6.3 工作底稿

1. **工程量计算表**

工程量计算表格式见表4-3-12所示。

表4-3-12 工程量计算表

序号	轴线部位	项目名称	单位	数量	计算式及说明

2. **定额子目工程量计算表**

定额子目工程量计算表格式见表4-3-13。

表4-3-13 定额子目工程量计算表

项目名称:						
序号	分项工程名称	项目编号	定额编号	计算表达式	数量	单位
1						
2						
3						

3. 询价记录表

询价记录表见表4-3-14。

表4-3-14　询价记录表

序号	材料设备名称	规格	型号	品牌	单位	单价	询价方式	报价单位	报价人员及电话	询价人	询价时间	价格包含主要内容	备注
1													
2													
3													
4													
⋮													
n													

4. 取费计算表

取费计算表格式见表4-3-15所示。

表4-3-15　取费计算表

序号	费用项目名称	费用计算基数	费率(%)	金额	计算公式	备注

5. 其他费用计算表

其他费用计算表同第3章3.3.6节表3-3-21“其他费用计算表”。

6. 限额分配表

分析概算造价和限额造价的偏差并向业主提出意见。见表4-3-16所示。

表4-3-16　限额分配表

项目名称	限额造价	概算造价	偏差		原因分析
			差值(±)	比例(%)	

4.3.7　设计概算的审核

设计概算的审核应从如下几个方面开展。

4.3.7.1　编制依据的审核

编制依据的审核内容包括以下几个方面。

(1)扩初设计是否完成,是否满足要求。

(2)使用的概算定额、概算指标、费用定额及信息价格等是否符合相关规定。

(3)后续的政策、法规及调价文件应及时执行。

(4)编制依据的使用范围是否合理。

4.3.7.2 设计概算内容的审核

1. 建筑工程概算的审核

建筑工程概算的审核内容包括:①工程量的计算是否准确;②采用的定额及缺项估价是否准确;③采用人工、材料预算单价是否合理;④各项取费是否合理,后续调整系数是否计取得当。

2. 设备及安装工程概算的审核

该部分审核的重点是设备清单和安装费用的计算。审核的具体内容包括:①工程量的计算是否准确;②采用的定额及缺项估价是否准确;③采用人工、设备预算单价是否合理;④各项取费是否合理,后续调整系数是否计取得当;⑤进口设备价格的计算是否合理。

3. 工程其他费用的审核

工程其他费用的审核内容包括:①工程其他费用的列项是否齐全;②工程其他费用的计算基数是否准确;③工程其他费用的计算基数比例是否符合文件要求。

4. 工程预备费、贷款利息的审核

工程预备费、贷款利息的审核内容包括:①工程预备费的计算比例是否合适,工程预备费的计算基数是否准确;②贷款利息是否计算准确。

5. 设计总概算的审核

设计总概算的审核内容包括:①设计总概算是否在投资估算范围内;②设计总概算的内容是否完整,设计概算的内容是否与设计图纸一致,有无出现概算与图纸不符的现象;③根据本项目的规模、标准等基本情况,对比相类似项目技术经济指标情况,分析本项目概算的合理性;④结合市场行情,总概算中有无必要考虑一定价格上涨因素。

4.3.8 调整概算

4.3.8.1 概算调整的原因

设计概算批准后,一般不得调整,确需调整概算时,由建设单位调查分析变更原因,报主管部门审批同意后,由原设计单位核实编制调整概算,并按有关审批程序报批。需要概算调整的原因如下。

(1)超出原设计范围的重大变更。

(2)超出基本预备费规定范围不可抗拒的重大自然灾害引起的工程变动和费用增加。

(3)超出工程造价调整预备费的国家重大政策性的调整。

4.3.8.2 概算调整的相关规定

(1)影响工程概算的主要因素已经清楚,工程量完成了一定量后方可进行调整,一个工程只允许调整一次概算。

(2)申请调整概算时,应提交以下材料:①原初步设计文件及初步设计批复文件;②由具备相应资质单位编制的调整概算书,调整概算与原批复概算对比表,并分类定量说明调整概算的原因、依据和计算方法;③与调整概算有关的招标及合同文件,包括变更洽商部分;④调整概算所需的其他材料。

(3)申请调整概算的项目,凡概算调增幅度达到或超过原批复概算 10% 的,国家发展改革委原则上先商请审计机关进行审计,待审计结束后,再视具体情况进行概算调整。

(4)对于申请调整概算的项目,国家发展改革委将按照静态控制、动态管理的原则,区别不可抗因素

和人为因素对概算调整的内容和原因进行审查。对于使用基本预备费可以解决问题的项目,不予调整概算。对于确需调整概算的项目,须经国家发展改革委组织专家评审后方予核定批准。

(5)对由于价格上涨、政策调整等不可抗因素造成调整概算超过原批复概算的,经核定后予以调整。调增的价差不作为计取其他费用的基数。

(6)对由于项目单位管理不善、失职渎职,擅自扩大规模、提高标准、增加建设内容,故意漏项和报小建大等造成调整概算超过原批复概算的,将给予通报批评。对于超概算严重、性质恶劣的,将向国务院报告并追究项目单位的法律责任。

4.3.8.3 概算调整注意事项

(1)调整概算编制深度与要求、文件组成及表格形式同原设计概算,调整概算应对工程概算调整的原因作详尽分析说明,所调整的内容在调整总说明中要逐项与原批准概算对比,并编制前后概算对比表,分析主要变更原因。

(2)由于设计概算只允许调整一次,故设计概算调整应待工程量完成一定量后才可以进行调整,同时应确保概算调整的准确性,使其实际价格控制在调整概算中。

(3)应仔细分析概算调整的原因,区别不可抗因素和人为因素,由于不可抗因素引起的政策性调差和市场性调差可以进行调整,并根据调差原因分析和编写调差报告。

(4)调整原因属于原本预备费可以解决问题的项目,不应调整概算。

(5)调整概算的审核时应着重审核:调整概算的原因是否得当;调整概算的编制深度是否满足要求,是否与原概算进行了对比,调整的原因应作详尽分析;一个工程不应出现多次调整概算的情况。

4.4 施工图预算

4.4.1 依据

《建设项目施工图预算编审规程》中说明建设项目施工图预算编制的依据包括以下10方面内容。

(1)国家、行业、地方政府发布的计价依据、有关法律法规或规定。

(2)建设项目有关文件、合同、协议等。

(3)批准的设计概算。

(4)批准的施工图设计图纸及相关标准图集和规范。

(5)相应预算定额和地区单位估价表。

(6)合理的施工组织设计和施工方案等文件。

(7)项目有关设备、材料的供应合同、价格及相关说明书。

(8)项目所在地区有关的气候、水文、地质地貌等的自然条件。

(9)项目的技术复杂程度,以及新技术、专利使用情况等。

(10)项目所在地区有关的经济、人文等社会条件。

4.4.2 程序

建设项目施工图预算由总预算、综合预算和单位工程施工图预算组成,而施工图预算编制的单位是单位工程,单位工程施工图预算汇总为综合预算,综合预算又是总预算的组成部分,因此单位工程施工图

预算是施工图预算的关键。施工图预算编制的程序主要包括三大内容:单位工程施工图预算编制、单项工程综合预算编制、建设项目总预算编制。具体的编制流程见图4-4-1。

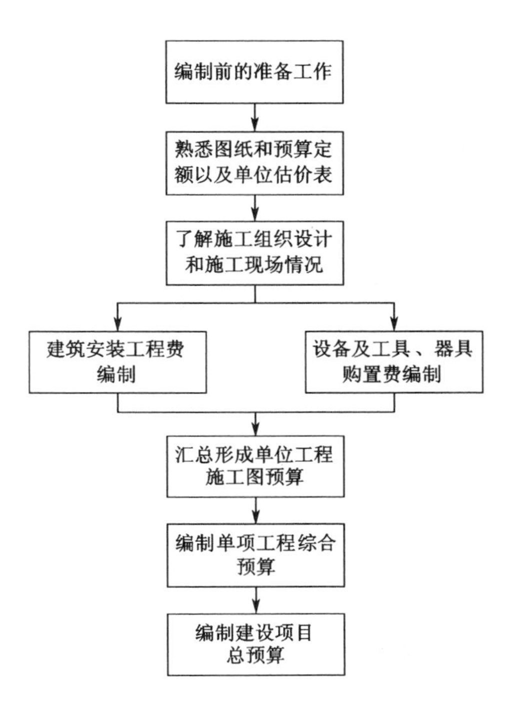

图4-4-1　施工图预算编制咨询工作程序图

4.4.3　内容

4.4.3.1　施工图预算费用的组成

施工图预算有单位工程预算、单项工程预算和建设项目总预算。单位工程预算是根据施工图设计文件、现行预算定额、单位估价表、费用定额以及人工、材料、设备、机械台班等预算价格资料,以一定方法编制单位工程的施工图预算;然后汇总所有各单位工程施工图预算,成为单项工程施工图预算;再汇总所有单项工程施工图预算,并加上工程建设其他费、预备费、建设期贷款利息、铺底流动资金形成了建设项目总预算。单位工程预算包括建筑工程预算、设备安装工程预算、设备及工具器具购置费三部分。

建筑工程预算按其工程性质分为一般土建工程预算、给排水工程预算、采暖通风工程预算、煤气工程预算、电气照明工程预算、弱电工程预算、特殊构筑物如炉窑等工程预算和工业管道工程预算等。设备安装工程预算可分为机械设备安装工程预算、电气设备安装工程预算和热力设备安装工程预算等。设备及工具器具购置费则与设计概算涉及该内容一致。

施工图预算的费用组成如图4-4-2所示。

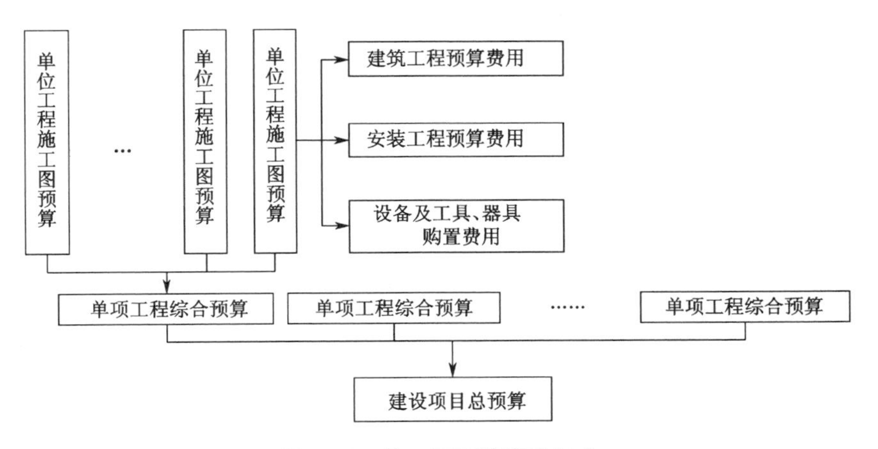

图4-4-2　施工图预算费用组成

4.4.3.2　单位工程预算费用

1. 建筑工程预算费用

根据《建筑安装工程费用项目组成》(建标[2003]206号)的规定,建筑工程费由直接费、间接费、利润和税金组成。直接费由直接工程费和措施费组成;间接费由规费、企业管理费组成;利润是指施工企业完成所承包工程获得的赢利;税金是指国家税法规定的应计入建筑安装工程造价内营业税、城市维护建设税及教育费附加等。建筑工程预算费用具体构成见图4-4-3。

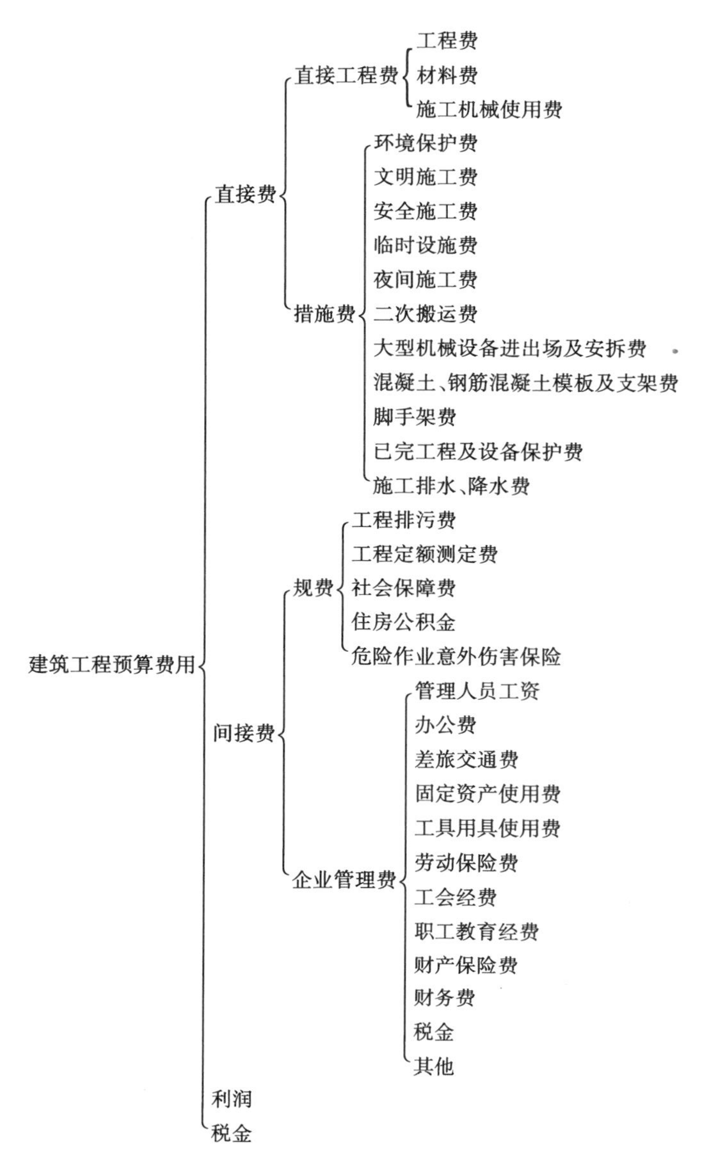

图 4-4-3　建筑工程预算费用具体构成

2. 安装工程预算费用构成

安装工程预算费用构成同建筑工程预算费用构成。

3. 设备及工具、器具购置费用构成

设备购置费由设备原价和设备运杂费构成。

设备购置费 = 设备原价 + 设备运杂费

国产标准设备原价即出厂价。国产非标准设备由于无定型标准，所以市场交易价格无法得知，只能通过不同的计算方法估算其价格，一般按照成本构成或相关技术参数进行估算。进口设备原价一般是由进口设备到岸价(CIF)和进口从属费构成。

设备运杂费由运费和装卸费、包装费、设备供销部门的手续费、采购与仓库保管费构成。

工具、器具及生产家具购置费，是指新建或扩建项目初步设计规定的，保证初期正常生产必须购置的没有达到固定资产标准的设备、仪器、工卡模具、器具、生产家具和备品备件等的购置费用。

4.4.3.3 综合预算费用构成

单项工程综合预算是反映施工图设计阶段一个单项工程(设计单元)造价的文件,是建设项目总预算的组成部分。单项工程综合预算由构成该单项工程的各个单位工程施工图预算组成。

4.4.3.4 总预算费用构成

建设项目总预算是反映施工图设计阶段建设项目投资总额的造价文件,是施工图预算文件的主要组成部分。建设项目总预算由组成该建设项目的各个单项工程综合预算和相关费用组成。相关费用包括工程建设其他费、预备费、建设期贷款利息及铺底流动资金。工程建设其他费、预备费、建设期贷款利息及铺底流动资金的费用组成内容见第2章设计概算的相关内容。

4.4.4 方法

4.4.4.1 单位工程施工图预算编制

单位工程施工图预算包括建筑工程预算和设备及安装工程预算,包括三项费用,分别是建筑工程费用,安装工程费用,设备及工具、器具购置费。建筑工程费用、安装工程费用可合称为建筑安装工程费。现说明建筑安装工程费和设备及工具、器具购置费编制内容。

1. 建筑安装工程费编制

根据《建筑工程施工发包与承包计价管理办法》(建设部令第107号)规定,施工图预算编制方法包括工料单价法和综合单价法。在传统的定额计价模式下编制施工图预算,应采用工料单价法;在工程量清单计价模式下编制施工图预算,应采用综合单价法。

工料单价法是目前普遍采用的方法,它是先根据施工图纸和预算定额计算出工程量,然后再乘以对应的定额计价得出分项工程直接工程费,分项工程费汇总后得出直接工程费,直接工程费加上措施费、间接费、利润、税金就是施工图预算造价。按照分部分项工程单价产生的方法不同,工料单价法又可以分为预算单价法和实物法。

不同的编制方法,在编制建筑安装工程费时有着不同的编制程序和内容,三种方法的具体编制程序见图4-4-4。

1)预算单价法

预算单价法的编制程序如下。

Ⅰ.编制前的准备工作

编制施工图预算的过程是具体确定建筑安装工程预算造价的过程。编制施工图预算,不仅要严格遵守国家计价法规、政策,严格按图纸计量,而且还要考虑施工现场条件因素,是一项复杂而细致的工作,也是一项政策性和技术性都很强的工作,因此,必须事前做好充分准备。准备工作主要包括两大方面:一是组织准备,二是资料的收集和现场情况的调查。

其中资料收集清单如表4-4-1所示。

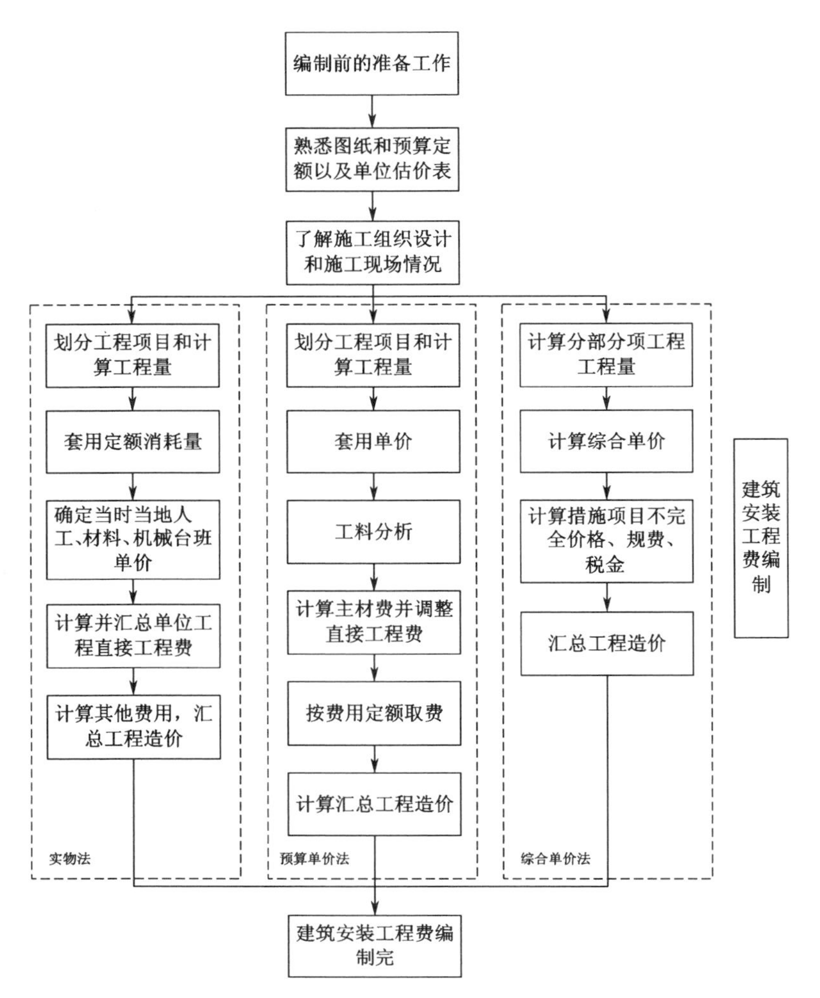

图 4-4-4　三种方法的编制程序

表 4-4-1　资料收集清单一览表

序号	资料分类	资料清单	备注
1	国家规范	国家或省级、行业建设主管部门颁发的计价依据和办法	
2		预算定额	最新
3	地方规范	××地区建筑工程消耗量标准	最新
4		××地区建筑装饰工程消耗量标准	最新
5		××地区安装工程消耗量标准	最新
11	建设项目有关资料	建设工程设计文件及相关资料，包括施工图纸等	
12		施工现场情况、工程特点及常规施工方案	
13		经批准的初步设计概算或修正概算	
14		工程所在地的劳资、材料、税务、交通等方面资料	
15	其他有关资料		

Ⅱ.熟悉图纸和预算定额以及单位估价表

熟悉施工图纸不但要弄清图纸的内容，而且要对图纸进行审核：施工图纸间相关尺寸是否有误，设备与材料表上的规格、数量是否与图示相符；详图、说明、尺寸和其他符号是否正确等。若发现错误应及时纠正。此外,还要熟悉设计图纸、设计变更通知书等内容,这些都是施工图编制的依据或是组成部分,因此不应缺少。通过对图纸的熟悉,了解该工程施工工艺、材料的选用、设备的型号等。对于预算定额、各省有关规定、施工图预算的计价标准等的了解、掌握,能够有助于准确、快速地编制施工图预算。预算定额和单位估价表是编制施工图预算的计价标准,对其适用范围、工程量计算规则及定额系数等都要充分了解,做到心中有数。

Ⅲ.了解施工组织设计和施工现场情况

施工组织设计应了解工程进度、施工方法、人员使用、材料消耗、施工机械、技术措施等内容。核实施工现场情况应包括以下内容。

(1)了解工程所在地的基础资料:如沿线地形、地貌水文、地质、气象、地震、筑路材料、运输状况等。

(2)了解工程实地情况:如水、电供应,配套工程(道路、桥梁、水路等交通情况)材料、设备、施工场地(材料堆放、预制厂)及运输条件。

(3)了解当地的气象资料。例如:气温、降雨、霜冻等。

(4)了解主、副食供应地点、运距,以确定综合费率。

(5)了解工程布置、地形条件、施工条件、料场开采条件、场内外交通运输条件等。

Ⅳ.划分工程项目和计算工程量

A.划分工程项目

划分的工程项目必须和定额规定的项目一致,这样才能正确地套用定额。不能重复列项计算,也不能漏项少算。工程项目可划分为分部分项工程,划分内容如表 4-4-2 所示。

表 4-4-2　××厂房土建工程项目划分表

定额编号	分部工程名称	分项工程名称	定额编号	分部工程名称	分项工程名称
198	土(石)方工程	平整场地	5-7	混凝土工程	C25 现浇独立柱基(自拌混凝土)
1-56		人工挖地坑三类干土深 3 米内	5-2		C25 现浇混凝土条形基础无梁式(自拌混凝土)
⋮		⋮	⋮		⋮

B.计算并整理工程量

必须根据图纸、定额标准或者建设行政主管部门发布规定,依据定额中相应工程量计算规则计算工程量。要明确工程量扣除部分与不扣除部分。当工程量全部计算完以后,要对工程项目和工程量进行整理,即合并同类项和按序排列,为套用定额、计算直接工程费和进行工料分析打下基础,将计算出的工程量同项汇总后,填入工程量计算表内。工程量计算表格式如表 4-4-3 所示。

表 4-4-3　工程量计算表

序号	轴线部位	项目名称	单位	数量	计算式及说明
1		人工平整场地			
2		人工挖基槽	m^3		
		⋮			

Ⅴ.套单价(计算定额基价)

将定额子项中的基价填入预算表单价栏内,并将单价乘以工程量得出合价,将结果填入合价栏。

Ⅵ.工料分析

工料分析即按分项工程项目,依据定额或单位估价表,计算人工和各种材料的实物耗量,并将主要材料汇总成表。工料分析首先从定额项目表中将各分项工程消耗的每项材料和人工的定额消耗量查出;再分别乘以该工程的工程量,得到分项工程人工和材料的消耗量;最后各分项工程人工和材料的消耗量汇总,得出单位工程人工、材料的消耗数量。即:

人工消耗量 = 某工种定额用工量 × 某分项工程量

材料消耗量 = 某种材料定额用量 × 某分项工程量

分部工程工料分析表如表 4-4-4 所示。

表 4-4-4　分部工程工料分析表

项目名称:　　　　　　　　　　　　　　　　　　编号:

序号	定额编号	分部(项)工程名称	单位	工程量	人工(工日)	主要材料			其他材料费(元)
						材料 1	材料 2	…	

编制人:　　　　　　　　　　　　　　审核人:

Ⅶ. 计算主材费并调整直接工程费

因为许多定额项目基价为不完全价格,即未包括主材费用在内。因此还应单独计算出主材费,计算完成后将主材费的价差加入直接工程费。主材费计算的根据是当时当地市场价格。

Ⅷ. 按费用定额取费

按有关规定计取措施费,还要按当地费用定额的取费规定计取间接费、利润、税金等。建设部建标[2003]206 号《关于印发〈建筑安装工程费用项目组成〉的通知》中给出了措施费、间接费、利润、税金的计算方法。

A. 措施费

措施费应当按照施工方案或施工组织设计,参照有关规定以“项”为单位进行综合计价。计算措施项目费同时也应考虑管理费和利润。具体计算时,可按“套定额、计算系数、计算公式”三种方式来计算。

a. 采用“套定额”方式计算

为简化计算过程,有的地区也将措施项目根据《全国统一建筑工程基础定额》编制成为相应的单位估价表,如脚手架、混凝土构件模板、垂直运输、施工排降水、安全文明施工项目等。这样一来就可以直接套用措施项目的人、材、机单价计算其人工费、材料费、机械费,具体计算方法表达为:

措施项目人工费 = 措施项目工程量 × 人工费单价

措施项目材料费 = 措施项目工程量 × 材料费单价

措施项目机械费 = 措施项目工程量 × 机械费单价

而管理费和利润可以用措施项目的人机费之和乘以相应费率计算。因而:

措施项目费 =(人工费 + 材料费 + 机械费)+(人工费 + 机械费)×(管理费率 + 利润费率)

其中的人工费、材料费、机械费均为措施项目中的人、材、机费用。

具体的计算过程在“措施费用计算明细表” 和“措施费用计算汇总表”上完成。

b. 采用“计算系数”方式计算

有的措施项目可以单位工程的直接工程费中人机费之和为计算基数,乘以相应费率来计算。如临时设施费、夜间施工增加费等。

某项措施项目费 = 直接工程费(或其中人工费和机械费之和)× 该项措施项目费费率(%)

c. 采用“计算公式”方式计算

建设部建标[2003]206号《关于印发〈建筑安装工程费用项目组成〉的通知》中给出了各种措施费的计算公式。

(1)环境保护费的计算公式为：

环境保护费 = 直接工程费 × 环境保护费费率(%)

$$环境保护费费率(\%)=\frac{本项费用年度平均支出}{全年建安产值\times直接工程费占总造价比例(\%)}$$

(2)文明施工费的计算公式为：

文明施工费 = 直接工程费 × 文明施工费费率(%)

$$文明施工费费率(\%)=\frac{本项费用年度平均支出}{全年建安产值\times直接工程费占总造价比例(\%)}$$

(3)安全施工费的计算公式为：

安全施工费 = 直接工程费 × 安全施工费费率(%)

$$安全施工费费率(\%)=\frac{本项费用年度平均支出}{全年建安产值\times直接工程费占总造价比例(\%)}$$

(4)临时设施费的构成包括周转使用临建费、一次性使用临建费和其他临时设施费。其计算公式为：

临时设施费 = (周转使用临建费 + 一次性使用临建费) × (1 + 其他临时设施所占比例(%))

其中：

$$周转使用临建费=\sum\left[\frac{临建面积\times每平方米造价}{使用年限\times365\times利用率(\%)}\times工期(天)\right]+一次性拆除费$$

一次性使用临建费 = Σ[临建面积 × 每平方米造价 × (1 − 残值率(%))] + 一次性拆除费

其他临时设施在临时设施费中所占比例，可由各地区造价管理部门依据典型施工企业的成本资料经分析后综合测定。

(5)夜间施工增加费的计算公式为：

$$夜间施工增加费=\left(1-\frac{合同工期}{定额工期}\right)\times\frac{直接工程费中的人工费合计}{平均日工资单价}\times每工日夜间施工费开支$$

(6)二次搬运费的计算公式为：

二次搬运费 = 直接工程费 × 二次搬运费费率(%)

$$二次搬运费费率(\%)=\frac{年平均二次搬运费开支额}{全年建安产值\times直接工程费占总造价的比例(\%)}$$

(7)大型机械设备进出场及安拆费的计算公式为：

$$大型机械进出场及安拆费=\frac{一次进出场及安拆费\times年平均安拆次数}{年工作台班}$$

(8)模板及支架分自有和租赁两种，采取不同的计算方法。

自有模板及支架费的计算公式为：

模板及支架费 = 模板摊销量 × 模板价格 + 支、拆、运输费

$$摊销量=一次使用量\times(1+施工损耗)\times\left[1+\frac{(周转次数-1)\times补损率}{周转次数}-\frac{(1-补损率)\times50\%}{周转次数}\right]$$

租赁模板及支架费的计算公式为：

租赁费 = 模板使用量 × 使用日期 × 租赁价格 + 支、拆、运输费

(9)脚手架同样分自有和租赁两种，采取不同的计算方法。

自有脚手架费的计算公式为：

脚手架搭拆费 = 脚手架摊销量 × 脚手架价格 + 搭、拆、运输费

$$脚手架摊销量=\frac{单位一次使用量\times(1-残值率)}{耐用期\div一次使用期}$$

租赁脚手架费的计算公式为：

租赁费 = 脚手架每日租金 × 搭设周期 + 搭、拆、运输费

(10)已完工程及设备保护费的计算公式为：

已完工程及设备保护费 = 成品保护所需机械费 + 材料费 + 人工费

(11)施工排水、降水费的计算公式为：

排水降水费 = ∑(排水降水机械台班费 × 排水降水周期 + 排水降水使用材料费、人工费)

B. 间接费

建筑安装工程间接费是指虽不直接由施工的工艺过程所引起，但却与工程的总体条件有关的，建筑安装企业为组织施工和进行经营管理，以及间接为建筑安装生产服务的各项费用。

间接费的计算方法按取费基数的不同分为以下三种。

a. 以直接费为计算基础

间接费 = 直接费合计 × 间接费费率(%)

其中：

间接费费率(%) = 规费费率(%) + 企业管理费费率(%)

$$规费费率(\%)=\frac{\sum 规费缴纳标准\times 每万元发承包价计算基数}{每万元发承包价中的人工费含量}\times 人工费占直接费的比例(\%)$$

$$企业管理费费率(\%)=\frac{生产工人年平均管理费}{年有效施工天数\times 人工单价}\times 人工费占直接费比例(\%)$$

b. 以人工费和机械费合计为计算基础

间接费 = 人工费和机械费合计 × 间接费费率(%)

间接费费率(%) = 规费费率(%) + 企业管理费费率(%)

$$规费费率(\%)=\frac{\sum 规费缴纳标准\times 每万元发承包价计算基数}{每万元发承包价中的人工费含量和机械费含量}\times 100\%$$

$$企业管理费费率(\%)=\frac{生产工人年平均管理费}{年有效施工天数\times(人工单价+每一工日机械使用费)}\times 100\%$$

c. 以人工费为计算基础

间接费 = 人工费合计 × 间接费费率(%)

间接费费率(%) = 规费费率(%) + 企业管理费费率(%)

$$规费费率(\%)=\frac{\sum 规费缴纳标准\times 每万元发承包价计算基数}{每万元发承包价中的人工费含量}\times 100\%$$

$$企业管理费费率(\%)=\frac{生产工人年平均管理费}{年有效施工天数\times 人工单价}\times 100\%$$

d. 利润

利润是指承包企业完成所承包工程获得的赢利。利润计算因计算基础的不同而不同。

(1)以直接费为计算基础时利润的计算公式为：

利润 = (直接费 + 间接费) × 相应利润率(%)

(2)以人工费和机械费为计算基础时利润的计算公式为：

利润 = 直接费中的人工费和机械费合计 × 相应利润率(%)

(3)以人工费为计算基础时利润的计算公式为：

利润 = 直接费中的人工费合计 × 相应利润率(%)

建设产品的市场定价过程中，应根据市场的竞争状况适当确定利润水平。利润率的选定体现了企业的政策，利润率的合理性也反映出企业的市场成熟度。利润率可根据工程类别(分为四类)的不同分别取定。利润率取定参考值见表 4-4-5 所示。

表 4-6-5　利润率参考值一览表

工程类别	计算基数	参考利润率(%)			
		一类	二类	三类	四类
建筑工程	直接费中的人工费和机械费之和	27	21	18	9

D. 税金

建筑安装工程税金是指国家税法规定的应计入建筑安装工程费用的营业税、城市维护建设税及教育费附加。税金的计算方法为:

税金 = 税前造价 × 不含税工程造价税率(%) = (直接费 + 间接费 + 利润) × 综合税率(%)

综合税率 = 含税工程造价税率 ÷ (1 − 含税工程造价税率)

综合税率的计算因企业所在地的不同而不同,计算方法如下。

(1)纳税地点在市区的企业综合税率的计算公式为:

$$税率(\%) = \frac{1}{1-3\%-(3\%\times7\%)-(3\%\times3\%)}-1$$

(2)纳税地点在县城、镇的企业综合税率的计算公式为:

$$税率(\%) = \frac{1}{1-3\%-(3\%\times5\%)-(3\%\times3\%)}-1$$

(3)纳税地点不在市区、县城、镇的企业综合税率的计算公式为:

$$税率(\%) = \frac{1}{1-3\%-(3\%\times1\%)-(3\%\times3\%)}-1$$

Ⅸ. 计算汇总工程造价

将直接费、间接费、利润和税金相加即建筑安装工程造价。

建筑安装工程造价 = 直接费 + 间接费 + 利润 + 税金

直接费 = 直接工程费 + 措施费

2)实物法

当建筑安装定额只有实物消耗量,没有反映货币消耗量时(无定额计价),就可以采用实物法。

Ⅰ. 编制前的准备工作

具体工作内容同预算单价法相应步骤的内容。但此时要全面收集各种人工、材料、机械台班的当时当地的市场价格,应包括不同品种、规格的材料预算单价;不同工种、等级的人工工日单价;不同种类、型号的施工机械台班单价等。要求获得的各种价格全面、真实、可靠。其中资料收集清单如表 4-4-6 所示。

表 4-4-6　资料收集清单一览表

序号	资料分类	资料清单	备注
1	国家规范	国家或省级、行业建设主管部门颁发的计价依据和办法	
2		预算定额	最新
3	地方规范	× × 地区建筑工程消耗量标准	最新
4		× × 地区建筑装饰工程消耗量标准	最新
5		× × 地区安装工程消耗量标准	最新

续表

序号	资料分类	资料清单	备注
6	工程造价管理机构发布的工程造价信息及市场价格	建设工程价格信息及类似工程价格信息	最新
7		安装工程综合价格	最新
8		市政工程综合价格	最新
9		市政工程计价办法	最新
10		园林绿化工程综合价格	最新
11	建设项目有关资料	建设工程设计文件及相关资料,包括施工图纸等	
12		施工现场情况、工程特点及常规施工方案	
13		经批准的初步设计概算或修正概算	
14		工程所在地的劳资、材料、税务、交通等方面资料	
15	其他有关资料		

Ⅱ.熟悉图纸和预算定额以及单位估价表

本步骤的内容同预算单价法相应内容。

Ⅲ.了解施工组织设计和施工现场情况

本步骤的内容同预算单价法相应内容。

Ⅳ.划分工程项目和计算工程量

本步骤的内容同预算单价法相应内容。

Ⅴ.套用定额消耗量,计算并汇总人工、材料、机械台班消耗量

人工、材料、机械台班消耗量,可以根据当地《消耗量定额》查用。

人工工日消耗量由分项工程所综合的各个工序施工劳动定额包括的基本用工、其他用工两部分组成;材料消耗量包括材料净用量和材料不可避免的损耗量。

Ⅵ.确定当时当地人工、材料、机械台班单价

A.人工单价的确定

各市造价管理部门按月或季度进行人工工种价格的发布,人工单价根据当时当地有关造价部门发布的人工价格信息为准。

B.材料单价的确定

材料单价是由材料原价(或供应价格)、材料运杂费、运输损耗费以及采购保管费合计而成的。其计算公式如下:

材料单价 =(材料原价 + 运杂费)×(1 + 场外运输损耗率)×(1 + 采购及保管费率)−包装品回收价值

材料原价应按实计取。各省、自治区工程造价(定额)管理站应通过调查,编制本地区的材料价格信息。

材料运杂费包括装卸费、运费,如果发生,还应计囤存费及其他杂费。通过铁路、水路和公路运输部门运输的材料,按铁路、航运和当地交通部门规定的运价计算运费。一种材料如有两个以上的供应点时,都应根据不同的运距、运量、运价采用加权平均的方法计算运费。由于预算定额中汽车运输台班已考虑工地便道特点,以及定额中已计入了"工地小搬运"项目,因此平均运距中汽车运输便道里程不得乘调整系数,也不得在工地仓库或堆料场之外再加场内运距或二次倒运的运距。

场外运输损耗系指有些材料在正常的运输过程中发生的损耗,这部分费用应摊入材料单价内。

材料采购及保管费,以材料的原价加运杂费及场外运输损耗的合计数为基数,乘以采购保管费率计算。材料的采购及保管费费率为2.5%。外购的构件、成品及半成品的预算价格,其计算方法与材料相

同，但构件（如外购的钢桁梁、钢筋混凝土构件及加工钢材等半成品）的采购保管费率为1%。

由以上各步骤可以得出材料预算单价，如表4-4-7所示。

表4-4-7 材料预算单价计算表

建设项目名称： 编制范围： 第 页 共 页

序号	规格名称	单位	原价（元）	运杂费					原价运费合计（元）	场外运输损耗		采购及保管费		预算单价（元）
				供应地点	运输方式、比重及运距	毛重系数或单位毛量	运杂费构成说明或计算式	单位运费（元）		费率（%）	金额（元）	费率（%）	金额（元）	

编制： 复核：

C. 施工机械台班单价的确定

施工机械台班单价＝台班折旧费＋台班大修费＋台班经常修理费＋台班安拆费及场外运费＋台班人工费＋台班燃料动力费＋车船使用税。承包商应从工程机械的合理选择、优化配置、有效管理三方面综合考虑机械台班单价。

施工机械台班单价由不变费用和可变费用组成。不变费用包括折旧费、大修理费、经常修理费、安装拆卸及辅助设施费等；可变费用包括机上人员人工费、动力燃料费、养路费及车船使用税。可变费用中的人工工日数及动力燃料消耗量，应以机械台班费用定额中的数值为准。台班人工费工日单价同生产工人人工费单价。动力燃料费用则按材料费的计算规定计算。

上述各步骤完成之后，人、材、机单价可汇总见表4-4-8。

表4-6-8 人工、材料、机械台班单价汇总

建设项目名称： 编制范围： 第 页 共 页

序号	名称	单位	代号	预算金额（元）	备注
1	2	3	4	5	6

编制： 复核：

Ⅶ. 计算并汇总单位工程直接工程费

单位工程直接工程费由单位工程的人工费、材料费、机械使用费汇总而成，而单位工程的人工费、材料费、机械使用费是通过单位工程人工、材料、施工机械台班消耗量分别乘以当时当地相应的实际市场单价得出。计算公式为：

$$\begin{aligned}\text{单位工程直接工程费} = &\sum(\text{工程量}\times\text{定额人工消耗量}\times\text{市场工日单价}) + \\ &\sum(\text{工程量}\times\text{定额材料消耗量}\times\text{市场材料单价}) + \\ &\sum(\text{工程量}\times\text{定额机械台班消耗量}\times\text{市场机械台班单价})\end{aligned}$$

Ⅷ. 计算其他费用，汇总工程造价

措施费、间接费、利润和税金等费用计算可采用与预算单价法相似的计算方法，但需注意有关费率是根据当时当地建设市场的供求情况予以确定。将上述所求直接费、间接费、利润和税金等汇总即为施工图预算造价。

3）综合单价法

综合单价法是指分项工程单价综合了直接工程费及以外的多项费用。综合单价包括人工费、材料费、施工机械使用费、企业管理费、利润，并考虑了一定范围的风险费用，但并未包括措施费、规费和税金，因此它是一种不完全综合单价。分项工程的综合单价乘以工程量即为该分项工程的预算价,所有分项工程预算价汇总后即为该工程的预算价。其计算公式为:

建筑安装工程预算造价 =(∑分项工程量 × 分项工程综合单价)+ 措施项目不完全价格 + 规费 + 税金

其中:

分项工程综合单价 = 人工费 + 材料费 + 施工机械使用费 + 企业管理费 + 利润 + 一定范围的风险费用

2. 设备及工具、器具购置费编制

1)设备购置费编制方法

设备购置费编制方法及内容参照第 2 章设计概算相关内容。

2)工具、器具及生产家具购置费编制

工具、器具及生产家具购置费一般以设备购置费为计算基数,按照部门或行业规定的工具、器具及生产家具费率计算。其计算公式为:

工具、器具及生产家具购置费 = 设备购置费 × 定额费率

3. 汇总单位工程施工图预算

单位工程施工图预算由建筑安装工程费和设备及工具、器具购置费编制组成,将计算好的建筑安装工程费和设备及工具、器具购置费相加,即得到单位工程施工图预算。其计算公式为:

单位工程施工图预算 = 建筑安装工程费 + 设备及工具、器具购置费

4.4.4.2 单项工程综合预算编制

单项工程综合预算是由单位工程施工图预算汇总而成。其计算公式为:

单项工程综合预算 = ∑单位工程施工图预算

4.4.4.3 建设项目总预算编制

总预算编制分为三级预算编制和二级预算编制形式。

三级预算编制中总预算由综合预算和工程建设其他费、预备费、建设期贷款利息及铺底流动资金汇总而成。其计算公式为:

总预算 = ∑综合预算 + 工程建设其他费 + 预备费 + 建设期贷款利息 + 铺底流动资金

二级预算编制中总预算由单位工程施工图预算和工程建设其他费、预备费、建设期贷款利息及铺底流动资金汇总而成。其计算公式为:

总预算 = ∑单位工程施工图预算 + 工程建设其他费 + 预备费 + 建设期贷款利息 + 铺底流动资金

工程建设其他费、预备费、建设期贷款利息及铺底流动资金具体编制方法参照第 2 章设计概算相关内容。

4.4.5 注意事项

(1)应注意施工图预算、概算、招标控制价在编制作用、方法、阶段等内容上的区别,具体区别如表 4-4-9 所示。

表 4-4-9　施工图预算与概算、招标控制价的区别

区别	施工图预算	概算	招标控制价
作用	1. 是确定工程招标控制价的依据 2. 是确定标底的依据 3. 是建筑施工企业投标时"报价"的参考依据	1. 是编制建设项目投资计划、确定和控制建设项目投资的依据 2. 是签订建设工程合同和贷款合同的依据 3. 是控制施工图设计和施工图预算的依据 4. 是衡量设计方案技术经济合理性和选择最佳设计方案的依据	1. 可清除投标人间合谋超额利益的可能性，有效遏制围标、串标行为，防止恶性哄抬报价带来的投资风险 2. 可避免投标决策的盲目性，使得评标中各项工作有参考依据，增强投标活动的选择性和经济性 3. 可使各投标人自主报价、公平竞争，不受标底的左右，符合市场规律 4. 既设置了控制上限，又尽量地减少了业主对评标基准价的影响
形成成果	三级概算和二级概算	三级预算和二级预算	招标控制价
编制阶段	初步设计完成后	施工图设计完成后	招标阶段
编制方法	概算定额计价法；概算指标法；类似工程预算法	单价法；实物量法	分部分项工程费、措施项目费、其他项目费、规费和税金分开编制

(2)编制施工图预算要了解现场地勘的条件，了解施工现场情况可参考勘察设计阶段形成的勘察报告。

(3)三级预算编制中总预算由综合预算和工程建设其他费、预备费、建设期贷款利息及铺底流动资金汇总而成；二级预算编制中总预算由单位工程施工图预算和工程建设其他费、预备费、建设期贷款利息及铺底流动资金汇总而成。

(4)对于国家规定的不招标工程，如：涉及国家安全、国家秘密或者抢险救灾而不适宜招标的；属于利用扶贫资金实行以工代赈需要使用农民工的；施工主要技术采用特定的专利或者专有技术的；施工企业自建自用的工程，且该施工企业资质等级符合工程要求的；在建工程追加的附属小型工程或者主体加层工程，原中标人仍具备承包能力的等工程，不做标底，需要编制施工图预算。

4.4.6　成果文件

4.4.6.1　格式

《建设项目施工图预算编审规程》第 4 条说明了施工图预算的成果文件应包括以下内容。

1. 三级预算编制形式

三级预算编制形式的工程预算文件的组成为：①封面、签署页及目录；②编制说明；③总预算表；④综合预算表；⑤单位工程预算表；⑥附件。

2. 二级预算编制形式

二级预算编制形式的工程预算文件的组成为：①封面、签署页及目录；②编制说明；③总预算表；④单位工程预算表；⑤附件。

4.4.6.2　表格

1. 封面

工程预算封面式样见表 4-4-10 所示。

表 4-4-10　工程预算封面式样

（工程名称） 工程预算 档案号： 共　册　　第　册 【设计（咨询）单位名称】 证书号（公章） 年　　　月　　　日

2. 签署页

签署页式样见表 4-4-11。

表 4-4-11　工程预算签署页式样

（工程名称） 工程预算 档案号： 共　册　　第　册 编制人：________（执业或从业印章）________ 审核人：________（执业或从业印章）________ 审定人：________（执业或从业印章）________ 法定代表人或其授权人：____________

3. 目录

工程预算目录式样见表 4-4-12 所示。

表 4-4-12　工程预算目录式样

序号	编号	名称	页次
1		编制说明	
2		总预算表	
3		其他费用表	
4		预备费计算表	
5		专项费用计算表	
6		×××综合预算表	
7		×××综合预算表	
8		⋮	
9		×××单位工程预算表	

续表

序号	编号	名称	页次
⋮		⋮	
12		补充单位估价表	
13		主要设备材料数量及价格表	
14		⋮	

4. 编制说明

工程预算编制说明式样见表 4-4-13 所示。

表 4-4-13　编制说明

施工图预算书编制说明
1. 工程概况 2. 编制依据 3. 主要技术经济说明 4. 工程费用计算表 建筑、设备、安装工程费用计算方法和其他费用计取的说明 5. 有关说明

5. 总预算表

工程预算总预算表式样见表 4-4-14 所示。

表 4-4-14　总预算表

总预算编号：　　　　工程名称：　　　　单位：万元　　共　页　第　页

序号	预算编号	工程项目或费用名称	建筑工程费	设备购置费	安装工程费	其他费用	合计	其中：引进部分		占总投资比例(%)
								单位	指标	
一		工程费用								
1		主要工程								
2		辅助工程								
3		配套工程								
二		其他费用								
1		×××××								
三		预备费								
四		专项费用								
1		×××××								
		建设项目预算总投资								

编制人：　　　　审核人：　　　　项目负责人：

6. 其他费用表

工程预算其他费用表见表4-4-15所示。

表4-4-15　其他费用表

工程名称：　　　　单位:万元　共　页　第　页

序号	费用项目编号	费用项目名称	费用计算基数	费率(%)	金额	计算公式	备注
1							
		合计					

编制人：　　　　审核人：

7. 综合预算表

工程预算综合预算表见表4-4-16所示。

表4-4-16　综合预算表

综合预算编号：　　　　工程名称(单项工程)：　　　　单位:万元　共　页　第　页

序号	预算编号	工程项目或费用名称	设计规模或主要工程量	建筑工程费	设备购置费	安装工程费	合计	其中:引进部分	
								单位	指标
一		主要工程							
1		×××××							
二		辅助工程							
1		×××××							
三		配套工程							
1		×××××							
		单项工程预算费用合计							

编制人：　　　　审核人：　　　　项目负责人：

8. 建筑工程取费表

建筑工程取费表见表4-4-17所示。

表4-4-17　建筑工程取费表

单项工程预算编号：　　　　工程名称(单位工程)：　　　　共　页　第　页

序号	工程项目或费用名称	表达式	费率(%)	合价(元)
1	定额直接费			
2	其中:人工费			
3	其中:材料费			
4	其中:机械费			
5	措施费			
6	企业管理费			
7	利润			
8	规费			
9	税金			
10	单位建筑工程费用			

编制人：　　　　审核人：

9．建筑工程预算表

建筑工程预算表见表4-4-18所示。

表4-4-18　建筑工程预算表

单项工程预算编号：　　　　　　　　工程名称（单位工程）：　　　　　　　　共　页　第　页

序号	定额号	工程项目或定额名称	单位	数量	单价（元）	其中人工费（元）	合价（元）	其中人工费（元）
一		土石方工程						
1	××	×××××						
二		砌筑工程						
1	×××	×××××						
三		楼地面工程						
1	×××	×××××						
		定额直接费合计						

编制人：　　　　　　　　　　　　　　审核人：

10．设备及安装工程取费表

设备及安装工程取费表如表4-4-19所示。

表4-4-19　设备及安装工程取费表

单项工程预算编号：　　　　　　　　工程名称（单位工程）：　　　　　　　　共　页　第　页

序号	工程项目或费用名称	表达式	费率（%）	合价（元）
1	定额直接费			
2	其中：人工费			
3	其中：材料费			
4	其中：机械费			
5	其中：设备费			
6	措施费			
7	企业管理费			
8	利润			
9	规费			
10	税金			
11	单位设备及安装工程费用			

编制人：　　　　　　　　　　　　　　审核人：

11. 设备及安装工程预算表

设备及安装工程预算表见表4-4-20所示。

表4-4-20 设备及安装工程预算表

单项工程预算编号： 工程名称（单位工程）： 共 页 第 页

序号	定额号	工程项目或定额名称	单位	数量	单价（元）	其中人工费（元）	合价（元）	其中人工费（元）	其中设备费（元）	其中主材费（元）
一		设备安装								
1	××	×××××								
二		管道安装								
1	××	×××××								
三		防腐保温								
1	××	×××××								
		定额直接费合计								

编制人： 审核人：

12. 补充单位估价表

补充单位估价表见表4-4-21所示。

表4-4-21 补充单位估价表

子目名称：____________________

工作内容：__________________ 共 页 第 页

补充单位估价表编号							
基价							
人工费							
材料费							
机械费							
名称		单位	单价	数量			
综合工日							
材料							
	其他材料费						
机械							

编制人： 审核人：

13. 主要设备材料数量及价格表

主要设备材料数量及价格表见表4-4-22所示。

表4-4-22 主要设备材料数量及价格表

序号	设备材料名称	规格型号	单位	数量	单价(元)	价格来源	备注

编制人： 审核人：

14. 分部工程工种数量分析汇总表

分部工程工种数量分析汇总表见表4-4-23所示。

表4-4-23 分部工程工种数量分析汇总表

项目名称： 编号：

序号	工程名称	工日数	备注
1	木工		
2	瓦工		
3	钢筋工		
⋮	⋮		

编制人： 审核人：

15. 单位工程材料分析汇总表

单位工程材料分析汇总表见表4-4-24所示。

表4-4-24 单位工程材料分析汇总表

项目名称： 编号：

序号	材料名称	规格	单位	数量	备注
1	红砖				
2	中砂				
3	河流石				
⋮	⋮				

编制人： 审核人：

16. 分部工程工料分析表

分部工程工料分析表见表4-4-25所示。

表4-4-25 分部工程工料分析表

项目名称： 编号：

序号	定额编号	分部(项)工程名称	单位	工程量	人工(工日)	主要材料			其他材料费(元)
						材料1	材料2	…	

编制人： 审核人：

4.4.6.3 工作底稿

工作底稿包括如下表格。

(1)工程量计算表格式,同本章4.3节表4-3-12。

(2)定额子目工程量计算表,同本章4.3节表4-3-13。

(3)询价记录表,同本章4.3节表4-3-14。

(4)其他费用计算表,同第3章3.3.6节表3-3-21。

(5) 钢筋翻样表,见表4-4-26。

表4-4-26 钢筋翻样表

工程名称: 共 页 第 页

构件名称	构件编号	构件数量	钢筋编号	钢 筋 形 状	规格	根数	单根长度(mm)	总长度(m)	总重量(kg)

编制人: 日期:

4.4.7 施工图预算的审核

施工图预算的审核应从如下几个方面开展。

1. 编制依据的审核

审核内容包括:①扩初设计是否完成,是否满足要求;②使用的预算定额、费用定额及信息价格等是否符合相关规定;③后续的政策、法规及调价文件应及时执行;④编制依据的使用范围是否合理。

2. 施工图预算内容的审核

1)建筑工程预算的审核

审核内容包括:①工程量的计算是否准确;②采用的定额及缺项估价是否准确;③采用人工、材料预算单价是否合理;④各项取费是否合理,后续调整系数是否计取得当。

2)设备及安装工程预算的审核

该部分审核的重点是设备清单和安装费用的计算。审核内容包括:①工程量的计算是否准确;②采用的定额及缺项估价是否准确;③采用人工、设备预算单价是否合理;④各项取费是否合理,后续调整系数是否计取得当;⑤进口设备价格的计算是否合理。

3)工程其他费用的审核

审核内容包括:①工程其他费用的列项是否齐全;②工程其他费用的计算基数是否准确;③工程其他费用的计算基数比例是否符合文件要求。

4)工程预备费、贷款利息的审核

审核内容包括:①工程预备费的计算比例是否合适,工程预备费的计算基数是否准确;②贷款利息是否计算准确。

5)总预算的审核

审核内容包括:①总预算是否在设计概算范围内;②总预算的内容是否完整,施工图预算的内容是否与设计图纸一致,有无出现预算与图纸不符现象;③根据本项目的规模、标准等基本情况,对比相类似项目技术经济指标情况,分析本项目预算的合理性;④结合市场行情,总预算中有无必要考虑一定价格上涨因素。

第5章 招投标阶段

5.1 概述

5.1.1 招投标阶段造价咨询的任务

建设项目招投标阶段的工程造价咨询工作对施工阶段的合同实施与造价风险控制直接产生重要影响,因此,此阶段的工作显得尤为重要。本阶段涉及的主要工程造价咨询任务如下。

(1)策划建设项目招标形式及承发包模式。

(2)主持或参与招投标全过程招标和造价咨询工作。

(3)招标文件咨询。

(4)工程量清单咨询。

(5)招标控制价(标底)咨询。

(6)投标报价咨询。

(7)施工合同咨询。

本手册主要针对以上咨询任务的(3)~(7)进行介绍。

5.1.2 招标文件概述

5.1.2.1 招标文件的概念

《中华人民共和国招标投标法》(中华人民共和国主席令第21号)第19条规定,招标人应当根据招标项目的特点和需要编制招标文件。招标文件应当包括招标项目的技术要求、对投标人资格审查的标准、投标报价要求和评标标准等所有实质性要求和条件以及签订合同的主要条款。国家对招标项目的技术、标准有规定的,招标人应当按照其规定在招标文件中提出相应要求。招标项目需要划分标段、确定工期的,招标人应当合理划分标段、确定工期,并在招标文件中载明。

5.1.2.2 招标文件的作用

招标文件是由招标人(或其委托的咨询机构)编制,由招标人发布的,既是投标单位编制投标文件的依据,也是招标人与将来中标人签订工程承包合同的基础,招标文件中提出的各项要求,对整个招标工作乃至承发包双方都有约束力。

5.1.2.3 招标文件咨询的工作内容

本手册所涉及招标文件咨询,主要指工程施工招标文件的咨询工作。

1. 招标文件的编制

根据《招标投标法》对招标文件的规定，工程施工招标文件编制应在合理选择招标文件范本的基础上，确定招标文件编制的内容，一般应包括：①招标公告；②投标人须知及须知前附表；③评标方法；④工程量清单；⑤技术规范；⑥投标书及担保书格式；⑦其他辅助资料表。

2. 招标文件的审核

招标文件的审核一般应包括：①审核招标文件的内容是否合法、合规，是否全面、准确地表达招标项目的实际情况；②审核招标文件是否全面、准确地表述招标人的实质性要求；③审核采取工程量清单报价方式招标时，工程量清单是否按《建设工程工程量清单计价规范》的规定填制；④审核暂定价格或甲供材料的价格是否合理；⑤审核计价要求、评标方法及标准是否合理、合法；⑥审核招标文件的有关规定是否符合施工现场的实际情况；⑦审核招标文件的有关规定是否符合投标保函的额度。

5.1.3 工程量清单概述

5.1.3.1 工程量清单的概念

工程量清单是指建设工程的分部分项项目、措施项目、其他项目、规费项目和税金项目的名称和相应数量等的明细清单。工程量清单包括分部分项工程量清单、措施项目清单、其他项目清单、规费和税金项目清单。

5.1.3.2 工程量清单的作用

工程量清单是工程量清单计价的基础，应作为编制招标控制价、投标报价、计算工程量、支付工程款、调整合同价款、办理竣工结算以及工程索赔等的依据之一。

5.1.3.3 工程量清单咨询的工作内容

1. 工程量清单的编制

工程量清单应由具有编制能力的招标人或受其委托具有相应资质的工程造价咨询人编制，若招标人不具备编制工程量清单的能力，可委托工程造价咨询人编制。受委托编制工程量清单的工程造价咨询人应依法取得工程造价咨询资质，并在其资质许可的范围内从事工程造价咨询活动。工程量清单编制的内容、依据、要求和表格形式等应该执行《建设工程工程量清单计价规范》(GB 50500—2008)(简称 2008《计价规范》)的有关规定。

2. 工程量清单的审核

工程量清单编制完成后应进行审核，并将其作为招标文件的组成部分。招标人对工程量清单中各分部分项工程或适合以分部分项工程量清单设置的措施项目的工程量的准确性和完整性负责；招标人根据工程量清单编制招标控制价，并进行审核。

5.1.4 招标控制价概述

5.1.4.1 招标控制价的概念

招标控制价是2008《计价规范》修订中新增的专业术语，它是在建设市场发展过程中对传统标底概念的性质进行的界定，这主要是由于我国工程建设项目施工招标从推行工程量清单计价以来，对招标时评标定价的管理方式发生了根本性的变化。2008《计价规范》第 4.2.1 条规定：国有资金投资的工程建设项目应实行工程量清单招标,并应编制招标控制价。招标控制价超过批准的概算时,招标人应将其报原概算审批部门审核。2008《计价规范》第2.0.20条规定招标控制价是招标人根据国家或省级、行业建设主管部门颁发的有关计价依据和办法,按设计施工图纸计算的,对招标工程限定的最高工程造价,也称拦标价、预算控制价、最高报价。

5.1.4.2 招标控制价的作用

招标控制价在工程量清单招标活动中,对规范投标人的投标报价和保护招标人自身利益方面起着至关重要的作用,具体如下。

(1)可清除投标人间合谋超额利益的可能性,有效遏制围标串标行为,防止恶性哄抬报价带来的投资风险。

(2)可避免投标决策的盲目性,使得评标中各项工作有参考依据,增强投标活动的选择性和经济性。

(3)可使各投标人自主报价、公平竞争,不受标底的左右,符合市场规律。

(4)既设置了控制上限,又尽量地减少了业主对评标基准价的影响。

(5)可为工程变更新增项目确定单价提供计算依据。

5.1.4.3 招标控制价咨询的工作内容

1. 招标控制价的编制

招标控制价应由具有编制能力的招标人,或受其委托具有相应资质的工程造价咨询人编制。招标控制价应在招标时公布,不得上调或下浮,招标人应将招标控制价及有关资料报送工程所在地工程造价管理机构备查。承担招标控制价的编制工作者应在遵守规范的情况下,向委托人提交一份客观可行的招标控制价成果文件。

2. 招标控制价的审核

招标控制价的审核主体一般为工程所在地的工程造价管理机构或其组织随机抽取的工程造价咨询人。招标控制价需经审核的,应安排在招标控制价公布之前,一般不得迟于投标文件截止日10日前。工程造价管理机构对招标控制价审核一般为备案性审核,审核时间不得超过2个工作日。组织委托工程造价咨询人对招标控制价审核应为全面的技术性审核,审核时间不得超过5个工作日。

5.1.5 投标报价概述

5.1.5.1 投标报价的概念

2008《计价规范》规定投标价是:"投标人投标时报出的工程造价。"投标报价在工程采用招标发包的过程中,由投标人按照招标文件的要求,根据工程特点,并结合自身的施工技术、装备和管理水平,依据有关计价规定自主确定的工程造价。投标报价是投标人希望达成工程承包交易的期望价格,原则上不能高于招标人设定的招标控制价。

5.1.5.2 投标报价的作用

工程量清单计价模式下,投标人的投标报价是剔除了一切如政府规定的费用、税金等不可竞争费,体现投标人自身技术和管理水平的自主报价,投标人报价过高会失去中标机会,投标过低则会存在亏损风险。因此,投标报价的作用主要体现在以下几方面。

(1)投标报价是招标人选择中标人的主要标准,也是招标人和中标人签订承包合同价的主要依据,选择合理的投标报价能够对招标人加强建设项目的投资控制起到重要作用。

(2)工程量清单计价模式下"量"的风险由招标人承担,投标人仅承担"价"的风险,因此,投标报价可以充分体现投标人先进的自身技术和管理水平,加强了竞争。

(3)工程量清单计价模式下,投标报价是施工过程中支付工程进度款的依据,当发生工程变更时,投标报价也是合同价格调整或索赔的重要参考标准。

5.1.5.3 投标报价咨询的工作内容

1. 投标报价的编制

投标报价的编制分为准备和实施阶段:准备阶段涉及研究招标文件、分析与投标有关的资料、调查及询价、编制项目管理规划大纲等内容;实施阶段涉及编制分部分项工程费工程量清单与计价表、措施项目费工程量清单与计价表、其他项目费工程量清单与计价表、规费及税金工程量清单与计价表,以此编制投标总报价。

2. 投标报价的审核(清标)

投标报价的审核的工作内容主要包括造价咨询单位接受招标人委托对投标人投标报价的符合性及合理性进行审核,识别投标报价是否使用了投标报价策略,并根据其使用的投标报价策略,给出相应的对策及建议或供评委进行决标的参考等。

5.1.6 施工合同概述

5.1.6.1 施工合同的概念

建设工程施工合同是发包人与承包人就完成特定工程项目的建筑施工、设备安装、工程保修等工作内容,确定双方权利和义务的协议。根据合同计价方式的不同,建设工程施工合同可分为总价合同、单价合同和成本加酬金合同三种类型,具体应用见 5.9 节介绍。

5.1.6.2 施工合同的作用

建设工程施工合同是建设工程的主要合同之一,是工程建设质量控制、进度控制、投资控制的主要依据,合理编制施工合同及进行合同条款的厘定是减少工程造价管理中不必要的纠纷和防范各类风险的关键性工作。

5.1.6.3 施工合同咨询的工作内容

本手册所涉及施工合同咨询,主要指工程施工合同管理和施工合同审核工作。

1. 施工合同管理

施工合同管理是招投标阶段工程造价咨询的重要内容,贯穿于工程项目建设的始终,具体包括以下工作:①合同计价方式的选择;②起草合同文本;③合同谈判与签订;④合同的履行、变更、转让、索赔和终止。

2. 施工合同审核

施工合同审核的要点应包括:审核签约资格、审核签约依据、审核签约条件、审核签约内容。

5.2 招标文件

5.2.1 依据

根据规范和指导工程建设招投标活动的法律、法规以及中国建设工程造价管理协会标准《建设项目

全过程造价咨询规程》(CECA/GC 4—2009)实施手册的相关要求,招标文件的编制依据如下。

(1)国家性、地方性法律法规及部门规章(见表5-2-1)。

表5-2-1　国家性、地方性法律法规及部门规章汇总表

属性	名称	文号	执行日期
国家法律法规	《中华人民共和国招标投标法》	中华人民共和国主席令[1999]21号令	2000年1月1日
	《中华人民共和国建筑法》	中华人民共和国主席令[1997]91号令	修改版2011年7月1日
	《中华人民共和国合同法》	中华人民共和国主席令[1999]15号令	1999年10月1日
	《中华人民共和国招标投标实施条例》	中华人民共和国国务院令[2011]613号令	2011年12月20日
地方法规	《山西省工程建设项目招标投标条例》	并发改稽字[2006]51号	2006年1月1日
	《北京市招标投标条例》	京计政策字(2002)2325号	2002年11月1日
部门规章	《工程建设项目施工招标投标办法》	七部委[2003]30号令	2003年5月1日
	《评标委员会和评标方法暂行规定》	七部委[2001]12号令	2001年7月5日
	《房屋建筑和市政基础设施工程施工招标投标管理办法》	建设部[2001]89号令	2001年6月1日
	《公路工程施工招标投标管理办法》	交通部[2006]7号令	2006年8月1日
	《水利工程建设项目招标投标管理规定》	水利部[2001]14号令	2002年1月1日
	《工程建设项目货物招标投标办法》	七部委[2005]27号令	2005年3月1日
规范性文件	《标准施工招标文件》	九部委[2007]56号令	2008年5月1日
	《建设工程工程量清单计价规范》(GB 50500—2008)	住房和城乡建设部63号	2008年12月1日
	《中华人民共和国房屋建筑和市政工程标准施工招标文件(2010年版)》	56号令配套文件	2010年
	《公路工程标准施工招标文件》	交通运输部[2009]221号令	2009年8月1日
	《水利水电工程标准施工招标文件》	水利部[2009]629号令	2010年2月1日
	《水运工程标准施工招标文件》	交通部[2008]44号令	2009年1月1日

(2)地方的招投标管理部门的规范性文件要求。

(3)工程建设标准、规范及工程实际情况等。

(4)清单计价规范、预算定额、费用定额、价格信息等规范性文件。

(5)项目特点、招标范围、工作内容、工期要求、合同价款方式、设计图纸、技术要求、地质资料、现场条件、管理要求等。

(6)招标人提供的其他文件资料。

5.2.2　程序

依据国家法律、法规以及《建设项目全过程造价咨询规程》(CECA/GC 4—2009)实施手册的相关要求,招标文件编制工作的程序如图5-2-1所示。

5.2.3　内容

招标文件编制内容。一般情况下,各类工程施工招标文件的内容大致相同,但组卷方式可能有所区别。此处以《标准施工招标文件》为范本介绍工程施工招标文件的内容和编写要求。《标准施工招标文

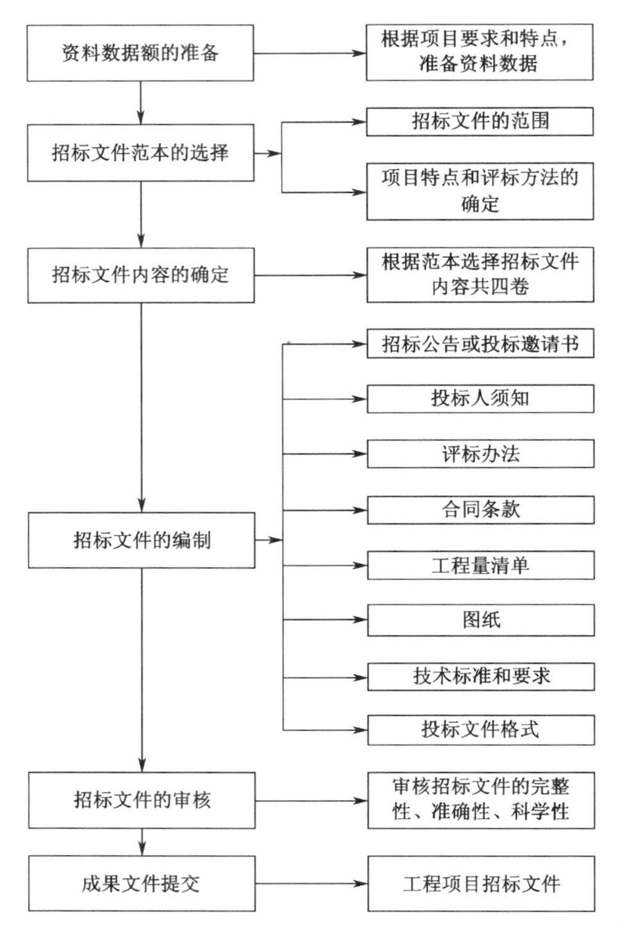

图 5-2-1　招标文件编制程序

件》依据《招标投标法》以及部门规章《工程建设项目施工招标投标办法》(30 号令)的相关要求,参照国际通用的 FIDIC 合同条款设计思路,具体内容如下。

(1)招标公告或投标邀请书。

(2)投标人须知(包括:投标人须知前附表、总则、招标文件、投标文件、投标、开标、评标、合同授予、重新招标和不再招标以及纪律和监督等方面)。

(3)评标办法(经评审的最低投标价法和综合评估法均包括:评标办法附前表、评标方法、评标标准以及评标程序等内容)。

(4)合同条款及格式(通用合同条款、专用合同条款)。

(5)工程量清单(详细内容在下节工程量清单编制和审核中介绍)。

(6)图纸。

(7)技术标准和要求。

(8)投标文件格式(投标函及投标函附录、法定代表人身份证明、授权委托书、联合体协议书、投标保证金、已标价工程量清单、施工组织设计、项目管理机构、拟分包项目情况表、资格审查资料以及其他材料)。

5.2.4 方法

5.2.4.1 招标文件范本的选择

招标文件的编制主要在于范本的选择，如果可以完全依据示范文本，则采用范本中序号标示的章、节、条、款、项、目，填写以空格标示的内容，根据招标项目具体特点和实际需要具体化，确实没有需要填写的，在空格中用“/”标示；如果范本不完全适用的，可选定某一范本为模板，在其基础上对相应内容结合项目特点进行修改。

1. 招标文件范本分类

招标文件的范本分为以下三类。

(1)国家和行业部委颁布的。如国家性招标文件范本《07 版标准施工招标文件》；我国公路建设项目现行的招标文件范本主要有财政部 1991 年 5 月 17 日“关于世界银行贷款项目招标采购采用标准文本的通知”中的《土建工程国际竞争性招标文本》(英文版，共 78 条)和《土建工程国内竞争性招标文本》(中文版，共 44 条)；交通部推荐使用的《公路工程标准施工招标文件》。

(2)地区发布的。北京市适用《北京市房屋建筑和市政基础设施工程施工总承包招标文件》。

(3)公司内部存档的，根据以往项目经验总结的招标文件资料库。

2. 范本的选择考虑的因素

(1)招标文件范本的适用范围。《标准施工招标文件》(2007 版)适用于一定规模以上，且设计和施工不是由同一承包商承担的工程施工招标，在政府投资项目中试行；《公路工程标准施工招标文件》(2009 版)适用于各等级公路、桥梁、隧道建设项目，且设计和施工不是由同一承包人承担的工程施工招标；《北京市房屋建筑和市政基础设施工程施工总承包招标文件》适用于北京市房屋建筑和市政基础设施工程的施工总承包招标。

(2)依据项目特点和评标方法等因素，例如项目金额较小，招投标时间较短，采用抽签法评标的，可以选择公司内部的招标文件范本。

5.2.4.2 招标文件封面格式和内容的确定

1. 封面格式

《标准施工招标文件》封面格式包括：项目名称、标段名称(如有)、标识出“招标文件”这四个字、招标人名称和单位印章、时间。

2. 内容

不同的招标文件范本在具体的资格审查方法、评标方法和合同格式条款等内容上有差别，但是整体框架架构是一致的，都可分为四卷八章，各卷内容分别如下。

第一卷

第一章　招标公告(未进行资格预审)/投标邀请书(适用于邀请招标)

第二章　投标人须知

第三章　评标办法

第四章　合同条款及格式

第五章　工程量清单

第二卷

第六章　图纸

第三卷

第七章　技术规范

第四卷

第八章　投标文件格式

5.2.4.3　招标公告(投标邀请书)的编制

对于未进行资格预审项目的公开招标项目,招标文件应包括招标公告;对于邀请招标项目,招标文件应包括投标邀请书;对于已经进行资格预审的项目,招标文件也应包括投标邀请书(代资格预审通过通知书)。

1. 招标公告(未进行资格预审)

招标公告包括项目名称、招标条件、项目概况与招标范围、投标人资格要求、招标文件的获取、投标文件的递交、发布公告的媒介和联系方式等内容。

2. 投标邀请书(适用于邀请招标)

适用于邀请招标的投标邀请书一般包括项目名称、被邀请人名称、招标文件、项目概况与招标范围、投标人资格要求、招标文件的获取、投标文件的递交、确认和联系方式等内容。其中,大部分内容与招标公告基本相同,唯一区别是:投标邀请书无须说明发布公告的媒介,但对投标人增加了在收到投标邀请书后的约定时间内,以传真或快递方式以确认是否参加投标的要求。

3. 投标邀请书(代资格预审通过通知书)

适用于代资格预审通过通知书的投标邀请书一般包括项目名称、被邀请人名称、购买招标文件的时间、售价、投标截止时间、受到邀请书的确认时间和联系方式等。与适用于邀请招标的投标邀请书相比,由于已经经过了资格预审阶段,所以在代资格预审通过通知书的投标邀请书的内容里,不包括招标条件、项目概况与招标范围和投标人资格要求等内容。

5.2.4.4　投标人须知及须知前附表的编制

1. 投标人须知

投标人须知是投标人了解工程和进行工程投标的基础性文件,对合同计价的完整描述是能否依据合同进行工程计价的前提条件,是建立合同计价体系的起点。因此编制一份严密合理的投标人须知是所有工作的前提。投标人不能只把它当做提供基本信息的说明,而应该注意其对合同履行过程中所产生的影响,尽量避免因为忽视投标人须知而给产生合同纠纷埋下隐患。但应注意前附表必须与招标文件相关章节内容前后一致。因此,招标人或招标代理机构编制招标文件时,应该将投标人须知的大部分内容反映在此表中,提纲挈领、简明扼要,使投标人迅速地掌握招标项目的要点。投标须知大致可分为以下六个方面。

(1)总则:招标范围、资金来源、投标人的合格条件、投标费用、现场考察、标前会议。

(2)招标文件:招标文件的内容、招标文件的澄清和解答、招标文件的修改。

(3)投标书的编制:投标文件的组成、投标价、投标文件有效期、投标担保、选择方案、投标书的签署和装订。

(4)投标书的送交:投标书的密封和标记、送交投标文件截止期、迟到的投标文件、投标书的更改与撤回。

(5)开标与评标:开标、评标、初步评审、算术修正、详细评审、细微偏差、评标价、投标文件的澄清、评标方法。

(6)合同的授予:授予合同、接受和拒绝投标的权利、中标通知书、履约担保、合同协议书的签署、纪律与监督。

2. 投标人须知前附表

投标人须知前附表主要作用:一是将投标人须知中的关键内容和数据摘要列表,起到强调和提醒作

用，为投标人迅速掌握投标人须知内容提供方便，但必须与招标文件相关章节内容衔接一致；二是对投标人须知正文中交由前附表明确的内容给予具体界定。区别不同的招标文件范本，有不同的填写要求和注意事项。

5.2.4.5 评标方法的编写

编制招标文件时，评标方法的选择与评标方法的制定极其重要，会极大地影响中标候选人的排列，并最终影响中标价格和工程质量。原国家计委等七部委《评标委员会评标方法暂行规定》(12 号令)第二十九条明确了三类评标方法，包括："经评审的最低投标价法、综合评估法或法律、行政法规允许的其他评标方法。"为了加强对本行业招投标的监督管理，根据国务院的分工，工业、水利、交通、铁道、民航、信息产业以及建设部、原外经贸等部委以及各省人大在该办法规定的基础上，根据行业特点又颁布的一些具体规定，如表 5-2-2 所示。

表 5-2-2 国家各部门有关法规(细则)规定的评标办法

序号	部门	国家各部门有关法规(细则)规定的评标办法
1	原国家计委等七部委 12 号令	综合评估法、经评审的最低投标价法、法律法规允许的其他评标办法
2	建设部	
3	商务部	最低评标价法、综合评标法(打分法)
4	交通部	综合评价方法、合理低价法、最低评标价法、综合评估法和双信封评标法以及法律、法规允许的其他评标方法。固定标价评分法、技术评分合理标价法、计分法和综合评议法
5	水利部	综合评议法、综合最低评标价法、合理最低投标价法、综合评议法以及两阶段评标法
6	信息产业部	最低投标价中标法、综合评分法
7	铁道部	最低评标价法、综合评分法、合理最低投标价法
8	财政部	综合评分法、性价比法、最低评标价法

但是，最基本的评标方法仍是经评审的最低投标价法、综合评估法。还有常用的专家评议法，以下进行详细介绍。

1. 经评审的最低投标价法

1)定义

经评审的最低投标价法与《招标投标法》第四十一条规定的中标人条件之二(满足招标文件的实质性要求，并且经评审的投标价格最低，但是投标价格低于成本的除外)相对应。

2)评标方法

对符合招标文件规定的技术标准和满足招标文件实质性要求的投标报价，按招标文件规定的评标价格调整方法，将投标报价以及相关商务部分的偏差作必要的价格调整和评审，即将价格以外的有关因素折成货币或给予相应的加权计算，以确定最低评标价或最佳的投标人。

3)适用范围

适用于具有通用技术、性能标准或对技术、性能无特殊要求的招标项目，如农村简易道路、一般的建筑、安装工程等招标项目。一些乡、镇、县的评标，因为专家数量有限，所以特别适合采用此方法评标。

2. 综合评估法

1)定义

综合评估法是指评标委员会对满足招标文件实质性要求的投标文件，按照规定的评分标准进行打分，并按得分由高到低的顺序推荐中标候选人，或根据招标人授权直接确定中标人，但投标报价低于其成本的除外。综合评分相等时，以投标报价低的优先；投标报价也相等的，由招标人自行确定。

2）评标方法

综合评估法最常用的是最低评标价法和综合评分法。

Ⅰ.最低评标价法

这是另一种以价格加其他因素评标的方法，也可以认为是扩大的经评审的最低价法。以这种方法评标，一般做法是以投标报价为基数，将报价以外的其他因素（既包括商务因素也包括技术因素）数量化，并以货币折算成价格，将其加减到投标价上去，形成评标价，以评标价最低的投标作为中选投标。

Ⅱ.综合评分法

综合评分法，也称打分法，是指评标委员会按预先确定的评分标准，对各招标文件需评审的要素（报价和其他非价格因素）进行量化、评审记分，以标书综合分的高低确定中标单位的方法。由于项目招标需要评定比较的要素较多，且各项内容的计量单位又不一致，如工期是天、报价是元等，因此综合评分法可以较全面地反映出投标人的素质。

评审要素确定后，首先将需要评审的内容划分为几大类，并根据招标项目的性质、特点，以及各要素对招标人总投资的影响程度来具体分配分值权重（即得分）。然后再将各类要素细划成评定小项并确定评分的标准。这种方法往往将各评审因素指标分解成100分，因此也称百分法。推荐中标候选人时应注意，若某投标文件总分不低，但某一项得分低于该项预定及格分时，也应充分考虑授标给该投标单位后，实施过程中可能的风险。

综合评估法下评标分值构成分为四个方面：①施工组织设计；②项目管理机构；③投标报价；④其他评分因素。总计分值100分。各方面所占比例和具体分值由招标人自行确定，并在招标文件中明确载明。上述四个方面标准具体评分因素如表5-2-3所示。

表5-2-3　综合评估法下的评分因素和评分标准

分值构成	评分因素	评分标准
施工组织设计评分标准	内容完整性和编制水平	
	施工方案与技术措施	
	质量管理体系与措施	
	安全管理体系与措施	
	环境保护管理体系与措施	
	工程进度计划与措施	
	资源配备计划	
项目管理机构评分标准	项目经理任职资格与业绩	
	技术责任人任职资格与业绩	
	其他主要人员	
投标报价评分标准	偏差率	
其他因素评分标准		

其中，偏差率 = 100% ×（投保人报价 − 评标基准价）/评标基准价，评标基准价的计算方法应在投标人须知前附表中予以明确。

3）适用范围

综合评估法一般适用于工程建设规模较大，履约工期较长，技术复杂，工程施工技术管理方案的选择性较大，且工程质量、工期和成本受不同施工技术管理方案影响较大，工程管理要求较高的施工招标项目

的评标。不宜采用经评审的最低投标价法的招标项目,一般应当采取综合评估法进行评审。

3. 专家评议法

1)定义

专家评议法也称定性评议法或综合评议法,评标委员会根据预先确定的评审内容,如报价、工期、技术方案和质量等,对各投标文件共同分项进行定性的分析、比较,进行评议后,选择投标文件在各指标都优良者为候选中标人,也可以用表决的方式确定候选中标人。①

2)评标方法

该评标方法实际上是定性的优选法,由于没有对各投标因素的量化比较(除报价是定量指标外),标准难以确切掌握,往往需要评标委员会协商,评标的随意性大。其优点是评标委员会成员之间可以直接对话与交流,交换意见和讨论比较深入,评标过程简单,在较短的时间内可完成,但当成员之间评标悬殊时,确定中标人较困难。

3)适用范围

专家评议法一般适合小型项目或无法量化投标条件的情况下使用。

5.2.4.6 工程量清单的编制

依据2008《计价规范》,并参考《建设项目全过程造价咨询规程》(CECA/GC 4—2009)、《建设工程造价咨询业务操作指导规程》(中价协[2002]第016号)等规定,编制工程量清单,详见第5章5.3节、5.4节具体内容。

5.2.4.7 图纸清单的编制

设计图纸是合同文件的重要组成部分,是编制工程量清单以及投标报价的重要依据,也是进行施工及验收的依据。通常招标时的图纸并不是工程所需的全部图纸,在投标人中标后还会陆续颁发新的图纸以及对招标时图纸的修改。因此,在招标文件中,除了附上招标图纸外,还应该列明图纸目录。图纸目录一般包括:序号、图名、图号、版本、出图日期等。

5.2.4.8 技术规范的编制

1. 技术标准和要求

招标文件规定的各项技术标准应符合国家强制性规定。招标文件中规定的各项技术标准均不得要求或标明某一特定的专利、商标、名称、设计、原产地或生产供应者,不得含有倾向或者排斥潜在投标人的其他内容。如果必须引用某一生产供应商的技术标准才能准确或清楚地说明拟招标项目的技术标准时,则应当在参照后面加上"或相当于"的字样。

2. 技术规范的编写

技术规范一般包括:工程的全面描述、工程所用材料的技术要求、施工质量要求、工程记录计量方法和支付规定、验收标准、不可预见因素的规定。技术规范有国家强制性标准和国际、国内的公认标准。

编写技术规范一般可以引用国家有关部门颁布的规定。但专业部门现行颁布的规范与招标文件的技术规范最大区别在于招标文件的技术规范必须有计量和支付的规定。而专业规范没有这一点。另外对于本工程的一些特殊技术要求和规定,则必须列入技术要求规范中。

5.2.4.9 投标文件格式的编制

1. 投标文件组成

投标文件格式的一般组成内容包括:投标函及投标函附录、法定代表人身份证明、授权委托书、联合

① 陈川生. 招标投标法律法规解读评析评标专家指南(修订本)[M]. 北京:电子工业出版社,2010。

体协议书、投标保证金、已标价工程量清单、施工组织设计、项目管理机构、拟分包项目情况表、资格审查资料、其他材料。

2. 投标文件格式编写的要求

1)投标文件格式的编制要严谨、规范,保证评标的公平、公正

设置严谨的“投标文件格式”,并要求投标人按照提供的格式逐项进行响应。投标人应当使用本招标文件提供的投标文件格式,并可按同样的格式进行扩展。如果投标人未按此格式编制投标文件,由此造成投标内容欠缺或不完整的,有可能被评委视为“未实质性响应招标要求”而被拒绝。

2)投标书及担保书格式要求

投标书格式包括:①投标人对招标文件列明的工程的报价;②投标人承诺工程开工及竣工时间;③投标人对投标书附录的承诺;④投标人对投标有效期的承诺;⑤投标人对投标书及中标通知书在正式合同签订之前视同对业主和投标人双方具有约束力的合同的承诺;⑥投标人理解,业主无义务必须接受最低标价的投标书或其他任何投标书。

投标书附录说明投标人承诺如果中标后应承担或认可的某些重要义务。如履约保证金的数额;第三方保险最低限额;工期;误期赔偿费及期限;缺陷责任期;动员预付款金额;中期支付的最低限额;出具付款证书以后的付款时间,保留金限额等。以上诸项除工期由招标人填写外其余各项均在招标文件中填明,由投标人签署接受,如不设投标书附录,则这些内容应分别在合同条款中写明。

投标文件还规定投标人随同投标书递交投标保证金,投标保证金金额应按投标须知规定,一般控制在投标价的2%左右。投标保证金除可用现金、现金支票等提交外,也可以按招标文件中给定的格式由投标人选择,如果投标人在投标有效期内违反招标文件的有关规定,则将没收投标保证金,因此,开标后应检查是否已按规定递交了投标保证金,如没有,则按废标论处。

在招标文件中还应有授权书格式,授权书格式是供投标人按给定的格式,对授权在投标书和所有投标文件中规定处签字的代表其法人地位的书面认证。在投标文件中未提交授权书,则投标文件无效。

5.2.5 注意事项

招标文件编制中应重点注意的问题如下。

(1)科学选择和设定评标办法和评分标准。招标人应结合工程项目的具体情况,认真分析各种不同的评标办法,寻求一种最适合该工程项目的评标办法。

(2)编制拟签订合同样本。招标文件中的通用合同条件一般采用的是标准合同文本。标准合同文本,是比较成熟和规范的。但在专用合同条款的编制过程中,一定要结合工程实际情况进行,从该工程的资金情况、技术复杂程度等确定出合同类型以及其他方面的要求和规定。

(3)设立工程履约担保要求。当中标人不履行义务时,招标人可以采取扣罚履约保证金的手段对中标人进行处罚。另外,招标人还可以在招标文件中要求投标人提供低价风险担保,而且投标人的投标报价越低,其所提交的低价担保金额越大。

(4)招标文件对招标内容的描述一定要严密、完整,特别是项目交接的地方更要规定清楚、交待明白,因为这些地方是容易出现争议、索赔之处。承包商在确定投标报价时会十分关注工程图纸和说明的准确程度,因为工程图纸和说明是描述工程性质和工程量的重要文件,对投标人的报价将产生重要影响。对工期、质量以及现场的管理都带来了或多或少的困难。招标文件对工程项目的技术要求(特别是在设计不充分的情况下)、验收规范、合理的工期要求及延期条件、移交手续等要规定明确,对投标人应承担的义务要写明、写全,以保证业主在合同谈判、合同签订以及实施的过程中掌握主动,最大限度减小风险。

(5)合同主要条款随标书一起发售,有利于合同谈判和合同签订工作的开展,也有利于业主掌握合同谈判和合同签订的主动权。在主要条款起草过程中应当做到对合同中关键词语的定义解释要严密,不

留漏洞，讲明双方权利、义务关系，合同款支付方式，对企业及项目经理的特殊要求，尽量规避一些可能引起索赔的条款以及硬性规定业主义务的条款，不可预见事件发生时的处理方案，合同发生争议时的解决方法及诉讼或仲裁地点。

5.2.6 成果文件

5.2.6.1 格式

根据《标准施工招标文件》中所列成果文件的格式，招标文件的格式如下。

一、招标文件封面
二、招标公告（投标邀请书）
三、投标人须知
（一）投标人须知前附表
（二）总则
（三）招标文件
（四）投标文件
（五）投标
（六）开标
（七）评标
（八）合同授予
（九）重新招标和不再招标
（十）纪律和监督
（十一）需要补充的其他内容
附表一：开标记录表
附表二：问题澄清通知
附表三：问题的澄清
附表四：中标通知书
附表五：中标结果通知书
附表六：确认通知
四、评标办法（综合评估法）
（一）评标办法前附表
（二）评标方法
（三）评审标准
（四）评标程序
五、合同条款及格式
（一）通用合同条款
（二）专用合同条款
（三）合同附件格式
附件一：合同协议书
附件二：履约担保格式
附件三：预付款担保格式
六、工程量清单

(一)工程量清单说明
(二)投标报价说明
(三)其他说明
(四)工程量清单
七、图纸
(一)图纸目录
(二)图纸
八、技术标准和要求
九、投标文件格式
(一)目录
(二)投标函及投标函附录
(三)法定代表人身份证明
(四)授权委托书
(五)联合体协议书
(六)投标保证金
(七)已标价工程量清单
(八)施工组织设计
附表一:拟投入本标段的主要施工设备表
附表二:拟配备本标段的试验和检验仪器设备表
附表三:劳动力计划表
附表四:计划开、竣工日期和施工进度网络
附表五:施工总平面图
附表六:临时用地表
(九)项目管理机构
(十)拟分包项目情况表
(十一)资格审查资料
(十二)其他材料

5.2.6.2 表格

1. 开标记录表

开标记录表见表5-2-4所示。

表5-2-4 开标记录表

______(项目名称)________ 标段施工开标记录表　　　开标时间____年__月__日

序号	投标人	密封情况	投标保证金	投保报价(元)	质量目标	工期	备注	签名
招标人编制的标底								

招标人代表:________ 记录人:__________ 监标人:__________

_____年____月_____日

2. 工程量清单、投标报价相关表格

工程量清单、投标报价相关表格,详见5.3、5.4节。

3. 图纸目录

图纸目录见表 5-2-5 所示。

表 5-2-5　图纸目录

序号	图名	图号	版本	出图日期	备注

4. 投标函附录

投标函附录见表 5-2-6 所示，价格指数权重表见表 5-2-7 所示。

表 5-2-6　投标函附录

序号	条款名称	合同条款号	约定内容	备注
1	项目经理	1.1.2.4	姓名：________	
2	工期	1.1.4.3	天数：____ 日历天	
3	缺陷责任期	1.1.4.5		
4	分包	4.3.4		
5	价格调整的差额计算	16.1.1	见价格指数权重表	

表 5-2-7　价格指数权重表

名称		基本价格指数		权重			价格指数来源
		代号	指数值	代号	允许范围	投标人建议值	
定值部分				A			
变值部分	人工费	F_{01}		B_1	__至__		
	钢材	F_{02}		B_2	__至__		
	水泥	F_{03}		B_3	__至__		
合　　计						1.00	

5. 拟投入本标段的主要施工设备表

拟投入本标段的主要施工设备表见表 5-2-8 所示。

表 5-2-8　拟投入本标段的主要施工设备表

序号	设备名称	型号规格	数量	国别产地	制造年份	额定功率(kW)	生产能力	用于施工部位	备注

6. 拟配备本标段的试验和检测仪器设备表

拟配备本标段的试验和检测仪器设备表见表5-2-9所示。

表5-2-9 拟配备本标段的试验和检测仪器设备表

序号	仪器设备名称	型号规格	数量	国别产地	制造年份	已使用台时数	用途	备注

7. 劳动力计划表

劳动力计划表见表5-2-10所示。

表5-2-10 劳动力计划表

单位:人

工种	按工程施工阶段投入劳动力情况						

8. 临时用地表

临时用地表见表5-2-11所示。

表5-2-11 临时用地表

用途	面积(m^2)	位置	需用时间

9. 项目管理机构组成表

项目管理机构组成表见表5-2-12所示。

表5-2-12 项目管理机构组成表

职务	姓名	职称	执业或职业资格证明					备注
			证书名称	级别	证号	专业	养老保险	

10. 主要人员简历表

主要人员简历表见表5-2-13所示。

表5-2-13 主要人员简历表

姓名		年龄		学历	
职称		职务		拟在本合同任职	
毕业学校	年毕业于 学校 专业				
主要工作经历					
时间	参加过的类似项目			担任职务	发包人及联系电话

续表

11. 拟分包项目情况表

拟分包项目情况表见表 5-2-14 所示。

表 5-2-14　拟分包项目情况表

分包人名称		地址	
法定代表人		电话	
营业执照号码		资质等级	
拟分包的工程项目	主要内容	预计造价（万元）	已经做过的类似工程

12. 投标人基本情况表

投标人基本情况表见表 5-2-15 所示。

表 5-2-15　投标人基本情况表

<table>
<tr><td>投标人名称</td><td colspan="8"></td></tr>
<tr><td>注册地址</td><td colspan="5"></td><td>邮政编码</td><td colspan="2"></td></tr>
<tr><td rowspan="2">联系方式</td><td>联系人</td><td colspan="4"></td><td>电话</td><td colspan="2"></td></tr>
<tr><td>传真</td><td colspan="4"></td><td>网址</td><td colspan="2"></td></tr>
<tr><td>组织结构</td><td colspan="8"></td></tr>
<tr><td>法定代表人</td><td>姓名</td><td></td><td colspan="2">技术职称</td><td colspan="2"></td><td>电话</td><td></td></tr>
<tr><td>技术负责人</td><td>姓名</td><td></td><td colspan="2">技术职称</td><td colspan="2"></td><td>电话</td><td></td></tr>
<tr><td>成立时间</td><td colspan="2"></td><td colspan="6">员工总人数</td></tr>
<tr><td>企业资质等级</td><td colspan="2"></td><td rowspan="5">其中</td><td colspan="3">项目经理</td><td colspan="2"></td></tr>
<tr><td>营业执照号</td><td colspan="2"></td><td colspan="3">高级职称人员</td><td colspan="2"></td></tr>
<tr><td>注册资金</td><td colspan="2"></td><td colspan="3">中级职称人员</td><td colspan="2"></td></tr>
<tr><td>开户银行</td><td colspan="2"></td><td colspan="3">初级职称人员</td><td colspan="2"></td></tr>
<tr><td>账号</td><td colspan="2"></td><td colspan="3">技工</td><td colspan="2"></td></tr>
<tr><td>经营范围</td><td colspan="8"></td></tr>
<tr><td>备注</td><td colspan="8"></td></tr>
</table>

13. 近年完成的类似项目情况表

近年完成的类似项目情况表见表 5-2-16 所示。

表 5-2-16　近年完成的类似项目情况表

项目名称	
项目所在地	
发包人名称	
发包人地址	
发包人电话	
合同价格	
开工日期	
竣工日期	
承担的工作	
工程质量	
项目经理	
技术负责人	
总监理工程师及电话	
项目描述	
备注	

14. 正在施工的和新承接的项目情况表

正在施工的和新承接的项目情况表见表 5-2-17 所示。

表 5-2-17　正在施工的和新承接的项目情况表

项目名称	
项目所在地	
发包人名称	
发包人地址	
发包人电话	
签约合同价	
开工日期	
计划竣工日期	
承担的工作	
工程质量	
项目经理	
技术负责人	
总监理工程师及电话	
项目描述	
备注	

5.2.7 招标文件的审核

招标文件审核的要点如下。

(1)审查施工招标工程的审批手续是否完成、资金来源是否落实。

(2)审查招标公告或投标邀请书的内容是否完整。

(3)审查设计文件及其他技术资料是否满足招标要求。

(4)审查招标文件的内容是否合法、合规,是否全面、准确地表述招标项目的实际情况以及招标人的实质性要求,内容是否完整。

(5)审查工期、质量要求是否合理,技术标准和要求是否清晰、合理。

(6)审查招标的时间、澄清时间、投标有效期是否符合相关要求。

(7)审查投标保证金、履约担保的方式、数额及时间是否符合有关规定。

(8)审查评标办法的选用是否合理,评分标准是否先进合理,评委的组成是否满足有关规定。

(9)审查招标程序的合理、合法性,评标、定标工作的公正、公平性。

(10)审查施工招标文件的计价要求、合同主要条款。

(11)审查招标文件中要求的格式、内容是否齐全。

(12)审核工程量清单是否满足设计图纸和招标文件的要求。

(13)审核暂定价格或甲供材料的价格是否正确。

(14)审核计价要求、评价方法及标准是否合理、合法。

(15)审核施工现场的实际情况是否符合招标文件的规定。

(16)审核投标保函的额度和送达时间是否符合招标文件的规定。

5.3 工程量清单

5.3.1 依据

根据2008《计价规范》的相关要求,工程量清单编制依据如下。

(1)2008《计价规范》。

(2)国家或省级、行业建设主管部门颁发的计价依据和办法。

(3)建设工程设计文件。

(4)与建设工程项目有关的标准、规范、技术资料。

(5)招标文件及其补充通知、答疑纪要。

(6)施工现场情况、工程特点及常规施工方案。

(7)其他相关资料。

5.3.2 程序

依据2008《计价规范》和《建设项目全过程造价咨询规程(CECA/GC 4—2009)实施手册》,工程量清单咨询工作可分为分部分项工程量清单的编制、措施项目清单的编制、其他项目清单的编制及规费、税金项目清单的编制四个环节。其中,分部分项工程量清单编制包括列示规范中所需项目、增加或修改清单项目、分部分项工程量计算三个环节;措施项目清单编制包括根据常规施工组织设计的的方案进行措施项目列项、增加或修改措施项目、措施项目工程量计算三个环节；其他项目清单的编制包括暂列金额清单编制、暂估价清单编制、计日工清单编制和总承包服务费清单编制四个环节；规费和税金项目清单的编制包括规费项目清单编制和税金清单编制两个环节。具体的编制流程如图 5-3-1 所示。

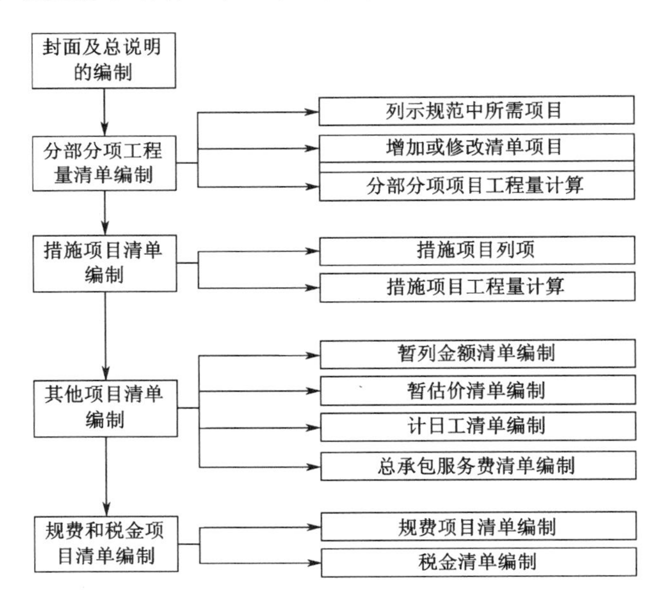

图 5-3-1　工程量清单的编制程序

5.3.3　内容

工程量清单的编制内容主要包括分部分项工程量清单的编制、措施项目清单的编制、其他项目清单的编制和规费、税金项目清单的编制，见表 5-3-1。

表 5-3-1　工程量清单的编制内容

清单名称	含义	内容
分部分项工程量清单	拟建工程分项实体工程项目名称和相应数量的明细清单	项目编码、项目名称、项目特征、计量单位和工程量
措施项目清单	为完成工程项目施工，发生于该工程施工前和施工过程中技术、生活、文明和安全等方面的非实体项目清单	通用措施项目、专业措施项目
其他项目清单	分部分项工程量清单、措施项目清单所包含的内容之外，因招标人的特殊要求而发生的与拟建工程有关的其他费用项目和相应数量的清单	暂列金额、暂估价、计日工和总承包服务费
规费、税金项目清单	—	工程排污费；工程定额测定费；社会保障费（包括养老保险费、失业保险金、医疗保险费）；住房公积金；危险作业意外伤害保险
		营业税、城市建设维护税、教育费附加

5.3.4 方法

5.3.4.1 工程量清单封面及总说明的编制

1. 工程量清单封面的编制

工程量清单封面按2008《计价规范》规定的封面格式填写,招标人及法定代表人应盖章,造价咨询人应盖单位资质章及法定代表人章,编制人应盖造价人员资质章并签字,复核人应盖注册造价师资格章并签字。

2. 工程量清单总说明的编制

在编制工程量清单总说明时应包括以下内容。

1)工程概况

工程概况中要对建设规模、工程特征、计划工期、施工现场实际情况、自然地理条件、环境保护要求等做出描述。

其中建设规模是指建筑面积;工程特征应说明基础及结构类型,建筑层数、高度,门窗类型及各部位装饰、装修做法;计划工期是指按工期定额计算的施工天数;施工现场实际情况是指施工场地的地表状况;自然地理条件是指建筑场地所处地理位置的气候及交通运输条件;环境保护要求是针对施工噪音及材料运输可能对周围环境造成的影响和污染而提出的防护要求。

2)工程招标及分包范围

招标范围是指单位工程的招标范围,如建筑工程招标范围为"全部建筑工程",装饰装修工程招标范围为"全部装饰装修工程"等。工程分包是指特殊工程项目的分包,如招标人自行采购安装"铝合金门窗"等。

3)工程量清单编制依据

工程量清单编制依据包括招标文件、建设工程工程量清单计价规范、施工设计图(包括配套的标准图集)文件、施工组织设计等。

4)工程质量、材料、施工等的特殊要求

工程质量的要求,是指招标人要求拟建工程的质量应达到合格或优良标准。对材料的要求,是指招标人根据工程的重要性、使用功能及装饰装修标准提出,诸如对水泥的品牌、钢材的生产厂家、大理石(花岗石)的出产地及品牌等的要求。施工要求,一般是指建设项目中对单项工程的施工顺序等的要求。

5)其他

工程中如果有部分材料由招标人自行采购,应将所采购材料的名称、规格型号、数量予以说明。应说明暂列金额和自行采购材料的金额及其他需要说明的事项。

5.3.4.2 分部分项工程量清单的编制

工程量清单编制人员在详细查阅图纸、熟悉项目的整体情况后,根据2008《计价规范》进行列项,不需要进行修改,分部分项工程项目列项工作具体如下。

1. 项目编码

分部分项工程量清单项目编码以五级编码设置,用12位阿拉伯数字表示,1~9位应按照2008《计价规范》附录规定设置,10~12位应根据拟建工程的工程量清单项目名称设置,同一招标工程的项目编码不得有重码。项目编码结构如图5-3-2所示(以安装工程为例)。

2. 项目名称

分部分项工程量清单的项目名称应按2008《计价规范》附录的项目名称结合拟建工程的实际确定。

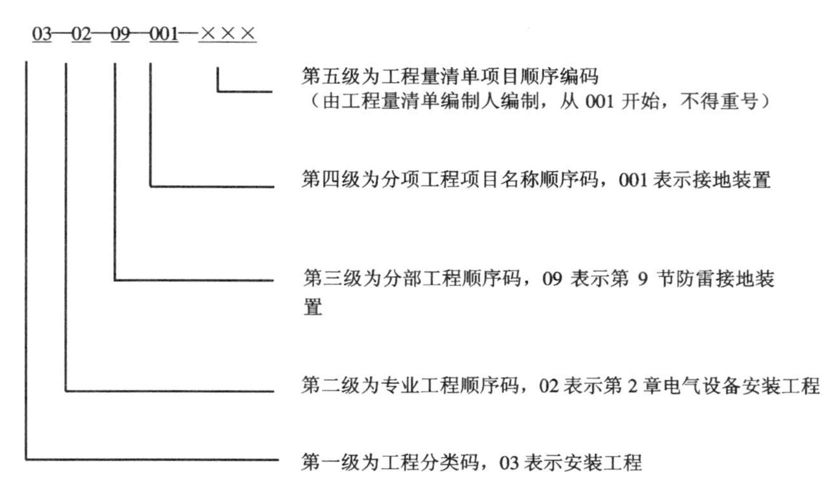

图 5-3-2　工程量清单项目编码结构

在分部分项工程量清单中所列出的项目，应是在单位工程的施工过程中以其本身构成这个单位工程实体的分项工程，这些分项工程项目名称的列出又分为以下两种情况。

（1）在拟建工程的施工图纸中有体现，并且在 2008《计价规范》附录中也有相对应的附录项目。对于这种情况，就可以根据附录中的规定直接列项，计算工程量，确定项目编码等。例如：某拟建工程的一砖半黏土砖外墙这个分项工程，在 2008《计价规范》附录 A 中对应的附录项目是 A. 3. 2 节中的“实心砖墙”。因此，在清单编制时就可以直接列出“370 砖外墙”这一项，并依据附录 A 的规定计算工程量，确定其项目编码。

（2）在拟建工程的施工图纸中有体现，在 2008《计价规范》附录中没有相对应的附录项目，并且在附录项目的“项目特征”或“工程内容”中也没有提示。对于这种情况必须编制针对这些分项工程的补充项目，在清单中单独列项并在清单的编制说明中注明。

清单项目的表现形式是由主体项目和辅助项目构成，主体项目即 2008《计价规范》中的项目名称，辅助项目即 2008《计价规范》中的工程内容。对比图纸内容，确定什么是主体清单项目，什么是工程内容。

编制工程量清单出现附录中未包括的项目，编制人应作补充，并报省级或行业工程造价管理机构备案，省级或行业工程造价管理机构应汇总报住房和城乡建设部标准定额研究所。补充项目的编码由附录的顺序码与 B 和三位阿拉伯数字组成，并应从 ×B001 起顺序编制，不得重号。工程量清单中需附有补充项目的名称、项目特征、计量单位、工程量计算规则、工作内容。

3. 项目特征描述

项目特征是对项目的准确描述，是确定一个清单项目综合单价不可缺少的重要依据，是区分清单项目的依据，是履行合同义务的基础。分部分项工程量清单特征描述应根据 2008 版《计价规范》附录中规定的项目特征并结合拟建工程的实际情况进行描述，具体可以分为必须描述的内容、可不描述的内容、可不详细描述的内容、规定多个计量单位的描述、规范没有要求但又必须描述的内容几类。具体说明如表 5-3-2 所示。

表 5-3-2　项目特征描述规则

描述类型	内容	示例
必须描述的内容	涉及正确计量的内容	门窗洞口尺寸或框外围尺寸
	涉及结构要求的内容	混凝土构件的混凝土的强度等级
	涉及材质要求的内容	油漆的品种、管材的材质等
	涉及安装方式的内容	管道工程中的钢管的连接方式
可不描述的内容	对计量计价没有实质影响的内容	现浇混凝土柱的高度、断面大小等特征
	应由投标人根据施工方案确定的内容	石方的预裂爆破的单孔深度及装药量的特征规定
	应由投标人根据当地材料和施工要求确定的内容	混凝土构件中的混凝土拌和料使用的石子种类及粒径、砂的种类的特征规定
	应由施工措施解决的内容	对现浇混凝土板、梁的标高的特征规定
可不详细描述的内容	无法准确描述的内容	土壤类别，可考虑将土壤类别描述为综合，注明由投标人根据地勘资料自行确定土壤类别，决定报价
	施工图纸、标准图集标注明确的	这些项目可描述为见××图集××页号及节点大样等
	清单编制人在项目特征描述中应注明由投标人自定的	土方工程中的“取土运距”、“弃土运距”等

4. 计量单位

除各专业另有规定外，计量单位应采用基本单位，除各专业另有特殊规定外均按以下单位计量。

(1)以重量计算的项目——吨或千克(t 或 kg)。

(2)以体积计算的项目——立方米(m^3)。

(3)以面积计算的项目——平方米(m^2)。

(4)以长度计算的项目——米(m)。

(5)以自然计量单位计算的项目——个、套、块、樘、组、台……

(6)没有具体数量的项目——宗、项……

各专业有特殊计量单位的，再另外加以说明，当计量单位有两个或两个以上时，应根据所编工程量清单项目的特征要求，选择最适宜表现该项目特征并方便计量的单位。

计量单位的有效位数应遵守下列规定。

(1)以“吨”为单位，应保留三位小数，第四位小数四舍五入。

(2)以“立方米”、“ 平方米”、“米”、“千克”为单位，应保留两位小数，第三位小数四舍五入。

(3)以“个”、“项”等为单位，应取整数。

2008《计价规范》附录中有两个或两个以上计量单位的，应结合拟建工程项目的实际选择其中一个确定。

5. 补充清单项目

由于工程项目的多样性，规范的清单项目无法包括图纸全部的清单项，招标项目中存在国家及省市建设工程清单计价规范中未能完全涵盖的工程内容时，需要编制补充清单。一般情况都需根据具体情况增加一些规范以外的清单项。如改扩建建设工程，增加的清单项目主要根据以往类似项目的技术规范或者个人经验进行。

当规范中没有图纸中项目对应的项目时，应相应增加需要的清单项目，项目增加时应在相应的章、节目录下进行，不得随意增减，所以工程量清单编制人员应熟悉清单项目，以便准确地对清单项目进行增减。

若图纸中包含的内容，规范中没有对应的项，需要补充列项；或者图纸中包含的内容规范中有对应项,但需要修改的,需要修改列项。对于此部分内容,标底编制人员可先进行梳理,然后进行进一步的补充和修改,做到清单项的不重不漏。

6. 清单工程量计算

工程量主要通过工程量计算规则计算得到。工程量计算规则是指对清单项目工程量的计算规定。2008《计价规范》中,计量单位均为基本计量单位,不得使用扩大单位(如100米、10吨),这一点与传统的定额计价模式有很大区别。2008《计价规范》的工程量计算规则与消耗量定额的工程量计算规则有着原则上的区别:2008《计价规范》的计量原则是以实体安装就位的净尺寸计算,而消耗量定额的工程量计算是在净值的基础上,加上施工操作(或定额)规定的预留量,这个量随施工方法、措施的不同而变化。因此,清单项目的工程量计算应严格按照规范规定的工程量计算规则,不能同消耗量定额的工程量规则相混淆。

另外,对补充项的工程量计算规则必须符合下述原则:①工程量计算规则要具有可计算性,不可出现类似于“竣工体积”、“实铺面积”等不可计算的规则;②计算结果要具有唯一性。

2008《计价规范》附录中给出了各类别工程的项目设置和工程量计算规则,包括建筑工程、装饰装修工程、安装工程、市政工程、园林绿化工程、矿山工程六个部分。

附录A为建筑工程工程量清单项目及计算规则,建筑工程的实体项目包括土(石)方工程,桩与地基基础工程,砌筑工程,混凝土及钢筋混凝土工程,厂库房大门、特种门、木结构工程,金属结构工程,屋面及防水工程,防腐、隔热、保温工程。

附录B为装饰装修工程工程量清单项目及计算规则,装饰装修工程的实体项目包括楼地面工程,墙、柱面工程,天棚工程,门窗工程,油漆、涂料、裱糊工程,其他工程。

附录C为安装工程工程量清单项目及计算规则,安装工程的实体项目包括机械设备安装工程,电气设备安装工程,热力设备安装工程,炉窑砌筑工程,静置设备与工艺金属结构制作安装工程,工业管道工程,消防工程,给排水、采暖、燃气工程,通风空调工程,自动化控制仪表安装工程,通信设备及线路工程,建筑智能化系统设备安装工程,长距离输送管道工程。

附录D为市政工程工程量清单项目及计算规则,市政工程的实体项目包括土(石)方工程、道路工程、桥涵护岸工程、隧道工程、市政管网工程、地铁工程、钢筋工程、拆除工程。

附录E为园林绿化工程工程量清单项目及计算规则,园林绿化工程包括绿化工程,园路、园桥、假山工程,园林景观工程。

附录F为矿山工程工程量清单项目及计算规则,矿山工程的是实体项目包括露天工程和井巷工程。

5.3.4.3 措施项目清单的编制

1. 措施项目列项

措施项目清单应根据拟建工程的实际情况,按照2008《计价规范》进行列项。专业工程措施项目可按附录中规定的项目选择列项。若出现清单规范中未列的项目,可根据工程实际情况进行补充。项目清单的设置应按照以下要求。

(1)参考拟建工程的施工组织设计,以确定环境保护、安全文明施工、材料的二次搬运等项目。

(2)参阅施工技术方案,以确定夜间施工、大型机械设备进出场及安拆、混凝土模板与支架、脚手架、施工排水、施工降水、垂直运输机械等项目。

(3)参阅相关的施工规范与工程验收规范,以确定施工技术方案没有表述的,但是为了实现施工规范与工程验收规范要求而必须发生的技术措施。

(4)确定招标文件中提出的某些必须通过一定的技术措施才能实现的要求。

(5)确定设计文件中一些不足以写进技术方案的,但是要通过一定的技术措施才能实现的内容。

措施项目清单及其具体列项条件如表5-3-3所示。

表 5-3-3　措施项目清单及其列项条件

序号	措施项目名称	措施项目发生条件
通用措施项目		
1	安全文明施工(含环境保护、文明施工、安全施工、临时设施)	一般情况下需要发生
2	夜间施工	拟建工程有必须连续施工的要求,或工期紧张有夜间施工的倾向
3	二次搬运	参阅施工组织设计,一般情况下需要发生
4	冬雨季施工	一般情况下需要发生
5	大型机械设备进出场及安拆	施工方案中有大型机械设备的使用方案,拟建工程必须使用大型机械设备
6	施工排水	依据水文地质资料,拟建工程的地下施工深度低于地下水位
7	施工降水	依据水文地质资料,拟建工程的地下施工深度低于地下水位
8	地上、地下设施,建筑物的临时保护设施	一般情况下需要发生
9	已完工程及设备保护	一般情况下需要发生
专业措施项目		
建筑工程		
1.1	混凝土、钢筋混凝土模板及支架	拟建工程中有混凝土及钢筋混凝土工程
1.2	脚手架	一般情况下需要发生
1.3	垂直运输机械	施工方案中有垂直运输机械的内容、施工高度超过 5 m 的工程
装饰装修工程		
2.1	脚手架	一般情况下需要发生
2.2	垂直运输机械	施工方案中有垂直运输机械的内容、施工高度超过 5 m 的工程
2.3	室内空气污染测试	使用挥发性有害物质的材料
安装工程		
3.1	组装平台	拟建工程中有钢结构、非标准设备制作安装、工艺管道预制安装
3.2	设备、管道施工安全、防冻和焊接保护措施	设备、管道冬季施工,易燃易爆、有毒有害环境施工,对焊接质量要求较高的管线
3.3	压力容器和高压管道的检验	工程中有三类压力容器制作安装及超过 10 MPa 的高压管道铺设
3.4	焦炉施工大棚	施工方案中有焦炉施工方案
3.5	焦炉烘炉、热态工程	施工方案中有焦炉施工方案
3.6	管道安装后的充气保护措施	设计及施工方案要求、洁净度要求较高的管线
3.7	隧道内施工的通风、供水、供气、供电、照明及通信设施	施工方案中有隧道施工方案
3.8	现场施工围栏	招标文件及施工组织设计要求,拟建工程有需要隔离施工的内容
3.9	长输管道临时水工保护措施	施工中包含长输管线涉水铺设
3.10	长输管道施工便道管道	一般长输管道工程均需要
3.11	长输管道跨越或穿越施工措施	长输管道跨越铁路、公路、河流
3.12	长输管道地下管道穿越地上建筑物的保护措施	长输管道穿越有地上建筑物的地段
3.13	长输管道工程施工队伍调遣	长输管道工程均需要
3.14	格架式抱杆	施工方案要求或有超过 40 吨设备的安装

续表

序号	措施项目名称	措施项目发生条件
市政工程		
4.1	围堰	参考市政工程施工方案、招标文件、设计文件等
4.2	筑岛	
4.3	便道	
4.4	便桥	
4.5	脚手架	
4.6	洞内施工通风管路、供水、供气、供电、照明及通信设施	
4.7	驳岸块石清理	
4.8	地下管线交叉处理	
4.9	行车、行人干扰增加	
4.10	轨道交通工程路桥和市政基础设施施工监测、监控、保护	
矿山工程		
6.1	特殊安全技术措施	参考矿山工程施工方案、招标文件、设计文件等
6.2	前期上山道路	
6.3	作业平台	
6.4	防洪工程	
6.5	凿井措施	
6.6	临时支护措施	

2. 措施项目清单工程量的计算

措施项目清单中可以计算工程量的项目清单宜采用分部分项工程量清单的编制方式，列出项目编码、项目名称、项目特征、计量单位和工程量计算规则；不能计算工程量的项目清单，以“项”为计量单位。

施工组织设计编制的最终目的是计算措施工程量。工程量清单编制人员通过查套施工手册，结合项目的特点以及定额中的有关规定，计算措施项目的工程量即可。方案确定后，结合施工手册及项目特点计算措施项目工程量。施工组织设计中要将使用的材料、材料的规格、使用的材料的量都写出来，然后根据这些计算措施项目的工程量。

5.3.4.4 其他项目清单的编制

其他项目清单应根据拟建工程的实际情况进行编制其他项目清单是指分部分项工程量清单、措施项目清单所包含的内容以外，因招标人的特殊要求而发生的与拟建工程有关的其他费用项目和相应数量的清单。其他项目清单应按照暂列金额、暂估价、计日工和总承包服务费进行列项。

1. 暂列金额

暂列金额是指招标人暂定并包括在合同中的一笔款项，用于施工合同签订时尚未确定或者不可预见的所需材料、设备、服务的采购，施工中可能发生的工程变更、合同约定调整因素出现时的工程价款以及发生的索赔、现场签证确认等的费用。此部分费用由招标人支配，实际发生了才给予支付，在确定暂列金额时应根据施工图纸的深度、暂估价设定的水平、合同价款约定调整的因素及工程实际情况合理确定，一般可以按分部分项工程量清单的 10% ~15%，不同专业预留的暂列金额应可以分开列项，比例也可以根据不同专业的情况具体确定。

暂列金额由招标人填写，列出项目名称、计量单位、暂定金额等，如不能详列，也可只列暂定金额总

额，投标人再将暂列金额计入投标总价中。

2. 暂估价

暂估价是指招标阶段直至签订合同协议时，招标人在招标文件中提供的用于支付必然要发生但暂时不能确定价格的材料以及专业工程的金额，包括材料暂估价、专业工程暂估价。暂估价类似于 FIDIC 合同条款中的 Prime Cost Items，在招标阶段预见肯定要发生，只是因为标准不明确或者需要由专业承包人完成，暂时无法确定价格。

一般而言，为方便合同管理和计价，需要纳入分部分项工程量清单项目综合单价中的暂估价最好只是材料费，以方便投标人组价。

以"项"为计量单位给出的专业工程暂估价一般应是综合暂估价，应当包括除规费、税金以外的管理费、利润等。总承包招标时，专业工程设计深度往往是不够的，一般需要交由专业设计人设计，国际上，出于提高可建造性考虑，一般由专业承包人负责设计，以发挥其专业技能和专业施工经验的优势。这类专业工程交由专业分包人完成是国际工程的良好实践，目前在我国工程建设领域也已经比较普遍。公开透明地合理确定这类暂估价的实际开支金额的最佳途径就是通过施工总承包人与工程建设项目招标人共同组织的招标。

3. 计日工

计日工是为了解决现场发生的零星工作的计价而设立的。所谓零星工作一般是指合同约定之外的或者因变更而产生的、工程量清单中没有相应项目的额外工作，尤其是那些时间不允许事先商定价格的额外工作。计日工为额外工作和变更的计价提供了一个方便快捷的途径。计日工对完成零星工作所消耗的人工工时、材料数量、施工机械台班进行计量，并按照计日工表中填报的适用项目的单价进行计价支付。

编制计日工表时，一定要给出暂定数量，并且需要根据经验，尽可能估算一个比较贴近实际的数量。当然，尽可能把项目列全，防患于未然，也是值得充分重视的工作。

计日工数量的确定可以通过经验法和百分比法确定。

经验法即通过委托专业咨询机构，凭借其专业技术能力与相关数据资料预估计日工的劳务、材料、施工机械等使用数量。

百分比法即首先对分部分项工程的工料机进行分析，得出其相应的消耗量；其次，以工料机消耗量为基准按一定百分比取定计日工劳务、材料与施工机械的暂定数量；最后，按照招标工程的实际情况，对上述百分比取值进行一定的调整。

4. 总承包服务费

总承包服务费是为了解决招标人在法律、法规允许的条件下进行专业工程发包以及自行采购供应材料、设备时，要求总承包人对发包的专业工程提供协调和配合服务（如分包人使用总包人的脚手架、水电接剥等）；对供应的材料、设备提供收、发和保管服务以及对施工现场进行统一管理；对竣工资料进行统一汇总整理等发生并向总承包人支付的费用。招标人应当按投标人的投标报价向投标人支付该项费用。

5.3.4.5 规费税金项目清单的编制

规费项目清单应按照下列内容列项：①工程排污费；②工程定额测定费；③社会保障费（包括养老保险费、失业保险金、医疗保险费）；④住房公积金；⑤危险作业意外伤害保险。出现未包含在上述规范中的项目，应根据省级政府或省级有关权力部门的规定列项。

税金项目清单应包括以下内容：营业税、城市建设维护税、教育费附加。如国家税法发生变化，税务部门依据职权增加了税种，应对税金项目清单进行补充。

计算基础和费率均应按照国家或地方相关权力部门的规定进行填写。

5.3.5 注意事项

工程量清单的编制应注意以下事项。

(1)措施项目的列项应全面。措施项目的列项应该按照2008《计价规范》中的通用措施项目和专业措施项目列项,补充措施项目应根据项目的实际情况进行列项。措施项目清单应区分以综合单价形式计价的措施项目和以项计价的措施项目,以综合单价计价的措施项目可按2008《计价规范》所列措施项目进行增加,以项计价的措施项目主要为可以明确计算工程量的清单项目,应列明清单编码、名称、特征、计量单位和工程量。

(2)措施项目应该与施工组织设计相吻合。在工程量清单编制过程中施工组织设计是按照通用方案考虑,根据施工组织设计进行措施项目列项时,应将扰民、噪音、保险等因素考虑在内。

(3)其他项目清单中暂估价的设定应合理,暂估价所占比例应符合相关要求,暂估价的价格应合理,价格中包含的内容应清晰;暂列金额应结合项目特点进行合理设定;计日工设定的项目应符合工程实际,设定的数量应合理;总承包服务费所包含的内容应描述全面、清晰。

(4)在工程量清单总说明中应该明确相关问题的处理及与造价有关的条件的设置,如工程一切险和第三方责任险的投保方、投保基数及费率及其他保险费用;安全文明施工费计算基数及费率;特殊费用的说明;各类设备的提供、维护等的费用是否包括在工程量清单的单价与总额中;暂列金额的使用条件及不可预见费的计算基础和费率;对工程所需材料的要求。

(5)补充的分部分项工程量清单项目和可计量的措施项目如果当地造价管理部门没有工程量计算规则,应编制补充清单项目并报当地造价管理部门备案。

5.3.6 成果文件

5.3.6.1 格式

工程量清单的格式如下。

(1)工程量清单封面。

(2)总说明。

(3)分部分项工程量清单与计价表。

(4)措施项目清单与计价表(一)。

(5)措施项目清单与计价表(二)。

(6)其他项目清单与计价汇总表。

(7)暂列金额明细表。

(8)材料暂估价表。

(9)专业工程暂估价表。

(10)计日工表。

(11)总承包服务费计价表。

(12)规费、税金项目清单与计价表。

(13)补充工程量清单。

5.3.6.2 表格

1. 工程量清单封面

工程量清单封面见表5-3-4所示。

表 5-3-4　工程量清单封面

________________工程 工 程 量 清 单 工 程 造 价 招　标　人:________________咨　询　人:________________ （单位盖章）　　　　　　　　（单位资质专用章） 法定代表人　　　　　　　　　法定代表人 或其授权人:________________或其授权人:________________ （签字或盖章）　　　　　　　（签字或盖章） 编　制　人:________________复　核　人:________________ （造价人员签字盖专用章）　　（造价工程师签字盖专用章） 编 制 时 间:　年　月　日　　复 核 时 间:　年　月　日

2. **总说明**

总说明见表 5-3-5 所示。

表 5-3-5　总说明

一、工程概况 二、工程招标和分包范围 三、工程量清单编制依据 四、工程质量、材料、施工等的要求

3. **分部分项工程量清单与计价表**

分部分项工程量清单与计价表见表 5-3-6 所示。

表 5-3-6　分部分项工程量清单与计价表

工程名称:　　　　　　　　　　标段:　　　　　　　　　　第　页、共　页

序号	项目编码	项目名称	项目特征描述	计量单位	工程量	金额		
						综合单价	合价	其中:暂估价

4. **措施项目清单与计价表(一)**

措施项目清单与计价表(一)见表 5-3-7 所示。

表 5-3-7　措施项目清单与计价表(一)

工程名称:　　　　　　　　　　标段:　　　　　　　　　　第　页、共　页

序号	项目名称	计算基础	费率(%)	金额(元)
1				

注:本表适用于以“项”计价的措施项目;计算基础可以为“直接费”、“人工费”或“人工费 + 机械费”。

5. 措施项目清单与计价表(二)

措施项目清单与计价表(二)见表5-3-8所示。

表5-3-8 措施项目清单与计价表(二)

工程名称: 标段: 第 页、共 页

序号	项目编码	项目名称	项目特征描述	计量单位	工程量	金额	
						综合单价	合价

注:本表适用于以综合单价形式计价的措施项目。

6. 其他项目清单与计价汇总表

其他项目清单与计价汇总表见表5-3-9所示。

表5-3-9 其他项目清单与计价汇总表

序号	项目名称	计量单位	金额(元)	备注
1	暂列金额			明细详见表
2	暂估价			
2.1	材料暂估价		—	明细详见表
2.2	专业工程暂估价			明细详见表
3	计日工			明细详见表
4	总承包服务费			明细详见表
合计				—

注:材料暂估价进入清单项目综合单价,此处不汇总。

7. 暂列金额明细表

暂列金额明细表见表5-3-10所示。

表5-3-10 暂列金额明细表

工程名称: 标段: 第 页 共 页

序号	项目名称	计量单位	暂定金额(元)	备注
1				
合计				

注:此表由招标人填写,如不能详列,也可只列暂定金额总额,投标人应将上述暂列金额计入投标总价中。

8. 材料暂估价表

材料暂估计价表见表5-3-11所示。

表5-3-11 材料暂估价表

工程名称: 标段: 第 页 共 页

序号	材料名称、规格、型号	计量单位	单价(元)	备注
1				

续表

序号	材料名称、规格、型号	计量单位	单价(元)	备注
2				
3				

注:①此表由招标人填写,并在备注栏说明暂估价的材料拟用在哪些清单项目上,投标人应将上述材料暂估单价计入工程量清单综合单价报价中;②材料包括原材料、燃料、构配件以及按规定应计入建筑安装工程造价的设备。

9. 专业工程暂估价表

专业工程暂估价表见表5-3-12所示。

表5-3-12　专业工程暂估价表

工程名称:　　　　标段:　　　　第　页　共　页

序号	工程名称	工程内容	金额(元)	备注
1				
合计				——

注:此表由招标人填写,投标人应将上述专业工程暂估价计入投标总价中。

10. 计日工表

计日工表见表5-3-13所示。

表5-3-13　计日工表

工程名称:　　　　标段:　　　　第　页、共　页

序号	项目名称	单位	暂定数量	综合单价	合价
一	人工				
1					
人工小计					
二	材料				
1					
材料小计					
三	施工机械				
1					
施工机械小计					
总计					

注:此表项目名称、数量由招标人填写,编制招标控制价时,单价由招标人按有关规定确定;投标时,单价由投标人自主报价,计入投标总价中。

11. 总承包服务费计价表

总承包服务费计价表见表5-3-14所示。

表 5-3-14 总承包服务费计价表

工程名称:　　　　　　　　　　　　标段:　　　　　　　　　　　　第　页　共　页

序号	项目名称	项目价值(元)	服务内容	费率(%)	金额(元)
1	发包人发包专业工程				
2	发包人供应材料				
合计					

12. 规费、税金项目清单与计价表

规费、税金项目清单与计价表见表 5-3-15 所示。

表 5-3-15 规费、税金项目清单与计价表

工程名称:　　　　　　　　　　　　标段:　　　　　　　　　　　　第　页　共　页

序号	项目名称	计算基础	费率(%)	金额(元)
1	规费			
1.1	工程排污费			
1.2	社会保障费			
(1)	养老保险费			
(2)	失业保险费			
(3)	医疗保险费			
1.3	住房公积金			
1.4	危险作业意外伤害保险			
2	税金	分部分项工程费+措施项目费+其他项目费+规费		
合计				

注:根据建设部、财政部发布的《建筑安装工程费用项目组成》(建标[2003]206 号)的规定,"计算基础"可为"直接费"、"人工费"或"人工费+机械费"。

13. 补充工程量清单

补充工程量清单见表 5-3-16 所示。

表 5-3-16 补充工程量清单

工程名称:　　　　　　　　　　　　标段:　　　　　　　　　　　　第 1 页　共 1 页

项目编码	项目名称	项目特征	计量单位	工程计算规则	工作内容

5.3.6.3 工作底稿

工作底稿包括以下表格。

(1) 工程量计算表,格式同第 4 章 4.3 节表 4-3-12。

(2)清单工程量汇总表,见表 5-3-17。

表 5-3-17　清单工程量汇总表

序号	分项工程名称	清单编号	计算表达式	单位	数量
1					

(3)询价记录表,同第 4 章 4.3 节表 4-3-14。

(4)钢筋翻样表,同第 4 章 4.4 节表 4-4-26。

(5)现场踏勘记录见表 5-3-18。

表 5-3-18　现场踏勘记录

序号	调查项目	调查具体内容
1	自然地理条件	
2	施工条件	
3		

5.3.7　工程量清单的审核

工程量清单的审核应从如下几个方面开展。

1. 封面格式及盖章的审核

审核封面格式及相关盖章是否符合 2008《计价规范》的要求。

2. 总说明的填写

总说明应按下列内容填写。

(1)工程概况:建设规模、工程特征、计划工期、施工现场实际情况、自然地理条件、环境保护要求等。

(2)工程招标和分包范围。

(3)工程量清单编制依据。

(4)工程质量、材料、施工等的特殊要求。

(5)招标人自行采购材料的名称、规格型号、数量等。

(6)暂列金额、自行采购材料的金额数量。

(7)其他需要说明的问题。

3. 分部分项工程量清单审核

(1)审核分部分项工程量清单是否根据附录 A、附录 B、附录 C、附录 D、附录 E、附录 F 规定统一项目编码,统一项目名称,统一项目特征,统一计量单位和统一工程量计算规则进行编制。

(2)审核分部分项工程量清单是否按招标文件及图纸的要求进行编制,清单项目是否完整,清单工程量计算是否准确,项目特征描述是否完整清楚,不应出现漏项、错项、错算等情况。

(3)编制分部分项工程量清单时,项目编码不能重复,一个编码只能对应一个相应的清单项目和工程数量。

(4)审核补充项目的编制是否符合规范要求,是否附上了补充项目的名称、项目特征、计量单位、工程量计算规则和工作内容。

4. 措施项目清单审核

(1)审核以"项"为单位的措施项目是否列入了"措施项目清单与计价表(一)",可以按分部分项工程量清单方式进行编制的措施项目是否按分部分项工程量清单的编制方式进行编制,是否已列入"措施

项目清单与计价表(二)”。

(2)根据招标文件、图纸及现场情况,审核所列措施项目是否完整,所采用的施工方法是否得当,规范中没有的措施项目是否进行了补充,不应出现漏项。

(3)审核“措施项目清单与计价表(二)”中的措施项目清单工程量是否计算准确、项目特征描述是否完整清楚,项目编码不应重复。

(4)出现清单规范中未列的措施项目,编制人可作补充,以项为单位的措施项目,应在“措施项目清单与计价表(一)”中增加列项;如在“措施项目清单与计价表(二)”中补充的项目,应列在清单项目最后,在“项目编码”栏中以“×B00×”字示之,并附补充项目的名称、项目特征、计量单位、工程量计算规则和工作内容。

5. 其他项目清单的审核

(1)根据拟建项目的具体情况,审核暂列金额设定是否合理,有无超出规范中规定的计取比例。

(2)审核暂估价设立的项目是否合理,暂估价格是否符合市场行情,暂估价格的类型是否正确,有无出现与分部分项工程量清单重复的现象。

(3)审核计日工设立的类型是否全面,给定的暂定数量是否合理。

(4)审核总承包服务费中包含的工作内容是否齐全。

6. 规费、税金项目的审核

审核规费及税金项目,是否按国家相关规定进行列项。

5.4 招标控制价

5.4.1 依据

根据中国建设工程造价管理协会组织有关单位编制的《建设工程招标控制价编审规程》(CECA/GC 6—2011),招投标控制价的编制依据主要有以下几个方面。

(1)国家、行业和地方政府的有关规定。

(2)国家、行业、地方有关技术标准和质量验收规范等。

(3)2008《计价规范》及其配套计价依据。

(4)国家、行业和地方建设主管部门颁发的计价定额和计价办法及其相关配套计价文件。

(5)工程项目地质勘察报告以及相关设计文件。

(6)工程项目招标文件,工程量清单和设备清单。

(7)澄清文件、补充文件、答疑文件,以及修改纪要中提出的工程技术、质量、工期、承包范围。

(8)本工程项目所涉及的常规施工组织设计和施工方案以及所采用的施工机械。

(9)本工程涉及的人工、材料、机械台班的信息价以及市场价格。

(10)施工期间的风险因素。

(11)其他相关资料。

5.4.2 程序

招标控制价编制人员工作的基本程序包括编制前准备、收集编制资料、编制招标控制价价格、整理招标控制价文件相关资料、形成招标控制价编制成果文件,具体如图 5-4-1 所示。

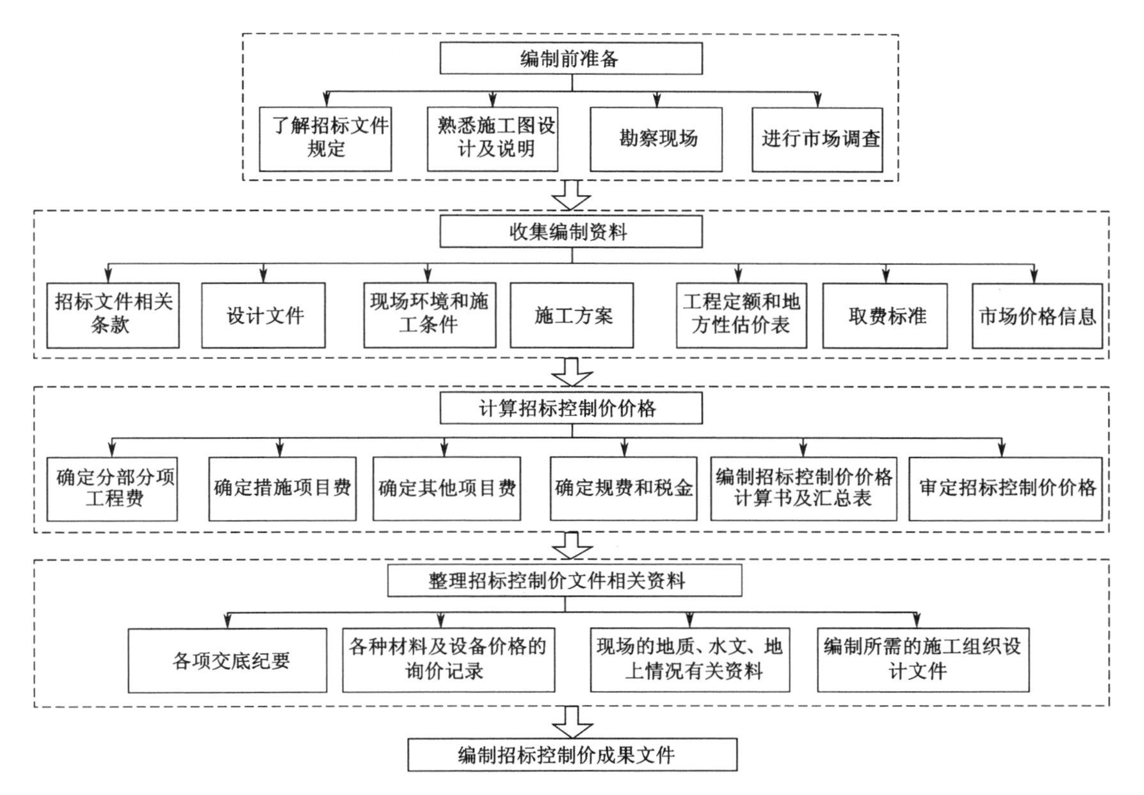

图 5-4-1　招标控制价编制程序

5.4.3　内容

2008《计价规范》第 4.1.1 规定采用工程量清单计价，建设工程造价由分部分项工程费、措施项目费、其他项目费、规费和税金组成，其费用构成应与工程量清单紧密相连，具体如表 5-4-1 所示。

表 5-4-1　工程量清单计价模式下建设工程造价费用构成表

序号	费用构成	含义	包含费用项目
1	分部分项工程费	2008《计价规范》第 4.2.4 规定分部分项工程费应根据招标文件中的分部分项工程量清单及有关要求，按 2008《计价规范》依据确定综合单价计价	人工费、材料费、施工机械使用费
			企业管理费、利润
			一定范围内的风险费用
2	措施项目费	措施项目费是指为完成工程项目施工，发生于该工程施工前和施工过程中技术、生活、文明、安全等方面的非工程实体项目所发生的费用	包括通用措施项目费、专业措施项目费，详见表 5-4-2

续表

序号	费用构成	含义	包含费用项目
3	其他项目费	其他项目费是指分部分项工程量清单、措施项目清单所包含的内容以外,因招标人的特殊要求而发生的与拟建工程有关的其他项目的费用	暂列金额:招标人暂定并包括在合同中的一笔款项,用于施工合同签订时尚未确定或者不可预见的所需材料、设备、服务的采购,施工中可能发生的工程变更、合同约定调整因素出现时的工程价款调整以及发生的索赔、现场签证确认等费用。具体费用组成由工程量清单编制人对暂列金额的预测确定
			暂估价:招标阶段直至签订合同协议时,招标人在招标文件中提供的用于支付必然要发生但暂时不能确定价格的材料以及专业工程的金额,包括材料暂估单价、专业工程暂估价,具体费用组成由工程量清单编制人员预测确定
			计日工:为了解决现场发生的零星工作的计价而设立的,一般指完成合同约定之外的或者因变更而产生的、工程量清单中没有相应项目的额外工作,尤其是那些难以事先商定的额外工作的费用,具体费用组成由工程量清单编制人员预测确定
			总承包服务费:为了解决招标人在法律、法规允许的条件下进行专业工程发包以及自行供应材料、设备,并需要总承包人对发包的专业工程提供协调和配合服务,对供应的材料、设备提供收发和保管服务以及进行施工现场管理、竣工资料汇总整理等服务时向总承包人支付的费用
4	规费和税金	规费是根据省级政府或省级有关权力部门规定必须缴纳的,应计入建筑安装工程造价的费用	
		税金是国家税法规定的应计入建筑安装工程费用的营业税、城市维护建设税及教育费附加等	

表 5-4-2　措施项目费组成

序号	项目名称
通用措施项目	
1	安全文明施工(含环境保护、文明施工、安全施工、临时设施)
2	夜间施工
3	二次搬运
4	冬雨季施工
5	大型机械设备进出场及安拆
6	施工排水
7	施工降水
8	地上、地下设施,建筑物的临时保护设施
9	已完工程及设备保护
专业措施项目	
建筑工程	
1.1	混凝土、钢筋混凝土模板及支架
1.2	脚手架
1.3	垂直运输机械
装饰装修工程	
2.1	脚手架
2.2	垂直运输机械
2.3	室内空气污染测试

续表

序号	项目名称
	安装工程
3.1	组装平台
3.2	设备、管道施工安全、防冻和焊接保护措施
3.3	压力容器和高压管道的检验
3.4	焦炉施工大棚
3.5	焦炉烘炉、热态工程
3.6	管道安装后的充气保护措施
3.7	隧道内施工的通风、供水、供气、供电、照明及通信设施
3.8	现场施工围栏
3.9	长输管道临时水工保护措施
3.10	长输管道施工便道管道
3.11	长输管道跨越或穿越施工措施
3.12	长输管道地下管道穿越地上建筑物的保护措施
3.13	长输管道工程施工队伍调遣
3.14	格架式抱杆
	市政工程
4.1	围堰
4.2	筑岛
4.3	便道
4.4	便桥
4.5	脚手架
4.6	洞内施工通风管路、供水、供气、供电、照明及通信设施
4.7	驳岸块石清理
4.8	地下管线交叉处理
4.9	行车、行人干扰增加
4.10	轨道交通工程路桥和市政基础设施施工监测、监控、保护
	矿山工程
6.1	特殊安全技术措施
6.2	前期上山道路
6.3	作业平台
6.4	防洪工程
6.5	凿井措施
6.6	临时支护措施

5.4.4 方法

5.4.4.1 分部分项工程量清单费的编制

分部分项工程费等于综合单价乘以工程量清单给出的工程量。工程量清单中每个项目的综合单价，

均应按各地方建设工程计价办法的规定，对其组成的各子目（包括主要项目和相关项目）在基价的基础上计算各子目的合价，其他项目清单中的材料暂估价也要计入到材料费中去。综合单价的确定方法如下。

1. 人工费、材料费、机械使用费的确定

人工费、材料费、机械使用费的确定一般套用不同地区规定使用的计价定额。同时，为提高编制的精度，参照市场价时具体计算原理如下。

1）消耗量定额的套用

根据每个清单项目的项目名称、项目特征描述及工作内容，套用完成一个清单项目所需要的所有定额子目及每个定额子目在此工程量清单项目下的数量，定额子目的选择按地方消耗量定额的相关规定进行，数量的计算按当地消耗量定额的计算规则进行计算。

2）人工、材料、机械台班数量的计算

人工、材料和机械台班数量按每个定额子目数量与该定额子目单个计量单位消耗量的乘积计算，每个定额子目单个计量单位的人、材、机消耗量应采用地方定额的消耗量标准。

3）人工、材料、机械台班单价的确定

人、材、机的单价参照工程造价管理机构发布的工程造价信息，工程造价信息没有发布的参照市场价格，如材料、设备价格为暂估价的应按暂估价格确定。

4）人工费、材料费和机械使用费的计算

工程量清单项目的人工费、材料费和机械使用费由其套用的所有定额子目的人工费、材料费、机械使用费组成，每个定额子目的人工费、材料费、机械使用费应由“量”和“价”两个因素组成，用上述计算的人工、材料和机械台班数量分别乘以所选用的人工、材料和机械台班单价，即

人工费 = Σ完成单位清单项目所需工人的工日数量 × 每工日的人工日工资单价

材料费 = Σ完成单位清单项目所需各种材料、半成品的数量 × 各种材料、半成品单价

机械使用费 = Σ完成单位清单项目所需各种机械的台班数量 × 各种机械的台班单价

这样，就形成了人工费、材料费和机械使用费，每个清单项目下所有定额子目的人工费、材料费和机械使用费之和，该清单项目的人工费、材料费和机械使用费。若其他项目清单中有材料暂估价，也要计入综合单价的材料费中。

2. 企业管理费的确定

企业管理费的确定应参考当地具体计价规定，不得上调或下浮，通常的确定方式是取费基数乘以费率。取费基数一般有三种形式。

（1）以直接工程费（人工费 + 材料费 + 机械使用费）为计算基础：

企业管理费 = 直接工程费 × 相应费率（%）

（2）以人工费和机械费为计算基础：

企业管理费 = 直接工程费中的人工费和机械费合计 × 相应费率（%）

（3）以人工费为计算基础：

企业管理费 = 直接工程费中的人工费 × 相应费率（%）

3. 利润的确定

利润的确定应参考当地具体计价规定，不得上调或下浮，通常的确定方式是取费基数乘以费率。取费基数的形式同企业管理费。

4. 风险费用的确定

风险费用的确定应根据招标文件、施工图纸、合同条款、材料设备价格水平及工程实际情况合理确定，可按费率计算。招标文件中未作要求的按照以下原则确定。

（1）根据我国工程建设特点，投标人应完全承担的风险是技术风险和管理风险，如管理费和利润。

(2)应有限度承担的风险是市场风险,如建筑材料、机械燃料等价格风险。材料价格的风险宜控制在5%以内,施工机械使用费的风险可控制在10%以内,超过者予以调整。

(3)完全不承担:法律、法规、规章和政策变化的风险,如税金、规费、人工单价等,应按照当地造价管理机构发布的文件按实调整。

5. 综合单价的形成

每个清单项目所需要的所有定额子目下的人工费、材料费、机械使用费、企业管理费、利润和风险费之和为单个清单项目合价,单个清单项目合价除以清单项目的工程量,即为单个清单项目的综合单价。公式为:

组成工程量清单项目综合单价的定额项目合价 = 定额项目工程量×[定额人工消耗量×人工单价+Σ(定额材料消耗量×材料单价)+Σ(定额机械台班消耗量×机械台班单价)+管理费和利润]

分部分项工程量清单综合单价 = [Σ组成工程量清单项目综合单价的定额项目合价+未计价材料费(包括暂估材料费)]/工程量清单项目工程量

5.4.4.2 措施项目清单费的编制

招标控制价中的措施项目清单计价,应根据拟建工程的施工组织设计和特殊施工方案,可以计算工程量的措施项目,宜采用分部分项工程量清单的方式编制,应采用综合单价计价;以“项”为计量单位的,按项计价,其价格组成与综合单价相同,应包括除规费、税金以外的全部费用。

1. 综合单价法

措施项目清单采用综合单价法计价与分部分项工程量清单综合单价的编制依据和计算方法一样,主要是指一些与实体项目紧密联系的项目,如混凝土、钢筋混凝土模板及支架、脚手架等。

某项措施项目费 = 措施项目工程量×综合单价

措施项目中的综合单价计算方法参照分部分项工程费综合单价的计价方法,每个措施项目清单所需要的所有定额子目下的人工费、材料费、机械使用费、企业管理费、利润和风险费之和为单个清单项目合价,单个清单项目合价除以清单项目的工程量,即为单个清单项目的综合单价。公式为:

组成措施项目清单综合单价的定额项目合价 = 定额项目工程量×[(定额人工消耗量×人工单价)+Σ(定额材料消耗量×材料单价)+Σ(定额机械台班消耗量×机械台班单价)+管理费和利润]

措施项目清单综合单价 = Σ组成措施项目清单综合单价的定额项目合价+未计价材料费(包括暂估材料费)/措施项目清单工程量

2. 比率法

比率法主要适用于施工过程中必须发生但在投标时很难具体分析分项预测又无法单独列出项目内容的措施项目,以“项”为计量单位来编制。采用比率法计算的措施项目费应依据提供的工程量清单项目,按照国家、行业和地方政府的规定,合理确定计费基数和费率。

某项措施项目费 = 措施项目计费基数×费率

取费基数和费率要按各地建设工程计价办法的要求确定,一般不同地区对取费基数和费率规定都不尽相同。这里需要注意,措施项目清单中的安全文明施工费应按照国家或省级、行业建设主管部门的规定计价,不得作为竞争性费用。

3. 实物量法

这种方法是最基本,也是最能反映投标人个别成本的计价方法,是按投标人现在的水平,预测将要发生的每一项费用的合计数,并考虑一定的浮动因数及其他社会环境影响因数,如大型机械设备进出场及安拆费。

4. 分包计价法

分包计价法是在分包价格的基础上增加投标人的管理费及风险进行计价的方法,这种方法适用于可以分包的独立项目,如室内空气污染测试等。

不同的措施项目其特点不同,不同的地区,费用确定的方法也不一样,但基本上可归纳为两种:其一,以分部分项工程费为基数,乘以一定费率计算;其二,按实计算。前一种方法中措施项目费一般已包含管理费和利润等。

5.4.4.3 其他项目清单费的编制

1. 暂列金额的确定

暂列金额的确定应根据工程特点,即工程的复杂程度、设计深度、工程环境条件(包括地质、水文、气候条件等)按有关计价规定进行估算确定,一般可以分部分项工程费的10% ~15%计取。

2. 暂估价的确定

暂估价的确定包括对材料暂估价和专业工程暂估价两部分。

(1)材料暂估价。招标人提供的暂估价的材料,应按暂定的单价计入综合单价;未提供暂估价的材料,应按工程造价管理机构发布的工程造价信息中的单价计算;工程造价信息未发布的材料单价,其单价参考市场价格估算。

(2)专业工程暂估价。招标人需另行发包的专业工程暂估价应分不同专业按项列支,价格中包含除规费、税金以外的所有费用,按有关计价规定进行估算。

3. 计日工的确定

计日工的项目和数量应按其他项目清单列出的项目和数量,计日工中的人工单价、施工机械台班单价应按工程所在地工程造价管理机构定期公布的单价计算;计日工的材料单价应按工程所在地的工程造价管理机构发布的工程造价信息价计算,对于未发布的材料单价,应按市场调查价格确定,并计取一定的管理费用和利润。

4. 总承包服务费的确定

(1)招标人仅要求对分包的专业工程进行总承包管理和协调时,按分包的专业工程估算造价的1.5%计算。

(2)招标人要求对分包的专业工程进行总承包管理和协调并同时要求提供配合服务时,根据招标文件中列出的配合服务内容和提出的要求按分包的专业工程估算造价的3% ~5%计算。

(3)招标人自行供应材料的,按招标人供应材料价值的1%计算。

5.4.4.4 规费和税金项目清单费的编制

1. 规费的确定

规费的确定公式为:

规费 = 取费基数 × 费率

规费按照国家或省级建设主管部门的规定确定取费基数和费率,不得作为竞争性费用,具体取费基数和费率不同地区一般有区别规定。如北京市京造定[2009]6号文《关于调整2001年〈北京市建设工程费用定额〉规费计算方法的有关通知》对规费的取费基数和费率作了如表5-4-3所示的规定。

表 5-4-3　北京市规费取费基数和费率规定

工程类别		计费基数	费率(%)
建筑工程		人工费	24.09
市政工程		人工费	26.50
庭院、绿化工程		人工费	20.19
地铁工程	土建、轨道工程	人工费	22.89
	通信、信号、机电、人防工程	人工费	27.18

2. 税金的确定

税金的确定公式为：

税金＝(分部分项工程费＋措施项目费＋其他项目费＋规费)×税率

税金按照国家或省级建设主管部门的规定，结合工程所在地情况确定税率，不得作为竞争性费用。

5.4.5　注意事项

1. 分部分项工程量清单计价工作中应注意事项

(1)在编制招标控制价之前对照招标文件、设计图纸等对工程量清单进行审核，应以审核盖章的施工图设计文件为编制依据。

(2)招标控制价的编制未采用工程造价管理机构发布的工程造价信息时，需在招标文件或答疑补充文件中予以说明，采用的市场价格应通过调查、分析确定，有可靠的信息来源。

(3)采用综合单价法时应选套当地消耗量定额，对定额规定需要换算的项目按规定进行换算，深层领会项目特征描述中所涉及的工作内容，应注意定额工程量与清单工程量的差异。特别应注意土方工程不能把清单工程量直接当做定额工程量计入。

2. 措施项目清单计价工作中应注意事项

(1)核对措施项目清单，包括核对工程量清单的工程量和项目设置。

(2)措施项目清单中的不可竞争费用、规费及其他各类取费必须执行现行2008《计价规范》及当地造价管理机构的有关规定。不可竞争的项目应按规定计取，其他项目应结合相关规定和实际情况进行计算。

(3)措施项目费用的计算应根据常规的施工组织设计和特殊施工方案，计取范围、标准必须符合规定，并与工程的施工方案相对应。

3. 其他项目清单计价工作中应注意事项

其他项目中的暂列金额、暂估价按招标给定价格计算，计日工按给定的数量考虑一定的取费合理计算综合单价，总承包服务费应根据给定的服务内容合理计算。

4. 规费和税金项目清单计价工作中应注意事项

(1)对未包括的规费项目，在计算规费时应根据省级政府或省级有关权力部门的规定进行补充。

(2)国家税法如发生变化或地方政府及税务部门依据职权对税种进行了调整，应对税金项目清单进行相应调整。

5. 其他应注意事项

(1)招标控制价应定位准确，正确反映当时的市场价格水平，不宜过高或过低。

(2)招标控制价具有较强的政策性，2008《计价规范》规定招标控制价不得上调或下浮，应严格控制不可超过设计概算。

(3)招标控制价的编制一定要与招标文件统一。编制过程中会存在一定风险，应通过相关管理方法

予以处理,或明确说明风险所包括的范围及超出该范围的价格调整方法。

(4)编制招标控制价时,一定要结合工程量清单和图纸,并对现场进行踏勘,确保招标控制价的编制内容符合现场的实际情况,以免造成招标控制价与实际情况脱离。

(5)编制招标控制价时,尽量确保相同材料、相同的子目材料价格取定的标准统一。

(6)编制招标控制价时,对工程量清单描述不清或者有疑义的地方,要纵观整个建筑设计要求,结合图纸,详细查看,避免因工作内容描述不清楚而造成后期结算发生争议及扯皮等问题。

5.4.6 成果文件

5.4.6.1 格式

招标控制价编制成果文件一般包括以下内容。

(1)封面。

(2)签署页及目录。

(3)总说明。

(4)招标控制价计价表。招标控制价计价表具体由以下表格组成:①建设项目、单项工程、单位工程招标控制价汇总表;②分部分项工程量清单与计价表;③工程量清单综合单价表分析表;④措施项目清单与计价表;⑤其他项目清单与计价汇总表;⑥暂列金额明细表,材料暂估单价表,专业工程暂估价表,计日工表,总承包服务费计价表;⑦规费、税金项目清单与计价表等。

招标控制价编制成果文件填写说明如表5-4-4所示。

表5-4-4 招标控制价编制成果文件填写说明

序号	文件名称	填写内容	备注
1	封面	工程名称	×××工程招标控制价
		招标控制价数额	应有招标控制价的大写和小写
		招标人、工程造价咨询人	应加盖招标人公章及由法定代表人或其授权人签字或盖章;加盖具有企业名称、资质等级、证书编号的工程造价咨询单位执业章
		编制人、复核人及编制时间、复核时间	编制人、复核人签字并加盖执业印章
2	签署页及目录	招标控制价的单个文件名称	即所提交的招标控制价编制成果文件的组成内容
3	总说明	工程概况	包括建设规模、工程特征、计划工期、自然地理条件、环境保护要求等
		编制范围	包括建筑工程/装饰装修工程/安装工程/市政工程/园林绿化工程/矿山工程
		编制依据	参照5.5.1节
		编制方法	包括使用软件的说明
		有关材料、设备、参数和费用说明	包括所采用的材料、设备的工程质量和安全标准
		其他有关问题说明	包括采用的造价信息、相关措施项目费用的费率计取等

续表

<table>
<tr><th>序号</th><th colspan="2">文件名称</th><th>填写内容</th><th>备注</th></tr>
<tr><td rowspan="7">4</td><td rowspan="7">招标控制价计价表</td><td>建设项目、单项工程、单位工程招标控制价汇总表</td><td rowspan="7">招标控制价所有的计价过程</td><td rowspan="7">可通过软件输出</td></tr>
<tr><td>分部分项工程量清单与计价表</td></tr>
<tr><td>工程量清单综合单价表分析表</td></tr>
<tr><td>措施项目清单与计价表</td></tr>
<tr><td>其他项目清单与计价汇总表</td></tr>
<tr><td>暂列金额明细表，材料暂估单价表，专业工程暂估价表，计日工表，总承包服务费计价表</td></tr>
<tr><td>规费、税金项目清单与计价表等</td></tr>
</table>

5.4.6.2 表格

参考2008《计价规范》中的规定，成果文件中的表格式样具体如下。

1. 封面

招标控制价封面式样如表5-4-5所示。

表5-4-5 招标控制价封面

<table>
<tr><td>
__________工程

招 标 控 制 价

招标控制价(小写)：__________
(大写)：__________
招　标　人：__________ 咨　询　人：__________
(单位盖章)　　(单位资质专用章)

法定代表人　　法定代表人
或其授权人：__________ 或其授权人：__________
(签字或盖章)　　(签字或盖章)
编　制　人：__________ 复　核　人：__________
(造价人员签字盖专用章)　　(造价工程师签字盖专用章)
编制时间：　年　月　日　　复核时间：　年　月　日
</td></tr>
</table>

2. 签署页

招标控制价签署页式样如表5-4-6所示。

表5-4-6　招标控制价签署页

×××工程 招 标 控 制 价 档 案 号： 共　册　　第　册 编 制 人：　　　　　　　　[执业(从业)印章] 审 核 人：　　　　　　　　[执业(从业)印章] 审 定 人：　　　　　　　　[执业(从业)印章] 法定代表人：

3. 目录

招标控制价目录如表5-4-7所示。

表5-4-7　招标控制价目录

____________________工程

序　号	编　号	名　称	页　次
		总说明	
		工程项目汇总表	
		单项工程汇总表	
		单位工程汇总表	
		分部分项工程量清单与计价表	
		工程量清单综合单价表分析表	
		措施项目清单与计价表(一)	
		措施项目清单与计价表(二)	
		其他项目清单与计价汇总表	
		暂列金额明细表	
		材料暂估单价表	
		专业工程暂估价表	
		计日工表	
		总承包服务费计价表	
		规费、税金项目清单与计价表	

4. 总说明

招标控制价总说明如表5-4-8所示。

表 5-4-8　招标控制价总说明

工程名称：　　　　　　　　　　　　　　　　第　页、共　页

5. 工程项目招标控制价汇总表

工程项目招标控制价汇总表式样参见表 5-4-9 所示。

表 5-4-9　工程项目招标控制价/投标报价汇总表

工程名称：　　　　　　　　　　　　　　　　第　页、共　页

序号	单项工程名称	金额(元)	其　中		
			暂估价(元)	安全文明施工费(元)	规费(元)
合　计					

注：本表适用于工程项目招标控制价或投标报价的汇总。

6. 单项工程招标控制价汇总表

单项工程招标控制价汇总表式样参见表 5-4-10 所示。

表 5-4-10　单项工程招标控制价/投标报价汇总表

工程名称：　　　　　　　　　　　　　　　　第　页、共　页

序号	单项工程名称	金额(元)	其　中		
			暂估价(元)	安全文明施工费(元)	规费(元)
合　计					

注：本表适用于单项工程招标控制价或投标报价的汇总。暂估价包括分部分项工程中的暂估价和专业工程暂估价。

7. 单位工程招标控制价汇总表

单位工程招标控制价汇总表式样参见表 5-4-11 所示。

表 5-4-11　单位工程招标控制价/投标报价汇总表

工程名称：　　　　标段：　　　　第　页、共　页

序号	汇 总 内 容	金额(元)	其中：暂估价(元)
1	分部分项工程		
1.1			
2	措施项目		
2.1	安全文明施工费		
3	其他项目		
3.1	暂列金额		

续表

序号	汇 总 内 容	金额(元)	其中:暂估价(元)
3.2	专业工程暂估价		
3.3	计日工		
3.4	总承包服务费		
4	规费		
5	税金		
招标控制价合计 =1 +2 +3 +4 +5			

注:本表适用于单位工程招标控制价或投标报价的汇总,如无单位工程划分,单项工程也使用本表汇总。

8. 分部分项工程量清单与计价表

分部分项工程量清单与计价表式样见表 5-4-12 所示。

表 5-4-12　分部分项工程量清单与计价表

工程名称:　　　　　　　　标段:　　　　　　　　第　页、共　页

序号	项目编码	项目名称	项目特征描述	计量单位	工程量	金　额(元)		
						综合单价	合价	其中:暂估价
本页小计								
合　计								

注:根据建设部、财政部发布的《建筑安装工程费用项目组成》(建标[2003]206 号)的规定,为计取规费等的使用,可在表中增设其中:"直接费"、"人工费"或"人工费 + 机械费"。

9. 工程量清单综合单价分析表

工程量清单综合单价分析表式样见表 5-4-13 所示。

表 5-4-13　工程量清单综合单价分析表

工程名称:　　　　　　　　标段:　　　　　　　　第　页　共　页

项目编码				项目名称				计量单位			
清单综合单价组成明细											
定额编号	定额名称	定额单位	数量	单　价				合　价			
				人工费	材料费	机械费	管理费和利润	人工费	材料费	机械费	管理费和利润
人工单价	小　计										
元/工日	未计价材料费										

续表

<table>
<tr><td colspan="8">清单项目综合单价</td></tr>
<tr><td rowspan="5">材料费明细</td><td>主要材料名称、规格、型号</td><td>单位</td><td>数量</td><td>单价（元）</td><td>合价（元）</td><td>暂估单价（元）</td><td>暂估合价（元）</td></tr>
<tr><td></td><td></td><td></td><td></td><td></td><td></td><td></td></tr>
<tr><td></td><td></td><td></td><td></td><td></td><td></td><td></td></tr>
<tr><td colspan="3">其他材料费</td><td>—</td><td></td><td>—</td><td></td></tr>
<tr><td colspan="3">材料费小计</td><td>—</td><td></td><td>—</td><td></td></tr>
</table>

注：1. 如不使用省级或行业建设主管部门发布的计价依据，可不填定额项目、编号等。

2. 招标文件提供了暂估单价的材料，按暂估的单价填入表内“暂估单价”栏及“暂估合价”栏。

10. 措施项目清单与计价表（一）

措施项目清单与计价表（一）式样见表5-4-14所示。

表5-4-14　措施项目清单与计价表（一）

工程名称：　　　　标段：　　　　第　页　共　页

序号	项目名称	计算基础	费率（%）	金额（元）
1	安全文明施工费			
2	夜间施工费			
3	二次搬运费			
4	冬雨季施工			
5	大型机械设备进出场及安拆费			
6	施工排水			
7	施工降水			
8	地上和地下设施、建筑物的临时保护设施			
9	已完工程及设备保护			
10	各专业工程的措施项目			
11				
12				
合计				

注：1. 本表适用于以“项”计价的措施项目。

2. 根据建设部、财政部发布的《建筑安装工程费用项目组成》（建标[2003]206号）的规定，“计算基础”可为“直接费”、“人工费”或“人工费＋机械费”。

11. 措施项目清单与计价表（二）

措施项目清单与计价表（二）式样见表5-4-15所示。

表5-4-15　措施项目清单与计价表（二）

工程名称：　　　　标段：　　　　第　页　共　页

<table>
<tr><td rowspan="2">序号</td><td rowspan="2">项目编码</td><td rowspan="2">项目名称</td><td rowspan="2">项目特征描述</td><td rowspan="2">计量单位</td><td rowspan="2">工程量</td><td colspan="2">金额（元）</td></tr>
<tr><td>综合单价</td><td>合价</td></tr>
<tr><td></td><td></td><td></td><td></td><td></td><td></td><td></td><td></td></tr>
<tr><td colspan="7">本页小计</td><td></td></tr>
<tr><td colspan="7">合计</td><td></td></tr>
</table>

注：本表适用于以综合单价形式计价的措施项目。

12. 其他项目清单与计价汇总表

其他项目清单与计价汇总表式样见表 5-4-16 所示。

表 5-4-16　其他项目清单与计价汇总表

工程名称：　　　　　　　　　　　　　　标段：　　　　　　　　　　　　　　第　页　共　页

序号	项目名称	计量单位	金额(元)	备注
1	暂列金额			
2	暂估价			
2.1	材料暂估价			
2.2	专业工程暂估价			
3	计日工			
4	总承包服务费			
5				
合　计				—

注：材料暂估单价进入清单项目综合单价，此处不汇总。

13. 暂列金额明细表

暂列金额明细表式样见表 5-4-17 所示。

表 5-4-17　暂列金额明细表

工程名称：　　　　　　　　　　　　　　标段：　　　　　　　　　　　　　　第　页　共　页

序号	项目名称	计量单位	暂定金额(元)	备注
1				
2				
合　计				—

注：此表由招标人填写，如不能详列，也可只列暂定金额总额，投标人应将上述暂列金额计入投标总价中。

14. 材料暂估单价表

材料暂估单价表见表 5-4-18 所示。

表 5-4-18　材料暂估单价表

工程名称：　　　　　　　　　　　　　　标段：　　　　　　　　　　　　　　第　页　共　页

序号	材料名称、规格、型号	计量单位	单价(元)	备注

注：1. 此表由招标人填写，并在备注栏说明暂估价的材料拟用在哪些清单项目上，投标人应将上述材料暂估单价计入工程量清单综合单价报价中。

2. 材料包括原材料、燃料、构配件以及按规定应计入建筑安装工程造价的设备。

15. 专业工程暂估价表

专业工程暂估价表见表 5-4-19 所示。

表 5-4-19　专业工程暂估价表

工程名称：　　　　　　　　　　标段：　　　　　　　　　　第　页　共　页

序号	工程名称	工程内容	金额(元)	备注
合　　计				—

注：此表由招标人填写，投标人应将上述专业工程暂估价计入投标总价中。

16. 计日工表

计日工表式样见表 5-4-20 所示。

表 5-4-20　计 日 工 表

工程名称：　　　　　　　　　　标段：　　　　　　　　　　第　页　共　页

编号	项目名称	单位	暂定数量	综合单价	合价
一	人　　工				
1					
人工小计					
二	材　　料				
1					
材料小计					
三	施工机械				
1					
施工机械小计					
总　　计					

注：此表项目名称、数量由招标人填写，编制招标控制价时，单价由招标人按有关计价规定确定；投标时，单价由投标人自主报价，计入投标总价中。

17. 总承包服务费计价表

总承包服务费计价表式样见表 5-4-21 所示。

表 5-4-21　总承包服务费计价表

工程名称：　　　　　　　　　　标段：　　　　　　　　　　第　页　共　页

序号	项目名称	项目价值(元)	服务内容	费率(%)	金额(元)
1	发包人发包专业工程				
2	发包人供应材料				
合　　计					

18. 规费、税金项目清单与计价表

规费、税金项目清单与计价表式样见表 5-4-22 所示。

表 5-4-22　规费、税金项目清单与计价表

工程名称：　　　　　　　　　　标段：　　　　　　　　　　第　页　共　页

序号	项目名称	计算基础	费率(%)	金额(元)
1	规费			
1.1	工程排污费			
1.2	社会保障费			
(1)	养老保险费			
(2)	失业保险费			
(3)	医疗保险费			
1.3	住房公积金			
1.4	危险作业意外伤害保险			
1.5	工程定额测定费			
2	税金	分部分项工程费＋措施项目费＋其他项目费＋规费		
合　计				

注：根据建设部、财政部发布的《建筑安装工程费用项目组成》(建标[2003]206 号)的规定，"计算基础"可为"直接费"、"人工费"或"人工费＋机械费"。

5.4.6.3　工作底稿

工作底稿包括以下内容。

(1)工程量计算表。格式同第 4 章 4.3 节表 4-3-12。

(2)定额子目工程量计算表。同第 4 章 4.3 节表 4-3-13。

(3)询价记录表。同第 4 章 4.3 节表 4-3-14。

(4) 钢筋翻样表。同第 4 章 4.4 节表 4-4-26。

(5)清单工程量汇总表。同第 5 章 5.3 节表 5-3-17。

(6)编制过程会议纪要。招标控制价编制咨询过程会议纪要见表 5-4-23 所示。

表 5-4-23　招标控制价编制咨询过程会议纪要

时间		地点	
主持人		记录人	
参加会议单位及人员： 委托单位： 建设单位： 咨询单位：			
会议议题： 会议确认意见：			
勘查结果确认	建设单位代表(签字)：	委托单位代表(签字)：	咨询单位代表(签字)：

(7)常规性施工组织设计及特殊施工方案表见表5-5-24所示。

表5-5-24　常规性施工组织设计及特殊施工方案表

项目名称:	
工程概况	
施工部署	
施工方案	
施工进度计划	
资源、供应计划	
施工准备工作计划	
施工平面图	
技术组织措施计划	
项目风险管理、信息管理	
技术经济指标分析	

5.4.7　招标控制价的审核

1. 分部分项清单费用的审核

(1)审核综合单价是否参照现行消耗定额进行组价,计费是否完整,取费费率是否按国家或省级、行业建设主管部门对工程造价计价中费用或费用标准执行;综合单价中是否考虑了投标人承担的风险费用。

(2)审核定额工程量计算是否准确;人工、材料、机械消耗量与定额不一致,是否按定额规定进行了调整。

(3)审核人工、材料、设备单价是否按工程造价管理机构发布的工程造价信息及市场信息价格进入综合单价,对于造价信息价格严重偏离市场价格的材料、设备,是否进行了价格处理;招标文件中提供暂估单价的材料,是否按暂估的单价进入综合单价,暂估价是否在工程量清单计价表中单列,并计算了总额。

(4)工程量应按工程量清单提供的清单工程量进行计算。

(5)综合单价分析应按2008《计价规范》中规定的表格形式,应清楚,应充分满足以后调价的需要。

(6)审核综合单价与数量的乘积是否与合价一致。

(7)审核各分项金额合计是否与总计一致。

2. 通用措施项目清单费用的审核

通用措施项目清单费用应根据相关计价规定、工程具体情况及企业实力进行计算,如通用措施项目清单未列的但实际会发生的措施项目应进行补充;通用措施项目清单中相关措施项目应齐全,计算基础、费率应清晰。

3. 专业措施项目的审核

专业措施项目清单费用应根据专业措施项目清单数量进行计价,具体综合单价的组价原则按分部分项工程量清单费用的组价原则进行计算,并提供工程量清单综合单价分析表,综合单价分析表格式与内容和分部分项工程量清单一致。

4. 其他项目清单费用的审核

(1)审核暂列金额是否按工程量清单给定的金额进行计价,根据招标文件及工程量清单的要求,应注意此部分费用是否应计算规费和税金。

(2)专业暂估价格是否按招标工程量清单给定的价格进行计价,是否计取了规费和税金。

(3)计日工是否按工程量清单给予的数量进行计价,计日工单价是否为综合单价。

(4)总承包服务费是否按招标文件及工程量清单的要求,结合自身实力对发包人发包专业工程和发包人供应材料计取总包服务费,计取的基数是否准确,费率有无突破相关规定。

5. 规费、税金的审核

规费、税金是否严格按政府规定费率计算,计算基数是否准确。

6. 汇总后的招标控制价的审核

汇总后的招标控制价是否控制在批准的概算范围内,如超出原概算,招标人应将其报原概算审批部门审核。

7. 招标控制价封面的审核

招标控制价封面应有招标控制价的大写与小写,招标人、工程造价咨询人及法定代表人或授权人应盖章和签字,具有相关资质的编制人和复核人应签字盖资质专用章。

8. 做好复核工作

完成预算编审工作之后,为了检验成果的可行性,必须采用类比法。即利用工程所在地的类似工程的技术经济指标进行分析比较,进行可行性判断。如差距过大,应寻找原因;如设计错误,应予纠正。

9. 其他

(1)注意审核招标控制价编制中所参考的工程量清单的项目特征是否符合现场实际情况;所套用的材料是否与设计图纸描述相符。

(2)审核招标控制价时,要全面了解市场价格,如果信息价格严重偏离市场价格,要对其进行修正。

(3)审核招标控制价时,还需参考当地相应的计价办法并严格执行。

除以上几点,审核招标控制价还可参考5.5.5招标控制价编制的注意事项。

5.5 投标报价

5.5.1 依据

投标报价的依据如下。

(1)2008《计价规范》;

(2)国家或省级、行业建设主管部门颁发的计价办法;

(3)企业定额和国家或省级、行业建设主管部门颁发的计价定额;

(4)招标文件、工程量清单及其补充通知、答疑纪要;

(5)建设工程设计文件及相关资料;

(6)施工现场情况、工程特点及拟定的投标施工组织设计或施工方案;

(7)合同条件,尤其是有关工期、支付条件、外汇比例的规定;

(8)与建设项目相关的标准、规范等技术资料;

(9)市场价格信息或工程造价管理机构发布的工程造价信息;

(10)当地生活物资价格水平;

(11)其他的相关资料。

5.5.2 程序

投标报价咨询工作的编制程序根据工作内容可分为两个阶段。准备阶段和编制阶段,准备阶段工作主要包括研究招标文件,分析与投标有关的资料,主材、设备的询价及编制项目管理规划大纲等;编制阶段工作主要包括投标报价的确定及投标报价策略的选择等。具体编制程序见图5-5-1所示。

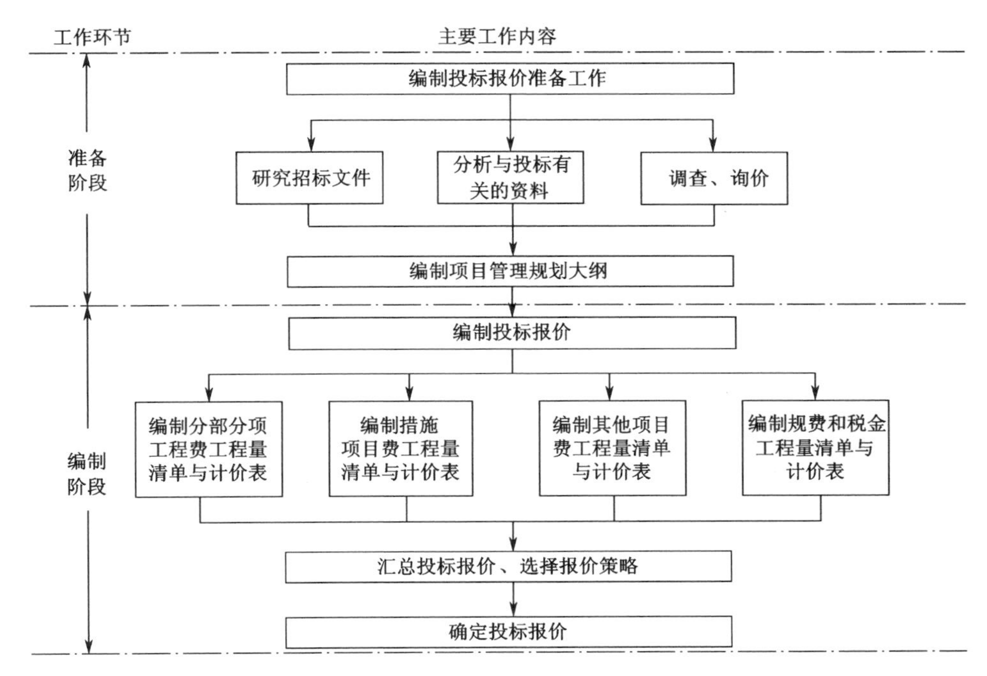

图 5-5-1　投标报价编制程序

5.5.3　内容

2008《计价规范》中规定采用工程量清单计价，投标报价由分部分项工程费、措施项目费、其他项目费、规费和税金四部分组成，投标报价的编制具体内容如表 5-5-1 所示。

表 5-5-1　工程量清单计价模式下投标报价的编制内容

序号	编制内容		解释说明
1	分部分项工程费		根据招标文件中的分部分项工程量清单及有关要求，按其依据确定综合单价计价，综合单价是指完成一个规定计量单位的分部分项工程量清单项目所需的人工费、材料费、施工机械使用费、企业管理费和利润以及一定范围内的风险费用，不包括措施费、规费和税金
2	措施项目费		指为完成工程项目施工，发生于该工程施工前和施工过程中技术、生活、文明、安全等方面的非工程实体项目所发生的费用，包括通用措施项目费和专业措施项目费
3	其他项目费		其他项目费是指分部分项工程量清单、措施项目清单所包含的内容以外，因招标人的特殊要求而发生的与拟建工程有关的其他项目的费用
	其他项目费	暂列金额	暂列金额是招标人暂定并包括在合同中的一笔款项，用于施工合同签订时尚未确定或者不可预见的所需材料、设备、服务的采购，施工中可能发生的工程变更、合同约定调整因素出现时的工程价款调整以及发生的索赔、现场签证确认等费用
		暂估价	暂估价是招标阶段直至签订合同协议时，招标人在招标文件中提供的用于支付必然要发生但暂时不能确定价格的材料以及专业工程的金额，包括材料暂估单价、专业工程暂估价
		计日工	计日工是为了解决现场发生的零星工作的计价而设立的，一般指完成合同约定之外的或者因变更而产生的、工程量清单中没有相应项目的额外工作，尤其是那些难以事先商定的额外工作的费用，具体费用组成由工程量清单编制人员预测确定
		总承包服务费	总承包服务费是为了解决招标人在法律、法规允许的条件下进行专业工程发包以及自行供应材料、设备，并需要总承包人对发包的专业工程提供协调和配合服务，对供应的材料、设备提供收发和保管服务以及进行施工现场管理、竣工资料汇总整理等服务时向总承包人支付的费用
4	规费和税金		规费包括工程排污费；社会保障费，含养老保险费、失业保险费、医疗保险费；危险作业意外伤害保险费；工程定额测定费

5.5.4 方法

5.5.4.1 分部分项工程费工程量清单

投标价中的分部分项工程费应按招标文件中分部分项工程量清单项目的特征描述确定综合单价计算。因此确定综合单价是分部分项工程工程量清单与计价表编制过程中最主要的内容。分部分项工程量清单综合单价，包括完成单位分部分项工程所需的人工费、材料费、机械使用费、管理费、利润，并考虑风险费用的分摊。

分部分项工程综合单价 = 人工费 + 材料费 + 机械使用费 + 管理费 + 利润 + 风险费用

分部分项工程单价确定的步骤及内容见表5-5-2所示。

表5-7-2　分部分项工程单价编制要点

<table>
<tr><th colspan="2">编制步骤</th><th>编制依据</th><th>编制方法</th></tr>
<tr><td rowspan="2">确定计算基础</td><td>消耗量指标</td><td>委托方的企业实际消耗量水平；拟定的施工方案；企业定额、行业定额</td><td>计算时应采用企业定额，在没有企业定额或企业定额缺项时，可参照与本企业实际水平相近的国家、地区、行业定额，并通过调整来确定清单项目的人、材、机单位用量</td></tr>
<tr><td>生产要素单价</td><td>市场价格；工程造价管理机构发布的造价信息</td><td>各种人工、材料、机械台班的单价，应根据询价的结果和市场行情综合确定，人工单价应根据当地的劳务工资水平，参考工程造价管理机构发布的工程造价信息进行确定</td></tr>
<tr><td colspan="2">分析各清单项目的工程内容</td><td>招标文件提供的工程量清单；施工现场情况；拟定的施工方案；2008《计价规范》等</td><td>根据招标文件提供的工程量清单中的项目特征描述，结合施工现场情况和拟定的施工方案确定完成各清单项目实际应发生的工程内容，必要时可参照2008《计价规范》中提供的工程内容，有些特殊的工程也可能发生规范列表之外的工程内容</td></tr>
<tr><td colspan="2" rowspan="2">计算工程内容的工程数量与清单单位的含量</td><td rowspan="2">应根据所选定额的工程量计算规则计算其工程数量</td><td>当定额的工程量计算规则与清单的工程量计算规则相一致时，可直接以工程量清单中工程量作为工程内容的工程数量</td></tr>
<tr><td>当采用清单单位含量计算人工费、材料费、机械使用费时，还需要计算每一计量单位的清单项目所分摊的工程内容的工程数量，即清单单位含量
$清单单位含量 = \frac{某工程内容的定额工程量}{清单工程量}$</td></tr>
<tr><td colspan="2">计算人工、材料、机械费用</td><td>完成每一计量单位清单项目所需人工、材料、机械用量</td><td>$\frac{每一计量单位清单项目}{某种资源的使用量} = \frac{该种资源的}{定额单位用量} \times \frac{相应定额条目}{的清单单位含量}$
$人工费 = \frac{完成单位清单项目}{所需工人的工日数} \times 每工日的人工日工资单价$
$材料费 = \Sigma \frac{完成单位清单项目所需}{各种材料、半成品的数量} \times 各种材料、半成品单价$
$机械使用费 = \Sigma \frac{完成单位清单项目所需}{各种机械的台班数量} \times \frac{各种机械的}{台班单价}$</td></tr>
<tr><td colspan="2">计算企业管理费和利润</td><td>清单项目的人工费或直接费（人工费+材料费+机械费）
当地费用定额标准</td><td>管理费 =（人工费 + 材料费 + 机械使用费）× 管理费费率
利润 =（人工费 + 材料费 + 机械使用费 + 管理费）× 利润率</td></tr>
</table>

续表

编制步骤	编制依据	编制方法
计算风险费	招标文件;施工图纸;合同条款;材料设备价格水平;项目周期等	可以直接费作为基数,也可以材料费作为计算基数乘以一定费率计算
计算综合单价	每个清单项目的人工费;材料费;机械使用费;管理费;利润和风险费用;清单工程量	单个清单项目合价 = 每个清单项目的人工费、材料费、机械使用费 + 管理费 + 利润和风险 综合单价 = $\frac{单个清单项目合价}{清单工程量}$
编制工程量清单综合单价分析表	为表明分部分项工程量综合单价的合理性,编制人员应对其进行单价分析,以作为评标时判断综合单价合理性的主要依据	
编制分部分项工程量清单与计价表	根据计算出的综合单价,编制分部分项工程量清单与计价分析表	

5.5.4.2　措施项目费工程量清单

措施项目清单中的安全文明施工费应按照国家或省级、行业建设主管部门的规定计价,不得作为竞争性费用。措施项目费工程量清单与计价表一般分为“措施项目清单与计价表(一)”及“措施项目清单与计价表(二)”。

“措施项目清单与计价表(一)”中的措施项目,可以“项”为单位的方式计价,应包括除规费、税金外的全部费用。可以根据《建筑安装工程费用项目组成》(建标[2003]206 号)的规定,以“人工费”或“直接费”作为计算基数,按一定的费率计算措施项目费用,费率应根据项目及委托方的实际情况并参考当地计价的相关规定进行确定,没有规定的应根据实际经验进行计算。

“措施项目清单与计价表(二)”中的措施项目,可以计算工程量,应采用综合单价计价进行计算,综合单价计价的计算方法与分部分项工程费计算方法相同,根据特征描述找到定额中与之相对应的项,进行定额工程量的计算,选用单价组合人工、材料、机械费,并计算管理费、利润和风险费用,最终确定综合单价。

5.5.4.3　其他项目费工程量清单

其他项目费主要包括暂列金额、暂估价、计日工以及总承包服务费。

1. 暂列金额

暂列金额应按照其他项目清单中列出的金额填写,不得变动。

2. 暂估价

暂估价中的材料暂估价必须按照招标人提供的暂估单价计入分部分项工程费用中的综合单价,专业工程暂估价必须按照招标人提供的其他项目清单中列出的金额填写。材料暂估单价和专业工程暂估价均由招标人提供。在工程实施过程中,对于不同类型的材料与专业工程采用不同的计价方法。

(1)招标人在工程量清单中提供了暂估价的材料和专业工程属于依法必须招标的,由承包人和招标人共同通过招标确定材料单价与专业工程中标价。

(2)若材料不属于依法必须招标的,经发、承包双方协商确认单价后计价。

(3)若专业工程不属于依法必须招标的,由发包人、总承包人与分包人按有关计价依据进行计价。

3. 计日工

计日工包括人工、材料和施工机械。人工单价、材料单价和机械台班单价按市场价格并参考工程造价信息颁布的价格计取,根据工程实际情况参考当地费用定额的规定计取管理费、利润及风险形成综合单价,再按工程量清单中给定的暂定数量计算合价。

4. 总承包服务费

总承包服务费应根据招标人在招标文件中列出的分包专业工程内容和供应材料、设备情况,按照招

标人提出的协调、配合与服务要求和施工现场管理需要自主确定。

5.5.4.4 规费及税金工程量清单

规费和税金应按国家或省级、行业建设主管部门的规定计算,不得作为竞争性费用。

5.5.4.5 汇总投标报价

在确定分部分项工程费、措施项目费、其他项目费、规费及税金并编制完成分部分项工程量清单与计价表,措施项目清单与计价表,其他项目清单与计价表,规费、税金项目清单与计价表后,汇总得到单位工程投标报价汇总表,再层层汇总,分别得出单项工程投标报价汇总表和工程项目投标总价汇总表,全部过程如图 5-5-2 所示。

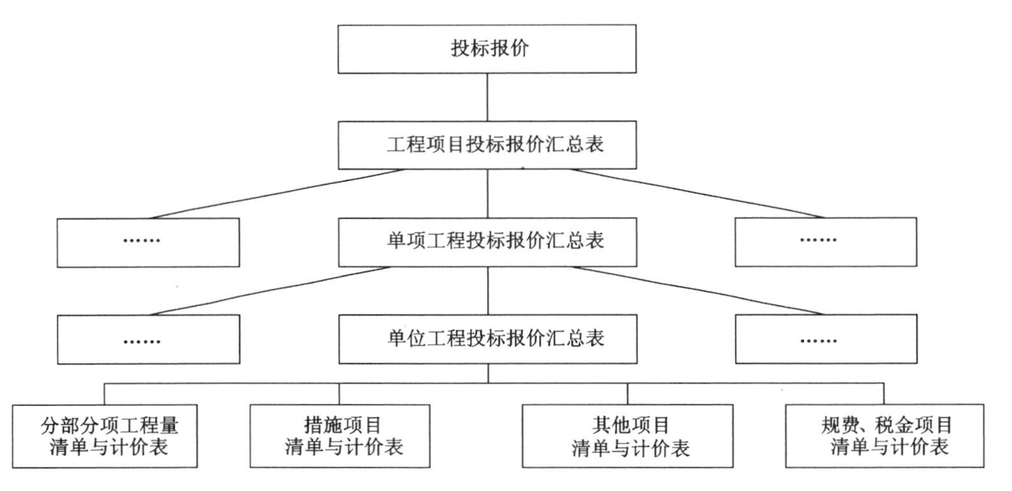

图 5-5-2 投标报价汇总流程

投标总价应当与组成工程量清单的分部分项工程费,措施项目费,其他项目费和规费、税金的合计金额相一致,即投标人在进行工程量清单招标的投标报价时,不能进行投标总价优惠(或降价、让利),投标人对投标报价的任何优惠(或降价、让利)均应反映在相应清单项目的综合单价中。

5.5.4.6 投标报价策略的选择

工程投标报价时,既要考虑自身的优势和劣势,也要分析招标项目的特点。按照工程项目的不同特点、类别、施工条件等来选择报价策略,主要可以从施工条件、支付条件、工期要求、专业要求、竞争程度及其他特殊要求等方面进行考虑,具体情况如表 5-5-3 所示。

表 5-5-3 依据项目特点的报价策略

序号	项目特点	较高报价	较低报价
1	施工条件	较差	较好
2	支付条件	较差	较好
3	工期要求	急需工程	非急需工程
4	竞争程度	投标对手较少,竞争不激烈	投标对手较多,竞争激烈
5	技术要求	技术密集型工程	劳动密集型工程
6	专业要求	工程量较小,但专业要求较高,并且本公司有专长	工程量较大,但专业要求较低,一般投标人都可完成

5.5.5 注意事项

投标报价时要注意以下几点。

(1)投标报价一定要严格按照招标文件进行编制,应实质性响应招标文件,其中暂估价应与招标文件中标明的一致。

(2)要切实考虑投标人自身实力和企业定额,考虑竞争因素进行投标报价。

(3)应进行清单工程量复核,才能应用不平衡报价。

(4)要根据评标方法,根据工程量复核情况选择适当报价策略。

目前常采用的报价策略如表5-5-4所示。

表5-5-4 常用报价策略

序号	报价策略	适用前提	报价形式	预期目标
1	时间型 不平衡报价	能够早日结算的项目(如前期措施费、基础工程、土(石)方工程等)	此部分项目适当提高报价,后期工程项目报价可适当降低	提前获取资金,以利资金周转,提高资金时间价值
2	工程量型 不平衡报价	预计今后工程量会增加的项目	报价适当提高	增加工程结算时赢利
3		预计今后工程量会减少的项目	报价适当降低	减少工程结算时损失
4		设计图纸不明确、估计修改后工程量要增加	报价适当提高	增加工程结算时赢利
5	风险型 不平衡报价	存在暂定项目的工程	确定不分包的报价可高些,不确定的则应降低报价	增加工程结算时赢利
6		计日工和零星施工机械台班如果只报单价,不计入总价时	报价适当提高	以便在招标人额外用工或使用施工机械时多赢利
7		只报单价而无工程量的项目	报价适当提高	若以后发生此种施工项目时可多赢利
8		工程量大的项目	可将"综合单价分析表"中的人工费及机械设备费报得较高,而材料费报得较低	在今后补充项目报价时,可以参考选用"综合单价分析表"中较高的人工费和机械费,而材料则往往采用市场价,因而可获得较高的收益
9	多方案报价	工程范围不明确,技术规定过于苛刻	按原报价文件进行报价,然后再提出某某条款的变动,报价的下浮幅度	降低总价,提高中标率
10	无利润报价	分期建设项目的初期工程	以低价获得初期工程,而后赢得后期工程竞争优势	在后期工程中获得利润

5.5.6 成果文件

5.5.6.1 格式

工程量清单计价模式下,投标报价的成果文件应包括如下内容。

(1)投标报价封面。

(2)投标报价汇总表。

(3)单项工程投标报价汇总表。
(4)单位工程投标报价汇总表。
(5)分部分项工程量清单与计价表。
(6)措施项目清单与计价表,其中包括措施项目清单与计价表(一)和措施项目清单与计价表(二)。
(7)其他项目清单与计价表。
(8)暂列金额明细表。
(9)暂估价表,其中包括材料暂估价单价表和专业工程暂估价表。
(10)计日工表。
(11)总承包服务费计价表。
(12)规费、税金项目清单与计价表。
(13)工程量清单综合单价分析表。

5.5.6.2 表格

(1)投标报价封面如表5-5-5所示。

表5-5-5 投标报价封面

投标总价

招　标　人:______________________
工程名称:______________________
投标总价(小写):______________________
　　　　(大写):______________________
投　标　人:______________________
(单位盖章)

法定代表人
或其授权人:______________________
(签字或盖章)

编　制　人:______________________
(造价人员签字盖专用章)
编制时间:××××年×月×日

(2)投标报价汇总表如表5-5-6所示。

表5-5-6 投标报价汇总表

工程名称:　　　　　　　　　　标段:　　　　　　　　　　第　页　共　页

序号	单项工程名称	金额(元)	其　中		
			暂估价(元)	安全文明施工费(元)	规费(元)
合　计					

(3)单项工程投标报价汇总表如表5-5-7所示。

表 5-5-7　单项工程投标报价汇总表

工程名称：　　　　　　　　　　　　　　标段：　　　　　　　　　　　　　　第　页　共　页

序号	单位工程名称	金额(元)	其　中		
			暂估价(元)	安全文明施工费(元)	规费(元)
合　计					

(4)单位工程投标报价汇总表如表 5-5-8 所示。

表 5-5-8　单位工程投标报价汇总表

工程名称：　　　　　　　　　　　　　　标段：　　　　　　　　　　　　　　第　页　共　页

序号	汇总内容	金　额(元)	其中:暂估价(元)
1	分部分项工程费		
2	措施项目费		
	其中:安全文明施工费		
3	其他项目		
3.1	暂列金额		
3.2	专业工程暂估价		
3.3	计日工		
3.4	总承包服务费		
4	规费		
5	税金		
投标报价合计 =1 +2 +3 +4 +5			

(5)分部分项工程量清单与计价表,同第 5 章 5.3 节表 5-3-6。

(6)措施项目清单与计价表包括:

①措施项目清单与计价表(一),同第 5 章 5.3 节表 5-3-7;

②措施项目清单与计价表(二),同第 5 章 5.3 节表 5-3-8。

(7)其他项目清单与计价表,同第 5 章 5.3 节表 5-3-9。

(8)暂列金额明细表,同第 5 章 5.3 节表 5-3-10。

(9)暂估价表包括:

①材料暂估单价表,同第 5 章 5.3 节表 5-3-11;

②专业工程暂估表,同第 5 章 5.3 节表 5-3-12。

(10)计日工表,同第 5 章 5.3 节表 5-3-13。

(11)总承包服务费计价表,同第 5 章 5.3 节表 5-3-14。

(12)规费、税金项目清单与计价表,同第 5 章 5.3 节表 5-3-15。

(13)工程量清单综合单价分析表,同第 5 章 5.4 节表 5-4-13。

5.5.6.3　工作底稿

(1)工程量计算表,同第 4 章 4.3 节表 4-3-12。

(2)定额子目工程量计算表,同第 4 章 4.3 节表 4-3-13。

(3)询价记录表,同第4章4.3节表4-3-14。

(4) 钢筋翻样表,同第4章4.4节表4-4-26。

(5)清单工程量汇总表,同第5章5.3节表5-3-17。

(6)报价策略选择分析表如表5-5-9所示。

表5-5-9　报价策略选择分析表

招标文件分析		
工程量清单复核情况		
拟选用的报价策略		
报价策略	可行性分析	风险性分析

5.6 投标报价的审核(清标)

5.6.1 依据

投标报价的审核(清标)依据如下:

(1)2008《计价规范》;

(2)国家或省级、行业建设主管部门颁发的计价办法;

(3)国家或省级、行业建设主管部门颁发的计价定额;

(4)招标文件、工程量清单及其补充通知、答疑纪要;

(5)建设工程设计文件及相关资料;

(6)施工现场情况、工程特点及拟定的投标施工组织设计或施工方案;

(7)合同条件;

(8)与建设项目相关的标准、规范等技术资料;

(9)市场价格信息或工程造价管理机构发布的工程造价信息;

(10)当地生活物资价格水平;

(11)投标报价;

(12)其他的相关资料。

5.6.2 内容

5.6.2.1 投标报价算术性检查

(1)检查各清单项目综合单价乘以工程量是否与综合合价一致。

(2)检查各清单项目综合合价是否与合计一致。

(3)检查各项取费基数提取是否正确。

(4)检查各子项费用相加是否与合计一致。

(5)检查费用汇总中提取的分部分项费、措施项目费、其他项目费是否正确。

5.6.2.2 投标报价的符合性审核

(1)审核投标报价是否在招标控制价范围内。超出招标控制价的投标报价，根据招标文件规定应为无效报价。

(2)审核投标报价的格式是否符合招标文件及相关规范的要求。

(3)审核投标报价中是否按招标文件给定的工程量清单进行报价。对工程量清单修改的投标报价，根据招标文件规定应为无效报价。

(4)审核投标报价中的暂估价、暂列金额是否按招标文件给定的价格进入报价，未按招标文件给定价格进行报价的投标价格，根据招标文件规定应为无效报价。

(5)审核规费、税金、安全文明施工费是否按规定的费率进行报价，计算的基数是否准确，此部分不应进行竞争，否则根据招标文件的规定应为无效报价。

(6)对招标文件约定的其他投标报价符合性进行审核。

5.6.2.3 投标报价的合理性审核

(1)审核投标报价中大写金额与小写金额是否一致，否则以大写金额为准；总价金额与依据单价计算出的结果是否一致，否则应按单价金额进行修正总价，但单价金额小数点有明显错误的除外。

(2)审核分部分项工程量清单项目中所套用的定额子目是否得当，定额子目的消耗量是否进行了调整，并分析调整的原因是否符合相关要求。

(3)审核清单项目中的人工单价是否严重偏离当地劳务市场价格及工程造价管理机构发布的工程造价信息，有无不符合当地关于人工工资单价的相关规定。

(4)审核材料设备价格是否严重偏离市场公允价格及工程造价管理机构发布的工程造价信息。

(5)审核综合单价中管理费费率和利润率是否严重偏离企业承受的能力及当地造价管理机构颁布的费用定额标准。

(6)审核综合单价中的风险费用计取是否合理，对超出规范规定的风险比例分析其原因。

(7)对比其他投标单位的投标报价，对造价权重比例比较大的清单项目综合单价进行对比，分析综合单价的合理性。

(8)审核措施项目的措施项目费的计取方法是否与投标时的施工组织设计和施工方案一致。

(9)根据招标文件、合同条件的相关规定，审核措施项目列项是否齐全，有无必需的措施项目而没有进行列项报价的情况。

(10)审核措施项目计取的比例、综合单价的价格是否合理，有无偏离市场价格。

(11)审核措施项目费占总价的比例，并对比各投标单位的措施项目费，看措施项目费是否偏低或偏高。

(12)审核计日工价格是否严重偏离市场价格。

(13)根据招标文件规定的总承包服务内容，核实投标报价中计取的服务费用是否合理，对投标报价中承诺的服务内容是否与招标文件、合同条件要求的一致。

(14)审核总说明中的报价范围是否与招标文件约定的内容一致；材料设备的选用是否满足招标文件的要求；总说明中特别说明的事项应认真分析，看是否与招标文件要求一致，避免中标后投标文件的效力大于招标文件而产生纠纷。

(15)审核投标书的内容是否齐全,综合单价分析表是否满足招标文件及规范的要求,综合单价分析表提供的是否齐全。

(16)需要审核的其他内容。

5.6.3 程序

根据投标报价的审核内容,其审核流程如图5-6-1所示。

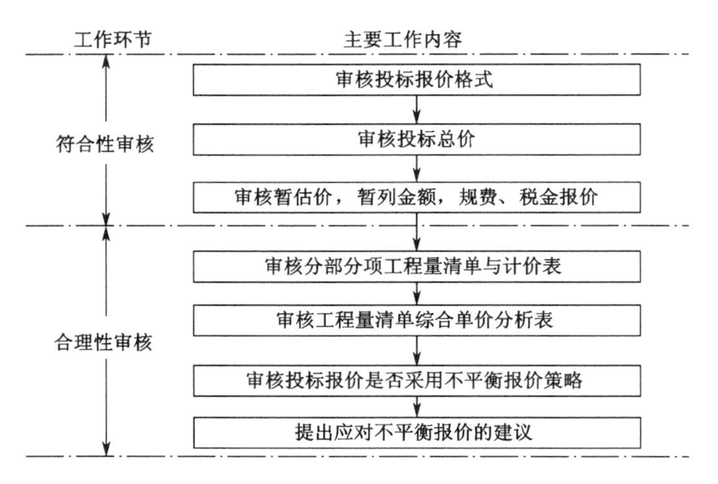

图5-8-1 投标报价审核流程

5.6.4 注意事项

在进行投标报价的审核过程中,为有效识别投标人的不平衡报价策略,为招标人提供应对不平衡报价的建议,应在投标报价的审核过程中从以下几方面予以注意。

1. 有关时间型不平衡报价的审核

可以根据施工顺序的先后,分别设定投标报价的折现系数,如可将先完成的工程的折现系数适当调整高,进而通过计算汇总投标总报价的折现值,以此来衡量投标报价的高低。

2. 有关工程量型不平衡报价的审核

合同签订阶段,可以在合同条款中规定,清单分项工程变更过大时需对该分项的综合单价重新组价,并明确相应的组价方法。施工阶段,针对投标人不平衡报价中报高(低)价的内容需大量增加(减少)时,通过设计变更使结算条件发生改变,按照之前的组价方法,减少投标人通过不平衡报价获取过多利润的可能。

3. 有关风险型不平衡报价的审核

对于计日工等只报单价的项目,可在招标文件中约定计日工项目的价格为分部分项工程综合单价分析表中对应的人、材、机价格乘以一定的费率,不再将计日工单独列表报价,这样,投标人对计日工项目就无法进行不平衡报价。

5.6.5 成果文件

5.6.5.1 格式

投标报价审核(清标)的成果文件一般包括:

(1)封面；
(2)签署页及目录；
(3)总说明；
(4)投标报价审查情况表；
(5)投标报价分析及管理建议表；
(6)投标报价分析汇总表；
(7)投标报价算术错误性检查分析汇总表；
(8)投标报价符合性检查分析汇总表；
(9)投标报价合理性检查分析汇总表。

5.6.5.2 表格

(1)投标报价审查报告封面见表5-6-1。

表5-6-1 投标报价审查报告封面

(工程名称) 投标报价审查书 档案号: (编制单位名称) (工程造价咨询单位执业章) 年 月 日

(2)投标报价审查签署页见表5-6-2。

表5-6-2 投标报价审查签署页

(工程名称) 投标报价审查书 档案号: 编制人:______________[执业(从业)印章]______________ 审核人:______________[执业(从业)印章]______________ 审定人:______________[执业(从业)印章]______________ 法定代表人:______________________________

(3)投标报价审查情况表见表5-6-3。

表 5-6-3 投标报价审查情况表

工程名称： 标段： 第 页 共 页

×××工程项目招标，按照《中华人民共和国招标投标法》以及招标文件的有关条款，对投标人投标报价文件进行了审查。现将有关审核情况报告如下：

一、投标单位 1

1.

2.

⋮

二、投标单位 2

1.

2.

⋮

三、投标单位 3

1.

2.

⋮

(4)投标报价明细分析表见表 5-6-4。

表 5-6-4 投标报价明细分析表

工程名称： 单位：元

序号	项目名称	投标人报价			备注
		投标人 1	投标人 2	…	
一	投标总价				
1	装饰部分				
1.1	分部分项工程费				
1.2	措施项目费				
1.3	其他项目费				
1.4	规费				
1.5	税金				
2	安装部分				
2.1	分部分项工程费				
2.2	措施项目费				
2.3	规费				
2.4	税金				
二	建筑面积(m^2)				
三	单方造价(元/m^2)				

(5)投标报价分析及管理建议表见表 5-6-5。

表 5-6-5 投标报价分析及管理建议表

项目名称		建设单位		
投标单位		投标报价		元
标底或投标限价		与标底或投标限价差异	高于	元
			低于	元

续表

问题及分析	
处理及建议	

咨询单位：　　　　审核人员：　　　　年　月　日

（6）投标报价分析汇总表见表5-6-6。

表5-6-6　投标报价分析汇总表

序号	项目名称	检查情况	处理意见或建议	备注
	×××投标单位1			
	算术错误性检查情况			
	×××建筑			
1	分部分项，序号××，编码			
2	措施项目一，序号××			
	××××安装			
	符合性检查情况			
	合理性检查情况			
	×××投标单位2			
	算术错误性检查情况			
	×××建筑			
1	分部分项，序号××，编码			
2	措施项目一，序号××			
	××××安装			
	符合性检查情况			
	合理性检查情况			

(7)投标报价算术错误性检查分析汇总表见表5-6-7。

表5-6-7　投标报价算术错误性检查分析汇总表

序号	项目名称	检查情况	处理意见或建议	备注
	×××投标单位1			
	×××建筑			
1	分部分项,序号××,编码			
2	措施项目一,序号××			
	××××安装			
	×××投标单位2			
	×××建筑			
	分部分项,序号××,编码			
	措施项目一,序号××			
	××××安装			

(8)投标报价符合性检查分析汇总表见表5-6-8。

表5-6-8　投标报价符合性检查分析汇总表

序号	项目名称	检查情况	处理意见或建议	备注
	×××投标单位1			
	×××建筑			
1	分部分项,序号××,编码			
2	措施项目一,序号××			
	××××安装			
	×××投标单位2			
	×××建筑			
	分部分项,序号××,编码			
	措施项目一,序号××			
	××××安装			

(9)投标报价合理性检查分析汇总表见表5-6-9。

表5-6-9　投标报价合理性检查分析汇总表

序号	项目名称	检查情况	处理意见或建议	备注
	×××投标单位1			
	×××建筑			
1	分部分项,序号××,编码			
2	措施项目一,序号××			
	××××安装			
	×××投标单位2			
	×××建筑			

续表

序号	项目名称	检查情况	处理意见或建议	备注
	分部分项,序号××,编码			
	措施项目一,序号××			
	××××安装			

5.6.5.3 工作底稿

(1)算术性检查分析表见表5-6-10。

表5-6-10 算术性检查分析表

工程名称:

序号	检查内容	检查结果		
		投标人1	投标人2	…
1	分部分项部分检查			
1.1	各清单项目综合单价乘以工程量是否与综合合价一致			
1.2	各清单项目综合合价相加是否与合计一致			
2	措施项目部分检查			
2.1	各清单项目单价乘以工程量(或基数乘以费率)是否与综合合价一致			
2.2	各清单项目综合合价相加是否与合计一致			
2.3	提取的费用基数是否准确			
3	其他项目部分检查			
3.1	各清单项目综合单价乘以工程量(或基数乘以费率)是否与综合合价一致			
3.2	其他项目中各子项相加是否与合计一致			
4	费用汇总部分检查			
4.1	费用汇总中提取的分部分项工程费、措施项目费、其他项目费是否与各分项合计数一致			
4.2	各分项合价相加是否等于合计			

(2)投标报价符合性审核分析表见表5-6-11。

表5-6-11 投标报价符合性审核分析表

工程名称:　　　　标段:　　　　第　页　共　页

序号	审查要素	标准		投标人1情况	投标人2情况	投标人3情况	…	备注
1	总价	投标价						
		是否在招标控制价范围内						
2	报价书的格式	是否符合招标文件及规范要求	是否盖单位公章					
			法定代表人是否签字或盖章					
			是否有执业人员签字或盖章					
			报价表格格式是否满足招标文件及规范要求					

续表

序号	审查要素	标准		投标人1情况	投标人2情况	投标人3情况	…	备注
3	清单工程量	应严格按招标人提供的清单工程量报价	分部分项工程量清单有无改变					
			措施项目清单(二)工程量有无改变					
			计日工清单工程量有无改变					
4	规费	应按当地造价管理部门颁布的费率计取	规费的计算基数是否计算准确					
			规费的费率计算是否准确					
5	税金	应按当地造价管理部门颁布的费率计取	税金计算基数是否准确					
			税金的费率计算是否准确					
6	材料暂估单价	应严格按招标人提供的单价计价						
7	专业暂估价	应严格按招标人提供的金额计价						
8	暂列金额	应严格按招标人提供的金额计价						
9	安全文明施工费	应按当地造价管理部门颁布的费率计取	建筑工程是否按规定计算					
			装饰工程是否按规定计算					
			装饰工程是否按规定计算					
10	⋮							

(3)投标报价合理性审核分析表见表5-6-12。

表5-6-12　投标报价合理性审查分析表

工程名称：　　　　　　　　　　　　　　　　标段：　　　　　　　　　　　　　　　　第　页　共　页

序号	审查要素	标准		投标人1情况	投标人2情况	投标人3情况	……	备注
1	总价	报价排序	投标报价					
			按招标文件规定的评分办法进行排序					
2	分项合计	分项合计是否与总价一致	分项合计是否与总价一致					
			分项单价与工程量乘积是否与合价一致					
3	人工单价	是否偏离市场价格	建筑工程人工单价是否偏离信息价格					
			普通装饰工程人工单价是否偏离信息价格					
			安装工程人工单价是否偏离信息价格					
4	主要材料费	是否偏离市场价格	钢筋价格是否偏离信息价格					
			混凝土价格是否偏离信息价格					
			⋮					

续表

序号	审查要素	标准			投标人1情况	投标人2情况	投标人3情况	……	备注
5	取费费率	是否体现竞争费用	现场经费	建筑是否体现竞争					
				装饰是否体现竞争					
				安装是否体现竞争					
			企业管理员	建筑是否体现竞争					
				装饰是否体现竞争					
				安装是否体现竞争					
			利润	建筑是否体现竞争					
				装饰是否体现竞争					
				安装是否体现竞争					
			风险费	建筑是否体现竞争					
				装饰是否体现竞争					
				安装是否体现竞争					
6	暂估价材料	是否按规定计取管理费用和利润	铝合金窗是否按给定价格计算相关费用						
			玻璃幕墙是否按给定价格计算相关费用						
			电梯是否按给定价格计算相关费用费						
			⋮						
7	措施费用	计算是否合理	是否与施工组织设计一致						
			措施项目费用计算是否齐全						
8	综合单价	计算是否合理	有无零报价						
			有无明显偏高价格(高于各家平均值15%以上项目)						
			有无明显偏低价格(低于各家平均值15%以上项目)						
9	计日工单价	是否偏离市场行情价格	普工	是否偏离信息价格					
			技工	是否偏离信息价格					
			⋮						
10	总说明	总说明中有无对造价影响的特别说明							
11	⋮								

5.7 施工合同

5.7.1 依据

施工合同的依据如下：

(1)《中华人民共和国经济合同法》中华人民共和国主席令[1999]15号令；

(2)《建筑工程施工发包与承包计价管理办法》107号部令；

(3)《建设工程价款结算暂行办法》财建369号；

(4)《建设工程工程量清单计价规范》(GB 50500—2008)住房和城乡建设部63号;
(5)《标准施工招标文件》九部委[2007]56号令;
(6)与建设工程项目有关的标准、规范、技术资料;
(7)建设工程设计文件;
(8)招标文件及其补充通知、答疑纪要;
(9)其他相关资料。

5.7.2 程序

施工合同管理程序如图5-7-1所示。

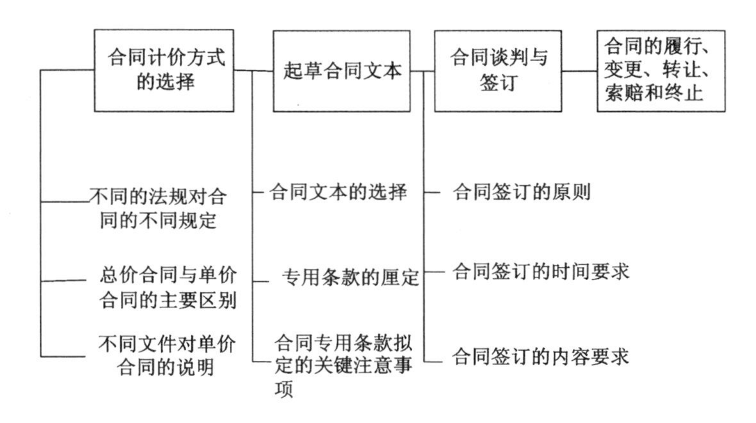

图5-7-1 施工合同管理程序

5.7.3 内容

建设工程施工合同是发包方(建设单位或总承包单位)和承包方(施工单位)为完成商定的建筑安装工程,明确相互权利、义务关系的协议。依照建设工程施工合同,承包方的义务是完成发包方交给的建筑安装工程任务,其基本权利是从发包方处取得工程价款;发包方的基本义务是按合同规定为承包方提供必要的施工条件并支付工程价款,而其基本权利是获得发包方的建筑安装工程的事物形态。

建设工程施工合同管理是招投标阶段工程造价咨询的重要内容,贯穿于工程项目建设的始终,具体包括以下工作:①合同计价方式的选择;②起草合同文本;③合同的签订;④合同的履行、变更、转让、索赔和终止。

5.7.4 方法

5.7.4.1 合同计价方式的选择

伴随着2008《计价规范》的实施以及2010年《建设工程施工发包与承包计价管理办法》的推出,可调价合同被逐步弱化,单价合同和总价合同成为趋势。

总价合同与单价合同的主要区别如表5-7-1所示。

表 5-7-1 单价合同与总价合同对比

对比项目＼合同类型	单价合同	总价合同
定义	指承包方按发包方提供的工程量清单内的分部分项工程内容填报单价，并据此签订承包合同，而实际总价则是按实际完成的工程量与合同单价计算确定的	指承包人以约定的固定合同金额，完成合同约定的承包范围的合同。最终按总价结算，价格不因环境变化和工程量增减而变化，通常只有设计变更，或符合合同规定的调价条件，才允许调整合同价格
特点	工程款结算时按照合同中约定应予以计量并实际完成的工程量计算进行调整	工程量以合同图纸的标示内容为准，工程量以外的其他内容一般均赋予合同约束力，以方便合同变更的计量和计价
优点（对发包人而言）	有利于风险合理分担，由招标人提供统一的工程量清单彰显了工程量清单计价的主要优点	有利于控制变更、索赔、不平衡报价等的产生，业主管理成本较低 在签订合同的同时就签订了工程造价，便于资金筹措
缺点（对发包人而言）	(1)易导致不平衡报价的产生 (2)承包人只会努力减少自身成本，而没有动力去为业主节约投资。即承包人不关心项目范围和内容的优化，甚至提出一些损害业主利益的扩大工程范围的建议	不利于风险的合理分担。承包人报价时可能会加入很多风险费用，不利于业主得到最有利的报价
适用项目	适用于设计深度不够、工期较长、施工难度较大的项目。一般国际工程中，大多以初步设计文件招标的工程采用	适用于规模不大、工序相对成熟、工期较短、有充足准备时间、施工图纸完备的工程施工项目

根据工程量清单计价的特点，2008《计价规范》4.4.3 条说明，实行工程量清单计价的工程，宜采用单价合同方式。即合同约定的工程价款中所包含的工程量清单项目综合单价在约定条件内是固定的，不予调整，工程量允许调整。工程量清单项目综合单价在约定的条件外，允许调整，但调整方式、方法应在合同中约定。

一般认为，工程量清单计价是以工程量清单作为投标人投标报价和合同协议书签订时合同价格的唯一载体，在合同协议书签订时，经标价的工程量清单的全部或者绝大部分内容被赋予合同约束力。

工程量清单计价的适用性不受合同形式的影响。实践中常见的单价合同和总价合同两种主要合同形式，均可以采用工程量清单计价，区别仅在于工程量清单中所填写的工程量的合同约束力。采用单价合同形式时，工程量清单是合同文件必不可少的组成内容，其中的工程量一般具备合同约束力（量可调），工程款结算时按照合同中约定应予计量并实际完成的工程量计算进行调整，由招标人提供统一的工程量清单则彰显了工程量清单计价的主要优点。而对总价合同形式，工程量清单中的工程量不具备合同约束力（量不可调），工程量以合同图纸的标示内容为准，工程量以外的其他内容一般均赋予合同约束力，以方便合同变更的计量和计价。

因此，2008《计价规范》仅规定“实行工程量清单计价的工程，宜采用单价合同”，并不排斥总价合同。所谓总价合同是指总价包干或总价不变合同，适用于规模不大、工序相对成熟、工期较短、施工图纸完备的工程施工项目。按照财政部、建设部印发的《建设工程价款结算暂行办法》（财建［2004］369 号）第八条的规定：“合同工期较短且工程合同总价较低的工程，可以采用固定总价合同方式。”实践中，对此如何具体界定还需做出规定，如有的省就规定工期半年以内，工程施工合同总价 200 万元以内，施工图纸已经审查完备的工程施工发、承包可以采用总价合同。

5.7.4.2 起草合同文本

1. 合同文本的选择

目前,我国常用的合同文本主要有1999《建设工程施工合同(示范文本)》和《标准施工招标文件》通用合同条款。1999《建设工程施工合同(示范文本)》主要适用于总价合同、按定额计价签订合同的计价模式,对于目前实行的工程量清单计价模式针对性不强。2008《计价规范》很多内容借鉴了2007《标准施工招标文件》通用合同条款的有关规定。2008《计价规范》实施之后,实行工程量清单招标的项目,在合同签订中,很多条款都可以借鉴2007《标准施工招标文件》通用合同条款的内容。两种常用的合同文本对比见表5-7-2所示。

表5-7-2 《标准施工招标文件》通用合同条款与1999《建设工程施工合同(示范文本)》对比

序号	内容	标准施工招标文件	示范文本
1	发文单位	国家发展和改革委员会、财政部、建设部、铁道部、交通部、信息产业部、水利部、民用航空总局、广播电影电视总局联合制定	建设部、国家工商行政管理局
2	实行的时间	2008年5月1日施行	文件发布时间1999年12月24日
3	合同组成	通用条款 专用条款 合同协议书	协议书 通用条款 专用条款
4	词语定义	开工日期:开工通知中写明的日期	开工日期:指发包人和承包人在协议书中约定,承包人开始施工的绝对或相对的日期
		竣工日期:工程接收证书中写明的日期	竣工日期:指发包人和承包人在协议书中约定,承包人完成承包范围内工程的绝对或相对的日期
		费用:指为履行合同所发生的或将要发生的所有合理开支,包括管理费和应分摊的其他费用,但不包括利润	费用:指不包含在合同价款之内的应当由发包人或承包人承担的经济支出
		暂列金额	无
		暂估价	
		计日工	
5	商定或确定	在争议解决前暂按总监理工程师的确定执行	未阐述
6	暂估价	依法必须招标的由发包人与承包人以招标的方式选择供应商或发包人,中标金额与工程量清单中所列的暂估价的金额差以及相应税金等其他费用列入合同价格	未阐述
7	暂停施工	暂停施工56天内未向承包人发出复工通知,承包人可向监理人提交书面通知,要求监理人在收到书面通知后28天内准许继续施工。监理人逾期不予批准,承包人可以通知监理人,将工程受影响部分可取消工作,如暂停施工影响到整个工程,可视为发包人违约	工程师未能在规定时间内提出处理意见,或收到承包人复工要求后48小时内未予答复,承包人可自行复工

续表

序号	内容	标准施工招标文件	示范文本
8	变更的条件	1. 取消合同中任何一项工作,但被取消的工作不能转由发包人或其他人实施 2. 改变合同中任何一项工作的质量或其他特性 3. 改变合同工程的基线、标高、位置或尺寸 4. 改变合同中任何一项工作的施工时间或改变已批准的施工工艺或顺序 5. 为完成工程需要追加的额外工作	1. 更改工程有关部分的标高、基线、位置和尺寸 2. 增减合同中约定的工程量 3. 改变有关工程的施工时间和顺序 4. 其他有关工程变更需要的附加工作
9	变更指令	变更指令只能由监理人发出	未阐述
10	物价波动引起的价格调整	因人工、材料和设备等价格波动影响合同价格时,除专用条款另有约定外,调整合同价格	通用条款中未阐述,主要根据专用条款中约定的风险范围决定是否调整合同价款
11	确定合同价款的方式	除专用条款有约定外,固定单价合同	固定价格合同 可调价格合同 成本加酬金合同
12	争议处理的方式	调解 争议评审 仲裁 诉讼	调解 仲裁 诉讼

从合同词语定义方面,《标准施工招标文件》通用合同条款中的合同词语,按合同、合同当事人和人员、工程和设备、日期、合同价格和费用、其他六个类别进行分类定义,与《建设工程施工合同(示范文本)》相比,系统性更强。词语定义主要是为了满足合同履行方式变化、促进合同条款严谨化以及与国际惯例接轨等方面的要求。如对合同价款、工期等词语的规定,则具有动态性,不仅包括合同约定价款或工期,还包括发包人认可的合同价款追加及工期索赔,而《建设工程施工合同(示范文本)》中的合同价款、工期的规定是静态的。《标准施工招标文件》通用合同条款 15.6 条暂列金额、15.7 条计日工、15.8 条暂估价等词语的定义借鉴了 FIDIC 合同。

从合同条款的设置及组成构架上,《标准施工招标文件》通用合同条款下,依照合同当事人、合同目标控制及项目实施流程等对合同条款的构架进行调整,如对发包人和各合同当事人的合同义务、职责等方面的条款集中设置,进度质量、采购及造价等方面的合同条款集中设置等,以利于合同使用人系统地了解所承担的合同工作,从而有利于合同的履行;而《建设工程施工合同(示范文本)》中,同一项工作的执行或某一方的合同义务可能涉及很多合同条款,如发包人或承包人合同义务等。《标准施工招标文件》通用合同条款的设置形式更有利于合同当事人分解合同履行职责、促进合同的全面履行。

从合同内容方面,《标准施工招标文件》通用合同条款强调了价格调整方面的合同条款,尤其物价波动引起的价格调整。通用合同条款给出了两种物价波动引起的价格调整方法,同时在合同文件组成部分的投标函附录中增加了价格指数权重表,这对合理界定发承包双方的风险责任、减少此类合同纠纷、提高工程进度和质量都有一定的引导作用。工程计量按单价子目、总价子目进行分类,更符合清单计价的特点和要求。借鉴 FIDIC 合同中争端裁决委员会(DAB)的规定,《标准施工招标文件》通用合同条款增加了争议评审的有关内容。

目前,《建设工程施工合同(示范文本)》受历史条件所限,其合同条款的设置更多地考虑和适应的是定额模式下的招投标,如没有规定综合单价的调整原则,对风险分配条款的设置也较简单,缺少明确具体的风险分配约定等。工程量清单计价招投标下,双方对工程量变更、变更价款调整以及风险分配等有关合同价格问题都应在合同中约定,因此,现行的《建设工程施工合同(示范文本)》已不能适应工程量清单

计价模式的发展。而《标准施工招标文件》通用合同条款更加符合工程量清单计价模式的要求。

2. 专用合同条款的厘定

1）专用合同条款设置特点

在专用合同条款的制定中，以《标准施工招标文件》通用合同条款为蓝本，强调合作与双赢，力求公平，倡导合同双方权利对等、风险分配均衡的理念，对于涉及纠纷的相关条款约定以效率优先为指导。专用合同条款的制定，使条款的可操作性更强、内容更具体，可作为发承包双方按照2008《计价规范》招投标、签订施工合同的参考依据。

专用合同条款的设置及组成构架依照合同当事人、合同目标控制及项目实施流程等集中设置，以利于合同使用人系统地了解所承担的合同工作，从而有利于合同的履行。

2）专用合同条款内容说明

在专用合同条款中，基本包含了2008《计价规范》工程合同价款约定条款的内容。

（1）对工程变更的范围进行了明确，对变更程序、变更的估价原则进行了明确，其中变更估价中对人工、材料、机械的消耗量和价格的确定方式分别进行了规定。

（2）对暂估价中专业分包工程和材料设备的供应进行了说明。对专业分包工程的发包方式、专业分包合同价款支付方式、规费税金的缴纳方式等方面做了明确规定。对于材料设备分为独立供应和专项供应，分别规定了发承包双方的责任、价款支付方式。

（3）对物价波动引起的价格调整方式进行了细化。明确了材料调整范围及价差调整公式，仅对人工、钢材、预拌混凝土、沥青混凝土等价值大的部分物价波动在5%以外时，进行调整，并规定了工期延误期间的价差风险承担主体。

（4）工程计量方式。对单价子目和总价子目区分，单价子目按月计量，总价子目按形象进度计量。

（5）对预付款、进度款的支付比例做了要求。其中对预付款的使用范围做了限定，必须专款专用，包括：100%交纳农民工工伤保险及100%的安全及文明施工措施费，农民工工伤保险、安全及文明施工措施费。

（6）竣工结算中规定了竣工付款申请单的份数和提交期限、竣工付款申请单包括的内容。

（7）不可抗力后果及处理的规定。按我国合同中不可抗力风险分担原则，明确了不可抗力造成损害的责任划分：机械设备的损坏承包人承担，人员及其他财产损失发承包双方分别承担各自损失。另外还规定了避免和减少不可抗力损失，双方应采取的措施以及因不可抗力解除合同后的处理。

（8）争议解决方式。规定以诉讼作为解决方式，并明确了诉讼的法院。

3. 合同约定内容

施工活动必须严格按合同进行，为了减少施工过程中不必要的纠纷，工程合同内容应尽量完备，合法条款应明确具体。以下按照2008《计价规范》合同条款约定中包含的八项内容，阐述了发承包双方在合同条款约定中应注意的事项。

1）工程预付款

工程预付款又称材料备料款或材料预付款。它是发包人为了帮助承包人解决工程施工前期资金紧张的困难而提前给付的一笔款项。工程是否实行预付款，取决于工程性质、承包工程量的大小以及发包人在招标文件中的规定。工程实行预付款的，合同双方应根据合同通用条款及价款结算办法的有关规定，在合同专用条款中约定并履行。

Ⅰ. 预付款的额度

应在合同中约定预付款数额：可以是绝对数，如50万元、100万元，也可以是额度，可按合同金额的百分比或年度工程计划的百分比等约定。原则上预付比例不低于合同金额（扣除暂列金额）的10%，不高于合同金额（扣除暂列金额）的30%。对重大工程项目，按年度工程计划逐年预付。一般建筑工程不

应超过当年建筑工作量(包括水、电、暖)的30%,安装工程按年安装工作量的10%,材料占比重较多的安装工程按年计划产值的15%左右拨付。

建设单位与施工单位应当在施工合同中明确安全文明施工费用以及费用预付、支付计划,使用要求等条款。一般,合同工期在一年以内的,建设单位预付安全文明施工费用不得低于该费用总额的50%;合同工期在一年以上的(含一年),预付安全文明施工费用不得低于该费用总额的30%,其余费用应当按照施工进度支付。

Ⅱ.预付款支付时间、方式及要求

预付款支付时间可约定为合同签订后一个月支付、开工日前7天支付等;预付款是一次支付还是分次支付,支付币种,支付方式是支票、汇票或其他。如规定预付款为合同总价扣除暂定金额和不可预见费之后金额的12%,并分两期支付:其中,70%,于签署协议后35天,且承包单位递交已获得认可的履约保证金后支付;30%,在实际上已完成进场,包括建立了营地、现场办公室和其他公用设施及承包人的主要设备已运至现场,经工程师批准后进行支付。

Ⅲ.工程预付款保函

应约定承包人在收到预付款前是否需向发包人提交预付款保函,预付款保函的形式、预付款保函的担保金额,保函的担保金额是否允许根据预付款扣回的金额相应递减等。一般,预付款保函金额始终保持与预付款等额,即随着承包人对预付款的偿还逐渐递减保函金额,保函中的担保金额递减与扣回金额一致。预付款保函的形式通常包括银行保函、担保公司担保、保证金担保等。

Ⅳ.预付款的抵扣

发包单位拨付给承包单位的工程预付款属于预支性质,工程实施后,随着工程所需主要材料储备的逐步减少,应以抵充工程价款的方式陆续扣回,抵扣方式必须在合同中约定。抵扣的方法有一次扣回法、分次扣回法等。合同约定中应依据工程的规模和工期,采取不同的抵扣方法。

Ⅴ.违约责任

应在专用条款中约定:①业主不支付预付款时承包人拥有的权利。如可约定预付日××天后不支付,承包人向发包人发出要求通知;收到通知后仍未支付,可以提前××天通知业主和工程师,减缓速度或暂停施工;承包人可在发出通知××天后停工。②业主不支付预付款承担的违约责任。一般按投标书附件中规定的利率,从应付日起支付全部未付款额利息。也可按银行贷款利率再加3~4个百分点、银行最低贷款利率另加2个百分点、银行同业拆借利率基础上另加1个百分点等方式计算延误付款利息。

2)工程计量与支付工程进度款

Ⅰ.计量与支付周期

可按月、季计量,如每月28日,可按工程形象部位(目标)划分分段计量,如±0以下基础及地下室、主体结构1~3层、4~6层等。

根据工程计量的不同方式,进度款的支付通常有以下几种:①按月结算与支付。即实行按月支付进度款,竣工后清算的办法。合同工期在两个年度以上的工程,在年终进行工程盘点,办理年度结算。②分段结算与支付。即当年开工、当年不能竣工的工程按照工程形象进度,划分不同阶段支付工程进度款。具体划分在合同中明确。③竣工后一次结算。建设项目较少,工期较短(如在12个月以内)的工程,可以实行在施工过程中分几次预支,竣工后一次结算的方法。④双方约定的其他结算方式。

Ⅱ.计量范围

施工过程中发生的变更、洽商应按实际完成量与进度款同期支付,暂估价格与实际价格之间产生的调整金额、经确认的索赔金额与现场签证金额等都与进度款同期支付。因此,计量时应按实际完成量计量,而不是仅对合同内的工程量计量。

Ⅲ.进度款支付额度

每月支付额度，如按已完工作量的70%、80%等支付，根据《建设工程价款结算暂行办法》第十三条"发包人应按不低于工程价款的60%，不高于工程价款的90%向承包人支付工程进度款"，进度款支付中应包括发承包双方确认的索赔与现场签证费用、双方确定调整的工程价款。

应在合同中约定进度款累计支付额度，一般进度款累计支付最多不能超过90%，累计支付额度的计算基数也应约定清楚，可以合同额为基数，也可以合同额及追加的合同价款为基数。

Ⅳ. 支付时间及程序

应约定承包人申请进度款支付应提交的资料和时间；工程师出具月进度付款证书的时间规定；对工程款进行修正和更改的规定；进度款支付时间的规定，如计量确认后7天以内、10天以内支付。

Ⅴ. 违约责任

如不按合同约定支付进度款的利率、违约责任等。

3) 工程价款的调整

Ⅰ. 工程价款调整因素

工程价款调整因素包括：①后继法律、法规、规章和政策变化引起的调整；②工程量清单项目特征描述与施工图纸或设计变更不符引起的调整；③分部分项工程量清单漏项引起的调整；④非承包人原因的工程变更引起的调整；⑤非承包人原因引起的工程量增减引起的调整；⑥市场价格波动引起的调整；⑦不可抗力原因引起的调整。

Ⅱ. 工程价款调整的时间和程序

应在合同约定调整因素确定后××天内，承包人递交调整工程价款报告；发包人收到调整工程价款报告之日××天内予以确认或提出意见；由发包人现场代表审核签字等。

约定支付时间：按照财政部、建设部印发的《建设工程价款结算暂行办法》（财建[2004]369号）的相关规定，双方确认调整的工程价款通常作为追加（减）合同价款与工程进度款同期支付。也可以在合同中约定，调整的工程价款在工程竣工时一次结算。

Ⅲ. 工程变更的范围及变更费用的处理

A. 工程变更的范围

根据《标准施工招标文件》通用合同条款15.1款的规定，工程变更的范围通常包括以下几项：

(1)取消合同中任何一项工作，但被取消的工作不能转由发包人或其他人实施；

(2)改变合同中任何一项工作的质量或其他特性；

(3)改变合同工程的基线、标高、位置或尺寸；

(4)改变合同中任何一项工作的施工时间或改变已批准的施工工艺或顺序；

(5)为完成工程需要追加的额外工作。

B. 变更费用的处理

工程变更，其对应的综合单价按下列方法确定：①合同中已有适用的综合单价，按合同中已有的综合单价确定；②合同中有类似的综合单价，参照类似的综合单价确定；③合同中没有适用或类似的综合单价，由承包人提出综合单价，经发包人确认后执行。对于需要承包人提出的综合单价，可按照投标文件中的价格水平、市场信息或参照定额确定。

工程变更若引起措施项目发生变化，影响施工组织设计或施工方案发生变更，造成措施费发生变化，则：原措施费中已有的措施项目，按原措施费的组价方法调整；原措施费中没有的措施项目，由承包人根据措施项目变更情况，提出适当的措施费变更，经发包人确认后调整。

Ⅳ. 暂估价

A. 材料暂估价

应在合同中明确材料暂估价的最终价格及用量的确认方式。给定暂估价的材料单价可通过招标、比

选或双方协商的方式确定，一般，材料暂估价的调整数额 =（招标、比选或协商确定的材料单价 - 投标文件中的材料单价）×（1 + 税率）× 材料数量。材料数量应按中标人投标书中的材料数量计算。

B. 专业工程暂估价

应在合同中明确专业工程暂估价的确认方式和规费税金的缴纳方式。给定暂估价的专业工程可通过招标、比选或其他方式确定分包商。各个专业分包人应缴纳的规费税金可由专业分包人自行缴纳，并向承包人提供缴纳发票，承包人不应再计取此部分营业税及其附加等规费；也可由承包人代缴，承包人计取此部分营业税及其附加等规费，专业分包人价款中扣除此部分费用。

Ⅴ. 价格调整

应在合同中明确价格调整的范围、承包人承担的价差波动幅度以及价格调整的计算公式。通常应约定市场波动较大，所占合同额比重较大的人工、钢材、混凝土、水泥等的调整方法，如钢材、水泥价格涨幅超过投标报价的 3%，其他材料超过投标报价的 5%，允许对价格进行调整。

对物价波动引起的价格调整，通常有如下几种方法：①工程造价指数调整法；②实际价格调整法；③调价文件计算法；④调值公式法。

价格调整的计算公式举例如下。

（1）当投标报价时的单价低于投标报价期对应的造价信息价格时，钢材、混凝土、水泥调价金额 = 钢材、混凝土、水泥投标价格 ×（市场价格变化幅度的绝对值 - 5%）× 当月钢材、混凝土、水泥数量。

（2）当投标报价时的单价高于投标报价期对应的造价信息价格时，钢材、混凝土、水泥调价金额 = 钢材、混凝土、水泥投标报价期对应的造价信息价格 ×（市场价格变化幅度的绝对值 - 5%）× 当月钢材、混凝土、水泥数量。

4）索赔与现场签证

Ⅰ. 索赔与现场签证的范围

（1）约定可以索赔的范围。一般，只有非承包人自身原因造成的损失，才能给予其相应的补偿；仅仅针对合同以外的额外或超支部分进行补偿；给予承包人补偿的费用可以是建筑安装工程费用的全部组成要素，但利润很少给予补偿。

（2）约定现场签证的范围。现场签证的范围一般包括：适用于施工合同范围外零星工程的确认；在项目实施过程中发生变更后需要现场确认的工程量；非施工单位原因引起的人工、设备窝工及有关损失；施工单位原因引起的违规处罚；符合施工合同规定的非施工单位原因引起的工程量或费用增减；确认修改施工方案引起的工程量或费用增减；适用于工程变更引起的工程施工措施费增减等。

Ⅱ. 索赔与现场签证的处理程序

（1）索赔的处理程序。索赔处理程序包括如下几个主要步骤：向工程师发出索赔通知→出示索赔事件同期记录→提送索赔的证明→索赔的审查→索赔的处理。应在合同约定每个索赔环节中的索赔时限以及超过索赔时限后的索赔效力，每个索赔环节中应递交的资料及索赔处理人员应约定明确。

（2）现场签证的处理程序。应在专用合同约定现场签证的提出方式：可由承包人提出、设计部门提出、工程师提出等，其中以承包人提出现场签证为主。应明确各种方式下的审批流程、现场签证的支持性文件、需要签字确认的人员等。

经发承包双方确认的索赔与现场签证费用原则上与工程进度款同期支付，合同中还应约定，对索赔与现场签证费用存在争议时的处理方式以及支付时限。

Ⅲ. 索赔与现场签证费用的支付

一般情况下，发、承包双方确认的索赔与现场签证费用应与工程进度款同期支付。

5）约定价款争议处理方式

引起价款争议的原因一般包括以下三种。

(1)索赔。一是业主向承包人索赔;二是承包人向业主索赔。都存在着索赔成立与不成立的问题以及索赔金额能不能达到一致的问题。

(2)违约处罚。一是不承认自己违约;二是指责对方违约;三是不仅要罚违约金,还要追加索赔。

(3)终止合同。一是业主责任引起终止合同,如事实证明业主拖欠付款,破产或无力偿还债务,导致不能继续承包;二是承包人责任引起终止合同,如事实证明工程拖期,无力扭转局面,破产或无力偿还债务,导致不能继续承包。

对于涉及争议处理的相关条款约定应以效率优先为指导,选择对发承包双方最有利的争议处理方式。价款争议的解决方式包括:协商、调解、争议评审、仲裁或诉讼等。发承包双方应在合同中约定争议解决方式的优先顺序、处理程序、时间。如果选择调解或争议评审,应在合同约定好调解人员或争议评审组的人员组成;采用仲裁方式,应约定双方都认可的仲裁机构;采用诉讼方式的,应约定有管辖权的法院,一般情况下,合同约定的有管辖权的法院都是工程所在地法院,也可约定由合同签订地法院管辖。

6)发承包双方风险承担

按照2008《计价规范》的有关规定,应由承包人完全承担的风险是技术风险和管理风险,如管理费和利润;有限度承担的风险是市场风险,如建筑材料、机械燃料等价格风险,材料价格的风险宜控制在5%以内,施工机械使用费的风险可控制在10%以内,超过者予以调整。完全不承担法律、法规、规章和政策变化的风险。如税金、规费、人工单价等,应按照当地造价管理机构发布的文件按实调整。

在合同中应约定物价波动风险的内容范围:如全部材料、主要材料等。约定物价变化调整幅度:如钢材、水泥价格涨幅超过投标报价的3%,其他材料超过投标报价的5%等。约定物价波动的调整方式:如调值公式法、工程造价指数调整法、实际价格调整法等。对工程量差的风险也应明确约定,如工程量变动在10%以内,对综合单价不进行调整。对不可抗力、地质条件变化、法律法规变化等给发承包双方带来的风险,都要明确约定双方风险的承担范围。

7)工程竣工价款结算

应在合同中约定竣工结算的时间、竣工结算的程序、审核的主体及结算完价款的支付。

(1)竣工结算的时间。应在合同中对以下几个时间进行约定:办理工程竣工结算的时间;编制完成竣工结算书的时间;递交竣工结算书的时间;发包人审核的时间,接到发包人提出的核对意见后,确认或提出异议的时间;发包人应向承包人支付工程竣工结算价款的时间。

(2)竣工结算的程序。承包人应在提交竣工验收报告的同时,向发包人递交竣工结算报告及完整的结算资料,发包人应按规定时限进行核对(审查)并提出审查意见。发包人收到承包人递交的竣工结算报告及完整的结算资料后,应按约定的期限进行核实,给予确认或者提出修改意见。根据确认的竣工结算报告,承包人向发包人申请支付工程竣工结算款,发包人应在收到申请后及时支付结算款。

(3)审核的主体。应在合同中约定审核的主体,而且审核主体必须保证唯一性。同一工程竣工结算核对完成,发、承包双方签字确认后,禁止发包人要求承包人与另一个或多个工程造价咨询人重复核对竣工结算。

8)工程质量保证(保修)金

发包人应当在招标文件中明确质量保证金预留、返还等内容,并与承包人在合同条款中对涉及质量保证金的下列事项进行约定。

(1)质量保证期。一般为6个月、12个月或24个月,该期限的起止时间应约定清楚。一般,质量保证期从工程通过竣(交)工验收之日起计。由于承包人原因导致工程无法按规定期限进行竣(交)工验收的,缺陷责任期从实际通过竣(交)工验收之日起计。由于发包人原因导致工程无法按规定期限进行竣(交)工验收的,在承包人提交竣(交)工验收报告90天后进入质量保证期。

(2)质量保证期内的双方责任。根据《建设工程质量保证金管理暂行办法》(建质[2005]7号)的有

关规定,缺陷责任期内,由承包人原因造成的缺陷,承包人应负责维修,并承担鉴定及维修费用。如承包人不维修也不承担费用,发包人可按合同约定扣除保证金,并由承包人承担违约责任。承包人维修并承担相应费用后,不免除对工程的一般损失赔偿责任。由他人原因造成的缺陷,发包人负责组织维修,承包人不承担费用,且发包人不得从保证金中扣除费用。

(3)保证金预留、返还方式。一般按工程价款结算总额5%左右的比例预留保证金,可从竣工结算一次扣清或从进度款支付中按约定比例分次扣清。质量保证金到期后,承包人向发包人申请返还保证金。保证金是否计付利息,如计付利息,利息的计算方式,质量保证金的返还程序、时间要求等也应约定明确。

上述几方面只是签订合同时最主要的组成部分,任何一份施工合同都难以做到十全十美,合同履行过程中还应根据实际情况,及时签订补充协议或变更协议,调整各方权利义务。无论合同条款还是补充协议,条款用语都应准确、前后一致,避免误解。对于大型建设项目的合同,通常的做法是在通用合同文本如FIDIC合同、《建设工程施工合同(示范文本)》与《标准施工招标文件》通用合同条款的基础上,根据工程的特点进行适当的修改、补充。

5.7.4.3 合同的谈判与签订

1. 合同的谈判

1)合同的谈判程序

(1)一般讨论。谈判开始阶段是先要广泛交换意见,各方提出各自的设想方案,探讨各种可能性,经过商讨逐步将双方意见综合并统一起来,为下一步详细谈判做好准备。

(2)技术谈判。一般讨论之后即进入技术谈判阶段。主要对原合同中技术方面的条款进行讨论。技术谈判的内容包括工程范围,技术规范、标准,施工条件,施工方案,施工进度,质量检查,竣工验收等。

(3)商务谈判。主要对原合同中商务方面的条款进行讨论,包括工程合同价款、支付条件、支付方式、预付款、履约保证、保留金、货币风险的防范、合同价格的调整等。

(4)合同拟订。谈判进行到一定阶段后,双方都已表明了观点,对原则性问题双方意见基本一致的情况下,相互之间就可以交换书面意见或合同稿。然后以书面意见或合同稿为基础,逐项逐条审查合同条款。

2)合同谈判的策略和技巧

谈判是通过不断的讨论、争执、让步确定各方权利、义务的过程,它直接关系到谈判桌上各方最终利益的得失,以下为几种常见的谈判策略与技巧。

(1)掌握谈判议程。工程合同谈判一般涉及诸多需要讨论的事项,各事项的重要程度各不相同,谈判各方对同一问题的关注程度也不一定相同。谈判者应善于掌握谈判的进程,在充满合作气氛的阶段商讨自己关注的议题,从而抓住时机,达成有利于己方的协议;在气氛紧张时,应引导进入双方具有共识的议题。

(2)高起点战略。谈判者在谈判之初应有意识地向对方提出苛刻的谈判条件,从而使对方高估本方的谈判底线,在谈判中做出更多的让步。

(3)注意谈判氛围。谈判各方往往存在利益冲突,要兵不血刃获得谈判成功是不现实的。但有经验的谈判者会在各方分歧严重、谈判气氛激烈时采取润滑措施,舒缓压力。在我国最常见的是饭桌式谈判,通过宴请可以联络对方感情,拉近双方心理距离,进而在和谐的氛围中重新回到议题。

(4)拖延与休会。当谈判遇到障碍、陷入僵局时,拖延与休会可以使谈判者冷静思考,在客观分析形势的情况下提出方案,从而使谈判从低谷引向高潮。

(5)避实就虚。谈判者应在充分分析形势的情况下,充分判断,利用对方的弱点猛烈攻击,迫其就范,做出妥协。而对自己的弱点要尽量注意回避。

(6)对等让步。当己方准备对某些条件做出让步时,可要求对方在其他方面也做出相应的让步,要争取把对方的让步作为己方让步的前提和条件。要注意的是,在未分析对方让步的可能性之前轻易表态让步是不可取的。

(7)分配谈判角色。谈判时应利用本谈判组成员的不同性格扮演不同的角色,软硬兼施,可以事半功倍。

(8)善于抓住实质问题。在整个项目的谈判过程中,要始终抓住主要的实质问题,如工作范围、合同价格、工期、支付条件、验收及违约责任。要防止对方转移视线,回避主要问题,或避实就虚。

2. 合同的签订

1)合同签订的原则

由于工程建设涉及国家利益和社会公共利益,所以其订立和履行要受到国家的干预,即其在当事人双方意思表示一致的基础上,还应遵守国家关于建设工程管理的相关法律、法规,以保证工程合同的合法、有效。应注意遵循以下原则:

(1)遵守国家和地方政府的法律及行政法规,涉外的还要遵守国际公约;

(2)尊重社会公德,不得扰乱社会经济秩序,损害社会公共利益;

(3)遵循平等、自愿、公平、诚实、信用的原则;

(4)合同中条款用词要严密具体,逻辑性强,不出现前后矛盾、相互抵触和否定。

2)合同签订的时间要求

根据2008《计价规范》4.4.1条规定,实行招标的工程合同价款应在中标通知书发出之日起30天内,由发、承包双方依据招标文件和中标人的投标文件在书面合同中约定。因此,发承包双方必须把握好合同签订的时限。

3)合同签订的内容要求

2008《计价规范》4.4.2条:"实行招标的工程,合同约定不得违背招、投标文件中关于工期、造价、质量等方面的实质性内容。招标文件与中标人投标文件不一致的地方,以投标文件为准。"因此,在签订建设工程合同时,发、承包双方应依据招标文件和中标人的投标文件拟定合同内容。

根据2008《计价规范》4.4.4条规定,发、承包双方应在合同专用条款中对下列九项事项进行约定:①预付工程款的数额、支付时间及抵扣方式;②工程计量与支付工程进度款的方式、数额及时间;③工程价款的调整因素、方法、程序、支付及时间;④索赔与现场签证的程序、金额确认与支付时间;⑤发生工程价款争议的解决方法及时间;⑥承担风险的内容、范围以及超出约定内容、范围的调整办法;⑦工程竣工价款结算编制与核对、支付;⑧工程质量保证(保修)金的数额、预扣方式及时间;⑨与履行合同、支付价款有关的其他事项等。合同内容应对这九方面的内容详细约定,以便于施工及竣工结算阶段合同价款的管理。

5.7.4.4 合同的履行、变更、转让和终止

《中华人民共和国合同法》在第四章、第五章、第六章分别对合同的履行、变更、转让和终止进行了明文规定,合同双方均应在此范围内行使各自的权利及义务。

1. 合同的履行

合同的履行是指合同生效之后,合同当事人按照合同的约定实施合同标的的行为,如交付货物、提供服务、支付价款、完成工作、保守秘密等,合同的履行主要是当事人实施给付义务的过程。合同的履行是《合同法》的核心内容。

合同双方在履行合同的过程中应遵循全面、协作、经济合理的原则。

2. 合同的变更和转让

1)合同的变更

合同的变更是合同关系的局部变化,如标的数量的增减,价款的变化,履行时间、地点、方式的变化等。

2)合同的权利转让

合同权利的转让也称为债券转让,是指债权人通过协议将合同的权利全部或者部分地转让给第三人。成立债券转让应满足以下三点:

(1)必须存在合法有效的合同权利,且转让不改变该权利的内容;

(2)转让人与受让人须就合同权利的转让达成协议;

(3)被转让的合同权利须具有可让与性。

对于不具有让与性的情形,《合同法》第79条做出了具体规定。

3)合同的义务转让

合同义务转让又称债务转移,是指基于当事人协议或法律规定,由债务人转移全部或部分债务给第三人,第三人就转移的债务而成为新债务人的现象。

债务转让的构成和效果与债券转让基本一致,但须注意的是,债权转让只要通知债务人,就可以对债务人发生效力;而在债务转移中,因为债务人履行能力本身存在差别,为合理保护债券的履行,债务转让必须经过债权人同意才能够发生效力。

4)合同权利义务的概括转让

合同权利的概括转让是指合同当事人一方在不改变合同内容的前提下将其全部的合同权利义务一并转让给第三人。

合同权利义务的概括转让应符合下列条件:

(1)合同权利义务的概括转让须以合法有效的合同存在为前提;

(2)权利义务的概括转让必须经对方同意;

(3)权利义务的概括转让包括合同一切权利义务的转移;

(4)原合同当事人一方与第三人必须就权利义务的概括转让达成协议;

(5)权利义务的概括转让应当符合法律规定;

(6)权利义务的概括转让还须遵循《合同法》的相关规定。

3. 合同的权利义务终止

1)合同终止

合同的权利义务终止又称合同的终止或合同的消灭,是指依法生效的合同,因具备法定的或者当事人约定的情形,造成合同权利义务的消灭。合同终止后,债权人不再享有合同权利,债务人也不必再履行合同义务。

合同终止后,合同债权债务关系因此而消灭,这种债权债务关系是合同直接规定的,因此,合同终止后合同条款也相应地失去效力,但仅是合同履行效力的终止。但在实际中,合同终止后仍会产生遗留,当事人在缔约时一般应对此类情况做出约定。

2)合同的解除

合同的解除是指合同成立生效后,当具备法律规定的合同条件或者当事人通过行使约定的解除权,因一方或各方的意思表示而使合同关系归于消灭的行为。合同解除可以概括为法定解除和约定解除。前者如《合同法》第94条内容,后者可分为双方协议解除以及单方行使约定解除权。

最高人民法院《关于审理建设工程施工合同纠纷案件适用法律问题的解释》中分别对发包人和承包人的合同解除权做出相应规定,建设工程施工合同的解除条件是结合建设工程施工的特点对《合同法》

上法定解除条件的适用。

5.7.5 注意事项

施工活动必须严格按合同进行，为了减少施工过程中不必要的纠纷，工程合同内容应尽量完备，合法条款应明确具体。在拟订合同的专用条款时，业主应做到防范“恶意”低价投标、对不平衡报价的防范、合理确定招标控制价、合理拟订在招标阶段的防索赔措施。

合同专用条款的拟订对招标阶段起到很重要的意义，投标人的合理选择和防投标策略是该阶段的重要环节。按照我国《招标投标法》规定，投标文件有下列情形之一的，由评标委员会初审后按废标处理。

(1)在评标过程中，评标委员会发现投标人以他人的名义投标、串通投标、以行贿手段谋取中标或者以其他弄虚作假方式投标的。

(2)评标委员会发现投标人的报价明显低于其他投标报价或者在设有标底时明显低于标底，使得其投标报价可能低于其个别成本的，应当要求该投标人作为书面说明并提供相关证明材料。

(3)投标文件无单位盖章并无法定代表人或法定代表人授权的代理人签字或盖章的。

(4)投标文件未按规定的格式填写，内容不全或关键字模糊、无法辨认的。

(5)投标人递交两份或多份内容不同的投标文件，或在一份投标文件中对同一招标项目报有两个或多个报价，且未声明哪一个有效的。

(6)投标人名称或组织结构与资格预审时不一致的。

(7)未按招标文件要求提交投标保证金的。

(8)联合体投标未附联合体各方共同投标协议的。

(9)未能在实质上响应的投标。

对于投标方恶意进行恶意报价、故意降低投标成本问题来说，业主应做到了解材料价格，用合同手段进行防范，并采用正确的评标方法，从而限制承包商低价投标，对投标价格界定底线，保证业主本身利益。

对于承包商通过不平衡报价手段控制自身的利润收入损害业主方利益的问题而言，业主应做到提高设计图纸质量，建立工程量清单编制质量保证体系，提高招标文件的编制质量，做好清标工作，建立工程量清单报价澄清制度，严把工程变更和索赔关等，进而控制承包商投标底线与标高之间的价格浮动，控制承包商的所报价格的浮动。

对于招标控制价的制定问题，为解决因无招标控制价造成的串标、合谋得问题，业主应按合同规定编制招标控制价，限制承包商投标价格的最高点，防止串标。

为防止因为没有在事前对施工阶段的索赔进行预控，造成对今后施工带来的影响，业主应在编制施工图纸与方案、技术规范、工程量清单、招标文件等时，提及索赔的相关事项，为事后可能发生的索赔进行预防。

5.7.6 成果文件

5.7.6.1 格式

根据《标准施工招标文件》中所列成果文件的格式，施工合同的格式如下。

一、施工合同封面
二、合同协议书
三、通用条款
(一)一般约定
(二)发包人义务
(三)监理人
(四)承包人
(五)材料和工程设备
(六)施工设备和临时设施
(七)交通运输
(八)测量放线
(九)施工安全、治安保卫和环境保护
(十)进度计划
(十一)开工和竣工
(十二)暂停施工
(十三)工程质量
(十四)试验和检验
(十五)变更
(十六)价格调整
(十七)计量与支付
(十八)竣工验收
(十九)缺陷责任与保修责任
(二十)保险
(二十一)不可抗力
(二十二)违约
(二十三)索赔
(二十四)争议的解决
四、专用条款
五、附件
履约担保格式
预付款担保格式
房屋建筑工程质量保修书

5.7.6.2 表格

1. 合同协议书

合同协议书

×××××(发包人名称,以下简称"发包人")为实施__________(项目名称),已接受__________(承包人名称,以下简称"承包人")对该项目____标段施工的投标。发包人和承包人共同达成如下协议。

1. 本协议书与下列文件一起构成合同文件:

(1)中标通知书;

(2)投标函及投标函附录;

(3)专用合同条款;

(4)通用合同条款;

(5)技术标准和要求;

(6)图纸;

(7)已标价工程量清单;

(8)其他合同文件。

2. 上述文件互相补充和解释,如有不明确或不一致之处,以合同约定次序在先者为准。

3. 签约合同价:人民币(大写)______________元(¥   )。

4. 承包人项目经理:________________。

5. 工程质量符合__合格__标准。

6. 承包人承诺按合同约定承担工程的实施、完成及缺陷修复。

7. 发包人承诺按合同约定的条件、时间和方式向承包人支付合同价款。

8. 承包人应按照监理人指示开工,工期为______日历天。

9. 本协议书一式____份,其中正本____份(合同双方各执一份),副本____份。

10. 合同未尽事宜,双方另行签订补充协议。补充协议是合同的组成部分。

发包人:(盖单位章)　　　　承包人:(盖单位章)

法定代表人或其委托代理人:(签字)　　　　法定代表人或其委托代理人:(签字)

年　月　日　　　　年　月　日

2. 履约担保格式

履约担保

×××××(发包人名称):

鉴于×××××(发包人名称,以下简称"发包人")接受______________(承包人名称,以下简称"承包人")于____年____月____日参加________(项目名称)______标段施工的投标。我方愿意无条件地、不可撤销地就承包人履行与你方订立的合同,向你方提供担保。

1. 担保金额人民币(大写)____________元(¥________)。

2. 担保有效期自发包人与承包人签订的合同生效之日起至发包人签发工程接收证书之日止。

3. 本担保有效期内,因承包人违反合同约定的义务给你方造成经济损失时,我方在收到你方以书面形式提出的担保金额内的赔偿要求后,在7天内无条件支付。

4. 发包人和承包人按《通用条款》第15条变更合同时,我方承担本担保规定的义务不变。

担保人：　　　　　　（盖单位章）
法定代表人或其委托代理人：　　（签字）
地址：
邮政编码：
电话：
传真：

年　　月　　日

3. 预付款担保格式

预付款担保

×××××（发包人名称）：

鉴于×××××（发包人名称，以下简称"发包人"）接受____________（承包人名称，以下简称"承包人"）于____年____月____日签订的________（项目名称）______标段施工承包合同，承包人按约定的金额向发包人提交一份预付款担保，即有权得到发包人支付相等金额的预付款。我方愿意就你方提供承包人的预付款提供担保。

1. 担保金额人民币（大写）__________元（¥________）。

2. 担保有效期自预付款支付给承包人起生效，至发包人签发的进度付款证书说明已完全扣清止。

3. 在本保函有效期内，因承包人违反合同约定的义务而要求收回预付款时，我方在收到你方书面通知后，在7天内无条件支付。但本保函的担保金额，在任何时候不应超过预付款金额减去发包人按合同约定在向承包人签发的进度付款证书中扣除的金额。

4. 发包人和承包人按《通用条款》第15条变更合同时，我方承担本担保规定的义务不变。

担保人：　　　　　　（盖单位章）
法定代表人或其委托代理人：　　（签字）
地址：
邮政编码：
电话：
传真：

年　　月　　日

4. 房屋建筑工程质量保修书

房屋建筑工程质量保修书

发包人（全称）：________________

承包人（全称）：________________

发包人、承包人根据《中华人民共和国建筑法》、《建筑工程质量管理条例》和《房屋建筑工程质量保修办法》，经协商一致，对____________（工程全称）签订工程质量保修书。

一、工程质量保修范围和内容

承包人在质量保修期内，按照有关法律、法规、规章的管理规定和双方约定，承担本工程质量保修责任。

质量保修范围包括地基基础工程、主体结构工程，屋面防水工程，有防水要求的卫生间、房间和外墙面的防渗漏，供热与供冷系统，电气管线、给排水管道、设备安装和装修工程以及双方约定的其他项目。具体保修的内容，双方约定如下：___若发生双方另议________________________。

二、质量保修期

双方根据《建设工程质量管理条例》及有关规定，约定本工程的质量保修期如下：

地基基础工程和主体结构工程为设计文件规定的该工程合理使用年限；

屋面防水工程，有防水要求的卫生间、房间和外墙面的防漏为____5____年；

装修工程为____2____年；

电气管线、给排水管道、设备安装工程为____2____年；

供热与供冷系统为____1____个采暖期、供冷期；

住宅小区内的给排水设施、道路等配套工程为____无____年；

其他项目保修期限约定如下：____若发生双方另议____；

质量保修期自工程竣工验收合格之日起算。

三、质量保修责任

属于保修范围、内容的项目，承包人应当在接到保修通知之日起7天内派人保修。承包人不在约定期限内派人保修的，发包人可以委托他人修理。

发生紧急抢修事故的，承包人在接到事故通知后，应当立即到达事故现场抢修。

对于涉及结构安全的质量问题，应当按照《房屋建筑工程质量保修办法》的规定，立即向当地建设行政主管部门报告，采取安全防范措施；由原设计单位或者具有相应资质等级的设计单位提出保修方案，承包人实施保修。

质量保修完成后，由发包人组织验收。

四、保修费用

保修费用由造成质量缺陷的责任方承担。

其他

双方约定的其他工程质量保修事项：____若发生双方另议____。

本工程质量保修书，由施工合同发包人、承包人双方在竣工验收前共同签署，作为施工合同附件，其有效期限至保修期满。

发　包　人(公章)：　　　　承　包　人(公章)：

法定代表人(签字)：　　　　法定代表人(签字)：

年　月　日　　　　年　月　日

法定代表人(签字)：

年　月　日　　　　年　月　日

5.7.7 施工合同的审核

由于施工合同本身具有相应的法律效力，因而审核人员在进行合同审核时，必须注意对审核方法、程序和深度的把握，既要保证审核工作本身的合法性，又要注意审核工作的质量。审核人员都应重点审核施工合同文件的内容是否完整，语言表达是否清晰明确，所列合同条款是否合法，签订程序是否合法等。具体审核内容如下：

(1)审查当事人是否具有签订该合同的法定权力和行为能力，是否接受委托以及委托代理的事项、权限等；

(2)合同的内容及所确定的经济活动是否合法，有无损害国家和社会公共利益；

(3)合同中是否明确质量标准及工期，质量标准是否符合有关规定，工期目标能否实现；

(4)审查承包范围是否与招标范围一致，隐蔽工程验收的内容和程序是否完整，工程变更条款内容是否清晰、完整，程序是否合理，确定材料价格的条款内容是否表述清楚，定价原则是否合理；

(5)审查工程进度款支付条款是否完整，付款办法及支付时间是否合理，对不合理的付款提出改进意见；

(6)审查索赔条款内容是否完整，索赔时间及程序是否与有关规定相符；

(7)工程结算方式是否与招标文件所确定的方式一致；

(8)审查合同价与中标价是否一致，招标人与中标人不得再行订立背离合同实质性内容的其他协议；

(9)质量保证期是否符合有关建设工程质量管理的规定；

(10)审核采用工程量清单计价的合同是否符合《建设工程工程量清单计价规范》的有关规定。

第6章 施工阶段

6.1 概述

6.1.1 施工阶段造价咨询的作用

施工阶段是工程实体形成的阶段,建设项目的各项资源在该阶段消耗最多。因此,加强施工阶段的造价控制是造价管理人员应该重点关注的方面。造价咨询人员在施工阶段的介入也为承发包双方在施工阶段更好地进行造价控制提供专业化的服务与指导。施工阶段的造价咨询可形成对工程造价的动态控制,实现对工程投资的跟踪与掌控,对于及时发现投资偏差和保证建设资金的有效利用都起到重要的作用。

6.1.2 施工阶段造价咨询的主要内容

在施工阶段,造价咨询人员主要可提供的造价咨询服务主要包括以下内容。

(1)对制订资金使用计划的咨询。资金使用计划为造价控制的前提。造价咨询人员应按照承发包双方签订的施工合同协助业主方编制施工的资金使用计划,确定造价控制的总目标与分目标。同时结合实际资金使用情况做出偏差分析,并辅助委托方对发生偏差的情况进行及时调整。

(2)对工程计量支付的咨询。计量支付为施工阶段形成工程进度款的重要环节。造价咨询人员应发挥自身的专业特长,对工程计量与价款支付应时时监管与控制,确保进度款支付的准确与及时,为工程的顺利开展提供保障。

(3)对工程变更的咨询。工程变更是工程施工阶段经常发生的事项,而且工程变更往往都会引起合同价款的调整。因此,造价咨询人员应对施工阶段发生的工程变更进行严格审核,向业主方提出合理的变更建议,从造价控制的角度去审核承包商提出的合理化建议以及监理人和发包人提出的变更指令。

(4)对工程索赔的咨询。工程索赔为导致工程造价变化的又一重要事项。在施工过程中,造价咨询人员可向施工方提供可进行索赔的事项建议并协助施工方编写索赔报告。同时,业主方的造价咨询人员也可对承包方提出的索赔报告进行审核咨询并就具体可批准的索赔事件向业主方提供建议。

(5)对价格调整的咨询。在工期较长的项目建设过程中,人工、材料、机械的价格都可能发生波动,由此导致的合同价格调整也是造价咨询人员应关注的方面。承发包双方的咨询人员都应对施工阶段的价格波动时时关注,及时提出价格调整报告,维护各自委托方的合理利益。

(6)对暂估价调整的咨询。投标阶段由招标人填写的暂估价为用于支付必然发生但暂时不能确定价格的材料的单价以及专业工程的金额。当对应的工程建设完成时,暂估价的价格已经确定,造价咨询人员应按照实际对应的价格来对合同价格进行调整。这样就保证了合同价格的真实与准确。

6.2 资金计划及投资偏差

6.2.1 依据

编制资金计划及进行投资偏差分析的依据如下：

(1)建设项目可行性研究报告；

(2)设计概算；

(3)施工图预算；

(4)施工合同；

(5)投标报价；

(6)施工组织设计；

(7)施工进度计划。

6.2.2 程序

6.2.2.1 资金使用计划

编制资金使用计划主要包括准备、目标分解和编制三个阶段，具体程序如下。

1. 资金使用计划编制的准备阶段

准备阶段有以下工作：

(1)编制人员的准备；

(2)编制资料的准备；

(3)熟悉施工合同；

(4)科学合理地进行施工项目的划分；

(5)编制切实有效的施工进度计划；

(6)计算机的应用等。

2. 投资目标的分解

它是编制资金使用计划过程中最重要的步骤。根据投资控制目标和要求的不同，投资目标的分解可以分为按投资构成分解、按子项目分解、按时间分解三种类型。

3. 资金使用计划的编制

资金使用计划的编制可以用以下三种形式来表现：

(1)按投资构成编制资金使用计划；

(2)按不同子项目编制资金使用计划；

(3)按时间进度编制资金使用计划。

6.2.2.2 投资偏差分析

根据工程实际进度和费用情况，计算拟完工程计划投资、已完工程计划投资和已完工程实际投资，投资偏差分析的主要内容即这三者之间的关系，通过偏差分析的方法计算工程的投资偏差和进度偏差。具体的程序如图 6-2-1 所示。

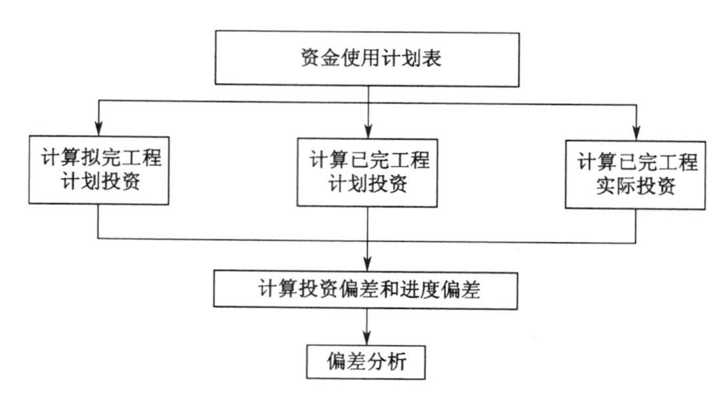

图 6-2-1　偏差分析流程

6.2.2.3　投资偏差纠正

要进行投资偏差纠正,先要进行偏差分析,同时应将各种可能导致偏差的原因一一列举出来,并加以适当分类,进而采取有效的方法进行纠正,具体的操作流程如图 6-2-2 所示。

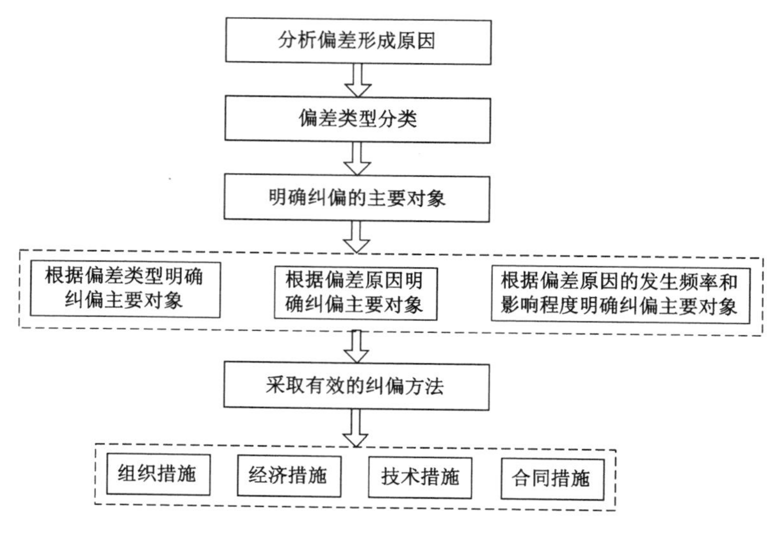

图 6-2-2　纠正偏差流程

6.2.3　内容

6.2.3.1　资金使用计划

资金使用计划是在施工阶段编制的,用于确定造价的总目标与分目标,用来控制工程实施阶段的造价。同时结合实际资金使用情况做出偏差分析,并对发生的偏差情况进行及时分析与纠正,对未来工程项目的资金使用和进度控制有所预测,消除不必要的资金浪费,避免投资失控,还能避免在今后工程项目中因缺乏依据而轻率判断所造成的损失,减少盲目性,增加自觉性,使现有资金充分发挥作用。

6.2.3.2 投资偏差分析与纠正

1. 投资偏差分析

投资偏差与进度偏差是在施工阶段中由于施工过程随机因素与风险因素的影响,形成了实际投资与计划投资、实际工程进度与计划工程进度的差异。

1)投资偏差

投资偏差指投资计划值与实际值之间存在的差异,即

投资偏差 = 已完工程实际投资 - 已完工程计划投资

式中结果为正表示投资增加,结果为负表示投资节约。与投资偏差密切相关的是进度偏差,如果不加考虑就不能正确反映投资偏差的实际情况。所以,有必要引入进度偏差的概念。

2)进度偏差

进度偏差 = 已完工程实际时间 - 已完工程计划时间

为了与投资偏差联系起来,进度偏差也可表示为

进度偏差 = 拟完工程计划投资 - 已完工程计划投资

所谓拟完工程计划投资是指根据进度计划安排在某一确定时间内所应完成的工程内容的计划投资。进度偏差为正值时,表示工期拖延;为负值时,表示工期提前。

3)与偏差有关的其他概念

(1)局部偏差和累计偏差。所谓局部偏差,有两层含义:一是相对于总项目的投资而言,各单项工程、单位工程和分部分项工程的偏差;二是相对于项目实施的时间而言,每一控制周期所发生的投资偏差。累计偏差,则是在项目已经实施的时间内累计发生的偏差。

(2)绝对偏差和相对偏差。所谓绝对偏差,是指投资计划值与实际值比较所得的差额。相对偏差,则是指投资偏差的相对数或比例数,通常是用绝对偏差与投资计划值的比值来表示,即

$$\text{相对偏差} = \frac{\text{绝对偏差}}{\text{投资计划值}} = \frac{\text{投资实际值} - \text{投资计划值}}{\text{投资计划值}}$$

绝对偏差和相对偏差的数值均可正可负,且两者符号相同,正值表示投资增加,负值表示投资节约。

2. 投资偏差的纠正

投资偏差的纠正是在实际投资偏离计划投资情况时进行的纠偏过程。从管理学的角度上是一个指定计划、实施工作、检查进度与效果、纠正与处理偏差的滚动的 PDCA 循环过程。主要内容包括以下三点。

(1)分析形成偏差的原因。一般来讲,引起投资偏差的原因主要有四个方面,即客观原因、业主原因、设计原因和施工原因。如图 6-2-3 所示。

(2)分析偏差类型。为了便于分析,往往还需要对偏差类型做出划分。任何偏差都会表现出某种特点,其结果对造价控制的影响也各不相同。一般来说,偏差不外乎以下四种情况:Ⅰ,投资增加且工期拖延;Ⅱ,投资增加但工期提前;Ⅲ,工期拖延但投资节约;Ⅳ,投资节约且工期提前。如图 6-2-4 所示。

(3)结合偏差产生的原因,采取有效的控制措施。通常把纠偏措施分为组织措施、经济措施、技术措施、合同措施四个方面。

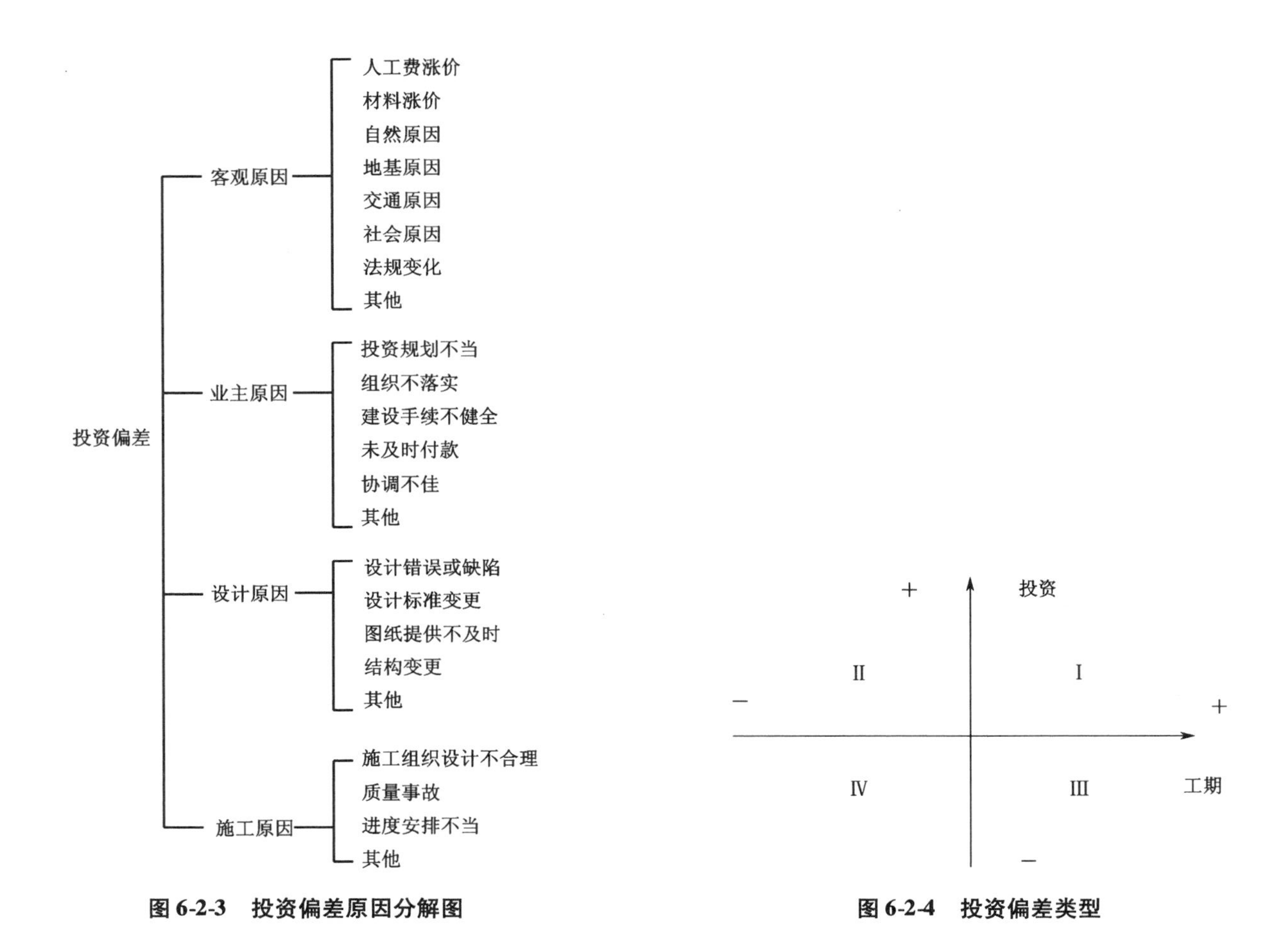

图 6-2-3　投资偏差原因分解图　　**图 6-2-4　投资偏差类型**

6.2.4　方法

6.2.4.1　资金使用计划

1. 按投资构成编制资金使用计划的方法

工程项目的投资主要分为建筑安装工程投资、设备工器具购置投资及工程建设其他投资，因此工程项目投资的总目标可按图 6-2-5 所示分解。

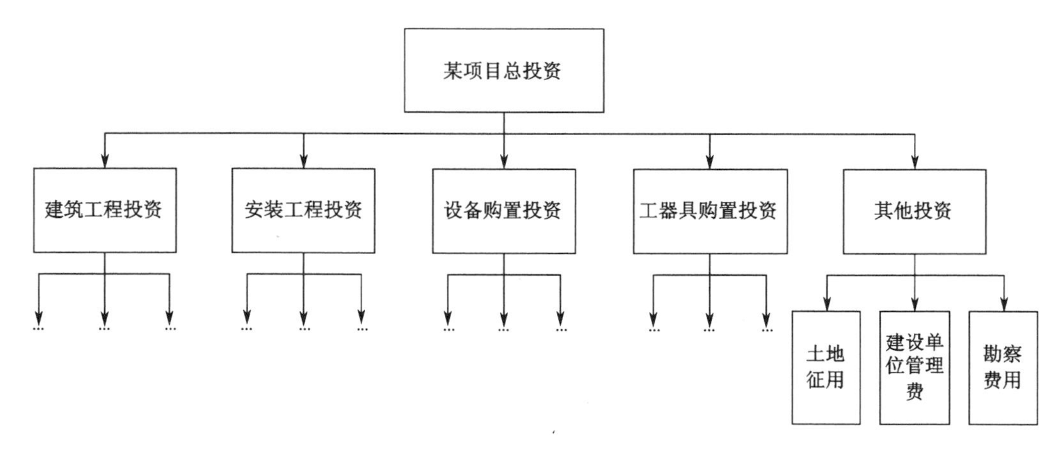

图 6-2-5　按投资构成分解目标

图中的建筑工程投资、安装工程投资、设备工器具购置投资可以进一步分解。另外,在按项目投资构成分解时,可以根据以往的经验和建立的数据库来确定适当的比例,必要时可以做一些适当的调整。按投资构成分解来编制的资金使用计划比较适合于有大量经验数据的工程项目。

2. 按不同子项目编制资金使用计划的方法

一个建设项目往往由多个单项工程组成,每个单项工程还可能由多个单位工程组成,而单位工程总是由若干个分部分项工程组成,按照"组合性计价"的划分原则,可划分到分项工程或再细一些。按项目划分对资金使用进行合理分配,然后按工程划分对工程预算进行同口径归集计算。如图 6-2-6 所示。

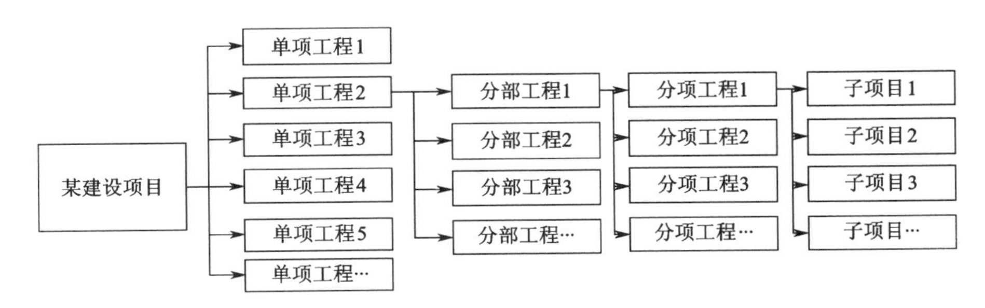

图 6-2-6　工程项目分解图

1)划分工程项目

项目划分的粗细程度根据实际需要而定,既要考虑实际预算项目的组成,也要结合施工形象进度部位的界定。

2)确定项目编码

为了使支出预算与以后的造价控制相对应,必须事先统一确定造价的编码系统。编码指工程细目码,必须具有科学性、层次性。项目编码要适应根据设计概算或设计预算、合同价编制资金计划的不同要求,尤其要考虑施工形象进度部位的界定。

3)确定分项预算

分项工程的支出预算是分项工程的综合单价与工程量的乘积。在确定分项预算时,应进一步核实工程量,以准确确定该工程分项的支出预算。

4)编制资金使用计划表

各工程分项的资金使用计划表,一般应包括以下几项内容:①工程分项的编码;②工程内容;③计量单位;④工程数量;⑤计划综合单价;⑥工程分项总价。

3. 按时间进度编制资金使用计划的方法

建设项目的投资总是分阶段、分期支出的,资金应用是否合理与资金时间安排有密切关系。为了编制资金使用计划,并据此筹措资金,尽可能减少资金占用和利息支付,有必要将总投资目标按使用时间进行分解,确定分目标值。

资金使用计划通常可采用 S 形曲线与香蕉图的形式,也可以用横道图和时标网络图表示。其对应数据的产生依据是施工计划网络图中时间参数(工序最早开工时间、工序最早完工时间、工序最迟开工时间、工序最迟完工时间、关键工序、关键路线、计划总工期)的计算结果与对应阶段资金使用要求。这里重点介绍 S 形曲线编制方法。

利用确定的网络计划便可计算各项活动的最早及最迟开工时间,获得项目进度计划的甘特图。在甘特图的基础上便可编制按时间进度划分的投资支出预算,进而绘制时间—投资累计曲线(S 形曲线)。时间—投资累计曲线的绘制步骤如下。

(1)确定工程进度计划,编制进度计划的甘特图。

(2)根据每单位时间内完成的实物工程量或投入的人力、物力和财力,计算单位时间(月或旬)的投资,如表 6-2-1 所示。

表 6-2-1　编制的资金使用计划表

时间(月)	1	2	3	4	5	6	7	8	9	10	11	12
投资(万元)	100	200	300	500	600	800	800	700	600	400	300	200

(3)计算规定时间 t 计划累计完成的投资额,其计算方法为:各单位时间计划完成的投资额累加求和,可按下式计算

$$Q_t = \sum_{n=1}^{t} q_n$$

式中:Q——某时间 t 计划累计完成投资额;

q_n——单位时间 n 的计划完成投资额;

t——规定的计划时间。

(4)按各规定时间的 Q_t 值,绘制 S 形曲线,如图 6-2-7 所示。

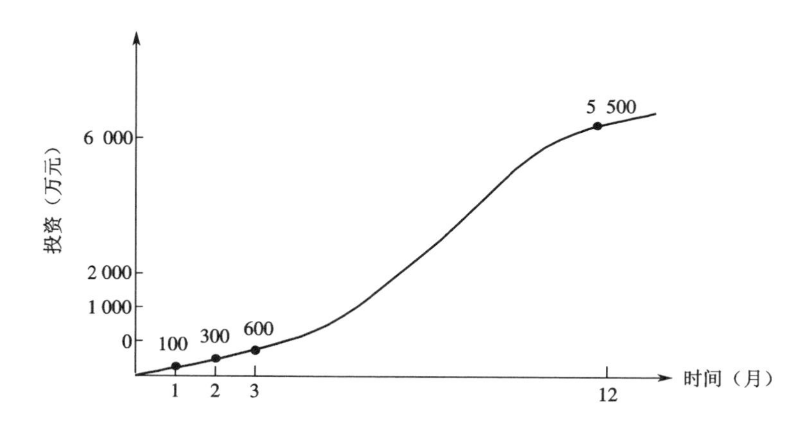

图 6-2-7　时间投资累计曲线(S 曲线)

在 S 形曲线的基础上按照项目的最迟开始时间编制的“香蕉图”见图 6-2-8。其中 a 是所有活动按最迟开始时间开始的曲线,b 是所有活动按最早开始时间开始的曲线。建设单位可根据编制的投资支出预算来合理安排资金,同时建设单位也可以根据筹措的建设资金来调整 S 形曲线,即通过调整非关键路线上的工序项目最早或最迟开工时间,力争将实际的投资支出控制在预算的范围内。

一般而言,所有活动都按最迟时间开始,对节约建设资金贷款利息是有利的,但同时也降低了项目按期竣工的保证率,因此必须合理地确定投资支出预算,达到既节约投资支出、又控制项目工期的目的。

6.2.4.2　投资偏差分析与纠正

1. 投资偏差分析的方法

常用的偏差分析方法有横道图法、表格法和曲线法。

1)横道图法

用横道图进行投资偏差分析,是用不同的横道标志已完工程计划投资和实际投资以及拟完工程计划投资,横道的长度与其数额成正比。投资偏差和进度偏差数额可以用数字或横道表示,而产生投资偏差的原因则应经过认真分析后续入。

横道图的优点是简单直观,便于了解项目投资的概貌。但这种方法的信息量较少,主要反映累计偏差和局部偏差,因而其应用有一定的局限性。

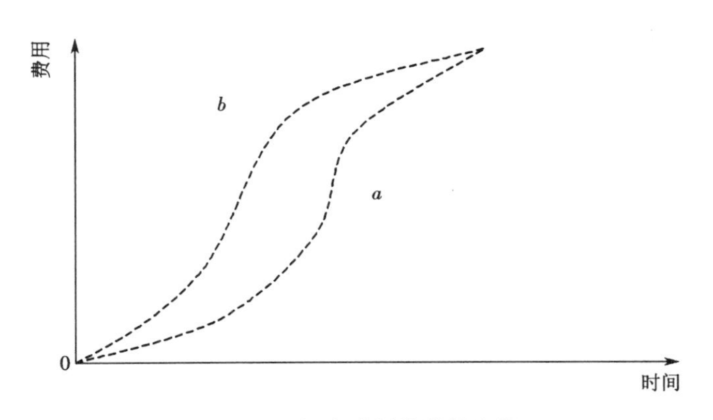

图 6-2-8　投资计划值的投资值

2)表格法

表格法是进行偏差分析最常用的一种方法。表格法可以根据项目的具体情况、数据来源、投资控制工作的要求等条件来设计表格,因而适用性较强;表格法的信息量大,可以反映各种偏差变量和指标,对全面深入地了解项目投资的实际情况非常有益;另外,表格法还便于用计算机辅助管理,提高投资控制工作的效率。如表 6-2-2 所示。

表 6-2-2　投资偏差分析表

项目编码	(1)	011	012	013
项目名称	(2)	土方工程	打桩工程	基础工程
单位	(3)			
计划单价	(4)			
拟完工程量	(5)			
拟完工程计划投资	(6) = (4) × (5)			
已完工程量	(7)			
已完工程计划投资	(8) = (4) × (7)			
实际单价	(9)			
其他款项	(10)			
已完工程实际投资	(11) = (7) × (9) + (10)			
投资局部偏差	(12) = (11) − (8)			
投资局部偏差程度	(13) = (11) − (8)			
投资累计偏差	(14) = $\sum$(12)			
投资累计偏差程度	(15) = $\sum$(11) ÷ $\sum$(8)			
进度局部偏差	(16) = (6) − (8)			
进度局部偏差程度	(17) = (6) ÷ (8)			
进度累计偏差	(18) = $\sum$(16)			
进度累计偏差程度	(19) = $\sum$(6) ÷ $\sum$(8)			

3)曲线法

曲线法是用投资时间曲线进行偏差分析的一种方法。在用曲线法进行偏差分析时,通常有三条投资曲线,即已完成工程实际投资曲线 a ,已完工程计划投资曲线 b 和拟完工程计划投资曲线 p ,如图 6-2-7 所示。a 与 b 的竖向距离表示投资偏差,曲线 b 和 p 的水平距离表示进度偏差。图中所反映的是累计偏

差，而且是绝对偏差。用曲线法进行偏差分析，具有形象直观的优点，但不能直接用于定量分析，如果能与表格法结合起来，则会取得较好的效果。

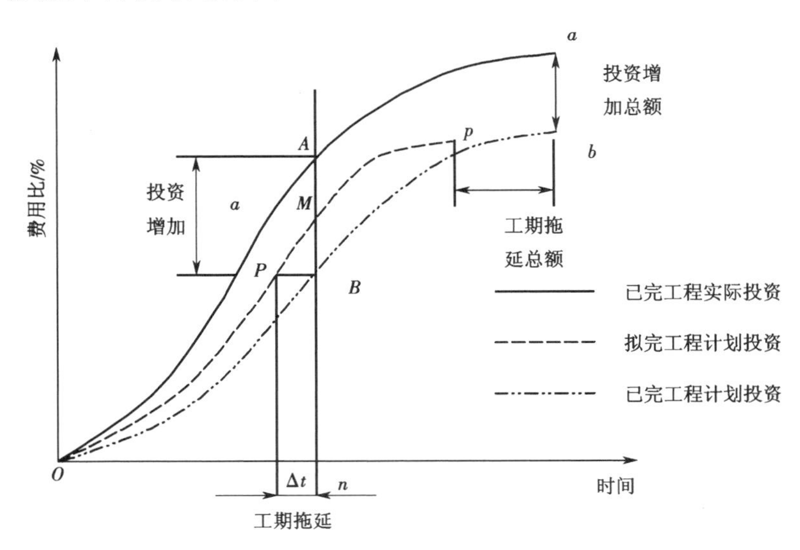

图 6-2-9　偏差分析曲线图

2. 投资偏差纠正的方法

对投资偏差原因进行分析后，就要采取强有力措施加以纠正，尤其注意主动控制和动态控制，尽可能实现投资控制目标。

通常纠偏从组织措施、经济措施、技术措施、合同措施四个方面进行。

(1)组织措施。指从投资控制的组织管理方面采取的措施。组织措施往往被人忽视，其实它是其他措施的前提和保障，而且一般无须增加什么费用，运用得当时可以收到良好的效果。

(2)经济措施。经济措施最易为人们接受，但运用中要特别注意，不可把经济措施简单理解为审核工程量及相应的支付款。应从全局出发来考虑问题，如检查投资目标分解是否合理，资金使用计划有无保障、会不会与施工进度计划发生冲突、工程变更有无必要、是否超标等，解决这些问题往往是标本兼治，事半功倍的。另外，通过偏差分析和未完工程预测还可以发现潜在的问题，及时采取预防措施，从而取得造价控制的主动权。

(3)技术措施。从造价控制的要求来看，技术措施并不都是因为发生了技术问题才加以考虑的，也可以因为出现了较大的投资偏差而加以运用。不同的技术措施往往会有不同的经济效果，因此运用技术措施纠偏时，要对不同的技术方案进行技术经济分析后加以选择。

(4)合同措施。合同措施在纠偏方面主要指索赔管理。在施工过程中，索赔事件的发生是难免的，造价工程师在发生索赔事件后，要认真审查有关索赔依据是否符合合同规定、索赔计算是否合理等，从主动控制的角度出发，加强日常的合同管理，落实合同规定的责任。

6.2.5　注意事项

在编制资金使用计划和进行资金编差分析与纠正时，要注意以下几点。

(1)当使用按不同子项目方法编制资金使用计划时，应该注意与按造价构成分解相结合。不仅要分解建筑工程费用，而且要分解安装工程、设备购置以及工程建设其他费用。

(2)当使用按时间进度方法编制资金使用计划时，应该注意，在规定的时间内绘制 S 形曲线时，应绘制出“香蕉图”，这样建设单位就可以根据筹措的建设资金来调整 S 形曲线，即通过调整非关键路线上的工序项目最早或最迟开工时间，力争将实际的投资支出控制在预算的范围内。

(3)三种编制资金使用计划的方法并不是相互独立的。在实践中,往往将这三种方法结合起来使用,从而达到扬长避短的效果。

(4)在进行投资偏差分析时,局部偏差和累计偏差都要进行分析。在每一控制周期内,发生局部偏差的工程内容及其原因一般都比较明确,分析结果也就比较可靠。而累计偏差所涉及的工程内容较多、范围较大,且原因也较复杂,因而累计偏差分析必须以局部偏差分析为基础。但是累计偏差分析并不是对局部偏差分析的简单汇总,而需要对局部偏差分析的结果进行综合分析,其结果更能显示规律性,对投资控制工作在较大范围内具有指导作用。

(5)在进行投资偏差分析时,绝对偏差和相对偏差都要进行计算。绝对偏差的结果比较直观,其作用主要是了解项目投资偏差的绝对数额,指导调整资金支出计划和资金筹措计划。由于项目规模、性质、内容不同,其投资总领会有很大差异,因此,绝对偏差就显得有一定的局限性。而相对偏差能较客观地反映投资偏差的严重程度或合理程度,从对投资控制工作的要求来看,相对偏差比绝对偏差更有意义,应当给予更高的重视。

(6)对偏差原因分类时,不能过于笼统或具体。分类过于笼统,就不能准确地分清每种原因在投资偏差中的作用;也不宜过于具体,否则会使分析结果缺乏综合性和一般性。需要指出的是,这种投资偏差原因的综合分析需要一定数量的局部偏差数据作为基础,因此只有当工程项目实施了一定阶段以后才有意义。

(7)对偏差的纠正与控制要注意使用动态控制、系统控制、信息反馈控制、弹性控制、循环控制和网络技术控制的原理,注意目标手段分析方法的应用。

6.2.6 成果文件

1. 格式

成果文件的格式如下:

(1)按月编制的资金使用计划表;

(2)投资偏差分析表;

(3)工程目标造价偏差分析及管理建议表。

2. 表格

(1)按月编制的资金使用计划表见表6-2-3。

表6-2-3 按月编制的资金使用计划表

时间(月)	1	2	3	4	5	6	7	8	9	10	11	12	
投资(万元)													

(2)投资偏差分析表同表6-2-2。

(3)工程目标造价偏差分析及管理建议表见表6-2-4。

表 6-2-4　工程目标造价偏差分析及管理建议表

<table>
<tr><td>工程名称</td><td colspan="2"></td><td colspan="2">建设单位</td><td colspan="2"></td></tr>
<tr><td>施工单位</td><td colspan="2"></td><td colspan="2">咨询单位</td><td colspan="2"></td></tr>
<tr><td rowspan="2">项目名称</td><td rowspan="2">目标造价（元）</td><td rowspan="2">实际造价（元）</td><td colspan="3">偏差</td><td rowspan="2">原因分析</td></tr>
<tr><td colspan="2">差值（±）</td><td>比例（%）</td></tr>
<tr><td></td><td></td><td></td><td colspan="3"></td><td></td></tr>
<tr><td></td><td></td><td></td><td colspan="3"></td><td></td></tr>
<tr><td>咨询单位管理意见</td><td colspan="6">项目负责人：　　年　月　日</td></tr>
<tr><td>建设单位意见</td><td colspan="6">项目负责人：　　年　月　日</td></tr>
</table>

3. 工作底稿

（1）按月资金使用计划计算表见表 6-2-5。

6-2-5　按月编制的资金使用计划表

单位：元

项目编码	项目名称	单位	合同数据			时间（月计划数据）											
			数量	单价	合计	1			2			3			……		
						数量	单价	合计	数量	单价	合计	数量	单价	合计	数量	单价	合计
	合计																

（2）按月资金使用实际计算表见表 6-2-6。

表 6-2-6　按月编制的资金使用实际计算表

单位：元

项目编码	项目名称	单位	合同数据			时间（月计划数据）											
			数量	单价	合计	1			2			3			……		
						数量	单价	合计	数量	单价	合计	数量	单价	合计	数量	单价	合计
	合计																

（3）投资偏差原因分析表见表 6-2-7。

表 6-2-7　投资偏差原因分析表

偏差原因	次数	频率	已完工程计划投资（万元）	绝对偏差（万元）	平均绝对偏差（万元）	相对偏差(%)
合计						

6.3　工程计量与价款支付

6.3.1　依据

在工程计量支付过程中，主要依据为承发包双方协商自愿基础上签订的工程施工合同，具体包括下面几项内容：

(1)工程量清单及说明；

(2)施工图纸；

(3)已核准的工程变更令及修订的工程量清单、工程索赔报告等价款调整资料；

(4)施工承包合同；

(5)技术规范及有关计量支付的补充协议；

(6)会议纪要及相关造价文件；

(7)相关担保函件等。

6.3.2　程序

6.3.2.1　工程预付款

根据 2008《计价规范》对预付款的相关规定，预付款的基本操作流程如图 6-3-1 所示。

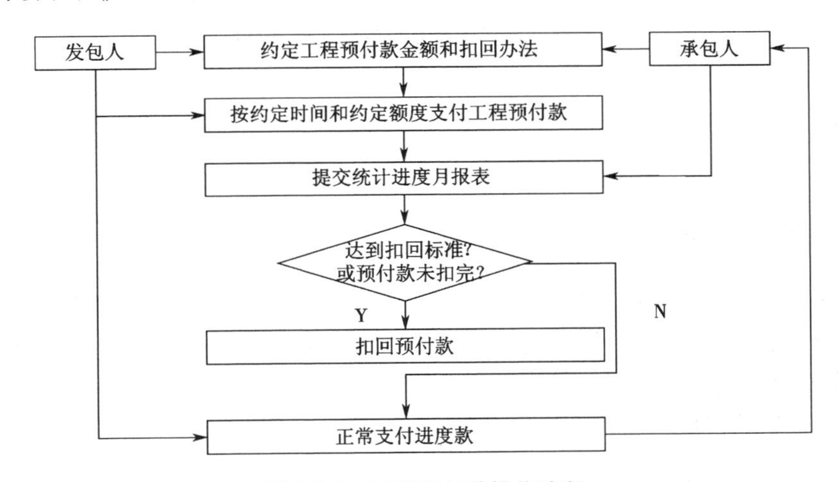

图 6-3-1　工程预付款操作流程

其中，预付款的支付时间应该按照承发包签订的合同为准。当合同中没有规定时，按照 1999《建设工程施工合同示范文本》的规定，“预付款的支付时间应不迟于约定开工日期前 7 天”。而按照《建设工程价款结算暂行办法》(财建[2004]369 号)的规定，“发包人应在双方签订合同后的 1 个月内或不迟于

约定的开工日期前的7天内预付工程款”。

6.3.2.2 工程进度款

实际工程建设过程中，工程计量与进度款支付的流程可分为前期准备阶段和实施阶段这两个部分。其中，前期准备阶段主要包括计量支付人员的选择，计量支付台账的建立和工程项目的划分等工作，而实施阶段主要包括约定范围内的工程计量、变更工程量的计量和零星工程量的计量等内容，具体的编制程序如图6-3-2所示。

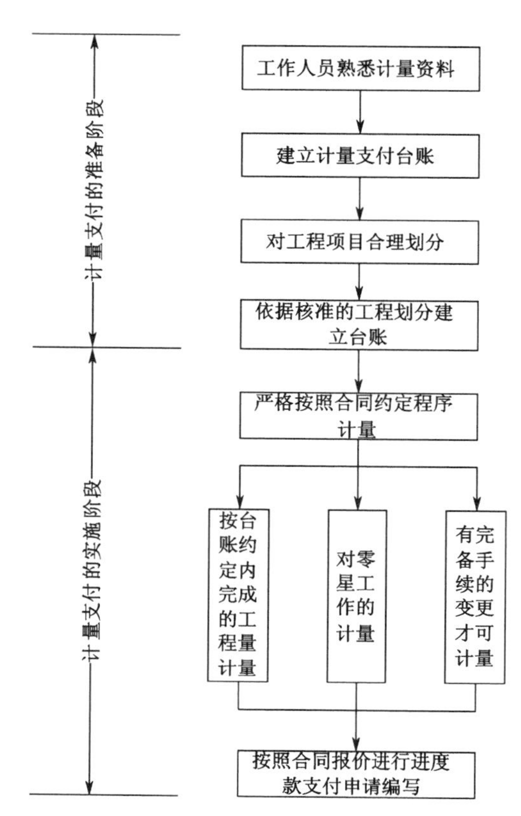

图6-3-2 工程计量与进度款支付编制程序

6.3.3 内容

6.3.3.1 工程预付款

工程预付款又称材料备料款或材料预付款。它是发包人为了帮助承包人解决工程施工前期资金紧张的困难而提前给付的一笔款项。《标准施工招标文件》给出了工程预付款的使用范围，其17.2.1条预付款规定：预付款用于承包人为合同工程施工购置材料、工程设备、施工设备、修建临时设施以及组织施工队伍进场等。预付款的额度和预付办法在专用合同条款中约定。预付款必须专用于合同工程。

6.3.3.2 工程进度款

工程计量与进度款支付，即发包人在施工过程中，按逐月或按支付分解报告完成的工程量计算各项费用，向承包人办理工程进度款的支付。其包括工程计量和进度款支付两个内容。但在实际工程建设过程中通常体现为工程进度款支付申请的提交，而对工程计量的审核都放在工程进度款支付申请的审核过

程中，因此本部分的内容主要为工程进度款支付申请的编制。在工程计量与进度款支付过程中应主要编制的文件为工程进度款支付申请。而在2008《计价规范》的第4.5.5条规定了进度款支付申请应包括以下内容：

(1)本周期已完成工程的价款；

(2)累计已完成工程的价款；

(3)累计已支付的工程价款；

(4)本周期已完成计日工金额；

(5)应增加和扣减的变更金额；

(6)应增加和扣减的索赔金额；

(7)应抵扣的工程预付款；

(8)应扣减的质量保证金；

(9)根据合同应增加和扣减的其他金额；

(10)本付款周期实际应支付的工程价款。

其中，本付款周期实际应支付的工程价款=(本周期已完成工程的价款+本周期已完成计日工金额+应增加和扣减的变更金额+应增加和扣减的索赔金额+应抵扣的工程预付款+应扣减的质量保证金+根据合同应增加和扣减的其他金额)×合同中约定的支付比例。

6.3.4 方法

6.3.4.1 工程预付款

1.工程预付款数额的计算方法

在实际工程中，预付款数额准确、合理的确定是进行工程投资控制的一项重要工作，具体的预付款确定方法如下。

1)按合同中约定的数额

发包人根据工程的特点、工期长短、市场行情、供求规律等因素，招标时在合同条件中约定工程预付款的百分比，按此百分比计算工程预付款数额。

2)影响因素法

将影响工程预付款数额的每个因素作为参数，按其影响关系进行工程预付款数额的计算，计算公式为：

工程预付款数额=(年度建筑安装工作量×主要材料和构件费占年度建筑安装工作量的比例/计划工期)×材料储备时间

3)额度系数法

将影响工程预付款数额的因素进行综合考虑，确定一个系数，即工程预付款额度系数 λ，其含义是工程预付款额占年度建筑安装工作量的百分比。其计算公式为：

工程预付款额度系数=工程预付款数额/年度建筑安装工程量×100%

于是可得出工程预付款数额，即

工程预付款数额=工程预付款额度系数×年度建筑安装工程量

根据工程类别、施工期限、建筑材料和构建生产供应情况，通常取 $\lambda=20\%\sim30\%$。

对于装配化程度较高的项目，需要的预制钢筋混凝土构件、金属构件、木制品、铝合金和塑料配件较多，工程预付款的额度适当加大。

2. 工程预付款的扣回

1)工程预付款起扣点的计算

工程预付款的扣回,确定起扣点是工程预付款起扣的关键。目前,关于工程预付款起扣点的计算方法有以下两种。

(1)累计工作量法。该方法是从未施工工程尚需的主要材料及构件的价值相当于工程预付款数额扣起,从每次中间结算的工程价款中,按材料及构件比重抵扣工程价款,至竣工之前全部扣清。

按此种方法计算工程预付款起扣点的公式为:

起扣点(预付款开始扣回时累计完成工程量金额)= 承包工程价款总额 - 预付款数额/主要材料及构件所占的比重

(2)工作量百分比法。在承包方完成金额累计达到合同总价的一定比例后,由承包方开始向发包方还款,发包方从每次应付给承包方的金额中扣回工程预付款,发包方至少在合同规定的完工期前一定时间内将工程预付款的总计金额按逐次分摊的办法扣回。

按此种方法计算工程预付款起扣点的公式为:

开始起扣的百分比 = 建筑安装工程累计完成的建筑安装工程量/建筑安装总工程量 ×100%

以上所求的百分比应在由承发包双方在合同中进行具体约定:如规定当工程进度达到60%时开始抵扣工程预付款。

2)工程预付款具体扣还数额的确定方法

(1)一次扣还法。在未完工程的建筑安装工作量等于预收预付款时,用全部未完工程价款一次抵扣工程预付款,承包人停止向建设单位收取工程价款。停止收取价款的起扣点(工程预付款的起扣点)计算公式为:

停止收取价款的起扣点 = 年度建筑安装工程量 ×(1 - 扣留工程款比例)- 工程预付款限额

其中扣留工程款比例一般取5% ~10%,其目的是为了加快收尾工程的进度,同时也避免出现价款不足以扣回工程预付款的现象发生。

(2)分次扣还法。自起扣点开始,在每次工程价款结算中扣回工程预付款。抵扣的数量应等于本次工程价款中材料和构件费的数量,即工程价款的数额和材料比的乘积。

第一次扣还工程预付款额的计算公式为:

第一次扣还工程预付款数额 =(累计完成的建筑安装工程量金额之和 - 预付款开始扣回时的累计完成工程量金额)× 主要材料和构件费占年度建筑安装工程量的比例

第二次及以后各次扣还工程预付款数额的计算公式为:

以后每次扣还额 = 每次完成工程量金额 × 主要材料和构件费占年度建筑安装工程量的比例

在确定了工程预付款的起扣点和预付款支付数额的基础上进行项目价款的支付,就能够达到合理控制工程价款的目的。在实际工作中,工程预付款的扣回方法也可由发包人和承包人通过洽商用合同的形式予以确定,还可针对工程实际情况具体处理。如有些工程工期较短、造价较低,就无须分期扣还;有些工期较长,如跨年度工程,其备料款的占用时间很长,根据需要可以少扣或不扣。

6.3.4.2 工程进度款

1. 进度款支付申请

以上所说进度款支付申请中具体款项的解释及各费用的计算方法如下。

1)已完成工程的价款

该项费用为进度款支付中的主要内容,是指承包人按照双方合同的约定完成规定的工程量后应得的对应部分的工程价款。该部分价款的确定应按照合同的约定方式进行计量与支付。其数额在整个支付

的进度款中所占的比例最大,其准确性将对工程计量支付的结果产生重大影响。

该部分费用的确定需要以经监理工程师认可的工程量为计算依据,按照合同中约定的计算规则,套用双方认可的综合单价来计算该部分的工程价款,该部分的关键为确定出准确的工程量。该部分所计算的工程量为合同内已有的工程量,不涉及工程变更或其他新增或减少的工程量。

2)工程变更费用

施工方在编制工程进度款支付申请时,只有经过监理工程师签字认可后的工程变更费用才可计入支付申请表中。为了保证工程变更费用确定的合理性,应基本遵循以下原则。

(1)凡是属于承包商违约或毁约,或由于其他的责任导致监理工程师有必要发出变更指令的情况,则由此造成的附加费用应由承包商承担,而且不准出现在或包含在月支付申请表中。

(2)当监理工程师认为有必要对工程或其中任何部分的形式、质量或数量做出任何变更时,应向承包商发布工程变更通知令,承包商在按要求完成这一变更工程后,可根据工程变更令中确定的单价或价格进行支付申请,填入月支付申请表中。

3)索赔金额

工程索赔金额应是按照工程索赔发生引起的价款调整数额。该项费用的支付计算应以监理工程师签字的索赔报告中列明的支付方式及支付金额为准。

4)预付款扣回额

预付款的归还方式是按每次付款的百分比在支付证书中扣减,如果扣减的百分比没有在投标保函附录中写明,应按下面方法扣减:当期中支付证书的累积款项(不包括预付款以及保留金的减扣与退还)超过中标合同款额与暂定金额之差的10%时,开始从期中支付证书中抵扣预付款,每次扣发的数额为该支付证书的25%(不包括预付款以及保留金的减扣与退还),扣发的货币比例与支付预付款的货币比例相同,直到预付款全部归还为止。

如果在整个工程的接受证书签发之前,或者在发生终止合同或发生不可抗力之前,预付款还没有偿还完,此类事件发生后,承包商应立即偿还剩余部分。

5)质量保证金

(1)质量保证金的扣留应从首次支付工程进度款开始,用该月承包商有权获得的所有款项乘以合同约定保留金的百分比作为本次支付时应扣留的保留金(通常为5% ~10%)。逐月累计扣到合同约定的保留金最高限额为止(通常为中标合同款额的2.5% ~5%)。

(2)保留金的返还。扣留承包商的保留金分两次返还。

第一次,颁发工程接收证书后返还。颁发整个工程的接收证书时,将保留金的一半由工程师开具证书,支付给承包商。如果颁发的接收证书只是限于一个区段或工程的一部分,则支付的保留金等于保留金总额的40%乘以该区段(部分)工程估算合同价占整个工程合同估算价值的比重。

颁发工程整体接收证书:

$$返还金额=保留金总额\times 50\%$$

颁发部分或区段接收证书:

$$返还金额=保留金总额的一半\times\frac{移交工程区段的合同价值}{最终合同价值的估算值}\times 40\%$$

第二次,保修期满颁发履约证书后将剩余保留金返还。整个合同的缺陷通知期满,返还剩余的保留金。如果颁发的履约证书只限于一个区段,则在这个区段的缺陷通知期满后,并不全部返还该部分剩余的保留金,而是40%的比例。

整个合同缺陷通知期满,颁发履约证书:

$$返还金额=剩余的保留金$$

颁发部分或区段的履约证书:

$$返还金额 = 保留金总额 \times \frac{移交工程区段的合同价值}{最终合同价值的估算值} \times 40\%$$

该区段剩余20%的保留金待最后的缺陷通知其结束后退还。如果该区段的缺陷通知期是最迟的一个,该区段保留金归还应为接收证书签发后返还40%,缺陷通知期结束后返还剩余的60%。

6)计日工金额

实施计日工工作过程中,承包商每天应向工程师送交一式两份的前一天为计日工所投入的资源清单报表,清单具体包括:

(1)所有参加计日工作的人员姓名、工种和工作时间;

(2)施工设备和临时工程的类别、型号及使用时间;

(3)永久设备和材料使用的数量和类别。

工程师经过核实批准后在报表上签字,并将其中一份退还承包商。如果承包商需要为完成计日工作购买材料,应先向工程师提交订货报价单请他批准,采购后还要提供证实所付款的收据或其他凭证。

需要说明的是,由于承包商在投标时计日工的报价不影响其评标总价,所以,一般计日工的报价较高。在工程施工过程中,工程师应尽量少用或不用计日工这种形式,因为大部分采用计日工形式实施的工程,也可以采用工程变更的形式。

7)其他金额

其他金额包括了承发包双方约定的奖励或补偿的金额,该项费用的确定应按照双方签订的合同中的具体支付程序及确定的方法进行相应价款的支付。如果因为承包商的原因而使工程降低了成本或缩短了工期,或产生了其他效益等以至业主感到满意,监理工程师可依据有关合同条款或业主的指示,给予承包商奖励。同样,如果因为承包商的原因延误了工期或增加了不必要的成本,则承包商应该赔偿损失。例如,一般对每拖延工期一天赔偿合同价的0.01%~0.05%。对于奖、赔金额均应填入月付款证书中的应付或应扣款栏目内。

2. 工程进度款支付比例的确定

在确定了工程进度款的支付额度之后,进度款实际的支付比例也是承发包双方应重点商定的内容。按照2008《计价规范》条文说明第4.5.6条中规定:“发包人应在批准工程进度款支付申请的14天内,向承包人按不低于计量工程价款的60%,不高于计量工程价款的90%向承包人支付工程进度款。”

在2004《建设工程价款结算暂行办法》的第十三条(三)工程进度款支付中也规定:“发包人应按不低于工程价款的60%,不高于工程价款的90%向承包人支付工程进度款。”

因此,在实际工程实施过程中,进度款的支付比例不是越高越好,也不是越低越好,只有结合工程的实际情况来确定才是最合理的。一般情况下,工程进度款约定的支付比例为当期应支付额度的80%~85%。

6.3.5 注意事项

6.3.5.1 工程预付款

(1)把握时点,及时提出预付款申请。承包人应按照合同约定的时点向发包人提出预付款申请。一般规定:在具备施工条件的前提下,发包人应在双方签订合同后的一个月内或约定的开工日期前的7天内预付工程款。

(2)准确计算,保证预付款申请额度的准确性。承包人应按合同约定的预付款申请金额来向发包人提出申请。2008《清单规范条文解释》4.5.1(1)条规定:工程预付款的额度,原则上预付款比例不低于合同金额(扣除暂列金额)的10%,不高于合同金额(扣除暂列金额)的30%,对重大工程项目,按年度工程计划逐年预付。实行工程量清单计价的工程,实体性消耗和非实体性消耗部分应按在合同中分别约定预

付款比例(或金额)计算。

6.3.5.2 工程进度款

(1)对现场计量资料的真实性、可靠性进行查验,以保证达到计量要求。在工程计量的过程中,首先要检查现场提交的计量资料即形象进度、验收报告、单价分析、工程变更、签证等是否齐全、有效,工程质量是否合格,是否达到计量要求,即先从根本上杜绝不合理计量的可能性。计量资料要真实可靠,做到有章可查、有据可依,走好计量工作的第一步。

(2)对计量项目的划分应一致,做到科学、合理。在对工程计量支付项目单位划分时,应保持施工单位、监理、业主的工程划分相一致,这样在计量时便于操作。同时,工程划分特别是分项工程的划分,需考虑便于质量评定和计量支付的进行。

(3)严格遵守计量支付规则。计量支付要按实际完成数量结算的,计量和支付的工程数量必须在已批准的工程数量复核表台账内。超出清单工程数量复核表台账数量的部分,都必须有完备的变更设计申报与批准手续,在已建立的变更(新增)工程数量范围内予以计量和支付。对工程质量不合格的工程坚决不予计量。

(4)严格按规定程序计量支付。施工方应及时按合同约定的计量支付周期内完成工程计量与进度款支付申请的编写工作,这有利于及时获得工程进度款的支付。

6.3.6 成果文件

6.3.6.1 格式

1. 预付款支付申请报告

预付款支付申请报告的格式通常包括:

(1)编制说明;

(2)工程预付款支付申请表或工程预付款支付(核准)申请表;

(3)预付款担保。

2. 工程进度款支付申请报告

工程进度款支付申请报告的格式包括:

(1)工程项目进度款支付申请(核准)表;

(2)单项工程进度款支付汇总表;

(3)单位工程进度款支付汇总表;

(4)分部分项工程量清单进度支付汇总表;

(5)措施项目清单(一)进度支付计价表;

(6)措施项目清单(二)进度支付计价表;

(7)其他项目清单进度支付计价汇总表;

(8)材料暂估价价差进度支付计价表;

(9)专业工程暂估价进度支付计价表;

(10)计日工进度支付计价表;

(11)总承包服务费进度支付计价表;

(12)规费、税金进度款支付计价表。

6.3.6.2 表格

1. 工程预付款

(1)工程款支付申请表见表 6-3-1。

6-3-1　工程款支付申请表

<table>
<tr><td rowspan="2">工程名称</td><td rowspan="2"></td><td>编号</td><td></td></tr>
<tr><td>日期</td><td></td></tr>
<tr><td colspan="4">致:__________(监理单位)
我方已完成________工作,按照施工合同__条__款的约定,建设单位应在__年__月__日前支付工程款共(大写)________(小写______元),现报上________工程付款申请表,请予以审查并开具工程款支付证书。

附件:
工程量清单
计算方法

施工总承包单位(章)__________项目经理________</td></tr>
</table>

(2)工程预付款支付(核准)申请表见表 6-3-2。

表 6-3-2　工程预付款支付(核准)申请表

工程名称:　　　　　　　　　　　　　　　标段:　　　　　　　　　　　　　　　编号:

<table>
<tr><td colspan="2">致:________
我方已与贵方签订了施工合同,根据合同专用条款第 17.2.1 条约定,特向贵方提出支付预付款申请,申请金额为(大写)________(小写______元),请核准。
附:1. 预付款计算书
2. 预付款保函
3. 合同协议附件
承包人(章)
承包人代表 ×××
日　期××年×月×日</td></tr>
<tr><td>复核意见:
□与合同约定不相符,修改意见见附件。
■与合同约定相符,具体金额由造价工程师复核。
监理工程师×××
日　期××年×月×日</td><td>复核意见:
你方提出的支付申请经复核,支付工程预付款应为(大写)____(小写______元)。
造价工程师×××
日　期××年×月×日</td></tr>
<tr><td colspan="2">审核意见:
□不同意。
■同意,支付时间为本表签发后的 7 天内。
发包人(章)
发包人代表×××
日　期××年×月×日</td></tr>
</table>

2. 工程进度款

(1)工程项目进度款支付申请(核准)表见表 6-3-3。

表 6-3-3 工程项目进度款支付申请(核准)表

工程名称: 标段: 编号:

致:________________

我方于××××年×月×日至××××年×月×日期间已完成土方开挖和基础底板浇筑工作,根据合同专用条款第____条约定,现申请支付本期工程款为(大写)________________________,请予核准。

序号	名称	金额(元)	备注
1	累计已完成的工程价款		
2	累计已实际支付的工程价款		
3	本周期已完成的工程价款		
4	本周期完成的计日工金额		
5	本周期应增加变更金额		
6	本周期应增加索赔金额		
7	本周期应抵扣的预付款		
8	本周期应扣减的质保金		
9	本周期应增加的其他金额		
10	本周期实际应支付的工程价款		

承包人(章)
承包人代表 ×××
日 期 ××年×月×日

复核意见:
□与实际施工情况不相符,修改意见见附件。
■与实际施工情况相符,具体金额由造价工程师复核。

监理工程师 ×××
日 期 ××年×月×日

复核意见:
你方提出的支付申请经复核,本期间已完成工程款额为(大写)______________(小写__________元),本期间应支付金额为(大写)__________(小写____________元)。

造价工程师 ×××
日 期 ××年×月×日

审核意见:
□不同意。
■同意,支付时间为本表签发后的 15 天内。

发包人(章)
发包人代表 ×××
日 期 ××年×月×日

(2)单项工程进度款支付汇总表见表 6-3-4。

表 6-3-4 单项工程进度款支付汇总表

工程名称: 第 1 页 共 1 页

序号	汇总内容	合同数据	产值汇总(元)			支付比例(%)	支付汇总(元)				备注
			上期累计	本期	累计本期		上期累计	本期	累计本期	累计占基准比例(%)	
1	合同内										
1.1	建筑										
1.2	安装										

续表

序号	汇总内容	合同数据	产值汇总(元)			支付比例(%)	支付汇总(元)				备注
			上期累计	本期	累计本期		上期累计	本期	累计本期	累计占基准比例(%)	
2	合同外										
2.1	工程变更										
2.1.1	建筑										
2.1.2	安装										
2.2	工程签证										
2.2.1	建筑										
2.2.2	安装										
2.3	工程索赔										
2.4	暂估价										
2.4.1	建筑										
2.4.1	安装										
2.5	价差调整										
2.5.1	建筑										
3	小计										
4	抵扣款										
4.1	预付款										
4.2	质保金										
4.3	甲供材料设备										
4.4	其他										
合计 =3 - 1											

(3)单位工程进度款支付汇总表见表6-3-5。

表6-3-5 单位工程进度款支付汇总表

工程名称： 第1页 共1页

序号	汇总内容	合同数据	产值汇总(元)			支付比例(%)	支付汇总(元)				备注
			上期累计	本期	累计本期		上期累计	本期	累计本期	累计占基准比例(%)	
1	合同内										
2	合同外										
2.1	工程变更										
2.2	工程签证										
2.3	工程索赔										
2.4	暂估价										
2.5	价差调整										
3	小计(1+2)										
4	抵扣款										
4.1	预付款										
4.2	质保金										

续表

序号	汇总内容	合同数据	产值汇总(元)			支付比例(%)	支付汇总(元)				备注
			上期累计	本期	累计本期		上期累计	本期	累计本期	累计占基准比例(%)	
4.3	甲供材料设备										
4.4	其他										
合计 =3 − 1											

(4)分部分项工程量清单进度支付计价表见表6-3-6。

表6-3-6　分部分项工程量清单进度支付计价表

工程名称:　　　　　　　　　　　　　　标段:　　　　　　　　　　　　　　第　页　共　页

序号	项目编码	项目名称	项目特征描述	计量单位	合同内数据				上期累计完成		本期完成			至本期累计完成		备注
					工程量	金　额(元)										
						综合单价	合价	其中:暂估价	工程量	合价(元)	工程量	综合单价(元)	合价(元)	工程量	合价(元)	
1																
合计																

(5)措施项目清单(一)进度支付计价表见表6-3-7。

表6-3-7　措施项目清单(一)进度支付计价表

工程名称:　　　　　　　　　　　　　　标段:　　　　　　　　　　　　　　第　页　共　页

序号	项目名称	计算基础	费率(%)	金额(元)				备注
				合同内	上期累计完成	本期完成	累计本期完成	
1								
合计								

(6)措施项目清单(二)进度支付计价表见表6-3-8。

6-3-8　措施项目清单(二)进度支付计价表

工程名称:　　　　　　　　　　　　　　标段:　　　　　　　　　　　　　　第　页　共　页

序号	项目编码	项目名称	项目特征描述	计量单位	合同内数据				上期累计完成		本期完成			至本期累计完成		备注
					工程量	金　额(元)										
						综合单价	合价	其中:暂估价	工程量	合价(元)	工程量	综合单价(元)	合价(元)	工程量	合价(元)	
1																
合计																

(7)其他项目清单进度支付计价汇总表见表6-3-9。

表6-3-9　其他项目清单进度支付计价汇总表

工程名称:　　　　　　　　　　　　　　标段:　　　　　　　　　　　　　　第　页　共　页

序号	项目名称	计量单位	合同金额(元)	上期累计完成金额	本期完成金额	至本期累计完成金额	备注
1	暂列金额						

续表

序号	项目名称	计量单位	合同金额（元）	上期累计完成金额	本期完成金额	至本期累计完成金额	备注
2	暂估价						
2.1	材料暂估价						
2.2	专业工程暂估价						
3	计日工						
4	总承包服务费						
5							
合　计				—			

（8）材料价暂估价价差进度支付计价表见表6-3-10。

表6-3-10　材料价暂估价价差进度支付计价表

工程名称：　　　　标段：　　　　第　页　共　页

序号	材料名称、规格、型号	计量单位	数量	单位价差(元)	价差	上期累计完成金额	本期			至本期累计完成金额	备注
							数量	单位价差（元）	价差		

（9）专业工程暂估价进度支付计价表见表6-3-11。

表6-3-11　专业工程暂估价进度支付计价表

工程名称：　　　　标段：　　　　第　页　共　页

序号	工程名称	工程内容	金额	上期累计完成(元)	本期完成	本期累计完成	备注
合　计							

（10）计日工进度支付计价表见表6-3-12。

表6-3-12　计日工进度支付计价表

工程名称：　　　　标段：　　　　第　页　共　页

编号	项目名称	单位				上期累计完成	本期完成			至本期累计完成
			数量	综合单价	合价		数量	综合单价	合价	
一	人　工									
1										
人工小计										
二	材　料									
1										
材料小计										

续表

编号	项目名称	单位	数量	综合单价	合价	上期累计完成	本期完成			至本期累计完成
							数量	综合单价	合价	
三	施工机械									
1										
施工机械小计										
总　计										

(11)总承包服务费进度支付计价表见表6-3-13。

表6-3-13　总承包服务费进度支付计价表

工程名称：　　　　　　　　　　　　　　标段：　　　　　　　　　　　　　第　页　共　页

序号	项目名称	项目价值（元）	服务内容	费率（%）	金额（元）	上期累计	本期完成			至本期累计完成
							项目价值（元）	费率（%）	金额（元）	
1	发包人发包专业工程									
2	发包人供应材料									
合　计										

(12)规费、税金项目清单进度支付计价表见表6-3-14。

表6-3-14　规费、税金项目清单进度支付计价表

工程名称：　　　　　　　　　　　　　　标段：　　　　　　　　　　　　　第　页　共　页

序号	项目名称	计算基础	费率（%）	金额（元）		
				上期累计完成	本期完成	至本期累计完成
1	规费	人工费				
1.1	工程排污费					
1.2	社会保障费					
(1)	养老保险费					
(2)	失业保险费					
(3)	医疗保险费					
1.3	住房公积金					
1.4	危险作业意外伤害保险					
1.5	工程定额测定费					
2	税金	分部分项工程费+措施项目费+其他项目费+规费				
合　计						

6.3.6.3 工作底稿

1. 工程预付款

(1)工程预付款计算表见表6-3-15。

表6-3-15 工程预付款计算表

工程名称: 标段: 第 页 共 页

序号	名称	计算式	金额	备注
1	合同金额			
2	专业暂估金额			
3	暂列金额			
4	计算的基数			
5	预付款应支付额度			

(2)预付款银行保函见表6-3-16。

表6-3-16 预付款银行保函

致:______________(发包人全称)

鉴于______________________________(承包人全称)(下称"承包人")与_____(发包人全称)(下称"发包人")签订__________________________(工程名称)施工合同(编号________,____年___月___日签署),并保证承包人有权获得按合同约定为保证工程按时开工的由发包人支付的开工预付款,发包人在合同中要求承包人应通过经认可的银行提交合同指定的开工预付款等额的担保金额等事实,我行愿意为承包人出具保函,以担保金额人民币(大写)__________元(_________元)(小写)向发包人提供不可撤销的担保。

发包人要求我行在上述担保金额范围内赔付款项时,我行对发包人的身份予以验证后,我行立即予以支付。

在向我行提出要求前,我行将不坚持要求发包人首先向承包人提出上述款项的索赔。

我行承诺:不论是否经我行知晓或同意,我行的义务和责任不因发包人与承包人对合同条款所作的任何修改或补充而解除。

本保函在与开工预付款等额的担保金额支付完毕,或发包人抵扣完工预付款后第____天失效。

本保函未经委托人、被担保人以及担保银行一致同意不得转让,也不得以此保函向其他方提供担保。

法定代表人或其授权的代理人:(签字签章)
担保银行盖章:
地　　址:
日　　期:　　年　　月　　日

2. 工程进度款

(1)现场计量表见表6-3-17。

表6-3-17 本期完成工程现场计量表

合同名称与编号: 编号:
计量期: 年 月(第 次) 单位:

序号	项目名称	计量单位	设计施工图数量	工程量计算式	合计	图号	质量单编号	其他支持材料	备注

施工单位: 监理单位: 造价咨询单位:
项目负责人:(签章) 项目负责人:(签章) 项目负责人:(签章)

说明:1. 本表格式可由承包单位自行调整。
2. 本表单独装订成册,提交建设单位、造价咨询单位各一份。

(2)已完工程量汇总表见表6-3-18。

表6-3-18 已完工程量汇总表

合同名称： 合同编号：

致：（监理机构）

我方将本月已完工程量汇总如下表，请贵方审核。

附件：工程计量报验单

承包人：（全称及盖章）

项目经理：（签名）

日期： 年 月 日

序号	项目名称	项目内容	单位	核准工程量	备注

审核意见：

监理机构：（全称及盖章）

监理工程师：（签名）

日期： 年 月 日

6.3.7 计量与价款支付的审核

1. 工程预付款的审核

工程预付款的审核内容有以下几项。

(1)工程预付款应在施工合同签订后，并在合同约定的时间内进行支付。

(2)预付款支付比例应符合合同、文件要求，预付款支付金额应按合同约定金额支付，合同约定扣除暂列金额、暂估项目金额的，在计算时应扣除。

(3)发包人付款时，是否要求承包人提供了预付款保函，预付款保函的担保金额应与预付款金额一致。

(4)预付款应按合同约定在进度款中及时扣回，保函中的担保金额递减是否与扣回金额一致。

(5)有无出现工程款已支付完而预付款尚未扣清的情况，尚未扣清的预付款金额应作为承包人的到期应付款。

(6)应落实预付款的实际用途，避免承包商将预付款挪作他用。

2. 工程计量与进度款支付的审核

咨询人员在对工程进度款的申请审核时，应重点审核以下内容。

(1)对分部分项工程量清单数量进行核定确认，数量应根据实际完成形象进度按图纸量进行计算；对于少算、漏算的工程量应根据合同约定看是否需要进行调整和支付；综合单价应按合同单价进行计算。

(2)通用措施项目费无须计算工程量，根据合同约定直接按进度分摊支付或根据本期实际完成产值占总产值的比例计算本期通用措施项目费的支付。

(3)专业措施项目费按实际完成工程量进行计算，综合单价按合同单价计算。

(4)施工过程中发生的变更、洽商应办理相关手续，手续完善的变更、洽商按实际完成量进入进度支付，审核时应核实其真实性、合法性，变更、洽商引起的综合单价发生改变，按改变后重新确认的综合单价进入计价，变更、洽商引起的费用调整部分在进度款支付申请中应单独列项；由于变更、洽商引起的专用措施费用发生改变，根据合同约定应按调整后的费用进行支付。

(5)过程中产生的索赔，索赔成立后根据合同约定可在进度款中同期支付。

(6)暂估价格与实际价格之间产生的调整金额进入进度支付,暂估价在工程进展中应办理价格确认单,暂估价与确认单价的差异为调整单价,调整金额按实际完成量及调整单价计算,并按合同约定计取税金,随工程进度款一起支付。

(7)规费、税金按实际完成产值进行计算。

(8)应根据合同约定的比例及本期实际完成价款进行计算本期实际应支付价款;如合同约定实际应支付价款需扣除预付款或质量保证金,应进行扣除。

(9)财务部门根据审核意见及时支付工程进度款。

6.4 工程价款调整

6.4.1 依据

工程价款调整的依据有以下方面:

(1)承发包双方签订的施工合同;

(2)招标文件(含工程量清单)及补充文件;

(3)投标文件;

(4)经批准的施工组织设计和方案;

(5)工程变更、工程洽商单;

(6)工程签证单;

(7)价格确认单;

(8)施工图纸;

(9)会议纪要等资料;

(10)国家、行业和地方政府的有关规定;

(11)国家、行业、地方有关技术标准和质量验收规范等;

(12)《建设工程工程量清单计价规范》(GB 50500—2008)及相关计价规定;

(13)造价管理机构发布的造价信息;

(14)材料、设备购置合同及相关单据等;

(15)其他相关证明材料。

6.4.2 程序

6.4.2.1 工程变更

工程变更对工程项目建设产生极大影响,造价咨询单位应从工程变更的提出到工程变更的完成,成为结算价款的依据,再到支付承包商工程价款这整个过程对工程变更进行咨询。包括对工程变更进行记录、对工程变更进行规范、对工程变更进行审查,从而帮助业主完成工程变更管理。工程变更的咨询程序如图 6-4-1 所示。

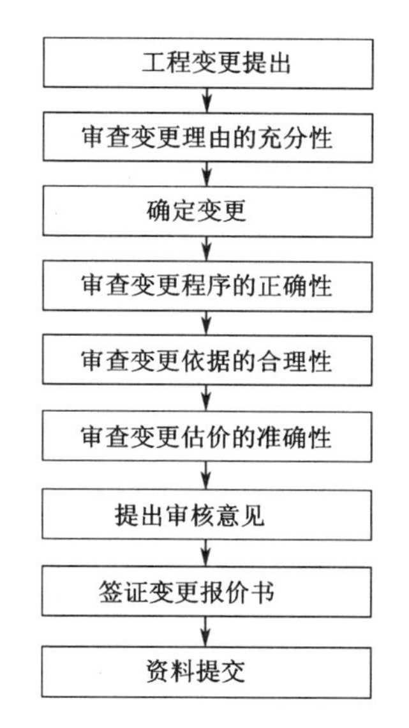

图 6-4-1　工程变更咨询程序

6.4.2.2　人工、材料、机械价差调整

能够引起价格调整的因素包括法律法规变化和物价波动两方面，但两者所导致价格调整的处理程序是基本相同的，同时，两者引起的价格调整在工程实施过程中的具体表现是不易明显区分的。因此，按照2008《计价规范》条文说明中的相关规定，具体的价格调整程序如图 6-4-2 所示。

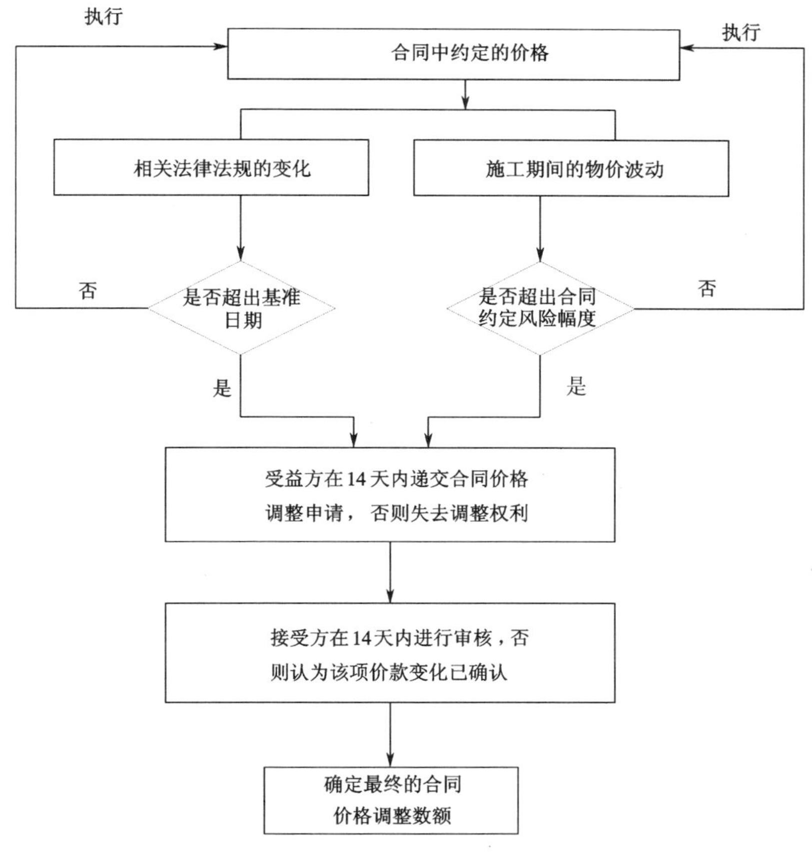

图 6-4-2　价格调整程序

当发生以上两种情况引起价格调整时，承发包双方应就具体的情况进行分析，按照合同中约定的程序或以上规定的程序来进行价格的调整。其中需要注意的是进行价格调整时应区分受益方，该受益方可能为发包方也可能为承包方。因此，承发包双方都应该时刻关注可能引起价格调整的以上两类因素，真正做到对合同价格的及时调整，维护自身的合理利益。

在进行价格调整时，承发包双方应在程序规定的时间内提出价格调整报告，避免因时间的延误而给自身造成损失。同时价格调整报告的接受方应对价格调整的具体数额进行认真审核，做到对工程价款的整体控制。

6.4.2.3 暂估价调整

1. 暂估价确认程序

第一，在招标时暂估价由招标人提供暂估价表，包括材料暂估价表和专业工程暂估价表，并在备注栏说明暂估价的材料拟用在哪些清单项目上，投标人应将材料暂估单价及专业工程暂估价计入投标报价中。

第二，在施工过程中，承包人首先要提出对暂估价中的材料及专业工程的需求数量；然后报送业主，经审核同意或双方商议后组织采购，按照相关招投标法规的规定，依法必须进行招标的必须组织招标，不需进行招标的可自行进行采购；最后由招标人与材料及专业工程供应商签订采购合同，确定采购价格。

2. 暂估价调整程序

按照暂估价在清单中的组成可知：暂估价的调整也包括材料暂估价的调整和专业工程暂估价的调整，两者的具体调整数额在实际工程中有所不同。其中专业工程不需要计算数量，其调整数额 =（实际确认价格 - 招标时暂估价格）×（1 + 税金）。而材料暂估价的调整数额将需要计算材料使用数量以确定总额，其调整数额 =（实际确认价格 - 招标时暂估价格）× 材料数量 ×（1 + 税金）。同时，需要注意的内容为确认价格应与暂估价包含的内容一致，否则应调整一致后再按上述公式进行计算。虽然两个部分的具体计算方法有所不同，但在调整程序上两者是相同的，具体的调整程序如图 6-4-3 所示。

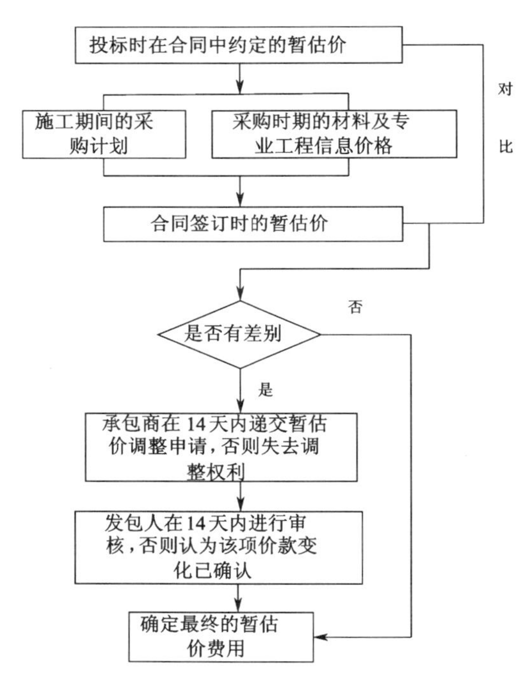

图 6-4-3　暂估价调整程序

6.4.3 内容

6.4.3.1 工程变更

《建设项目全过程造价咨询规程》第7.3.2条规定工程造价咨询单位对工程变更的审查包括工程变更费用的有效性、完整性、合理性和准确性。

《建设项目全过程造价咨询规程》第7.3.1条规定应根据承发包合同条款的约定,审核工程变更资料是否齐全完整,并及时完成对工程变更费用的审查及处理。

《北京市建设项目全过程造价管理咨询操作指南》中说明工程变更的咨询内容包括工程变更条款的分析和变更价款的计量与处理。

工程变更咨询工作的主要内容包括:对工程变更进行记录、对工程变更进行规范、对工程变更条款审查及对变更费用进行计量计价。

6.4.3.2 人工、材料、机械价差调整

价格调整指根据人工费、材料费或影响工程施工费用的任何其他事项的费用的涨落对合同价格增加或扣除相应金额的处理过程。价格调整在实际的工程施工过程中较常发生,特别是在建设项目工期较长时,将合同价格进行及时调整、维护平衡承发包双方的利益关系就显得更加重要。

在2007《标准施工招标文件》第四章第16款中对价格调整的范围进行了明确的约定,其指出能够引起价格调整的有法律法规的变化、物价波动这两个方面的因素。

法律法规原因引起的合同价格调整应依据合同中约定的基准日期为界,其中,招标工程为投标截止日期前28天,非招标工程为合同签订前28天;在基准日之前的法律法规变化由承包方承担,基准日之后的法律法规变化由发包方承担,具体的调整方法按照法律法规的相关规定进行。

而物价波动引起的价格调整要以合同中约定的风险幅度范围为界,超出风险幅度的价款才可以调整,否则不可以调整。该调整幅度范围应为承发包双方在签订合同的过程中重点协商的内容。同时,因物价波动引起价格调整的具体方法也应在合同中进行详细的约定。

因此,本部分的价格调整将对以上两个因素进行分析研究。

6.4.3.3 暂估价调整

按照2008《计价规范》第2.0.7条规定:暂估价为招标人在工程量清单中提供的用于支付必然发生但暂时不能确定价格的材料的单价以及专业工程的金额。该条文与国家发展改革委、财政部、建设部等九部委第56号令发布的施工合同通用条款中的定义一致。"暂估价"是在招标阶段预见肯定要发生,只是因为标准不明确或者需要由专业承包人完成,暂时又无法确定具体价格时采用,其内容包括材料暂估价和专业工程暂估价。

1. 材料暂估价

材料包括原材料、燃料、构配件以及按规定应计入建筑安装工程造价的设备。材料暂估价一般是指材料(设备)含采购保管费、损耗及运输费的价格。

2. 专业工程暂估价

专业工程的暂估价一般应是综合暂估价,应当包括除规费和税金以外的管理费、利润等取费。

材料(设备)暂估价、专业暂估价确定应合理,不宜太高,也不应太低,且暂估的内容应明确。材料(设备)暂估价、专业暂估价应列出明细表。不计入建筑安装工程造价的设备,不应计入工程量清单中,更不应作为暂估价。工程实践中,为解决设备安装工程与施工总承包单位的工作界面交接,常将设备的

安装工程费用作为暂估价,计入工程量清单。

6.4.4 方法

6.4.4.1 工程变更

1. 收集资料及做好记录

在施工过程中,对出现的工程变更,及时做好文字记录,收集相关变更资料,作为造价控制的依据。收集的相关资料见表6-4-1。

表6-4-1 变更资料一览表

类型 \ 内容	收集资料的内容
变更估价	变更的工程量
	与该工程变更相同的分项工程单价
	与该工程变更相类似的分项工程单价
	施工合同;合同中规定的新单价的确定方法
签订新合同	变更的工程量
	管理费、利润等取费费率
	当地当时的市场价格信息
	当地政府、行业建设主管部门发布的工程造价指数、定额信息等
计日工	工作名称、内容和数量
	投入该工作所有人员的数量、工种、级别和耗用工时
	投入该工作的材料类别和数量
	投入该工作的施工设备型号、台班和耗用台时
	其他资料和凭证

《建设项目全过程造价咨询规程》第7.3.1条规定工程造价咨询单位应依据合同文件及相关资料,做好下列内容的收集:业主签发的工程变更指令,设计单位提供的变更图纸及说明,经业主方审查同意的变更施工方案及承包商上报的工程变更价款预算申请报告等。

工程变更的文字记录主要是记录工程变更时间、设计资料、咨询过程及意见、执行情况。

2. 审查变更理由充分性

《北京市建设项目全过程造价管理咨询操作指南》中说明咨询单位应分析变更理由是否充分,对只增加造价而不增加功能的变更要向委托人提供变更对造价影响的建议,制止无意义的变更。

对施工单位提出的变更,应严格审查,防止施工单位利用变更增加工程造价,减少自己应承担的风险和责任。区分施工方提出的变更是技术变更还是经济变更,对其提出合理降低工程造价的变更予以确认。

对设计单位提出的设计变更应进行调查、分析,如果属于设计粗糙、错误等原因造成的,根据合同追究设计责任。

应对建设单位提出的设计变更,进行方案比选和测算,将比选结果提供给建设单位领导作决策参考。

3. 审查变更程序正确性

咨询单位审查承包人提交变更报价书程序的正确性,应根据双方签订的合同中对变更程序的要求进

行审查，如果合同中没有规定，则根据《建设工程价款结算暂行办法》(财建[2004]369 号)中的规定，在审查过程中主要应注意四个关键环节。

(1)施工中发生工程变更，承包人按照经发包人认可的变更设计文件进行变更施工，其中，政府投资项目重大变更，需按基本建设程序报批后方可施工。

(2)在工程设计变更确定后 14 天内，设计变更涉及合同价款调整的，由承包人向发包人提出，经发包人审核同意后调整合同价款。

(3)工程设计变更确定后 14 天内，如承包人未提出变更工程价款报告，则发包人可根据所掌握的资料决定是否调整合同价款和调整的具体金额。重大工程变更涉及工程价款变更报告和确认的时限由双方协商确定。

(4)收到变更工程价款报告一方，应在收到之日起 14 天内予以确认或提出协商意见，自变更工程价款报告送达之日起 14 天内，对方未确认也未提出协商意见时，视为变更工程价款报告已被确认。

4. 审查变更依据合理性

应审查工程变更的内容，根据双方签订的合同类型，可以判断该事项是否能够变更，属于哪种变更，再根据不同变更事项的费用计算方法，核算变更价款。《标准施工招标文件》第 15.1 条规定了工程变更的范围和内容："除专用合同条款另有约定外，在履行合同中发生以下情形之一，应按照本条规定进行变更。①取消合同中任何一项工作，但被取消的工作不能转由发包人或其他人实施；②改变合同中任何一项工作的质量或其他特性；③改变合同工程的基线、标高、位置或尺寸；④改变合同中任何一项工作的施工时间或改变已批准的施工工艺或顺序；⑤为完成工程需要追加的额外工作。"

5. 审查变更估价准确性

1)审查工程变更工程量计算准确性

变更价款的计量与处理应按照国家相关法规和合同的约定进行调整。咨询单位应按承包人提交的变更报价书中的工程量计算内容进行逐项核对。如发现与事实不符，则应令承包人改正错误后重新提交变更报价书。

2008《计价规范》第 4.5.3 条说明：工程计量时，若发现工程量清单中出现漏项、工程量计算偏差以及工程变更引起工程量的增减，应按承包人在履行合同义务过程中实际完成的工程量计算。

工程变更工程量计算应按照合同规定的工程计量规则，计算承包人在履行合同义务过程中实际完成的变更工程量，以此作为变更结算的依据。

2)审查工程变更价格的准确性

《建设项目全过程造价咨询规程》第 7.3.3 条规定工程造价咨询单位对工程变更的估价的处理应遵循以下原则：①合同中已有适用的价格，按合同中已有价格确定；②合同中有类似的价格，参照类似的价格确定；③合同中没有适用或类似的价格，由承包人提出价格，经发包人确认后执行。

在计算变更费用时首先应按照实际变更情况判断适用哪条变更计价原则，然后再对变更价款进行计算。这三种原则变更价款的确定方法如下。

(1)合同中已有适用的价格，按合同中已有价格确定。合同中已有适用的价格，就是指该项目变更应同时符合以下特点：

①变更项目与合同中已有项目性质相同，即两者的图纸尺寸、施工工艺和方法、材质完全一致；

②变更项目与合同中已有项目施工条件一致；

③变更工程的增减工程量在执行原有单价的合同约定幅度范围内；

④合同已有项目的价格没有明显偏高或偏低；

⑤不因变更工作增加关键线路工程的施工时间。

例如，某工程项目，合同中基础工程土方为 100 000 m^3，报价分部分项工程量清单综合单位为 10 元/m^3，土方开挖时进行工程变更，加深基坑，使得土方工程量为 108 000 m^3，变更工程土方量没有达到核定

要求重新确定单价的标准,对于变更的土方工程综合单价,仍为原综合单价即10元/m^3。

(2)合同中有类似的价格,参照类似的价格确定。这种变更单价的适用条件包括以下几项:

①变更工作的实施环境及工作条件与原合同中约定的相似;

②变更工程项目所采用的材料、施工工艺和方法与原合同约定的相似;

③变更的工程项目不增加关键线路上工程的施工时间。

合同中已有的价格类似于变更工程单价时,可以将合同中已有的价格拿来间接套用;或者对原价格进行换算,改变原价格组价中的某一项或某几项,然后采用;或者是对于原价格的组价,采取其一部分组价使用。

合同中有类似的价格,参照类似的价格确定变更项目的价格。当变更项目类似于合同中已有项目时,可以将合同中已有项目的价格价拿来间接套用,即依据工程量清单,通过换算后采用;或者是部分套用,即依据工程量清单,取其价格中的某一部分使用。

A.变更项目与合同中已有的工程量清单项目,两者的施工图纸改变,但是施工方法、材料、施工环境不变。其变更价格的确定方法如下。

a.比例分配法。在这种情况下,变更项目价格的组价内容没有变,只是人、材、机的消耗量按比例改变。由于施工工艺、材料、施工条件未产生变化,可以原报价清单价格为基础采用按比例分配法确定变更项目的价格,具体如下:单位变更工程的人工费、机械费、材料费的消耗量按比例进行调整,人工单价、材料单价、机械单价不变;变更工程的管理费及利润执行原合同确定的费率。在此情形下,计算公式为:

变更项目价格 = 投标价格 × 调整系数

例如,某堤防工程挖土方、填方以及路面三项细目合同里工程量清单表中,泥结石路面原设计为厚20 cm,其单价为24元/m^2。现进行设计变更为厚22 cm。则按上述原则可求出变更后路面的单价为:$24\times22/20=26.4$元/m^2。

b.数量插入法。采用比例分配法,特点是编制简单和快速,有合同依据。但是,比例分配法是等比例地改变项目的价格。如果原合同价格采用不平衡报价,则变更项目新价格仍然采用不平衡报价。这将会使业主产生损失,承受变更项目变化那一部分的不平衡报价。所以比例分配法要确保原单价是合理的。数量插入法是不改变原项目的价格,确定变更新增部分的单价,原价格加上新增部分的单价得出变更项目的价格。变更新增部分的单价是测定变更新增部分人、材、机成本,以此为基数取管理费和利润确定的单价。即

变更项目价格 = 原项目综合单价 + 变更新增部分的单价

变更新增部分的单价 = 变更新增部分净成本 ×(1 + 管理费率 + 利润率)

例如,某合同中沥青路面原设计为厚5 cm,其单价为160元/m^2。现进行设计变更,沥青路面改为厚7 cm。经测定沥青路面增厚1 cm的净成本是30元/m^2,测算原综合单价的管理费率为0.06,利润率为0.05,所以调整后的单价为$30\times2\times(1+0.06+0.05)+160=226.6$元/$m^2$。

B.变更项目与合同中已有项目两者材质改变,而人工、材料、机械消耗量及施工方法、施工环境相同。在此情形下,由于变更项目只改变材料,因此变更项目的价格只需将原有项目价格中材料的组价进行替换,替换为新材料组价,即变更项目的人工费、机械费执行原清单项目的人工费、机械费;单位变更项目的材料消耗量执行报价清单中的消耗量,对报价清单中的材料单价可按市场价或信息价进行调整;变更工程的管理费执行原合同确定的费率。即

变更项目价格 = 报价综合单价 +(变更后材料价格 - 合同中的材料价格)× 清单中材料消耗量

例如,建筑物结构混凝土标号的改变(由C25变为C35),由于人工、材料、机械台班消耗量没有因项目材质发生变化而变化,承包人也没有因此而导致任何额外工程费用的增加,故对此类项目变更的价款处理,可采用调整混凝土材料标号的方法:即根据变化后的混凝土材料价格结合实际施工方法与原合同项目混凝土材料价格直接进行调整。

(3)合同中没有适用或类似的价格,由承包人提出价格,经发包人确认后执行。合同中没有适用或类似的价格,就是指该项目变更应符合以下特点之一:

①变更项目与合同中已有的项目性质不同,因变更产生新的工作,从而产生新的单价,原清单单价无法套用;

②因变更导致施工环境不同;

③变更工程的增减工程量、价格在执行原有单价的合同约定幅度以外;

④承包商对原合同项目单价采用明显不平衡报价;

⑤变更工作增加了关键线路工程的施工时间。

合同中已有的单价没有适用或类似于变更工程单价时,须经双方协商,然后确认价格。《招标施工招标文件》第15.4.3条说明:“已标价工程量清单中无适用或类似子目的单价,可按照成本加利润的原则,由监理人按第3.5款商定或确定变更工作的单价。”《建设工程工程量清单计价规范》第4.7.3条说明:“合同中没有适用或类似的综合单价,由承包人提出综合单价,经发包人确认后执行。”虽然两者规定存在差异,但是可以肯定的是变更价款必须经监理工程师确定才能生效,才能成为业主支付工程价款、承包商索要工程价款的依据。

《法释14号》十六条规定:因设计变更导致建设工程的工程量或者质量标准发生变化,当事人对该部分工程价款不能协商一致的,可以参照签订建设工程施工合同时当地建设行政主管部门发布的计价方法或者计价标准结算工程价款。对于合同中没有类似和适用的价格的情况,在目前我国的工程造价管理体制下,一般采用按照预算定额和相关的计价文件及造价管理部门公布的主要材料信息价进行计算。若发、承包双方就变更价款不能达成一致意见,则可到工程所在地的造价工程师协会或造价管理站申请调解,若调解不成功,双方亦可提请合同仲裁机构仲裁或向人民法院起诉。对合同中没有适用或类似的综合单价情况变更工程价款的确定主要有四种定价方法。

①计日工定价法。这种方法仅适用于一些小型的变更工作,此时可将这些小型变更工作进行分解,并分别估算出人工、材料、机械台班消耗的数量,按计日工形式并根据工程量清单中计日工的有关单价计价。对大型变更工作而言,这种计价方式是不适用的,因为一方面不利于施工效率的提高;另一方面,对发生的计日工数量的准确确定会有一定难度。

②实际组价法。这种方法也称为合理价值法。监理人根据投标文件、工程变更具体内容和形式确定合理的施工组织与生产效率,在此基础上预先确定人工费、材料费和设备使用费,或在工程变更实施后,由承包人提供人工、材料、机械消耗量原始凭据,并由监理人审核确认,人工单价、材料及机械台班单价在合同中已有的执行原合同单价,合同中没有的执行市场价或信息指导价(材料价格适用于工期很短的工程或材料价格基本不变的情况,如果工期较长或材料价格波动较大则采用动态调整的方法),变更工程的管理费及利润执行原合同确定的费率。

③定额组价法。这种方法适用于合同中没有适用的或类似于变更项目的综合单价,或虽有类似项目但综合单价不合理的情况。发、承包人根据国家和地方颁布的定额标准和相关的定额计价依据及当地建设主管部门的有关文件规定确定变更项目的预算单价,然后根据投标时的降价比率确定变更项目综合单价。其中,消耗量可依据定额中适用项目确定人工、材料、机械的消耗量;人工单价、材料及机械台班单价在合同中已有的执行原合同单价,合同中没有的执行市场价或信息指导价(材料价格适用于工期很短的工程或材料单价基本不变的情况,如果工期较长或材料价格波动较大则采用动态调整的方法),变更工程的管理费及利润执行原合同确定的费率。由于该定额组价法存在不能反映不同施工方案下的综合单价的不同,也不能反映招投标价格的竞争性,特别是当承包人有不平衡报价时,该方法会加剧总造价的不合理性,所以在预算价格的基础上要按照一定降价比例降价。降价比率的确定由发、承包双方约定,可按中标价占施工图预算价格的比例确定。在使用该方法编制新增单价时应注意如下几个问题。

A. 管理费率的确定方法:采用承包人投标文件预算资料中的相关管理费率。

B. 人工费的确定方法：ⓐ采用相关定额计价根据和定额标准中的人工费标准；ⓑ采用承包人投标文件预算资料中的人工费标准。

C. 材料单价的确定：ⓐ采用承包人投标文件预算资料中的相应材料单价（仅适用于工期很短的工程或材料单价基本不变的情况）；ⓑ采用当地工程造价信息中提供的材料单价；ⓒ采用承包人提供的材料正式发票直接确定材料单价；ⓓ通过对材料市场价款调查得来的单价。

D. 降价比率的确定：按照如下公式进行计算。即

降价比率 =（清单项目的预算总价 - 评标价）/清单项目预算总价 ×100%

④数据库预测法。数据库预测法是双方未达成一致时应采取的策略。如果双方对变更工程价款不能协商一致，最高人民法院的解释是："因设计变更导致建设工程的工程量或者质量标准发生变化，当事人对该部分工程价款不能协商一致的，可以参照签订建设工程施工合同时当地建设主管部门发布的计价方法或者计算标准确定合同价款。"解释中的计价标准可以理解为地方颁布的统一预算定额，反映的是当地社会平均水平和社会平均成本。根据司法解释，当双方对变更价款不能协商一致时，应根据社会平均成本确定变更价款，数据库预测法即是基于这种司法解释。在实际操作中，发包人据此会提出三种确定变更价款的方法：ⓐ以国家和地区颁布的定额标准为计算依据确定工程变更价款；ⓑ以发包人内部建立的数据库确定工程变更价款，数据库积累了近几年建设工程的详细价格信息，从中筛选适用的综合单价；ⓒ根据所有投标书中相关项目的综合单价分别算出总价后平均，确定工程变更价款。

新增工程各种综合单价的组价方法的对比如表 6-4-2 所示。

表 6-4-2　新增工程综合单价组价方法一览表

方法	适用条件	特点
计日工定价法	零星的变更，变更性质不大的工作	该方法先估算人工、材料、机械的消耗量，然后按照清单中的计日工的相关单价估算变更费用，简单、快速，但使用范围不广
实际组价法	既不能套用类似清单作为编制新增单价的基础，又无相应的定额可套用	由于该方法缺乏足够的根据，在确定工料机实际成本及新增单价时会有一定的难度
定额组价法	没有类似工程项目的清单单价可供参考或类似工程项目的单价不合理，但具有相应的定额资料	该方法确定的新增单价比较合理，容易被参建各方所接受，但计算较烦琐
数据库预测法	双方对工程变更价款不能协商一致，但发包人应具有以前工程积累的价款数据库或有多个承包商对此工程的报价	该方法使用范围广泛，是目前大多数工程的做法，使用数据库中的单价对变更工程进行估价，或对各个承包商报出的综合单价分别计算变更费用进行平均，具有一定的合理性，并且方便快速

6. 提出审核意见、签证变更报价书

（1）审查同意承包商的要求，如果业主授权造价咨询小组作为业主代表，则可以直接签认；如果业主未进行此授权，则需要报业主签认。

（2）审查未同意承包商的要求，则需要注明变更报价书上的错误、业主未同意的原因、业主提出的变更价款调整方案，报监理工程师审阅。

7. 资料提交

资料提交工作是将收集的资料册，变更价款审查报告，已经完成审查的签认或未签认的变更报价书副本，业主的变更价款调整方案，工程师当期阶段的工程进度款支付证书副本，变更价款审查中所形成的其他纸质、电子资料文件等按业主的要求提交，作为竣工结算、索赔、仲裁、诉讼的依据。

6.4.4.2 人工、材料、机械价差调整

1. 物价波动引起价格调整的方法

1)采用调值公式法调整价格

此方法也称价格指数法,主要适用于使用的材料品种较少,但每种材料使用量较大的土木工程,如公路、水坝等。FIDIC 和 NEC 合同均是采用这种方法对工程价款进行动态调整的。由于我国水利水电工程和公路工程领域引进国外先进管理经验比较早,因此,我国水利水电工程和公路工程的标准施工招标文件中的合同文本均采用调值公式法调整工程价款。

依据 2008《计价规范》第 4.7.6 条解释和《标准施工招标文件》(2007)第 16 条的约定,因人工、材料和设备等价格因素波动影响工程价款时,应在合同专用条款中约定采用的价格指数和权重表的数据,如果合同中未做明确约定,可采用当地工程造价信息发布的造价指数或市场价格,按以下公式计算差额并调整工程价款:

$$\Delta P = P_0\left[A + \left(B_1 \times \frac{F_{t1}}{F_{01}} + B_2 \times \frac{F_{t2}}{F_{02}} + B_3 \times \frac{F_{t3}}{F_{03}} + \cdots + B_n \times \frac{F_{tn}}{F_{0n}}\right) - 1\right]$$

式中:ΔP——应调整的工程价款金额;

P_0——承包人应得到的已完成工程量的金额,此项金额应不包括价格调整、不计质量保证金的扣留和支付、预付款的支付和扣回,约定的变更及其他金额已按现行价格计价的,也不计在内;

A——固定要素,代表合同支付中不能调整的部分占合同总价中的比重;

$B_1, B_2, B_3, \cdots$——代表各有关费用(如人工、钢材、水泥、运输费用等)在合同总价中所占比重;

$F_{t1}, F_{t2}, F_{t3}, \cdots$——投标截止日期前 28 天各项费用的基础价格指数或市场价格;

$F_{01}, F_{02}, F_{03}, \cdots$——工程结算月份各项费用的现行价格指数或市场价格。

在运用调值公式法调整工程价款时,应注意以下几点。

(1)固定要素通常的取值范围在 0.15 ~0.35。固定要素对价款调整的结果影响很大,它与调整额的大小成反向作用关系。固定要素相当微小的变化,会引起在实际价款调整中很大的数额变动。所以,发包人在确定调值公式中采用的固定要素取值应尽可能大,才能减少价款调整幅度。

(2)调值公式中有关的各项费用,一般按照国际惯例,选择用量大、价格高且具有代表性的一些典型人工费和材料费,通常是大宗的水泥、沙石、钢材、木材、沥青等,并用它们的价格指数变化综合代表材料费的价格变化,以便尽量与实际情况接近。

(3)发包人应在招标文件中规定各项费用比重系数一个允许的范围,也可以在招标文件中要求承包人提出,并加以证明。

(4)调整有关各项费用要与合同条款约定一致。发、承包双方应在合同中约定导致价格波动调整价款的因素及幅度。在国际工程中,一般在 ±5% 以上才能调整。有的合同约定,在应调整金额不超过合同价款的 5% 时,由承包人自己承担;在 5% ~20% 之间时,承包人承担 10%,发包人承担 90%;超过 20% 时,双方必须另行签订附加协议。

(5)在合同中应约定调价公式中价格指数或市场价格的地区性及时间性。地区性一般是指工程所在地或指定的某地的价格指数或市场价格。时间性是指某年某月某日的价格指数或市场价格。时间性应确定两个时间:即基础时间(一般是以投标截止日期前 28 天,即基准日期)的价格指数或市场价格、支付时间(一般是以约定的付款证书相关周期最后一天的前 42 天)的价格指数或市场价格。

2)采用造价信息法调整价格

此方法适用于使用的材料品种较多,相对而言每种材料使用量较小的房屋建筑与装饰工程。在合同中应明确调整人工、材料、机械价格依据的造价文件以及要发生费用调整所到达的价格波动幅度。如果未明确调整方法的,可按 2008《计价规范》第 4.7.6 条相关规定执行。

(1)人工单价发生变化时,发、承包双方应按省级或行业建设主管部门或其授权的工程造价管理机构发布的人工成本文件调整工程价款。

(2)材料价格变化超过省级或行业建设主管部门或其授权的工程造价管理机构规定的幅度时应当调整,承包人应在采购材料前就采购数量和新的材料单价报发包人核对,确认用于本合同工程时,发包人应确认采购材料的数量和单价。发包人在收到承包人报送的确认资料后3个工作日内不予答复的视为已经认可,作为调整工程价款的根据。如果承包人未报经发包人核对即自行采购材料,再报发包人确认调整工程价款的,如发包人不同意,则不作调整。

3)采用实际价格法调整价格

实际价格调整价款在国际惯例中也称为“票据法”。有些地区规定对钢材、木材、水泥三大材料的价格采取按实际价格结算的方法。承包人可凭发票等按实际费用调整材料价格。这种方法简便易行,但由于对承包人采取费用实报实销,会导致承包人不重视降低材料价格成本,使发包人不容易控制工程造价。对此,发包人应在合同中约定发包人或监理人有权要求承包人选择更廉价的材料供应商。

在采用实际价格法调整价款时应主要控制的两个要素为:施工合同中的预算价格(或投标价格)和证实采购的实际价格。其中合同的预算价格可通过在报价清单中逐项查找分析来确定其具体值。这一价格依据较充分,且不容易在承发包双方产生争议。而承包人提供票据的真实性和准确性将是发包人应重点控制和审核的内容。发包人应对承包人提供的有关发票、收据、订货单、账簿、账单和其他文件进行认真审核,确保实际价格的可信度。同时,按照实际价格调整价款还应注意以下问题。

Ⅰ.材料实际价格的确定

材料按实调整的关键是要掌握市场行情,把所定的实际价格控制在市场平均价格范围内。建筑材料的实际价格应首先用同时期的材料指导价或信息价为标准进行衡量。如果承包人能够出具材料购买发票,且经核实材料发票是真实的,则按照发票价格,考虑运杂费、采购保管费,测定实际价。但如果发票价格与同质量的同种材料的指导价相差悬殊,并且没有特殊原因的话,不认可发票价,因为,这种发票不具有真实性。因此,确定建筑材料实际价格,应综合参考市场标准与购买实际等多种因素测定,以保证材料成本计算的准确与合理。

Ⅱ.材料消耗量的确定

影响实际价格法进行调整价款计算正确与否的关键因素之一是材料的消耗量,该消耗量理论上应以预算用量为准。如钢材用量应按设计图纸要求计算质量,通过套用相应定额求得总耗用量。而当工程施工过程中发生了变更,导致钢材的实际用量比当初预算量多时,该材料的消耗量应为发生在价格调整有效期间内的钢材使用量,其计算应以新增工程所需的实际用钢量来计算。竣工结算时亦应依最终的设计图纸来调整。

值得注意的是,在实际工作中,钢材的消耗量可能有三种不同的用量:一是按图计算的用量;二是根据定额(含钢量)计算出的定额用量;三是承包人购买量。在计算材差时,只能取按图计算量。除非有特殊原因,例如,能采购到的钢材直径或类型与图纸要求不一致需要替换、钢材的理论质量与实际质量不一致等,否则无论承包人实际购买了多少吨钢材,均不予以承认,只按设计用量计算。

Ⅲ.材料购买的时间

材料的购买时间应与工程施工进度基本吻合,即按施工进度要求,确定与之相适应的市场价格标准,但如果材料购买时间与施工进度之间偏差太大,导致材料购买的真实价格与施工时的市场价格不一致,也应以施工时的市场价格为依据进行计算。其计算所用的材料量为工程进度实际所需的材料用量,而非承包商已经购买的所有材料量。

4)采用造价指数法调整价款

这种方法是甲乙方采用当时的预算(或概算)定额单价计算出承包合同价,待竣工时,根据合理的工期及当地工程造价管理部门所公布的该月度(或季度)的工程造价指数,对原承包合同价予以调整,重点

调整那些由于实际人工费、材料费、施工机械费等费用上涨及工程变更因素造成的价差，并对承包人给以调价补偿。

2. 法规变化引起价格调整的方法

现阶段，由于法律法规变化引起价格调整的情况主要体现为：①法律法规规定的规费费率和与建筑工程项目相关的税率调整等情况；②政府部门颁布的指导性结算办法及文件。

目前由于法律法规变化引起的价格调整方法在2008《计价规范》和2007《标准施工招标文件》中有所规定。其中在2008《计价规范》第4.7.1条中规定在基准日（招标工程以投标截止日前28天，非招标工程以合同签订前28天为基准日）以后，国家的法律、法规、规章和政策发生变化影响工程造价的，应按省级或行业建设主管部门或其授权的工程造价管理机构发布的规定调整合同价款。

在2007《标准施工招标文件》第四章第16.2条也规定了在基准日后，因法律变化导致承包人在合同履行中所需要的工程费用发生除第16.1条约定以外的增减时，监理人应根据法律，国家或省、自治区、直辖市有关部门的规定，按第3.5条商定或确定需调整的合同价款。

通过以上的对比可见，无论是常用的合同范本还是相关法规都对因法规变化引起的价格调整进行了较笼统的说明，其调整方法可总结为按照国家法律法规的规定来调。这样对承发包双方的指导作用不够明确。因此，在实际的施工合同签订过程中，承发包双方应就该因素引起的价格调整进行具体约定，以避免后期结算纠纷的产生。

6.4.4.3 暂估价调整

1. 施工阶段确认暂估价供应商的方式

暂估价是在工程招标阶段由发包人暂定的，在实施阶段还要经过发、承包双方招标选择供应商，确定材料、设备及专业工程的价格。根据材料、设备及专业工程包括依法必须招标和依法不需招标两种情况，选择供应商的方式一般包括以下几种方式：①公开招标；②邀请招标；③竞争性谈判；④单一来源采购；⑤询价；⑥国务院政府采购监督管理部门认定的其他采购方式。

1）依法必须招标的材料、工程设备和专业工程

依法必须招标的，一般情况下采用公开招标的方式，也可以采用邀请招标方式和询价方式。

（1）以公开招标方式选择供应商，应由发包人和承包人共同选择供应商，基本方法与招标选择施工单位相同，包括以下几个步骤：①招标单位主持编制招标文件，招标文件应包括招标公告、投标者须知、投标格式、合同格式、货物清单、质量认证标准及必要的证件及附件；②刊登招标广告；③对投标单位进行资格预审（需要时）；④投标单位购买标书；⑤投标报价；⑥开标、评标、确定中标单位；⑦签订合同；⑧承包人办理价格确认单。

（2）采用邀请招标方式时，发、承包单位应遵守下列步骤：①选择三家以上具备承担招标项目能力、资信良好的材料设备生产厂家或者其他组织发出投标邀请函；②向预选单位说明采购货物的品种、规格、数量、质量、交货时间、供货方式等情况，请他们参加投标竞争；③被邀请的单位同意参加投标后，从招标单位获取招标文件，按规定要求进行投标报价；④发、承包双方组织评标人员，进行评标，确定中标人；⑤办理价格确认单。

（3）询价方式确定供应商时，发、承包单位可以遵循以下步骤：①成立询价小组。询价小组由采购人的代表和有关专家共三人及以上的单数人组成，其中专家的人数不得少于成员总数的三分之二。询价小组应当对采购项目的价格构成和评定成交的标准等事项做出规定。②确定被询价的供应商名单。询价小组根据采购需求，从符合相应资格条件的供应商名单中确定不少于三家的供应商，并向其发出询价通知书让其报价。③询价。询价小组要求被询价的供应商一次报出不得更改的价格。④确定成交供应商。采购人根据符合采购需求、质量和服务相等且报价最低的原则确定成交供应商，并将结果通知所有被询价的未成交的供应商。⑤办理价格确认单。

2)依法不需要招标的材料、设备及专业工程

依法不需要招标的材料、设备及专业工程,应由承包人提供。承包人可以采用竞争性谈判方式或单一来源采购方式选择工程所需材料、设备或专用工程的供应商。

(1)采用竞争性谈判方式选择供应商应遵循下列程序:①成立谈判小组。谈判小组由采购人的代表和有关专家共三人及以上的单数人组成,其中专家的人数不得少于成员总数的三分之二。②制定谈判文件。谈判文件应当明确谈判程序、谈判内容、合同草案的条款以及评定成交的标准等事项。③确定邀请参加谈判的供应商名单。谈判小组从符合相应资格条件的供应商名单中确定不少于三家的供应商参加谈判,并向其提供谈判文件。④谈判。谈判小组所有成员集中与单一供应商分别进行谈判。在谈判中,谈判的任何一方不得透露与谈判有关的其他供应商的技术资料、价格和其他信息。谈判文件有实质性变动的,谈判小组应当以书面形式通知所有参加谈判的供应商。⑤确定成交供应商。谈判结束后,谈判小组应当要求所有参加谈判的供应商在规定时间内进行最后报价,采购人从谈判小组提出的成交候选人中根据符合采购需求、质量和服务相等且报价最低的原则确定成交供应商,并将结果通知所有参加谈判的未成交的供应商。⑥办理价格确认单。

(2)采取单一来源方式采购的,在保证采购项目质量和双方商定合理价格的基础上进行采购。在公开招标方式中,发、承包双方的权利和义务要在专用合同条款中约定,双方应约定编制招标文件的组织方式(某一方编制招标文件或双方代表共同编制招标文件)、双方参与评标的人员组成、价差调整方式、风险分担幅度等等。

承包人提供设备、材料、专业工程时,承包人必须按设计图纸的技术要求和有关标准要求及招标文件要求的档次进行采购,采购材料、设备的规格、质量不符合要求时,应按照监理人要求的时间运出施工场地,重新购买。施工中使用了不符质量及施工技术要求的材料、设备时,应按照监理人的指示拆除已建工程,并重新采购材料、设备进行重建,费用由承包人承担。

2. 确定暂估价实际支出的方式

在工程招标阶段已经确定的材料、工程设备或专业工程项目,但无法在当时确定准确价格,而可能影响招标效果的,可由发包人在工程量清单中给定一个暂估价。确定暂估价实际开支分三种情况。

1)依法必须招标的材料、工程设备和专业工程

发包人在工程量清单中给定暂估价的材料、工程设备和专业工程属于依法必须招标的范围并达到规定的规模标准的,由发包人和承包人以招标的方式选择供应商或分包人。发包人和承包人的权利义务关系在专用合同条款中约定。根据中标金额确认的价格与工程量清单中所列的暂估价的金额差以及相应的税金等其他费用列入合同价格。

2)依法不需要招标的材料、工程设备

发包人在工程量清单中给定暂估价的材料和工程设备不属于依法必须招标的范围或未达到规定的规模标准的,应由承包人提供。经发包人、监理人确认的材料、工程设备的价格与工程量清单中所列的暂估价的金额差以及相应的税金等其他费用列入合同价格。

3)依法不需要招标的专业工程

发包人在工程量清单中给定暂估价的专业工程不属于依法必须招标的范围或未达到规定的规模标准的,由监理人按照合同约定的变更估价原则进行估价。经估价的专业工程与工程量清单中所列的暂估价的金额差以及相应的税金等其他费用列入合同价格。

6.4.5 注意事项

6.4.5.1 工程变更

(1)在收集资料过程中,应注意收集全面详细的资料,主要应包括涉及变更单、变更估价、价格确认单和工程量资料,为下面审查调整计算方法和额度做好准备。

(2)在审查程序的合理性中,除了要注意承包商提出变更报价书的时间外,也要注意审查的时间,必须在合同规定的时间内审查完毕,超出时间会使承包商认为业主已同意变更报价,引起业主与承包商的纠纷。

(3)在审查依据的合理性中,有的变更事项的价款调整不在此体现,而是在价款调整或工程索赔中体现。在变更价款中体现的只有附加工程、额外工程、零星的变更工作三种,而这三种变更事项也有不同的调整方法,必须遵守合同中的规定,不能一概而论。

(4)在审查变更价款计算的准确性中,必须仔细审查承包商计算变更价款的方法,应先判断是属于附加施工、额外施工还是计日工,再根据是否有相同、相似的分部分项单价,审查承包商所用的计算方法是否准确。对于没有现成的分部分项单价,需要重新确定单价的变更项目,应防止承包商利用变更价款调整的机会抬高单价,获得其他收益。选用了错误的方法或在计算中加入承包商的任何与变更价款无关的其他收益,均应拒绝变更报价,并在问题说明中提出。

(5)在签认价款调整报告中,必须确认项目组是否得到业主的授权,如果没有授权,必须经业主签认,私自签认会引起业主与承包商之间的纠纷。

(6)在资料提交阶段,项目组应将成果资料及时提交给业主单位,作为竣工结算、索赔、仲裁、诉讼的证据。

6.4.5.2 人工、材料、机械价差调整

1.物价波动引起价格调整的注意事项

目前应用较多的物价波动价格调整方法包括价格指数调整价格差额法和造价信息调整价格差额法两种,其中价格指数调整价格差额法是2007《标准施工招标文件》通用合同条款中规定的方法,也是国际工程合同价格调整中常用的方法。

1)采用价格指数调整价格差额法应注意的事项

(1)暂时确定调整差额。在计算调整差额时得不到现行价格指数的,可暂用上一次价格指数计算,在以后的付款中再按实际价格指数进行调整。

(2)权重的调整。按变更范围和内容所约定的变更,导致原定合同中的权重不合理时,由监理人与承包人和发包人协商后进行调整。

(3)承包人工期延误后的价格调整。由于承包人原因未在约定的工期内竣工的,则对原约定竣工日期后继续施工的工程,在使用价格调整公式时,应采用原约定竣工日期与实际竣工日期的两个价格指数中较低的一个作为现行价格指数。

2)采用造价信息调整价格差额法应注意的事项

此方式适用于使用的材料品种较多,相对而言每种材料使用量较小的房屋建筑与装饰工程。施工期内,因人工、材料、设备和机械台班价格波动影响合同价格时,人工、机械使用费按照国家或省、自治区、直辖市建设行政管理部门、行业建设管理部门或其授权的工程造价管理机构发布的人工成本信息、机械台班单价或机械使用费系数进行调整;需要进行价格调整的材料,其单价和采购数应由监理人复核,监理人确认需调整的材料单价及数量,作为调整工程合同价格差额的依据。

(1)人工单价发生变化时,发、承包双方应按省级或行业建设主管部门或其授权的工程造价管理机构发布的人工成本文件调整工程价款。

(2)承包人在采购材料时,得到发包人同意后方可执行。材料价格变化超过省级或行业建设主管部门或其授权的工程造价管理机构规定的幅度时应当调整,承包人应在采购材料前就采购数量和新的材料单价报发包人核对,确认用于本合同工程时,发包人应确认采购材料的数量和单价。发包人在收到承包人报送的确认资料后3个工作日内不予答复的视为已经认可,作为调整工程价款的依据。如果承包人未报经发包人核对即自行采购材料,再报发包人确认调整工程价款的,如发包人不同意,则不进行调整。

(3)施工机械台班单价或施工机械使用费发生变化超过省级或行业建设主管部门或其授权的工程造价管理机构规定的范围时,按其规定进行调整。

2. 法规变化引起价格调整的注意事项

工程所在国的法律、法规发生变化时,如提出进口限制、外汇管制、税率提高、劳动法的改变等,都可能引起承包商施工费用的增加。此类风险是承包方难以预料的,因此,该类风险应该纳入发包方的风险范围内,不管合同类型如何,合同价款都应该做出调整。在合同签订过程中应对该种情况进行具体约定说明。

同时,在进行法律法规引起的价格调整时应注意区分具体法律法规的适用范围,各法律法规的效力等级等内容。在确定法律法规的效力层级时,一般是国家的上位法优于下位法、特别规定优于普通规定、新规定优于旧规定。在进行工程价格调整时应注意区分各法律法规的效力。

6.4.5.3 暂估价调整

1. 慎重确定以暂估价进行计取的项目范围

暂估价格是招标人在施工招标阶段针对那些必然要发生的但暂时不能确定价格的材料、设备及专业分包工程项目所采取的不得已的计取方式。并不是所有的工程量清单项目都适合用暂估价格进行计取,符合下列条件之一的项目可以采用暂估价格的方式进行计取。

(1)材料设备以暂估价计取的项目。在施工招标阶段无法确定确切的品牌、规格及型号,且同类产品在品质、性能及价格等要素上存在较大差异,招标人出于保证所建工程的质量及使用效果考虑,需要对上述要素进行控制的材料及设备。

(2)专业工程以暂估价计取项目。在施工招标阶段,施工图的局部设计深度还不能完全满足施工需要,需要由专业单位对原图纸进行深化设计后,才能确定其规格、型号和价格的成套设备或分包工程;某些总承包单位无法自行完成,需要通过分包的方式委托专业公司完成的分包工程。

对于不符合上述条件的材料、设备,如果招标人确需对其品质、性能等要素进行控制的,还是应当在充分市场调研的基础上,在招标文件中明确指定其品牌、型号等内容。

2. 要根据实际情况,确定合理的暂估价格计取方式

招标人在确定暂估价格的计取方式时,应当结合所建工程的实际情况、暂估价格的结算调整办法等方面的因素,本着鼓励投标人之间进行公平、有序竞争的原则,确定最为合理的计取方式。最常用的暂估价格的计取方式有:①仅以单纯的材料价格进行计取的暂估价格,适用于那些为了方便投标施工企业组价,需要纳入分部分项工程量清单项目综合单价中的材料价格;②以综合单价进行计取的暂估价格,适用于那些在施工招标阶段图纸设计深度不够,需要进行专业深化设计,但是可以准确计算其工程量的专业分包工程;③以综合总价进行计取的暂估价格,适用于那些在施工招标阶段图纸设计深度不够,需要进行专业深化设计,并且不能准确计算其工程量的专业分包工程以及大型设备的采购及安装工程。

3. 招标人确定暂估价应相对准确

招标人在确定暂估价的金额时,应当以所建工程的项目特点,根据工程造价信息或参照市场价格进行估算,其中专业工程金额应分不同专业按有关计价规定计算。暂估价格的金额以不超过"可行性研究

报告"等基础资料列明的相关项目投资额(或综合单价)为宜,但也不宜估算过低。考虑市场价格波动因素,招标人可以在施工招标同期的工程造价信息或市场价格低于"可行性研究报告"等基础资料列明的相关项目投资额(或综合单价)的基础上适当上浮暂估价的金额,以避免实际结算中由于暂估价估算过低而造成工程造价超出工程概算现象的发生,其上浮比例一般不超过同期市场价格的10%,对于建设周期长的大型建筑,该上浮比例还可以略有放松。

4. 对承包人供给材料费用的及时审核

对于材料、设备、专业工程不属于依法必须招标的范围或规定的规模标准,由承包人提供的,监理人必须对将各项材料、工程设备的供货人及品种、规格、数量、价格和供货时间,专业分包人的详细情况及分包工程费用报送监理人审批,经监理人确认才能计入价款调整内容,以防止承包人故意抬高暂估材料、工程设备、专业工程价格谋取利润。

5. 严格施工过程中暂估价价格确认单

暂估价材料(设备)价格确认单是按实结算的依据,因此,价格确认单应做到要素完整规范,内容详细真实,签字齐全及时,按规定及时报批报审,确保签证有效,不留尾巴。

6. 对暂估价的调整应附带相关费用

在对暂估价进行调整时,应将暂估价的价差以及相应的税金等其他费用计入价款调整的范围内。

6.4.6 成果文件

6.4.6.1 格式

1. 工程变更格式

(1)工程变更单;

(2)工程洽商记录表;

(3)现场签证单;

(4)工程变更费用报审表或变更费用申请(核准)表;

(5)价款调整汇总表;

(6)工程变更审核明细表(分部分项工程量清单与计价表、工程量清单综合单价分析表、措施项目清单与计价表(一)、措施项目清单与计价表(二)、其他项目清单与计价汇总表、计日工表、综合单价分析表)。

2. 人工、材料、机械价差调整格式

(1)价格调整报审表;

(2)价款调整汇总表;

(3)人工、材料、机械价差调整汇总表。

3. 暂估价调整格式

(1)价格确认单;

(2)价款调整汇总表;

(3)专业工程结算计价表;

(4)总承包服务费计价表;

(5)材料暂估价价差调整汇总表。

6.4.6.2 表格

1. 工程变更

(1)设计变更通知单(国标资料规程)见表6-4-3。

表 6-4-3　设计变更通知单

<table>
<tr><td rowspan="2">工程名称</td><td rowspan="2" colspan="2"></td><td colspan="2">编号</td><td></td></tr>
<tr><td colspan="2">日期</td><td></td></tr>
<tr><td>设计单位</td><td colspan="2"></td><td colspan="2">专业名称</td><td></td></tr>
<tr><td>变更摘要</td><td colspan="2"></td><td colspan="2">页数</td><td>共　页,第　页</td></tr>
<tr><td>序号</td><td>图号</td><td colspan="4">变更内容</td></tr>
<tr><td></td><td></td><td colspan="4"></td></tr>
<tr><td rowspan="2">签
字
栏</td><td>建设单位</td><td colspan="2">设计单位</td><td>监理单位</td><td>施工单位</td></tr>
<tr><td></td><td colspan="2"></td><td></td><td></td></tr>
</table>

(2)工程洽商记录见表 6-4-4。

表 6-4-4　工程洽商记录

<table>
<tr><td rowspan="2">工程名称</td><td rowspan="2" colspan="2"></td><td colspan="2">编号</td><td></td></tr>
<tr><td colspan="2">日期</td><td></td></tr>
<tr><td>提出单位</td><td colspan="2"></td><td colspan="2">专业名称</td><td></td></tr>
<tr><td>洽商摘要</td><td colspan="2"></td><td colspan="2">页数</td><td>共　页,第　页</td></tr>
<tr><td>序号</td><td>图号</td><td colspan="4">洽商内容</td></tr>
<tr><td></td><td></td><td colspan="4"></td></tr>
<tr><td rowspan="2">签
字
栏</td><td>建设单位</td><td colspan="2">设计单位</td><td>监理单位</td><td>施工单位</td></tr>
<tr><td></td><td colspan="2"></td><td></td><td></td></tr>
</table>

(3)图纸会审记录(国标资料规程)见表 6-4-5。

表 6-4-5　图纸会审记录

<table>
<tr><td rowspan="2">工程名称</td><td rowspan="2" colspan="2"></td><td>编号</td><td></td></tr>
<tr><td>日期</td><td></td></tr>
<tr><td>设计单位</td><td colspan="2"></td><td>专业名称</td><td></td></tr>
<tr><td>地点</td><td colspan="2"></td><td>页数</td><td>共　页,第　页</td></tr>
<tr><td>序号</td><td>图号</td><td>图纸问题</td><td colspan="2">答复意见</td></tr>
<tr><td></td><td></td><td></td><td colspan="2"></td></tr>
</table>

续表

签字栏	建设单位	设计单位	监理单位	施工单位

(4)现场签证单见表6-4-6。

表6-4-6 现场签证单

<table>
<tr><td rowspan="2">工程名称</td><td rowspan="2" colspan="2"></td><td>编号</td><td></td></tr>
<tr><td>日期</td><td></td></tr>
<tr><td>提出单位</td><td colspan="2"></td><td>专业名称</td><td></td></tr>
<tr><td>签证摘要</td><td colspan="2"></td><td>页数</td><td>共　页,第　页</td></tr>
<tr><td>签证内容</td><td colspan="4"></td></tr>
<tr><td rowspan="3">主要工程量</td><td>名称</td><td>规格型号</td><td>单位</td><td>数量</td></tr>
<tr><td></td><td></td><td></td><td></td></tr>
<tr><td></td><td></td><td></td><td></td></tr>
<tr><td rowspan="2">签字栏</td><td colspan="2">建设单位</td><td>监理单位</td><td>施工单位</td></tr>
<tr><td colspan="2"></td><td></td><td></td></tr>
</table>

(5)变更费用申请(核准)表见表6-4-7。

表6-4-7 变更费用申请(核准)表

工程名称:北京×××大学体育馆工程—设计变更(结构01－C2－001)　　标段:　　编号:BG001

<table>
<tr><td colspan="2">致:________(发包人全称)
根据合同(协议)第15条规定,已批准设计变更通知单(结构01－C2－001)将导致工程造价会发生变化如下:
本项目工程变更按合同规定共计增加分部分项工程费____元,措施项目费____元。
附:1. 工程变更单
2. 工程预算书

承包人(章)
承包人代表　×××
日　期×××年×月×日</td></tr>
<tr><td>复核意见:
你方提出的此项变更费用申请经复核:
□不同意此项变更费用,具体意见见附件
■同意此项变更费用,变更费用的计算,由造价工程师复核

监理工程师　×××
日　期　×××年×月×日</td><td>复核意见:
根据施工合同条款第15条的约定,你方提出的变更费用申请经复核,变更增加分部分项工程费为(大写)________(小写____元),措施项目费为(大写)________(小写____元)。

造价工程师　×××
日　期　×××年×月×日</td></tr>
</table>

续表

<table>
<tr><td>审核意见：
□不同意此项变更费用
■同意此项变更费用，价款与本期进度款同期支付

发包人（章）
发包人代表 ×××
日　期 ×××年×月×日</td></tr>
</table>

（6）工程变更费用报审表见表6-4-8。

表6-4-8　工程变更费用报审表

<table>
<tr><td rowspan="3">工程名称</td><td rowspan="3"></td><td>施工编号</td><td></td></tr>
<tr><td>监理编号</td><td></td></tr>
<tr><td>日期</td><td></td></tr>
<tr><td colspan="4">致：________（监理单位）
兹申报第____号工程变更单，申请费用见附表，请予以审核。
附件：工程变更费用计算书

专业承包单位________　　项目经理/责任人________
施工总承包单位________　　项目经理/责任人________</td></tr>
<tr><td colspan="4">监理工程师审核意见：

监理工程师________
日　　期________</td></tr>
<tr><td colspan="4">总监理工程师审查意见：

监理单位________
总监理工程师________
日　　期________</td></tr>
</table>

（7）价款调整费用汇总表见表6-4-9。

表6-4-9　价款调整费用汇总表

工程名称：　　　　第1页　共1页

<table>
<tr><td rowspan="2">序号</td><td rowspan="2">单项工程名称</td><td rowspan="2">金额（元）</td><td colspan="2">其中</td></tr>
<tr><td>安全文明施工费（元）</td><td>规费（元）</td></tr>
<tr><td></td><td></td><td></td><td></td><td></td></tr>
<tr><td colspan="2">合　计</td><td></td><td></td><td></td></tr>
</table>

（8）分部分项工程量清单与计价表同第5章5.3节表5-3-6。

（9）工程量清单综合单价分析表同第5章5.4节表5-4-13。

（10）措施项目清单与计价表（一）同第5章5.3节表5-3-7。

（11）措施项目清单与计价表（二）同第5章5.3节表5-3-8。

（12）其他项目清单与计价汇总表同第5章5.3节表5-3-9。

（13）计日工表同第5章第5.3节表5-3-13。

2. 人工、材料、机械价差调整

(1)价格调整报审表见表6-4-10。

表6-4-10　价格调整报审表

工程名称：　　　　　　　　　　　　　　　　　　　　　　　　　　编号：

致：______________________________(监理单位)

根据合同第________条规定，依据________________________

__________________，现报上________年________月部分项目价格调整表，请予核查批准。

项目负责人(签字)：　　　　　承包单位：　　　　　日期：

项目名称	单位	原单位(元)	调整价(元)	单位差价(元)	本期数量	本期调价总额(元)	进货凭证号
合　计							

经审核：

☐ 同意价格调整总计________________元

☐ 重新计算后再报

☐ 不符合合同规定，调价依据不充分，不同意调价

总监理工程师(签字)：　　　　　监理单位：　　　　　日期：

(2)价款调整费用汇总表同第6章6.4节表6-4-9。

(3)人工、材料、机械价差调整汇总表见表6-4-11。

表6-4-11　人工、材料、机械价差调整汇总表

工程名称：　　　　　　　　　　　　　　　　　　　　　　　　第1页　共1页

序号	项目名称	计量单位	数量	原单价(元)	调整单价(元)	单位价差(元)	价差(元)	备注
		合计						

3. 暂估价调整

(1)价格确认单见表6-4-12。

表6-4-12　价格确认单

序号	名称	规格型号	单位	预估数量	原暂估价(元)	确认价格(元)	备注

施工单位：(签章)　　　　　监理单位：(签章)　　　　　建设单位：(签章)

(2)材料暂估价价差调整申请(核准)表见表6-4-13。

表6-4-13 材料暂估价价差调整申请(核准)表

工程名称: 标段: 编号:

<table>
<tr><td colspan="2">致:________________
根据施工合同条款第____条的约定,由于______________原因,我方要求合同金额减少(大写)______________________,(小写)¥______________元,请予核准。
附:1. 材料暂估价调整金额预算书
2. 价格确认单(略)
承包人(章)
承包人代表 ×××
日 期×××年×月×日</td></tr>
<tr><td>复核意见:
根据施工合同条款第__条的约定,你方提出的价格调整申请经复核:
□不同意此项价差调整,具体意见见附件
■同意此项价差,价差调整金额的计算,由造价工程师复核
监理工程师 ×××
日 期×××年×月×日</td><td>复核意见:
根据施工合同条款第__条约定,你方提出的价格调整申请,经复核减少金额为(大写)______________________,(小写)¥______________元。
造价工程师 ×××
日 期×××年×月×日</td></tr>
<tr><td colspan="2">审核意见:
□不同意此项价差调整
■同意此项价差调整,与本期进度款同期支付
发包人(章)
发包人代表 ×××
日 期 ×××年×月×日</td></tr>
</table>

(3)价款调整费用汇总表同第6章6.4节表6-4-9。

(4)专业工程结算汇总表见表6-4-14。

表6-4-14 专业工程结算汇总表

工程名称: 第1页 共1页

序号	工程名称	工程内容	金额(元)	备注
合计				—

(5)总承包服务费计价表同第5章5.3节表5-3-14。

(6)材料暂估价价差调整汇总表见表6-4-15。

表6-4-15 材料暂估价价差调整汇总表

工程名称: 第1页 共1页

序号	项目名称	计量单位	数量	暂估单价(元)	实际单价(元)	单位价差(元)	价差(元)	备注
	合计							

6.4.6.3 工作底稿

(1)工程量计算表同第 4 章 4.3 节表 4-3-12。
(2)定额子目工程量计算表同第 4 章 4.3 节表 4-3-13。
(3)询价记录表同第 4 章 4.3 节表 4-3-14。
(4)钢筋翻样表同第 4 章 4.4 节表 4-2-26。
(5)清单工程量汇总表同第 5 章 5.3 节表 5-3-17。

6.5 工程索赔

6.5.1 依据

工程索赔的依据有以下方面:
(1)招标文件、合同文本及附件;
(2)来往文件、签证及变更通知等;
(3)各种会议纪要;
(4)施工进度计划和实际施工进度表;
(5)施工现场工程文件;
(6)工程照片;
(7)气象报告;
(8)建筑材料和设备采购、订货运输使用记录等;
(9)工地交接班记录;
(10)市场行情记录;
(11)各种会计核算资料;
(12)国家法律、法令、政策文件等。

6.5.2 程序

索赔的申请工作过程通常可以细分为以下步骤进行。

(1)进行事态调查。通过对合同实施的跟踪、分析、诊断,对它进行详细的调查和跟踪,以了解事件经过、前因后果,掌握事件详细情况。

(2)干扰事件原因分析。即分析这些干扰事件是由谁引起的,它的责任该由谁来承担。

(3)索赔根据评价。主要是指合同条文,必须按合同判明干扰事件是否违约,是否在合同规定的补偿范围之内。

(4)损失调查。主要表现为工期的延长和费用的增加。

(5)搜集证据。证据是索赔有效的前提条件。在干扰事件持续期间内,要保持完整的当时的记录。

(6)起草索赔报告。索赔报告是上述各项工作的结果和总括,它表达了委托方的索赔要求和支持这个要求的详细依据。

工程索赔咨询业务编制流程见图 6-5-1。

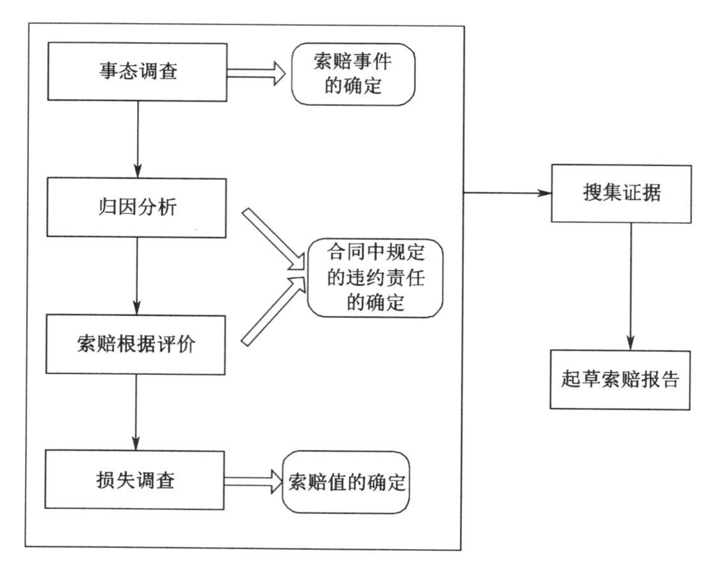

图 6-5-1　工程索赔咨询业务编制流程

6.5.3　内容

6.5.3.1　索赔文件的构成

实际工作中，索赔文件包括索赔意向通知书、索赔申请与工程索赔报告。其中索赔报告为索赔文件的主要内容，其通常由以下几个部分构成。

1. 总论部分

在索赔报告书的开始，应该对该索赔事项进行一个综述。对索赔事项发生的时间、地点或者施工过程进行概要的描述；说明承包商按照合同规定的义务，为了减轻该索赔事项造成的损失，进行了如何的努力；由于索赔事项的发生及承包商为减轻该损失对承包商施工增加的额外费用以及其索赔要求。一般索赔综述部分包括前言、索赔事项描述、具体的索赔要求等内容。

2. 合同论证

承包商对索赔事件发生造成的影响具有索赔权，这是索赔成立的基础。在合同论证部分，承包商主要根据工程项目的合同条件以及工程所在国有关此项索赔的法律规定，申明自己理应得到工期延长和(或)经济补偿，充分论证自己的索赔权。对于重要的合同条款，如不可预见的物质条件，合同范围以外的额外工程，业主风险，不可抗力，因为物价变化的调整，因为法律变化的调整等等，都应在索赔报告书中做详细的论证叙述。对同一个合同条款，合同双方从自身的利益出发，经常会有不同的解释，这经常成为施工索赔争议的焦点，承包商要引用有说服力的证据资料，证明自己的索赔权。尤其是合同条款的含糊、缺漏、前后矛盾、错误等，更是索赔事项“多发地段”，更要注意。

对于索赔事项的发生、发展及解决的过程，对承包商施工过程的影响，承包商应客观地描述事实，防止夸大其词或牢骚抱怨，以免引起工程师和业主的怀疑和反感。

在国际工程上，尤其是欧美普通法系的国家，索赔的处理可以援引案例。因此，如果承包商了解到有类似的索赔案例，可以作为例证提出来进一步论述自己的索赔要求。

合同论证部分一般包括：索赔事项处理过程的简要描述，发出索赔通知书的时间，论证索赔要求依据的合同条款，指明所附的证据资料。

3. **索赔款计算**

作为经济索赔报告，在论证了索赔权以后，接着进行索赔款的具体数额的计算，也就是以具体的计价方法和计算过程说明承包商应得到的经济补偿款的数量。

索赔款的计算，在写法结构上，按照国际惯例可以首先写出索赔的结果，列出索赔款总额，再分项论述各组成部分的计算过程，指出所依据的证据资料的名称和编号。索赔款计算部分的篇幅可能比较大，要论述各项计算的合理性，详细写出计算方法并引证相应的证据资料，并在此基础上累计出索赔款总额。通过详细的论证和计算，使业主和工程师对索赔款的合理性有充分的了解，以利于索赔要求的迅速解决。

4. **附件部分**

在附件中包括了该索赔事项所涉及的一切有关证据资料以及对这些证据的说明。索赔证据资料的范围很广，可能包括工程项目施工过程中所涉及的有关政治、经济、技术、财务等许多方面的资料。这些资料承包商应该在整个施工过程中持续不断地收集整理，分类储存。

在施工索赔工作中可能用到的证据资料很多，主要有以下几类。

(1)工程所在国的政治经济资料，如重大自然灾害、重要经济政策等。

(2)施工现场记录，如施工日志、业主和工程师的指令和来往信件、现场会议记录、施工事故的详细记录、分部分项工程施工质量检查记录、施工实际进度记录、施工图纸移交记录等。

(3)工程项目财务报表，如施工进度款月报表、索赔款月报表、付款收据、收款单据等。

只有做好以上文件的编写及整理归档工作，才为更好地进行工程项目的索赔奠定基础。

索赔文件的构成见图6-5-2。

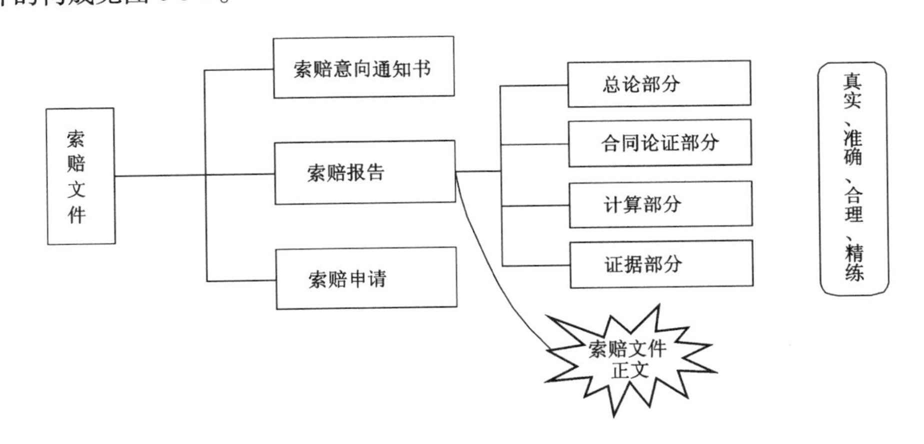

图6-5-2　索赔文件的构成

5. **索赔报告的一般要求**

索赔报告是索赔文件的核心内容，索赔报告编制质量的高低直接影响到索赔事件的成败。

1)事件真实、准确

索赔报告对索赔事件的描述应该是真实、准确，这关系到承包商的信誉和索赔成功与否。

对索赔事件描述不实、主观臆测，或缺乏证据，都会影响到业主和工程师对承包商的信任，给索赔工作造成困难。为了证明事实的准确性，在索赔报告的后面要附上相应的证据资料，以便业主和工程师核查。

2)逻辑性强，责任划分明确

索赔报告要有逻辑性，将索赔要求同干扰事件、责任、合同条款、影响形成明确的逻辑关系。索赔报告的文字论述要有明确的、必然的因果关系，要说明客观事实和索赔费用损失之间的必然联系。例如：从原因上划分，如果是业主方面的责任，则承包商可以同时得到工期延长和经济补偿；如果是客观原因，则承包商只能得到适当的工期延长；如果是承包商的责任，则承包商不但得不到相应的工期、费用补偿、还

要自费弥补相应对业主造成的损失。只有合乎逻辑的因果关系才具有法律上的意义。

3)条理清楚,层次分明

索赔报告通常在最前面简明扼要地说明索赔的事项、理由和要求的款项或工期延长,让工程师一开始就了解自己的全部要求。接着再逐步地详细论述事实和理由,展示具体的讨论方法或计算公式,列出详细的费用清单,并附以必要的证据资料。这样,业主或工程师既可以了解索赔的全貌,又可以逐项深入地审查索赔报告、审查数据、检查证据资料,较快地对承包商的索赔报告提出自己的评审意见及决策意见。

简明扼要、条理清楚便于对方由表及里、深入浅地阅读和了解,注意对索赔报告形式和内容的安排也是很必要的,一般可以考虑用金字塔的形式安排编写,见图 6-5-3。

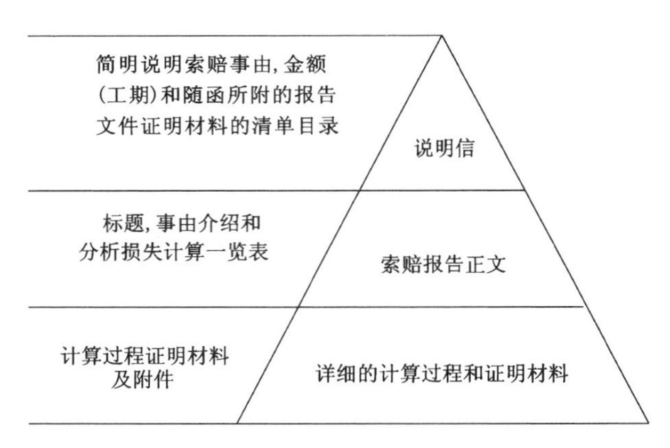

图 6-5-3　索赔报告的形式和内容

4)文字简明,用词委婉

在索赔报告中尤其应避免使用强硬的、不友好的、抗议式的语言。一定要牢记所写的索赔报告的读者是谁。因此,索赔报告一定要清晰简练,用词婉转有礼,避免生硬和不友好的语言。

6.5.3.2　索赔文件的编制要点

1. 延误工期的确定

工程延误是指工程实施过程中任何一项或多项工作实际完成日期迟于计划规定的完成日期,从而可能导致整个合同工期的延长。工程工期是业主和承包商经常发生争议的问题之一,工期索赔在整个索赔中占据了很高的比例,也是承包商索赔的重要内容之一。

工期索赔的分析流程包括延误原因分析、网络计划(CPM)分析、业主责任分析和索赔结果分析等步骤,具体内容可见图 6-5-4。

1)原因分析

分析引起延误是哪一方面的原因,如果承包商自身原因造成的,则不能索赔,反之则可索赔。对于索赔事件的原因分析可运用合同。

2)网络计划分析

运用网络计划(CPM)方法分析延误事件是否发生在关键线路上,以决定延误是否可索赔。在工程索赔中,一般只限于考虑关键路线的延误,或者一条非关键路线因延误而变成关键线路。

3)业主责任分析

结合 CPM 分析结果,进行业主责任分析,主要是为了确定延误是否能索赔费用。若发生在关键线路上的延误是由于业主造成的,则不仅可以索赔工期,而且还可索赔因延误而发生的额外费用,否则,只能索赔工期。若由于业主原因造成的延误发生在非关键线路上,则只能索赔费用。

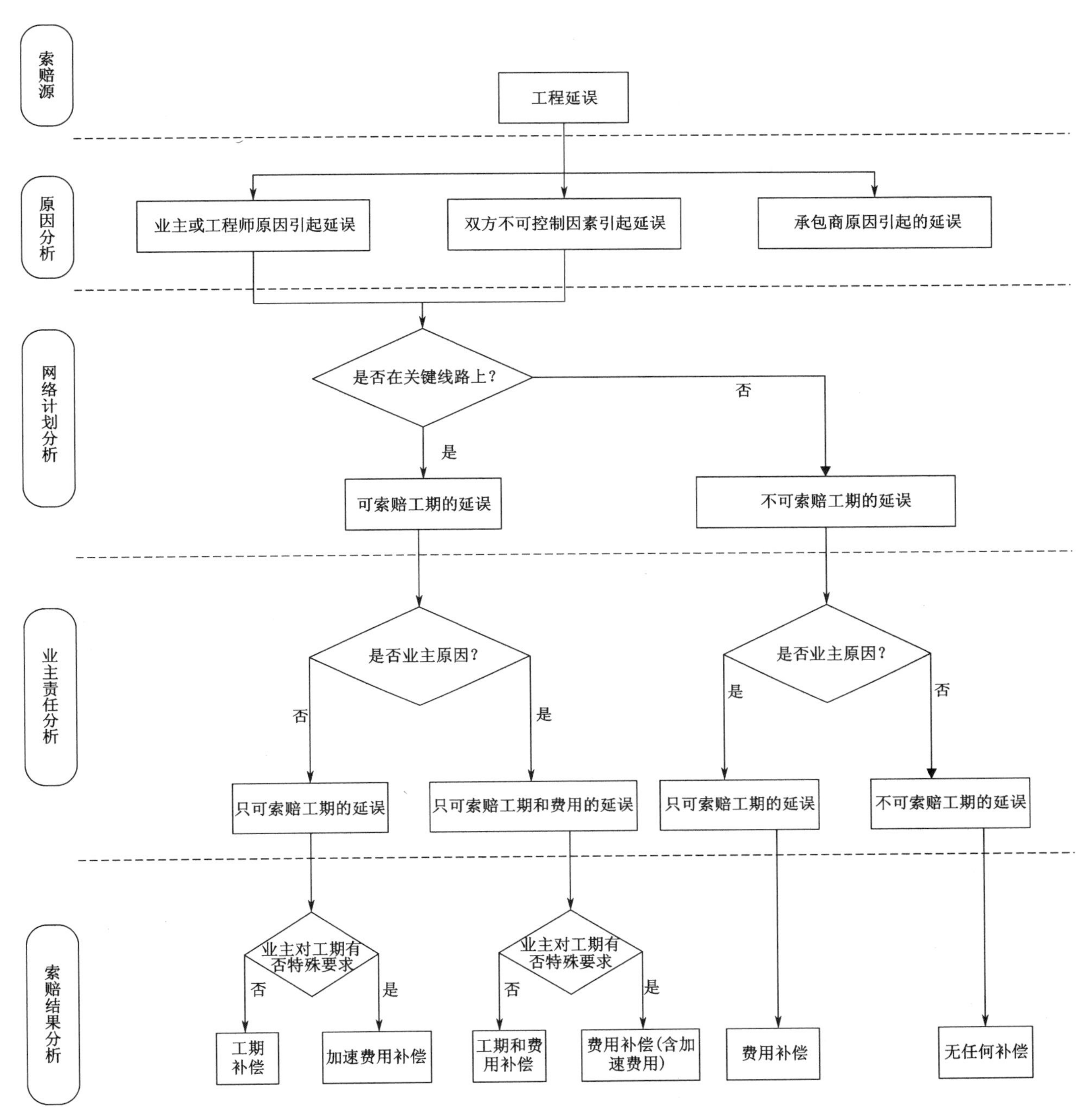

图 6-5-4　工期索赔的分析流程

4)索赔结果分析

在承包商索赔已经成立的情况下,根据业主是否对工期有特殊要求,分析工期索赔的可能结果。如果由于某种特殊原因,工程竣工日期客观上不能改变,即对索赔工期的延误业主也可以不给予工期延长。这时,业主的行为已实质上构成隐含指令加速施工。因而,业主应当支付承包商采取加速施工措施而额外增加的费用,即加速费用补偿。此处费用补偿是指因业主原因引起的延误时间因素造成承包商负担了额外的费用而得到的合理补偿。

而对于特定的工序也可采用施工合同工期影响事件分析表结合甘特图的方式确定延误的工期,如表 6-5-1 和图 6-5-5 所示。

表 6-5-1　加热炉设备基础合同工期影响事件分析表

序号	任务名称	影响事件	对本工序的影响时间	对总工期影响时间	证据	备注
1	加热炉基础	安装加热炉管道的施工内容未在合同中	2007-4-20—2007-4-24 共 5 天	5	施工日志	
2	电缆沟具开工条件	等待变更图纸	2007-5-29—2007-7-6 共 9 天	9	图纸 F54J20－4	
3	电缆沟施工	6 月 10 日准备浇注电缆沟垫层的时候业主通知电缆沟北移 1.3 m，拆除及重新开挖	2007-6-11—2007-6-12 共 2 天	2	项目经理日志	
4		6 月 13 日会议纪要表明南侧电缆沟暂缓施工，变更图纸 6 月 14 日发出，6 月 18 日通知按照原设计施工	2007-6-13—2007-6-19 共 7 天	7	6 月 13 日会议纪要，6 月 18 日会议纪要	
5		6 月 20 日模板完成，由于资金短缺防雷接地线未购进，待 6 月 25 日此材料才到	2007-6-20—2007-6-25 共 6 天	6	日志	
实际工期分析	计算方法	按照关键工序计算，除去业主延误的工期就是有效的工期				
	结果分析	有效施工 80 天，和合同工期一致，但是项目经理给的竣工工期不确定，还有合同内未完工内容				

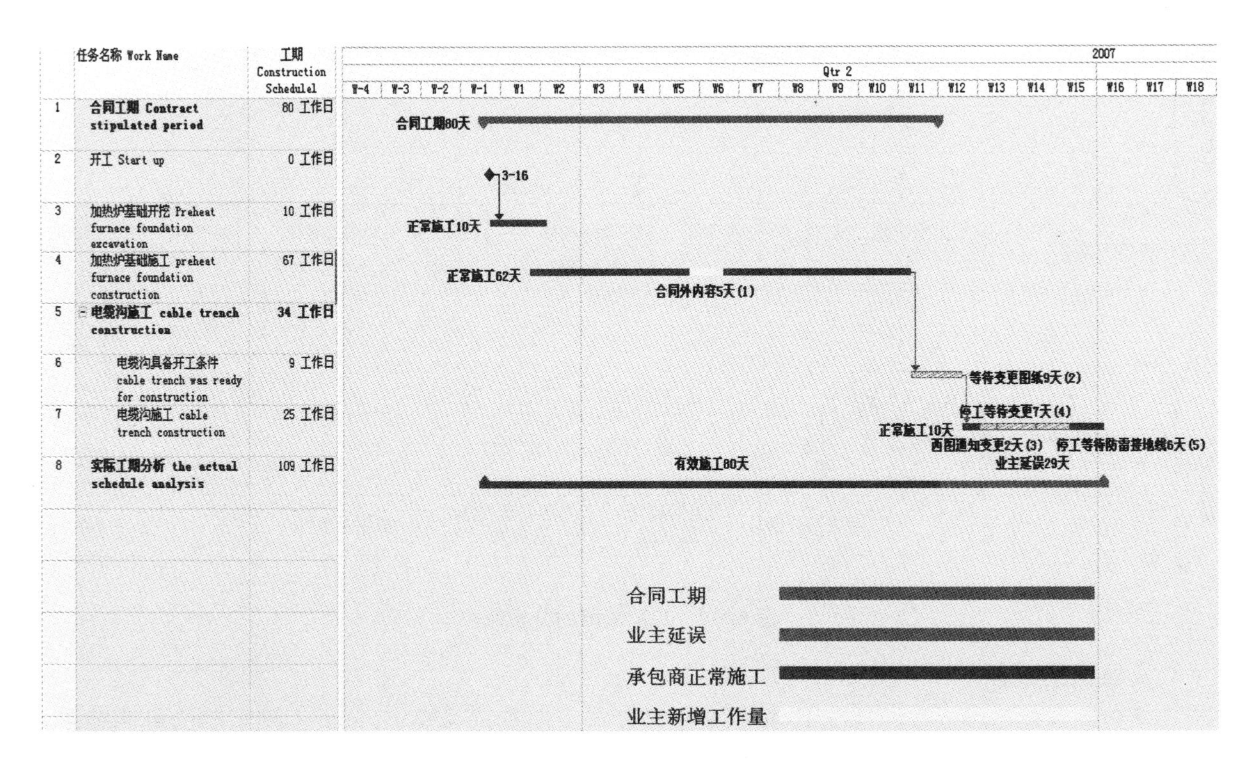

图 6-5-5　加热炉设备基础合同工期甘特图

2. 索赔费用确定

承包商在进行费用索赔时，基本的索赔费用主要包括人工费、材料费、施工机械使用费、企业管理费、现场管理费和利润组成。在工程合同中一般都规定承包商在可以进行利润索赔时的计价范围和取费费率，在此主要讨论前几项的索赔费用计算方法。表 6-5-2 由已有文献总结获得，列举了各种费用索赔的相

关问题，如分类、索赔起因等。

表 6-5-2　工程费用索赔分析表

费用	具体说明	索赔起因	索赔额的确定
人工费	承包商人工费的损失包括额外劳动力雇用费，劳动生产率降低所产生的费用，人员闲置费用，加班工作费用，工资税金，工人的人身保险和社会保险支出等	①额外工程量 ②业主原因造成生产率降低 ③加班工作 ④物价上涨 ⑤工程拖期	①加班费 = 人工单价 × 加班系数 ②额外工作所需人工费 = 合同中的人工单价、计日单价或重新议定之单价 ③劳动效率降低的费用索赔额 =（该项工作实际支出工时 – 该项工作计划工时）× 人工单价
材料费	材料费包括额外的材料使用、材料破坏估价、材料涨价、材料采购运输及保管费等	①材料实际用量大于计划用量 ②材料采购滞后 ③材料价格上涨 ④改变施工方法 ⑤变更工作性质 ⑥库存时间过长 ⑦物价上涨 ⑧额外工作	①材料费索赔 = 材料耗用量增加 + 材料单位成本上涨 ②额外材料使用费 =（实际用料量 – 计划用料量）× 材料单价 ③材料价格上涨费用 =（现行价格 – 基本价格）× 材料量 ④增加的材料运输、采购、保管费用 = 实际费用 – 报价费用
施工机械费	施工机械费包括额外的机械设备使用费，机械设备闲置费，机械设备折旧费和修理费分摊，机械设备租赁费用，机械设备保险费，新增机械设备所发生的采购、运输、维修、燃料消耗费等	①额外工作 ②加速施工 ③机械租赁费上涨 ④不正常使用损耗加大 ⑤暂停施工机械闲置	①机械闲置费 = 机械折旧费 × 闲置时间 ②增加的租赁机械使用费 = 租赁机械实价 × 持续工作时间 ③机械作业效率降低费 = 机械作业发生的实际费用 – 投标报价的计划费用
现场管理费	施工现场管理费是指承包商完成额外工程，索赔事项工作及工期延长期间的土地现场管理费。一般来说，只要发生了直接费索赔，就会产生现场管理费用的进一步索赔	①管理人员工资 ②临时设备搭建 ③通信交通增加	①基本费用 = 人工费 + 施工机械费 + 材料费 + 分包费 ②现场管理费 = 施工现场管理费率 × 基本费用 ③施工现场管理费率 = 施工现场管理费总额/工程基本费用总额 × 100%
总部管理费	总部管理费是工程项目组向其公司总部上缴的一笔管理费，作为总部对该工程项目进行指导和管理工作的费用。在承包商的工程支出中，它是一种相对固定的费用，同时又是一种时间相关成本，它必须从承包商的各工程收入中得到补偿	企业管理费由于直接成本总数的减少而无法摊销，造成了企业管理费损失。总部职工工资，办公大楼、办公用品、财务管理、通信设施，总部领导人员赴工地检查指导工作等	①总部管理费率 = 总部管理费总额/（基本费用 + 施工现场管理费）× 100% ②总部管理费 = 总部管理费率 ×（基本费用 + 施工现场管理费用） ③施工现场管理费率和企业（总部）管理费率，由承包商根据该工程某一时间内的工程进展情况，与工程师协商后决定 ④承包商的管理费 = 施工现场管理费 + 企业（总部）管理费

除了以上规定的直接费、间接费/利润之外，还有利息费用的索赔款计算。

利息就是承包商因占用资金而支付的费用，资金利息的大小取决于利率的高低和资金占用的时间长短。当工程变更、延误，或业主拖延支付工程进度款时，承包商可以提出利息索赔。

承包商进行利息索赔的理由在于：当承包商未能按期（合同规定的结算日期）或按量得到业主应支付的工程款时，承包商不得不先从银行贷款或以自己自有资金垫付支出，来满足工程施工现金流动的需要。

在承包商进行利息索赔时，承包商必须说明以下情况。

(1)额外贷款是因业主或工程师的违约责任直接引起的。

(2)索赔的利息数是该额外贷款直接产生的。

(3)计算利息的利率是合理的。

除此之外还有其他附加费，其他附加费是指不能计入直接费和间接费而工程施工中又实际发生的费用。工程延期主要导致的其他附加费变化有:各种保险费用的上升，因延期造成分包单位的费用损失致使分包单位提出索赔，公司管理费用的增加。

在计算上述费用的索赔值时，建议对保险费采用实际延长时间和费率计算。对分包单位索赔应分两种情况考虑;若分包单位已提出索赔额可按该索赔额计算，若分包单位未提出索赔额，则应按可能提出的合理索赔额计算;对公司管理费可按实际延长时间再协定计算基数和费率计算。

6.5.3.3 不同原因引起索赔的索赔金额的确定

1. 加速施工引起的索赔的索赔金额的组成及计算

承包商加速施工索赔的目标是获得额外费用支出的补偿。加速施工的主要结果是工程能够减少延误时间，因此，加速施工能够部分或全面免除承包商的误期损害赔偿的责任。另外，加速施工索赔也能获得加速施工造成的额外费用的赔偿。加速施工引起的索赔的索赔金额的组成及计算如表 6-5-3 所示。

表 6-5-3 加速施工引起的索赔的索赔金额的组成与计算

索赔事件	可能费用项目	说明	计算基础
加速施工	(1)人工费	①因发包人指令工程加速造成增加劳动力投入，不经济地使用劳动力使生产效率降低 ②节假日加班、夜班补贴	①报价中的人工费单价，实际劳动力使用量，已完成工程中劳动力计划用量 ②实际加班数，合同约定或劳资合同约定的加班补贴费
	(2)材料费	①增加材料的投入，不经济地使用材料 ②因材料需提前交货给材料供应商的补偿 ③改变运输方式 ④材料代用	①实际材料使用量，已完成工程中材料计划使用量，报价中的材料价款或实际价款 ②实际支出 ③材料数量、实际运输价款、合同约定的材料运输方式的价款 ④代用材料的数量差，价款差
	(3)机械设备费	①增加机械使用时间，不经济地使用机械 ②增加新设备的投入	①实际费用、报价中的机械费、实际租金等 ②新设备报价，新设备的使用时间
	(4)管理费	①增加管理人员的工资 ②增加人员的其他费用，如福利费、工地补贴、交通费、劳保、假期补贴等 ③增加临时设施费 ④现场日常管理费支出	①计划用量，实际用量，报价标准 ②实际增加人・月数，报价中的费率标准 ③实际增加量，实际费用 ④实际开支数，原报价中包含的数量
	(6)利润	承包人加速施工应合理获得的利润	按承包人实际应得的利润计算
	(5)其他	分包商索赔	按实际支出计算

2. 工程中断引起的索赔的索赔金额的组成及计算

工程中断指由于某种原因工程被迫全部停工，在一段时间后又继续开工。工程中断给承包商带来人工与机械闲置、保险包含因时间延长带来的手续费增加、贷款利息的增加以及重新组织生成的准备费等。工程中断引起的索赔的索赔金额的组成及计算如表 6-5-4 所示。

表 6-5-4　工程中断引起的索赔的索赔金额的组成与计算

索赔事件	可能费用项目	说明	计算基础
工程中断	(1)人工费	留守人员工资、人员的遣返和重新招雇费，对工人的赔偿等	按实际支出计算
	(2)机械费	设备停工费、额外的进出场费、租赁机械的费用等	实际支出或按合同报价标准计算
	(3)保险、保函、银行手续费		按实际支出计算
	(4)贷款利息		
	(5)其他额外费用	停工、复工所产生的额外费用，工地清理、重新计划、重新安排、重新准备施工等费用	

3. 合同终止引起的索赔的索赔金额的组成及计算

合同终止是指工程建设项目竣工前，当合同终止的条件具备时，因合同当事人一方或双方意思表示，使有效成立的合同效力消灭的行为。合同终止后，业主和承包商之间进行项目清算，若合同终止由不可抗力及业主违约引起，则承包商有权针对损失进行索赔，使承包商获得的利益恢复到如果没有加害行为时所应处的状态。合同终止引起的索赔的索赔金额的组成与计算具体如表 6-5-5 所示。

表 6-5-5　合同终止引起的索赔的索赔金额的组成与计算

索赔事件	可能费用项目	说明	计算基础
合同终止 (1)发包人自行终止 (2)发包人违约终止 (3)不可抗力终止	(1)人工费	遣散工人的费用，给工人的赔偿金，善后处理工作人员的费用	按实际损失计算
	(2)机械费	已交付的机械租金，为机械运行已做的一切物质准备费用，机械作价处理损失(包括未提折旧)，已缴纳的保险费，将机械运出现场的费用等	
	(3)材料费	已购材料、已订购材料的费用损失，材料作价处理损失	
	(4)其他附加费用	分包商索赔，已缴纳的保险费，银行费用、工地管理费损失等	
	(5)工程款	已完成的且其价款在合同中有约定的任何未付工作的应付款额	按实际监理人确定的款额计算
	(6)利润	承包人完成工程应合理获得的利润	按承包人实际的利润损失计算

4. 施工条件变化引起的索赔的索赔金额的组成及计算

现场条件变化是在工程实施过程中，承包商“遇到了一个有经验的承包商不可能预见到的不利的自然条件或人为障碍”，在 56 号中，也被称为“不利物质条件”。因施工条件的变化导致承包商为完成合同要花费计划外的开支，因此，承包商有权提出索赔，其索赔的金额的组成与计算如表 6-5-6 所示。

表 6-5-6　施工条件变化引起的索赔的索赔金额的组成与计算

索赔事件	可能费用项目	说明	计算基础
(1)施工条件变化不可预见的自然物质条件 (2)非自然的物质障碍和污染物	(1)人工费	人工增加费、生产率降低、人工单价上涨	按实际损失计算
	(2)机械费	租赁设备费、自有机械设备使用费、机械台班费上涨	
	(3)材料费	材料用料增加、材料单价上涨	
	(4)其他附加费用	新增分包工程量、分包工程单价上涨	
	(5)管理费	①增加管理人员的工资 ②增加人员的其他费用,如福利费、工地补贴、交通费、劳保、假期补贴等 ③增加临时设施费 ④现场日常管理费支出	
	(6)贷款利息		

5. 工程变更引起的索赔的索赔金额的组成及计算

在索赔事件中,工程变更的比例很大,而且变更的形式较多。工程变更的费用索赔常常不仅涉及变更本身,而且还要考虑到由于变更产生的影响,例如所涉及工期的顺延,由于变更所引起的停工、窝工、返工、低效率损失等。工程变更引起的索赔的索赔金额的组成与计算具体如表 6-5-7 所示。

表 6-5-7　工程变更引起的索赔的索赔金额的组成与计算

索赔事件	可能费用项目	说明	计算基础
工程删减	管理费	因工程项目删减而导致的分摊的管理费的损失	根据删减工程的工程量、综合单价中分摊的管理费率计算
工程质量改变或特性改变	(1)人工费	返工费、新增人工费	按实际支出计算
	(2)材料费	新材料费、新材料与原材料价款的差额	
	(3)机械设备费	返工费、使用新机械设备费	
	(4)管理费		按新综合单价、管理费率和工程量清单计算
	(5)利润	承包人实施新工程特性应合理获得的利润	按承包人实际应得的利润计算
工程标高位置尺寸改变	(1)人工费	返工费、新增人工费	按实际支出计算
	(2)材料费	新材料费、新材料与原材料价款的差额	
	(3)机械费	返工费、使用新机械设备费	
	(4)管理费		按新综合单价、管理费率和工程量清单计算
工程施工顺序或时间的改变	管理费	因可能的工期延长而导致管理费的损失	根据可能延长的工期,综合单价中管理费率计算

6.5.4　方法

6.5.4.1　工期索赔中网络计划分析法的应用

在工期索赔中,网络分析法是一种科学、合理的计算方法,它是通过分析干扰事件发生前后网络计划关键线路之差异来计算工期索赔的,这种方法能够通过合理的分析和计算,使工期索赔处理具有科学性、

严谨性、公正性、合法性，从而维护工程参与主体的合法权益。由于工程项目是一个复杂的系统工程，影响因素众多，使用网络分析技术进行工期索赔、综合分析时具有较大的计算工作量，所以往往需要借助计算机来完成。

6.5.4.2 基于合同状态分析的索赔管理流程

成虎（1995）提出了合同状态的基本概念、合同状态各因素的关系以及合同状态的作用；提出了合同分析的必要性，合同分析的类型以及合同分析的基本要求。其中合同分析的类型包括合同总体分析、合同详细分析以及特殊问题的合同扩展分析。之后又进一步提出合同跟踪的概念，为在索赔管理中引入合同状态分析的工具奠定基础。

1. 合同状态的划分

为便于索赔事件的识别与计算，可以将合同状态划分为合同原始状态、合同理想状态、合同现实状态和合同假想状态四种，如表 6-5-8 所示。

表 6-5-8 合同状态的划分

类别	定义
合同原始状态	合同签订时合同目标、合同条件等方面要素的总和，是合同实施的起点
合同理想状态	从合同初始状态开始，按合同正常规则推理演化出来的合同在某时刻的状态称为该时刻合同的理想状态，合同理想状态是假定合同文件被严格遵守时的一种状态
合同现实状态	在执行合同的过程中，由于各种干扰（如合同目标的变动、合同条件的变化等）的影响，实际的合同状态一般不会是合同的理想状态，而是一种与理想状态有联系但又不同的新的状态，这种由于各种干扰而使合同状态偏离理想状态产生的新的合同状态称为合同的现实状态
合同假想状态	这是为了分析的需要，在原始合同的基础上，人为地加上外界干扰事件的影响，经合理推测得到的一种状态。合同假想状态是从合同原始状态推演而来，在加入了合理的干扰因素后，主要为在合同的实施过程中发生的索赔事件，提供支持

合同状态发生变化的动力来自依据合同条款而制定的工程项目实施方案，工程项目实施方案是经过合同双方同意、认可的。在工程项目的实施方案中，规定了保证合同得以正常进行的人与人、人与事之间的各种关系，定义这些关系为合同正常（情况下的）规则，这些关系的集合就是合同正常规则集合。由于与合同有关的合同目标和合同条件是随时间在不断变化的，所以合同状态是时间的函数，如图 6-5-6 所示。

合同原始状态在大部分情况下并不是合同的最初状态，而是合同执行到某一时刻时双方都认可的现实状态。而目标状态大部分情况下也不是工程项目最终的目标状态，而是工程执行过程中的阶段目标状态。

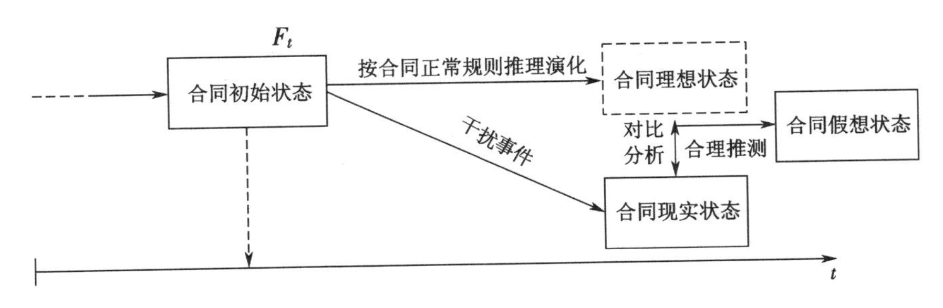

图 6-5-6 合同状态变化演示图

2. 合同状态分析在索赔管理中的应用

在工程实施过程中，承包商根据工程实际进度得到的数据资料，包括成本报表、进度报表、质量报表等，与合同文本、图纸、工程说明等对比，分析是否存在索赔的潜在因素，业主是否负有责任，并根据结果分析是否向业主提出索赔。

从合同状态的角度分析承包商索赔管理的这一行为，可以描述为：在实现工程合同目标的过程中，工程项目合同状态不断地发生着变化。在工程不受到任何干扰的情况下，这时得到的合同状态就是在实施工程前双方认可的合同理想状态。

但是，由于工程项目的实施过程中一般都会存在各种各样的干扰因素，这些干扰因素的作用会使工程合同的状态偏离原始状态，由于合同理想状态与合同现实状态存在一定的差别，于是就产生了索赔机会。承包商应用合同状态分析工具，进行索赔机会识别以及索赔计算的索赔管理流程如图 6-5-7 所示。

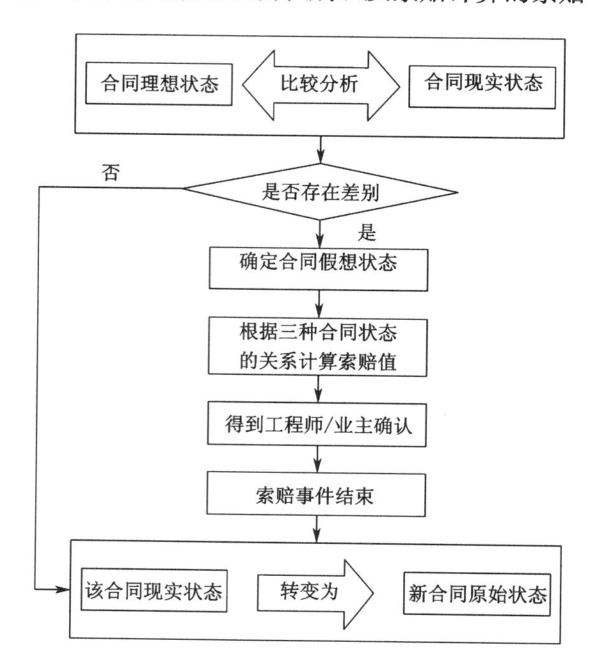

图 6-5-7　基于合同状态分析的索赔管理流程

合同假想状态在加载干扰事件时应该把由承包商承担责任的干扰事件单独分离，即只考虑业主责任的干扰事件，从而能正确反映。通过对原始状态与假想状态的比较，可以清楚地看出业主原因对工程现实状态造成的影响，确定合理的费用补偿和工期延长。

比较合同理想状态、假想状态、现实状态可以得到以下结果。

（1）现实状态和理想状态之差即为工期的实际延长和成本的实际增加量，包括所有因素的影响，如业主责任的、承包商责任的、其他外界干扰的。

（2）假想状态和理想状态结果之差即为按合同规定承包商真正有理由提出工期和费用索赔的部分。它直接可以作为工期和费用的索赔值。

（3）假想状态和现实状态结果之差为承包商自身责任造成的损失和合同规定的承包商应承担的风险。它应由承包商自己承担，得不到补偿。这里还包括承包商投标报价失误造成的经济损失。

因此，承包商在确认三种合同状态之后，就可以根据三种合同状态之间的关系，进行索赔值的计算，求出该索赔事件可以向业主索赔的工期以及费用（包括合理的利润），利用三种合同状态进行计算的过程，如图 6-5-8 所示。

3. 案例说明

1）工程概述

某大型建筑工程，工程招标文件采用 FIDIC1999 施工合同条件，工程报价中某项分项工程的支护模板面积为 285 m^2，支模工作内容包括现场运输、安装、拆除、清理、刷油等，其中该项工程共有工人 10 人，

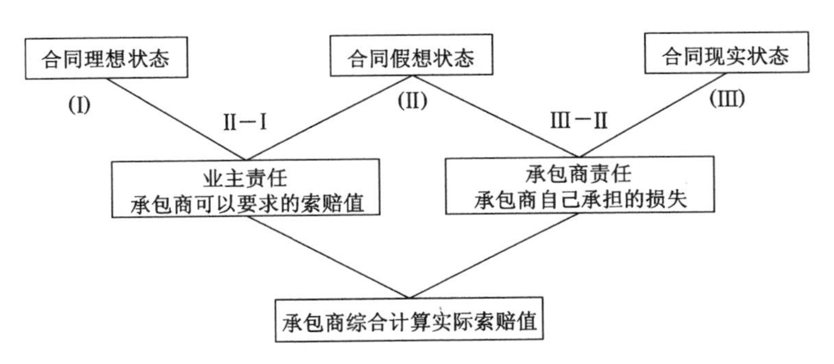

图 6-5-8　利用三种合同状态计算索赔值

工资单价为 40 美元/天，预计 12 天完成该项工作，承包商误期损害赔偿费为 100 美元/天。

2）事态描述

工程建设开始后，业主提出了设计变更的要求，使实际模板支护面积上升到 325 m^2。由于工程师未能及时向承包商提交变更方案，使承包商该项工作暂停 2 天，在复工之后该项工作经过 13 天才完成，在该项工程暂停的 2 天期间，承包商按照每天 10 美元的水平向工人支付了工资。

3）合同状态分析

该项索赔事件的合同状态分析与合同状态的确定如图 6-5-9。

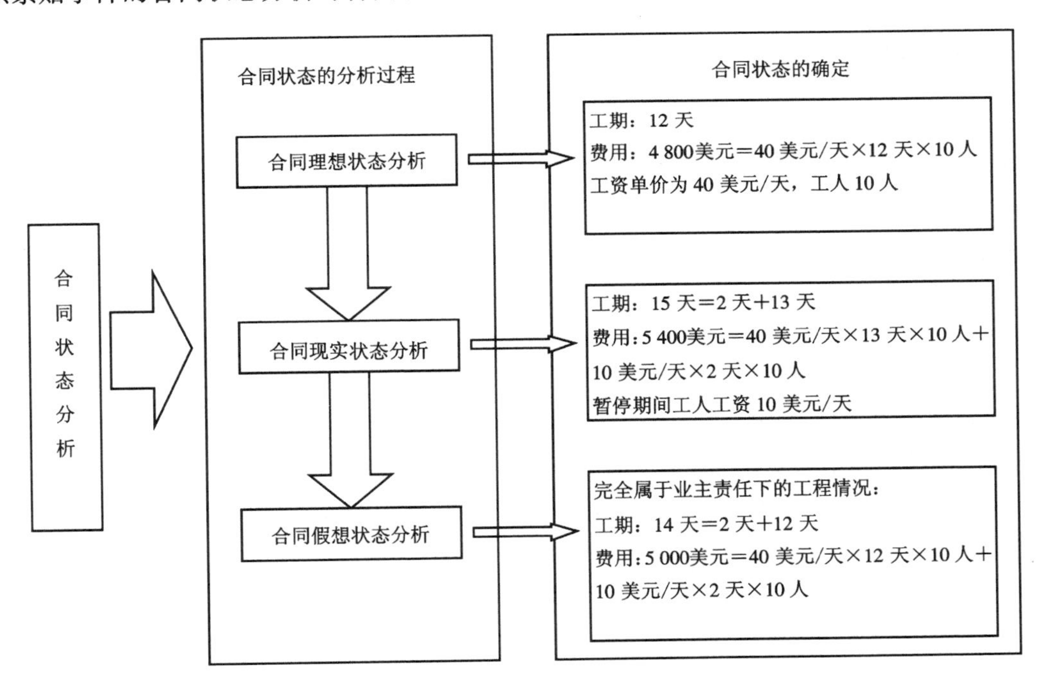

图 6-5-9　案例的合同状态分析

通过对合同状态的分析，可以看出合同现实状态与合同理想状态的数据明显不同，说明工程受到了风险因素的影响，使合同现实状态与合同理想状态之间发生了偏移，出现了承包商索赔的机会。之后，假定该风险因素完全属于业主责任，从合同理想状态中推导出和合同假想状态。

合同理想状、假想状态、现实状态确定之后就可以按照图 6-5-8 的方式进行索赔值计算，该案例的索赔计算过程如图 6-5-10 所示。

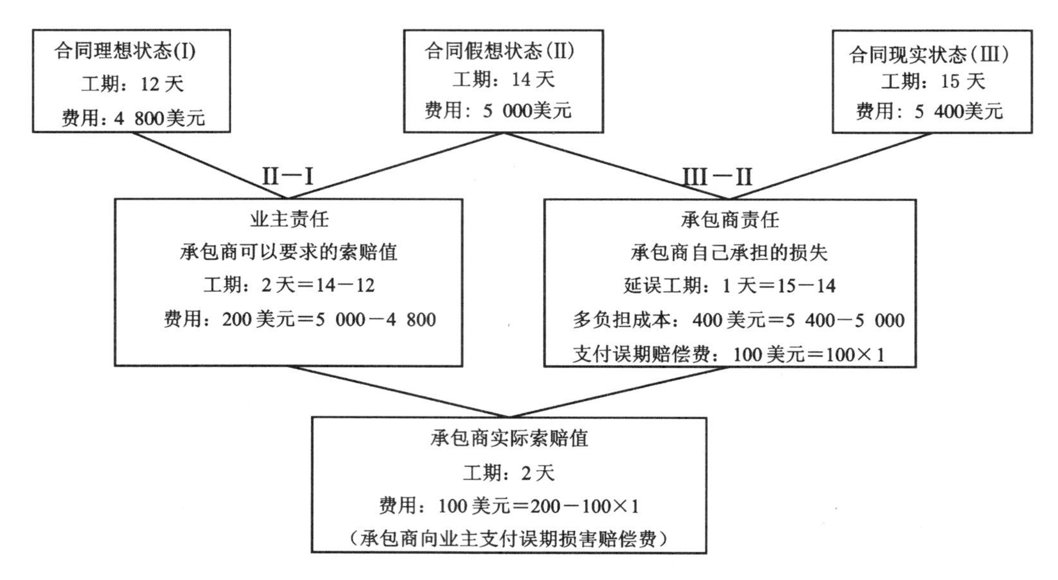

图 6-5-10　案例的承包商索赔值计算

因此，通过合同状态的分析与计算，承包商可以向业主提出延长工期 2 天，同时索赔额外的费用 100 美元。

6.5.5　注意事项

6.5.5.1　索赔小组组建的重要性

索赔是一项复杂细致的工作，涉及面广，需要项目各职能人员和总部各职能部门的配合。对于重大索赔或一揽子索赔必须成立专门的索赔小组，负责具体的索赔处理工作和谈判。索赔小组的构成如图 6-5-11 所示。索赔小组作为一个群体需要全面的知识、能力和经验，主要有如下几个方面。

(1)具备合同法律方面的知识，合同分析、索赔处理方面的知识、能力和经验。有时要请法律专家进行咨询，或直接聘请法律专家参与工作。

(2)具备现场施工和组织计划安排方面的知识、能力和经验。能进行实际施工过程的网络计划编制和关键线路分析，计划网络和实际网络的对比分析；应参与本工程的施工计划的编制和实际的管理工作。

(3)具备工程成本核算和会计财务核算方面的知识、能力和经验。参与该工程报价、工程计划成本的编制，懂得工程成本核算方法，如成本项目的划分和分摊方法等。

(4)具备其他方面的能力，如索赔的计划和组织能力，合同谈判能力、经历和经验，写作能力和语言表达能力。

6.5.5.2　索赔原始资料证据的收集

索赔原始资料证据的准备在很大程度上决定了索赔能否成功，因此原始证据的收集整理就显得尤为重要。资料收集包括表 6-5-9 所示内容。

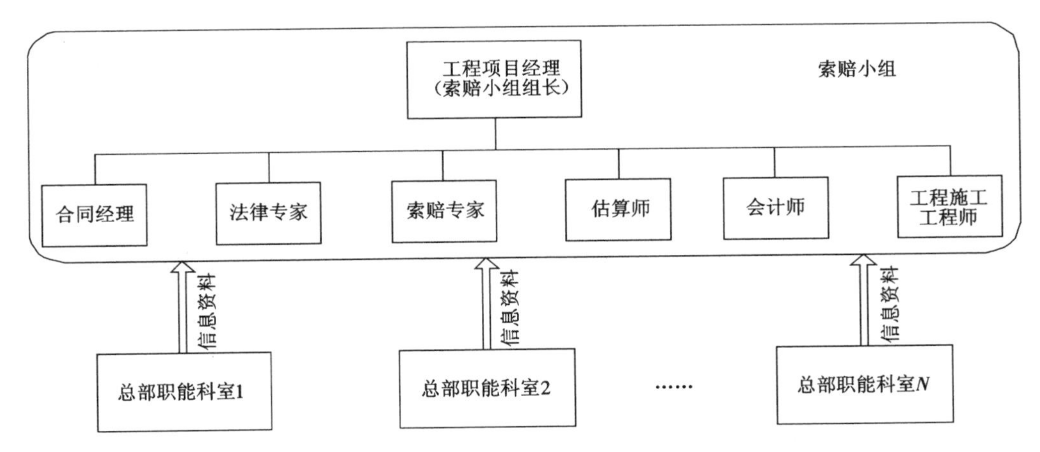

图 6-5-11　索赔小组的构成

表 6-5-9　索赔资料收集一览表

类型＼内容	收集资料内容	
签订合同阶段资料	招标文件	招标文件中约定的工程范围更改、施工技术更换、现场水文地质情况的变化以及招标文件中的数据错误等均可导致索赔
	投标文件	投标文件是索赔重要的依据之一，尤其是其中的工程量清单和进度计划将是费用索赔和工期索赔的重要参考依据
	工程量清单	工程量清单也是索赔的重要依据之一，在工程变更增加新的工作或处理索赔时，可以从工程量清单中选择或参照工程量清单中的单价来确定新项目或者索赔事项的单价或价格
	计日工表	包括有关的施工机械设备、常用材料、各类人员相应的单价作为施工期间业主指令要求承包商实施额外工作所发生费用的依据
	合同条件	包括双方签订的合同与所使用的合同范本两部分，合同中又包括合同协议书、通用合同条件、专用合同条件、规范要求、图纸、其他附件等
	业主要求（在 DB 或 EPC 合同中出现）	业主要求指合同中包括的、列明的工程目标、范围和设计及其他技术标准的文件，以及按合同对此文件所作的任何补充和修改
施工阶段资料	往来信函	业主的工程变更指令、口头变更确认函、加速施工指令、工程单价变更通知、对承包商问题的书面回答等
	会议纪要	标前会议纪要、工程协调会议纪要、工程进度变更会议纪要、技术讨论会议纪要、索赔会议纪要等，并且会议纪要上必须有双方负责人的签字
	现场记录	施工日志、施工检查记录、工时记录、质量检查记录、施工机械设备使用记录、材料使用记录、施工进度记录等。重要的记录如质量检查、验收记录还应有业主或其代表的签字认可
	现场气象记录	每月降水量、风力、气温、河水位、河水流量、洪水位、洪水流量、施工基坑地下水状况、地震、泥石流、海啸、台风等特殊自然灾害的记录
	工程进度计划	批准的进度计划、实际的进度计划
	工程财务记录	工程进度款每月的支付申请表、工人劳动计时卡（或工人工作时间记录）、工资单、设备材料和零配件采购单、付款收据、工程开支月报等
	索赔事件发生时现场的情况	描述性文件、工程照片及声像资料，各种检查检验报告和技术鉴定报告

续表

类型＼内容		收集资料内容
其他资料	相关法律与法规	招标投标法、政府采购法、合同法、公司法、劳动法、仲裁法、工程仲裁规则及有关外汇管理的指令、货币兑换限制、税收变更指令等
	市场信息资料	当地当时的市场价格信息、价格调整决定等价格变动信息，当地政府、行业建设主管部门发布的工程造价指数、物价指数、外汇兑换率（如果有）等市场信息
	先例与国际惯例	以前处理此类索赔问题的先例、处理此类索赔问题的国内和国际惯例，所谓惯例是指在事件中逐渐形成的不成文的准则，是一种不成文的法律规范，最初只被一些国家（地区）使用，后来被大多数国家（地区）接收，成为公认的准则

6.5.5.3　索赔报告编写的注意事项

索赔报告是在索赔事件发生后，由索赔方在一定期限内向被索赔方提出索赔要求的书面文件。被索赔方，或以后的索赔争端调解人、仲裁员都要通过索赔报告了解索赔事件发生、发展的全过程，在此基础上进行谈判或者裁决。索赔报告的质量和水平，对索赔成败至关重要。如果索赔报告逻辑不严谨，对索赔权论证不力、索赔证据不足、索赔款计算有误等，轻则会使索赔结果大打折扣，重则会导致整个索赔失败甚至遭到对方的反索赔。因此，索赔方在编写索赔报告时，应特别周密、审慎地论证与阐述，充分地提供证据资料，对索赔款的计算反复复核。对于款额巨大或技术复杂的索赔事件，必要时可聘请合同专家、律师或技术权威人士担任咨询顾问，以保证索赔取得较为满意的结果。

6.5.5.4　索赔计算的注意事项

1. 慎重选择索赔值的计算方式

索赔事项对成本和费用影响的定量分析和计算是极为困难和复杂的，目前还没有统一认可的计算方法，如停工和窝工损失费用的计算方法还处在讨论阶段。选用不同的计算方法，对索赔值的影响很大，因此，个别项目在合同专用条款中直接规定了索赔值的计算方法。

对于没有明确规定赔偿方法的合同，承包商在索赔值计算前，应专门讨论计算方法的选用问题。这需要技巧和实际工作经验，最好请这方面的专家咨询。在重大索赔项目的计算过程中，要按不同的计算方法，比较计算结果，分析各种计算方法的合理性和业主接受可能性的大小。这一点在实际操作过程中极为重要。

计算方法选择要遵循以下原则。

（1）合理原则：即符合工程实际，符合合同、预算、财务、法律等方面的规定，符合一般惯例，容易被项目法人和监理工程师接受。

（2）有利原则：如果选用不利的计算方法，使得索赔值计算过低，会使自己的实际损失得不到应有的赔偿。

（3）留有余地：即应考虑索赔最终解决的让步。

通常，在索赔的最后解决中，承包商常常用降低索赔要求，以争取对方对索赔的认可，而业主往往通过分析承包商索赔报告中的薄弱环节和抓住承包商工程中的问题进行反索赔，因此，通常的策略有以下两种。

（1）有固定计算基础或标准的费用项目，一般不能扩大它的计算值，如工程的增加量不能随意改变。

（2）按实际费用支出计算的索赔费用项目，有较大余地的，通常可以将承包商自己的失误和风险范围的损失计算进去，业主对承包商实际费用开支的审核和鉴别是比较困难的，如加速施工索赔值的计算可以略有扩大。

2. 合理确定索赔金额的大小

索赔金额大小的确定，是一项非常复杂而又至关重要的工作。确定索赔金额必须综合考虑多方面的因素，绝不能单纯从某一个方面（如预算）下结论，确定前必须多次召开专门的会议，汇总分析各方面的情况，在合理的范围内确定索赔的最大金额。

在确定某一索赔事件的索赔金额时，首先要考虑承包商的实际损失，同时系统考虑以下因素：

(1)发包方和监理方的心态；

(2)项目概算的执行情况及可能的调概情况；

(3)索赔证据的掌握程度；

(4)项目部的财务情况；

(5)业主的资金情况；

(6)公共关系情况；

(7)考虑索赔的阶段性；

(8)其他因素。

6.5.6 成果文件

6.5.6.1 格式

1. 索赔报告格式

××××公司×××项目索赔报告

一、总论部分

(一)序言

(二)索赔事件

(三)索赔要求

1. 费用索赔要求

2. 工期延长要求

(四)索赔报告编写及审核人员

二、合同引证部分

(一)索赔事件的处理过程

(二)索赔通知书的发出时间

(三)索赔的法律及合同依据

1. 相关法律规定

2. 相关合同依据

三、索赔款额计算部分

四、证据资料列表

2. 索赔费用申请格式

(1)费用索赔申请表；

(2)索赔费用汇总表；

(3)索赔费用计算明细表（分部分项工程量清单与计价表、工程量清单综合单价分析表、措施项目清单与计价表(一)、措施项目清单与计价表(二)、其他项目清单与计价汇总表、计日工表、综合单价分析表、索赔与现场签字计价汇总表）。

3. 索赔费用审核格式

(1)费用索赔审批表；

(2)索赔费用汇总表;
(3)索赔费用计算明细表(同上)。

6.5.6.2 表格

(1)费用索赔申请表见表6-5-10。

表6-5-10 费用索赔申请表

<table>
<tr><td rowspan="2">工程名称</td><td rowspan="2"></td><td>编号</td><td></td></tr>
<tr><td>日期</td><td></td></tr>
<tr><td colspan="4">致________(监理单位)
根据施工合同___条_款的约定,由于________的原因,我方要求索赔金额(大写)________元,请予以批准。
附件:
1. 索赔的详细理由及经过
2. 索赔金额的计算
3. 证明材料

专业承包单位________________ 项目经理/责任人________
施工总承包单位________________ 项目经理/责任人________</td></tr>
</table>

(2)索赔费用汇总表见表6-5-11。

表6-5-11 索赔费用汇总表

工程名称: 第1页 共1页

<table>
<tr><td rowspan="2">序号</td><td rowspan="2">单项工程名称</td><td rowspan="2">金额(元)</td><td colspan="2">其中</td></tr>
<tr><td>安全文明施工费(元)</td><td>规费(元)</td></tr>
<tr><td></td><td></td><td></td><td></td><td></td></tr>
<tr><td colspan="2">合　计</td><td></td><td></td><td></td></tr>
</table>

(3)索赔费用计算明细表包括以下内容。
①分部分项工程量清单与计价表,同第5章5.3节表5-3-6。
②工程量清单综合单价分析表,同第5章5.4节表5-4-13。
③措施项目清单与计价表(一),同第5章5.3节表5-3-7。
④措施项目清单与计价表(二),同第5章5.3节表5-3-8。
⑤其他项目清单与计价汇总表,同第5章5.3节表5-3-9。
⑥计日工表,同第5章5.3节表5-3-13。

(4)索赔与现场签证计价汇总表见表6-5-12。

表6-5-12 索赔与现场签证计价汇总表

工程名称： 标段： 第 页共 页

序号	签证及索赔项目名称	计量单位	数量	单价(元)	合价(元)	索赔及签证依据

(5)费用索赔审批表见表6-5-13。

表6-5-13 费用索赔审批表

工程名称		编号	
致______________(施工总承包/专业承包单位) 根据施工合同___条__款的约定，你方提出的__________费用索赔申请(第___号)，索赔(大写)__________元，经我方审核评估： 不同意此项索赔 同意此项索赔，金额为(大写)_____元。 同意/不同意索赔的理由： 索赔金额的计算： 监理单位______________ 总监理工程师___________ 日　期_______________			

6.5.6.3 工作底稿

工作底稿包括以下内容。

(1)工程量计算表，同第4章4.3节表4-3-12。

(2)定额子目工程量计算表，同第4章4.3节表4-3-13。

(3)询价记录表，同第4章4.3节表4-3-14。

(4)钢筋翻样表，同第4章4.4节表4-4-26。

(5)清单工程量汇总表，同第5章5.3节表5-3-17。

(7)现场签证单，同第6章6.4节表6-4-6。

(6)索赔意向通知书见表6-5-14。

表 6-5-14　索赔意向通知书

<table>
<tr><td>工程名称</td><td></td><td>编号</td><td></td></tr>
<tr><td colspan="4">致____________（监理单位）
事由：

根据施工合同____条__ 款的约定，我方将保留提出费用和工期补偿的权利。
附件：
相关证明材料

专业承包单位________________　　项目经理/责任人____________
施工总承包单位________________　　项目经理/责任人____________</td></tr>
</table>

6.5.7　工程索赔的审核

施工索赔审核的要点如下：

(1)审查施工索赔的要求是否真实、合理、合规；

(2)审查施工索赔发生的原因是否明确；

(3)审查施工索赔的程序是否合规；

(4)审查施工索赔的金额是否适当，支付是否及时。

第7章

竣工阶段

7.1 概述

按照我国建设程序的规定，竣工验收是建设工程的最后阶段，是建设项目施工阶段和保修阶段的中间过程，是全面检验建设项目是否符合设计要求和工程质量检验标准的重要环节，审查投资使用是否合理的重要环节，是投资成果转入生产或使用的标志。只有经过竣工验收，建设项目才能实现由承包人管理向发包人管理的过渡。它标志着建设投资成果投入生产或使用，对促进建设项目及时投产或交付使用、发挥投资效果、总结建设经验有着重要的作用。

在工程竣工验收合格后，承包人应编制竣工结算提交发包人审核。发包人在规定时间内详细审核承包人编报的结算文件及其相关资料，出具审核结论。审定的结算经发、承包人签字盖章确认后作为经济性文件，成为双方结清工程价款的直接依据。

竣工决算是以实物数量和货币指标为计量单位，综合反映竣工项目从筹建开始到项目竣工交付使用为止的全部建设费用、投资效果和财务情况的总结性文件，是竣工验收报告的重要组成部分。竣工决算是正确核定新增固定资产价值、考核分析投资效果、建立健全经济责任制的依据，是反映建设项目实际造价和投资效果的文件。通过竣工决算，既能够正确反映建设工程的实际造价和投资结果；又可以通过竣工决算与概算、预算的对比分析，考核投资控制的工作成效，为工程建设提供重要的技术经济方面的基础资料，提高未来工程建设的投资效益。

7.2 竣工结算的编制

7.2.1 依据

竣工结算编制的依据有以下方面：

(1)国家有关法律、法规、规章制度和相关的司法解释；

(2)国务院建设行政主管部门以及各省、自治区、直辖市和有关部门发布的工程造价计价标准、计价办法、有关规定及相关解释；

(3)施工发承包合同、专业分包合同及补充合同，有关材料、设备采购合同；

(4)招投标文件，包括招标答疑文件、投标承诺、中标报价书及其组成内容；

(5)工程竣工图或施工图、施工图会审记录，经批准的施工组织设计以及设计变更、工程洽商和相关会议纪要；

(6)经批准的开、竣工报告或停工、复工报告；

(7)建设工程工程量清单计价规范或工程预算定额、费用定额及价格信息、调价规定等；

(8)工程预算书；

(9)影响工程造价的相关资料;

(10)结算编制委托合同。

7.2.2 程序

工程结算应按准备、编制和定稿三个工作阶段进行,并实行编制人、校对人和审核人分别署名盖章确认的内部审核制度。

1. 结算编制准备阶段

(1)收集与工程结算编制相关的原始资料;

(2)熟悉工程结算资料内容,进行分类、归纳、整理;

(3)召集相关单位或部门的有关人员参加工程结算预备会议,对结算内容和结算资料进行核对与充实完善;

(4)收集建设期内影响合同价格的法律和政策性文件。

2. 结算编制阶段

(1)根据竣工图、施工图以及施工组织设计进行现场踏勘,对需要调整的工程项目进行观察、对照、必要的现场实测和计算,做好书面或影像记录;

(2)按既定的工程量计算规则计算需调整的分部分项、施工措施或其他项目工程量;

(3)按招标文件、施工发承包合同规定的计价原则和计价办法对分部分项、施工措施或其他项目进行计价;

(4)对于工程量清单或定额缺项以及采用新材料、新设备、新工艺的,应根据施工过程中的合理消耗和市场价格,编制综合单价或单位估价分析表;

(5)工程索赔应按合同约定的索赔处理原则、程序和计算方法,提出索赔费用,经发包人确认后作为结算依据;

(6)汇总计算工程费用,包括编制分部分项费、施工措施项目费、其他项目费、零星工作项目费或直接费、间接费、利润和税金等表格,初步确定工程结算价格;

(7)编写编制说明;

(8)计算主要技术经济指标;

(9)提交结算编制的初步成果文件待校对、审核。

3. 结算编制定稿阶段

(1)由结算编制受托人单位的部门负责人对初步成果文件进行检查、校对;

(2)由结算编制受托人单位的主管负责人审核批准;

(3)在合同约定的期限内,向委托人提交经编制人、校对人、审核人和受托人单位盖章确认的正式结算编制文件。

7.2.3 内容

在收集并整理完竣工结算资料之后,就进入了竣工结算的编制工作。工程结算一般经过发包人或有关单位验收合格后方可进行。其编制内容与编制要求如表 7-2-1 所示。

表 7-2-1　竣工结算的编制内容与编制要求

<table>
<tr><th>编制内容</th><th>编制要求</th></tr>
<tr><td rowspan="7">根据2008《计价规范》，竣工结算编制的主要内容有：
1. 工程项目的所有分部分项工程量以及实施工程项目采用的措施项目工程量；为完成所有工程量并按规定计算的人工费、材料费和设备费、机械费、间接费、利润和税金
2. 分部分项和措施项目以外的其他项目所需计算的各项费用</td><td>工程结算应以施工承发包合同为基础，按合同约定的工程价款调整方式对原合同价款进行调整</td></tr>
<tr><td>工程结算应核查设计变更、工程洽商等工程资料的合法性、有效性、真实性和完整性。对有疑义的工程实体项目，应视现场条件和实际需要核查隐蔽工程</td></tr>
<tr><td>建设项目由多个单项工程或单位工程构成的，应按建设项目划分标准的规定，将各单项工程或单位工程竣工结算汇总，编制相应的工程结算书，并撰写编制说明</td></tr>
<tr><td>实行分阶段结算的工程，应将各阶段工程结算汇总，编制工程结算书，并撰写编制说明</td></tr>
<tr><td>实行专业分包结算的工程，应将各专业分包结算汇总在相应的单项工程或单位工程结算内，并撰写编制说明</td></tr>
<tr><td>工程结算编制应采用书面形式，有电子文本要求的应一并报送与书面形式内容一致的电子版本</td></tr>
<tr><td>工程结算应严格按工程结算编制程序进行编制，做到程序化、规范化，结算资料必须完整</td></tr>
</table>

7.2.4　方法

1. 竣工结算的计算方法

工程量清单计价法常采用单价合同的合同计价方式，工程量清单的合同价由分部分项工程费、措施项目费、其他项目费、规费、税金组成。根据2008《计价规范》4.8.6条，在竣工结算阶段中，各种费用的计算方法如图7-2-1所示。

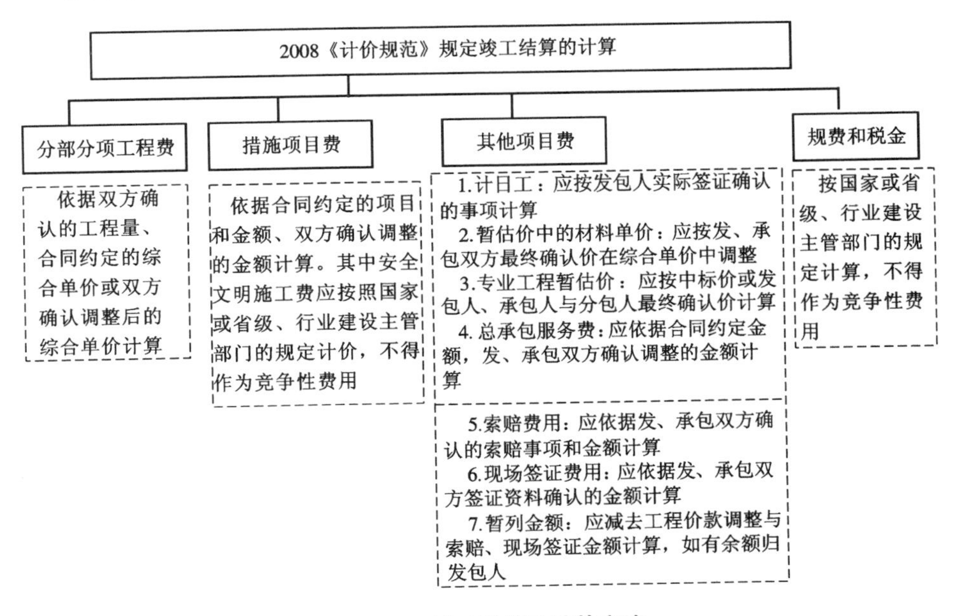

图 7-2-1　竣工结算的计算方法

2008《计价规范》中对竣工结算的有关编制要求、内容、步骤及计算方法等方面的规定，是进行竣工结算编制工作的基础。进行竣工结算的工作人员，首先要掌握与竣工结算有关的各种规定，熟悉各种费用的计算方法，这是做好竣工结算工作的重要前提。

2. 竣工结算的编制方法

在工程量清单计价模式下，竣工结算的编制是采取投标合同价加变更签证的方式进行计算。即以合同标价（中标价格）为基础，增加的项目应另行经发包方签证，对签证的项目内容进行详细费用计算，将计算的结果加入到合同标价中，即为该工程结算总造价。

工程竣工结算的编制应是建立在施工合同的基础上，不同合同类型采用的编制方法应不同。常用的合同类型有固定价格合同、可调价格合同和成本加酬金合同三种方式。固定价格合同又分为总价合同和单价合同，此两种形式在工程量清单计价模式下经常使用，这两种合同形式的竣工结算编制方法如下。

1）固定总价合同方式

采用总价合同的，应在合同价基础上对设计变更、工程洽商、暂估价以及工程索赔、工期奖罚等合同约定可以调整的内容进行调整（竣工结算价 = 合同价 ± 设计变更洽商 ± 现场签证 ± 暂估价调整 ± 工程索赔 ± 奖罚费用 ± 价格调整）。

2）固定单价合同方式

采用固定单价合同的，除了对设计变更、工程洽商、暂估价以及工程索赔、工期奖罚等合同约定可以调整的内容进行调整外，还应对合同内的工程量进行调整（竣工结算价 = 调整后合同价 ± 设计变更洽商 ± 现场签证 ± 暂估价调整 ± 工程索赔 ± 奖罚费用 ± 价格调整）。合同内的分部分项工程量清单及措施项目工程量清单中的工程量应按招标图纸进行重新计算，按重新计算后的工程量根据合同约定调整原合同价格，并计取规费和税金；固定单价合同中的其他项目调整同固定总价合同。

从工程价款的调整和2008《计价规范》中的各项费用构成来考虑竣工结算编制时，清单计价模式工程造价的组成内容有分部分项工程费、措施项目费、其他项目费、规费和税金，而相应的工程价款若进行调整，应从五个方面进行，见表7-2-2。

表7-2-2　竣工结算中的费用项目的调整方法

结算费用项目	结算项目的具体调整方法
（1）分部分项工程费的调整	分部分项工程费应依据双方确认的工程量、合同约定的综合单价计算；如发生调整的，以发、承包双方确认调整的综合单价计算。调整数额的确定，一方面是工程量变更的调整办法，另一方面是合同中的综合单价因工程量变更需调整 由于工程量清单的误差和设计变更的“量差”，2008《计价规范》规定：“招标人提供的工程量清单有误或漏项以及设计变更引起的新的工程量清单项目或清单项目工程数量的增减，经发包人签字认可后，结算时，均应按实调整。”施工中应注意收集并保留工程变更的证明材料 对于工程量变更综合单价的确定，规定如下：第一，工程量清单漏项或设计变更引起的新的工程量清单项目，其相应综合单价由承包人提出，发包人确认后作为结算的依据。第二，工程量清单的数量有误或设计变更引起的工程量增减属于合同约定幅度以内，执行原有综合单价；属于合同约定幅度以外的，其增加部分的工程量或减少后剩余部分的工程量的综合单价由承包人提出，发包人确认后作为结算的依据 采用固定总价的合同方式，原合同价格范围内的价格应固定不变。在设计变更、洽商过程中，分部分项工程费中的工程量按清单计价规范的计算规则进行计算，综合单价原合同中有的单价按原单价执行；合同中有类似单价的，可以参照类似单价；原合同中没有的，应按合同约定重新组合综合单价

续表

结算费用项目	结算项目的具体调整方法
(2)措施项目费的调整	实行清单计价的一个最重要的特点就是实体性费用与措施费的分离,措施费更要能体现企业实际水平 2008《计价规范》4.8.5 条规定:措施项目费应依据合同约定的项目和金额计算;如发生调整的,以发、承包双方确认的金额计算,其中安全文明施工费应按本规范第 4.1.5 条的规定计算 对于承包人来说,措施费的范围完全由投标人决定,而措施费的报价具有包干性。但是由于工程量的变更,会造成一定的费用损失,承包人提出索赔要求,与发包人协商确认后,发包人要给予补偿。在工程量清单中,由于工程量的变更或其他适当的原因造成承包人措施费的损失可以给予补偿,实质上这给措施费的价格带来较大的弹性,甚至可能使原来措施费报价在一定程度上失去意义。因此,对于业主,要做到在招标文件和合同条件中明确工程量变更引起措施费调整的范围,约定范围外措施费在结算时不得调整,属承包人报价风险,这样结算起来就比较方便 另外,分部分项工程量(工程实体部分)的数量变化,会引起施工组织措施费因计算基数的变化而改变。因为工程实体的数量与措施费用直接相关。因此在工程签订合同时,其一,可以约定施工组织措施费作相应调整;其二,分部分项工程量的数量变化,组织措施费不得调整,这样结算起来比较方便 在设计变更、洽商过程中,合同约定变更洽商引起的措施费用可以调整应按实进行调整
(3)其他项目的调整	施工过程中发生的现场签证,按合同约定应进行调整,工程量按实际发生工程进行计算,综合单价可按计时工中的合同综合单价计算,合同中没有的应按承发包双方确认的价格计算,签证费用也按国家规定计取规费和税金 暂估价分为暂估材料设备单价和专业分包暂估价,专业分包暂估价竣工结算时,按原招标时给定的暂估价与实际确认价格计算差额,差额部分根据合同约定计取规费和税金;暂估材料设备竣工结算时,单价按原招标时给定的暂估价与实际确认价格计算差额,数量按工程量清单给定的工程量与消耗量定额中的消耗量的乘积计算,合同约定只计取规费和税金的,此部分调整费用应计算规费和税金;暂估价部分费用的调整,通常会引起总承包服务费的计算基数发生改变,如合同约定计算发生改变时可以调整总承包服务费的应进行调整 由于发包方未履行合同义务,或发生了应由发包方承担的风险而导致承包人的损失。如发包方交付图纸技术资料、场地、道路等时间的延误,与勘探报告不符的地质情况,发生了恶劣的气候条件(洪水、战争、地震),业主推迟支付工程款,第三方的原因导致的承包人的损失(如设计、指定分包),甲供材料的缺陷,设计错误导致的施工损失、业主要求赶工、业主原因导致的延期等,承包人应根据实际情况计取索赔费用,并提供相关证明资料。如因承包人原因导致业主遭受损失,业主应向承包人提出索赔 实际人工、材料、机械单价超过合同约定风险范围的,应根据合同约定进行调整,调整的方式按合同约定执行,合同没有约定的参照政府相关文件执行,超出风险范围的工程量应按实际工程量进行计算,价格调整部分费用应按合同约定计算规费和税金 其他费用调整主要指由于政策性变化而引起的费用调整或投标时的优惠承诺等,政策性变化而引起的费用调整应按合同约定参照文件进行调整
(4)规费与税金	分部分项工程量(工程实体部分)的数量变化,导致分部分项工程费和措施费的变化,从而引起规费和税金计算基数的变化。因为工程实体和措施费用的价值与规费和税金的确定有关,前者为后者的计算基础。因此在工程签订合同时约定规费和税金应作相应调整 采用固定总价的合同方式,原合同价格中包含暂列金额结算时应扣除。在设计变更、洽商过程中,规费、税金按国家相关规定计取

7.2.5 注意事项

(1)应注重竣工结算资料的收集、整理,竣工结算资料是保证竣工结算造价的基础,同时完整的结算资料能够加快竣工结算的时间,并可以减少结算纠纷。为了更好地做好结算资料的收集与整理,对于建设管理单位来说,应设立工程竣工资料管理办公室,并由熟悉的专业、专职人员负责此项工作。

(2)竣工结算造价的计价应严格按合同约定的原则进行,合同中没有约定的应参照计价规定进行计算,不应仅仅注重结算总造价,还应做到每个分项的结算造价准确,避免错算、漏算。

(3)竣工结算造价是合同承包范围内的全部结算价款(包含索赔价款及相关分包价款),不含在竣工结算价款的相关费用应进行说明。

(4)应注重合同约定的结算编制时间,应在约定的时间内编制竣工结算书,并随完整结算资料一并提交建设单位审核,避免由于未及时提交竣工结算而产生不利影响。

7.2.6 成果文件

7.2.6.1 格式

(1)工程结算书封面,包括工程名称、编制单位和印章、日期等。

(2)签署页,包括工程名称,编制人、审核人、审定人姓名和执(从)业印章,单位负责人印章(或签字)等。

(3)目录。

(4)工程结算编制说明。

(5)工程结算相关表,包括:

①工程结算汇总表;

②单项工程结算汇总表;

③单位工程结算汇总表;

④分部分项(措施、其他、零星)工程结算表(分部分项工程量清单与计价表、工程量清单综合单价分析表、措施项目清单与计价表(一)、措施项目清单与计价表(二)、其他项目清单与计价汇总表、专业工程结算计价表、总承包服务费计价表、计日工表、综合单价分析表、索赔与现场签字计价汇总表)。

(6)必要的附件(如工程变更单、价格确认单等)。

7.2.6.2 表格

(1)工程结算封面格式见表7-2-4。

表7-2-4 工程结算封面格式

(工程名称) 工程结算 档 案 号: (编制单位名称) (工程造价咨询单位执业章) 年 月 日

(2)工程结算签署页格式见表7-2-5。

表7-2-5 工程结算签署页格式

(工程名称)
工程结算
档 案 号:

编 制 人:__________ [执业(从业)印章]__________
审 核 人:__________ [执业(从业)印章]__________
审 定 人:__________ [执业(从业)印章]__________
单位负责人:______________________________

(3)工程结算汇总表格式见表7-2-6。

表7-2-6 工程结算汇总表

工程名称:　　　　　　　　　　　　　　　　　　　　　　　第　页共　页

序号	单项工程名称	金额(元)	备注
	合计		

编制人:　　　　　　　　审核人:　　　　　　　　审定人:

(4)单项工程结算汇总表格式见表7-2-7。

表7-2-7 单项工程结算汇总表

单项工程名称:　　　　　　　　　　　　　　　　　　　　　第　页共　页

序号	单位工程名称	金额(元)	备注
	合计		

编制人:　　　　　　　　审核人:　　　　　　　　审定人:

(5)单位工程结算汇总表格式见表7-2-8。

表7-2-8 单位工程结算汇总表

单位工程名称:　　　　　　　　　　　　　　　　　　　　　第　页共　页

序号	专业工程名称	金额(元)	备注
1	分部分项工程费合计		
2	措施项目费合计		
3	其他项目费合计		
4	零星工作费合计		
	合计		

编制人:　　　　　　　　审核人:　　　　　　　　审定人:

(6)分部分项工程量清单与计价表,同第5章5.3节表5-3-6。
(7)工程量清单综合单价分析表,同第5章5.4节表5-4-13。
(8)措施项目清单与计价表(一),同第5章5.3节表5-3-7。
(9)措施项目清单与计价表(二),同第5章5.3节表5-3-8。
(10)其他项目清单与计价汇总表,同第5章5.3节表5-3-9。

(11)专业工程结算计价表,同第6章6.4节表6-4-14。
(12)总承包服务费计价表,同第5章5.3节表5-3-14。
(13)计日工表,同第5章5.3节表5-3-13。
(14)索赔与现场签字计价汇总表,同第6章6.5节表6-5-12。

7.2.6.3 工作底稿

(1)工程量计算表,同第4章4.3节表4-3-12。
(2)定额子目工程量计算表,同第4章4.3节表4-3-13。
(3)询价记录表,同第4章4.3节表4-3-14。
(4)钢筋翻样表,同第4章4.3节表4-4-26。
(5)清单工程量汇总表,同第5章5.3节表5-3-17。
(6)现场签证单,同第6章6.4节表6-4-6。
(7)索赔意向通知书,同第6章6.5节表6-5-14。
(8)费用索赔审批表,同第6章6.5节表6-5-13。
(9)索赔费用汇总表,同第6章6.5节表6-5-11。
(10)工程设计变更通知单,同第6章6.4节表6-4-3。
(11)工程洽商记录,同第6章6.4节表6-4-4。
(12)工程变更费用报审表或变更费用申请(核准)表,同第6章6.4节表6-4-8。
(13)价款调整费用汇总表,同第6章6.4节表6-4-9。
(14)价格调整报审表,同第6章6.4节表6-4-10。
(15)价款调整汇总表同第6章6.4节表6-4-9。
(16)人工、材料、机械价差调整汇总表,同第6章6.4节表6-4-11。
(17)价格确认单,同第6章6.4节表6-4-12。
(18)价款调整汇总表,同第6章6.4节表6-4-9。
(19)专业工程结算汇总表,同第6章6.4节表6-4-14。
(20)总承包服务费计价表,同第5章5.3节表5-3-14。
(21)材料暂估价价差调整汇总表,同第6章6.4节表6-4-15。

7.3 竣工结算的审核

7.3.1 依据

根据《建设项目工程结算编审规程》(CECA/GC 3—2007)的规定,建设工程结算审查依据主要有:
(1)工程结算审查委托合同和完整、有效的工程结算文件;
(2)国家有关法律、法规、规章制度和相关的司法解释;
(3)国务院建设行政主管部门以及各省、自治区、直辖市和有关部门发布的工程造价计价标准、计价办法、有关规定及相关解释;
(4)施工发承包合同、专业分包合同及补充合同,有关材料、设备采购合同,招投标文件(包括招标答疑文件、投标承诺、中标报价书及其组成内容);
(5)工程竣工图或施工图、施工图会审记录,经批准的施工组织设计以及设计变更、工程洽商和相关会议纪要;

(6)经批准的开、竣工报告或停、复工报告；
(7)建设工程工程量清单计价规范或工程预算定额、费用定额及价格信息、调价规定等；
(8)工程结算审查的其他专项规定；
(9)影响工程造价的其他相关资料。

7.3.2 程序

根据财政部、建设部和中国建设工程造价管理协会关于结算编审规程的相关规定，并结合工作实际，竣工结算应按以下程序执行：

(1)签订业务约定书并获取相关资料；
(2)委派项目审计负责人；
(3)审阅资料；
(4)制订审计工作计划及实施方案，报审计机构负责人批准；
(5)现场勘查；
(6)召开审核前协调会议；
(7)核对工程量，确定材料价格；
(8)套项取费后形成初步意见；
(9)报专业组负责人或造价工程师审核；
(10)向委托方通报初步意见；
(11)将审核后初步意见与施工方公开见面，达成共识后会签；
(12)项目审计负责人整理工作底稿，起草审核报告；
(13)对被审计单位提出异议不予认可的项目，由审计机构聘请专家核审后发初步审计意见；
(14)对被审计单位在15日内提出书面回复的项目进行再审议，形成决定性意见；
(15)由审计机构负责人报单位负责人签发审计报告；
(16)向档案室移交项目审核资料，交接双方经办人签字，立卷归档。

具体流程如图7-3-1所示。

7.3.3 内容

在竣工结算的实际工作中，竣工结算审核的要点如下。

(1)审核工程施工合同内容的有效性、真实性。审核施工合同，其关键在于审查工程承包合同内容是否完善。施工合同要约束业主与承包人双方的行为。检查整个施工过程是否按照合同的约定进行，竣工内容是否符合合同条件要求，工程是否竣工验收合格，只有按照合同要求完成的工程，并且验收合格的，才能列入竣工结算。另外，合同约定的结算方法、变更及其引起价格变化的处理方法、有关费用的调整方法及优惠条款等，要根据自己的经验，若发现合同有漏洞，要及时会同业主与承包人，请他们认真研究，确定结算要求。

(2)检查计价依据是否与合同或建设期的计价规定相一致。

(3)检查变更签证及补充文集的真实性、有效性、合规性。

①变更签证。设计变更应由原设计单位出具设计变更通知单和修改图纸，有关设计、核审人员签字并加盖公章，并且须经业主和监理工程师的审查同意、签证，重大设计变更应经原审批部门审批，这样才能列入结算中。

②新增项目补充合同。施工过程中增加的项目，应及时签订补充合同，明确施工内容、工程造价、质

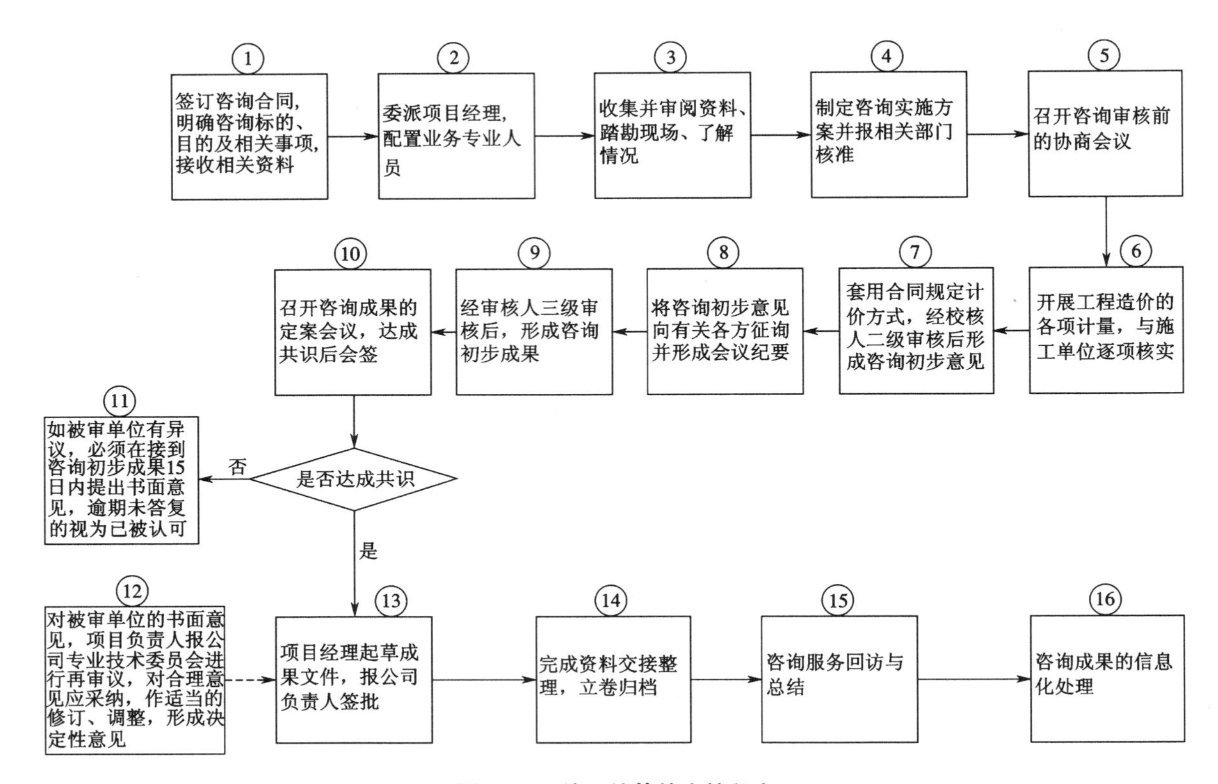

图 7-3-1　竣工结算的审核程序

量要求、结算方法等。有合同并验收合格的项目，方能计入结算。

(4)检查工程量的计算是否符合工程量计算规则，是否准确，有无重计、漏计等计算错误。

(5)检查工程量的计算，尤其要注意隐蔽工程记录。所有隐蔽工程均应有施工、验收记录，并且应符合有关部门关于隐蔽工程验收手续，其工程量应与竣工图一致，这样才能列入结算内。

(6)检查分项工程的定额套项是否准确，工程量录入及单价、总价计算是否准确。

(7)检查定额缺项子目是否按有关规定编制并报批。

(8)检查工程价格计价方式是否符合有关规定要求。

(9)检查工程取费是否按合同约定及相关取费标准规定计取，计算是否正确。

(10)工程工期、质量如有特定要求进行奖惩，检查是否按合同约定计算。

(11)检查工程实际施工是否与原预算(原招标内容)或报审结算以及施工图设计、施工组织设计一致。

(12)审核人工、材料、机械和设备的购买、租赁价格的确定是否符合市场实际，手续是否完备、合法；通过市场调查研究结合建设工程材料信息，审查材料及设备结算价是否合理。

7.3.4　方法

工程结算的审查应依据施工发承包合同约定的结算方法进行，根据施工发承包合同类型，采用不同的审查方法。

(1)采用总价合同的，应在合同价的基础上对设计变更、工程洽商以及工程索赔等合同约定可以调整的内容进行审查。

(2)采用单价合同的，应审查施工图以内的各个分部分项工程量，依据合同约定的方式审查分部分项工程价格，并对设计变更、工程洽商、工程索赔等调整内容进行审查。

(3)采用成本加酬金合同的,应依据合同约定的方法审查各个分部分项工程以及设计变更、工程洽商等内容的工程成本,并审查酬金及有关税费的取定。

根据《建设项目工程结算编审规程》(CECA/GC 3—2007)的规定,严禁采用抽样审查、重点审查、分析对比审查和经验审查的方法,避免审查疏漏现象发生。

建设工程是一个周期长、数量大的生产消费过程,具有多次性计价的特点。

对于工程竣工结算的审核工作,一般都要求对各种审核对象进行不重不漏的核对与计算,所以竣工结算的时候,运用比较多的一种方法是全面审核法。全面审核法就是按照竣工图的要求,结合现行定额、施工组织设计、承包合同或协议以及招投标文件的规定等,全面地审核工程数量、单价以及费用计算。

全面审核法需要审核的项目和内容如表 7-3-1 所示。

表 7-3-1　竣工结算审核的内容

<table>
<tr><th>竣工结算审核项目</th><th colspan="3">审核内容</th></tr>
<tr><td>(1)合同内价款的审查</td><td colspan="2">合同方式为固定总价合同方式的,合同内价款审查的主要内容为:
①根据合同所约定的施工内容及范围,现场查验是否施工到位,对不到位部分按合同所约定的结算方式予以调减
②对合同范围内明确定价的材料,查看其购置程序是否符合规定,手续是否完备,价格是否合理,对重大偏离公允价格的材料、设备等重点审核,并组织有关部门和经办人员商榷和处理,以维护业主合法权益</td><td>合同方式为固定单价合同方式的,合同内价款审查除固定总价合同方式需要审核的内容外,还应审查合同内工程量计算的准确性</td></tr>
<tr><td rowspan="3">(2)设计变更、洽商及现场签证</td><td rowspan="3">根据合同约定审查设计变更、洽商及现场签证是否涉及费用调整,如不涉及,应作为技术变更,结算时只对经济变更进行费用调整</td><td colspan="2">审查经济变更工程量计算的准确性</td></tr>
<tr><td colspan="2">审查经济变更项目综合单价计算的准确性,看是否按合同约定的原则套用综合单价,新增加项目的综合单价其组价的原则是否按合同约定投标费率进行组价,变更超出合同约定的范围是否对原综合单价进行了调整</td></tr>
<tr><td colspan="2">审查由于变更导致措施项目费用增加,根据合同约定是否进行调整,进行调整的原则是否符合合同要求</td></tr>
<tr><td rowspan="4">(3)暂估价调整的审查</td><td colspan="2">调整内容</td><td>调整方式</td></tr>
<tr><td colspan="2">审查暂估价项目确认后的价格内容是否与原来暂估价包含的内容一致</td><td>如确认的内容大于原暂估价所包含的内容,重复的部分应扣除</td></tr>
<tr><td colspan="2">审查暂估价部分调整的数量是否超出了原投标时的数量</td><td>超出原清单数量范围外的部分不应调整费用</td></tr>
<tr><td colspan="2">审查是否对非暂估价进行了调价
审查暂估价项目调整的费用是否只计取了规费和税金</td><td>根据合同约定非暂估价不应调整</td></tr>
<tr><td>(4)索赔费用的审查</td><td colspan="3">审查索赔的理由是否充分,索赔的资料是否齐全,索赔的程序是否符合合同规定
审查索赔工程量的计算是否准确,索赔的单价是否合理,相关费用的计算是否符合有关规定</td></tr>
<tr><td>(5)价格调整费用的审查</td><td colspan="3">审查价格风险是否超出了合同约定的风险范围,是否只调整了价格上涨而未调整价格下降
价格调整的方法是否按合同约定进行,不同时期的价格和数量是否进行区分调整
根据合同约定,价格风险范围内的部分不应调整,应只调整超出部分
价格风险幅度应按不同时期造价信息价格进行对比,不应按信息价格与投标价格进行对比或按市场价格与投标价格进行对比</td></tr>
<tr><td>(6)工期奖惩和质量奖惩的审核</td><td colspan="3">工期奖惩、质量奖惩按合同约定的处理原则进行处理,如承包人能提供证明文件证明非自己原因导致不能满足合同要求的,应另行处理</td></tr>
<tr><td>(7)其他费用的审核</td><td colspan="3">应按相关文件及协议执行</td></tr>
</table>

这种方法的优点是全面、细致、审查质量高、效果好；缺点是工作量大、时间较长。在投资规模较大、审核进度要求较紧的情况下，这种方法不是最佳选择，但建设单位为严格控制工程造价、造价咨询单位为保证审查质量，仍常常采用这种方法。

7.3.5 注意事项

(1)结算审核时应加强对竣工资料的真实性、合规性进行审查，如补充文件不能改变实质性内容，相关变更、签证单、竣工图纸是否真实、是否与工程实际一致等。

(2)结算审查时除了对施工单位提交的结算资料进行审查外，还应注意收集相关资料，避免施工单位未将减项资料进行提交而影响结算造价。

(3)竣工结算审核时应注意对相关需要扣减项目的审核，如甲供材料，甲方代付水电费、供暖费等以及工期、质量等的罚款等。

(4)竣工结算时应注意按合同约定的结算审核时间进行，避免由于结算审核时间不及时而引起相关纠纷。

(5)竣工结算过程中产生的争议，应本着公平、公正的原则进行处理，与甲乙双方及时进行沟通，并以会议的形式进行协商解决，避免相关仲裁、诉讼事件的发生。

7.3.6 成果文件

7.3.6.1 格式

工程结算审核成果文件的格式包括以下内容。

(1)审核报告封面，包括工程名称、审核单位名称、审核单位工程造价咨询单位执业章、日期等。

(2)签署页，包括工程名称、审核编制人及审定人姓名和执业(从业)印章、单位负责人印章(或签字)等。

(3)结算审核报告书(应包括：①概述；②审核范围；③审核原则；④审核依据；⑤审核方法；⑥审核程序；⑦审核结果；⑧主要问题；⑨有关建议等)。

(4)结算审核相关表格式如下：

①结算审定签署表；

②工程结算审核汇总对比表；

③单项工程结算审核汇总对比表；

④单位工程结算审核汇总对比表；

⑤分部分项(措施、其他、零星)工程结算审查对比表(包括分部分项工程量清单与计价审查对比表、工程量清单综合单价分析表、措施项目清单与计价审查对比表(一)、措施项目清单与计价审查对比表(二)、其他项目清单与计价审查对比汇总表、专业工程结算计价审查对比表、总承包服务费计价审查对比表、计日工审查对比表)。

(5)有关的附件。

7.3.6.2 表格

(1)工程结算审核书封面参考格式如表7-3-2所示。

表 7-3-2　工程结算审核书封面格式

<table>
<tr><td align="center">（工程名称）
工程结算审核书
档 案 号：
（编制单位名称）
（工程造价咨询单位执业章）
年　月　日</td></tr>
</table>

（2）工程结算审核书签署页见表 7-3-3。

表 7-3-3　工程结算审核书签署页格式

<table>
<tr><td>（工程名称）
工程结算审核书

档 案 号：

编　制　人：__________［执业（从业）印章］__________
审　核　人：__________［执业（从业）印章］__________
审　定　人：__________［执业（从业）印章］__________
单位负责人：______________________________</td></tr>
</table>

（3）结算审查签署表见表 7-3-4。

表 7-3-4　结算审查签署表

金额单位：元

<table>
<tr><td>工程名称</td><td colspan="2"></td><td>工程地址</td><td colspan="2"></td></tr>
<tr><td>发包人单位</td><td colspan="2"></td><td>承包人单位</td><td colspan="2"></td></tr>
<tr><td>委托合同书编号</td><td colspan="2"></td><td>审定日期</td><td colspan="2"></td></tr>
<tr><td>报审结算造价</td><td colspan="2"></td><td>调整金额（＋、－）</td><td colspan="2"></td></tr>
<tr><td>审定结算造价</td><td>大写</td><td colspan="2"></td><td>小写</td><td></td></tr>
<tr><td colspan="2">委托单位
（签章）

代表人（签章、字）</td><td>建设单位
（签章）

代表人（签章、字）</td><td colspan="2">承包单位
（签章）

代表人（签章、字）</td><td>审核单位
（签章）
代表人（签章、字）
技术负责人（执业章）</td></tr>
</table>

（4）工程结算审核汇总对比表见表 7-3-5。

表 7-3-5　工程结算审核汇总对比表

项目名称：　　　　　　　　　　　　　　　　　　　　　　　　金额单位：元

序号	单项工程名称	报审结算金额	审定结算金额	调整金额	备注
	合　计				

编制人：　　　　　　　　　　审核人：　　　　　　　　　　审定人：

(5)单项工程结算审核汇总对比表见表7-3-6。

表7-3-6　单项工程结算审核汇总对比表

单项工程名称：　　　　　　　　　　　　　　　　　　　　　　　金额单位:元

序号	单位工程名称	原结算金额	审核后金额	调整金额	备注
	合　　计				

编制人：　　　　　　　　审核人：　　　　　　　　审定人：

(6)单位工程结算审核汇总对比表见表7-3-7。

表7-3-7　单位工程结算审核汇总对比表

单位工程名称：　　　　　　　　　　　　　　　　　　　　　　　金额单位:元

序号	专业工程名称	原结算金额	审核后金额	调整金额	备注
	合　　计				

编制人：　　　　　　　　审核人：　　　　　　　　审定人：

(7)分部分项(措施、其他、零星)工程结算审核对比表见表7-3-8。

表7-3-8　分部分项(措施、其他、零星)工程结算审核对比表

工程名称：　　　　　　　　　　　　　　　　　　　　　　　金额单位:元

序号	项目名称	结算报审金额					结算审定金额					调整金额	备注
		项目编码或定额号	单位	数量	单价	合价	项目编码或定额号	单位	数量	单价	合价		
	合计												

编制人：　　　　　　　　审核人：　　　　　　　　审定人：

7.3.6.3　工作底稿

(1)工程量计算表,同第4章4.3节表4-3-12。
(2)定额子目工程量计算表,同第4章4.3节表4-3-13。
(3)询价记录表,同第4章4.3节表4-3-14。
(4)钢筋翻样表,同第4章4.4节表4-4-26。
(5)清单工程量汇总表,同第5章5.3节表5-3-17。
(6)现场签证单,同第6章6.4节表6-4-6。
(7)索赔意向通知书,同第6章6.5节表6-5-14。
(8)费用索赔审批表,同第6章6.5节表6-5-13。
(9)工程设计变更通知单,同第6章6.4节表6-4-3。
(10)工程洽商记录,同第6章6.4节表6-4-4。
(11)工程变更费用报审表或变更费用申请(核准)表,同第6章6.4节表6-4-8。
(12)价格调整费用报审表,同第6章6.4节表6-4-9。
(13)价格确认单,同第6章6.4节表6-4-12。
(14)工程量核实记录单见表7-3-9。

表 7-3-9　工程量核实记录单

工程名称：

定额编号	项目名称	计量单位	核实工程量	备注

建设单位签字：　　　　　　施工单位签字：　　　　　　咨询单位签字：

(15)施工现场踏勘记录见表 7-3-10。

表 7-3-10　施工现场勘查记录

工程名称		工程地点	
勘查时间		记录人	
勘查内容			
勘查结果确认	建设单位 代表(签字)	施工单位 代表(签字)	咨询单位 代表(签字)

(16)咨询会议纪要见表 7-3-11。

表 7-3-11　建设工程咨询会议纪要

时间		地点	
主持人		记录人	
参加会议单位及人员： 委托单位： 建设单位： 施工单位： 咨询单位：			
会议议题： 会议确认意见：			

建设单位签字：　　　　　　施工单位签字：　　　　　　咨询单位签字：

(17)工程造价审核核对纪要见表 7-3-12。

表 7-3-12　工程造价审核核对纪要

第　页　共　页

工程名称				
核对时间			核对地点	
参加人员	建设单位			
	施工单位			
	监理单位			
	审价机构			
主要内容				
签名	建设单位：		施工单位：	
	监理单位：		审价机构：	
	记录人：			

（18）建设工程预结算材料价格确认表见表 7-3-13。

表 7-3-13　建设工程预结算材料价格确认表

工程名称：

序号	名称	规格	单位	报送价	确认价	备　注

建设单位签字：　　　　　　　　施工单位签字：　　　　　　　　咨询单位签字：

（19）工程预结算咨询意见与委托单位公开见面会记录见表 7-3-14。

表 7-3-14　工程预结算咨询意见与委托单位公开见面会记录

项目名称			
时间		地点	
参加会议单位及人员：			
咨询初步意见： 项目负责人： 年　　月　　日			

续表

委托单位意见： 负　责　人： 年　　月　　日

(20)建筑工程技术经济指标表见表7-3-15。

表7-3-15　建筑工程技术经济指标表

工程名称						
建设单位名称			工程建设地点			
施工单位名称			设计单位名称			
监理单位名称			建 设 时 间			
工程概况	建筑面积(m^2)		结构类型		工程用途	
	层　　数		层高(m)		檐高(m)	
	基础形式					
	混凝土强度等级					
	楼地面做法					
	内墙做法					
	外墙做法					
	天棚做法					
	屋面做法					
	门窗					
	水、卫					
	电、照					
工程结算方式			是否商品混凝土			
使用定额			取费标准			
技术经济指标	每平方米造价(元/m^2)		其中：土建(元/m^2)		安装(元/m^2)	
	土建工日数(工日/m^2)		安装工日数(工日/m^2)			
	钢筋(kg/m^2)		水泥(kg/m^2)			
	砌体(m^3/m^2)		砂(m^3/m^2)			
	石子(m^3/m^2)		混凝土(m^3/m^2)			
	外粉刷(m^2/m^2)		内粉刷(m^2/m^2)			
	电线(m/m^2)		管道(m/m^2)			

7.4 竣工决算

7.4.1 依据

竣工决算的编制依据如下。

(1)财政部《基本建设财务管理规定》(财建[2002]394 号)、《财政部关于解释〈基本建设财务管理规定〉执行中有关问题的通知》(财建[2003]724 号)、《财政部关于进一步加强中央基本建设项目竣工财务决算工作的通知》(财办建[2008]91 号)等国家有关法律法规及制度。

(2)经批准的可行性研究报告、初步设计、概算及调整文件。

(3)历年下达的年度投资计划、项目支出预算。

(4)会计核算及财务管理资料。

(5)招投标文件,相关合同(协议)、工程结算等有关资料。

(6)经批准的施工图及其预算。

(7)设计变更记录、施工记录或施工签证单及其他施工发生的费用记录。

(8)设备、材料调价文件和调价记录。

(9)其他有关资料等。

7.4.2 程序

竣工决算的编制是根据经审定的与施工单位竣工结算等原始资料,对原概(预)算进行调整,重新核定各单项工程和单位建设单位工程造价。属于增加固定资产价值的其他投资,如建设单位管理费、研究试验费、土地征用及拆迁补偿费等,应分摊于受益工程,随同受益工程交付使用的同时,一并计入新增固定资产价值。竣工决算的编制程序一般分为前期准备、编制实施、完成报告三个阶段,如图 7-4-1 所示。

(1)了解项目的基本情况,收集和整理基本的编制资料。

(2)配置相应的编制人员。

(3)编制工作计划(实施方案)。内容包括项目总投资及完成概况、编制组人员分工、日程安排、工作重点、工作要求、经费预算等。

(4)以项目建设单位提供的编制资料为基础,以国家法律法规和文件为准绳,按照编制计划确定的编制重点和编制方法,进行取证、复核、调整、分析、汇总、概括等工作,收集整理充分的证据,形成规范的编制工作底稿。

(5)协助项目建设单位做好各项清理工作,包括基本建设项目档案资料的归集整理、账务处理、财产物资的盘点核实及债权债务的清偿核实,做到账账、账证、账实、账表相符。各种材料、设备、工具、器具等,要逐项盘点核实,填列清单,按照国家规定进行处理,不准任意侵占、挪用。

(6)对编制过程中发现的问题应与项目建设单位进行充分沟通,达成一致意见。

(7)提请项目建设单位相关部门一起做好工程造价与批复概算的对比分析工作。

(8)依据获取的资料和编制的工作底稿,按照财政部的相关规定,编制工程决算报表、工程决算说明和其他附表附件。送达项目建设单位,并就工程决算报告的所有事项充分与建设单位沟通。当所有问题沟通一致时,经过工程造价咨询单位内部三级复核后,出具正式竣工决算报告。

(9)正式工程决算报告包括基本报表、竣工决算说明、其他附表和附件等内容。

(10)将项目工程决算编制过程中形成的工作底稿及相关证据资料进行分类整理,与编制的工程决

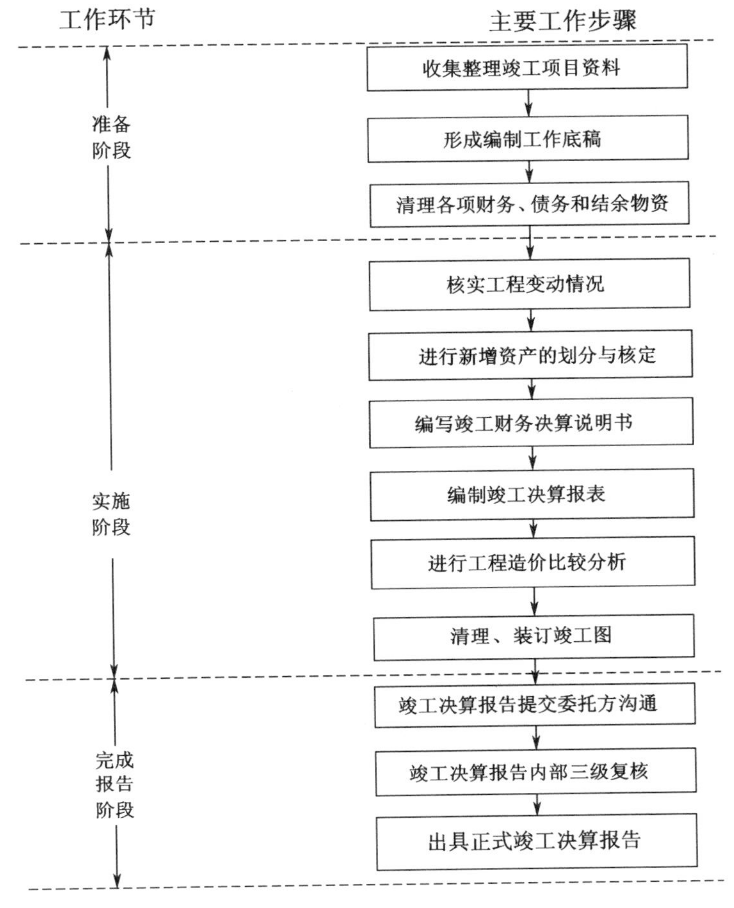

图 7-4-1　竣工决算编制咨询工作程序

算报告一并形成归档资料。同时进行信息化处理,形成电子档案,做到实物档案、电子档案相一致。

7.4.3　内容

建设项目竣工决算应包括从筹集到竣工投产全过程的全部实际费用,即包括建筑工程费、安装工程费、设备工器具购置费用及预备费等。按照财政部、国家计委和建设部的有关文件规定,竣工决算是由竣工财务决算说明书、竣工财务决算报表、工程竣工图和工程竣工造价对比分析四部分组成。前两部分又称建设项目竣工财务决算,是竣工决算的核心内容。竣工决算咨询工作最终形成竣工决算成果文件提交给委托人。

1. 工程决算报表

(1)封面。

(2)基本建设项目概况表(建竣决 01 表)。

(3)基本建设项目竣工财务决算表(建竣决 02 表)。

(4)基本建设项目交付使用资产总表(建竣决 03 表)。

(5)基本建设项目交付使用资产明细表(建竣决 04 表)。

2. 其他附表

(1)应付款明细表。

(2)基本建设工程决算审核情况汇总表。

(3)待摊投资明细表。

(4)待摊投资分配明细表。

(5)转出投资明细表。

(6)待核销投资明细表。

3. 工程财务决算说明书

(1)基本建设项目概况。

(2)会计账务处理、财产物资清理。

(3)债权债务的清偿情况。

(4)基本建设支出预算。

(5)投资计划和资金到位、预备费动用情况。

(6)基建结余资金形成等情况,概算、项目预算执行情况及分析。

(7)主要分析决算与概算的差异及原因,尾工及预留费用情况。

(8)历次审查、核查、稽查及整改情况。

(9)主要技术经济指标的分析、对投资影响。

(10)基本建设项目管理经验、问题和建议。

(11)招投标情况、工程政府采购情况、合同(协议)履行情况。

(12)征地拆迁补偿情况、移民安置情况。

(13)经有关部门或单位进行结、决算审查项附完整的审查报告。

(14)项目立项、可研及初步设计批复文件(复印件)。

(15)项目历年投资计划及中央财政预算文件(复印件)。

(16)需说明的其他事项。

(17)编表说明。

7.4.4 方法

7.4.4.1 新增资产的划分与核定

新增资产的确定是竣工决算办理交付使用财产价值的依据,正确核定新增资产的价值,不但有利于建设项目交付使用以后的财务管理,而且可以为建设项目进行经济后评价提供依据。

根据企业会计制度和相关会计准则,新增资产由各个具体的资产项目构成,按其经济内容不同,可以将企业的资产划分为流动资产、固定资产、无形资产、递延资产、其他资产等。资产的性质不同,其计价方法也不相同。

1. 新增固定资产价值的计算

1)要清楚其包括的范围

新增固定资产价值一共包括三个内容,即交付使用的建安工程造价、达到固定资产标准的设备及工器具的费用、其他费用。

2)要理解计算方法,特别是其他费用的分摊方法

按照规定,增加固定资产的其他费用,应按各受益单项工程以一定的比例共同分摊。其基本原则是:建设单位管理费由建筑工程、安装工程、需安装设备价值总额等按比例分摊;而土地征用费、勘察设计费等只按建筑工程分摊。

3)新增固定资产价值的计算

计算以单项工程为对象,单项工程建成经有关部门验收鉴定合格,正式移交生产使用,即应计算新增

固定资产价值。一次性交付生产或使用的工程一次计算新增固定资产价值；分期分批交付生产或使用的工程应分期分批计算新增固定资产价值。新增固定资产价值的确定在计算时应注意以下几个问题。

(1)对于为了提高产品质量、改善劳动条件、节约材料消耗、保护环境而建设的附属辅助工程，只要全部建成，正式验收交付使用后就要计入新增固定资产价值。

(2)对于单项工程中不构成生产系统，但能独立发挥效益的非生产性项目，如住宅、食堂、医务所、托儿所、生活服务网点等，在建成并交付使用后，也要计算新增固定资产价值。

(3)凡购置达到固定资产标准不需安装的设备、工器具，应在交付使用后计入新增固定资产价值。

(4)属于新增固定资产价值的其他投资，应在随同受益工程交付使用的同时一并计入。

(5)交付使用财产的成本，应按下列内容计算。

①房屋、建筑物、管道、线路等固定资产的成本包括：建筑工程成果和待分摊的待摊投资。

②动力设备和生产设备等固定资产的成本包括：需要安装设备的采购成本，安装工程成本，设备基础支柱等建筑工程成本或砌筑锅炉及各种特殊炉的建筑工程成本，应分摊的待摊投资。

③运输设备及其他不需要安装的设备、工具、器具、家具等固定资产一般仅计算采购成本，不计分摊的待摊投资。

2. 流动资产价值的确定

流动资产价值的确定中，主要是存货价值的确定，应区分是外购的还是自制的，两种途径取得的存货其价值的计算是不一样的。

(1)货币资金，即现金、银行存款和其他货币资金，一律按实际入账价值核定计入流动资产。

(2)应收和应预付款，包括应收工程款、应收销售款、其他应收款、应收票据及预付分包工程款、预付分包工程备料款、预付工程款、预付备料款、预付购货款和待摊费用。其价值的确定，一般情况下按应收和应预付款项的企业销售商品、产品或提供劳务时的实际成交金额或合同约定金额入账核算。

(3)各种存货是指建设项目在建设过程中耗用而储存的各种自制和外购的各种货物，包括各种器材、低值易耗品和其他商品等。其价值的确定：外购的，按照买价加运输费、装卸费、保险费、途中合理损耗、入库前加工整理或挑选及缴纳的税金等项计价；自制的，按照制造过程中发生的各项实际支出计价。

3. 无形资产价值和递延资产价值的确定

无形资产的计价，原则上应按取得时的实际成本计价。无形资产入账后，应在其有限使用期内分期摊销。递延资产价值的确定主要是开办费的计价和以经营租赁方式租入的固定资产改良工程支出的计价。无形资产价值和递延资产价值的确定如表 7-4-1 所示。

表 7-4-1 无形资产价值和递延资产价值的确定

资产类型	资产名称	计价方式
无形资产价值的确定	专利权	自制专利权，其价值为开发过程中的实际支出计价
		专利转让时(包括购入和卖出)，其价值主要包括转让价格和手续费用
	非专利技术	外购非专利技术，应由法定评估机构确认后，再进一步估价，一般通过其产生的收益来估价，其方法类同专利技术
		自制的非专利技术，一般不得以无形资产入账，自制过程中所发生的费用，按新财务制度可作当期费用直接进入成本处理
	商标权的价值	企业购入和转让商标时，商标权的计价一般根据被许可方新增的收益来确定
		自制的一般不能作为无形资产入账，而直接以销售费用计入损益表的当期损益
	土地使用权	一种是建设单位向土地管理部门申请，通过出让方式取得有限期的土地使用权而支付的出让金，应以无形资产计入核算
		另一种是建设单位获得的土地使用权原先是通过行政划拨的，就不能作为无形资产，只有在将土地使用权有偿转让、出租、抵押、作价入股和投资，按规定补交土地出让金后，才可作为无形资产计入核算

续表

资产类型	资产名称	计价方式
递延资产价值的确定	开办费	按照新财务制度规定，除了筹建期间不计入资产价值的汇兑净损失外，开办费从企业开始生产经营月份的次月起，按照不短于五年的期限平均摊入管理费用中
	以经营租赁方式租入的固定资产改良工程支出	以经营租赁方式租入的固定资产改良工程支出应在租赁有效期限内按用途（生产用，管理用）分期摊入制造费用或管理费用中

编制竣工决算前进行新增资产的划分与核定是将审定后的待摊投资、设备工器具投资、建筑安装工程投资、工程建设其他投资严格划分和核定后，分别计入相应的建设成本栏目内。

7.4.4.2　编制工程财务决算说明书

竣工财务决算说明书应主要围绕建设成本和投资效果来进行。建设成本的分析主要是将实际建设成本与设计概算数进行比较，检查竣工项目建设成本总的升降情况，计算建设成本降低（或超支）额和降低（或超支）率，并在此基础上，分别按投资构成和工程项目作具体比较和分析，进一步找出引起成本变动的主要环节和基本原因。投资效果的分析主要是将建设成本同新增生产能力或效益联系起来，计算单位生产能力或效益投资额，并与相应的设计指标相比较，以考核投资的经济效果。通过对建设成本和投资效果的分析，可以揭露竣工项目建设过程中存在的主要问题，从而总结经验教训，不断提高基本建设管理水平。

竣工财务决算说明书的内容主要包括以下方面。

1. 对工程总的评价

从工程的进度、质量、安全和造价四个方面进行分析说明。

（1）进度。主要说明开工和竣工日期对照合同工期是提前还是延后，提前或延后对工程投资的影响。

（2）质量。质量监督部门的验收情况，评定合格率和优良率；是否与合同相符，如提高或减低应分析对工程投资的影响。

（3）安全。根据劳动工资和施工部门的记录，对有无设备和人身事故进行说明。

（4）造价。应对照概算，说明节约还是超支，用金额和百分率进行分析和说明。

2. 各项财务和技术经济指标的分析

1）概算执行情况分析

概算执行情况分析即检查基本建设投资支出的节超情况，根据“竣工工程概况表”将基建投资支出的实际合计数与概算合计数进行比较，以考核其节超情况。计算如下：

基本建设投资节约（或超支）额 = 基建投资概算合计数 − 基建投资实际合计数

基本建设投资节约（或超支）率 = 基建投资节约（或超支）率 − 基建投资概算合计数 × 100%

为了分析节约（或超支）的原因，还要从投资构成和交付使用财产方面进行分析。分析各项投资节超情况，可以根据“竣工工程概况表”中的基本建设投资支出，按各项投资构成的实际数分别与概算数相比较，分析投资节超的原因；分析各项交付使用资产投资节超情况，可以根据“交付使用资产明细表”所列数字，将各项交付使用资产的实际支出分别与概算数相比较，确定其节约或超支数额并查明原因。由于交付使用资产的数量很多，一般应重点分析房屋及建筑物和需要安装设备的“交付使用资产明细表”，并选择其中价值较高和节超幅度比较大的项目进行分析，查找节超原因。

2）新增生产能力的效益分析

说明交付使用财务占总投资额的比例、不增加固定资产的造价占投资总数的比例、不增加固定资产的造价占投资总数的比例，分析有机构成和成果。

3)基本建设投资包干情况的分析

说明投资包干数,实际使用数和节约额,投资包干结余的构成和包干结余的分配情况。

4)财务分析

将"竣工财务决算表"中的"基建预算拨款"、"自筹资金拨款"、"基建其他拨款"和"基建投资借款"项目所列实际数同批复的概算进行比较。如果各项资金来源的实际数大于或等于概算数,说明建设资金有足够的保证;相反,资金来源不足。对于这些情况,应查明具体原因。实际取得的资金来源大于概算的原因,可能是用不正常的资金进行计划外工程,在基本建设过程中发生损失和浪费等。实际取得的资金数小于概算数的原因,可能是概算指标偏高或者是厉行节约,减少了投资支出等。其次,要检查各项基本建设资金来源是否合理、正当。特别要注意自筹资金拨款的检查,看有无违反国家规定乱用资金的情况。

7.4.4.3 编制工程决算报表

按照《基本建设财务管理规定》,基本建设项目竣工财务决算报表包括以下内容:

(1)封面、基本建设项目概况表;

(2)基本建设项目竣工财务决算表;

(3)基本建设项目交付使用资产总表;

(4)基本建设项目交付使用资产明细表。

本步骤的工作主要是工程造价人根据填表说明和相关的填表依据,准确地填写竣工财务决算报表,达到国家的审核标准和要求。本工作环节的重点是填写竣工财务决算报表。基本建设项目竣工财务决算报表填制方法如表7-4-2所示。

表7-4-2 基本建设项目竣工财务决算报表填制方法

序号	表格名称	填制方法
1	基本建设项目概况表	表中各有关项目的设计、概算等指标,根据批准的设计、概算等文件确定的数字填写。实际指标根据项目建设的实际完成情况填列
		表中所列新增生产能力、完成主要工程量、主要材料消耗等指标的实际数,根据建设单位统计资料和施工企业提供的有关成本核算资料填列
		建设起止时间栏中的"开工日期"根据上级批准的开工报告按建筑安装工程最先一个永久性工程开工项目日期填列;"竣工日期"按建筑安装工程最后一个工程项目完工日期填列
		表中基建支出是指建设项目从开工起至竣工止发生的全部基本建设支出,根据会计核算资料填列,概算部分根据批准的设计概算填列
		表中设计概算批准文号根据实际批准的文件分别填列
		表中收尾工程指建设项目竣工验收后还遗留的少量尾工,这部分工程的实际成本,可根据具体情况进行估算,并作说明,完工以后不再编制竣工财务决算
		表中"主要技术经济指标"根据概算和主管部门规定的内容分别以概算数和实际数填列。填列包括单位面积造价、单位生产能力投资、单位投资增加的生产能力、单位生产成本、投资回收年限等反映投资效果的综合指标
2	基本建设项目竣工财务决算表	表中资金来源项下"基建拨款"各项、"项目资本"、"项目资本公积"、"基建借款"、"上级拨入投资借款"、"企业债券资金"和资金占用项下"交付使用资产"、"待核销基建支出"、"非经营项目转出投资"等项目,填列项目自开工建设至竣工止的累计数
		表中其余各项填列办理竣工验收时的结余数
		补充资料的"基建投资借款期末余额"反映竣工时尚未偿还的基建投资借款数
		资金占用总额等于资金来源总额

续表

序号	表格名称	填制方法
3	基本建设项目交付使用资产总表	表中各栏目数据根据"交付使用明细表"的固定资产、流动资产、无形资产、其他资产的各相应项目的汇总数分别填写,表中总计栏的总计数应与竣工财务决算表中的交付使用资产的金额一致
		表中第3栏,第4栏,第8、9、10栏的合计数,应分别与竣工财务决算表交付使用的固定资产、流动资产、无形资产、其他资产的数据相符
4	基本建设项目交付使用资产明细表	本表用来反映交付使用资产的详细内容,编制时,对各项内容要分类填列。适用于大、中、小型建设项目
		表中"建筑工程"项目应按照单项工程名称填列其结构、面积和价值。其中"结构"是指项目按钢结构、钢筋混凝土结构、混合结构等结构形式填写;面积则按各项目实际完成面积填列;价值按交付使用资产的实际价值填写
		编制时固定资产部分,要逐项盘点填列;工具、器具和家具等低值易耗品,可分类填列
		表中"流动资产"、"无形资产"、"递延资产"项目应根据建设单位实际交付的名称和价值分别填列

7.4.4.4 工程竣工决算比较分析

在实际工作分析中主要应从以下四个方面入手。

(1)工程变更、价差与索赔。由于建筑产品本身的特点,使得工程建设过程中势必会发生设计、施工等变更,材料、设备、人工等价差及可能发生的施工索赔或业主索赔,这些都将会导致竣工决算时的造价与原概(预)算所编制的静态造价之间存在差异。因此,在比较分析中应仔细审查每一项动态因素对实际造价的影响,认真查清原因,总结经验教训。

(2)主要实物工程量。概(预)算编制的主要实物工程数量的增减变化必然使工程的概(预)算造价和实际工程造价随之发生变化。因此,对比分析中应审查项目的建设规模、结构、标准是否遵循设计文件的规定,期间的变更部分是否按照规定的程序办理,对于造价的影响如何。对于实物工程量出入比较大的情况,必须查明原因。

(3)主要材料消耗量。因为材料费用在建筑安装工程投资中所占的比重一般很大,所以应作为工程造价考核的重点。要按照竣工决算表中所列明的三大材料实际超概算的消耗量,查清是在工程的哪一个环节超出量最大,再进一步查明原因。

(4)考核建设单位管理费、建筑及安装工程间接费的取费标准。概(预)算对建设单位管理费列有投资控制额,对其进行考核,要根据竣工决算报表中所列的建设单位管理费,与概(预)算所列的控制额比较,确定其节约或超支情况,并进一步查清节约或超支的原因。对于建安工程间接费的取费标准,国家有明确规定。对于突破概(预)算投资的各单位工程,必须查清是否有超过规定标准而重计、多取间接费的现象。

7.4.5 注意事项

(1)竣工决算应分清项目的性质,项目不同依据的文件不同,并依据对应的法规文件的特殊规定进行编制。

①关于经营性项目和非经营性项目能否统一划分标准,目前,单从项目所属行业和性质难以划分清楚并做出明确规定。同类项目在不同地区、不同时期,可以分别划分为经营性项目和非经营性项目。因此,只能在项目完工后,由同级财政部门根据项目的具体情况和主管部门意见判断确定。

②关于中央级项目和地方级项目,按项目财务隶属关系划分,凡是财务关系在中央部门的属中央级项目,凡财务关系在地方的属地方级项目。项目分类及相关规定如表7-4-3所示。

表 7-4-3　项目分类及相关规定

<table>
<tr><th>序号</th><th colspan="2">分类方式及其名称</th><th>财建[2002]394 相关规定</th></tr>
<tr><td rowspan="12">1</td><td colspan="2" rowspan="7">经营性项目</td><td>要按照投资主体的不同，分别以国家资本金、法人资本金、个人资本金和外商资本金单独反映。项目建成交付使用并办理竣工财务决算后，相应转为生产经营企业的国家资本金、法人资本金、个人资本金、外商资本金</td></tr>
<tr><td>对投资者实际缴付的出资额超出其资本金的差额（包括发行股票的溢价净收入）、接受捐赠的财产、外币资本折算差额等，在项目建设期间，作为资本公积金，项目建成交付使用并办理竣工财务决算后，相应转为生产经营企业的资本公积金</td></tr>
<tr><td>经营性项目的结余资金，相应转入生产经营企业的有关资产</td></tr>
<tr><td>为项目配套的专用设施投资，包括专用铁路线、专用公路、专用通信设施、送变电站、地下管道、专用码头等，建设单位必须与有关部门明确界定投资来源和产权关系。由本单位负责投资但产权不归属本单位的，作无形资产处理；产权归属本单位的，计入交付使用资产价值</td></tr>
<tr><td>经营性项目为检验设备安装质量进行的负荷试车或按合同及国家规定进行试运行所实现的产品收入包括：水利、电力建设移交生产前的水、电、热费收入，原材料、机电轻纺、农林建设移交生产前的产品收入，铁路、交通临时运营收入等</td></tr>
<tr><td>在建设期间的财政贴息资金，作冲减工程成本处理</td></tr>
<tr><td>基建收入的税后收入，相应转为生产经营企业的盈余公积</td></tr>
<tr><td colspan="2" rowspan="5">非经营性项目</td><td>非经营性项目的结余资金，首先用于归还项目贷款。如有结余，30% 作为建设单位留成收入，主要用于项目配套设施建设、职工奖励和工程质量奖，70% 按投资来源比例归还投资方</td></tr>
<tr><td>发生的江河清障、航道清淤、飞播造林、补助群众造林、退耕还林（草）、封山（沙）育林（草）、水土保持、城市绿化、取消项目可行性研究费、项目报废及其他经财政部门认可的不能形成资产部分的投资，作待核销处理。在财政部门批复竣工决算后，冲销相应的资金。形成资产部分的投资，计入交付使用资产价值</td></tr>
<tr><td>为项目配套的专用设施投资，包括：专用道路、专用通信设施、送变电站、地下管道等。产权归属本单位的，计入交付使用资产价值；产权不归属本单位的，作转出投资处理，冲销相应的资金</td></tr>
<tr><td>非经营性项目建设期间的财政贴息资金比照经营性项目建设期间的财政贴息资金处理办法进行处理，即冲减工程成本</td></tr>
<tr><td>基建收入的税后收入，相应转入行政事业单位的其他收入</td></tr>
<tr><td rowspan="2">2</td><td colspan="2">国家财政投资
的建设项目</td><td>应当执行财政部有关基本建设资金支付的程序，财政资金按批准的年度基本建设支出预算到位</td></tr>
<tr><td colspan="2">实行政府采购和国库集中支付
的基本建设项目</td><td>应当根据政府采购和国库集中支付的有关规定办理资金支付</td></tr>
<tr><td rowspan="3">3</td><td rowspan="2">中央级
项目</td><td>小型项目</td><td>属国家确定的重点项目，其竣工财务决算经主管部门审核后报财政部审批，或由财政部授权主管部门审批；其他项目竣工财务决算报主管部门审批</td></tr>
<tr><td>大、中型项目（经营性项目投资额 > 5 000 万元，非经营性项目投资额 > 3 000 万元）</td><td>中央级大、中型基本建设项目竣工财务决算，经主管部门审核后报财政部审批</td></tr>
<tr><td colspan="2">地方级项目</td><td>地方级基本建设项目竣工财务决算的报批，由各省、自治区、直辖市、计划单列市财政厅（局）确定</td></tr>
<tr><td rowspan="2">4</td><td colspan="2">工业项目</td><td>负荷试车考核（引进国外设备项目合同规定试车考核期满）或试运行期能够正常生产合格产品</td></tr>
<tr><td colspan="2">非工业项目</td><td>符合设计要求，能够正常使用时，应及时组织验收，移交生产或使用</td></tr>
</table>

（2）竣工决算由两家单位共同完成，会计事务所发财务报告，工程造价咨询机构做最终的竣工决算。工程造价师应熟悉会计的一些常用文件，如凭证、账簿等会计文件。在安排审查人员时，应该充分考虑聘

请具有专业胜任能力的注册会计师完成相关财务审查工作。

(3)现行基本建设会计制度的科目与概算项目不一致的问题,目前仍未得到解决。不一致主要表现在概算的其他费用与会计核算中某些科目不一致,比如建设管理费,概算中包括开办费、经常费、监理费、项目管理费等内容,而会计科目中待摊投资的二级明细科目建设单位管理费实际上仅包括经常费一项内容,其他的内容要在其他一级或二级科目中核算。又如概算中的开办费,在会计核算中无对应的科目,可以放在待摊投资,也可以放在其他投资,随意性较大。由于各自包括的内容不一样,在会计核算时,难免出现人为划分科目的情况,同一个建设项目其核算的结果可能会不一样,既不利于财务预算管理,也不利于考核概算执行情况。在编制竣工决算时,竣工决算中的项目投资分析表是按概算项目编制的,竣工财务决算表则是按会计科目汇总编制,这就使得各决算报表编制的口径不一致,造成在决算编制过程中资料收集难度很大的实际问题,会计人员在核算时需要做两套账,一套按会计科目进行核算以满足财务决算的要求,一套按概算项目核算以满足投资分析的要求,这样极大地增加了会计人员的工作量。其实概算项目与会计科目之间并没有本质的区别,无非都是把建设项目中的费用进行分类归集,不同的只是概算是事前的控制,其归集的项目反映应该需要的投资,会计科目则是反映不同项目内容实际发生的投资。这并不矛盾,而且可以说是一致的,因为会计核算也可看成是对概算执行情况的一种记录,两者完全可以统一标准。至于是统一到会计科目上来还是统一到概算项目上来,会计上资金占用类科目可以与概算项目一致,资金来源类科目按会计制度的规定。这样处理可使两者结合起来,而且具有可操作性。当然,如何处理还不是问题的关键,关键是有关主管部门要决定是否统一标准。

(4)其他的注意事项如下。

①严格按照财政部规定的内容和格式填制工程决算报告,概算明细项目名称及金额严格按照批准的设计、概算等文件进行填写,一般不允许更改。

②铁路、码头等建设项目的工程决算报告,依据部委和行业规定,有特殊要求的,在按照财政部规定编制工程决算报告后,再按照部委和行业规定,编制特殊要求报告。

③基本报表、其他附表中的数据之间存在具有严谨的钩稽关系。要注意保持一致。

7.4.6 成果文件

7.4.6.1 格式

1. 工程决算报表

(1)封面。

(2)基本建设项目概况表(建竣决 01 表)。

(3)基本建设项目竣工财务决算表(建竣决 02 表)。

(4)基本建设项目交付使用资产总表(建竣决 03 表)。

(5)基本建设项目交付使用资产明细表(建竣决 04 表)。

2. 其他附表

(1)应付款明细表。

(2)基本建设工程决算执行情况汇总表。

(3)待摊投资明细表。

(4)待摊投资分配明细表。

(5)转出投资明细表。

(6)待核销投资明细表。

3. 工程财务决算说明书

(1)基本建设项目概况。

(2)会计账务处理、财产物资清理。
(3)债权债务的清偿情况。
(4)基本建设支出预算。
(5)投资计划和资金到位、预备费动用情况。
(6)基建结余资金形成等情况,概算、项目预算执行情况及分析。
(7)主要分析决算与概算的差异及原因,尾工及预留费用情况。
(8)历次审查、核查、稽查及整改情况。
(9)主要技术经济指标的分析、对投资影响。
(10)基本建设项目管理经验、问题和建议。
(11)招投标情况、工程政府采购情况、合同(协议)履行情况。
(12)征地拆迁补偿情况、移民安置情况。
(13)需要说明的其他事项。
(14)编表说明。
(15)附件,包括以下内容:
①经有关部门或单位进行结、决算审查项附完整的审查报告;
②项目立项、可研及初步设计批复文件(复印件);
③项目历年投资计划及中央财政预算文件(复印件)。

7.4.6.2 表格

(1)封面见表7-4-4。

表7-4-4 封面

建设单位:	建设项目名称:
主管部门:	建设性质:
基本建设项目竣工财务决算报表	
建设单位负责人:	建设单位财务负责人:
	编报日期:

(2)基本建设项目概况表见表7-4-5。

表7-4-5　基本建设项目概况表

<table>
<tr><td>建设项目名称</td><td colspan="3"></td><td>建设地址</td><td></td><td rowspan="9">基础支出</td><td>项目</td><td>概算(元)</td><td>实际(元)</td><td>备注</td></tr>
<tr><td>主要设计单位</td><td colspan="3"></td><td>主要施工企业</td><td></td><td>建设安装工程</td><td></td><td></td><td rowspan="8"></td></tr>
<tr><td rowspan="3">占地面积</td><td>设计</td><td>实际</td><td rowspan="3">总投资(万元)</td><td>设计</td><td>实际</td><td>设备、工具、器具</td><td></td><td></td></tr>
<tr><td rowspan="2"></td><td rowspan="2"></td><td rowspan="2"></td><td rowspan="2"></td><td>待摊投资</td><td></td><td></td></tr>
<tr><td>其中:建设单位管理费</td><td></td><td></td></tr>
<tr><td rowspan="2">新增生产能力</td><td colspan="3">能力(效益)名称</td><td>设计</td><td>实际</td><td>其他投资</td><td></td><td></td></tr>
<tr><td colspan="3"></td><td></td><td></td><td>待核销基建支出</td><td></td><td></td></tr>
<tr><td rowspan="2">建设起止时间</td><td>设计</td><td colspan="4"></td><td>非经营项目转出投资</td><td></td><td></td></tr>
<tr><td>实际</td><td colspan="4"></td><td>合计</td><td></td><td></td></tr>
<tr><td>设计概算批准文号</td><td colspan="10"></td></tr>
<tr><td rowspan="3">完成主要工作量</td><td colspan="5">建设规范</td><td colspan="5">设备(台、套、吨)</td></tr>
<tr><td colspan="3">设计</td><td colspan="2">实际</td><td colspan="2">设计</td><td colspan="3">实际</td></tr>
<tr><td colspan="3"></td><td colspan="2"></td><td colspan="2"></td><td colspan="3"></td></tr>
<tr><td rowspan="5">收尾工程</td><td colspan="4">工程项目、内容</td><td colspan="3">已完成投资额</td><td>尚需投资额</td><td colspan="2">完成时间</td></tr>
<tr><td colspan="4"></td><td colspan="3"></td><td></td><td colspan="2"></td></tr>
<tr><td colspan="4"></td><td colspan="3"></td><td></td><td colspan="2"></td></tr>
<tr><td colspan="4"></td><td colspan="3"></td><td></td><td colspan="2"></td></tr>
<tr><td colspan="4">小计</td><td colspan="3"></td><td></td><td colspan="2"></td></tr>
</table>

(3)基本建设项目竣工财务决算表见表7-4-6。

表7-4-6　基本建设项目竣工财务决算表

项目单位名称:　　　　截止日期:

项目名称:　　　　单位:元

资金来源	金额	资金占用	金额
一、基建拨款		一、基建建设支出	
1. 预算拨款		1. 交付使用资产	
2. 基建基金拨款		2. 在建工程	
其中:国债专项资金拨款		3. 待核销基建支出	
3. 专项建设基金拨款		4. 非经营项目转出投资	
4. 进口设备转账拨款		二、应收生产单位投资借款	
5. 器材转账拨款		三、拨付所属投资借款	
6. 煤带油专用基金拨款		四、器材	
7. 自筹资金拨款		五、货币资金	
8. 其他拨款		六、预付及应收款	

续表

资金来源	金额	资金占用	金额
二、项目资本		七、有价证券	
1. 国家资本		八、固定资产	
2. 法人资本		固定资产原值	
3. 个人资本		减:累计折旧	
4. 外商资本		固定资产净值	
三、项目资本公积		固定资产清理	
四、基建借款		待处理固定资产损失	
其中:国债转贷			
五、上级拨入投资借款			
六、企业债券资金			
七、待冲基建支出			
八、应付款			
九、未交款			
1. 未缴税金			
2. 其他未交款			
十、上级拨入资金			
十一、留成收入			
合　　计		合　　计	

补充资料:基建投资借款期末余额:

应收生产单位投资借款期末数:

基建结余资金:

(4)基本建设项目交付使用资产总表见表7-4-7。

表7-4-7　基本建设项目交付使用资产总表

项目单位名称:　　　　截止日期:

项目名称:　　　　单位:元

序号	单项工程项目名称	总计	固定资产				流动资产	无形资产	递延资产
			合计	建安工程	设备	其他			
	1	2	3	4	5	6	7	8	9
	合计								

交付单位:　　负责人:　　接收单位:　　负责人:

盖章:　　年　月　日　　盖章:　　年　月　日

(5)基本建设项目交付使用资产明细表见表7-4-8。

表7-4-8　基本建设项目交付使用资产明细表

项目单位名称：　　　　　　　　　　　　　　　　　　　　　　　　　截止日期：

项目名称：　　　　　　　　　　　　　　　　　　　　　　　　　　　　单位：元

序号	单项工程项目名称	建筑工程			设备、工具、器具、家具							流动资产		无形资产		递延资产	
		结构	面积(m^2)	价值	名称	规格型号	单位	数量	价值	设备安装费	小计	名称	价值	名称	价值	名称	价值
合计																	

交付单位：　　　　　　　负责人：　　　　　　　　　接收单位：　　　　　　　负责人：

盖章：　　　　　　　　　年　月　日　　　　　　　　盖章：　　　　　　　　　年　月　日

(6)应付款明细表见表7-4-9。

表7-4-9　应付款明细表

项目单位名称：　　　　　　　　　　　　　　　　　　　　　　　　　截止日期：

项目名称：　　　　　　　　　　　　　　　　　　　　　　　　　　　　单位：元

序号	合同名称	合同单位	合同金额	结算金额	已付金额	欠付金额
	合　计					

(7)基本建设工程决算审核情况汇总表见表7-4-10。

表7-4-10　基本建设工程决算审核情况汇总表

项目单位名称：　　　　　　　　　　　　　　　　　　　　　　　　　截止日期：

项目名称：　　　　　　　　　　　　　　　　　　　　　　　　　　　　单位：元

序号	工程项目及费用名称	结构或规格型号	批准概算		送审投资		审定投资		备注
			数量	金额	数量	金额	数量	金额	
	按批准概算明细口径或单位工程、分部工程填列(以下为示例)								
	总　计								
一	建筑安装工程投资								
1									
2									
3									
⋮									
二	设备、工器具								
1									
2									
3									

续表

序号	工程项目及费用名称	结构或规格型号	批准概算		送审投资		审定投资		备注
			数量	金额	数量	金额	数量	金额	
⋮									
三	工程建设其他费(待摊投资)								
1									
2									
3									
⋮									

备注:本表可以分解为三个执行情况表,反映更加详细的内容。

(8)待摊投资明细表见表7-4-11。

表7-4-11　待摊投资明细表

项目单位名称:　　　　截止日期:

项目名称:　　　　单位:元

项　目	金　额	项　目	金　额
1.建设单位管理费		21.土地使用税	
2.代建管理费		22.耕地占用税	
3.土地征用及迁移补偿费		23.车船使用税	
4.土地复垦及补偿费		24.汇兑损益	
5.勘察设计费		25.报废工程损失	
6.研究实验费		26.坏账损失	
7.可行性研究费		27.借款利息	
8.临时设施费		28.减:财政贴息资金	
9.工程保险费		29.减:存款利息收入	
10.设备检验费		30.固定资产损失	
11.负荷联合试车费		31.器材处理亏损	
12.合同公证费		32.设备盘亏及毁损	
13.工程质量监理监督费		33.调整器材调拨价格折价	
14.(贷款)项目评估费		34.企业债券发行费用	
15.国外借款手续费及承诺费		35.航道维护费	
16.社会中介机构审核(查)费		36.标设施费	
17.招投标费		37.航测费	
18.经济合同仲裁费		38.其他待摊投资	
19.诉讼费		⋮	
20.律师代理费		合计	

注:依据概算批复情况及实际发生情况进行明细项目的变更。

(9)待摊投资分配明细表见表 7-4-12。

表 7-4-12　待摊投资分配明细表

项目单位名称：　　　　　　　　　　　　　　　　　　　　　　　　截止日期：

项目名称：　　　　　　　　　　　　　　　　　　　　　　　　　　　单位:元

序号	单项工程名称	建筑工程					设备、工具、器具、家具								无形资产				递延资产	
		结构	面积(m^2)	结算价值	待摊投资	交付价值	名称	规格型号	单位	数量	价值	设备安装费	待摊投资	价值	名称	价值	待摊投资	价值	名称	价值
	合计																			
1																				
⋮																				

交付单位：　　　　　　　负责人：　　　　　　　　　　　接收单位：　　　　　　负责人：

盖章：　　　　　　　　　年　月　日　　　　　　　　　　盖章：　　　　　　　　年　月　日

(10)转出投资明细表见表 7-4-13。

表 7-4-13　转出投资明细表

项目单位名称：　　　　　　　　　　　　　　　　　　　　　　　　截止日期：

项目名称：　　　　　　　　　　　　　　　　　　　　　　　　　　　单位:元

序号	单项工程名称	建筑工程			设备、工具、器具、家具						流动资产		无形资产		递延资产	
		结构	面积(m^2)	价值	名称	规格型号	单位	数量	价值	设备安装费	名称	价值	名称	价值	名称	价值
1																
⋮																
合计																

交付单位：　　　　　　　负责人：　　　　　　　　　　　接收单位：　　　　　　负责人：

盖章：　　　　　　　　　年　月　日　　　　　　　　　　盖章：　　　　　　　　年　月　日

(11)待核销基建支出明细表见表 7-4-14。

表 7-4-14　待核销基建支出明细表

项目单位名称：　　　　　　　　　　　　　　　　　　　　　　　　截止日期：

项目名称：　　　　　　　　　　　　　　　　　　　　　　　　　　　单位:元

序号	项目名称	实施内容	金额	待核销原因	备注
合　计					

7.4.6.3　工作底稿

以项目建设单位提供的编制资料为基础，以国家法律法规和文件为准绳，按照编制计划确定的编制重点和编制方法，进行取证、复核、调整、分析、汇总、概括等工作，收集整理充分的证据，形成规范的编制工作底稿。

工作底稿是日常编制的依据和计算内容，以便以后翻阅检查。

(1)与委托方进行决算资料移交的资料清单及手续文件。工程造价咨询在收集整理竣工项目资料时，应首先向委托方开列出应由其组织提供的与竣工决算编制相关的原始资料清单，作为竣工决算编制的基础资料与主要依据。这些资料作为竣工决算的编制依据，为竣工决算提供相应的信息，具体资料如表 7-4-15 所示。

表 7-4-15　竣工决算报告编制所需资料清单

序号	资料名称
1	经批准的可行性研究报告;初步设计、概算或调整概算;变更设计及开工报告等文件
2	历年的年度基本建设投资计划
3	经审核批复的历年年度基本建设财务决算
4	编制的施工图预算;承包合同、工程结算等有关资料
5	工程决算相关资料、基础数据软盘等
6	历年有关财产物资、统计、财务会计核算、劳动工资、审计及环保等有关资料
7	工程质量鉴定、检验(测)等有关文件;工程监理有关资料
8	施工单位交工报告等有关技术经济资料
9	有关建设项目附产品、简易投产、试运营(通车)等产生基本建设收入的财务资料(若有)
10	有关征地拆迁资料(协议)和土地使用权确权证明
11	其他有关的重要文件

(2)核查竣工决算相关资料。对用于竣工决算编制的各种基础资料进行核查的目的主要在于:一是确定各种基础资料的真实性与完整性;二是比对各种资料、数据之间的统一性与对应关系。此项工作是顺利编制竣工决算的条件,从而为竣工决算编制的核心内容,即确定项目最终造价、衡量建设资金的来源与流向、分析比对造价控制情况以及投资效果奠定基础。各种资料的分类及核查要点如表 7-4-16 所示。通过上述资料核查,竣工决算编制项目组形成工作底稿,详细记录该步骤的有关结论及存在的问题。

表 7-4-16　竣工决算编制基础资料核查内容及要点

资料分类	主要资料内容	核查要点
批复类文件	批准的可行性研究报告、初步设计、概算或调整概算、变更设计及开工报告等	确定各种批复日期、概算投资额、技术经济指标
财务类资料	历年年度基建投资计划;经审核的历年年度基本建设财务决算(其中,竣工年度是重点);历年有关财产、物资、统计、财务会计核算、劳动工资、审计及环保等资料;项目附产品、简易投产、试运营(通车)等产生基建收入的财务资料(若有)	核对各种财务报表之间的数据统一性;财产、物资与会计账目的对应性
计价类资料	编制的施工图预算、标底、承包合同、工程监理计量支付资料、工程竣工结算、竣工结算审查等资料	核对工程建设范围、完成实物工程量、合同价格、各种计量与支付内容的真实合理性,目的在于确定真实结算造价
质量鉴定类	工程质量鉴定、检验等文件;工程监理质量评定资料	核对监理人的工程质量评定、建设单位对工程质量的审定文件、质量监督机构的质量检测报告
工程决算类	工程决算报表、工程决算说明书	主要核查工程实体形成过程中"量"、"价"、"费"确定的合理性以及工程投资控制的效果,考察各项费用支出的必要性并比较概算执行情况
其他	施工单位的交工报告、交工验收资料、征地拆迁资料、土地使用权确权证明等	确定资料完整性、真实性

(3)竣工决算编制实施方案(纸质档、电子档)、回访、信息、档案。

(4)编制竣工决算工作表格,包括决算审批表、工程概况表、财务决算总表、资金来源情况表、待核销支出及转出投资表、造价和概算执行情况表、外资使用情况表、基本建设项目交付使用资产总表、基本建设项目交付使用资产明细表。

(5)竣工决算报告初稿(具体包括封面、目录,竣工工程平面示意图,竣工决算报告说明书,竣工决算表)、修改稿及多份修改与审核书面意见资料。

7.5 竣工决算的审核

工程决算审核的主要目的是对建设项目竣工决算的真实性、合法性、完整性进行审核,并通过审核督促项目建设相关部门及管理部门加强项目管理和财务监督,提高资金使用效益。工程决算的审核是项目建设单位的责任。在审核过程中,建设单位的责任是提供真实完整的审查资料。工程造价咨询单位的责任是在建设单位提供资料的基础上进行审核,并负有相关审查责任。

7.5.1 依据

竣工决算的审核依据如下。

(1)财政部关于印发《基本建设财务管理规定》的通知(财建[2002]394 号)。

(2)财政部关于解释《基本建设财务管理规定》执行中有关问题的通知(财建[2003]724 号)。

(3)《财政部关于进一步加强中央基本建设项目竣工财务决算工作的通知》(财办建[2008]91 号)。

(4)《国有建设单位会计制度》。

(5)《中华人民共和国招标投标法》。

(6)财政部建设部关于印发《建设工程价款结算暂行办法》的通知(财建[2004]369 号)。

(7)中华人民共和国建设部令第 149 号《工程造价咨询企业管理办法》。

(8)中华人民共和国建设部令第 150 号《注册造价工程师管理办法》。

(9)基本建设项目竣工财务决算报表,包括竣工财务决算说明书。

(10)经批准的可行性研究报告、初步设计、概算及调整文件等相关文件。

(11)历年下达的年度投资计划。

(12)规划许可证书、施工许可证书或经批准的开工报告,竣工报告或停、复工报告。

(13)会计核算及财务管理资料。

(14)基本建设项目竣工验收资料。

(15)招投标文件,项目合同(协议),包括勘察、设计、施工、监理、设备采购合同等。

(16)工程结算报告书等有关资料。

(17)项目剩余物资盘点资料。

(18)其他有关资料等。

7.5.2 内容

工程决算审核主要内容包括建设项目立项和管理情况的审核、工程项目竣工决算造价审核、工程项目竣工决算财务审核三个方面,具体如表 7-5-1 所示。

表 7-5-1　竣工决算的审核内容

序号	审核对象	审核内容细化
1	建设项目立项和管理情况	项目基本建设程序执行情况
		建设项目“四制”建立和执行情况
		建设项目计划建设工期和完工情况
		建设项目概算执行情况
2	工程项目竣工决算造价	工程决算和工程竣工图纸的真实性、合法性
		工程量
		定额子项目套用
		材料价差
3	工程项目竣工决算财务	财务管理及会计核算情况
		资金到位和资金使用情况
		交付使用资产情况
		工程建设项目竣工决算财务报表

7.5.3　程序

造价咨询企业应该依据约定的时间要求，按项目规模及项目复杂程度安排具有专业胜任能力的审核人员，在接受审核委托两个月内完成竣工财务决算的审核工作。工程决算审核的具体工作步骤如图 7-5-1 所示。

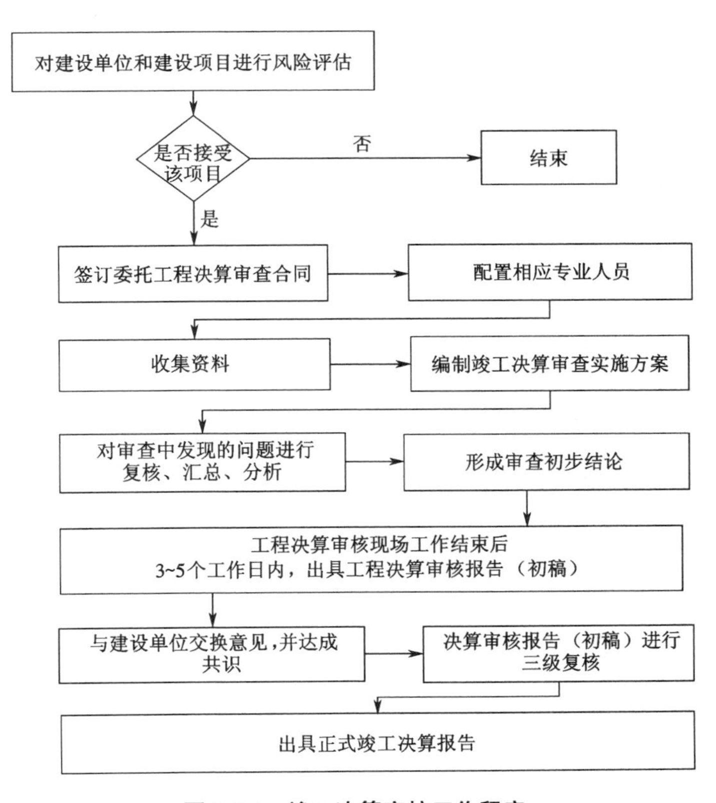

图 7-5-1　竣工决算审核工作程序

(1)对工程决算项目建设单位和决算项目的相关情况做深入了解。对建设单位和建设项目进行风险评估,依据风险评估结果决定是否接受该项目。

(2)签订委托工程决算审查合同。

(3)根据项目情况配置相应专业人员。

(4)收集项目立项、可行性研究报告、初步设计、投资计划、概算、工程决算报表、工程结算报告或建设内容调整等有关批复文件及资料。

(5)编制竣工决算审查实施方案。

(6)对审查中发现的问题进行复核、汇总、分析,形成审查初步结论,与项目单位交换意见,达成共识后项目组应在工程决算审核现场工作结束返回单位后3~5个工作日内出具工程决算审核报告(初稿)。

(7)审查单位对工程决算审核报告(初稿)认真通过三级复核,完成相关程序后出具正式报告。

7.5.4 方法

7.5.4.1 竣工决算采用的方法

对工程决算审核一般应采用全面审核法。必要时,也可采用延伸审查等方法。主要的具体审核方法有以下几种。

(1)现场勘察。到项目现场实地查看,获取对项目的初步感性认识、核实相关工程量及以竣工图核对实物存在状态。可以选择在项目现场实施阶段初期、中期或完成阶段前进行。

(2)审阅项目资料。对项目单位提供的批复文件、科目余额表、可行性研究报告、初步设计、招投标资料、合同、记账凭证、竣工结算书、工程决算报表等项目建设单位提供的所有资料进行认真审阅。

(3)重新计算。对项目建设期间的贷款利息和待摊费用的分配,招待费占建设单位管理费的比例,结算中的主要工程量等重大事项必须进行重新计算。

(4)函证。对银行存款余额和资金往来余额必须进行函证。函证,是指注册会计师为了获取影响财务报表或相关披露认定的项目的信息,通过直接来自第三方对有关信息和现存状况的声明,获取和评价审核证据的过程。函证是受到高度重视并经常被使用的一种重要程序。

(5)盘点。对现金、设备、建筑物及构筑物等实物资产必须进行监盘或抽盘。

(6)询问。对审核工程中的疑问,要向项目建设单位相关人员进行询问,必要时要求相关人员写出说明并签字。

(7)沟通。对审核中发现的问题要充分与项目建设单位进行沟通,对审核中发现的重大问题充分与审核单位相关领导进行沟通。

(8)对土地使用权和软件等无形资产在查看的同时获取使用证及授权使用书。

7.5.4.2 竣工决算审核要点

工程决算审核要点包括:项目基本建设程序执行情况,项目组织管理情况,财务管理及会计核算情况,资金来源和资金使用情况,概算执行情况(包括建筑安装工程投资、设备投资、待摊投资和其他投资完成情况),交付使用资产情况、工程量和工程决算报表。

1. 项目基本建设程序执行情况和管理情况审核

对建设项目是否严格执行基本建设程序和项目组织管理情况的审核如表7-5-2所示。

表 7-5-2　项目基本建设程序执行情况和管理情况审核

审核要点	审核内容细化	审核标准
项目基本建设程序执行情况	决策立项程序	立项审批程序是否完善,项目建设是否具备有权机关批复的项目建议书、可行性研究报告、初步设计
	勘察设计程序	勘察单位的选择是否通过招投标方式进行;勘察单位是否持有勘察证书;设计单位资格、等级是否符合项目建设要求
	项目实施程序	建设项目是否取得了建设用地规划许可证、建设用地是否取得土地使用证、项目开工前是否取得施工许可证
	单项验收情况	建构筑物是否符合规定的建筑工程质量标准,是否取得建筑工程质量监督站的验收或取得四方验收手续;竣工项目是否取得环保、消防、劳动安全和卫生单项验收文件
项目组织管理情况	项目法人责任制执行情况	项目建设是否有明确的项目法人,项目法人是否按国家有关规定组成并履行职责
		项目实施中的有关经济活动是否由项目法人按《中华人民共和国合同法》及其他有关规定签订合同,并严格履行
		项目法人是否严格按照批准的设计文件组织项目实施,若调整方案,是否按程序报批
	工程监理制执行情况	建筑安装工程是否执行了工程监理制
		监理单位是否按国家有关法规和批复方案实行招投标
		确认监理单位的名称;审核监理资质是否达到建筑安装工程相应的资质要求
	招投标制执行情况	建筑工程、安装工程、设备采购、重要材料采购、勘察、设计、监理等是否按项目批复文件核批的招标方案及国家招投标有关法规的要求实施招投标
		招标方式是否符合有关要求
		招标程序是否合规
		实行工程量清单方式招标的工程是否按《建设工程工程量清单计价规范》编制工程量清单
	合同制执行情况	项目建设中建筑工程、安装工程、设备采购、重要材料采购、勘察、设计、监理等建设内容是否签订合同
		合同签订是否符合《中华人民共和国合同法》规定:合同范围、合同总价是否明确,是否与招标文件一致;设计变更是否规范、合理、合法;合同内容是否严谨、规范、合法
		合同签订后是否按照所签合同条款执行
	项目建设工期执行情况	项目建设工期是否按照批复日期实施,是否存在项目延期问题,分析项目延期原因,项目延期是否按规定上报审批

2. 概算执行情况审核

审核建设项目设计概算及调整概算的主要内容是否真实、合理、准确,是否严格按概算批准的内容组织建设,有无夹带项目、更换项目以及多列概算或概算外投资等情况,对竣工项目超概算或漏项问题,要分析原因,提出审核意见或建议。概算执行情况审核如表 7-5-3 所示。

表 7-5-3　概算执行情况审核

序号	审核对象	审核内容及审核规则	
1	建筑安装工程概算执行情况	对比审核建筑安装工程的概算批复情况、实际完成情况	工程结算是否经过中介机构审核，是否出具工程结算审核报告。对已经中介机构审核的工程结算，以中介机构审核的工程结算审核报告为准
			工程造价审核。如果无中介机构审核的工程结算审核报告，以中国建设工程造价管理协会标准“建设项目工程结算编审规程”进行规范审核
			设计变更、工程洽商和现场签证是否经设计单位、建设单位、监理单位、施工单位四方签字，是否真实、合法、完整
			工程质量是否符合合同约定，是否取得国家规范标准验收所发的工程质量等级证书
			甲供材料结算是否准确，预付备料款的核算是否准确
		对照概算明细表、年度投资计划以及与项目建设有关施工合同，检查发生的支出是否属项目概算范围之内，会计记录是否真实，是否与所附工程价款结算单一致，工程结算是否经建设单位、监理单位审核签字	
		了解建筑安装工程超概算及结余情况，分析其原因	
		交付使用资产是否经过批准，手续是否完备，转出投资、核销投资是否经有权机关批准	
		未经审批的建设内容	概算外工程，未经批准一律审减投资；主要单体建筑面积调整5%以上，未经批准，作为概算外工程，超概算投资计入建设成本，所需投资由项目单位自有资金解决
			改变项目建设地址、新增项目建设用地、取消已批单项土建建设内容未经批准，作为问题在报告中提出
			未经批准提高建设标准的一律审减投资，所需投资由企业自有资金解决
2	设备及工器具投资概算执行情况	对比审核设备及工器具概算批复和实际完成情况	按国家有关财务会计制度规定，检查设备及工器具投资科目的设置是否恰当、合理
			对照设备及工器具概算明细表，检查发生的设备及工器具投资是否属项目概算范围，有无概算外设备及工器具，有无挤占项目投资的情况，有无将生产领用材料、工器具、仪器仪表和备品备件费用列入项目建设成本
			检查设备及工器具采购成本和各项费用归集是否正确
			检查记账凭证所附的发票、银行结算单等凭据是否齐全，数字是否正确，内容是否真实并与明细科目相符
			了解设备及工器具投资超概算及结余原因，分析其合理性
			交付使用资产是否经过批准，手续是否齐备，转入数额是否正确
			对设备进行现场察看，确认设备确实存在并与账面记录相符
		未经审批的设备购置	调减已经批准的设备、改变已批设备性质和使用功能、降低已批设备性能和技术指标，作为问题在报告中提出
			未经批准的概算外设备一律审减投资
			能招投标而未招投标的自制设备，原则上按批复概算控制投资
3	待摊投资概算执行情况检查	待摊投资科目是否按会计制度规定的待摊投资内容及概算批复的费用口径设置明细科目，归集费用成本	
		记账凭证及原始凭证、票据，审核支出凭证是否合规；对照各项费用合同、结算票据，审核待摊费用发生的内容是否真实，是否应由建设项目承担，所发生的支出是否符合国家有关规定；待摊费用支出是否属于本项目开支范围	
		各项费用支出是否按规定标准控制，有无扩大范围、提高标准、乱摊成本现象等	
		支付的借款利息是否在规定的项目建设期内，项目延期按会计制度对可资本化的借款利息记入待摊投资，延期的利息所需投资由项目单位自有资金解决。投产后利息支出进入当期财务费用，不得进入项目建设成本	

续表

序号	审核对象	审核内容及审核规则
4	其他投资概算执行情况	对照项目概算批复，审核所发生的房屋购置、基本家禽支出、林木支出、办公生活用家具器具购置、无形资产和递延资产是否属概算范围，是否与概算确定的内容、数量和标准相符，是否应由该项目承担。概算外投资和超标准、超批复的投资一律审减
		检查科目设置是否恰当，投资支出是否按会计制度规定正确分类，并进行明细核算
	外汇使用概算执行情况	对比审核外汇概算批复和实际完成情况。对照概算明细表、设备及工器具采购合同、结算单据，审核外汇使用金额，了解超概算或结余情况，分析其原因

3. 财务管理及会计核算情况审核

(1)审核建设单位是否按照《基本建设财务管理制度》及《国有建设单位会计制度》实施财务管理和会计核算。

(2)审核是否依据财务会计制度设置会计科目，是否按照概算口径及有关制度对建设成本正确归集。

(3)审核会计核算是否准确，记账凭证及原始凭证是否真实、完整、合法、有效。

(4)审核生产费用与建设成本以及同一机构管理的不同建设项目之间是否成本混淆，往来款项是否真实、合法，有无“账外账”等违纪情况。

(5)审核与财务管理和会计核算有关的其他事项。

4. 资金到位和资金使用情况审核

1)项目资金到位情况

(1)审核投资计划是否按项目批复概算全额下达，建设资金是否按投资计划及时足额拨付项目建设单位。有无截留资金或以任何理由收取项目管理费、前期工作费的情况。

(2)审核银行贷款计划是否按概算批复全额下达，贷款资金是否按投资计划及时到位。

(3)审核自筹资金计划是否按概算批复全额下达，自筹资金是否按投资计划及时筹集到位。

(4)审核其他资金是否按投资计划取得。

2)项目资金使用情况

(1)审核项目建设资金是否实行专户、专人、专项管理。

(2)审核项目建设资金使用是否建立了严格的审批管理制度。

(3)审核项目建设资金是否专款专用，有无截留、挤占、挪用、转移建设资金等问题。

(4)审核实行政府采购和国库集中支付的基本建设项目，是否按政府采购和国库集中支付的有关规定支付资金。

(5)审核基建收入是否按照基本建设财务制度的有关规定进行处理。

5. 交付使用资产情况审核

交付使用资产情况审核内容及方法如表7-5-4所示。

表 7-5-4　交付使用资产情况审核

序号	审核对象	审核内容及审核规则	
1	交付使用资产	交付使用资产是否符合条件	有无虚报完成以及虚列应付债务或转移基建资金的情况
		交付使用资产内容	是否全部符合批准的初步设计和调整概算，是否存在概算外项目
		交付使用资产明细表填列是否准确	是否正确划分了固定资产、流动资产、无形资产和递延资产，是否以具有使用价值的独立物体单独交付并列示明细
		交付使用资产实际成本是否准确	检查建设单位送审决算投资的正确性，应核减不合理费用，对归集不正确费用应进行调账处理，在此基础上确定项目建安工程投资、设备投资、待摊费用和其他投资
			检查建设单位待摊费用分摊方法是否正确，按规定方法计算实际分配率结合审定的总投资重新分配待摊费用，准确计算交付使用资产价值
2	转出投资、报废工程和待核销投资	各项费用支出是否合理、合规，成本是否准确，转出投资和报废工程是否经过主管部门批准，待核销投资是否经过主管部门和同级财政部门批准	
3	尾工工程	尾工工程是否属于已批准的工程内容	
		尾工工程项目数、投资额、占项目概算总投资的比例	尾工工程投资额不超过项目概算总投资的5%，可按概算投资或合同价，同时考虑合理的变更因素或预计变更因素后，列入竣工财务决算
		尾工工程影响整个项目投入使用或超过项目概算总投资5%的，不能编制竣工财务决算	
4	结余资金	项目结余资金	基建结余资金＝基建拨款＋项目资本＋项目资本公积＋基建投资借款＋企业债券资金＋待冲基建支出－基本建设支出－应收生产单位投资借款
		概算内项目结余资金	建设项目概算内结余资金是指建设项目按批复建设内容建完竣工后剩余的概算内资金。概算内结余资金＝项目概算总投资－概算内项目审定投资－尾工工程
			结余货币资金是否真实，债权债务是否及时清理，有无隐匿、少报、漏报工程结余资金情况，有无擅自使用结余资金增加概算外项目情况
			如果有进入项目成本的概算外投资资金，结余资金中要明确概算内结余资金和概算外结余资金

6. 项目竣工决算财务报表审核

通过竣工报表的表表、账表进行核对等符合性测试，不仅可以充分反映被审单位资本性支出的基础工作状况，为评价报表编制所涉及的财务、预算、工程部门及车间等诸多部门和环节的作业衔接性、顺畅性提供依据，而且通过审核账表的一致性和报表归集合理性，为进行投资概算分析提供准确数。

审核项目竣工决算报表，包括“竣工工程概况表”、“竣工财务决算”、“交付使用资产总表”、“交付使用资产明细表”等是否真实、合法；编报依据是否合法/合规；竣工决算说明书的内容是否真实、准确；待摊费用的列支和分配是否真实、准确，有无将不合规的费用计入待摊费用；其他投资是否真实，有无虚列投资和不合规的乱列问题；交付使用的各项资产，包括固定资产、流动资产、递延资产和无形资产，是否真实、完整，移交手续是否齐全、合规，有无将不同资产混淆的问题。

审核方法是询问法和核对法。首先要询问有关人员编制竣工财务决算的依据、范围及内容情况，对竣工财务决算有一个基本的了解，再将建设单位送审竣工财务决算报表上反映的主要指标同会计账簿、会计凭证及相关资料核对，确定报表与报表之间、报表与账簿之间、报表与实际是否相符。不相符应确定查找的方法。

7.5.5　注意事项

(1)待摊投资中易出现的问题具体如下。

①待摊投资中最容易出问题的细目为建设单位项目法人管理费和临时占地费。

②建设单位项目法人管理费中存在的问题通常表现为建管费超过概算的规定比例(建管费超概的基本表现主要为招待费超标,即招待费超过建管费的10%)。应严格制定建管费和招待费的支付标准。根据投资总额的完成进度合理控制建管费和招待费的支出。避免出现前松后紧的情况。对于确实必须发生的建管费超概的情况,应报上级主管部门和计委等部门,及时调整概算。

③临时占地费中的问题通常表现为列支的原始依据不充分。对于支付的临时占地费,一定要签订合同和协议,费用的补偿标准要逻辑合理,并要求其提供正式的入账票据。

④印花税少交或漏交。对于建设项目的各类合同应建立台账,并根据不同的合同种类计算应缴纳的印花税并及时贴花或缴纳。

(2)对预算外的工程投资所增加的支出未经上级有关部门批准或认可,不得列入工程竣工决算,由建设单位用投资包干结余分成或自有资金或主管部门拨款解决。

(3)对虚列在建工程隐匿结余资金,隐瞒或截留基建收入和投资包干结余以及以投资包干结余名义私分基建投资款问题,应责成建设单位调账并就其情节轻重按有关规定处理。

(4)对发现的工程质量问题,近期内必须修复或重建的,要会同有关部门算出该工程所需的资金,报经上级批准,从工程结余款中扣出,不足部分由建设单位解决,作抵偿潜在开支。

7.5.6 成果文件

7.5.6.1 格式

出具审定的工程决算报表及审核报告,或称之为成果报告,是能够反映工程建设产品的总体成果报告书。根据审核结果,充分与委托单位进行沟通,提出审核意见,建议委托单位修改竣工财务决算报表。工程决算审核成果文件组成应包括以下内容。

(1)工程决算审查报告书封面。

(2)工程决算审查报告书目录。

(3)工程决算审查报告书正文。工程决算审查报告包括以下主要内容。

①标题,标题应当统一规范为“××工程决算审查报告”。

②报告文号。

③收件人。收件人按照业务约定书的要求致送审查报告的对象,一般为工程结算审查委托单位,即项目建设单位或项目建设单位的主管单位。审查报告应当载明收件人的全称。

④前言段。前言段包括引言、管理层对工程决算的责任、注册造价师的责任,且应符合下列要求。

a.引言应当说明被审查单位的名称、项目名称和工程决算已经过审查。

b.管理层对工程决算的责任应当说明,按照适用的相关会计制度规定编制工程决算是项目建设单位管理层的责任。这种责任包括:严格按照国家相关基本建设的法律法规进行项目建设;设计、实施和维护与工程决算编制相关的内部控制,以使工程决算不存在由于舞弊或错误而导致的重大错报;选择和运用恰当的会计政策;做出合理的会计估计。

c.注册造价师的责任应当说明下列内容:注册造价师的责任是在项目建设对所提供的工程决算资料的真实性、合法性、完整性负责的基础上,遵循独立科学、客观公正、实事求是的原则,实施相关审查工作后,对工程决算发表审查意见。注册造价师按照中国建设工程造价管理协会的相关规程执行了审查工作,遵守了职业道德规范,计划和实施审查工作以对工程决算是否不存在重大错报获取合理保证。审查工作涉及实施审查程序,以获取有关工程决算报表金额和披露的审查证据。注册造价师相信已获取的审查证据是充分、适当的,为其发表审查意见提供了基础。

⑤项目建设单位基本情况。

⑥项目建设依据及审查依据。

⑦建设项目批复情况,包括建设目标、主要建设内容、项目总投资及资金来源、建设规模、建设周期等。

⑧投资计划(或年度预算)及资金到位审查情况。

⑨项目组织管理情况,包括对项目法人责任制、招投标制、监理制、合同制执行情况的描述。

⑩各项投资支出审查情况,按照批复大类逐项进行披露,详细披露审减原因、超概算金额较大或比例较高的原因。包括整体投资支出审查情况、建筑安装工程投资支出审查情况、设备购置投资审查情况、待摊投资审查情况、外汇审查情况等等。

⑪交付使用资产及结余资金审查情况。

⑫尾工工程审查情况。包括尾工工程(或设备)的内容名称、预计投资金额(含已完成的部分投资和尚需发生的投资)、预计完成时间等内容。

⑬实际建设周期情况。

⑭项目建设存在的问题和建议。

⑮审查结论段。描述是否在所有重大方面公允反映了项目建设的建设成果和财务状况;是否在所有重大方面与初步设计(可行性研究报告)及其批复相一致,是否具备工程决算条件。应当以“我们认为”作为审查结论段的开头。可以分为无保留意见、保留意见、否定意见的审查结论。

⑯重要事项说明段。当出具保留意见、否定意见的审查结论时,此段说明保留、否定事项及原因。

⑰注册造价师的签名和盖章。

⑱造价咨询企业的名称、地址及盖章。

⑲报告日期。

⑳附表。工程决算报表名称。所附工程决算报表的数据一般应为双方共同认可的数据。如果双方存在重大差异,注册造价师应依据审查风险和重要性水平,出具保留意见、否定意见的审查报告。

上述审查报告为详式审查报告。依据工程造价咨询企业与建设单位签订的委托协议,需要出具简式报告的,审查报告只需要包括以下内容:标题、收件人、前言段、审查情况(包括投资支出整体审查情况、交付使用资产及结余资金审查情况、尾工工程情况)、审查结论、重要事项说明段、注册造价师和注册会计师的签名和盖章、造价咨询企业的名称地址及盖章、报告日期等。

(4)附审查确认的竣工决算报表。

(5)其他必要的附件。

7.5.6.2 表格

同竣工决算编制表格,表格名称如下。

(1)基本建设项目概况表。

(2)基本建设项目竣工财务决算表。

(3)基本建设项目交付使用资产总表。

(4)基本建设项目交付使用资产明细表。

(5)基本建设工程决算审核情况汇总表。

(6)应付款明细表。

(7)项目竣工决算审核汇总表。

(8)待摊投资明细表。

(9)待摊投资分配明细表。

(10)待核销支出明细表。

(11)转出投资明细表。

7.5.6.3 工作底稿

工程造价咨询单位应编制完整统一的工程决算审核底稿,制定具体可行的工程决算审核操作规程,用以规范工程决算审核工作。造价咨询单位对工程决算审核的工作底稿进行整理、分类、归档(电子及纸质)。

(1)基本建设项目竣工财务决算审核程序表见表7-5-5。

表7-5-5 基本建设项目竣工财务决算审核程序表

客户名称:______ 编制人______ 日期______ 索引号______

会计截止日:______ 复核人______ 日期______ 页次______

审核目标和审核程序	适用与否	工作底稿索引	执行人
一、审核目标			
1.确定工程项目是否存在			
2.确定工程项目是否归被审核单位所有			
3.确定工程项目的会计记录是否真实、完整			
二、审核程序			
1.获取正确或编制基本建设项目成本明细表,复核加计正确,并与报表数、明细账合计数核对是否相同			
2.实地观察工程现场			
2.1 确定工程量是否存在			
2.2 观察工程项目的实际完成工程度			
3.取得有关工程项目的概、预算报告及建设批准文件,施工承包合同、工程审计报告、设备购销合同、现场监理施工进度报告、单项资产竣工验收报告等业务资料			
4.检查工程项目的投资完成情况			
4.1 建筑安装工程投资			
4.1.1 检查建筑安装工程费用是否按照合同、协议、审计报告确定的金额支付:分清建安项目的直接费用及共同费用			
4.1.2 抽查甲供材料领用的记录是否完整,是否工程项目所用			
4.1.3 与工程项目相关的道路、供热设施、供水设施、供电设施、供气设施、通信设施、照明设施以及绿化(包括排污、排洪、环卫)等设施的建造及安装费用是否按照合同、协议、经审核的发票金额支付			
4.1.4 锅炉房、水塔、公共厕所、自行车棚等设施的建造及安装费用是否按照合同、协议、经审核确定的发票金额支付			
4.2 土地征用及拆迁补偿费			
4.2.1 检查土地征用及拆迁补偿费是否按照合同、协议确定的金额支付:确定开发项目实际占用土地的面积及金额			
4.3 设备投资情况			
4.3.1 检查与工程项目相关的设备是否按照合同、协议、经审核确定的发票金额支付			
4.3.2 按照购置的设备是否需安装,检查设备分类是否正确			
4.4 待摊投资情况			
4.4.1 检查建设单位管理费用的开支是否合理,是否包含不用列支的企业行政管理费用			

续表

审核目标和审核程序	适用与否	工作底稿索引	执行人
4.4.2 检查工程项目相关的评估费、资料查询费、拆迁管理费、晒图费等费用是否按照合同、协议、经审核确定的发票金额支付			
4.4.3 结合长、短期借款,应付债券和立项批复等资料,检查借款费用(利息、汇兑损益)资本化的金额是否合理			
4.4.4 检查待摊投资分摊是否合理、准确			
5. 检查与工程项目相关的债权债务清理情况,确定未支付的工程款金额			
6. 对比、分析工程项目概算金额与实际发生金额点的差异,以确定工程项目节约或超支的原因及金额			
7. 检查按工程项目的资金来源是否与有关批复规定的资金来源一致及资金的到位情况			
三、审核结论			
基本建设项目竣工财务决算报表真实、完整地反映了基本建设项目的投资情况			

(2)基本建设项目竣工财务决算审定表见表7-5-6。

表7-5-6 基本建设项目竣工财务决算审定表

客户名称:______ 编制人______ 日期______ 索引号______
会计截止日:______ 复核人______ 日期______ 页次______

资金来源	原金额	调整金额	审定金额	资金占用	原金额	金额	审定金额
一、基建拨款				一、基建建设支出			
1. 预算拨款				1. 交付使用资产			
2. 基建基金拨款				2. 在建工程			
其中:国债专项资金拨款				3. 待核销基建支出			
3. 专项建设基金拨款				4. 非经营项目转出投资			
4. 进口设备转账拨款				二、应收生产单位投资借款			
5. 器材转账拨款				三、拨付所属投资借款			
6. 煤带油专用基金拨款				四、器材			
7. 自筹资金拨款				五、货币资金			
8. 其他拨款				六、预付及应收款			
二、项目资本				七、有价证券			
1. 国家资本				八、固定资产			
2. 法人资本				固定资产原值			
3. 个人资本				减:累计折旧			
4. 外商资本				固定资产净值			
三、项目资本公积				固定资产清理			
四、基建借款				待处理固定资产损失			
其中:国债转贷							
五、上级拨入投资借款							
六、企业债券资金							

续表

资金来源	原金额	调整金额	审定金额	资金占用	原金额	金额	审定金额
七、待冲基建支出							
八、应付款							
九、未交款							
1. 未缴税金							
2. 其他未交款							
十、上级拨入资金							
十一、留成收入							
合　　计				合　　计			

补充资料：基建投资借款期末余额：

应收生产单位投资借款期末数：

基建结余资金：

(3)建筑安装工程投资明细表见表7-5-7。

表7-5-7　建筑安装工程投资明细表

客户名称：＿＿＿＿＿＿　编制人＿＿＿＿＿＿　日期＿＿＿＿　索引号＿＿＿＿＿＿

会计截止日：＿＿＿＿＿＿　复核人＿＿＿＿＿＿　日期＿＿＿＿　页次＿＿＿＿＿＿

单项工程名称	结构	面积(m^2)	原账面金额								调整金额	审定金额	待摊投资分摊	分摊后金额
			土建	特构	给排水	动力	电气	消防工程	其他	合计				
合计														
一、房屋建筑物														
二、室外总体														

(4)设备投资明细表见表7-5-8。

表7-5-8　设备投资明细表

客户名称：＿＿＿＿＿＿　编制人＿＿＿＿＿＿　日期＿＿＿＿　索引号＿＿＿＿＿＿

会计截止日：＿＿＿＿＿＿　复核人＿＿＿＿＿＿　日期＿＿＿＿　页次＿＿＿＿＿＿

序号	原账面金额								调整金额	审定金额	待摊投资分摊	分摊后金额
	设备名称	规格	单位	数量	单价	金额	设备安装费	合计				
		合计										

(5)待摊投资明细表见表7-5-9。

表7-5-9 待摊投资明细表

客户名称:____________ 编制人 ____________ 日期 ________ 索引号 __________
会计截止日:____________ 复核人 __________ 日期 ________ 页次 __________

项目	索引号	合同、协议金额	送审数	审核调整		审定数	备注
				借方	贷方		
1.建设单位管理费							
2.代建管理费							
3.土地征用及迁移补偿费							
4.土地复垦及补偿费							
5.勘察设计费							
6.研究实验费							
7.可行性研究费							
8.临时设施费							
9.工程保险费							
10.设备检验费							
11.负荷联合试车费							
12.合同公证费							
13.工程质量监理监督费							
14.(贷款)项目评估费							
15.国外借款手续费及承诺费							
16.社会中介机构审核(查)费							
17.招投标费							
18.经济合同仲裁费							
19.诉讼费							
20.律师代理费							
21.土地使用税							
22.耕地占用税							
23.车船使用税							
24.汇兑损益							
25.报废工程损失							
26.坏账损失							
27.借款利息							
28.减:财政贴息资金							
29.减:存款利息收入							
30.固定资产损失							
31.器材处理亏损							
32.设备盘亏及毁损							
33.调整器材调拨价格折价							
34.企业债券发行费用							
35.航道维护费							
36.航标设施费							

续表

项目	索引号	合同、协议金额	送审数	审核调整		审定数	备注
				借方	贷方		
37. 航测费							
38. 其他待摊投资							
⋮							
合计							

(6)建设单位管理费明细表见表 7-5-10。

表 7-5-10　建设单位管理费明细表

客户名称:______________　编制人 ____________　日期 ________　索引号 __________

会计截止日:____________　复核人 __________　日期 ________　页次 __________

项目	索引号	合同、协议金额	送审数	审核调整		审定数	备注
				借方	贷方		
1. 设备检验费							
2. 许可证费							
3. 档案费							
4. 合同公证及工程质量监测费							
5. 垃圾清运费							
6. 电费							
7. 资料翻译费							
8. 业务招待费							
9. 项目评估费							
合计							

注:企业所属的工程部门或工程指挥部门为组织和管理工程项目而发生的各项费用支出,企业的各行政部门为管理公司而发生的各项费用不在此列。

(7)总投资与概算比较情况明细表见表 7-5-11。

表 7-5-11　总投资与概算比较情况明细表

客户名称:______________　编制人 ____________　日期 ________　索引号 __________

会计截止日:____________　复核人 __________　日期 ________　页次 ________

序号	工程项目或费用名称	概算金额(万元)	实际金额(万元)	超支或节约(-)	超支或节约(%)	备注
		合计				

（8）资金来源情况明细表见表 7-5-12。

表 7-5-12　资金来源情况明细表

客户名称：__________　编制人 __________　日期 ________　索引号 ________
会计截止日：__________　复核人 __________　日期 ________　页次 ________

序号	资金来源	应到位金额	实际到位金额	到位比例	备注
合　计					

（9）合同执行情况核对表见表 7-5-13。

表 7-5-13　合同执行情况核对表

客户名称：__________　编制人 __________　日期 ________　索引号 ________
会计截止日：__________　复核人 __________　日期 ________　页次 ________

合同编号	对方签协单位名称	合同内容	合同金额	结算金额	已入工程支出账金额	预付款金额	合计	应支付未入账金额	备注
合　计									

（10）凭证检查测试表见表 7-5-14。

表 7-5-14　凭证检查测试表

客户名称：__________　编制人 __________　日期 ________　索引号 ________
会计截止日：__________　复核人 __________　日期 ________　页次 ________

序号	日期	凭证编号	摘要			对应科目	附件			费用		备注
				借方	贷方		单位名称	票据类型	票据金额	子目	细目	
核对内容说明： 1. 原始凭证内容完整 2. 有授权批准 3. 财务处理正确							审核结论					
√与核对内容相符，△需要说明事项，×与核对内容不相符，N/A 不适用。												

(11)调整分录汇总表见表7-5-15。

表7-5-15　调整分录汇总表

客户名称:________　编制人________　日期________　索引号________

会计截止日:________　复核人________　日期________　页次________

序号	索引号	调整原因	科目代码	科目名称		借方金额	贷方金额	被审核单位调整情况及未调整原因
				一级科目	二级科目			
审核说明:								

第3篇　工程造价咨询延伸业务

第8章 全过程审计

8.1 概述

8.1.1 建设项目审计的回顾

建国以后,我国政府对建设项目审计工作一直非常重视,特别是1978年12月党的十一届三中全会上确定将工作重点转移到社会主义现代化建设上来,随着改革开放的全面展开,地方和企业自主权扩大,原有的中央高度集权基础上建立起来的国民经济管理和监督体系已不适应改革需要。1981年6月,财政部向全国人大常委会提出《关于设立全国审计机构的建议》。1982年12月,新的宪法草案公布,其中规定国务院设立审计机关,进行审计监督。同年9月15日,中华人民共和国审计署成立。在此期间,建设项目审计是由财政、银行代理施行对建设项目的审计。

1983年,审计署成立后,各级审计机关和广大审计工作者忠于职守,艰苦创业,建设项目审计日益规范,各级部门都在制定审计规章,审计立法意识日益增强,经过十年努力,《中华人民共和国审计法》经第八届全国人大常委会第九次会议通过,1995年1月1日起施行。《审计法》第23条规定:"审计机关对国家建设项目预算的执行情况和决算,进行审计监督。"至此,建设项目审计纳入了法制轨道。

1996年,审计署、国家计委、财政部、国家经贸委、建设部、国家工商行政管理局等部门印发了关于《建设项目审计处理暂行规定》。

1999年,财政部印发了《财政部门委托审计机构审查工程预(结)算、竣工决算管理办法》(财基字【1999】1号)和《财政性基本建设资金投资项目工程预、决算审查操作规程》(财基字【1999】37号)以及审计署《关于加强基础设施建设资金和建设项目审计监督工作的通知》(审投发【1999】36号)等文件。

1999年,建设部印发了《工程造价咨询单位管理办法》(建设部令第74号)和《造价工程师注册管理办法》(建设部令第75号),对建设项目主要是工程竣工预、结算和决算实施审核。

2000年7月,国务院办公厅转发国务院清理整顿经济鉴证类社会中介机构领导小组关于经济鉴证类社会中介机构与政府部门实行脱钩改制意见的通知,2001年在全国范围内社会中介机构基本上完成了脱钩改制。同年,建设部印发了《建设工程施工发包与承包计价管理办法》(建设部令107号)文件中第17条"招标标底,投标报价,工程结算审核和工程造价鉴定文件应当由造价工程师签字,并加盖造价师执业专用章。"建设项目审计步入了按专业分工的国际化惯例轨道。

2001年,北京金马威工程咨询有限公司在全国率先开展了建设项目全过程跟踪审计工作。2004年,公司受教育部财务司邀请,参加了《风险管理和内部审计》一书的编写,其中第二章介绍了建设项目跟踪审计,对几百亿元的建设项目跟踪审计,审计实践证明,效益非常显著,得到了国家民委、教育部、卫生部等部委充分肯定。公司被邀请在全国二十几个省市各级各类培训班上介绍全过程跟踪审计做法,并为相关部委起草建设项目全过程审计文件提供专业支持,《中国审计报》、《中国经济导报》等媒体作了相关报道。2008年北京奥运项目也开展了全过程跟踪审计工作。今年中央计划用4万亿元拉动内需。为确保

投资有效使用，吴邦国委员长和温家宝总理提出要加强监督，实行全过程跟踪审计。应该说，在全国范围内，建设项目全过程审计已全面展开。

8.1.2 全过程审计的意义

8.1.2.1 通过全过程审计，全面促进和提高建设单位管理水平

建设项目管理主体缺乏项目管理知识，建设项目管理方式大多是自筹自管方式，对建设项目大多采用传统经验式的行政管理，普遍缺乏项目管理知识。经常出现管理决策失误从而致使经济受损，在实施中，一方面管理未处于不间断的受控，另一方面利益相关单位职责不明确，各自为政，导致建设工程内在有机联系的紊乱，形成建设过程中施工、监理、审计、管理及代理单位相互脱节，管理水平低下。

8.1.2.2 通过全过程审计，促进监理恪尽职守，完成本职工作

建设单位把项目管理和监督都寄望于监理，而监理单位把工作重点放在工程质量与进度管理上，对建设项目成本、核算、资金控制、材料采购等很少顾及，加之监理对造价计价和管理不专业，对建设项目实施过程和项目的竣工结算处理不当，留下了难以调解的矛盾和管理上的遗憾，监理差错无人追究，似乎司空见惯，最终建设单位以花钱买教训或下不为例的借口不了了之。其结果受损失的是国家和业主，浪费的是纳税人的钱。

8.1.2.3 通过全过程审计，促进审计转型发展

建设项目审计，普遍存在"九轻九重"现象，即重预算、结算，轻前期策划决策和后期决策与后评价；重建设资金审计，轻管理活动监督；重静态事后监督，轻动态过程控制；重审计形式合规合法，轻审计事项真实有效；重传统审计方法传承，轻现代审计理论创新；重审计内部程序操作，轻审计外部环境影响；重审计局部问题处理，轻审计发展的哲学思考；重审计知识理论推导，轻审计理论与实践结合；重审计定位不能参与管理过程，逾越瑶池一步，轻工程审计必须参与管理，在管理中发挥监督作用。

由于大多数人包括审计人员对建设项目审计在较长时间内存在着以上认识上的差异或趋同，认为审计参与现场，参与管理，就是越位，管理和监督应该是"两张皮"。近几年虽然开展了建设项目全过程跟踪审计，但有很多人认为审计人员不能对管理发表意见，审计人员不能既当裁判员又当运动员。这句话也有几分道理，我们都看过足球比赛，足球场上裁判员如不盯球和人，怎么能判定运动员越位和犯规，足球场上越位和犯规进球不但无效还要点球受罚。裁判员不仅在现场，而且球到哪里就必须跟到哪里，认真盯看，对建设项目全过程跟踪审计是一样的道理。审计法第 23 条规定"审计机关对建设项目预算执行情况及竣工决算进行审计监督"，这就说明审计参与过程不是审计"越位"，而是多年来建设项目审计工作没有做到位，没有真正履行审计监督和评价职能。

8.1.2.4 通过全过程审计，促进建筑招投标市场规范

招投标法颁布后，我国建筑招投标市场培育和发展已初步成熟，但是由于种种原因在实施过程中仍然存在着不规范甚至严重违背招投标法的现象，归纳如下。

1. 暗箱操作

暗箱操作实际玩的是"瞒天过海、暗度陈仓"之术，"前台"演戏，"后台"内定，多数招标人当陪衬，是陪着中标者演完这出戏。在招标前设法搞定招标关键人物，评标前向评委暗示中标人，评标时评委心知肚明地投上一票。

2. "公开评标"不公开

有的招标单位只启封各投标单位报价，而不公开标底和评标办法，使得投标单位无法知道报价得分。

有的招标单位虽然公布标底,但不是在评标前,而是在评标结束后公布。

3. 化整为零

把达到法定强制招标限额肢解成若干个项目,逃避招标,然后直接发包。

4. 随意修改评标办法

招标单位发现不是内定的中标人中标后,找理由修改评标办法,重新评标。

5. 围标、串标

围标、串标现象极为普遍,在某一项目招标过程中,同一投标人挂靠几个施工企业,投标书大同小异;有的是几家串通围标。还有的是政府造价管理部门和招投标中心与施工单位串通一起搞假招标。

8.1.2.5 通过全过程审计,促进建设单位加强内部监管,健全内部控制机制

建设项目全过程审计涉及建设项目全过程方方面面内容,对规范建设单位管理行为,从源头上预防不正之风,预防腐败和治理腐败,控制工程造价,降低工程成本,提高投资效益等都会发挥积极作用。

8.1.3 全过程审计的概念

建设项目全过程审计是我国现代审计工作的重要组成部分,它是指由审计机构和审计人员,依据党和国家在一定时期颁布的方针政策、法律法规和相关的技术经济标准和管理规范,运用现代管理审计思想、技术和方法对建设项目建设全过程的管理及技术经济活动以及与之相联系的各项工作进行的监督和评价,并在此基础上发表审计意见,促进建设项目利益相关者各司其职、动态联盟、形成合力,共同规范管理、控制造价、降低成本,提高投资效益和管理水平的审计业务活动。

8.1.4 全过程审计的功能

审计功能从广义上理解包括本质功能和具体功能。本质功能是狭义上审计功能的内涵,指审计固有的、本质的、客观的功能。原来认为审计功能有两个:一是监督;二是评价。具体功能是指本质功能与具体审计形式相结合所形成的,发挥本身功能的形式载体以及审计因受托经济责任拓展而承担新的职责。建设项目审计的具体功能,当然又包括审计的本质功能。建设项目管理审计应具备如下的功能。

1. 监督功能

监督功能是审计的基本功能,它通过对被审计单位管理信息、会计信息及经济活动审核检查,判断建设技术经济活动是否合法、合规并符合有关既定的标准,对违反的经济行为予以揭露并提出纠正措施或提出处罚意见。

2. 评价功能

评价功能也是审计的基本功能,是指审计要对审计的对象进行分析、评价,既要肯定成绩,又要揭露错弊,重点是对绩效加以描述,从而有针对性地提出意见和措施,以促使整改。

3. 控制功能

控制功能是审计监督派生的一个重要职能,控制的目的是要在事前、事中及早地发现问题并及时采取纠偏措施,使经济活动自始至终处于受控状态。

4. 咨询功能

咨询功能也可以说是在审计本质功能基础上衍生的,即在审计监督检查的基础上,通过评价和分析,提出解决问题或改进工作建议,为决策人决策提供信息,当好决策参谋。

5. 鉴证功能

鉴证功能是指审计受托具有一种对其他认证责任主体的报告进行重复认定的功能。

6. **管理功能**

管理功能是审计功能更高的表现形式，对审计功能赋予新的内涵，它要求审计人员全面掌握建设项目管理知识，不仅仅是监督、评价、控制、提供咨询信息，而更要主动参与到管理当中去，对管理活动发表管理审计意见，并承担相应的管理责任和审计风险。

8.1.5 全过程审计的目标

审计的目标是指审查和评价审计对象所要达到的目的和要求，一方面满足审计的基本属性，同时，主要受审计对象制约，满足审计对象经济特征的本质要求。建设项目管理审计目标概括起来，就是审查和评价建设项目管理及技术经济活动的真实性和公允性、合法性和合规性、合理性和效益性、科学性和国际性。

1. **真实性和公允性**

真实性和公允性是建设项目管理审计的根本目标，离开真实和公允，审计结论将失去意义。建设项目管理审计各种有关信息包括管理信息、造价信息、财务信息等必须具有真实和公允性，如实、恰当反映建设项目管理的实际情况及造价形成过程。对不真实和违背公允的信息要做审计调查和处理。

2. **合法性和合规性**

建设项目管理审计范围宽泛，内容丰富，管理审计合法性和合规性尤为重要。建设项目管理活动应当把国家的法律法规及其相关规范，如审计法、建筑法、招投标法、合同法、价格法、会计法，作为管理审计主要依据，对工程技术规范、参数，行业主管部门颁布的管理标准、技术标准、质量标准、计价标准、计价规范、财务管理制度等也要作为审计的依据和审计的标准，对违纪违规的管理活动和行为要坚决予以制止和取缔。对违背建设程序执业标准和操作规范的管理和技术经济活动发表管理审计意见和建议，正确处理好利益相关者合法权益，使建设项目管理和技术经济活动合法和合规。

3. **合理性和效益性**

建设项目管理活动要符合常理，要符合项目的属性和经济特征，应树立社会主义价值观，从社会经济、政治、道德、伦理等角度来判断事物的用途及其作用。在建设项目管理和经营中，要在特定的经营宗旨、目标、思想支配下，引导利益相关者自觉遵守价值取向。要正确处理国家、企业、个人之间的利益关系。要在不侵犯各利益主体既得利益的前提下去追求效益的最大化。

综上所述，全过程审计的终极目标是帮助投资主体为实现其投资目标，把项目管理的科学理论与现代审计思想和方法融为一体，对建设项目全生命周期的决策和实施的全过程管理活动进行监督和评价，在全过程审计活动中，充分发挥审计的监督、评价功能，与利益相关者一起，各司其职、各负其责、动态联盟，形成管理整体合力，实现建设项目投资管理的总体目标。

8.1.6 全过程审计的主体

建设项目全过程审计的主体分为国家审计、内部审计和社会审计。

(1)国家审计亦称政府审计，执行机构包括国务院设置的审计署，由各省、自治区、直辖市、市、县等地方各级政府设置的审计厅(局)和中央在地方设置的审计特派员办事处。国家审计主要是对国务院各部门和地方各级人民政府、国家财政金融机构、国有企事业单位及其他国有资产的单位的财政、财务收支及其经济效益进行审计监督。

(2)内部审计。内部审计是指由本部门和本单位内部专职的审计机构或人员所实施的审计。它独立于财会部门之外，直接接受本部门、本单位主要负责人的领导，依法对本部门、本单位及其下属单位的财务收支、经济管理活动及其经济效益进行内部审计监督。

(3)社会审计。社会审计是经有关部门审核批准成立的社会审计组织所实施的审计。目前包括财政部门审批的会计师事务所及建设部门审批的工程造价咨询公司。社会审计的特点是受托审计,接受政府审计机关、国家行政机关、企事业单位和个人的委托,依法对被审单位的国家资产、财务收支及其经济效益等承办审计查证。对建设项目全过程的审计咨询及项目管理与代建都委托造价咨询单位来实施。其中工程竣工决算中的财务决算委托注册会计师事务所来完成。

8.1.7 全过程审计的特点

1. 过程性突出,及时性强

全过程审计方式为弥补传统建设项目审计事后、静态等缺点,通过前移审计介入时间点,与项目建设程序紧密结合,其事前、事中审计凸显过程性;同时,审计贯穿建设项目各阶段,以便及时发现、反馈并纠正问题,能客观地评价项目管理目标(投资、工期和质量)的达成。

2. 预防作用突出

全过程审计的过程性和及时性为其预防作用的发挥奠定了基础,使审计能在建设过程中及时发现问题并预见可能产生的影响,在职责范围内可以建议责任方建章立制,防范问题发生,以提高资金和物资的使用效率。

3. 效益性明显

全过程审计事前介入、事中监督可及时发现和纠正在建设项目工程预算、工程标底、合同洽谈、工程变更及签证、设备材料采购和工程竣工决算方面存在的问题,还可以揭露和反映体制性、制度性问题,通过提出合理化建议,为建设项目带来长远效益。

8.2 依据

8.2.1 全过程审计依据的分类

建设项目全过程审计界面宽、内容广、专业多、政策性强、要求高,对每一个管理审计事项所涉及的审计依据不尽相同,从不同的角度和不同的标准可进行如下分类。

1. 按其来源分

(1)被审计单位提供的审计依据。

(2)外部各单位提供的审计依据。

2. 按其性质、内容分

国家颁布的法律、法规、政策、技术标准、业务规范、合同、计划、预算等。

3. 按审计的目标分

1)评价经济活动合法合规性的审计依据

(1)国家颁布的法律和各种经济法规。

(2)涉及建设项目管理审计的法律和各种经济法规,有建筑法、招投标法、经济合同法、税法、产品质量法、土地管理法、银行法、环境保护法、反不正当竞争法、合同法、会计法、审计法、民事诉讼法、仲裁法、标准化法和财经法规、技术规范等。

(3)行业颁布的管理标准和业务规范。

2)评价经营管理活动效益性的审计依据

建设项目管理审计一个重要活动领域是对建设项目管理活动的效益性进行评价,这方面的审计依据

如下。

(1)可比较的历史数据。它包括反映建设项目管理活动效益性的历史数据和同行业中项目性质、规模与其相同或相近的历史数据。

(2)计划、概算、预算、结算、决算和经济合同等。

(3)业务规范、技术经济标准。

3)内部控制制度审计依据

(1)内部管理制度。

(2)内部会计制度。

(3)内部审计制度。

8.2.2 全过程审计依据

8.2.2.1 法规、文件依据

法规、文件依据分为方针政策、法律法规和相关的技术指标三个部分,见表8-2-1。

表8-2-1 全过程审计法规、文件依据

序号	依据类别	审计依据	列示
1	国家颁布的法律、法规	包括建筑法、招投标法、经济合同法、税法、产品质量法、土地管理法、银行法、环境保护法、反不正当竞争法、合同法、会计法、审计法、民事诉讼法、仲裁法、标准化法和财经法规等	《中华人民共和国审计法》(2006年修订)
			《中华人民共和国建筑法》(第91号,1998年3月)
			《中华人民共和国招标投标法》(第21号,1999年)等
			《中华人民共和国合同法》(第15号令,1999年)
2	行业颁布的技术标准	包括审计的工作内容、程序、方法、操作规程文件等	《审计机关国家建设项目审计准则》(2003年1月)
			《审计机关对建设项目竣工决算报表进行审计监督的主要内容》(审计署,1997年施行)
			《工程造价咨询业务操作指导规程》(中国建设工程造价管理协会中价协[2002]第016号)
			《会计师事务所从事基本建设工程预算、结算、决算审核暂行办法》(财协字[1999]103号)
3	行为准则	执业行为准则、职业道德行为准则等	《工程造价咨询单位执业行为准则》(中价协[2002]第015号)
			《造价工程师职业道德行为准则》(中价协[2002]第015号)
			《中国注册会计师独立审计准则》(财会协字[1995]48号)
4	内部控制制度审计依据	包括内部管理制度、内部会计制度、内部审计制度等	《内部审计实务指南1号——建设项目内部审计》(中国内部审计协会,2008年)等
5	计价依据	包括审计所依循的概算定额、概算指标、预算定额以及有关技术经济参数指标等	

8.2.2.2 审计资料依据

按照中国内部审计协会颁布的《内部审计实务指南1号——建设项目内部审计》规范建设项目内部审计的内容、程序与方法的要求，全过程审计每个阶段的审计工作的审计依据也不尽相同，详见表8-2-2。

表8-2-2 全过程各阶段的审计资料依据

序号	建设项目审计	全过程工作内容审计	各阶段审计依据
1	投资立项	决策程序 可行性研究报告	(1)《投资项目可行性研究指南》 (2)组织决策过程的有关资料
2	设计管理	委托设计(勘察)管理 初步设计管理 施工图审计管理 设计变更管理 设计资料管理	(1)委托设计(勘察)管理制度 (2)经批准的可行性研究报告及估算 (3)设计所需的气象资料、水文资料、地质资料、技术方案、建设条件批准文件、设计界面划分文件、能源介质管网资料、环保资料预算编制原则、计价依据等基础资料 (4)勘察和设计招标资料 (5)勘察和设计合同 (6)初步设计审查及批准制度 (7)初步设计审查会议纪要等相关文件 (8)组织管理部门与勘察、设计商往来函件 (9)经批准的初步设计文件及概算 (10)修正概算审批制度 (11)施工图设计管理制度 (12)施工图交底和会审会议纪要 (13)经会审的施工图设计文件及施工图预算 (14)设计变更管理制度及变更文件 (15)设计资料管理制度等
3	招投标	招投标前期准备 招投标文件及标底文件 开标、评标、定标	(1)招标管理制度 (2)招标答疑文件 (3)招标文件 (4)标底文件 (5)投标保函 (6)投标人资质证明文件 (7)投标文件 (8)投标澄清文件 (9)开标记录 (10)开标鉴证文件 (11)评标文件 (12)定标记录 (13)中标通知书 (14)专项合同等
4	合同管理	合同管理制度 各类专项合同条款和内容 各类专项合同支撑材料	(1)合同当事人的法人资质资料 (2)合同管理的内部控制 (3)专项合同书 (4)专项合同的各项支撑材料等

续表

序号	建设项目审计	全过程工作内容审计	各阶段审计依据
5	设备、材料采购	设备、材料采购环节 设备、材料领用 其他相关业务	(1)采购计划 (2)采购计划批准书 (3)采购招投标文件 (4)中标通知书 (5)专项合同 (6)采购、收发和保管等的内部控制制度 (7)相关会计凭证和会计账簿等
6	工程管理	工程进度控制 工程质量控制 工程投资控制	(1)施工图纸 (2)与工程相关的专项合同 (3)网络图 (4)业主指令 (5)设计变更通知单 (6)相关会议纪要等
7	工程造价	设计概算 施工图预算 合同价 工程量清单 工程结算	(1)经工程造价管理部门审核过的概算和预算 (2)有关设计图纸和设备清单 (3)工程招投标文件 (4)合同文本 (5)工程价款支付文件 (6)工程变更文件 (7)工程索赔文件等
8	竣工验收	验收 试运行情况 合同履行结果	(1)经批准的可行性研究报告 (2)竣工图 (3)施工图设计及变更洽谈 (4)国家颁布的各种标准和现行施工验收规范 (5)有关部门审核、修改、调整的文件 (6)施工合同 (7)技术资料和技术设备说明书 (8)竣工决算财务资料 (9)现场签证 (10)隐蔽工程记录 (11)设计变更通知单 (12)会议纪要 (13)工程档案结算资料清单等
9	财务管理	建设资金筹措 资金支付及账务处理 竣工决算	(1)筹资论证材料 (2)财务预算 (3)相关会计凭证、账簿、报表 (4)设计概算 (5)竣工决算资料 (6)资产交付资料等

8.3 程序

审计程序是指审计主体与客体必须遵循的顺序、形式和期限等，它说明在一定时期内审查具体对象或项目所需要的步骤。审计程序贯穿于审计工作计划、实施和报告阶段的全过程，是项目审计的工作程序和步骤。确定审计程序有利于保证审计质量，提高工作效率，有利于审计规范化。

工程建设项目规模大，建设周期长，项目参与者众多，涉及的审计对象较广，审计内容复杂，审计技术专业要求比较高。因此，在进行工程建设项目审计时，应当根据每一项业务的对象、目标、专业技术要求等不同情况，分别制定相应的审计工作程序。全过程审计咨询工作流程如图 8-3-1 所示。

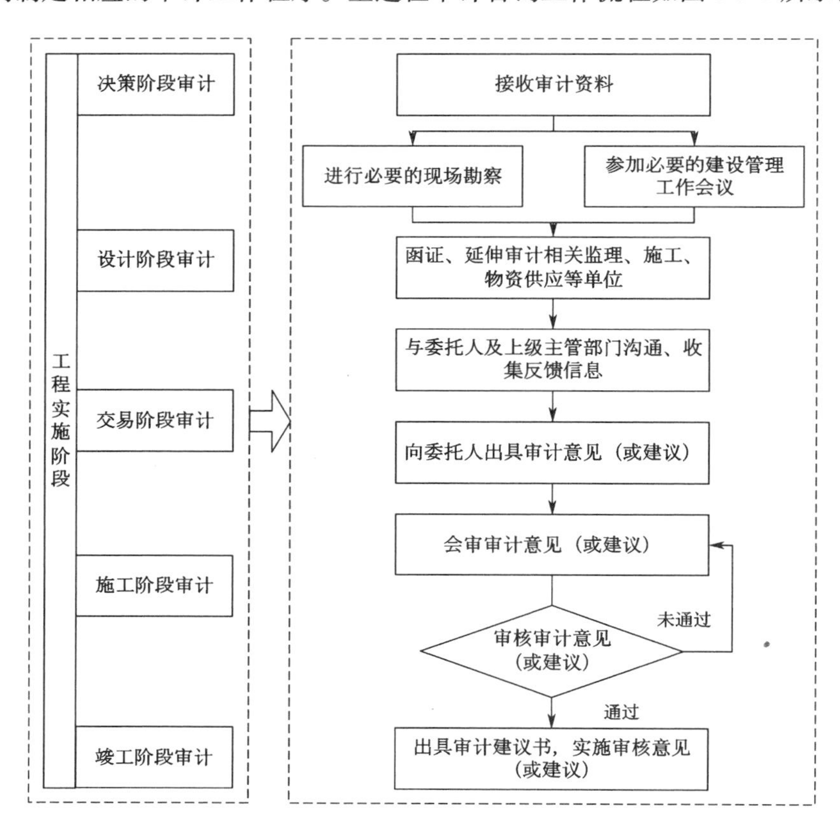

图 8-3-1　工程建设项目全过程审计程序示意

8.4 内容

8.4.1 决策阶段审计

1. 决策程序审计

(1)审计项目决策程序是否民主化、科学化。

(2)审计项目决策方案是否经过分析、选择、评价、实施、控制等过程。

(3)审计是否符合国家宏观政策及组织发展战略，以提高组织核心竞争能力为宗旨。

(4)审计对推荐方案是否进行了总体描述和优缺点描述。

(5)审计有无主要争论与分歧意见说明；重点审计有无违反决策程序及决策失误等。

2. 可行性报告审计

(1)审计工程项目是否有可行性研究报告。

(2)审计可行性研究工作前提是否具备。

(3)审计项目场地、规模、建设方案是否经过多方案比较优选。

(4)审计各项数据是否齐全，可信程度如何。

(5)审计是否运用经济评价、效益分析考核指标对投资估算和预计效益进行复核、分析、测评，是否

进行动静态分析、财务分析、效益分析,是否对重大项目进行国民经济评价。

(6)审计可行性报告是否经其编制单位的行政、技术、经济负责人签字,以示对可行性研究报告负责;是否交有关部门进行审计,审计机构是否组织多方面专家参加审计会议并据实做出审计意见,审计对可行性机构、对上述审计意见的执行情况。

(7)审计建设规模的市场预测的准确性。主要是审计拟建项目的规模、产品方案是否符合实际需要,对国内外市场预测、价格分析、产品竞争能力、国际市场前瞻性分析是否正确合理。

(8)审计厂址及建设条件(地形、地质、水文等条件是否符合本工程建设条件)。

(9)审计建设项目工艺和技术方案(审计建设项目在工艺技术、设备造型上是否先进,经济上是否合理)。

(10)审计交通运输环境条件是否有保证,是否从长远规划角度考虑。

(11)审计环境保护的措施("三废"治理措施是否与主体工程设计、建设投资同步进行)。

(12)审计投资估算和资金的筹措等(审计建设资金安排是否合理、估算和概算内容是否完整、指标选用是否合理、资金有无正常的来源渠道、贷款有无偿还能力、投资回收期是否正确等)。

3. 建设项目投资估算审计

建设项目投资估算审计的具体内容见上文3.3.7节。

8.4.2 设计阶段审计

1. 勘察设计招标文件审计

(1)审计勘察设计招标方式是否符合国家相关规定。

(2)审计勘察设计招标文件内容是否完整,是否符合国家和行业相关规定,是否明确设计控制要求(如设计总建筑面积、设计总估算等),有无采取限额设计。

(3)审计勘察设计招标文件中的评分办法是否合理,有无从技术经济上体现竞争性。

(4)审计勘察设计任务书是否详细,意图是否表达清楚等。

2. 勘察设计投标文件审计

(1)审计勘察设计投标书是否满足招标文件的要求。

(2)审计勘察设计收费的计费基数是否合理,是否符合《工程勘察设计收费管理规定》(计价格〔2002〕10号)收费文件的要求,有无体现竞争性。

(3)审计设计投标书中的投资估算是否在批复投资范围内,投资估算是否详细,各项费用划分是否合理。

(4)审计设计方案是否符合招标文件要求及相关规范要求,是否合理、新颖,是否满足功能要求等。

3. 建设项目方案设计审计

(1)审计是否通过设计招标和设计方案竞选选择设计方案。

(2)审计方案设计收费是否符合《工程勘察设计收费管理规定》(计价格〔2002〕10号),投标补偿方案是否合理。

(3)审计方案设计投标时间是否符合现行《建筑工程方案设计招标投标管理办法》的规定。

(4)审计方案评审评委的组成是否合理,是否包括建筑、规划、结构、经济、设备、环境保护、节能、消防等方面的专家。

(5)审计设计方案是否满足经济合理和技术先进的要求。

(6)审计设计方案是否考虑建设与使用、全寿命费用,是否满足近期与远期的要求。

(7)审计方案投资估算的合理性分析及评价,设计方案的规划指标是否符合规划要求。

(8)审计设计方案的总平面布局是否合理。

(9)审计设计方案的建筑造型、工艺流程及功能分区是否满足方案设计任务书的要求。

(10)审计各专业设计是否符合国家及地方规范要求。

(11)审计设计方案中的造价估算是否在投资估算范围内,有无突破。

(12)审计是否对设计方案采取了进一步的优化,从而使得方案最优等。

4. 限额设计审计

(1)审计方案设计、初步设计、施工图设计是否实行了层层限额设计,从而保证概算不超过估算,预算不突破概算。

(2)审计限额设计的投资限额是否为投资估算中的建筑安装工程费用。

(3)审计投资限额是否根据专业进行了合理分配。各专业设计人员是否与造价审计人员紧密结合,使设计达到技术可行、经济合理,控制在限额范围内等。

5. 设计图纸审计

(1)审计施工图设计是否依据已批准的初步设计进行深化。

(2)审计施工图设计的深度是否满足招标、施工要求,并据此进行验收和移交业主。

(3)参与施工图设计会审,减少设计中的失误。

(4)审计设计项目中对现行法规、规范、标准的执行情况;审查新技术、新工艺、新材料、新设备应用是否符合工程技术发展与提高价值的要求。

(5)审计对施工图纸中后续需要深化设计的项目,是否留有一定的设计空间,从而实现可持续设计的需要等。

6. 设计概算审计

设计概算审计的主要内容见上文4.3.7节。

7. 勘察设计合同审计

(1)审计当事人是否具有签订该合同的法定权力和行为能力,是否接受委托以及委托代理的事项、权限等。

(2)审计勘察设计费用是否超出相关收费文件规定,是否与投标报价一致,服务内容与收费是否一致,设计费的计费基数是否以初步设计概算中的建安工程费用、设备与工器具购置费、联合试运行费之和计算,计费中的相关调整系数是否符合文件要求。

(3)审计是否明确规定了勘察设计的基础资料、设计文件及其提供的期限。

(4)审计勘察设计费用的支付时间及金额是否超出相关文件规定,是否有利于勘察设计单位对施工过程的配合。

(5)审计合同中是否明确了设计变更的控制措施,是否明确了因过失而造成设计变更的责任追究条款及对设计单位的激励条款;是否明确了由于设计原因导致工程投资超出限额设计的处罚措施。

(6)审计勘察设计成果文件的提交时间是否明确,根据工程进展勘察设计应给予配合的要求是否明确,成果文件拖延交付而导致的进度风险是否有相关的处罚措施等。

8.4.3 交易阶段审计

1. 资格预审文件审计

(1)审计资格预审公告内容是否完整,申请人资格要求是否符合有关规定。

(2)审计资格预审文件内容的完整性,相关资质要求的合理性。

(3)审计资格预审程序的合理、合法性,审查方法、评审标准的合理性,评审工作的公正、公平性等。

2. 招标文件审计

(1)审计施工招标工程的审批手续是否完成、资金来源是否落实。

(2)审计招标公告或投标邀请书的内容是否完整。

(3)审计设计文件及其他技术资料是否满足招标要求。

(4)审计招标文件的内容是否合法、合规,是否全面、准确地表述招标项目的实际情况以及招标人的实质性要求,内容是否完整性。

(5)审计工期、质量要求是否合理,技术标准和要求是否清晰、合理。

(6)审计招标的时间、澄清时间、投标有效期是否符合相关要求。

(7)审计投标保证金、履约担保的方式、数额及时间是否符合有关规定。

(8)审计评标办法的选用是否合理,评分标准是否先进合理,评委的组成是否满足有关规定。

(9)审计招标程序的合理、合法性,评标、定标工作的公正、公平性。

(10)审计施工招标文件的计价要求、合同主要条款等。

3. 工程量清单审计

工程量清单审计内容见上文 5.3.7 节。

4. 招标控制价审计

招标控制价审计内容见上文 5.4.7 节。

5. 施工投标文件审计

(1)审计投标报价中的工程量是否按工程量清单中的数量计算,综合单价有没有明显的偏低或偏高现象,计算或汇总有无明显的错误,有无总价与分项组价不符现象。

(2)审计综合单价中的费率是否体现竞争性,有无高于计价文件规定的费率。

(3)审计综合单价中的暂估材料价格是否按招标文件要求的价格进行组价。

(4)审计专业工程暂估价、暂列金额是否与招标文件要求的价格一致。

(5)审计投标报价说明中的相关内容是否与招标文件要求的内容一致。

(6)审计措施费用中相关措施费用的计算是否与施工组织设计的方案一致。

(7)审计总包服务费的计算基数及服务内容是否与招标文件要求一致,有无含糊不清。

(8)审计安全防护费用、规费、税金是否按照政府规定的费率进行计算,有无将此部分作为竞争费用。

(9)审计投标单位所报材料设备规格、型号、品牌是否清晰,是否满足招标文件要求,是否便于过程工程管理。

(10)审计工期与质量是否满足招标文件要求,相关工期、质量违约承诺是否明显。

(11)审计施工组织设计中的相关方案是否合理,是否有潜在费用变化。

(12)审计分部分项工程和综合单价中有无不平衡报价情况等。

(13)进行投标报价的全面审核。投标报价审核内容见上文 5.6 节。

6. 施工合同审计

施工合同审计的主要内容见上文 5.7.7 节。

8.4.4 施工阶段审计

1. 工程预付款审计

工程预付款审计见上文 6.3.2 节。

2. 工程进度款审计

工程进度款审计见上文 6.3.2 节。

3. 工程变更审计

(1)审计工程变更的程序是否符合相关规定,工程变更是否出具经发包人、承包人、监理单位、设计

单位签认的工程变更通知单。

(2)审计工程变更的理由是否充分,是否为经济变更。

(3)审计工程变更的原因,看是否是通过设计变更扩大建设规模,增加建设内容,提高建设标准,或是采取不平衡报价以及零报价把潜在亏损通过变更进行弥补而获取不正当利益。

(4)审计工程变更后所涉及的工程量、综合单价、措施费用等价格调整,是否符合合同及有关法律法规的规定等。

4. 现场签证审计

(1)审计签证事项缘由是否清楚,签署是否有明细计算式及相关图形。

(2)审计现场签证涉及费用增加是否按规定程序执行,费用调整是否满足合同约定的要求,对合同约定不应增加费用的现场签证不予办理。

(3)审计现场签证中涉及的隐蔽工程量是否由发包人、承包人、监理单位、设计单位、审计单位现场核实并签认。

(4)审计原图纸范围外与本工程密切相关并为本工程服务的工作内容才能作为签证内容,与本工程无关的项目不采取现场签证。

(5)审计现场签证涉及价格是否按约定,需要招标的价格是否实行招标程序等。

5. 材料与设备审计

1)设备和材料采购环节

(1)审计建设单位采购计划所订购的各种设备、材料是否符合已报经批准的设计文件和基本建设计划。

(2)审计所拟定的采购地点是否合理。

(3)审计采购程序是否规范。

(4)审计采购的批准与采购权等不相容职务是否分离及相关内部控制是否健全、有效。

(5)审计采购是否按照公平竞争、择优择廉的原则来确定供应方式。

(6)审计设备和材料的规格、品种、质量、数量、单价、包装方式、结算方式、运输方式、交货地点、期限、总价和违约责任等条款规定是否齐全。

(7)审计新型设备、新材料的采购是否进行实地考察、资质审查、价格合理性分析及专利权真实性审查。

(8)审计采购合同与财务结算、计划、设计、施工、工程造价等各个环节衔接部位的管理情况,是否存在因脱节而造成的资产流失问题。

(9)审计购进设备和材料是否按合同签订的质量进行验收,是否有健全的验收、入库和保管制度,审查验收记录的真实性、完整性和有效性。

(10)审计验收合格的设备和材料是否全部入库,有无少收、漏收、错收及涂改凭证等问题。

(11)审计设备和材料的存放、保管工作是否规范,安全保卫工作是否得力,保管措施是否有效等。

2)发包人独立供应材料设备采购的审计

(1)审计设定独立供应的材料、设备是否合理,是否符合相关规定。

(2)审计按规定需要招标的独立供应的材料、设备是否执行招标程序。

(3)审计独立供应材料设备的采购量是否合理,是否超出定额损耗。

(4)审计独立供应的材料设备的供货时间是否严格按承包人提供的时间计划提供,材料、设备到场后是否由承包人负责保管。

(5)审计独立供应的材料、设备是否按指定的地点供货,供货时承包人是否对材料、设备的质量、数量进行清点,并办理移交手续,供应商是否向承包人提供相关产品的证明文件。

(6)审计如在承包人范围内的材料、设备改为独立供应的材料、设备,是否征得承包人同意,是否办

理相关变更手续、是否从承包人价款中扣除此项费用等。

3)给定参考品牌的材料、设备采购审计

(1)审计给定参考品牌的材料设备,在招标文件给定品牌时是否给定了不少于三种同档次的产品品牌,是否对产品的规格型号进行了描述。

(2)审计实际施工过程中,是否对拟采用的品牌进行审查,拟采用的品牌是否与招标文件要求的品牌及规格型号一致,如不一致是否采取了不予采购或调整价格等措施。

(3)审计承包人报价明显低于给定参考品牌的市场价格时,实际采购式承包人是否采取了更换品牌的措施。

4)承包人自行采购材料设备的审计

(1)审计承包人自行采购材料设备,发包人、监理单位不得指定供应商或厂家。

(2)审计承包人在材料和工程设备进场前,是否提交制造商产品介绍说明、质量检测合格报告等一切所需的证明文件给监理人及发包人审核,所供应的材料及设备是否符合要求。

(3)审计承包人实际采用的主要材料设备的价格是否明显低于合同单价,低于合同文件要求的是否进行了不得批准进场或要求调整合同单价等措施。

(4)审计投标材料单价是否低于合同文件要求的品质,是否按合同文件要求的品质选用,合同单价不得调整。

(5)审计招标时要求是否要求投标人报价需将主要材料设备采用的品牌规格型号进行说明。

5)实行招标暂估材料、设备采购

(1)审计资格预审的资格要求是否按招标项目规模进行确定,是否带有倾向和排斥性。

(2)审计招标文件中要求采购内容及范围是否与总承包招标文件中约定一致。

(3)审计招标文件中要求的供货时间和周期是否满足工程施工进度的要求。

(4)审计招标文件要求的相关履约担保和投标保证金是否符合相关文件要求。

(5)审计相关质量、技术标准、技术参数的要求是否能满足投标报价的要求,是否符合设计图纸要求。

(6)审计招标文件中是否设定招标控制价,是否控制在预算范围内。

(7)审计评标办法设置是否合理,是否能够充分体现竞争性,评委的组成是否设置合理。

(8)审计供应合同中是否对合同的合同价格、供应商的权力和责任、供应商的违约责任、供应合同价款的支付方式、供应合同的价款调整、供货地点和时间、供应商的保修责任等进行约定。

(9)审计承包人在与供应商签订供应合同时,供应合同是否与总承包合同有实质性冲突或矛盾。

(10)审计供应合同中是否将总承包的服务内容详细列出,是否与总承包合同中约定的内容一致。

(11)审计对交货的方式是否进行约定,是否明确了是落地价还是到达现场价,现场卸货由谁负责等,是否与总承包合同中保持一致。

(12)总承包单位是否办理了价格确认单手续等。

6)实行比选暂估价材料、设备采购的审计

(1)审计材料、设备的规模是否需要招投标。

(2)审计采购的内容及范围是否与总承包招标文件中约定的一致。

(3)审计是否进行了多家比选,是否进行了市场询价。

(4)审计是否办理了价格确认单等。

8.4.5 竣工阶段审计

1.工程竣工结算审计

工程竣工结算审计内容见7.3.3节。

2. 工程竣工决算审计

工程竣工决算审计内容见7.5.2节。

8.5 方法

审计方法是审计人员为了完成工程建设项目审计任务，在审计过程中搜集审计证据，查明被审单位经济活动，据以提出审计意见，做出审计处理决定的方法。在审计实务中，审计种类较多，各个审计事项的审计目的、要求、内容不同，被审计单位在经济业务、规模、经营管理水平等方面也千差万别。为适应这些复杂的情况，必须采取相应的审计方法（见表8-5-1），这样才能取得充分可靠的审计证据，提出客观公正的审计意见，实现审计工作目标。

表8-5-1 全过程审计方法一览表

全过程阶段	全过程审计	审计方法	各种审计方法的定义
决策阶段	决策程序 可行性研究报告 建设项目投资估算	审阅法、对比分析法等	审阅法是通过对被查单位有关书面资料进行仔细观察和阅读取得查账证据的一种查账技术方法 对比分析法是通过相关资料和技术经济指标的对比来确定差异，发现问题的方法
设计阶段	勘察设计招标文件 勘察设计投标文件 建设项目方案设计 限额设计 设计图纸 设计概算 勘察设计合同	分析性复合法复算法、文字描述法、现场核查法等	分析性复合法是审计人员对被审单位重要的比率或趋势进行的分析，包括调查异常变动以及这些重要比率或趋势与预期数额和相关信息的差异 复算法是以重复计算会计资料的有关数字为手段，检查被审计单位的会计工作质量的一种查账方法 文字描述法是将企业内部控制制度的实际情况完全以文字说明的形式记录下来 现场核查法是指审计人员到达被委托审计单位进行核查的方法
交易阶段	资格预审文件 施工招标文件 工程量清单 招标控制价 施工投标文件 施工合同	观察法、询问法、分析性复核法、文字描述法、现场核查法、审阅法、核对法、重点追踪审计法等	观察法是研究者根据一定的研究目的、研究提纲或观察表，用自己的感官和辅助工具去直接观察被研究对象，从而获得资料的一种方法 询问法将所拟调查的事项，以当面或电话或书面方式向被调查者提出询问，以获得所需资料的调查方法 核对法作为一种稽查技术，证实有关资料之间是否相符是有限度的，即使双方相符，有时并不能反映经济活动是正确的 重点追踪审计法是指按照工作内容的流程实施审计，即通过对单项或多项工作环节的追踪检查，进而认定审计事项合规性的审计方法

续表

全过程阶段	全过程审计	审计方法	各种审计方法的定义
施工阶段	工程预付款	审阅法、网上比价审计法、跟踪审计法、分析性复核法、现场观察法、实地清查法、技术经济分析法、质量鉴定法、现场核定法、重点审计法、对比审计法等	实地清查法就是把财物一一进行盘点以确定其实存数的一种方法
	工程进度款		质量鉴定法是指依据一定的质量标准来进行鉴定的方法
	工程变更		
	现场签证		重点审计法即选择建设项目中工程量大、单价高、对造价有较大影响的单位工程、分部工程进行重点审查的方法
	材料与设备		
	价格调整		现场检查法是指对是施工现场直接考察的方法，以观察工作人员及管理活动，检查工程量、工程进度，所用材料质量是否与设计相符
	工程索赔		
	投资偏差分析及纠偏		
竣工阶段	工程竣工结算	现场检查法、设计图与竣工图循环审查法等	设计图与竣工图循环审查法是指通过分析设计图与竣工图之间的差异来分析评价相关变更、签证等的真实性与合理性的方法

8.6 注意事项

8.6.1 明确全过程审计的定位

审计机构及审计人员在开展全过程审计时，应明确其审计定位，要做到到位而不越位，全过程审计的定位应为：

(1)应以促进工程造价审计为主，促进投资控制，有效改善建设工程管理；

(2)全过程审计应融入原来管理体系中，增加审计把关环节；

(3)全过程审计不应干涉管理部门的工作，不取代决策，到位不越位；

(4)全过程审计应明确具体事项的审计时间，不应影响工程进度。

8.6.2 注意全过程审计与监理单位的区别

建设工程实施全过程审计所委托的单位基本上是取得国家工程造价资质的造价咨询机构，在工程建设中，建设单位根据《建筑法》规定，对国家大型项目实施监理制度。聘请监理工程师对工程质量、进度、投资三方面进行监督和控制，正因如此，有些部门领导认为，有监理在把关不需要审计，但其两者有本质的区别(表 8-6-1)，对二者的关系应加强认识和理解。

表 8-6-1　全过程审计与工程监理比较

序号	内容	工程监理	全过程审计
1	机构类型	智力服务的社会中介机构	智力服务的社会中介机构
2	监督对象、任务、服务范围	监督承包商和业主遵守国家建设标准、建设规范	对参与整个工程活动中所有组织机构和个人行为是否遵守国家有关建设、审计及管理的政策、法规实施审计监督，要求规范、控制有效、监督有力
3	主要工作内容及目标	质量、工期、费用，以质量控制为主	以工程造价控制为主，把审计、造价控制、管理有机整合、综合服务

续表

序号	内容	工程监理	全过程审计
4	适用法律、法规、政策	建筑法、质量管理条例、招投标法、合同法、国家颁布的建设标准及规范等	审计法、建筑法、招投标法、合同法、国家颁布的工程造价计价规范及有关工程经济法规
5	工作职能	监督、控制、协调	监督、评价、鉴证、控制、协调
6	适用方法	技术+经济(技术为主)	经济+技术(经济为主)
7	主要工作过程	根据业主委托情况,从工程开工到工程竣工验收,一般是施工阶段	要求从决策、设计、招投标、施工、工程竣工结决算阶段到后评估全过程服务
8	追求目标	质量好、速度快、效益高	监理有力、计价准确、控制有效
9	承担责任	质量责任	经济责任
10	工作人员专业要求	监理及相关知识	审计造价及相关知识

8.6.3 加强对全过程审计环境的营造

建设项目项目管理审计具有工作周期长、涉及专业广、质量要求高、责任风险大等特点。营造一个宽松的审计环境,是搞好建设项目管理审计工作的前提条件。内审机构应学习和掌握管理审计的基本概念、运行模式和操作规程,结合本单位工程审计程序,做好管理审计流程再造,向单位领导和相关部门做好宣传、汇报和沟通工作,取得单位领导和相关部门的重视和支持,营造一个良好、宽松的审计环境,这样管理审计才能得到顺利的实施。

8.6.4 明确全过程审计责任的划分

社会中介机构接受委托并在委托协议中明确跟踪项目概况、管理审计方式、工作内容、职责范围和审计授权、审计责任和风险,受托人只根据协议约定授权履行审计职责的范围并承担其相应的审计责任和风险。如果委托人对建设项目全权委托,那么所有的审计责任和风险都由受托人承担。如果委托人对社会中介机构出具的审计报告有异议,那么受托人要在审计报告说明中注明"保留意见",否则审计责任还是由受托人承担。有的建设单位仅把社会中介机构的审计意见作为参考,在社会审计意见报告的基础上增加一些与社会中介机构意见不一致的内容或修改社会中介机构审计意见,那么社会审计机构和内部审计机构分别对各自的报告负审计责任并承担风险。

8.6.5 注意全过程审计的风险与防范

全过程审计的风险清单与防范措施见表8-6-2。

表8-6-2　全过程审计的风险清单及防范措施

序号	风险点	防范措施
1	全过程审计角色定位不准很容易使审计人员偏离正确的定位而侵入项目管理者的职责范围而产生审计风险	制定全过程审计实施办法,对全过程审计的目的、内容、程序、时间及相关单位职能等方面明确具体要求,审计人员应在职责范围内按规定程序开展审计工作,各部门各司其职,审计应做到到位而不越位

续表

序号	风险点	防范措施
2	对全过程审计职能理解不够充分，片面地认为只要通过了全过程审计工程投资便能得到控制，工程就不会出现问题	应加强对相关领导及有关部门的审计宣传，应尽量让其明白全过程审计的职能是对工程管理过程进行监督和评价，它并不是取代管理，而是促进管理部门更好地发挥其管理职能，从而实现工程整体目标的实现，审计的主要作用是在于通过抽查来发现和反映问题，这种作用是有限的，它与原来的任何一种审计一样不能杜绝风险，只能减少风险
3	由于全过程审计目前尚无统一的规范，导致各个地区、各个项目全过程审计的介入点、审计深度、审计成果的表现形式、审计资料的存档均不尽相同，同一个单位的审计项目委托多家中介机构，对同一事项出具的审计意见不同，单位也不尽相同，而产生风险	规范审计成果文件、分期报告、资料的归档等一系列程序和文书，使各单位都遵循统一标准
4	开展建设项目全过程审计时参加工程建设过程中的协调会议是否恰当，审计人员有时也较难把握，审计独立性受到影响而产生风险	全过程审计人员应主要参加现场涉及投资事项的协调会议，在召开协调会议前应要求相关部门提前书面提出协调会议的议题，以便做到心中有数，防止盲目表态
5	审计关系人不配合导致审计效果受到影响	树立全过程审计的服务意识，在坚持审计立场的同时，正确处理好依法审计与项目进展、质量之间的关系，并制定有效的分歧解决机制和联席会议制度
6	中介机构执业水平不高影响审计质量	加强对中介机构的考评和过程监督
7	审计成果的复核流于形式导致审计质量得不到有效控制	采用全过程审计软件实现网上复核，对重大的事项应形成集体决定
8	沟通协调不到位导致审计无法顺利开展的风险	可以采取专业审计人员和协调人员相结合的方式，如：审计负责人负责沟通协调，专业审计人员负责具体工作，或者采取委托人负责协调的方式，从而使全过程审计达到理想的效果
9	审计人员专业上的局限性导致审计结果无法全面	充分利用企业、社会的现有资源来开展全过程审计，例如利用单位的法律顾问提供法律方面的专业知识等，另外还可以考虑聘请相关方面的专家作为审计顾问
10	中介结构与内部审计机构对审计责任认识不清产生的审计风险	审计委托协议中应明确全过程审计项目概况、全过程审计方式、工作内容、职责范围和审计授权、审计责任和风险，受托人只根据协议约定授权履行审计职责的范围并承担其相应的审计责任和风险
11	审计人员与被审计单位密切的工程关系可能产生的廉政风险	加强对现场审计人员的监督和要求 社会审计机构在审计过程中出现差错或执业纪律上出现违规情况在协议中明确处罚措施 制定审计执业纪律细则

8.7 成果文件

8.7.1 格式

不同的审计阶段、审计内容，其审计成果文件的格式不尽相同，但具体表现为以下内容：

(1)全过程审计报告；

(2)全过程审计意见；

(3)管理建议书；

(4)工程进度款支付意见;
(5)设计变更、洽商费用审核意见;
(6)投标报价(清标)分析及管理建议表;
(7)相关造价审核报告及明细表。
a. 投资估算审查报告及相关明细表。
b. 设计概算审查报告及相关明细表。
c. 工程量清单审查报告及相关明细表。
d. 招标控制价(标底)审查报告及相关明细表。
e. 投标文件分析报告及相关明细表。
f. 竣工结算审核报告及相关明细表。
g. 竣工决算审核报告及相关明细表。

8.7.2 表格

(1)全过程审计报告。示例如下。

关于×××工程全过程审计的报告

根据××××的要求,我们成立项目组对×××工程实施了全过程审计。

在审计工程中,审计项目组分别对招标文件、施工合同、隐蔽工程、材料设备招标采购、工程进度款、工程变更洽商及变更洽商费用等进行了审计。现将本工程自×××年××月××日至×××年××月底的审计结果报告如下。

一、项目基本情况
1. 项目名称:
2. 建设地点:
3. 建筑面积:
4. 结构类型:
5. 层数及高度:
6. 设计单位:
7. 施工单位:
8. 监理单位:
9. 全过程管理审计单位:北京金马威工程咨询有限公司
10. 资金来源:
11. 设计概算:
12. 施工中标价:
13. 施工合同形式:
14. 计价形式:
15. 合同工期:
16. 实际开工日期:
17. 预计竣工日期:
二、审计基本评价
(一)进度控制方面
1. 施工进度控制
2. 材料设备招投标进度控制

(二)投资控制方面
1. 总投资控制
2. 工程进度款拨付控制
3. 工程洽商、变更控制
4. 暂估暂定价款控制
(三)材料、设备招投标方面
三、审计过程中发现的主要问题
四、审计意见及建议

×××工程全过程管理审计项目组
×××年××月××日

(2)全过程审计意见(表 8-7-1)。

表 8-7-1 建设项目管理审计意见书

编号:

建设单位:
项目名称:
审计内容:
审计意见: ××××项目审计项目组 审核人: 复核人: 审查人: ××年××月××日

(3)施工阶段造价控制建议书(表 8-7-2)。

表 8-7-2 施工阶段造价控制建议书

编号:

致:
事由: 内容: 审计咨询单位(章): 项目负责人: 项目审核人: 日 期:

(4)工程项目进度款支付审计咨询意见表(表8-7-3)。

表8-7-3　工程项目进度款支付审计咨询意见表

工程名称:　　　　　　　　　　　　　　　　　　　　　　编号:

<table>
<tr><td colspan="2">合同价格</td><td></td><td colspan="4">本期(人民币万元)</td><td colspan="4">累计(人民币万元)</td></tr>
<tr><td colspan="2">预付款</td><td></td><td>合计</td><td>土建</td><td>安装</td><td>其他</td><td>合计</td><td>土建</td><td>安装</td><td>其他</td></tr>
<tr><td rowspan="6">工作量</td><td rowspan="3">申报数</td><td>合同进度款</td><td></td><td></td><td></td><td></td><td></td><td></td><td></td><td></td></tr>
<tr><td>变更、签证进度款</td><td></td><td></td><td></td><td></td><td></td><td></td><td></td><td></td></tr>
<tr><td>上报小计</td><td></td><td></td><td></td><td></td><td></td><td></td><td></td><td></td></tr>
<tr><td rowspan="3">核定数</td><td>合同进度款</td><td></td><td></td><td></td><td></td><td></td><td></td><td></td><td></td></tr>
<tr><td>变更签证款</td><td></td><td></td><td></td><td></td><td></td><td></td><td></td><td></td></tr>
<tr><td>核定小计</td><td></td><td></td><td></td><td></td><td></td><td></td><td></td><td></td></tr>
<tr><td rowspan="6">抵扣款</td><td colspan="2">预付款</td><td></td><td></td><td></td><td></td><td></td><td></td><td></td><td></td></tr>
<tr><td colspan="2">甲供料款</td><td></td><td></td><td></td><td></td><td></td><td></td><td></td><td></td></tr>
<tr><td colspan="2">保留金</td><td></td><td></td><td></td><td></td><td></td><td></td><td></td><td></td></tr>
<tr><td colspan="2">其他</td><td></td><td></td><td></td><td></td><td></td><td></td><td></td><td></td></tr>
<tr><td colspan="2"></td><td></td><td></td><td></td><td></td><td></td><td></td><td></td><td></td></tr>
<tr><td colspan="2">抵扣小计</td><td></td><td></td><td></td><td></td><td></td><td></td><td></td><td></td></tr>
<tr><td colspan="3">竣工结算前最高付款限额</td><td colspan="3"></td><td colspan="2">本期应付款</td><td colspan="3"></td></tr>
<tr><td>核定的工程形象进度</td><td colspan="10"></td></tr>
<tr><td colspan="11">审计咨询意见:

审计单位:
咨询人:　　负责人:　　日期:</td></tr>
</table>

(5)工程变更费用审计意见表(表8-7-4)。

表8-7-4　工程变更费用审计意见表

工程名称:　　　　　　　　　　　　　　　　　　　　　　编号:

<table>
<tr><td>根据合同(协议)条款第______条规定______发出的______号工程变更单内容,工程造价会发生变化如下:
本项目工程变更按合同规定共计增加/减少合同金额__________元。
附:工程预算书

施工承包单位:

负责人:　　　　　年　　月　　日</td></tr>
</table>

续表

审计咨询单位意见： 项目负责人：　　　　年　月　日
建设单位意见： 年　月　日

(6)投标报价(清标)分析及管理建议表(表8-7-5)。

表8-7-5　投标报价(清标)分析及管理建议表

项目名称		建设单位		
投标单位		投标报价	元	
标底或投标限价	元	与标底或投标限价差异	高于	元
			低于	元
问题及分析				
处理及建议				

审计咨询单位：　　　　项目负责人：　　　　年　月　日

(7)相关造价审核报告及明细表。

同本书造价基本业务中相关章节表格。

8.7.3　工作底稿

(1)文件审批表(表8-7-6)。

表8-7-6　×××××文件审批表

编号：

项目名称：

单位		审阅意见	审阅人签名/日期	审阅人的责任范围
监理	专业			技术范围的意见
	造价			经济范围的意见
	总监			总监控

续表

单位		审阅意见	审阅人签名/日期	审阅人的责任范围
工程管理	专业			技术范围意见、技术把关
	造价			经济范围意见、经济把关
	负责人			总把关
财务				提出财务方面的意见
全过程审计				提出审计意见
以上意见处理情况				核实以上意见落实情况
主管领导意见				决策意见

（2）跟踪日志（表8-7-7）。

表8-7-7　建设项目全过程审计跟踪日志

工程名称	
建设单位	
施工单位	
监理单位	
设计单位	
跟踪审计单位	
时　间	
记录人	
内容：	

（3）建设项目全过程审计联席会议记录（表8-7-8）。

表8-7-8　建设项目全过程审计联席会议记录

编号：

工程名称		建设单位	
会议时间		会议地点	
主持人		记录人	
参加会议单位人员： 审计部门： 基建部门： 项目管理单位： 监理单位： 咨询公司： 招标代理单位： 设计单位： 施工单位：			

续表

<table>
<tr><td>会议议题：</td></tr>
<tr><td>会议意见：

与会人员签字：
年　月　日</td></tr>
</table>

（4）全过程管理审计工作进展情况表（表 8-7-9）。

表 8-7-9　×××工程全过程管理审计工作进展情况表

年　月

<table>
<tr><td colspan="6">一、建设项目基本情况</td></tr>
<tr><td>1. 建筑面积</td><td colspan="5"></td></tr>
<tr><td>2. 设计概算</td><td colspan="5"></td></tr>
<tr><td>3. 施工中标价</td><td colspan="5"></td></tr>
<tr><td>4. 工期（起止时间）</td><td colspan="5"></td></tr>
<tr><td>5. 质量目标</td><td colspan="5"></td></tr>
<tr><td colspan="6">二、进度控制情况</td></tr>
<tr><td rowspan="2">1. 施工形象进度</td><td colspan="3">计划</td><td colspan="2">实际</td></tr>
<tr><td colspan="3"></td><td colspan="2"></td></tr>
<tr><td rowspan="4">2. 材料、设备购置</td><td rowspan="2">项目类别</td><td colspan="2">本期</td><td colspan="2">累计</td></tr>
<tr><td>计划</td><td>实际</td><td>计划</td><td>实际</td></tr>
<tr><td>数量</td><td></td><td></td><td></td><td></td></tr>
<tr><td>金额</td><td></td><td></td><td></td><td></td></tr>
<tr><td colspan="6">三、造价控制</td></tr>
<tr><td rowspan="3">1. 付款情况</td><td colspan="2">本期付款（万元）</td><td rowspan="2">累计付款（万元）</td><td rowspan="2">累计付款比例（占合同价）%</td><td rowspan="2">最高付款比例 %</td></tr>
<tr><td>计划</td><td>应付</td></tr>
<tr><td></td><td></td><td></td><td></td><td></td></tr>
</table>

续表

<table>
<tr><td rowspan="17">2. 造价变动情况</td><td colspan="4">项目名称</td><td>金额(万元)</td><td>变动原因</td></tr>
<tr><td colspan="4">合同金额(2.1)</td><td></td><td></td></tr>
<tr><td rowspan="14">合同内</td><td rowspan="9">变更洽商调整(2.2)</td><td colspan="2">设计变更原因</td><td></td><td></td></tr>
<tr><td rowspan="3">业主原因</td><td>提高品质</td><td></td><td></td></tr>
<tr><td>进度计划</td><td></td><td></td></tr>
<tr><td>小计</td><td></td><td></td></tr>
<tr><td rowspan="3">客观原因</td><td>施工条件</td><td></td><td></td></tr>
<tr><td>政策因素</td><td></td><td></td></tr>
<tr><td>小计</td><td></td><td></td></tr>
<tr><td colspan="2">其他原因</td><td></td><td></td></tr>
<tr><td colspan="2">合计</td><td></td><td></td></tr>
<tr><td colspan="3">暂估价格调整(2.3)</td><td></td><td></td></tr>
<tr><td colspan="3">索赔费用调整(2.4)</td><td></td><td></td></tr>
<tr><td colspan="3">其他调整(2.5)</td><td></td><td></td></tr>
<tr><td colspan="3">调整后造价(2.1+2.2+2.3+2.4+2.5)</td><td></td><td></td></tr>
<tr><td colspan="3">比合同价增加(减少)金额</td><td></td><td></td></tr>
<tr><td colspan="4">合同外调整金额</td><td></td><td></td></tr>
</table>

四、主要工作	上　期	本　期	至本期累计
1. 审计咨询意见份数			
2. 跟踪日志份数			
3. 隐蔽照片张数			
4. 询价记录份数			
5. 综合单价确认单份数			
6. 进度款支付意见份数			
7. 管理建议份数			
五、主要效益(单位:万元)	上　期	本　期	至本期累计
1. 概(预)算审查审减			
2. 工程量清单审查审减			
3. 标底(拦标价)审查审减			
4. 变更洽商审减金额			
5. 材料、设备定价审减			
6. 管理建议被采纳增值或降低成本效益节省金额			
7. 进度款审减金额			

六、工作缺陷及建议	
1. 工作缺陷	
2. 管理建议	

(5)其他工程计量计价基本用表同本书造价基本业务篇中相关表格。

第9章 财政投资评审

9.1 概述

9.1.1 财政投资评审的概念

根据《财政投资评审管理规定》,财政投资评审是财政职能的重要组成部分,财政部门通过对财政性资金投资项目预(概)算和竣工决(结)算进行评价与审查,对财政性资金投资项目资金使用情况,以及其他财政专项资金使用情况进行专项核查及追踪问效,是财政资金规范、安全、有效运行的基本保证。

财政投资评审业务由财政部门委托其所属财政投资评审机构或经财政部门认可的有资质的社会中介机构(以下简称“财政投资评审机构”)进行。其中,社会中介机构按照《政府采购法》及相关规定,通过国内公开招标产生。

9.1.2 财政投资评审的范围

财政投资评审的范围包括:

(1)财政预算内基本建设资金(含国债)安排的建设项目;

(2)财政预算内专项资金安排的建设项目;

(3)政府性基金、预算外资金等安排的建设项目;

(4)政府性融资安排的建设项目;

(5)其他财政性资金安排的建设项目;

(6)需进行专项核查及追踪问效的其他项目或专项资金。

9.1.3 财政投资评审的作用

财政投资评审是政府公共财政职能履行不可缺少的一部分,它是财政职能本身的履行,不是财政职能的延伸和发展,财政投资评审的作用主要体现在以下几个方面。

1. 财政投资评审是公共财政职能的重要组成部分

公共财政具有稳定经济、资源配置、收入分配、监督管理等职能作用。财政投资评审工作可以通过专业的投资评审技术服务,为财政支出管理提供量化的基础和实物化的参照,从而可以解决财政支出管理中因缺乏定量依据而导致财政投资预算约束软化的问题。财政投资评审承担财政投资项目的概、预、结算评审的技术性工作。投资与评审是二位一体、缺一不可的。

2. 财政投资评审优化并净化公共财政支出

公共财政支出预算管理要求体现公平、公正和效率的原则。为确保公共财政支出体现公平、公正和

效率的原则，要求预算编制和预算执行中要增加评审的环节，特别是对部门预算中的基本建设支出经费和专项支出经费，必须建立法定性、规范化的投资评审管理体系。在公共财政支出改革中增加财政投资评审的环节，可以有效实现部门预算编制细化和预算执行的刚性，充分体现公共财政预算的公正性和权威性。财政投资评审可以对财政性投资项目从投资预算到预算执行，再到竣工决算实行跟踪评审，做到事前、事中、事后评审并举，可以堵住项目概算中有意甩项、漏项，降低建设标准等漏洞，使腐败分子无机可乘，无漏洞可钻，大大减少腐败的机会。

3. 财政投资评审有利于深化预算管理改革

公共财政体制改革的关键是改革预算编制制度，建立预算绩效评价体系。而财政投资评审建立“事前评审、事中监控、事后评价”的预算绩效评价体系，为预算支出管理“保驾护航”。在财政预算编制和执行中，财政部门可充分利用投资评审这个专业技术手段，建立“先评审后编制、先评审后支付、先评审后招标、先评审后批复”的财政资金评审监督机制。因此，财政投资评审有利于深化预算管理改革，为预算评价绩效体系提供评审手段。

9.2 依据

财政投资评审工作的主要依据如下：

（1）国家有关投资计划、财政预算、财务、会计、财政投资评审、经济合同和工程建设的法律、法规及规章制度等与工程项目相关的规定；

（2）国家主管部门及地方有关部门颁布的标准、定额和工程技术经济规范；

（3）与工程项目有关的市场价格信息、同类项目的造价及其他有关的市场信息；

（4）项目立项、可行性研究报告、初步设计概算批复等批准文件，项目设计、招投标、施工合同及施工管理等文件；

（5）项目评审所需的其他有关依据。

9.3 程序

按照《财政投资项目评审操作规程（试行）》（财办建[2002]619 号）的相关规定，政府投资项目投资评审程序可以分为审查资料、综合分析、形成初审意见、评审结论和交换意见五个环节。财政投资评审工作程序如图 9-3-1 所示。

（1）查阅并熟悉有关项目的评审依据，审查项目建设单位所提供资料的合法性、真实性、准确性和完整性。

（2）现场踏勘。

（3）核查、取证、计量、分析、汇总。

（4）在评审过程中应及时与项目建设单位进行沟通，重要证据应进行书面取证。

（5）按照规定的格式和内容形成初审意见。

（6）对初审意见进行复核并做出评审结论。

（7）与项目建设单位交换评审意见，并由项目建设单位在评审结论书上签署意见；若项目建设单位不签署意见或在规定时间内未能签署意见的，评审机构在上报评审报告时，应对项目建设单位未签署意见的原因做出详细说明。

（8）根据评审结论和项目建设单位的反馈意见，出具评审报告。

（9）及时整理评审工作底稿、附件，核对取证记录和有关资料，将完整的项目评审资料与项目建设单位意见资料登记归档。

(10)对评审数据、资料进行信息化处理,建立评审项目档案。

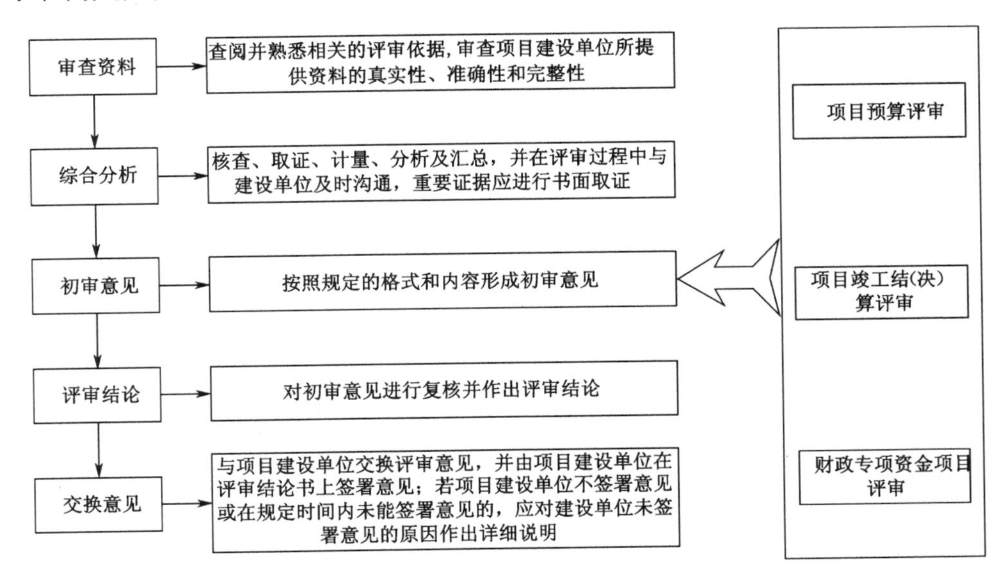

图 9-3-1　财政投资评审工作流程

9.4　工作内容

9.4.1　财政投资评审的主要内容

(1)项目预(概)算和竣工决(结)算的真实性、准确性、完整性和时效性等的审核。

(2)项目基本建设程序合规性和基本建设管理制度执行情况的审核。

(3)项目招标程序、招标方式、招标文件、各项合同等的合规性审核。

(4)工程建设各项支付的合理性、准确性的审核。

(5)项目财政性资金的使用、管理情况,以及配套资金的筹集、到位情况的审核。

(6)项目政府采购情况的审核。

(7)项目预(概)算执行情况以及项目实施过程中发生的重大设计变更及索赔情况的审核。

(8)实行代建制项目的管理及建设情况的审核。

(9)项目建成运行情况或效益情况的审核。

(10)财政专项资金安排项目的立项审核、可行性研究报告投资估算和初步设计概算的审核。

(11)对财政性资金使用情况进行专项核查及追踪问效。

(12)其他。

9.4.2　财政投资评审复查稽核的主要工作内容

(1)对评审计划、评审程序的稽核。

(2)对评审依据的复审。

(3)对评审项目现场的再踏勘和测评。

(4)对评审结果的复核等。

9.5 方法

9.5.1 工作要点

9.5.1.1 项目预算评审

项目预算评审包括对项目建设程序、建筑安装工程预算、设备投资预算、待摊投资预算和其他投资预算等的评审。其中，项目建设程序评审包括对项目立项、项目可行性研究报告、项目初步设计概算、项目征地拆迁及开工报告等批准文件的程序性评审；建筑安装工程预算评审包括对工程量、预算定额选用、取费及材料价格等进行评审；设备投资估算评审主要是对设备型号、规格、数量及价格进行评审；待摊投资预算和其他投资预算的评审，主要对项目预算中除建筑安装工程预算、设备投资预算之外的项目预算投资进行评审。具体工作内容如表 9-5-1 所示。

表 9-5-1　项目预算评审工作内容

项目建设程序	项目立项	
	项目可行性研究报告	
	项目初步设计概算	
	项目征地拆迁及开工报告等批准文件的程序性评审	
建筑安装工程预算	工程量计算	审查施工图工程量计算规则的选用是否正确
		审查工程量的计算是否存在重复计算现象
		审查工程量汇总计算是否正确
		审查施工图设计中是否存在擅自扩大建设规模、提高建设标准等现象
	预算定额选用	审查是否存在高套、错套定额现象
		审查是否按照有关规定计取工程间接费用及税金
		审查材料价格的计取是否正确
	取费及材料价格	
设备投资预算	设备型号、规格、数量	
	设备价格	
待摊投资预算和其他投资预算	除建筑安装工程预算、设备投资预算之外的项目预算投资	建设单位管理费、勘察设计费、监理费、研究试验费、招投标费、贷款利息等待摊投资预算，按国家规定的标准和范围等进行评审
		其他投资的评审，主要评审项目建设单位按概算内容发生并构成基本建设实际支出的房屋购置和基本禽畜、林木等购置、饲养、培育支出以及取得各种无形资产和递延资产等发生的支出

9.5.1.2 项目竣工决算评审

项目竣工决算评审包括对项目建筑安装工程投资、设备投资、待摊投资和其他投资完成情况，项目建设程序、组织管理、资金来源和资金使用情况、财务管理及会计核算情况、概（预）算执行情况和竣工财务决算报表的评审。具体的评审内容如表 9-5-2 所示。

表 9-5-2　项目竣工决算评审内容

<table>
<tr><td rowspan="3">项目建设程序评审</td><td colspan="2">项目立项</td></tr>
<tr><td colspan="2">项目可行性研究报告</td></tr>
<tr><td colspan="2">项目初步设计概算</td></tr>
<tr><td rowspan="4">项目建设组织管理情况评审</td><td colspan="2">项目建设是否符合项目法人负责制、招投标制、合同制和工程监理制等基本建设管理制度的要求</td></tr>
<tr><td colspan="2">项目是否办理开工许可证</td></tr>
<tr><td colspan="2">项目施工单位资质是否与工程类别以及工程要求的资质等级相适应</td></tr>
<tr><td colspan="2">项目施工单位的施工组织设计方案是否合理</td></tr>
<tr><td rowspan="5">项目资金到位和使用情况的评审</td><td rowspan="5">项目资金管理是否执行国家有关规章制度</td><td>建设项目资金审查:主要审查各项资金的到位情况,是否与工程建设进度相适应,项目资本金是否到位并由中国注册会计师验资出具验资报告</td></tr>
<tr><td>审查资金使用及管理是否存在截留、挤占、挪用、转移建设资金等问题</td></tr>
<tr><td>实行政府采购和国库集中支付的基本建设项目,应审查是否按政府采购和国库集中支付的有关规定进行招标和资金支付</td></tr>
<tr><td>有基建收入或结余资金的建设项目,应审查其收入或结余资金是否按照基本建设财务制度的有关规定进行处理</td></tr>
<tr><td>审查竣工决算日建设资金账户实际资金余额</td></tr>
<tr><td rowspan="8">建筑安装工程投资评审</td><td colspan="2">审查建安工程投资各单项工程的结算是否正确</td></tr>
<tr><td colspan="2">审查建安工程投资各单项工程和单位工程的明细核算是否符合要求</td></tr>
<tr><td colspan="2">审查各明细账相对应的工程结算其预付工程款、预付备料款、库存材料、应付工程款等以及各明细科目的组成内容是否真实、准确、完整</td></tr>
<tr><td colspan="2">审查工程结算是否取得合法的发票,是否按合同规定预留了质量保证金</td></tr>
<tr><td rowspan="4">其他</td><td>审查项目单位是否编制有关工程款的支付计划并严格执行(已招标的项目是否按合同支付工程款)</td></tr>
<tr><td>审查预付工程款和预付备料款的抵扣是否准确(项目竣工后预付工程款和预付备料款应无余额)</td></tr>
<tr><td>对有甲供材料的项目,应审查甲供材料的结算是否准确无误,审定的建安工程投资总额是否已包含甲供材料</td></tr>
<tr><td>审查项目建设单位代垫款项是否在工程结算中扣回</td></tr>
<tr><td rowspan="7">设备投资支出评审</td><td rowspan="2">设备采购过程评审</td><td>设备的购买价、运杂费和采购保管费是否按规定计入成本</td></tr>
<tr><td>设备采购、安装调试过程中所发生的各项费用,是否包括在设备采购合同内,进口设备各项费用是否列入设备购置成本</td></tr>
<tr><td rowspan="2">设备采购成本和各项费用的评审</td><td>设备的购买价、运杂费和采购保管费是否按规定计入成本</td></tr>
<tr><td>设备采购、安装调试过程中所发生的各项费用,是否包括在设备采购合同内,进口设备各项费用是否列入设备购置成本</td></tr>
<tr><td rowspan="3">设备投资支出核算的评审</td><td>设备投资支出是否按单项工程和设备的类别、品名、规格等进行明细核算</td></tr>
<tr><td>与设备投资支出相关的内容如器材采购、采购保管费、库存设备、库存材料、材料成本差异、委托加工器材等核算是否遵循基本建设财务会计制度</td></tr>
<tr><td>列入房屋建筑物的附属设备,如暖气、通风、卫生、照明、煤气等建设,是否已按规定列入建筑安装工程投资</td></tr>
<tr><td rowspan="3">待摊投资评审</td><td colspan="2">各项费用列支是否属于本项目开支范围</td></tr>
<tr><td colspan="2">费用是否按规定标准控制</td></tr>
<tr><td colspan="2">取得的支出凭证是否合规等</td></tr>
<tr><td rowspan="3">其他投资支出评审</td><td colspan="2">房屋购置和基本禽畜、林木等购置、饲养、培育支出以及取得各种无形资产和递延资产发生的支出是否合理、合规</td></tr>
<tr><td colspan="2">是否是概算范围和建设规模的内容</td></tr>
<tr><td colspan="2">入账凭证是否真实、合法</td></tr>
</table>

续表

其他相关事项评审	审查交付使用资产的成本计算是否正确，是否符合条件	
	审查转出投资、待核销基建支出的转销是否合理、合规，是否正确	
	审查收尾工程是否属于已批准的工程内容，并审查预留费用的真实性。经审查的收尾工程，可按预算价或合同价，同时考虑合理的变更因素或预计变更因素后，列入竣工决算	
财务管理及会计核算情况评审	项目财务管理和会计核算是否按基建财务及会计制度执行	
	会计账簿、科目及账户的设置是否符合规定，项目建设中的材料、设备采购等手续是否齐全，记录是否完整	
	审查资金使用、费用列支是否符合有关规定	
概预算执行情况评审	审查项目预(概)算的执行情况	投资规模、生产能力、设计标准、建设用地、建筑面积、主要设备、配套工程、设计定员等是否与批准概算相一致
	各子项的执行情况	子项额度有无相互调剂使用，各项开支是否符合标准
		子项工程有无扩大规模、提高建设标准和有无计划外项目
竣工财务决算报表评审	决算报表的编制依据和方法是否符合国家有关基本建设财务管理的规定	
	决算报表所列有关数字是否齐全、完整、真实，钩稽关系是否正确	
	竣工财务决算说明书编制是否真实、客观，内容是否完整	

9.5.1.3 财政专项资金评审

财政专项资金评审主要包括建设类支出项目评审、专项支出项目评审和专项收入项目评审。其中建设类支出项目评审按照以上两种情况的规定进行评审；专项支出项目评审和专项收入项目评审的具体评审内容如表 9-5-3 所示。

表 9-5-3 财政专项资金评审

建设类支出项目	按照项目预算评审和竣工决算评审的规定进行	
专项支出项目	项目合规性、合理性	项目申报材料是否齐全，申报内容是否真实、可靠
		项目是否符合国家方针政策和财政资金支持的方向和范围，是否符合本地区、本部门的产业政策和事业发展需要
		项目目标和组织实施计划是否明确，组织实施保障措施是否落实
	项目预算编制及执行情况	项目预算编制程序、内容、标准等是否符合相关要求
		项目总投资、政策性补贴情况
		财务制度执行情况
		专项资金支出是否按支出预算管理办法规定的用途拨付、使用
		项目配套资金是否及时足额到位
		专项支出项目效益及前景分析
	其他	项目组织承担单位的组织实施能力
		项目是否存在逾期未完成任务，是否因拖延工期、管理不善造成损失浪费等问题
		要求评审的其他内容
专项收入项目	审查专项资金收入的征缴管理是否符合有关规章制度	
	审查专项资金收入管理部门内部控制制度是否健全	
	应缴库的专项资金收入，审查应缴费(税)单位是否及时、足额缴纳费(税)，征管机关是否应征尽征，是否存在挤占、截留、坐支、挪用财政收入的问题	
	专项资金收入安排、使用效益评价	
	要求评审的其他内容	

9.5.1.4 评审完成阶段的工作要点

(1)对项目预算和竣工决算评审完成后,应该根据评审结论和项目建设单位反馈意见,出具评审报告。

(2)及时整理评审工作底稿、附件,核对取证记录和有关资料,将完整的项目评审资料与项目建设单位意见资料登记归档。

(3)对评审数据、资料进行信息化处理,建立评审项目档案。

9.5.2 常用工具

从目前财政投资评审发展来看,目前没有统一的评审方法,只是对其中的某一部分进行评审,也就是所说的局部专项评审,大部分都局限在项目概、预结算的评审。常用的财政投资评审方法主要有以下几种。

9.5.2.1 从财政投资评审的动态上划分

1. 全过程跟踪评审方法

从项目立项决策、设计、实施、竣工交付、运营全过程各个阶段进行评审分析,从而使项目按照计划顺利实施,及时纠偏,确保资金使用效益的提高。

2. 局部专项评审方法

根据项目特性和需要,为确保资金的使用,对重点过程实施评审。

9.5.2.2 从评审项目的对象上划分

1. 全面评审法

对于重点项目,为确保财政资金的使用效益,对项目的全费用进行评审,包括前期费用、建安费用和运营费用等。

2. 分项评审法

对于不同的项目特性,根据以往积累的数据,对比较特殊的费用进行分项评审。

9.5.2.3 评审项目不同阶段的方法选取

(1)项目前期评审。主要以定性分析为主,借助有关定性分析方法如逻辑框架分析法、成本—效益法、有无对比分析法等,而对于在前期评审中涉及的财务评价、国民经济评价等采用定量分析方法。

(2)项目实施中概算与结算的评审采用定量分析法,主要以定额为标准。

(3)竣工决算评审采用指标分析对比法,这实际上类同于项目后评价。

9.6 注意事项

9.6.1 预算评审注意事项

(1)对已招标或已签订相关合同的项目进行预算评审时,应对招标文件、过程和相关合同的合法性进行审查,并据此核定项目预算。

(2)对已开工的项目进行预算评审时,应对截至评审日的项目建设实施情况,分别按已完、在建和未建工程进行评审。

(3)预算评审时需要对项目投资细化、分类的按照财政细化基本建设投资项目预算的有关规定进行评审。

(4)对项目预算或工程合同价款超概算的项目,建设单位应根据财政部门的评审处理决定,报原工程概算批准部门调整概算。

9.6.2 决算评审注意事项

1. 建设内容以最后一次批复的调整概算为准

一般情况下,小型项目分部分项工程不得调整。大中型项目允许分部分项工程进行调整,但应以发生的不可预见的重大漏项或其他不可抗力因素为主。除此之外,原则上不得新增新的建设内容,不得用结余资金新增建设内容。如果因结余资金新增的建设内容而影响决算编制工作的,财政部门应该及时通知建设项目主管部门,要求建设单位按照国家有关规定及时编制财务决算,用结余资金调整的新增子项不得列入项目决算。

2. 决算评审的前提但非唯一条件是竣工财务决算已经编制完成

往往有的项目在交付使用后很长时间后才做竣工财务决算。但项目建设的临时机构照常运转,能够解决的工程结算悬而不结,各项费用照常发生,或将生产期成本列入建设期成本,决算迟迟不能封口等。这都是决算超概算的重要原因,不利于合理确定项目投资,节省国家资金。因此,只要在建设内容全部完成,甲乙双方已经办理竣工结算的情况下,决算评审就可以进行,不存在以编代审的情况。

9.6.3 专项资金评审注意事项

专项资金项目既有收入,又有支出的,评审时应根据收入和支出的相关内容开展评审工作,财政专项资金项目评审方法主要采用重点审查法和全面审查法,评审中如有特殊需要,可以聘请专业人才,对评审事项中的某些专业问题进行咨询。

1. 结合预算支出管理实际,在各主要环节加强制度约束

如结合部门预算编制程序,对各部门明确支出责任,建立奖惩措施和资金追踪返还制度。各部门要对影响财政支出绩效的因素进行预测,并对要实现的目标进行评价,制定科学合理的支出计划。在预算审查环节,各级财政部门要建立严格的绩效预算审查制度,通过加强对预算支出绩效的审核和评价,对绩效差、不合法、不合理、不科学的预算支出计划进行调整。

2. 改革资金分配方式

财政资金在分配时不规范的问题较多,尤其是在专项资金的分配上。一方面配套资金存在“钓鱼”现象;另一方面在资金使用时形成了谁争取的资金谁使用的局面,直接安排在部分项目的资金往往脱离了财政的监督管理。因此,改革资金管理方式是规范管理的关键,应改革现在资金封闭进行的方式,实行规范转移支付,增强财政资金分配的透明度。

3. 规范项目实施程序,落实项目实施责任

在项目申报时,必须坚持逐级上报,审批的原则,避免越级上报监督脱节;在工程实施时,要落实项目责任人,项目主管部门要按照项目可行性报告要求与项目实施单位及责任人分别签署责任书,哪个环节出现问题就追究相关责任人的责任。

4. 加强财务监督管理,实行项目财务公开

专项资金的支出必须有正规票据,账务坚持日清月结,定期进行审计,发现问题及时处理。账目进行

公布，接受群众监督。专项资金的使用，要由财政、审计、监察、银行和业务主管部门进行全程监督，实行监管分开，管、查、用三权分离，以便加强监督防止，挤占挪用。

9.7 成果文件

9.7.1 格式

财政投资评审的成果格式主要包括如下几个方面。

(1)封面。

(2)基本情况表。

(3)评审情况摘要、结论及建议。

(4)建设单位意见表。

(5)评审机构对建设单位意见表的意见。

(6)征求意见书。

(7)送达回执。

(8)评审或专项检查回执。

9.7.2 表格

(1)封面(表 9-7-1)。

表 9-7-1 封面

建设项目投资评审结论
评审机构名称： 被评审项目名称： 评审报告编号： 评审报告时间：　　　　年　　月　　日

(2)基本情况表(表 9-7-2)。

表 9-7-2 基本情况表

评审机构	评审机构名称			评审组人数		
	评审组织负责人		职务		电话	
	评审实施时间	自　年　月　日　至　年　月　日				

续表

<table>
<tr><td rowspan="15">被评审建设项目情况</td><td colspan="2">建设项目名称</td><td colspan="2"></td><td colspan="2">项目主管部门</td><td colspan="2"></td></tr>
<tr><td colspan="2">建设项目地址</td><td colspan="2"></td><td colspan="2">邮政编码</td><td colspan="2"></td></tr>
<tr><td colspan="2">项目法人或负责人</td><td></td><td>职务</td><td colspan="2"></td><td>电话</td><td></td></tr>
<tr><td colspan="2">财务部门联系人</td><td></td><td>职务</td><td colspan="2"></td><td>电话</td><td></td></tr>
<tr><td colspan="2">项目批准部门</td><td></td><td>批准文号</td><td colspan="4"></td></tr>
<tr><td colspan="2">批准项目总投资</td><td></td><td colspan="3">项目建设起止日期</td><td colspan="2"></td></tr>
<tr><td rowspan="9">项目资金来源</td><td rowspan="3">中央基建拨款</td><td>中央预算内基建拨款</td><td></td><td rowspan="5">项目前期准备批复情况</td><td>项目立项</td><td colspan="2"></td></tr>
<tr><td>国债资金</td><td></td><td>可行性研究报告</td><td colspan="2"></td></tr>
<tr><td>中央财政专项拨款</td><td></td><td>项目初步设计</td><td colspan="2"></td></tr>
<tr><td colspan="2">中央政府性基金</td><td></td><td>项目开工报告</td><td colspan="2"></td></tr>
<tr><td colspan="2">中央预算外资金</td><td></td><td>未开工</td><td colspan="2"></td></tr>
<tr><td colspan="2">地方财政配套基建拨款</td><td></td><td rowspan="4">工程形象进度已进入的阶段</td><td>已开工</td><td colspan="2"></td></tr>
<tr><td colspan="2">银行贷款</td><td></td><td>主体施工</td><td colspan="2"></td></tr>
<tr><td colspan="2">自筹资金</td><td></td><td>工程收尾</td><td colspan="2"></td></tr>
<tr><td colspan="2">其他资金</td><td></td><td>工程竣工</td><td colspan="2"></td></tr>
</table>

注:“项目前期准备批复情况”、“工程形象进度已进入的情况”中有关栏按项目进度在相关栏内打“√”

(3)评审情况摘要、结论及建议(表9-7-3)。

表9-7-3 评审情况摘要、结论及建议

<table>
<tr><td>项目名称</td><td colspan="10"></td></tr>
<tr><td colspan="4">评审阶段</td><td colspan="2"></td><td colspan="3">批准概算</td><td colspan="2"></td></tr>
<tr><td>送审金额</td><td colspan="2"></td><td colspan="2">概算内审增金额</td><td colspan="2"></td><td colspan="3">概算内审减金额</td><td></td></tr>
<tr><td colspan="2">审定概算内金额</td><td colspan="3"></td><td colspan="3">概算漏项需增加的项目</td><td colspan="3"></td></tr>
<tr><td colspan="11">一、评审中概算内审增、审减原因,概算漏项的原因及需要增加的投资</td></tr>
<tr><td colspan="11">二、建设项目存在的主要问题</td></tr>
<tr><td colspan="11">三、有关问题的处理建议</td></tr>
</table>

(4)建设单位意见表(表9-7-4)。

表9-7-4 建设单位意见表

对评审结论中审定的概(预、决)算　　　　万元及评审中提出问题的意见: 建设单位法人或项目负责人(签字): 建设单位公章 年　月　日

注:被评审单位意见较长请另附页,并签注"意见另附"

(5)评审机构对"建设单位意见表"的意见(表9-7-5)。

表9-7-5 评审机构对"建设单位意见表"的意见

  评审机构负责人(签字): 评审机构公章: 年　月　日

(6)征求意见书(表9-7-6)。

表9-7-6 《建设项目投资评审结论》征求意见书

________: 先将我评审组对你单位《建设项目投资评审结论》送给你们,请在收到之日起5日内提出书面意见后,送交我评审组。逾期未复,则视同认可。 特此函告 附:《建设项目投资评审结论》 评审组组长: 年　月　日

(7)送达回执(表9-7-7)。

表9-7-7 《建设项目投资评审结论》送达回执

送达人签名或盖章	
送达地点	
送达日期	
受送达人单位名称	
受送达人或代收人签字盖章	
收到日期	
备注	

(8)评审或专项检查回执(表 9-7-8)。

表 9-7-8 评审或专项检查回执

________(财政部门):

机构受你单位委托由________等____位同志组成评审(核查)组,于____月____日至____月____日对我单位的____________情况进行了评审(专项核查),对评审(核查)组的工作态度、工作方法、廉政等情况,意见如下:

单位盖章:

年 月 日

9.7.3 工作底稿

(1)工程造价对比分析表(表 9-7-9)。

表 9-7-9 工程造价对比分析表

项目名称:

单位:万元

项目名称	单位	概算工程量	概算数	预算原报数	预算审定数	审减额	审减率(%)
合计							

(2)投资审核对比表(表 9-7-10)。

表 9-7-10 投资审核对比表

项目名称:

单位:万元

项目名称	原报数	审定数	增减额	增减率(%)
合计				

(3)建安工程投资审核对比表(表 9-7-11)。

表 9-7-11 建安工程投资审核对比表

项目名称:

单位:万元

项目名称	原报数	审定数	增减额	增减率(%)

(4)设备投资审核对比表(表9-7-12)。

表9-7-12 设备投资审核对比表

项目名称： 单位：万元

项目名称	原报数	审定数	增减额	增减率(%)

(5)待摊投资审核对比表(表9-7-13)。

表9-7-13 待摊投资审核对比表

项目名称： 单位：万元

项目名称	原报数	审定数	增减额	增减率(%)

(6)基本建设项目交付使用资产总表(表9-7-14)。

表9-7-14 基本建设项目交付使用资产总表

序号	单项工程项目名称	总计	固定资产				流动资产	无形资产	递延资产
			合计	建安工程	设备	其他			
交付单位： 盖章：	负责人： 年 月 日		接收单位： 盖章		负责人： 年 月 日				

(7)基本建设项目交付使用资产明细表(表9-7-15)。

表9-7-15 基本建设项目交付使用资产明细表

单项工程名称	建筑工程			设备 工具 器具 家具						流动资产		无形资产		递延资产	
	结构	面积(m^2)	价值(元)	名称	规格型号	单位	数量	价值(元)	设备安装费	名称	价值(元)	名称	价值(元)	名称	价值(元)

交付单位： 接收单位：

盖章 年 月 日 盖章 年 月 日

(8)工程结算审批表(表9-7-16)。

表9-7-16 工程结算审批表

序号	合同段	施工单位	合同金额	变更后金额	审定额	审减金额	百分比
1							
合计							

(9)项目投资情况表(表9-7-17)。

表9-7-17　项目投资情况表

序号	项目名称	送审数	审定数	核减数	备注
1					
合计					

(10)建安工程审核表(表9-7-18)。

表9-7-18　建安工程评审表

序号	项目名称	送审数(1)	审核数(2)	核减额(2)—(1)	备注
1					
合计					

(11)在建工程评审(表9-7-19)。

表9-7-19　在建工程评审

序号	项目名称	批复概算	审核数	核减额	备注
1					
合计					

(12)待摊投资和其他投资评审(表9-7-20)。

表9-7-20　待摊投资和其他投资评审

项目名称	金额	项目名称	金额
1			
合计			

(13)项目竣工决算评审汇总表(表9-7-21)。

表9-7-21　项目竣工决算评审汇总表

序号	项目名称	送审数			审定数			核减额	备注
		建安工程	设备	合计	建安工程	设备	合计		
1									
合计									

第10章 工程造价经济纠纷鉴定

10.1 概述

10.1.1 工程造价经济纠纷鉴定的概念

工程造价经济纠纷鉴定是指鉴定机构接受司法机构、仲裁机构、施工单位或建设单位等(以下简称委托人)的委托,在其资质等级许可的范围内,对工程造价经济纠纷项目依据其建设科学技术和造价、经济专门知识,以及国家或省级、行业建设行政主管部门颁发的有关计价依据和办法,进行工程造价鉴别和判断并提供鉴定意见的活动。

10.1.2 工程造价经济纠纷鉴定的作用

纠纷鉴定的作用是为委托人定案提供依据,纠纷鉴定的本质是因委托而产生的专业行为,因此,对工程造价经济纠纷进行鉴定时,鉴定机构应按照委托人的鉴定目的、范围和期限,依据法律、法规、规章、规范性文件及当事人的约定严格按鉴定程序进行,鉴定人员应遵守《造价工程师道德行为准则》等相关的法律法规,坚持公平、公正、中立原则,确保鉴定结论真实、有效。本章内容给出鉴定工作的程序、内容、方法以及依据等,为造价人员从事鉴定工作提供一定的方法指导和操作工具,并提供标准的鉴定常用表格和成果文件格式。

10.1.3 工程造价经济纠纷鉴定的主要内容

工程造价经济纠纷鉴定是鉴定机构接受鉴定委托后,依据法律法规、部门规章等文件,运用一定的方法和程序对工程造价经济纠纷进行分析、鉴别,通过科学的手段得到鉴定的成果文件——鉴定意见书,为纠纷内容提供权威的定案依据。主要包括鉴定工作的依据、鉴定内容、鉴定程序和鉴定方法。

鉴定依据主要分为行为依据、法律法规依据以及分析(或计算)依据。根据《司法鉴定程序通则》(司法部令第107号)、《人民法院司法鉴定工作暂行规定》(法发[2001]23号)、《最高人民法院关于民事诉讼证据的若干规定》(法释[2001]33号)等指导性文件将鉴定程序分为四个环节:接受委托、鉴定准备、鉴定实施并出具结果以及档案管理四个阶段。鉴定内容依据鉴定程序划分为三个部分。

10.2 依据

工程造价纠纷鉴定的依据是得出客观、真实、可信的鉴定结论,鉴定依据是否真实、齐备直接影响到工程造价纠纷鉴定的质量,一般情况下,工程造价鉴定依据主要如表10-2-1所示。

表 10-2-1　工程造价经济纠纷鉴定依据

行为依据	鉴定委托书
法律、法规等依据	《中华人民共和国招标投标法》 《中华人民共和国合同法》 《工程造价咨询企业管理办法》(建设部第 149 号令) 《注册造价工程师管理办法》(建设部第 150 号令) 《司法鉴定程序通则》(司法部令第 107 号) 《建设工程施工合同(示范文本)》(1999 版)等合同范本 《最高人民法院关于民事诉讼证据的若干规定》(法释[2001]33 号) 适用《关于民事诉讼证据的若干规定》中有关举证时限规定的通知(法发[2008]42 号) 《人民法院司法鉴定工作暂行规定》(法发[2001]23 号) 《湖北省工程造价经济纠纷鉴定业务导则(试行)》
分析(或计算)依据	招投标过程中产生的一系列资料,如招标文件、投标书、中标通知书、工程施工承包合同、补充合同及补充协议; 工程建设过程中产生的资料,如工程概预算书、工程结算书、工程变更与签证等; 工程技术文件及档案,如设计图纸、地质资料、施工日记、开竣工报告、质量等级评定表; 政府部门发布的有关定额、标准、规范等计价依据; 根据工程具体情况应依据的有关文件,其他资料等

鉴定过程中,对需存档、对工程造价有影响的鉴定依据,必须取得原件。若委托方提供的是复印件,鉴定人必须把复印件与原件进行核对,核对无误后在复印件上注明"经与原件核对无误(签名)",其目的在于防止诉讼当事人伪造证据。

10.3　程序

从接受委托的鉴定机构的角度来看,鉴定程序一般可分为四个基本阶段,第一阶段为接受委托阶段,第二阶段为鉴定准备阶段,第三是实施阶段,第四阶段为档案管理阶段。具体工作步骤如图 10-3-1 所示。

10.4　内容

10.4.1　接受委托

鉴定机构接受鉴定业务的依据是鉴定委托人出具的委托文书。

1. 确定接受委托受理协议,收取鉴定费用

鉴定人应认真阅读鉴定委托人的委托文书,对委托文书中鉴定范围、依据、内容、要求或期限有疑问的,宜及时与鉴定委托人联系,排除疑问,在 3 日内做出是否受理的决定。确定可以开展鉴定工作后,收取鉴定费用。

2. 确定鉴定人员

进行鉴定的主办人员必须是该鉴定机构中按照《注册造价工程师管理办法》取得造价工程师注册证书,辅助人员按照《全国建设工程造价员管理办法》取得全国造价员证书以及鉴定机构根据业务需要聘请的专业人士等。

3. 确定鉴定内容

鉴定机构及其鉴定人在明确了鉴定委托人对项目的鉴定范围、依据、内容、要求和期限后,对鉴定委

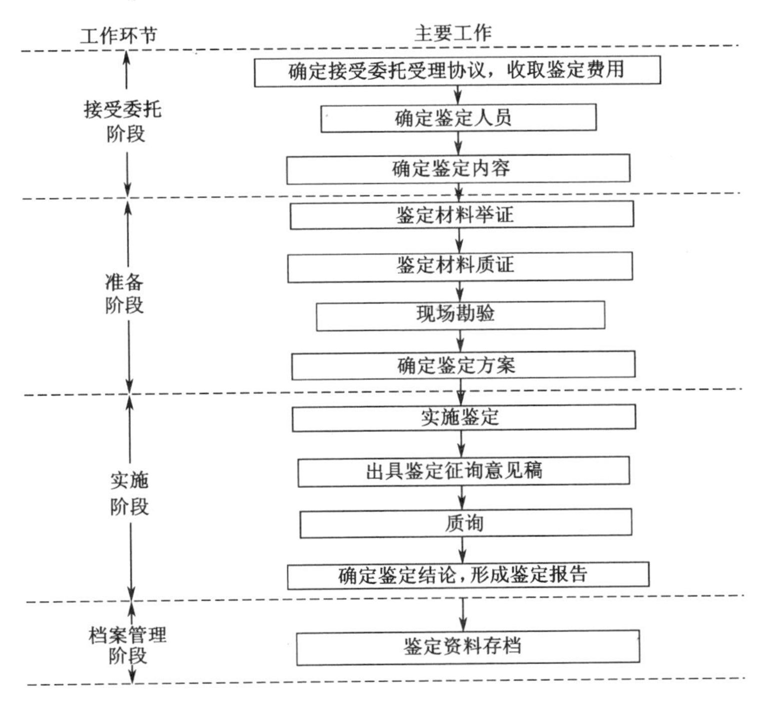

图 10-3-1　鉴定程序图

托人要求或同意鉴定受托人向当事人了解情况或交流情况的，应及时通过鉴定委托人或按鉴定委托人的要求，直接与该项目的纠纷双方当事人取得联系。如果当事人对鉴定委托人在其委托文书中提出的鉴定范围、依据、内容和要求等有异议，鉴定受托人应及时向鉴定委托人反映，排除疑问。

对鉴定委托人要求鉴定受托人不与当事人发生联系的，鉴定受托人应按照鉴定委托人的要求开展工作。

不能即时决定受理的，应当在 7 个工作日内做出是否受理的决定，并通知委托人；对通过信函提出鉴定委托的，应当在 10 个工作日内做出是否受理的决定，并通知委托人；对疑难、复杂或者特殊鉴定事项的委托，可以与委托人协商确定受理的时间。

工程造价鉴定委托方式一般采用委托书，委托书采取书面形式。委托书中应详细注明：受委托单位；鉴定要求；提供的材料；案情简介、委托单位及委托时间。

10.4.2　鉴定准备

1. 鉴定材料举证

1）举证材料

（1）鉴定机构要求委托人或当事人提交鉴定材料。

对鉴定委托人向受托人直接移交鉴定资料的项目，鉴定机构接受委托及鉴定资料后除了开具接收清单，还应根据收到的鉴定资料及时熟悉、分析项目情况，必要时开具提请鉴定委托人向当事人转达补交鉴定资料的函件及资料清单；对鉴定委托人要求受托人直接向当事人收取举证资料或由当事人直接向鉴定机构提交举证资料的项目，鉴定机构应及时向当事人开具请其提交举证资料的函件及资料清单。鉴定机构认为需要当事人补充提交鉴定材料的，应当自收到鉴定材料之日起 7 日内函告仲裁委或当事人双方并附具所需补充鉴定材料清单，须注意提出补充材料的次数不得超过 2 次，并在函件中注明提交鉴定材料的日期。

鉴定机构提请鉴定委托人转交或补交的鉴定资料清单的函应至少保证鉴定委托人一份，鉴定机构留

底一份；当按鉴定委托人要求，鉴定机构直接向当事人收取举证资料或由当事人直接向鉴定机构提交举证资料时，要求当事人提交举证资料的函应至少保证鉴定委托人一份，交举证的纠纷双方当事人各一份，由鉴定机构留底一份。

(2)鉴定委托人转交补充鉴定资料。

对鉴定委托人直接向鉴定机构提交补充鉴定委托并转交了补充鉴定资料的，鉴定机构应将补充鉴定资料一并纳入鉴定；对鉴定委托人要求鉴定机构直接向当事人收取补充举证资料或由当事人直接向鉴定机构提交补充举证资料的，鉴定机构应依鉴定委托人的补充鉴定委托书，按上述相关规定重新组织举证。

(3)当事人主动提交鉴定资料。

对于当事人在鉴定机构要求提交的举证鉴定资料清单之外，主动提交与本项目有关的资料，鉴定机构应将其一并列入鉴定意见书中的举证资料清单。对超过了举证期限或随着鉴定工作的深入，当事人向鉴定机构主动要求补充举证资料的，鉴定机构应要求当事人首先向鉴定委托人提出申请，鉴定委托人同意当事人补充举证资料的，鉴定机构应要求当事人填写补交举证资料申请表。

鉴定机构不宜收取鉴定资料或举证资料原件，宜收取经核对无误的复制件，必要时可采取原件扫描、拍照、摄像等方法留取证据。

(4)鉴定材料主要内容。

A. 卷宗：诉讼状；答辩状；开庭记录。

B. 合同文件：招标文件；投标文件；中标通知书；施工合同；补充协议；会议纪要；材料设备采购发票及加工订货合同。

C. 承包人资质证明文件：营业执照；施工资质等级证书；施工取费证书。

D. 技术资料：工程设计图纸；设计变更；工程验收记录；工程概预算书；工程结算；工程签证；鉴定调查会议记录。

E. 其他与工程结算相关的资料：建设单位供料明细表；材料差价的证明材料等。

2)鉴定材料举证期限

按鉴定委托人要求，由鉴定机构直接向当事人收取举证资料或当事人直接向鉴定机构提交举证资料时，鉴定机构均应对当事人提交举证资料的指定期限。举证期限应执行鉴定委托人直接指定的举证期限；如果鉴定委托人未指定举证期限，鉴定机构可依法规向当事人指定举证期限，并报鉴定委托人。鉴定举证期限应从当事人收到鉴定机构要求其提交举证资料清单的次日算起，不少于5个工作日。

当事人在举证期限内提交举证鉴定资料确有困难的，应当在举证期限内向鉴定机构申请延期举证，由鉴定机构报经该案件鉴定委托人准许，可以适当延长举证期限。当事人在延长的举证期限内提交举证鉴定资料仍有困难的，可以再次提出延期申请，是否准许由该案件鉴定委托人决定。

当事人在举证期限内不提交举证资料的，视为放弃举证权利。对于当事人逾期提交的举证鉴定资料，鉴定机构在鉴定时不组织质证，但对经该案件鉴定委托人同意或该案件的对方当事人同意质证的除外。当事人增加、变更诉讼请求或者提出反诉而增加了鉴定范围或内容的，应当在举证期限届满前提出，经该案件鉴定委托人同意，鉴定机构应重新指定举证期限。

3)鉴定范围或内容变更

对当事人增加、变更诉讼请求或者提出反诉而要求改变鉴定范围或内容的项目，鉴定机构不得直接受理，应促其向原鉴定委托人提出申请。鉴定机构必须收到原鉴定委托人新的鉴定委托文书或补充鉴定委托文书，才能按照新的鉴定委托文书或补充鉴定委托文书规定的范围或内容，按上述规定重新组织举证。

2. 鉴定材料质证

1)材料质证的要求

鉴定材料收齐后，应对鉴定材料进行全面、深入、细致的审阅、核对。依据鉴定程序开展鉴定工作，对

有争议的鉴定材料、证明资料须进行质证,未经质证的证据,不能作为认定案件事实的依据。鉴定委托人直接交由鉴定机构作为鉴定依据的鉴定资料,经鉴定委托人同意,鉴定机构可不再与当事人交换证据或质证,直接作为鉴定依据。

2)举证材料质证

对鉴定机构从当事人处收到举证资料的项目,在收齐资料后应及时提请鉴定委托人主持、组织交换证据并进行质证。鉴定委托人委托鉴定机构自行组织交换证据并质证的,应在委托人规定期限内及时组织交换证据和质证活动。质证前,应向委托方提出申请,并向当事人双方发出质证会通知。通知应明确质证会的会议内容、时间、地点及参加质证会的人员。

质证会议内容一般包括:向当事人双方了解工程项目基本情况及纠纷产生原因;要求当事人双方在规定时间内提供全部或可能的证据资料;要求双方当事人对所提送资料进行资料质证;解决鉴定中有关政策、技术、定量和定价等具体问题。

3)质证记录

质证记录,须当事人双方签字确认。对项目纠纷其中的一方当事人不同意参加双方证据交换、确认、签字、质证程序或参加了双方证据交换、确认、签字、质证程序,但不愿意对程序确认、签字的,应提请鉴定委托人决定处理办法。

对当事人经过双方证据交换、确认、签字、质证的举证资料,应作为鉴定资料列为鉴定依据,用以计算并纳入可以确定的鉴定结论造价意见;对当事人经过双方证据交换、质证后纠纷一方不认可的资料,鉴定机构应提请鉴定委托人决定处理办法,对鉴定委托人授权受托人决定的,受托人应依据工程造价专业技术、知识和有关政策、法规对鉴定资料经过甄别后予以区别对待:用以计算并纳入可以确定的鉴定结论造价意见;用以计算或估算并区别原因纳入无法确定的部分项目造价意见;可不采用。

4)补充材料质证

对鉴定委托人已经质证再转交的补充资料,鉴定机构可以直接作为鉴定资料使用;对鉴定委托人转交,但未经质证的资料或当事人直接补充提交的举证资料,鉴定机构应按上述规定执行取证和质证等程序。

3. 现场勘验

根据项目鉴定工作需要,鉴定机构可组织当事人对被鉴定的标的物进行现场勘验。

鉴定机构组织当事人对被鉴定的标的物进行现场勘验应填写现场勘验通知书,书面通知案件双方当事人参加,同时请该案件鉴定委托人派员参加。当事人拒绝参加勘验的,请案件鉴定委托人决定处理办法。

勘验现场应当制作勘验记录、笔录或勘验图表,记录勘验的时间、地点、勘验人、在场人、勘验经过、结果,由勘验人、在场人签名或者盖章。对于绘制的现场图应当注明绘制的时间、方位,测绘人姓名、身份等内容。必要时鉴定机构应拍照或摄像取证。案件双方当事人应对现场勘验图表或勘验笔录签字确认,当事人不肯签字确认的,请案件鉴定委托人决定处理办法。

4. 确定鉴定方案

经过以上三个过程以后,鉴定人员应认真审阅、核对收集到的鉴定资料,统一认识,并制定合理的鉴定方案。鉴定方案至少应包括明确的鉴定方法,各项鉴定工作的范围、界限以及鉴定的工作计划。

10.4.3 鉴定实施并出具结果

1. 实施鉴定

1)确定合同文件的解释顺序

鉴定机构在开展鉴定工作之前应首先确定合同文件的解释顺序。《建设工程施工合同(示范文本)》

(1999 版)通用条款第 2.1 款中规定了各种合同文件的解释顺序如下。

(1)本合同协议书。

(2)中标通知书。

(3)投标书及其附件。

(4)本合同专用条款。

(5)本合同通用条款。

(6)标准、规范及有关技术文件。

(7)图纸。

(8)工程量清单。

(9)工程报价单或预算书。

合同履行中,发包人及承包人就有关工程的洽商、变更等书面协议或文件视为本合同的组成部分,其解释按时间排序,后立的文件优先于先立的文件。

对合同、工程量清单、洽商、变更、索赔、工程报价单或结算书等项目相关文件有瑕疵的,其有效性应请鉴定委托人决定。鉴定委托人要求鉴定受托人做出推断的,鉴定受托人可依据建设科学技术和工程造价、经济专门知识做出推断意见。

2)计量计价

鉴定机构对项目鉴定工作应建立工作方案和工作程序,经过案件鉴定委托人同意后,宜采取与当事人核对工程量、套取定额(或计取单价)、取费等过程逐步完成鉴定;对鉴定委托人认为鉴定机构不必要与当事人做核对工作,或鉴定机构认为不必要与当事人核对的纠纷项目,鉴定机构可直接出具鉴定意见或鉴定意见征询意见函。

鉴定项目具有核对程序的,鉴定机构开展每一步核对工作前,均应事先给当事人出具造价核对工作通知函,对当事人不愿意参加核对工作的,应请鉴定委托人决定处理办法。在鉴定核对过程中,鉴定人应提请当事人对每天核对后的结果作签字确认,对当事人不愿意及时签字确认的,鉴定机构可分步出具工程量计算书征询意见稿或其他鉴定内容征询意见稿等阶段性成果文件,但每一次征询意见稿均应报经鉴定委托人同意后再交当事人征询意见。鉴定机构在每一次出具征询意见稿时,均应同时向当事人出具征询意见函。鉴定机构对每一个鉴定工作程序的阶段性成果均应要求当事人签字确认,当事人不愿意发表书面意见或签字确认的,鉴定机构应请鉴定委托人决定处理办法。

3)定案——审查复核制、合议制

工程造价鉴定应依照行业有关规定执行审查复核制定案,即常规的经办、校核、审核、审批制度。不同单位工程的经办人员与审核人员可以互相交叉,但不得同一人同时兼任同一单位工程的经办、审核。

对案件中争议较大又必须做出最终鉴定结果的项目实行合议制定案,即以三人以上奇数鉴定人员组成合议组,在充分讨论的基础上用表决方式确定鉴定方案或结论性意见。鉴定合议会议应作详细记录或纪要,记录表决情况,合议组做出的决定由合议组集体负责,并进入鉴定结论,少数人的意见可以保留并记录在案。

2. 出具鉴定征询意见稿

鉴定机构在出具正式鉴定意见书之前,应先征询鉴定委托人意见,确定是否要出具项目鉴定征询意见稿;对鉴定委托人要求先出具项目鉴定征询意见稿的,应征询鉴定委托人意见,确定是否要先报经鉴定委托人审阅同意后再交纠纷双方当事人征询意见。鉴定机构在向当事人出具鉴定报告征询意见稿时,也应同时向当事人出具征询意见函,向当事人指定准确的答复期限及其相应的法律责任。

3. 质询

鉴定机构及其鉴定人对鉴定意见报告应当依法履行出庭或出场接受质询的义务,确因特殊原因无法出庭或出场的,经鉴定委托人准许,可以书面形式答复当事人的质询。

4. 最终确定鉴定结论

鉴定机构收到鉴定意见书征求意见稿的各方复函后，应对各方的复函意见进行认真的斟酌，做出完善、充分的修订，再报经案件鉴定委托人同意后出具正式鉴定意见书。

正式鉴定意见书用A4纸打印后装订成册。封面和鉴定意见书的落款处加盖工程造价鉴定机构的印鉴；在工程造价鉴定意见书上加盖第一鉴定人、第二鉴定人和复核人的印鉴。将装订成册的鉴定意见书报送委托人。鉴定意见书应附公司资质、鉴定人资格证书，并由相关鉴定人员签字盖章。

鉴定意见书一般一式四份，由委托人、当事人双方、鉴定人各执一份。

以上鉴定程序必须经项目经理严格执行和把关，严格遵守案件对鉴定的时间要求，真正做到独立、公正、高效。

5. 必要的补充报告

当案件鉴定委托人、鉴定机构自身有要求或有下列情形之一时，鉴定机构可提交补充鉴定报告：

(1)发现新的相关鉴定资料；

(2)原鉴定项目有遗漏；

(3)其他需要补充鉴定的情况；

(4)庭审中出现新的鉴定证据；

(5)委托人认定证据效力与鉴定人不一致，委托人要求按法庭认定效力重新鉴定的，鉴定人应当尽快做出补充鉴定结论。

补充鉴定由原鉴定人进行。补充鉴定报告是原鉴定报告的组成部分，可以对原鉴定报告做出补充、修改。

对经法庭质证后，鉴定结论不被采信的，鉴定人应当尊重和服从委托人对鉴定结论的采信权；对委托人提出适用工程造价法律、法规和技术规范与鉴定人意见不一致的，鉴定人有权拒绝做出更正或补充鉴定。

10.4.4 档案管理

1. 本环节工作的基本要求

(1)工程造价咨询企业应建立完善的工程造价鉴定档案管理制度。工程造价鉴定文件应符合国家有关部门和行业发布的相关规定。

(2)归档文件必须真实、准确、与鉴定项目实际相符合。对与工程造价鉴定有关的重要活动、记载主要过程和现状、具备保存价值的各种载体的文件、成果文件，均应收集整齐，整理立卷后归档。

(3)归档的工程造价鉴定成果文件应包括纸质文件和电子文件；其他文件及依据可为纸质原件、复印件、扫描件、影像件或电子文件。

(4)归档文件中书写部分的内容应采用耐久性强的书写材料，不得使用易褪色的书写材料。

(5)归档文件应字迹清晰、图表整洁、签字盖章手续完备。

(6)归档可以分阶段进行，也可以在项目鉴定完成后进行。

(7)工程造价咨询单位自行归档的文件，保存期为五年。

(8)向接收单位或使用单位移交档案时，应编制存档或移交、接收清单，明确文件存档或移交、接收的单位，双方签字、盖章后方可交接。

2. 档案内容

档案管理的主要内容是在实施鉴定产生的成果文件、鉴定的过程文件、工作底稿以及鉴定中使用的依据文件。

1)成果文件

归档的工程造价经济纠纷鉴定成果文件应包括鉴定意见书、补充鉴定意见书、补充说明等。鉴定意

见书应包括封面、签署页、目录、鉴定人员声明、鉴定意见书正文、有关附件等。

2)过程文件

归档的鉴定过程文件应包括要求当事人提交鉴定举证资料的函,要求当事人补充提交鉴定举证资料的函,当事人要求补充提交鉴定举证资料的函、工作计划或实施方案,当事人交换证据或质证的记录文件,现场勘验通知书,各阶段的造价计算征询意见稿及其回复或核对记录,鉴定意见书征询意见函及其回复,鉴定工作会议(如核对、协调、质证等)及开庭记录,工作底稿、资料移交单等。

3)工作底稿

归档的工作底稿应包括工程量计算核实记录表、现场勘验记录、鉴定编制人的编制工作底稿、审核人的审核工作底稿、审定人的审定工作底稿、询价记录、各种有关记录等。

4)鉴定依据

鉴定项目的举证资料、鉴定资料等原始依据应执行当地建设行政主管部门对建设工程造价咨询业务档案管理的规定。其内容包括当事人提交或鉴定委托人转交给鉴定机构并与本鉴定有关的资料。

(1)合同类文件:施工发承包合同、专业或劳务分包合同、补充合同、采购合同、租赁合同。

(2)招标投标类文件:中标通知书、投标文件、招标文件、澄清函或答疑文件。

(3)标准、规范及有关技术类文件:需要特别表述的标准、规范及有关技术类文件清单。

(4)图纸类文件:工程竣工图或施工图。

(5)造价类文件:工程量清单、投标报价书或报价单、工程结算书或标底(招标控制价)等。

(6)变更、签证类文件:会议纪要、工程变更、签证、工程洽商、有关通知、信件、数据电文等,以及当事人举证的其他资料。

(7)工程验收类文件:隐蔽工程验收记录、中间验收记录、竣工验收记录。

(8)影响工程造价鉴定的其他相关资料,如起诉状、答辩状等。

10.5 方法

在合同约定有效的条件下,鉴定成果文件中表述采用的鉴定方法应采用当事人合同中约定的方法。除非另有约定,不得以一种计价方法推翻另一种计价方法的计价结论,也不得修改计价条件,推翻原计价条件下的结论。

对当事人合同无效或约定不明而未确定计价方法的鉴定,鉴定受托人可以事实为依据,根据国家法律、法规和建设行政主管部门的有关规定,独立选择适用的计价方法形成鉴定意见。选择计价方法的理由应在成果文件中表述。

工程造价鉴定是一项技术性、政策性、经济性及法律性比较强的工作,涉及的内容广泛又复杂,一般没有固定的方法,这里仅以鉴定内容的形成提出三种方法,即概预算法、市场比较法和分析法。

1. 概预算法

这种方法一般通过对工程造价纠纷的原因和主要问题的分析,采用鉴定建设项目使用的工程图纸及建筑技术等工程造价鉴定资料,按当地政府有关部门公布的人工、材料、机械的市场价格水平确定分部分项工程的直接费,而后按规定计算间接费、利润、税金,汇总确定工程造价,形成鉴定造价。多数工程造价鉴定采用此种方法。具体的操作方法分别参照“设计概算”与“施工图预算”两节内容。

2. 市场比较法

工程造价鉴定中采用市场调查、典型案例分析和将鉴定对象与在鉴定时点近期类似的建设项目进行比较,对类似建设项目的已知造价作适当修正,估算出鉴定工程造价,一般为工程造价大致范围,即大约数。这种方法多适用于工程造价原始资料缺乏而且计价依据不充分的情况,采用这种方法确定工程造价仅供委托者定案参考。

3. 分析法

对工程造价纠纷的某些方面或部分内容，由于缺乏计价依据或很多不确定因素，在工程造价鉴定时，只能采取定性或定量分析，其工程造价是不完整且不明确的。这种方法一般作为工程造价鉴定的辅助方法，有时在实际工作中也是不可或缺的。

10.6 注意事项

1. 回避和保密原则

1)鉴定人员的回避原则

最高人民法院法发[2001]23号《人民法院司法鉴定工作暂行规定》中第二章第九条指出：有下列情形之一鉴定人应当回避：①鉴定人系案件的当事人或者当事人的近亲属；②鉴定人的近亲属与案件有利害的关系；③鉴定人担任过本案的证人、辩护人、诉讼代理人；④其他可能影响准确鉴定的情形。

2)鉴定保密原则

根据《司法鉴定程序通则》第五条的规定，鉴定机构和鉴定人应当保守在执业活动中知悉的国家秘密、商业秘密，不得泄露个人隐私。未经委托人的同意，不得向其他人或者组织提供与鉴定事项有关的信息，但法律、法规另有规定的除外。这一原则的确定，是为了保护国家机密和维护委托人的隐私，也是为了保证鉴定结果的合理、合法、公平、公正。

2. 鉴定的中止和终结

1)鉴定的中止

最高人民法院法发[2001]23号《人民法院司法鉴定工作暂行规定》中第五章第二十二条指出：具有下列情形之一，影响鉴定时间的，应当中止鉴定：①受检人或者其他受检物处于不稳定状态，影响鉴定结论的；②受检人不能在指定的时间、地点接受检验的；③因特殊需预约时间或者等待检验结果的；④须补充材料的。

2)鉴定的终结

最高人民法院法发[2001]23号第二十二条指出：具有下列情况之一的，可终止鉴定：①无法获取必要的鉴定材料的；②被鉴定人或者受检人不配合检验，经做工作仍不配合的；③鉴定过程中撤诉或者调解结案的；④其他情况使鉴定无法进行的。

3. 证据资料的提交

1)证据资料的提交超出期限

对在规定时间内不予提供证据资料又无任何书面文件申请延长提供时间的，根据最高人民法院法释[2001]33号《关于民事诉讼证据的若干规定》中第三十四条："当事人在举证期限内不提交的，视为放弃举证权利。"责任自负。对在规定时间内未提供，初步鉴定结论出来后才提供的，而且影响鉴定结论确定结果的，可以由委托方接收，并按新委托立案处理，并向鉴定单位下补充鉴定委托书。

2)证据资料必须出具原件

需要当事人提供证据时，必须提供复印件，同时出具原件，对自己提供证据的真实性负法律责任，并要求当事人出具有效证明文件及承诺书。鉴定方不负责证据真伪的鉴别。

4. 成果文件的提交与归档

(1)工程造价经济纠纷鉴定的咨询成果，即工程造价经济纠纷鉴定报告的提交应以书面形式体现(如有电子文件，应与交付的书面文件为同一版本)。

(2)中间成果文件须按规定经项目总监或项目经理或专业工程师签发后才能交付。

(3)最终的造价鉴定报告采用会签制，由项目总监、项目专家、项目经理、生产总经理及经营处生产科负责人会签后向委托人交付。

(4)所交付的工程经济纠纷造价鉴定报告的文件数量、规格、形式等应满足咨询服务委托合同的规定。

(5)项目经理应确定所交付的咨询成果文件已满足咨询服务委托合同的要求与范围,且所有成果文件的格式、内容、深度等均符合国家及工程行业造价咨询服务规定的标准和司法鉴定的要求。

(6)工程经济纠纷造价鉴定项目小组应按照公司内部档案管理制度,由项目经理负责或安排专人负责对咨询资料进行整理、归档。

10.7 成果文件

10.7.1 格式

鉴定成果文件应包括鉴定意见书、补充鉴定意见书、补充说明等。鉴定意见书应包括鉴定意见书封面、签署页、目录、鉴定人员声明、鉴定意见书正文、有关附件等。

1. 鉴定意见书封面

鉴定意见书封面应包括项目名称、鉴定意见书文号、鉴定企业名称和完成鉴定日期,并应加盖具有企业名称、资质等级、证书编号的工程造价咨询执业印章。

2. 鉴定意见书签署页格式

鉴定意见书签署页应包括项目名称、鉴定编制人、审核人、审定人和企业负责人(或技术负责人)的姓名。编制人、审核人、审定人应在签署页加盖具有注册编号的执业或从业资格印章。企业负责人(或技术负责人)应在签署页签字或盖章。

3. 鉴定人员声明

鉴定人员声明应表明对报告中所陈述事实的真实性和准确性、计算及分析意见和结论意见的公正性负责,对哪些问题不承担责任,与当事人没有利害关系或对当事人无偏见等。

4. 鉴定意见书内容

(1)主标题:一般为“关于××××的工程造价经济纠纷鉴定意见书”。

(2)文号:由各鉴定机构自定。

(3)基本情况。

A. 鉴定委托人:即出具委托书的工程造价经济纠纷案件鉴定委托人。

B. 委托日期:即委托书的出具日期。

C. 委托内容:即委托书上文字载明的委托鉴定事项或对象、鉴定目的、鉴定要求等。鉴定机构的鉴定意见书上对案件鉴定委托人提出的鉴定内容不得在文字上做出任何增删、修改、解释。

D. 鉴定资料:包括案件鉴定委托人移送的卷宗材料、技术资料等所有涉案资料。鉴定机构对接受的送检资料应加以编号、签收。

当事人提交的所有举证资料。鉴定机构对不同当事人提交的举证资料应分别加以编号、签收。

E. 案件项目相关基本情况介绍:

a. 工程发包单位;

b. 工程承包单位;

c. 工程设计单位;

d. 工程监理单位;

e. 工程建设规模;

f. 工程地点;

g. 工程开工日期、竣工日期;

h. 其他情况。

(4)鉴定依据。

鉴定意见书中应分别表述如下鉴定依据。

A. 行为依据:主要指鉴定委托书。

B. 政策依据:主要指开展鉴定工作依据的法律、规章等。

C. 分析(或计算)依据:主要指相关技术标准、规范、规程、定额、图纸、合同、签证、变更单、纪要、勘查及测量资料、价格信息来源等。

(5)鉴定过程及分析。

鉴定意见书中应按照鉴定工作的时间顺序,简述鉴定的工作过程和各项工作期间发现案件当事人争议的焦点及解决矛盾的方法。

(6)鉴定结论。

(7)特殊说明。凡对鉴定结论有必要加以提示、说明的内容,均在特殊说明中加以详细表述。

(8)鉴定机构出具鉴定意见书的签章(字)。

鉴定机构及其鉴定人员应按照工程造价咨询行业的管理规定,在鉴定意见书上签章(字)。

5. 附件

(1)鉴定委托书。

(2)鉴定机构的营业执照、资质证书、项目备案书以及鉴定人员的资格证书等。

(3)鉴定计算书。

(4)鉴定过程中使用过的案件项目特有材料等。

正式鉴定意见书用A4纸打印后装订成册。封面和鉴定意见书的落款处加盖工程造价鉴定机构的印鉴;在工程造价鉴定意见书上加盖第一鉴定人、第二鉴定人和复核人的印鉴。正式鉴定意见书一般一式四份,由委托人、当事人双方、鉴定人各执一份。

10.7.2 表格

(1)鉴定意见书封面(表10-7-1)。

表10-7-1 鉴定意见书封面

(项目名称) 工程造价经济纠纷鉴定意见书 文 号: (鉴定企业名称) (工程造价咨询企业执业章) 年 月 日

(2)鉴定意见书签署页(表10-7-2)。

表10-7-2　鉴定意见书签署页

(项目名称)

工程造价经济纠纷鉴定意见书

文 号:

编 制 人:__________ [执业(从业)印章]
审 核 人:__________ [执业(从业)印章]
审 定 人:__________ [执业(从业)印章]
企业负责人:________________________

(3)鉴定人员声明(表10-7-3)。

表10-7-3　鉴定人员声明

工程造价经济纠纷鉴定人声明

________(鉴定委托人名称):

受贵________委托,对____________项目的工程造价经济纠纷进行鉴定。参与本次鉴定工作的造价鉴定人员郑重声明:

1. 我们在本鉴定意见书中陈述的事实是真实和准确的;
2. 本报告中的分析、意见和结论是我们自己公正的专业分析、意见和结论;
3. 工程造价及其相关经济存在固有的不确定性,本报告结论的依据是贵方委托书,仅负责对委托鉴定范围及内容做出结论,未考虑与其他方面的关联;
4. 我们与本报告中的当事人没有利害关系,与有关当事人没有个人利害关系或偏见。

工程造价经济纠纷鉴定人员(签章):
执业(从业)证号:

(4)鉴定委托书(表10-7-4)。

表10-7-4　(工程名称)造价经济纠纷鉴定委托受理协议书(示范文本)

编号:____________

委托人		联系人	
联系地址		联系电话	
委托日期		送检人	
鉴定机构	机构名称: 地　　址: 联 系 人:	许可证号: 邮　　编: 联系电话:	
委托鉴定事项及用途			
委托鉴定要求			
是否属于重新鉴定			

续表

<table>
<tr><td>案件简要情况</td><td></td></tr>
<tr><td rowspan="2">鉴定材料
目录和数量</td><td>鉴定内容:</td></tr>
<tr><td>鉴定资料:</td></tr>
<tr><td rowspan="2">鉴定费用及
收取方式</td><td>□按照委托鉴定事项分项目收费:
造价鉴定
××××　项目　□标准　□协议
□特殊鉴定项目收费</td></tr>
<tr><td>预计收费总计_____元,人民币大写___________ 元整。</td></tr>
<tr><td>鉴定意见书
发送方式</td><td>□自取
□邮寄　地址:
□其他方式(注明)</td></tr>
<tr><td colspan="2">协议事项:
1. 鉴定机构应当严格依照有关技术规范保管和使用鉴定材料。鉴定委托人同意或者认可:
□ 因鉴定需要耗尽检材;
□ 因鉴定需要可能损坏检材;
□ 鉴定完成后无法完整退还检材;
□ 检材留样保存 3 个月。
2. 鉴定时限:从协议签订之日起________ 个工作日完成。
□ 遇复杂、疑难、特殊的技术问题,或者检验过程确需较长时间的,延长____个工作日。
3. 特殊情形鉴定:
□ 需要到现场提取检材。
4. □ 需要补充或者重新提取鉴定材料的,延长____个工作日。
□ 委托人要求鉴定人回避。被要求回避的鉴定人姓名__________ 。
5. 鉴定过程中如需变更协议书内容,由协议双方协议确定。</td></tr>
<tr><td colspan="2">鉴定人有以下权利。
1. 了解案情,要求委托人提供鉴定所需的资料。
2. 勘验现场,进行有关的检验,询问与鉴定有关的当事人,必要时,可申请人民法院依据职权采集鉴定材料,决定鉴定方法和处理检材。
3. 自主阐述鉴定观点,与其他鉴定意见不同时,可不在鉴定文件上署名。
4. 拒绝受理违反法律规定的委托。
鉴定人有以下义务。
1. 尊重科学,恪守职业道德
2. 保守案件秘密。
3. 及时出具鉴定结论。
4. 依法出庭宣读鉴定结论并回答相关的提问。</td></tr>
<tr><td>其他约定事项</td><td></td></tr>
<tr><td>协议变更事项</td><td></td></tr>
<tr><td>鉴定风险提示</td><td>1. 鉴定意见属于专家专业性意见,其是否被采信取决于办案机关的审查和判断,鉴定人和鉴定机构无权干涉;
2. 由于鉴定材料或者客观条件限制,并非所有鉴定都能得出明确的鉴定意见;
3. 鉴定活动遵循独立、客观、公正的原则,因此,鉴定意见可能对委托人有利,也可能不利。</td></tr>
<tr><td>委托人(机构)
(签名或者盖章)
年　月　日</td><td>接受委托的鉴定机构
(签名、盖章)
年　月　日</td></tr>
<tr><td colspan="2">备注</td></tr>
</table>

(5)其他相关计价表格。参照本书造价基本业务篇中的相关表格。

10.7.3 工作底稿

(1)提请鉴定委托人转交鉴定资料的函(表10-7-5)。

表10-7-5 提请鉴定委托人转交鉴定资料的函

致______项目鉴定委托人______: 根据贵方______对我公司的委托,我公司正在准备开展______项目的鉴定工作,依据有关规定和本项目鉴定工作的需要,请___在___年__月__日___时前提交(或补充提交)如下鉴定资料到我公司: 除了我公司提出的上述资料以外,请贵方根据项目情况转交鉴定可能需要用到的其他资料,以免鉴定工作发生偏差而影响鉴定质量。 鉴定机构:___(公章)___ ___年__月__日

注:本函一式两份,送本项目鉴定委托人一份,鉴定机构留底一份。

(2)要求当事人提交举证资料的函(表10-7-6)。

表10-7-6 要求当事人提交举证资料的函

致______项目(纠纷双方)当事人______: 根据鉴定委托人______对我公司的委托,我公司正在开展______项目的鉴定工作,依据有关规定和本项目鉴定工作的需要,请在___年__月__日___时前提交(或补充提交)如下举证资料到我公司: 如在上述期限内不能提交所列资料或提交虚假资料的,将承担相应的法律后果。 除了我公司提出的上述资料以外,请主动举证鉴定中需要用到的其他资料,以免我公司的鉴定工作发生偏差而影响当事人的利益。 鉴定机构:___(公章)___ 年__月__日

注:本函一式__份,报本项目鉴定委托人备案一份,交举证的当事人__方各一份,鉴定机构留底一份。

(3)补交举证资料申请函(表10-7-7)。

表10-7-7 补交举证资料申请函

致______项目鉴定机构: 由于______原因,我方于___年__月__日提交的______项目举证资料尚不足,依据有关规定和本项目鉴定工作的进展需要,特申请补充举证如下资料,请予查收并质证: 当事人:___(公章)___ ___年__月__日

注:本函一式三份,报本项目鉴定委托人备案一份,交鉴定机构一份,举证的当事人留底一份。

(4)现场勘验通知书(表10-7-8)。

表 10-7-8 现场勘验通知书

致______项目(纠纷双方)当事人______: 根据鉴定委托人______对我公司的工程造价经济纠纷鉴定委托,我公司正在开展______项目的鉴定工作,依据有关规定和本项目鉴定工作的需要,请在____年__月__日___时派授权代表到__(地点)______参加现场勘验工作。 鉴定机构:___(公章)_____ ___年__月__日

注:本函一式___份,报本项目鉴定委托人备案一份,交当事人___方各一份,鉴定机构留底一份。

(5)勘验记录(表 10-7-9)。

表 10-7-9 勘验记录

根据___年__月__日的勘验通知,___年__月__日__时______项目的鉴定委托人______、当事人_____、_____、_____、_____、鉴定机构(勘验机构)的___、___、___到达了______现场(当事人______缺席),本勘验记录、草图共__页,供鉴定使用。			
鉴定委托人 ___年__月__日	当事人 ___年__月__日	当事人 ___年__月__日	鉴定(勘验)机构 ___年__月__日

(6)邀请当事人参加造价核对工作通知函(表 10-7-10)。

表 10-7-10 邀请当事人参加造价核对工作通知函

致______项目(纠纷双方)当事人______: 根据鉴定委托人___对我公司的工程造价经济纠纷鉴定委托,我公司正在开展______项目的鉴定工作,依据有关规定和本项目鉴定工作的需要,请贵方派员于______年___月___日___时开始到_____(地点)_____参加造价核对工作,核对期约需___天,具体时间安排待贵方派出的造价核对工作人员见面后再行商定。 如贵方在上述时间不能派员参加造价核对工作,将承担相应的法律后果。 鉴定机构:___(公章)_____ ___年__月__日

注:本函一式__份,报本项目鉴定委托人备案一份,交邀请的当事人一份,鉴定机构留底一份。

(7)征询意见函(表 10-7-11)。

表 10-7-11　征询意见函

<table>
<tr><td>
致________________ 项目(纠纷双方)当事人______________ ：
　　根据鉴定委托人__________对我公司的工程造价经济纠纷鉴定委托,在各有关方面配合下,经过前段时间的工作,我公司已经形成____________________项目鉴定的征询意见稿,经鉴定委托人同意,现将该项目的____鉴定征询意见稿交给贵方,请在______年__月__日__时前将意见反馈给我公司。
　　如在上述期限内不能提交反馈意见,将承担相应的法律后果。

鉴定机构:____(公章)______
______ 年___月___日
</td></tr>
</table>

注:本函一式__ 份,报本项目鉴定委托人备案一份,交当事人__ 方各一份,鉴定机构留底一份。

(8)其他工作底稿。参照本书造价基本业务篇中的相关工作底稿表格。

第4篇 实　例

第11章 基本业务实例

11.1 决策阶段实例

11.1.1 可行性研究报告实例

1. 封面

北京×××大学科技楼
项目可行性研究报告

北京中咨海外咨询有限公司
二〇一二年五月

2. 项目组成员

项目组成员

项目经理：

×××	高级工程师

专家组：

×××	高级工程师、注册造价工程师、注册咨询工程师
×××	高级工程师
×××	工　程　师
×××	硕士　工程师

审定：

×××	高级工程师　注册咨询工程师

3. 报告书内容

第1章　总论

1.1　项目名称

北京×××大学科技楼。

1.2 项目建设单位

项目承担和建设单位为北京×××大学。

北京×××大学于1952年由北洋大学等5所国内著名大学的部分系科组建而成，现已发展成为以工为主，工、理、管、文、经、法等多学科协调发展的教育部直属全国重点大学，是全国首批正式成立研究生院的高等学校之一。1997年5月，学校首批进入国家“211工程”建设高校行列。

建校50多年来，学校逐步形成了“学风严谨，崇尚实践”的优良传统，为社会培养各类人才近10万人，大部分已成为国家政治、经济、科技、教育等领域尤其是冶金、材料工业的栋梁和骨干。党和国家部分领导人曾在校学习，另有31名校友当选为中国科学院或中国工程院院士，一大批校友走上了省长、市长的领导岗位，一大批校友担任鞍钢等国家特大型企业以及北大方正等大型高新技术企业的董事长和总经理。该学校被誉为“钢铁摇篮”。

学校位于高校云集的北京市海淀区学院路，占地约61.31万 m^2（包括管庄校区），校舍建筑总面积83.9万 m^2（包括管庄校区）。学校现有2个国家级重点（专业）实验室，1个国家工程研究中心，7个部委级重点实验室，4个部委级研究中心。图书馆藏书126万册。定期出版《北京×××大学学报》、《Journal of ××》、《Rare Metals》、《物流技术与应用》等重要学术刊物。

学校由土木与环境工程学院、冶金与生态工程学院、材料科学与工程学院、机械工程学院、信息工程学院、经济管理学院、文法学院、应用科学学院、外国语学院以及研究生院、体育部、管庄校区、天津学院、继续教育学院、延庆分校组成。现有9个一级学科博士授权点，48个博士学科点，109个硕士学科点，另有MBA（含EMBA）、MPA和17个领域的工程硕士专业学位授予权，7个博士后科研流动站，40个本科专业。学校在冶金、材料、机械、矿业等领域的7个全国重点学科学术水平蜚声中外；管理、科技史等学科享有盛誉；控制、热能、力学等学科具有雄厚实力；一批新兴学科，如计算机、电子信息、环境工程、土木工程等焕发出勃勃生机。

2005年10月，各类在籍学生总数3万人，其中本专科生12 016人，各类研究生7 765人（其中博士生1 705人、硕士生4 549人、专业学位研究生1 511人），外国留学生138人，成人教育学院学生6 195人，远程教育学生3 906人，在站博士后52人，已形成研究生教育、全日制本专科、高职教育、成人教育、继续教育和远程教育多层次、较完整的人才培养体系。

学校拥有一支治学严谨的师资队伍。教职工总数2 631人，其中专任教师1 139人。专任教师中有中国科学院院士7人，中国工程院院士3人，国务院学位委员会委员1人，国家学科评议组成员4人，国家级有突出贡献专家16人，部级有突出贡献专家13人，“长江学者奖励计划”特聘教授8人、讲座教授1人，国家杰出青年科学基金获得者11人次，国家“百千万人才工程”入选8人，教育部新世纪优秀人才支持计划46人，教授293人，副教授400人。人才梯队正在壮大，一大批中青年学者脱颖而出。

以培养社会主义现代化事业的建设者和接班人为根本任务，学校注重学生综合素质的培养和提高，学校学生在历年国家及北京市的各种竞赛中多次获得殊荣，特别是学校每年被评为全国高校社会实践先进单位，学生代表队在全国第一、二、三、四届机器人电视大赛中稳居三甲，两次获得冠军，于2005年参加亚太地区大学生机器人大赛并获得亚军。学校同时高度重视学生思想品德教育，努力营造培养学生爱国主义、集体主义和社会主义精神的校园文化氛围，先后被授予“北京市文明校园”和“北京市党建和思想政治工作先进普通高校”等光荣称号。

学校的体育竞技水平和群众性体育活动在北京乃至全国享有盛誉，涌现了一批以李敏宽、楼大鹏为代表的国家优秀运动员、教练员和体育官员。学生田径代表队在全国及北京市高校竞赛中数度折桂；女篮代表队在北京市高校联赛中连续12次夺冠，并于2005年挺进CUBA全国八强；学校目前拥有约7万 m^2 的现代化体育场地，并正在建设2008年北京奥运会柔道（跆拳道）比赛场馆。

面向新世纪，学校的发展目标是：把北京×××大学建设成为以工为主，工、理、管、文、经、法等多学科协调发展，规模适度，特色突出，国内一流，国际著名的高水平研究型大学。

1.3　项目建设背景和进展

21世纪是知识经济引领世界发展的多元化时代。近年来,面临全球日益激烈的人才竞争,国家提出了“科教兴国”的发展战略,随之教育体制改革也不断深化。为促进我国高等学校由“精英化教育”向“大众化教育”转型,1999年6月全国第三次教育工作会议出台了高校“扩招”政策。

在全国31个省市自治区中,江苏、北京、辽宁、上海和湖北是普通高校比较集中的地区。为促进北京市经济和社会的可持续发展、北京市普通高等学校响应“扩招”政策,自1999年起不断扩大招生规模,在校生数一直保持10%以上的高增长率,政策实行的五年间共扩招27万余人。

在此背景下,北京×××大学作为重点院校近年来在校生人数持续增长,2005年10月各类在籍学生总数3万人,其中本专科生12 016人,各类研究生7 765人(其中博士生1 705人、硕士生4 549人、专业学位研究生1 511人),外国留学生138人,成人教育学院学生6 195人,远程教育学生3 906人,在站博士后52人。学校现已形成研究生教育、全日制本专科、高职教育、成人教育、继续教育和远程教育多层次、较完整的人才培养体系。

北京×××大学“211工程”建设自1998年初正式启动,各类教室和实验室建设已取得很大成绩。但面对21世纪高等教育和学校办学规模的不断扩大,现有办学条件差距仍较大。基础设施老化,教室实验室用房紧张,部分实验设施陈旧,尤其一些新建学科缺乏必要的实验条件,已严重制约了北京×××大学的发展。同时,由于2008年奥运会柔道、跆拳道比赛场馆已定址于北京×××大学,为此北京市对北京×××大学的校园环境也提出了更高的要求。

拟建项目位于学校西南角,目前该地块现有建筑布局极不合理,区域内建筑大多数为平房,且基本上属于私搭乱建,安全隐患严重;现有的服装批发市场临街、没有停车位,已成为京北一重大堵车点,与高校整洁的环境氛围及未来奥运形象极不相称。为此,重新规划、建设该校西南地块已成为北京×××大学加快发展、迎接2008年奥运会准备工作的重中之重。

为改善办学条件,北京×××大学结合学校自身发展要求,按照调整后的校园总体规划,特提出进行科技楼的建设工作。根据北京市规划委员会批准(规划意见书详见附件),北京×××大学可在学校校园西南角,即西临市政学院路,南临市政北四环中路,总用地面积35 340 m^2(其中:总建设用地面积20 245 m^2,代征城市公共用地面积15 095 m^2)的区域内进行科研、办公用房的建设。本项目位于该用地范围内,是区域内近期规划建设的三个项目的重要组成部分,已获得教育部《教育部关于北京×××大学科技楼工程项目建议书的批复》教发函[××]××号文(详见附件)。

因此,北京×××大学委托北京中咨海外咨询有限公司编制《北京×××大学科技楼项目可行性研究报告》,上报教育部申请建设批复。

1.4　项目编制依据与任务

1.4.1　编制依据

(1)中华人民共和国教育部《教育部关于北京×××大学科技楼工程项目建议书的批复》教发函[××]××号;

(2)北京市房屋土地管理局(报告)《关于北京×××大学土地占用情况的报告》(京房地权字[××]第××号);

(3)北京市规划委员会《关于北京×××大学校园总体规划控规调整通知书》(××规控审字××号);

(4)《北京×××大学校园总平面规划及高度研究》(北京市城市规划设计研究院××年××月编制);

(5)北京市建设委员会《建设项目征地计划通知书》京建计(地)字[××]××号;

(6)北京市国土资源局《关于北京×××大学科技楼建设项目用地预审意见的函》京国土预[××]××号;

(7)北京市规划委员会《规划意见书附件(选址)》(××规意选字××号);

(8)北京市规划委员会《中华人民共和国建设用地规划许可证》(××规地字××号)

(9)《北京市环境保护局关于北京×××大学科技楼等建设项目环境影响报告表的批复》(京环审[××]××号);

(10)国家计委计办投资[××]××号《投资项目可行研究指南(试用版)》;

(11)国家和北京市的相关政策、法令和法规。

1.4.2　研究范围及内容

1. 研究范围

项目的建设内容主要是北京×××大学科技楼工程的建筑物及公用配套设施,建筑工程的设置要满足科技楼各功能的使用要求。

报告的研究范围不包括科技楼教学、试验等专业设备的选型及购置费。

2. 研究内容

本项目的研究内容主要有以下几方面:

(1)研究本项目建设的必要性和可行性;

(2)合理确定本项目的建设规模和范围;

(3)研究建设方案如何满足项目功能需要和相关设备要求;

(4)研究建设条件;

(5)人员构成及组织机构设置;

(6)建设水平及投资估算;

(7)建设资金筹措。

1.5　项目主要技术经济指标

通过对本项目建设必要性的深入研究,认为本项目不但必要,而且非常紧迫;通过对使用功能和建设方案的研究,认为本工程可采用单元模块化的功能布局,技术上可行;根据北京×××大学总体规划及国家行业标准中的有关指标进行测算,确保了建设规模的合理性、经济性和可行性。

本项目主要技术经济指标见表1。

表1　北京×××科技楼工程项目主要技术经济指标表

序号	指　标	单位	区域规划指标	科技楼指标	备注
1	总用地面积	m^2	35 340	14 348	
	其中:代征绿地用地	m^2	6 255	2 319	
	代征道路用地	m^2	8 840	3 277	
2	总建筑用地面积	m^2	20 245	8 753	
3	总建设用地面积	m^2	26 500	11 072	
4	总建筑面积	m^2	102 750	41 200	
4.1	地上建筑	m^2	76 790	33 200	21层
4.2	地下建筑	m^2	25 960	8 000	3层
	其中:地下车库	m^2	14 160	3 000	75辆车位
5	建筑占地面积	m^2	6 950	2 576	
6	容积率		3.8	3.7	
7	建筑密度	%	19.7	19.7	
8	建筑高度	m	80	80	
9	绿化率	%	30	30	

续表

序号	指　标	单位	区域规划指标	科技楼指标	备注
10	停车位	辆	505	137	
	其中:地下	辆	354	75	
	地上	辆	151	62	
11	非机动车辆	辆	1 550	635	
12	道路及停车场	m^2	10 050	4 539	63 个停车位
13	自行车停车场	m^2	3 100	1 270	二层开敞式
14	绿化面积	m^2	10 602	3 321	
15	总投资	万元		19 223	
16	资金来源	万元		19 223	
	其中:贷款资金	万元		13 500	70% 比例
	自有资金	万元		5 723	

第 2 章　项目建设的必要性

北京×××大学是建校 50 多年的老校,面对 21 世纪的高等教育和信息时代的来临,学校现有的基础设施老化,教室实验室用房紧张,有必要加大基础设施投入,为科研人员的顺利工作提供良好的条件,也为在校学生综合素质的提高创造充足的空间。在学校西南角建设科技楼项目,不仅能够极大的缓解学校用地资源的供需矛盾,改善教学、科研条件,而且能够美化周边环境,适应 2008 奥运会对北京市容市貌提出的要求。因此,该项目的建设十分必要。

2.1　为科研创新和科技发展提供条件

北京×××大学经过 50 多年的发展,现已发展成为以工为主,工、理、管、文、经、法等多学科协调发展的教育部直属全国重点大学,在冶金、材料、机械、矿业等领域的 7 个全国重点学科学术水平蜚声中外。学校科研实力雄厚,在教学、科研方面取得了很大的成绩。据教育部"2000—2004 年高校获国家科技进步奖统计排序"中,北京×××大学名列第 11 位。

但是作为老校,学校的很多配套设施陈旧、老化,用地资源严重不足,远远跟不上科研人员队伍日益壮大的步伐。截至 2005 年 10 月,北京×××大学各类在籍学生总数 3 万人,其中:各类研究生 7 765 人(其中博士生 1 705 人、硕士生 4 549 人、专业学位研究生 1 511 人),外国留学生 138 人,在站博士后 52 人。教职工总数 2 631 人,其中:中国科学院院士 7 人,中国工程院院士 3 人,国务院学位委员会委员 1 人,国家学科评议组成员 4 人,国家级有突出贡献专家 16 人,部级有突出贡献专家 13 人,"长江学者奖励计划"特聘教授 8 人、讲座教授 1 人,国家杰出青年科学基金获得者 11 人次,国家"百千万人才工程"人选 8 人,教育部新世纪优秀人才支持计划 46 人,教授 293 人,副教授 400 人。面对这样一个庞大的科研队伍,相对短缺的教学科研用房已严重制约了学校更快的发展,学校有必要加大基础设施的投入,开辟更多空间和途径,为科技创新创造更好的条件。

2.2　加强对外沟通,促进科技成果及时向市场转化

科技成果只有与市场相结合,转化为现实的生产力,才能充分地发挥造福社会的作用。目前美国科技成果转化率已高达 80% 以上,并因此促成了 20 世纪 90 年代美国经济的持续增长。相比之下,我国目前科技成果转化率不足 20%。与其他类型的研究机构相比,高校科研具有学科较齐全、与人才培养密切结合等得天独厚的优势,也是国家科技创新体系的重要组成部分。但目前我国高校与发达国家不低于 30% 的科研成果转化率相比相差甚远,出现了"成果多、转化少、推广难"的局面,很多科技含量很高的成

果被“束之高阁”，无用武之地。这种情况不利于科教兴国战略的落实，也与现代大学的办学理念和大学的社会地位不相吻合。

北京×××大学的情况亦是如此。北京×××大学的科研实力强，科技成果丰富，目前除教师和学生外，还有很多的学会和专业协会，技术实力强大。学校地处学院路与北四环的交会处，具有交通、信息、教育、科研、市场、人才、企业、交流的优势，且能依托中关村科技园区，享受各项优惠政策，具有浓郁的科技创新氛围。但是北京×××大学一直由于用地紧张而不能很好地将科研成果转化成生产力，致使学校的造血功能较差。因此学校想借在教育部、科技部、北京市、中关村科技园区管委会同意北京×××大学建设科技园区的契机，在新建科技楼项目中设置技术咨询室、创业洽谈室、交流学者工作室等，制定优惠政策，鼓励教师、研究生、高年级本科生积极参与，利用他们主动举办的科技创新活动或创办高技术公司来大力发展学校的高新技术产业；引进校内外具有市场前景的高科技项目，与企业、银行和投资公司等机构联合开发，以实现科技产业化为目标，努力创造有利于高新技术产业发展的软硬件环境，推动科技成果及时向市场转化。这样不仅能够推动学校更快发展，也必将为国家和社会的发展做出更大的贡献。

2.3　开辟更多空间，加强大学生心理素质教育的需要。

青年大学生历来被认为是心理最健康的人群，但近几年随着社会的变革，新时期出现的各种问题和矛盾对大学生的心理状态产生了巨大冲击，加上大学生们正处于生理、心理和思想发展变化时期，因而大学生的心理健康状况并不令人十分满意；他们心理上存在着一些不良反应，有相当一部分大学生存在着不同程度的心理障碍，这已经并非个别现象，并正在呈蔓延的趋势。据北京 16 所大学的联合报告，因心理、精神方面疾病休学、退学的人数分别占总休学、退学人数的 37.9% 和 64.4%。清华大学在死亡和退学的学生中，精神分裂症占 60%，人民大学因患精神分裂症死亡的学生占死亡学生总数的 33.3%。有关单位对南京 4 所高校的一万多名大学生精神状况进行过调查，结果显示，约有 1/4 的人有心理问题，有 11.7% 的学生患有程度不同的心理疾病。另外对南京市的 608 名同学调查时发现，有过心理危机的占 75%。

大学生的心理健康状况确实令人担忧，应引起全社会的足够重视。学校也要加强青年学生的心理健康的锻炼，尽可能地杜绝心理健康的原因导致的不良隐患。北京×××大学在校学生超过三万，虽然学校采取了很多措施对学生进行心理健康教育，但仍满足不了学生需求。因此，学校计划在科技楼中设立专门的心理咨询室，加大心理教育的资源投入，让学生们树立正确的人生观和世界观，用积极健康的心态迎接二十一世纪的挑战。

2.4　迎接 2008 年奥运会，整治学校周边环境的需要

北京×××大学地处学院路与北四环两条主干道交界处，地理位置十分重要，加之 2008 年奥运柔道、跆拳道比赛馆将在北京×××大学建设，为此北京市对北京×××大学的校园环境提出了更高的要求。为了满足奥运比赛的环境要求，北京×××大学急需对校园环境进行整治，消除安全隐患。目前由于一些历史原因，北京×××大学西北角布局较乱，尤其是一些场所的经营影响了道路畅通，严重影响了市容市貌，与文明有序的大都市形象不符，因此重新规划建设西南角已成为北京×××大学做好迎接 2008 年奥运会准备工作的重中之重。科技楼建成后，将大大改善和美化周边环境。

2.5　满足校园控规调整的需要

为了规范北京×××大学的基本建设，保证学校的，尤其本建设科学、有序地进行，北京×××大学于 2002 年委托北京市城市规划设计研究院对北京×××大学进行校园规划调整。该院于同年 12 月完成了《北京×××大学校园总平面规划及高度研究》。本次编制《北京×××大学校园总平面规划及高度研究》时，北京市城市规划设计研究院依据学校的发展规模和 92 定额指标，利用学校现有的土地资源，结合学院路的总体规划调整，在充分征得北京市规划委员会专家的意见基础上，将北京×××大学的控规高度从原来的 24 米提高到 45 米。为了补偿因北四环路两侧 50 米绿化带占用学校 80 亩土地的损失，同意西南角教育科研用地建筑控制高度调整为 80 米、西北角教育科研用地建筑控制高度调整为 60 米，

西南角内可以规划设计到12万m^2左右。为了保证因学校校园总体规划调整而增加的建筑面积不受损失，学校希望重新按照总体规划设计西南角区域。2004年，教育部批准了北京×××大学《关于新建科技楼工程的请示》和《关于新建信息科技楼工程的请示》，结合2000年《关于申请新建信息大楼、科技实验楼的批复》，北京×××大学拟在该区域内建设科技楼，本项目为其中的重要组成部分。

第3章　需求分析与功能定位

北京×××大学的科技楼，主要是为校内各个学院、各系科、国家重点实验室、国家工程中心、各专业研究所等机构的科研成果转化提供必要的孵化场所和空间；为校内各专业学术机构、学会、协会以及高层次科技人员、博士生、外国留学生等进行国内外学术交流、科研办公、生活等提供现代化、开放性、高档次场所；同时也为近年来新兴的学生心理咨询提供空间和平台。

3.1　需求分析

3.1.1　学校内促进科技成果转换的孵化器等硬件条件还很薄弱

近年来，我国政府对高校、科研机构科技成果转换高度重视，各种科技园、高新区、孵化器等纷纷兴起。高校科技成果转换以整合学校内部智力资源与社会资源，构建以孵化平台为主体，以研发→孵化→产业化的成果转化链为目标，为科技成果转化和产业化开辟新渠道。同时可以利用学校的科技、人才优势，加大自主研究开发的力度，提高创新能力，形成一批具有自主知识产权的技术和产品，加强与地方政府、科研院所、企业的合作，建立多种形式的研发机构，满足经济发展对高新技术的需求；建立技术成果交易市场，积极引进、转移国内外先进的高新技术成果，促进技术成果的快速推广。

北京×××大学科技成果的转换，将以建成的科技孵化器为平台，依托学校各重点实验室、专业实验室、工程中心及研发中心技术和智力资源，强化孵化功能，促进校内专业研究所、机构的转制、成长与发展，提高创业成功率，不断孵化、培育出新的高新技术企业和企业家。特别是充分利用学校在“新材料研究与制备技术、制造业信息化技术”等领域的综合优势，吸引更多的高新技术企业投资校内科技成果。

但是目前北京×××大学校内，作为科技成果转化的孵化平台尚很薄弱。如校内由胡正寰、陈先霖两位院士主持的高效轧制国家工程研究中心，以技术成果深度开发和工程化研究、科研成果转移和推广为主要任务，目前中心内成果转化用房不到300 m^2，与其国家级工程中心的地位十分不符，严重限制了其工作的开展。因此，借助科技楼建设项目实施的契机，将为校内科技成果转换提供坚实的孵化空间和环境。

3.1.2　校内各专业研究机构、学会协会及高层次科技人员、博士生、归国人员、外国留学生等缺乏高效、现代的科研办公、国际交流、会议、生活的高档次活动空间

北京×××大学作为国家钢铁冶金行业一所著名的专业院校，其教学科研实力相当雄厚，学校现有2个国家级重点（专业）实验室，1个国家工程研究中心，5个部委级开放实验室，专业学会协会多家；中科院和工程院院士10名；截止到2005年底博士、硕士研究生共7 000多名。

校内各类科研机构、学会协会、高级科技人员等的科研学术活动具有如下特征：瞄准世界冶金钢铁行业先进水平，开展全方位、多层次、宽领域对外学术交流格局，进行广泛的合作；按照校内各科研机构，特别是国家重点实验室开放、联合与流动的方针，实行对外开放，积极吸收国内外人员作为访问学者来校工作；实施访问学者计划，为进入校内的各学科访问学者开展合作研究工作提供坚实的硬件支持和生活上的细致照顾；通过主办国际性的会议，邀请国外知名教授讲学，加强与国际相关科学领域的学术交流与合作；注重与国内外企业的合作，承担国内外企业、学校和科研单位的科学研究、测试、检验及分析等技术服务与咨询工作；为各种国际和国内大型重要学术会议、国际研讨会、各类短期学习和学术交流提供良好的硬件环境；为校内各学会协会开展正常工作提供硬件支持：包括学会开展国内外学术交流，组织、举办科技展览；学会普及和推广、尤其是科学领域的应用提供专业咨询，组织科学工作者参与和接受委托科技项

目评估、成果鉴定与推广、科技成果转化等工作;开展有关领域的科学普及和技术培训工作,为相关专业的科技人员提供实用知识和技术等众多方面。

但是就目前而言,学校能为上述专业研究机构、学会协会及高层次科技人员提供的科研办公条件还十分有限。例如根据教育部的相关规定,每位院士的科研用房要达到600 m^2/人,但是北京×××大学目前根本无法达到。因此借助科技楼建设项目实施的契机,充分改善学校高层次科研、学术、交流条件,使北京×××大学学术科研实力更上一层楼。

3.1.3　顺应时代需求,北京×××大学近年来积极开展学生心理咨询活动,但校内专业的心理咨询环境和平台尚十分短缺,无法达到教育部相关规定

近年来,高校学生心理咨询方兴未艾,构建符合当代大学生身心发展特点的心理健康教育模式,促进大学生的健康成长和全面发展,是摆在高校面前的重要课题。

为进一步加强高校学生心理健康教育工作,教育部于2005年专门成立教育部普通高等学校学生心理健康教育专家指导委员会,对各高等学校学生心理健康教育工作进行研究、咨询、评价和指导;各高校纷纷成立学生心理健康教育与咨询区域示范中心,开展课堂教学、教育活动、指导咨询、危机干预、调查研究大学生心理健康教育模式,开展大学生心理健康教育工作。

北京是全国最早开展大学生心理素质教育工作的省市之一,20世纪70年代末才有较少的高校开始从事这项工作。1987年,北京有4所高校成立了心理咨询中心,北京高校心理素质教育逐步走向正轨。经过多年的探索,北京高校逐渐构建了一个以心理素质课程教育为主渠道、以学校心理咨询中心为主阵地、以学生工作队伍为日常心理教育主力、以大学生心理社团为补充的大学生心理素质教育工作格局。调查表明,全市已有83.6%的高校成立了大学生心理素质教育及咨询专门机构,其中近79%的高校有专门的办公场所,配备了计算机、打印机和电话等办公设施。目前北京已有65.5%的高校成立了大学生心理社团。

但是北京×××大学作为重点一类大学,与兄弟院校相比,在学生心理咨询方面的硬件条件还很不成熟,由于用房紧张的缘故,校内目前还没有专业的心理咨询中心,此种状况亟待解决。

3.2　功能定位

为配合北京×××大学中长期发展需要,科技楼应为学校提供开放、档次较高、现代化的国内外学术交流、科研办公场所,同时改善校内科研人员、教师的学术活动条件,为校园带来一种展示校园新文化特色的建筑风格,在国内外高水平院校中展示自己独特的魅力。

科技楼建成后,地下三层战时为六级二等人员掩蔽所,平时为车库,局部为建筑设备机房。地下二层为变配电间和车库,地下一层为车库、职工餐饮及职工活动用房。

地上裙房1~3层部分建筑功能主要为公共服务设施,包含接待处、会议接待及服务,设有各类不同规模的会议室;设有大、中、小型各类餐厅,以适应不同群体的餐饮服务;设有多功能厅,为在此工作和学习的教职员工提供休闲活动的场所;按功能分区合理布置了厨房及货物储存等辅助设施。

4~18层将设有:①科研成果孵化中心,包括技术咨询室、科技研讨室、创业洽谈室、技术成果展示室、产权交易室等等。②高层次科研活动中心,包括博士生导师及博士工作室,院士工作室,归国人员科研用房,留学生科研用房,专家休息室,培训人员休息室,国际会议厅等用房,可为校内各专业学术协会、学会、各学院、各系科、国家重点实验室、国家工程中心、各专业研究所、高层次科研人员(院士、博导、博士研究生、博士后流动人员、各开放实验室客座教授等)提供必要的科研交流及国际会议场所。③学生心理咨询中心。

3.3　建设规模

本项目为北京×××大学科技楼,位于北京×××大学校园内西南角教学科研实验区。该区域内规划总用地面积35 340 m^2 总建筑用地面积20 245 m^2,代征绿化用地面积6 255 m^2,代征道路用地面积8 840 m^2。为解决教学、实验用房的紧张状况,消除学校西南角地区的安全隐患,美化校园周边环境,北京×××大学规划在该区域内建设三个项目，即：科技楼、信息科技楼、科技实验楼。由于三个项目总建筑面积102 750 m^2，建设性质和使用功能基本相同，均为教学、实验和综合办公用房。为综合利用并合理有效地使用有限的土地资源，规划方案将此三项工程的地下部分和地上三层部分有机地结合起来，三层以上按照各项目的规模和使用要求分别规划设计，形成独立的楼座。本项目为中部，东南为信息科技楼，西北为科技实验楼。

本项目建筑面积共41 200 m^2，其中地下三层建筑面积8 000 m^2，地上建筑面积33 200 m^2（其中1～3层共8 072 m^2，4～21层共25 128 m^2），建筑高度80 m，容积率3.0，总投资19 223万元。

项目主要经济指标见表1。

第4章　选址和建设条件

4.1　建设地点

4.1.1　建设地址

北京×××大学位于海淀区学院路30号，西临市政学院路，南临市政北四环中路，位于两条路的交界东北角处。

项目建设地点位于北京×××大学院内的西南地块，西临学院路，隔路对面为中国××大学，南临北四环，东侧为现状腐蚀与防护中心楼（管理学院）和学生食堂，北侧为现状办公楼。

4.1.2　目前场地状况

西南角区域内现有需北京×××大学拆除的建筑物15 011 m^2，具体情况如下：

（1）一栋1 531 m^2的计算中心；

（2）一栋由矫直机车间改建成的自动化学院楼1 531 m^2；

（3）轻体平房教室500 m^2；

（4）各种平房实验室2 500 m^2；

（5）建校初期的四层金物楼，建筑面积7 524 m^2；

（6）机器人研究所735 m^2；

（7）后勤集团办公楼以及学校收发室690 m^2。

对北京×××大学西南角建设区域内现有建筑物的拆除，采取统一实施拆除工程，费用合理分摊到各个项目中，具体在投资估算中体现。

4.2　规划条件

北京×××大学由于学生规模的扩大和用地规模的限制，面临着教学、科研用房和学生公寓严重不足的情况，为了适应学校的长远发展需求，需要作相应的用地调整和建筑高度论证。因此，北京×××大学委托北京市城市规划设计研究院编制了《北京×××大学校园总平面规划及建筑高度研究》。

北京市城市规划设计研究院依据学校的发展规模，利用学校现有的土地资源，结合学院路的总体规划调整，在充分征得北京市规划委员会专家的意见基础上，将北京×××大学的控规高度从原来的24 m提高到45 m。为了补偿因北四环路两侧50 m绿化带给学校带来的80亩土地的损失，将西南角教育科研用地建筑控制高度调整为80 m、西北角教育科研用地建筑控制高度调整为60 m，西南角内可以规划设计到12万 m^2左右。该方案于2005年4月12日获得了北京市规划委员会的批复。同时，北京市规划委员会《规划意见书附件（选址）》（××规意选字××号，详见附件），将西南角建筑控制高度最终批复为不高于80 m。

根据《北京×××大学校园总平面规划及建筑高度研究》的功能定位要求，项目用地区域为规划的教学科研实验区，目前已获得北京市规划委员会《中华人民共和国建设用地规划许可证》（××规地字××号，详见附件）。

因此，项目的用地性质和建筑高度均符合各项规划要求。

4.3 工程建设条件

4.3.1 气候条件

项目所在地属暖温带半干旱半湿润季风气候，四季分明，冬季寒冷干燥，夏季炎热潮湿，春季干旱多风，秋季天高气爽。年平均气温12.1℃，最热月七月平均气温25.6℃，最冷月一月平均气温4.2℃。年平均相对湿度61%，月平均最大值出现在八月份，为81%，最小值出现在一月份，为41%。年平均降水量578.9 mm，70%以上集中在六、七、八月，月平均降水量最大月是八月份为190.5 mm，最小月是一月份为0.1 mm，年平均蒸发量最大出现在五月为291.1 mm，最小值出现在十二月为57.0 mm。全年主导风向为北风，年平均风速2.2 m/s。

4.3.2 工程地质和水文条件

由于建设场地现有部分居民楼和服务用房，无法进行地质勘探，现参考距离建设地点较近的、结构形式类似的《北京×××大学学生食堂岩土工程勘探报告》的分析结论（学生食堂地上4层、地下1层，框架结构，建筑面积9 732 m^2），待场地拆迁、清理等准备工作完成后，再进行详细的地质勘探，作为下一步设计的依据。

1. 地形地貌概述

拟建场区地形基本平坦。

2. 地质土层概述

根据对现场钻探、原位测试及室内土工试验成果的综合分析，在本次岩土工程勘察钻探深度（地面以下20.0 m）范围内的地层，按成因类型、沉积年代划分为人工堆积层和一般第四纪沉积层两大类。按地层岩性及其物理力学指标与工程特性，进一步分为4个大层。地层自上而下的分布情况叙述如下：

表层为人工堆积层厚1.1~3.1 m的浅灰色-褐色、中下密、可塑的粉质黏土填土①层，杂色、稍密、湿的房渣土$①_1$层。标高45.8~47.8 m以下为一般第四纪沉积的黄褐色、中密—中上密、饱和的粉细砂②层，浅灰色—褐黄色、中下密、饱和、可塑的黏质粉土$②_1$层，褐黄色、中密、饱和、可塑的砂质粉土$②_2$层；标高41.3~43.0 m以下为灰绿色—褐黄色、中下密、饱和、可塑—硬塑的粉质黏土③层；标高36.5~36.8 m以下为灰绿色—褐黄色、中密、饱和、可塑—硬塑的粉质黏土、黏质粉土④层。本次勘探钻至标高28.9 m仍为此层。

3. 拟建场区地下水情况

本次勘探最大深度20.0 m内揭露一层地下水，地下水类型为上层滞水，静止水位标高为46.8~47.2 m。

历年最高水位标高：1959年地下水最高水位标高为接近地表；近3~5年最高水位标高为48.0 m左右。

根据《岩土工程勘察规范》（GB 50021—2001）有的关规定，地下水对基础钢筋混凝土无腐蚀性。

4.3.3 市政与周边环境条件

项目位于北京×××大学院址内，可利用校园内原有的市政管线，并进行局部改造。

1. 给水

学校供水有市政供水管网供给，校园内给水管为环状管网，便于接入建设地，可以满足本建设项目用水量。本建筑从学校供水管网上引入两根DN 125的进水管，接入本建筑主楼地下3层的消防贮水池和生活水箱。

2. 供暖、热水、制冷

取暖热水热源由北京×××大学现有锅炉房提供，现有为3台20 t和2台7 t燃气锅炉房，可以满足拟建项目的取暖热源需要。热水的供水温度为80℃/55℃；科研教工人员饮用热水由各层电热水器提供。夏季需要制冷的办公室采用中央空调进行制冷。

3. **排水**

建设项目采用污废分流制,污水排入室外化粪池,经化粪池处理后排至校园内污水管网,再统一排入市政污水管。污水最终排入清河污水处理厂。拟建项目污水排放量约为给水量的80%。在大楼地下三层设备间内建有中水处理设施,对排放污水中的洗漱水进行收集,用处理后的中水进行绿化、冲厕等回用。

4. **雨水**

本工程屋面雨水均为内排,接入校园雨水管网后排至城市雨水管。

5. **供电**

外部电源来自城市供电电网,采用两路10 kV电源的供电方式。

6. **消防**

本工程消防用水水源为市政给水管网。设有消火栓系统、自动喷淋系统,局部设气体灭火系统。

4.3.4 交通条件

北京×××大学地处学院路地区,毗邻北四环快速路,至京昌(八达岭)高速公路、机场高速公路的交通便捷,区域内有331路、375路、392路、398路和902路等公共汽车通过,地理位置十分优越。

4.3.5 施工条件

施工场地现状平坦、开阔,施工条件良好。但在校内施工,周围有住宅和教室,施工过程中应加强对建筑和人员的安全防护。

4.4 建设项目环境评价

4.4.1 对周边校园景观、新老建筑的影响评价

本项目位于校园教学科研实验区内,是校园总平面规划的有机组成部分,项目建设充分考虑了与校园原有建筑的统一协调,可以改进、完善项目所在区域的景观环境及文化生活环境。

4.4.2 项目建成后对周边交通影响的评价

北京×××大学周边地区交通发达,十分便利,本项目主要为北京×××大学教学、实验服务,本身交通流量不大。项目建成后,新增交通流量能够顺利的融入周边的交通网络,且不会对周边交通造成压力。

第5章 建设方案

5.1 建设指导思想

(1)项目建设地点——北京×××大学西南角。拟建用地西临市政学院路,南临市政北四环中路,位于这两条主路的交叉口处,地理位置十分重要。因此项目的切入点应在城市设计的层次上,也就是说不仅要从功能、形态去把握建筑的性格特征以及一般层次上的规划协调,还要从更深、更广的层次上去寻找建筑与城市结合的"脉息",抓住建筑在城市区域及整个城市中的有机要素,从而创造出建筑的生命与活力。

(2)北京×××大学作为国家重点大学,规划应具前瞻性,特别是在建筑设计上要满足使用功能的要求,为项目在相当长的一段时期内保持国内先进水平,提供必要的硬件及环境要求。因此本可研建设方案研究的重点是营造先进的科研工作条件、合理的内在功能、高效的工作场所及优美的环境。

(3)通过对国内外类似科研用房设计的调查,可以认为,判断一个项目内在功能的设计是否先进主要体现在三个方面:一是平面布局的合理性;二是柱网(开间)的经济性;三是配套设施的周全性。本项目在设计方案上应体现先进性、科学性和发展性。

(4)应充分体现科研办公用房布局的合理性,既不浪费面积,又使科研人员便于使用,使其具有通用性和一定的灵活性。

(5)注意建筑物内部的功能齐全,既要重视外观设计,更要注重内部的舒适性。

(6)充分重视环境设计,统一规划,做好区域整体绿化。建筑物外观要体现高科技的感觉,具有现代科学院校的气息,并符合学校的总体规划,与周边的市政大环境相呼应。

(7)公用工程的设备用房统一规划设计,合理布局,设备用房均设在地下室。建设投资按其建设规模和功能需求分摊,用电按其设备负荷分摊。

5.2　建设原则和标准

(1)建筑物在造型、选材、立面设计等方面既充分体现时代气息,又与北京×××大学人文环境相融合。

(2)建筑物的构造及功能设计应符合北京×××大学实际的教学、科研、办公要求,在充分利用有限资源的条件下,确保合理、经济的建设规模以及现代、实用的建筑标准。

(3)建筑物充分体现可持续发展的思想,采用世界先进可行的环保技术和建材,最大限度地利用自然通风和自然采光,节省能源和资源,树立环保典范。

(4)严格执行国家有关建筑节能、节水的设计要求,优先使用科技含量高、环保节能和可持续发展的建筑技术与材料。

(5)建筑物应充分考虑各类高层次科研教学人员,包括残疾人和有行动障碍人员的需求,建立适宜的人文环境。

(6)建筑与周围景观相呼应,室外空间设计注重与环境、绿化的结合,绿地功能既烘托主体建筑,塑造优美的景观,同时又要发挥改善局部生态环境的作用。

5.3　项目与周边建筑关系

本项目为北京×××大学新建科技楼。拟建工程在北京×××大学校园内西南角,该区域紧临北四环路和学院路交通要道。为满足校园控规调整、整治学校周边环境、创造符合奥运会比赛环境的要求,根据校园总体规划和北京市有关控规条件,结合学校对各类科研用房的实际需求。

学校拟将3个项目的公用部分有机结合,依据使用功能的要求统一规划、统一布置,按各项目的建设规模和功能需求合理分摊。这种公用部分资源共享,建筑主体独立的建设方式不仅能够有效的利用土地,还可以减少各项目分别建设时所需的建设规模,使有限的建设资金能够发挥更大的效益。各建筑以条块穿插组合的整体设计、装饰手法与形体设计体现了时尚与地方化,既传承了科大的校园传统,又体现了现代科技的先进明快。项目将突出建筑的时代性与地域特征,可作为北京×××大学科研教学楼的标志。

规划方案将在此建设的3个工程项目的地下部分和地上3层的裙房部分有机地结合起来,3层以上按照各项目的规模和使用要求分别规划设计,形成独立的楼座。本项目为中部的B座,东南为信息科技楼,西北为科技实验楼。

5.4　总体规划设计方案

5.4.1　总平面布置

1.西南角总平面布置

平面总体布局要做到设计合理、美观。根据不同建筑的功能要求、学术氛围和各类建筑之间的内在联系要求,力求宏观上合理、大气,微观上美观、别致。用建筑语言表达出不同用途内涵的建筑布局,并体现出北京×××大学教育的特点。

校园西南角,总体规划设计方案由东南侧的信息科技楼(A段)、中部的科技楼(B段)和西北侧的科技实验楼(C段)组成,3栋塔楼的地下部分和地上的3层裙房连为整体,形成一综合体。信息科技楼和科技楼顶部的十九层至二十一层的局部相连接成为一个整体,既利用了空间位置,又使建筑造型新颖、壮观;科技实验楼主体建筑为地上八层。

西南角整体用地按规划意见书要求北退用地线15.5 m,南退北四环中路道路红线50 m为代征绿地,

西退学院路道路红线 30 m 为建筑控制线。用地内围绕各建筑综合体形成环状道路,各种流线可以方便地进入建筑主体,同时也是环状消防通道。地下室顶板上覆土均为 1 m,室外地面以绿化、道路铺装及门前少量硬质铺地为主。

2. 项目总平面布置

如表 2 所示,项目建筑面积共 41 200 m^2,其中地下总建筑面积 8 000 m^2,地上建筑面积 33 200 m^2(其中 1 ~3 层分摊 8 072 m^2,4 ~21 层共 25 128 m^2)。

表 2　总建筑面积汇总表

m^2

楼层		建筑面积
地上	01	2 972
	02	2 400
	03	2 700
	04	1 396
	05	1 396
	06	1 396
	07	1 396
	08	1 396
	09	1 396
	10	1 396
	11 ~21	15 356
	小计	33 200
地下	-01(餐厅、车库)	2 820
	-02(人防)	2 400
	-03(设备间、车库)	2 780
	小计	8 000
合计		41 200

详见附图:项目总平面图和分层平面布置图。(略)

5.4.2　交通流线设计

项目的交通组织结合西南角区域整体交通流线情况统一考虑。该规划用地设置两个对外出入口,供机动车、非机动车及步行人员进入,两个出入口分别位于用地的东南角及西北角,它们分别与北四环中路的辅路及学院路的辅路相接。

规划用地内围绕建筑综合体形成环状道路,各种流线可以方便地进入建筑主体,同时形成环状消防通道。

综合体外围客流主要集中在南侧及西侧,信息科技楼主出入口设在南面,次出入口设在该主体楼座的东侧;科技楼主次出入口及科技实验楼主入口均设在西面,邻近学院路辅路。

综合体的服务流线均集中在建筑物的背面,即东侧及北侧面向校园,尽量减少对主流线的干扰,并分别设置了职工出入口及后勤出入口。

综合体的进出货物及垃圾转运全部由汽车库出入口进出,与人流线在竖向空间上分离,最大限度地减少了人流与物流的交叉干扰。卸货区及垃圾装运区分别设在地下 1 层及地下 2 层。

5.4.3　主要规划面积指标

项目主要规划指标如表 3 所示。

表3　科技楼用房规划面积指标一览表

序号	项目名称	总体规划面积指标(m^2)	方案规划面积指标(m^2)	占总建筑面积的比例(%)	备　注
1	总建筑面积	102 750	41 200	0.40	建筑面积含地下停车场3 000 m^2
1.1	科研用房	49 818	20 940	0.42	4～18层
1.2	科研辅助用房	11 970	6 410	0.54	19～21;裙房部分的会议用房
1.4	后勤生活服务用房	14 632	5 620	0.38	裙房及地下部分的餐饮等服务设施
1.5	公用设施	12 170	5 230	0.43	含设备用房
1.6	地下车库	14 160	3 000	0.21	75个停车位。

5.5　规划设计方案

北京×××大学校园西北角由科技楼、实验楼两个工程组成,平面较不规则,竖向在地上3层由大底盘变化为3个独立塔。

本工程建筑主体为地上4～21层,地上1～3层的裙房和地下三层的地下室工程与信息科技楼和科技实验楼裙房及地下室连为一体。

5.5.1　建筑结构工程

(1)根据地质勘察报告,抗震设防烈度为8度,抗震措施应符合8度抗震设防烈度的要求。主体结构均采用钢筋混凝土框架结构体系,框架抗震等级为三级。结构安全等级为二级。

(2)本项目"单元化"设计实施"四统一"可节省投资,又可加快建设进度,即统一柱网、统一层高、统一技术设施(特殊要求除外),统一标准楼面荷载。

(3)地上建筑外围护结构为框架剪力墙结构,内墙陶粒空心板,外墙采用250 mm厚陶粒空心砌块。外墙采用50 mm厚聚苯板保温。

(4)倒置式屋面,采用100 mm厚水泥聚苯板保温,裙房屋面为上人屋面,设计为屋顶花园,面层为面砖。主楼屋面为非上人屋面,面层为细石混凝土面层。裙房及高层屋面均设置轨道式擦窗机。

(5)屋面防水采用高分子(2 mm厚)聚氯乙烯橡塑共混材料;地下室外墙及底板和接触土壤的顶板均采用防水混凝土;直接室外的楼梯、汽车坡道首层设计截流沟、入口反坡等排水设施;卫生间、淋浴间、清洁间、热水间、厨房及有防水需要的设备用房地面防水,采用聚氨酯防水涂膜。

(6)根据地质报告,本工程采用筏板基础,地基进行局部处理,调整由于竖向荷载差异引起的沉降差,并控制建筑总沉降量和沉降差在规范要求范围内。

(7)无障碍设计体现在建筑入口、台阶及门等处,并有专门提示标志,引导残疾人。在出入口,停车位、卫生间、电梯考虑方便肢体残疾人的无障碍设计。

5.5.2　装修标准

鉴于建设项目所处的重要地理位置及整体环境的需要,地上建筑外围护结构1～3层连体的裙房的外墙采用石材装饰,4～21层建筑主体的楼座外墙为幕墙体系,采用半隐框玻璃幕墙、背栓式石材幕墙。

内装修:大厅、门厅等采用磨光花岗岩,科研用房采用防滑地砖。一般室内空间采用普通乳胶漆,特殊空间采用吸音及环保墙面。顶棚为矿棉吸音吊顶。整体装修采用中上等标准。

5.5.3　给水排水

1.给水水源

本工程的供水水源为市政水源。从学院路的市政给水管道引入DN200的给水管后,在红线内连成环网。室外给水管道为生活和消防共用管道系统。

2. 给水系统

本工程给水竖向分为3个区。

低区:地下3层至地上2层,利用市政给水压力直接供水。

中区:地上3层至12层,由恒压变频供水设备供水(恒压值0.85 MPa,设计秒流量13.28 L/s)。

高区:地上13层至21层,由恒压变频供水设备供水(恒压值1.2 MPa,设计秒流量12.49 L/s)。

3. 中水系统

中水系统原水为本建筑内盥洗废水,部分空调冷凝水一并纳入中水处理站作为中水处理站的补充原水。中水用于本建筑冲厕、车库地面冲洗及绿化。

4. 热水系统

生活热水热源由学校锅炉房提供。

集中热水系统采用立管全日制机械循环,循环系统保持配水管网内温度在50 ℃左右。

5. 污废水系统

本工程污废水合流排放,排入室外化粪池,经化粪池处理后排至校园内污水管网,再统一排入市政污水管。生活排水量为给水量的90%。

室内污废水为分流制排水系统。盥洗废水、淋浴废水和空调冷凝水排入中水处理站,经处理后回用。室外为雨、污分流排水系统,卫生间污水经室外化粪池处理后排入市政污水管道;厨房废水经室外隔油池处理后排入市政污水管道。

6. 雨水系统

本工程屋面雨水内排,接入校园雨水管网后排至城市雨水管。地下各层的废水均由潜污排水泵提升排入校内雨水管网。

7. 消防水系统

消火栓系统:消火栓系统由地下3层的消防泵房内的消防水泵供给,室外设有3套地下式水泵接合器供消防泵向系统补水用。

自动喷水系统:自动喷水系统由地下三层的消防泵房内的喷淋泵供给,每层均设有信号蝶阀和水流指示器,设置三套地下式水泵接合器供消防车向系统补水用。

气体灭火系统及灭火器设置:计算机机房等均设气体灭火系统。每个消火栓处和消防值班室均设手提式干粉灭火器。

5.5.4　通风空调

1. 设计依据

(1)《采暖通风与空气调节设计规范》(GB 50019—2003);

(2)《高层民用建筑设计防火规范》(GB 50045—95);

(3)《人民防空工程设计防火规范》(GB 50098—98);

(4)《人民防空地下室设计规范》(GB 50038—2005);

(5)《汽车库、修车库、停车场设计防火规范》(GB 50067—97);

(6)《汽车库建筑设计规范》(JGJ 100—98);

(7)《民用建筑节能设计标准北京地区实施细则》(DBJ 01—602—97);

(8)《公共建筑节能设计标准》(DBJ 01—621—2005)。

2. 空调采暖冷热源

空调方案的冷源来自地下3层的制冷机房,热源由校园内锅炉房提供。

空调冷、热水为一次泵变水量系统(设置变频调速装置)、冬夏分设循环泵。

3. 通风排烟系统

本工程的新风由新风空调机送入,维持房间正压并压入走廊排出,每层的新风机房设集中排风机,排风经热量回收后排入室外。

公共厨房按 40 ~ 60 次/h 设全面送排风系统(冬季的补风设加热)及排油烟系统,油烟经处理达标后排放。油烟净化装置设于 3 层裙房屋顶。

地下泵房、制冷机房按 4 ~ 6 次/h 设机械通风。

地下车库人防部分按防护单元设平战结合的机械送排风系统。非人防部分按防火分区设置机械通风,平时通风与着火时机械排烟分设系统。平时排风按 6 次/h 计,送风按 5 次/h 计。

变配电设独立的机械排风系统,排风按 8 次/h 计。

地下室无窗房间及地下车库排烟时另设补风系统,火灾时补风机与排烟风机连锁启停。

各楼卫生间、各楼的新风、排风系统等竖向设置的新风、排风系统的水平支管上均设置防火阀。

本楼设机械排烟系统,其主要位置为地下车库、裙房无自然排烟且长度超过 20 m 的内走廊、裙房有自然排烟但长度超过 60 m 的内走廊、办公楼内走廊、科技楼内走廊、裙房面积大于 100 m^2 的且无外窗的房间、地下面积大于 50 m^2 的且无外窗的房间。

5.5.5 电气工程(强电)

1. 设计依据

(1)《高层民用建筑设计防火规范》(GB 50045—95)(2005 年版)。

(2)《汽车库、修车库、停车场设计防火规范》(GB 50067—97)。

(3)《民用建筑电气设计规范》(JGJ/T 16—92)。

(4)《建筑物防雷设计规范》(GB 50057—94)(2000 年版)。

(5)《建筑物电子信息系统防雷技术规范》(GB 50343—2004)。

(6)《供配电系统设计规范》(GB 50052—95);

(7)《低压配电设计规范》(GB 50054—95);

(8)《通用用电设备配电设计规范》(GB 50055—93);

(9)《建筑照明设计标准》(GB 50034—2004);

(10)《消防安全疏散标志设置标准》(DBJ 01—611—2002);

(11)其他有关国家及地方的现行规范、规程。

2. 设计原则及标准

本工程为一类高层建筑,消防控制室、消防水泵、消防电梯、防排烟设施、火灾自动报警及消防联动、应急照明、疏散指示标志和电动的防火门、卷帘等消防用电及生活水泵、排污泵、弱电机房、多功能厅等按一级负荷供电;客梯、自动扶梯、中心冷库等按二级负荷供电;其余用电均按三级负荷供电。

配电设备尽量设置在负荷中心,缩短了配电线路,以节省材料,减少电能损耗。设计采用高效节能灯具,以节省电能。

3. 设计内容

本工程的电气设计内容包括:10 kV 变配电;电力配电系统;照明配电系统;防雷及接地;人防工程。

本工程 10 kV 变电所设在地下二层,附设高压分界小室。变电所和高压分界小室下方设电缆夹层,夹层高为 2.0 m。

10 kV 变配电所,供电电源为两路独立 10 kV 电源,两路高压电源同时工作,互为备用,每路电源均能够承担本工程的全部负荷。本工程动力照明系统设 4 台变压器,容量为 4 ×2 000 kVA,按用量分摊。

低压配电系统电源均由本工程 10 kV 变配电所引入,配电电压为 380/220 V。接地形式采用 TN – S 系统,工作零线(N 线)和保护地线(PE 线)自 10 kV 变配电所低压开关柜开始分开,不再相连。

本工程为科技楼,预计雷击次数大于 0.6 次/a,属第二类防雷建筑物。为防止直击雷,本工程采用避雷针、带结合的保护方式,

为了提高供电系统的功率因数,减少无功电能损耗,设计采用低损耗节能型电力变压器,在变电所的

低压母线上装设电容器无功自动补偿装置，使供电系统的功率因数达到0.90以上。

5.5.6 **弱电工程**

项目弱电系统设计内容包括以下部分：电气消防系统、楼宇自动控制系统（BAS）、综合布线系统、有线电视及卫星电视系统、广播系统；安全防范系统等。

1. 楼宇自动控制系统（BAS）

项目的楼宇自动控制（BAS）系统，对空调制冷、供暖通风系统，给水、排水系统，公共区域照明、电梯系统和设备进行监视及节能控制，并在消防控制室内的火灾自动报警系统、公共安全防范系统和车库管理系统中央电脑之间预留通信接口。

2. 有线电视及卫星电视系统

有线电视信号电缆由城市有线电视网引入至科技楼地下一层有线电视机房，设置有线电视系统的前端设备。由该设备间采用电缆沿电缆桥架引至信息科技楼和科技实验楼电竖井内的电视元件箱。

系统采用分支—分配系统，采用分配器向各用户电视插座配线，系统各类元器件均应具有双向传输功能。

3. 广播系统

广播系统的主机设置在一层消防控制中心。

电视监控系统主机设置在一层安防控制室内（与消防控制室合用）。系统平时为背景音乐（一般性业务）广播，发生火灾时，系统应强转入火灾应急广播状态。

各层的走道及公共部位均设置耐火型3 W扬声器，汽车库、地下层、屋顶层等处设置号筒式3 W耐火型扬声器。可自动或手动打开相关火灾应急广播，同时切断背景音乐广播。火灾应急广播切换在消防控制室内完成。

4. 综合布线系统

综合布线系统是将语音信号、数字信号、图像信号的配线，经过统一的规范设计，采用相同的传输介质、适配器、信息插座等，把性质不同的信号综合到一套标准的布线系统中，可同时实现语音、数字、图像的通信传输和灵活互换（通过机房内配线架跳线），方便更改上述设备的位置和功能。此系统为开放式网络平台，方便用户在需要时，形成各自独立的子系统。

拟在地下一层电信间设置电话交接间，内设电话程控交换系统。在地下一层电信间内设置电话前端，各层弱电间作为电话交接间。配线采用综合布线系统。

外线电缆及中继电缆外线均由市政电信管网引入。引入建筑物的电信外线须采用过压、过流保护措施；其供电电源应加装避雷保护器，以防止雷电波的侵入。

5. 安全防范系统

本工程安全防范系统，包括闭路电视监控系统、入侵报警和汽车库管理系统等，各子系统的功能配置相互联系、相互协调、相互补充，构成为有机的整体。

为管理方便，安全防范系统设置在科技楼安防控制室内、信息科技楼和科技实验楼一层的消防分控室内。安防控制室与消防控制室合用。

1）闭路电视监控系统

电视监控系统主机设置在一层安防控制室内（与消防控制室合用）。

在各主要出入口、前厅等公共区域、重要机房、地下层车库处设置带云台的黑白摄像机；各层电梯厅、电梯轿箱内、各层走道设置固定式黑白摄像机。系统应能与安防系统的中央监控室联网，实现中央监控室对本系统的集中管理与集中监控。

2）入侵报警系统

入侵报警系统主机设置在一层安防控制室内（与消防控制合用）。

在各主要入口设置吸顶红外感应报警探测器；各层电梯厅、走道设置红外探测器。应能按时间、区

域、部位任意编程设防或撤防，且系统应自成网络、独立运行，可与入侵报警系统、门禁系统联动。

3）汽车库管理系统

在地下车库设置汽车库管理系统，由入库管理和出库管理两部分组成。入库管理由验卡机、出票机和闸门机组成，出库管理由验卡机、管理员工作室和闸门机组成，对进出的内部车辆采用车辆影像对比鉴别方式。外部车辆采用临时出票机方式，停车库的管理采用集中管理、分散控制的方式，管理主机分别设置在一层安防控制室内（与消防控制室合用），控制器设在车库值班室及现场。

第6章 环境保护

北京×××大学于2006年3月委托中国地质大学（北京）承担项目环境影响报告表的编制工作，并于2006年4月17日获得了北京市环境保护局的批复（详见附件：《北京市环境保护局关于北京×××大学西南角科技楼等建设项目环境影响报告表的批复》）。

6.1 环境保护依据

6.1.1 编制依据

《建设项目环境保护管理条例》国务院（98）第253号令《建设项目环境保护设计规定》。

6.1.2 编制标准

(1)《中华人民共和国环境保护法》 (1989)；

(2)《北京市水污染物排放标准》(试行) (1985)；

《城市区域环境噪声标准》 (GB 3096—1993)；

《大气污染物综合排放标准》 (GB 16297—1996)；

《中华人民共和国固体废弃物污染环境防治法》(1995)。

6.1.3 项目概况

项目是规划中的北京×××大学教学科研实验用地中的一部分。该用地内现有北京市京北物资贸易集团公司城府饭店经营的城府饭店、歌厅、五道口服装批发市场、部分违规临时房屋及部分学校平房实验室、后勤服务用房及废弃的自动化楼、平房办公室等建筑。由于五道口服装市场地处北四环与学院路交叉口东北角，进出人流及临时停车大大影响了交通疏导，项目建成后这些影响将不复存在。拟建项目现状占地内涉及的污染问题为污水、生活垃圾问题。

6.2 污染源分析

6.2.1 大气污染源

1. 汽车尾气污染源

汽车尾气的主要污染物是CO、NO_x和THC（碳氢化合物），污染物浓度与汽车行驶条件有很大关系。项目进出车辆主要为校内工作或外来办公人员用小轿车。汽车在地下车库中的污染物排放量主要取决于停车位和车辆出行频率。

2. 锅炉废气污染源

拟建项目利用现有锅炉可满足其取暖要求。锅炉按年运转120天，每天运转12 h考虑。

6.2.2 水污染

施工期产生的废水包括建筑过程混凝土浇筑、物料冲洗散流污水及施工人员生活用水。只要加强施工管理，散流水产生量会很小，且基本全部蒸发，对环境影响甚微。运营期主要污染源为污水。

6.2.3 固体废弃物

拟建项目使用后，产生的固体废弃物主要为日常生活垃圾。垃圾主要成分是废纸、垃圾袋、清扫垃圾、废包装物等。

垃圾将采用袋装垃圾管理方式，由垃圾站统一存放，并定时由封闭式垃圾车转至垃圾处理场。

6.2.4 噪声

建设项目噪声污染源主要是地下车库的通风系统。地下车库的通风系统中主要噪声源为机械进风和排风系统中使用的通风机。该风机位于地下一层。

设备间位于地下三层,中水间内的水处理设备、供水泵房内水泵进行基础减震,加装减震器,水泵房使用隔声门,经过隔声后则地上噪声不超过50 dB(A)。

楼顶的冷却塔在运行过程中会产生噪声,其值约为65~80 dB(A)。

6.3 施工期间的环境影响分析

6.3.1 施工废水

施工期可利用部分现有建筑的排水系统,施工期产生的生活污水由排水系统进入市政管线,最后入清河污水处理厂处理,对环境的影响很小。

施工工地外排的各类清洁废水、机械设备清洗水等由废水水池回收,经过沉淀澄清后回用于地面的洒水除尘等,不外排,对水环境影响很小。

6.3.2 施工扬尘

由于土石方过程破坏了地表结构,会造成地面扬尘污染环境,因此在施工时,施工场地应每天定期洒水,防止浮尘产生;施工场地内运输通道应及时清扫、冲洗,以减少汽车行驶扬尘;运输车辆进入施工场地应低速或限速行驶,减少产尘量;施工渣土外运车辆应覆盖,严禁沿路遗洒;避免起尘原材料的露天堆放;所有来往施工场地的多尘物料均应用帆布覆盖,尽量降低扬尘污染。

6.3.3 施工噪声

由于项目建设地点为校园,距离东侧腐蚀与防护中心教学楼约20 m,距北侧办公楼约30 m,若白天上课、办公时间施工,噪音问题极为突出,必须采取有效措施降噪。为此,施工期应加强管理以防止超标,建设单位和施工单位应采取以下措施。

(1)施工期间严格执行北京市人民政府2001年5月1日发布的《北京市建设工程施工现场管理办法》(北京市人民政府令第72号)中的规定;

(2)合理安排施工时间,应尽可能避免大量高噪声设备同时施工。除此之外,使用高噪声设备的施工阶段应适当选择在夜间不上课、不办公且不影响休息的时间施工;

(3)施工设备选型时尽量采用低噪声设备,如振捣器采用高频振捣器等;

(4)对位置相对固定的机械设备,能设在隔声棚内操作的必须进入隔声棚,隔声棚的墙高度应超过设备1.5 m以上,墙宽度要尽量使噪声敏感点阻隔在噪声发射角以外,顶部可用双层石棉瓦加盖;对不能入棚的机械设备,可适当建立单面声屏障,声屏障可选用砖石料、混凝土、木材、金属、轻型多孔吸声复合材料建造。采用木材、多孔吸声材料时,应作防火、防腐处理;

(5)对动力机械设备定期进行维修和养护,避免因松动部件振动或消声器损坏而加大设备工作时的声级;

(6)模板、支架拆卸过程中,遵守作业规定,减少碰撞噪音;尽量少用哨子、喇叭、笛等指挥作业,减少人为噪声;

(7)尽量减少运输车辆夜间的运输量,运输车辆在进入施工区附近区域后,要适当降低车速,避免或杜绝鸣笛。

6.3.4 固体废弃物影响分析

施工期内产生的生活垃圾若处理不到位,乱堆乱放、随意丢弃,不仅影响观瞻,而且在大风天气还会产生扬尘。在夏季,易腐烂的厨房剩饭菜会腐烂散发异味,孳生蚊蝇,成为病原菌发源地,对周围环境产生不利影响。对于生活垃圾要严禁随意抛弃,设立密闭垃圾桶,做到统一收集,委托环卫部门统一清运到定点垃圾填埋场进行处理。

对于遗散建筑材料,建设单位应派人进行分拣,把有用的钢筋、木料等进行回收再利用,其余部分集中收集后委托环卫部门统一接收、处理。只要采取切实可行的措施，本工程施工期产生的固体废弃物不会给环境带来明显的影响。

6.4 营运期间的环境影响分析

营运期的主要环境问题是大气、生活污水、生活垃圾及冷却塔的噪声。

6.4.1 大气环境影响

拟建项目地下车库汽车尾气通过2.5 m高的排气筒排放，车库每小时换风约237 000 m^3。

由于地下车库停放车辆数不多，污染物排放量较小，且采用排风扇强制通风，因此拟建项目地下车库对环境空气影响很小。

拟建项目不新建锅炉房，而是利用项目现有的燃气锅炉进行取暖。现有锅炉为3台20 t和2台7 t的燃气锅炉房，可以满足拟建项目的取暖热源需要。根据现有锅炉燃气废气浓度统计与新增部分燃气产生的废气浓度计算，锅炉房废气中烟尘浓度为8.08 mg/m^3；SO_2浓度为0.95 mg/m^3；NO_x浓度为126.97 mg/m^3。从数据来看，各项污染物指标均低于北京市《锅炉污染物综合排放标准》中有关标准值，即烟尘≤10 mg/Nm^3、SO_2≤20 mg/Nm^3、NO_2≤200 mg/Nm^3。锅炉废气达标排放对周围环境影响不大。

6.4.2 水环境影响

项目中水处理站的出水水质能够满足《城市污水再生利用　城市杂用水水质》(GB/T 18920—2002)标准要求，中水出水用于拟建项目冲厕用水及绿化补水、道路洒水、中水站自用。所以，经中水站处理后的污水对水环境影响很小。

项目产污主要为厨房废水经室外隔油池处理后排入市政污水管道。工作日常洗漱、冲厕污水，污水污染物种类单一，污染因子较少，经过进入化粪池经沉淀后符合北京市《水污染物排放标准》(DB11/307—2005)中排入城镇污水处理厂的水污染物排放限值标准，污水最终入清河污水处理厂，对水环境影响较小。

6.4.3 固体废弃物

本项目建成后主要是生活垃圾，采用袋装收集，由专门管理部门专设清洁人员利用封闭垃圾筒运出，定期由环卫部门清运到垃圾处理站。日产日清，不会对周边环境产生影响。

6.4.4 噪声污染源

由于进入校园的车辆严格要求其低速慢行，禁止鸣笛，车辆噪声将很小。拟建项目的噪声源主要为地下车库的排风系统。排风系统在采取了机房吸声、安置通风消声器等降噪消音措施以后出风口噪声经楼房屏障遮挡后，噪声在55～60 dB(A)左右，经过距离衰减后，到达拟建项目周围最近楼房噪声可降至40 dB(A)以下，对周围的声环境影响很小。

科技楼楼顶冷却塔距厂界最近距离约40 m，冷却塔声源取65 dB(A)，噪声影响预测结果如表4所示：

表4　冷却塔噪声影响预测结果

冷却塔位置	距厂界距离(m)	声源(dB(A))	厂界处噪声值(dB(A))
科技楼楼顶	40	65	48.0

科技楼楼顶的冷却塔噪声经距离衰减后符合厂界噪声标准，夜间拟建项目停用不会产生噪声，所以拟建项目的楼顶冷却塔对外界声环境影响不大。但考虑到冷却塔对所在楼顶层办公室的影响，需对楼顶的冷却塔进行噪声治理，采购新式低噪环保冷却塔，并采取安装减震垫、设隔声罩等措施，使隔声量不小于20 dB(A)，以避免对顶层办公环境造成影响。

6.5 结论和建议

(1)拟建项目地下车库停放车辆数不多，污染物排放量较小，且采用排风扇强制通风，车库污染物由

2.5 m高排气筒排放速率符合《大气污染物综合排放标准》(GB 16297—1996)“新污染源大气污染物排放限值中二级标准”中外推标准再严格50%,即NO_x为0.006 8 kg/h,HC为0.088 9 kg/h标准。因此,拟建项目地下汽车车库对环境空气影响很小。

(2)根据现有锅炉燃气废气浓度统计与新增部分燃气产生的废气浓度计算,利用现有锅炉燃气产生各项污染物指标均低于北京市《锅炉污染物综合排放标准》中有关标准值,锅炉废气达标排放对周围环境影响不大。

(3)拟建项目产生的污水污染物种类单一,污染因子较少,经过进入化粪池经沉淀后符合北京市《水污染物排放标准》(DB11/307—2005)中排入城镇污水处理厂的水污染物排放限值标准,污水最终入清河污水处理厂,对水环境影响较小。

(4)拟建项目的噪声源主要为地下车库的排风系统。排风系统在采取了机房吸声、安置通风消声器等降噪消音措施以后出风口噪声经楼房屏障遮挡后,噪声在55~60 dB(A)左右,经过距离衰减后,到达拟建项目周围最近楼房噪声可降于40 dB(A)以下。设备间位于地下三层,供水泵房内水泵进行基础减震,加装减震器,水泵房使用隔声门,经过隔声后则地上噪声不超过50 dB(A)。冷却塔采用新式低噪环保冷却塔,并安装减震垫、设隔声罩,对周围的声环境影响很小。

(5)拟建项目产生的主要固体废物是办公垃圾、物业清洁垃圾、废品包装等生活垃圾。整个大楼将对每日产生的垃圾设专人统一收集,并做到日产日清,不在建筑物内部或附近长时间堆存,消除日常垃圾对周围环境和土壤以及地下水的污染。固体废弃物用密闭垃圾筒分类收集后委托海淀区环卫部门定期清运至指定垃圾消纳场处理。粪便入化粪池,定期委托环卫部门清运。

(6)拟建项目西侧临学院路,南临北四环,根据监测表明项目西、南侧噪声值相对东、北侧非临路侧明显偏高,说明西、南侧受到一定的道路交通噪声影响,将影响拟建楼内所需要的安静的科研、工作学校环境。为此,应在西、南侧临路侧安装隔声等级为Ⅴ级的隔声窗,隔声效果在25~30 dB(A),使临路楼房室内噪声低于40 dB(A),使拟建项目室内声环境达标,保证其楼内安静、良好的工作、学习环境。

综上所述,本项目的建设符合北京市城市总体发展规划,符合学院的长远发展规划,建设项目在坚持“三同时”原则、落实污染防治措施后,从环境保护角度讲是可行的。

第7章　节能、消防和安全

7.1　节能措施

(1)选用节能性建筑设备与产品,建筑围护结构导热系数达到国家规定的建筑节能设计标准。如门窗、室内供热系统控制与计量设备及散热器、空调、燃气燃烧器具、照明电器及控制系统等。

(2)给排水系统应用节电高效产品和节水卫生洁具,洗浴废水经集中处理后用于冲厕及绿化浇洒,以节约用水。

(3)所有卫生洁具均采用节水型产品。坐便器采用大、小水流式冲洗阀。蹲便器采用脚踏液压式冲洗阀。洗面盆用水嘴、小便器采用感应式水嘴、冲洗阀。

(4)采用变频水泵,按照系统的运行状况调节水泵的工作点,以达到节能的目的。

(5)采用节能型空调系统,选择COP值较高的制冷机,减少能耗;新风及直流式空调均设排风热量回收。

(6)采用DDC控制,多工况自动转换,实现最优化运行,节省能量。

(7)严格分项计量,将能耗计入产品成本,实行产品单耗考核,降低综合能耗。

7.2　消防

消防贯彻“以防为主,消防结合”的原则,工程方案严格遵照《建筑设计防火规范》的规定,以保证生产人员生命和国家财产的安全。

7.2.1　**设计依据**

(1)《高层民用建筑设计防火规范》(GB 50045—95(2005 年版))。

(2)《汽车库,修车库,停车场设计防火规范》(GB 50067—97)。

(3)《建筑物电子信息系统防雷技术规范》(GB 50343—2004)。

(4)《火灾自动报警系统规范》(GB 50116—98)。

7.2.2　**消防安全设施与管理**

(1)施工过程中要严格按照施工规程进行操作,消除可能产生的火灾隐患,包括违章操作、电器设备使用不当等。

(2)在不同区域内合理设置消防栓、自动灭火喷洒系统、水幕灭火、气体灭火、防火卷帘、防火门、防烟垂壁控制以及排烟、照明系统等,并配以火灾报警系统、消防联动系统,以保证人员和各类设施的安全。

(3)加强管理,增强消防意识,杜绝违章操作;加强电器设备的检查养护和易燃材料的保管、监控等项工作,尽可能消除一切可能的火灾隐患。

7.2.3　**平面布置**

建筑物之间防火间距均满足《建筑设计防火规范》和《高层民用建筑设计防火规范》;建筑物周围设有运输道路同时兼作消防通道,道路宽度不小于 4 m。跨越道路的架空管道净高不低于 4.5 m 便于消防车通行 ;大楼周围设置 2 个出入口,保证在意外情况下或紧急情况下人员能安全疏散和车辆通畅行驶。

7.2.4　**消防用电**

消防用电由消防用电设备的末端设双路互投装置,由变电所单独双路电源供电,可保证消防用电。人流疏散通道及建筑物出入口,设置应急疏散指示及应急照明灯具;设置防雷保护接地措施;楼内装有火灾自动报警系统,可时刻监视火灾发生;设有火警广播、火警值班电话及各种联锁控制系统,昼夜 24 小时值班。报警电源采用 UPS 电源。

7.2.5　**其他**

大楼采用钢筋混凝土框架结构,隔墙及吊顶材料采用非燃烧体,满足建筑耐火等级的要求。各建筑物均考虑足够的安全疏散距离,并设有安全疏散口。

大楼内各类房间、公共区域等均设置相应的火灾探测器。设置消防中央控制中心。主通道、楼梯口、出入口、消火栓等处设手动火灾报警按钮、警铃、紧急电话插孔。

楼内各场所应尽量采用自然排烟方式。当不能采取自然排烟时应按现行消防规范的要求设置排烟系统和排烟补风系统。

7.3　**劳动安全卫生措施**

(1)紧急疏散的措施。按规范要求,楼内设有足够的人员疏散口,并设有必要的事故照明、疏散照明等。

(2)安全用电技术措施。所有用电设备、配变电设备均设有安全接地,配电系统设有短路保护、过电流保护,保证用电安全。

(3)降低噪声的措施。风机、空调机与风管用软性接头连接,使室内噪声符合国家规范要求。

(4)新鲜空气补给措施。对空调区,送风系统设有足够的新风量,空调房间室内每人补充新风量≥30 m^3/h。本项目设有必要的空调或降温装置,保障工作人员有良好的劳动条件和卫生条件。

(5)消除静电措施。实验室内必要的地方设有防静电措施。有效地消除静电的危害,保证人员安全和产品的质量。

(6)防雷击措施。业务楼设置防雷保护措施;变电器高低压侧各相上装设避雷器。

第 8 章　项目建设管理和组织机构

8.1　**项目建设管理方式**

为确保工程进度和项目建设的顺利进行,建议对该项目采取以下的建设管理方式:

(1)由北京×××大学成立专门的项目管理小组,接受教育部等主管部门的监督和指导,对工程的重要环节进行严格把关;

(2)采取国际通用的招投标方式,择优选取项目的设计、监理、施工单位,设备及重要材料的承担和供应单位。

8.2 项目管理机构

按照北京×××大学的管理模式和后勤社会化改革成果,项目建成后由北京×××大学后勤服务集团进行物业管理。

项目建成后,北京×××大学后勤服务集团在现有人员配置的基础上适当增加部分管理和技术人员,可保障项目的正常运营和管理。

北京×××大学后勤服务集团管理结构图如下:

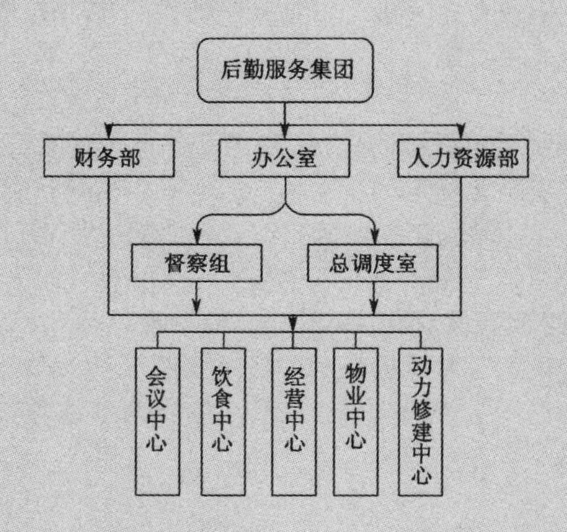

第9章 项目招投标方式和管理

为确保工程质量和进度,应对项目实施招投标管理。根据国家计委9号令《工程建设项目可行性研究报告增加招标内容和核准招标事项暂行规定》、《北京市招标投标条例》和《北京市工程建设项目可行性研究报告增加招标内容和核准招标事项实施办法》等有关文件规定,将对本项目的设计、建筑工程、安装工程、监理等采用全部委托、公开招标的方式,重要材料和设备采购将采用部分招标的方式。具体招标管理方案如下。

9.1 设计方案和设计单位的招标

该项工作已经按规定完成。

9.2 监理招标

建设单位可委托招标代理机构选择5~7家具有甲级资质的监理单位进行投标,最终择优选取。监理招标工作应在工程开工之前完成。

9.3 施工招标

项目施工单位的确定对项目的顺利建设至关重要,建设单位应采用招投标方式,对施工单位的资质、近年的业绩、参与项目的管理人员和工程负责人员的业务素质、施工方案等情况进行综合考估比选,最终选择一家信誉高、综合实力强的单位。

9.4 重要材料和设备采购招标

项目的设备由建筑设备和体育设施等组成,建设单位负责采购大型建筑设备,施工单位可负责采购小型设备。重要材料和金额较大的材料也应实施招标。

项目招标的范围及形式详见表5招标基本情况表。

表5　固定资产投资建设项目招标基本情况表

建设单位主管部门:国家教育部

建设单位名称:北京×××大学

	招标范围	招标细项名称	招标组织形式	招标方式	招标估算金额	不采用招标形式	备注
设计	全部	1.	委托	公开			
		2.					
		3.					
建筑工程	全部	1.	委托	公开			
		2.					
		3.					
安装工程	全部	1.	委托	公开			
		2.					
		3.					
监理	全部	1.	委托	公开			
		2.					
		3.					
设备	部分		1.	委托	公开		
		2.					
		3.					
重要材料	全部	1.	委托	公开			
		2.					
		3.					
其他	无	1.					
		2.					
		3.					
情况说明: 建设单位盖章 年　月　日							

注:1. 招标范围分为全部招标和部分招标;

2. 招标组织形式分为自行招标和委托招标;

3. 招标方式分为公开招标和邀请招标;

4. 招标估算金额应与可行性研究报告相统一;

5. 不采用招标方式的必须在备注中说明理由;

6. 未进行全部招标的,应在情况说明中列明未进行招标的具体细项和理由说明。其他表中未尽事项,也可在情况说明中进行阐述。

第10章　项目实施进度计划

北京×××大学科技楼项目建设周期为2006年4月至2008年5月,具体实施进度如下。

10.1　立项及前期准备

2006年4月—2006年6月　　完成可行性研究报告的编制及报批工作。

10.2　设计和开工前准备阶段

2006年7月—2006年8月　　完成初步设计工作。

2006年8月—2006年10月	完成施工图设计工作和建设场地的三通一平工作。
2006年10月—2006年12月	开展施工监理单位的招标工作，办理开工前各项准备工作。

10.3 **工程建设阶段**

2007年1月	工程开工。
2007年4月	完成±0以下结构工程。
2007年4月—2007年10月	主体工程完工。
2007年10月—2008年3月	装饰装修及设备安装完工； 室外、市政配套工程完工。
2008年3月—2008年5月	完成试运行及竣工备案。

10.4 **员工培训**

提前半年进行工作人员上岗培训工作。

第11章 投资估算和资金筹措

本项目为北京×××大学科技楼工程。本建筑由连体建筑共用的地下部分、裙房部分和主体楼座及分摊的室外工程组成。费用含工程费用、工程建设其他费用及预备费。项目建筑建设规模41 200 m^2，总投资为19 223万元。

11.1 **编制范围**

(1)本估算的主体建筑含土建工程、给排水工程、配电照明工程、采暖通风空调工程、消防工程、弱电工程、电梯工程及变配电工程。

(2)室外工程包括拆除工程，室外水、暖、电管网敷设，园区道路、广场、绿化及小品等工程。

(3)本估算其他费用包括建设单位管理费、城市基础设施配套费、前期工作费、工程勘察费、设计费、招投标代理费、施工图审查费、预备费等费用。

(4)建设项目资金按总投资估算的70%向银行贷款，约13 500万元，年利率暂按6.12%计算，其余部分为企业自有资金。

11.2 **编制依据**

本投资估算采用类似工程指标法进行估算，估算根据本报告中所提到的各项技术参数、数据，结合北京市近期类似工程造价水平估算，主要参考资料如下。

(1)《北京市建设工程预算定额》(2004年)；

(2)《北京市建设工程费用定额》；

(3)北京市同类建筑工程技术经济指标；

(4)北京地区近期的材料及设备价格信息

(5)北京市其他相关规定及标准；

(6)国家及北京市其他有关文件、材料及设备价格信息。

11.3 **编制方法**

(1)建设用地内的拆迁量由业主提供，采取拆除工程统一实施，费用按项目合理分摊的方式，具体体现在各项目的投资中。

(2)本估算根据北京市近期工程造价水平，采用类似工程指标法进行估算。

(3)主要建筑材料及设备均按国产和合资品牌考虑。

(4)城市基础设施配套费按北京市相关规定，按建筑面积100元/m^2计列。

(5)前期工作费按国家发展计划委员会(现国家发展和改革委员会)颁发的计价格[1999]1283号《建设项目前期工作咨询收费暂行规定》计算。

(6)建设单位管理费按财政部颁发的财建[2002]394号《财政部关于印发〈基本建设财务管理规定〉的通知》规定计算，以工程费用为取费基数。

(7)工程勘察费根据《工程勘察设计收费标准》(2002年修订本)规定计算，以工程费用为取费基数。

(8)工程设计费根据《工程勘察设计收费标准》(2002年修订本)规定计算。

(9)工程监理费按工程费用的1.0%计算。

(10)预算编制费按《工程勘察设计收费标准》(2002年修订本)相关规定，按设计费的10%计算。

(11)竣工图编制费按《工程勘察设计收费标准》(2002年修订本)相关规定，按设计费的8%计算。

(12)施工图审查费以建筑面积为计算基数，按4.2元/m^2计算。

(13)招标代理服务费按计价格[2002]1980号文计算。

(14)工程保险费按工程费用的0.25%计算。

(15)预备费用以工程费用与工程建设其他费用之和为基数，按6%计取。

(16)项目贷款按项目总投资的70% 约13 500万元计，贷款年利6.12%。其余部分为企业自筹。

11.4 需说明的问题

本工程的环境评价、地震安全评估、交通评价等均由学校委托有资质的相关机构对该建设区域统一进行评价，费用由三个项目分摊。

该建设区域内的拆除工程、伐移树木补偿及项目室外工程等，均采取统一规划实施、费用分摊的方式进行。

11.5 项目投资估算

项目总投资19 223万元，总建筑面积41 200 m^2。详见表6～表8。

表6 工程建设其他费用估算表

序号	费用名称	计算依据	费率和标准	取费基数	总 价(万元)
	工程费用合计				16 160
1	建设单位管理费	财建[2002]394号文	0.80%	16 160(万元)	129.28
2	城市基础设施配套费	建筑面积100元/m^2	100	41 200 m^2	412.00
3	建设前期费用				116.70
3.1	前期费用	计价格[1999]1283号文		16 160万元	79.75
3.2	环境影响评价费	合同价			2.42
3.3	地震安全评估费	合同价			6.33
3.4	交通评估费	合同价			6.00
3.5	伐移树木补偿费	分摊费用			22.20
4	勘察费	合同价			36.66
5	设计费	工程勘察设计收费标准	2.89%	16 160万元	467.02
6	施工图审查费	京勘设字[2001]41号文	4.2元/m^2	41 200 m^2	17.30
7	施工图预算编制费	工程勘察设计收费标准	10%	467万元	46.7
8	招标代理服务费	计价格[2002]1980号文	差额定率累进	16 160万元	104.14
9	竣工图编制费	工程勘察设计收费标准	8%	467万元	37.36
10	工程监理费	[1992]价费479号	1.10%	16 160万元	177.76
11	工程保险费		0.25%	16 160万元	40.40
	合 计				1 585.32

表7 北京×××大学科技楼工程投资估算汇总表

序号	工程项目及费用名称	建筑面积(m^2)	费用(万元)	单方造价(元/m^2)	占投资比例(%)	备注
一	工程费用	41 200	16 160.42	3 922.43	84.06	
(一)	主体建筑工程	41 200	15 749.47	3 823	81.93	
1	土建工程	41 200	10 772	2 615	56.04	
1.1	地下工程	8 000	2 301.28	2 877	11.97	
1.2	地上工程	33 200	8 470.88	2 551	44.07	
2	给排水工程	41 200	710.4	172	3.70	
3	消防工程	41 200	329.60	80	1.71	
4	采暖及通风空调工程	41 200	1 709.80	415	8.89	
5	天然气工程	41 200	61.8	15	0.32	
6	强电工程	41 200	1 059.2	257	5.51	
7	弱电工程	41 200	712.76	173	3.71	
9	电梯工程	41 200	373.75	91	1.94	
(二)	室外工程		410.95		2.14	
二	工程建设其他费用		1 585.32		8.25	
三	预备费		1 064.74		5.54	
四	工程建设总投资		18 810.483		97.85	
五	建设期利息		413.10		2.15	
六	项目建设总投资	41 200	19 223.58	4 666	100.00	

表8 投资估算构成表

序号	项目及费用名称	投资金额(万元)	构成比例(%)	备注
一	工程费用	16 159.88	84.06	
(一)	主体建筑工程	15 755.47	81.96	
(二)	室外工程	404.41	2.10	
二	工程建设其他费用	1 585.29	8.25	
三	预备费	1 064.71	5.54	
四	建设期利息	413.10	2.15	
五	合　计	19 222.98	100%	

11.5 资金筹措

项目建设所需资金由北京×××大学自行筹集解决。

北京×××大学拟按总投资的70%向银行贷款,贷款额度为13 500万元,贷款年利率按6.12%计,其余部分为学校自有资金,共计约5 723万元。

第12章 结论和建议

12.1 结论和建议

(1)北京×××大学科技楼主要是为校内各个学院、各系科、国家重点实验室、国家工程中心、各专业研究所等机构的科研成果转化提供必要的孵化场所和空间;为校内各专业学术机构、学会、协会以及高层次科技人员、博士生、外国留学生等进行国内外学术交流、科研办公、生活等提供现代化、开放性、高档次场所。同时也为近年来新兴的学生心理咨询提供空间和平台。项目将促进北京×××大学各项事业的发展，使学校在办学规模、科研实力及水平再上一个台阶，对我国正在大力发展的教育事业有其重大的现实及长远意义。

(2)项目的建设，可避免因学校校园总体规划调整而增加的建筑面积不受损失，满足校园控规调整的要求。

(3)拟建项目位于学校西南角，目前该地块现有建筑布局极不合理，区域内建筑大多数为私搭乱建，安全隐患严重。为此，重新规划、建设该校西南地块也是整治学校周边环境、迎接2008年奥运会的需求。

(4)北京×××大学的建设与发展得到了教育部领导的关心与支持，在客观上为本项目的建设提供了良好的环境。北京×××大学后勤基建管理处为近期拟在西南角建设的三个项目均做了大量的准备工作。目前筹备工作进展顺利，为该地块统一规划、统一实施提供了保证。目前本项目选址和地质勘探报告已经完成，已取得环境影响评价的批复和建设用地许可证，具备市政建设条件，工程设计方案也已作了较为深入的比较论证。

建议教育部对本项目的建设给予关心和支持，尽早批准本项目的建设。

附表：

北京×××大学科技楼工程投资估算明细表

单位：万元

序　号	工程项目及费用名称	数量	费 用	单方造价（元/m^2）	占投资比例（%）	备注
一	工程费用	41 200	16 160.42	3 922	84.06	
(一)	主体建筑工程	41 200	15 749.47	3 823	81.93	
1	土建工程	41 200	10 772.16	2 615	56.04	
1.1	地下工程	8 000	2 301.28	2 877	11.97	
1.1.1	地下室工程	8 000	2 105.28	2 632	10.95	
1.1.1.1	地下室结构工程	8 000	1 760.00	2 200	9.16	
1.1.1.2	地下车库装饰工程	3 000	90.00	300	0.47	含人防工程
1.1.1.3	后勤服务设施内装	2 320	185.60	800	0.97	
1.1.1.4	设备用房内装	2 680	69.68	260	0.36	
1.1.2	基础处理费	2 800	196.00	700	1.02	
1.2	地上工程	33 200	8 470.88	2 551	44.07	
1.2.1	结构工程	33 200	3 320.00	1 000	17.27	
1.2.1.1	混凝土结构工程	33 200	3 320.00	1 000	17.27	
1.2.2	外装饰工程	33 200	1 550.24	467	8.06	
1.2.2.1	裙房石材装饰	2 299	183.92	800	0.96	
1.2.2.2	玻璃幕墙（含门窗）	11 386	1 366.32	1 200	7.11	
1.2.3	室内装饰工程	33 200	3 600.64	1 085	18.73	
1.2.3.1	粗装修	33 200	398.40	120	2.07	
1.2.3.2	裙房部分装饰	8 072	968.64	1 200	5.04	含门厅装饰
1.2.3.3	科研办公用房	13 960	1 116.80	800	5.81	
1.2.3.4	院士工作室	6 980	698.00	1 000	3.63	
1.2.3.5	专家休息室	4 188	418.80	1 000	2.18	
2	给排水工程	41 200	710.40	172	3.70	
2.1	给排水	41 200	576.80	140	3.00	
2.2	净水供水系统	1	10.00		0.05	直饮水系统

续表

序　号	工程项目及费用名称	数量	费 用	单方造价(元/m²)	占投资比例(%)	备注
2.3	中水处理系统	41 200	123.60	30	0.64	
3	消防工程	41 200	329.60	80	1.71	
4	采暖及通风空调工程	41 200	1 709.80	415	8.89	
4.1	采暖及通风空调	41 200	1 648.00	400	8.57	
4.2	换热站	41 200	61.80	15	0.32	设在地下室
5	天然气工程	41 200	61.80	15	0.32	
6	强电工程	41 200	1 059.20	257	5.51	
6.1	配电照明工程	41 200	659.20	160	3.43	
6.2	变配电工程	4 000	400.00	1 000	2.08	
7	弱电工程	41 200	712.76	173	3.71	
7.1	火灾自动报警及消防联动控制系统	41 200	164.80	40	0.86	
7.2	紧急广播及背景音乐系统	41 200	41.20	10	0.21	
7.3	有线电视系统	41 200	41.20	10	0.21	
7.4	楼宇自控系统	41 200	144.20	35	0.75	
7.5	综合布线系统	41 200	103.00	25	0.54	
7.6	计算机网络管理系统	41 200	103.00	25	0.54	
7.7	安全防范系统	41 200	115.36	28	0.60	
7.7.1	保安监控	41 200	82.40	20	0.43	
7.7.2	门禁系统	41 200	32.96	8	0.17	
8	车辆管理系统		20.00		0.10	
9	电梯工程	41 200	373.75	91	1.94	6 部;1 部扶梯
(二)	室外工程		410.95		2.14	
1	拆除工程	15 011	33.32	60	0.17	按 37% 分摊
2	停车场及道路	5 450	87.20	160	0.45	分摊
3	自行车棚	1 144	22.88	200	0.12	分摊
4	绿化及小品	3 913	31.30	80	0.16	分摊
5	室外管网		236.24		1.23	
二	工程建设其他费用		1 585.32		8.25	
三	预备费		1 064.74		5.54	
四	工程建设总投资		18 810.48		97.85	
五	建设期利息		413.10		2.15	6.12%
六	项目建设总投资	41 200	19 223.58	4 666	100.00	

附图、附件(略)

11.1.2　投资估算实例

1. 建设工程投资估算书封面

××大厦

建设工程投资估算书

档案号:2007－18

编制单位:北京×××造价工程师事务所

(工程造价咨询单位执业章)
2007年×月×日

××大厦

投资估算

主要技术经济指标

建筑面积	71 000 m^2
用地面积	11 208 m^2
道路面积	2 842 m^2
绿化面积	3 943 m^2
总投资	52 746 万元
单方造价	7 429 元/m^2
工程费用	41 628 万元
单方工程费用	5 863 元/m^2

编　制　人:　　[执业(从业)印章]
审　核　人:　　[执业(从业)印章]
审　定　人:　　[执业(从业)印章]
法定负责人:

2. 编制说明

××大厦建设工程投资估算

编制说明

一、编制依据

(1)北京××建筑设计有限公司的××大厦方案设计。

(2)《北京市建设工程费用》及相关文件。

(3)本事务所工程造价有关指标。

二、有关问题说明

(1)建筑面积依据北京××建筑设计有限公司的××大厦方案设计进行计算,建筑面积为71 000 m^2,其中地上15 000 m^2、地下56 000 m^2。

(2)玻璃幕墙的面积是依据立面图按外墙面积估算的。电梯的数量是依据建设单位提供的数量编制的,其中垂直电梯10部、扶梯8部。

(3)工程费用的有关数据是依据我所积累的有关造价指标结合本工程实际情况综合考虑的,该费用指标为通过建筑市场的竞争性工程价格,详见概算表。

(4)工程建设其他费用依据《北京市建设工程费用》及相关文件测算的,其中设计费、监理费、招标代理费和造价咨询费考虑了竞争性因素做了适当调整。土地征用及拆迁补偿费是按建设单位提供的数据编制的。本工程概算中未考虑办公家具购置费和物业管理启动费。

(5)本工程的市政公共设施建设费未按商业综合开发项目考虑。

(6)为方便本项目建成后的管理和使用,对人防工程的建设是按易地建设考虑的。

(7)鉴于本工程的设计深度,本工程考虑了8%的基本预见费。

(8)鉴于本工程的融资方式尚不明确,本估算未考虑动态投资费用。

北京××造价工程师事务所

2007年×月×日

3. 建设项目投资估算书

建设项目投资估算书

建设项目名称：××集团××大厦　　　　设计阶段：方案设计

序号	项目编号	工程项目名称	概算价值/元				技术经济指标			备注
			建筑工程	设备购置及安装工程	其他费用	总值	单位	数量	单位价值/元	
		第一部分工程费用				416 279 640.00	m^2	71 000.00	5 863.09	
		（其中国外）								
（一）		建设场地准备				1 457 040.00				
1		拆迁工程费用	896 640.00			896 640.00	m^2	11 208.00	80.00	
2		临时工程	560 400.00			560 400.00	m^2	11 208.00	50.00	
（二）		主体建筑工程				163 200 000.00				
1		地下土建工程	33 000 000.00			33 000 000.00	m^2	15 000.00	2 200.00	混凝土结构筏型基础
2		地上土建工程	84 000 000.00			84 000 000.00	m^2	56 000.00	1 500.00	全钢结构
3		外墙工程	43 200 000.00			43 200 000.00	m^2	24 000.00	1 800.00	呼吸型玻璃幕墙
4		屋顶结构和装饰工程	2 000 000.00			2 000 000.00	项	1.00	2 000 000.00	
5		门头结构和装饰工程	1 000 000.00			1 000 000.00	项	1.00	1 000 000.00	
（三）		装饰工程				104 800 000.00				
1		地下一层装饰工程	3 000 000.00			3 000 000.00	m^2	5 000.00	600.00	不包括办公家具制作
2		地下其他装饰工程	1 000 000.00			1 000 000.00	m^2	10 000.00	100.00	不包括办公家具制作
3		地上装饰工程	100 800 000.00			100 800 000.00	m^2	56 000.00	1 800.00	不包括办公家具制作
（四）		室外工程费用				5 502 600.00				
1		道路工程	1 136 800.00			1 136 800.00	m^2	2 842.00	400.00	混凝土及石材地面
2		绿化及美化工程	2 365 800.00			2 365 800.00	m^2	3 943.00	600.00	
3		室外管道及线路工程	2 000 000.00			2 000 000.00	项	1.00	2 000 000.00	
（五）		设备安装工程				141 320 000.00				
1		通风机空调工程		51 850 000.00		51 850 000.00	m^2	61 000.00	850.00	进口直燃机组
2		电梯工程				7 800 000.00				
（1）		垂直电梯		5 000 000.00		5 000 000.00	部	10.00	500 000.00	
（2）		扶梯		2 800 000.00		2 800 000.00	部	8.00	350 000.00	
3		消防工程		21 300 000.00		21 300 000.00	m^2	71 000.00	300.00	

续表

序号	项目编号	工程项目名称	概算价值/元				技术经济指标			备注
			建筑工程	设备购置及安装工程	其他费用	总值	单位	数量	单位价值/元	
4		强电及照明工程		29 820 000.00		29 820 000.00	m^2	71 000.00	420.00	含变配电工程
5		弱电及通讯工程		19 880 000.00		19 880 000.00	m^2	71 000.00	280.00	
6		给水排水工程		8 520 000.00		8 520 000.00	m^2	71 000.00	120.00	
7		燃气工程		1 150 000.00		1 150 000.00	m^2	23 000.00	50.00	
8		厨房设备工程		1 000 000.00		1 000 000.00	项	1.00	1 000 000.00	
		工程费用小计	274 959 640.00	141 320 000.00		416 279 640.00				
		第二部分工程建设其他费用				72 111 436.22	m^2	71 000.00	1 015.65	
(一)		土地征用及拆迁补偿费				28 500 000.00				
1		土地征用补偿费			18 000 000.00	18 000 000.00				建设单位提供
2		拆迁补偿费			10 500 000.00	10 500 000.00				建设单位提供
(二)		建设单位管理费			4 995 355.68	4 995 355.68				
(三)		勘察设计费			8 325 592.80	8 325 592.80				
(四)		试验研究费			416 279.64	416 279.64				
(五)		工程监理费			3 330 237.12	3 330 237.12				
(六)		工程招标代理费			416 279.64	416 279.64				
(七)		标底编制及工程造价咨询费			1 456 978.74	1 456 978.74				
(八)		工程报建费			7 100 000.00	7 100 000.00	m^2	71 000.00	100.00	
(九)		市政公共设施建设费			14 200 000.00	14 200 000.00	m^2	71 000.00	200.00	按自用写字楼考虑
(十)		人防工程易地建设费			2 328 800.00	2 328 800.00	m^2	1 420.00	1 640.00	按易地建设考虑
(十一)		工程质量监督及检验费			1 040 699.00	1 040 699.10				
(十二)		办公家具购置费								暂不考虑
(十三)		物业管理启动费								暂不考虑
		工程建设其他费用小计			72 111 436.22	72 111 436.22				

续表

序号	项目编号	工程项目名称	概算价值/元				技术经济指标			备注
			建筑工程	设备购置及安装工程	其他费用	总值	单位	数量	单位价值/元	
		第一、二部分工程费用合计	274 959 640.00	141 320 000.00	72 111 436.22	488 391 076.22	m^2	71 000.00	6 878.75	
		（其中国外）								
		第三部分　基本预备费			39 071 286.10	39 071 286.10	m^2	71 000.00	550.30	
		静态投资	274 959 640.00	141 320 000.00	111 182 722.32	527 462 362.32	m^2	71 000.00	7 429.05	
		第四部分　动态部分投资								暂不考虑
		资本金								
		银行贷款								
		建设期贷款利息								
		总计	274 959 640.00	141 320 000.00	111 182 722.32	39 071 286.10	m^2	71 000.00	7 429.05	
		（其中国外）								
		（%）	52.13	26.79	21.08	100.00				

11.2 设计阶段实例

设计概算实例如下。

××大厦(上海)建设项目设计概算

1. 概算编制说明

概算编制说明

1 工程概况

本项目××大厦(上海)建设项目(以下简称“本项目”)位于上海××经济园区9-2及9-3地块,地处金轮路以东,朱家浜以南,协和路以西,通协路以北。用地面积为47 482.7 m²。

本项目用地面积47 482.7 m²,总建筑面积159 661 m²,其中地上建筑面积约96 355 m²,地下建筑面积63 306 m²。建筑使用性质为写字楼、办公楼——中国海洋石油总公司驻沪各单位的办公大楼,满足××集团驻沪单位的办公需求,集办公、会议、商务、餐饮、员工活动、停车等功能。

1.1 建筑设计概况

建筑由南北对称的两部分组成,围合成南北两个内向庭院,并在对称轴上设置共享中庭。严格执行方案批复中关于高度的要求,中央主楼檐口高度40 m。建筑首层层高5.4 m,3层(会议层)层高4.5 m,9层高4.5 m,其余地上楼层层高均为4.05 m。

紧邻中庭南北两侧为9层高南北向采光的主楼(高度40 m),主楼与沿街3~6层高的副楼共同形成半围合内院。沿协和路副楼为3层,建筑高度15.2 m,沿通协路及朱家浜副楼为6层,建筑高度27.5 m,沿金轮路副楼为5层,建筑高度23.4 m。

建筑为一类高层;耐火等级为一级。××大厦(上海)内部垂直交通平时主要依靠垂直电梯运行。共安排了16组核心筒(含楼电梯和管井等),其中主楼核心筒8个,副楼核心筒8个。其中12个楼梯通往屋面。

建筑屋面防水为Ⅰ级,地下室防水Ⅰ级。

建筑外墙采用200 mm厚水泥空心砖,加50 mm厚岩棉。室内采用150~200 mm厚蒸压加气混凝土砌块,局部采用轻钢龙骨石膏板隔墙。外立面主要采用隐框式玻璃幕墙(双层中空玻璃)与干挂石材幕墙结合。

本工程属公共建筑,根据国家规范和上海市地区节能标准,本设计满足上海地区夏热冬冷气候地带的节能设计要求。

1.2 结构设计概况

1.2.1 结构体系

本工程地下两层不设缝为一整体,采用钢筋混凝土框架-剪力墙结构。地上结构通过防震缝划分为左右形状对称的5个结构单元。

中央主办公楼单元:主体结构采用钢筋混凝土框架-剪力墙结构,现浇钢筋混凝土梁板。四周悬挑梁采用钢筋混凝土梁挑出。局部大跨度悬挑梁采用预应力钢筋混凝土梁。25.2 m大跨度中庭地面、屋顶采用钢梁,中庭连桥采用钢桁架支撑,中庭东西两侧幕墙内消防通道采用顶部钢桁架吊托钢柱、梁,桁架及大跨度钢梁两侧支撑柱均采用钢骨混凝土柱。

南北两侧4个单元:主体结构采用钢筋混凝土框架-剪力墙结构,现浇钢筋混凝土梁板。四周悬挑梁采用钢筋混凝土梁挑出。

1.2.2　结构超限问题及结构超长的抗裂控制

因结构形体较复杂,依据《上海市超限高层建筑抗震设防管理实施细则》,本工程属于超限高层建筑。初设期间结构设计通过了上海市相关部门组织的抗震审查。

本工程的地下室两个方向均有很大的长度,地上结构单元的长度也超过了规范的限值。本工程的初步设计中,对于地上、地下不同部位采取不同的处理方法。

1.2.3　地基基础

本工程采用钻孔灌注后压浆桩基础,因地下水位高,除抗压桩外还有数量较多的抗拔桩。基础底板为柱下独立承台桩基加抗水板。

1.3　给排水设计概况

(1)给水:本工程生活给水系统分为两个区。

(2)生活热水:竖向分区同给水。本工程低区生活热水热源为太阳能热水器+燃气锅炉方式。高区生活热水采用电热分散式。

(3)雨污水:本工程排水系统采用雨、污分流排水方式。

(4)消防给水系统:本工程设置室外消火栓系统、室内消火栓系统、自动喷洒系统、锅炉房水喷雾灭火系统、中庭大空间自动水灭火系统、档案库房细水雾灭火系统。

(5)其他灭火装置:本工程设置手提式灭火器。变配电室、计算机房、应急指挥中心设置气体灭火系统。

1.4　空调通风设计概况

(1)热源:设置常压燃气锅炉房作为供暖及生活热水热源。

(2)冷源:冷源采用冰蓄冷系统。

(3)空调冷水系统:冷冻水系统供回水温度为4.5/12.5℃,均采用四管制方式。

(4)租户冷却水系统:供通信机房和档案库房的恒温恒湿空调使用。

(5)空调通风:利用低温送风空调技术

1.5　电气设计概况

1.5.1　供配电系统

(1)35/10 kV 变压器:共装设2台8 000 kVA 干式节能变压器。

(2)10/0.4 kV 变压器:变配电室共装设6台2 000 kVA 及2台1 600 kVA 干式节能变压器;其中冷冻机房设备设置2台2 000 kVA 干式节能变压器。变压器采用杜邦 NOMEX 绝缘纸干式节能环保型电力变压器,无须强制通风冷却,可靠、无可燃性树脂、无毒、不助燃,产品可分解、回收,不污染环境。保护等级为 IP20,接线组别 D,Yn11,10kV/0.4kV。

低压配电系统采用放射式、树干式及放射与树干相结合的配电方式。

1.5.2　弱电系统

本建筑物的有线电视系统进线设置在地下一层,其他弱电系统的进线设置在地下一层,中心机房设在地下一层的数据机房;在西南角辅楼六层设置东海局的数据机房。

本项目弱电控制中心位于大楼一层,它是大楼控制管理的指挥调度中心,是整个弱电智能化系统的数据图文汇集中心。控制中心内安装楼宇自控、消防、闭路电视监控、防盗报警、门禁、一卡通管理等系统的控制主机。各个子系统的设计和功能均已在各自的子系统中描述,控制中心内各子系统设备布放的原则为:依据信息管理和设备监控的基本内容进行布放,采用琴台式操作台安装。

2　设计概算编制范围及设计分工

2.1　概算编制范围

本概算包含建设项目建筑安装费用(建筑工程、安装工程、设备费)、室外景观配套工程、工程建设其

他费用、预备费、建设期利息、流动资金和土地费用等。

2.1.1 建筑工程内容。

(1)基础工程:包括土石方、基坑支护工程及桩基础工程。

(2)结构工程:包括地下结构、地上结构和钢结构工程。

(3)装修工程:包括地上和地下室内装修,室内装修分为普通装修和精装修。普通装修包括设备机房、地下车库及人防部分,精装修功能用房的底层装修做法;精装修(包括地下部分装修、室内标志标线、展厅及商务配套娱乐休闲、数据中心、消控室、机房中控室、大堂、会议室、核心筒、办公室、其他公共面积的面层装修做法及精装修功能用房的门窗、洁具及照明灯具等。

(4)幕墙工程:整个建筑外立面采用框架式 low－e 中空玻璃幕墙、干挂石材幕墙。

2.1.2 安装工程内容

安装工程包括给排水安装工程、电气系统及变配电工程、燃气工程、通风工程、消防工程及弱电智能化工程。

2.1.3 弱电智能化工程内容

(1)通讯自动化系统(CA):综合布线系统(含通信网络系统、计算机网络系统)、卫星接收及有线电视;

(2)楼宇自动化系统(BA):楼宇自控系统(含建筑系统集成、信息显示系统);

(3)安防自动化系统(SA):视频安防监控系统、停车场管理系统、门禁控制系统(含一卡通系统、在线式巡更系统)、安防报警系统及巡更系统;

(4)消防自动报警系统(含公共广播系统)。

2.1.4 设备购置(含安装费)

包括办公区电梯、自动扶梯。

2.1.5 室外配套工程

包括道路、场地(含室外停车场)、园林绿化、景观、小品、室外电气、室外给排水、标志系统、泛光照明系统、屋顶绿化。

2.1.6 本次概算费用不包括的内容

办公家具、厨房设备和擦窗机及下一步须由总公司信息部确定的特殊智能系统(多媒体视频信息管理系统、智能会议系统、无线对讲系统、手机信号放大系统、应急指挥系统、中央除尘碎纸系统、垃圾厨余处理系统、专业机房等设备和系统)。

2.2 设计分工

2.2.1 工程初步设计

由北京市建筑设计研究院设计。

根据要求,本次设计范围为××大厦(上海)项目的建筑、结构、给水排水、暖通、强电、弱电、地下人防设计等,以及用地范围内的总平面、道路及室外管网等设计。

本设计不包括的范围有国标绿色二星咨询设计,室内精装修设计,环境景观设计,厨房工艺,玻璃外幕墙系统设计,室外照明设计,标志系统设计。该部分另由建设单位委托专业公司设计,本院负责与其有关的技术接口。本设计工作由建筑、结构、设备、电气及经济五个专业协作完成。

2.2.2 基坑支护工程

由上海申元岩土工程有限公司设计。

3 编制依据

(1)××大厦(上海)建设项目可行性研究报告。

(2)关于××大厦(上海)项目可研报告的批复(海油总计〔2011〕524 号)。

(3)《××中下游建设项目设计概算编制办法(草稿)》。

(4)设计及技术审查文件:

①北京市建筑设计研究院设计的初步设计图(2011-10),工程编号:201120);

②初步设计专家初审意见(2011-7-22);

③××大厦(上海)基坑岩土工程设计图纸;

④××大厦(上海)基坑围护设计安全性报告;

⑤××大厦(上海)抗震超限评审报告;

⑥××大厦(上海)初步设计综合评审报告;

⑦××大厦(上海)环境影响评审报告。

(5)采用标准:

①2010年《上海市建筑和装饰工程概算定额》;

②2010年《上海市安装工程概算费用定额》;

③《2011年9月建设工程(上海地区)建材与造价资讯》建设工程市场信息价编制主材价格;

④建设工程其他费用相关计价依据及标准;

(6)相关设备、材料的厂家询价资料。

4 编制方法

本概算采用2010年上海建筑、装修和安装工程概算定额及与类似工程指标法相结合的方法进行编制。

5 资金来源

本项目总投资中由总公司投入30%的资本金,70%的投资金额由基建上海公司自筹。

6 概算编制说明

6.1 总说明

按照图纸计算工程量的有:基础工程(混凝土)、土建工程(混凝土、模板、钢结构工程)、室内普通装修、变配电、主要设备、弱电智能化工程、幕墙面积;

按照指标估算的有:地下地下结构钢筋含量、室内精装修、人防给排水、太阳能系统、气体灭火系统、细水喷雾系统、人防电气、电气火灾监控系统、电力监控系统、燃气系统、人防通风、空调自控系统、锅炉自控系统、电梯工程及室外配套工程按指标估算。

6.2 建筑工程

(1)桩基础工程按后注浆技术,桩钢筋含量按照每立方混凝土120 kg考虑;

(2)地下结构、地上结构钢筋含量执行《上海市建筑和装饰工程概算定额》含量,并考虑施工图阶段钢筋用量;

(3)室内精装修工程:初步设计说明[主要房间装饰做法选用表]中各功能区的精装修做法按造价指标计入;大堂、电梯厅等墙地面采用国产中档石材,地下室电梯厅采用国产中档石材,电梯厅等公共部分墙地面石材采用国产中档石材;防火卷帘门及防火门安装按上海建设工程价格信息(2011年第9期)计列;高管办公室、普通办公室地面采用国产中档网络地板+地毯;

(4)幕墙工程:按照幕墙表面积计算工程量计入。

6.3 给排水工程

(1)所有管道、阀门、设备按施工到位计算;

(2)与不锈钢管连接的闸阀,采用不锈钢材质;

(3)虹吸雨水采用高密度聚乙烯(HDPE)虹吸专用排水管;

(4)卫生洁具除了高级人员卫生间外,所有洗脸盆、小便器都采用感应式冲洗阀;

(5)消防水管材:泵房、泵房至水箱采用无缝钢管,水箱出水管及立管采加厚镀锌钢管,其他采用普通镀锌钢管;

(6)包含所有水泵的控制柜;
(7)人防给排水概算已估价计入给排水工程;
(8)设备采用国产中档产品价格。

6.4 消防工程

(1)包含消防水、气体灭火系统、防排烟系统及细水喷雾系统;
(2)气体灭火系统及细水喷雾系统按暂估价计入。

6.5 通风空调工程

(1)空调设备价按合资品牌,风机按国产中档品牌计入;
(2)人防通风、锅炉自控系统及空调自控系统按暂估价计入;
(3)VAV 系统冷媒管及保温按暂估价计入通风空调系统中。

6.6 电气系统和变配电工程

包括人防电气、电气火灾监控系统、电力监控系统按暂估价计入电气系统及变配电工程。

6.7 电梯工程

电梯数量按图纸实际计算,单价参考进口中档产品报价。

6.8 固定资产其他费计算依据及标准

(1)土地取得费按实际发生的费用计入;
(2)土地契税按沪府发(1997)48 号文,以土地费用的 3% 计取;
(3)建设工程质量监督费按海油总计(2010)116 号文计取;
(4)招标代理按计价格[2002]1980 号文计取;
(5)施工全过程造价控制及总部审核费建标造函[2007]8 号文计取;
(6)专项技术咨询按实际发生费用和暂估计取;
(7)管理费按 2012 生产建设计划预算值计取;
(8)工程建设监理费按发改价格[2007]670 号文和沪府发〔2011〕1 号文计取;
(9)环境影响评价费和卫生学预评、后评价费按实际发生的费用计入;
(10)研究试验费按计价格[2002]10 号文和暂估计取;
(11)可行性研究费按实际发生的费用计入;
(12)工程设计费按实际发生的费用计入;勘察费按实际发生的费用计入;竣工图编制费按设计费的 8% 计取;
(13)建设单位临时设施费按建安费的 0.5% 计取;
(14)工程保险费按 58.31 万元计入;
(15)施工图审图费按沪价费 (2011)002 号文计取;
(16)城市基础设施配套费按沪建交联〔2011〕405 号文计取;
(17)工程交易服务费按沪价费 (2004)065 号文计取;
(18)城镇土地使用费按沪府办[1991]114 号文计取;
(19)综合评审费按照当地政府相关部门实际收费标准计取。

2. 总概算表

总概算表见表 11-2-1。

表 11-2-1 总概算表

编制单位名称		总概算表						编制:	
北京市建筑设计研究院		工程编号:201120						校核:	
		项目名称:大厦(上海)建设项目						审核:	
序号	工程项目和费用名称	规模或主要工程量	概算价值(万元)					占建设投资比例%	备注
			设备购置费	建筑工程费	安装工程费	其他费用	合计		
Ⅰ	建设投资		4 000.00	100 198.12	38 280.23	85 952.21	228 430.56		
	占建设投资比例(%)		1.75%	43.86%	16.76%	37.63%	100.00%		
一	固定资产费用		4 000.00	100 198.12	38 280.23	79 423.70	221 902.05	97.14%	
(一)	工程费用		4 000.00	100 198.12	38 280.23	—	142 478.35	62.37%	详见表二单项工程总概算表
1	建筑物		4 000.00	97 768.18	36 523.96	—	138 292.14	0.97	
1.1	建筑工程		—	97 768.18	—	—	97 768.18	0.69	
1.2	安装工程		—	—	36 523.96	—	36 523.96	0.26	
1.3	设备购置及安装费		4 000.00	—	—	—	4 000.00	0.03	
2	室外景观与配套工程		—	2 429.94	1 756.27	—	4 186.22	0.03	
3	绿色建筑工程增量费		—	—	—	—	—	—	
(二)	固定资产其他费用					79 423.70	79 423.70	34.77%	详见表四固定资产其他费用表
1	土地使用费					58 689.40	58 689.40	25.69%	
2	建设项目前期费用					—	—	0.00%	
3	建设单位管理费					6 778.99	6 778.99	2.97%	
4	工程建设监理费					2 422.89	2 422.89	1.06%	
5	环境影响评价费					12.00	12.00	0.01%	
6	劳动安全卫生评价费					30.00	30.00	0.01%	
7	研究试验费					656.00	656.00	0.29%	
8	可行性研究报告编制费					34.00	34.00	0.01%	
9	工程勘察设计费					3 047.32	3 047.32	1.33%	
10	临时设施费					712.39	712.39	0.31%	
11	工程保险费					59.87	59.87	0.03%	
12	水土保持评价费					—	—	0.00%	
13	开发报建费					6 980.84	6 980.84	3.06%	
14	其他					—	—		
二	无形资产费用						—		
三	其他资产费用(递延资产)						—		
四	预备费					6 528.51	6 528.51	2.86%	包括基本预备费与价差预备费,土地费不计取
Ⅱ	固定资产投资方向调节税						—		
Ⅲ	建设期利息					17 599.27	17 599.27		详见建设期利息计算表
Ⅳ	流动资金					1 500.00	1 500.00		

续表

编制单位名称		总概算表						编制：	
北京市建筑设计研究院		工程编号:201120						校核：	
		项目名称:大厦(上海)建设项目						审核：	
序号	工程项目和费用名称	规模或主要工程量	概算价值(万元)					占建设投资比例%	备注
			设备购置费	建筑工程费	安装工程费	其他费用	合计		
V	开办费					—	—		
	建设项目总投资		4 000.00	100 198.12	38 280.23	105 051.48	247 529.83		

3. 单项工程概算表

单项工程概算表见表 11-2-2。

表 11-2-2　单项工程概算表

编制单位名称		单项工程概算表						编制：	
北京市建筑设计研究院		工程编号:201120						校核：	
								审核：	
序号	工程项目和费用名称	规模(m^2)或主要工程量	概算价值(万元)					占建设投资比例%	备注
			设备购置费	建筑工程费	安装工程费	其他费用	合计		
	工程费用	159 661.00	4 000.00	100 198.12	38 280.23	-	142 478.35	100.00%	
一	建筑物	159 661.00	4 000.00	97 768.18	36 523.96		138 292.14	97.06%	
(一)	建筑工程	159 661.00		97 768.18			97 768.18	68.62%	
1	土建工程	159 661		71 190.66			71 190.66	49.97%	
1.1	基础工程	63 306		20 765.69			20 765.69	14.57%	
1.1.1	基坑支护工程	63 306		7 397.17			7 397.17	5.19%	专业设计提供
1.1.2	桩基础工程	33 000.81		9 468.10			9 468.10	6.65%	已考后注浆费用
1.1.3	土方外运	433 380.00		3 900.42			3 900.42	2.74%	按 90 元/m3 计
1.2	地下结构	63 306.00		24 081.79			24 081.79	16.90%	
1.3	地下建筑	63 306.00		1 869.92			1 869.92	1.31%	
1.4	地上结构	96 355.00		14 938.99			14 938.99	10.49%	
1.5	地上建筑	96 355.00		3 272.78			3 272.78	2.30%	
1.6	钢结构(地上、地下)	159 661.00		6 261.49			6 261.49	4.39%	
2	室内精装修工程	96 021		17 842.73			17 842.73	12.52%	
2.1	地下部分装修	19 349.86		1 547.99			1 547.99	1.09%	
2.2	室内标志、标线	159 661		319.32			319.32	0.22%	
2.3	大堂装修	2 150		645.04			645.04	0.45%	
2.4	展厅及商务配套、娱乐休闲等装修	10 496		1 679.36			1 679.36	1.18%	
2.5	数据中心、消控室、机房中控室	8 609		774.80			774.80	0.54%	
2.6	会议室装修	4 478		1 343.39			1 343.39	0.94%	
2.7	裙房其他公共面积装修	19 237		1 538.94			1 538.94	1.08%	

续表

编制单位名称		单项工程概算表						编制：	
北京市建筑设计研究院		工程编号:201120						校核：	
								审核：	
序号	工程项目和费用名称	规模(m^2)或主要工程量	概算价值(万元)					占建设投资比例%	备注
			设备购置费	建筑工程费	安装工程费	其他费用	合计		
2.8	核心筒面积装修	4 814		577.62			577.62	0.41%	
2.9	办公室装修	26 888		7 528.57			7 528.57	5.28%	
2.10	门窗工程	159 661		1 887.71			1 887.71	1.32%	
3	幕墙工程	52 778		8 734.79			8 734.79	6.13%	地上幕墙+地上石材+地下幕墙
(二)	安装工程	159 661			36 523.96		36 523.96	25.63%	
1	给排水系统	159 661			2 021.61		2 021.61	1.42%	其中:主要设备费763.74万元
1.1	地下给排水	63 306			669.42		669.42	0.47%	
1.2	地上给排水	96 355			477.31		477.31	0.34%	
1.3	中水回收系统	159 661			324.89		324.89	0.23%	
1.4	人防给排水	63 306			100.00		100.00	0.07%	
1.5	太阳能系统	159 661			450.00		450.00	0.32%	
2	消防喷淋系统	159 661			3 698.42		3 698.42	2.60%	其中:主要设备费320.28万元
2.1	消防系统	159 661			1 327.45		1 327.45	0.93%	
2.1.1	防排烟系统	159 661			877.45		877.45	0.62%	
2.1.2	气体灭火系统	7 801			450.00		450.00	0.32%	暂估,计算基础为气体灭火区域面积
2.2	消防水系统	159 661			2 370.97		2 370.97	1.66%	
2.2.1	地下消防水	63 306			722.60		722.60	0.51%	
2.2.2	地上消防水	96 355			1 248.37		1 248.37	0.88%	
2.2.3	细水喷雾系统	4 519			400.00		400.00	0.28%	
3	电气系统及变配电工程	159 661			9 826.90		9 826.90	6.90%	
3.1	变配电系统	159 661			2 973.98		2 973.98	2.09%	其中:主要设备费2 320.31万元
3.1.1	10 KV变配电设备及安装				217.66		217.66		
3.1.2	35 KV变配电设备及安装				753.16		753.16		
3.1.3	变电所设备及安装				1 803.15		1 803.15		
3.1.4	人防电气				200.00		200.00		
3.2	动力系统	159 661			4 058.32		4 058.32	2.85%	其中:主要设备费261.83万元
3.2.1	地下部分动力	63 306			1 843.45		1 843.45	1.29%	
3.2.2	地上部分动力	96 355			2 214.87		2 214.87	1.55%	

续表

<table>
<tr><td colspan="2">编制单位名称</td><td colspan="6">单项工程概算表</td><td colspan="2">编制：</td></tr>
<tr><td colspan="2" rowspan="2">北京市建筑设计研究院</td><td colspan="6">工程编号:201120</td><td colspan="2">校核：</td></tr>
<tr><td colspan="6"></td><td colspan="2">审核：</td></tr>
<tr><td rowspan="2">序号</td><td rowspan="2">工程项目和
费用名称</td><td rowspan="2">规模(m²)
或主要
工程量</td><td colspan="5">概算价值(万元)</td><td rowspan="2">占建设投
资比例%</td><td rowspan="2">备注</td></tr>
<tr><td>设备
购置费</td><td>建筑
工程费</td><td>安装
工程费</td><td>其他
费用</td><td>合计</td></tr>
<tr><td>3.3</td><td>照明系统</td><td>159 661</td><td></td><td></td><td>2 288.01</td><td></td><td>2 288.01</td><td></td><td></td></tr>
<tr><td>3.3.1</td><td>地下部分照明</td><td>63 306</td><td></td><td></td><td>825.92</td><td></td><td>825.92</td><td></td><td></td></tr>
<tr><td>3.3.2</td><td>地上部分照明</td><td>96 355</td><td></td><td></td><td>1 462.09</td><td></td><td>1 462.09</td><td></td><td></td></tr>
<tr><td>3.4</td><td>防雷和接地装置</td><td>159 661</td><td></td><td></td><td>156.59</td><td></td><td>156.59</td><td>0.11%</td><td></td></tr>
<tr><td>3.5</td><td>电力监控系统</td><td>159 661</td><td></td><td></td><td>200.00</td><td></td><td>200.00</td><td>0.14%</td><td></td></tr>
<tr><td>3.6</td><td>电气火灾监控系统</td><td>159,661</td><td></td><td></td><td>150.00</td><td></td><td>150.00</td><td>0.11%</td><td></td></tr>
<tr><td>4</td><td>燃气系统</td><td>159 661</td><td></td><td></td><td>128.48</td><td></td><td>128.48</td><td>0.09%</td><td></td></tr>
<tr><td>5</td><td>通风空调系统</td><td>159 661</td><td>—</td><td></td><td>14 323.80</td><td></td><td>14 323.80</td><td>10.05%</td><td>其中:主要设备费5 237.63万元</td></tr>
<tr><td>5.1</td><td>地下通风工程</td><td>63 306</td><td></td><td></td><td>1 001.18</td><td></td><td>1 001.18</td><td>0.70%</td><td></td></tr>
<tr><td>5.2</td><td>地上通风及空调工程</td><td>96 355</td><td></td><td></td><td>12 697.62</td><td></td><td>12 697.62</td><td>8.91%</td><td></td></tr>
<tr><td>5.2.1</td><td>地上通风及空调工程</td><td>96 355</td><td></td><td></td><td>12 528.94</td><td></td><td>12 528.94</td><td>8.79%</td><td></td></tr>
<tr><td>5.2.2</td><td>厨房专业通风</td><td>159 661</td><td></td><td></td><td>168.68</td><td></td><td>168.68</td><td>0.12%</td><td></td></tr>
<tr><td>5.3</td><td>人防通风</td><td>159 661</td><td></td><td></td><td>80.00</td><td></td><td>80.00</td><td>0.06%</td><td></td></tr>
<tr><td>5.4</td><td>空调自控系统</td><td>159 661</td><td></td><td></td><td>500.00</td><td></td><td>500.00</td><td>0.35%</td><td></td></tr>
<tr><td>5.5</td><td>锅炉自控系统</td><td>159 661</td><td></td><td></td><td>45.00</td><td></td><td>45.00</td><td>0.03%</td><td></td></tr>
<tr><td>6</td><td>弱电智能化工程</td><td>159 661</td><td></td><td></td><td>6 524.75</td><td></td><td>6 524.75</td><td>4.58%</td><td></td></tr>
<tr><td>6.1</td><td>通讯自动化系统(CA)</td><td>159 661</td><td></td><td></td><td>1 340.64</td><td></td><td>1 340.64</td><td>0.94%</td><td></td></tr>
<tr><td>6.1.1</td><td>有线电视系统</td><td>159 661</td><td></td><td></td><td>98.31</td><td></td><td>98.31</td><td>0.07%</td><td></td></tr>
<tr><td>6.1.2</td><td>综合布线</td><td>159 661</td><td></td><td></td><td>1 242.33</td><td></td><td>1 242.33</td><td>0.87%</td><td>含通信网络系统、计算机网络系统</td></tr>
<tr><td>6.2</td><td>楼宇自动化系统(BA)</td><td>159 661</td><td></td><td></td><td>2 114.27</td><td></td><td>2 114.27</td><td>1.48%</td><td>其中:主要设备费740.17万元</td></tr>
<tr><td>6.2.1</td><td>楼宇自控系统</td><td>159 661</td><td></td><td></td><td>2 114.27</td><td></td><td>2 114.27</td><td>1.48%</td><td>含信息显示系统、系统集成</td></tr>
<tr><td>6.3</td><td>安全防范自动化系统(SA)</td><td>159 661</td><td></td><td></td><td>2 169.58</td><td></td><td>2 169.58</td><td>1.52%</td><td></td></tr>
<tr><td>6.3.1</td><td>视频安防监控系统</td><td>159 661</td><td></td><td></td><td>640.80</td><td></td><td>640.80</td><td>0.45%</td><td></td></tr>
<tr><td>6.3.2</td><td>停车场管理系统</td><td>159 661</td><td></td><td></td><td>164.56</td><td></td><td>164.56</td><td>0.12%</td><td></td></tr>
<tr><td>6.3.3</td><td>门禁控制系统</td><td>159 661</td><td></td><td></td><td>1 123.34</td><td></td><td>1 123.34</td><td>0.79%</td><td></td></tr>
<tr><td>6.3.4</td><td>安防报警系统及巡更系统</td><td>159 661</td><td></td><td></td><td>240.88</td><td></td><td>240.88</td><td>0.17%</td><td>入侵报警系统</td></tr>
<tr><td>6.4</td><td>消防自动报警系统(FA)</td><td>159 661</td><td></td><td></td><td>900.26</td><td></td><td>900.26</td><td>0.63%</td><td>火灾自动报警及消防联动控制系统、消防通讯系统、可燃气体探测系统</td></tr>
</table>

续表

编制单位名称		单项工程概算表						编制:	
北京市建筑设计研究院		工程编号:201120						校核:	
								审核:	
序号	工程项目和费用名称	规模(m^2)或主要工程量	概算价值(万元)					占建设投资比例%	备注
			设备购置费	建筑工程费	安装工程费	其他费用	合计		
(三)	设备购置及安装费	159,661	4,000.00				4 000.00	2.81%	
1	主楼客梯(10台)		1 300.00				1 300.00	0.91%	
2	主楼VIP梯(2台)		260.00				260.00	0.18%	
3	主楼消防梯(1台)		120.00				120.00	0.08%	
4	副楼客梯(8台)		960.00				960.00	0.67%	
5	副楼消防梯(7台)		560.00				560.00	0.39%	
6	自动扶梯(4台)		800.00				800.00	0.56%	
二	室外配套工程			2 429.94	1 756.27	—	4 186.22	2.94%	
1	道路、场地(含室外停车场)	16 619		664.76			664.76	0.47%	
2	园林绿化	16 619		581.67			581.67	0.41%	
3	景观、小品	—		300.00			300.00	0.21%	
4	室外电气	159 661			478.98		478.98	0.34%	
5	室外给排水	159 661			319.32		319.32	0.22%	
6	室外标志系统	159 661		638.64			638.64		
7	泛光照明系统	159 661			957.97		957.97	0.67%	
8	屋顶绿化	4 081		244.88			244.88	0.17%	
三	绿色建筑工程增量费			—			—	0.00%	

4.单项工程概算分项表

单项工程概算分项表见表11-2-3。

表11-2-3　总项工程概算分项表

编制单位名称		单项工程概算分项表					编制:
北京市建筑设计研究院		工程编号:					校核:
		项目名称:					审核:
序号	工程项目和费用名称	计量指标	单位	数量	单价(元)	概算价(万元)	备注(对应分部工程概况书名称)
	工程费用			159 661.00	8 923.80	142 478.35	
一	建筑物			159 661.00	8 661.61	138 292.14	
(一)	建筑工程			159 661	6 123.49	97 768.18	
1	土建工程	建筑面积	m^2	159 661	4 458.86	71 190.66	
1.1	基础工程	建筑面积	m^2	63 306	3 280.21	20 765.69	
1.1.1	基坑支护工程	建筑面积	m^2	63 306	1 168.48	7 397.17	详见附件7-01:大厦(上海)-基坑支护
1.1.2	桩基础工程	桩工程量	m^3	33 001	2 869.05	9 468.10	详见附件7-02:大厦(上海)-桩基础

续表

编制单位名称		单项工程概算分项表				编制:	
北京市建筑设计研究院		工程编号:				校核:	
		项目名称:				审核:	
序号	工程项目和费用名称	计量指标	单位	数量	单价(元)	概算价(万元)	备注(对应分部工程概况书名称)
1.1.3	土方外运	土方量	m^3	433 380	90.00	3 900.42	
1.2	地下结构	建筑面积	m^2	63 306	3 804.03	24 081.79	详见附件7-03:大厦(上海)-地下结构
1.3	地下建筑	建筑面积	m^2	63 306	295.38	1 869.92	详见附件7-04:大厦(上海)-地下建筑
1.4	地上结构	建筑面积	m^2	96 355	1 550.41	14 938.99	详见附件7-05:大厦(上海)-地上结构
1.5	地上建筑	建筑面积	m^2	96 355	339.66	3 272.78	详见附件7-06:大厦(上海)-地上建筑
1.6	钢结构(地上、地下)	建筑面积	m^2	159 661	392.17	6 261.49	详见附件7-07:大厦(上海)-钢结构
2	室内精装修工程	装修面积	m^2	96 021	1 858.21	17 842.73	不包括车库及设备机房面积
2.1	地下部分装修	装修面积	m^2	19 350	800.00	1 547.99	按造价指标计入
2.2	室内标志、标线	装修面积	m^2	159 661	20.00	319.32	按造价指标计入
2.3	大堂装修	装修面积	m^2	2 150	3 000.00	645.04	按造价指标计入
2.4	展厅及商务配套、娱乐休闲等装修	装修面积	m^2	10 496	1 600.00	1 679.36	按造价指标计入
2.5	数据中心、消控室、机房中控室	装修面积	m^2	8 609	900.00	774.80	按造价指标计入
2.6	会议室装修	装修面积	m^2	4 478	3 000.00	1 343.39	按造价指标计入
2.7	裙房其他公共面积装修	装修面积	m^2	19 237	800.00	1 538.94	按造价指标计入
2.8	核心筒面积装修	装修面积	m^2	4 814	1 200.00	577.62	按造价指标计入
2.9	办公室装修	装修面积	m^2	26 888	2 800.00	7 528.57	按造价指标计入
2.10	门窗工程	建筑面积	m^2	159 661	118.23	1 887.71	详见附件7-08:大厦(上海)-门窗工程
3	幕墙工程	建筑面积	m^2	52 778	1 655.02	8 734.79	详见附件7-09:大厦(上海)-幕墙工程
(二)	安装工程	建筑面积	m^2	159 661	2 287.59	36 523.96	
1	给排水系统	建筑面积	m^2	159 661	126.62	2 021.61	
1.1	地下部分	建筑面积	m^2	63 306	105.74	669.42	详见附件7-10:大厦(上海)-地下给排水
1.2	地上部分	建筑面积	m^2	96 355	49.54	477.31	详见附件7-11:大厦(上海)-地上给排水
1.3	中水回收系统	建筑面积	m^2	159 661	20.35	324.89	详见附件7-12:大厦(上海)-中水回收利用工程
1.4	人防给排水	建筑面积	m^2	63 306	15.80	100.00	按造价指标计入
1.5	太阳能系统	建筑面积	m^2	159 661	28.18	450.00	按造价指标计入
2	消防喷淋系统	建筑面积	m^2	159 661	231.64	3 698.42	
2.1	消防系统	建筑面积	m^2	159 661	83.14	1 327.45	
2.1.1	防排烟系统	建筑面积	m^2	159 661	54.96	877.45	详见附件7-13:大厦(上海)-消防排烟系统
2.1.2	气体灭火系统	建筑面积	m^2	7 801	576.85	450.00	按造价指标计入
2.2	消防水系统	建筑面积	m^2	159 661	148.50	2 370.97	

续表

编制单位名称		单项工程概算分项表				编制：	
北京市建筑设计研究院		工程编号：				校核：	
		项目名称：				审核：	
序号	工程项目和费用名称	计量指标	单位	数量	单价（元）	概算价（万元）	备注（对应分部工程概况书名称）
2.2.1	地下消防水	建筑面积	m^2	63 306	114.14	722.60	详见附件 7－14：大厦（上海）－地下消防水
2.2.2	地上消防水	建筑面积	m^2	96 355	129.56	1 248.37	详见附件 7－15：大厦（上海）－地上消防水
2.2.3	细水喷雾系统	建筑面积	m^2	4 519	885.15	400.00	按造价指标计入
3	电气系统及变配电工程	建筑面积	m^2	159 661	615.49	9 826.90	
3.1	变配电系统	建筑面积	m^2	159 661	186.27	2 973.98	
3.1.1	10 KV 变配电设备及安装	建筑面积	m 2	159 661	13.63	217.66	详见附件 7－16：大厦（上海）－10KV 变配电设备及安装
3.1.2	35 KV 变配电设备及安装	建筑面积	m^2	159 661	47.17	753.16	详见附件 7－17：大厦（上海）－35KV 变配电设备及安装
3.1.3	变电所设备及安装	建筑面积	m^2	159 661	112.94	1 803.15	详见附件 7－18：大厦（上海）－变电所设备及安装
3.1.4	人防电气	建筑面积	m^2	159 661	12.53	200.00	按造价指标计入
3.2	动力系统	建筑面积	m^2	159 661	254.18	4 058.32	
3.2.1	地下部分动力	地下建筑面积	m^2	63 306	291.20	1 843.45	详见附件 7－19：大厦（上海）－地下部分电气工程
3.2.2	地上部分动力	地上建筑面积	m^2	96 355	229.87	2 214.87	详见附件 7－20：大厦（上海）－地上部分电气工程
3.3	照明系统	建筑面积		159 661	143.30	2 288.01	
3.3.1	地下部分照明	地下建筑面积		63 306	130.46	825.92	详见附件 7－21：大厦（上海）－地下部分照明工程
3.3.2	地上部分照明	地上建筑面积		96 355	151.74	1 462.09	详见附件 7－22：大厦（上海）－地上部分照明工程
3.4	防雷和接地装置	建筑面积	m^2	159 661	9.81	156.59	详见附件 7－23：大厦（上海）－防雷接地工程
3.5	电力监控系统	建筑面积	m^2	159 661	12.53	200.00	按造价指标计入
3.6	电气火灾监控系统	建筑面积	m^2	159 661	9.39	150.00	按造价指标计入
4	燃气系统	建筑面积	m^2	159 661	8.05	128.48	按造价指标计入
5	通风空调系统	建筑面积	m^2	159 661	897.14	14 323.80	
5.1	地下通风工程	建筑面积	m^2	63 306	158.15	1 001.18	详见附件 7－24：大厦（上海）－地下通风系统
5.2	地上通风及空调工程	受冷面积	m^2	96 355	1 317.80	12 697.62	
5.2.1	地上通风及空调工程	建筑面积	m^2	96 355	1 300.29	12 528.94	详见附件 7－25：大厦（上海）－地上通风及空调工程
5.2.2	厨房专业通风	受冷面积	m^2	159 661	10.57	168.68	详见附件 7－26：大厦（上海）－厨房专业通风
5.3	人防通风	建筑面积	m^2	159 661	5.01	80.00	按造价指标计入
5.4	空调自控系统	建筑面积	m^2	159 661	31.32	500.00	按造价指标计入

续表

编制单位名称		单项工程概算分项表				编制:	
北京市建筑设计研究院		工程编号:				校核:	
		项目名称:				审核:	
序号	工程项目和费用名称	计量指标	单位	数量	单价(元)	概算价(万元)	备注(对应分部工程概况书名称)
5.5	锅炉自控系统	建筑面积	m^2	159 661	2.82	45.00	按造价指标计入
6	弱电智能化工程	建筑面积	m^2	159 661	408.66	6 524.75	
6.1	通信自动化系统(CA)	建筑面积	m^2	159 661	83.97	1 340.64	
6.1.1	有线电视系统	建筑面积	m^2	159 661	6.16	98.31	详见附件 7 - 27:大厦(上海) - 有线电视系统
6.1.2	综合布线	建筑面积	m^2	159 661	77.81	1 242.33	详见附件 7 - 28:大厦(上海) - 综合布线系统
6.2	楼宇自动化系统(BA)	建筑面积	m^2	159 661	132.42	2 114.27	
6.2.1	楼宇自控系统	建筑面积	m^2	159 661	132.42	2 114.27	详见附件 7 - 29:大厦(上海) - 楼宇自控系统
6.3	安全防范自动化系统(SA)	建筑面积	m^2	159 661	135.89	2 169.58	
6.3.1	视频安防监控系统	建筑面积	m^2	159 661	40.14	640.80	详见附件 7 - 30:大厦(上海) - 视频监控系统
6.3.2	停车场管理系统(含停车引导系统)	建筑面积	m^2	159 661	10.31	164.56	详见附件 7 - 31:大厦(上海) - 车库管理系统
6.3.3	门禁控制系统	建筑面积	m^2	159 661	70.36	1,123.34	详见附件 7 - 32:大厦(上海) - 门禁系统
6.3.4	安防报警系统及巡更系统	建筑面积	m^2	159 661	15.09	240.88	详见附件 7 - 33:大厦(上海) - 防入侵报警系统
6.4	消防自动报警系统(FA)	建筑面积	m^2	159 661	56.39	900.26	详见附件 7 - 34:大厦(上海) - 消防报警系统
(三)	设备购置及安装费	建筑面积	m^2	159 661	250.53	4 000.00	
1	主楼客梯	数量	台	10	1 300 000.00	1 300.00	载重量 1.6 T,1.75 m/s,11 层 11 站,参考进口中档产品报价
2	主楼 VIP 梯	数量	台	2	1 300 000.00	260.00	载重量 1.6T,1.75m/s,11 层 11 站,参考进口中档产品报价
3	主楼消防梯	数量	台	1	1 200 000.00	120.00	载重量 2 T,1 m/s,11 层 11 站,参考进口中档产品报价
4	副楼客梯	数量	台	8	1 200 000.00	960.00	载重量 1.6 T,1.75 m/s,8 层 8 站,参考进口中档产品报价
5	副楼消防梯	数量	台	7	800 000.00	560.00	载重量 1.35 T,1 m/s,8 层 8 站,参考进口中档产品报价
6	自动扶梯	数量	台	4	2 000 000.00	800.00	
二	室外配套工程		m^2	23 619	1 772.39	4 186.22	
1	道路、场地(含室外停车场)	道路面积	m^2	16 619	400.00	664.76	按造价指标计入
2	园林绿化	绿化面积	m^2	16 619	350.00	581.67	按造价指标计入
3	景观、小品	建筑面积	m^2			300.00	按造价指标计入

续表

编制单位名称		单项工程概算分项表				编制：	
北京市建筑设计研究院		工程编号：				校核：	
		项目名称：				审核：	
序号	工程项目和费用名称	计量指标	单位	数量	单价（元）	概算价（万元）	备注（对应分部工程概况书名称）
4	室外电气	建筑面积	m^2	159 661	30.00	478.98	按造价指标计入
5	室外给排水	建筑面积	m^2	159 661	20.00	319.32	按造价指标计入
6	室外标志系统	建筑面积	m^2	159 661	40.00	638.64	按造价指标计入
7	泛光照明系统	建筑面积	m^2	159 661	60.00	957.97	按造价指标计入，考虑整个大楼及室外泛光
8	屋顶绿化	建筑面积	m^2	4 081	600.00	244.88	按造价指标计入
三	绿色建筑工程增量费	建筑面积	m^2			—	

5. 技术指标

技术指标见表 11-2-4。

表 11-2-4　××大厦（上海）项目概算指标

设计指标	名称	数量（m^2）	造价指标	项目概算总投资	247 529.83	15 503.46
	总用地面积（m^2）	47 482.7		工程建设总投资	228 430.56	14 307.22
	总建筑面积（m^2）	159 661.00		土地费用	58 689.40	3 675.88
	其中：			建安工程总造价	142 478.35	8 923.80
	地上建筑面积（m^2）	96 355.00		建安工程总造价（不包含室外园林与附属工程）	138 292.14	8 661.61
	地下建筑面积（m^2）	63 306.00				
	建筑结构形式	框架剪力墙结构，建筑主楼地上 9 层，地下 2 层，地面以上建筑总高度 40 米		建安工程总造价（不包含室外景观与附属工程、装修、幕墙、设备费）	107 714.62	6 746.46

6. 其他明细表

其他明细表略。

11.3　招投标阶段实例

11.3.1　招标文件实例

本实例为北京某大学教学楼项目招标文件实例，并按北京市建设委员会 2008 年 12 月颁布的《北京市房屋建筑和市政基础设施工程施工总承包招标文件示范文本》（2008 年版）进行编制，具体内容如下。

1. **通用部分封面**

招标备案编号：

北京某大学教学楼工程
施工总承包

招标文件

（共两册　第一分册：通用部分）

招 标 人：__________________（盖章）
法定代表人或其委托代理人：______（签字或盖章）
日　　期：______________ 年________ 月________ 日

2. **通用部分内容（此部分内容省略）**

（1）通用部分总目录；
（2）第一章 投标须知通用部分封面；
（3）投标须知通用部分目录及内容；
（4）第二章 评标办法通用部分封面；
（5）评标办法通用部分目录及内容；
（6）第三章 技术标准和要求通用部分封面；
（7）技术标准和要求通用部分目录及内容；
（8）第四章 合同条款通用部分封面；
（9）第四章 合同条款通用部分目录及内容；
（10）第五章 合同协议书封面；
（11）合同协议书内容；
（12）第六章 投标文件格式通用部分封面；
（13）投标文件格式通用部分目录及内容；
（14）专用部分封面。

3. **专业部分封面**

招标备案编号：

北京某大学教学楼工程
施工总承包

招标文件
（共两册　第二分册：专用部分）

招 标 人：__________________（盖章）
法定代表人或其委托代理人：______（签字或盖章）
日　　期：______________ 年________ 月________ 日

4. 专业部分内容

1)使用说明

使用说明

本招标项目的招标文件由《通用部分》和《专用部分》两分册构成。本分册为《专用部分》,与北京市建设委员会2008年12月颁布的《北京市房屋建筑和市政基础设施工程施工总承包招标文件》(2008年版)的《通用部分》配套使用。

《通用部分》请在"北京建设网"(www. bjjs. gov. cn)或"北京市建设工程信息网"(www. bcactc. com)查询或下载。

2)专用部分总目录

目　录

3)第七章　投标须知专用部分

投标须知专用部分

1.　招标工程概述

1.1　工程概况:

工程名称:北京某大学教学楼

建设地点:北京市×××号

建设规模:总建筑面积为100 000 m^2

工程类别:公共建筑

1.2　相关单位:

招标人:北京×××大学

设计人:×××建筑设计研究院有限公司

监理人:待定

招标代理机构:×××工程咨询有限公司

2.　资金来源和落实情况

2.1　资金来源:国拨资金加自筹资金

2.2　落实情况:全部到位

4.　招标方式

4.1　本工程采用公开招标的方式进行招标

10.　现场踏勘

10.3　(1)踏勘现场时间:2010年11月17日14时00分

(2)地点:北京×××大学

(3)各投标人可派 3 位代表参加

11. 招标文件组成

11.4 图纸押金金额: ¥10 000.00 元(大写: 人民币壹万元整)

13. 招标文件澄清

13.1 (1)提交答疑问题截止时间:2011 年11 月 18 日 15 时 00 分

(2)联系方式如下。

联系人:×××

联系电话:12345678

传真:12345678

电子信箱:abc@ vip. sina. com

16. 投标文件编制

16.1.1 第一部分:商务标。商务标包括以下内容:

(2)原通用部分 16.1.1(2)款不适用,投标保证担保原件可随电子标书一同密封后提交。

(4)原通用条款 16.1.1(4)款不适用,投标人法定代表人身份证明书或投标文件签署授权委托书为电子扫描件。

(5)工程量清单计价相关表格名称如下(具体格式见投标文件格式专用部分,如与工程量清单中对应表格格式不一致,则以工程量清单对应表格格式为准):

投标总价表

总说明表

工程项目投标报价汇总表

单项工程投标报价汇总表

单位工程投标报价汇总表

分部分项工程量清单与计价表

措施项目清单与计价表(一)

措施项目清单与计价表(二)

其他项目清单与计价汇总表

暂列金额明细表

材料暂估单价表

专业工程暂估价表

计日工表

总承包服务费计价表

规费、税金项目清单与计价表

工程量清单综合单价分析表

取费费率报价表

约定风险范围的主要材料报价表

承包人负责采购的部分材料和工程设备报价表

商务标包括的其他内容及要求如下:

无。

16.1.2 技术暗标包括的其他内容及要求:

(1)对本项目工作特点、重点、难点的理解及应对措施;

(2)创优保证措施及实施方案;

(3)劳动力计划及主要设备材料、构件的用量计划;
(4)对总包管理的认识及对暂估价的专业分包工程、发包人发包专业工程(若有)的配合、协调、管理、服务方案;
(5)成品保护和工程保修的管理措施;
(6)紧急情况的处理措施、预案以及抵抗风险的措施。
(7)施工现场总平面布置:施工总平面布置图应合理地布置大型垂直运输机械、各类加工制作车间、现场临时办公用房、工具房、库房、周转材料堆放场地、临时道理及临时水电管线、临时出入口等。

16.1.3　技术明标包括的其他内容及要求如下:无。
特别提醒:投标人所填报的项目组织管理机构情况及项目经理等情况应与投标人在资格预审阶段所填报的相关资料一致。否则根据本招标文件第二章评标办法第13.1(11)款中相关约定,其投标文件将被判定为废标。
原16.1.3(2)、16.1.3(3)不适用,项目经理简历表及其有效职称证书、学历证书和资质证书(或注册资格证书),技术负责人简历及其有效职称证书、学历证书均为电子扫描件。

16.5　原通用条款16.5不适用,全套投标文件应无涂改、行间插字或删除,除非上述删改是根据招标人发出的招标文件修改补充文件的指示进行的,或者是投标人造成的 必须修改的错误,投标文件修改处须由投标文件签署人签字或盖章。特别提醒:任何情况下,技术暗标中不得出现任何涂改、行间插字或删除痕迹。

16.7　原通用条款16.7不适用,为保证本招标工程评标活动的客观公正,投标文件中施工组织设计文件列为技术暗标。评标委员会评标时,将以"暗标"的方式对其进行评审。特别提醒:任何情况下,投标人编制的投标文件技术暗标(包括电子文档名称)内容中均不得出现投标人名称和其他可识别投标人身份的任何字符、徽标、业绩、荣誉及人员姓名等。
本招标工程关于技术暗标的编制其他要求和格式如下:
(1)技术暗标文件均须左侧装订,装订须牢固不易拆散和换页,不得采用活页方式装订。
(2)技术暗标文件必须合并成装订为一册,不得分册装订。
(3)封面、封底及侧封均采用白色复印纸,且纸张上不允许有其他附着物(塑料薄膜等)。除正本封面应标注"正本"字样及加盖投标人公章外,副本的封面、封底及侧封必须完全是空白格式,副本封面不得带有任何其他文字、图案、标志、符号等,亦不需标明"副本"字样。
(4)技术暗标文件中不得加任何颜色或形式的隔页纸。
(5)正文部分版面不允许设置页眉,且页脚只设置页码。
(6)正文内容中均不得出现投标人名称和其可识别投标人身份的任何字符、徽标、业绩、荣誉及人员姓名等。
(7)"技术暗标"页数不得超过400页,页数过多时,应当本着突出重点的原则予以缩减。
(8)所有文字和图表部分统一用70克白色A4复印纸双面打印(或复印)装订;对于比较大的图表可以用白色A3复印纸打印,则需将A3规格纸张折叠成A4大小,并统一装订。
(9)除图表可以用彩色打印外(但不是必须),所有文字部分须采用黑色打印。
(10) 在封面后、正文前加技术暗标文件的目录,标明投标文件章节内容和对应的页号。
(11) 各章节的标题统一用三号黑体加粗字体并居中排列;除图表部分外,所有正文部分(含目录)统一采用小四号宋体编排,行距为固定值22磅,标准字距,左右两端对齐;图表部分的字体和排版格式根据图表内容自行定义。
(12) 各大章之间分页编排。
(13) 页码格式采用小五号拉伯数字格式,设在页脚居中位置;页码应当连续,不得分章或节单独编码；

(14) 摘要须放置在技术暗标目录之前。

特别声明：上述(1)至(14)款项不适用本招标文件第二章评标办法第13.1(22)款中废标条件的相关约定；但违反通用条款中不得出现投标人名称和其他暴露或可识别投标人身份的任何字符、徽标、业绩、荣誉及人员姓名等技术暗标文件要求的，均适用本招标文件第二章评标办法第13.1(22)款中废标条件的相关约定。

16.8 原通用部分16.8款不适用，本项目中标通知书发出前不要求提供纸质投标文件。

16.9 (1) 招标人要求 投标人提交电子版本投标文件。

(2) 要求提交时，电子版投标文件包括：详见本须知补充条款 。

(3) 电子版本投标文件要求：详见本须知补充条款。

(4) 电子版本投标文件需要提交份数：详见本须知补充条款 。

18. 投标文件装订与签署

18.2 原通用条款18.2不适用，根据16.1款有关要求和规定，投标人为增加其投标竞争性而编制的必要的其他资料，应根据投标文件的编制要求和原则，按照商务标、技术暗标、技术明标三部分予以分类。

19. 投标文件密封与标志

19.1 原通用条款19.1不适用，投标人应将所有投标文件(包括电子标书两张光盘、一个U盘、投标保证担保原件(如要求提供时))一起密封后提交。

20. 投标文件提交

20.1 提交投标文件截止时间：2010年12月07日09时00分

提交地点：北京市建设工程发包承包交易中心

联系人：* * *　　联系电话：88395176(5175)—8059

22. 投标有效期

22.1 投标有效期为90日历天

23. 投标保证担保

23.1 招标人 要求 投标人提交投标保证担保

要求提交时，投标保证担保金额：800 000.00元整(大写：捌拾万元整)

投标保证担保形式：投标保函

23.3 本招标工程投标保证担保有效期的截止时间：投标有效期满后30日历天

26. 开标

26.7 其他要求：

投标人提交的电子版本投标文件应为一正一副两张光盘和一个U盘。开标时，按光盘正本、光盘副本、U盘顺序进行读取导入，光盘正本正确导入时，以光盘正本为准；当光盘正本无法导入时，以光盘副本为准；当光盘副本也无法导入时，以U盘为准。若光盘能够正常读取，U盘可在开标后各单位自行带回。

1 补充条款：

为了适应电子化评标需要，电子版本投标文件要求如下。

i. 电子版本投标文件为使用北京市有形建筑市场提供的“电子标书生成器”制作生成的GEF格式文件。

ii. “电子标书生成器”具有使用单位唯一性，投标人须使用本单位的软件编制投标文件。

iii. 电子版本投标文件的文字、图标、清单数据等内容，应由各种相应的软件制作后导入到“电子标书生成器”制作形成GEF格式文件。须符合以下要求：

①为了保证纸质标书与电子标书的一致性，纸质投标文件应由“电子标书生成器”直接打印生成。电子版本与文字版本如不一致，以文字版本为准。

②电子版本投标文件内容包括的投标函（包括投标保函扫描件等）、技术明标、技术暗标、经济标（包括暂估价的材料和工程设备损耗率表等）、XML 清单数据五个页签，投标人不得任意增减和更改名称。唱标内容应与投标文件相应内容一致，如不一致，以投标文件内容为准。

③技术标部分：按明标、暗标分别导入不同的页签；按内容分目录导入。暗标中不得出现透漏投标单位的任何信息。

④执行工程量清单计价规范，电子投标文件中须含 XML 清单数据。

⑤为了保证电子投标文件的合法性、安全性和完整性，电子投标文件转换完成后，应在与纸质投标文件加盖公章相应部位加盖带有 CA 数字证书的电子印章并固化。

⑥将制作完成后的电子投标文件，复制到两张光盘和一个 U 盘中，提交的所有光盘和 U 盘中只能有内容一致的且唯一的电子投标文件，不能有其他任何文件，并不得含有电脑病毒。

⑦光盘和 U 盘里的电子投标文件提交前均须使用“电子标书生成器”中的标书检查工具进行预检查，生成 10 位检查码。

⑧光盘表面粘贴北京市有形建筑市场统一发放的专用“光盘贴”，并将项目名称、招标项目备案编号、单位名称、10 位检查码、正副本等信息填写在光盘贴上。

iv. 电子版本投标文件中的 XML 清单数据文件应符合《北京市建设工程计算机辅助评标数据接口（V2.5）》的规定。一份电子投标文件只能包含一个 XML 文件，多个专业分别编制时应汇总合并。

v. 电子版本投标文件需要提交两张光盘和一个 U 盘。

有下列情况之一的，该投标人的投标文件将被拒绝：

(1) 电子投标文件不是使用北京市有形建筑市场提供的“电子标书生成器”生成的 GEF 文件。

(2) 使用非投标人自有的“电子标书生成器”编制电子投标文件。

(3) 没有在“光盘贴”上填写 10 位检查码，或编造错误的检查码。

(4) 两张光盘、一个 U 盘，在开标现场均无法正常导入。

4）第八章　评标办法专用部分

评标办法专用部分

4.	评标委员会
4.1	(1) 评标委员会成员总人数：__9__人。 (2) 其中招标人代表人数：__3__人；技术专家人数：__4__人；经济专家人数：__2__人。
9.4.1	原通用条款 9.4.1 不适用，招标人或其委托的招标代理机构应在评标前，指定专人通过计算机系统对技术暗标进行编号，参与编码的人员不得与评标委员会成员有任何接触。
10.	评审内容和方法
10.1.4	原通用条款 10.1.4 不适用，在评标委员会全体成员均完成暗标评审并将评审记录保存后，由评标委员会通过系统的编码记录确定投标人与暗标编号的对应关系，并填写技术暗标确认表。技术暗标编号确认表格式见评标办法专用部分评标附表 4：技术暗标编号确认表。
10.2.8	澄清、说明或补正的编制要求：详见质询函。
10.2.10	在评标前，如招标人认为有必要可以自行组织清标小组进行清标工作后再进行评标工作。
10.5.1	(3) 有效投标商务标量化得分计算时采用__区间__法。

10.7.1　评标委员会加权得分合计及加权得分平均值计算规定如下：
技术部分权重（权重代码为 $A1$）为 40%，商务部分权重（权重代码为 $A2$）为 60%；
最终加权得分 $= M1 \times A1 + M2 \times A2$
如果出现加权得分平均分值相同的情况，确定优先排名次序的标准如下：
对加权得分平均分值相同的投标人，按照技术部分得分由高至低的顺序确定优先排名次序，技术部分得分相同时再按有效投标报价由低至高的顺序优先排名次序。

12.　评标报告

12.1　书面评标报告包括的其他内容：无。

13.　废标条件

13.1　其他废标条件：投标报价超过拦标价。
(22)通用部分第(22)款不适用，暗标格式条款不作为废标条款，但出现投标人名称和其他可识别投标人身份的任何字符、徽标、业绩、荣誉及人员姓名的除外。

14.　名词解释及评标规定

14.1　本招标工程＿/＿招标控制价。若设置，招标控制价的金额或说明为：招标控制价为＿/＿元人民币。
本招标工程设立拦标价，以标底上浮 3%（不含）为拦标价。

14.3　本招标工程专业分包工程整项暂估价和暂列金额及其合计金额如下：
专业分包工程整项暂估价：10 850 万元。
暂列金额：2 000 万元。
以上各项合计金额：12 850 万元。

14.4　本招标工程的基准价计算规定如下：
各评标价格去掉最高和最低的各一家评标价格后的算术平均值即为“基准价”。
特别提醒：为计算“基准价”而去掉的最高和最低的投标报价，不属于无效的投标报价；当有效投标报价少于或等于四家时，基准价应采用各有效投标报价的评标价格的算术平均值计算。

14.5　未能按照评标委员会的要求对细微偏差予以补正的，详细评审时其最终评定分值在该项应得分值的基础上折减＿10＿%。

17.　评标附表

17.1　以下评标附表（见后续页）是本评标办法的组成部分，供评标委员会评标使用。评标委员会依据有关评标附表中明确的评审内容及其标准进行评审。
附表 1 评标委员会签到表；
附表 2 评标专家声明书；
附表 3 技术暗标评审记录表；
附表 4 技术暗标编号确认表；
附表 5 投标偏差分析表；
附表 6 符合性与完整性评审记录表；
附表 7 商务标评审记录表；
附表 8 澄清、说明或补正记录表；
附表 9 评分汇总及得分换算表；
附表 10 评标结果汇总表；
附表 11 评审意见表。

1　补充条款

凡投标人的投标文件中存在错项、漏项情况的，无论投标人是否被要求在评标委员会质疑时对其《分部分项工程量清单与计价表》中错项、漏项予以澄清、说明及补正，中标人须承诺在合同签订前完成对中标的投标文件中出现的错项、漏项和不平衡报价自行予以修正，确保本施工合同顺利执行。

附表1：评标委员会签到表

评标委员会签到表

招标工程名称：　　　　　　　　　　　　评标时间：　　年　　月　　日

序号	姓名	职称	工作单位	电话号码	备注
1					
2					
3					
4					
5					
6					
7					

附表2：评标专家声明书

评标专家声明书

本人接受招标人邀请，担任____________________________工程建设项目施工总承包招标的评标专家。

本人声明：本人在评标前未与招标人、招标代理机构以及投标人发生可能影响评标结果的接触；在中标结果确定之前，不向外透露对投标文件的评审、中标候选人的推荐情况以及与评标有关的其他情况；不收受招标人超出合理报酬以外的任何现金、有价证券和礼物；不收受有关利害关系人的任何财物和好处；无国家及本市有关规定需要回避的情形。

本人郑重保证：在评标过程中，遵守有关法律法规规章和评标纪律；服从评标委员会的统一安排；独立、客观、公正地履行评标专家职责。

本人接受有关行政监督部门依法实施监督。如违反上述承诺或者不能履行评标专家职责，本人愿意承担一切由此带来的法律责任。

特此声明。

评标专家签名：

日　　期：　　年　　月　　日

附表 3:技术暗标评审记录表

技术暗标评审记录表(标准分 100,分值代号为 M1)

序号	评分项目	标准(分)	评分标准	分值(分)	技术暗标编号							备注
1	对本项目工作特点、重点、难点的理解及应对措施	10	理解全面,针对性很强	7~10								
			理解基本全面,针对性较强,细节待完善	4~6								
			理解全面性较差,针对性一般	0~3								
2	施工总体进度计划及保障措施	10	措施合理、可行、针对性强	9~10								
			措施基本合理、基本可行、细节待完善	6~8								
			措施欠合理,可行性差,无法满足工程需要	0~5								
3	质量目标和质量保证措施	15	措施合理、可行、针对性强	12~15								
			措施基本合理、基本可行、细节待完善	9~11								
			措施欠合理,可行性差,无法满足工程需要	0~8								
4	安全防护及文明施工措施	15	措施合理、可行、针对性强	12~15								
			措施基本合理、基本可行、细节待完善	9~11								
			措施欠合理,可行性差,无法满足工程需要	0~8								
5	主要分部分项工程施工方案和技术措施	10	措施合理、可行、针对性强	9~10								
			措施基本合理、基本可行、细节待完善	6~8								
			措施欠合理,可行性差,无法满足工程需要	0~5								
6	创优保证措施及实施方案	10	措施合理、可行、针对性强	9~10								
			措施基本合理、基本可行、细节待完善	6~8								
			措施欠合理,可行性差,无法满足工程需要	0~5								
7	劳动力计划及主要设备材料、构件的用量计划	10	计划周密,安排得当,时间安排合理	8~10								
			计划一般,安排一般,时间安排一般	6~7								
			计划较差,安排较差,时间安排较差	0~5								
8	对总包管理的认识及对专业分包工程的配合、协调、管理、服务方案	5	措施合理、可行、针对性强	4~5								
			措施基本合理、基本可行、细节待完善	2~3								
			措施欠合理,可行性差,无法满足工程需要	0~1								

续表

序号	评分项目	标准（分）	评分标准	分值（分）	技术暗标编号							备注
9	成品保护和工程保修的管理措施	5	措施合理、可行、针对性强	4~5								
			措施基本合理、基本可行、细节待完善	2~3								
			措施欠合理，可行性差，无法满足工程需要	0~1								
			措施基本合理、基本可行、细节待完善	2~3								
10	紧急情况的处理措施、预案以及抵抗风险的措施	5	措施合理、可行、针对性强	4~5								
			措施基本合理、基本可行、细节待完善	2~3								
			措施欠合理，可行性差，无法满足工程需要	0~1								
11	施工现场总平面布置	5	合理、可行、针对性强	5								
			基本合理、基本可行、细节待完善	3~4								
			欠合理，可行性差，无法满足工程需要	0~2								
12	技术暗标是否符合本招标文件投标须知第16.7款专用部分中关于技术暗标编制的要求和格式的	0	符合	0								
			不符合	-2								
投标人技术暗标得分合计												

评委签名：　　　　　　　　　　日期：　年　月　日

附表4：技术暗标编号确认表

技术暗标编号确认表

招标工程名称：

序号	暗标编号	确认的投标单位名称

说明：因采用电子辅助评标，本工程暗标编写由计算机自动生成。

全体评委签名：　　　　　　　　　　日期：　年　月　日

附表5:投标偏差分析表

投标偏差分析表

投标人名称:

重大偏差			细微偏差			
序号	重大偏差内容说明	招标文件相关条款	序号	细微偏差内容说明	招标文件相关条款	补正情况

说明:本表由全体评委在共同评议的基础上给出结论,评委意见不一致时,按照少数服从多数的原则确定。

全体评委签名: 日期: 年 月 日

附表6:符合性与完整性评审记录表

符合性与完整性评审记录表

序号	评审内容	投标人名称及评审意见						
1	以他人名义投标、串通投标,以行贿等手段谋取中标或者以其他弄虚作假的方式投标的							
2	报价明显低于其他投标报价或在设有招标控制价时明显低于招标控制价,且投标人不能按评标委员会要求进行合理说明或不能提供相关证明材料,由评标委员会认定以低于成本报价竞标的							
3	未能响应招标文件规定的所有实质性要求和条件的							
4	没有按照招标文件要求提供投标保证担保或者所提供的投标保证担保有瑕疵的							
5	投标函及其附录没有加盖投标人公章的,或没有法定代表人或其委托代理人签字或盖章的							
6	投标文件载明的招标工程完成期限超过招标文件规定的期限的							
7	实质性不响应招标文件中规定的技术标准和要求的							
8	投标文件附有招标人不能接受的条件的							
9	未按规定的格式填写,内容不全或投标函及其附录中关键字迹模糊、无法辨认的							
10	投标人提交两份或多份内容不同的投标文件,或在一份投标文件中对本招标工程报有两个或多个报价,但未声明哪一个有效的							
11	投标人名称或组织机构与投标资格备案登记时不一致的							

续表

序号	评审内容	投标人名称及评审意见							
12	联合体投标其组成发生变化,在提交投标文件截止之日前未征得招标人书面同意的,或者未经投标监管部门备案登记的,或者变化后的联合体削弱了竞争,公开招标时含有事先未经过资格预审或者资格预审不合格的、邀请招标时含有未被招标人邀请的法人或者其他组织的,或者使联合体的资质降到资格预审文件中规定的最低标准以下的								
13	投标人法定代表人或其委托代理人(以法定代表人授权委托书为准)未按本招标文件投标须知有关规定参加开标会,或虽参加开标会但不能出示有效身份证件证明其身份的								
14	对开标结果拒绝签字确认,且经招投标监管部门监管工作人员到场核实无误后,仍拒绝签字确认的								
15	投标文件中载明的质量等级、质量奖项达不到招标文件规定的质量等级、质量奖项,或者以质量奖项代替质量等级的								
16	投标报价超出拦标价的(不含等于)								
17	投标报价中包含的专业分包工程整项暂估价、暂列金额(如有)与招标文件中给定的不一致的								
18	未按照招标文件要求制定相应的安全文明施工措施的								
19	未按照招标文件要求对安全文明施工费单独列项计价,或其报价低于招标文件有关规定和要求的								
20	投标文件中明确的拟投入本工程的有关人员(包括拟派项目经理)、设备等实质性内容与投标资格备案登记时不一致,在提交投标文件截止时间前未征得招标人书面同意,或改变后的情况低于投标资格预审申请文件中所报相关人员、设备等相应的资格条件的								
21	技术暗标不符合本招标文件投标须知第 16.7 款通用部分中关于技术暗标编制的要求和格式的								
22	投标行为违反招投标有关法律、法规及规章规定的								
初步评审最终结论									

说明:1. 本表由全体评委在共同评议的基础上给出结论,评委意见不一致时,按照少数服从多数的原则确定。

2. 存在上述评审内容情况的打“×”;不存在打“√”。“初步评审最终结论”一栏填写“通过”或“不通过”。

日期:　年　月　日

全体评委签名:

附表7：商务标评审记录表

商务标评审记录表（标准分100，分值代号为M2）

评分标准		A:		B:		C:		D:		E:		F:		G:		全体评委签字
		β	得分	β	得分	β	得分	β	得分	β	得分	β	得分	β	得分	
$\beta>9\%$	80															
$8\%<\beta\leqslant9\%$	82															
$7\%<\beta\leqslant8\%$	84															
$6\%<\beta\leqslant7\%$	86															
$5\%<\beta\leqslant6\%$	88															
$4\%<\beta\leqslant5\%$	90															
$3\%<\beta\leqslant4\%$	92															
$2\%<\beta\leqslant3\%$	94															
$1\%<\beta\leqslant2\%$	96															
$0<\beta\leqslant1\%$	98															
$-1\%\leqslant\beta\leqslant0$	100															
$-2\%\leqslant\beta<-1\%$	99															
$-3\%\leqslant\beta<-2\%$	98															
$-4\%\leqslant\beta<-3\%$	97															
$-5\%\leqslant\beta<-4\%$	96															
$-6\%\leqslant\beta<-5\%$	95															
$-7\%\leqslant\beta<-6\%$	94															
$-8\%\leqslant\beta<-7\%$	93															
$-9\%\leqslant\beta<-8\%$	92															
$-10\%\leqslant\beta<-9\%$	91															
$\beta<-10\%$	90															

说明：各有效投标的评标价格 X_i 与基准价 M 的差异值 $\beta=(X_i-M)/M\times100\%$。

全体评委签名：

日期：　　年　　月　　日

附表8：澄清、说明或补正记录表

澄清、说明或补正记录表

招标项目名称：		投标人名称：
质疑问卷发出日期和时间：		投标人（盖章）：
要求回复日期和时间：		实际回复日期和时间：
电话：　　　　传真：		电话：　　　　传真：
其他要求：		
序号	评标委员会对投标文件的质疑问题	投标人的澄清、说明和补正

续表

招标项目名称：		投标人名称：

第　页　共　页

附表9：评分汇总及得分换算表

评分汇总及得分换算表

评审内容	标准分	分值代号	权重								
				标准得分	加权得分	标准得分	加权得分	标准得分	加权得分	标准得分	加权得分
技术部分	100	$M1$	40%								
商务部分	100	$M2$	60%								
最终加权得分合计											

评审内容	标准分	分值代号	权重								
				标准得分	加权得分	标准得分	加权得分	标准得分	加权得分	标准得分	加权得分
技术部分	100	$M1$	40%								
商务部分	100	$M2$	60%								
最终加权得分合计											

评委签名：　　　　　　　　　　　　　　　　　　　　　　日期：　年　月　日

备注：最终加权得分 $= M1 \times A1 + M2 \times A2$

附表10：评标结果汇总表

评标结果汇总表

评委序号和姓名	投标人名称及其加权得分						
1：							
2：							
3：							
4：							
5：							
评委加权得分合计							
评委加权得分平均值							
投标人最终排名次序							

全体评委签名：　　　　　　　　　　　　　　　　　　　　日期：　年　月　日

附表 11:评审意见表

<table>
<tr><th>评审意见表</th></tr>
<tr><td></td></tr>
<tr><td>评委签名:</td></tr>
</table>

5)第九章　技术标准和要求专用部分

技术标准和要求专用部分

1.　现场条件和周围环境

1.1　现场具体地理位置的说明:

北京市海淀区××号

1.3　施工现场临时供水管径:

不小于 DN100,投标人应在招标阶段的现场踏勘过程中进行详细的了解。

施工现场临时供电容量(变压器输出功率):

1 000 kVA,投标人应在招标阶段的现场踏勘过程中进行详细的了解。

1.4　招标人提供的现场条件和周围环境的其他资料和信息数据

发包人在开工前提供工程地质勘察报告复印件及部分地下管线资料复印件。

招标人在现场北侧 500 m 左右可提供 5 000 多 m^2 的场地可供中标人使用,场地中的 2 800 m^2 左右的简易房(若使用,须经过现场勘察后自行维修达到使用条件;若不使用,相关拆除费用已包括在中标人的投标报价中)可供中标人免费使用,投标人在投标报价及现场临设布置过程中应当综合考虑上述因素。

特别提醒：在上述条件下，若施工现场仍然无法完全满足承包人搭设临时设施的条件要求，投标人应当自行考虑场外临设的安排计划，以便于对临时设施做出更加合理的安排，相关所有费用均应在措施费用报价中进行考虑。发包人不会接受承包人因此提出的索赔要求。

2.　承包(招标)范围

2.1.1　本招标工程承包人自行施工的工程范围：

北京某大学教学楼建设项目施工图纸所示的建筑、结构、给排水、空调、通风、电气(强电)、电梯工程等工程施工图纸设计规定的全部工程内容。

室外工程(下沉式庭院中的绿化工程、庭院工程、室外座椅等)、车库的配套设施(车挡、橡胶护角、双向反光减速垫、反光标志等)和变配电工程不在本次招标范围内，但上述中标人应当按照招标文件工程量清单编制说明中的相关要求实施与变配电工程相关的辅助工程，并须按招标文件要求对上述发包人发包专业工程承包人提供合同文件约定的相应管理配合服务。

施工图纸范围内的铝板幕墙、玻璃幕墙、玻璃雨篷及玻璃天窗工程，铝合金门窗和不锈钢门窗工程，石材幕墙工程，轻钢玻璃旋转楼梯、二次精装修工程，消防工程，弱电工程，低温热水地板辐射采暖系统工程虽然包括在本次招标范围内，但将以暂估价的专业分包工程的形式予以实施。但上述专业分包工程中随主体结构预留、预埋的铁件、暗配管、接线盒及穿带线工程应由总承包中标人自行完成，同时总承包中标人须按招标文件要求对上述暂估价的专业分包人提供合同文件约定的相应管理配合服务。

具体范围及内容详见工程量清单编制说明

5.　工期要求

5.1　定额工期

5.1.1　本招标工程的定额工期为900日历天。

5.2　要求工期

5.2.1　对于本招标工程，招标人要求的工期如下：

本工程要求工期：850 日历天。

5.3　计划开工和计划竣工日期

5.3.1　本招标工程的计划开工日期：2012 年12 月30 日

本招标工程的计划竣工日期：2015 年3 月12 日

区段工期要求：为确保学校校庆庆典活动对本项目整体形象进度的需要，要求本项目于2013年9月25日前完成全部外立面装修、室内门厅的装修。

6.　质量要求

6.2.1　招标人对本招标工程质量方面的特殊要求：确保竣工长城杯金奖，争创鲁班奖。

7.　安全文明施工措施及要求

7.2　关于本招标工程关于安全文明施工措施的具体要求及措施项目内容如下：

至少满足建设部《建筑工程安全防护、文明施工措施费用及使用管理规定》(建办[2005]89号文件)，以及北京市建委关于安全防护、文明施工措施方面有关文件的规定。

1. 文明施工与环境保护

(1)安全警示标志牌：在易发伤亡事故(或危险)处设置明显的、符合国家标准要求的安全警示标志牌。

(2)现场围挡：现场采用封闭围挡。

(3)五板一图：在进门处悬挂工程概况、管理人员名单及监督电话、安全生产、文明施工、消防保卫五板；施工现场总平面图。

(4)企业标志：现场出入的大门应设有本企业标志或企业标志。

(5)场容场貌:道路畅通;排水沟、排水设施通畅;工地地面硬化处理;绿化。

(6)材料堆放:材料、构件、料具等堆放时,悬挂有名称、品种、规格等标牌;水泥和其他易飞扬细颗粒建筑材料应密闭存放或采取覆盖等措施;易燃、易爆和有毒有害物品分类存放。

(7)现场防火:消防器材配置合理,符合消防要求。

(8)垃圾清运:施工现场应设置密闭式垃圾站,施工垃圾、生活垃圾应分类存放。施工垃圾必须采用相应容器或管道运输。

2. 临时设施

(1)现场办公生活设施:施工现场办公、生活区与作业区分开设置,保持安全距离;工地办公室、现场宿舍、食堂、厕所、饮水、休息场所符合卫生和安全要求。

(2)施工现场临时用电要求如下。

A. 配电线路:按照 TN－S 系统要求配备五芯电缆、四芯电缆和三芯电缆;按要求架设临时用电线路的电杆、横担、瓷夹、瓷瓶等,或电缆埋地的地沟;对靠近施工现场的外电线路,设置木质、塑料等绝缘体的防护设施。

B. 配电箱开关箱:按三级配电要求,配备总配电箱、分配电箱、开关箱三类标准电箱。开关箱应符合一机、一箱、一闸、一漏。三类电箱中的各类电器应是合格品;按两级保护的要求,选取符合容量要求和质量合格的总配电箱和开关箱中的漏电保护器。

C. 接地保护装置:施工现场保护零钱的重复接地应不少于三处。

3. 安全施工:临边洞口交叉高处作业防护

(1)楼板、屋面、阳台等临边防护:用密目式安全立网全封闭,作业层另加两边防护栏杆和 18 cm 高的踢脚板。

(2)通道口防护:设防护棚,防护棚应为不小于 5 cm 厚的木板或两道相距 50 cm 的竹笆。两侧应沿栏杆架用密目式安全网封闭。

(3)预留洞口防护:用木板全封闭;短边超过 1.5 m 长的洞口,除封闭外四周还应设有防护栏杆。

(4)电梯井口防护:设置定型化、工具化、标准化的防护门;在电梯井内每隔两层(不大于 10 m)设置一道安全平网。

(5)楼梯边防护:设 1.2 m 高的定型化、工具化、标准化的防护栏杆,18 cm 高的踢脚板。

(6)垂直方向交叉作业防护:设置防护隔离棚或其他设施。

(7)高空作业防护:有悬挂安全带的悬索或其他设施;有操作平台;有上下的梯子或其他形式的通道。

4. 其他事项

(1)如果承包人的违规施工导致周边居民围堵园区出入口、工地等任何阻碍施工行为的发生,发包人不补偿由此产生的费用,亦不延长工期。

(2)承包人应对本标段工地范围以内(发包人另有保护要求的除外)及生活区内的树木妥善保护,如发生树木死伤,承包人应用同种类、同大小树木更换,并保证其存活。

8.　　适用规范

8.1.3　　适用于本招标工程的主要设计和施工验收规范名录,包括但不限于:

(1)《建筑工程施工质量验收统一标准》(GB 50300—2001);

(2)《混凝土结构工程施工质量验收规范》(GB 50204—2002);

(3)《建筑地面工程施工质量验收规范》(GB 50209—2002);

8.2.1　　适用于本招标工程的特殊技术规范:<u>　无。</u>

9.　　技术要求

9.1.1 除合同文件约定的技术要求外，本工程的特殊技术要求：无。

9.2.2 本招标工程施工现场所用混凝土或砂浆的供应方式为：混凝土的供应方式为预拌、砂浆的供应方式为预拌。

9.2.3 样品的具体要求：

无论工程规范有否指明，在订购物料前，承包人必须向发包人/监理人呈示有关样本并附上该材料的说明书、原产地证书、出厂报告、性能介绍、使用说明等相关资料，供其批准。承包人须于订购或制造前最少30天提交样本给发包人/监理人审阅。对于重要设备和材料（如附表2《暂估价的材料和工程设备及其暂估单价一览表》及附表7《承包人负责采购的部分材料和工程设备的技术标准和要求一览表》），需获得发包人代表审批及有关价格的确认批准。

承包人须提供的样品，应包括但不限于下列：

(1)钢筋（600 mm长）及墙砖；

(2)防水材料；

(3)各种装饰材料（尺寸不少于600 mm×600 mm）连地板、吊顶、石材、瓷砖、石膏板、过底砖、金属覆盖板、油漆及现浇装饰等；

(4)镜片；

(5)各种填缝料及密封胶；

(6)门及小五金；

(7)窗框连玻璃；

(8)各类喉管及线管连配件；

(9)灯具、洁具及配件；

(10)机电设备的配件；

(11)规范内有所说明及发包人代表要求承包人提供的其他样品。

所有经批准的样本须保留于样本房内。除发包人代表另有指示外，永久工程使用的物料必须符合该等样本的质量标准。

14. 投标报价相关事项

14.13 与投标报价有关的其他说明及注意事项

特别提醒：招标人在《约定风险范围的主要材料报价表》中列出的材料、机械及人工的风险范围及幅度见合同相关条款。

投标人应保证在《约定风险范围的主要材料报价表》中填报的材料、机械及人工为其投标报价中分部分项清单计价中所涉及的上述约定范围的材料的准确体现。这种准确性包括但不限于：列项的准确性、数量的准确性、投标单价的准确性（《约定风险范围的主要材料报价表》中投标单价应与分部分项清单计价中一致）。

投标人应当在承包人负责采购的部分材料和工程设备报价表中按照附表7《承包人负责采购的部分材料和工程设备的技术标准和要求一览表》的相关要求，报出投标人投标报价对应的材料设备品牌或厂家名称及相应材料设备供应至现场的落地价。

14.14 补充条款

(1)本文件现行建设工程工程量清单计价规范是指中华人民共和国国家标准GB 50500—2008《建设工程工程量清单计价规范》

(2)投标人应报出完成本工程的全部规费。规费不得作为让利因素参与竞标。

（详见《关于调整2001年〈北京市建设工程预算定额〉规费计算方法的有关规定》（京造定[2009]6号）及《关于贯彻实施〈建设工程工程量清单计价规范〉(GB 50500—2008)的通知》（京建市[2009]24号））

(3)为便于计算和合同履行过程中的合同价款的调整,本项目所有暂估价的专业分包工程中的暂估价及暂列金额已包含相应分包工程及暂列金额的规费税金。

(4)对于总包自行施工范围内的复合地基处理和抗浮锚杆工程、预应力钢筋工程和钢结构工程在施工过程中,承包人应当选择分别选择具有满足工程施工需要级别的地基与基础工程专业承包资质、预应力工程专业承包资质和钢结构工程专业承包资质,相关施工经验丰富、信誉良好的分包单位承担上述专业工程的施工。中标人应当确保在每项工程正式施工前28天,向招标人及监理人报选不少于3家拟选用承担相应专业分包工程的专业分包人的资质、业绩、拟派主要管理人员等资信资料,以及招标人和监理人要求的其他相关资料。招标人和监理人将对上述资料在14天内给出审核意见,中标人须按照招标人和监理人的审核意见安排相应的分包单位进行组织施工。若招标人和监理人经审核后认为中标人报送的上述分包单位均不能胜任相应分包项目的施工,中标人应当按照招标人和监理人的意见重新进行调整,以确保工程的保质保量的顺利实施。

(5)鉴于在投标阶段,总包自行施工范围内的钢结构专业工程的施工图纸局部须进行二次深化设计,故中标人须在中标后选择一家同时具有钢结构专项设计资质的单位在招标图纸的基础上,对钢结构工程进行深化设计,相关费用已包括在投标人的投标报价中。对于总包自行施工范围内的复合地基处理和抗浮锚杆工程、预应力钢筋工程,承包人按照上述第4款要求确定相应专业分包人后,对相应专业工程进行深化设计,以确保实施的可行性和合理性,相关费用已包括在投标人的投标报价中。相关深化设计图纸一式三份应当在本专项工程开始施工前的56天报招标人和监理人,监理人将其中一份转交本项目的设计人审核,中标人应当按照招标人、监理人及设计人的审核意见及时修改、调整二次深化设计方案及相应图纸,以确保最终用于施工的图纸是经过本项目的设计人、监理人和招标人最终审核确认的图纸。相关深化设计费,以及因深化设计而导致的钢结构施工费用的增减均应当已经包括在中标人的投标报价中,中标人不得因此而要求招标人增加任何费用。

(6)工程水电费(包括所有暂估价的专业分包工程的工程水电费)已包含在合同价款内,由承包人挂表,在每月拨付工程进度款时以学校职能部门的计量结果按水费6.71元/t、电费1.07元/kWh的标准向承包人收取。只有当水电费价格发生变化时,才对工程水电费进行调整。

附表1:暂估价的专业分包工程及其暂估价一览表

暂估价的专业分包工程及其暂估价一览表

序号	专业分包工程名称	计量单位	暂估价(元)	备注
1	玻璃幕墙、玻璃雨篷、玻璃天窗	项	3 500 000	玻璃幕墙、玻璃雨篷、玻璃天窗及其龙骨的二次深化设计、制作、采购、运输、安装、试验检测和验收、保修等工作
2	石材幕墙	项	25 000 000	石材幕墙的二次深化设计、相关材料设备采购、制作、运输、安装、试验检测和验收、保修等工作
	以下略			

附表3:承包人需要为发包人提供的现场办公条件和设施一览表

承包人需要为发包人提供的现场办公条件和设施一览表

序号	条件和设施名称	计量单位	数量	标准和要求
1	发包人现场办公室	间	3	每间建筑面积不少于15 m^2,且应配备足够的空调和暖气、电源和电源插座以及电话系统

续表

序号	条件和设施名称	计量单位	数量	标准和要求
2	监理人现场办公室	间	2	每间建筑面积不少于15 m^2，且应配备足够的空调和暖气、电源和电源插座以及电话系统
3	监理人生活用房	间	1	建筑面积不少于15 m^2，应配备床、椅、电源和空调
4	样品存放和展示的现场样品间	间	1	建筑面积不少于20 m^2，且应配备足够的陈列柜台和照明

备注：1. 上述办公室及样品间的平面分割和布置以及结构安全性设计验算应经过监理工程师审批；并保证在施工期间保证24小时均可使用。

2. 上述现场办公室、生活用房、样品间等应在工程竣工时拆除并恢复地表和任何设施的原状。

3. 承包人应承担上述现场办公条件和设施使用的水电及通信费用及相应的办公家具。

附表4：发包人发包专业工程及其整项暂估金额一览表

发包人发包专业工程及其整项暂估金额一览表

序号	发包人发包专业工程名称	计量单位	暂估金额(元)	备注
1	变配电工程	项	10 000 000	包括Ⅰ段、Ⅱ段变电室内的进户电源、变压器、高低压配电柜、母线、电缆、桥架的采购、安装、调试等全部工作内容
2	标志的制作及安装	项	2 000 000	
发包人发包专业工程暂估金额合计		元	12 000 000.00	
说明：上述发包人发包专业工程的暂估金额本身不计入投标报价中。				

附表5：发包人供应材料和工程设备及其暂估金额一览表

发包人供应材料和工程设备及其暂估金额一览表

序号	发包人供应材料和工程设备名称	计量单位	暂估金额(元)	损耗率	备注

续表

序号	发包人供应材料和工程设备名称	计量单位	暂估金额(元)	损耗率	备注
说明:上述发包人供应材料和工程设备的暂估金额本身不计入投标报价中。					

附表6:暂列金额明细表

暂列金额明细表

序号	项目名称	计量单位	暂列金额(元)	备注
1	暂列金额	项	20 000 000.00	
暂列金额合计		元	20 000 000.00	
说明:上述暂列金额计入投标报价中。				

附表7:承包人负责采购的部分材料和工程设备的技术标准和要求一览表

承包人负责采购的部分材料和工程设备的技术标准和要求一览表

序号	材料和工程设备名称	质量标准和要求	
		参照品牌或厂家名称	规格型号
1	钢筋	品牌1:首钢	各规格型号的钢筋
		品牌2:宝钢	
		品牌3:唐钢	
2	水泥	品牌1:琉璃河	各型号的水泥
		品牌2:冀东	
		品牌3:海螺	
3	防水卷材	品牌1:东方雨虹	各规格型号的防水卷材
		品牌2:禹王	

续表

序号	材料和工程设备名称	质量标准和要求	
		参照品牌或厂家名称	规格型号
4	轻钢龙骨	品牌1:龙牌	各规格型号的轻钢龙骨
		品牌2:可耐福	
		品牌3:拉法基	
5	吊顶板	品牌1:龙牌	
		品牌2:可耐福	
		品牌3:拉法基	
6	耐水腻子	品牌1:美巢	各规格型号的耐水腻子
		品牌2:强盛旭	
7	电缆	品牌1:宝胜	各规格型号的电缆
		品牌2:江南	
		品牌3:沈阳	

6)第十章　合同条款专用部分

此部分内容详见施工合同实例内容。

7)第十一章　投标文件格式专用部分

投标文件格式专用部分

目　　录

3－17　取费费率报价表

3－18　约定风险范围的主要材料报价表

3－19　承包人负责采购的部分材料和工程设备报价表

5. 商务标包括的其他内容格式

二、技术明标格式

附表1：项目组织管理机构情况表格式

项目组织管理机构情况表

工程名称：

第　页　共　页

职务	姓名	职称	执业或职业资格证明				同类工程业绩
			证书名称	级别	证号	专业	

备注：本表可横向编排，可按同样格式扩展。

附表2：项目经理简历表格式

项目经理简历表

工程名称：

第　页　共　页

<table>
<tr><td>姓　名</td><td></td><td>性　别</td><td></td><td>年　龄</td><td></td></tr>
<tr><td>职　务</td><td></td><td>职　称</td><td></td><td>学　历</td><td></td></tr>
<tr><td>资格证书编号</td><td colspan="2"></td><td>担任项目经理年限</td><td colspan="2"></td></tr>
<tr><td colspan="6">同类工程业绩</td></tr>
<tr><td>建设单位</td><td>工程名称</td><td>建设规模</td><td>开竣工日期</td><td>该项目中任职</td><td>荣誉奖项</td></tr>
<tr><td></td><td></td><td></td><td></td><td></td><td></td></tr>
<tr><td></td><td></td><td></td><td></td><td></td><td></td></tr>
<tr><td></td><td></td><td></td><td></td><td></td><td></td></tr>
</table>

备注：本表可横向编排，可按同样格式扩展。

附表3:主要技术人员简历表格式

主要技术人员简历表

工程名称:　　　　　　　　　　　　　　　　　　　　　　　　第 页 共 页

<table>
<tr><td>姓 名</td><td></td><td>性 别</td><td></td><td>年 龄</td><td></td></tr>
<tr><td>职 务</td><td></td><td>职 称</td><td></td><td>学 历</td><td></td></tr>
<tr><td colspan="6">同类工程业绩</td></tr>
<tr><td>建设单位</td><td>工程名称</td><td>建设规模</td><td>开竣工日期</td><td>该项目中任职</td><td>荣誉奖项</td></tr>
<tr><td></td><td></td><td></td><td></td><td></td><td></td></tr>
<tr><td></td><td></td><td></td><td></td><td></td><td></td></tr>
<tr><td></td><td></td><td></td><td></td><td></td><td></td></tr>
<tr><td></td><td></td><td></td><td></td><td></td><td></td></tr>
<tr><td></td><td></td><td></td><td></td><td></td><td></td></tr>
<tr><td></td><td></td><td></td><td></td><td></td><td></td></tr>
</table>

备注:本表可横向编排,可按同样格式扩展。

附表4:拟分包计划表格式

拟分包计划表

工程名称:　　　　　　　　　　　　　　　　　　　　　　　　第 页 共 页

序 号	拟分包项目名称	预计造价(万元)	备 注

备注:本表可横向编排,可按同样格式扩展。

附表5:机械设备资源情况一览表

机械设备资源情况一览表

工程名称:　　　　　　　　　　　　　　　　　　　　　　　　第 页 共 页

序号	设备名称	型号	厂家	购置时间	原值	现值	已有/待购/待租/现存放地点	是否在闲置中	是否拟投入本项目

续表

序号	设备名称	型号	厂家	购置时间	原值	现值	已有/待购/待租/现存放地点	是否在闲置中	是否拟投入本项目

8)第十二章　图纸

图纸

作为本招标文件一部分的图纸另册装订并随招标文件提供给投标人,其图纸清单见后续页。

图纸清单

设　计　人:×××建筑设计研究院有限公司

单位工程名称:北京某大学教学楼

专　　　业:建筑

序号	图纸编号	图纸名称	出图日期	备注
		工程总述		
01	建总 01	图纸目录	2010-9	
02	建总 02	设计说明一	2010-9	
03	建总 03	设计说明二	2010-9	
04	建总 04	材料做法表	2010-9	
05	建总 05	室内装修做法表	2010-9	
06	建总 06	规划总平面图	2010-9	
07	建总 07	人防范围示意图	2010-9	
		建筑平面图、立面图、剖面图(A)		
	建施 A－01	地下三层平面图(一期)	2010-9	
	建施 A－02	地下二层平面图(一期)	2010-9	
	建施 A－03	地下一层平面图(一期)	2010-9	
	以下略			

9)第十三章　工程量清单

工程量清单编制说明

1.　　工程概况

(5)工程名称:北京某大学教学楼

(6)建设地点:北京市

(7)建设规模:总建筑面积为 100 000 m^2

(8)工程类别: 公共建筑

2.　　招标(承包)范围

北京某大学学研中心建设项目施工图纸所示的建筑、结构、给排水、采暖、通风、电气(强电和弱电)、电梯工程等工程施工图纸设计规定的全部工程内容。

室外工程(下沉式庭院中的绿化工程、室外座椅)、车库的配套设施(车挡、橡胶护角、双向反光减速垫、反光标志等)和变配电工程不在本次招标范围内,但上述中标人应当按照招标文件工程量清单编制说明中的相关要求实施与变配电工程相关的辅助工程,并须按招标文件要求对上述发包人发包专业工程承包人提供合同文件约定的相应管理配合服务。

施工图纸范围内的铝合金幕墙、玻璃雨篷及玻璃天窗工程,铝合金门窗和不锈钢门窗工程,石材幕墙工程,轻钢玻璃旋转楼梯、二次精装修工程,消防工程,弱电工程,低温热水地板辐射采暖系统工程虽然包括在本次招标范围内,但将以暂估价的专业分包工程的形式予以实施。即在本次投标时,上述暂估价的专业分包工程的报价应按照招标文件技术标准和要求(附表1:暂估价的专业分包工程及其整项暂估价一览表)中招标人给定的整项暂估价计入报价中,施工过程中,上述暂估价的专业分包工程由招标人和中标人共同采用二次招标或比选的方式择优选定相应的专业分包人和专业分包合同价。但上述专业分包工程中随主体结构预留、预埋的铁件、暗配管、接线盒、及穿带线工程应由中标人自行完成,同时中标人须按招标文件要求对上述暂估价的专业分包人提供合同文件约定的相应管理配合服务。

2.1　地基处理及土方工程

中标人负责自行实施本工程合同图纸中标明的以及工程规范和技术说明中规定的全部地基处理、护坡、基坑土方挖运、销纳及室内外回填取土、回填、边坡处理(若需要)、排水止水(若需要)、护坡监测(若需要)以及复合地基处理、抗浮锚杆的施工以及施工后的相关试验、检测和为满足相关规范所进行的一切必要工作。同时中标人须做好后续的相应钎探、验槽、验线等工作。投标人须根据地勘报告中内容在综合单价中应包括土方开挖、回填、护坡、降水、监测以及风险因素等费用。

施工图纸范围内的复合地基处理、抗浮锚杆的施工以及施工后的相关试验、检测和为满足相关规范所进行的一切必要工作由中标人自行实施,但中标人应当按照技术标准和要求专用部分补充条款第4条的要求选择满足要求的专业分包人予以实施,并在实施前进行相应的优化和深化设计,以确保实施的合理性。相关费用应当包括在中标人的投标报价中。

2.2　砌筑工程

中标人负责自行实施并完成合同图纸中标明的以及工程规范和技术说明中规定的所有砌筑工程,包括砖砌体、砌块砌体等的砌筑工作。

砌筑工程应理解为包括浇注混凝土带、砌块砌筑、砌体墙内附加钢筋、混凝土圈梁、混凝土构造柱、顶部填充等工作,辅助工作包括但不限于预留洞、预埋件、预埋管、堵洞、开洞、封洞等。

2.3　钢筋混凝土工程

中标人负责自行实施并完成合同图纸中标明的以及工程规范和技术说明中规定的除纳入暂估价的专业分包工程的预应力钢筋工程以外的全部钢筋混凝土结构、圈梁、过梁、构造柱等钢筋混凝土结构工程及预应力钢筋工程。

钢筋混凝土结构工程应理解为包括钢筋工程、模板工程、混凝土工程以及与它们相关的辅助工作,包括但不限于定义在总包工作范围内的设备基础、预留洞、预埋件、预埋管、堵洞、开洞、封洞等。

合同图纸范围内的预应力梁、板等构件的预应力钢筋等为满足该项工程所进行的一切必要工作全部由中标人自行实施完成,但中标人须按照单技术标准和要求专用部分补充条款第4条的要求选择满足要求的专业分包人予以实施,相关费用应当包括在中标人的投标报价中。

2.4 钢结构工程

合同图纸范围内的二次深化设计,钢柱、钢梁、钢桁架等钢构件的制作、运输、安装、油漆、防火涂料等为满足相关规范所进行的一切必要工作等全部由中标人自行实施完成,但中标人须按照单技术标准和要求专用部分补充条款第 4 条和第 5 条的要求选择满足要求的专业分包人予以实施及进行相应的深化设计,相关深化设计费及因深化设计导致的施工费用增减用应当包括在中标人的投标报价中。

2.5 屋面工程

中标人负责自行实施并完成合同图纸中标明的以及工程规范和技术说明中规定的全部屋面工程。屋面工程应理解为包括但不限于屋面保温、屋面找坡、找平及面层等工作,辅助工作包括但不限于清扫基层、材料搬运、调制砂浆、胶黏剂;材料铺贴,稳固、铺平、填缝、养护等。

2.6 防水工程

中标人负责自行实施并完成合同图纸中标明的以及工程规范和技术说明中规定的全部防水工作,包括但不限于全部地下室防水、屋面防水、全部卫生间以及合同图纸中注明需要做防水的区域的防水工作(含防水保护层)。防水工作的内容包括但不限于供应材料、施工、任何必要的检测以及与其他专业的协调和配合等。

2.7 防腐、隔热、保温工程

中标人负责自行实施并完成合同图纸中标明的以及工程规范和技术说明中规定的全部防腐、隔热、保温工程工作,包括但不限于屋面以及合同图纸中注明或工程规范和技术说明中规定的需要做防腐、隔热、保温工程的部分的防腐、隔热、保温工程工作(含必要的保护层)。防腐、隔热、保温工程工作的内容包括但不限于供应材料、施工、任何必要的检测以及与其他专业的协调和配合等。

2.8 室内装修工程

中标人负责自行实施并完成合同图纸中标明的以及工程规范和技术说明中规定除纳入暂估价的专业分包工程的二次精装修工程外的其他全部室内装修工程,同时该范围内部分主要装饰材料和工程设备如果是技术标准和要求附表 2:暂估价的材料和工程设备及其暂估单价一览表中约定的材料和工程设备,则应当按照合同约定的采购供应方式予以采购供应。

其中,二次精装修范围包括下述区域。

地下一层:健身中心、休息区、公共大厅(展厅)、报告厅(包括报告厅内的辅助用房、控制室、库房、服务休息间);

首层:所有门厅、展厅、休息区、走廊;

地上部分所有电梯厅前室;

地下、地上部分所有咖啡厅、会议室;

顶层高端接待室、校史展览室。

中标人对上述二次精装修范围内的区域的楼地面施工至找平层、墙面及天棚施工至结构层,并负责承担招标文件中规定的对专业分包工程的总包管理、协调、管理、配合和服务的责任及与其他专业的现场协调配合工作等。

2.9 外装修工程

中标人负责自行实施并完成合同图纸中标明的以及工程规范和技术说明中规定除纳入暂估价的专业分包工程中的玻璃幕墙工程(包括玻璃雨篷和玻璃天窗)及石材幕墙之外的其他室外装修工程。

施工图纸范围内的玻璃幕墙及石材幕墙工程以及玻璃雨篷、玻璃天窗的运输、安装、试验检测等工作纳入暂估价的专业分包工程范围内,但中标人须负责承担招标文件中规定的对专业分包工程的总包管理、协调、管理、配合和服务的责任及与其他专业的现场协调配合工作等。

2.10 门窗工程

中标人须自行实施完成合同图纸中注明的以及工程规范和技术说明中规定的除纳入暂估价的专业分包工程范围内的室外铝合金门窗、不锈钢门窗之外的其他室内门窗、人防门、防火卷帘门的采购、供应、安装(包括五金、油漆、门窗后塞口等)、任何必要的检测以及与其他专业的协调和配合等,但该范围内部分主材料和工程设备如果是技术标准和要求附表2:暂估价的材料和工程设备及其暂估单价一览表中约定的材料和工程设备,则应当按照合同约定的采购供应方式予以采购供应。

施工图纸范围内的铝合金门窗、不锈钢门窗铝合金门窗、不锈钢门窗的运输、安装、试验检测等工作纳入暂估价的专业分包工程范围内,但中标人须负责上述专业分包工程的预留洞、预埋件、预埋管、补洞、开洞、堵洞、修补门窗洞口和招标文件中规定的对专业分包工程的总包管理、协调、管理、配合和服务的责任及与其他专业的现场协调配合工作等。

2.11 其他零星工程

招标图纸中标明的以及工程规范和技术说明中规定的全部属于上述1-10项工作范围外的其他零星建筑、装饰装修工程。包括但不限于:

①各种室内外栏杆、栏板、扶手、窗台板、构件等;

②全部平台、台阶、坡道、散水等;

③其他零星项目和构件等。

2.12 给排水工程

中标人负责自行实施并完成合同图纸中标明的以及工程规范和技术说明中规定的建筑物内全部给水系统、中水系统、污水系统、废水系统、雨水排水系统等的全部设备、材料的供应、安装及调试的工作,并负责设备基础、预埋件(包括地脚螺栓,如果有)、预埋管、预留洞、补洞、开洞、堵洞等工作。上述各系统一律由中标人负责将相关的管路实施到:

①当图纸上标有管井时,做至第一个出室内的管井(不含管井本身);

②当图纸上无管井时,做至出建筑物外墙皮外1.5 m处封堵。

但该范围内部分主材料和工程设备如果是技术标准和要求附表2:暂估价的材料和工程设备及其暂估单价一览表中约定的材料和工程设备,则应当按照合同约定的采购供应方式予以采购供应。

2.13 通风排烟工程

中标人负责自行实施并完成合同图纸中标明的以及工程规范和技术说明中规定的建筑物内通风系统的全部设备、材料的供应、安装及调试的工作,并负责设备基础、预埋件(包括地脚螺栓,如果有)、预埋管、预留洞、补洞、开洞、堵洞等工作。但该范围内部分主材料和工程设备如果是技术标准和要求附表2:暂估价的材料和工程设备及其暂估单价一览表中约定的材料和工程设备,则应当按照合同约定的采购供应方式予以采购供应。

2.14 空调工程

合同图纸中标明的以及工程规范和技术说明中规定的空调系统,包括报告厅、门厅及中厅设低速单风管全空气空调系统,办公、教学用房等风机盘管加新风的空调系统,安防、监控设的分体空调。图纸中的配管、设备、安装、调试等工作纳入暂估价的专业分包工程范围内,但中标人须负责空调工程的设备基础、预留洞(包括安装就位所需的洞口)、图纸范围内的预埋件、套管、补洞、堵洞以及招标文件中规定的对该部分专业分包承包人的现场管理、协调、配合、管理和服务工作、责任和义务,并负责与其他专业的协调和配合。

2.15　消防工程

合同图纸中标明的消防工程,包括施工图纸中标明的以及工程规范和技术说明中规定的消防系统工程,包括消火栓系统、自动喷淋灭火系统、气体灭火系统、火灾自动报警联动系统、消防联动控制系统、火灾应急广播系统、火灾警报装置及消防通信、电梯运行监视控制系统、应急照明控制及消防系统接地、电气火灾报警,火灾确认后切除非消防电源的采购、供应、安装及调试工程全部纳入暂估价的专业分包工程范围内。

但中标人应当负责实施上述暂估价的专业分包中随主体结构预埋的套管、暗配管、线盒(包括接线箱)以及管内穿钢带线工作,并应包括在本次报价中。

对于上述消防工程中的所有系统,中标人应负责自行实施并完成协调、组织整个消防工程(包括消防水、消防电以及土建工程的防火门、防火卷帘门、消防通道等)的验收工作以及任何可能的防火枕、设备基础、预埋件(包括地脚螺栓,如果有)、预埋管、预留洞、补洞、开洞、堵洞以及招标文件中规定的对本部分暂估价的专业分包人的总包管理、协调、配合和服务的责任和义务,包括与其他专业的协调和配合。

2.16　电气工程

2.16.1　防雷接地工程

中标人负责自行实施并完成合同图纸中标明的以及工程规范和技术说明中规定的防雷接地工程的全部设备、材料的供应、安装及调试的工作,包括但不限于接地装置的供应及安装、接地母线敷设,避雷针、网制作安装,避雷引下线敷设,等电位连接等,并负责与其他专业的协调和配合。

2.16.2　低压配电工程

合同图纸中标明的以及工程规范和技术说明中规定的所有低压配电工程设备、材料的供应、安装、调试等工作,均由中标人负责自行实施并完成。具体工作包括但不限于:

(1)承包人负责自行实施并完成合同图纸中标明的以及工程规范和技术说明中规定的由I段、II段配电室内的低压配电柜出线至各层配电柜、配电箱之间的桥架、干管、插接母线、干线及所有低压配电工程设备、材料的供应、安装、调试等工作;

(2)其中低压配电箱、柜为暂估价,具体详见技术标准和要求附表2:暂估价的材料和工程设备及其暂估单价一览表中约定的材料和工程设备,该设备应当按照合同约定的采购供应方式予以采购供应。中标人按照招标文件应承担的配合、协调、管理、服务的费用以及当招标文件约定由承包人负责该类材料设备的安装并提供辅助材料时,与之相应的安装辅助工作的费用应包含在投标价格中。

(3)对于发包人另行直接发包或以暂估价的专业分包工程方式实施的工程设备,中标人负责做至设备和用电末端本体或设备自带电控箱(如果有)的桥架、线槽、钢管、电缆电线的敷设并负责设备和用电末端本体的线缆压接、调试等。

(4)其余设备和用电末端,如防火卷帘门等,电气接驳工作即电源柜至设备和用电末端本体的桥架、线槽、钢管、电缆电线的敷设及压接均由中标人负责自行实施并配合完成设备和用电末端的调试工作。

2.16.3　照明工程

中标人负责自行实施并完成合同图纸中标明的以及工程规范和技术说明中规定的。

(1)全部照明干线系统,并负责各区域照明配电箱安装及调试;

(2)中标人按合同图纸要求将配管、配线及配电箱体安装实施到位;

(3)属于二次精装修范围内的开关、插座及灯具的供应安装纳入装修范围内,由装修承包人实施,但中标人须负责按图纸要求预留接线盒;

(4)设备基础(如果有)、预埋件、预埋管(包括地脚螺栓,如果有)、预留洞、补洞、开洞、堵洞以及招标文件中规定的对本部分专业分包人和专项供应商的总包管理、协调、配合和服务的责任和义务,包括与其他专业的协调和配合。

2.17　弱电工程

合同图纸中标明的以及工程规范和技术说明中规定的全部弱电工程,包括安全技术防范系统,有线电视系统,广播、扩声与会议系统,信息显示系统、建筑设备监控系统,计算机网络系统,通信网络系统,多媒体教学系统,综合布线系统及计量系统及其图纸中的明配管、配线、线槽、桥架、设备、安装、调试、开通等工作全部纳入暂估价的专业分包工程范围内。

但中标人负责按合同图纸实施并完成设备基础、预留洞(包括安装就位所需的洞口)、结构墙内的预埋管(含接线盒、箱)、木套箱、穿带线、预埋件、出墙套管、补洞、堵洞以及招标文件中规定的对发包人发包专业承包人实施工作的总包管理、协调、配合、管理和服务工作、责任和义务,并负责与其他专业的协调和配合。

2.18　电梯工程

合同图纸中标明的以及工程规范和技术说明中规定的全部电梯工程等工作全部纳入暂估价的专业分包工程范围内,但中标人须负责完成下述相关工作:

电梯井道的全部土建工程的施工;

提供电梯门框用的调直和调平的数据;

提供混凝土填料材料,用于框缘,厅门框、地基和底坑的填充和灌浆;

提供在机房内的提升吊钩、承重梁;

按照图纸要求完成至电梯机房内的配电柜以及机房内照明和插座;

按照施工图纸要求完成电梯井道内(永久)照明;

提供和安装由电梯机房及井道外连接至中央控制室之间的线槽、线缆;

为所有电梯底坑提供排水设施;

未办理正式移交手续之前按照电梯分包人要求进行成品保护设置;

设备基础(如果有)、预埋件、预埋管(包括地脚螺栓,如果有)、预留洞、补洞、开洞、堵洞以及招标文件中规定的对本部分发包人发包专业工程承包人的提供的相应协调、配合和服务的责任和义务,包括与其他专业的协调和配合。

2.19　变配电工程

合同图纸中标明的以及工程规范和技术说明中规定的变配电工程,包括高压进户电缆、高压环网柜、变压器、低压柜及低压出线的采购、供应、安装、调试和运行等工作由发包人另行发包,不在本次招标范围内。

但中标人负责按合同图纸实施并完成设备基础、预留洞(包括安装就位所需的洞口)、结构墙内的预埋管(含接线盒、箱)、木套箱、穿带线、预埋件、接地系统装置、出墙套管、线槽、桥架、补洞、堵洞以及招标文件中规定的对独立承包人实施工作的总包管理、协调、配合、管理和服务工作、责任和义务,并负责与其他专业的协调和配合。

工程量清单另册

9)第十四章　其他文件

格式一:

工程建设项目廉政责任书

工程项目名称：______________________________

工程项目地址：______________________________

发包人(甲方)：______________________________

承包人(乙方)：______________________________

为加强工程建设中的廉政建设，规范工程建设项目承发包双方的各项活动，防止发生各种谋取不正当利益的违法违纪行为，保护国家、集体和当事人的合法权益，根据国家有关工程建设的法律法规和廉政建设责任制规定，特订立本廉政责任书。

第一条　甲乙双方的责任

(一)应严格遵守国家关于市场准入、项目招标投标、工程建设、施工安装和市场活动的有关法律、法规，相关政策以及廉政建设的各项规定。

(二)严格执行建设工程项目承发包合同文件，自觉按合同办事。

(三)业务活动必须坚持公开、公平、公正、诚信、透明的原则(除法律法规另有规定者外)，不得为获取不正当的利益，损害国家、集体和对方利益，不得违反工程建设管理、施工安装的规章制度。

(四)发现对方在业务活动中有违规、违纪、违法行为的，应及时提醒对方，情节严重的，应向其上级主管部门或纪检监察、司法等有关机关举报。

第二条　甲方的责任

甲方的领导和从事该建设工程项目的工作人员，在工程建设的事前、事中、事后应遵守以下规定：

(一)不准向乙方和相关单位索要或接受回扣、礼金、有价证券、贵重物品和好处费、感谢费等。

(二)不准在乙方和相关单位报销任何应由甲方或个人支付的费用。

(三)不准要求、暗示或接受乙方和相关单位为个人装修住房、婚丧嫁娶、配偶子女的工作安排以及出国(境)、旅游等提供方便。

(四)不准参加乙方和相关单位的宴请、健身、娱乐等有可能影响公正执行公务的活动。

(五)不准向乙方介绍或为配偶、子女、亲属参与同甲方项目工程施工合同有关的设备、材料工程分包、劳务等经济活动。不得以任何理由要求乙方和相关单位推荐分包单位和要求乙方购买项目工程施工合同约定以外的材料、设备等。

第三条　乙方的责任

应与甲方保持正常的业务交往，按照有关法律法规和程序开展业务工作，严格执行工程建设的有关方针、政策，尤其是有关建筑施工安装的强制性标准和规范，并遵守以下规定：

(一)不准以任何理由向甲方、相关单位及其工作人员索要、接受或赠送礼金、有价证券、贵重物品和回扣、好处费、感谢费等。

(二)不准以任何理由为甲方和相关单位报销应由对方或个人支付的费用。

(三)不准接受或暗示为甲方、相关单位或个人装修住房、婚丧嫁娶、配偶子女的工作安排以及出国(境)、旅游等提供方便。

(四)不准以任何理由为甲方、相关单位或个人组织有可能影响公正执行公务的宴请、健身、娱乐等活动。

第四条　违约责任

(一)甲方工作人员有违反本责任书第一、二条责任行为的，按照管理权限，依据有关法律法规和规定给予党纪、政纪处分或组织处理；涉嫌犯罪的，移交司法机关追究刑事责任；给乙方单位造成经济损失的，应予以赔偿。

(二)乙方工作人员有违反本责任书第一、三条责任行为的,按照管理权限,依据有关法律法规和规定给予党纪、政纪处分或组织处理;涉嫌犯罪的,移交司法机关追究刑事责任;给甲方单位造成经济损失的,应予以赔偿。

第五条　本责任书作为工程施工合同的附件,与工程施工合同具有同等法律效力。经双方签署后立即生效。

第六条　本责任书的有效期为双方签署之日起至该工程项目竣工验收合格时止。

第七条　本责任书一式四份,由甲乙双方各执一份,送交甲乙双方的监督单位各一份。

甲方单位:(盖章)　　　　乙方单位:(盖章)

法定代表人(签字或盖章):　　　　法定代表人(签字或盖章):

地址:　　　　地址:

电话:　　　　电话:

年　月　日　　　　年　月　日

甲方监督单位(盖章)　　　　乙方监督单位(盖章)

年　月　日　　　　年　月　日

格式二:

其他文件格式

其他文件格式,其具体内容由招标人自行补充。

无

11.3.2　工程量清单编制实例

以北京某大学体育馆为例,说明工程量清单编制方法。

1. 封面

工程量清单封面见表11-3-1。

表 11-3-1 工程量清单封面

北京×××大学体育馆工程

工 程 量 清 单

××大学　　　　　　　　工 程 造 价××工程造价咨询企业
招 标 人：单位公章　　　　咨 询 人：执业印章
（单位盖章）　　　　　　　（单位资质专用章）

法定代表人××大学　　　　法定代表人 ××工程造价咨询企业
或其授权人：法定代表人　　或其授权人：法定代表人
（签字或盖章）　　　　　　（签字或盖章）

×××签字
盖造价工程师×××签字
编 制 人：或造价员专用章　　复 核 人：盖造价工程师专用章
（造价人员签字盖专用章）　　（造价工程师签字盖专用章）

编制时间：××××年×月×日　　复核时间：××××年×月×日

2. 总说明

工程量清单总说明见表 11-3-2。

表 11-3-2　工程量清单编制总说明

工程名称:北京×××大学体育馆工程　　　　第 1 页　共 1 页

一、工程概况

本工程为北京×××大学体育馆工程,由××设计研究院设计。建筑面积:25 800 m^2;层数:主体建筑地上 3 层,看台 2 层,局部设备用房 4 层,地下 1 层;层高平均为 5 m;计划施工工期 684 日历天。结构工程采用满堂基础,主体为框架剪力墙,钢屋架,陶粒混凝土砌块及加气混凝土砌块填充墙,外墙装修采用烧毛花岗岩板、仿石涂料、玻璃幕墙及铝塑板,内装修为乳胶漆涂料、吸音铝板及釉面砖,铝合金门窗、木质防火门。

施工现场七通一平已经完成,施工场地条件已经具备;本工程处于学校校园内,施工中应注意采取避免噪声、扰民及材料运输可能对周围环境造成的影响和污染等措施,并应北京市关于安全文明施工的要求。

二、工程招标和分包范围

本次招标范围为施工图纸范围内的所有建筑工程、装饰装修工程和安装工程,专业分包范围详见“专业工程暂估价表”。

三、工程量清单编制依据

(1)《建设工程工程量清单计价规范》(GB 50500—2008)及北京市相关规定;

(2)本工程的招标文件;

(3)本工程招标图纸;(详见招标文件第五章“图纸清单”)

(4)有关的施工规范与工程验收规范;

(5)通常采用的施工组织设计和施工技术方案;

(6)其他相关资料。

四、工程质量要求

本工程的质量应达到图纸、招标文件要求,并满足合格标准。除有特殊说明外,本工程所有材料、设备的质量必须合格,且应为市场中高档标准,施工中须经过监理和发包人认可后方能进场。

五、其他需要说明的事项

1. 工程量清单编制说明

(1)马道设计不详,暂不包括在本次范围内;

(2)地下一层维修间装修同设备用房;

(3)卫生间内均设置为红外线感应式洗手盆;

……

3. 分部分项工程量清单

分部分项工程量清单与计价意见见表 11-3-3。

表 11-3-3　分部分项工程量清单与计价表

工程名称:北京×××大学体育馆建筑工程　　　　标段:　　　　第 1 页　共 9 页

序号	项目编码	项目名称	项目特征描述	计量单位	工程量	金额(元)		
						综合单价	合价	其中:暂估价
A.1 土(石)方工程								
1	010101001001	场地平整(比赛馆)	1. 土壤类别:一、二类土 2. 弃土运距:20 km 3. 取土运距:1 km	m^2	4 733.44			
2	010101003001	挖基础土方(比赛馆)	1. 土壤类别:一、二类土 2. 基础类型:筏板基础 3. 挖土深度:13 m 外 4. 弃土运距:20 km	m^3	58 138.2			

续表

序号	项目编码	项目名称	项目特征描述	计量单位	工程量	金额(元)		
						综合单价	合价	其中：暂估价
3	010101001002	场地平整(游泳馆)	1. 土壤类别：一、二类土 2. 弃土运距：20 km 3. 取土运距：1 km	m^2	1 682.6			
4	010103001001	土方回填(比赛馆)	1. 土质要求：2∶8灰土回填 2. 弃土运距：20 km 3. 取土运距：1 km	m^3	290.8			
			(其他略)					
			分部小计					
A.2 桩与地基基础工程								
12	010201003001	混凝土灌注桩	1. 土壤级别：一、二类土 2. 单桩长度、根树：15.4 m，共85 根 3. 桩截面：直径 600 mm 4. 成孔方法：钻孔灌注桩 5. 混凝土强度等级：C30	m	1 309.00			
13	010201003002	混凝土灌注桩	1. 土壤级别：一、二类土 2. 单桩长度、根树：17 m，共162 根 3. 桩截面：直径 600 mm 4. 成孔方法：钻孔灌注桩 5. 混凝土强度等级：C30	根	162.00			
			(其他略)					
			分部小计					
A.3 砌筑工程								
14	010304001001	空心砖墙、砌块墙	1. 墙体类型：地下室内隔墙 2. 墙体厚度：300 mm 厚 3. 砌块品种及强度等级：MU7.5 陶粒空心砌块	m^3	543.1			
15	010304001002	空心砖墙、砌块墙	1. 墙体类型：地下室内隔墙 2. 墙体厚度：200 mm 厚 3. 砌块品种及强度等级：MU7.5 陶粒空心砌块	m^3	7 688.23			
			(其他略)					
			分部小计					
A.4 混凝土及钢筋混凝土工程								
17	010401003001	满堂基础	1. 垫层材料种类、厚度：C15，100 mm 厚 2. 混凝土强度等级：C30S6 3. 混凝土拌和料要求：预拌	m^3	2 962.42			
26	010402001001	矩形柱(比赛馆)	1. 柱截面：1000 mm×800 mm 2. 混凝土强度等级：C40 3. 混凝土拌和料要求：预拌	m^3	1 235.6			
41	010405001001	比赛馆地下一层有梁板	1. 板厚度：200 mm 厚 2. 混凝土强度等级：C30 3. 混凝土拌和料要求：预拌	m^3	211.29			

续表

序号	项目编码	项目名称	项目特征描述	计量单位	工程量	金额(元)		
						综合单价	合价	其中:暂估价
93	010416001001	比赛馆现浇混凝土钢筋	钢筋的种类规格:ϕ20(三级钢)	t	223.475			
94	010416001002	比赛馆现浇混凝土钢筋	钢筋的种类规格:ϕ22(二级钢)	t	167.476			
			(其他略)					
			分部小计					
A.6 金属结构工程								
145	010605001001	比赛场二层压型钢板	1. 压型钢板 YX70-200-600 2. 厚度:0.8 mm	m^2	447.40			
			(其他略)					
			分部小计					
A.7 屋面及防水工程								
145	010701002001	型材屋面	1. 金属屋面 2. 金属柔性防水卷材 3. 80 mm 厚挤塑聚苯板 4. 0.3 mm PE 隔气层 5. 0.8 mm 镀锌压型钢板 6. C 型钢檩条	m^2	8 029.00			
			(其他略)					
			分部小计					
A.8 防腐、隔热、保温工程								
164	010803003001	保温隔热墙	1. 抹 3~5 mm 厚聚合物砂浆中间压入一层耐碱玻纤网格布 2. 聚合物砂浆粘贴 90 mm 厚双面带小凹槽聚苯板 3. 1:3水泥砂浆找平 4. 基层墙面刷界面剂 5. 砂浆和料要求:预拌	m^2	4 769.23			
166								
			(其他略)					
			分部小计					
本页小计								
合计								
B.1 楼地面工程								
3	020101001001	水泥砂浆楼地面(F7)	1. 1~2 mm 厚自流平环养面漆涂层 2. 环养漆底涂一道 3. 20 厚 1:2.5 水泥砂浆压实赶光	m^2	7 367.3			
5	020102001001	石材楼地面	详见招标图纸建筑 1-02 中 <F3>花岗岩楼地面做法	m^2	3 672.3			
		(其他略)						
		分部小计						

续表

序号	项目编码	项目名称	项目特征描述	计量单位	工程量	金额(元)		
						综合单价	合价	其中：暂估价
B.2 墙、柱面工程								
34	020201001001	内墙面抹灰	详见图集 88J1－1－H9－7C	m^2	25 983.4			
43	020209001001	隔断	50 mm 厚轻钢龙骨单面石膏板墙	m^2	112			
44	020210001001	带骨架玻璃幕墙	双层中空 LOW－E 玻璃(需进行二次深化设计)	m^2	1 939.00			
		(其他略)						
		分部小计						
B.3 天棚工程								
46	020301001001	天棚抹灰	1.3 mm 厚 1∶0.2∶2.5 水泥石灰膏砂浆找平 2.5 mm 厚 1∶0.2∶3水泥石灰膏砂浆打底扫毛 3.素水泥浆一道甩毛	m^2	7 238.00			
		(其他略)						
		分部小计						
B.4 门窗工程								
59	020406001001	氟碳喷涂彩色铝合金推拉窗	型号：LC1618 洞口尺寸：1 600 mm×1 800 mm 型材：氟碳喷涂铝型材 玻璃：双层中空钢化玻璃(厚度6＋12A＋6)	樘	74			
59	020406001002	氟碳喷涂彩色铝合金推拉窗	型号：LC1132 洞口尺寸：1 100 mm×3 200 mm 型材：氟碳喷涂铝型材 玻璃：双层中空钢化玻璃(厚度6＋12A＋6)	m^2	98.56			
		(其他略)						
		分部小计						
B.5 油漆、涂料、裱糊工程								
9	020507001001	刷喷涂料	1.内墙面刷防火型功能性合成树脂乳液涂料二道饰面。 2.封底漆一道	m^2	23 543.00			
		(其他略)						
		分部小计						
B.6 其他工程								
181	020603001001	洗漱台	大理石台面见 88J8—P12—7	m^2	66.40			
185	AB001	成品厕所隔断	1.材质：12 mm 厚埃特板 2.尺寸：900 mm×1 700 mm(带门) 3.油漆：	间	165	1		
		(其他略)						
		分部小计						

续表

序号	项目编码	项目名称	项目特征描述	计量单位	工程量	金　额(元)		
						综合单价	合价	其中：暂估价
本页小计								
合计								
C.1 机械设备安装工程——电梯								
1	030107001001	交流电梯	1. 用途:客梯 2. 层数:4 层 3. 站数:4 站 4. 提升:25.1 m	台	5			
		(其他略)						
		分部小计						
C.2.1 电气设备安装工程——变配电								
2	030201002001	干式变压器	干式铜芯变压器 TM1 SCR9 - 2 000 kVA/H 级 10 kV ± 2 * 2.5%/0.4 - 0.23 kV DY11 UD =6%	台	1			
		(其他略)						
		分部小计						
C.2.2 电气设备安装工程——强电								
130	030203006001	低压封闭式插接母线槽	1. 型号:低压封闭式插接母线槽 2. 容量:NHLD - 250A/5P	m	50			
		(其他略)						
		分部小计						
C.7.1 消防工程——喷淋								
156	030701001001	水喷淋镀锌钢管	1. 安装部位:室内 2. 材质:镀锌钢管 3. 型号、规格:DN150 4. 连接方式:沟槽连接 5. 除锈、刷油、防腐设计要求:10 mm 厚橡塑保温,玻璃丝布两道,防火漆两遍,黄色色环 6. 填料套管安装 7. 冲洗、管道试压	m	467.30			
		(其他略)						
		分部小计						
C.7.2 消防工程——消火栓及气体灭火								
178	030701003001	消火栓镀锌钢管	1. 安装部位:室内 2. 材质:镀锌钢管 3. 型号、规格:DN150 4. 连接方式:沟槽连接 5. 除锈、刷油、防腐设计要求:调和漆两道 6. 填料套管安装、沟槽件安装 7. 冲洗、管道试压	m	330.55			

续表

序号	项目编码	项目名称	项目特征描述	计量单位	工程量	金额(元)		
						综合单价	合价	其中：暂估价
		(其他略)						
		分部小计						
C.7.3 消防工程——消防炮								
187	030701003002	消火栓镀锌钢管	1. 安装部位:室内 2. 材质:镀锌钢管 3. 型号、规格:DN150 4. 连接方式:沟槽连接 5. 除锈、刷油、防腐设计要求:10 mm厚橡塑保温,玻璃丝布两道,防火漆两遍,红色色环 6. 填料套管安装、沟槽件安装 7. 冲洗、管道试压	m	228.00			
		(其他略)						
		分部小计						
C.8.1 给排水工程								
192	030801009001	薄壁不锈钢给水管	1. 安装部位:室内 2. 输送材质:给水 3. 材质:薄壁不锈钢管 4. 型号、规格:DN100 5. 连接方式:卡压式连接 6. 套管形式、材质、规格:一般填料套管 7. 除锈、刷油、防腐、绝热及保护层设计要求:10 mm厚橡塑保温,外缠玻璃丝布,防火漆两遍,蓝色色环 8. 消毒、冲洗、管道试压	m	234.90			
213	030801004001	离心铸造排水铸铁管	1. 安装部位:室内 2. 输送材质:排水 3. 材质:铸铁管 4. 型号、规格:DN150 5. 连接方式:柔性接口 6. 套管形式、材质、规格:柔性防水套管 7. 除锈、刷油、防腐、绝热及保护层设计要求:防锈漆一道,沥青两道 8. 冲洗、闭水试验	m	32.45			
223	030804014001	水箱制作安装	1. 材质:不锈钢 2. 类型:组合式冷水箱 3. 型号:1 000 mm×2 000 mm×1 000 mm	套	1			
		(其他略)						
		分部小计						

续表

序号	项目编码	项目名称	项目特征描述	计量单位	工程量	金额(元)		
						综合单价	合价	其中：暂估价
C.8.2 采暖工程								
234	030801002001	无缝钢管	1. 安装部位:室内 2. 输送材质:热媒体 3. 材质:无缝钢管 4. 型号、规格:外径 108 mm 5. 连接方式:焊接 6. 套管形式、材质、规格:防水套管 7. 除锈、刷油、防腐、绝热及保护层设计要求:35 mm 厚难燃 B1 级橡塑海绵保温 8. 水压及泄露试验	m	345.56			
		(其他略)						
		分部小计						
C.9 通风空调工程								
245	030901004001	新风空调机组	1. 形式:新风空调机组 2. 质量:风量 2 000CMH 3. 安装位置:机房落地安装	台	1			
	030903001001	通风管道	1. 材质:镀锌钢板风管 2. 形状:矩形 3. 周长或直径:大边长 630 mm 以内 4. 板材厚度:0.6 mm 5. 接口形式:咬口 6. 风管附件、支架设计要求:风管及管件、弯头导流叶片、支吊架制作安装 7. 除锈、刷油、30 mm 铝箔离心玻璃棉保温 8. 风管场外运输	m^2	26			
		(其他略)						
		分部小计						
C.11 通信设备及线路工程——弱电工程								
387	031103004001	金属线槽	1. 规格:防火金属线槽 2. 程式:150×100	m	145.3			
		(其他略)						
		分部小计						
本页小计								
合计								

4. 措施项目清单

措施项目清单与计价表见表 11-3-4、表 11-3-5。

表 11-3-4　措施项目清单与计价表(一)

工程名称:北京×××大学体育馆工程　　标段:　　第 1 页　共 1 页

序号	项目名称	计算基础	费率(%)	金额(元)
1	安全文明施工			
2	夜间施工			
3	二次搬运			
4	冬雨季施工			
5	大型机械设备进出场及安拆			
6	施工排水			
7	施工降水			
8	地上、地下设施,建筑物的临时保护设施			
9	已完工程及设备保护			
10	建筑工程措施项目			
(1)	脚手架			
(2)	垂直运输机械			
11	装饰装修工程措施项目			
(1)	垂直运输机械			
(2)	脚手架			
合　计				

表 11-3-5　措施项目清单与计价表(二)

工程名称:北京×××大学体育馆工程　　标段:　　第 1 页　共 1 页

序号	项目编码	项目名称	项目特征描述	计量单位	工程量	金额(元)	
						综合单价	合 价
1	AB002	现浇钢筋混凝土平板模板及支架	1. 构件形状:矩形 2. 支模高度:支模高度 3 m 3. 模板类型:钢模板 4. 支撑类型:钢支撑	m^2	1 345.2		
2	AB003	现浇钢筋混凝土有梁板及支架	1. 构件形状:矩形 2. 支模高度:板底支模高度 3.78 m 3. 模板类型:钢模板 4. 支撑类型:钢支撑	m^2	16 835.72		
3	AB004	现浇钢筋混凝土圆形柱模板	1. 构件形状:圆形 2. 支模高度:支模高度 3.5 m 3. 模板类型:木模板 4. 支撑类型:钢支撑	m^2	248.6		
4	AB005	现浇钢筋混凝土直行墙模板	1. 构件形状:矩形 2. 支模高度:支模高度 3.9 m 3. 模板类型:钢模板 4. 支撑类型:钢支撑	m^2	9 453.8		

续表

序号	项目编码	项目名称	项目特征描述	计量单位	工程量	金额(元)	
						综合单价	合 价
		(其他略)					
本页小计							
合　　计							

5. 其他项目清单

(1)其他项目清单与计价汇总表见表11-3-6。

表11-3-6　其他项目清单与计价汇总表

工程名称:北京×××大学体育馆工程　　　　标段:　　　　第1页　共1页

序号	项目名称	计量单位	金额(元)	备注
1	暂列金额	项	3 000 000	明细详见暂列金额明细表
2	暂估价		40 170 000	
2.1	材料暂估价		—	明细详见材料暂估单价表
2.2	专业工程暂估价	项	40 170 000	明细详见专业工程暂估价表
3	计日工			明细详见计日工表
4	总承包服务费			明细详见表总承包服务费计价表
合　　计			43 170 000	—

(2)暂列金额明细表见表11-3-7。

表11-3-7　暂列金额明细表

工程名称:北京×××大学体育馆工程　　　　标段:　　　　第1页　共1页

序号	项 目 名 称	计量单位	暂定金额(元)	备 注
1	工程量清单中工程量偏差和设计变更	项	1 500 000	
2	政策性调整和材料价格风险	项	800 000	
3	其他	项	700 000	
合　　计			3 000 000	—

(3)材料暂估单价表见表11-3-8。

表11-3-8　材料暂估单价表

工程名称:北京×××大学体育馆工程　　　　标段:　　　　第1页　共1页

序号	材料名称、规格、型号	计量单位	单价(元)	备注
一	土建工程			
1	铝合金窗	m^2	650	工料机
2	玻璃幕墙	m^2	1 200	工料机
3	磨光花岗岩	m^2	600	主材
4	环氧自流平	m^2	180	工料机

续表

序号	材料名称、规格、型号	计量单位	单价(元)	备注
5				
	⋮			
二	安装工程			
1	电梯	台	280 000	设备费
2	不锈钢组合式冷水箱	m^3	2 500	设备费
3	空调机组、空气处理机组、新风机组	台	40 000	设备费
	⋮			

(4)专业工程暂估价表见表11-3-9。

表11-3-9　专业工程暂估价表

工程名称:北京×××大学体育馆工程　　　　标段:　　　　第1页　共1页

序号	工程名称	工程内容	金额(元)	备注
1	玻璃雨篷	制作、安装	500 000	
2	金属屋面板	制作、安装	8 000 000	
3	中央球壳	制作、安装	2 000 000	
4	火警报警及消防联动控制系统	安装、调试	3 000 000	
5	安保系统	安装、调试	1 000 000	
6	楼宇设备自控系统	安装、调试	3 000 000	
	⋮			
合　计			40 170 000	—

(5)计日工表见表11-3-10。

表11-3-10　计日工表

工程名称:北京×××大学体育馆工程　　　　标段:　　　　第1页　共1页

编号	项目名称	单位	暂定数量	综合单价	合价
一	人　工				
1	普工	工日	200		
2	技工(综合)	工日	50		
人　工　小　计					
二	材料				
1	钢筋(规格、型号综合)	t	10		
2	水泥42.5	t	20		
3	中砂	m^3	100		
4	砾石(5 mm~40 mm)	m^3	50		
5	页岩砖(240 mm×115 mm×53 mm)	千匹	10		
材　料　小　计					

续表

编号	项目名称	单位	暂定数量	综合单价	合价
三	施工机械				
1	自升式塔式起重机(起重力矩 1 250 kN·m)	台班	5		
2	灰浆搅拌机(400 L)	台班	2		
施工机械小计					
总　　计					

(6)总承包服务费计价表见表11-3-11。

表 11-3-11　总承包服务费计价表

工程名称:北京×××大学体育馆工程　　标段:　　第1页　共1页

序号	项目名称	项目价值(元)	服务内容	费率(%)	金额(元)
1	发包人发包专业工程	40 170 000	总承包人向分包人免费提供管理、协调、配合和服务工作。		
2	发包人供应材料		对发包人提供的材料、设备进行验收、保管和使用发放等		
合　计					

6. 规费、税金项目清单

规费、税金项目清单与计价表见表11-3-12。

表 11-3-12　规费、税金项目清单与计价表

工程名称:北京×××大学体育馆工程　　标段:　　第1页　共1页

序号	项目名称	计算基础	费率(%)	金额(元)
1	规费	人工费		
1.1	工程排污费			
1.2	社会保障费			
(1)	养老保险费			
(2)	失业保险费			
(3)	医疗保险费			
1.3	住房公积金			
1.4	危险作业意外伤害保险			
1.5	工程定额测定费			
2	税金	分部分项工程费+措施项目费+其他项目费+规费		
合　计				

7. 补充工程量清单项目及计算规则

补充工程量清单项目及计算规则见表11-3-13。

表 11-3-13　补充工程量清单项目及计算规则

工程名称：北京×××大学体育馆工程　　标段：　　第1页　共1页

项目编码	项目名称	项目特征	计量单位	工程量计算规则	工作内容
AB001	成品厕所隔断	1. 材质 2. 尺寸 3. 油漆	间	厕所隔断按间计算	隔断制作安装、油漆等
AB002	现浇钢筋混凝土平板模板及支架	1. 构件形状 2. 支模高度 3. 模板类型 4. 支撑类型	m^2	按图示尺寸以 m^2 计算，不扣除单孔面积在 0.3 m^2 以内的孔洞面积，洞口侧壁面积不增加；应扣除梁、柱帽以及单孔面积在 0.3 m^2 以外孔洞所占面积，洞口侧壁模板面积并入工程量中	1. 场内外运输、安装、拆除 2. 模板清理、刷隔离剂、集中堆放等
AB003	现浇钢筋混凝土有梁板及支架	1. 构件形状 2. 支模高度 3. 模板类型 4. 支撑类型	m^2	按图示尺寸以 m^2 计算，不扣除单孔面积在 0.3 m^2 以内的孔洞面积，洞口侧壁面积不增加；应扣除梁、柱帽以及单孔面积在 0.3 m^2 以外孔洞所占面积，洞口侧壁模板面积并入工程量中	1. 场内外运输、安装、拆除 2. 模板清理、刷隔离剂、集中堆放等
AB004	现浇钢筋混凝土圆形柱模板	1. 构件形状 2. 支模高度 3. 模板类型 4. 支撑类型	m^2	按柱周长乘以柱高计算，牛腿模板面积，并入柱模板工程量中。柱高从柱基或板上表面至上一层楼板上表面，无梁板算至柱帽底部标高	1. 场内外运输、安装、拆除 2. 模板清理、刷隔离剂、集中堆放等
AB005	现浇钢筋混凝土直行墙模板	1. 构件形状 2. 支模高度 3. 模板类型 4. 支撑类型	m^2	按图示长度乘以高度以 m^2 计算，外墙高度由楼层表面算至上一层楼板上表面，内墙算至上一层楼板或梁下表面。不扣除单孔面积在 0.3 m^2 以内的孔洞面积，洞口侧壁面积不增加；应扣除 0.3 m^2 以外孔洞所占面积，洞口侧壁模板面积并入工程量中	1. 场内外运输、安装、拆除 2. 模板清理、刷隔离剂、集中堆放等
		（其他略）			

11.3.3　工程量清单审核实例

本节将对上一节中编制的工程量清单进行审核。

1. 工程量清单审核报告

工程量清单审核报告见表 11-3-14。

表 11-3-14　工程量清单审核报告

关于北京×××大学体育馆工程
工程量清单的审核报告

北京×××大学：

我公司接受贵单位委托，对贵单位体育馆工程工程量清单进行审核，根据国家法律、法规和中国建设工程造价管理协会发布的《建设项目招标控制价编审规程》及合同的规定，已完成了本项目工程量清单的审查工作，现将审查的情况和结果报告如下。

一、项目概况

1. 建设单位名称：北京×××大学。

2. 建设工程名称：北京×××大学体育馆。
3. 设计单位：×××建筑设计院。
4. 招标代理单位：北京×××招标代理有限公司。
5. 编制单位名称：北京×××工程咨询有限公司。
6. 编制时间：××××年××月××日。
7. 批复概算：25 800万元；其中，建安造价22 150万元。
8. 结构类型：框架结构。
9. 建筑面积：25 800 m^2。
10. 建设地点：校内。

二、审核依据

1.《建设工程工程量清单计价规范》（GB 50500—2008）及当地相关规定；
2. 中国建设工程造价管理协会（2002）第015号《工程造价咨询单位执业行为准则》、《造价工程师职业道德行为准则》；
3.《建设项目招标控制价编审规程》；
4. 招标文件及送审工程量清单；
5. 设计文件（包括配套的标准图集）；
6. 有关的工程施工规范与工程验收规范；
7. 拟采用的施工组织设计和施工技术方案；
8. 其他相关资料；
9. 建设工程咨询合同及委托方的要求。

三、审核程序

1. 向委托单位了解基本建设项目的有关情况，获取审核所需要的相关资料及送审工程量清单；
2. 编制实施方案并报批；
3. 召开咨询项目实施前的协商会议；
4. 根据拟建项目的特点及施工计图纸进行计量及描述，对送审工程量清单的名称、特征描述、工程量等进行审核；
5. 形成审核初步意见，公司三级审查后，向委托单位出具成果文件。

四、审核内容

1. 根据施工图纸审核工程量清单的完整性及特征描述的准确性；
2. 审核工程量清单数量的准确性；
3. 审核暂估价项目设定及定价的合理性；
4. 审核暂列金额及计日工数量、项目的合理性；
5. 需要审核的其他内容。

五、审核时间

审核时间：××××年××月××日—××××年××月××日。

六、审核结论

具体审核明细详见附表。

七、调整原因

1. 分部分项工程量清单及措施项目清单（二）清单工程量及清单项目特征描述部分进行了修改；
2. 分部分项工程量清单与暂估项目重复的项目进行了删减；
3. 分部分项工程量清单项目不全，进行了添加；
4. 措施项目清单（一）项目不全，进行了添加；
5. 暂列金额、暂估价进行了重新调整；
6. 对计日工项目及数量进行了调整；
7. 总包服务费包含的内容进行了进一步的细化。

×××××工程　　　　法定代表人：
咨询有限公司　　　　编制人：
　　　　　　　　　　复核人：
　　　　　　　　　　审查人：

×××年××月××日

2. 工程量清单封面的审核

工程量清单封面审核表见表 11-3-15。

表 11-3-15　工程量清单封面审核表

北京×××大学体育馆工程

工 程 量 清 单

××大学 招　标　人：单位公章 （单位盖章）	工 程 造 价：××工程造价咨询企业 咨　询　人：执业印章 （单位资质专用章）
法定代表人：　××大学 或其授权人：法定代表人 （签字或盖章）	法定代表人　××工程造价咨询企业 或其授权人：法定代表人 （签字或盖章）
×××签字 盖造价工程师×××签字 编　制　人：或造价员专用章 （造价人员签字盖专用章）	复　核　人：盖造价工程师专用章 （造价工程师签字盖专用章）
编制时间：××××年×月×日	复核时间：××××年×月×日

3. 总说明的审核

总说明中要包括工程概况、招标和分包范围、工程质量要求等所有影响报价的因素描述见表 11-3-16。

表 11-3-16 工程量清单总说明审核表

工程名称:北京×××大学体育馆工程 第1页 共1页

一、工程概况

本工程为北京×××大学体育馆工程,由××设计研究院设计。建筑面积:25 800 m^2;层数:主体建筑地上3层,看台2层,局部设备用房4层,地下1层;层高平均为5 m;计划施工工期684日历天。结构工程采用满堂基础,主体为框架剪力墙,钢屋架,陶粒混凝土砌块及加气混凝土砌块填充墙,外墙装修采用烧毛花岗岩板、仿石涂料、玻璃幕墙及铝塑板,内装修为乳胶漆涂料、吸音铝板及釉面砖,铝合金门窗、木质防火门。

施工现场七通一平已经完成,施工场地条件已经具备;本工程处于学校校园内,施工中应注意采取避免噪声、扰民及材料运输可能对周围环境造成的影响和污染等措施,并应北京市关于安全文明施工的要求。

二、工程招标和分包范围

本次招标范围为施工图纸范围内的所有建筑工程、装饰装修工程和安装工程,专业分包范围详见“专业工程暂估价表”。

三、工程量清单审核依据

1.《建设工程工程量清单计价规范》(GB 50500—2008)及北京市相关规定;

2.本工程的招标文件;

3.本工程招标图纸;(详见招标文件第五章“图纸清单”)

4.送审工程量清单;

5.有关的施工规范与工程验收规范;

6.通常采用的施工组织设计和施工技术方案;

7.其他相关资料。

四、工程质量要求

本工程的质量应达到图纸、招标文件要求,并满足合格标准。除有特殊说明外,本工程所有材料、设备的质量必须合格,且应为市场中高档标准,施工中须经过监理和发包人认可后方能进场。

五、其他需要说明的事项

1.“材料暂估单价表”中所列单价,仅为该材料交付到施工现场的落地价格;

2.“专业工程暂估价表”中所列金额包含除规费和税金外的所有费用,施工过程中进行专业工程招标时,总承包方除了收取为分包方代扣代缴的税金和规费外,不得再收取任何费用,总包方向分包方提供完税证明。

3.工程量清单审核说明:

(1)马道设计不详,暂不包括在本次范围内;

(2)土方运距由施工单位自行考虑;

(3)地下一层维修间装修同设备用房;

(4)卫生间内均设置为红外线感应式洗手盆;

……

4. 分部分项工程量清单审核

分部分项工程量清单审核表如表 11-3-17 所示。

表 11-3-17 分部分项工程量清单审核表

工程名称:北京×××大学体育馆建筑工程　　标段:　　第 1 页 共 12 页

序号	项目编码	项目名称	送审数据			审核数据			工程量调整		备注
			项目特征描述	计量单位	工程量	项目特征描述	计量单位	工程量	+	-	
A.1 土(石)方工程											
1	010101001001	场地平整(比赛馆)	1. 土壤类别:一、二类土 2. 弃土运距:20 km 3. 取土运距:1 km	m^2	4 733.44	1. 土壤类别:自行考虑 2. 弃土运距:自行考虑 3. 取土运距:自行考虑	m^2	4 733.44	—	—	项目特征修改
2	010101003001	挖基础土方(比赛馆)	1. 土壤类别:一、二类土 2. 基础类型:筏板基础 3. 挖土深度:13 m 外 4. 弃土运距:20 km	m^3	58 138.2	1. 土壤类别:自行考虑 2. 基础类型:筏板基础 3. 挖土深度:13 m 外 4. 弃土运距:自行考虑	m^3	48 123.2	—	-10 015	项目特征修改 工程量调整
3	010101001002	场地平整(游泳馆)	1. 土壤类别:一、二类土 2. 弃土运距:20 km 3. 取土运距:1 km	m^2	1 682.6	1. 土壤类别:自行考虑 2. 弃土运距:自行考虑 3. 取土运距:自行考虑	m^2	1 682.6	—	—	项目特征修改
4	010103001001	土方回填(比赛馆)	1. 土质要求:2:8灰土回填 2. 弃土运距:20 km 3. 取土运距:1 km	m^3	290.8	1. 土质要求:2:8灰土回填 2. 弃土运距:自行考虑 3. 取土运距:自行考虑	m^3	1 217.1	926.3	—	修改项目特征 工程量调整
			(其他略)								
			分部小计								
A.2 桩与地基基础工程											
12	010201003001	混凝土灌注桩	1. 土壤级别:一、二类土 2. 单桩长度、根树:15.4 m,共 85 根 3. 桩截面:直径 600 mm 4. 成孔方法:钻孔灌注桩 5. 砼强度等级:C30	m	1 309.00	1. 土壤级别:自行考虑 2. 单桩长度、根树:15.4 m,共 85 根 3. 桩截面:直径 600 mm 4. 成孔方法:钻孔灌注桩 5. 砼强度等级:C30	m	1 309.00	—	—	项目特征修改

续表

序号	项目编码	项目名称	送审数据			审核数据			工程量调整		备注
			项目特征描述	计量单位	工程量	项目特征描述	计量单位	工程量	+	-	
13	010201003002	混凝土灌注桩	1. 土壤级别:一、二类土 2. 单桩长度、根树:17 m,共162 根 3. 桩截面:直径 600 mm 4. 成孔方法:钻孔灌注桩 5. 砼强度等级:C30	根	162.00	1. 土壤级别:自行考虑 2. 单桩长度、根树:17 m,共162 根 3. 桩截面:直径 600 mm 4. 成孔方法:钻孔灌注桩 5. 砼强度等级:C30	根	162.00	—	—	项目特征修改
			(其他略)								
			分部小计								
A.3 砌筑工程											
14	010304001001	空心砖墙、砌块墙	1. 墙体类型:地下室内隔墙 2. 墙体厚度:300 mm 厚 3. 砌块品种及强度等级:MU7.5 陶粒空心砌块	m^3	543.1	1. 墙体类型:地下室内隔墙 2. 墙体厚度:300 mm 厚 3. 砌块品种及强度等级:MU7.5 陶粒空心砌块 4. 砂浆拌和料要求:预拌	m^3	518.00	—	-25.10	项目特征修改 工程量调整
15	010304001002	空心砖墙、砌块墙	1. 墙体类型:地下室内隔墙 2. 墙体厚度:200 mm 厚 3. 砌块品种及强度等级:MU7.5 陶粒空心砌块	m^3	7 688.23	1. 墙体类型:地下室内隔墙 2. 墙体厚度:200 mm 厚 3. 砌块品种及强度等级:MU7.5 陶粒空心砌块 4. 砂浆拌和料要求:预拌	m^3	4 807.4	—	-2 880.83	项目特征修改 工程量调整
			(其他略)								
			分部小计								
A.4 混凝土及钢筋混凝土工程											
17	010401003001	满堂基础	1. 垫层材料种类、厚度:C15,100 mm 厚 2. 混凝土强度等级:C30S6 3. 混凝土拌和料要求:预拌	m^3	2 962.42	1. 垫层材料种类、厚度:C15 100 mm 厚 2. 混凝土强度等级:C30S6 3. 混凝土拌和料要求:预拌	m^3	3 262.63	300.21	—	工程量调整
26	010402001001	矩形柱(比赛馆)	1. 柱截面:1 000 mm × 800 mm 2. 混凝土强度等级:C40 3. 混凝土拌和料要求:预拌	m^3	1 235.6	1. 柱截面:1 000 mm × 800 mm 2. 混凝土强度等级:C40 3. 混凝土拌和料要求:预拌	m^3	1 386.6	151.00	—	工程量调整

续表

序号	项目编码	项目名称	送审数据			审核数据			工程量调整		备注
			项目特征描述	计量单位	工程量	项目特征描述	计量单位	工程量	+	-	
41	010405001001	比赛馆地下一层有梁板	1. 板厚度:200 mm 厚 2. 混凝土强度等级:C30 3. 混凝土拌和料要求:预拌	m^3	211.29	1. 板厚度:200 mm 厚 2. 混凝土强度等级:C30 3. 混凝土拌和料要求:预拌	m^3	211.29	—	—	
93	010416001001	比赛馆现浇混凝土钢筋	钢筋的种类规格:ϕ20(三级钢)	t	223.475	钢筋的种类规格:ϕ20(三级钢)	t	253.856	30.381	—	工程量调整
94	010416001002	比赛馆现浇混凝土钢筋	钢筋的种类规格:ϕ22(二级钢)	t	167.476	钢筋的种类规格:ϕ22(二级钢)	t	171.192	3.716	—	工程量调整
			(其他略)								
			分部小计								
A.6 金属结构工程											
145	010605001001	比赛场二层压型钢板	1. 压型钢板 YX70 - 200 - 600 2. 厚度:0.8 mm	m^2	447.40	1. 压型钢板 YX70 - 200 - 600 2. 厚度:0.8 mm	m^2	447.40	—	—	
			(其他略)								
			分部小计								
A.7 屋面及防水工程											
145	010701002001	型材屋面	1. 金属屋面 2. 金属柔性防水卷材 3. 80 厚挤塑聚苯板 4. 0.3 mm PE 隔气层 5. 0.8 mm 镀锌压型钢板 6. C 型钢檩条	m^2	8 029.00	—	—	—	—	—	删除项,与暂估项重复
			(其他略)								
			分部小计								
A.8 防腐、隔热、保温工程											

续表

序号	项目编码	项目名称	送审数据			审核数据			工程量调整		备注
			项目特征描述	计量单位	工程量	项目特征描述	计量单位	工程量	+	-	
164	010803003001	保温隔热墙	1. 抹3～5 mm厚聚合物砂浆中间压入一层耐碱玻纤网格布 2. 聚合物砂浆粘贴90 mm厚双面带小凹槽聚苯板 3. 1∶3水泥砂浆找平 4. 基层墙面刷界面剂	m^2	4 769.23	1. 抹3～5 mm厚聚合物砂浆中间压入一层耐碱玻纤网格布 2. 聚合物砂浆粘贴90 mm厚双面带小凹槽聚苯板 3. 1∶3水泥砂浆找平 4. 基层墙面刷界面剂 5. 砂浆和料要求：预拌	m^2	5 261.00	491.77	—	项目特征修改 工程量调整
166	京010803006001	工程水电费	—	—	—	工程水电费（北京市补充清单项目）	m^2	25 800	—	—	漏项增加
			（其他略）								
			分部小计								
B.1 楼地面工程											
3	020101001001	水泥砂浆楼地面（F7）	1. 1～2 mm厚自流平环氧面漆涂层 2. 环氧漆底涂一道 3. 20 mm厚1∶2.5水泥砂浆压实赶光	m^2	7 367.3	1. 1～2 mm厚自流平环氧面漆涂层 2. 环氧漆底涂一道 3. 20 mm厚1∶2.5水泥砂浆压实赶光 4. 砂浆和料要求：预拌	m^2	5 096.00	—	-2 271.3	项目特征修改 工程量调整
5	020102001001	石材楼地面	详见招标图纸建筑1－02中<F3>花岗岩楼地面做法	m^2	3 672.3	详见招标图纸建筑1－02中<F3>花岗岩楼地面做法 砂浆和料要求：预拌	m^2	3 201.00	—	-471.3	项目特征修改 工程量调整
		（其他略）									
		分部小计									
B.2 墙、柱面工程											
34	020201001001	内墙面抹灰	详见图集88J1－1－H9－7C	m^2	25 983.4	详见图集88J1－1－H9－7C 砂浆和料要求：预拌	m^2	24 893.00	—	-1 090.4	项目特征修 工程量调整
43	020209001001	隔断	50 mm厚轻钢龙骨单面石膏板墙	m^2	112	50 mm厚轻钢龙骨单面石膏板墙	m^2	112	—	—	
44	020210001001	带骨架玻璃幕墙	双层中空LOW－E玻璃（需进行二次深化设计）	m^2	1 939.00	双层中空LOW－E玻璃（需进行二次深化设计）	m^2	1 876.00	—	-63	工程量调整

续表

序号	项目编码	项目名称	送审数据			审核数据			工程量调整		备注
			项目特征描述	计量单位	工程量	项目特征描述	计量单位	工程量	+	-	
			(其他略)								
			分部小计								
B.3 天棚工程											
46	020301001001	天棚抹灰	1.3 mm厚1:0.2:2.5水泥石灰膏砂浆找平 2.5 mm厚1:0.2:3水泥石灰膏砂浆打底扫毛 3.素水泥浆一道甩毛	m^2	7 238.00	1.3 mm厚1:0.2:2.5水泥石灰膏砂浆找平 2.5 mm厚1:0.2:3水泥石灰膏砂浆打底扫毛 3.素水泥浆一道甩毛 4.砂浆和料要求:预拌	m^2	9 479.00	2 241.00	—	项目特征修改 工程量调整
			(其他略)								
			分部小计								
B.4 门窗工程											
59	020406001001	氟碳喷涂彩色铝合金推拉窗	型号:LC1618 洞口尺寸:1 600 mm×1 800 mm 型材:氟碳喷涂铝型材 玻璃:双层中空钢化玻璃(厚度6+12A+6)	樘	74	型号:LC1618 洞口尺寸:1 600 mm×1 800 mm 型材:氟碳喷涂断桥隔热铝型材 玻璃:双层中空钢化LOW-E玻璃(厚度6+12A+6)	樘	74	—	—	项目特征修改
60	020406001002	氟碳喷涂彩色铝合金推拉窗	型号:LC1132 洞口尺寸:1 100 mm×3 200 mm 型材:氟碳喷涂铝型材 玻璃:双层中空钢化玻璃(厚度6+12A+6)	m^2	98.56	型号:LC1132 洞口尺寸:1 100 mm×3 200 mm 型材:氟碳喷涂断桥隔热铝型材 玻璃:双层中空钢化LOW-E玻璃(厚度6+12A+6)	m^2	98.56	—	—	项目特征修改
			(其他略)								
			分部小计								
B.5 油漆、涂料、裱糊工程											

续表

序号	项目编码	项目名称	送审数据			审核数据			工程量调整		备注
			项目特征描述	计量单位	工程量	项目特征描述	计量单位	工程量	+	-	
9	020507001001	刷喷涂料	1. 内墙面刷防火型功能性合成树脂乳液涂料二道饰面，2. 封底漆一道	m^2	23 543.00	1. 内墙面刷防火型功能性合成树脂乳液涂料二道饰面，2. 封底漆一道	m^2	22 706.00	—	-837	工程量调整
		(其他略)									
		分部小计									
B.6 其他工程											
181	020603001001	洗漱台	大理石台面见 88J8—P12—7	m^2	66.40	大理石台面见 88J8—P12—7	m^2	66.40	—	—	
185	AB001	成品厕所隔断	1. 材质:12 mm 厚埃特板 2. 尺寸:900 mm×1 700 mm (带门) 3. 油漆:	间	165	1. 材质:12 mm 厚埃特板 2. 尺寸:900 mm×1 700 mm (带门) 3. 油漆:	间	165	—	—	
		(其他略)									
		分部小计									
C.1 机械设备安装工程——电梯											
1	030107001001	交流电梯	1. 用途:客梯 2. 层数:4 层 3. 站数:4 站 4. 提升:25.1 m	台	5	1. 用途:客梯 2. 层数:4 层 3. 站数:4 站 4. 提升:25.1 m	台	5	—	—	
		(其他略)									
		分部小计									
C.2.1 电气设备安装工程——变配电											
2	030201002001	干式变压器	干式铜芯变压器 TM1 SCR9 -2000 kVA/H 级 10 kV ±2 * 2.5%/0.4 - 0.23 kV DY11 UD=6%	台	1	干式铜芯变压器 TM1 SCR9 -2000 kVA/H 级 10 kV ±2 * 2.5%/0.4 - 0.23 kV DY11 UD=6%	台	1	—	—	
		(其他略)									
		分部小计									
C.2.2 电气设备安装工程——强电											

续表

序号	项目编码	项目名称	送审数据			审核数据			工程量调整		备注
			项目特征描述	计量单位	工程量	项目特征描述	计量单位	工程量	+	-	
130	030203006001	低压封闭式插接母线槽	1. 型号:低压封闭式插接母线槽 2. 容量:NHLD-250A/5P	m	50	1. 型号:低压封闭式插接母线槽 2. 容量:NHLD-250A/5P	m	38	—	-12	工程量调整
		（其他略）									
		分部小计									
C.7.1 消防工程——喷淋											
156	030701001001	水喷淋镀锌钢管	1. 安装部位:室内 2. 材质:镀锌钢管 3. 型号、规格:DN150 4. 连接方式:沟槽连接 5. 除锈、刷油、防腐设计要求:10 mm厚橡塑保温，玻璃丝布两道，防火漆两遍，黄色色环 6. 填料套管安装 7. 冲洗、管道试压	m	467.30	1. 安装部位:室内 2. 材质:镀锌钢管 3. 型号、规格:DN150 4. 连接方式:沟槽连接 5. 除锈、刷油、防腐设计要求:10 mm厚橡塑保温，玻璃丝布两道，防火漆两遍，黄色色环 6. 填料套管安装 7. 冲洗、管道试压	m	538.55	71.25	—	工程量调整
		（其他略）									
		分部小计									
C.7.2 消防工程——消火栓及气体灭火											
178	030701003001	消火栓镀锌钢管	1. 安装部位:室内 2. 材质:镀锌钢管 3. 型号、规格:DN150 4. 连接方式:沟槽连接 5. 除锈、刷油、防腐设计要求:调和漆两道 6. 填料套管安装、沟槽件安装 7. 冲洗、管道试压	m	330.55	1. 安装部位:室内 2. 材质:镀锌钢管 3. 型号、规格:DN150 4. 连接方式:沟槽连接 5. 除锈、刷油、防腐设计要求:调和漆两道 6. 填料套管安装、沟槽件安装 7. 冲洗、管道试压	m	330.55	—	—	
		（其他略）									
		分部小计									

续表

序号	项目编码	项目名称	送审数据			审核数据			工程量调整		备注
			项目特征描述	计量单位	工程量	项目特征描述	计量单位	工程量	+	-	
C.7.3 消防工程——消防炮											
187	030701003002	消火栓镀锌钢管	1. 安装部位:室内 2. 材质:镀锌钢管 3. 型号、规格:DN150 4. 连接方式:沟槽连接 5. 除锈、刷油、防腐设计要求:10 mm 厚橡塑保温,玻璃丝布两道,防火漆两遍,红色色环 6. 填料套管安装、沟槽件安装 7. 冲洗、管道试压	m	228.00	1. 安装部位:室内 2. 材质:镀锌钢管 3. 型号、规格:DN150 4. 连接方式:沟槽连接 5. 除锈、刷油、防腐设计要求:10 mm 厚橡塑保温,玻璃丝布两道,防火漆两遍,红色色环 6. 填料套管安装、沟槽件安装 7. 冲洗、管道试压	m	228.00	—	—	
		(其他略)									
		分部小计									
C.8.1 给排水工程											
192	030801009001	薄壁不锈钢给水管	1. 安装部位:室内 2. 输送材质:给水 3. 材质:薄壁不锈钢管 4. 型号、规格:DN100 5. 连接方式:卡压式连接 6. 套管形式、材质、规格:一般填料套管 7. 除锈、刷油、防腐、绝热及保护层设计要求:10 mm 厚橡塑保温,外缠玻璃丝布,防火漆两遍,蓝色色环 8. 消毒、冲洗、管道试压	m	234.90	1. 安装部位:室内 2. 输送材质:给水 3. 材质:薄壁不锈钢管 4. 型号、规格:DN100 5. 连接方式:卡压式连接 6. 套管形式、材质、规格:一般填料套管 7. 除锈、刷油、防腐、绝热及保护层设计要求:10 mm 厚橡塑保温,外缠玻璃丝布,防火漆两遍,蓝色色环 8. 消毒、冲洗、管道试压	m	228.90	—	-6.00	工程量调整

续表

序号	项目编码	项目名称	送审数据			审核数据			工程量调整		备注
			项目特征描述	计量单位	工程量	项目特征描述	计量单位	工程量	+	-	
213	030801004001	离心铸造排水铸铁管	1. 安装部位:室内 2. 输送材质:排水 3. 材质:铸铁管 4. 型号、规格:DN150 5. 连接方式:柔性接口 6. 套管形式、材质、规格:柔性防水套管 7. 除锈、刷油、防腐、绝热及保护层设计要求:防锈漆一道,沥青两道 8. 冲洗、闭水试验	m	32.45	1. 安装部位:室内 2. 输送材质:排水 3. 材质:铸铁管 4. 型号、规格:DN150 5. 连接方式:柔性接口 6. 套管形式、材质、规格:柔性防水套管 7. 除锈、刷油、防腐、绝热及保护层设计要求:防锈漆一道,沥青两道 8. 冲洗、闭水试验	m	32.45	—	—	
223	030804014001	水箱制作安装	1. 材质:不锈钢 2. 类型:组合式冷水箱 3. 型号:1 000 mm × 2 000 mm × 1 000 mm	套	1	1. 材质:不锈钢 2. 类型:组合式冷水箱 3. 型号:1 000 mm × 2 000 mm × 1 000 mm 4. 保温:50 mm 厚橡塑保温	套	1	—	—	项目特征修改
		(其他略)									
		分部小计									
C.8.2 采暖工程											
234	030801002001	无缝钢管	1. 安装部位:室内 2. 输送材质:热媒体 3. 材质:无缝钢管 4. 型号、规格:外径 108 mm 5. 连接方式:焊接 6. 套管形式、材质、规格:防水套管 7. 除锈、刷油、防腐、绝热及保护层设计要求:35 mm 厚难燃 B1 级橡塑海绵保温 8. 水压及泄露试验	m	345.56	1. 安装部位:室内 2. 输送材质:热媒体 3. 材质:无缝钢管 4. 型号、规格:外径 108 mm 5. 连接方式:焊接 6. 套管形式、材质、规格:防水套管 7. 除锈、刷油、防腐、绝热及保护层设计要求:35 mm 厚难燃 B1 级橡塑海绵保温 8. 水压及泄露试验	m	290.00	—	-55.56	工程量调整
		(其他略)									

续表

序号	项目编码	项目名称	送审数据			审核数据			工程量调整		备注
			项目特征描述	计量单位	工程量	项目特征描述	计量单位	工程量	+	-	
		分部小计									
C.9 通风空调工程											
245	030901004001	新风空调机组	1. 形式:新风空调机组 2. 质量:风量 2 000 CMH 3. 安装位置:机房落地安装	台	1	1. 形式:新风空调机组 2. 质量:风量 2 000 CMH 3. 安装位置:机房落地安装	台	1	—	—	
	030903001001	通风管道	1. 材质:镀锌钢板风管 2. 形状:矩形 3. 周长或直径:大边长 630 mm 以内 4. 板材厚度:0.6 mm 5. 接口形式:咬口 6. 风管附件、支架设计要求:风管及管件、弯头导流叶片、支吊架制作安装 7. 除锈、刷油、30 mm 铝箔离心玻璃棉保温 8. 风管场外运输	m^2	26.00	1. 材质:镀锌钢板风管 2. 形状:矩形 3. 周长或直径:大边长 630 mm 以内 4. 板材厚度:0.6 mm 5. 接口形式:咬口 6. 风管附件、支架设计要求:风管及管件、弯头导流叶片、支吊架制作安装 7. 除锈、刷油、30 mm 铝箔离心玻璃棉保温 8. 风管场外运输	m^2	22.00	—	-4.00	程量调整
		(其他略)									
		分部小计									
C.11 通信设备及线路工程——弱电工程											
387	031103004001	金属线槽	1. 规格:防火金属线槽 2. 程式:150 mm×100 mm	m	145.30	1. 规格:防火金属线槽 2. 程式:150 mm×100 mm	m	178.10	32.80	—	工程量调整
		(其他略)									
		分部小计									

5. 措施项目清单审核

措施项目清单审核表见表 11-3-18、表 11-3-19。

表 11-3-18　措施项目清单审核表(一)

工程名称:北京×××大学体育馆工程　　标段:　　第 1 页　共 1 页

序号	项目名称		计算基础	费率(%)	金额(元)
	送审	审定			
1	安全文明施工	安全文明施工			
2	夜间施工	夜间施工			
3	二次搬运	二次搬运			
4	冬雨季施工	冬雨季施工			
5	大型机械设备进出场及安拆	大型机械设备进出场及安拆			
6	施工排水	施工排水			
7	施工降水	施工降水			
8	地上、地下设施,建筑物的临时保护设施	地上、地下设施,建筑物的临时保护设施			
9	已完工程及设备保护	已完工程及设备保护			
10	—	竣工图编制费			
11	—	护坡工程			
12	—	场地狭小所需措施费用			
13	—	室内空气污染检测			
14	建筑工程措施项目	建筑工程措施项目			
(1)	脚手架	脚手架			
(2)	垂直运输机械	垂直运输机械			
15	装饰装修工程措施项目	装饰装修工程措施项目			
(1)	垂直运输机械	垂直运输机械			
(2)	脚手架	脚手架			
16	—	其他专业工程措施项目			
合　计					

表 11-3-19　措施项目清单审核表(二)

工程名称:北京×××大学体育馆工程　　标段:　　第1页　共1页

序号	项目编码	项目名称	送审数据			审定数据			工程量		备注
			项目特征描述	计量单位	工程量	项目特征描述	计量单位	工程量	+	-	
1	AB002	现浇钢筋混凝土平板模板及支架	1. 构件形状:矩形 2. 支模高度:支模高度3 m 3. 模板类型:钢模板 4. 支撑类型:钢支撑	m^2	1 345.2	1. 构件形状:矩形 2. 支模高度:支模高度3 m 3. 模板类型:自行考虑 4. 支撑类型:自行考虑	m^2	1 178.5	—	-166.7	项目特征修改 工程量调整
2	AB003	现浇钢筋混凝土有梁板及支架	1. 构件形状:矩形 2. 支模高度:板底支模高度3.78 m 3. 模板类型:钢模板 4. 支撑类型:钢支撑	m^2	16 835.72	1. 构件形状:矩形 2. 支模高度:板底支模高度3.78 m 3. 模板类型:自行考虑 4. 支撑类型:自行考虑	m^2	15 865.86	—	-969.86	项目特征修改 工程量调整
3	AB004	现浇钢筋混凝土圆形柱模板	1. 构件形状:圆形 2. 支模高度:支模高度3.5 m 3. 模板类型:木模板 4. 支撑类型:钢支撑	m^2	248.6	1. 构件形状:圆形 2. 支模高度:支模高度3.5 m 3. 模板类型:自行考虑 4. 支撑类型:自行考虑	m^2	248.6	—	—	项目特征修改
4	AB005	现浇钢筋混凝土直形墙模板	1. 构件形状:矩形 2. 支模高度:支模高度3.9 m 3. 模板类型:钢模板 4. 支撑类型:钢支撑	m^2	9 453.8	1. 构件形状:矩形 2. 支模高度:支模高度3.9 m 3. 模板类型:自行考虑 4. 支撑类型:自行考虑	m^2	9 989.2	535.4	—	项目特征修改 工程量调整
				(其他略)							

6. 其他项目清单审核

(1)其他项目清单审核表见表11-3-20。

表11-3-20　其他项目清单审核表

工程名称:北京×××大学体育馆工程　　　标段:　　　第1页　共1页

序号	项目名称	计量单位	金额(元)		备注
			送审	审定	
1	暂列金额	项	3 000 000	4 500 000	
2	暂估价		40 170 000	39 170 000	
2.1	材料暂估价		—	—	
2.2	专业工程暂估价	项	40 170 000	39 170 000	
3	计日工				
4	总承包服务费				
合　计					

(2)暂列金额明细审核表见表11-3-21。

表11-3-21　暂列金额明细审核表

工程名称:北京×××大学体育馆工程　　　标段:　　　第1页　共1页

序号	项 目 名 称	计量单位	暂定金额(元)		备 注
			送审	审定	
1	工程量清单中工程量偏差和设计变更	项	1 500 000	3 000 000	
2	政策性调整和材料价格风险	项	800 000	1 000 000	
3	其他	项	700 000	500 000	
合　计			3 000 000	4 500 000	—

(3)材料暂估单价审核表见表11-3-22。

表11-3-22　材料暂估单价审核表

工程名称:北京×××大学体育馆工程　　　标段:　　　第1页　共1页

序号	材料名称、规格、型号	计量单位	送审数据		审定数据		备注
			单价(元)	单价类型	单价(元)	单价类型	
一	土建工程						
1	铝合金窗	m^2	650	工料机	800	工料机	调整单价
2	玻璃幕墙	m^2	1 200	工料机(含骨架)	1 300	工料机(含骨架)	调整单价 调整说明
3	磨光花岗岩	m^2	600	主材	600	主材	
4	环氧自流平	m^2	180	主材	130	主材	调整单价
5							
	⋮						
二	安装工程						
1	电梯	台	280 000	设备费	280 000	设备费	

续表

序号	材料名称、规格、型号	计量单位	送审数据		审定数据		备注
			单价(元)	单价类型	单价(元)	单价类型	
2	不锈钢组合式冷水箱	m^3	2 500	设备费(含保温)	2 500	设备费(含保温)	
3	空调机组、空气处理机组、新风机组	台	40 000	设备费	40 000	设备费	
	⋮						

(4)专业工程暂估价审核表见表11-3-23。

表11-3-23　专业工程暂估价审核表

工程名称:北京×××大学体育馆工程　　标段:　　第1页　共1页

序号	工程名称	送审		审定		备注
		工程内容	金额(元)	工程内容	金额(元)	
1	玻璃雨篷	制作、安装	500 000	制作、安装	500 000	
2	金属屋面	制作、安装	8 000 000	制作、安装	7 200 000	金额调整
3	中央球壳	制作、安装	2 000 000	制作、安装	2 000 000	
4	火警报警及消防联动控制系统	安装、调试	3 000 000	安装、调试	3 000 000	
5	安保系统	安装、调试	1 000 000	安装、调试	1 000 000	
6	楼宇设备自控系统	安装、调试	3 000 000	安装、调试	2 800 000	金额调整
	⋮					
合　计			40 170 000		39 170 000	

(5)计日工清单审核表见表11-3-24。

表11-3-24　计日工清单审核表

工程名称:北京×××大学体育馆工程　　标段:　　第1页　共1页

编号	送审数据			审定数据			综合单价	合价
	项目名称	单位	暂定数量	项目名称	单位	暂定数量		
一	人　工			人　工				
1	普工	工日	200	普工	工日	200		
2	技工(综合)	工日	50	技工(综合)	工日	50		
人　工　小　计								
二	材料			材料				
1	钢筋(规格、型号综合)	t	10	–	—	—		
2	水泥42.5	t	20	—	—	—		
3	中砂	m^3	100	—	—	—		
4	砾石(5~40 mm)	m^3	50	—	—	—		
5	页岩砖(240 mm×115 mm×53 mm)	千匹	10	—	—	—		
6	—	—	—	拆除隔墙	m^2	100		
7	—	—	—	拆除吊顶	m^2	100		

续表

编号	送审数据			审定数据			综合单价	合价
	项目名称	单位	暂定数量	项目名称	单位	暂定数量		
8	—	—	—	破除障碍物	m^3	100		
9	—	—	—	渣土外运	m^3	500		
材　料　小　计								
三	施工机械							
1	自升式塔式起重机（起重力矩 1 250 kN · m）	台班	5	自升式塔式起重机（起重力矩 1 250 kN. · m）	台班	5		
2	灰浆搅拌机(400 L)	台班	2	灰浆搅拌机(400 L)	台班	2		
施工机械小计								
总　　计								

（6）总承包服务费计价审核表见表 11-3-25。

表 11-3-25　总承包服务费计价审核表

工程名称:北京×××大学体育馆工程　　　　标段:　　　　第 1 页　共 1 页

序号	项目名称	送审数据		审定数据		费率（%）	金额（元）
		项目价值（元）	服务内容	项目价值（元）	服务内容		
1	发包人发包专业工程	40 170 000	总承包人向分包人免费提供管理、协调、配合和服务工作	39 170 000	总承包人向分包人免费提供管理、协调、配合和服务工作,包括但不限于: 1. 为专业分包人采购提供所需的一切服务; 2. 为分包人提供临时工程或垂直运输机械和设备及脚手架; 3. 承包人应对各专业分包人的工作所或材料设备存放等负责协调; 4. 向提供施工所需的水、电接口,工程水电费由总承包人承担,但分包人应保证节约用水、用电; 5. 向分包人提供施工工作面,对施工现场进行统一管理,对竣工资料进行统一汇总; 6. 技术规范所注明由总承包人提供的其他工作		
2	发包人供应材料		对发包人提供的材料、设备进行验收、保管和使用发放等		对发包人提供的材料、设备进行验收、保管和使用发放等		
合　　计							

7. 规费、税金项目清单审核

规费、税金项目清单与计价审核表见表 11-3-26。

表 11-3-26 规费、税金项目清单与计价审核表

工程名称:北京×××大学体育馆工程　　标段:　　第1页 共1页

序号	送审数据		审定数据		费率(%)	金额(元)
	项目名称	计算基础	项目名称	计算基础		
1	规费	人工费	规费	人工费		
1.1	工程排污费		工程排污费			
1.2	社会保障费		社会保障费			
(1)	养老保险费		养老保险费			
(2)	失业保险费		失业保险费			
(3)	医疗保险费		医疗保险费			
1.3	住房公积金		住房公积金			
1.4	危险作业意外伤害保险		危险作业意外伤害保险			
1.5	工程定额测定费		工程定额测定费			
2	税金	分部分项工程费+措施项目费+其他项目费+规费	税金	分部分项工程费+措施项目费+其他项目费+规费		
合计						

8. 补充工程量清单审核

补充工程量清单项目及计算规则审核表见表 11-3-27。

表 11-3-27　补充工程量清单项目及计算规则审核表

工程名称:北京×××大学体育馆工程　　　　标段:　　　　第 1 页　共 2 页

送审数据						审定数据						备注
项目编码	项目名称	项目特征	计量单位	工程量计算规则	工作内容	项目编码	项目名称	项目特征	计量单位	工程量计算规则	工作内容	
AB001	成品厕所隔断	1. 材质 2. 尺寸 3. 油漆	间	厕所隔断按间计算	隔断制作安装、油漆等	AB001	成品厕所隔断	1. 材质 2. 尺寸 3. 油漆	间	厕所隔断按间计算	隔断制作安装、油漆等	
AB002	现浇钢筋混凝土平板模板及支架	1. 构件形状 2. 支模高度 3. 模板类型 4. 支撑类型	m^2	按图示尺寸以 m^2 计算，不扣除单孔面积在 0.3 m^2 以内的孔洞面积，洞口侧壁面积不增加；应扣除梁、柱帽以及单孔面积在 0.3 m^2 以外孔洞所占面积，洞口侧壁模板面积并入工程量中	1. 场内外运输、安装、拆除 2. 模板清理、刷隔离剂、集中堆放等	AB002	现浇钢筋混凝土平板模板及支架	1. 构件形状 2. 支模高度 3. 模板类型 4. 支撑类型	m^2	按图示尺寸以 m^2 计算，不扣除单孔面积在 0.3 m^2 以内的孔洞面积，洞口侧壁面积不增加；应扣除梁、柱帽以及单孔面积在 0.3 m^2 以外孔洞所占面积，洞口侧壁模板面积并入工程量中	1. 场内外运输、安装、拆除 2. 模板清理、刷隔离剂、集中堆放等	
AB003	现浇钢筋混凝土有梁板及支架	1. 构件形状 2. 支模高度 3. 模板类型 4. 支撑类型	m^2	按图示尺寸以 m^2 计算，不扣除单孔面积在 0.3 m^2 以内的孔洞面积，洞口侧壁面积不增加；应扣除梁、柱帽以及单孔面积在 0.3 m^2 以外孔洞所占面积，洞口侧壁模板面积并入工程量中	1. 场内外运输、安装、拆除 2. 模板清理、刷隔离剂、集中堆放等	AB003	现浇钢筋混凝土有梁板及支架	1. 构件形状 2. 支模高度 3. 模板类型 4. 支撑类型	m^2	按图示尺寸以 m^2 计算，不扣除单孔面积在 0.3 m^2 以内的孔洞面积，洞口侧壁面积不增加；应扣除梁、柱帽以及单孔面积在 0.3 m^2 以外孔洞所占面积，洞口侧壁模板面积并入工程量中	1. 场内外运输、安装、拆除 2. 模板清理、刷隔离剂、集中堆放等	
AB004	现浇钢筋混凝土圆形柱模板	1. 构件形状 2. 支模高度 3. 模板类型 4. 支撑类型	m^2	按柱周长乘以柱高计算，牛腿模板面积，并入柱模板工程量中。柱高从柱基或板上表面至上一层楼板上表面，无梁板算至柱帽底部标高	1. 场内外运输、安装、拆除 2. 模板清理、刷隔离剂、集中堆放等	AB004	现浇钢筋混凝土圆形柱模板	1. 构件形状 2. 支模高度 3. 模板类型 4. 支撑类型	m^2	按柱周长乘以柱高计算，牛腿模板面积，并入柱模板工程量中。柱高从柱基或板上表面至上一层楼板上表面，无梁板算至柱帽底部标高	1. 场内外运输、安装、拆除 2. 模板清理、刷隔离剂、集中堆放等	

续表

送审数据						审定数据						备注
项目编码	项目名称	项目特征	计量单位	工程量计算规则	工作内容	项目编码	项目名称	项目特征	计量单位	工程量计算规则	工作内容	
AB005	现浇钢筋混凝土直行墙模板	1. 构件形状 2. 支模高度 3. 模板类型 4. 支撑类型	m^2	按图示长度乘以高度以 m^2 计算,外墙高度由楼层表面算至上一层楼板上表面,内墙算至上一层楼板或梁下表面。不扣除单孔面积在 0.3 m^2 以内的孔洞面积,洞口侧壁面积不增加;应扣除 0.3 m^2 以外孔洞所占面积,洞口侧壁模板面积并入工程量中	1. 场内外运输、安装、拆除 2. 模板清理、刷隔离剂、集中堆放等	AB005	现浇钢筋混凝土直行墙模板	1. 构件形状 2. 支模高度 3. 模板类型 4. 支撑类型	m^2	按图示长度乘以高度以 m^2 计算,外墙高度由楼层表面算至上一层楼板上表面,内墙算至上一层楼板或梁下表面。不扣除单孔面积在 0.3 m^2 以内的孔洞面积,洞口侧壁面积不增加;应扣除 0.3 m^2 以外孔洞所占面积,洞口侧壁模板面积并入工程量中	1. 场内外运输、安装、拆除 2. 模板清理、刷隔离剂、集中堆放等	
		(其他略)										

11.3.4 招标控制价编制实例

1. 招标控制价封面

招标控制价封面见表 11-3-28。

表 11-3-28 招标控制价封面

北京×××大学体育馆工程

招 标 控 制 价

招标控制价(小写):220 902 921.2 元

(大写):贰亿贰仟零玖拾万贰仟玖佰贰拾壹元贰角

××大学 招 标 人:单位公章 (单位盖章)	工程造价 ××工程造价咨询企业 咨 询 人:执业印章 (单位资质专用章)
法定代表人 ××大学 或其授权人:法定代表人 (签字或盖章)	法定代表人 ××工程造价咨询企业 或其授权人:法定代表人 (签字或盖章)
×××签字 盖造价工程师 编 制 人:或造价员专用章 (造价人员签字盖专用章)	×××签字 复 核 人:盖造价工程师专用章 (造价工程师签字盖专用章)
编制时间:××××年×月×日	复核时间:××××年×月×日

2. 招标控制价总说明

招标控制价总说明见表 11-3-29。

表 11-3-29 总说明

工程名称:北京×××大学体育馆工程　　　　第 1 页 共 1 页

一、工程概况

本工程为北京×××大学体育馆工程,由××设计研究院设计。建筑面积:25 800 m^2;层数:主体建筑地上 3 层,看台 2 层,局部设备用房 4 层,地下 1 层;层高平均为 5 m;计划施工工期 684 日历天。结构工程采用满堂基础,主体为框架剪力墙,钢屋架,陶粒混凝土砌块及加气混凝土砌块填充墙,外墙装修采用烧毛花岗岩板、仿石涂料、玻璃幕墙及铝塑板,内装修为乳胶漆涂料、吸音铝板及釉面砖,铝合金门窗、木质防火门。

二、招标控制价包括范围

本次招标范围内的所有建筑工程、装饰装修工程和安装工程,专业分包范围详见"专业工程暂估价表"。

三、招标控制价编制依据

1.《建设工程工程量清单计价规范》(GB 50500—2008)及北京市相关规定;

2. 本工程的招标文件及答疑纪要;

3. 本工程招标图纸;(详见招标文件第五章"图纸清单")

4. 经审核后的工程量清单;

5. 2001 年《北京市建设工程预算定额》;

6. 2001 年《北京市建设工程费用定额》及现行文件;

7. 人工、材料、机械价格按北京市 2009 年《北京市工程造价信息》第 7 期发布的价格信息,信息价中没有的参照市场价格;

8. 经过批准的设计概算文件;

9. 与建设项目相关的标准、规范、技术资料;

10. 其他相关资料。

四、工程质量标准

除有特殊说明外,本工程所有材料、设备的质量均为合格,且为市场中高档标准。

五、其他需要说明的事项

1. 本工程批复建安概算造价为 2.215 亿元,本次编制的招标控制价在批复概算造价范围内;

2. 建筑人工单价按 2009 年《北京市工程造价信息》第 7 期的平均值计取;装饰人工单价按 2009 年《北京市工程造价信息》第 7 期的普通装饰的高值计取;安装人工单价按 2009 年《北京市工程造价信息》第 7 期的高值计取;

3. 综合单价中的管理费和利润中,已经包含现场经费费用,并包含 3% 的风险费用;

4. 建筑工程现场经费按 4.17% 计取,企业管理费按 4.08% 计取,利润按 7% 计取;装饰工程现场经费按 24.17% 计取,企业管理费按 35.1% 计取,利润按 7% 计取;安装工程现场经费按 25.67% 计取,企业管理费按 37.47% 计取,利润按 7% 计取;

5. 暂估价按"材料暂估单价表"及"专业工程暂估价表"中所列价格计入;

6. 土方外运按 30 km 计价,土方类别按三类土计价;

7. 模板一般按普通钢模板考虑;

8. 马道设计不详,暂不包括在本次造价内;

(省略……)

3. 工程项目招标控制价汇总表

(1)工程项目招标控制价汇总表见表 11-3-30。

表 11-3-30 工程项目招标控制价汇总表

工程名称:北京×××大学体育馆工程　　　　第 1 页 共 1 页

序号	单项工程名称	金额(元)	其中		
			暂估价(元)	安全文明施工费(元)	规费(元)
1	体育馆工程	220 902 921.2	66 443 904	4 262 240.65	5 491 885.21

续表

序号	单项工程名称	金额(元)	其中		
			暂估价(元)	安全文明施工费(元)	规费(元)
合　计		220 902 921.2	66 443 904	4 262 240.65	5 491 885.21

(2)单项工程招标控制价汇总表见表11-3-31、表11-3-32。

表11-3-31　单项工程招标控制价汇总表(一)

工程名称:北京×××大学体育馆工程　　　　第1页　共1页

序号	单项工程名称	金额(元)	其中		
			暂估价(元)	安全文明施工费(元)	规费(元)
1	体育馆工程	220 902 921.2	66 443 904	4 262 240.65	5 491 885.21
合　计		220 902 921.2	66 443 904	4 262 240.65	5 491 885.21

表11-3-32　单位工程招标控制价汇总表(二)

工程名称:北京×××大学体育馆工程　　　　第1页　共1页

序号	汇总内容	金　额(元)	其中:暂估价(元)
1	分部分项工程费	148 862 648.6	
1.1	建筑工程	57 615 956.03	1 950 000
1.2	装饰装修工程	33 036 708.44	9 162 669
1.4	电梯工程	1 859 596.7	1 500 000
1.5	变配电工程	7 139 924.89	2 580 000
1.6	强电工程	23 121 144.8	12 262 435
1.7	喷淋工程	723 102.75	
1.8	消火栓及气体灭火工程	923 443.38	
1.9	消防炮工程	653 454	
1.10	给排水工程	2 945 920.64	623 800
1.11	采暖工程	1 483 507.19	
1.12	通风空调工程	17 503 100.75	950 000
1.13	弱电工程	1 856 789	
2	措施项目费	14 005 320.42	
	其中:安全文明施工费	4 262 240.65	
3	其他项目	45 279 334.54	—

续表

序号	汇总内容	金　额(元)	其中:暂估价(元)
3.1	暂列金额	4 500 000	—
3.2	专业工程暂估价	39 170 000	—
3.3	计日工	42 534.54	—
3.4	总承包服务费	1 566 800	—
4	规费	5 491 885.21	—
5	税金	7 263 732.42	—
招标控制价合计 =1 +2 +3 +4 +5		220 902 921.2	27 273 904

4. 分部分项工程清单计价

分部分项工程量清单计价见表11-3-33 ~ 表11-3-40。

表11-3-33　分部分项工程量清单与计价表1

工程名称:北京×××大学体育馆建筑工程　　　　标段:　　　　第1页　共9页

序号	项目编码	项目名称	项目特征描述	计量单位	工程量	金　额(元)		
						综合单价	合价	其中:暂估价
A.1 土(石)方工程								
1	010101001001	场地平整(比赛馆)	1. 土壤类别:自行考虑 2. 弃土运距:自行考虑 3. 取土运距:自行考虑	m^2	4 733.44	1.76	8 330.85	
2	010101003001	挖基础土方(比赛馆)	1. 土壤类别:自行考虑 2. 基础类型:筏板基础 3. 挖土深度:13 m外 4. 弃土运距:自行考虑	m^3	48 123.2	42.41	2 040 904.91	
3	010101001002	场地平整(游泳馆)	1. 土壤类别:自行考虑 2. 弃土运距:自行考虑 3. 取土运距:自行考虑	m^2	1 682.6	1.76	2 961.38	
4	010103001001	土方回填(比赛馆)	1. 土质要求:2:8灰土回填 2. 弃土运距:自行考虑 3. 取土运距:自行考虑	m^3	290.8	299.74	87 164.39	
			(其他略)					
			分部小计				3 559 830.32	
A.2 桩与地基基础工程								
12	010201003001	混凝土灌注桩	1. 土壤级别:自行考虑 2. 单桩长度、根树:15.4 m,共85根 3. 桩截面:直径600 mm 4. 成孔方法:钻孔灌注桩 5. 混凝土强度等级:C30	m	1 309.00	184.91	242 047.19	
13	010201003002	混凝土灌注桩	1. 土壤级别:自行考虑 2. 单桩长度、根树:17 m,共162根 3. 桩截面:直径600 4. 成孔方法:钻孔灌注桩 5. 混凝土强度等级:C30	根	162.00	3 141.6	508 939.2	

续表

序号	项目编码	项目名称	项目特征描述	计量单位	工程量	金额(元)		
						综合单价	合价	其中：暂估价
			(其他略)					
			分部小计				1 359 829.64	
A.3 砌筑工程								
14	010304001001	空心砖墙、砌块墙	1. 墙体类型:地下室内隔墙 2. 墙体厚度:300 mm 厚 3. 砌块品种及强度等级:MU7.5 陶粒空心砌块 4. 砂浆和料要求:预拌	m^3	518.00	277.01	143 491.18	
15	010304001002	空心砖墙、砌块墙	1. 墙体类型:地下室内隔墙 2. 墙体厚度:200 mm 厚 3. 砌块品种及强度等级:MU7.5 陶粒空心砌块 4. 砂浆和料要求:预拌	m^3	4 807.4	277.01	1 331 697.87	
			(其他略)					
			分部小计				1 504 656.65	
本页小计							4 365 536.97	

表 11-3-34　分部分项工程量清单与计价表 2

工程:北京×××大学体育馆建筑工程　　　　标段:　　　　第 9 页　共 9 页

序号	项目编码	项目名称	项目特征描述	计量单位	工程量	金额(元)		
						综合单价	合价	其中：暂估价
A.4 混凝土及钢筋混凝土工程								
17	010401003001	满堂基础	1. 垫层材料种类、厚度:C15,100 mm 厚 2. 混凝土强度等级:C30S6 3. 混凝土拌和料要求:预拌	m^3	3 262.63	514.48	1 678 557.88	
26	010402001001	矩形柱(比赛馆)	1. 柱截面:1 000 mm × 800 mm 2. 混凝土强度等级:C40 3. 混凝土拌和料要求:预拌	m^3	1 386.6	466.58	646 959.83	
41	010405001001	比赛馆地下一层有梁板	1. 板厚度:200 mm 厚 2. 混凝土强度等级:C30 3. 混凝土拌和料要求:预拌	m^3	211.29	435.76	92 071.73	
93	010416001001	比赛馆现浇混凝土钢筋	钢筋的种类规格:ϕ20(三级钢)	t	253.856	4 956.97	1 258 356.58	
94	010416001002	比赛馆现浇混凝土钢筋	钢筋的种类规格:ϕ22(二级钢)	t	171.192	4 956.97	848 593.61	

续表

序号	项目编码	项目名称	项目特征描述	计量单位	工程量	金额(元)		
						综合单价	合价	其中：暂估价
			(其他略)					
			分部小计				33 329 023.81	
A.6 金属结构工程								
145	010605001001	比赛场二层压型钢板	1. 压型钢板 YX70－200－600 2. 厚度:0.8 mm	m^2	447.40	82.68	36 991.03	
			(其他略)					
			分部小计				11 421 340.35	
A.7 屋面及防水工程								
			(其他略)					
			分部小计				5 738 424.26	1 950 000
A.8 防腐、隔热、保温工程								
164	010803003001	保温隔热墙	1. 抹3～5 mm厚聚合物砂浆中间压入一层耐碱玻纤网格布 2. 聚合物砂浆粘贴90 mm厚双面带小凹槽聚苯板 3. 1:3水泥砂浆找平 4. 基层墙面刷界面剂 5. 砂浆和料要求:预拌	m^2	5 261.00	11.23	59 081.03	
166	010803006001	工程水电费	工程水电费(北京市补充清单项目)	m^2	25 800	14.51	374 358	
			(其他略)					
			分部小计				702 851	
本页小计							4 994 969.69	
合计							57 615 956.03	1 950 000

表 11-3-35　分部分项工程量清单与计价表 3

工程名称:北京×××大学体育馆装饰装修工程　　　　标段:　　　　第1页　共14页

序号	项目编码	项目名称	项目特征描述	计量单位	工程量	金额(元)		
						综合单价	合价	其中：暂估价
B.1 楼地面工程								
3	020101001001	水泥砂浆楼地面(F7)	1. 1～2 mm厚自流平环氧面漆涂层 2. 环氧漆底涂一道 3. 20 mm厚1:2.5水泥砂浆压实赶光 4. 砂浆和料要求:预拌	m^2	5 096.00	234.95	1 197 308.26	675 729.6
5	020102001001	石材楼地面	1. 详见招标图纸建筑1－02中<F3>花岗岩楼地面做法 2. 砂浆和料要求:预拌	m^2	3 201.00	799.12	2 557 979.28	1 959 012

续表

序号	项目编码	项目名称	项目特征描述	计量单位	工程量	金额(元)		
						综合单价	合价	其中：暂估价
		(其他略)						
		分部小计					15 156 339.5	4 096 650
B.2 墙、柱面工程								
34	020201001001	内墙面抹灰	1. 详见图集 88J1 －1 －H9 －7C 2. 砂浆和料要求：预拌	m^2	24 893.00	14.58	362 815.48	
43	020209001001	隔断	50 mm 厚轻钢龙骨单面石膏板墙	m^2	112	70.59	7 906.08	
44	020210001001	带骨架玻璃幕墙	双层中空 LOW －E 玻璃(需进行二次深化设计)	m^2	1 876.00	1 575.72	2 956 054.1	2 436 361.2
		(其他略)						
		分部小计					9 082 940.29	3 724 311
B.3 天棚工程								
46	020301001001	天棚抹灰	1.3 mm 厚 1∶0.2∶2.5 水泥石灰膏砂浆找平 2.5 mm 厚 1∶0.2∶3 水泥石灰膏砂浆打底扫毛 3. 素水泥浆一道甩毛 4. 砂浆和料要求：预拌	m^2	9 479.00	13.13	124 411.88	
		(其他略)						
		分部小计					1 151 224.36	
B.4 门窗工程								
59	020406001001	氟碳喷涂彩色铝合金推拉窗	1. 型号：LC1618 2. 洞口尺寸：1 600 mm × 1 800 mm 3. 型材：氟碳喷涂断桥隔热铝型材 4. 玻璃：双层中空钢化 LOW －E 玻璃(厚度 6 +12A +6)	樘	74	2 596.49	192 140.26	170 496
59	020406001002	氟碳喷涂彩色铝合金推拉窗	1. 型号：LC1132 2. 洞口尺寸：1 100 mm × 3 200 mm 3. 型材：氟碳喷涂断桥隔热铝型材 4. 玻璃：双层中空钢化 LOW －E 玻璃(厚度 6 +12A +6)	m^2	98.56	901.51	88 852.83	78 848
		(其他略)						
		分部小计					2 551 198.57	1 341 708
本页小计							7 487 468.17	5 320 446.8

表 11-3-36 分部分项工程量清单与计价表 4

工程名称:北京×××大学体育馆装饰装修工程　　标段:　　第 14 页 共 14 页

序号	项目编码	项目名称	项目特征描述	计量单位	工程量	金额(元)		
						综合单价	合价	其中:暂估价
B.5 油漆、涂料、裱糊工程								
9	020507001001	刷喷涂料	1. 内墙面刷防火型功能性合成树脂乳液涂料二道饰面 2. 封底漆一道	m^2	22 706.00	11.47	260 437.82	
		(其他略)						
		分部小计					2 574 671.79	
B.6 其他工程								
181	020603001001	洗漱台	大理石台面见 88J8—P12—7	m^2	66.40	206.92	13 739.49	
185	AB001	成品厕所隔断	1. 材质:12 mm 厚埃特板 2. 尺寸:900 mm × 1 700 mm(带门) 3. 油漆:	间	165	2 039.93	336 588.45	
		(其他略)						
		分部小计					2 520 333.93	
本页小计							610 765.76	
合计							33 036 708.44	9 162 669

表 11-3-37 分部分项工程量清单与计价表 5

工程名称:北京×××大学体育馆安装工程　　标段:　　第 1 页 共 34 页

序号	项目编码	项目名称	项目特征描述	计量单位	工程量	金额(元)		
						综合单价	合价	其中:暂估价
C.1 机械设备安装工程——电梯								
1	030107001001	交流电梯	1. 用途:客梯 2. 层数:4 层 3. 站数:4 站 4. 提升:25.1 m	台	5	371 919.34	1 859 596.7	1 500 000
		(其他略)						
		分部小计					1 859 596.7	1 500 000
C.2.1 电气设备安装工程——变配电								
2	030201002001	干式变压器	干式铜芯变压器 TM1 SCR9 – 2 000 kVA/H 级 10 kV ± 2 * 2.5%/0.4 – 0.23 kV DY11 UD = 6%	台	1	442 661.28	442 661.28	
		(其他略)						
		分部小计					7 139 924.89	2 580 000

续表

序号	项目编码	项目名称	项目特征描述	计量单位	工程量	金额(元)		
						综合单价	合价	其中:暂估价
C.2.2 电气设备安装工程——强电								
130	030203006001	低压封闭式插接母线槽	1. 型号:低压封闭式插接母线槽 2. 容量:NHLD-250A/5P	m	38	1 025.71	38 976.98	
		(其他略)						
		分部小计					23 121 144.8	12 262 435
C.7.1 消防工程——喷淋								
156	030701001001	水喷淋镀锌钢管	1. 安装部位:室内 2. 材质:镀锌钢管 3. 型号、规格:DN150 4. 连接方式:沟槽连接 5. 除锈、刷油、防腐设计要求:10 mm 厚橡塑保温,玻璃丝布两道,防火漆两遍,黄色色环 6. 填料套管安装 7. 冲洗、管道试压	m	538.55	192.97	103 924	
		(其他略)						
		分部小计					723 102.75	
C.7.2 消防工程——消火栓及气体灭火								
178	030701003001	消火栓镀锌钢管	1. 安装部位:室内 2. 材质:镀锌钢管 3. 型号、规格:DN150 4. 连接方式:沟槽连接 5. 除锈、刷油、防腐设计要求:调和漆两道 6. 填料套管安装、沟槽件安装 7. 冲洗、管道试压	m	330.55	163.17	53 935.84	
		(其他略)						
		分部小计					923 443.38	
本页小计							2 499 094.8	1 400 000

表 11-3-38　分部分项工程量清单与计价表 6

工程名称:北京×××大学体育馆安装工程　　　　标段:　　　　第 22 页　共 34 页

序号	项目编码	项目名称	项目特征描述	计量单位	工程量	金额(元)		
						综合单价	合价	其中:暂估价
			C.7.3 消防工程——消防炮					
187	030701003002	消火栓镀锌钢管	1. 安装部位:室内 2. 材质:镀锌钢管 3. 型号、规格:DN150 4. 连接方式:沟槽连接 5. 除锈、刷油、防腐设计要求:10 mm 厚橡塑保温,玻璃丝布两道,防火漆两遍,红色色环 6. 填料套管安装、沟槽件安装 7. 冲洗、管道试压	m	228.00	199.12	45 399.82	
			(其他略)					
			分部小计				653 454	
			C.8.1 给排水工程					
192	030801009001	薄壁不锈钢给水管	1. 安装部位:室内 2. 输送材质:给水 3. 材质:薄壁不锈钢管 4. 型号、规格:DN100 5. 连接方式:卡压式连接 6. 套管形式、材质、规格:一般填料套管 7. 除锈、刷油、防腐、绝热及保护层设计要求:10 mm 厚橡塑保温,外缠玻璃丝布,防火漆两遍,蓝色色环 8. 消毒、冲洗、管道试压	m	228.90	902.5	206 582.62	
213	030801004001	离心铸造排水铸铁管	1. 安装部位:室内 2. 输送材质:排水 3. 材质:铸铁管 4. 型号、规格:DN150 5. 连接方式:柔性接口 6. 套管形式、材质、规格:柔性防水套管 7. 除锈、刷油、防腐、绝热及保护层设计要求:防锈漆一道,沥青两道 8. 冲洗、闭水试验	m	32.45	401.68	13 034.83	
223	030804014001	水箱制作安装	1. 材质:不锈钢 2. 类型:组合式冷水箱 3. 型号:1 000 mm×2 000 mm×1 000 mm 4. 保温:50 mm 厚橡塑保温	套	1	5 076	5 076	5 000

续表

序号	项目编码	项目名称	项目特征描述	计量单位	工程量	金额(元)		
						综合单价	合价	其中：暂估价
		(其他略)						
		分部小计					2 945 920.64	623 800
本页小计							265 017.28	5 000

表 11-3-39　分部分项工程量清单与计价表 7

工程名称:北京×××大学体育馆安装工程　　标段:　　第 32 页　共 34 页

序号	项目编码	项目名称	项目特征描述	计量单位	工程量	金额(元)		
						综合单价	合价	其中：暂估价
C.8.2 采暖工程								
234	030801002001	无缝钢管	1. 安装部位:室内 2. 输送材质:热媒体 3. 材质:无缝钢管 4. 型号、规格:外径 108 mm 5. 连接方式:焊接 6. 套管形式、材质、规格:防水套管 7. 除锈、刷油、防腐、绝热及保护层设计要求:35 mm 厚难燃 B1 级橡塑海绵保温 8. 水压及泄露试验	m	290.00	198.24	57 490.99	
		(其他略)						
		分部小计					1 483 507.19	
C.9 通风空调工程								
245	030901004001	新风空调机组	1. 形式:新风空调机组 2. 质量:风量 2000CMH 3. 安装位置:机房落地安装	台	1	3 228.17	3 228.17	40 000
	030903001001	通风管道	1. 材质:镀锌钢板风管 2. 形状:矩形 3. 周长或直径:大边长 630 mm 以内 4. 板材厚度:0.6 mm 5. 接口形式:咬口 6. 风管附件、支架设计要求:风管及管件、弯头导流叶片、支吊架制作安装 7. 除锈、刷油、30 mm 铝箔离心玻璃棉保温 8. 风管场外运输	m^2	22	203.58	4 478.86	
		(其他略)						
		分部小计					17 503 100.75	950 000

序号	项目编码	项目名称	项目特征描述	计量单位	工程量	金　额(元)		
						综合单价	合价	其中：暂估价
C.11 通信设备及线路工程——弱电工程								
387	031103004001	金属线槽	1. 规格:防火金属线槽 2. 程式:150 mm × 100 mm	m	178.10	151.878	27 049.47	
		（其他略）						
		分部小计					1 856 789	
本页小计							92 247.49	40 000
合计							58 209 984.1	17 916 235

5. 措施项目清单计价

措施项目清单计价表见表 11-3-40、表 11-3-41。

表 11-3-40　措施项目清单与计价表(一)

工程名称:北京×××大学体育馆工程　　　　标段:　　　　第 1 页　共 1 页

序号	项 目 名 称	计算基础	费率(%)	金额(元)
1	安全文明施工	分部分项工程费		4 262 240.65
2	夜间施工			
3	二次搬运			
4	冬雨季施工			
5	大型机械设备进出场及安拆			90 000
6	施工排水			
7	施工降水			1 167 889.81
8	地上、地下设施,建筑物的临时保护设施			215 531.71
9	已完工程及设备保护			
10	竣工图编制费			149 999.61
11	护坡工程			3 702 585.68
12	场地狭小所需措施费用			
13	室内空气污染检测费			
14	建筑工程措施项目			1 298 288.69
(1)	脚手架			873 122.87
(2)	垂直运输机械			425 165.82
15	装饰装修工程措施项目			
(1)	垂直运输机械			
(2)	脚手架			
16	其他专业措施费用			
合　计				10 886 536.15

表 11-3-41 措施项目清单与计价表(二)

工程名称:北京×××大学体育馆工程　　　　标段:　　　　第1页 共1页

序号	项目编码	项目名称	项目特征描述	计量单位	工程量	金额(元)	
						综合单价	合价
1	AB002	现浇钢筋混凝土平板模板及支架	1. 构件形状:矩形 2. 支模高度:支模高度 3 m 3. 模板类型:自行考虑 4. 支撑类型:自行考虑	m^2	1 178.5	38.73	45 643.31
2	AB003	现浇钢筋混凝土有梁板及支架	1. 构件形状:矩形 2. 支模高度:板底支模高度 3.78 m 3. 模板类型:自行考虑 4. 支撑类型:自行考虑	m^2	15 865.86	38.12	604 806.58
3	AB004	现浇钢筋混凝土圆形柱模板	1. 构件形状:圆形 2. 支模高度:支模高度 3.5 m 3. 模板类型:自行考虑 4. 支撑类型:自行考虑	m^2	248.6	50.25	12 492.15
4	AB005	现浇钢筋混凝土直形墙模板	1. 构件形状:矩形 2. 支模高度:支模高度 3.9 m 3. 模板类型:自行考虑 4. 支撑类型:自行考虑	m^2	9 989.2	22.55	225 256.46
		(其他略)					
本页小计							888 198.5
合　计							3 119 784.27

6. 其他项目清单计价

(1)其他项目清单与计价汇总表见表 11-3-42。

表 11-3-42 其他项目清单与计价汇总表

工程名称:北京×××大学体育馆工程　　　　标段:　　　　第1页 共1页

序号	项 目 名 称	计量单位	金额(元)	备注
1	暂列金额	项	4 500 000	明细详见暂列金额明细表
2	暂估价		39 170 000	
2.1	材料暂估价		—	明细详见材料暂估单价表
2.2	专业工程暂估价	项	39 170 000	明细详见专业工程暂估价表
3	计日工		42 534.54	明细详见计日工表
4	总承包服务费		1 566 800	明细详见表总承包服务费计价表
合　计		—	45 279 334.54	

(2)暂列金额明细表见表 11-3-43。

表 11-3-43 暂列金额明细表

工程名称:北京×××大学体育馆工程　　标段:　　第1页 共1页

序号	项 目 名 称	计量单位	暂定金额(元)	备 注
1	工程量清单中工程量偏差和设计变更	项	3 000 000	
2	政策性调整和材料价格风险	项	1 000 000	
3	其他	项	500 000	
合 计			4 500 000	—

(3)材料暂估单价表见表 11-3-44。

表 11-3-44 材料暂估单价表

工程名称:北京×××大学体育馆工程　　标段:　　第1页 共1页

序号	材料名称、规格、型号	计量单位	单价(元)	备注
一	土建工程			
1	铝合金窗	m^2	800	工料费
2	玻璃幕墙	m^2	1 300	工料费(含骨架)
3	磨光花岗岩	m^2	600	主材
4	环氧自流平	m^2	130	工料费
5				
	⋮			
二	安装工程			
1	电梯	台	280 000	设备费
2	不锈钢组合式冷水箱	m^3	2 500	设备费(含保温)
3	空调机组、空气处理机组、新风机组	台	40 000	设备费
	⋮			

(4)专业工程暂估价表见表 11-3-45。

表 11-3-45 专业工程暂估价表

工程名称:北京×××大学体育馆工程　　标段:　　第1页 共1页

序号	工程名称	工程内容	金额(元)	备注
1	玻璃雨篷	制作、安装	500 000	
2	金属屋面板	制作、安装	7 200 000	
3	中央球壳	制作、安装	2 000 000	
4	火警报警及消防联动控制系统	安装、调试	3 000 000	
5	安保系统	安装、调试	1 000 000	
6	楼宇设备自控系统	安装、调试	2 800 000	
	⋮			
合 计			39 170 000	—

(5)计日工表见表 11-3-46。

表 11-3-46　计日工表

工程名称：北京×××大学体育馆工程　　标段：　　第1页　共1页

编号	项目名称	单位	暂定数量	综合单价	合价
一	人工				
1	普工	工日	200	48	9 600
2	技工(综合)	工日	50	60	3 000
人　工　小　计					12 600
二	材料				
1	拆除隔墙	m^2	100	20	2 000
2	拆除吊顶	m^2	100	20	2 000
3	破除障碍物	m^3	100	30	3 000
4	渣土外运	m^3	500	40	20 000
材　料　小　计					27 000
三	施工机械				
1	自升式塔式起重机(起重力矩 1 250 kN·m)	台班	5	578.82	2 894.1
2	灰浆搅拌机(400 L)	台班	2	20.22	40.44
施工机械小计					2 934.54
总　　计					42 534.54

(6)总承包服务费计价表见表 11-3-47。

表 11-3-47　总承包服务费计价表

工程名称：北京×××大学体育馆工程　　标段：　　第1页　共1页

序号	项目名称	项目价值(元)	服务内容	费率(%)	金额(元)
1	发包人发包专业工程	39 170 000	总承包人向分包人免费提供管理、协调、配合和服务工作，包括但不限于： 1. 为专业分包人采购提供所需的一切服务； 2. 为分包人提供临时工程或垂直运输机械和设备及脚手架； 3. 承包人应对各专业分包人的工作所或材料设备存放等负责协调； 4. 向提供施工所需的水、电接口，工程水电费由总承包人承担，但分包人应保证节约用水、用电； 5. 向分包人提供施工工作面，对施工现场进行统一管理，对竣工资料进行统一汇总； 6. 技术规范所注明由总承包人提供的其他工作	4%	1 566 800
2	发包人供应材料		对发包人提供的材料、设备进行验收、保管和使用发放等		
合　　计					1 566 800

7. 规费、税金项目清单计价

规费、税金项目清单计价见表 11-3-48。

表 11-3-48 规费、税金项目清单与计价表

工程名称:北京×××大学体育馆工程　　　　标段:　　　　第1页 共1页

序号	项目名称	计算基础	费率(%)	金 额(元)
1	规费	人工费	24.09	5 491 885.21
1.1	工程排污费			
1.2	社会保障费			
(1)	养老保险费			
(2)	失业保险费			
(3)	医疗保险费			
1.3	住房公积金			
1.4	危险作业意外伤害保险			
1.5	工程定额测定费			
2	税金	分部分项工程费+措施项目费+其他项目费+规费	3.4	7 263 732.42
合　计				12 755 617.63

8. 综合单价分析

工程量清单综合单价分析见表 11-3-49 ~ 表 11-3-55。

表 11-3-49 工程量清单综合单价分析表 1

工程名称:北京×××大学体育馆工程　　　　标段:　　　　第1页 共564页

项目编码	010101001001		项目名称		场地平整(比赛馆)			计量单位		m^2	
清单综合单价组成明细											
定额编号	定额名称	定额单位	数量	单价(元)				合价(元)			
				人工费	材料费	机械费	管理费和利润	人工费	材料费	机械费	管理费和利润
1-1	场地平整	m^2	4 733.44	1.472			0.285	6 967.62			1 349.03
人工单价		小　计						6 967.62			1 349.03
46元/工日		未计价材料费									
清单项目综合单价								1.76			
材料费明细	主要材料名称、规格、型号				单位	数量		单价(元)	合价(元)	暂估单价(元)	暂估合价(元)
	其他材料费							—		—	
	材料费小计							—		—	

表 11-3-50　工程量清单综合单价分析表 2

工程名称:北京×××大学体育馆工程　　　　标段:　　　　第 2 页　共 564 页

项目编码		010101003001		项目名称		挖基础土方(比赛馆)		计量单位		m^3	
清单综合单价组成明细											
定额编号	定额名称	定额单位	数量	单价(元)				合价(元)			
				人工费	材料费	机械费	管理费和利润	人工费	材料费	机械费	管理费和利润
1－29	机械土(石)方槽深13 m以内挖土机挖土方车运30 km以内	m^3	49 066.9	1.61		33.06	6.591	78 997.71		1 638 681.71	323 399.94
人工单价		小　计						78 997.71		1 638 681.71	323 399.94
46 元/工日		未计价材料费									
清单项目综合单价								42.41			
材料费明细		主要材料名称、规格、型号		单位	数量			单价(元)	合价(元)	暂估单价(元)	暂估合价(元)
		其他材料费						—		—	
		材料费小计						—		—	

表 11-3-51　工程量清单综合单价分析表 3

工程名称:北京×××大学体育馆工程　　　　标段:　　　　第 100 页　共 564 页

项目编码		010304001001		项目名称		空心砖墙、砌块墙		计量单位		m^3	
清单综合单价组成明细											
定额编号	定额名称	定额单位	数量	单价(元)				合价(元)			
				人工费	材料费	机械费	管理费和利润	人工费	材料费	机械费	管理费和利润
4－38	砌块陶粒空心砌块内、外墙	m^3	518	51.194	178.64	2.93	44.25	26 518.49	92 535.52	1 517.74	22 921.5

续表

人工单价	小　计			26 518.49	92 535.52	1 517.74	22 921.5
46 元/工日	未计价材料费						
清单项目综合单价				277.01			
材料费明细	主要材料名称、规格、型号	单位	数量	单价（元）	合价（元）	暂估单价（元）	暂估合价（元）
	陶粒空心砌块	m^3	497.8	150	74 670		
	M5 混合砂浆（预拌）	m^3	50.25	335	16 833.75		
	其　他　材　料　费			—	1 031.81	—	
	材　料　费　小　计			—	92 535.56	—	

表 11-3-52　工程量清单综合单价分析表 4

工程名称：北京×××大学体育馆工程　　　　标段：　　　　第 123 页　共 564 页

项目编码	020406001002			项目名称		氟碳喷涂铝合金推拉窗		计量单位		m²	
清单综合单价组成明细											
定额编号	定额名称	定额单位	数量	单价（元）				合价（元）			
				人工费	材料费	机械费	管理费和利润	人工费	材料费	机械费	管理费和利润
6－34	铝合金推拉窗	m^2	98.56		800		85.466		78 848		8 423.53
6－114	其他项目门窗后塞口填充剂	m^2	98.56	4.86	6.63	0.29	4.26	479.00	653.45	28.58	419.87
人工单价	小　计							479.00	79 501.45	28.58	8 843.4
60 元/工日	未计价材料费										
清单项目综合单价	901.51										

材料费明细	主要材料名称、规格、型号	单位	数量	单价（元）	合价（元）	暂估单价（元）	暂估合价（元）
	聚氨酯泡沫填充剂	支	30.36	15	455.4		
	玻璃密封胶	支	28.39	6.8	193.05		
	铝合金推拉窗	m^2				800	78 848
	其　他　材　料　费			—	5	—	
	材　料　费　小　计			—	653.45	—	78 848

表 11-3-53　工程量清单综合单价分析表 5

工程名称：北京×××大学体育馆工程　　　　标段：　　　　第 234 页　共 564 页

项目编码		030107001001		项目名称		交流电梯		计量单位		台	
清单综合单价组成明细											
定额编号	定额名称	定额单位	数量	单价（元）				合价（元）			
				人工费	材料费	机械费	管理费和利润	人工费	材料费	机械费	管理费和利润
10－39	直流自动快速（层/站）5/5	台	5	20 113.57	2 773.32	2 851	46 182.45	100 567.85	13 866.6	14 250	230 912.25
人工单价		小　　计						100 567.85	13 866.6	14 250	230 912.25
50 元/工日		未计价材料费						1 500 000			
清单项目综合单价								371 919.34			
材料费明细	主要材料名称、规格、型号			单位	数量			单价（元）	合价（元）	暂估单价（元）	暂估合价（元）
	电梯			台	5					300 000	1 500 000
	其　他　材　料　费							—		—	
	材　料　费　小　计							—		—	1 500 000

表 11-3-54　工程量清单综合单价分析表 6

工程名称：北京×××大学体育馆工程　　　　标段：　　　　第 252 页　共 564 页

项目编码		030201002001		项目名称		干式变压器		计量单位		台	
清单综合单价组成明细											
定额编号	定额名称	定额单位	数量	单价（元）				合价（元）			
				人工费	材料费	机械费	管理费和利润	人工费	材料费	机械费	管理费和利润
1－6	变配电装置干式变压器安装 容量 2 000 kVA 以内	台	1	853.29	120.08	371.21	40 727.40	853.29	120.08	371.21	40 727.40

续表

1－10	变配电装置变压器保护罩安装	台	1	139.99	5.59	2.62	106.4	139.99	5.59	2.62	106.4
1－76	变配电装置基础型钢制作安装槽钢	10 m	0.5	99.05	430.24	16.47	123.62	49.53	215.12	8.24	61.81
人工单价		小　计						1 042.81	340.79	382.07	40 895.61
50元/工日		未计价材料费						400 000			
清单项目综合单价								442 661.28			
材料费明细	主要材料名称、规格、型号			单位		数量		单价（元）	合价（元）	暂估单价（元）	暂估合价（元）
	干式变压器容量2 000 kVA以内（含变压器保护罩）			台		1		400 000	400 000		
	其　他　材　料　费							—		—	
	材　料　费　小　计							—	400 000	—	

表11-3-55　工程量清单综合单价分析表7

工程名称：北京×××大学体育馆工程　　　　标段：　　　　第560页　共564页

项目编码	AB002		项目名称		现浇钢筋混凝土平板模板及支架			计量单位			台
清单综合单价组成明细											
定额编号	定额名称	定额单位	数量	单价（元）				合价（元）			
				人工费	材料费	机械费	管理费和利润	人工费	材料费	机械费	管理费和利润
7－45	平板普通模板	m^2	1 178.5	16.934	14.51	1.1	6.186	19 956.72	17 100.04	1 296.35	7 290.201
人工单价		小　计						19 956.72	17 100.04	1 296.35	7 290.201
46元/工日		未计价材料费									
清单项目综合单价								38.73			

续表

	主要材料名称、规格、型号	单位	数量	单价（元）	合价（元）	暂估单价（元）	暂估合价（元）
材料费明细	模板租赁费	元	1	5.02	5 916.07		
	材料费	元	1	7.9	9 310.15		
	其他材料费			—	1 873.82	—	
	材料费小计			—	17 100.04	—	

11.3.5 招标控制价审核实例

招标控制价审核报告如表11-3-56所示。

表11-3-56 招标控制价审核报告

<table>
<tr><td>
关于北京×××大学体育馆工程招标控制价的审核报告
北京×××大学：
我公司接受贵单位委托，对贵单位体育馆工程招标控制价进行审核，根据国家法律、法规和中国建设工程造价管理协会发布的《建设项目招标控制价编审规程》及合同的规定，已完成了本项目招标控制价的审查工作，现将审查的情况和结果报告如下。
一、项目概况
1. 建设单位名称：北京×××大学。
2. 建设工程名称：北京×××大学体育馆。
3. 设计单位：×××建筑设计院。
4. 招标代理单位：北京×××招标代理有限公司。
5. 编制单位名称：北京×××造价咨询有限公司。
6. 编制时间：××××年××月××日。
7. 批复概算：25 800万元；其中，建安造价：22 150万元。
8. 结构类型：框架结构。
9. 建筑面积：25 800 m^2。
10. 建设地点：校内。
二、审核依据
1.《建设工程工程量清单计价规范》（GB 50500—2008）及当地相关规定；
2. 中国建设工程造价管理协会（2002）第015号《工程造价咨询单位执业行为准则》、《造价工程师职业道德行为准则》；
3.《建设项目工招标控制价编审规程》；
4. 国家或省级行业建设主管部门颁发的计价定额和计价办法；
5. 工程造价管理机构发布的工程造价信息；工程造价信息没有的按发布的参考市场价格；
6. 招标文件及招标答疑（含工程量清单及暂估价表）；
7. 送审招标控制价预算；
8. 经过批准和会审的全部施工图、设计文件；
9. 经过批准的设计概算文件；
10. 与建设项目相关的标准、规范、技术资料；
11. 国家及省、市造价管理部门有关规定；
12. 其他相关的计价规定；
13. 建设工程咨询合同及委托方的要求。
</td></tr>
</table>

续表

三、审核程序

1. 向委托单位了解基本建设项目的有关情况，获取审核所需要的相关资料及送审招标控制价预算书；

2. 编制实施方案并报批；

3. 召开咨询项目实施前的协商会议；

4. 根据拟建项目的特点及施工计图纸进行组价，对送审招标控制价预算书进行全面审核；

5. 形成审核初步意见，公司三级审查后，向委托单位出具成果文件。

四、审核内容

1. 审核分部分项工程量清单计价；

2. 审核措施项目工程量清单计价；

3. 审核其他项目工程量清单计价；

4. 审核规费、税金工程量清单计价；

5. 需要审核的其他内容。

五、审核时间

审核时间：××××年××月××日—××××年××月××日

六、审核结论

本项目招标控制价送审金额为人民币（￥220902921.2 元），经审核，减少金额为人民币（￥5740718.1 元），审定招标控制价金额为人民币（￥215162203.1 元）。具体审核明细详见附表。

七、调整原因

1. 人工单价按信息价的低值进行了调整；

2. 风险费用由 2% 调整为 1%，暂估价部分调整为不计取风险费用；

3. 土方运距由 30 km 调整为 25 km，类别由三类调整为一、二类；

4. 部分材料设备价格按市场价格进行了调整；

5. 组价部分不合理进行了调整；

6. 措施费用根据实际情况进行了全面计取；

7. 总包服务费按文件规定费率的低值计取。

（其他略）

×××××工程　　法定代表人：

咨询有限公司　　编制人：

复核人：

审查人：

×××年××月××日

1. 封面的审核

封面格式及相关盖章均符合 2008《计价规范》的要求，如表 11-3-57 所示。

表 11-3-57　招标控制价审核封面

北京×××大学体育馆工程 招 标 控 制 价 招标控制价(小写)：215 162 203.1 元 (大写)：贰亿壹仟伍佰壹拾陆万贰仟贰佰零叁元壹角 ××大学 招　标　人：单位公章 (单位盖章) 工 程 造 价　××工程造价咨询企业 咨　询　人：执业印章 (单位资质专用章) 法定代表人　××大学 或其授权人：法定代表人 (签字或盖章) 法定代表人 ××工程造价咨询企业 或其授权人：法定代表人 (签字或盖章) ×××签字 盖造价工程师 编　制　人：或造价员专用章 (造价人员签字盖专用章) ×××签字 复　核　人：盖造价工程师专用章 (造价工程师签字盖专用章) 编制时间：××××年×月×日　　复核时间：××××年×月×日

2. 总说明的审核

总说明中包括了工程概况、招标控制价包含的范围、招标控制价的编审依据以及其他需要说明的事项，如表 11-3-58 所示。

表 11-3-58　总　说　明

工程名称：北京×××大学体育馆工程　　第 1 页　共 1 页

一、工程概况 本工程为北京×××大学体育馆工程，由××设计研究院设计。建筑面积：25 800 m^2；层数：主体建筑地上 3 层，看台 2 层，局部设备用房 4 层，地下 1 层，层高平均为 5 m，计划施工工期 684 日历天。结构工程采用满堂基础，主体为框架剪力墙，钢屋架，陶粒混凝土砌块及加气混凝土砌块填充墙，外墙装修采用烧毛花岗岩板、仿石涂料、玻璃幕墙及铝塑板，内装修为乳胶漆涂料、吸音铝板及釉面砖，铝合金门窗、木质防火门。 二、招标控制价审核范围 审核范围包括招标范围内的所有建筑工程、装饰装修工程和安装工程，专业分包范围详见“专业工程暂估价表”。 三、招标控制价审核依据 1.《建设工程工程量清单计价规范》(GB 50500—2008)及北京市相关规定； 2. 本工程的招标文件及答疑纪要； 3. 本工程招标图纸；(详见招标文件第五章“图纸清单”) 4. 经审核后的工程量清单； 5. 2001 年《北京市建设工程预算定额》； 6. 2001 年《北京市建设工程费用定额》及现行文件； 7. 人工、材料、机械价格按北京市 2008 年《北京市工程造价信息》第 7 期发布的价格信息，信息价中没有的参照市场价格； 8. 经过批准的设计概算文件； 9. 送审招标控制价预算书 10. 与建设项目相关的标准、规范、技术资料；

续表

11. 其他相关资料。

四、工程质量标准

除有特殊说明外,本工程所有材料、设备的质量按合格考虑,且应为市场中高档标准。

五、其他需要说明的事项

1. 本工程批复建安概算造价为 2.215 亿元,审核后的招标控制价在批复概算造价范围内;

2. 人工单价按 2009 年《北京市工程造价信息》第 7 期的低限计取;

3. 综合单价中的管理费和利润中,已经包含现场经费费用,并计取了 1% 的风险费用;

4. 建筑工程现场经费按 4.17% 计取,企业管理费按 4.08% 计取,利润按 7% 计取;装饰工程现场经费按 24.17% 计取,企业管理费按 35.1% 计取,利润按 7% 计取;安装工程现场经费按 25.67% 计取,企业管理费按 37.47% 计取,利润按 7% 计取;

5. 暂估价按“材料暂估单价表”及“专业工程暂估价表”中所列价格计入;

6. 土方外运按 25 km 计价,土方类别按一、二类土计价;

7. 模板一般按普通钢模板考虑;

8. 混凝土泵送费用已进入综合单价中;

9. 降水按井点降水计价,护坡按直径 800 mm 间距 1 600 mm 护坡桩进行计价;

10. 马道设计不详,暂不包括在本次造价内;

……

3. 招标控制价的审核

(1)招标控制价汇总审核表见表 11-3-59。

表 11-3-59 工程项目招标控制价汇总审核表

工程名称:北京×××大学体育馆工程　　　　第 1 页　共 1 页

序号	单项工程名称	送审数据				审定数据				调整金额(元)		备注
		金额(元)	其中			金额(元)	其中			+	-	
			暂估价(元)	安全文明施工费(元)	规费(元)		暂估价(元)	安全文明施工费(元)	规费(元)			
1	体育馆工程	220 902 921.2	66 443 904	4 262 240.65	5 491 885.21	215 162 203.1	66 343 904	4 143 209.86	5 280 467.06		5 740 718.1	
合计		220 902 921.2	66 443 904	4 262 240.65	54 918 85.21	215 162 203.1	66 343 904	4 143 209.86	5 280 467.06		5 740 718.1	

(2)单项工程招标控制价汇总审核表见表 11-3-60。

表 11-3-60 单项工程招标控制价汇总审核表

工程名称:北京×××大学体育馆工程　　　　第 1 页　共 1 页

序号	单项工程名称	送审数据				审定数据				调整金额(元)		备注
		金额(元)	其中			金额(元)	其中			+	-	
			暂估价(元)	安全文明施工费(元)	规费(元)		暂估价(元)	安全文明施工费(元)	规费(元)			
1	体育馆工程	220 902 921.2	66 443 904	4 262 240.65	5 491 885.21	215 162 203.1	66 343 904	4 143 209.86	5 280 467.06		5 740 718.1	

续表

序号	单项工程名称	送审数据				审定数据				调整金额(元)		备注
		金额(元)	其中			金额(元)	其中			+	-	
			暂估价(元)	安全文明施工费(元)	规费(元)		暂估价(元)	安全文明施工费(元)	规费(元)			
合计		220 902 921.2	66 443 904	4 262 240.65	5 491 885.21	215 162 203.1	66 343 904	4 143 209.86	5 280 467.06		5 740 718.1	

(3)单位工程招标控制价汇总审核表见表11-3-61。

表11-3-61 单位工程招标控制价汇总审核表

工程名称:北京×××大学体育馆工程　　　　第1页　共1页

序号	汇总内容	送审数据		审定数据		调整金额		备注
		金额(元)	其中:暂估价(元)	金额(元)	其中:暂估价(元)	+	-	
1	分部分项工程费	148 862 648.6		143 151 506.9			5 711 141.7	
1.1	建筑工程	57 615 956.03	1 950 000	56 203 976.69	1 950 000		1 411 979.34	
1.2	装饰装修工程	33 036 708.44	9 162 669	31 185 031.73	9 162 669		1 851 676.71	
1.4	电梯工程	1 859 596.7	1 500 000	1 714 818.5	1 400 000		144 778.2	
1.5	变配电工程	7 139 924.89	2 580 000	6 672 827	2 580 000		467 079.89	
1.6	强电工程	23 121 144.8	12 262 435	22 231 870	12 262 435		889 274.8	
1.7	喷淋工程	723 102.75		675 797			47 305.75	
1.8	消火栓及气体灭火工程	923 443.38		871 173			52 270.38	
1.9	消防炮工程	653 454		756 096		102 642		
1.10	给排水工程	2 945 920.64	623 800	2 832 616	623 800		113 304	
1.11	采暖工程	1 483 507.19		1 468 819			14 688.19	
1.12	通风空调工程	17 503 100.75	950 000	16 671 715	950 000		831 385.75	
1.13	弱电工程	1 856 789		1 866 767		9 978		
2	措施项目费	14 005 320.42		14 808 854.03		803 533.61		
	其中:安全文明施工费	4 262 240.65		4 144 658.54			117 582.11	
3	其他项目	45 279 334.54	—	44 896 634.54	—		382 700	
3.1	暂列金额	4 500 000	—	4 500 000	—			
3.2	专业工程暂估价	39 170 000	—	39 170 000	—			
3.3	计日工	42 534.54	—	51 534.54	—	9 000		
3.4	总承包服务费	1 566 800	—	1 175 100	—		391 700	
4	规费	5 491 885.21	—	5 292 217.39	—		199 667.82	
5	税金	7 263 732.42	—	7 077 073.24	—		186 659.18	
招标控制价合计=1+2+3+4+5		220 902 921.2	27 273 904	215 226 286.1	27 173 904		5 676 635.1	

4. 分部分项清单计价的审核

分部分项清单与计价审核表见表 11-3-62 ~ 表 11-3-64。

表 11-3-62　分部分项工程量清单与计价审核表 1

工程名称：北京×××大学体育馆建筑工程　　标段：　　第 1 页　共 9 页

号	项目编码	项目名称	项目特征描述	计量单位	工程量	送审金额(元)			审定金额(元)			调整金额(元)		备注
						综合单价	合价	其中：暂估价	综合单价	合价	其中：暂估价	+	−	
A.1 土(石)方工程														
1	010101001001	场地平整（比赛馆）	1. 土壤类别：自行考虑 2. 弃土运距：自行考虑 3. 取土运距：自行考虑	m^2	4 733.44	1.76	8 330.85		1.68	7 952.18			378.67	人工单价调整 风险费率调整 现场经费作为取费基数
2	010101003001	挖基础土方（比赛馆）	1. 土壤类别：自行考虑 2. 基础类型：筏板基础 3. 挖土深度：13 m 外 4. 弃土运距：自行考虑	m^3	48 123.2	42.41	2 040 904.91		36.58	1 760 346.66			280 558.25	人工单价调整 风险费率调整 定额工程量计算错误 土方运距调整
3	010101001002	场地平整（游泳馆）	1. 土壤类别：自行考虑 2. 弃土运距：自行考虑 3. 取土运距：自行考虑	m^2	1 682.6	1.76	2 961.38		1.68	2 826.77			134.61	人工单价调整 风险费率调整 现场经费作为取费基数
4	010103001001	土方回填（比赛馆）	1. 土质要求：2∶8灰土回填 2. 弃土运距：自行考虑 3. 取土运距：自行考虑	m^3	290.8	299.74	87 164.39		280.13	81 461.8			5 702.59	人工单价调整 风险费率调整
			（其他略）											
			分部小计				3 559 830.32			3 326 944.22			3 232 886.1	
A.2 桩与地基基础工程														
12	010201003001	混凝土灌注桩	1. 土壤级别：自行考虑 2. 单桩长度、根树：15.4 m，共 85 根 3. 桩截面：直径 600 mm 4. 成孔方法：钻孔灌注桩 5. 砼强度等级：C30	m	1 309.00	184.91	242 047.19		176.1	230 514.9			11 532.29	人工单价调整 风险费率调整

续表

号	项目编码	项目名称	项目特征描述	计量单位	工程量	送审金额(元)			审定金额(元)			调整金额(元)		备注
						综合单价	合价	其中:暂估价	综合单价	合价	其中:暂估价	+	-	
13	010201003002	混凝土灌注桩	1. 土壤级别:自行考虑 2. 单桩长度、根树:17 m,共162根 3. 桩截面:直径600 mm 4. 成孔方法:钻孔灌注桩 5. 砼强度等级:C30	根	162.00	3 141.6	508 939.2		2 992	484 704			24 235.2	人工单价调整 风险费率调整
			(其他略)											
			分部小计				1 359 829.64			1 295 075.85			64 753.79	
A.3 砌筑工程														
14	010304001001	空心砖墙、砌块墙	1. 墙体类型:地下室内隔墙 2. 墙体厚度:300 mm厚 3. 砌块品种及强度等级:MU7.5陶粒空心砌块 4. 砂浆和料要求:预拌	m^3	518.00	277.01	143 491.18		247.31	128 106.58			15 384.6	人工单价调整 风险费率调整 砌块价格调整
15	010304001002	空心砖墙、砌块墙	1. 墙体类型:地下室内隔墙 2. 墙体厚度:200 mm厚 3. 砌块品种及强度等级:MU7.5陶粒空心砌块 4. 砂浆和料要求:预拌	m^3	4 807.4	277.01	1 331 697.87		247.31	1 188 918.09			142 779.78	人工单价调整 风险费率调整 砌块价格调整
			(其他略)											
			分部小计				1 504 656.65			1 343 443.44			161 213.21	
A.4 混凝土及钢筋混凝土工程														
17	010401003001	满堂基础	1. 垫层材料种类、厚度:C15,100 mm厚 2. 混凝土强度等级:C30S6 3. 混凝土拌和料要求:预拌	m^3	3 262.63	514.48	1 678 557.88		499.51	1 629 716.31			48 841.57	人工单价调整 风险费率调整 组价错误
26	010402001001	矩形柱(比赛馆)	1. 柱截面:1 000 mm×800 mm 2. 混凝土强度等级:C40 3. 混凝土拌和料要求:预拌	m^3	1 386.6	466.58	646 959.83		452.99	628 115.93			18 843.9	人工单价调整 风险费率调整

续表

号	项目编码	项目名称	项目特征描述	计量单位	工程量	送审金额(元)			审定金额(元)			调整金额(元)		备注
						综合单价	合价	其中:暂估价	综合单价	合价	其中:暂估价	+	-	
41	010405001001	比赛馆地下一层有梁板	1. 板厚度:200 mm 厚 2. 混凝土强度等级:C30 3. 混凝土拌和料要求:预拌	m^3	211.29	435.76	92 071.73		419.44	88 623.48			3 448.25	人工单价调整 风险费率调整
93	010416001001	比赛馆现浇混凝土钢筋	钢筋的种类规格:φ20(三级钢)	t	253.856	4 956.97	1 258 356.58		4 812.59	1 221 704.85			36 651.73	人工单价调整 风险费率调整
94	010416001002	比赛馆现浇混凝土钢筋	钢筋的种类规格:φ22(二级钢)	t	171.192	4 956.97	848 593.61		4 812.59	823 876.91			24 716.7	人工单价调整 风险费率调整
			(其他略)											
			分部小计				33 329 023.81			32 675 513.54			653 510.27	
A.6 金属结构工程														
145	010605001001	比赛场二层压型钢板	1. 压型钢板 YX70-200-600 2. 厚度:0.8 mm	m^2	447.40	82.68	36 991.03		78.74	35 228.28			1 762.75	人工单价调整 风险费率调整
			(其他略)											
			分部小计				11 421 340.35			10 877 467.46			543 872.89	
A.7 屋面及防水工程														
			(其他略)											
			分部小计				5 738 424.26	1 950 000		5 517 715.63	1 950 000		220 708.63	
A.8 防腐、隔热、保温工程														
164	010803003001	保温隔热墙	1. 抹 3~5 mm 厚聚合物砂浆中间压入一层耐碱玻纤网格布 2. 聚合物砂浆粘贴 90 厚双面带小凹槽聚苯板 3. 1:3水泥砂浆找平 4. 基层墙面刷界面剂 5. 砂浆和料要求:预拌	m^2	5 261.00	11.23	59 081.03		107.02	563 032.22		503 951.19		人工单价调整 风险费率调整 预拌砂浆组价错误
166	京 010803006001	工程水电费	工程水电费(北京市补充清单项目)	m^2	25 800	14.51	374 358		14.09	363 522			10 836	人工单价调整 风险费率调整
			(其他略)											
			分部小计				702 851			1 167 816.55		464 965.55		
合计							57 615 956.03	1 950 000		56 203 976.69	1 950 000		1 411 979.34	

表 11-3-63　分部分项工程量清单与计价审核表 2

工程名称:北京×××大学体育馆装饰装修工程　　标段:　　第 1 页　共 14 页

号	项目编码	项目名称	项目特征描述	计量单位	工程量	送审金额(元)			审定金额(元)			调整金额(元)		备注
						综合单价	合价	其中:暂估价	综合单价	合价	其中:暂估价	+	-	
B.1 楼地面工程														
3	020101001001	水泥砂浆楼地面(F7)	1.1~2 mm 厚自流平环氧面漆涂层 2.环氧漆底涂一道 3.20 mm 厚 1:2.5 水泥砂浆压实赶光 4.砂浆和料要求:预拌	m^2	5 096.00	234.95	1 197 308.26	675 729.6	219.58	1 118 979.68	675 729.6		78 328.58	人工单价调整 风险费率调整 预拌砂浆组价错误 暂估为工料机不应再计取人工和机械费用 暂估价不应计取风险费用
5	020102001001	石材楼地面	详见招标图纸建筑 1-02 中<F3>花岗岩楼地面做法 砂浆和料要求:预拌	m^2	3 201.00	799.12	2 557 979.28	1 959 012	746.84	2 390 634.84	1 959 012		167 344.44	人工单价调整 风险费率调整 预拌砂浆组价错误
		(其他略)												
		分部小计					15 156 339.5	4 096 650		14 164 803.27	4 096 650		991 536.23	
B.2 墙、柱面工程														
34	020201001001	内墙面抹灰	详见图集 88J1-1-H9-7C 砂浆和料要求:预拌	m^2	24 893.00	14.58	362 815.48		13.75	342 278.75			20 536.73	人工单价调整 风险费率调整 预拌砂浆组价错误
43	020209001001	隔断	50 mm 厚轻钢龙骨单面石膏板墙	m^2	112	70.59	7 906.08		66.59	7 458.08			448	人工单价调整 风险费率调整
44	020210001001	带骨架玻璃幕墙	双层中空 LOW-E 玻璃(需进行二次深化设计)	m^2	1 876.00	1 575.72	2 956 054.1	2 436 361.2	1 486.53	2 788 730.28	2 436 361.2		167 323.82	人工单价调整 风险费率调整 骨架重复计取 暂估价不应计取风险费用
		(其他略)												
		分部小计					9 082 940.29	3 724 311		8 650 419.23	3 724 311		432 521.06	

续表

号	项目编码	项目名称	项目特征描述	计量单位	工程量	送审金额(元)			审定金额(元)			调整金额(元)		备注
						综合单价	合价	其中：暂估价	综合单价	合价	其中：暂估价	+	-	
B.3 天棚工程														
46	020301001001	天棚抹灰	1.3 mm 厚 1:0.2:2.5 水泥石灰膏砂浆找平 2.5 mm 厚 1:0.2:3水泥石灰膏砂浆打底扫毛 3. 素水泥浆一道甩毛 4. 砂浆和料要求:预拌	m^2	9 479.00	13.13	124 411.88		12.5	118 487.5			5 924.38	人工单价调整 风险费率调整 预拌砂浆组价错误
		(其他略)												
		分部小计					1 151 224.36			1 106 946.57			44 277.79	
B.4 门窗工程														
59	020406001001	氟碳喷涂彩色铝合金推拉窗	型号:LC1618 洞口尺寸:1 600 mm × 1 800 mm 型材:氟碳喷涂断桥隔热铝型材 玻璃:双层中空钢化 LOW - E 玻璃(厚度 6 + 12A + 6)	樘	74	2 596.49	192 140.26	170 496	2 522.33	186 652.42	170 496		5 487.84	人工单价调整 风险费率调整 定额工程量计算错误 暂估价不应计取风险费用
59	020406001002	氟碳喷涂彩色铝合金推拉窗	型号:LC1132 洞口尺寸:1 100 mm × 3 200 mm 型材:氟碳喷涂断桥隔热铝型材 玻璃:双层中空钢化 LOW - E 玻璃(厚度 6 + 12A + 6)	m^2	98.56	901.51	88 852.83	78 848	854.59	84 228.39	76 928		4 624.44	人工单价调整 风险费率调整 定额工程量计算错误 暂估价不应计取风险费用
		(其他略)												
		分部小计					2 551 198.57	1 341 708		2 501 175.07	1 341 708		50 023.5	

续表

号	项目编码	项目名称	项目特征描述	计量单位	工程量	送审金额(元)			审定金额(元)			调整金额(元)		备注
						综合单价	合价	其中：暂估价	综合单价	合价	其中：暂估价	+	-	
B.5 油漆、涂料、裱糊工程														
9	020507001001	刷喷涂料	1. 内墙面刷防火型功能性合成树脂乳液涂料二道饰面 2. 封底漆一道	m^2	22 706.00	11.47	260 437.82		10.72	243 408.32			17 029.5	人工单价调整 风险费率调整
		（其他略）												
		分部小计					2 574 671.79			2 406 235.32			168 436.47	
B.6 其他工程														
181	020603001001	洗漱台	大理石台面见 88J8—P12—7	m^2	66.40	206.92	13 739.49		193.38	12 840.43			899.06	人工单价调整 风险费率调整
185	AB001	成品厕所隔断	1. 材质:12 mm 厚埃特板 2. 尺寸:900 mm × 1 700 mm(带门) 3. 油漆:	间	165	2 039.93	336 588.45		1 906.48	314 569.2			22 019.25	人工单价调整 风险费率调整
		（其他略）												
		分部小计					2 520 333.93			2 355 452.27			164 881.66	
合计							33 036 708.44	9 162 669		31 185 031.73	9 162 669		1 851 676.71	

表 11-3-64　分部分项工程量清单与计价审核表 3

工程名称:北京×××大学体育馆安装工程　　　　标段:　　　　第 1 页　共 34 页

号	项目编码	项目名称	项目特征描述	计量单位	工程量	送审金额(元)			审定金额(元)			调整金额(元)		备注
						综合单价	合价	其中:暂估价	综合单价	合价	其中:暂估价	+	-	
C.1 机械设备安装工程——电梯														
1	030107001001	交流电梯	1. 用途:客梯 2. 层数:4 层 3. 站数:4 站 4. 提升:25.1 m	台	5	371 919.34	1 859 596.7	1 500 000	342 963.7	1 714 818.5	1 400 000		144 778.2	人工单价调整 风险费率调整 定额漏项 暂估价不应计取风险费用
		(其他略)												
		分部小计					1 859 596.7	1 500 000		1 714 818.5	1 400 000		144 778.2	
C.2.1 电气设备安装工程——变配电														
2	030201002001	干式变压器	干式铜芯变压器 TM1 SCR9 - 2000 kVA/H 级 10 kV ± 2 * 2.5%/0.4 - 0.23 kV DY11 UD = 6%	台	1	442 661.28	442 661.28		418 220.88	418 220.88			24 440.48	人工单价调整 风险费率调整 定额漏项 设备价格调整
			(其他略)											
			分部小计				7 139 924.89	2 580 000		6 672 827	2 580 000		467 097.89	
C.2.2 电气设备安装工程——强电														
130	030203006001	低压封闭式插接母线槽	1. 型号:低压封闭式插接母线槽 2. 容量:NHLD - 250A/5P	m	38	1 025.71	38 976.98		958.61	36 427.18			2 549.8	人工单价调整 风险费率调整 定额漏项 主材价格调整
			(其他略)											
			分部小计				23 121 144.8	12 262 435		22 231 870	12 262 435		889 274.8	

续表

号	项目编码	项目名称	项目特征描述	计量单位	工程量	送审金额(元)			审定金额(元)			调整金额(元)		备注
						综合单价	合价	其中:暂估价	综合单价	合价	其中:暂估价	+	-	
C.7.1 消防工程——喷淋														
156	030701001001	水喷淋镀锌钢管	1. 安装部位:室内 2. 材质:镀锌钢管 3. 型号、规格:DN150 4. 连接方式:沟槽连接 5. 除锈、刷油、防腐设计要求:10 mm 厚橡塑保温,玻璃丝布两道,防火漆两遍,黄色色环 6. 填料套管安装 7. 冲洗、管道试压	m	538.55	192.97	103 924		180.35	97 118.48			6 805.52	人工单价调整 风险费率调整
			(其他略)											
			分部小计				723 102.75			675 797			47 305.7	
C.7.2 消防工程——消火栓及气体灭火														
178	030701003001	消火栓镀锌钢管	1. 安装部位:室内 2. 材质:镀锌钢管 3. 型号、规格:DN150 4. 连接方式:沟槽连接 5. 除锈、刷油、防腐设计要求:调和漆两道 6. 填料套管安装、沟槽件安装 7. 冲洗、管道试压	m	330.55	163.17	53 935.84		155.4	51 367.47			2 568.37	人工单价调整 风险费率调整
			(其他略)											
			分部小计				923 443.38			871 173			52 270.38	

续表

号	项目编码	项目名称	项目特征描述	计量单位	工程量	送审金额(元)			审定金额(元)			调整金额(元)		备注
						综合单价	合价	其中：暂估价	综合单价	合价	其中：暂估价	+	-	
C.7.3 消防工程——消防炮														
187	030701003002	消火栓镀锌钢管	1. 安装部位：室内 2. 材质：镀锌钢管 3. 型号、规格：DN150 4. 连接方式：沟槽连接 5. 除锈、刷油、防腐设计要求：10 mm 厚橡塑保温，玻璃丝布两道，防火漆两遍，红色色环 6. 填料套管安装、沟槽件安装 7. 冲洗、管道试压	m	228.00	199.12	45 399.82		189.64	43 237.92			2 161.9	人工单价调整 风险费率调整
			(其他略)											
			分部小计				653 454			756 096		102 642		
C.8.1 给排水工程														
192	030801009001	薄壁不锈钢给水管	1. 安装部位：室内 2. 输送材质：给水 3. 材质：薄壁不锈钢管 4. 型号、规格：DN100 5. 连接方式：卡压式连接 6. 套管形式、材质、规格：一般填料套管 7. 除锈、刷油、防腐、绝热及保护层设计要求：10 mm 厚橡塑保温，外缠玻璃丝布，防火漆两遍，蓝色色环 8. 消毒、冲洗、管道试压	m	228.90	902.5	206 582.62		867.79	198 637.13			7 945.49	人工单价调整 风险费率调整

续表

号	项目编码	项目名称	项目特征描述	计量单位	工程量	送审金额(元)			审定金额(元)			调整金额(元)		备注
						综合单价	合价	其中：暂估价	综合单价	合价	其中：暂估价	+	-	
213	030801004001	离心铸造排水铸铁管	1. 安装部位:室内 2. 输送材质:排水 3. 材质:铸铁管 4. 型号、规格:DN150 5. 连接方式:柔性接口 6. 套管形式、材质、规格:柔性防水套管 7. 除锈、刷油、防腐、绝热及保护层设计要求:防锈漆一道,沥青两道 8. 冲洗、闭水试验	m	32.45	401.68	13 034.83		386.24	12 533.49			501.34	人工单价调整 风险费率调整
223	030804014001	水箱制作安装	1. 材质:不锈钢 2. 类型:组合式冷水箱 3. 型号:1 000 mm×2 000 mm×1 000 mm 4. 保温:50 mm 厚橡塑保温	套	1	5 076	5 076	5 000	5 732.01	5 732.01	5 000		656.01	人工单价调整 风险费率调整 未计算保温费用
		(其他略)												
		分部小计					2 945 920.64	623 800		2 832 616	623 800		113 304.64	
C.8.2 采暖工程														
234	030801002001	无缝钢管	1. 安装部位:室内 2. 输送材质:热媒体 3. 材质:无缝钢管 4. 型号、规格:外径 108 mm 5. 连接方式:焊接 6. 套管形式、材质、规格:防水套管 7. 除锈、刷油、防腐、绝热及保护层设计要求:35 mm 厚难燃 B1 级橡塑海绵保温 8. 水压及泄露试验	m	290.00	198.24	57 490.99		183.56	53 232.4			4 258.59	人工单价调整 风险费率调整

号	项目编码	项目名称	项目特征描述	计量单位	工程量	送审金额(元)			审定金额(元)			调整金额(元)		备注
						综合单价	合价	其中：暂估价	综合单价	合价	其中：暂估价	+	-	
		(其他略)												
		分部小计					1 483 507.19			1 468 819			14 688.19	
C.9 通风空调工程														
245	030901004001	新风空调机组	1. 形式:新风空调机组 2. 质量:风量 2 000CMH 3. 安装位置:机房落地安装	台	1	3 228.17	3 228.17	40 000	43 228.17	43 228.17	40 000	40 000		人工单价调整 风险费率调整 设备费未计取
246	030903001001	通风管道	1. 材质:镀锌钢板风管 2. 形状:矩形 3. 周长或直径:大边长 630 mm 以内 4. 板材厚度:0.6 mm 5. 接口形式:咬口 6. 风管附件、支架设计要求:风管及管件、弯头导流叶片、支吊架制作安装 7. 除锈、刷油、30 mm 铝箔离心玻璃棉保温 8. 风管场外运输	m^2	22	203.58	4 478.86		193.89	4 265.58			213.28	人工单价调整 风险费率调整
		(其他略)												
		分部小计				17 503 100.75	950 000		16 671 715	950 000		831 385.75		
C.11 通信设备及线路工程——弱电工程														
387	031103004001	金属线槽	1. 规格:防火金属线槽 2. 程式:150 mm×100 mm	m	178.10	151.878	27 049.47		148.97	26 531.56			517.91	人工单价调整 风险费率调整
		(其他略)												
		分部小计				1 856 789			1 866 767		9 978			
合计							58 209 984.1	17 916 235	55 762 498.5	17 816 235			2 447 485.6	

5. 措施项目清单计价审核

措施项目清单与计价审核见表 11-3-65、表 11-3-66。

表 11-3-65　措施项目清单与计价审核表(一)

工程名称:北京×××大学体育馆工程　　　　标段:　　　　第 1 页　共 1 页

序号	项目名称	送审数据	审定数据		调整金额(元)				备注
		计算基础	费率(%)	金额(元)	费率(%)	金额(元)	+	−	
1	安全文明施工	分部分项工程费		4 262 240.65		4 144 658.54		117 582.11	
2	夜间施工								
3	二次搬运					213 225.44	213 225.44		应计取
4	冬雨季施工								
5	大型机械设备进出场及安拆			90 000		90 000			
6	施工排水								
7	施工降水			1 167 889.81		1 167 889.81			
8	地上、地下设施,建筑物的临时保护设施			215 531.71		215 531.71			
9	已完工程及设备保护					354 999.85	354 999.85		应计取
10	竣工图编制费			149 999.61		149 999.61			
11	护坡工程			3 702 585.68		3 702 585.68			
12	场地狭小所需措施费用					312 319.17	312 319.17		应计取
13	室内空气污染检测费					50 000	50 000		应计取
14	建筑工程措施项目			1 298 288.69		1 298 288.69			
(1)	脚手架			873 122.87		873 122.87			
(2)	垂直运输机械			425 165.82		425 165.82			
15	装饰装修工程措施项目								
(1)	垂直运输机械								
(2)	脚手架								
16	安装工程措施项目					80 438.76	80 438.76		应计取
	脚手架					80 438.76	80 438.76		应计取
	合　计			10 886 536.15		11 779 937.26	893 401.11		

表 11-3-66　措施项目清单与计价表(二)

工程名称:北京×××大学体育馆工程　　　　标段:　　　　第 1 页　共 1 页

序号	项目编码	项目名称	项目特征描述	计量单位	工程量	送审金额(元)		审定金额(元)		调整金额(元)		备注
						综合单价	合价	综合单价	合价	+	−	
1	AB002	现浇钢筋混凝土平板模板及支架	1. 构件形状:矩形 2. 支模高度:支模高度 3 m 3. 模板类型:自行考虑 4. 支撑类型:自行考虑	m^2	1 178.5	38.73	45 643.31	37.22	43 863.77		1 779.54	人工单价调整 风险费率调整

续表

序号	项目编码	项目名称	项目特征描述	计量单位	工程量	送审金额(元)		审定金额(元)		调整金额(元)		备注
						综合单价	合价	综合单价	合价	+	-	
2	AB003	现浇钢筋混凝土有梁板及支架	1. 构件形状:矩形 2. 支模高度:板底支模高度3.78 m 3. 模板类型:自行考虑 4. 支撑类型:自行考虑	m^2	15 865.86	38.12	604 806.58	41.53	658 909.17	54 102.59		人工单价调整 风险费率调整 未考虑支撑超高
3	AB004	现浇钢筋混凝土圆形柱模板	1. 构件形状:圆形 2. 支模高度:支模高度3.5 m 3. 模板类型:自行考虑 4. 支撑类型:自行考虑	m^2	248.6	50.25	12 492.15	47.86	11 898		594.15	人工单价调整 风险费率调整
4	AB005	现浇钢筋混凝土直形墙模板	1. 构件形状:矩形 2. 支模高度:支模高度3.9 m 3. 模板类型:自行考虑 4. 支撑类型:自行考虑	m^2	9 989.2	22.55	225 256.46	21.68	216 565.86		8 690.6	人工单价调整 风险费率调整
		(其他略)										
合　计						3 119 784.27		3 028 916.77		90 867.5		

6. 其他项目清单计价审核

(1)其他项目清单与计价汇总审核表见表11-3-67。

表11-3-67　其他项目清单与计价汇总审核表

工程名称:北京×××大学体育馆工程　　　　标段:　　　　第1页　共1页

序号	项目名称	计量单位	审定金额(元)	送审金额(元)	调整金额(元)		备注
					+	-	
1	暂列金额	项	4 500 000	4 500 000			明细详见暂列金额明细审核表
2	暂估价		39 170 000	39 170 000			
2.1	材料暂估价		—	—			明细详见材料暂估单价审核表
2.2	专业工程暂估价	项	39 170 000	39 170 000			明细详见专业工程暂估价审核表
3	计日工		42 534.54	51 534.54	9 000		明细详见计日工审核表
4	总承包服务费		1 566 800	1 175 100		391 700	明细详见表总承包服务费计价审核表
合　计			45 279 334.54	44 896 634.54		382 700	—

(2)暂列金额明细表见表11-3-68。

表11-3-68　暂列金额明细审核表

工程名称:北京×××大学体育馆工程　　　　标段:　　　　第1页　共1页

序号	项目名称	计量单位	送审暂定金额（元）	审定暂定金额（元）	调整金额(元)		备注
					+	−	
1	工程量清单中工程量偏差和设计变更	项	3 000 000	3 000 000			
2	政策性调整和材料价格风险	项	1 000 000	1 000 000			
3	其他	项	500 000	500 000			
合　计			4 500 000	4 500 000			

(3)材料暂估单价审核表见表11-3-69。

表11-3-69　材料暂估单价审核表

工程名称:北京×××大学体育馆工程　　　　标段:　　　　第1页　共1页

序号	材料名称、规格、型号	计量单位	送审单价（元）	审定单价(元)	调整单价		备注
					+	−	
一	土建工程						
1	铝合金窗	m^2	800	800			工料费
2	玻璃幕墙	m^2	1 300	1 300			工料费(含骨架)
3	磨光花岗岩	m^2	600	600			主材
4	环氧自流平	m^2	130	130			工料费
5							
	⋮						
二	安装工程						
1	电梯	台	280 000	280 000			设备费
2	不锈钢组合式冷水箱	m^3	2 500	2 500			设备费(含保温)
3	空调机组、空气处理机组、新风机组	台	40 000	40 000			设备费
	⋮						

(4)专业工程暂估价审核表见表11-3-70。

表11-3-70　专业工程暂估价审核表

工程名称:北京×××大学体育馆工程　　　　标段:　　　　第1页　共1页

序号	工程名称	工程内容	送审金额（元）	审定金额（元）	调整金额(元)		备注
					+	−	
1	玻璃雨篷	制作、安装	500 000	500 000			
2	金属屋面板	制作、安装	7 200 000	7 200 000			
3	中央球壳	制作、安装	2 000 000	2 000 000			
4	火警报警及消防联动控制系统	安装、调试	3 000 000	3 000 000			

续表

序号	工程名称	工程内容	送审金额（元）	审定金额（元）	调整金额(元)		备注
					+	-	
5	安保系统	安装、调试	1 000 000	1 000 000			
6	楼宇设备自控系统	安装、调试	2 800 000	2 800 000			
	⋮						
合　计			39 170 000	39 170 000			—

(5)计日工审核表见表11-3-71。

表11-3-71　计日工审核表

工程名称:北京×××大学体育馆工程　　　　标段:　　　　第1页　共1页

编号	项目名称	单位	暂定数量	审定数据(元)		送审数据(元)		调整金额(元)		备注
				综合单价	合价	综合单价	合价	+	-	
一	人工									
1	普工	工日	200	48	9 600	53	10 600	1 000		
2	技工(综合)	工日	50	60	3 000	60	3 000			
人工小计					12 600		13 600	1 000		
二	材料									
1	拆除隔墙	m^2	100	20	2 000	15	1 500		500	
2	拆除吊顶	m^2	100	20	2 000	15	1 500		500	
3	破除障碍物	m^3	100	30	3 000	20	2 000		1 000	
4	渣土外运	m^3	500	40	20 000	60	30 000	10 000		
材料小计					27 000		35 000	8 000		
三	施工机械									
1	自升式塔式起重机(起重力矩1250 kN·m)	台班	5	578.82	2 894.1	578.82	2 894.1			
2	灰浆搅拌机(400 L)	台班	2	20.22	40.44	20.22	40.44			
施工机械小计					2 934.54		2 934.54			
总　计					42 534.54		51 534.54	9 000		

(6)总承包服务费计价审定表见表11-3-72。

表 11-3-72　总承包服务费计价审核表

工程名称：北京×××大学体育馆工程　　标段：　　第1页　共1页

序号	项目名称	项目价值（元）	服务内容	送审数据		审定数据		调整金额（元）		备注
				费率（%）	金额（元）	费率（%）	金额（元）	+	-	
1	发包人发包专业工程	39 170 000	总承包人向分包人免费提供管理、协调、配合和服务工作，包括但不限于： 1. 为专业分包人采购提供所需的一切服务； 2. 为分包人提供临时工程或垂直运输机械和设备及脚手架； 3. 承包人应对各专业分包人的工作所或材料设备存放等负责协调； 4. 向提供施工所需的水、电接口，工程水电费由总承包人承担，但分包人应保证节约用水、用电； 5. 向分包人提供施工工作面，对施工现场进行统一管理，对竣工资料进行统一汇总； 6. 技术规范所注明由总承包人提供的其他工作。	4%	1 566 800	3%	1 175 100		391 700	未扣除设备费，取3%较合理
2	发包人供应材料		对发包人提供的材料、设备进行验收、保管和使用发放等							
合　计					1 566 800		1 175 100		391 700	

7. 规费、税金项目清单计价审核表

规费、税金项目清单与计价审核表见表 11-3-73。

表 11-3-73　规费、税金项目清单与计价审核表

工程名称：北京×××大学体育馆工程　　标段：　　第1页　共1页

序号	项目名称	计算基础	送审数据		审定数据		调整金额		备注
			费率（%）	金额（元）	费率（%）	金额（元）	+	-	
1	规费	人工费	24.09	5 491 885.21	24.09	5 292 217.39		199 667.82	
1.1	工程排污费								
1.2	社会保障费								
(1)	养老保险费								
(2)	失业保险费								
(3)	医疗保险费								
1.3	住房公积金								
1.4	危险作业意外伤害保险								
1.5	工程定额测定费								
2	税金	分部分项工程费＋措施项目费＋其他项目费＋规费	3.4	7 263 732.42	3.4	7 077 073.24		186 659.18	
合　计				12 755 617.63		12 369 290.63		386 327	

8. 综合单价分析表

工程量清单综合单价分析表见表 11-3-74 ~ 11-3-80。

表 11-3-74　工程量清单综合单价分析表(一)

工程名称:北京×××大学体育馆工程　　标段:　　第1页　共564页

项目编码	010101001001		项目名称		场地平整(比赛馆)			计量单位			m²
清单综合单价组成明细											
定额编号	定额名称	定额单位	数量	单价(元)				合价(元)			
				人工费	材料费	机械费	管理费和利润	人工费	材料费	机械费	管理费和利润
1-1	场地平整	m²	4 733.44	1.408			0.24	6 664.68			1 278.03
人工单价		小　计						6 664.68			1 278.03
44元/工日		未计价材料费									
清单项目综合单价								1.68			
材料费明细	主要材料名称、规格、型号			单位		数量		单价(元)	合价(元)	暂估单价(元)	暂估合价(元)
	其他材料费							—		—	
	材料费小计							—		—	

表 11-3-75　工程量清单综合单价分析表(二)

工程名称:北京×××大学体育馆工程　　标段:　　第2页　共564页

项目编码	010101003001		项目名称		挖基础土方(比赛馆)			计量单位			m³
清单综合单价组成明细											
定额编号	定额名称	定额单位	数量	单价(元)				合价(元)			
				人工费	材料费	机械费	管理费和利润	人工费	材料费	机械费	管理费和利润
1-29	机械土(石)方槽深13 m以内挖土机挖土方车运(km)30以内	m³	49 566.9	1.54		33.06	5.89	76 333.03		1 638 681.71	291 949.04
1-22	机挖土石方每增加1 km	m³	-247 834.48			0.85	0.144			-210 659.31	-35 688.17

续表

人工单价		小　计						76 333.03		1 428 022.4	256 260.87
44元/工日		未计价材料费									
清单项目综合单价								36.58			
材料费明细	主要材料名称、规格、型号			单位		数量		单价（元）	合价（元）	暂估单价（元）	暂估合价（元）
	其他材料费							—		—	
	材料费小计							—		—	

表 11-3-76　工程量清单综合单价分析表(三)

工程名称:北京×××大学体育馆工程　　　　标段:　　　　第100页　共564页

项目编码		010304001001		项目名称			空心砖墙、砌块墙		计量单位		m³
清单综合单价组成明细											
定额编号	定额名称	定额单位	数量	单价(元)				合价(元)			
				人工费	材料费	机械费	管理费和利润	人工费	材料费	机械费	管理费和利润
4-38	砌块陶粒空心砌块内、外墙	m³	518	49.016	159.42	2.93	35.94	25 390.29	82 579.56	1 517.74	18 616.92
人工单价		小　计						25 390.29	82 579.56	1 517.74	18 616.92
44元/工日		未计价材料费									
清单项目综合单价								247.31			
材料费明细	主要材料名称、规格、型号				单位		数量	单价（元）	合价（元）	暂估单价（元）	暂估合价（元）
	陶粒空心砌块				m³		497.8	130	64 714		
	M5混合砂浆(预拌)				m³		50.25	335	16 833.75		
	其他材料费							—	1 031.81	—	
	材料费小计							—	82 579.56	—	

表 11-3-77　工程量清单综合单价分析表(四)

工程名称:北京×××大学体育馆工程　　标段:　　第 123 页　共 564 页

项目编码	020406001002		项目名称		氟碳喷涂铝合金推拉窗			计量单位			m^2
清单综合单价组成明细											
定额编号	定额名称	定额单位	数量	单价(元)				合价(元)			
				人工费	材料费	机械费	管理费和利润	人工费	材料费	机械费	管理费和利润
6-34	铝合金推拉窗	m^2	96.16		800		61.47		76 928		5 910.96
6-114	其他项目门窗后塞口填充剂	m^2	96.16	4.07	6.63	0.29	3.46	391.37	637.54	27.89	332.71
人工单价	小　计							391.37	77 565.54	27.89	6 243.67
49 元/工日	未计价材料费										
清单项目综合单价								854.59			
材料费明细	主要材料名称、规格、型号				单位	数量		单价(元)	合价(元)	暂估单价(元)	暂估合价(元)
	聚氨酯泡沫填充剂				支	29.62		15	444.3		
	玻璃密封胶				支	27.7		6.8	188.36		
	铝合金推拉窗				m^2	96.16				800	76 928
	其他材料费							—	4.88	—	
	材料费小计							—	637.54	—	76 928

表 11-3-78　工程量清单综合单价分析表(五)

工程名称:北京×××大学体育馆工程　　标段:　　第 234 页　共 564 页

项目编码	030107001001		项目名称		交流电梯			计量单位			台
清单综合单价组成明细											
定额编号	定额名称	定额单位	数量	单价				合价			
				人工费	材料费	机械费	管理费和利润	人工费	材料费	机械费	管理费和利润
10-39	直流自动快速(层/站)5/5	台	5	18 116.33	2 773.32	2 851	33 738.61	90 581.65	13 866.6	14 250	168 693.05
10-192	辅助项目牛腿制作安装槽钢	套	80	100.84	105.13	48.4	88.47	8 067.2	8 410.4	3 872	7 077.6
人工单价	小　计							98 648.85	22 277	18 122	175 770.65
45 元/工日	未计价材料费							1 400 000			

续表

清单项目综合单价				342 963.7			
材料费明细	主要材料名称、规格、型号	单位	数量	单价（元）	合价（元）	暂估单价（元）	暂估合价（元）
	电梯	台	5			280 000	1 400 000
	其他材料费			—		—	
	材料费小计			—		—	1 400 000

表 11-3-79　工程量清单综合单价分析表(六)

工程名称:北京×××大学体育馆工程　　　　标段:　　　　第 252 页　共 564 页

项目编码	030201002001		项目名称		干式变压器			计量单位			台
清单综合单价组成明细											
定额编号	定额名称	定额单位	数量	单价(元)				合价(元)			
				人工费	材料费	机械费	管理费和利润	人工费	材料费	机械费	管理费和利润
1-6	变配电装置 干式变压器安装 容量 2 000 kVA 以内	台	1	752.36	120.08	371.21	31 423.88	752.36	120.08	371.21	31 423.88
1-10	变配电装置 变压器保护罩安装	台	1	126.09	5.59	2.62	98.63	126.09	5.59	2.62	98.63
1-76	变配电装置 基础型钢制作安装 槽钢	10 m	0.5	89.22	430.24	16.47	105.06	44.61	215.12	8.24	52.53
人工单价		小　计						923.06	340.79	382.07	31 574.96
45 元/工日		未计价材料费						385 000			
清单项目综合单价								418 220.88			

续表

	主要材料名称、规格、型号	单位	数量	单价（元）	合价（元）	暂估单价（元）	暂估合价（元）
材料费明细	干式变压器 容量 2 000 kVA 以内（含变压器保护罩）	台	1	385 000	385 000		
	其他材料费			—		—	
	材料费小计			—	385 000	—	385 000

表 11-3-80　工程量清单综合单价分析表（七）

工程名称：北京×××大学体育馆工程　　　　标段：　　　　第 560 页　共 564 页

项目编码	AB002	项目名称	现浇钢筋混凝土平板模板及支架					计量单位		m^2	
清单综合单价组成明细											
定额编号	定额名称	定额单位	数量	单价（元）				合价（元）			
				人工费	材料费	机械费	管理费和利润	人工费	材料费	机械费	管理费和利润
7－45	平板普通模板	m^2	1 178.5	16.206	14.51	1.1	5.412	19 098.77	17 100.04	1 296.35	6 378.04
人工单价		小　计						19 098.77	17 100.04	1 296.35	6 378.04
44 元/工日		未计价材料费									
清单项目综合单价								37.22			

	主要材料名称、规格、型号	单位	数量	单价（元）	合价（元）	暂估单价（元）	暂估合价（元）
材料费明细	模板租赁费	元	1	5.02	5 916.07		
	材料费	元	1	7.9	9 310.15		
	其他材料费			—	1 873.82	—	
	材料费小计			—	17 100.04	—	

11.3.6　投标报价编制实例

1. 投标报价封面

投标报价封面见表 11-3-81。

表 11-3-81　投标报价封面

<table>
<tr><td>

投 标 总 价

招 标 人：北京×××大学

工程名称：北京×××大学体育馆工程

投标总价（小写）：198683962.3元

（大写）：壹亿玖仟捌佰陆拾捌万叁仟玖佰陆拾贰元叁角

××建筑公司
投 标 人：单位公章
（单位盖章）

法定代表人　　××建筑公司
或其授权人：法定代表人
（签字或盖章）

×××签字
盖造价工程师
编 制 人：或造价员章
（造价人员签字盖专用章）

编制时间：××××年×月×日

</td></tr>
</table>

2. 总说明

总说明内容见表11-3-82。

表 11-3-82　总说明表

工程名称：北京×××大学体育馆工程　　　　第1页　共1页

<table>
<tr><td>

一、工程概况

本工程为北京×××大学体育馆工程，由××设计研究院设计。建筑面积：25 800 m^2；层数：主体建筑地上3层，看台2层，局部设备用房4层，地下1层；层高平均为5 m；招标要求施工工期684日历天，投标工期为581日历天。结构工程采用满堂基础，主体为框架剪力墙，钢屋架，陶粒混凝土砌块及加气混凝土砌块填充墙，外墙装修采用烧毛花岗岩板、仿石涂料、玻璃幕墙及铝塑板，内装修为乳胶漆涂料、吸音铝板及釉面砖，铝合金门窗、木质防火门。

二、投标报价包括范围

本次招标范围内的所有建筑工程、装饰装修工程和安装工程，专业分包范围详见“专业工程暂估价表”。

三、投标报价编制依据

1.《建设工程工程量清单计价规范》（GB 50500—2008）及北京市相关规定；
2. 本工程的招标文件及答疑纪要；
3. 本工程招标图纸；（详见招标文件第五章“图纸清单”）
4. 经审核后的工程量清单；
5. 2001年《北京市建设工程预算定额》；
6. 2001年《北京市建设工程费用定额》及现行文件；
7. 人工、材料、机械价格参照北京市2009《北京市工程造价信息》第7期发布的价格信息及市场价格；
8. 经过批准的设计概算文件；
9. 与建设项目相关的标准、规范、技术资料；
10. 其他相关资料。

四、工程质量要求

除有特殊说明外，本工程所有材料、设备的质量必须合格，且为市场中高档标准。

</td></tr>
</table>

续表

五、其他需要说明的事项 1. 人工单价按市场价格计取; 2. 综合单价中的管理费和利润中,已经包含现场经费费用,并计取了1%风险费用; 3. 建筑工程现场经费按4.17%计取,企业管理费按4.08%计取,利润按7%计取;装饰工程现场经费按24.17%计取,企业管理费按35.1%计取,利润按5%计取;安装工程现场经费按25.67%计取,企业管理费按37.47%计取,利润按5%计取; 4. 暂估价按"材料暂估单价表"及"专业工程暂估价表"中所列价格计入; 5. 土方外运按20 km计价,土方类别按一、二类土计价; 6. 模板一般按普通钢模板考虑; 7. 混凝土泵送费用已进入措施项目费中; 8. 降水按井点降水至结构±0停止进行计价;护坡按直径800 mm间距1 600 mm护坡桩进行计价; 9. 马道设计不详,暂不包括在本次造价内; ……

3. 工程项目投标报价汇总表

工程项目投标报价汇总表见表11-3-83。

表11-3-83　工程项目投标报价汇总表

工程名称:北京×××大学体育馆工程　　　　第1页　共1页

序号	单项工程名称	金额(元)	其中		
			暂估价(元)	安全文明施工费(元)	规费(元)
1	体育馆工程	198 683 962.3	66 343 904	3 772 164.39	4 792 319.99
合　计		198 683 962.3	66 343 904	3 772 164.39	4 792 319.99

4. 单项工程投标报价汇总表

单项工程投标报价汇总表见表11-3-84。

表11-3-84　单项工程投标报价汇总表

工程名称:北京×××大学体育馆工程　　　　第1页　共1页

序号	单项工程名称	金额(元)	其中		
			暂估价(元)	安全文明施工费(元)	规费(元)
1	体育馆工程	198 683 962.3	66 343 904	3 772 164.39	4 792 319.99
合　计		198 683 962.3	66 343 904	3 772 164.39	4 792 319.99

5. 单位工程投标报价汇总表

单位工程投标报价汇总表见表11-3-85。

表 11-3-85　单位工程投标报价汇总表

工程名称:北京×××大学体育馆工程　　　　第1页　共1页

序号	汇总内容	金额(元)	其中:暂估价(元)
1	分部分项工程费	130 042 065.6	
1.1	建筑工程	53 159 015.24	1 950 000
1.2	装饰装修工程	27 523 594.39	9 162 669
1.4	电梯工程	1 681 664.9	1 400 000
1.5	变配电工程	6 065 910.87	2 580 000
1.6	强电工程	20 071 321.16	12 262 435
1.7	喷淋工程	614 463	
1.8	消火栓及气体灭火工程	815 545	
1.9	消防炮工程	714 486	
1.10	给排水工程	2 661 777	623 800
1.11	采暖工程	1 386 035	
1.12	通风空调工程	14 667 043	950 000
1.13	弱电工程	681 210	
2	措施项目费	12 776 448.39	
	其中:安全文明施工费	3 772 164.39	
3	其他项目	44 540 000	—
3.1	暂列金额	4 500 000	—
3.2	专业工程暂估价	39 170 000	—
3.3	计日工	86 600	—
3.4	总承包服务费	783 400	—
4	规费	4 792 319.99	—
5	税金	6 533 128.36	—
投标报价合计=1+2+3+4+5		198 683 962.3	27 173 904

6. 分部分项工程量清单与计价表

分部分项工程量清单与计价表见表11-3-86。

表 11-3-86　分部分项工程量清单与计价表

工程名称:北京×××大学体育馆建筑工程　　　　标段:　　　　第1页　共9页

序号	项目编码	项目名称	项目特征描述	计量单位	工程量	金额(元)		
						综合单价	合价	其中:暂估价
A.1 土(石)方工程								
1	010101001001	场地平整(比赛馆)	1. 土壤类别:自行考虑 2. 弃土运距:自行考虑 3. 取土运距:自行考虑	m^2	4 733.44	1.42	6 721.48	
2	010101003001	挖基础土方(比赛馆)	1. 土壤类别:自行考虑 2. 基础类型:筏板基础 3. 挖土深度:13 m外 4. 弃土运距:自行考虑	m^3	48 123.2	30.98	1 490 856.74	

续表

序号	项目编码	项目名称	项目特征描述	计量单位	工程量	金额(元)		
						综合单价	合价	其中:暂估价
3	010101001002	场地平整(游泳馆)	1. 土壤类别:自行考虑 2. 弃土运距:自行考虑 3. 取土运距:自行考虑	m^2	1 682.6	1.42	2 389.29	
4	010103001001	土方回填(比赛馆)	1. 土质要求:2:8灰土回填 2. 弃土运距:自行考虑 3. 取土运距:自行考虑	m^3	290.8	34.6	10 061.68	
			(其他略)					
			分部小计				2 145 304.87	
A.2 桩与地基基础工程								
12	010201003001	混凝土灌注桩	1. 土壤级别:自行考虑 2. 单桩长度、根树:15.4 m,共85根 3. 桩截面:直径600 mm 4. 成孔方法:钻孔灌注桩 5. 混凝土强度等级:C30	m	1 309.00	243.39	318 593.6	
13	010201003002	混凝土灌注桩	1. 土壤级别:自行考虑 2. 单桩长度、根树:17 m,共162根 3. 桩截面:直径600 mm 4. 成孔方法:钻孔灌注桩 5. 混凝土强度等级:C30	根	162.00	243.39	778 845.6	
			(其他略)					
			分部小计				1 789 884.2	
A.3 砌筑工程								
14	010304001001	空心砖墙、砌块墙	1. 墙体类型:地下室内隔墙 2. 墙体厚度:300 mm厚 3. 砌块品种及强度等级:MU7.5陶粒空心砌块 4. 砂浆和料要求:预拌	m^3	518.00	238.87	123 734.66	
15	010304001002	空心砖墙、砌块墙	1. 墙体类型:地下室内隔墙 2. 墙体厚度:200 mm厚 3. 砌块品种及强度等级:MU7.5陶粒空心砌块 4. 砂浆和料要求:预拌	m^3	4 807.4	238.87	1 148 343.64	
	(其他略)							
			分部小计				1 126 531.51	

7. 措施项目清单与计价表

措施项目清单与计价见表11-3-87、表11-3-88。

表 11-3-87　措施项目清单与计价表(一)

工程名称:北京×××大学体育馆工程　　　　标段:　　　　第1页　共1页

序号	项目名称	计算基础	费率(%)	金额(元)
1	安全文明施工	人工费		3 772 164.39
2	夜间施工			
3	二次搬运			55 731
4	冬雨季施工			72 415
5	大型机械设备进出场及安拆			90 000
6	施工排水			
7	施工降水			325 620
8	地上、地下设施,建筑物的临时保护设施			
9	已完工程及设备保护			241 200
10	竣工图编制费			251 250
11	护坡工程			2 514 903
12	场地狭小所需措施费用			83 597
13	室内空气污染检测费			50 000
14	建筑工程措施项目			2 463 298
(1)	脚手架			1 246 243
(2)	垂直运输机械			1 217 055
15	装饰装修工程措施项目			
(1)	垂直运输机械			
(2)	脚手架			
16	各专业工程措施费			
17	混凝土泵送费			275 671
合　计				10 195 849.39

表 11-3-88　措施项目清单与计价表(二)

工程名称:北京×××大学体育馆工程　　　　标段:　　　　第1页　共1页

序号	项目编码	项目名称	项目特征描述	计量单位	工程量	金额(元)	
						综合单价	合价
1	AB002	现浇钢筋混凝土平板模板及支架	1. 构件形状:矩形 2. 支模高度:支模高度3 m 3. 模板类型:自行考虑 4. 支撑类型:自行考虑	m^2	1 178.5	34.67	40 858.6
2	AB003	现浇钢筋混凝土有梁板及支架	1. 构件形状:矩形 2. 支模高度:板底支模高度3.78 m 3. 模板类型:自行考虑 4. 支撑类型:自行考虑	m^2	15 865.86	41.53	658 909.17

续表

序号	项目编码	项目名称	项目特征描述	计量单位	工程量	金额(元)	
						综合单价	合价
3	AB004	现浇钢筋混凝土圆形柱模板	1. 构件形状:圆形 2. 支模高度:支模高度3.5 m 3. 模板类型:自行考虑 4. 支撑类型:自行考虑	m^2	248.6	47.86	11 898
4	AB005	现浇钢筋混凝土直行墙模板	1. 构件形状:矩形 2. 支模高度:支模高度3.9 m 3. 模板类型:自行考虑 4. 支撑类型:自行考虑	m^2	9 989.2	21.68	216 565.86
		(其他略)					
本页小计							930 871.47
合　计							2 580 599

8. 其他项目清单与计价汇总表的编制

其他项目清单与计价汇总见表11-3-89。

表11-3-89　其他项目清单与计价汇总表

工程名称:北京×××大学体育馆工程　　标段:　　第1页　共1页

序号	项目名称	计量单位	金额(元)	备注
1	暂列金额	项	4 500 000	明细详见暂列金额明细表
2	暂估价		39 170 000	
2.1	材料暂估价		—	明细详见材料暂估单价表
2.2	专业工程暂估价	项	39 170 000	明细详见专业工程暂估价表
3	计日工		86 600	明细详见计日工表
4	总承包服务费		783 400	明细详见表总承包服务费计价表
合　计			4 540 000	—

9. 暂列金额明细表的编制

暂列金额明细表见表11-3-90。

表11-3-90　暂列金额明细表

工程名称:北京×××大学体育馆工程　　标段:　　第1页　共1页

序号	项 目 名 称	计量单位	暂定金额(元)	备 注
1	工程量清单中工程量偏差和设计变更	项	3 000 000	
2	政策性调整和材料价格风险	项	1 000 000	
3	其他	项	500 000	
合　计			4 500 000	—

10. 材料暂估单价表

材料暂估单位价表见表11-3-91。

表11-3-91 材料暂估单价表

工程名称：北京×××大学体育馆工程　　　　标段：　　　　第1页 共1页

序号	材料名称、规格、型号	计量单位	单价(元)	备注
一	土建工程			
1	铝合金窗	m^2	800	工料费
2	玻璃幕墙	m^2	1 300	工料费(含骨架)
3	磨光花岗岩	m^2	600	主材
4	环氧自流平	m^2	130	工料费
5				
	⋮			
二	安装工程			
1	电梯	台	280 000	设备费
2	不锈钢组合式冷水箱	m^3	2 500	设备费(含保温)
3	空调机组、空气处理机组、新风机组	台	40 000	设备费
	⋮			

11. 专业工程暂估价表

专业工程暂估价表见表11-3-92。

表11-3-92 专业工程暂估价表

工程名称：北京×××大学体育馆工程　　　　标段：　　　　第1页 共1页

序号	工程名称	工程内容	金额(元)	备注
1	玻璃雨篷	制作、安装	500 000	
2	金属屋面板	制作、安装	7 200 000	
3	中央球壳	制作、安装	2 000 000	
4	火警报警及消防联动控制系统	安装、调试	3 000 000	
5	安保系统	安装、调试	1 000 000	
6	楼宇设备自控系统	安装、调试	2 800 000	
	⋮			
合　计			39 170 000	—

12. 计日工表的编制

计日工表见表11-3-93。

表11-3-93 计日工表

工程名称：北京×××大学体育馆工程　　　　标段：　　　　第1页 共1页

编号	项目名称	单位	暂定数量	综合单价(元)	合价(元)
一	人工				

续表

编号	项目名称	单位	暂定数量	综合单价(元)	合价(元)
1	普工	工日	200	90	18 000
2	技工(综合)	工日	50	100	5 000
人工小计					23 000
二	材料				
1	拆除隔墙	m^2	100	60	6 000
2	拆除吊顶	m^2	100	60	6 000
3	破除障碍物	m^3	100	80	8 000
4	渣土外运	m^3	500	80	40 000
材料小计					60 000
三	施工机械				
1	自升式塔式起重机(起重力矩 1 250 kN · m)	台班	5	700	3 500
2	灰浆搅拌机(400 L)	台班	2	50	100
施工机械小计					3 600
总　计					86 600

13. 总承包服务费计价表的编制

总承包服务费计价表见表 11-3-94。

表 11-3-94　总承包服务费计价表

工程名称:北京×××大学体育馆工程　　标段:　　第 1 页　共 1 页

序号	项目名称	项目价值(元)	服务内容	费率(%)	金额(元)
1	发包人发包专业工程	39 170 000	总承包人向分包人免费提供管理、协调、配合和服务工作,包括但不限于: 1. 为专业分包人采购提供所需的一切服务; 2. 为分包人提供临时工程或垂直运输机械和设备及脚手架; 3. 承包人应对各专业分包人的工作所或材料设备存放等负责协调; 4. 向提供施工所需的水、电接口,工程水电费由总承包人承担,但分包人应保证节约用水、用电; 5. 向分包人提供施工工作面,对施工现场进行统一管理,对竣工资料进行统一汇总; 6. 技术规范所注明由总承包人提供的其他工作	2%	783 400
2	发包人供应材料		对发包人提供的材料、设备进行验收、保管和使用发放等		
合　计					783 400

14. 规费、税金项目清单及计价表的编制

规费、税金项目清单及计价表见表 11-3-95。

表 11-3-95　规费、税金项目清单与计价表

工程名称：北京×××大学体育馆工程　　　　标段：　　　　第 1 页　共 1 页

序号	项目名称	计算基础	费率(%)	金额(元)
1	规费	人工费	24.09	4 792 319.99
1.1	工程排污费			
1.2	社会保障费			
(1)	养老保险费			
(2)	失业保险费			
(3)	医疗保险费			
1.3	住房公积金			
1.4	危险作业意外伤害保险			
1.5	工程定额测定费			
2	税金	分部分项工程费+措施项目费+其他项目费+规费	3.4	6 533 128.36
合　计				11 325 448.35

15. 工程量清单综合单价分析表

工程量清单综合单价分析表见表 11-3-96。

表 11-3-96　工程量清单综合单价分析表

工程名称：北京×××大学体育馆工程　　　　标段：　　　　第 1 页　共 564 页

项目编码		010101001001		项目名称		场地平整(比赛馆)		计量单位		m²	
清单综合单价组成明细											
定额编号	定额名称	定额单位	数量	单价(元)				合价(元)			
				人工费	材料费	机械费	管理费和利润	人工费	材料费	机械费	管理费和利润
1-1	场地平整	m²	4 733.44	1.216			0.207	5 755.86			979.82
人工单价		小　计						5 755.86			979.82
38 元/工日		未计价材料费									
清单项目综合单价								1.42			
材料费明细	主要材料名称、规格、型号			单位	数量			单价(元)	合价(元)	暂估单价(元)	暂估合价(元)
	其他材料费							—		—	
	材料费小计							—		—	

11.3.7 投标报价审核(清标)实例

1. 投标报价符合性审核分析

投标报价符合性审核分析表见表11-3-97。

表11-3-97 投标报价符合性审核分析表

工程名称:北京×××大学体育馆工程　　标段:　　第1页 共2页

序号	审核要素	标准		投标人1情况	投标人2情况	投标人3情况	……	备注
1	总价	投标价		198 683 962.3	199 496 260.5	211 242 354.8		
		是否在招标控制价215 162 203.1元范围内		是	是	是		
2	报价书的格式	是否符合招标文件及规范要求	是否盖单位公章	有	有	有		
			法定代表人是否签字或盖章	有	有	有		
			是否有执业人员签字和盖章	有	有	有		
			报价表格格式是否满足招标文件及规范要求	符合	符合	符合		
3	清单工程量	应严格按招标人提供的清单工程量报价	分部分项工程量清单有无改变	无	无	无		
			措施项目清单(二)工程量有无改变	无	无	无		
			计日工清单工程量是否有改变	无	无	无		
4	规费	应按当地造价管理部门颁布的费率计取	人工费的基数是否计算准确	准确	准确	基数未计取措施费(二)人工费		
			规费的费率是否按24.09%计算	是	是	是		
5	税金	应按当地造价管理部门颁布的费率计取	分部分项工程费+措施项目费+其他项目费+规费的计算基数是否准确	准确	准确	准确		
			税金的费率是否按3.4%计算	是	是	是		
6	材料暂估单价	应严格按招标人提供的单价计价	铝合金窗是否按给定的800元/m² 计算工料机	是	按800元/m² 计算材料费	是		
			玻璃幕墙是否按给定的1 300元/m² 计算工料机	是	是	按1 200元/m² 计算		
			电梯是否按给定的280 000元/台计算设备费	是	是	是		
			⋮					
7	专业暂估价	应严格按招标人提供的金额计价	金属屋面板是否按7 200 000元计算	是	是	是		
			楼宇自控系统是否按2 800 000元计算	是	是	是		
			⋮					
8	暂列金额	应严格按招标人提供的金额计价	是否按4 500 000元计算	是	未进入总价	是		
9	安全文明施工费	应按当地造价管理部门颁布的费率计取	建筑工程是否按分部分项工程费的2.81%×1.1计算	是	按2.48%×1.1	未乘以1.1系数		
			装饰工程是否按分部分项工程费的2.19%×1.1计算	是	是	未乘以1.1系数		
			装饰工程是否按分部分项工程费的2.7%×1.1计算	是	是	未乘以1.1系数		
10	⋮							

2. 投标报价合理性审核分析

招标报价合理性审核分析见表 11-3-98。

表 11-3-98　投标报价合理性审核分析表

工程名称:北京×××大学体育馆工程　　　　标段:　　　　第 1 页　共 2 页

序号	审查要素	标准			投标人 1 情况	投标人 2 情况	投标人 3 情况	……	备注
1	总价	报价排序	投标报价		198 683 962.3	199 496 260.5	211 242 354.8		
			按招标文件规定的评分办法进行排序		100	90	85		
2	分项合计	分项合计是否与总价一致	分项合计是否与总价一致		一致	总价小于分项报价 4 500 000	一致		
			分项单价与工程量乘积是否与合价一致		一致	一致	一致		
3	人工单价	是否偏离是否市场价格	信息价格建筑工程人工单价为 44 元/工日		38 元/工日	44 元/工日	47 元/工日		
			信息价格普通装饰工程人工单价为 49 元/工日		45 元/工日	49 元/工日	55 元/工日		
			信息价格安装工程人工单价为 45 元/工日		42 元/工日	45 元/工日	48 元/工日		
4	主要材料费	是否偏离是否市场价格	钢筋	信息价格 3 800 元/t	3 750 元/t	3 800 元/t	3 900 元/t		
			混凝土 C30	信息价格 340 元/m^3	335 元/m^3	340 元/m^3	340 元/m^3		
			⋮						
5	取费费率	是否体现竞争费用	现场经费	费用定额建筑 4.17%	4.17%	3.34%	3.7%		
				费用定额装饰 24.71%	24.71%	19.77%	22.3%		
				费用定额安装 25.67%	25.67%	20.54%	23.1%		
			企业管理费	费用定额建筑 4.08%	4.08%	3.26%	3.67%		
				费用定额装饰 35.1%	35.1%	28.08%	31.6%		
				费用定额安装 37.47%	37.47%	29.98%	33.7%		
			利润	费用定额建筑 7%	7%	7%	5%		
				费用定额装饰 7%	5%	5%	4%		
				费用定额安装 7%	5%	5%	4%		
			风险费	建筑	1%	1.5%	—		
				装饰	1%	1.5%	—		
				安装	1%	1.5%	—		
6	暂估价材料	是否按规定计取管理费用和利润	铝合金窗是否按给定的 800 元/m^2 计算工料机		按规定计取	未计取管理费和利润	按规定计取		
			玻璃幕墙是否按给定的 1 300 元/m^2 计算工料机		按规定计取	未计取管理费和利润	按规定计取		
			电梯是否按给定的 280 000 元/台计算设备费		按规定计取	未计取管理费和利润	未计取利润		
			⋮						
7	措施费用	计算是否合理	是否与施工组织设计一致		是	支护方案为护坡桩，报价为土钉墙	是		
			措施项目费用计算是否齐全		是	是	未计取竣工图编制费和场地狭小费用		

续表

序号	审查要素	标准			投标人1情况	投标人2情况	投标人3情况	……	备注
8	综合单价	计算是否合理	有无零报价		无	素土回填项目采取了零报价	无		
			有无明显偏高价格(高于各家平均值15%以上项目)			2:8灰土回填价格偏高			
			有无明显偏低价格(低于各家平均值15%以上项目)		1. 地下室外墙C30混凝土单价明显偏低 2. 以根为单位灌注桩单价计算错误				
9	计日工单价	是否偏离市场行情价格	普工	信息价格为44－48元/工日	90	50	55		
			技工	信息价格为45－60元/工日	100	60	65		
			⋮						
10	总说明	总说明中有无对造价影响的特别说明			投标报价说明中将降水时间特别说明为“降水按井点降水至结构±0停止进行计价”	无	无		
	……								

3. 汇总投标报价审核结果

汇总投标报价审核见表11-3-99。

表11-3-99　投标报价审核汇总表

工程名称：北京×××大学体育馆工程　　　　标段：　　　　第1页　共1页

北京×××大学体育馆工程项目招标，按照《中华人民共和国招标投标法》以及招标文件的有关条款，对投标人投标报价文件进行了审查。现将有关审核情况报告如下。

一、投标单位1

1. 投标总价为198 683 962.3元，在招标控制价范围内，为有效报价；其报价最低，根据招标文件约定的评分办法，其得分应为100分。

2. 报价书格式符合招标文件及清单计价规范的要求。工程量清单、暂估价、暂列金额按招标文件提供的数据进行计价，符合招标文件规定。规费、税金、安全文明施工费的计取符合相关规定。

3. 报价中的人工单价低于信息价格人工单价的低限，应注意施工单位提出人工单价调整的请求。

4. 投标人考虑到地下室外墙C30混凝土实际施工中有可能采用防水混凝土，故报价时将其单价报低，招标人应加强此部分变更和组价的控制。

5. 以根为单位的灌注桩，报价时按m^3进行组合综合单价，单价明显偏低，应注意此部分投标人提出价格调整的策略

6. 投标人计日工单价普遍偏高，施工过程中招标人应注意尽量少零星工作的发生。

7. 投标报价说明中将降水时间特殊说明为“降水按井点降水至结构±0停止进行计价”，招标人应要求投标人澄清降水至结构±0，是否包含回填时间，超出此时间的降水费用是否包含在报价中，如不包含应如何计算。

二、投标单位2

1. 投标总价为199 496 260.5元，由于总价与分项报价不一致，其修正报价应为203 996 260.5元，在招标控制价范围内，为有效报价；其报价最次低，根据招标文件约定的评分办法，其得分应为90分。

2. 报价书格式符合招标文件及清单计价规范的要求。工程量清单按招标文件提供的数据进行计价，符合招标文件规定。规费、税金计取符合相关规定。

3. 暂列金额未按招标文件给定价格进入总价；铝合金窗未按招标文件给定的暂估价进行报价；安全文明施工费建筑工程的取费费率不符合规定。

续表

4. 材料暂估单价未计取管理费用和利润，应视为包含在其他费用中，施工过程中招标人对暂估材料价格认价时不应再计取总包单位的管理费用和利润。 5. 支护方案与报价不一致应要求施工单位进行澄清，招标人应在合同中约定此部分的费用不应由于方案和报价不一致而产生费用增加。 6. 投标人考虑到回填土一般采用2∶8灰土，在报价时将素土回填采取了零报价，而提高2∶8灰土回填的报价，施工过程中招标人应注意此部分的变更和组价的控制。 二、投标单位3 1. 投标总价为211 242 354.8元，在招标控制价范围内，为有效报价；其报价最高，根据招标文件约定的评分办法，其得分应为85分。 2. 报价书格式符合招标文件及清单计价规范的要求。工程量清单、暂列金额按招标文件提供的数据进行计价，符合招标文件规定。规费、税金计取符合相关规定。 3. 玻璃幕墙未按招标文件给定的暂估价进行报价；安全文明施工费取费费率不符合规定。 4. 措施费用中未计取竣工图编制费用和场地狭小费用，此部分费用应视为包含在其他费用中，招标人应在合同中约定此部分的费用不应增加。 ……

11.3.8 施工合同实例

本实例为北京某大学教学楼工程实例，施工合同按《北京市房屋建筑和市政基础设施工程施工总承包合同示范文本》进行编制。

1. 封面

BF—2008—0207

合同编号：

北京市房屋建筑和市政基础设施工程
施工总承包合同

北京市建设委员会
北京市工商行政管理局 监制
二〇〇八年十二月

2. 总目录

总 目 录

第 1 部分　合同协议书
第 2 部分　中标通知书
第 3 部分　投标函及其附录
第 4 部分　已标价的工程量清单
第 5 部分　合同条款通用部分
第 6 部分　合同条款专用部分
第 7 部分　技术标准和要求
第 8 部分　合同图纸

3. 合同协议书

合同协议书

发包人(全称)：北京某大学

承包人(全称)：某建筑集团公司

依照《中华人民共和国合同法》、《中华人民共和国建筑法》等相关法律、法规、规章和规范性文件的规定，双方就本建设工程施工事项协商一致，达成如下协议：

一、工程概况

工程名称：北京某大学教学楼

工程地点：

工程规模：建筑面积 100 000 m^2

工程立项批准文号：

资金来源：国拨加自筹

二、承包范围

承包范围：见招标文件

三、合同价款

金额(大写)：肆亿 元(人民币)

小写：400 000 000 元

其中，安全防护、文明施工措施费为：(大写)：叁仟万 元(人民币)

小写：30 000 000 元。

四、合同工期

合同工期：900 日历天

计划开工日期：2012 年 9 月 1 日

计划竣工日期：2015 年 6 月 30 日。

五、质量标准

工程质量标准：合格。

六、合同文件

本协议书与下列文件一起构成合同文件：

1. 中标通知书；
2. 投标函及其附录；
3. 已标价的工程量清单(含暂估价的材料和工程设备损耗率表)；
4. 合同条款专用部分；

5. 合同条款通用部分；

6. 技术标准和要求；

7. 合同图纸。

双方在本合同履行中所共同签署或认可的符合现行法律、法规、规章及规范性文件，且符合本合同实质性约定的指令、洽商、纪要或同类性质的文件，均构成合同文件的有效补充。

七、承包人承诺按照本合同约定进行施工、竣工并在缺陷责任期内对工程缺陷承担维修责任。

八、发包人承诺按照本合同约定的条件、期限和方式向承包人支付合同价款。

九、合同生效

合同订立时间：________ 年 ________ 月 ________ 日

合同订立地点：________________

双方约定：________________ 后本合同生效。

发包人：（盖章）	承包人：（盖章）
住所：	住所：
法定代表人：（签字或盖章）	法定代表人：（签字或盖章）
或委托代理人：（签字或盖章）	或委托代理人：（签字或盖章）
联系电话：	联系电话：
传真：	传真：
开户银行：	开户银行：
账号：	账号：
邮政编码：	邮政编码：

4. 中标通知书

相关内容省略。

5. 投标函及其附录

相关内容省略。

6. 已标价的工程量清单

相关内容省略。

7. 合同条款通用部分

相关内容省略。

8. 合同条款专用部分

合同条款专用部分

1. 一般规定

1.1 词语定义

1.1.2 本工程

本工程名称：北京某大学教学楼

1.1.13 发包人

发包人名称：北京某大学

1.1.14 承包人

承包人名称：某建筑集团公司

1.1.16 设计人

设计人名称：________

1.1.17 监理人

监理人名称：待定

1.1.21　区段

本工程无区段划分要求。

通用部分第 1.1.35 款后增加以下条款：

补 1.1.36　缺陷

是指任何工程的质量未达到质量标准和质量等级要求。

补 1.1.37　重大质量事故及一般质量事故

重大质量事故及一般质量事故：指建设部关于《工程建设重大事故报告和调查程序规定有关问题的说明》（1990 年 4 月 4 日（90）建建工字第 55 号）中规定的重大质量事故及一般质量事故。

补 1.1.38　其他承包人

指承担本工程暂估价专业工程、暂估价材料和设备安装的其他施工或安装单位。

补 1.1.39　暂定金额

指本工程合同价款中包含的暂估价专业工程、暂估价材料和机械以及暂列金额。

1.3　书面形式

1.3.4　发包人书面形式接收地址、传真号码、邮寄地址和电子传送地址：

（1）传真号码：________　邮政编码：________

（2）邮寄地址：________

（3）送达地址：________

（4）电子邮箱地址：________

承包人书面形式接收地址、传真号码、邮寄地址和电子传送地址：

（1）传真号码：________　邮政编码：________

（2）邮寄地址：________

（3）送达地址：________

（4）电子邮箱地址：________

3.　合同文件的组成及解释顺序

3.1　合同文件的组成及解释顺序

本合同文件的组成及解释顺序如下：

（1）合同协议书；

（2）中标通知书；

（3）投标函及其附录；

（4）已标价的工程量清单（含暂估价的材料和工程设备损耗率表）；

（5）合同条款专用部分；

（6）合同条款通用部分；

（7）技术标准和要求；

（8）合同图纸。

通用条款本款最后增加以下内容：

如果承包人投标时提交的投标文件中所承诺达到的条件、标准、要求与招标文件中所要求的相应条件、标准、要求不一致，则总是适用二者当中更高的条件、标准、要求来解释双方的权利、义务、责任，并且订立合同后，承包人无论如何也没有权利因为适用更高的条件、标准、要求而提出增加合同价格。

6.　图纸

6.1　　图纸

6.1.1　　发包人应当向承包人提供图纸的日期及图纸套数：

(1)提供时间：合同签订后7个工作日内

(2)提供套数：提供完整图纸8套(其中含用于编制竣工图的图纸3套)

通用部分第6.5款后增加以下条款：

补6.6　　图纸的保密

发包人对图纸的保密要求见本合同第47条约定。

补6.7　　图纸的审核

无论有关工程的图纸由哪一个主体提供(包括发包人、设计人)，承包人均应组织技术人员对图纸进行会审，运用其有关专业知识来查阅及理解发包人和监理人所提供的施工设计资料及要求，如承包人发现图纸、规范、说明及其他资料之间有所矛盾，应立即将其认为相关图纸中可能存在的任何缺陷、疏漏、矛盾、不足、图纸上任何不符施工常规、惯例或规范之处等问题用书面方式报发包人和监理人。承包人可以在此书面报告中附上承包人关于弥补或修改此类缺陷、疏漏、不足的建议或方案，以及按此建议或方案实施对合同价款的影响。

7.　　发包人

7.1　　发包人义务

7.1.7　　现场的准备和移交

发包人向承包人移交现场的时间：合同签订后10内，但通用条款中约定的需发包人提供的电话和通信线路接口由承包人自行负责确定。

发包人向承包人移交的现场应当具备以下条件。

(8)提供的其他条件：由双方根据现场实际条件协商确定。

7.1.18　　其他义务：＿无。

7.2　　发包人代表

7.2.1　　发包人代表姓名：

8.　　承包人

8.1　　承包人义务

8.1.4　　组织机构和人员

通用部分本款修改为以下文字：

承包人应当为完成本工程而设置合理可行的现场组织机构，并为此委派具备相应岗位资格的管理人员。在本合同签订之日起的14天内，向发包人和监理人提交承包人在施工场地的管理机构以及人员安排的报告，其内容应包括管理机构的设置、各主要岗位的技术和管理人员名单及其资格，以及各工种技术工人的安排状况。

其中拟派承包人代表(项目经理)、技术负责人、现场执行经理必须与承包人资格预审文件中的完全一致。

必要时，监理人可报发包人批准或发包人有权直接要求承包人撤换其在现场包括有下列行为的任何人员(包括承包人代表)：

(1)违反法律、法规及规章的规定；

(2)在履行其职责时不能胜任或玩忽职守；

(3)不遵守合同文件的约定；

(4)经常出现有损健康与安全，或有损环境保护的行为。

如果出现上述情况，承包人应在发包人或监理人提出此类要求后7天内选派满足本合同要求的替代人员。同时，承包人有义务保证工作的连续性。替代人员将继续行使合同文件约定的其前任的职权。承包人未按发包人要求提供替代人员的，应按照每日每人人民币8 000 元向发包人支付违约金。

如果没有得到发包人和监理人的事先同意，承包人擅自更换或撤回主要管理人员，将视为承包人违约。承包人更换管理人员必须出示承包人法定代表人签署的申请。未经发包人同意更换承包人代表(项目经理)、技术负责人和现场执行经理时，发包人将分别扣罚承包人合同价款 1.5%、1% 和 1% 的违约金并限期改正；

同时，承包人代表(项目经理)、技术负责人和现场执行经理等主要管理人员应常驻现场(工作日必须在现场)，按时参加工程例会，若有特殊情况需事先以书面形式向发包人代表请假说明，否则发包人每发现一次扣罚承包人 2 000 元/人次，每月累计出现 3 次视同承包人违约，发包人有权要求承包人更换上述人员，但更换的人员的资质、经验及业绩应当不低于前任，同时承包人应当承担合同价款 1.5%、1% 和 1% 的违约金。

承包人应在工地上提供满足本工程建设需要的在相关专业领域中业务熟练且经验丰富的技术管理人员和为完成工程施工而需要的工人。劳务工人的素质必须符合其岗位要求。技术工人须持有有关工种的资格证书。

除合同文件中另有特殊约定外，承包人应自行从当地或其他地方雇用所有职员和劳务人员，并负责提供他们的报酬、保险、住房、膳食和交通等必要的待遇。与上述工作有关的费用均已包含在合同价款中。

承包人根据发包人或监理人的要求，按发包人或监理人预先规定的格式和时间间隔，提交表明承包人在现场随时雇用的职员、各种等级的劳务人员的姓名、人数等相关情况及承包人设备的详细报告。

8.1.5　通用部分本款的最后增加以下文字：

按照合同约定和法律法规规定为其聘用、雇佣的以及本合同下的劳务人员的人身、财产投保必要的保险。承包人与其工程建设人员和劳务人员发生的纠纷，发包人不承担责任。

8.1.6　通用部分本款的最后增加以下文字：

如果发包人或监理人发现承包人上述特殊工种的操作人员未取得有关管理机构规定的岗位证书，承包人应立即将上述违约人员撤离出现场，并按照500 元/人次的标准向发包人支付违约金。

8.1.8　通用部分本款最后增加以下文字：

承包人应在本工程开始前核实所有与本工程有关的尺寸和地面标高。正式在工地现场开展工作前，承包人应派人在工地不时地复核可能影响到本工程的土建方面的定位、标高、尺寸等实地资料的正确性，并在发觉有问题时立刻向发包人报告并要求发出指示。

承包人应仔细保护和保留好工程放线中所用的水准点、基点、测桩和工程放线所用的其他物件。

如果在工程实施过程中，工程任何部分的位置、标高、尺寸或基准线出现任何错误，在发包人要求纠正时，承包人应迅速自担费用纠正此类错误，直至达到使发包人满意的程度，并应赔偿因上述错误给发包人造成的全部损失。

承包人应当配合相关部门或机构的复验工作。

8.1.10　承包人负责合同文件约定的现场内的管理、协调、配合、服务工作。相应工作内容及具体要求如下。

承包人需要 为本工程的暂估价的专业分包工程分包人提供相应的管理、协调、配合、服务工作，具体要求包括：

承包人应将暂估价的专业分包工程分包人的进度工期纳入总承包工期进度管理中，并按照施工总控进度计划向暂估价的专业分包工程分包人及时提供进场条件和运输条件，统筹安排暂估价的专业分包工程分包人的生产、生活临时设施。具体工作为：

(1)承包人有义务对暂估价的专业分包工程分包人进行全面的现场组织、管理与协调，因管理不力造成的施工进度、质量问题所产生的经济损失，承包人与暂估价的专业分包工程分包人就分包工程对发包人承担连带负责。

(2)承包人须对暂估价的专业分包工程分包人的施工安全管理负全责，暂估价的专业分包工程分包人向承包人负责，服从承包人对施工现场的安全生产管理；由于安全事故给发包人带来的所有损失与责任均由承包人承担，但承包人有权追究暂估价的专业分包工程分包人的相关责任。

(3)在发包人工程款支付到位的前提条件下，承包人因拖欠暂估价的专业分包工程分包人及劳务队伍费用而发生的债务纠纷，由承包人自行解决，发包人不承担任何责任，也不协调解决。如果给发包人造成任何损失，均由承包人承担。

(4)下列与暂估价的专业分包工程分包人完成的工程有关的工作须由承包人负责。

①提供承包人在工地内现成的爬梯、脚手架等供共同使用；承包人须注意部分工程需用这些爬梯、脚手架等的时间或许会超过承包人本身所需的时间，承包人仍须按此提供，除非另有说明。

②于工地内提供足够、合理并符合发包人要求标准的卫生设施供各暂估价的专业分包工程分包人共同使用，并负责定时清理和保养直至不再需要时拆除。

③提供办公场地及材料堆放场地。提供承包人在工地内现成的办公室、辅助设施予暂估价的专业分包工程分包人在互不妨碍的情况下使用，或在工地上或建造中的建筑物内提供地方予暂估价的专业分包工程分包人架设自己的办公室、辅助设施及临时周转场地。

④提供垂直运输条件、工作空间。

⑤提供工地上通路供共同使用，并提供施工场地。清除暂估价的专业分包工程分包人施工界面内的障碍，为他们提供所需的工作面。

⑥负责现场安全防护设施的搭建和拆除。

⑦负责现场的安全保卫。

⑧提供临时施工用水至各楼层，施工用电至二级层配电箱。

⑨在公共区，如楼梯间、井道等处设置照明装置。

⑩承包人可指示暂估价的专业分包工程分包人将垃圾运至现场指定位置，由承包人统一运离工地。

⑪由暂估价的专业分包工程分包人完成的工程验收完毕并移交承包人后，由承包人统一负责成品保护工作。

⑫提供现场经纬、水准测量点网、50线及洞口中线，对所提供数据的准确性负责。

⑬负责组织其他承包人施工项目的质量检查和施工验收，并负责统一准备和报送工程验收资料。

⑭根据分包设计图纸，配合暂估价的专业分包工程分包人进行已有洞口、线槽等位置的纠偏，费用由责任方承担。

⑮对暂估价的专业分包工程分包人负责的工程施工后的留洞、凹口、凹槽等进行填补、灌浆、修整及装潢以达到有关规范要求的标准。

⑯技术标准和要求中注明由承包人提供的其他工作。

⑰审查并向监理人代表提交工程进度款及工程结算报表。

⑱提供暂估价的专业分包工程分包人负责的工程所需的、可充分保障施工场地内安全的围

网、围板等。

⑲提供市内电话供共同使用。

⑳对工地红线范围内作全面的看管以防盗窃及破坏，包括对工地内暂估价的专业分包工程分包人的物料和工程进行看管。

㉑在工程进行期间提供足够临时照明及电力和试验所需负荷；承包人须提供足够及合理的接驳点供各暂估价的专业分包工程分包人使用，并提供电梯及机电设备等调试所需的电力；在有需要时提供临时发电机组。

㉒在工程进行期间提供足够的临时用水；承包人须提供足够及合理的接驳点供各暂估价的专业分包工程分包人使用，并保证冬季正常供水，不会结冰。

㉓对暂估价的专业分包工程分包人已完成的工程做出保护以防损坏，包括做出防水、防风、防雨的措施。

㉔在暂估价的专业分包工程分包人负责的工程实施过程中，如出现水电超标、脚手架使用、垂直运输机械使用等纠纷，承包人自行与暂估价的专业分包工程分包人协商解决。

㉕提供工地上现成的装置及机械如塔吊、人货两用梯等给暂估价的专业分包工程分包人作卸货及水平、垂直的运输用。

㉖清理暂估价的专业分包工程分包人负责的工程中产生的垃圾和废料。

㉗工程整体完成时，进行全面的清理，包括清洁所有暂估价的专业分包工程分包人已完成的工程。

㉘提供标高、定位的基本点和线给暂估价的专业分包工程分包人。

㉙浇筑混凝土前，须主动与暂估价的专业分包工程分包人联系以明确预留配件、预埋套筒、管子槽、孔洞、标眼等的位置，并给予暂估价的专业分包工程分包人足够的时间去放置电缆、电线管、其他管道、预留配件等。孔洞等之附加钢筋亦须承包人负责，此等钢筋将不会分开量度，而是被视为已包括在合同价款内。

㉚预留管子槽、孔洞、标眼等，预埋套筒，使用后予以填充密封，并在包围电线、电缆、管道的缝隙以适当的胶泥填充；穿过混凝土结构之预埋套管内外空隙的填充须达到有关的消防要求。

㉛以水泥砂浆填实设备、框架与建筑结构之间的缝隙空间。

㉜为外露的电线、管道批灰、上油漆。

㉝进行一般的修补工作。

㉞为分包人无偿提供工程需要的工程水电费，但分包人必须接受承包人的管理，不得浪费。

(6)承包人应与暂估价的专业分包工程分包人进行及时的联系协调，了解他们关于上述第(5)条中列明的有关设施、条件的详细需要，在适当时候配合和提供。

(7)承包人应负责工程的整体进度，并积极主动地了解暂估价的专业分包工程分包人的工程细则，尤其是影响合同文件履行的有关项目，主动地要求暂估价的专业分包工程分包人提供施工程序及时间表，对不同单位施工呈矛盾的地方做出协调，主动地找出解决办法。

(8)承包人未履行第 8.1.10 条中约定的义务，而给发包人带来任何工期、费用或工程质量上的损失，均应负责赔偿。如果发包人自行完成或另请他人完成了该等配合工作，则发包人有权将有关费用从合同价款中扣除。

如果承包人与暂估价的专业分包工程分包人在施工配合的工序、优先使用设备权等方面发生争议，则该等争议由监理人代表负责全权解释和解决，承包人应当服从监理人代表的指令。

(9) 暂估价的专业分包工程分包人将被要求制作自己的竣工图和整理自己的竣工资料，承

包人应要求专业分包工程分包人的竣工资料随工程进度逐步提交给承包人，由承包人统一汇总整理和装订。

承包人需要 为本工程的暂估价的材料和工程设备供应商提供相应的管理、协调、配合、服务工作，具体要求包括：

(1)承包人有义务对暂估价的材料和工程设备供应商进行全面的组织、管理与协调，因管理不力造成的施工进度、所供应的材料和工程设备的任何质量问题所产生的经济损失，承包人与暂估价的材料和工程设备供应商就相应材料和工程设备对发包人承担连带负责。

(2)承包人因拖欠暂估价的材料和工程设备供应商供货费用而发生的债务纠纷，由承包人自行解决，发包人不承担任何责任。

(3)承包人未履行第 8.1.10 条中约定的任何义务，而给发包人带来任何工期、费用或工程质量上的损失，均应负责赔偿。如果发包人自行完成或另请他人完成了该等配合工作，则发包人有权将有关费用从合同价款中扣除。

承包人需要 为本工程的发包人发包专业工程承包人提供相应的管理、协调、配合、服务工作，具体要求如下。

承包人应将发包人发包专业工程承包人的进度工期纳入总承包工期进度管理中，作为总包管理内容之一，并按照施工总控进度计划向发包人发包专业工程承包人及时提供进场条件和运输条件，统筹安排发包人发包专业工程承包人的生产、生活临时设施，具体工作为：

①提供承包人在工地内现成的爬梯、脚手架等供共同使用。

②于工地内提供足够及合理并符合发包人要求标准的卫生设施供各发包人发包专业工程承包人共同使用，并负责定时清理和保养直至不再需要时拆除。

③提供办公场地及材料堆放场地。提供承包人在工地内现成的办公室、辅助设施予发包人发包专业工程承包人在互不妨碍的情况下使用，或在工地上或建造中的建筑物内提供地方予发包人发包专业工程承包人架设自己的办公室、辅助设施及临时周转场地。

④提供垂直运输条件、工作空间。

⑤提供工地上通路供共同使用，并提供施工场地：清除发包人发包专业工程承包人施工界面内的障碍，为他们提供所需的工作面。

⑥负责现场安全防护设施的搭建和拆除。

⑦负责现场的安全保卫。

⑧提供临时施工用水至各楼层，施工用电至二级层配电箱。

⑨在公共区，如楼梯间、井道等处设置照明装置。

⑩承包人可指示发包人发包专业工程承包人将垃圾运至现场指定位置，由承包人统一运离工地。

⑪由发包人发包专业工程承包人完成的工程验收完毕并移交承包人后，由承包人统一负责成品保护工作。

⑫提供现场经纬、水准测量点网、50 线及洞口中线，对所提供数据的准确性负责。

⑬根据分包设计图纸，配合发包人发包专业工程承包人进行已有洞口、线槽等位置的纠偏，费用由责任方承担。

⑭对发包人发包专业工程承包人负责的工程施工后的留洞、凹口、凹槽等进行填补、灌浆、修整及装潢以达到有关规范要求的标准。

⑮技术标准和要求中注明由承包人提供的其他工作。

⑯提供发包人发包专业工程承包人负责的工程所需的、可充分保障施工场地内安全的围网、围板等。

⑰对工地红线范围内作全面的看管以防盗窃及破坏,包括对工地内发包人发包专业工程承包人的物料和工程进行看管。
⑱在工程进行期间提供足够临时照明及电力和试验所需负荷;承包人须提供足够及合理的接驳点供各发包人发包专业工程承包人使用,并提供电梯及机电设备等调试所需的电力;在有需要时提供临时发电机组。
⑲在工程进行期间提供足够的临时用水;承包人须提供足够及合理的接驳点供各发包人发包专业工程承包人使用,并保证冬季正常供水,不会结冰。
⑳对发包人发包专业工程承包人已完成的工程做出保护以防损坏,包括做出防水、防风、防雨的措施。
㉑在发包人发包专业工程承包人负责的工程实施过程中,如出现水电超标、脚手架使用、垂直运输机械使用等纠纷,承包人自行与发包人发包专业工程承包人协商解决。
㉒提供工地上现成的装置及机械如塔吊、人货两用梯等给发包人发包专业工程承包人作卸货及水平及垂直的运输用。
㉓清理发包人发包专业工程承包人负责的工程中产生的垃圾和废料。
㉔工程整体完成时,进行全面的清理,包括清洁所有发包人发包专业工程承包人已完成的工程。
㉕提供标高、定位的基本点和线给发包人发包专业工程承包人。
㉖浇筑混凝土前,须主动与发包人发包专业工程承包人联系以明确预留配件、预埋套管、管子槽、孔洞、标眼等的位置,并给予发包人发包专业工程承包人足够的时间去放置电缆、电线管、其他管道、预留配件等。孔洞等之附加钢筋亦须承包人负责,此等钢筋将不会分开量度,而是被视为已包括在合同价款内。
㉗预留管子槽、孔洞、标眼等,预埋套管,使用后予以填充密封,并在包围电线、电缆、管道的缝隙以适当的胶泥填充;穿过混凝土结构之预埋套管内外空隙的填充须达到有关的消防要求。
㉘以水泥砂浆填实设备、框架与建筑结构之间的缝隙空间。
㉙为外露的电线、管道批灰、上油漆。
㉚进行一般的修补工作。
(6)承包人应与发包人发包专业工程承包人进行及时的联系协调,了解他们关于上述第(5)条中列明的有关设施、条件的详细需要,在适当时候配合和提供。
(7)承包人应负责工程的整体进度,并积极主动地了解发包人发包专业工程承包人的工程细则,尤其是影响合同文件履行的有关项目,主动地要求发包人发包专业工程承包人提供施工程序及时间表,对不同单位施工呈矛盾的地方做出协调,主动地找出解决办法。
(8)承包人未履行第8.1.10条中约定的义务,而给发包人带来任何工期、费用或工程质量上的损失,均应负责赔偿。如果发包人自行完成或另请他人完成了该等配合工作,则发包人有权将有关费用从合同价款中扣除。
如果承包人与发包人发包专业工程承包人在施工配合的工序、优先使用设备权等方面发生争议,则该等争议由监理人代表负责全权解释和解决,承包人应当服从监理人代表的指令。
承包人需要 为本工程的发包人供应材料和工程设备供应商提供相应的管理、协调、配合、服务工作,具体要求包括:
承包人有义务对发包人供应材料和工程设备供应商提供合理的现场材料和工程设备存放地点,并负责卸货后的存贮和保护工作。

8.1.16　工程维护和照管

通用部分本款的最后增加以下文字：

在上述承包人负责保管期间内，如发生需其保管的任何工程（包括整体或部分）或任何待用的材料或设备发生损失或损坏，除系因合同条款第42条约定的不可抗力而造成的之外，均应由承包人自担费用负责修复、弥补或更换，以使全部工程、材料、设备在各方面达到合同文件中约定的质量标准，并达到使发包人满意的程度。不可抗力导致的损失或损坏按合同条款第42条的相关约定处理。

8.1.18　其他义务：

(1)承包人应采取措施使工程免受损坏或受恶劣天气的影响。承包人应负责对工地内的施工机械、工具以及未使用或安装的材料/设备和成品进行充分、有效的保护。承包人的工程已经完成并经过发包人和监理人的中间验收及发包人同意接受后，该等已完成的工程仍由承包人负责临时保管。工程完成后，承包人应自行将工地及其负责的全部工程清洁妥当。

(2)发包人协调处理施工场地周围地下管线和邻近建筑物、构筑物（含文物保护建筑）、发包人指定保护的树木保护工作，但承包人应提出具体保护措施方案，由发包人征得当地主管部门同意后，承包人负责实施，所需费用由承包人支付。如保护树木毁损、死亡而致使发包人遭受行政处罚或其他经济损失，则由承包人承担赔偿责任。

承包人须保护与工程有关的所有公共财产、道路、公共设施、邻近财产、现存管线等，并承担修复上述财产、设施或管线上因其原因而造成的损坏所需的一切费用。

施工中发现影响施工的地下障碍物时，承包人应于24小时内以书面形式通知监理人代表，同时提出妥善的处置方案，监理人代表收到处置方案后24小时予以认可或提出修正方案。因承包人的过失而产生的清理渠道、管道、修筑路面的费用，均应由承包人承担。若相关方向发包人征收上述费用，则发包人在承担后有权自应付给承包人的合同价款中予以全额扣除。

(3)承包人应采取一切必需的步骤来减低尘埃和噪声的干扰。承包人在工程中使用的风动钻机应装配消声器，压缩机应性能良好且尽可能低音地运转；上述两项机械应安置在尽可能远离邻近房屋的地方。

(4)承包人应采取必要的措施，负责解决与工程有关的任何扰民或民扰问题。承包人必须遵照国家或北京市的有关规定，避免或减少由于施工造成的噪声、空气污染而带来的扰民及民扰影响以及施工带来的对日常行人使用道路的干扰。承包人负责协调周围居民及有关单位的关系，以免造成窝工、停工、延误工期的现象。

如承包人在北京市有关规定中所允许的施工时间以外进行施工，因此而发生噪声、空气污染等扰民事故索赔、额外费用、工期延误等，均由承包人自行承担。

(5)如按照合同文件的约定需要发包人提供图纸、材料、配合、审批等文件的，则承包人必须提前（保证发包人有充足的调查、核实、考察、内部审批时间）向发包人发出书面通知，在书面通知中指明需要发包人办理的事项以及依据。承包人未发出书面通知，因此造成工程及工作延误引起损失的，由承包人承担。

发包人的任何批准、不批准或修改建议都不会减轻或免除承包人按合同文件或法律应承担的责任。

(6)以上各项工作所需费用已包含在合同价款中。

8.2　承包人代表

8.2.1　承包人代表姓名：

身份证号码：____

通用部分本款的最后增加以下文字：

(1)在整个合同文件履行期间内，本工程项目经理即为承包人代表。处理与工程有关的一切问题。承包人代表应当接受和服从发包人的指示。发包人给予承包人代表的任何指示将被视为有效地给予了承包人。

(2)承包人依据合同发出的通知，以书面形式由承包人代表签字后送交监理人代表及发包人代表，并在监理人代表及发包人代表于回执上签署姓名和收到时间后生效。

10. 监理人

通用部分本款的最后增加以下文字：

(8)发包人与监理人签订的监理合同。

10.2 监理人代表

10.2.1 监理人代表姓名：

10.3 监理人代表的权力委托

通用部分本款的最后增加以下文字：

补 10.3.4 对监理人代表的委派和撤回均应在事先征得发包人同意后，提前 7 个日历天以书面形式通知承包人。委派书和撤回通知作为本合同附件。

10.4 通用部分本款的最后增加以下文字：

10.4.3 监理人代表或发包人代表的指令或通知应以书面形式做出，由其本人签字后，送交给承包人代表。上述任何指令或通知在送达承包人代表时即生效。确有必要时，监理人代表或发包人代表可以简易便条形式发出临时指令，并可以在 24 小时内给予承包人书面确认，承包人对监理人代表或发包人代表的上述临时指令应予执行。如监理人代表或发包人代表未在上述 24 小时的期限内给予书面确认的，承包人应于监理人代表或发包人代表发出临时指令后 3 个日历天内向监理人代表提出书面确认要求。监理人代表或发包人代表在收到承包人提出的上述书面确认要求后 24 小时内不予答复的，视为临时指令已被正式确认。

10.4.4 承包人认为监理人代表或发包人代表的指令不合理，应在收到指令后 24 小时内向监理人代表或发包人代表提出修改指令的书面报告，监理人代表或发包人代表在收到承包人报告后 24 小时内做出修改指令或继续执行原指令的决定，并以书面形式通知承包人。紧急情况下，监理人代表或发包人代表要求承包人立即执行的指令或承包人虽有异议，但监理人代表或发包人代表决定仍继续执行的指令，承包人应予执行。

10.4.5 监理人代表或发包人代表应按合同文件约定，及时向承包人提供所需指令、批准并履行约定的其他义务。

10.4.6 无论承包人是否同意监理人代表或发包人代表发出的任何指令、通知或发包人向承包人发出的任何书面文件，承包人代表都应当签收该等文件，并给予发包人或监理人代表回执。如承包人代表拒绝签收，则监理人代表或发包人代表的指令、通知或发包人向承包人发出的任何书面文件可采用留置承包人代表办公室、传真予承包人代表或挂号邮寄给承包人代表这三种办法中的一种送达给承包人代表，相应的留置照片、传真报告或挂号邮寄凭证可作为回执。

承包人代表应将其收到的全部监理人代表或发包人代表的指令写在专门的指令记录日记中，并即日取得监理人代表或发包人代表在有关记录上签名。承包人应允许发包人、监理人代表或获得其授权的代表在任何合理的时间查阅上述监理人代表指令记录日记。

10.4.7 承包人认为监理人代表或发包人代表的指令需进一步解释的，应立即向该指示发出人要求解释，该指示发出人应当予以解释。承包人认为监理人代表或发包人代表的指令存在不一致或冲突的，应立即向发包人要求解释，发包人应当予以解释。

承包人获得对监理人代表或发包人代表的指令的解释后，应立即开始执行解释后的监理人代表或发包人代表的指令。承包人请求解释和监理人代表及发包人对其指令的解释均应以书面形式进行。

11. 现场

11.3 现场管理

11.3.5 发包人对承包人现场管理的其他要求：对施工场地周围的古树名木进行保护，费用由承包人支付。

12. 施工组织设计

12.1 施工组织设计

12.1.1 通用部分本款修改为以下文字：

针对承包人在投标过程中已向发包人提交的施工组织设计，在合同文件签署且发包人向承包人提供了正式的施工图图纸后7个日历天内，承包人应编制完成并向发包人提交5份详细的施工组织设计（仍应按照招标文件中要求进行编制）。发包人应在收到上述全部详细的施工组织设计之日起7个日历天内予以确认。

在合同文件签署后，发包人有权随时以书面方式要求承包人结合工程进展情况及突发情况（如有）对其施工组织设计进行相应的优化、修改或补充工作。承包人则应按发包人要求优化、修改或补充其施工组织设计的内容，并在发包人上述书面要求送达承包人之日起3个日历天内将优化、修改或补充完毕施工组织设计一式五份提交给发包人。如承包人认为发包人对施工组织设计提出的修改或补充要求将会影响工期，则其应将其意见以书面方式向发包人予以说明；发包人对承包人提出的书面意见给予认真考虑，但是否接受承包人的工期主张由发包人决定。

承包人在其向发包人提交的施工组织设计中应包含工程质量保障体系说明，对承包人、各暂估价的专业分包工程分包人、暂估价的材料和工程设备供应商、发包人发包专业工程承包人、发包人供应材料和工程设备供应商等有关单位在施工作业中的质量保障系统和工作程序做出界定，并对上述单位与发包人、设计人、监理人等参与工程建设的机构之间建立的质量保障系统和工作程序做出明确界定，还应确定工程缺陷的审核程序。

承包人提交的工程质量保障体系说明应达到足够详细程度，足以使每一工作细节的责任归属能够按该体系做出界定，并按发包人的意见进行修改。

发包人审查和建议修改承包人提出的工程质量保障体系说明不能够减轻或免除任何承包人依据合同文件或法律对工程应负的质量责任。

13. 进度计划

13.2 进度计划的修订

通用部分本款的最后增加以下文字：

为了维持工程进度及在需要时修改施工进度计划表，承包人应在其本身或暂估价的专业分包工程分包人、暂估价的材料和工程设备供应商、发包人发包专业工程承包人、发包人供应材料和工程设备供应商的工程或物料有延误迹象时，及时以书面方式通知发包人。

13.4 进度报告

13.4.2 进度报告的格式和内容应当获得监理人的同意，内容可包括：

(8)其他要求：承包人提交的工程进度计划应包括对其他承包人的进度安排，并提交总体进度计划的网络图；每月25日上报当月进度报告的同时，应提交下月工程进度计划表；每周工程例会上报下周工程进度计划表。

14.　合同工期

14.1　通用部分本款最后增加以下文字：

承包人作为在北京市地区长期从事类似工程施工的专业单位，应当对工期内可能出现不利于施工的各种自然及社会因素（不可抗力以外的降雨、大风、沙尘暴及国家庆典、外交来访、高考期间的施工管制、召开“两会”期间的施工管制、交通管制等）做出充分的预见，并制订周密的施工方案及合法的对策。合同双方确认，工期和合同价款均不会因上述因素的出现而做出任何变更。

14.2　各区段工期：

2012 年 8 月 25 日前应当完成全部外立面装修、室内门厅的装修，以确保学校校庆庆典形象进度的需要。

17.　工期延误

17.1　非承包人造成的工期延误

17.1.1　(6)其他允许延长工期的情况：无

17.1.2　通用部分本款内容修改为以下文字：

承包人为了获准上述的延长工期，除非合同文件另有约定，必须在任何一种情形发生后 7 个日历天内，就延误的工期以书面形式向发包人提出报告。发包人可以在收到上述书面报告后 7 个日历天内以书面形式对此予以批准、不批准或提出修改延长工期时间的要求。发包人和承包人双方对工期是否延长及工期延长的具体时间存在争议的，按第 43 条的约定处理。

除发包人代表外，任何个人无权签署有关发包人同意工期延长的文件。

17.3　工期延误的违约处理

17.3.1　误期违约金额度：工期每延误一天，承包人应当向发包人赔偿人民币工程结算造价的 0.2‰ 元/天整，不足一天按一天计。

误期违约金的最高限额：不超过工程结算造价的 3%。

18.　竣工日期及提前竣工

18.2　提前竣工

发包人和承包人约定提前竣工并给予奖励的，奖励的金额为：/

19.　工程质量

19.2　创优目标

本工程的质量创优目标及相关约定：

确保竣工长城杯金奖，争创鲁班奖，所需费用已包括在合同价格中，若最终取得了鲁班奖，发包人将奖励承包人 400 万元，若最终未取得鲁班奖，承包人应当支付违约金 400 万元。

19.3　通用部分本款的最后增加以下条款：

19.3.1　保证本工程的质量达到本合同约定的质量等级是承包人的合同责任和义务，如承包人不能达到该质量等级，除无偿返修直至达到约定的质量等级外，还应当向发包人支付合同文件约定的相应额度的质量违约金，质量违约金总额不应超过合同文件约定的质量违约金的最高限额。

质量违约金最高限额：合同价款的百分之三（不含因质量违约而产生的误期违约金）。

通用部分本款的最后增加以下条款：

19.3.2　质量违约金将从按合同应付或将会支付给承包人的款项中扣除，或作为债项向承包人追讨。

如发包人和承包人对工程缺陷的产生原因有争议，由双方共同认可的工程质量检测机构鉴定。如双方对工程质量检测机构的选定无法达成一致,则应按照第43条的约定解决。

19.3.3 如在施工过程中出现归责于承包人的质量事故,承包人除自费进行修复或返工重做外,凡属按有关规定须经由设计单位出具书面意见或出补救方案才能进行修复的,视情节轻重和造成的后果与影响,每发生一次承包人应向发包人支付人民币1万元至8万元的质量违约金,在当期合同价款中扣除;如质量违约金不足以弥补由此给发包人带来的全部实际经济损失,发包人有权利向承包人追偿差额。

20. 材料和工程设备检验

20.4 检验费用

20.4.1 其他监测和试验项目的委托和费用承担方式为:(1)施工过程中的正常检测检验费用已包括在承包人的合同价中;(2)如发包方有特殊要求,以实际发生为准,费用由发包人承担,若检验结果表明材料、工程设备或操作工艺不符合合同文件约定,则检测费由承包人承担。

22 样品

22.4 样品保管

通用条款第22.4.4款后增加如下内容:

承包人应将经发包人或监理人代表认可的样本或样品保存在工地,或发包人指定的地点,作为以后验收工程的标准。

23. 安全防护与文明施工

23.3 文明施工

23.3.3 通用部分本款最后增加以下文字:

由于承包人违反相关规定而导致的一切处罚、赔偿,全部由承包人承担。

23.4 环境保护

23.4.1 通用部分本款“并不解除”修改为“并不减轻或解除”。

23.6 事故处理

23.6.3 通用部分本款最后增加以下文字:

对于承包人违反安全防护、文明施工相关规定而导致的人员伤亡、财产损失事故,由承包人承担一切责任。

通用部分本款的最后增加以下条款:

23.6.4 发生安全事故后,承包人应先行垫付救援、诊治、排险、恢复正常状态所需的一切费用。责任确定后,再由责任者承担。

23.6.5 承包人无权就工地上发生的任何安全事故向发包人以外的单位发表任何意见或看法。如有争议,按专用条款第43条的约定处理。

24. 暂估价的专业分包工程

24.1 暂估价的专业分包工程分包人的确定

24.1.3 本款内容变更如下:

技术标准和要求中确定的暂估价的专业分包工程由发包人和承包人采用联合招标或共同比选的方式确定专业分包人。

如果相关专业分包人根据法律、法规、规章、规范性文件及发包人内部要求等必须通过招标而确定,则发包人将与承包人以联合招标的方式确定专业分包人。联合招标由发包人委托代理公司,招标代理服务费由发包人承担。联合招标的招标文件应当由发包人与承包人双方共同起草,联合招标应分别确定各专业分包的合同价格、专业分包人的权力和责任、专业分包人的违约责任、专业分包工程款的支付方式、专业分包人与承包人签订专业分包合同的前提以及承包人对专业分包人的选定予以否决的条件、专业分包人的保修责任等。具体

按下述约定联合招标的方式确定专业分包人。

(1)在任何暂估价的专业分包工程招标工作启动前,承包人应当在招标前五个月编制招标工作计划并直接报送发包人审批,招标工作计划应当包括拟招标分包工程的名称、合同暂估价、要求进场时间以及招标工作的时间安排。发包人应当在收到承包人报送的招标工作计划后28天内对拟采用的招标方式、拟采用的资格审查方式、招标文件的主要内容(包括对投标人的资格条件要求、图纸及相关技术标准和要求、评标标准和方法、评标委员会组成)、是否编制(如编制时,招标控制价或拦标价的编制原则)予以确定并通知承包人,之后由招标代理公司编制相关文件。其中,评标委员会由发包人负责组建。

(2)发出招标公告(或者资格预审公告或者投标邀请书)、资格预审文件和招标文件,双方应对相关文件共同审定,并提出修改意见。其中与功能要求、技术标准和造价有关的因素须经过发包人的认可,管理、工期、质量和安全等的要求须经过承包人的认可,分包工程与总承包工程或其他专业工程的界面接口须经过双方的认可。

(3)专业分包工程招标不论采用何种形式,承包人均应遵守本合同文件中有关专业分包工程的各项条款,尤其是有关承包人对于专业分包人的管理、服务、配合和协调的义务和责任。

(4)承包人违背本项上述约定的,发包人有权拒绝对相关专业分包工程进行验收和拨付相应货款,所造成的损失和工期延误由承包人承担。发包人违反本项上述约定的,所造成的损失和工期延误由发包人承担。

(5)如果发包人和承包人的意见不能达成一致,以发包人的最终意见为准。

(6)暂估价专业分包单位的选择,应符合发包人制订的招投标管理办法及相关规定,不管该办法和规定是招标前制订的还是招标后制订的,承包人必须无条件接受(包括暂估价招标的主体、文件审批的时间和流程、评委的组成、评标办法的设定、标底或招标控制价设定的方式等),但这种办法和规定不应违背国家的法律法规。

24.1.4 如果相关暂估价的专业工程分包人根据法律、法规、规章及规范性文件的要求不属于依法必须招标的范围或未达到招标规模时,则发包人和承包人共同确定暂估价的专业分包工程分包人的方式及程序:

(1)发包人和承包人根据工程实际确定分包人应达到的资质、条件及分包范围,起草招标文件、技术要求和分包合同的主要条款;

(2)发包人和承包人分别推荐符合要求的分包人;

(3)发包人和承包人共同对各分包人进行考察,必要时应有监理人、设计人参加;

(4)由发包人负责组成,由承包人参与的评审小组共同与各分包人进行谈判,并根据工程报价、企业信誉、工程业绩、考察情况以及工程实际等因素确定最终的分包人;

(5)分包人确定后,承包人应向发包人报送用于正式签订的合同文件,经发包人审核后,由承包人与分包人签订正式分包合同。合同订立后3天内,承包人应当将合同副本分别报送发包人及监理人留存;

(6)如果发包人和承包人的意见不能达成一致,以发包人的最终意见为准。

(7)暂估价专业分包单位的选择,应符合发包人制订的招投标管理办法及相关规定,不管该办法和规定是招标前制订的还是招标后制订的,承包人必须无条件接受(包括暂估价招标的主体、文件审批的时间和流程、评委的组成、评标办法的设定、标底或招标控制价设定的方式等),但这种办法和规定不应违背国家的法律法规。

24.1.5 未经发包人的书面批准,承包人不得将本工程的全部或任何部分进行分包或转包。承包人须亲自组织并完成施工。未经发包人批准的分包无效,发包人有权直接采取措施将未经其批准的分包人逐出施工现场。因此造成的一切损失和产生的责任均由承包人承担。如果发包人认为情况严重,可以立即解除本合同,并要求承包人移交工程。

24.2 暂估价的专业分包工程款支付

通用部分本款的最后增加以下条款:

24.2.5 无论发包人对工程的分包是否认可,如果发包人认为承包人对工程进行了分包(包括劳务分包),则在发包人根据本合同支付合同价款之前,承包人必须提供其已经按照与分包人的约定支付了工程款的证明,否则发包人有权不支付合同价款并不承担任何责任。同时,发包人有权在承包人未按约定支付分包人工程款并可能对本工程或发包人形成不利影响时,直接向分包人支付工程款(无论多于或少于承包人应付的数目),并从相应应支付给承包人的款项中扣除。发包人直接向分包人支付价款的行为不代表对分包的认可。

24.2.6 在发包人根据本合同支付合同价款之前,承包人和其分包人(无论分包是否经发包人同意)必须提供已按国家规定和劳动合同约定向其职员和劳务工人支付了工资的证明,否则发包人有权不支付价款并不承担任何责任。同时,发包人也有权在承包人和其分包人未支付工资并可能对本工程或发包人形成不利影响时,直接代付工资(无论多于或少于承包人和其分包人应付的数目),并从相应应支付给承包人的款项中扣除。

24.2.7 承包人约定的支付劳务分包单位工程款的进度不得与合同条件中约定的发包人与承包人确定的合同价款支付进度有较大差异。

25. 材料和工程设备的采购与供应

25.2 暂估价的材料和工程设备

25.2.2 如果相关暂估价的材料和工程设备根据国家及北京市法律、法规、规章、规范性文件及发包人内部要求应当通过招标进行采购,则应当由承包人作为招标人,由发包人和承包人按下述约定共同组织招标确定暂估价的材料和工程设备供应商:

(1)承包人向发包人报送招标计划的时间:<u>　/　</u>

发包人对招标计划的批准或者提出修改意见的时间:<u>　/　</u>

(2)承包人向发包人报送相关文件的时间:<u>　/　</u>

发包人对相关文件提出修改意见的时间:<u>　/　</u>

承包人按照发包人的修改意见修改完成相应文件后报送发包人批准的时间:<u>　/　</u>

(3)承包人向发包人报送的用于正式签订的合同文件的时间:<u>　/　</u>

发包人对承包人报送的用于正式签订的合同文件提出修改意见的时间:<u>　/　</u>

是否采用联合招标的方式确定暂估价的材料和工程设备供应商:<u>本工程在采用招标形式选择专项供应商时,不采用上述由承包人作为招标人的方式,而采用下述联合招标招标方式:</u>

如果约定采用联合招标的方式确定供货商,则由发包人委托代理公司,按下述约定采用联合招标的方式确定供货商:

(1)在任何暂估价的材料和工程设备招标工作启动前,承包人应当在招标前5月编制招标工作计划并直接报送发包人审批,招标工作计划应当包括拟招标采购的材料和设备的名称、规格、数量、技术参数、要求进场时间以及招标工作的时间安排。发包人应当在收到承包人报送的招标工作计划后14天内对拟采用的招标方式、拟采用的资格审查方式、招标文件的主要内容(包括对投标人的资格条件要求、材料设备的技术参数、供货时间、评标标准和方法、评标委员会组成)、是否编制招标控制价或拦标价(如编制时,招标控制价或拦标价的编制原则)予以确定并通知承包人,之后由招标代理公司编制相关文件。其中,评标委员会由发包人负责组建。

(2)发出招标公告(或者资格预审公告或者投标邀请书)、资格预审文件和招标文件前7

天，双方应对相关文件共同审定，并在3日内提出修改意见。其中，发包人对价格及品质进行认定，承包人侧重于工期、质量和安全的认定。

(3)材料和工程设备中标人确定后，由双方与材料和工程设备的中标人签订三方合同。

(4)暂估价的材料和工程设备采购招标不论采用何种形式，承包人均应遵守本合同文件中有关暂估价的材料和工程设备的各项条款，尤其是有关承包人对于供应商的管理、服务、配合和协调的义务和责任。

(5)承包人违背本项上述约定的，发包人有权拒绝对相关暂估价的材料和工程设备进行验收和拨付相应货款，所造成的损失和工期延误由承包人承担。发包人违反本项上述约定的，所造成的损失和工期延误由发包人承担。

(6) 暂估价的专项供应商的选择，应符合发包人制订的招投标管理办法及相关规定，不管该办法和规定是招标前制订的还是招标后制订的，承包人必须无条件接受(包括暂估价招标的主体、文件审批的时间和流程、评委的组成、评标办法的设定、标底或招标控制价设定的方式等)，但这种办法和规定不应违背国家的法律法规。

25.3　承包人自行采购材料和工程设备

通用部分本款的最后增加以下条款：

25.3.5　如发包人对本工程中的任何材料或设备有特殊要求，则其应于施工前30个日历天或材料采购前30个日历天之前书面通知承包人。

25.3.6　承包人应清楚了解其所用材料、设备及其供货单位的有关资料，并将相关要求在其提供给发包人的质量保证体系中写明。前述相关要求包括：供货单位的法人营业执照、经营范围、任何关于专营权和特许权的批准、经济实力、履约信用及信誉、履约能力；对物料的品质保证应有专门的条款规定，承包人要对如下例如检验、出厂、原产地证明、环保监测、各种合格证、许可证、图纸、检验、试验、检测报告、维修责任和保修责任的承诺、保修期等各种方面的情况有清晰的了解，且应确保文档齐备，以证明承包人对其进行了了解和检查并便于发包人或监理人代表进行审查。

承包人应赔偿因其未清楚了解其所用材料、设备及其供货单位的有关资料而给发包人造成的损失。

25.3.7　与工程有关的一切材料、工程设备的所有损耗、遗失已包含在合同价款内。

25.3.8　承包人应为检查、测量和检验任何承包人(含承包人、暂估价的专业分包工程分包人、发包人发包专业工程承包人等)提供的材料或工程设备提供通常需要的协助、劳务和电力。

25.3.9　本工程应用的材料、工程设备、工艺及工程的检测范围由发包人代表及监理人代表指定。以上检测均由发包人与承包人共同确定具有相应资质且中立的实验室(中立实验室指除承包人公司系统内部和有隶属关系的实验室外，其他具备从事检测工作资质的实验室)进行工程相关的检测和试验；委托实验室的合同由发包人、承包人和有关实验室三方共同签订。未达到合同文件中要求的质量标准的材料、工程设备、工艺不得使用。未经发包人代表及监理人代表同意的实验室所做出的结果将不被监理人代表认可。

试验报告和检测报告应同时送发包人、承包人、监理人代表各一份，其中，发送给发包人的检验结果应当是原件。承包人应当明确要求实验室出具的试验报告和检测报告应同时有二份原件。

有关材料见证取样、取样、送检、取回结果的程序由承包人在其施工质量保证体系说明中写明，并报监理人代表批准。该程序应当完全符合《房屋建筑工程和市政基础设施工程实行见证取样和送检的规定》中的规定。未按经发包人代表及监理人代表批准的程序得出的结果将不被发包人及监理人代表认可。如果发包人及监理人代表认为承包人有关材料取样、送检、取回结果的程序不符合要求,可以自行指定专人另行送检,所发生的费用由承包人承担。

检验或试验费用由承包人承担,且已包含在合同价款中。检验或试验费用由发包人直接付给承担任务的实验室,然后从应付承包人的合同价款中相应扣除。检验或试验费用应当是市场通行的价格,而不应该明显过高或过低。

25.3.10　由承包人负责采购的材料、设备应符合绿色环保的要求。采购程序应遵守国家和北京市的有关规定及发包人对工程的具体要求。

25.4　进口材料和工程设备

25.4.5　其他约定:无。

通用部分本条最后增加以下条款:

25.5　材料和工程设备的存放及保管

25.5.1　已经送抵工地的材料和工程设备,承包人不能擅自取走。发包人已经支付了款项的材料的所有权归发包人,但承包人仍需对它们的遗失或损坏负全部责任。

25.5.2　承包人应存有足够供替换或紧急需要的零配件存货,相应的存放及保管费用由承包人自行承担。

30.　合同价款

30.2　合同价款

本合同采用的合同价款的约定方式为:　固定单价合同

除非合同文件另有约定,本工程的合同价款应当按照以下含义理解:

(1)原招标范围内的招标图纸最终结算清单工程量与招标时提供的清单工程量误差在±3%以内的清单项目,结算时按招标时工程量不作调整;超过3%以上的清单项目,只调整超出部分。变更调整的工程量仅对调整部分的工程量进行调整。

(2)合同文件约定的综合单价风险范围:不可抗力及发包人原因造成风险以外的风险,包括如下。

①《约定风险范围的主要材料及人工费用报价表》中的约定的材料、机械、人工的市场价格变化幅度在±6%(含)以内的,其综合单价不作调整;价格变动幅度的计算方法见本合同第30.3款(9)款的约定;

②在本合同履行期间,除《约定风险范围的主要材料及人工费用报价表》中的钢筋、预拌混凝土及人工费以外的材料、工程设备、施工设备等生产要素的价格波动,将不能作为合同价格的调整因素;

(3)合同文件约定的措施项目费、其他项目清单中的总承包服务费风险范围。

①可以计算工程量的以综合单价形式计价的措施项目的风险范围:仅对变更产生的措施项目工程量进行重新计量和调整,否则不得调整工程量和清单项目。

②以项为计量单位计价的措施项目费用固定包死。

③除合同条款第24.1.2项约定情况外,总承包服务费用费率不可调整。

(4)其他约定:

①对承包人超出设计图纸(含设计变更)范围和因承包人原因造成返工的工程量,发包人不予计量;

②本合同约定的其他情况。

30.3　合同价款的调整

本合同价款在下述因素影响下按下述约定予以调整。

(9)第30.2款约定的各项合同风险范围之外的风险引起的合同价款的调整方法:

①《约定风险范围的主要材料及人工费用报价表》中的约定的材料、机械、人工的市场价格变化幅度在±6%(不含)以外时,对合同价款的调整:
《约定风险范围的主要材料及人工费用报价表》中的约定的材料、工程机械的市场价格变化幅度在±6%(不含)以外时,超出部分的价差及相应税金由发包人承担或受益。
《约定风险范围的主要材料及人工费用报价表》中约定的人工费的市场价格变化幅度在±6%(不含)以外时,其价差全部由发包人承担或受益。
因发包人原因造成工期延误的,延误期间发生的价差及相应税金由发包人承担;因承包人原因造成工期延误的,延误期间发生的价差及相应税金由承包人承担。
企业管理费和利润的风险由投标人全部承担。
A.《约定风险范围的主要材料及人工费用报价表》的内容确认:
施工过程中,如发现《约定风险范围的主要材料及人工费用报价表》中所填内容存在不准确之处,发包人可做出有利于发包人的解释和决定,承包人应接受。
B.价格变动幅度的计算方法:
以本市建设工程造价管理机构发布的《北京工程造价信息》中的市场信息价格(以下简称造价信息价格)为依据,造价信息中有上、下限的,以下限为准,造价信息价格中没有的,按发包人、承包人共同确认的市场价格为准。当投标报价时的单价低于投标报价期对应的造价信息价格时,按施工期对应的造价信息价格与投标报价期对应的造价信息价格计算其变化幅度;当投标报价时的单价高于投标报价期对应的造价信息价格时,按施工期对应的造价信息价格与投标报价时的价格计算其变化幅度。
$P=(Cs-Ct)/Ct\times100\%$
其中:“P”为价格变化幅度
“Cs”为施工期造价信息价格
当投标报价时的单价低于投标报价期对应的造价信息价格时,“Ct”为投标期造价信息价格;当投标报价时的单价高于投标报价期对应的造价信息价格时,“Ct”为投标报价时的单价。
计算后的差价仅计取税金。
C.审批程序:
承包人应每月随进度报告提交《约定风险范围的主要材料费用报价表》中的约定的材料、工程设备当月所发生名称规格及数量及当期市场信息价格。
对上述文件的审批应与进度报告的审批同期进行。
价差及其相应税金随同期工程款的支付进行支付或扣减。
②总承包服务费引起的合同价款的调整:
A.根据本合同第24.1.2项约定,暂估价的专业分包工程在本合同中转变为承包人自行实施的工作时,与之对应的总包管理、协调、配合、服务费用应当在承包人的合同价款中相应扣除。
B.总包服务费按暂估价的专业分包工程、暂估价的材料和工程设备的结算价格(不含设备费)乘以中标费率进行调整。
(10)其他调整因素及方法:无。
暂估价的专业分包工程的价款调整
通用部分本款修改为以下内容:
暂估价的专业分包工程的整项暂估价应当按照第24.1款约定的方式确定的分包合同价款做出调整,但调整仅限于分包工程整项暂估价与实际分包工程合同价款的差额,不再调整

其他任何费用(包括税金和规费,因为规费和税金已含在原分包工程的整项暂估价中)。

31. 变更

31.4 承包人提出的合理化建议

31.4.3 在承包人的合理化建议为发包人带来额外经济效益的情况下,发包人和承包人分享此类经济效益的比例是:发包人享有该额外经济收益的90%,承包人享有该额外经济收益的10%。

32. 变更的计价

32.1 变更的计价

通用部分本款增加以下内容:

(4)追加项目的变更在计价时不计取风险系数。

通用部分本款的最后增加以下内容:

变更计价中涉及《约定风险范围的主要材料及人工费用报价表》中的约定的材料、工程设备、人工,按本合同第30.2款及第30.3款的相应约定执行。

32.2 变更计价的程序

32.2.2 重大变更工作所涉及合同价款变更报告和确认的时限为:变更工作确定后14天内,由承包人向监理人提出变更报告,监理人应当在7天内提出审核意见,发包人的审核时限应为监理人审核后14天内。

32.2.6 通用部分本款内容修改为以下文字:

除非合同文件另有约定,承包人不得以发包人和承包人之间未能就变更工作的计价达成一致而拒绝实施变更工作,也不得暂停或终止施工。

32.2.7 通用部分本款的最后增加以下条款:

变更合同价款报告必须连续编号,并由承包人代表签字,且每一份变更合同价款报告或设计变更指令都必须标明位置、尺寸和技术要求,确保工程量能够计算,否则无论发包人代表和监理人代表是否签署均为无效,结算时不考虑。

33. 支付

33.1 预付款

33.1.2 工程预付款额度:发包人按合同价款(不含暂定金额,安全防护、文明施工措施费)的10%向承包人预付工程款,此预付款含100%的农民工工伤保险的相关费用。

安全文明施工费额度:安全防护、文明施工措施费用总额的30%

33.1.3 工程预付款抵扣起始时间和抵扣方式:预付款扣减从确认的工程款(不含预付款、暂列金额)累计付至合同价款(不含暂定金额)的50%时开始,扣减率为每月发包人批复的进度款的50%,支付至合同价款(扣除暂列金额)70%前应将预付款抵扣完。

33.2 工程进度款

33.2.1 工程进度款的付款周期:按月度支付。

33.2.2 进度报告提交的时间及周期:第一份月度报告应在开工日期所在月历的25日提交,所包括的期间应从开工日期起至所在月历的20日止;此后的每份月报均应在当月25日之前提交,所包含的期间为从上月20日起至当月的20日止,直至工程完工并移交为止。

33.2.5 工程进度款支付:

除非合同文件另有约定,发包人在收到监理人按第33.2.4款提交的进度款付款单后,按照发包人确认的当期应当支付工程进度款,按照下述要求向承包人支付相应的工程进度款。

(1)工程进度款支付比例:当期应付工程进度款的80%;

工程进度款支付时限:在发包人收到监理人提交的进度款付款单,并确认无误后14天内支

付。

(2)当工程款累计付至合同价款(不含暂定金额,如有减项金额应扣除)的80%时停止支付。

33.3　措施项目价款及总承包服务费的支付

33.3.1　措施项目价款内所含的剩下的安全文明施工费及其他措施项目价款的支付方式为:

(1)随工程进度款支付,每月支付比例为5%

33.5　外汇和汇率

如果本合同(或部分)采用外币计价、支付和结算,则该外币与人民币之间汇率或确定该外币与人民币之间汇率的原则和方法:无。

34.　工程竣工

34.2　竣工验收

34.2.2　监理人提请发包人组织进行工程竣工验收的时间:监理人审查后认为达到竣工条件后3日内。

发包人组织工程竣工验收的时间:监理人提请发包人组织进行工程竣工验收后7日内。

34.2.3　监理人对承包人提交的竣工验收申请报告提出审查修改意见的时间:收到承包人提交的竣工验收申请报告3日内。

34.4　通过竣工验收

34.4.3　通用部分本款的最后增加以下条款:

承包人应配合发包人完成国家及北京市规定的与工程竣工有关的全部政府验收工作,包括消防、人防、规划、环保等方面的政府验收工作。承包人与发包人共同完成合同约定工程竣工备案程序所有必备文件。

34.6　竣工资料

承包人向发包人提交的其他资料:承包人应自行并敦促其他承包人(包括的有专业分包人)遵照《北京市建筑安装工程资料管理规程》,及时制作、整理有关本工程的真实可靠的资料、文件,并按规定进行归档、移交。因承包人未及时汇总、制作、整理、归档、移交有关本工程的资料、文件,或承包人制作、整理、归档、移交有关本工程的资料、文件不是真实、可靠的而给发包人造成任何损失,均应由承包人负责赔偿。

全部竣工资料(包括全套竣工图)的份数:包括所有专业分包工程在内的全套竣工资料叁套和竣工图电子光盘叁套(费用由承包人承担)。

35.　工程移交

35.1　承包人向发包人移交工程的时间:本工程按照第34.5款具备移交条件,承包人应在7天内向发包人移交工程,绝不能以尚未办理完成竣工结算为由拒绝移交工程。

36.　竣工结算

36.1　竣工结算报告

36.1.2　发包人应当在收到承包人提交的相关竣工结算报告和完整的竣工结算资料后的90天内提出单方审查意见。

通用部分本款最后增加以下文字:

竣工结算价款应以发包人审计部门审定并经发承包双方确认的金额为准,发包人审计部门也可以委托全过程审计单位进行审核,承包人必须接受并予以配合,未经过审计审定的结算价款,发包人有权拒绝支付。

36.1.6　其他约定:

(1)竣工图与现场不符的部分,发包人有权选择根据现场据实结算或按照竣工图结算。

(2)承包人应当审核专业分包工程的结算报告,施工界面不清的,按照专业分包合同及相应的竣工图结算。

(3)对于未施工工程在结算中全部扣减。未完成工程按照未完成的工作价值进行扣减,即:

①一个分部分项工程子目中未施工的,则全部扣减;

②部分施工的,则根据已完成并经验收合格的实际施工内容按照合理比例扣减。

(4)发包人要求承包人现场勘验未完工程或质量缺陷,承包人不参加、不确认的,发包人可与监理人自行完成现场勘验,发包人与监理人的决定视为最终结果。

(5)发包人收到承包人的竣工验收报告、竣工结算报告后,以任何方式提出异议的,包括要求承包人补充资料、口头或书面不同意的表示、质疑、要求召开协商的会议、要求签订与承包人提出的报告不一致的协议或备忘录等,均视为对承包人报告不认可。即使发包人在期限内未明示认可,不应被认为是认可了承包人的报告。

36.2 工程竣工价款结算

36.2.1 通用部分本款内容修改为以下文字:

在承包人书面确认了发包人审定的结算报告,协助发包人完成建设管理部门竣工备案手续和城建档案馆资料交档手续,并且承包人向发包人移交了全部竣工资料以及完成全部工程移交手续后的14天内,发包人将扣除合同约定的质量保证金外的全部结算款项支付给承包人。

36.3 质量保证金

质量保证金的额度、支付时间和方式:

质量保修金额度为结算价款总额的百分之五。

缺陷责任期满且质量缺陷修复完毕后一个月内,双方对质量保修金进行结算。结算时应扣除因承包人的质量缺陷给发包人造成的全部损失(包括给发包人及其建筑物使用人、第三方造成的财产、人身损害、雇佣其他施工单位修复所发生或所需要的费用等损失)。双方确认结算结果后7个日历天内,发包人支付剩余的质量保修金(应扣除防水工程价款的5%至防水保修期结束)。质量保修不足以偿付发包人损失的,发包人有权向承包人追偿差额。

37. 保修

37.2 保修期与缺陷责任期

37.2.1 本工程的缺陷责任期:24月。

37.3 保修费用

37.3.1 承包人在收到发包人要求修补的指令后,应在 3 天内自费开始进行修补。

40. 保险

40.3 通用部分本款第一段修改为:

发包人负责办理建筑工程一切险及第三者责任险,但承包人依据本合同所承担的责任及义务并不会因发包人办理保险及承包人是否已阅读及了解保单内容而减轻或免除。如果引起赔付的保险事故应当归责于承包人,则发包人从保险人获得赔付后仍有权追究承包人的责任或按照保险合同的约定将追偿权转移给保险人。

40.6 通用部分本款的最后增加以下条款:

承包人必须依据《北京市实施建设工程施工人员意外伤害保险办法(试行)》(京建法[2004]243号)的相关规定为承包人在施工现场的施工作业人员和工程管理人员以及由于可能遭受施工现场施工意外伤害的其他人员办理意外伤害保险,并应根据国家及北京市的法律法规及规范文件的要求为上述人员的生命财产和相关设施、施工机械设备办理保险并保证一旦这类设施设备等遭受损坏，保险人的赔付应能足够用于清运和现场重置，保险费用已包含在合同价款中，受益人为发包人。

40.7　承包人须在本工程开工之日起15个日历天内向发包人呈交通用条款第40.1条所述各种保险的保险单。

40.8　保险事故发生时，发包人和承包人均有责任尽力采取必要的措施，防止或者减少损失。所需费用按照本合同第23.6.4项约定执行。

承包人在采取前述避免、减少损失的必要措施后，应维持现场，等待与保险人和发包人共同进行查看。

40.9　承包人须对其任何职员、雇员、劳务人员、代理人的意外或伤亡负全责。承包人应保障发包人免受任何有关承包人此等人员因意外或伤亡而提出的索赔、要求、诉讼、成本、费用和支出。若发包人因此承担了责任，承包人应予以全额赔偿。

40.10　若承包人未按规定投保或维持合同条件中约定的保险，发包人可代为投保，并把已缴的保险费在应支付给承包人的合同价款中予以扣除。

40.11　若承包人未在本工程开工之日起20个日历天内向发包人呈交通用条款第40.1条规定的各种保险的保险单，发包人有权拒绝发放合同价款，同时承包人应每日按照人民币1万元的标准向发包人支付违约金。

41.　保证担保

41.1　预付款保证担保

41.1.1　发包人向承包人支付预付款时，发包人__要求__承包人同时提交预付款保证担保。

41.2　承包履约保证担保

41.2.1　发包人__不要求__承包人提交承包履约保证担保，要求承包人提交履约保证担保时，履约保证担保的金额为__/__。

41.2.2　承包履约保证担保有效期的截止时间为__/__。

41.2.4　其他约定：无。

41.3　工程款支付保证担保

41.3.2　工程款支付保证担保有效期的截止时间为__/__。

41.3.4　其他约定：无。

41.4　质量保证金保证担保

41.4.1　发包人__不要求__承包人提交质量保证金保证担保，要求承包人提交质量保证金保证担保时，保证金保证担保的期限为__/__。

41.5　相关约定

41.5.7　通用部分本款的最后增加以下条款：

工程建设保证担保执行京建法〔2006〕938号文件及京建法〔2008〕134号文件的规定。

41.5.8　承包人未按照该条约定提供预付款保函应承担的以下违约责任：

(1)如承包人未按照专用条款第41.1条的约定向发包人提供预付款保函，则发包人向承包人支付预付款的期限相应顺延。承包人除应尽快提供预付款保函外，还应按照本合同约定履行其各项义务。如承包人逾期30个日历天仍未向发包人提供预付款保函，则发包人有权书面通知承包人解除本合同；承包人应按照合同文件中合同价格的3%向发包人支付违约金。

42.　不可抗力

42.1.1　通用部分本款的最后增加以下条款：

(7)其他不应归责于发包人和承包人的原因造成的爆炸、火灾，且已使得整体工程或重要节点工程的施工无法继续进行；
(8)气温低于零下摄氏三十度：
(9)气温高于摄氏四十五度。

42.4 通用部分本款的相应内容做以下修改：
(2)承包人施工机械设备、材料的损坏由承包人承担。

43. 争议

43.1 争议解决方式

43.1.1 本工程的争议解决方式约定采用如下第(3)种方式：
(1)向北京仲裁委员会申请仲裁；
(2)向 / 仲裁委员会申请仲裁；
(3)向发包人住所地有管辖权的 人民法院起诉。

44. 专利权

44.2 通用部分本款的内容修改为以下文字：
合同价格内均已包括承包人按合同文件约定实施及完成本工程所涉及的任何专利物品、程序或发明的专利权使用费或其他知识产权许可使用费。

47. 保密
通用部分本款的最后增加以下内容：
承包人应对其获知的所有有关工程的图纸、资料、数据进行保密，所有对外沟通仅限对设计单位、监理人或发包人指定的其他单位，或发包人授权之宣传活动，又或政府人员依其职权审查工程施工的工作时进行的沟通。
合同文件无论因何种原因被解除，承包人应立即向发包人交还其持有的所有与本工程有关的资料、图纸、数据、电子文档、电脑程序或设备控制程序及密码，并保证在承包人停止执行工程后的任何时间都不使用、利用、告知他人任何与工程有关的资料、图纸、数据、电子文档、电脑程序或设备控制程序及密码。如因承包人未严格执行上述保密条款而导致发包人遭受任何损失或潜在损失，承包人均应负责全部赔偿。
除在诉讼或仲裁中向法庭或仲裁庭提供证据外，承包人不得在任何时间，在任何场合、向任何第三方议论、诽谤发包人，或向第三方透露有关发包人及本工程的任何信息。
承包人违反该条款，应当对发包人所受到或可能受到的损失，包括名誉损失，承担赔偿直接损失和间接损失、道歉、恢复名誉、消除影响和其他责任。

50. 合同效力及份数

50.2 合同份数
副本十四 份，发包人执十 份，承包人执四 份。

补充条款：

51 对合同文件的理解
承包人在正式提交投标文件以前，已经认真研究发包人提供的合同文件，对任何可能存在的疑问都已经得到发包人的澄清和解答，并对由合同文件所定义的承包人合同工作内容达到透彻和充分的理解，并已将这种理解全部反映到他的投标文件中。
如承包人发现合同文件之内或互相之间有任何不一致或冲突之处，或任何不合理之处，或者可能造成工程缺陷和损失的设计因素(指富有丰富经验的承包人应当发现的设计缺陷)和工程因素，应立即书面通知发包人；发包人应对此给予承包人指令。承包人同意发包人发出的上述类型的指令是对合同文件内不一致或冲突之处做出的合理解释。

52. 撤场

52.1　撤场

52.1.1　无论本合同因何种原因解除,如发包人指令承包人撤场,承包人必须撤场。

52.1.2　无论因何种原因承包人撤场的,承包人必须在撤场的同时向发包人或依发包人指令向后续施工单位移交其所掌握的全部有关本工程的资料,并妥善做好已完工程和已购材料、设备的保护和移交给后续施工单位的工作,按发包人要求的时间(但不少7个日历天)将自有机械设备和人员撤出施工场地,并配合发包人办理有关工程档案的归档手续或相关政府批准或备案手续。承包人承诺放弃其对本工程可能享有的建设工程优先受偿权;已完工程所对应的合同价款支付事宜由发包人和承包人双方在承包人撤场后另行约定。如果不能达成协议,任何一方均可依据专用条款第43条提起诉讼。

52.1.3　承包人承诺绝对不以占用、留置工程,滞留施工场地的方法拖延撤场、干扰发包人的继续施工建设。

52.1.4　本工程竣工前承包人撤场的,发包人可委托第三方完成本工程,第三方可进入施工场地并使用一切临时建筑物、施工机械、工具、器材和用于工程、送抵和置于施工场地的所有材料和设备,并有权要求继续履行承包人与第三方签订的合同。

52.1.5　如承包人未向发包人或依发包人指令移交其所掌握的全部有关本工程的资料,或未妥善做好已完工程和已购材料、设备的保护和移交给后续施工单位的工作,或未配合发包人办理有关工程档案的归档手续或相关政府批准或备案手续,则承包人应自约定或法定应当履行之日起每日按照合同文件中合同价格的0.2‰向发包人支付违约金,直至其全部适当履行完毕为止;如果上述违约金不足以抵偿发包人因此而遭受的实际损失的,承包人就不足部分仍应承担赔偿责任。

52.1.6　如承包人未按发包人要求的时间(但不少于7个日历天)将自有机械设备和人员撤出施工场地,并将施工场地完整地移交给发包人或后续施工单位,则承包人(包括承包人的机械和施工人员)每滞留工地一个日历天,应按照合同文件中合同价格的千分之一向发包人支付违约金,直至其全部适当履行完毕为止。如果上述违约金不足以抵偿发包人因此而遭受的实际损失的,承包人就不足部分仍应承担赔偿责任。

53.　不正当行为的禁止

53.1　不正当行为的禁止

53.1.1　承包人不得因本工程而自发包人之外的任何第三方(包括监理人、设计人、造价咨询单位等)收取任何费用或接受任何利益。

53.1.2　承包人不得因本工程而向发包人、发包人的任何工作人员或其他本项目相关方(包括监理人、设计人、造价咨询单位等)提供任何形式的不正当利益。

54.　对外宣传

54.1　对外宣传

54.1.1　承包人就本工程接受任何媒体(包括报章杂志、电台、电视台、互联网媒体等。下同)采访之前,或向任何媒体提供与本工程有关的报道材料之前,其均应先行征求发包人的意见后方可接受上述采访或提供上述报道材料。如发包人同意承包人接受上述采访或提供上述报道材料,则在上述采访后形成的稿件或提供的报道、材料正式发表、公布或以其他方式公开之前,承包人还应主动并促使相关媒体将上述稿件或报道材料先行报送发包人审查,待发包人审查完毕后方可进行正式发表、公布或以其他方式公开。

54.1.2　如承包人出现违反专用条款53.1条约定的行为的,则每出现一次,承包人应向发包人支付违约金人民币1万元,并对因此给发包人带来的全部损失予以赔偿。

55. 施工现场管理制度

55.1 施工现场管理制度

发包人制定的管理制度作为合同一部分,承包人应认真遵守,不符合要求的,发包人有权依据管理办法进行处理。

56. 其他相关约定

56.1 工程水电费已包含在合同价款内,由承包人挂表,在每月拨付工程进度款时以学校职能部门的计量结果按水费 6.71 元/吨、电费 1.07 元/度的标准向承包人收取。只有当水电费价格发生变化时,才对工程水电费进行调整。

56.2 关于用于本工程的商品混凝土的约定:双方共同对拟采用的五家以上具有相应资质、使用知名品牌水泥且信誉良好的商品混凝土搅拌站进行考察,双方共同确定三家拟选搅拌站后,由承包人最终从拟选的三家搅拌站中确定商品混凝土的供应企业,非经双方同意,不得选择拟选的三家以外的三家搅拌站供应商品混凝土。

56.3 本工程实施全过程跟踪审计,承包人必须积极配合全过程审计工作,应为该工程的审计人员所进行的工程计量、质量检查等相关工作提供条件;未按学校跟踪审计办法相关流程执行的相关事项,将得不到发包人认可;学校跟踪审计办法是施工合同的组成部分。

56.4 承包人应完成各种设备的操作规程的编写,在工程移交时交给发包人;完成对本工程物业管理部门的相关技术培训,并办理相关移交验收工作。

7 技术标准和要求(省略)

8 合同图纸(省略)

11.4 施工阶段实例

11.4.1 工程计量与价款支付实例

北京×××大学体育馆实行按月支付工程进度款,在 2009 年 7 月承包商完成土方开挖和基础底板浇筑工作,向业主申请本周期的工程进度款,进度款申请内容及业主的审核结果如表 11-4-1 所示,承包商申请进度款数额的计算分别见表 11-4-2 ~ 表 11-4-6。

表 11-4-1　工程项目进度款支付申请(核准)表

工程名称:北京×××大学体育馆　　　　标段:　　　　编号:002(2009-7)

致:北京×××大学基建处

我方于××××年×月×日至××××年×月×日期间已完成土方开挖和基础底板浇筑工作,根据合同专用条款第17.3条约定,现申请支付本期工程款为:(大写)壹佰贰拾陆萬贰仟伍佰元整(小写)126.25万元,请予核准。

序号	名称	金额(元)	备注
1	累计已完成的工程价款	10 251 263.99	
2	累计已实际支付的工程价款	9 226 137.59	按完成产值的90%支付
3	本周期已完成的工程价款	4 302 778.88	
4	本周期完成的计日工金额	—	
5	本周期应增加变更金额	331 604.49	
6	本周期应增加索赔金额	314 027.1	
7	本周期应抵扣的预付款	—	
8	本周期应扣减的质保金	—	
9	本周期应增加的其他金额	494 418.1	价格调整
10	本周期实际应支付的工程价款	4 898 545.71	5 442 828.57×90%

承包人(章)　(略)

承包人代表　×××

日　期××年×月×日

复核意见:

□与实际施工情况不相符,修改意见见附件:

■与实际施工情况相符,具体金额由造价工程师复核。

监理工程师×××

日　期　××年×月×日

复核意见:

你方提出的支付申请经复核,本期间已完成工程款额为(大写)伍佰肆拾肆万贰仟捌佰贰拾捌元伍角柒分(小写5 442 828.57元),本期间应支付金额为(大写)肆佰捌拾玖万捌仟伍佰肆拾伍元柒角壹分(小写　4 898 545.71元　)。

造价工程师×××

日　期××年×月×日

审核意见:

□不同意

■同意,支付时间为本表签发后的15天内。

发包人(章)(略)

发包人代表×××

日　期××年×月×日

表 11-4-2　单位工程造价汇总表

工程名称:北京×××大学体育馆工程进度款支付(×××年××月)　　　　第1页　共1页

序号	汇总内容	金额(元)				备注
		合同内	上期累计完成	本期完成	累计本期完成	
1	分部分项工程费	130 042 065.6	5 239 239.88	3 504 317.87	8 743 557.75	
1.1	建筑工程	53 159 015.24	5 239 239.88	3 192 673.49	8 431 913.37	
1.2	装饰装修工程	27 523 594.39	—	—	—	
1.4	电梯工程	1 581 664.9	—	—	—	
1.5	变配电工程	6 165 910.87	—	—	—	
1.6	强电工程	20 596 853	—	—	—	
1.7	喷淋工程	88 931.16	—	—	—	
1.8	消火栓及气体灭火工程	815 545	—	—	—	
1.9	消防炮工程	714 486	—	—	—	

续表

序号	汇总内容	金　额(元)				备注
		合同内	上期累计完成	本期完成	累计本期完成	
1.10	给排水工程	2 661 777	—	—	—	
1.11	采暖工程	1 386 035	—	—	—	
1.12	通风空调工程	14 667 043	—	—	—	
1.13	弱电工程	681 210	—	—	—	
1.14	变更洽商	—	—	311 644.38	311 644.38	详见工程变更费用示例
2	措施项目费	12 776 448.39	4 485 622	823 744.56	5 309 366.56	
2.1	其中:安全文明施工费	3 772 164.39	2 034 590	243 244	2 277 834	
2.2	其中:变更洽商措施费用	—	—	19 960.11	19 960.11	详见工程变更费用示例
3	其他项目	40 490 000	—	314 027.1	314 027.1	
3.1	暂列金额	4 500 000	—	—	—	
3.2	专业工程暂估价	39 170 000	—	—	—	
3.3	计日工	86 600	—	—	—	
3.4	总承包服务费	783 400	—	—	—	
3.5	索赔与现场签证	—	—	314 027.1	314 027.1	详见索赔与签证费用示例
4	规费	4 792 319.99	189 319.93	127 349.78	316 669.71	
5	材料暂估价价差调整	—	—	—	—	详见材料暂估单价调整示例
6	人工、材料、机械价差调整	—	—	494 418.1	494 418.1	详见价格调整示例
7	税金	6 395 428.36	337 082.18	178 341.13	515 423.31	
合计=1+2+3+4+5+6+7		194 496 262.3	10 251 263.99	5 442 828.57	15 694 092.56	

表 11-4-3　分部分项工程量清单与计价表

工程名称：北京×××大学体育馆建筑工程进度款支付(×××年××月)　　　　标段：　　　　第 1 页　共 9 页

序号	项目编码	项目名称	项目特征描述	计量单位	合同内数据				上期累计完成		本期完成			至本期累计完成		备注
					工程量	金额(元)			工程量	合价(元)	工程量	综合单价(元)	合价(元)	工程量	合价(元)	
						综合单价	合价	其中：暂估价								
A.1 土(石)方工程																
1	010101001001	场地平整(比赛馆)	1. 土壤类别：自行考虑 2. 弃土运距：自行考虑 3. 取土运距：自行考虑	m^2	4 733.44	1.42	6 721.48		4 733.44	6 721.48	—	—	—	4 733.44	6 721.48	
2	010101003001	挖基础土方(比赛馆)	1. 土壤类别：自行考虑 2. 基础类型：筏板基础 3. 挖土深度：13 m 外 4. 弃土运距：自行考虑	m^3	48 123.2	30.98	1 490 856.74		45 300	1 403 394	2 823.2	30.98	87 462.74	48 123.2	1 490 856.74	
3	010101001002	场地平整(游泳馆)	1. 土壤类别：自行考虑 2. 弃土运距：自行考虑 3. 取土运距：自行考虑	m^2	1 682.6	1.42	2 389.29		1 682.6	2 389.29	—	—	—	1 682.6	2 389.29	
4	010103001001	土方回填(比赛馆)	1. 土质要求：2:8 灰土回填 2. 弃土运距：自行考虑 3. 取土运距：自行考虑	m^3	290.8	34.6	10 061.68									
			(其他略)													
			分部小计				2 145 304.87			1 872 340.56			87 462.74		1 959 803.3	
A.2 桩与地基基础工程																
12	010201003001	混凝土灌注桩	1. 土壤级别：自行考虑 2. 单桩长度、根树：15.4 m，共 85 根 3. 桩截面：直径 600 4. 成孔方法：钻孔灌注桩 5. 混凝土强度等级：C30	m	1 309.00	243.39	318 593.6		1 200	1 492 068	109	243.39	26 529.51	1 309.00	318 593.6	

续表

序号	项目编码	项目名称	项目特征描述	计量单位	合同内数据				上期累计完成		本期完成			至本期累计完成		备注
					工程量	金额(元)			工程量	合价(元)	工程量	综合单价(元)	合价(元)	工程量	合价(元)	
						综合单价	合价	其中:暂估价								
13	010201003002	混凝土灌注桩	1. 土壤级别:自行考虑 2. 单桩长度、根树:17 m,共162 根 3. 桩截面:直径 600 4. 成孔方法:钻孔灌注桩 5. 混凝土强度等级:C30	根	162.00	243.39	778 845.6		123	29 936.97	39	243.39	9 492.21	162.00	778 845.6	
			(其他略)													
			分部小计				1 789 884.2			1 692 338.34			97 545.86		1 789 884.2	
A.4 混凝土及钢筋混凝土工程																
17	010401003001	满堂基础	1. 垫层材料种类、厚度:C15,100 厚 2. 混凝土强度等级:C30S6 3. 混凝土拌和料要求:预拌	m^3	3 262.63	426.88	1 264 684.99		1 000	426 880	2 362.63	426.88	1 008 559.49	3 362.63	1 435 439.49	工程量调整
26	010402001001	矩形柱(比赛馆)	1. 柱截面:1000×800 2. 混凝土强度等级:C40 3. 混凝土拌和料要求:预拌	m^3	1 386.6	397.34	550 951.64		10	3 973.4	12	397.34	4 768.08	22	8 741.48	
93	010416001001	比赛馆现浇混凝土钢筋	1. 钢筋的种类规格:ϕ20(三级钢)	t	253.856	4 426.65	1 123 713.96		20	88 533	100	4 426.65	442 665	120	531 198	
94	010416001002	比赛馆现浇混凝土钢筋	1. 钢筋的种类规格:ϕ22(二级钢)	t	171.192	4 307.22	737 365.91		50	215 361	87.6	4 307.22	377 312.47	137.6	592 673.47	
			(其他略)													
			分部小计				29 539 270.82			1 674 560.98			3 007 664.89		4 682 225.87	
			合计							5 239 239.88			3 192 673.49		8 431 913.37	

表 11-4-4　措施项目清单与计价表(一)

工程名称:北京×××大学体育馆工程进度款支付(×××年××月)　　　标段:　　　第1页　共1页

序号	项目名称	计算基础	费率(%)	金额(元)				备注
				合同内	上期累计完成	本期完成	累计本期完成	
1	安全文明施工	人工费		3 772 164.39	2 034 590	243 244	2 277 834	
2	夜间施工							
3	二次搬运			55 731				
4	冬雨季施工			72 415				
5	大型机械设备进出场及安拆			90 000	90 000	—	90 000	
6	施工排水							
7	施工降水			325 620	281 314	20 000	301 314	
8	地上、地下设施,建筑物的临时保护设施							
9	已完工程及设备保护			241 200				
10	竣工图编制费			251 250				
11	护坡工程			2 514 903	2 013 234	501 669	2 514 903	
12	场地狭小所需措施费用			83 597	50 000		50 000	
13	室内空气污染检测费			50 000				
14	建筑工程措施项目			2 463 298				
(1)	脚手架			1 246 243				
(2)	垂直运输机械			1 217 055				
15	装饰装修工程措施项目							
(1)	垂直运输机械							
(2)	脚手架							
16	各专业工程措施费							
17	混凝土泵送费			275 671	15 150	35 439.45	50 589.45	
合　计				10 195 849.39	4 484 288	800 352.45	5 284 640.45	

表 11-4-5　措施项目清单与计价表(二)

工程名称:北京×××大学体育馆工程进度款支付(×××年××月)　　　标段:　　　第1页　共1页

序号	项目编码	项目名称	项目特征描述	计量单位	合同内			上期累计完成		本期完成			至本期累计完成		备注
					工程量	金额(元)									
						综合单价	合价	工程量	合价(元)	工程量	综合单价(元)	合价(元)	工程量	合价(元)	
1	AB002	现浇钢筋混凝土平板模板及支架	1. 构件形状:矩形 2. 支模高度:支模高度3 m 3. 模板类型:自行考虑 4. 支撑类型:自行考虑	m^2	1 178.5	34.67	40 858.6								

续表

序号	项目编码	项目名称	项目特征描述	计量单位	合同内			上期累计完成		本期完成			至本期累计完成		备注
					工程量	金额(元)									
						综合单价	合价	工程量	合价(元)	工程量	综合单价(元)	合价(元)	工程量	合价(元)	
2	AB003	现浇钢筋混凝土有梁板及支架	1. 构件形状:矩形 2. 支模高度:板底支模高度3.78 m 3. 模板类型:自行考虑 4. 支撑类型:自行考虑	m²	15 865.86	41.53	658 909.17								
3	AB004	现浇钢筋混凝土圆形柱模板	1. 构件形状:圆形 2. 支模高度:支模高度3.5 m 3. 模板类型:自行考虑 4. 支撑类型:自行考虑	m²	248.6	47.86	11 898								
4	AB005	现浇钢筋混凝土直行墙模板	1. 构件形状:矩形 2. 支模高度:支模高度3.9 m 3. 模板类型:自行考虑 4. 支撑类型:自行考虑	m²	9 989.2	21.68	216 565.86								
			(其他略)												
合　计							2 580 599		1 334			3 432		4 566	

表 11-4-6　规费、税金项目清单与计价表

工程名称:北京×××大学体育馆工程　　　　标段:　　　　第 1 页　共 1 页

序号	项目名称	计算基础	费率(%)	金额(元)		
				上期累计完成	本期完成	至本期累计完成
1	规费	人工费	24.09	189 319.93	127 349.78	316 669.71
1.1	工程排污费					
1.2	社会保障费					
(1)	养老保险费					
(2)	失业保险费					
(3)	医疗保险费					
1.3	住房公积金					
1.4	危险作业意外伤害保险					
1.5	工程定额测定费					
2	税金	分部分项工程费+措施项目费+其他项目费+规费	3.4	337 082.18	178 341.13	515 423.31
合　计				526 402.11	305 690.91	832 093.02

11.4.2　价款调整实例

1. 工程变更调整实例

北京×××大学体育馆在施工过程中出现了设计变更,按照工程变更的提出及变更价款确认程序,业主先向承包商发送设计变更通知单,如表 11-4-7 所示,此项设计变更只是材料的替换,施工方案并未改

变,故按原合同约定进行施工,收到业主变更指示 14 天内,承包商上报变更报价书,估算此项变更的费用,如表 11-4-8 所示,申请费用金额为 402 867.51 元,经业主审核后的费用金额为 331 604.49 元. 承包商申请费用的计算及业主审核后的结果如表 11-4-9 ~ 表 11-4-10 所示,业主审核后的变更项目综合单价分析表如表 11-4-11 所示。

表 11-4-7　设计变更通知单

设计变更通知单 C2－3			编号	01－C2－001
工程名称	北京×××大学体育馆		专业名称	结构
设计单位名称	×××建筑设计院		日　期	2009 年 2 月 23 日
序 号	图号	变更内容		
1 2	结 1－05 结 1－12	满堂基础混凝土强度等级由原来的 C30S6 改为 C30S8。 矩形柱 Z12 截面由 1 000×800 改为 1 000×1 000。		
签字栏	建设(监理)单位		设计单位	施工单位
	×××签字　　×××签字		×××签字	×××签字

表 11-4-8　变更费用申请(核准)表

工程名称:北京×××大学体育馆工程－设计变更(结构 01－C2－001)　　标段:　　编号:BG001

<table>
<tr><td colspan="2">致:______(发包人全称)
根据合同(协议)第15 条规定,已批准设计变更通知单(结构 01－C2－001)将导致工程造价会发生变化如下:
本项目工程变更按合同规定共计增加分部分项工程费402 867.51 元,措施项目费19 960.11 元。
附:1. 工程变更单
2. 工程预算书
承包人(章)(略)
承包人代表　×××
日　期×××年×月×日</td></tr>
<tr><td>复核意见:
你方提出的此项变更费用申请经复核:
□不同意此项变更费用,具体意见见附件
■同意此项变更费用,变更费用的计算,由造价工程师复核
监理工程师　×××
日　期　×××年×月×日</td><td>复核意见:
根据施工合同条款第 15 条的约定,你方提出的变更费用申请经复核,变更增加分部分项工程费为(大写)叁拾壹万壹仟陆佰肆拾肆元叁角捌分(小写 ¥311 644.38 元),措施项目费为(大写)壹万玖仟玖佰陆拾捌元壹角壹分(小写 ¥19 968.11 元)。
造价工程师　×××
日　期　×××年×月×日</td></tr>
<tr><td colspan="2">审核意见:
□不同意此项变更费用
■同意此项变更费用,价款与本期进度款同期支付。
发包人(章)(略)
发包人代表　×××
日　期　×××年×月×日</td></tr>
</table>

表 11-4-9　变更项目分部分项工程量清单与计价表

工程名称：北京×××大学体育馆建筑工程－设计变更(结构01－C2－001)　　标段：　　第1页　共1页

序号	项目编码	项目名称	项目特征描述	计量单位	申报数据			监理审核数据			造价复核数据		
					工程量	金额(元)		工程量	金额(元)		工程量	金额(元)	
						综合单价	合价		综合单价	合价		综合单价	合价
第1条													
1	010401003001	满堂基础	1. 垫层材料种类、厚度：C15，100厚 2. 混凝土强度等级：C30S6 3. 混凝土拌和料要求：预拌	m^3	-3 262.63	426.88	-1 264 684.99	-3 262.63	426.88	-1 264 684.99	-3 262.63	426.88	-1 264 684.99
2	010401003002	满堂基础	1. 垫层材料种类、厚度：C15，100厚 2. 混凝土强度等级：C30S8 3. 混凝土拌和料要求：预拌	m^3	3 262.63	468.89	1 529 814.58	3 262.63	468.89	1 529 814.58	3 262.63	440.93	1 438 591.45
			小计				265 129.59			265 129.59			173 906.46
第2条													
3	010402001001	矩形柱(比赛馆)	1. 柱截面：1000×800 2. 混凝土强度等级：C40 3. 混凝土拌和料要求：预拌	m^3	-1 386.6	397.34	-550 951.64	-1 386.6	397.34	-550 951.64	-1 386.6	397.34	-550 951.64
4	010402001002	矩形柱(比赛馆)	1. 柱截面：1 000×1 000 2. 混凝土强度等级：C40 3. 混凝土拌和料要求：预拌	m^3	1 733.25	397.34	688 689.56	1 733.25	397.34	688 689.56	1 733.25	397.34	688 689.56
			小计				137 737.92			137 737.92			137 737.92
合计							402 867.51			402 867.51			311 644.38

表 11-4-10 变更项目措施项目清单与计价表

工程名称:北京×××大学体育馆工程－设计变更(结构 01－C2－001) 标段:

第 1 页 共 1 页

序号	项目编码	项目名称	项目特征描述	计量单位	申报数据			监理审核数据			造价复核数据		
					工程量	金额(元)		工程量	金额(元)		工程量	金额(元)	
						综合单价	合价		综合单价	合价		综合单价	合价
1	AB006	现浇钢筋混凝土矩形柱模板	1. 构件形状:矩形 2. 支模高度:支模高度 3.5 m 3. 模板类型:自行考虑 4. 支撑类型:自行考虑	m^2	693.3	28.79	19 960.11	693.3	28.79	19 960.11	693.3	28.79	19 960.11
合 计							19 960.11			19 960.11			19 960.11

表 11-4-11 变更价款复核后的工程量清单综合单价分析表

工程名称:北京×××大学体育馆工程 标段: 第 1 页 共 1 页

项目编码	010401003002		项目名称		满堂基础		计量单位			M3
清单综合单价组成明细										
定额编号	定额名称	定额单位	数量	单价				合价		
				人工费	材料费	机械费	管理费和利润	人工费	材料费	机械费	管理费和利润
5－4 换	满堂基础 C30S8	M3	3 262.63	34.662	328.71	13.47	64.098	113 089.28	1 072 459.11	43 947.63	209 106.91
人工单价		小 计						113 089.28	1 072 459.11	43 947.63	209 106.91
38 元/工日		未计价材料费									
清单项目综合单价								440.93			
材料费明细	主要材料名称、规格、型号			单位	数量			单价(元)	合价(元)	暂估单价(元)	暂估合价(元)
	C30S8 预拌混凝土			M3	3 311.569			320	1 059 740.8		
	其他材料费							—	12 718.31	—	
	材料费小计							—	1 072 459.11	—	

2. 人工、材料、机械价差调整实例

北京×××大学体育馆在施工过程中钢材市场价格发生波动,变化幅度超出了合同约定比例,故承包商向业主提出价格调整申请,申请总额如表 11-4-12 所示,申请原因及业主审核如表 11-4-13 所示,详细计算过程如表 11-4-14 所示。

表 11-4-12　人工、材料、机械价差调整汇总表

工程名称:北京×××大学体育馆工程　　　　标段:　　　　第1页　共1页

序号	项目名称	计量单位	数量	调整单价(元)	调整合价(元)	调整依据	备注
1	2009－7月钢筋	t	1 500	180	494 418.1	003	
2							
3							
4							
		(以下略)					
		合计			1 022 341		

表 11-4-13　人工、材料、机械价差调整申请(核准)表

工程名称:北京×××大学体育馆　　　　标段:　　　　编号:003

<table>
<tr><td colspan="2">致:北京×××大学基建处
根据施工合同第16条的约定,由于钢材价格上涨超出合同约定比例的原因,我方要求增加合同金额(大写)肆拾玖万肆仟肆佰壹拾捌元壹角,(小写)¥494 418.1元,请予核准
附:1. 价格调整金额计算
2. 材料进场验收单(略)
承包人(章)(略)
承包人代表　×××
日　期×××年×月×日</td></tr>
<tr><td>复核意见:
根据施工合同条款第16条的约定,你方提出的价格调整申请经复核:
□不同意此项索赔,具体意见见附件
■同意此项索赔,索赔金额的计算,由造价工程师复核
监理工程师×××
日　期×××年×月×日</td><td>复核意见:
根据施工合同条款第16条约定,你方提出的价格调整申请,经复核增加金额为(大写)肆拾玖万肆仟肆佰壹拾捌元壹角,(小写)¥494 418.1元。
造价工程师×××
日　期×××年×月×日</td></tr>
<tr><td colspan="2">审核意见:
□不同意此项索赔
■同意此项索赔,与本期进度款同期支付。
发包人(章)(略)
发包人代表　×××
日　期×××年×月×日</td></tr>
</table>

表 11-4-14　人工、材料、机械价差调整明细表

工程名称:北京×××大学体育馆工程－价格调整　　标段:　　第1页　共1页

序号	材料名称	单位	数量	时间	申报(元)		监理审核(元)		造价复核(元)		备注
					调整单价	调整金额	调整单价	调整金额	调整单价	调整金额	
1	钢筋	T	2 000	2009.6	200	400 000	200	400 000	—	—	根据合同不应调整
2	钢筋	T	1 500	2009.7	180	270 000	180	270 000	100	150 000	
	(以下略)										
	合计					2 345 234.6		2 345 234.6		494 418.1	

3. 暂估价调整案例

北京×××大学体育馆的铝合金门窗属于招标采购材料,其中标金额低于暂估价中的价格,因此承包商向业主提出暂估价调整申请。铝合金门窗暂估价调整的汇总金额如表11-4-15所示,暂估价调整申请数额及业主方的审核数额详细计算如表11-4-16所示,此项工程的最终工程量清单综合单价如表11-4-17所示。

表 11-4-15　材料暂估价价差调整汇总表

工程名称:北京×××大学体育馆工程　　标段:　　第1页　共1页

序号	项目名称	计量单位	调整金额(元)	调整依据	备注
1	铝合金门窗	项	-420 774.71	004	
2	(以下略)				
3					
4					
	合计		2 305 576		

表 11-4-16　材料暂估价价差调整分部分项工程量清单与计价表

工程名称:北京×××大学体育馆　　标段:　　第 1 页　共 1 页

序号	项目编码	项目名称	项目特征描述	计量单位	申报数据			监理审核数据			造价复核数据		
					工程量	金额(元)		工程量	金额(元)		工程量	金额(元)	
						综合单价	合价		综合单价	合价		综合单价	合价
1	020406001001	氟碳喷涂彩色铝合金推拉窗-暂估价	型号:LC1618 洞口尺寸:1 600×1 800 型材:氟碳喷涂断桥隔热铝型材 玻璃:双层中空钢化 LOW-E 玻璃(厚度 6+12A+6)	樘	-74	2 342.13	-173 317.62	-74	2 342.13	-173 317.62	-74	2 342.13	-173 317.62
2	020406001002	氟碳喷涂彩色铝合金推拉窗-暂估价	型号:LC1132 洞口尺寸:1 100×3 200 型材:氟碳喷涂断桥隔热铝型材 玻璃:双层中空钢化 LOW-E 玻璃(厚度 6+12A+6)	m^2	-98.56	813.24	-80 152.93	-98.56	813.24	-80 152.93	-98.56	813.24	-80 152.93
1	020406001001	氟碳喷涂彩色铝合金推拉窗-结算价	型号:LC1618 洞口尺寸:1 600×1 800 型材:氟碳喷涂断桥隔热铝型材 玻璃:双层中空钢化 LOW-E 玻璃(厚度 6+12A+6)	樘	74	2 284.53	169 055.22	74	2 284.53	169 055.22	74	2 284.53	169 055.22
2	020406001002	氟碳喷涂彩色铝合金推拉窗-结算价	型号:LC1132 洞口尺寸:1 100×3 200 型材:氟碳喷涂断桥隔热铝型材 玻璃:双层中空钢化 LOW-E 玻璃(厚度 6+12A+6)	m^2	98.56	793.24	78 181.73	98.56	793.24	78 181.73	98.56	793.24	78 181.73
			小计				-6 233.6			-6 233.6			-6 233.6
			(其他略)										
合计							-420 774.71			-420 774.71			-420 774.71

表 11-4-17　工程量清单综合单价分析表

工程名称:北京×××大学体育馆工程　　　　标段:　　　　第 123 页　共 564 页

项目编码	020406001002		项目名称		氟碳喷涂铝合金推拉窗			计量单位		M2	
清单综合单价组成明细											
定额编号	定额名称	定额单位	数量	单价				合价			
				人工费	材料费	机械费	管理费和利润	人工费	材料费	机械费	管理费和利润
6-34	铝合金推拉窗	m^2	98.56		780				76 876.8		
6-114	其他项目门窗后塞口填充剂	m^2	96.16	3.745	6.63	0.29	2.902	360.12	637.54	27.89	279.06
人工单价		小　计						360.12	77 514.34	27.89	279.06
45 元/工日		未计价材料费									
清单项目综合单价								793.24			
材料费明细	主要材料名称、规格、型号			单位		数量		单价（元）	合价（元）	暂估单价（元）	暂估合价（元）
	聚氨酯泡沫填充剂			支		29.62		15	444.3		
	玻璃密封胶			支		27.7		6.8	188.36		
	铝合金推拉窗			M2		98.56		780	76 876.8		
	其他材料费							—	4.88	—	
	材料费小计							—	77 514.34	—	

11.4.3　工程索赔实例

(1)索赔报告书。

工程索赔报告书

***********学院

学生食堂及活动中心工程索赔报告书

一、总论

(一)序言

2006 年 4 月,×××(集团)有限公司参与了由×××科技有限公司(下称贵司)投资建设的×××学院学生食堂及活动中心工程招投标,且我司获得中标,中标价为 671.121 万元,该工程设计为全框架四层现浇结构,建筑面积 12 302.84 m^2。在施工合同尚没有签署时,贵司通知我司按照招投标相关内容进场施工,并要求加班加点,必须在 2006 年 8 月 25 前完成所有施工内容。按照贵司要求和监理工程师指示,迅速编制并向贵司递交了施工组织设计和施工进度计划,并专门成立了永川项目部,委派汪亚林为本项目总指挥,组建了以×××为现场负责人的项目部领导班子,抽调我司技术骨干和优秀管理人员参与

本项目的施工建设，从领导班子、技术和管理服务水平等方面得到根本保证。我司于2006年4月20日正式进场施工，按照设计施工内容和贵司要求周密部署，稳步整体推进，精心组织。为了满足施工现场材料的需要，我司不但投入了几百万元的现金保障施工资金的需要，还在项目部下设立了材料采购组，保障施工材料的质量和施工需要数量，2006年5月上旬所有材料采购均已经签署合同，部分正在按照合同履行。2006年5月31日前，施工需要钢材、木材已经全部采购并运抵工地。进场施工前及施工过程中，在技术性民工很难招聘的情况下，承诺不低于重庆市2005年度平均工资待遇，且保证月月兑现和满足总工程量在12 000方以上，且承担民工单边路费的许诺下，从1 000里之外的奉节县选聘了几十名优秀民工，同时在潼南、巴南等地招聘了部分民工，均签署了劳务合同书，至2006年5月31日，工地民工达126人，加上劳务班组负责人，共计130余人，实行三班倒轮休制，加班加点施工。为了改善施工工地管理人员及民工的生活环境和保障良好的休息，顺利完成施工任务，我司投资数万元搭建工棚，购买空调，创造良好的施工环境。2006年5月31日前，我司永川项目部承担的施工任务正在按照计划进行，施工现场如火如荼。

（二）索赔事件

2006年6月1日，当我司施工现场全面正规化、正常化，正在紧锣密鼓，井井有条地按贵司的施工质量和工期要求及我司的施工组织设计、施工进度计划组织施工，且工程已经完成基础部分和第一层的主体结构工程时，贵司单方决定将食堂及活动中心由招标文书确定的四层全框架改建为两层，原三、四层施工内容全部取消，致使我司的所有计划必须重新调整，也导致我司在人、材、物等多方面的损失和众多合同构成违约而承担违约责任，造成多项直接和间接损失。

（三）索赔要求

由于我司向贵司索赔的事由是贵司单方变更施工内容，故索赔要求包括下列方面。

（1）人工费。包括：A. 2006年6月1日前，为了完成原工程总量加班、加点而额外支付的人工费用；B. 因总工程量减少，按照劳务合同支付给民工的补偿金及路费。

（2）材料费。包括租赁材料（钢管、模板）、购买材料（线管、电线、塑钢窗、钢材、木材）两方面。

A. 由于购买材料超过实际用量而增加的材料购买费用及相应资金利息损失。

B. 按原施工组织设计租赁但超过实际需要的周转材料的租赁费损失。

C. 缩短使用期限，提前终止周转材料租赁合同违约金。

（3）施工机械损失（塔机、挖掘机）。

A. 2006年6月1日前，为了按计划完成施工任务而采用塔机垂直运输使用费（含实际使用费和违约金）。

B. 2006年6月1日前，为了按计划完成施工任务而采用挖掘机，比人工挖掘增大部分损失。

C. 因减少总工程量致使塔机、挖掘机租赁合同提前解除的违约损失。

（4）工地管理费。指我司按照计划工作量与实际工作量差异而额外支付的工地管理费。包括如下。

A. 增大活动板房、临时房屋、道路、围墙等临时设施投资损失及生活用品损失。

B. 2006年5月31日前，为了满足贵司施工期限要求，我司加大施工现场人员配置和各方面管理而增加的支出。

（5）利息。由于工程变更而我司实际多投资资金的利息，包括如下。

A. 为满足施工需要，多支付商品混凝土合同预付款利息损失。

B. 多垫付工程款资金利息损失。

（6）利润。指原计划和现在实际施工部分利润差额。

（四）索赔编写组及审核人员

编写组成员：×××，项目部负责人

×××，项目部

×××,项目部材料采购负责人

×××,顾问律师,合同负责人

审核人员:×××,项目部总指挥

索赔事宜联系人:×××,电话:××××××

二、合同引证部分

(一)索赔事件的处理过程

(1)索赔事件发生情况。我司从2006年4月20日正式进场施工至2006年5月31日,除我司与监理工程师及贵司正常往来的工作联系外,三方没有任何分歧意见,特别是我司在接到贵司的相关指令后,均在合理范围内予以处理,没有任何违约或其他原因出现工程质量问题及延误工期。2006年6月1日,监理工程师及贵司事前没有透露任何信息的情况下,贵司突然通知大幅度变更施工量,导致我司在施工组织和材料准备、人员安排等方面没有任何时间和机会避免和减少损失,致使我司损失特别大。

(2)索赔事件处理情况。在索赔事件发生并书面通知我司现场负责人＊＊＊,当日我司董事会获悉变更通知后,立即召开公司高层管理人员会议,会议研究决定:服从贵司的变更指令,但同时提出因此造成的我司的损失应由贵司承担,便委托现场负责人＊＊＊与监理工程师和贵司联系,客观反映我司因此而面临的诸多问题和造成的损失,我司现场管理人员、技术人员十分不理解,特别是130余名民工及劳务负责人获悉此消息后,立即全面停工并到永川项目部提出要求:一、立即结算并支付所有工资,停止施工;二、如果不立即结算并支付,可以暂时继续施工,听从现场安排。但在通知减员时,应按照劳务合同约定,补偿被减民工一个月工资并支付返家或辗转他处的单边路费。我司获悉消息后,为了稳定民工情绪,减少施工现场因民工问题而动荡和停工,顺利完成余下施工任务,立即抽调相关人员组成工作组到现场办公,最后与民工达成协议,同意按照劳务合同约定补偿被减民工一个月工资并支付返家或辗转他处的单边路费;同时通知正在履行的其他合同立即暂停履行,并积极协商处理善后事宜,尽力减少因工程量变更而造成的损失。我司在处理本事件中,付出了艰辛的劳动,化解了众多矛盾,协调了各方面关系,也支付了许多额外费用,我司认为在避免和减少损失方面,已竭尽全力。在索赔事件发生后,我司与贵司是积极配合的,在处理事件时快速有效,不存在任何过错和不当行为。

(二)递交索赔意向书情况

我司除组织工作组到施工现场稳定情绪外,也按照施工行业索赔普遍做法,在索赔事件发生后28天内(实际在2006年6月　日递交索赔意向书),向贵司工程师发出了索赔意向通知,充分表明了我司的索赔要求,并列明了索赔的基本项目。

(三)索赔的法律及合同依据

索赔要求的合同依据:由于贵司的学生食堂及活动中心工程招投标时间紧迫,且在招投标后还没来得及签署合同,贵司便要求我司进场施工,而至今贵司仍没有与我司签署正式书面施工合同书,故本项目的索赔合同依据仅有:①中标通知书;②投标书及其附件;③开工通知书。

三、索赔款额计算部分

(1)索赔总额:依据本事件产生的原因和涉及的范围,我司按照建筑行业施工索赔及永川项目部实际损失分为9大项,共计索赔总额为:2 064 673.00元。

(2)各项计算单列如下(详细计算清单见索赔计算书)。

①前期投资损失合计为:191 760.00 +5 476.67 =197 236.70元。

②周转材料租金损失为:101 600.00 +222 620.00 =324 220.00元

③项目部采购的材料和签订的材料采购合同的违约损失:315 438.10 +176 585.00 +25 649.04 +115 567.20 =633 239.30元。

④工程管理费用、经营费用损失及公司完成减少工程合法的利润损失合计为:115 014.90 +76 629.32 + 288 022.00 =479 666.20 元。

⑤塔吊设备的租赁损失,各类机械设备的租赁损失合计为:132 390 +7 010.00 =139 400 元。

⑥工程临设费用增大的损失: 6 463.79 +52 734.00 =59 197.79 元。

⑦工程垫付资金利息损失合计为:20 932.04 元

⑧提前解除劳务合同损失合计为:____元

⑨商品混凝土预付款资金利息损失为2 580.88 元。

(3)各项计算依据及证据。

①前期投资损失:197 236.70 元。

按照工程原设计建筑面积 12 302.84 m^2,设计变更后的建筑面积 6 405.04 m^2,减少建筑面积 5 897.8 m^2。减少工程量比例为 47.94%,本工程的所有前期投资为 40 万元,按照比例损失额为191 760.00 元,相应资金利息为 5476.67 元(预计 4 个月期限,即 2006 年 9 月 30 日止,超过此期限,利息损失继续计算);两项合计为197 236.70 元。

证据:财务报表。

②周转材料租金损失:546 840 元。

A. 钢管租赁损失。按照租赁合同约定支付租金至少为 113 天(2006 年 5 月 10 日—2006 年 8 月 31 日),变更后工期为 66 天,减少实际使用期限为 47 天,应当多支付钢管租金 59 690.00 元;同时,施工组织设计的变更,导致租赁钢管比实际需要钢管多一倍,其多租赁部分钢管损失 41 910.00 元,两项合计为324 220.00 元。

证据:租赁合同

B. 模板租赁损失。按照租赁合同约定支付租金至少为 113 天(2006 年 5 月 10 日—2006 年 8 月 31 日),变更后实际施工期限为 66 天,减少 47 天,多支付租金为 120 320.00 元。同时,施工组织设计的变更,导致租赁模板比实际需要模板多一倍,其多租赁部分模板损失 102 300.00 元,两项合计为222 620.00 元。

证据:租赁合同

③购销合同损失:633 239.30 元。

A. 钢材采购损失。由于我司总部不在永川,且在永川尚无其他施工项目,而多购销钢材 80 吨已经运抵永川项目部,现在无法处理,损失额为263 200.00 元。同时,因我司变更购销数量承担违约责任损失52 238.10 元,合计为:315 438.10 元。

B. 木材、竹模板采购损失。我司为永川项目已采购木材比现在实际使用木材比较,规格 500 ×100 ×2 000、500 ×100 ×4 000 规格分别多购 18.5 立方米和 30 立方米,竹模板 1 000 ×2 000 规格多采购 3 200 m^2,其损失为 109 625.00 元,同时,因我司变更购销数量承担违约责任损失66 960.00 元,合计为:176 585.00 元。

证据:购销合同

C. 线管采购、电线合同违约损失。依据采购合同约定,我司单方变更货物数量,应向对方支付合同总价款 30.00% 的违约金,导致违约损失为25 649.04 元。

证据:购销合同

D. 塑钢窗购销合同违约损失。按塑钢窗购销合同约定,我司单方变更合同约定数量、价款均应向对方支付合同总价款 30.00% 的违约金,违约损失为:115 567.20 元。

证据:购销合同

④工程管理费用、经营费用损失及公司完成减少工程合法的利润损失合计为: 479 666.20 元。

证据:财务报表(工程管理费用汇总,各项经营费用汇总)

⑤塔机、挖掘机租赁损失139 400元。

A. 塔机租赁及增大费用损失:132 390元。

B. 挖掘机租赁及增大费用损失:7 010.00元。

⑥工程临设费用增大的损失:59 197.79元。

A. 临设活动板房增大损失:6 463.79元。

B. 其他临设增大损失(含临时房屋、道路、围墙及生活用品):52 734元。

证据:租赁合同,财务报表

⑦工程垫付资金利息损失合计为20 932.04元。

证据:财务报表

⑧提前解除劳务合同损失合计为____元

证据:劳务合同,领取补偿费名册表

⑨商品混凝土预付款资金利息损失为2 580.88元。

证据:预付款票据

四、证据部分

(一)证据

本索赔书的证据由:①施工组织设计;②施工进度计划;③标准、规范及有关技术文件;④施工图纸;⑤2006年6月1日变更通知;⑥工程量清单;⑦工程报价单(预算书);⑧所有与工程施工相关的合同书(材料购销、设备租赁、劳务合同及领取补偿费登记表等);⑨我司有关的财务报表;⑩投标书及其附件;⑪中标通知书;⑫开工通知书共同组成。

(二)对证据的说明

(1)对作为本索赔书证据使用的《标准、规范及有关技术文件》按照国家标准、行业标准及招投标文书确定的标准执行,本索赔书证据中没有提供相应标准文本。

(2)施工图以贵司提供的施工图为准,作为计算工程量标准。

(3)涉及财务问题方面的证据,鉴于财务保密规定,只提供综合报表,不提供列支明细。

(4)由于签署劳务合同的民工多达126多人,解除合同的民工为96人,无法提供全部合同文本,仅提供文本之一作为证据,其余文本保存在公司,可以查阅。

五、结束语

综上所述,我司按照贵司的要求组织工程施工,服从贵司工程变更的要求;但因施工内容和期限的变更而导致的损失属于贵司责任范畴,且我司在计算索赔时,充分考虑主客观因素,仅计算了我司因此而受到的直接和间接损失(利润损失),尚没有将①信誉损失;②为了本工程而放弃其他工程的利润损失;③为了减少索赔事件影响造成其他损失而支出的费用列入索赔范畴,我司认为计算是实事求是的,本着既不夸大,也不添项,更不虚构的索赔态度向贵司提出本索赔内容,我司的态度是诚恳的,数据是客观的,要求是合理的,希望贵司在接本报告书后,立即着手研究解决。我司为了明确责任,减少我司在施工中的损失,也为了顺利完成尚没有完成的施工内容,保护双方共同利益,我司在原工程索赔意向书的基础上,报送本索赔书,望贵司予以审查并尽快书面答复或组织面谈。

此　致

×××科技有限公司

报告人:

报告时间:年　月　日

(2)索赔详细计算书(略)。

11.5 竣工阶段实例

11.5.1 竣工结算实例

关于北京×××大学体育馆工程结算的审查报告

北京×××大学：

我公司接受贵单位委托，对贵单位体育馆工程结算文件进行审查，根据国家法律、法规和中国建设工程造价管理协会发布的《建设项目工程结算编审规程》及合同的规定，已完成了本工程结算文件的审查工作，现将审查的情况和结果报告如下。

一、项目概况

(1)建设单位名称：北京×××大学

(2)建设工程名称：北京×××大学体育馆

(3)设计单位：×××建筑设计院

(4)招标代理单位：北京×××招标代理有限公司

(5)施工单位名称：中建××局×××公司

(6)编制时间：××××年××月××日

(7)批复概算：25 800 万元；其中，建安造价：22 150 万元

(8)结构类型：框架结构

(9)建筑面积：25 800 m^2

(10)建设地点：校内

二、审查范围

根据咨询合同委托的范围，重点审查以下内容。

(一)审查结算的递交程序和资料的完备性

(1)审查结算资料递交手续程序的合法性，以及结算资料具有的法律效力。

(2)审查结算资料的完整性、真实性和相符性。

(二)审查与结算有关的各项内容

(1)建设工程发承包合同及其补充合同的合法和有效性。

(2)施工发承包合同范围以外调整的工程价款。

(3)分部分项、措施项目、其他项目工程量及单价。

(4)发包人单独分包工程项目的界面划分和总包人的配合费用。

(5)工程变更、索赔、奖励及违约费用。

(6)取费、税金、政策性调整以及材料价差计算。

(7)实际施工工期与合同工期发生差异的原因和责任，以及对工程造价的影响程度。

(8)其他涉及工程造价的内容。

三、审查原则

维护国家利益、发包人和承包人的合法权益，坚持实事求是、诚实信用和客观公正的原则。

四、审查依据

(1)《中华人民共和国审计法》。

(2)《中华人民共和国建筑法》。

(3)《中华人民共和国合同法》。

(4)《中华人民共和国招标投标法》。

(5)《最高人民法院关于审理建设工程施工合同纠纷案件适用法律问题的解释》。

(6)建设部107号令《建筑工程施工发包与承包计价管理办法》。

(7)财建[2004]369号财政部　建设部关于印发《建设工程价款结算暂行办法》的通知。

(8)中国建设工程造价管理协会(2002)第015号《工程造价咨询单位执业行为准则》、《造价工程师职业道德行为准则》。

(9)中国建设工程造价管理协会[2007]015号《建设项目工程结算编审规程》。

(10)建设部GB 50500—2008《建设工程工程量清单计价规范》。

(11)施工合同及补充协议。

(12)招标文件(含招标图)及纪要。

(13)中标文件(含商务标和技术标)。

(14)变更洽商单及材料设备认价单。

(15)现场签证单。

(16)送审结算书。

(17)其他送审资料。

五、审查方法

依据施工发承包合同约定的结算方法,对已被列于审查范围的内容全面审查。

六、审查程序

(1)收集并审阅资料、踏勘现场、了解情况。

(2)编制实施方案并报批。

(3)召开咨询项目实施前的协商会议。

(4)开展工程造价的各项计量与计价,向有关单位询问并核对。

(5)将咨询初步成果文件进行检查核对后,向有关各方征询意见,并进行合理的调整。

(6)将核对后的咨询初步成果文件报公司主管负责人审查批准。

(7)召开咨询成果的定案会议,发承包双方代表人和审查人应分别在“结算审定签署表”上签认并加盖公章。

(8)对结算审查结论有分歧的,应在出具结算审查报告前至少组织两次协调会;凡不能共同签认的,审查受托人可适时结束审查工作,并独立出具审查报告,审查报告应客观地载明具体分歧内容、原因及审查处理意见。

(9)向委托单位出具成果文件。

七、审查结果

本工程送审金额为人民币(¥214 425 411.9元),经审核,审减金额为人民币(¥6 241 164.58元),审定含税工程造价为人民币(¥208 184 247.3元)。具体审核明细详见“工程结算审查汇总对比表”和“结算审查签署表”。

八、调整原因

(1)合同内清单工程量部分进行了调整。

(2)对合同内已有的清单项目,但实际没有发生的项目进行了删除。

(3)对暂估价认价中的内容与分部分项工程量清单中有重复的内容进行了扣除。

(4)实际工作内容与招标不一致进行了调整。

(5)总承包服务费计算基数扣除了设备费。

(其他略)

九、主要问题

(1)外装饰幕墙、通风空调等专业分包工程未进行公开招标,不符合《中华人民共和国招标投标法》

第三条、《工程建设项目招标范围和规模标准规定》第七条相关规定。

(2)工程变更控制不到位,导致工程投资较大增加;图纸的整体换版为施工单位转嫁钢筋量差风险提供了借口。

(3)非暂估价材料办理签价,释放了施工单位投标时应承担的风险。

(4)超期降水变更洽商签署不严谨,导致结算纠纷的产生。

十、有关建议

(1)应制定建设项目招投标管理办法,并加强监督和管理。

(2)应制定设计变更管理办法,加强对设计变更的管理,并制定责任追究制度。

(3)应制定投资控制管理办法,促进投资控制,加强对投资的动态控制,避免结算造价超出设计概算。

(4)应加强工程价款支付的控制,尤其是对合同金额有减项的项目,工程预付款、进度款支付比例应符合相关文件要求,防止超付。

(5)加强对施工过程的管理,开展全过程审计,避免施工过程中一些不必要变更、签证的发生,提高签认的准确性和严谨性。

×××××工程
咨询有限公司

法定代表人:
编制人:
复核人:
审查人:
××× 年××月××日

竣工结算审核封面,总说明,工程项目竣工结算、单项竣工结算、单位工程竣工结算汇总审核表如下。

竣工结算审核封面

北京×××大学体育馆工程

竣工结算总价

中 标 价(小写):198 683 962.3 元(大写):壹亿玖仟捌佰陆拾捌万叁仟玖佰陆拾贰元叁角
结 算 价(小写):208 184 247.3 元(大写):贰亿零捌佰壹拾捌万肆仟贰佰肆拾柒元叁角

发 包 人:北京×××大学
(单位盖章)

承 包 人:×××建筑公司
(单位盖章)

咨 询 人:×××造价咨询企业
(单位资质专用章)

法定代表人 北京×××大学
或其授权人:法定代表人
(签字或盖章)

法定代表人 ×××建筑公司
或其授权人:法定代表人
(签字或盖章)

法定代表人 ×××造价咨询企业
或其授权人:法定代表人
(签字或盖章)

×××签字盖造价工程师
编 制 人:或造价员专用章
(造价人员签字盖专用章)

×××签字
核 对 人:盖造价工程师专用章
(造价工程师签字盖专用章)

编制时间:××××年×月×日

核对时间:××××年×月×日

总说明

工程名称:北京×××大学体育馆工程　　　　第1页　共1页

一、工程概况

本工程为北京×××大学体育馆工程,由××设计研究院设计。建筑面积:25 800 m^2;层数:主体建筑地上3层,看台2层,局部设备用房四层,地下1层;层高平均为5米;招标要求施工工期684日历天,投标工期为581日历天,实际工期为675天。结构工程采用满堂基础,主体为框架剪力墙,钢屋架,陶粒混凝土砌块及加气混凝土砌块填充墙,外墙装修采用烧毛花岗岩板、仿石涂料、玻璃幕墙及铝塑板,内装修为乳胶漆涂料、吸音铝板及釉面砖,铝合金门窗、木质防火门。

二、竣工结算审核依据

(1)《中华人民共和国审计法》

(2)《中华人民共和国建筑法》

(3)《中华人民共和国合同法》

(4)《中华人民共和国招标投标法》

(5)《最高人民法院关于审理建设工程施工合同纠纷案件适用法律问题的解释》

(6)建设部107号令《建筑工程施工发包与承包计价管理办法》

(7)财建[2004]369号财政部　建设部关于印发《建设工程价款结算暂行办法》的通知

(8)中国建设工程造价管理协会(2002)第015号《工程造价咨询单位执业行为准则》、《造价工程师执业道德行为准则》

(9)《建设项目工程结算编审规程》

(10)送审的竣工结算书及结算资料

(11)《建设工程工程量清单计价规范》(GB 50500—2008)及北京市相关规定

(12)本工程的招标文件及答疑纪要

(13)施工合同,投标文件

(14)招标图纸、竣工图纸

(15)发包人确认的变更洽商、现场签证和索赔资料

(16)发包人确认的材料设备认价单

(17)2001年《北京市建设工程预算定额》

(18)2001年《北京市建设工程费用定额》及现行文件

(19)其他相关资料

三、核对情况说明

本工程合同价为198 683 962.3元,报送结算金额为214 425 411.9元,核对后确认金额为208 184 247.3万元,核减金额为6 241 164.58元,金额变化的主要原因为:

(1)合同内分部分项工程量清单审减5 070 604.6元,主要审减工程量;

(2)专业工程结算价审减600 000元,主要原因为专业分包结算价中包含分部分项工程部分价款;

(3)总承包服务费审减120 000元,主要原因为基数中扣除设备费;

(4)工程变更、材料暂估价、价格调整、索赔与签证按施工过程中已审核金额进入结算。

四、结算价分析说明

本工程合同价为198 683 962.3元,结算价为208 184 247.3元。结算价格中包括专业工程结算价,专业工程暂估价为39 170 000元,结算价为39 520 000元。本工程结算价较合同价超9 500 285元,具体分析如下:

原合同内清单漏项及工程量清单数量调整增加1 543 800.79元,其中漏项增加2 235 302.82元;

变更洽商增加7 331 966.21元;

措施费用增加655 377.5元,其中变更洽商导致措施费用增加671 432元;

专业暂估价增加350 000元;

总承包服务费减少93 000元;

材料暂估价增加2 305 576元;

价格调整1 022 341元;

索赔及签证增加314 027.1元;

规费和税金增加656 796.38元;

预留金及计日工减少4 586 600元。

五、其他说明

其他略。

工程项目竣工结算汇总审核表

工程名称:北京×××大学体育馆工程

第1页　共1页

序号	单项工程名称	送审数据			审定数据			调整金额(元)		备注
		金额(元)	其中		金额(元)	其中		+	-	
			安全文明施工费(元)	规费(元)		安全文明施工费(元)	规费(元)			
1	体育馆工程	214 425 411.9	3 772 164.39	5 322 399.32	208 184 247.3	3 772 164.39	5 136 727.89		6 241 164.58	
合　计		214 425 411.9	3 772 164.39	5 322 399.32	208 184 247.3	3 772 164.39	5 136 727.89		6 241 164.58	

单项竣工结算汇总审核表

工程名称:北京×××大学体育馆工程

第1页　共1页

序号	单项工程名称	送审数据			审定数据			调整金额(元)		备注
		金额(元)	其中		金额(元)	其中		+	-	
			安全文明施工费(元)	规费(元)		安全文明施工费(元)	规费(元)			
1	体育馆工程	214 425 411.9	3 772 164.39	5 322 399.32	208 184 247.3	3 772 164.39	5 136 727.89		6 241 164.58	
合　计		214 425 411.9	3 772 164.39	5 322 399.32	208 184 247.3	3 772 164.39	5 136 727.89		6 241 164.58	

单位工程竣工结算汇总审核表

工程名称:北京×××大学体育馆工程

第1页　共1页

序号	汇总内容	金额(元)		调整金额(元)	
		送审数据	审定数据	+	-
1	分部分项工程费	143 988 437.2	138 917 832.6		5 070 604.64
1.1	建筑工程	53 973 598.3	51 948 227.91		2 025 370.39
1.2	装饰装修工程	29 843 036.25	28 309 902.04		1 533 134.21
1.4	电梯工程	1 681 664.9	1 681 664.9		
1.5	变配电工程	6 227 569.98	6 123 144.3		104 425.68
1.6	强电工程	20 405 805.8	19 984 565.3		421 240.5
1.7	喷淋工程	635 667	635 667		
1.8	消火栓及气体灭火工程	831 855.9	831 855.9		
1.9	消防炮工程	714 486	714 486		
1.10	给排水工程	2 715 012.54	2 134 532.6		580 479.94
1.11	采暖工程	1 386 035	1 386 035		
1.12	通风空调工程	15 107 054.29	16 011 231.2	904 176.91	
1.13	弱电工程	681 210	681 210		

续表

序号	汇总内容	金额(元)		调整金额(元)	
		送审数据	审定数据	+	-
1.14	安装清单漏项	2 453 475	1 143 344.2		1 310 130.8
1.15	变更洽商	7 331 966.21	7 331 966.21		
2	措施项目费	13 499 492.37	13 431 825.89		67 666.48
2.1	其中:安全文明施工费	3 772 164.39	3 772 164.39		
2.2	其中:变更洽商调整措施费用	671 432	671 432		
3	其他项目	41 236 427.1	40 524 427.1		712 000
3.1	暂列金额	—	—		
3.2	专业工程结算价	40 120 000	39 520 000		600 000
3.3	计日工	—	—		
3.4	总承包服务费	802 400	690 400		120 000
3.5	索赔与现场签证	314 027.1	314 027.1		
4	规费	5 322 399.32	5 136 727.89		185 671.43
5	材料暂估单价调整	2 305 576	2 305 576		
6	价格调整	1 022 341	1 022 341		
7	税金	7 050 738.88	6 845 516.84		205 222.04
竣工结算总价合计=1+2+3+4+5		214 425 411.9	208 184 247.3		6 241 164.59

分部分项工程量清单的审核表示例如下。

分部分项工程量清单与计价审核表

工程名称:北京×××大学体育馆建筑工程　　标段:　　第1页　共9页

序号	项目编码	项目名称	项目特征描述	计量单位	送审数据				审定数据				调整金额(元)		备注
					工程量	金　额(元)			工程量	金　额(元)					
						综合单价	合价	其中:暂估价		综合单价	合价	其中:暂估价	+	-	
A.1 土(石)方工程															
1	010101001001	场地平整(比赛馆)	1. 土壤类别:自行考虑 2. 弃土运距:自行考虑 3. 取土运距:自行考虑	m^2	4 733.44	1.42	6 721.48		4 733.44	1.42	6 721.48		—	—	
2	010101003001	挖基础土方(比赛馆)	1. 土壤类别:自行考虑 2. 基础类型:筏板基础 3. 挖土深度:13 m外 4. 弃土运距:自行考虑	m^3	49 234.4	30.98	1 525 281.71		482 123.5	30.98	14 936 186.03		—	289 095.68	工程量调整
3	010101001002	场地平整(游泳馆)	1. 土壤类别:自行考虑 2. 弃土运距:自行考虑 3. 取土运距:自行考虑	m^2	1 682.6	1.42	2 389.29		1 682.6	1.42	2 389.29		—	—	
4	010103001001	土方回填(比赛馆)	1. 土质要求:2:8灰土回填 2. 弃土运距:自行考虑 3. 取土运距:自行考虑	m^3	290.8	34.6	10 061.68		290.8	34.6	10 061.68		—	—	
			(其他略)												
			分部小计				2 188 210.97				2 061 878.6			126 332.37	
A.2 桩与地基基础工程															
12	010201003001	混凝土灌注桩	1. 土壤级别:自行考虑 2. 单桩长度、根树:15.4 m,共85根 3. 桩截面:直径600 4. 成孔方法:钻孔灌注桩 5. 混凝土强度等级:C30	m	1 309.00	243.39	318 593.6		1 235.4	243.39	300 684.01		—	289 095.68	工程量调整

续表

序号	项目编码	项目名称	项目特征描述	计量单位	送审数据				审定数据				调整金额(元)		备注
					工程量	金 额(元)			工程量	金 额(元)					
						综合单价	合价	其中：暂估价		综合单价	合价	其中：暂估价	+	-	
13	010201003002	混凝土灌注桩	1. 土壤级别:自行考虑 2. 单桩长度、根树:17 m,共162根 3. 桩截面:直径600 4. 成孔方法:钻孔灌注桩 5. 混凝土强度等级:C30	根	162.00	243.39	778 845.6		162.00	243.39	778 845.6		—	—	
			(其他略)												
			分部小计				1 789 884.2				1 678 921.3			110 962.9	
A.3 砌筑工程															
14	010304001001	空心砖墙、砌块墙	1. 墙体类型:地下室内隔墙 2. 墙体厚度:300厚 3. 砌块品种及强度等级:MU7.5陶粒空心砌块 4. 砂浆和料要求:预拌	m^3	518.00	238.87	123 734.66		518.00	238.87	123 734.66		—	—	
15	010304001002	空心砖墙、砌块墙	1. 墙体类型:地下室内隔墙 2. 墙体厚度:200厚 3. 砌块品种及强度等级:MU7.5陶粒空心砌块 4. 砂浆和料要求:预拌	m^3	4 934.43	238.87	1 178 687.29		4 934.43	238.87	1 178 687.29		—	—	
			(其他略)												
			分部小计				1 143 429.48				1 143 429.48		—	—	
A.4 混凝土及钢筋混凝土工程															
17	010401003001	满堂基础	1. 垫层材料种类、厚度:C15,100厚 2. 混凝土强度等级:C30S6 3. 混凝土拌和料要求:预拌	m^3	3 362.63	426.88	1 435 439.49		3 362.63	426.88	1 435 439.49		—	—	

续表

序号	项目编码	项目名称	项目特征描述	计量单位	送审数据				审定数据				调整金额(元)		备注
					工程量	金　额(元)			工程量	金　额(元)					
						综合单价	合价	其中:暂估价		综合单价	合价	其中:暂估价	+	-	
26	010402001001	矩形柱(比赛馆)	1. 柱截面:1 000×800 2. 混凝土强度等级:C40 3. 混凝土拌和料要求:预拌	m^3	1 386.6	397.34	550 951.64		1 386.6	397.34	550 951.64		—	—	
41	010405001001	比赛馆地下一层有梁板	1. 板厚度:200 厚 2. 混凝土强度等级:C30 3、混凝土拌和料要求:预拌	m^3	211.29	359.08	75 870.01		211.29	359.08	75 870.01		—	—	
93	010416001001	比赛馆现浇混凝土钢筋	1. 钢筋的种类规格:ϕ20(三级钢)	t	356.457	4 426.65	1 577 910.38		324.700	4 426.65	1 437 333.26		—	140 577.12	工程量调整
94	010416001002	比赛馆现浇混凝土钢筋	1. 钢筋的种类规格:ϕ22(二级钢)	t	198.763	4 307.22	856 115.97		172.675	4 307.22	743 749.21		—	112 366.76	工程量调整
			(其他略)												
			分部小计				29 982 359.88				28 796 567.56			1 185 792.32	
A.6 金属结构工程															
145	010605001001	比赛场二层压型钢板	1. 压型钢板 YX70 - 200 - 600 2. 厚度:0.8 mm	m^2	447.40	126.09	56 412.67		447.40	126.09	56 412.67		—	—	
			(其他略)												
			分部小计				11 727 956.4				11 125 673.6			602 282.8	
A.7 屋面及防水工程															
			(其他略)												
			分部小计				5 926 731.48				5 926 731.48				
A.8 防腐、隔热、保温工程															

续表

序号	项目编码	项目名称	项目特征描述	计量单位	送审数据				审定数据				调整金额(元)		备注
					工程量	金额(元)			工程量	金额(元)			+	-	
						综合单价	合价	其中:暂估价		综合单价	合价	其中:暂估价			
164	010803003001	保温隔热墙	1. 抹3~5厚聚合物砂浆,中间压入一层耐碱玻纤网格布 2. 聚合物砂浆粘贴90厚双面带小凹槽聚苯板 3. 1:3水泥砂浆找平 4. 基层墙面刷界面剂 5. 砂浆和料要求:预拌	m^2	5 261.00	120.55	634 213.55		5 261.00	120.55	634 213.55		—	—	
166	京 010803006001	工程水电费	工程水电费(北京市补充清单项目)	m^2	25 800	15.91	410 478		25 800	15.91	410 478		—	—	
			(其他略)												
			分部小计				1 215 025.89				1 215 025.89				
合计							53 973 598.3				51 948 227.91			2 025 370.39	

分部分项工程量清单与计价审核表

工程名称:北京×××大学体育馆装饰装修工程　　标段:　　第1页　共14页

序号	项目编码	项目名称	项目特征描述	计量单位	送审数据				审定数据				调整金额(元)		备注
					工程量	金额(元)			工程量	金额(元)			+	-	
						综合单价	合价	其中:暂估价		综合单价	合价	其中:暂估价			
B.1 楼地面工程															
3	020101001001	水泥砂浆楼地面(F7)	1. 1~2厚自流平环氧面漆涂层 2. 环氧漆底涂一道 3. 20厚1:2.5水泥砂浆压实赶光 4. 砂浆和料要求:预拌	m^2	5 096.00	202.16	1 030 207.36		4 766.67	202.16	963 630.01		—	66 577.35	
5	020102001001	石材楼地面	详见招标图纸建筑1-02中<F3>花岗岩楼地面做法砂浆和料要求:预拌	m^2	3 181.00	665.04	2 115 492.24		3 181.00	665.04	2 115 492.24		—	—	

续表

序号	项目编码	项目名称	项目特征描述	计量单位	送审数据				审定数据				调整金额(元)		备注
					工程量	金额(元)			工程量	金额(元)					
						综合单价	合价	其中:暂估价		综合单价	合价	其中:暂估价	+	-	
			(其他略)												
			分部小计				13 347 946.54				12 335 432.34			1 012 514.2	
B.2 墙、柱面工程															
34	020201001001	内墙面抹灰	详见图集88J1-1-H9-7C 砂浆和料要求:预拌	m^2	24 893.00	11.75	292 492.75		24 893.00	11.75	292 492.75		—	—	
43	020209001001	隔断	50厚轻钢龙骨单面石膏板墙	m^2	112	79.75	8 932		-	79.75	8 932			8 932	取消项
44	020210001001	带骨架玻璃幕墙	双层中空LOW-E玻璃(需进行二次深化设计)	m^2	1 945.00	1 290.34	2 509 711.3		1 945.00	1 290.34	2 509 711.3		—	—	
			(其他略)												
			分部小计				7 552 000.43				7 512 324.6			39 675.83	
B.3 天棚工程															
46	020301001001	天棚抹灰	1.3厚1:0.2:2.5水泥石灰膏砂浆找平 2.5厚1:0.2:3水泥石灰膏砂浆打底扫毛 3.素水泥浆一道甩毛 4.砂浆和料要求:预拌	m^2	9 479.00	11.55	109 482.45		9 479.00	11.55	109 482.45		—	—	
			(其他略)												
			分部小计				1 100 727.17				987 643.4			113 083.77	
B.4 门窗工程															
59	020406001001	氟碳喷涂彩色铝合金推拉窗	型号:LC1618 洞口尺寸:1 600×1 800 型材:氟碳喷涂断桥隔热铝型材 玻璃:双层中空钢化LOW-E玻璃(厚度6+12A+6)	樘	74	2 342.13	173 317.62		74	2 342.13	173 317.62		—	—	

续表

序号	项目编码	项目名称	项目特征描述	计量单位	送审数据				审定数据				调整金额(元)		备注
					工程量	金　额(元)			工程量	金　额(元)					
						综合单价	合价	其中：暂估价		综合单价	合价	其中：暂估价	+	-	
59	020406001002	氟碳喷涂彩色铝合金推拉窗	型号:LC1132 洞口尺寸:1 100×3 200 型材:氟碳喷涂断桥隔热铝型材 玻璃:双层中空钢化 LOW-E 玻璃(厚度 6+12A+6)	m^2	98.56	813.24	80 152.93		98.56	813.24	80 152.93		—	—	
		(其他略)													
		分部小计					2 211 295.92				2 211 295.92		—	—	
B.5 油漆、涂料、裱糊工程															
9	020507001001	刷喷涂料	1. 内墙面刷防火型功能性合成树脂乳液涂料二道饰面 2. 封底漆一道	m^2	23 325.2	11.52	268 706.3		23 325.2	11.52	268 706.3		—	—	
		(其他略)													
		分部小计					1 863 348.01				1 795 465.6			67 882.41	
B.6 其他工程															
181	020603001001	洗漱台	大理石台面见 88J8—P12—7	m^2	66.40	249.88	16 592.36		66.40	249.88	16 592.36		—	—	
185	AB001	成品厕所隔断	1. 材质:12 厚埃特板 2. 尺寸:900×1 700(带门) 3. 油漆	间	165	885.95	146 181.75		165	885.95	146 181.75		—	—	
		(其他略)													
		分部小计					1 966 498.18				1 966 498.18		—	—	
清单漏项部分															
203	020507001002	防火涂料	1. 钢结构防火涂料 2. 耐火极限为 2.0H 3. 采用超薄型	m^2	12 181.6	89.64	1 091 958.62		12 181.6	89.64	1 091 958.62		—	—	
		(其他略)													
		分部小计					1 801 220				1 501 242			299 978	

续表

序号	项目编码	项目名称	项目特征描述	计量单位	送审数据				审定数据				调整金额(元)		备注
					工程量	金额(元)			工程量	金额(元)					
						综合单价	合价	其中：暂估价		综合单价	合价	其中：暂估价	+	-	
合计							29 843 036.25				28 309 902.04			1 533 134.21	

分部分项工程量清单与计价审核表

工程名称：北京×××大学体育馆安装工程　　标段：　　第1页　共34页

序号	项目编码	项目名称	项目特征描述	计量单位	送审数据				审定数据				调整金额(元)		备注
					工程量	金额(元)			工程量	金额(元)					
						综合单价	合价	其中：暂估价		综合单价	合价	其中：暂估价	+	-	
C.1 机械设备安装工程——电梯															
1	030107001001	交流电梯	1. 用途：客梯 2. 层数：4层 3. 站数：4站 4. 提升：25.1 m	台	5	320 310	1 601 550		5	320 310	1 601 550		—	—	
			（其他略）												
			分部小计				1 681 664.9				1 681 664.9		—	—	
C.2.1 电气设备安装工程——变配电															
2	030201002001	干式变压器	干式铜芯变压器 TM1 SCR9-2 000 kVA/H级 10 kV ±2 * 2.5%/0.4 - 0.23 kV DY11 UD = 6%	台	1	406 466.4	406 466.4		1	406 466.4	406 466.4		—	—	
			（其他略）												
			分部小计				6 227 569.98				6 123 144.3			104 425.68	
C.2.2 电气设备安装工程——强电															
130	030203006001	低压封闭式插接母线槽	1. 型号：低压封闭式插接母线槽 2. 容量：NHLD - 250 A/5P	m	38	894.47	33 989.86		38	894.47	33 989.86				
			（其他略）												

续表

序号	项目编码	项目名称	项目特征描述	计量单位	送审数据				审定数据				调整金额(元)		备注
					工程量	金　额(元)			工程量	金　额(元)					
						综合单价	合价	其中：暂估价		综合单价	合价	其中：暂估价	+	-	
		分部小计					20 405 805.8				19 984 565.3			421 240.5	
C.7.1 消防工程——喷淋															
156	030701001001	水喷淋镀锌钢管	1. 安装部位:室内 2. 材质:镀锌钢管 3. 型号、规格:DN150 4. 连接方式:沟槽连接 5. 除锈、刷油、防腐设计要求:10 厚橡塑保温,玻璃丝布两道,防火漆两遍,黄色色环 6. 填料套管安装 7. 冲洗、管道试压	m	598.45	168.25	100 689.21		598.45	168.25	100 689.21		—	—	
		(其他略)													
		分部小计					635 667				635 667		—	—	
C.7.2 消防工程——消火栓及气体灭火															
178	030701003001	消火栓镀锌钢管	1. 安装部位:室内 2. 材质:镀锌钢管 3. 型号、规格:DN150 4. 连接方式:沟槽连接 5. 除锈、刷油、防腐设计要求:调和漆两道 6. 填料套管安装、沟槽件安装 7. 冲洗、管道试压	m	330.55	144.73	47 841.29		330.55	144.73	47 841.29		—	—	
		(其他略)													
		分部小计					831 855.9				831 855.9		—	—	
C.7.3 消防工程——消防炮															

续表

序号	项目编码	项目名称	项目特征描述	计量单位	送审数据				审定数据				调整金额(元)		备注
					工程量	金额(元)			工程量	金额(元)					
						综合单价	合价	其中：暂估价		综合单价	合价	其中：暂估价	+	-	
187	030701003002	消火栓镀锌钢管	1. 安装部位：室内 2. 材质：镀锌钢管 3. 型号、规格：DN150 4. 连接方式：沟槽连接 5. 除锈、刷油、防腐设计要求：10 厚橡塑保温，玻璃丝布两道，防火漆两遍，红色色环 6. 填料套管安装、沟槽件安装 7. 冲洗、管道试压	m	228.00	175.65	40 047.54		228.00	175.65	40 047.54		—	—	
			（其他略）												
			分部小计				714 486				714 486		—	—	
C.8.1 给排水工程															
192	030801009001	薄壁不锈钢给水管	1. 安装部位：室内 2. 输送材质：给水 3. 材质：薄壁不锈钢管 4. 型号、规格：DN100 5. 连接方式：卡压式连接 6. 套管形式、材质、规格：一般填料套管 7. 除锈、刷油、防腐、绝热及保护层设计要求：10 厚橡塑保温，外缠玻璃丝布，防火漆两遍，蓝色色环 8. 消毒、冲洗、管道试压	m	234.23	824.52	193 127.32		234.23	824.52	193 127.32		—	—	

续表

序号	项目编码	项目名称	项目特征描述	计量单位	送审数据				审定数据				调整金额(元)		备注
					工程量	金额(元)			工程量	金额(元)			+	-	
						综合单价	合价	其中:暂估价		综合单价	合价	其中:暂估价			
213	030801004001	离心铸造排水铸铁管	1. 安装部位:室内 2. 输送材质:排水 3. 材质:铸铁管 4. 型号、规格:DN150 5. 连接方式:柔性接口 6. 套管形式、材质、规格:柔性防水套管 7. 除锈、刷油、防腐、绝热及保护层设计要求:防锈漆一道,沥青两道 8. 冲洗、闭水试验	m	32.45	355.23	11 527.16		32.45	355.23	11 527.16		—	—	
223	030804014001	水箱制作安装	1. 材质:不锈钢 2. 类型:组合式冷水箱 3. 型号:1 000 × 2 000 × 1 000 4. 保温:50 厚橡塑保温	套	1	5 347.18	5 347.18		1	5 347.18	5 347.18		—	—	
		(其他略)													
		分部小计					2 715 012.54				2 134 532.6		—	580 479.94	
C.8.2 采暖工程															

续表

序号	项目编码	项目名称	项目特征描述	计量单位	送审数据				审定数据				调整金额(元)		备注
					工程量	金额(元)			工程量	金额(元)					
						综合单价	合价	其中：暂估价		综合单价	合价	其中：暂估价	+	-	
234	030801002001	无缝钢管	1. 安装部位：室内 2. 输送材质：热媒体 3. 材质：无缝钢管 4. 型号、规格：外径（毫米）108 5. 连接方式：焊接 6. 套管形式、材质、规格：防水套管 7. 除锈、刷油、防腐、绝热及保护层设计要求：35 mm厚难燃B1级橡塑海绵保温 8. 水压及泄漏试验	m	290.00	171.72	49 799.34		290.00	171.72	49 799.34		—	—	
		（其他略）													
		分部小计					1 386 035				1 386 035		—	—	
C.9 通风空调工程															
245	030901004001	新风空调机组	1. 形式：新风空调机组 2. 质量：风量2 000CMH 3. 安装位置：机房落地安装	台	1	40 763.75	40 763.75		1	40 763.75	40 763.75		—	—	

续表

序号	项目编码	项目名称	项目特征描述	计量单位	送审数据				审定数据				调整金额(元)		备注
					工程量	金　额(元)			工程量	金　额(元)					
						综合单价	合价	其中：暂估价		综合单价	合价	其中：暂估价	+	-	
	030903001001	通风管道	1. 材质：镀锌钢板风管 2. 形状：矩形 3. 周长或直径：大边长 630 mm 以内 4. 板材厚度：0.6 mm 5. 接口形式：咬口 6. 风管附件、支架设计要求：风管及管件、弯头导流叶片、支吊架制作安装 7. 除锈、刷油、30 mm 铝箔离心玻璃棉保温 8. 风管场外运输	m^2	22	176.82	3 889.99		22	176.82	3 889.99		—	—	
	（其他略）														
		分部小计					15 107 054.29				16 011 231.2		904 176.91		
C.11 通信设备及线路工程——弱电工程															
387	031103004001	金属线槽	1. 规格：防火金属线槽 2. 程式：150×100	m	178.10	134.36	23 930.16		178.10	134.36	23 930.16		—	—	
		（其他略）													
		分部小计					681 210				681 210		—	—	
安装部分清单漏项															
		（其他略）													
		分部小计					2 453 475				1 143 344.2			1 310 130.8	
		合计				52 839 836.41				51 327 736.4			1 512 100.01		

措施项目清单与计价审核表、工程变更计价汇总表、其他项目清单与计价汇总审核表如下。

措施项目清单与计价审核表(一)

工程名称:北京×××大学体育馆工程　　　　标段:　　　　第1页　共1页

序号	项目名称	计算基础	费率(%)	送审金额(元)	送审金额(元)	调整金额(元)		备注
						+	-	
1	安全文明施工	人工费		3 772 164.39	3 772 164.39	—	—	
2	夜间施工					—	—	
3	二次搬运			55 731	55 731	—	—	
4	冬雨季施工			72 415	72 415	—	—	
5	大型机械设备进出场及安拆			90 000	90 000	—	—	
6	施工排水					—	—	
7	施工降水			325 620	325 620	—	—	
8	地上、地下设施,建筑物的临时保护设施					—	—	
9	已完工程及设备保护			241 200	241 200	—	—	
10	竣工图编制费			251 250	251 250	—	—	
11	护坡工程			2 164 826	2 164 826	—	—	
12	场地狭小所需措施费用			83 597	83 597	—	—	
13	意外伤害保险费用			106 832	106 832	—	—	
14	室内空气污染检测费			50 000	50 000	—	—	
15	扬尘污染控制费			243 245	243 245	—	—	
16	建筑工程措施项目			2 463 298	2 463 298	—	—	
(1)	脚手架			1 246 243	1 246 243	—	—	
(2)	垂直运输机械			1 217 055	1 217 055	—	—	
17	装饰装修工程措施项目					—	—	
(1)	垂直运输机械					—	—	
(2)	脚手架					—	—	
18	混凝土泵送费			275 671	275 671	—	—	
						—	—	
						—	—	
合　计				10 195 849.39	10 195 849.39	—	—	

措施项目清单与计价审核表(二)

工程名称:北京×××大学体育馆工程　　　　标段:　　　　第1页　共1页

序号	项目编码	项目名称	项目特征描述	计量单位	送审数据			审定数据			调整金额(元)		备注
					工程量	金额(元)		工程量	金额(元)				
						综合单价	合价		综合单价	合价	+	-	
1	AB002	现浇钢筋混凝土平板模板及支架	1. 构件形状:矩形 2. 支模高度:支模高度3 m 3. 模板类型:自行考虑 4. 支撑类型:自行考虑	m^2	1 178.5	34.67	40 858.6	1 178.5	34.67	40 858.6			

续表

序号	项目编码	项目名称	项目特征描述	计量单位	送审数据			审定数据			调整金额(元)		备注
					工程量	金额(元)		工程量	金额(元)		+	-	
						综合单价	合价		综合单价	合价			
2	AB003	现浇钢筋混凝土有梁板及支架	1. 构件形状:矩形 2. 支模高度:板底支模高度3.78 m 3. 模板类型:自行考虑 4. 支撑类型:自行考虑	m^2	16 006.87	41.53	664 765.31	15 324.34	41.53	636 419.84		28 345.47	
3	AB004	现浇钢筋混凝土圆形柱模板	1. 构件形状:圆形 2. 支模高度:支模高度3.5 m 3. 模板类型:自行考虑 4. 支撑类型:自行考虑	m^2	248.6	47.86	11 898	248.6	47.86	11 898			
4	AB005	现浇钢筋混凝土直行墙模板	1. 构件形状:矩形 2. 支模高度:支模高度3.9 m 3. 模板类型:自行考虑 4. 支撑类型:自行考虑	m^2	9 634	21.68	208 865.12	9 634	21.68	208 865.12			
		(其他略)											
合　计							2 632 210.98			2 564 544.5		67 666.48	

工程变更计价汇总表

工程名称:北京×××大学体育馆工程——工程变更　　　　第1页　共1页

序号	变更号	变更项目名称	分部分项工程费(元)	措施项目费(元)	合计(元)	依据	备注
1	设计变更(结构01-C2-001)	满堂基础标号C30S6改为C30S8 Z12截面尺寸1 000×800改为1 000×1 000	311 644.38	19 960.11	331 604.49	005	
2		(以下略)					
		合计	7 331 966.21	671 432	8 003 398.21		

其他项目清单与计价汇总审核表

工程名称:北京×××大学体育馆工程　　　　标段:　　　　第1页　共1页

序号	项目名称	计量单位	送审金额(元)	审定金额(元)	调整金额(元)		备注
					+	-	
1	暂列金额	项	—	—			
2	暂估价		40 120 000	39 520 000		600 000	
2.1	材料暂估价		—	—			
2.2	专业工程结算价	项	40 120 000	39 520 000		600 000	明细详见专业工程暂估价审核表
3	计日工		—	—			
4	总承包服务费		802 400	690 400		112 000	明细详见表总承包服务费计价审核表

续表

序号	项目名称	计量单位	送审金额（元）	审定金额（元）	调整金额（元）		备注
					+	-	
5	索赔与现场签证		314 027.1	314 027.1			索赔与现场鉴证汇总表
合　计			44 564 344.1	43 852 344.1		712 000	—

其中，专业工程结算审核表如下所示，调整金额中的原因见备注。

专业工程结算价审核表

工程名称：北京×××大学体育馆工程　　　标段：　　　第1页　共1页

序号	工程名称	工程内容	送审金额（元）	审定金额（元）	调整金额（元）		备注
					+	-	
1	玻璃雨篷	制作、安装	48 000	48 000			
2	金属屋面板	制作、安装	6 985 600	6 585 600		400 000	与分部分项部分内容重复
3	中央球壳	制作、安装	1 500 000	1 500 000			
4	火警报警及消防联动控制系统	安装、调试	2 800 000	2 800 000			
5	安保系统	安装、调试	2 200 000	2 200 000			
6	楼宇设备自控系统	安装、调试	2 560 000	2 360 000		200 000	与招标内容发生改变
	⋮						
合　计			40 120 000	39 520 000		600 000	—

总承包服务费计价审核表，材料暂估价调整汇总表，人工、材料、机械价差调整汇总表，索赔与现场鉴证汇总表如下。

总承包服务费计价审核表

工程名称：北京×××大学体育馆工程　　　标段：　　　第1页　共1页

序号	项目名称	送审数据			审定数据			调整金额（元）		备注
		项目价值（元）	费率（%）	金额（元）	项目价值（元）	费率（%）	金额（元）	+	-	
1	发包人发包专业工程	40 120 000	2%	802 400	34 520 000	2%	690 400		112 000	基数中扣除500万元设备费
2	发包人供应材料									
	合计			802 400			690 400		112 000	

材料暂估价价差调整汇总表

工程名称：北京×××大学体育馆工程　　　标段：　　　第1页　共1页

序号	项目名称	计量单位	调整金额（元）	调整依据	备注
1	铝合金门窗	项	-420 774.71	004	
2	（以下略）				

续表

序号	项目名称	计量单位	调整金额(元)	调整依据	备注
3					
4					
	合计		2 305 576		

注:明细见材料暂估价价差调整示例

人工、材料、机械价差调整汇总表

工程名称:北京×××大学体育馆工程　　标段:　　第1页　共1页

序号	项目名称	计量单位	数量	调整单价(元)	调整合价(元)	调整依据	备注
1	2009 -7 月钢筋	t	1 500	180	494 418.1	003	
2							
3							
4							
		(以下略)					
		合计			1 022 341		

注:明细见人工、材料、机械价差调整示例

索赔与现场鉴证汇总表

工程名称:北京×××大学体育馆工程　　标段:　　第1页　共1页

序号	签证及索赔项目名称	计量单位	数量	单价(元)	合价(元)	索赔及签证依据	备注
1	关于施工现场增加视频监控系统	项	1	74 027.1	74 027.1	001	
2	破除障碍物	M3	3 000	80	2 400 000	002	
3							
		(以下略)					
		合计			314 027.1		

注:明细见索赔与现场签证示例

规费、税金项目清单与计价表如下。

规费、税金项目清单与计价表

工程名称:北京×××大学体育馆工程　　　　标段:　　　　第1页　共1页

序号	项目名称	计算基础	送审数据		审定数据		调整金额		备注
			费率(%)	金额(元)	费率(%)	金额(元)	+	-	
1	规费	人工费	24.09	5 322 399.32	24.09	5 136 727.89		185 671.43	
1.1	工程排污费								
1.2	社会保障费								
(1)	养老保险费								
(2)	失业保险费								
(3)	医疗保险费								
1.3	住房公积金								
1.4	危险作业意外伤害保险								
1.5	工程定额测定费								
2	税金	分部分项工程费+措施项目费+其他项目费+规费	3.4	7 050 738.88	3.4	6 845 516.84		205 222.04	
合　计				12 373 138.2		11 982 244.73		390 893.47	

工程量清单综合单价分析表如下。

工程量清单综合单价分析表

工程名称:北京×××大学体育馆工程　　　　标段:　　　　第1页　共564页

项目编码	020507001002		项目名称	防火涂料			计量单位		M2		
清单综合单价组成明细											
定额编号	定额名称	定额单位	数量	单价				合价			
				人工费	材料费	机械费	管理费和利润	人工费	材料费	机械费	管理费和利润
11-45	钢屋架防火涂料	M2	12 181.6	16.605	65.08	2.41	5.54	202 275.47	792 778.53	29 357.66	67 486.06
人工单价		小　计						202 275.47	792 778.53	29 357.66	67 486.06
45元/工日		未计价材料费									
清单项目综合单价								89.64			

材料费明细	主要材料名称、规格、型号	单位	数量	单价(元)	合价(元)	暂估单价(元)	暂估合价(元)
	钢结构防火涂料	KG	50 431.82	15.5	781 693.21		
	其他材料费			—	11 085.32	—	
	材料费小计			—	792 778.53	—	

11.5.2　竣工决算实例

工程决算详式审核报告如下。

××单位××项目工程决算

审核报告

××字(××)年××号

根据《××项目工程决算审核委托协议》,我们于××年××月××日至××日,对××单位××建设项目(具体名称按可研批复文件名称填写)工程决算进行了审核。按照适用的相关会计制度规定及相关规定编制工程决算是项目建设单位管理层的责任,这种责任包括:严格按照国家相关基本建设的法律法规进行项目建设;设计、实施和维护与工程决算编制相关的内部控制,以使竣工决算不存在由于舞弊或错误而导致的重大错报;选择和运用恰当的会计政策;做出合理的会计估计。注册造价师的责任是在项目建设单位对所提供的竣工决算资料的真实性、合法性、完整性负责的基础上,遵循独立科学、客观公正、实事求是的原则,实施相关审核工作后,对工程决算发表审核意见。注册造价师按照中国建设工程造价管理协会的相关规程执行了审核工作,遵守了职业道德规范,计划和实施审核工作以对工程决算是否不存在重大错报获取合理保证。审核工作涉及实施审核程序,以获取有关工程决算报表金额和披露的审核证据。我们相信已获取的审核证据是充分、适当的,为其发表审核意见提供了基础。现将审核情况报告如下。

一、项目建设单位概况

包括建厂年份、隶属关系、历史沿革、注册地址、法定代表人、经营范围、重点专业等。

二、项目建设依据及审查依据

(一)项目建设依据

(1)年 月 日,××单位(部门)以(填写项目可行性研究报告批复及文号),批复了项目可行性研究报告。

(2)年 月 日,××单位(部门)以(填写项目初步设计批复及文号),批复了项目初步设计。

(3)年 月 日,××单位(部门)以(填写项目概算调整批复及文号),批复了项目概算调整。

4.年 月 日,××单位(部门)以(填写项目建设内容或建设周期调整批复及文号),批复了项目建设内容或建设周期调整。

(二)审核依据

(1)项目可行性研究报告、初步设计、概算调整及批复文件,投资计划(或预算批复)文件。

(2)国家及相关部门制定的法律、法规和制度。

(3)国家、地方有关规范、定额和取费标准,行业管理部门发布的有关价格信息。

(4)项目的决算报表和凭证等相关财务资料。

(5)项目的招投标资料及相关合同。

(6)其他与项目建设相关的资料。

三、建设项目批复情况

(一)建设目标

(二)主要建设内容

(三)项目总投资及资金来源

项目批复概算总投资××元,其中:建筑安装工程投资××元、设备购置投资××元、其他投资××元。

资金来源:中央预算内基本建设投资(中央财政专项)××元、银行贷款××元、企业自筹××元。

（四）投资规模

批复占地××亩（或 m^2），新建（改建）建筑面积×× m^2，新增工艺设备××台（套）。

（五）建设周期

计划周期：×个月。即××年×月至××年×月（原则以可行性研究报告批复时间为起始时间）。

四、投资计划（或年度预算）及资金到位审查情况

（一）投资计划下达（年度预算批复）情况

××单位分×次下达了该项目的投资计划共××元，具体情况如下。

（1）××年×月×日，××单位以《 》（××号）下达该项目××年度的投资计划××元，其中：中央预算内基本建设投资（专项资金）××元，银行贷款××元，企业自筹××元。

（2）××年×月×日，××单位以《 》（××号）下达该项目××年度的投资计划××元，其中：中央预算内基本建设投资（专项资金）××元，银行贷款××元，企业自筹××元。

（二）资金到位情况

截至××年×月×日（审查日），××厂实际到位资金××元，占概算总投资的%。

1. 国拨资金到位情况

概算批复该项目中央预算内基本建设投资（专项资金）××元，截至××年×月×日（审查日），××厂实际到位中央预算内基本建设投资（专项资金）××元，存入××银行××支行。存款账号：×××。到款明细如下。

（1）××年×月×日，到位××单位拨款××元，存入××银行××户，账号××× ××× ×××；

（2）××年×月×日，到位××单位拨款××元，存入××银行××户，账号××× ××× ×××。

2. 银行贷款到位情况

概算批复该项目银行贷款××元。××厂银行贷款实际到位时间、贷款银行、贷款金额、存款账号等。

3. 自筹资金到位情况

概算批复该项目自筹资金××元。××厂自筹资金实际到位时间、到款金额、存款账号等。

五、项目组织管理情况

（一）项目法人责任制实施情况

明确项目法人，项目法人履行职责建立组织机构情况，项目法人履行职责所建立的内控制度。

（二）项目招投标监理制执行情况

（1）建安工程招投标情况（应招标项目个数、投资金额；实际招标项目个数、投资金额；应招标而未招标项目个数、投资金额，未招标项目投资占应招标项目投资比例）

施工单位：名称及资质

（2）设备购置招投标情况（应招标设备台/套数、投资金额；实际招标台/套数、投资金额；应招标而未招标台/套数、投资金额，未招标设备投资占应招标设备投资比例）

（3）勘察、设计、监理招投标情况。

勘察单位：名称及资质

设计单位：名称及资质

监理单位：名称及资质

（三）项目合同制执行情况

合同签订情况，各项内容是否签订合同，合同内容是否规范、完整、合法。合同执行情况，合同是否得到有效执行。

（四）工程监理制执行情况

工程是否执行了监理制，监理责任落实情况等。

（五）工程监理制执行情况

工程是否落实了合同管理制，签订合同是否合法、规范、完整，合同是否得到有效执行。有无重大合同欺诈或舞弊行为。

六、项目投资支出情况

批复该项目总投资××元。项目单位报审投资××元。经审核，核减（增）投资××元，审定完成投资××元，超概算（较概算节约）××元，超概率（占概算比率）××%。

项目投资支出情况表

单位：元，台（套）

项目	概算投资	报审投资	审定投资	比报审增减（±）	比概算增减（±）	占概算比例（%）
建安投资						
设备投资						
待摊投资						
合　计						
设备数量						
建筑面积						

1. 建筑安装工程投资审核情况

批复该项目新增（改造、扩建、续建）建筑面积×× m^2；建筑安装工程费××元（如含公用设备费用应加括号说明）。项目单位报审新增（改造、扩建、续建）建筑面积×× m^2；报审投资××元。经审核，实际新增（改造、扩建、续建）建筑面积×× m^2；核减投资××元，审定完成投资××元，超概算（较概算节约）××元，超概率（占概算比率）%。具体审核事项如下：

说明核减（增）投资的事项和原因，主要超概算内容及原因，或节约投资较大的原因。

2. 设备投资审核情况

批复新增设备××台（套），设备购置费××元。项目单位报审设备××台（套），报审投资××元。经审核，实际新增设备××台（套）。审定完成投资××元，超概算××元，超概率为%。具体审核事项如下：

说明核减（增）投资的事项和原因，主要超概算内容及原因，或节约投资较大的原因。

3. 待摊投资审核情况

批复其他费用××元（含工程建设其他费用××元、贷款利息××元、预备费××元）。项目单位报审待摊投资××元。经审核，核减（增）投资××元，审定待摊投资支出××元，超概算（较概算节约）××元。具体审核事项如下：

说明核减（增）投资的事项和原因，主要超概算内容及原因，或节约投资较大的原因。

4. 外汇审核情况

批复外汇使用额度××美元，实际使用外汇××美元，超概算（较概算节约）元。

七、交付使用资产及结余资金审核情况

（一）交付使用资产情况

经审核确认，该项目实际交付使用资产总值 ××元，其中：固定资产××元（建筑××元、设备××元），无形资产××元（软件×× 元、土地使用权××元或其他××元），流动资产××元（工器具××元、生产及办公家具××元或其他××元）。经盘点，交付各项资产（是、否）真实存在，费用分摊（是、否或基本）合理。

（二）结余资金审核情况

该项目批复总投资××元，审定完成投资××元。项目超支××元（或项目结余资金××元）。

八、尾工工程

说明该项目是否有尾工工程,工程内容名称及预计投资金额(含已完成的部分投资和尚需发生的投资),预计完成时间。

九、实际建设周期情况

审查建设周期,是否拖期及拖期原因。

十、项目建设存在问题与建议

(一)存在的问题

分类叙述有关:投资计划及资金管理问题、概算执行问题、工程造价问题、合同管理问题、工程监理问题、工程管理问题以及其他有关问题等。

要求问题论述清晰、完整,引用政策依据正确,披露详细,文字精练,措辞恰当。

(二)建议

提出的建议应有针对性、有依据、可操作。

十一、导致保留的事项(导致否定的事项或强调事项)

当出具保留意见、否定意见或强调事项段的审核结论时,此段说明导致保留、否定、强调事项及原因。

十二、审核结论

我们认为,××单位 ××建设项目的工程决算已经按照《财政部关于印发 <基本建设财务管理规定 >的通知》等相关规定进行编制,在所有重大方面公允地反映了项目建设的建设成果和财务状况;在所有重大方面与初步设计(或可行性研究报告)及其批复相一致,具备了竣工决算条件。

××工程造价咨询公司　　　　注册造价师

中国·北京　　　　注册造价师

二○一×年×月×日

(本页无正文)

附表:

(1)建设项目概况表

(2)建设项目竣工财务决算表

(3)建设项目交付使用资产总表

(4)建设项目交付使用资产明细表

(5)应付款明细表

(6)项目竣工决算审核汇总表

(7)待摊投资明细表

(8)待摊投资分配明细表

(9)待核销支出明细表

(10)转出投资明细表

注:

(1)依据双方协商结果,报告货币单位可以用万元。

(2)如果是中央基本建设项目,结论段中的"××单位 ××建设项目的竣工决算已经按照《财政部关于印发〈基本建设财务管理规定〉的通知》等相关规定进行编制"可以更改为"××单位 ××建设项目的竣工决算已经按照《财政部关于印发〈基本建设财务管理规定〉的通知》和《财政部关于进一步加强中央基本建设项目竣工财务决算工作的通知》等相关规定进行编制"。

(3)如有导致保留事项,结论段中"我们认为"后面应加如"除了前段所述……可能产生的影响外"。

(4)如有导致否定事项,结论段应该变更为"我们认为,由于受到前段所述事项的重大影响,××单位××建设项目的竣工决算没能按照《财政部关于印发〈基本建设财务管理规定〉的通知》等相关规定进行编制,在所有重大方面不能公允地反映项目建设的建设成果和财务状况"。

(2)工程决算简式审核报告。

××单位××项目工程决算

审核报告

××字(××)年××号

根据《××项目工程决算审核委托协议》,我们于××年××月××日至××日,对××单位××建设项目(具体名称按可研批复文件名称填写)工程决算进行了审核。按照适用的相关会计制度及相关规定编制工程决算是项目建设单位管理层的责任,这种责任包括:严格按照国家相关基本建设的法律法规进行项目建设;设计、实施和维护与竣工决算编制相关的内部控制,以使竣工决算不存在由于舞弊或错误而导致的重大错报;选择和运用恰当的会计政策;做出合理的会计估计。注册造价师的责任是在项目建设单位对所提供的竣工决算资料的真实性、合法性、完整性负责的基础上,遵循独立科学、客观公正、实事求是的原则,实施相关审核工作后,对竣工决算发表审核意见。注册造价师按照中国建设工程造价管理协会的相关规程执行了审核工作,遵守了职业道德规范,计划和实施审核工作以对竣工决算是否不存在重大错报获取合理保证。审核工作涉及实施审核程序,以获取有关竣工决算报表金额和披露的审核证据。我们相信已获取的审核证据是充分、适当的,为其发表审核意见提供了基础。

一、项目投资支出审核情况

批复该项目总投资××元。项目单位报审投资××元。经审核,核减(增)投资××元,审定完成投资××元,超概算(较概算节约)××元,超概率(占概算比率)××%。

项目投资支出情况表

单位:元,台(套)

项目	概算投资	报审投资	审定投资	比报审增减(±)	比概算增减(±)	占概算比例(%)
建安投资						
设备投资						
待摊投资						
合　计						
设备数量						
建筑面积						

二、交付使用资产及结余资金审核情况

(一)交付使用资产情况

经审核确认,该项目实际交付使用资产总值 ××元,其中:固定资产××元(建筑××元、设备××元),无形资产××元(软件×× 元、土地使用权××元或其他××元),流动资产××元(工器具××元、生产及办公家具××元或其他××元)。经盘点,交付各项资产(是、否)真实存在,费用分摊(是、否或基本)合理。

(二)结余资金审核情况

该项目批复总投资××元,审定完成投资××元。项目超支××元(或项目结余资金××元)。

三、尾工工程

说明该项目是否有尾工工程,工程内容名称及预计投资金额(含已完成的部分投资和尚需发生的投资),预计完成时间。

四、导致保留的事项(导致否定的事项或强调事项)

当出具保留意见、否定意见或强调事项段的审核结论时,此段说明导致保留、否定、强调事项及原因。

五、审核结论

我们认为,××单位 ××建设项目的竣工决算已经按照财政部《关于印发〈基本建设财务管理规定〉的通知》等相关规定进行编制,在所有重大方面公允地反映了项目建设的建设成果和财务状况;在所有重大方面与初步设计(或可行性研究报告)及其批复相一致,具备了竣工决算条件。

××工程造价咨询公司　　　　注册造价师

中国·北京　　　　注册造价师

二〇一×年×月×日

(本页无正文)

附表:

(1)建设项目概况表

(2)建设项目竣工财务决算表

(3)建设项目交付使用资产总表

(4)建设项目交付使用资产明细表

(5)应付款明细表

(6)项目竣工决算审核汇总表

(7)待摊投资明细表

(8)待摊投资分配明细表

(9)待核销支出明细表

(10)转出投资明细表

注:

(1)依据双方协商结果,报告货币单位可以用万元。

(2)在出具简式报告的情况下,对于问题及建议等情况可另外出具管理建议书。

第12章

延伸业务实例

12.1　全过程审计实例

(1)全过程审计报告。

××大学体育馆工程全过程审计施工阶段报告

(报送稿)

根据《××大学建设工程全过程跟踪审计办法》(校发[2007]187号)及教育部关于建设项目全过程审计工作的要求,我们成立项目组对体育馆工程实施了全过程审计。

在审计工程中,审计项目组分别对招标文件、施工合同、隐蔽工程、材料设备招标采购、工程进度款、工程变更洽商及变更洽商费用等进行了审计。现将本工程自2005年8月至2008年3月底的审计结果报告如下。

一、项目基本情况

(1)项目名称:××大学体育馆

(2)建设地点:北京海淀区

(3)建筑面积:27 900 m^2

(4)结构类型:钢混组合结构

(5)层数及高度:地上4层,地下2层

(6)设计单位:×××建筑设计研究院

(7)施工单位:××××建设发展公司

(8)监理单位:北京市××××建设监理有限责任公司

(9)全过程审计单位:北京金马威工程咨询有限公司

(10)资金来源:自筹

(11)批复概算:26 000万元

(12)施工中标价:18 000元(其中:暂定金额3 000万元)

(13)施工合同形式:固定总价合同

(14)计价形式:工程量清单计价

(15)合同工期:2005年12月31日—2008年7月25日

(16)实际开工日期:2006年3月17日

(17)实际竣工日期:2008年11月26日

二、审计基本评价

(一)进度控制方面

1.施工进度控制

工程实际开工日期为2006年3月17日,并于当日举行了开工典礼仪式,实际竣工日期为2008年11月26日,并一次通过竣工验收。

工程实际竣工日期比合同竣工日期滞后约4个多月，实际竣工工期比合同工期滞后75天。

2. 材料设备招投标进度控制

根据2006年5月24日提交的材料设备招标计划，截至2007年4月，材料设备招标工作应全部完成，实际尚有18项未完成。

（二）投资控制方面

1. 总投资控制

截至2008年3月底，本工程累计完成投资19 651.89万元，已发生工程造价比合同造价增加2 187.23万元，其中：已审定暂估价部分增加265.93万元，工程洽商变更增加350.52万元，未审定暂估、洽商部分增加1 570.78万元；已发生工程造价比合同金额有较大增加。

2. 工程进度款拨付控制

截至2008年3月底，本工程累计支付工程款17 845.79万元，占合同金额19 651.89万元的90%。工程进度款拨付符合合同约定。

3. 工程洽商、变更控制

截至2008年3月底，已审定的工程洽商变更费用增加350.52万元，未审定工程洽商变更约增加1 570.78万元。

4. 暂估暂定价款控制

截至2008年3月底，工程暂估暂定项目已全部完成招标，招标金额比原暂定金额约增加265.93万元。

（三）材料、设备招投标方面

依据《×××大学建设项目招投标管理办法》进行材料设备招投标，基本建立招标决策机制。但个别材料设备招投标仍存在招投标程序不够规范的情况。

三、审计过程中发现的主要问题

（1）设计单位提出工程变更，导致工程造价有较大增加，设计合同中对此未明确对设计单位的责任追究条款。

由于设计单位提出工程变更，向学校追加预算金额1 300万元，导致工程造价有较大增加。其中：由于原招标图（A版）仅考虑消防、照明的简单要求，各层房间及大厅均无详细灯具、插座布置设计，且配电系统设计未考虑灯具增加后的预留容量，为完善原招标图，设计单位提出电气工程进行相应的图纸变更，追加预算金额414万元；体育馆工程原比赛场四周泡沫铝板吸音做法通过专家论证不能满足建筑声学要求，设计单位提出将原泡沫铝板改为木质吸音板，采用铝丝板吊顶增加赛场吸音面积，此两项变更追加预算293万元。

（2）造价发生较大增加，工程管理部门应及时对造价变动情况及原因进行分析，控制措施不明显。

截至2008年3月，已发生工程造价比合同造价有较大增加，工程管理部门未及时对造价变动情况及原因进行分析，没有有效控制措施。

上述做法，不符合《×××大学体育馆工程造价控制制度》第十九条中的有关规定。

（3）体育馆金属屋面发生火灾，导致总体工期滞后，给学校造成了损失，应及时向责任主体提出索赔。

2007年7月3日体育馆发生火灾，火灾后的善后及修补工作对体育馆工程进度造成了严重影响，使原计划2007年9月1日体育馆投入使用不能实现，给学校带来了损失，应及时向责任主体提出索赔。

（4）部分工程变更洽商、变更洽商费用未及时办理，增加费用未及时办理预算增加审批手续，不利于学校决策和投资控制。

体育馆工程已于2007年11月26日竣工验收，工程竣工后仍有部分变更洽商、预算增加审批未及时办理，如：设计变更03－C2－007（热身场顶板增加矿物纤维涂料）、05－C2－016（调整水流指示器）、设

计变更05－C2－012（卫生间横槽改纵槽）、设计变更02－C2－032（精装图做法补充）、设计变更03－C2－033（门厅做法调整）等；工程变更洽商未及时办理，增加费用未及时办理预算增加审批手续，不利于学校决策和投资控制。

本工程消防水池混凝土标号变更（2006年4月24日发生，01－C2－011结构）、电梯预埋件变更（2006年4月27日发生，01－C2－012结构）、结构图纸调整（2006年4月24日发生，02－04－C2－001结构）等洽商变更于2006年4月份已办理，但截至2006年12月底尚未办理洽商变更费用，不利于及时掌握工程造价变化情况。

上述做法，不符合《×××大学建设工程全过程跟踪审计办法》第十四条第五款的有关规定。

（5）屋架支座更换，对体育馆工程总体工期产生了一定影响。

2007年1月12日，乒乓球馆屋面钢结构进行第二级预应力张拉时，局部屋架支座开裂，考虑施工安全及工程质量，屋面钢结构预应力张拉及其他屋面施工全部暂停，截至2月中旬屋面施工仍未大面积开展，对体育馆工程总体工期产生了一定影响。

（6）室外景观设计未实行限额设计，造价增加未办理预算增加审批手续，不利于学校投资控制。

室外工程原设计概算金额为383.72万元，2007年6月18日室外景观工程招标文件报审时，审计项目组提出招标文件中应明确设计概算，工程管理部门在审计意见回复中，提出室外景观工程原设计概算金额与实际情况不符（预计为600万元左右），招标文件中明确设计概算已无参考意义。室外景观工程中标价为530.75万元，超出原设计概算，未实行限额设计，工程造价有较大增加，未办理预算增加审批手续。

四、审计意见及建议

（1）制定设计变更的责任追究制度，加强对设计单位的内控措施，明确对设计商的激励机制。

（2）加强造价变动分析，采取有效控制措施，确保项目投资控制在预算范围之内。

（3）加强安全管理控制，制定责任追究制度。

（4）及时办理变更洽商、变更洽商费用审批，加强预控措施，合理增加预算造价，并及时办理预算增加审批手续。

（5）加强质量控制，确保工期的实现。

（6）实行限额设计，加强预控措施，合理增加预算造价，并及时办理预算增加审批手续。

×××大学体育馆工程全过程审计项目组

2008年3月31日

（2）全过程审计阶段报告汇总表（见表12-1-1）。

表12-1-1 全过程审计阶段报告台账目录

序号	名称	时间	备注
1	全过程审计工作简报	2005/9－2005/12	
2	全过程审计工作简报	2006年第一季度	
3	全过程审计工作简报	2006年第二季度	
4	全过程审计工作简报	2006年第三季度	
5	全过程审计阶段报告	2005/9－2006/9	
6	全过程审计阶段报告	2006年第四季度	
7	全过程审计阶段报告	2007年第一季度	
8	全过程审计阶段报告	2007年第二季度	
9	全过程审计阶段报告	2007年第三季度	
10	全过程审计阶段报告	2007年第四季度	

续表

序号	名称	时间	备注

(3)全过程审计月度简表汇总表(见表12-1-2)。

表12-1-2 月度简表台账目录

序号	名称	时间	备注
1	全过程审计工作简报	2006年1月	
2	全过程审计工作简报	2006年2月	
3	全过程审计工作简报	2006年3月	
4	全过程审计工作简报	2006年4月	
5	全过程审计工作简报	2006年5月	
6	全过程审计进展情况简表	2006年6月	
7	全过程审计进展情况简表	2006年7月	
8	全过程审计进展情况简表	2006年8月	
9	全过程审计进展情况简表	2006年9月	
10	全过程审计进展情况简表	2006年10月	
11	全过程审计进展情况简表	2006年11月	
12	全过程审计进展情况简表	2006年12月	
13	全过程审计进展情况简表	2007年1月	
14	全过程审计进展情况简表	2007年2、3月	
15	全过程审计进展情况简表	2007年4月	
16	全过程审计进展情况简表	2007年5月	
17	全过程审计进展情况简表	2007年6月	
18	全过程审计进展情况简表	2007年7月	
19	全过程审计进展情况简表	2007年8月	
20	全过程审计进展情况简表	2007年9月	
21	全过程审计进展情况简表	2007年10月	
22	全过程审计进展情况简表	2007年11月	
23	全过程审计进展情况简表	2007年12月	
24	全过程审计进展情况简表	2008年1、2月	

(4)全过程审计意见汇总表(见表12-1-3)。

表12-1-3 全过程审计意见台账

序号	编号	发文内容	发文日期	份数	备注
1	[北体]2005001	关于×××大学体育馆工程招标文件的咨询意见	2005年8月26日	3	
2	[北体]2005002	关于×××大学体育馆工程量清单的咨询意见	2005年8月27日	3	
3	[北体]2005003	投标文件的咨询意见	2005年9月1日	3	
4	[北体]2005004	监理合同的审计咨询意见	2005年9月5日	3	

续表

序号	编号	发文内容	发文日期	份数	备注
	⋮				
411	[北体]411	关于“×××大学体育馆前期零星工程项目”的审计意见	2008年5月9日	3	
412	[北体]412	关于“×××大学体育馆防火性能检测付款”的审计意见	2008年5月10日	3	
413	[北体]413	关于“造价处咨询相关项目”的意见	2008年6月2日	3	
414	[北体]414	关于“×××大学体育馆工程付款”的审计意见	2008年12月27日		

(5)进度款支付审计意见汇总表(见表12-1-4)。

表12-1-4 进度款支付审计意见汇总表

序号	转单内容	来转单		审核意见	返转单		备注
		单位	时间		单位	时间	
1	总包方申请支付工程预付款	审计室	2005/10/11	同意支付2 948万元	审计组	2005/10/11	实施完毕
2	10月份工程进度款	审计室	2005/11/27	见BTJ(2005-10-1)	审计组	2005/11/30	实施完毕
3	11月份工程进度款	审计室	2005/11/29	见BTJ(2005-11-2)	审计组	2005/12/5	实施完毕
4	12月份工程进度款(第一次)	审计室	2005/12/28	见BTJ(2005-12-3)	审计组	2005/12/30	实施完毕
5	12月份工程进度款(第二次)	审计室	2006/1/11	同意支付208.201万元	审计组	2006/1/11	实施完毕
6	2006年1月工程进度款	审计室	2006/2/14	同意支付355.94万元	审计组	2006/2/16	实施完毕
7	2006年2、3月工程进度款	审计室	2006/3/30	同意支付139.03万元	审计组	2006/4/4	实施完毕
8	2006年4月工程进度款	审计室	2006/5/8	同意支付899.69万元	审计组	2006/5/11	实施完毕
9	2006年5月工程进度款	审计室	2006/5/31	同意支付773.5万元	审计组	2006/6/6	实施完毕
21	2007年6月份工程进度款	审计室	2007/6/19	同意支付2 868.8万元	审计组	2007/7/10	实施完毕
22	2007年7月份工程进度款	审计室	2007/7/22	同意支付0万元	审计组	2007/8/5	实施完毕
	⋮						
23	2007年8月份工程进度款	审计室	2007/8/20	同意支付453.02万元	审计组	2007/10/16	实施完毕
24	2007年9月份工程进度款	审计室	2007/9/20	同意支付810.23万元	审计组	2007/11/14	实施完毕
25	2007年10月份工程进度款	审计室	2007/10/20	同意支付2 462.99万元	审计组	2007/12/10	实施完毕

(6)评标分析意见汇总表(见表12-1-5)。

表12-1-5 ×××大学体育馆工程评标分析目录

序号	名 称	备注
1	×××大学体育馆工程基础防水工程评标分析	
2	×××大学体育馆外装饰幕墙评标分析	含造价控制建议01
3	×××大学体育馆外墙石材评标分析	
4	×××大学体育馆人造石评标分析	
5	×××大学体育馆精装修评标分析	
6	×××大学体育馆外墙防水保温工程评标分析	
	⋮	

续表

序号	名　称	备注
48	卫生洁具评标分析	
49	地板采暖评标分析	
50	循环水处理评标分析	
51	风机盘管评标分析	
52	电锅炉评标分析	
53	开关评标分析	
54	手推车评标分析	

(7)变更洽商费用审核汇总表(见表 12-1-6)。

表 12-1-6　×××大学体育馆工程变更洽商费用统计表

序号	专业	变更形式	洽商编号	涉及内容	报送金额(元)	审核金额(元)	审减金额(元)	备注
一、设计变更(给排水)								
1	给排水	设计变更	05－C2－001(给排水)	原图与新图图差部分	－27 541.37	－27 541.37	0	
2	给排水	设计变更	05－C2－002(给排水)	地下二层 GY1、GY2 增设冷热水管及地下一层排水管移位	1 969.13	1 969.13	0	
15	电气	工程洽商	06－C2－015	二层取消 12 套金卤灯			0	
16	电气	工程洽商	06－C2－016	变配电室增加零序 CT,电度表	92 271	92 271	0	
17	电气	工程洽商	06－C2－017	消防车棚电			0	
八、工程洽商(建筑智能)							0	
1	智能建筑	工程洽商	07－C2－001	暗敷在混凝土结构中的钢管采用厚壁钢管	－5 255	－5 255	0	
2	智能建筑	工程洽商	07－C2－002	弱电进户套管采用热镀锌法兰等	10 745	10 745	0	
3	智能建筑	工程洽商	07－C2－003	电气设备由建设单位直接购买			0	
13	智能建筑	工程洽商	07－C2－013	关于门禁系统由电磁锁更换为电插锁的事宜			0	
14	智能建筑	工程洽商	07－C2－014	关于取消转播预留事宜			0	
合计					1 797 941.73	1 671 365.7	－126 576	

(8)跟踪日志(部分)(见表 12-1-7、表 12-1-8)。

表 12-1-7　跟踪日志(1)

工程名称	×××大学体育馆工程
建设单位	×××大学
施工单位	中建一局建设发展公司

续表

监理单位	北京市×××建设监理有限责任公司
设计单位	××××建筑设计研究院
跟踪审计单位	北京金马威工程咨询有限公司
时　间	2006－2－13
记录人	××××

内容：

1. 今天，体育馆工程参建各单位均正式开始工作，下午按照惯例进行监理例会，会上对节后的工作做了基本部署，对地源热泵、电梯的招标工作进行了明确的安排，对其他材料、设备及分项工程的招标做了要求。

2. 施工现场，乒乓球馆北侧基坑放坎处，做基坑砖砌挡土墙，东侧沿地下室混凝土外墙做砖砌体胎模。

3. 施工现场于本月9日进场钢筋一批，共约　吨，其中B20　吨。

4. 游泳馆基础工程桩破除，基础混凝土垫层已于节前完成约1/3。

5. 整个基坑位于高低跨间施工坡道处工程桩暂未进行施工处理。施工塔吊已于本月9日安装调试完毕。

注1：乒乓球馆北侧深浅基础放坎处砌筑挡土墙、此处基坑东北角土方垮塌情况

注2：游泳池基础工程桩桩头处理情况

注3：现场到场钢筋存放情况

表 12-1-8　跟踪日志(2)

工程名称	×××大学体育馆工程
建设单位	×××大学
施工单位	××××建设发展公司
监理单位	北京市×××建设监理有限责任公司
设计单位	××××建筑设计研究院
跟踪审计单位	北京金马威工程咨询有限公司
时　间	2006－2－15
记录人	

内容：

1. 由于基坑坑壁冻土开始解冻，乒乓球馆基坑南坡、东坡土钉墙和桩间混凝土均有不同的开裂和脱落，施工方采取措施，将局部开裂和脱落同处坑壁进行清理、补喷细石混凝土。

2. 工人清理乒乓球馆东北角垮塌基坑，继续砌筑基坑挡土墙。

3. 施工现场到场防水卷材，约 7 000 m^2，卷材品牌为：弹性 SBS 改性沥青防水卷材 PY－PE4，生产厂家为北京东方雨虹防水技术股份有限公司。

注 1：乒乓球馆东测基坑脱落、开裂情况

注 2：到场防水卷材约 7 000 m^2

(9) 全过程审计总结。

×××大学体育馆工程全过程跟踪审计总结

根据×××大学校发[2006]178 号关于《×××大学建设工程全过程跟踪审计办法》的通知及教育部关于高校奥运场馆工作的要求，×××大学审计室 2005 年 7 月底通过招标方式委托北京金马威工程咨询有限公司对×××大学体育馆工程进行全过程审计，并成立了跟踪审计项目组。体育馆工程已于 2008 年 11 月 26 日通过了竣工验收，目前处于竣工结算阶段。

一、项目基本情况

(1) 项目名称：×××大学体育馆

(2) 建设地点：北京海淀区

(3) 建筑面积：27 900 m^2

(4) 结构类型：钢混组合结构

(5) 层数及高度：地上 4 层，地下 2 层

(6) 设计单位：×××大学建筑设计研究院

(7) 施工单位：×××建设发展公司

(8) 监理单位：北京市×××建设监理有限责任公司

(9) 全过程审计单位：北京金马威工程咨询有限公司

(10) 资金来源：自筹

(11)批复概算:26 000万元

(12)施工中标价:18 000万元(其中:暂定金额3 000万元)

(13)施工合同形式:固定总价合同

(14)计价形式:工程量清单计价

(15)合同工期:××××年××月××日－××××年××月××日

(16)实际开工日期:××××年××月××日

(17)实际竣工日期:×××年×××月×××日

二、全过程审计的主要工作

2005年8月审计项目组进入×××大学体育馆现场后,根据学校规定及项目特点制定了详细的“全过程跟踪审计实施方案”及“建设工程跟踪审计执业纪律细则”。根据实施方案,审计项目组在这两年多的时间内每天深入现场分别对项目前期、施工招投标、施工阶段进行了紧密型的全过程审计,目前竣工结算工作正在办理。截至2008年3月份体育馆工程审计项目组一共出具了404份过程控制审计意见,提出各种合理化建议2份,处理材料设备项目资审、招标、合同等文件审批单121份,审批27次工程进度款,记录了400多份跟踪日志,审核工程变更、洽商318份,工程变更、洽商费用150份,同时我们为材料设备项目评标提供了评审、评标分析报告各66份和市场询价记录(约160多种),并参加每次招标等专题会议;在施工过程中审计项目组参加各种例会及专题会议,帮助解决工程施工过程中的各种难题;在全过程审计过程中,审计项目组每月定期出具“全过程审计月度进展情况简表”(共24份),及时向学校反映项目进展情况、造价支付情况、造价变动情况,便于学校对奥运场馆相关事项的整体调度和决策,对于过程中发现的问题审计项目组出具了“全过程审计阶段审计报告”(共11份),提出了管理建议,促进了工程管理。全过程审计项目组切实为学校着想,得到了学校的好评。

三、全过程审计创造的绩效

(1)通过全过程审计加强了对合同、招投标文件的审查,更正了部分不合理条款。如:在总承包施工合同报审过程中,施工单位将工程质量保证金由招标文件约定的5%减少为3%(相差约400万元),工程预付款由招标文件规定的15%提高为20%(相差约1 000万元),审计项目组发现后提议按招标文件执行,为学校节省了资金成本;在体育馆迁移改造工程设计合同中,合同额计算中未考虑设计收费文件中的工程复杂调整系数,使8.3万元的设计费多出1.56万元,审计项目组提出后,改变了此种设计费用的计算方法;在精装修招标文件审查时,审计项目组提出应在招标文件中明确相关措施费用由总包承担,避免了分包单位对此部分费用(约90万元)的再次报价,在屋盖钢结构暂估项目招标文件中也出现同样的问题;同时审计项目组在招标文件与资审文件中明确了评委的组成,促进了招标决策的公正性。

(2)通过全过程审计控制了工程付款的节奏和比例,防止了施工单位虚报、增报。如:2008年1月总包单位申请进度款时,要求再支付合同款的3%(589万元),审计项目组认为此次3%应该在竣工结算完成后支付,同时如果再支付3%,累计将达到93%,与文件规定进度付款不应超过90%不符,审计项目组未给予审批,控制了付款比例。另审计项目组建立了工程造价支付情况表,使工程款支付与现场进度相符,支付比例符合合同约定。

(3)通过全过程审计促进了建设单位内部制度的建立,加强了内部审核流程。如:在暂估材料、设备、项目招标过程中,审计项目组提出评标时应明确评委的具体组成,且评委的组成应具有分散性,为此学校专门制定了“建设项目招投标办法”;同时转签单制度的实行,改变了原来每份工程文件签署的随意性,每份工程文件签署前必须得到相关技术、造价、审计人员的认可,加强了把关。

(4)通过全过程审计杜绝了不合理的变更洽商。如:体育馆工程基坑开挖时遇原游泳池混凝土底板,总包单位定义为地下不明障碍物,要求办理经济洽商,约增加费用18万元,审计项目组通过现场踏勘、地勘报告及现场实际情况等相关资料判定此部分内容为标前已告知部分,不应办理洽商和增加费用;基坑西侧增加护坡桩及旋喷桩施工单位提出费用调整,约60多万元,审计项目组根据施工合同约定措施

费用固定包死不调整，认为不应办理经济变更；施工单位提出经过专家论证工程桩标号应由 C30 改为 C35，需要办理经济洽商，约 30 多万元，经对专家论证会纪要核实，混凝土标号在记录上为 C30，并非施工单位提到的 C35，据此审计项目组认为此洽商只应作技术洽商，不涉及经济增加；通风工程中静压箱项目在原工程量清单中未明确列项，施工单位提出办理经济费用增加，约 90 多万元，审计项目组通过查阅图纸发现图纸中已有交代，且招标文件中明确施工单位报价应结合图纸和清单进行报价，故审计项目组认为此部分内容不应增加费用。另还有回填土、看台立面做法等其他施工单位提出的经济变更，审计项目组根据合同未予审批。

(5)通过全过程审计规范了材料、设备、项目招投标过程，促进了招标价格的合理。对需要招标的材料、设备均进行了招投标，不符合市场招标条件的项目，均采用了校内招标的方式，监察部门和审计项目组均每次参加招标会，充分得到了竞价。对招标项目审计项目组提供评标分析和询价记录，防止了哄抬标价，使招标结果更符合市场行情。如：室外台阶花岗岩、室内石材通过审计项目组的询价，发现最低价高于市场价格，招标小组进行了二次谈判，节约了 16 万多元；室外沥青路面经对中标单位投标文件进行分析，审计项目组发现其投标工程量偏大，经核算后，其投标工程量比图纸工程量多出 180 米，双方协商后进行扣减，节约了近 10 万元。

(6)通过全过程审计加强了相关人员对工程造价控制的认识。如：工程技术人员过去只考虑技术忽视造价，由于审计项目组要求每份变更均要事先报送估算金额，从而提高了技术人员对造价的认识，避免了随意的技术改变；同时监理单位也加强了对工程造价的把关，现场配备了造价工程师。

(7)通过全过程审计加强了对工程造价的监控，对工程投资情况的变动做到心中有数。在工程实施过程中，审计项目组建立了工程造价变化情况表，对工程中出现的变更洽商价款和暂估项目、材料、设备招标情况进行统计，并与原施工合同价进行比较，如超出原合同价款分析原因及时提醒相关单位、部门注意，做到工程实施过程中对工程价款是否增加，增加多少，后阶段将采取何种措施，做到心中有数。

四、相关认识

(1)全过程审计的正确定位。全过程审计不是具体管理而是监督、评价，审计人员不得干涉工程管理部门的日常管理，不得越位，应严格履行自己的监督职责。

(2)全过程审计不可能审出所有问题。全过程审计主要根据资料及审计所了解的情况进行审计，不可能将所有问题都审计出来，只能将范围缩小，同样竣工结算审计或其他审计同样也不可能将所有问题都审计出来。

(3)全过程审计应提高自身的风险意识和风险防范。由于全过程审计主要对工程造价进行审计，促进造价控制，审计人员也主要为造价专业，对非造价事项审计人员不应过多发表意见，避免不必要的风险。

五、相关建议

(1)应加强对设计单位的内控措施，提高设计概算的准确性和设计图纸的质量，加强对设计人员的监督等，使设计单位能动地控制造价。

(2)应加强对招标项目的造价控制，提高标底价格的合理性及保密性，扩大投标单位的选择等，使中标价格更贴近市场行情。

(3)加强对建设工期的控制，制定一定的奖惩措施，促使各参建单位能够积极地在合同工期内完成任务。

(4)使用单位与工程管理方的各自职责应明确（如：项目管理公司与委托方之间的职责），避免由于职责不清而影响工程顺利进行。

六、其他成果文件

(1)阶段报告。

××大学体育馆工程全过程审计 2007 年二季度阶段报告

根据校发[2006]178 号《××大学建设工程全过程跟踪审计办法》及教育部关于全过程审计工作的要求，我们成立项目组对体育馆工程实施了全过程审计。

在审计工程中，审计项目组分别对招标文件、施工合同、隐蔽工程、材料设备招标采购、工程进度款、工程变更洽商及变更洽商费用等进行了审计。现将本工程自 2007 年 4 月 1 日至 2007 年 6 月底的审计结果报告如下。

一、项目基本情况

(1)项目名称：××大学体育馆(2008 奥运乒乓球馆)

(2)建设地点：北京海淀区颐和园路 5 号

(3)建筑面积：27 900 m^2

(4)结构类型：现浇钢筋混凝土框架剪力墙

(5)层数及高度：地上 4 层，地下 2 层

(6)设计单位：×××大学建筑设计研究院

(7)施工单位：×××建设发展公司

(8)监理单位：北京×××国际工程管理有限责任公司

(9)全过程审计单位：北京金马威工程咨询有限公司

(10)资金来源：自筹

(11)设计概算：26 000 万元

(12)施工中标价：18 652 万元(其中：暂定金额 3 000 万元)

(13)施工合同形式：固定总价合同

(14)计价形式：工程量清单计价

(15)合同工期：×××年×××月×××日—×××年×××月×××日

(16)实际开工日期：×××年×××月×××日

(17)预计竣工日期：×××年×××月×××日

二、审计基本评价

(一)进度控制方面

1. 施工进度控制

截至 2007 年 6 月底，本工程实际施工进度为：乒乓球馆、游泳馆外墙石材施工完毕；玻璃幕墙及相关施工项目基本完成；

室内吊顶龙骨安装全部完成，饰面层正在施工；室内墙面龙骨施工完成 90%，面层准备施工；

乒乓球馆金属屋面基本施工完成，正在进行后期收口、局部封檐施工；屋面中央穹顶施工完毕；

地下室地面面砖铺贴完成，卫生间墙地面砖正在施工；比赛场地面基层处理完成 75%；

机电安装：电缆、母线穿管等完成 80%，配电箱柜准备安装；通风、消防管线全部完成，空调机组安装中；虹吸雨水正在施工中。

工程实际施工进度滞后于合同工期一个多月，实现调整后的目标工期还有一定困难。

2. 材料设备招投标进度控制

材料设备的招标除精装修工程招标及 10 万元以下直接定价项目未完成外，其他招标项目基本已完成；由于装修标准的改变，部分变更后的装饰项目、材料还需招标，此部分招标工作进展较慢，给工程进度造成了影响。

(二)投资控制方面

1. 总投资控制

截至 2007 年 6 月底，本工程累计完成投资 10 406.04 万元，已发生工程造价比合同造价增加 1 303.43万元(由于精装部分重新调整，未包含此部分增加金额 780 万元)，其中：已审定暂估价部分增加 692.41 万元，工程洽商变更增加 194.39 万元，未审定暂估、洽商部分增加 416.63 万元；已发生工程

造价比合同金额有较大增加。

2. 工程进度款拨付控制

截至2007年6月底，本工程累计支付工程款11 113.79万元，占合同金额19 651.89万元的56.55%。工程进度款拨付符合合同约定。

3. 工程洽商、变更控制

截至2007年6月底，已审定的工程洽商变更费用净增加194.39万元，未审定工程洽商变更净增加416.36万元，主要增加项目为：电气部分图纸变更约351万元、外墙涂料变石材约148万元、保护古树游泳馆南移3米约81万元、金属屋面降噪约62万元、屋顶钢结构造型变更约54万元、室外台阶调整约27万元等；工程洽商、变更有一定增加。

4. 暂估暂定价款控制

本工程合同内暂估暂定金额共计9 025.11万元。截至2007年6月底，已完成招标暂估暂定项目金额为6 987.43万元，中标金额为7 679.84万元。截至2007年6月底，本工程暂估暂定价款增加692.41万元（比上季度净增加111.76万元），本季度增加主要为：直饮水项目增加50.47万元，卫生间墙地砖增加35.68万元，普通灯具增加35万元等；暂估暂定价款与原暂估暂定金额有一定偏差。

（三）材料、设备招投标方面

依据《××大学建设项目招投标管理办法》进行材料设备招投标，促进了招标决策机制的建立。但个别材料设备招投标仍存在招投标程序不够规范的情况。

三、审计过程中发现的主要问题

（1）大量工程变更洽商费用未及时报审。

体育馆工程截至2007年6月底，已发生的变更洽商112份，仅有54项报审，仍有58项工程变更洽商费用未报审。

上述做法，不符合《××大学建设工程全过程跟踪审计办法》第十四条第五款的有关规定。

（2）装修标准改变未按时办理变更洽商，费用增加未办理预算增加审批，且变更未审定、费用未审批便进行招标，不符合程序。

公共走廊墙面改为美岩板、吸音墙面由泡沫铝板改为吸音植物纤维、地面磨光花岗岩改为人造石等，均在变更洽商未审定、预算增加审批手续未审批前进行招标，此不利于学校投资决策与造价控制。

（3）室外景观设计未实行限额设计。

室外工程原设计概算金额为383.72万元，2007年6月18日室外景观工程招标文件报审时，审计项目组提出招标文件中应明确设计概算，工程管理部门在审计意见回复中，提出室外景观工程原设计概算金额与实际情况不符（预计为600万元左右），招标文件中明确设计概算已无参考意义。室外景观工程预计金额超出原设计概算，设计时既未实行限额设计，也未办理预算增加审批手续。

（4）造价发生较大增加，工程管理部门应及时对造价变动情况及原因进行分析，控制措施不明显。

截至2007年6月，已发生的工程造价比合同造价增加1 303.43万元，预计后阶段还会有较大增加，工程管理部门未及时对造价变动情况及原因进行分析，控制措施不明显。

上述做法，不符合《××大学体育馆工程造价控制制度》第十九条中的有关规定。

四、审计意见及建议

（1）及时办理洽商、变更的费用报审，及时准确掌握投资变化情况。

（2）加强预控措施，合理增加预算造价，并及时办理预算增加审批手续，变更洽商应及时办理。

（3）认真落实限额设计，有效控制工程造价。

（4）加强造价变动分析，采取有效控制措施，确保项目投资控制在预算范围之内。

×××大学体育馆工程全过程审计项目组

2007年6月29日

(2)月度简表。

×××大学体育馆工程全过程审计

2007年11月进展情况简表

<table>
<tr><td colspan="3">一、建设项目基本情况</td></tr>
<tr><td>1. 建筑面积</td><td colspan="2">27 900 m^2</td></tr>
<tr><td>2. 设计概算</td><td colspan="2">26 000万元</td></tr>
<tr><td>3. 施工中标价</td><td colspan="2">18 000万元(其中:暂定金额3 000万元)</td></tr>
<tr><td>4. 工期(起止时间)</td><td colspan="2">合同工期:××××年××月××日—××××年××月××日(700)天;实际开工日期:××××年××月××日</td></tr>
<tr><td>5. 质量目标</td><td colspan="2">确保整体“长城杯”,创“鲁班奖”</td></tr>
<tr><td colspan="3">二、进度控制情况</td></tr>
<tr><td>1. 施工进展情况(如有延期,说明天数、原因、责任)</td><td colspan="2">截至本月,工程实际施工进度为:
1. 主体工程已经全部完成,室外工程正在进行收尾工作;
2. 参建各方正在进行竣工验收的准备工作。
工程实际施工进度滞后于合同工期3个多月,预计工程于11月26日进行竣工验收。
工期滞后的主要原因是:①金属屋面工程方案确认不及时;②屋面钢结构张拉过程中支座出现开裂,并进行更换;③精装修分包队伍进行二次招标;④火灾损毁部分的修复;⑤分包单位无法按计划时间完成任务(如:幕墙、木门等单位)。工期滞后的责任主要在总包单位</td></tr>
<tr><td>2. 材料招标进展情况(如未完成当月计划,说明情况、原因、责任)</td><td colspan="2">截至本月,本工程计划招标的项目已全部完成招标工作,新增加装饰材料招、评标工作已全部结束,招标工作也对工程进度无影响</td></tr>
<tr><td colspan="3">三、造价控制情况</td></tr>
<tr><td>1. 付款情况</td><td colspan="2">截至本月,本工程累计支付工程款17 845.79万元,占合同总价的90%。其中,累计支付工程进度款17 845.79万元;工程预付款2 948万元已全部抵扣完毕</td></tr>
<tr><td>2. 造价变动情况</td><td colspan="2">截至本月,本工程累计完成投资19 651.89万元(未考虑变更增加部分)。已发生工程造价比合同造价增加2 140.78万元,其中:
1. 截至本月底暂估项目金额累计增加265.93万元(见附表1);
2. 本月审批洽商变更金额增加65.61万元,累计洽商变更费用增加403.87万元(见附表2);
3. 未审定暂估、洽商部分增加投资1 470.98万元(见附表3、4)</td></tr>
<tr><td>四、全过程审计审减等情况</td><td>本 月</td><td>累 计</td></tr>
<tr><td>1. 洽商等审减金额(见附表5)</td><td>28.23万元</td><td>602.64万元</td></tr>
<tr><td>2. 未审定暂估、洽商项目审减金额(见附表3、4)</td><td>无</td><td>9.68万元</td></tr>
<tr><td>3、进度款审减金额</td><td>无</td><td>201.33万元</td></tr>
<tr><td>4、促进深化招标节省金额(见附表6)</td><td>无</td><td>72.29万元</td></tr>
<tr><td>5、审计意见份数</td><td>无</td><td>306份</td></tr>
</table>

编制人: 编制日期:2007年11月30日

审核人: 审核日期:

(3)审计意见。

×××大学体育馆工程跟踪审计意见

编号:[金咨]2006008

建设单位:×××大学
工程名称:×××大学体育馆工程
审核内容:关于“×××体育馆招标文件”的审核意见

续表

审核意见：

1. 招标文件第二册专用部分第七章第2.1条“国拨资金”是否应改为“国拨+自筹”。

2. 招标文件第二册专用部分第七章第16.8条“商务标书面投标文件副本不再提供”修改为“商务标书面投标文件副本二份”

3. 招标文件第二册专用部分第八章第10条增加第10.2.10条“在评标前，如招标人认为有必要可以自行组织清标小组进行清标工作后再进行评标工作”。

4. 建议将招标文件第二册专用部分第八章第10.7.1条中的技术部分权重改为30%，商务部分权重改为70%。

5. 建议将招标文件第二册专用部分第八章补充条款“……中标人须承诺在合同签订前完成对中标的投标文件中出现的错项、漏项和不平衡报价自行予以修正，确保本施工合同顺利执行。”建议修改为“……中标人须承诺在合同签订前或发出中标通知书前完成对中标的投标文件中出现的错项、漏项和不平衡报价自行予以修正，否则招标人可以认为投标人放弃中标权利，为保证合同的顺利进行，招标人有权另行选择排名之后的投标单位作为中标人。”

6. 建议将招标文件第二册专用部分第八章附表3商技术暗标评审记录表中增加争创鲁班奖的相关措施分值。

7. 建议将招标文件第二册专用部分第八章附表7商务标评审记录表1中$\beta=-2\%$得分为100分，其他部分相应做出调整。

8. 建议将招标文件第二册专用部分第八章附表9中技术部分与商务部分权重按上述第4条修改。

9. 招标文件第二册专用部分第九章附表1、2修改详见附件（相关价格需要重新核定）。

10. 建议将招标文件第二册专用部分第九章附表3中监理人现场办公用房增加到3间，增加甲方现场代表办公室1间、甲方审计办公室1间。

11. 建议将招标文件第二册专用部分第九章附表6中预留金修改为1 000万元。

12. 招标文件第二册专用部分第九章补充条款第3条“为便于计算和合同履行过程中的合同价款的调整，本项目所有暂估价的专业分包工程中的暂估价已包含相应分包工程的规费。”建议修改为“为便于计算和合同履行过程中的合同价款的调整，本项目所有暂估价的专业分包工程中的暂估价已包含相应分包工程的规费和税金。”

13. 招标文件第二册专用部分第九章补充条款第6条“工程水电费（不含分包工程水电费）已包含在合同价款内……”建议修改为“工程水电费已包含在合同价款内……”

14. 招标文件第二册专用部分第十章“合同文件的组成及解释顺序”，建议将解释顺序修改为：①协议书；②中标通知书；③合同条款专用部分；④招标文件；⑤合同条款通用部分；⑥投标函及其附表；⑦已标价的工程量清单（含暂估价的材料和工程设备损耗表）；⑧技术标准和要求；⑨合同图纸。

15. 招标文件第二册专用部分第十章第8.1.10条中第（4）小条增加第34款“为分包人无偿提供工程需要的工程水电费，但分包人必须接受承包人的管理，不得浪费。”

16. 招标文件第二册专用部分第十章第10.1.2条增加第（8）小条“发包人与监理人签订的监理合同”。

17. 取消招标文件第二册专用部分第十章第17.1.1条。

18. 招标文件第二册专用部分第十章第19.3.1条中“……质量违约金额度：招标人视情况确定。”建议改为“……质量违约金额度：结算造价的3‰。”

19. 招标文件第二册专用部分第十章第24.1.3条中“……如果相关专业分包人根据法律、法规、规章及规范性文件的要求必须通过招标而确定，则发包人将与承包人以联合招标的方式确定专业分包人……”建议修改为“……如果相关专业分包人根据法律、法规、规章、规范性文件及发包人内部要求等必须通过招标而确定，则发包人将与承包人以联合招标的方式确定专业分包人……”

20. 建议将招标文件第二册专用部分第十章第24.1.3条第（2）款中的时间取消。

21. 招标文件第二册专用部分第十章第24.1.3条中第（3）小条“专业分包中标人确定后，由承包人与专业分包的中标人签订合同。合同订立后3天内，承包人应当将合同副本报送发包人、监理人各一份”改为“专业分包中标人确定后，由承包人与专业分包的中标人签订合同。合同订立后3天内，承包人应当将合同副本报送发包人、监理人、全过程审计单位各一份。”

22. 招标文件第二册专用部分第十章第24.1.3条中增加第（6）小条“暂估价专业分包单位的选择，应符合发包人制订的招投标管理办法及相关规定，不管该办法和规定是招标前制订的还是招标后制订的，承包人必须无条件接受（包括但不限于暂估价招标的主体、文件审批的时间和流程、评委的组成、评标办法的设定、标底或招标控制价设定的方式等），但这种办法和规定不应违背国家的法律法规。”

23. 建议在招标文件第二册专用部分第十章第24.1.3条中对明确发包人委托的代理公司的代理费用由谁支付，如何支付？

24. 建议在招标文件第二册专用部分第十章第24.1.4条增加第（6）小条“暂估价专业分包单位的选择，应符合发包人制订的招投标管理办法及相关规定，不管该办法和规定是招标前制订的还是招标后制订的，承包人必须无条件接受（包括但不限于暂估价招标的主体、文件审批的时间和流程、评委的组成、评标办法的设定、标底或招标控制价设定的方式等），但这种办法和规定不应违背国家的法律法规”。

续表

25. 招标文件第二册专用部分第十章第25.2.2条“如果相关暂估价的材料和工程设备根据国家及北京市法律、法规、规章及规范性文件的要求应当通过招标进行采购，则应当由承包人作为招标人，由发包人和承包人按下述约定共同组织招标确定暂估价的材料和工程设备供应商”建议修改为“如果相关暂估价的材料和工程设备根据国家及北京市法律、法规、规章、规范性文件及发包人内部要求应当通过招标进行采购，则应当由发包人作为招标人，由发包人和承包人按下述约定共同组织招标确定暂估价的材料和工程设备供应商”。

26. 招标文件第二册专用部分第十章第25.2.2条其他修改建议同上述对24.1.3条的修改。

27. 招标文件第二册专用部分第十章第30.2条中增加第(1)小条“原招标范围内的最终清单工程量与招标时提供的清单工程量误差在±3%以内的清单项目，结算时按招标时工程量不作调整；超过3%以上的清单项目，只调整超出部分。变更调整的工程量仅对调整部分的工程量进行增减。”

28. 招标文件第二册专用部分第十章第30.2条中第(3)小条中第①款“可以计算工程量的以综合单价形式计价的措施项目的风险范围：工程量按照第29.2款的约定重新予以计量和调整”建议修改为“可以计算工程量的以综合单价形式计价的措施项目的风险范围：仅对变更产生的措施项目工程量进行重新计量和调整，否则不得调整工程量和清单项目。”

29. 招标文件第二册专用部分第十章第30.2条中第(3)小条中第③款“除合同条款第24.1.2项约定情况外，总承包服务费用不可调整。”建议修改为“除合同条款第24.1.2项约定情况外，总承包服务费用费率不可调整。”

30. 招标文件第二册专用部分第十章第30.3条中第(9)小条第①款第B点“……按发包人、承包人共同确认的市场价格为准。当投标报价时的单价低于投标报价期对应的造价信息价格时，按施工期对应的造价信息价格与投标报价期对应的造价信息价格计算其变化幅度；当投标报价时的单价高于投标报价期对应的造价信息价格时，按施工期对应的造价信息价格与投标报价时的价格计算其变化幅度。……”建议修改为“……按发包人、承包人共同确认的市场价格为准。按采购期对应的造价信息价格与其采购期上一期对应的造价信息价格计算其变化幅度。”，其他相应部分做出修改。

31. 建议明确招标文件第二册专用部分第十章中《约定风险范围的主要材料费用报价表》中的具体材料，如：钢材、混凝土及电缆；人工不设定风险范围是否会认定为未明确。

32. 招标文件第二册专用部分第十章第30.3条中第(9)小条第①款第C点审批程序建议做出相应修改：①《约定风险范围的主要材料及人工费用报价表》中的约定的材料、工程设备、人工价格超出风险范围外的项目，承包人应在采购前向发包人提出，经过发包人同意后，承包人才能进行采购，否则视为承包人自动放弃此部分权利，结算时不再增加任何费用。②超出风险范围外的项目采购数量、规格、类型必须经过监理人、发包人签认，否则不予调增。③结算时按监理人及发包人签认的数量进行价格调整。

33. 招标文件第二册专用部分第十章第32.1条中第(1)(2)小条中的建议删除“但若该价格或费率与变更当期的市场价格有明显差距时，按当期《北京工程造价信息》或市场价格执行；”。

34. 招标文件第二册专用部分第十章第32.2.6、32.2.8、32.2.9条中的“发包人代表”改为“发包人代表及全过程审计项目组”。

35. 招标文件第二册专用部分第十章第33.1.3条正“预付款扣减从确认的工程款(不含预付款、暂列金额)累计付至合同价款(不含预付款、暂定金额)的65%时开始，扣减率为每月发包人批复的进度款的30%，至合同价款(扣除暂列金额)支付至85%前应将预付款抵扣完。”建议修改为“预付款扣减从确认的工程款(含预付款)累计付至合同价款(不含暂定金额)的50%时开始，扣减率为每月发包人批复的进度款的50%，至合同价款(扣除暂列金额)支付至70%前应将预付款抵扣完。”

36. 招标文件第二册专用部分第十章第33.2.5条“工程进度款支付比例：当期应付工程进度款的80%”建议修改为“工程进度款支付比例：当期应付工程进度款的70%，工程进度款累计支付达到合同价款(不含暂定金额，如有减项金额应扣除)的75%时停止支付。”

37. 招标文件第二册专用部分第十章第36.1.2条增加内容：竣工结算价款应以发包人审计处审定的金额为准，发包人审计处也可以委托全过程审计单位进行审核，承包人必须接受并予以配合，未经过审计审定的结算价款，发包人有权拒绝支付，承包人必须无条件接受。

38. 招标文件第二册专用部分第十章第36.1.2条“发包人应当在收到承包人提交的相关竣工结算报告和完整的竣工结算资料后的60天内提出单方审查意见，并开始进行核对。”应修改为“发包人应当在收到承包人提交的相关竣工结算报告和完整的竣工结算资料后的60天内提出单方审查意见，并开始进行核对。”

39. 招标文件第二册专用部分第十章第36.3条建议增加“质量保修金将无息退还。”

40. 招标文件第二册专用部分第十章第41.2条中建议要求提供履约保证金，可以由预付款担保直接转换为履约保证金。

41. 招标文件第二册专用部分第十章补充条款56.1条“工程水电费(不含分包工程水电费)已包含在合同价款内，由承包人挂表……”建议改为“工程水电费已包含在合同价款内，由承包人挂表……”。

42. 招标文件第二册专用部分第十章补充条款中增加第57条增加全过程跟踪审计内容：①本项目发包人采用全过程跟踪审计，承包人必须积极配合全过程审计工作。②未按学校跟踪审计办法相关流程执行的相关事项，将得不到发包人的认可。③学校跟踪审计办法是施工合同、招标文件的组成部分，详见附件。

续表

43. 招标文件第二册专用部分第十章中涉及价款确认、调整、支付(如:第30.3及32、33条)等审批条款中的“发包人”应改为“发包人(含全过程审计项目组)”。 北京金马威工程咨询有限公司 咨询人:××× 2006年4月3日

(4)进度支付表。

工程项目进度款支付审计意见

工程名称:×××大学体育馆工程(2005年12月)　　编号:BTJ-3(2005-12)

合同价格		18 000万元	本期(人民币万元)				累计(人民币万元)			
预付款		2 948万元	合计	土建	安装	其他	合计	土建	安装	其他
工作量(1)	上报数(1)	合同进度款(1)	215.49	215.49			495.87	495.87		
		变更、签证进度款(2)								
		上报小计(3)	215.49	215.49			495.87	495.87		
	审核数(2)	合同进度款(1)	210.24	210.24			490.62	490.62		
		变更、签证进度款(2)								
		审核小计(3)	210.24	210.24			490.62	490.62		
抵扣款(2)	预付款(1)									
	甲供料款(2)									
	保留金(3)									
	其他(4)									
	抵扣小计(5)									
本期应付款(=1.2.3-2.5)			210.24	210.24			490.62	490.62		
工程形象进度	1. 基础护坡约完成总量的80%; 2. 机械挖土约完成总量70%; 3. 降水约完成总量85%; 4. 临建工作部分已完成。									
审计项目组意见: 1. 护坡、降水、桩基工程中的水电费应包含在其本身项目报价中,估实体部分工程水电费应按20个月(扣除降水、护坡3个月)平均支付;鉴于桩基钢筋工程已完成的实际情况,本次工程水电费付款按一个月支付; 2. 根据施工合同专用条件26条规定,按审定工程量支付工程进度款的90%;2005年12月份进度款应按210.24万元支付。 项目负责人:　　2005年12月29日										

(5)评标分析

×××大学体育馆地板采暖系统招标评标分析表

工程名称:×××大学体育馆　　　　编号:PBBG007－地板采暖

序号	投标单位 项目名称	投标人1	投标人2	投标人3	投标人4	投标人5
1	投标报价	749 674.49元	389 805.31元(不锈钢) 362 507.62元(铜)	351 000元(117元/m^2)	693 446(不锈钢分集水器) 657 338(铜分集水器)	248 223.76元
	报价说明 A. 交联聚乙烯管	进口PEX－C管材(德国)带阻氧层20×2.0	PE－XC管(辅照交联聚乙烯)(德国HAKA)16×2.0	PEX管材(意大利嘉科米尼)16×2.0	德国欧文托普20×2.0	德国欧文托普16×2.0
	B. 集分水器	德国	德国优尼(不锈钢)	意大利嘉科米尼	德国欧文托普	意大利斐夫
	C. 保温材料	聚苯乙烯板材(30 mm 25 kg/m^3)北京	阻燃型聚苯板(30 mm 25 kg/m^2)	北京奈特聚苯乙烯泡沫板(20 mm)或挤塑板(40 kg/m^3)	北京北泡(30 mm×25 kg)	北京高圣佳苯板30 mm 25 kg/m^3
2	施工方案	有具体方案	有具体方案	有具体方案	有具体方案	有具体方案
3	安全措施	有相关措施	有相关措施	有相关措施	有具体方案	有相关措施
4	施工计划及保证措施	15工日	14工日	7工日	19工日	10工日
5	质量保证措施	有相关措施	有相关措施	有相关措施	有相关措施	有相关措施
6	文明、环保	有相关措施	有相关措施	有相关措施	有相关措施	有相关措施
7	劳动力及主要设备	有	有	有	有	有
8	组织机构及专业技术力量	有	有	有	有	有
9	与总包配合措施	有相关措施	有相关措施	有相关措施	有相关措施	有相关措施
10	售后服务	8小时到达现场,24小时修复故障	24小时跟踪服务 8小时到达现场	正常工作时间2小时 非工作时间6小时	4小时到达现场	未承诺
11	免费保修	18个月	5个采暖季节	24个月	未承诺	3个采暖季节
12	其他					

注:地板采暖系统原招标暂估价为500 000元。

北京金马威工程咨询有限公司

×××大学审计项目组

×××大学体育馆虹吸雨水系统评标分析表

工程名称:×××大学体育馆　　　　编号:PBBG004－虹吸雨水

序号	投标单位 项目名称	投标人1	投标人2	投标人3	投标人4
1	投标报价	85 015.35元	43 666.63元	1 100 365.06元	973 387.1元
	报价说明		综合单价与综合单价计算不符	投标报价表格式有偏差	

续表

序号	投标单位 项目名称	投标人1	投标人2	投标人3	投标人4
	A. 虹吸雨水管	304 不锈钢 花都永大 管径100内2厚 管径100外3厚	304 不锈钢 佛山宇航 管径125内2厚 管径150－2.2厚 管径200－2.5厚 管径250－3.2厚	304 不锈钢 未明确品牌 管径200内3厚 管径219－4厚 管径325－5厚	国产 太原太钢
	B. 虹吸雨水斗	316 不锈钢 瑞典捷流 16个雨水斗	深圳卓宝"澎湃" 18个雨水斗	304 不锈钢 20个雨水斗	北京泰宁 14个雨水斗
	C. 其他说明	4个系统 汇水流量373.86 L/s 单斗排量32 L/s	4个系统 汇水流量373.86 L/s 单斗泄水流量20.77 L/s	4个系统 汇水流量392.42 L/s	4个系统， 排水雨量387.97 L/s
2	施工方案	有具体方案	有具体方案	有具体方案	有具体方案
3	安全措施	有相关措施	有相关措施	有相关措施	有相关措施
4	施工计划及保证措施	30工日	31工日	45工日	30工日
5	质量保证措施	有相关措施	有相关措施	有相关措施	有相关措施
6	文明、环保	有相关措施	有相关措施	有相关措施	有相关措施
7	劳动力及主要设备	有	有	有	有
8	组织机构及专业技术力量	有	有	有	有
9	与总包配合措施	有相关措施	有相关措施	未明确	有相关措施
10	售后服务	12～24小时解决	2小时响应 24小时处理	未做出具体承诺	24小时到达现场， 48小时内解决
11	免费保修	2年	2年	2年	2年
12	寿命	50年	60年	50年	
13	备注	未考虑中央玻璃穹顶	未考虑中央玻璃穹顶	考虑了中央玻璃穹顶	理解中央玻璃穹顶周围雨水通过适当方式汇集四周天沟

注：1."北京瑞恩实科技有限公司"与资审通过的"北京泰宁科创科技有限公司"单位名称不符合；

2. 原转签审批的招标文件管道和配件采用进口高密度聚乙烯管（HDPE），后改为不锈钢未经过审计项目组审核；

3. 虹吸雨水系统原招标暂估价为380 000元；

4. 因原招标文件对屋顶中央球壳的排水设计未做明确要求，导致各投标商方案各异，应统一中央球壳的排水设计。

北京金马威工程咨询有限公司

×××大学审计项目组

12.2 财政评审实例

关于××粮食储备库扩建项目评审报告

×××：

根据×××关于对××省2000年200亿斤国家粮食项目工程预算进行投资评审函的要求，我中心本着客观、公平、公正、科学、合理、实事求是的原则，于2001年×月×日至×月×日对××粮库扩建项目工程情况进行了全面评审，现将具体情况报告如下。

一、项目概况

1. 项目由来

××市地处××省中部×××，水源充足，土质肥沃，是全国重要的商品粮基地县市之一，近年来粮食连年丰收，但是，现有仓容严重不足，仓房老化，粮食局现有仓容仅为0.83亿斤，而年收购量为2.3亿斤，露天存粮0.72亿斤。仓容不足不仅加大了露天存放保管费用的支出，而且也在一定程度上制约了农民种田售粮的积极性，对该市农村经济的发展产生了不利影响。××市位于市、津、保三角地带，地理位置优越，交通便利。另外，××国家粮食储备库为旧库扩建工程，原××粮库始建于1979年，现有闲置土地83亩，无须征地，又有政府承诺减免相关税费的有利环境，因此，国家计委、国家粮食局特急计综合[2000]679号文件批复该项目立项，确定项目总投资为795万元。

2. 项目建设规模及内容

(1)设计规模：扩建工程设计总仓容0.3亿斤。

(2)项目建设内容：项目总建筑面积为4 267 m^2，扩建的工程如下。

——仓储工程：平房仓三栋，建筑面积3 859 m^2。

——辅助工程及公用配套设施：中心控制室、检化验室、药品库、加压泵房、消防水池、地磅房、门卫、配电室等，建筑面积408 m^2。

——附属设施：包括一座30 m^2 水塔和与之配套的深水井。

3. 项目承担单位

项目承担单位是××市粮食局，由××粮食设计院负责工程设计，××建筑工程公司负责施工，××公司担任监理。

4. 项目建设周期

2000年7月至2001年6月。

5. 项目进展情况

该项目主体正在进行中，附属工程除中控化验室、地磅房、药品库外其余工程尚未开始施工，工期将延至9月10日。

二、评审依据

(1)财政部、国家发展计划委员会、国家粮食储备局财建[2000]112号文《关于100亿公斤新建国家粮库项目建设资金管理有关问题的通知》、财建[1998]550号文《关于加强中央直属储备粮食建设资金管理有关问题的通知》。

(2)国务院办公厅国办发明电[1998]15号文《国务院办公厅关于搞好中央直属储备粮库建设的通知》、国办发明电[1998]15号文《国务院办公厅关于加强建设项目管理确保工程建设质量的通知》。

(3)财政部办公厅财办建[2001]143号文件及财建函[2001]18号关于委托×××财政投资评审中心对××省2000年200亿斤国家粮库项目工程预算进行投资评审的函。

(4)根据财建[2000]112号文，××省制定的100亿公斤新建粮库项目建设资金管理的具体办法。

(5)财政部财基字[1999]204号文《关于中央直属储备粮库建设单位管理费有关问题的通知》、财基字[1998]4号文《关于基本建设财务管理若干规定》。

(6)1998年《××省预算定额》、《××省建筑安装工程间接费及其他费用定额》、《全国统一安装工程预算定额××省单位估价表》、《××地区工程造价管理信息》。

(7)××粮食局与各施工单位签订的承包合同书、招投标文件、设计(竣工)图纸、工程预算书、变更及洽商记录等相关资料。

(8)该储备粮库财务账表、凭证及相关资料。

(9)国家计委、国家粮食局特急计综合[2000]679号《关于××省××县粮库等21个项目立项的批复》。

(10)国家计委、国家粮食局计综合[2000]615号《关于合理安排建设投资、做好初步设计的通知》。

(11)省计委、××省粮食局X计经贸[2000]547号关于转发《国家计委、国家粮食局关于××省××县粮食等21个项目立项的批复》的通知。

(12)其他有关的法律、法规、政策、规范文件。

三、评审范围及内容

(1)该储备粮库项目建设是否按财建[1998]580号文、国办发明电[1998]9号文、国办发明电[1998]15号文、财办建[2001]143号文件及财建函(2001)18号文、财基字[1999]204号文、财基字[1998]4号文等有关文件规定执行。

(2)粮库项目的资金管理、建设单位管理费、工程勘察费、工程设计费、监理费等费用的计取是否均按财建[2000]112号文件规定执行。

(3)审核内容。

①工程技术部分:该储备粮库工程项目的预算是否有超概算现象、是否存在地方擅自批准建设非生产性设施和改变建设内容及建设标准现象、工程量计算是否存在高估冒算现象、套用定额子目是否正确;取费标准是否按规定执行等。

②财务管理部分:该储备粮库项目资金管理是否建立单独专户存储和专人管理制度,项目筹建至2001年6月30日的财务会计账簿、原始凭证及月(季)、年报表等资料是否齐全、正确;资金到位、资金使用情况、各项费用提取比例及支出是否合规、手续是否健全等。

四、评审程序(步骤)

该储备粮库项目评审,共分三个步骤。

(1)初审阶段:初审人员在听取该储备粮库负责人总体情况介绍的基础上,根据原始资料,采用全面、详细的审核方式,对该工程进行合规、合法性的审核。审核工程建设是否按照基本建设程序管理和实施、财务核算是否符合基本建设财务管理制度及有关文件的规定。

①认真审核该储备粮库项目预算书的编制文件、预算书的内容和设计图纸是否一致,对工程子目所套用的预算定额也要审核,以确保属于其专业范围。

②依据预算定额规定,审核单位工程的工程量计算、定额套用、工程直接费计算、间接费计算、取费标准等是否准确,各类材料或设备明细表、工料分析表内容等是否正确。

③认真审查项目筹建至2001年6月30日财务会计账簿、原始凭证及报表等相关资料,全面审查项目建设资金收支情况,包括项目资金到位、各项费用提取比例及支出是否合规、手续是否健全。

(2)复核阶段:复审人员根据初审人员结论,采用重点抽查方式对该项目复审。

(3)会审阶段:采用领导、各专业人员参加的会审方式进行审定。

五、审核绪论及存在的主要问题

该粮库建设项目在建设过程中能够严格执行国家有关法律、法规、政策,能够按照基本建设程序管理和实施,注重科学施工管理,完善粮食仓储保管制度。

1. 工程预算审核情况

该扩建储备粮库项目原批复概算为795万元,预算送审额为851.18万元,预算审定额为780.76万元,核减额为70.42万元,核减率为8.72%(见工程造价对比分析表)。

(1)工程项目合规性审核:该工程申报审批程序符合规范要求,但未办理规划许可证和开工许可证(××省统一办理),不存在地方擅自批准建设非生产性设施现象,取费标准均按规定执行。××监理公司按程序对工程进行全方位、立体化监理。

(2)工程项目存在的问题。

①经现场勘察发现该粮库建设工程质量较差,如:按照设计要求平房仓墙内侧与地面交接处应做直径为10 cm的缓坡,而实际施工只用水泥砂浆找坡,且坡度未达到设计要求。平房仓内堵喷刷石灰浆,由

于石灰浆的配比不符合要求，现已出现饰面脱落现象。

②合同工期为2000年7月30日至2001年4月25日，实际开工日期为8月28日，由于施工单位施工组织不利，造成主体工程尚未完工，附属工程也正在施工中，工期将延续至9月10日。

③虚报工程量。平房仓基础报审1 188立方米，28.67万元，经审核确定工程量为1 147立方米，金额为25.77万元，虚报工程量41立方米，应核减2.9万元；土石方报审工程量7 709立方米，经审核应为5 446立方米，虚报工程量2 263立方米，应核减2.1万元；D150铸铁消防管虚报工程量82.4米，应核减0.76万元。

④施工单位在施工时取消屋面隔气层橡胶沥青防水，工程量1 387.6 m^2，金额4.41万元，应核减。

⑤错套定额子目。在做地基处理时施工单位预算执行翻斗车运土1－105子目，经审核应执行单（双）轮车运土1－88＋1－89×4子目，应核减11.84万元。

⑥重复计费。施工单位在做地基处理预算时将已包含在回填土子目工作内容中的回填土过筛重复列项，金额4.63万元，应核减。

⑦施工单位未按设计施工，在中控化验室及地磅房施工时，将塑钢门窗改为木门窗，应核减1.45万元。外墙装修应为面砖，施工时改为涂料，应核减0.81万元。

⑧地基处理及土石方超概算41.52万元，应核减。

⑨平房仓、计算机系统、地磅房、给排水外线及消防等共计超概算44.75万元，主要由于材料涨价造成。

(3)处理意见。

①对于施工质量问题，要求建设单位督促施工单位将不符合质量要求的工程项目进行整改直至达到设计要求。

②建设单位要督促施工单位加大施工投入，采取积极有效的措施，尽快完成粮库建设。

③建设单位要将虚报、错套定额子目及重复计算工程量的费用22.23万元从工程预算中剔除，将设计变更后取消的工程费用6.67万元从工程预算中剔除。

④建设单位要将超出概算的工程费用41.52万元从工程预算中剔除。

2.项目资金管理审查情况

(1)财务管理的总体情况。该项目能够按照中央预算内资金管理有关规定的要求，在建行开设151专门账户。项目建设资金由省中直储备粮库建设领导办拨付到建设单位，截至2000年底实际到位资金358万元(财政部下达表金额为558万元)，截至2001年6月30日实际到位资金508万元，建设单位对资金进行了单独核算，并设专人管理，做到了专款专用，无挪用资金现象，月、年报表等资料齐全、正确；各项费用提取比例合规。

(2)财务审查中发现的具体问题。

①通过审核该项目截至2001年6月30日的会计账簿、原始凭证及财务报表，我们发现建设单位账簿及科目设置不全，未设置设备投资科目，建安工程投资未设置明细账，不符合基本建设财务制度的规定。

②建设单位在“待摊投资——建设单位管理费”中列支加班补助1.26万元，不符合财政部财基字[1999]204号文件“扩建的粮库项目，不得在建设单位管理费中开支工作人员工资及与工资有关的费用等支出”的规定。

(3)处理意见。

①建设单位要严格按照基本建设财务制度的规定设置完整的账簿，以便全面反映项目的资金使用情况。

②建设单位在“待摊投资——建设单位管理费”中列支加班补助1.26万元，不符合财政部财基字[1999]204号文件“扩建的粮库项目，不得在建设单位管理费中开支工作人员工资及与工资有关的费用

等支出”的规定。

六、效益分析

该项目建成后，不仅能够缓解群众储粮难、卖粮难的问题，而且能够为国家收购更多的余粮，增强出口创汇能力，有利于加快粮食流通运输，提高作业效率，减少粮食的损失和浪费，起到强化安全储量，提高经济效益，发挥重要交通枢纽的作用，加强国家在特殊情况下对粮食的调控能力，能够体现出较好的社会效益。

评审人员：××

评审组组长：×××

×××财政投资评审中心

××××年××月××日

表一　基本情况表

评审机构	评审机构名称		×××财政投资评审中心	评审组人数	××人	
	评审组织负责人		职务		电话	
	评审实施时间		自2001年8月6日 至2001年8月7日			
被评审建设项目情况	建设项目名称		××粮仓扩建工程	项目主管部门	××省建库办	
	建设项目地址			邮政编码		
	项目法人或负责人		职务		电话	
	财务部门联系人		职务		电话	
	项目批准部门		国家计委、国家粮食局	批准文号	计综合[2000]××号	
	批准项目总投资		795万元	项目建设起止日期	2000年7月30日 至 2001年4月25日	
	项目资金来源	中央基建拨款	中央预算内基建拨款		项目前期准备批复情况	项目立项	
			国债资金	795万元		可行性研究报告	
			中央财政专项拨款			项目初步设计	
		中央政府性基金				项目开工报告	
		中央预算外资金			工程形象进度已进入的阶段	未开工	
		地方财政配套基建拨款				已开工	
		银行贷款				主体施工	
		自筹资金				工程收尾	
		其他资金				工程竣工	

注：“项目前期准备批复情况”、“工程形象进度已进入的情况”中有关栏按项目进度在相关栏内打“√”

表二　评审情况摘要、结论及建议

项目名称					
评审阶段				批准概算	
送审金额		概算内审增金额		概算内审减金额	
审定概算内金额			概算漏项需增加的项目		
一、评审中概算内审增、审减原因，概算漏项的原因及需要增加的投资 评审中概算内审增、审减原因，概算漏项的原因及需要增加的投资共计审减70.42万元。					

续表

二、建设项目存在的主要问题
三、有关问题的处理建议

工程表　工程造价对比分析表

工程名称：××粮库　　　　单位：万元

项目名称	单位	概算工程量	概算数	预算原报数	预算审定数	审减额	审减率(%)
一、生产设备	m^2	3 859.00				4.41	0.93
平房仓			434.16	473.48	469.07	45.32	90.06
地基处理			5.00	50.32	5.00	0.00	0.00
国产工艺设备			31.90	32.98	32.98	0.00	0.00
通风熏蒸设备			26.28	19.80	19.80	0.00	0.00
计算机管理系统			6.00	6.92	6.92	0.00	0.00
粮情检测系统			15.00	5.93	5.93	0.00	0.00
二、生产辅助							
中控室	m^2	75.00	7.36	5.35	3.34	2.01	37.57
化验室	m^2	75.00	15.01	11.11	11.11	0.00	0.00
药品室	m^2	44.00	5.52	3.72	3.72	0.00	0.00
消防泵房	m^2	40.00	12.80	11.66	11.66	0.00	0.00
消防水池	m^2	500.00	16.41	8.73	8.73	0.00	0.00
地磅房	m^2	32.00	4.56	5.29	5.29	0.25	4.51
门卫	m^2	42.00	6.21	5.83	5.83	0.00	0.00
变配电室	m^2	100.00	34.89	22.82	22.82	0.00	0.00
三、生活服务设施							
水塔		30.00	10.00	10.00	10.00	0.00	0.00
水井		1.00	13.00	13.00	13.00	0.00	0.00
四、总图工程							
道路	m^2	3 700.00	37.40	29.40	29.40	0.00	0.00
土石方	m^3	4 000.00	8.00	25.67	25.67	17. 76	68.84
围墙	m^2	200.00	4.00	3.65	3.65	0.00	0.00
给排水外线及消防			9.75	17.62	17.62	0.76	4.31
电外线机场区照明			16.00	12.00	12.00	0.00	0.00
绿化费			2.00	2.00	2.00	0.00	0.00
五、其他费用							
建设单位管理费			5.77	5.77	5.77	0.00	0.00
工程勘察费			3.61	3.61	3.61	0.00	0.00
工程设计费			10.82	10.82	10.82	0.00	0.00
工程监理费			11.54	11.54	11.54	0.00	0.00
工程质量监督费			1.44	1.44	1.44	0.00	0.00
标底编制费			0.72	0.72	0.72	0.00	0.00

续表

项目名称	单位	概算工程量	概算数	预算原报数	预算审定数	审减额	审减率(%)
顶备费			39.75	39.75	39.75	0.00	0.00
合计			795.00	851.18	780.76	70.42	8.27

财务总表　投资审核对比表

工程名称:××国家粮食储备库

单位:元

项目名称	原报数	审定数	增减额	增减率(%)
建安工程投资	3 533 097.00	3 437 148.00	-95 949.00	-2.72
设备投资	0.00	95 949.00	95 949.00	100.00
待摊投资	251 441.59	238 841.59	-12 600.00	-5.01
预付工程款	210 000.00	210 000.00	0.00	0.00
合计	3 994 538.59	3 981 938.59	-12 600.00	-0.32

财务附表1　建安工程投资审核对比表

工程名称:××国家粮食储备库

单位:元

项目名称	原报数	审定数	增减额	增加率 %
平房仓	0.00	2 993 573.00	2 993 573.00	100.00
配电室	0.00	64 871.00	64 871.00	100.00
地磅房	0.00	29 163.00	29 163.00	100.00
消防泵房	0.00	17 800.00	17 800.00	100.00
药品房	0.00	25 344.00	25 344.00	100.00
中心控制室	0.00	94 667.00	94 667.00	100.00
室外给排水	0.00	8 900.00	8 900.00	100.00
消防水池	0.00	78 010.00	78 010.00	100.00
土方	0.00	71 200.00	71 200.00	100.00
水井	110 500.00	110 500.00	0.00	0.00
门卫	0.00	7 120.00	7 120.00	100.00
在建工程	3 326 648.00	0.00	-3 326 648.00	-100.00
粮情监控系统	17 799.00	0.00	-17 799.00	-100.00
环流熏蒸系统	28 110.00	0.00	-28 110.00	-100.00
汽车衡	23 340.00	0.00	-23 340.00	-100.00
柴油发电机组	26 700.00	0.00	-26 700.00	-100.00
合计	3 533 097.00	3 437 148.00	-95 949.00	-2.72

财务附表2　投资设备审核对比表

工程名称:××国家粮食储备库

单位:元

项目名称	原报数	审定数	增减额	增加率 %
粮情测控	0.00	17 799.00	17 799.00	100.00
通风熏蒸系统	0.00	28 110.00	28 110.00	100.00

续表

项目名称	原报数	审定数	增减额	增加率 %
汽车衡	0.00	23 340.00	23 340.00	100.00
自动柴油发电机	0.00	26 700.00	26 700.00	100.00
合计	0.00	95 949.00	95 949.00	100.00

财务附表 3　待摊投资审核对比表

工程名称：× ×国家粮食储备库　　单位：元

项目名称	原报数	审定数	增减额	增加率 %
建设单位管理费	28 472.26	15 874.26	12 600.00	-44.25
工程勘察费	36 100.00	36 100.00	0.00	0.00
工程监理费	97 400.00	97 400.00	0.00	0.00
工程设计费	82 232.00	82 232.00	0.00	0.00
存款利息	-7 164.67	-7 164.67	0.00	0.00
工程质量监督费	14 400.00	14 400.00	0.00	0.00
合计	251 441.59	238 841.59	-12 600.00	-5.01

表三　《建设项目投资评审结论》送达回执

送达人签名或盖章	× × ×
送达地点	× × ×
送达日期	× × ×
受送达人单位名称	× × ×
受送达人或代收人签字盖章	× × ×
收到日期	× × ×
备注	

表四　建设项目投资评审结论确认表

建设单位意见
同意评审结论 建设单位法人或项目负责人（签字）：× ×X 建设单位公章 　年　　月　　日

注：被评审单位意见篇幅较长请另附页，并签注"意见另附"。

12.3 造价纠纷鉴定实例

(1)封面。示例如下。

北京×××大学研究中心工程
造价鉴定报告

北京×××工程咨询有限公司
2012年5月8日

(2)目录。示例如下。

目录

(3)内容。示例如下。

北京仲裁委员会

BEIJING ARBITRATION COMMISSION

地址:北京市朝阳区建国路118号招商局大厦16层
邮编:100022
电话(TEL):+86 10 65669856
传真(FAX):+86 10 65668078

Address:16F China Merchants Tower,No 118 Jian guo Road,
Chao yang District,Beijing,100022 China
Website:http://www.bjac.org.cn
E-mail:bjac@bjac.org.cn

关于(2010)京仲案字第×××号仲裁案
委托鉴定函

北京××××工程咨询有限公司:

北京仲裁委员会(以下称本会)于2011年12月29日受理了申请人北京×××建筑集团有限责任公司(以下简称申请人)与被申请人北京×××大学(以下简称被申请人)之间因于2006年6月25日签订的《建设工程施工合同》所引起的争议仲裁案(以下简称本案),并于2011年7月28日组成由×××担

任首席仲裁员、××××、×××担任仲裁员的仲裁庭对本案进行审理。

在本案审理过程中，因双方当事人对本案所涉工程造价无法达成一致意见，故本案仲裁庭决定委托贵单位对本案所涉北京×××大学研究中心工程申请人已完工程量的造价、申请人称被申请人抢占施工现场造成的经济损失、申请人称被申请人擅自拆除申请人设施、抢走设施内设备及现场工程材料造成的经济损失进行工程造价鉴定，现将有关事宜函告如下。

一、请贵单位在收到本委托函之日起三日内书面函告仲裁庭是否接受委托，贵单位决定接受的，请随函附寄本次鉴定所需材料清单。逾期提交，仲裁庭有权另行委托鉴定单位进行鉴定。

二、贵单位决定接受委托的，请自贵单位首次收到鉴定材料之日起六十日内完成鉴定工作并将鉴定报告一式六份提交仲裁庭。如确需延长鉴定期限的，应在鉴定期限届满七日前向仲裁庭提出书面申请，经仲裁庭同意可以适当延长。

三、因仲裁案件不公开审理，请贵单位对仲裁案件相关情况予以保密。

四、如贵单位决定接受鉴定委托，有关注意事宜通知如下：

(1)核对双方参与鉴定工作人员是否持有授权委托书；

(2)组织双方对鉴定资料逐一进行质证，制作详细的质证笔录，须将双方共同确认的鉴定资料作为鉴定结论的依据；

(3)如遇到重大事项，如一方当事人对鉴定结论产生重大影响的某鉴定资料提出重大意义等，应及时向仲裁庭进行书面汇报。

本案秘书工作由×××负责。

联系电话： 传真：

E-mail：

北京仲裁委员会

2011年6月14日

北京××××工程咨询有限公司

函件

TJD-06-001

TO： 北京仲裁委员会

FORM： 北京××××工程咨询有限公司

SUBJECT：接受(2011)京仲案字第×××号仲裁案委托鉴定的函

贵会第(2011)京仲案字第×××号仲裁案委托鉴定书收悉，非常感谢贵会和当事人对我公司的信任，我公司深感荣幸并决定接受本次委托，我公司将严格遵照北京仲裁委员会的仲裁规则及暂行规定，遵守相关法律、法规、规章和行业行政主管部门制定的规定和政策，尊重事实、严谨工作、提交公正合法的鉴定报告。本次鉴定对本案合同所涉“北京×××大学研究中心工程”申请人已完工程量的造价、申请人称被申请人抢占施工现场造成的经济损失、申请人称被申请人擅自拆除申请人设施、抢走设施内设备及现场工程材料造成的经济损失进行工程造价鉴定。

鉴定费用计取依据《北京市工程造价》2011.1总第1期中“关于北京市建设工程造价咨询参考费用及费用指数的说明”附件一“北京市建设工程造价咨询参考费用表”。

具体计费标的额为：工程结算汇总表工程费32 000 000元；未施工项目1 100 000元；2008年4月25日抢占现场损失费1 700 000元，2009年5月8日强拆临设损失费2 000 000元；合计工程鉴定标的额为36 800 000元。

按规定计算鉴定费用：30万元，本工程要求计算钢筋精细计量，故另计费用为3万元。两项合计共

收取鉴定费用总额33万元。

参加本次鉴定的拟定人员：×××

本项目负责人：×××　联系方式：12345678

本项目联系人：×××　联系方式：12345678

传真：12345678

随函附上需双方当事人提供鉴定材料清单，如下表。

需当事人提交的证据材料清单

（共2页，第1页）

委托书号	（2011）京仲案字第×××号	工程名称	北京×××大学研究中心工程
工作号	金鉴字（2012）－×××	项目负责人	×××
联系人	×××	联系方式	12345678

请当事人

1. 北京某建筑集团有限责任公司（申请人）

2. 北京某大学（被申请人）

在7日内提交下述证据材料：

序号	证据材料名称	是否原件	数量	备注
1	招标文件			
2	中标概算			
3	工程施工合同、补充合同（协议）			
4	工程图纸			结构图两套
5	工程结算书			
6	施工组织设计及施工方案			
7	材料、设备认价单			
8	竣工验收报告			
9	甲方直接分包合同及分包造价			
10	甲方供应材料、设备清单及价格			
11	工程承包范围和实际施工范围			
12	洽商变更单			
13	未完工程项目清单（工程量）			
14	与鉴定有关的其他相关资料			

北京×××工程咨询有限公司

2011年9月24日

鉴定报告书

委托人：北京仲裁委员会

鉴定机构：北京×××工程咨询有限公司

案号：（2011）京仲案字第×××号

北京仲裁委员会：

受贵会2011年9月14日《鉴定委托书》的委托，我公司对贵会受理的2011京仲案字第×××号仲

裁案中工程造价进行鉴定。在鉴定过程中，我公司在当事人提供的现有资料即招标文件、建设工程施工合同、工程图纸、洽商变更等施工过程中发生的书面文件的基础上，本着实事求是、公平合理的原则，对该工程造价进行客观的鉴定。

一、委托鉴定内容

委托内容：对申请人北京×××建筑集团有限责任公司与被申请人北京×××大学之间因《建设工程施工合同》所引起的争议仲裁案（2011京仲案字第×××号仲裁案）中，“北京×××大学研究中心工程”申请人已完工程量的造价、申请人称被申请人抢占施工现场造成的经济损失、申请人称被申请人擅自拆除申请人设施、抢走设施内设备及现场工程材料造成的经济损失进行的工程造价鉴定。

二、鉴定结论

申请人申请鉴定工程总价：36 000 000元。

鉴定无争议金额为：32 000 000元。

鉴定争议金额为：-1 100 000元（依据申请人提供的研究中心施工未完成项目清单进行鉴定）、-1 100 000元（依据被申请人提供的北京某大学研究中心工程描述表进行鉴定）。

无法确认金额为：3 700 000元。

三、委托鉴定依据的材料

由当事人双方提供的涉及本案工程造价鉴定的所有资料。（详见：附件一 提供证据、资料清单）。

四、鉴定依据

(1)北京仲裁委员会工程造价鉴定委托书。

(2)2001年《北京市建设工程预算定额》及其取费。

(3)工程图纸。

(4)工程招标文件及《建设工程施工合同》。

(5)申请人提供的“某大学研究中心施工未完成项目清单”及被申请人提供的“北京某大学研究中心工程描述表及附图”。

(6)工程洽商变更单等。

(7)当事人双方提供的其他相关资料。

五、工程概况

(1)工程名称：北京某大学研究中心工程。

(2)工程地点：北京市。

(3)建筑面积：7 800 m^2。

(4)结构类型：框架结构。

(5)合同开工日期：2006年5月15日；合同竣工日期：2007年11月15日。

六、鉴定工作过程简述

(1)2011年××月××日，北京仲裁委员会委托我公司对“(2010)京仲裁字第1560号仲裁案”进行造价鉴定。

(2)2011年××月××日，我公司复函北京仲裁委员会，表示接受委托，同时，提供“需当事人提交的证据材料清单”，要求当事人双方根据材料清单于7日内提交相关证据资料。

(3)2011年××月××日，我公司收到被申请人提交的鉴定资料。

(4)2011年××月××日，我公司收到申请人提交的鉴定资料。

(5)2011年××月××日，我公司以传真的形式通知当事人双方，于2011年××月××日，下午14:00在鉴定单位召开鉴定资料质证会。因申请人当天未带原件进行质证，因此三方约定于2011年××月××日当事人双方携带原件在鉴定单位再次召开质证会。

(6)2011年××月××日，我公司以传真的形式通知当事人双方，于2011年××月××日下午14:

00 在鉴定单位召开鉴定资料质证会。

(7)2011 年××月××日,在本案鉴定单位召开质证会,质证会记录及质证意见详见“附件二”。

(8)2011 年××月××日,我公司收到申请人补充提交的鉴定资料。

(9)2011 年××月××日,我公司以传真的形式通知当事人双方,于 2011 年××月××日下午 14:00 在鉴定单位召开鉴定资料质证会。

(10)2011 年××月××日,我公司收到申请人补充提交的鉴定资料。

(11)鉴定单位根据双方提交的资料和质证意见对北京××大学研究中心工程进行造价鉴定,于 2012 年××月××日提交鉴定报告。

七、工程造价鉴定相关问题的说明

(1)根据申请人与被申请人签署的施工合同中,专用条款第 23.2 条约定:本合同价款采用可调价格合同。专用条款第 23.2(2)条约定合同价款调整方法:中标价加增减变更(分部分项单个子目变更、洽商金额小于 5 000 元(含 5 000 元)不进行价款调整)。专用条款第 23.3 条约定,合同价款调整的其他因素:执行政府造价部门的规定。

(2)鉴定无争议项分为四部分。

①第一部分:合同金额。

申请人申请金额为 22 803 691.58 元,此费用为申请人的施工图预算金额。根据中标概算及双方签署的《建设工程施工合同》第 23.2 条,投标概算及合同价均为 18 978 549.43 元,故此项鉴定金额为 18 978 549.43元。

②第二部分:洽商变更。

申请金额为 6 554 339.42 元,根据双方认可的洽商变更单等相关资料,鉴定金额为 6 209 401.42 元。

根据招标文件投标须知中第 13 条现场考察:“13.1 投标人应对工程现场及其周围环境进行现场考察,以获取那些须自己负责的有关投标准备和签署合同所需的所有资料和信息……”及第 17 条投标价格中第 17.2 条:“除非本招标文件中另有规定,投标价格应包括完成本须知第 6 条所说明的全部工作所需的费用。并且此投标价格是以投标人提交的费率和金额单价及合价,以及报价汇总表中的价格为基础的。投标价格中应包括施工设备,人工、管理、材料、设备、安装、维护、控制扬尘污染和安全施工措施、保险、利润、税金、政策性文件规定、风险、责任等所有费用。”

根据以上招标文件规定,申请人申请的专业劳务补偿费及二次搬运补偿费不应再次计取,故鉴定时不予认定。

③第三部分:误工费申请金额为 3 398 013 元,鉴定金额为 0 元。

申请人主张计取误工费,由于申请人提供的资料非施工中的往来函件或过程资料,且被申请人没有认可申请人提交的此类相关资料。

根据《建设工程施工合同》中通用条款第 13 条工期延误中 13.2 条:“承包人在 13.1 款情况发生后 14 天内,就延误的工期以书面形式向工程师提出报告。工程师在收报告后 14 天内予以确认,逾期不予确认也不提出修改意见,视为同意顺延工期。”及第 36 条索赔中第 36.2 条:“……①索赔事件发生后 28 天内,向工程师发出索赔意向通知;②发出索赔意向通知后 28 天,向工程师提出延长工期和(或)补偿经济损失的索赔报告及有关资料……”申请人提供的资料中没有以上规定的往来函件或相关证据资料,因此依据合同条款,对该部分费用不予认定。

④第四部分:砸毁(临设)损失费申请金额为 937 706.08 元,此项费用申报内容包括:活动板房、栏杆围墙、办公用房,该费用内容属中标概算及洽商变更取费中的临时设施费计取范畴,且合同中对临时设施费没有另行计取的约定,因此鉴定时不再重复计取临时设施费。

鉴定单位认为该工程虽有未施工项目,但临时设施的设置是根据合同的全部内容进行组织设计并实施,因此在鉴定争议项未完工程费用中不再扣除临时设施费。

八、建议仲裁庭裁定的争议项目的相关说明

未完工程鉴定:由于当事人双方对未完工程施工范围没有达成一致意见,因此,鉴定时分别根据双方提交的未完工程施工范围及图纸进行鉴定,经鉴定详细情况如下。

①依据申请人于2011年11月14日提交的某大学自然保护区研究中心施工未完成项目清单及双方认可的图纸,对未完工程进行鉴定,鉴定争议金额为-1 102 658.62元。

②依据被申请人于2011年11月14日提交的北京某大学自然保护区研究中心工程描述表,对未完成工程进行鉴定,鉴定争议金额为:-1 533 580.46元。

以上两项已单独列出,作为争议费用,建议由仲裁庭裁决。

九、无法确认项目的相关说明

申请人申请的强拆临设(库房内材料)损失费及强拆临设(场地堆放材料,办公用品)损失费共计2 305 165.45元。根据合同通用条款第36条索赔规定,由于申请人没有提供相关证据资料,仅为申请人的陈述性资料且被申请人不予认可该资料,鉴定时无法确定该资料的真实性及准确定,故将此项单独列出,作为无法确认项,建议由仲裁庭裁决。

十、附件

(1)本案有关证据资料。

(2)本案鉴定工作中的往来函件、质证会记录、双方提供鉴定资料清单。

(3)注册造价工程师职业资格证书。

十一、鉴定人资格说明

本工程造价鉴定负责人为××××,为注册造价工程师,具备工程造价鉴定资格。本工程造价鉴定复核人为××××,为注册造价工程师,具备工程造价鉴定资格。

项目负责人(签章):

项目复核人(签章)

相关附表(省略)

第5篇　附　　录

附录A 工程造价法律法规索引

A.1　**法律、行政法规**

(1)中华人民共和国仲裁法(中华人民共和国主席令　第31号)

(2)全国人民代表大会常务委员会关于修改《中华人民共和国审计法》的决定

(3)中华人民共和国审计法(中华人民共和国主席令　第48号)

(4)中华人民共和国建筑法(中华人民共和国主席令　第91号)

(5)中华人民共和国价格法(中华人民共和国主席令　第92号)

(6)中华人民共和国合同法(中华人民共和国主席令　第15号)

(7)中华人民共和国招标投标法(中华人民共和国主席令　第21号)

(8)中华人民共和国政府采购法(中华人民共和国主席令　第68号)

(9)中华人民共和国安全生产法(中华人民共和国主席令　第70号)

(10)中华人民共和国行政许可法(中华人民共和国主席令　第7号)

(11)建设工程质量管理条例(中华人民共和国国务院令　第279号)

(12)建设工程勘察设计管理条例(中华人民共和国国务院令　第293号)

(13)建设工程安全生产管理条例(中华人民共和国国务院令　第393号)

(14)中华人民共和国营业税暂行条例(中华人民共和国国务院令　第136号)

(15)中华人民共和国城市维护建设税暂行条例(国发[1985]19号)

(16)国务院关于修改《征收教育费附加的暂行规定》的决定(中华人民共和国国务院令　第448号)

(17)社会保险费征缴暂行条例(中华人民共和国国务院令　第259号)

(18)失业保险条例(中华人民共和国国务院令　第258号)

(19)国务院关于修改《住房公积金管理条例》的决定(中华人民共和国国务院令　第350号)

(20)住房公积金管理条例(根据2002年3月24日《国务院关于修改〈住房公积金管理条例〉的决定》修订)

(21)国务院关于完善企业职工基本养老保险制度的决定(国发[2005]38号)

(22)国务院关于建立城镇职工基本医疗保险制度的决定(国发[1998]44号)

(23)中华人民共和国公司法(中华人民共和国主席令　第42号)

(24)中华人民共和国劳动合同法(中华人民共和国主席令　第65号)

(25)最高人民法院关于审理建设工程施工合同纠纷案件适用法律问题的解释(法释[2004]14号)

(26)中华人民共和国营业税暂行条例(中华人民共和国国务院令　第540号)

(27)中华人民共和国营业税暂行条例实施细则(中华人民共和国财政部、国家税务总局令　第52号)

(28)中华人民共和国政府信息公开条例(中华人民共和国国务院令　第492号)

(29)中华人民共和国招标投标法实施条例(中华人民共和国国务院令　第613号)

A.2　**综合性规章和规范性文件**

(1)工程造价咨询企业管理办法(中华人民共和国建设部令　第149号)

(2)造价工程师注册管理办法(中华人民共和国建设部令　第75号)

(3)人事部、建设部发布造价工程师执业资格制度暂行规定(人发[1996]77号)

(4)建设部关于纳入国务院决定的十五项行政许可的条件的规定(中华人民共和国建设部令　第135号)

(5)关于建设部机关直接实施的行政许可事项有关规定和内容的公告(中华人民共和国建设部公告　第278号)

(6)建筑工程施工发包与承包计价管理办法(中华人民共和国建设部令　第107号)

(7)财政部、建设部关于印发《建设工程价款结算暂行办法》的通知(财建[2004]369号)

(8)实施工程建设强制性标准监督规定(中华人民共和国建设部令　第81号)

(9)工程建设项目施工招标投标办法(中华人民共和国国家发展计划委员会、中华人民共和国建设部、中华人民共和国铁道部、中华人民共和国交通部、中华人民共和国信息产业部、中华人民共和国水利部、中国民用航空总局令　第30号)

(10)评标委员会和评标方法暂行规定(中华人民共和国国家发展计划委员会、中华人民共和国国家经济贸易委员会、中华人民共和国建设部、中华人民共和国铁道部、中华人民共和国交通部、中华人民共和国信息产业部、中华人民共和国水利部令　第12号)

(11)工程建设项目招标范围和规模标准规定(中华人民共和国国家发展计划委员会　第3号令)

(12)工程建设项目货物招标投标办法(中华人民共和国国家发展和改革委员会、中华人民共和国建设部、中华人民共和国铁道部、中华人民共和国交通部、中华人民共和国信息产业部、中华人民共和国水利部、中国民用航空总局令　第27号)

(13)建设部关于发布国家标准《建筑工程建筑面积计算规范》的公告(中华人民共和国建设部公告　第326号)

(14)建设部关于发布国家标准《建设工程工程量清单计价规范》的公告(中华人民共和国建设部公告　第119号)

(15)国务院办公厅关于清理整顿经济鉴证类社会中介机构的通知(国办发[1999]92号)

(16)国务院办公厅转发国务院清理整顿经济鉴证类社会中介机构领导小组关于经济鉴证类社会中介机构与政府部门实行脱钩改制意见的通知(国办发[2000]51号)

(17)建设部办公厅印发《关于贯彻〈关于工程造价咨询机构与政府部门实行脱钩改制的通知〉的若干意见》的通知(建办标[2000]50号)

(18)建设部关于工程造价咨询机构与政府部门实行脱钩改制的通知(建标[2000]208号)

(19)国务院清理整顿经济鉴证类社会中介机构领导小组关于规范工程造价咨询行业管理的通知(国清[2002]6号)

(20)建设部关于转发《国务院清理整顿经济鉴证类社会中介机构领导小组关于规范工程造价咨询行业管理的通知》的通知(建标[2002]194号)

(21)建设部关于印发《〈造价工程师注册管理办法〉的实施意见》的通知(建标[2002]187号)

(22)建设部关于造价工程师注册证书、执业专用章制作等有关问题通知的函(建标造函[2001]50号)

(23)建设部关于由中国建设工程造价管理协会归口做好建设工程概预算人员行业自律工作的通知(建标[2005]69号)

(24)国家计划委员会、中国人民建设银行关于印发《关于改进工程建设概预算定额管理工作的若干规定》等三个文件的通知(计标[1985]352号)

(25)国家计划委员会关于加强工程建设标准定额工作的意见(计标[1986]288号)

(26)国家计划委员会印发《关于控制建设工程造价的若干规定》的通知(计标[1988]30号)

(27)建设部、财政部关于印发《建筑安装工程费用项目组成》的通知(建标[2003]206号)

(28)建设部、财政部关于印发《建设工程质量保证金管理暂行办法》的通知(建质[2005]7号)

(29)建设部关于印发《建筑工程安全防护、文明施工措施费用及使用管理规定》的通知(建办[2005]89号)

(30)建设部关于印发《建设工程项目管理试行办法》的通知(建市[2004]200号)

(31)建设部关于转发国家物价局、财政部《关于发布工程定额编制管理费的通知》的通知(建标[1993]168号)

(32)国家计委办公厅关于注册城市规划师等考试、注册收费标准的通知(计办价格[2000]839号)

(33)建设部关于转发《国家计委、财政部关于第一批降低22项收费标准的通知》的通知(建标造字[1998]5号)

(34)国家计委、财政部关于全面整顿住房建设收费取消部分收费项目的通知(计价格[2001]585号)

(35)财政部、国家发展改革委关于公布取消103项行政审批等收费项目的通知(财综[2004]87号)

(36)财政部关于印发《中央基本建设投资项目预算编制暂行办法》的通知(财建[2002]338号)

(37)建设部办公厅关于贯彻执行《建设工程工程量清单计价规范》若干问题的通知(建办标[2003]48号)

(38)国务院办公厅关于切实解决建设领域拖欠工程款问题的通知(国办发[2003]94号)

(39)财政部发布中华人民共和国营业税暂行条例实施细则[(93)财法字第40号]

(40)国家税务总局关于营业税若干征税问题的通知(国税发[1994]159号)

(41)财政部、国家税务总局关于营业税若干政策问题的通知(财税[2003]16号)

(42)社会保险费申报缴纳管理暂行办法(中华人民共和国劳动和社会保障部令　第2号)

(43)劳动部关于发布《企业职工工伤保险试行办法》的通知(劳部发[1996]266号)

(44)国务院办公厅关于印发住房和城乡建设部主要职责内设机构和人员编制规定(国办发[2008]74号)

(45)注册造价工程师管理办法(中华人民共和国建设部令　第150号)

(46)国家发展和改革委员会、财政部、建设部、铁道部、交通部、信息产业部、水利部、民用航空总局、广播电影电视总局联合制定《〈标准施工招标资格预审文件〉和〈标准施工招标文件〉试行规定》(九部委56号令)

(47)关于发布国家标准《建设工程量清单计价规范》的公告(中华人民共和国住房和城乡建设部公告　第63号)

(48)国务院办公厅关于加快推进行业协会商会改革和发展的若干意见(国办发[2007]36号)

(49)建设部关于印发《建筑市场诚信行为信息管理办法》的通知(建市[2007]9号)

(50)关于进一步加强工程造价(定额)管理工作的意见(建标[2009]14号)

(51)国家发展改革委、建设部关于印发《建设项目经济评价方法与参数》的通知(发改投资[2006]1325号)

(52)建设部关于加强建筑意外伤害保险工作的指导意见(建质[2003]107号)

(53)财政部关于印发《基本建设财务管理规定》的通知(财建[2002]394号)

(54)财政部关于进一步加强《中央基本建设项目竣工财务决算工作》的通知(财办建[2008]91号)

A.3　**中国建设工程造价管理协会有关文件**

(1)中国建设工程造价管理协会关于下发《工程造价咨询单位执业行为准则》、《造价工程师职业道德行为准则》的通知(中价协[2002]015号)

(2)中国建设工程造价管理协会关于下发《工程造价咨询业务操作指导规程》的通知(中价协[2002]

016 号）

（3）中国建设工程造价管理协会关于发布《造价工程师继续教育实施办法》的通知（中价协[2002]017 号）

（4）中国建设工程造价管理协会关于下发《工程造价咨询单位资质年检综合考核办法》（试行）的通知（中价协[2002]028 号）

（5）中国建设工程造价管理协会关于印发《造价工程师继续教育实行网络教育的办法》的通知（中价协[2004]002 号）

（6）中国建设工程造价管理协会关于印发《全国建设工程造价员管理暂行办法》的通知（中价协[2006]013 号）

A.4　中国建设工程造价管理协会标准

（1）中国建设工程造价管理协会关于发布《建设项目全过程造价咨询规程》（CECA/GC 4—2009）的通知（中价协[2009]008 号）

（2）中国建设工程造价管理协会关于发布《建设项目施工图预算编审规程》（CECA/GC 5—2010）的通知（中价协[2010]004 号）

（3）中国建设工程造价管理协会关于发布《建设项目工程结算编审规程》（CECA/GC 3—2010）的通知（中价协[2010]023 号）

（4）中国建设工程造价管理协会关于发布《建设项目设计概算编审规程》（CECA/GC 2—2007）的通知（中价协[2007]004 号）

（5）中国建设工程造价管理协会关于发布《建设项目投资估算编审规程》（CECA/GC 1—2007）的通知（中价协[2007]003 号）

（6）中国建设工程造价管理协会关于发布《建设工程招标控制价编审规程》（CECA/GC 6—2011）的通知（中价协[2011]013 号）

（7）中国建设工程造价管理协会编制的《建筑工程建筑面积计算规范图解》

A.5　相关合同示范文本

（1）建设部、国家工商行政管理总局关于印发《建设工程造价咨询合同（示范文本）》的通知（建标[2002]197 号）

（2）建设部、国家工商行政管理局关于印发《建设工程施工合同（示范文本）》的通知（建建[1999]313 号）

（3）建设部、国家工商行政管理局关于印发《建设工程委托监理合同（示范文本）》的通知（建建[2000]44 号）

（4）建设部、国家工商行政管理总局关于印发《建设工程施工劳务分包合同（示范文本）》的通知（建市[2003]168 号）

（5）建设部关于印发《工程担保合同示范文本》（试行）的通知（建市[2005]74 号）

（6）国家发展和改革委员会、财政部、建设部、铁道部、交通部、信息产业部、水利部、民用航空总局、广播电影电视总局联合制定的《〈标准施工招标资格预审文件〉和〈标准施工招标文件〉试行规定》（九部委 56 号令）

（7）国家发改委等《关于印发简明标准施工招标文件和标准化设计施工总承包招标文件的通知》（发改法规[2011]3018）

（8）住房和城乡建设部、国家工商行政管理总局关于印发《建设项目工程总承包合同示范文本（试行）》的通知（建市[2011]139 号）

附录B
工程造价术语

B.1 **总则**

B.1.0.1 为了促进建设工程造价专业术语的规范化,便于国内外交流,制订本标准。

B.1.0.2 本标准适用于建设工程造价管理及其相关领域。

B.1.0.3 工程造价术语是进行工程管理,编制工程造价计价依据和工程造价咨询文件,处理工程计价纠纷的基础。各级工程造价管理机构在进行工程计价依据的编制和其他工程造价管理时应执行本标准,工程造价咨询企业和工程造价专业人员在编制工程造价咨询文件时,应执行本标准。

B.1.0.4 建设工程造价术语除应执行本标准外,尚应符合国家现行有关强制性标准的规定。

B.2 **通用术语**

B.2.1 工程造价基础性术语

B.2.1.1 工程造价

建设项目建设阶段预计或实际支出的全部工程建设费用。

B.2.1.2 工程造价管理

是建设工程管理的重要组成部分,以建设工程技术为基础,综合运用管理学、经济学和相关的法律知识与技能,为建设项目的工程造价的确定、建设方案的比选和优化、投资和成本控制与管理提供的智力服务。

B.2.1.3 工程计价

按照规定的程序、方法和依据,对工程造价及其构成进行估计或确定的过程。

B.2.1.4 工程计价依据

指在工程计价活动中,与计价方法和价格相关的工程造价管理法律法规、工程造价管理标准,工程计价定额,工程计价信息等。

B.2.1.5 建设项目

按一个总体规划或设计进行建设的,由一个或若干个单项工程组成的工程总和。

B.2.1.6 单项工程

具有独立的设计文件,建成后能够独立发挥生产能力或效益的工程项目。

B.2.1.7 单位工程

具有独立的设计文件、能够独立组织施工,但不能独立发挥生产能力或效益的工程项目。

B.2.1.8 分部工程

根据工程部位和专业性质等的不同将单位工程分解的工程项目单元。

B.2.1.9 分项工程

根据主要工种、施工特点、建筑材料、设备类别等的不同,将分部工程分解的基本单元。

B.2.1.10 措施项目

为完成工程项目施工,发生于该工程施工准备和施工过程中的技术、生活、安全、环境保护等方面的非工程实体项目。

B.2.2 建设项目总投资及其构成术语

B.2.2.1 建设项目总投资

建设项目建设阶段支出的全部费用总和。

B.2.2.2　建设投资

建设阶段形成现金流的全部工程建设费用。

B.2.2.3　工程费用

建设阶段用于建筑物和构筑物建造,设备购置及工器具购置及其安装而发生的费用。

B.2.2.4　设备购置费

建设阶段购置或自制的达到固定资产标准的设备、工器具、交通运输设备、生产家具等本身及其运杂费用。

B.2.2.5　建筑安装工程费

完成土木工程建造和设备及配套工程安装所需的全部费用,按专业工程类别分为建筑工程费和安装工程费。

B.2.2.6　工程建设其他费用

建设阶段发生的与建设项目、土地购置或取得、未来生产经营有关的不属于工程费用的相关费用。

B.2.2.7　预备费

为建设阶段可能发生的各种不可预见因素和价格波动、汇率变动而预备的费用。

B.2.2.8　基本预备费

基本预备费是指因各种不可预见因素可能增加的费用。

B.2.2.9　价差预备费

价差预备费是指工程项目在建设阶段由于利率、汇率或价格等因素的变化而预留的可能增长的费用。

B.2.2.10　建设期利息

项目建设期发生的支付债务资金的借款利息和融资费用。

B.2.2.11　固定资产投资方向调节税

国家为贯彻产业政策、引导投资方向、调整投资结构而征收的投资方向调整税金。

B.2.2.12　静态投资

建设项目在不考虑物价上涨、建设期贷款利息等动态因素情况下的投资。

B.2.2.13　动态投资

建设项目在考虑物价上涨、建设期贷款利息等动态因素情况下的投资。

B.2.3　建筑安装工程费构成相关术语

B.2.3.1　人工费

直接从事建筑安装工程施工作业的生产工人开支的各项费用。

B.2.3.2　材料费

施工过程中耗费的构成工程实体的原材料、辅助材料、构配件、零件、半成品的费用以及检验试验费。

B.2.3.3　机械费

施工机械作业所发生的机械使用费以及机械安拆费和场外运费。

B.2.3.4　企业管理费

建筑安装企业组织施工生产和经营管理所需费用。

B.2.3.5　利润

施工企业从事建筑安装工程所获得的赢利。

B.2.3.6　直接费

工程施工过程中的消耗于工程项目中的建设成本。

B.2.3.7　直接工程费

工程施工过程中耗费的直接构成工程实体的各项费用。

B.2.3.8 措施费

措施项目所发生的费用。

B.2.3.9 安全文明施工费

承包人按照国家法律、法规等规定,在合同履行中为保证安全施工、文明施工,保护现场内外环境等所采用的措施发生的费用。

B.2.3.10 夜间施工增加费

因夜间施工所发生的夜班补助费、夜间施工降效、夜间施工照明设备摊销及照明用电等费用。

B.2.3.11 二次搬运费

因施工管理需要或场地狭小导致建筑材料、设备等不能一次搬运到位,必须发生二次或以上搬运所需的费用。

B.2.3.12 冬雨季施工增加费

因冬雨季施工发生的冬雨季施工降效费以及为确保工程质量和安全采取保温、防雨等措施的费用。

B.2.3.13 大型机械设备进出场及安拆费

大型施工机械设备运至施工地点并进行安装、拆卸、试运转等所需的费用。

B.2.3.14 施工排水费

为确保工程在正常条件下施工,对施工现场采取各种排水措施所发生的各种费用。

B.2.3.15 施工降水费

为确保土方和基础工程等地下工程的正常施工,采取各种降水措施所发生的各种费用。

B.2.3.16 已完工程保护费

竣工验收前对已完工程及设备进行保护所需的费用。

B.2.3.18 间接费

工程施工过程中为组织施工和经营管理以及间接为生产服务而发生的费用,包括企业管理费和规费。

B.2.3.19 规费

根据政府和有关权力部门规定由施工企业必须缴纳的费用。

B.2.3.20 税金

施工企业缴纳的应计入建筑安装工程费的营业税、城市维护建设税及教育费附加。

B.2.4 工程建设其他费用构成术语

B.2.4.1 建设管理费

建设单位在建设阶段所发生的各类管理费用。

B.2.4.2 建设用地费

为获得建设项目土地使用权而支付的费用。

B.2.4.3 可行性研究费

在建设项目投资决策阶段,编制和评估项目建议书(或预可行性研究报告)、可行性研究报告所需的费用。

B.2.4.4 研究试验费

为建设项目提供或验证设计数据、资料等进行必要的研究试验及按照设计规定在建设过程中必须进行试验、验证所需的费用。

B.2.4.5 勘察设计费

支付给勘察设计单位进行工程水文地质勘察、工程设计的各项费用。

B.2.4.6 环境影响评价费

支付给环境影响评价单位对工程建设项目进行环境影响评价的费用。

B.2.4.7 劳动安全卫生评价费

支付给劳动安全卫生评价单位对工程建设项目进行劳动安全卫生评价的费用。

B.2.4.8 建设项目场地准备费

为达到开工条件进行施工场地准备发生的有关费用。

B.2.4.9 建设单位临时设施费

建设单位的临时设施建设或租赁发生的有关的费用。

B.2.4.10 引进技术和引进设备其他费

引进技术和设备发生的但未计入设备工器具购置费中的其他费用。

B.2.4.11 工程保险费

工程建设项目在建设期间对建筑工程、安装工程、机器设备和人身安全进行投保而发生的保险费用，包括建筑安装工程一切险、引进设备财产保险和人身意外伤害险等。

B.2.4.12 联合试运转费

新建或新增加生产能力的工程，在交付生产前按照设计文件所规定的工程质量标准和技术要求，进行整个生产线或装置的负荷联合试运转所发生的费用净支出。

B.2.4.13 特殊设备安全监督检验费

安全监察部门对在施工现场组装的锅炉及压力容器、压力管道、消防设备、燃气设备、电梯等特殊设备和设施实施安全检验收取的费用。

B.2.4.14 市政公用设施费

使用市政公用设施的建设项目，按照项目所在地省一级人民政府有关规定建设或缴纳的市政公用设施建设配套费用以及绿化工程补偿费用。

B.2.4.15 无形资产费用

购买专利及专有技术，直接形成无形资产的建设投资。

B.2.4.16 其他资产费用

为生产准备而发生的除形成固定资产和无形资产以外的建设投资。

B.2.4.17 生产准备费

建设项目为保证正常生产（或营业、使用）而发生的人员培训费，提前进厂费以及投产使用必备的办公、生活家具用具及工器具等购置费用。

B.2.5 工、料、机及设备单价构成相关术语

B.2.5.1 人工单价

直接从事建筑安装工程施工作业的生产工人每工日的工资和津贴。

B.2.5.2 设备原价

国内采购设备的出厂（场）价或国外采购设备的抵岸价。

B.2.5.3 到岸价

即抵达买方边境港口或边境车站的价格。

B.2.5.4 进口从属费

进口设备在办理进口手续过程中发生的应计入设备原价的费用，包括银行财务费、外贸手续费、进口关税、消费税、进口环节增值税等，进口车辆的还需缴纳车辆购置税。

B.2.5.5 设备运杂费

除设备原价之外的用于设备采购、运输、运输保险、途中包装及仓库保管等的费用。

B.2.5.6 材料单价

材料从其来源地到达施工工地仓库后出库的综合平均单价。

B.2.5.7　材料原价

国内采购材料的出厂(场)价格或国外采购材料的抵岸价。

B.2.5.8　材料运杂费

材料自来源地或抵岸港运至工地仓库或指定堆放地点发生的费用。

B.2.5.9　采购及保管费

为组织采购、供应和保管材料过程中所需要的各项费用。

B.2.5.10　检验试验费

对建筑材料、构件和建筑安装物进行一般性鉴定、检查所发生的费用。

B.2.5.11　机械台班单价

施工机械正常运转每一台班所发生的全部费用。

B.2.6　工程量清单相关术语

B.2.6.1　工程量清单

建设工程中载明项目名称、项目特征和工程数量的明细清单。

B.2.6.2　项目编码

分部分项工程量清单项目名称的数字标志。

B.2.6.3　项目特征

构成分部分项工程量清单项目、措施项目自身价值的本质特征。

B.2.6.4　分部分项工程费

工程量清单计价中,各分部分项工程所需的直接费、企业管理费、利润和风险费的总和。

B.2.6.5　措施项目费

工程量清单计价中,各措施项目费用的总和。

B.2.6.6　其他项目费

工程量清单计价中,分部分项工程费和措施项目费之外的其他工程费用,包括暂列金额、暂估价、计日工费用和总承包服务费。

B.2.6.7　综合单价

完成一定计量单位的分部分项工程量清单项目或措施清单项目所需的人工费、材料费、施工机械使用费、企业管理费和利润以及一定范围内的风险费用。

B.2.6.8　暂列金额

招标人在工程量清单中暂定并包括在合同价款中的一笔款项。用于施工合同签订时未确定或者不可预见的所需材料、设备、服务的采购,施工中可能发生的工程变更、合同约定调整因素出现时的工程价款调整以及发生的索赔、现场签证确认等的费用。

B.2.6.9　暂估价

招标人在工程量清单中暂定的施工过程中必然发生但在施工合同签订时仍不能确定价格的材料的单价和专业工程的金额。

B.2.6.10　计日工费用

在施工过程中,完成发包人提出的施工图纸以外的零星项目或工作的费用。

B.2.6.11　总承包服务费

总承包人为配合协调发包人进行专业工程分包,自行采购的设备、材料等进行保管以及施工现场管理、竣工资料汇总整理等服务所需的费用。

B.2.7　工程定额相关术语

B.2.7.1　工程定额(标准定额)

完成规定计量单位的建筑安装产品所消耗资源的数量标准。

B.2.7.2　工程计价定额

工程定额中直接用于工程计价的定额或指标,包括预算定额、概算定额和估算指标。

B.2.7.3　企业定额

建筑安装企业根据本企业的施工技术和管理水平编制的工程定额。

B.2.7.4　劳动定额

在正常的施工技术和组织条件下,完成规定计量单位合格的建筑安装产品所消耗的人工工日的数量标准。

B.2.7.5　施工定额

完成一定计量单位的某一施工过程或基本工序所需消耗的人工、材料和机械台班数量标准。

B.2.7.6　预算定额

用于编制施工图预算的,以分项工程和结构构件为对象编制的,完成一个规定计量单位所需消耗的人工、材料、机械台班数量标准及其相应费用。

B.2.7.7　测算定额

用于编制初步设计概算的,以扩大分项工程为对象编制的,完成一个规定计量单位所需消耗的人工、材料、机械台班数量标准及其相应费用。

B.2.7.8　概算指标

用于编制初步设计概算的,以单项工程、单位工程、扩大分项工程为对象编制的,完成一个规定计量单位的经济指标。

B.2.7.9　投资估算指标

用于编制投资估算,以建设项目、单项工程、单位工程为对象,用于计算建设总投资及其各项费用的经济指标。

B.2.7.10　工期定额

在正常的施工技术和组织条件下,完成建设项目和各类工程所需的工期标准。

B.2.7.11　定额基价

反映定额子目在定额编制基期的人工费、材料费、施工机械台班费的总和。

B.2.7.12　人工消耗量

在正常施工生产条件下,完成定额规定的单位建筑安装产品所消耗的生产工人的工日数量。

B.2.7.13　材料消耗量

在正常施工生产条件下,完成定额规定的单位建筑安装产品所消耗的各类材料数量。

B.2.7.14　机械台班消耗量

在正常施工生产条件下,完成定额规定的单位建筑安装产品所消耗的施工机械台班数量。

B.2.8　工程计价信息相关术语

B.2.8.1　工程计价信息

工程计价信息是指为工程计价提供价格依据的有关信息。包括建设工程造价指数,建设工程人工、设备、材料、施工机械价格信息以及各类建设工程价格综合指标、单位指标等。

B.2.8.2　工程造价指数(造价指数信息)

反映一定时期价格变化对工程造价影响程度的指数。

B.2.9　其他相关术语

B.2.9.1　造价工程师

取得《造价工程师注册证书》,在一个单位从事建设工程造价活动的专业人员。

B.2.9.2　造价员

取得《全国建设工程造价员资格证书》,在一个单位注册从事建设工程造价活动的专业人员。

B.2.9.3　全过程造价管理

对建设项目决策、设计、交易、施工、结算等各个阶段进行的工程造价管理。

B.2.9.4　全方位造价管理

由政府主管部门、行业协会、业主、设计单位、承包单位以及监理、咨询单位通过建立协同工作机制，共同进行的工程造价管理。

B.2.9.5　全要素造价管理

同时对建设工程项目的建造成本、质量成本、工期成本、安全与环保成本进行集成控制的工程造价管理。

B.2.9.6　全寿命周期造价管理

对建设项目从建设建设前期、建设期、使用期及拆除期各个阶段进行的工程造价管理。

B.2.9.7　工程造价纠纷鉴定

工程造价咨询企业接受人民法院或者当事人双方的委托，对待裁决的工程造价问题进行检验、鉴别和评定的活动。

B.2.9.8　工程造价成果质量鉴定

工程所在地建设主管部门对投诉的工程造价成果文件进行质量鉴定，并提出执业质量鉴定意见。

B.2.9.9　工程项目风险管理

通过对风险识别及评价，合理使用风险回避、风险控制、风险自留、风险转移等管理方法、技术和手段对项目的风险进行有效控制，妥善处理风险事件造成的不利后果，以合理的成本保证项目总体目标实现的管理过程。

B.2.9.10　方案比选

对方案进行技术与经济的分析、计算、比较和评价，从而选出最优方案的过程。

B.2.9.11　限额设计

按照可行性研究报告批准的投资限额进行初步设计，按照批准的初步设计概算进行施工图设计，按照施工图预算对施工图设计中各专业设计文件做出决策的设计工作程序。

B.2.9.12　优化设计

通过技术比较、经济分析和效益评价，选出经济效果最优的设计。

B.2.9.13　深化设计

在不破坏原有设计结构的基础上的二次设计。

B.2.9.14　价值工程

是以提高产品或作业价值为目的，通过有组织的创造性工作，用最低的寿命周期成本，实现使用者所需功能的一种管理技术。

B.3　**决策阶段相关术语**

B.3.0.1　投资估算

指在项目决策阶段，按照规定的程序、方法和依据，对建设项目投资数额进行估计的过程。

B.3.0.2　生产能力指数法

根据已建成的类似项目生产能力和投资额估算拟建项目总投资的一种投资估算方法。

B.3.0.3　系数估算法

以拟建项目的主体工程费或主要设备购置费为基数，以其他工程费与主体工程费的百分比为系数估算项目总投资的方法。

B.3.0.4　比例估算法

依据已有同类建设项目主要设备投资占项目总投资的比例和拟建项目主要设备投资，估算拟建项总投资的方法。

B.3.0.5　指标估算法

依据投资估算指标,对各单位工程或单项工程费用进行估算,进而估算建设项目总投资的方法。

B.3.0.6　综合估算指标

以建设项目为对象编制的建设项目建设投资费用的综合技术经济指标。

B.3.0.7　单项工程估算指标

以建设项目中单项工程为对象编制的单项工程建设投资费用的技术经济指标。

B.3.0.8　单位工程估算指标

以单项工程中主要单位工程为对象编制的单位工程建设投资费用的技术经济指标。

B.3.0.9　流动资金的分项详细估算法

利用流动资产和流动负债估算项目占用流动资金的一种方法。

B.3.0.10　流动资金的扩大指标估算法

参照同类企业流动资金占营业收入或经营成本的比例,或者单位产量占用营运资金的数额估算流动资金的一种方法。

B.3.0.11　分年投资计划

是指估算出项目总投资后,根据项目计划进度的安排,编制的各年的投资计划。

B.3.0.12　经营成本

指企业从事主要业务活动而发生的成本。

B.4　设计阶段相关术语

B.4.0.1　设计概算

指初步设计阶段,按照规定的程序、方法和依据,对建设项目投资数额进行概略计算的过程。

B.4.0.2　总概算

指初步设计阶段,在单项工程综合概算的基础上计算建设项目概算总投资的文件。

B.4.0.3　单项工程综合概算

指初步设计阶段,在单位工程概算的基础上汇总单项工程工程费用的文件。

B.4.0.4　单位工程概算

指初步设计阶段,按照规定的程序、方法和依据,计算单位工程费用的文件。

B.4.0.5　概算定额法

利用概算定额编制单位工程概算的方法。

B.4.0.6　概算指标法

是利用概算指标编制单位工程概算的方法。

B.4.0.7　类似工程预算法

是利用技术条件与设计对象相类似工程预算或结算资料编制单位工程概算的方法。

B.4.0.8　施工图预算

以施工图设计文件为基础,按照规定的程序、方法和依据,对建设项目工程费用计算的过程。

B.4.0.9　单位工程预算

以施工图设计文件为基础,按照规定的程序、方法和依据,计算单位工程建筑安装工程费用的文件。

B.5　交易阶段相关术语

B.5.0.1　招标控制价

招标人根据国家或省级、行业建设主管部门颁发的有关计价依据和办法以及招标工程量清单,编制的对招标工程的最高限价。

B.5.0.2　投标报价

指投标人投标时报出的价格。

B.5.0.3　标底

是指招标人对招标项目的期望交易价格。

B.5.0.4　风险费用

是指按照工程施工招标文件及合同条款约定的风险分担原则,投标人结合自身实际情况,防范、化解、处理应由其承担的、施工过程中可能出现的不可预知事件所需的费用。

B.5.0.5　不平衡报价

是指在工程项目的投标总价确定后,通过对单价的调整获得最佳收益的一种投标报价方法。

B.5.0.6　经评审的最低投标价法

是指评标委员会对满足招标文件实质要求的投标文件,根据详细评审标准规定的量化因素及量化标准进行价格折算,按照经评审的投标价由低到高的顺序推荐中标候选人的一种评标方法。

B.5.0.7　综合评估法

是指评标委员会对满足招标文件实质性要求的投标文件,按照规定的评分标准进行打分,并按得分由高到低顺序推荐中标候选人的一种评标方法。

B.5.0.8　工程造价咨询人

是指取得工程造价咨询资质等级证书,接受委托从事建设工程造价咨询活动的企业。

B.5.0.9　工程造价管理机构

是指隶属于各级建设主管部门,具体负责工程造价管理事务的行政管理机构,或受其委托的从事工程造价管理具体事务的事业单位。

B.5.0.10　总价合同

合同双方以总价形式,约定合同范围内双方的工作内容、责任与义务的合同形式。

B.5.0.11　单价合同

合同双方以工程量清单和综合单价的形式,约定合同范围内双方的工作内容、责任与义务的合同形式。

B.5.0.12　成本加酬金合同

合同双方约定以建筑工程要素成本或其他方式计算工程成本,并以该工程成本为基础计算酬金,以此约定合同范围内双方的工作内容、责任与义务的合同形式。

B.5.0.13　工程预付款

由发包人按照合同约定,在正式开工前预先支付给承包人的用于购买工程所需的材料和设备的工程款。

B.5.0.14　工程进度款

是指在施工过程中,发包人根据合同约定对付款周期内承包人所完成的工程量计算的各项费用总和。

B.5.0.15　工程计量

根据约定的程序、方法和依据,对已完工作量进行计算或确认的过程。

B.5.0.16　工程经济纠纷

建设项目发包方与承包方之间因经济权利和经济义务的矛盾而引起的争议。

B.6　施工阶段相关术语

B.6.0.1　设计变更

对原批准的设计文件、图纸等有关文件的更改变动。

B.6.0.2　合同缺陷

合同中约定的内容不严谨,存在矛盾、遗漏或错误。

B.6.0.3　工程索赔

工程承包合同履行中,当事人一方因非已方的原因而遭受损失,按合同约定或法律规定应由对方承

担责任,而向对方提出赔偿要求的行为。

B.6.0.4　工期索赔

工程承包合同履行中,由于非承包人原因造成工期延误,按照合同约定或法律规定,承包人向发包人提出顺延合同工期要求的行为。

B.6.0.5　费用索赔

工程承包合同履行中,当事人一方因非己方的原因而遭受费用损失,按合同约定或法律规定应由对方承担责任,而向对方提出增加费用要求的行为。

B.6.0.6　合同价

发、承包双方在施工合同中约定的工程价款。

B.6.0.7　竣工结算价

发、承包双方根据国家有关法律、法规规定和合同约定,确定的最终工程价款。

B.6.0.8　工程结算

发、承包双方根据合同约定,对已完工、结束、中止的工程项目计算和确认工程价款的过程。

B.6.0.9　分包工程结算

总包人与分包人根据分包合同约定,对已完成的分包工程项目计算和确定分包工程价款的过程。

B.6.0.10　竣工结算

发、承包双方根据合同约定,在完成合同约定的全部工作后,调整和确定最终工程价款的过程。

B.6.0.11　工程预付款

指为了保证工程的正常实施,发包人在开工前预付给承包人的材料备料款。

B.6.0.12　质量保修金

合同约定的从承包人的工程款中预留,用以保证在缺陷责任期内对质量缺陷进行维修的资金。

B.6.0.13　工程结算审查

工程造价咨询企业接受建设单位或其上级单位委托,对承包单位提交的工程结算书进行审查,出具审查报告的过程。

B.6.0.14　工程结算审查对比表

工程结算审查文件中,反映与承包人报审工程结算文件在工程数量、单价、合价、总价和核增核减等方面,就汇总、明细项目对比的表格。

B.6.0.15　工程结算审定结果签署表

由工程造价咨询企业审定的工程结算价款,经建设单位及其委托单位、承包单位、咨询单位共同签字、盖章后形成的表格。

B.6.0.16　投资偏差

指因为价格的变化引起的工程投资的实际值与计划值的差额。

B.6.0.17　进度偏差

指已完工程的实际时间与计划时间的差异,或因为进度原因引起的工程投资的实际值与计划值的差额。

B.7　竣工验收阶段相关术语

B.7.0.1　竣工决算

以实物数量和货币形式,综合反映建设项目建设阶段的总投资、投资效果和新增资产价值及财务情况的过程。

B.7.0.2　竣工决算说明书

反映建设项目工程建设成果和经验,对投资、竣工决算报表进行分析和补充说明的文件。

B.7.0.3　竣工决算报表

反映建设项目竣工财务状况的报表。

附录C 常用计量单位、公式、图例及参数

C.1 常用计量单位及公式

C.1.1 常用字母和符号

C.1.1.1 常用字母

常用字母见表 C-1。

表 C-1 常用字母

汉语拼音字母			英文字母				希腊字母			罗马字母	
大写	小写	读音	大写	小写	国际音标	读音	大写	小写	读音	数字	
A	a	啊	A	a	[ei]	欸	Α	α	阿尔法	Ⅰ	1
B	b	玻	B	b	[biː]	比	Β	β	贝塔	Ⅱ	2
C	c	雌	C	c	[siː]	西	Γ	γ	伽马	Ⅲ	3
D	d	得	D	d	[diː]	地	Δ	δ	德耳塔	Ⅳ	4
E	e	鹅	E	e	[iː]	衣	Ε	ε	艾普西隆	Ⅴ	5
F	f	佛	F	f	[ef]	欸夫	Ζ	ζ	截塔	Ⅵ	6
G	g	哥	G	g	[dʒiː]	基	Η	η	艾塔	Ⅶ	7
H	h	喝	H	h	[eitʃ]	欸曲	Θ	θ	西塔	Ⅷ	8
I	i	衣	I	i	[ai]	阿哀	Ι	ι	约塔	Ⅸ	9
J	j	基	J	j	[dʒei]	街	Κ	κ	卡帕	Ⅹ	10
K	k	科	K	k	[kei]	凯	Λ	λ	兰姆达	L	50
L	l	勒	L	l	[el]	欸耳	Μ	μ	米尤	C	100
M	m	摸	M	m	[em]	欸姆	Ν	ν	纽	D	500
N	n	讷	N	n	[en]	欸恩	Ξ	ξ	克西	M	1 000
O	o	喔	O	o	[ou]	欧	Ο	ο	奥密克成		
P	p	坡	P	p	[piː]	批	Π	π	派		
Q	q	欺	Q	q	[kjuː]	克由	Ρ	ρ	洛		
R	r	日	R	r	[aː]	阿尔	Σ	σ	西格马		
S	s	思	S	s	[es]	欸斯	Τ	τ	陶		
T	t	特	T	t	[tiː]	梯	Υ	υ	字普西隆		
U	u	乌	U	u	[juː]	由	Φ	φ	斐		
V	v	万	V	v	[viː]	维衣	Χ	χ	喜		
W	w	娃	W	w	[ˋdʌbljuː]	达不留	Ψ	ψ	普西		
X	x	希	X	x	[eks]	欸克斯	Ω	ω	欧美伽		
Y	y	呀	Y	y	[wai]	外					
Z	z	再	Z	z	[zed]	齐					

注:读音均系近似读音。

C.1.1.2 常用符号

(1)数学符号(见表 C-2)。

表 C-2 数学符号

中文意义	符号	中文意义	符号	中文意义	符号
加、正	$+$	垂直于	$\perp$	函数	$f(\ )$,$\varphi(\ )$
减、负	$-$	平行于	$//$	增量	Δ
乘	$\times$	相似于	$\backsim$	微分	d
除	$\div$	加或减,正或负	$\pm$	积分	$\int$
比	$:$	减或加,负或正	$\mp$	自下限 a 到上限 b 的定积分	$\int_b^a$
小数点	$.$	三角形	$\triangle$	二重积分	$\iint$
等于	$=$	直角	∟	三重积分	$\iiint$
全等于	$\cong$	圆形	$\odot$	属于	$\in$
不等于	$\neq$	正方形	□	不属于	$\notin$
约等于	$\approx$	矩形	▭	包含	$\ni$
小于	$<$	平行四边形	▱	不包含	$\not\ni$
大于	$>$	[平面]角	$\angle$	成正比	$\propto$
小于或等于	$\leqslant$	圆周率	π	相当于	$\triangleq$
大于或等于	$\geqslant$	弧 AB	$\overset{\frown}{AB}$	按定义	$\stackrel{\mathrm{def}}{=}$
远小于	$\ll$	度	$^{\circ}$	上极限	$\overline{\lim}$
远大于	$\gg$	[角]分	$'$	下极限	$\underline{\lim}$
最大	max	[角]秒	$''$	上确界	sup
最小	min	正弦	sin	下确界	inf
a 的绝对值	$\lvert a\rvert$	余弦	cos	事件的概率	$P(\cdot)$
x 的平方	x^2	正切	tan 或 tg	概率值	p
x 的立方	x^3	余切	cot 或 ctg	总体容量	N
x 的 n 次方	x^n	正割	sec	样本容量	n
平方根	$\sqrt{\ }$	余割	cosec 或 csc	总体方差	σ^2
立方根	$\sqrt[3]{\ }$	常数	const	样本方差	s^2
n 次方根	$\sqrt[n]{\ }$	数字范围(自…至…)	~	总体标准差	σ
以 b 为底的对数	$\log_b$	相等中矩	@	样本标准差	s
常用对数(以 10 为底数的)	lg	百分率	%	序数	i 或 j
自然对数(以 e 为底数的)	ln	极限	lim	相关系数	r
小括弧	$(\ )$	趋于	$\rightarrow$	抽样平均误差	μ
中括弧	$[\ ]$	无穷大	∞	抽样允许误差	Δ
大括弧	$\{\ \}$	求和	Σ		
阶乘	!	i 从 1 到 n 的和	$\sum_{i=1}^{n}$		

(2)物理量符号(见表C-3)。

表C-3 物理量符号

中文意义	符号	中文意义	符号	中文意义	符号
一、几何量值		2. 重、荷重	G	七、光	
1. 长	L、l	3. 力矩	M	1. 光通量	Φ、Φ_V
2. 宽	B、b	4. 压力	p	2. 折射率	n
3. 高	H、h	5. 摩擦因数	μ、(f)	3. 焦距	f
4. 厚	d、δ	6. 功、截面系数	W	4. 照度	E、E_V
5. 半径	R、r	7. 弹性模量	E	5. 发光强度	$I,(I_V)$
6. 直径	D、d	8. 硬度	H	6. 亮度	$L(L_V)$
7. 波长	λ	9. 布氏硬度	HB	7. 光速	C
8. 行程、距离	s	10. 洛氏硬度	HR	八、电磁	
9. 伸长度	ε	11. 维氏硬度	HV	1. 电荷[量]	Q、q
10. 平面角	α、β、γ、ϑ、θ、ϕ	12. 肖氏硬度	HS	2. 电场强度	E
11. 立体(空间)角	Ω、ω	五、能		3. 电通[量]密度	D
12. 相角	φ	1. 功	W、A	4. 电位、(电势)	V、Φ
13. 截面、表面、面积	$A(F$、$S)$	2. 能	E	5. 电流	I
14. 体积	$V(v)$	3. 功率	P	6. 电阻	R
二、时间		4. 效率	η	7. 电阻率	ρ
1. 时间	t	六、热		8. 电导率	σ、v、γ
2. 周期	T	1. 温度(摄氏)	t、θ	9. 电流密度	J、S
3. 频率	f、v	2. 体积膨胀系数	a_v	10. 电容	C
4. 重力加速度	g	3. 热量	Q	11. 介质常数	ε
三、		4. 比热容	c	12. 绕组的匝数	N
1. 质量	m	5. 热容	C	13. 电抗	X
2. 密度	ρ	6. 热导率(导热系数)	λ	14. 阻抗	Z
4. 惯性矩、转动惯量	I	7. 汽化热	r	15. 磁场强度	H
5. 原子量	$A°$	8. 熵	S	16. 磁导率	μ
6. 分子量	M	9. 热流[量]密度	q、φ		
四、力		10. 热扩散率	a		
1. 力	f、F、P、Q、R	11. 传热系数	K		

(3)钢筋符号(见表C-4)。

表C-4 钢筋符号

钢筋种类	符号	钢筋种类	符号
Ⅰ级钢筋	中	冷拉Ⅳ级钢筋	亚′
冷拉Ⅰ级钢筋	中′	热处理钢筋	$亚^t$
Ⅱ级钢筋	虫	冷拔低碳钢丝	$中^b$
冷拉Ⅱ级钢筋	虫′	碳素钢丝	$中^s$
Ⅲ级钢筋	䖝	刻痕钢丝	$中^k$
冷拉Ⅲ级钢筋	䖝′	钢绞线	$中^j$
Ⅳ级钢筋	亚		

(4)常用构件代号(见表 C-5)。

表 C-5　常用构件代号

名称	代号	名称	代号	名称	代号	名称	代号
板	B	天沟板	TGB	托架	TJ	水平支撑	SC
屋面板	WB	梁	L	天窗架	CJ	梯	T
空心板	KB	屋面梁	WL	刚架	GJ	雨篷	YP
槽形板	CB	吊车梁	DL	框架	KL	阳台	YT
折板	ZB	圈梁	QL	支架	ZJ	梁垫	LD
密肋板	MB	过梁	GL	柱	Z	预埋件	M
楼梯板	TB	连系梁	LL	基础	J	天窗端壁	TD
盖板或沟盖板	GB	基础梁	JL	设备基础	SJ	钢筋网	W
挡雨板或檐口板	YB	楼梯梁	TL	桩	ZH	钢筋骨架	G
起重机安全走道板	DB	檩条	LT	柱间支撑	ZC		
墙板	QB	屋架	WJ	垂直支撑	CC		

注:1. 本表适用于钢筋混凝土预制件,现浇构件和钢木构件。
2. 预应力钢筋混凝土构件代号,应在构件代号前加注"Y –",如 Y – DL 表示预应力钢筋混凝土吊车梁。

(5)建材、设备的规格型号表示法(见表 C-6)。

表 C-6　建材、设备的规格型号表示法

符号	意义	符号	意义
	一、土建材料	BLV	导线类型表示法：铝芯聚氯乙烯绝缘线
└	角钢	BLVV	铝芯聚氯乙烯聚氯乙烯护套线
[	槽钢	BLX	铝芯橡胶线
I	工字钢	BLXF	铝芯氯丁橡胶线
—·	扁钢、钢板	BV	铜芯聚氯乙烯绝缘线
□	方钢	BVF	铜芯聚氯乙烯绝缘软线
♬	圆形材料直径	BVV	铜芯聚氯乙烯聚氯乙烯护套线
#	号	BX	铜芯橡胶线
@	每个、每样相等中矩	BXR	铜芯橡胶软线
C	窗	BXF	铜芯氯丁橡胶线
c	保护层厚度	HBV	铜芯聚氯乙烯通信广播线
	二、电气材料、设备	HPV	铜芯聚氯乙烯电话配线
AWG	美国线规	e	偏心矩
BWG	伯明翰线规	M	门
CWG	中国线规	n	螺栓孔数目
SWG	标准线规	C	材料强度等级表示法：混凝土强度等级
DG	电线管	M	砂浆强度等级
G	焊接钢管	MU	砖、石、砌块强度等级
VG	硬塑料管	S	钢材强度等级
B	灯具安装方式表示法：壁装式	T	木材强度等级
D	吸顶式	β	高厚比
G	管吊式	λ	长细比
L	链吊式	〔　〕	容许的
R	嵌入式	+〔-〕	受拉(受压)的
X	线吊式		

续表

符号	意义	符号	意义
	三、给水排水材料、设备		输送液体、气体管类型表示法
DN	公称直径(mm)	S	上水管
A	管螺纹(英寸)	TF	通风管
P_g	管线承受压力,如1.6 N/mm^2	X	下水管
	输送液体、气体管类型表示法	XF	循环水管
AQ	氨气管	Y	油管
DQ	氮气管	YI	乙炔管
E	二氧化碳管	YQ	氧气管
GF	鼓风管	YS	压缩空气管
H	化工管	Z	蒸气管
L	凝水管	ZK	真空管
M	煤气管	ZQ	沼气管
QQ	氢气管		水泵类表示法
R	热水管	B、B_A	单级单吸离心水泵
HH	乳化剂管	D、D_A	多级多吸离心水泵
		HB	单级单吸混流泵
		J、J_A	离心式水泵
		S、S_A	单级双吸离心水泵

(6)化学元素符号(见表C-7)。

表C-7 化学元素符号

名称	符号	名称	符号	名称	符号	名称	符号	名称	符号	名称	符号	名称	符号
氢	H	硫	S	镓	Ga	钯	Pd	钷	Pm	锇	Os	镤	Pa
氦	He	氯	Cl	锗	Ge	银	Ag	钐	Sm	铱	Ir	铀	U
锂	Li	氩	Ar	砷	As	镉	Cd	铕	Eu	铂	Pt	镎	Np
铍	Be	钾	R	硒	Se	铟	In	钆	Gd	金	Au	钚	Pu
硼	B	钙	Ca	溴	Br	锡	Sn	铽	Tb	汞	Hg	镅	Am
碳	C	钪	Sc	氪	Kr	锑	Sb	镝	Dy	铊	Tl	锔	Cm
氮	N	钛	Ti	铷	Rb	碲	Te	钬	Ho	铅	Pb	锫	Bk
氧	O	钒	V	锶	Sr	碘	I	铒	Er	铋	Bi	锎	Cf
氟	F	铬	Cr	钇	Y	氙	Xe	铥	Tm	钋	Po	锿	Es
氖	Ne	锰	Mn	锆	Zr	铯	Cs	镱	Yb	砹	At	镄	Fm
钠	Na	铁	Fe	铌	Nb	钡	Ba	镥	Lu	氡	Rn	钔	Md
镁	Mg	钴	Co	钼	Mo	镧	La	铪	Hf	钫	Fr	锘	No
铝	Al	镍	Ni	锝	Tc	铈	Ce	钽	Ta	镭	Ra	铹	Lr
硅	Si	铜	Cu	钌	Ru	镨	Pr	钨	W	锕	Ac		
磷	P	锌	Zn	铑	Rh	钕	Nd	铼	Re	钍	Th		

C.1.2 常用计量单位及其换算

C.1.2.1 法定计量单位

(1)国际单位制(SI)的基本单位(见表C-8)。

表C-8 国际单位制(SI)的基本单位

量的名称	单位名称	单位符号
长度	米	m
质量	千克(公斤)	kg

续表

量的名称	单位名称	单位符号
时间	秒	s
电流	安[培]	A
热力学温度	开[尔文]	K
物质的量	摩[尔]	mol
发光强度	坎[德拉]	cd

注:1. 圆括号中的名称,是它前面的名称的同义词,下同。

2. 无方括号的量的名称与单位名称均为全称;方括号中的字,在不致引起混淆、误解的情况下,可以省略。去掉方括号中的字即为其名称的简称,下同。

3. 本标准所称的符号,除特殊指明外,均指我国法定计量单位中所规定的符号以及国际符号,下同。

4. 人民生活和贸易中,质量习惯称为重量。

(2)国际单位制(SI)中包括辅助单位在内的具有专门名称的导出单位(见表 C-9)。

表 C-9　国际单位制(SI)中包括辅助单位在内的具有专门名称的导出单位

量的名称	SI 导出单位		
	名称	符号	用 SI 基本单位和 SI 导出单位表示
[平面]角	弧度	rad	1 rad = 1 m/m = 1
立体角	球面度	sr	1 sr = 1 m^2/m^2 = 1
频率	赫[兹]	Hz	1 Hz = 1 s^{-1}
力	牛[顿]	N	1 N = 1 kg · m/s^2
压力,压强,应力	帕[斯卡]	Pa	1 Pa = 1 N/m^2
能[量],功,功量	焦[耳]	J	1 J = 1 N · m
功率,辐[射能]通量	瓦[特]	W	1 W = 1 J/s
电荷[量]	库[仑]	C	1 C = 1 A · s
电压,电动势,电位,(电势)	伏[特]	V	1 V = 1 W/A
电容	法[拉]	F	1 F = 1 C/V
电阻	欧[姆]	Ω	1 Ω = 1 V/A
电导	西[门子]	S	1 S = 1 Ω^{-1}
磁通[量]	韦[伯]	Wb	1 Wb = 1 V · s
磁通[量]密度,磁感应强度	特[斯拉]	T	1 T = 1 Wb/m^2
电感	亨[利]	H	1 H = 1 Wb/A
摄氏温度	摄氏度	℃	1 ℃ = 1 K
光通量	流[明]	lm	1 lm = 1 cd · sr
[光]照度	勒[克斯]	lx	1 lx = 1 lm/m^2

(3)由于人类健康安全防护上的需要而确定的具有专门名称的 SI 导出单位(见表 C-10)。

表 C-10　由于人类健康安全防护上的需要而确定的具有专门名称的 SI 导出单位

量的名称	SI 导出单位		
	名称	符号	用 SI 基本单位和 SI 导出单位表示
[放射性]活度	贝可[勒尔]	Bq	1 Bq = 1 s^{-1}
吸收剂量 比授[予]能 比释动能	戈[瑞]	Gy	1 Gy = 1 J/kg
剂量当量	希[沃特]	Sy	1 Sy = 1 J/kg

(4)用于构成十进倍数和分数单位的国际单位制(SI)词头(见表C-11)。

表C-11　用于构成十进倍数和分数单位的国际单位制(SI)词头

所表示的因数	词头名称	词头符号	所表示的因数	词头名称	词头符号
10^{24}	尧[它]	Y	10^{-1}	分	d
10^{21}	泽[它]	Z	10^{-2}	厘	c
10^{18}	艾[可萨]	E	10^{-3}	毫	m
10^{15}	拍[它]	P	10^{-6}	微	μ
10^{12}	太[拉]	T	10^{-9}	纳[诺]	n
10^{9}	吉[咖]	G	10^{-12}	皮[可]	p
10^{6}	兆	M	10^{-15}	飞[母托]	f
10^{3}	千	k	10^{-18}	阿[托]	a
10^{2}	百	h	10^{-21}	仄[普托]	z
10	十	da	10^{-24}	幺[科托]	y

(5)可与国家单位制(SI)单位并用的我国法定计量单位(见表C-12)。

表C-12　可与国际单位制(SI)单位并用的我国法定计量单位

量的名称	单位名称	单位符号	与SI单位的关系
时间	分	min	1 min = 60 s
	[小]时	h	1 h = 60 min = 3 600 s
	日,天	d	1 d = 24 h = 86 400 s
[平面]角	度	°	1 ° = (π/180) rad
	[角]分	′	1 ′ = (1/60) ° = (π/10 800) rad
	[角]秒	″	1 ″ = (1/60) ′ = (π/648 900) rad
体积	升	I,L	1 I = 1 dm^3 = 10^{-3} m^3
质量	吨 原子质量单位	t u	1 t = 10^3 kg 1 u ≈ 1.660 540 × 10^{-27} kg
旋转速度	转每分	r/min	1 r/min = (1/60) s^{-1}
长度	海里	n mile	1 n mile = 1 852 m(只用于航程)
速度	节	kn	1 kn = 1 n mile/h = (1 852/3 600) m/s (只用于航行)
能	电子伏	eV	1 eV ≈ 1.602 177 × 10^{-19} J
级差	分贝	dB	
线密度	特[克斯]	tex	1 tex = 10^{-16} kg/m
面积	公顷	hm^2	1 hm^2 = 10^4 m^2

注:1. 平面角单位度、分、秒的符号,在组合单位中应采用(°)、(′)、(″)的形式,
　例如,不用°/s而用(°)/s。
2. 升的两个符号属同等地位,可任意选用。

C.1.2.2　英寸的分数、小数习惯称呼与毫米对照表

英寸的分数、小数习惯称呼与毫米对照表见表C-13。

表C-13　英寸的分数、小数习惯称呼与毫米对照表

英寸(in)		我国习惯称呼	毫米(mm)
分数	小数		
1/16	0.062 5	半分	1.587 5

续表

英寸(in)		我国习惯称呼	毫米(mm)
分数	小数		
1/8	0.125 0	一分	3.175 0
3/16	0.187 5	一分半	4.762 5
1/4	0.250 0	二分	6.350 0
5/16	0.312 5	二分半	7.937 5
3/8	0.375 0	三分	9.525 0
7/16	0.437 5	三分半	11.112 5
1/2	0.500 0	四分	12.700 0
9/16	0.562 5	四分半	14.287 5
5/8	0.625 0	五分	15.875 0
11/16	0.687 5	五分半	17.462 5
3/4	0.750 0	六分	19.050 0
13/16	0.8125	六分半	20.637 5
7/8	0.875 0	七分	22.225 0
15/16	0.937 5	七分半	23.812 5
1	1.000 0	一英寸	25.400 0

C.1.2.3　长度单位换算

长度单位换算见表 C-14。

表 C-14　长度单位换算

单位	米制				市制		英美制			
	毫米(mm)	厘米(cm)	米(m)	公里(km)	市尺	市里	英寸(in)	英尺(ft)	码(yd)	英里(mile)
1 毫米(1 mm)	1	0.1	0.001		0.003		0.039 37	0.003 28	0.001 09	
1 厘米(1 cm)	10	1	0.01	0.000 01	0.03	0.000 02	0.393 7	0.032 8	0.010 9	
1 米(1 m)	1 000	100	1	0.001	3	0.002	39.370 1	3.280 8	1.093 6	0.000 6
1 公里(1 km)	1 000 000	100 000	1 000	1	3 000	2		3 280.839 9	1093.613 3	0.621 4
1 市尺	333.333 3	33.333 3	0.333 3	0.000 3	1	0.000 7	13.123 4	1.093 6	0.364 5	0.000 2
1 市里	500 000	50 000	500	0.500 0	1 500	1	19 685.039 4	1 640.419 9	546.806 6	0.310 7
1 英寸(1 in)	25.4	2.54	0.025 4		0.076 2	0.000 1	1	0.083 3	0.027 8	
1 英尺(1 ft)	304.8	30.48	0.304 8	0.000 3	0.914 4	0.000 6	12	1	0.333 3	0.000 2
1 码(1 yd)	914.4	91.44	0.914 4	0.000 9	2.743 2	0.001 8	36	3	1	0.000 6
1 英里(1 mile)		160 935	1 609.350 0	1.609 4	4 828.05	3.218 7	63 360.236 2	5 280.019 7	1 760.006 6	1

C.1.2.4　面积单位换算

面积单位换算见表 C-15。

表 C-15　面积单位换算

单位	米制				市制		英美制				
	m^2 (m^2)	公亩(a)	公顷(hm^2)	平方公里(km^2)	平方市尺	市亩	平方英尺(ft^2)	平方码(yd^2)	英亩(acre)	美亩	平方英里($mile^2$)
1 m^2 (1 m^2)	1	0.01	0.000 1		9	0.001 5	10.763 9	1.196 00	0.000 25	0.000 25	
1 公亩(1 a)	100	1	0.01	0.000 1	900	0.15	1 076.39	119.6	0.024 71	0.024 71	0.000 04
1 公顷(1 hm^2)	1000	100	1	0.01	90 000	15	107 639	11 960	2.471 06	2.471 04	0.003 86
1 平方公里(1 km^2)		10 000	100	1	9 000 000	1 500	10 763 900	1 196 000	247.106	247.104	0.385 8

续表

单位	米制				市制		英美制				
	m^2（m^2）	公亩（a）	公顷（hm^2）	平方公里（km^2）	平方市尺	市亩	平方英尺（ft^2）	平方码（yd^2）	英亩（acre）	美亩	平方英里（$mile^2$）
1 平方尺	0. 111 11	0. 001 11	0. 000 011		1	0. 000 17	1. 195 98	0. 132 89	0. 000 03	0. 000 03	
1 市亩	666. 666	6. 666 67	0. 066 67	0. 000 67	6 000	1	7 175. 926 1	793. 34	0. 164 41	0. 164 74	0. 000 26
1 平方英尺（1 ft^2）	0. 0929	0. 000 93	0. 000 009 3		0. 836 10	0. 000 139	1	0. 111 11	0. 000 02	0. 000 02	
1 平方码（1 yd^2）	0. 836 12	0. 008 36	0. 000 084		7. 525 08	0. 001 25	8. 999 91	1	0. 000 21	0. 000 21	
1 英亩（1 acre）	4 046. 85	40. 468 5	0. 404 69	0. 004 05	36 412. 65	6. 070 29	43 559. 888	4 840. 000	1	0. 999 99	0. 001 57
1 美亩	4 046. 87	40. 468 7	0. 404 69	0. 004 05	36 421. 83	6. 070 37	43 560. 105	4 840. 058 8	1. 000 005	1	0. 001 57
1 平方英里（1 $mile^2$）	2 589 984	25 899. 84	259. 067 4	2. 592	23 309 856	3 884. 986	27 878 188	3 097 606. 6	640	639. 993 6	1

C. 1. 2. 5　体积（容积）单位换算

体积单位换算见表 C-16。

表 C-16　体积、容积单位换算

单位	米制			市制			英美制		
	立方厘米（cm^3）	升（L）	立方米（m^3）	立方市尺	市斗	市石	立方英寸（in^3）	立方英尺（ft^3）	蒲式耳（bu）
1 立方厘米（1 cm^3）	1	0. 001	0. 000 001	0. 000 027	0. 000 1	0. 000 01	0. 061 024	0. 000 035	0. 000 028
1 升（1 L）	1 000	1	0. 001	0. 027	0. 1	0. 01	61. 0237	0. 035	0. 028 3
1 立方米（1 m^3）	1 000 000	1 000	1	27	100	10	61 023. 7	35. 000 525	28. 299 750
1 立方尺	37 037. 037	37. 037 037	0. 037 037	1	3. 703 704	0. 370 370	2 260. 137	1. 307 94	1. 048 148
1 斗	10 000	10	0. 01	0. 27	1	0. 1	610. 237	0. 35	0. 282 998
1 石	100 000	100	0. 1	2. 7	10	1	6 102. 37	3. 500 004	2. 829 99
1 立方英寸（1 in^3）	16. 387 075	0. 016 387	0. 000 016	0. 000 442	0. 001 639	0. 000 164	1	0. 000 58	0. 000 464
1 立方英尺（1 ft^3）	28 571. 428	28. 571 428	0. 028 571	0. 761 456	2. 857 143	0. 285 714	1 728	1	0. 808 576
1 蒲式耳（1 bu）	35 335. 689	35. 335 689	0. 035 336	0. 954 064	3. 533 569	0. 353 357	2 156. 314 40	1. 236 750	1
1 加仑（1 gal）	3 787. 878 7	3. 787 879	0. 003 788	0. 102 273	0. 378 788	0. 037 879	231. 160 420	0. 132 576	0. 107 197

C. 1. 2. 6　质（重）量单位换算

质量单位换算见表 C-17。

表 C-17　质（重）量单位换算

单位	米制			市制			英美制			
	克（g）	千克（kg）	吨（t）	市两	市斤	市担	盎司（oz）	磅（lb）	美（短）吨（sh ton）	英（长）吨（ton）
1 克（1 g）	1	0. 001		0. 02	0. 002		0. 035 3	0. 002 2		
1 千克（公斤）（1 kg）	1 000	1	0. 001	20	2	0. 02	35. 274	2. 204 6	0. 001 1	0. 001
1 吨（1 t）		1 000	1		2 000	20	35 274	2 204. 6	1. 102 3	0. 984 2
1 市两	50	0. 05		1	0. 1		1. 763 7	0. 110 2		
1 市斤	500	0. 5			10	1	0. 01	17. 637	1. 102 3	
1 市担		50	0. 05	1 000	100	1	1 736. 7	110. 23	0. 005 1	0. 049 2
1 盎司（1 oz）	28. 35	0. 023 3		0. 567	0. 056 7		1	0. 062 5		
1 磅（1 lb）	453. 59	0. 453 6		9. 072	0. 907 2		16. 0	1		
1 美（短）吨（1 sh ton）		907. 19	0. 907 2		1 814. 4	18. 144	32 000. 0	2 000	1	0. 892 9
1 英（长）吨（1 ton）		1 016. 0	1. 016	20 321. 0	2 032. 1	20. 321	35 840. 0	2 240	1. 12	1

C.1.2.7　石油体积与重量单位的换算

(1)石油体积单位换算(见表 C-18)。

表 C-18　石油体积单位换算

升(L)	立方米(m^3)	加仑(美)	加仑(英)	桶(油)
158.98	0.158 98	42	34.973	1
1	0.001	0.264 18	0.219 98	6.29×10^{-3}
1 000	1	264.18	219.98	6.29

注:1 m^3 =6.29 桶(油)

(2)石油体积与重量单位之间的换算(见表 C-19、C-20)。

表 C-19　原油和油品体积与重量单位换算

品名	密度 $\rho_{15.6}^{15.6}$	桶/t	品名	密度 $\rho_{15.6}^{15.6}$	桶/t
油品					
航空汽油	0.701	8.97	减压渣油(大庆)	0.941	6.68
车用汽油	0.725	8.67	道路沥青	1.01	6.23
航空煤油	0.775	8.12	润滑油基础油		
轻柴油	0.825	7.62	150 SN	0.842 7	7.46
轻石脑油(44~100 ℃)	0.674	9.33	500 SN	0.857 9	7.33
重石脑油(102~143 ℃)	0.742	8.48	150 BS	0.879	7.16
船用柴油(E80 ℃37~5.0)	0.886	7.10			
原油					
中国原油			米纳斯原油	0.849 8	7.40
大庆混合原油	0.860 2	7.31	杜里原油	0.921 8	6.82
胜利原油(101 库)	0.908 2	6.39	辛塔原油	0.860 2	7.31

表 C-20　石油体积与重量单位的换算方法

品名	密度 $\rho_{15.6}^{15.6}$	桶/t	品名	密度 $\rho_{15.6}^{15.6}$	桶/t
阿曼原油	0.849 8	7.4	阿朱纳原油	0.927 9	6.78
阿联酋原油			汉迪尔原油	0.885 0	7.36
迪拜原油	0.870 8	7.22	维杜里原油	0.885 0	7.36
穆尔班原油	0.849 8	7.4	马来西亚原油		
沙特原油			塔波斯原油	0.792 7	7.89
阿拉伯轻油	0.855 0	7.36	拉布安原油	0.865 4	7.27
阿拉伯中油	0.870 8	7.22	米里原油	0.894 8	7.03
阿拉伯重油	0.887 1	7.09	伊朗原油		
科威特出口油	0.868 0	7.25	伊朗轻油	0.855 4	7.35
伊拉克原油			伊朗重油	0.870 7	7.22
巴士拉轻油	0.855 9	7.35	英国原油		
巴士拉中油	0.869 8	7.23	布伦特原油	0.834 8	7.53
中国原油			俄罗斯原油		
中原文留油	0.832 1	7.56	原苏联出口原油	0.865 9	7.26
辽河外输油	0.930	6.76	美国原油		
胜利孤岛油	0.946	6.65	西得克萨斯中质油	0.825 1	7.03
江苏真武油	0.840 3	7.49	北坡原油	0.894 4	7.03
华北任丘油	0.841 0	7.48	澳大利亚原油		
南海惠州油	0.838 0	7.51	吉普斯兰油	0.801 7	7 085
南海绥中油	0.972	6.47	贾比鲁油	0.815 6	7.71
印尼原油					
阿塔卡原油	0.810 9	7.76			

续表

原油单位换算					
	t	kL	桶	gal(美国)	t/年
吨	1	1.165	7.33	308	—
千升	0.858	1	6.289 8	264	—
桶	0.136	0.159	1	42	—
gal(美国)	0.003 25	0.003 8	0.023 8	1	—
桶/日	—	—	—	—	49.8
按世界平均重度计。					

油品单位换算				
	桶/t	t/桶	kL/t	t/kL
液化石油气(LPG)	0.086	11.6	0.542	1.844
汽油(Gasoline)	0.118	8.5	0.74	1.351
煤油(Kerosine)	0.128	7.8	0.806	1.24
粗柴油/柴油(Gas oil/diesel)	0.133	7.5	0.839	1.192
燃料油(Fuel oil)	0.149	6.7	0.939	1.065

天然气和液化天然气单位换算						
系数 单位 / 单位	10亿 m^3 天然气	10亿 ft^3 天然气	100万t 油当量	100万t 液化天然气	1万亿 Btu	100万桶 油当量
10亿 m^3 天然气	1	35.3	0.9	0.73	36	6.29
10亿英尺^3 天然气	0.028	1	0.026	0.021	1.03	0.18
100万t油当量	1.111	39.2	1	0.805	40.4	7.33
100万t液化天然气	1.38	48.7	1.23	1	52	8.68
1万亿英热单位	0.028	0.98	0.025	0.02	1	0.17
100万桶油当量	0.16	5.61	0.14	0.12	5.8	1

资料来源:2000年BP统计。

C.1.3 常用计算公式

(1)三角形平面图形面积计算公式(见表C-21)。

表C-21 三角形平面图形面积计算公式

图形	尺寸符号	面积(A)表面积(S)	重心(G)
三角形	h——高 l——1/2周长 a、b、c——对应角A、B、C的边长	$A=\frac{bh}{2}=\frac{1}{2}cb\sin\alpha$ $l=\frac{a+b+c}{2}$	$GD=\frac{1}{3}BD$ $GD=DA$
直角三角形	a、b——两直角边长 c——斜边	$A=\frac{ab}{2}$ $c=\sqrt{a^2+b^2}$ $a=\sqrt{c^2-b^2}$ $b=\sqrt{c^2-a^2}$	$GD=\frac{1}{3}BD$ $GD=DA$
锐角三角形	h——高	$A=\frac{bh}{2}$ $=\frac{b}{2}\sqrt{a^2-\left(\frac{a^2+b^2-c^2}{2b}\right)^2}$ 设 $l=\frac{1}{2}(a+b+c)$ 则 $A=\sqrt{l(l-a)(l-b)(l-c)}$	$GD=\frac{1}{3}BD$ $AD=DC$

续表

图形		尺寸符号	面积(A)表面积(S)	重心(G)
钝角三角形	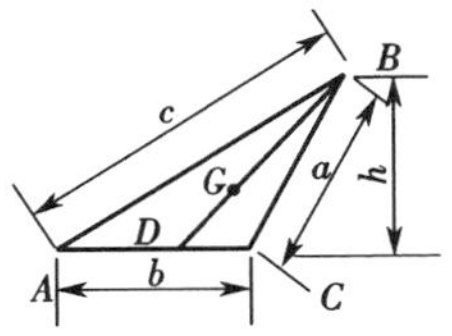	a、b、c——边长 h——高	$A=\frac{bh}{2}$ $=\frac{b}{2}\sqrt{a^2-\left(\frac{c^2-a^2-b^2}{2b}\right)^2}$ 设 $l=\frac{1}{2}(a+b+c)$ 则 $A=\sqrt{l(l-a)(l-b)(l-c)}$	$GD=\frac{1}{3}BD$ $AD=DC$
等边三角形	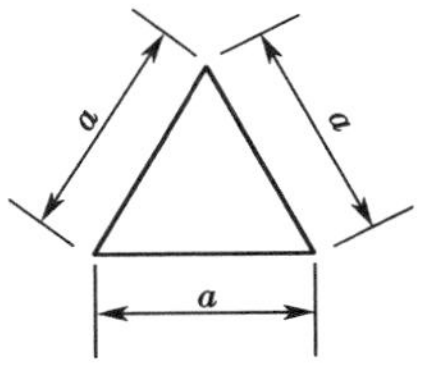	a——边长	$A=\frac{\sqrt{3}}{4}a^2=0.433a^2$	三角平分线的交点
等腰三角形	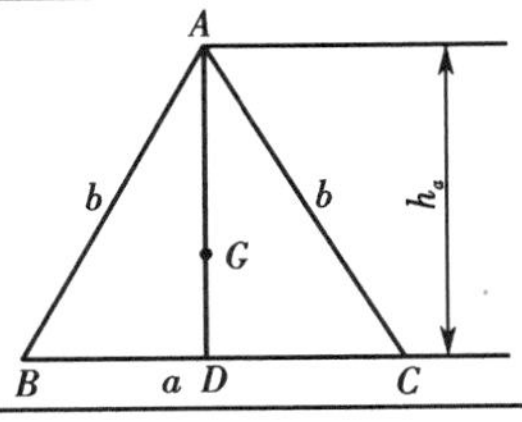	b——两腰 a——底边 h_a——a 边上高	$A=\frac{1}{2}ah_a$	$GD=\frac{1}{3}h_a$ $(BD=DC)$

(2)四边形平面图形面积计算公式(见表 C-22)。

表 C-22　四边形平面图形面积计算公式

图形		尺寸符号	面积(A)表面积(S)	重心(G)
正方形	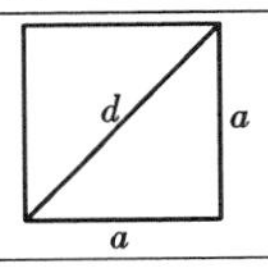	a——边长 d——对角线	$A=a^2$ $a=\sqrt{A}=0.707d$ $d=1.414c=1.414\sqrt{A}$	在对角线交点上
长方形	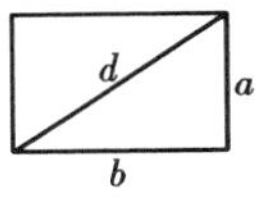	a——短边 b——长边 d——对角线	$A=ab$ $d=\sqrt{a^2+b^2}$	在对角线交点上
平行四边形	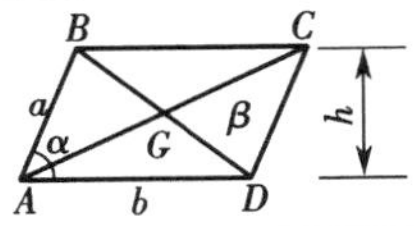	a、b——邻边 h——对边间的距离	$A=bh=ab\sin\alpha$ $=\frac{\overline{ACBD}}{2}\sin\beta$	在对角线交点上
梯形	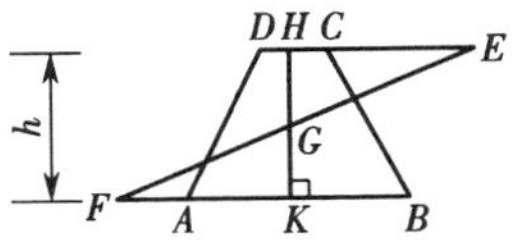	$CE=AB$ $AF=CD$ $a=CD$(上底边) $b=AB$(下底边) h——高	$A=\frac{a+b}{2}h$	$HG=\frac{h}{3}\frac{a+2b}{a+b}$ $KG=\frac{h}{3}\frac{2a+b}{a+b}$
任意四边形	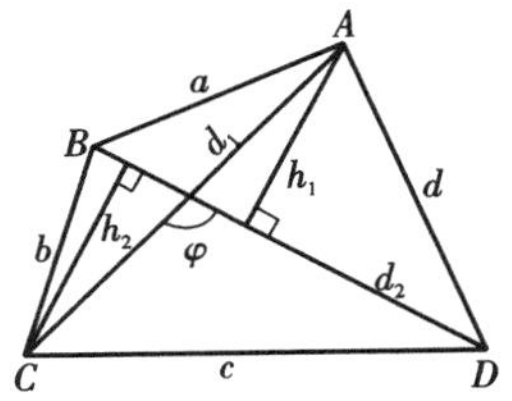	a、b、c、d 为四边长，d_1、d_2 为两对角线，φ 为两对角线夹角，p 为1/2周长	$A=\frac{1}{2}d_1d_2\sin\varphi=\frac{1}{2}d_2(h_1+h_2)$ $=\sqrt{(p-a)(p-b)(p-c)(p-d)-abcd\cos\alpha}$ $p=\frac{1}{2}(a+b+c+d)$ $\alpha=\frac{1}{2}(\angle A+\angle C)$ 或 $=\frac{1}{2}(\angle B+\angle C)$	

（3）内接多边形平面图形面积计算公式（见表C-23）。

表C-23　内接多边形平面图形面积计算公式

圆形		公式	重心
正五边形		$A=2.3777R^2=3.6327r^2$ $a=1.1756R$	在内接圆的圆心处
正六边形		$A=\frac{3\sqrt{3}a^2}{2}=2.5981a^2=2.5981R^2$ $=2\sqrt{3}r^2=3.4641r^2$ $R=a=1.155r^2$ $r=0.866a=0.866R$	内接圆圆心
正七边形		$A=2.7365R^2=3.3714r^2$	内接圆圆心
正八边形		$A=4.828a^2=2.828R^2=3.314r^2$ $R=1.307a=1.082r$ $r=1.207a=0.924R$ $a=0.765R=0.828r$	内接圆圆心
正多边形		$\alpha=360°/n,\beta=180°-\alpha$ $a=2\sqrt{R^2-r^2}$ $A=\frac{nar}{2}=\frac{na}{2}\sqrt{R^2-\frac{a^2}{4}}$ $R=\sqrt{r^2+\frac{a^2}{4}},r=\sqrt{R^2-\frac{a^2}{4}}$	内接圆圆心

注：表中符号A——面积；α、β——角度；a、b——边长；R——半径、外接圆半径；n——边数；r——内切圆半径。

（4）圆形、椭圆形平面图形面积计算公式（见表C-24）。

表C-24　圆形、椭圆形平面图形面积计算公式

图形		尺寸符号	面积（A）表面积（S）	重心（G）
圆形		r——半径 d——直径 p——圆周长	$A=\pi r^2=\frac{1}{4}\pi d^2$ $=0.785d^2=0.07958p^2$ $p=\pi d$	在圆心上
椭圆形		a、b——主轴	$A=\frac{\pi}{4}ab$	在主轴交点G上

续表

图　形		尺寸符号	面积(A)表面积(S)	重心(G)
扇形	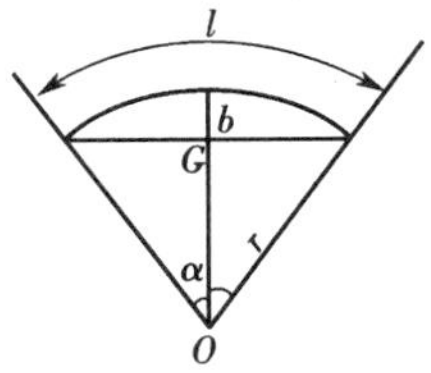	r——半径 l——弧长 α——弧的对应中心角	$A=\frac{1}{2}rl=\frac{\alpha}{360}\pi r^2$ $l=\frac{\alpha\pi}{180}r$	$GO=\frac{2}{3}\frac{rb}{l}$ 当 $\alpha=90°$ 时， $GO=\frac{4}{3}\frac{\sqrt{2}}{\pi}r$ $\approx 0.6r$
弓形	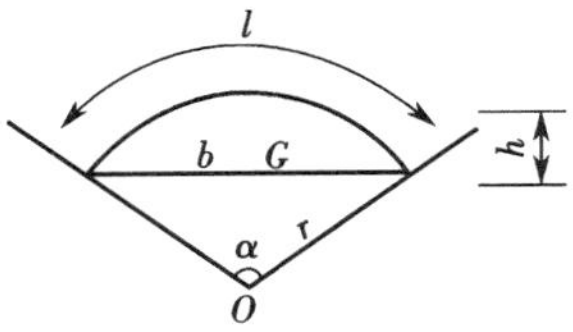	r——半径 l——弧长 α——中心角 b——弦长 h——高	$A=\frac{1}{2}r^2\left(\frac{\alpha\pi}{180}-\sin\alpha\right)$ $=\frac{1}{2}[r(l-b)+bh]$ $l=r\alpha\frac{\pi}{180}=0.0175r\alpha$ $h=r-\sqrt{r^2-\frac{1}{4}\alpha^2}$	$GO=\frac{1}{12}\frac{b^2}{A}$ 当 $\alpha=180°$ 时， $GO=\frac{4r}{3\pi}=0.4244r$
圆环	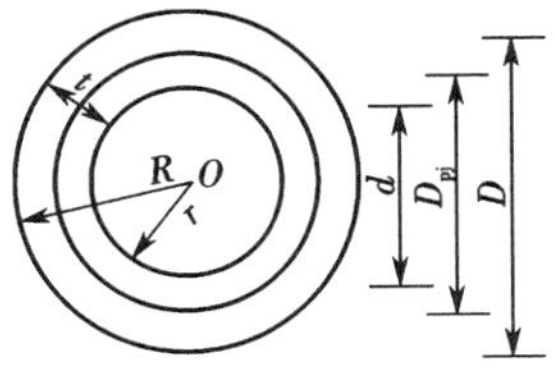	R——外半径 l——内半径 D——外直径 d——内直径 t——环宽 D_{pj}——平均直径	$A=\pi(R^2-r^2)$ $=\frac{\pi}{4}(D^2-d^2)$ $=\pi D_{pj}t$	在圆心 O
部分圆环	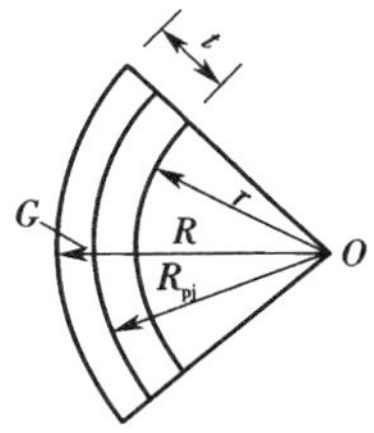	R——外半径 r——内半径 D——外直径 d——内直径 t——环宽 R_{pj}——圆环平均半径	$A=\frac{\alpha\pi}{360}(R^2-r^2)$ $=\frac{\alpha\pi}{360}R_{pj}t$	$GO=38.2\times\frac{R^3-r^3}{R^2-r^2}\times\frac{\sin\frac{\alpha}{2}}{\frac{\alpha}{2}}$
抛物线形	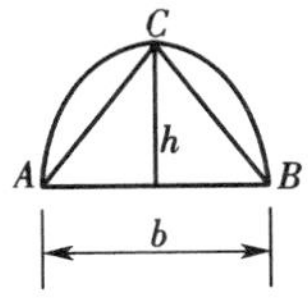	b——底边 h——高 l——曲线长 S——$\triangle ABC$ 的面积	$l=\sqrt{b^2+1.3333h^2}$ $A=\frac{2}{3}bh=\frac{4}{3}S$	

(5)多面体体积和表面积计算公式(见表 C-25)。

表 C-25　多面体体积和面积计算公式

图　形		尺寸符号	体积(V)底面积(F) 表面积(S)侧表面积(S_1)	重心(G)
立方体	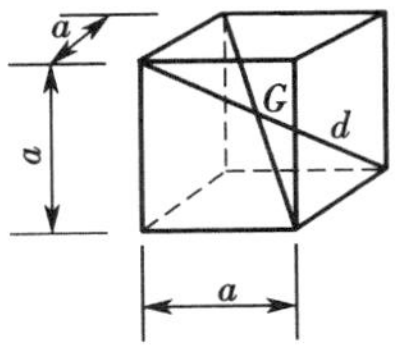	a——棱 d——对角线	$V=a^3$ $S=6a^2$ $S_1=4a^2$	在对角线交点上

续表

图形		尺寸符号	体积(V)底面积(F) 表面积(S)侧表面积(S_1)	重心(G)
长方体(棱柱)	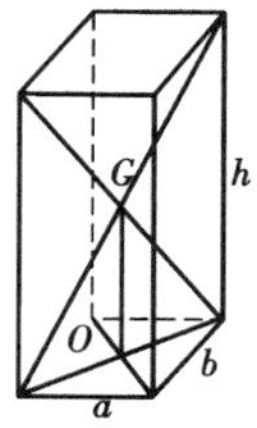	a、b、h——边长 O——底面对角线交点	$V=abh$ $S=2(ab+ah+bh)$ $S_1=2h(a+b)$ $d=\sqrt{a^2+b^2+h^2}$	$GO=\frac{h}{2}$
三棱柱	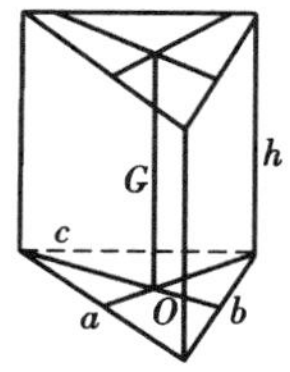	a、b、h——边长 h——高 O——底面对角线交点	$V=Fh$ $S=(a+b+c)h+2F$ $S_1=h(a+b+c)$	$GO=\frac{h}{2}$
棱锥	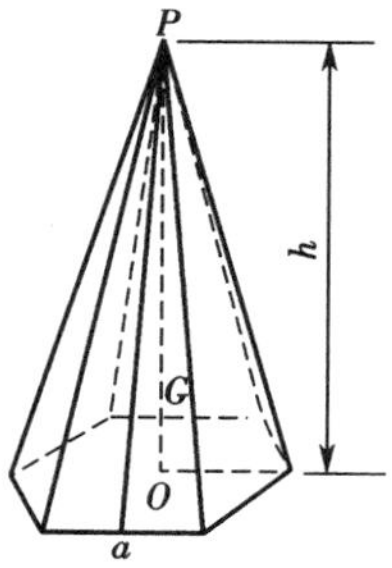	f——一个组合三角形的面积 n——组合三角形个数 O——锥体各对角线交点	$V=\frac{1}{3}Fh$ $S=nf+F$ $S_1=nf$	$GO=\frac{h}{4}$
正六角柱	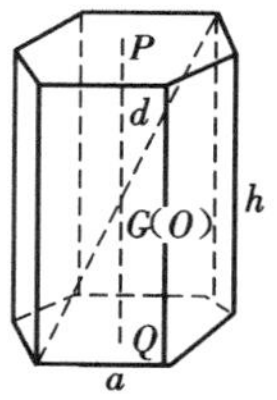	a——底边长 h——高 d——对角线	$V=\frac{3\sqrt{3}}{2}a^2h=2.598\ 1a^2h$ $S=3\sqrt{3}a^2+6ah$ $=5.196\ 2a^2+6ah$ $S_1=6ah$ $d=\sqrt{h^2+4a^2}$	$GQ=\frac{h}{2}$(P、Q分别为上下底重心)
棱台	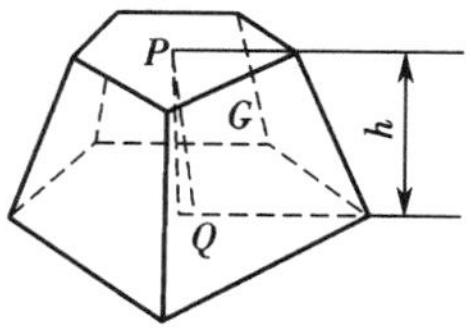	F_1、F_2——两平行底面的面积 h——底面间的距离 a——一个组合梯形面积 n——组合梯形个数	$V=\frac{1}{3}h(F_1+F_2+\sqrt{F_1F_2})$ $S=an+F_1+F_2$ $S_1=an$	$GQ=\frac{h}{4}\times\frac{F_1+2\sqrt{F_1F_2}+3F_2}{F_1+\sqrt{F_1+F_2}+\sqrt{2}}$
圆柱体	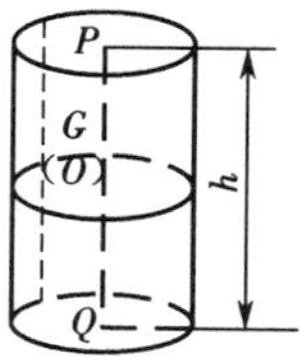	r——底面半径 h——高	$V=\pi r^2h$ $S=2\pi r(r+h)$ $S_1=2\pi rh$	$CQ=\frac{h}{2}$ (P,Q分别为上下底圆心)

续表

图形		尺寸符号	体积(V)底面积(F) 表面积(S)侧表面积(S_1)	重心(G)
空心圆柱体(管)	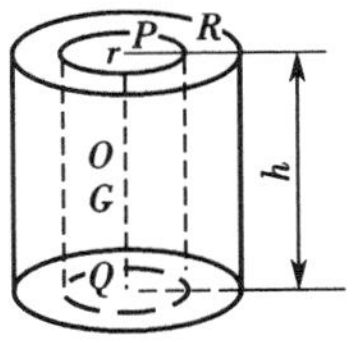	R——外半径 r——内半径 $\bar{R}$——平均半径 t——管壁厚度 h——高	$V=\pi h(R^2-r^2)$ $=2\pi\bar{R}th$ $S=S_1+2\pi(R^2-r^2)$ $S_1=2\pi h(R+r)$ $=4\pi h\bar{R}$	$GQ=\dfrac{h}{2}$
斜截直圆柱	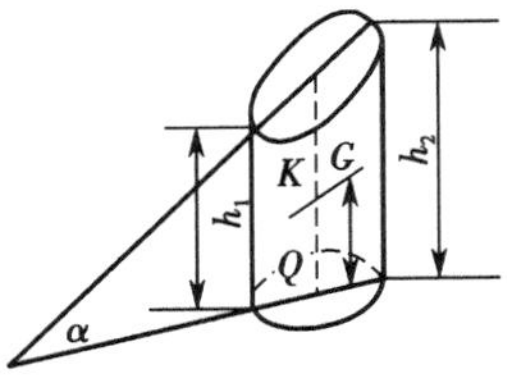	h_1——最小高度 h_2——最大高度 r——底面半径	$V=\pi r^2\dfrac{h_1+h_2}{2}$ $S=\pi r(h_1+h_2)+\pi r^2\times\left(1+\dfrac{1}{\cos\alpha}\right)$ $S_1=\pi r(h_1+h_2)$	$GQ=\dfrac{h_1+h_2}{4}+\dfrac{r^2\tan^2\alpha}{4(h_1+h_2)}$ $GK=\dfrac{r^2\tan\alpha}{2(h_1+h_2)}$
圆锥体	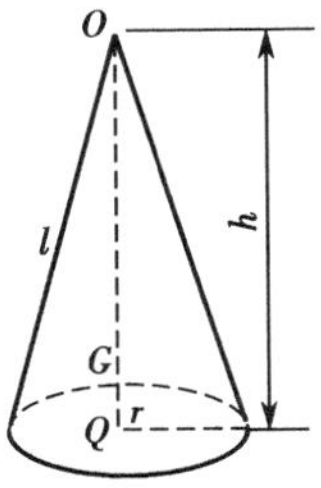	r——底面半径 h——高 l——母线长	$V=\dfrac{1}{3}\pi r^2h$ $S_1=\pi r\sqrt{r^2+h^2}=\pi rl$ $l=\sqrt{r^2+h^2}$ $S=S_1+\pi r^2$	$GO=\dfrac{h}{4}$
圆台	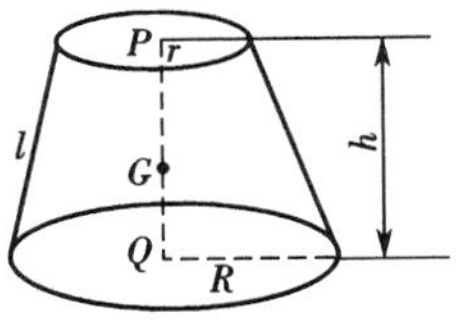	R、r——底面半径 h——高 l——母线长	$V=\dfrac{\pi h}{3}(R^2+r^2+Rr)$ $S_1=\pi l(R+r)$ $l=\sqrt{(R-r)^2+h^2}$ $S=S_1+\pi(R^2+r^2)$	$GQ=\dfrac{h(R^2+2Rr+3r^2)}{4(R^2+Rr+r^2)}$ (P、Q分别为上下底圆心)
球	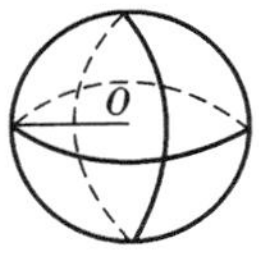	r——半径 d——直径	$V=\dfrac{4}{3}\pi r^3=\dfrac{\pi d^3}{6}=0.523\ 6d^3$ $S=4\pi r^2=\pi d^2$	在球心上
球扇形(球楔)	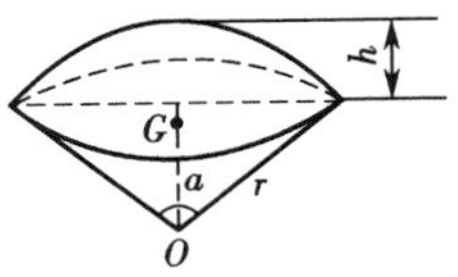	r——球半径 a——拱底圆半径 h——拱高 a——锥角(弧度)	$V=\dfrac{2}{3}\pi r^2h\approx2.094\ 4r^2h$ $S=\pi r(2h+a)$ 侧表面(锥面部分) $S_1=\pi\alpha r$	$GO=\dfrac{3}{8}(2r-h)$

续表

图形	尺寸符号	体积(V)底面积(F) 表面积(S)侧表面积(S_1)	重心(G)
球冠(球缺)	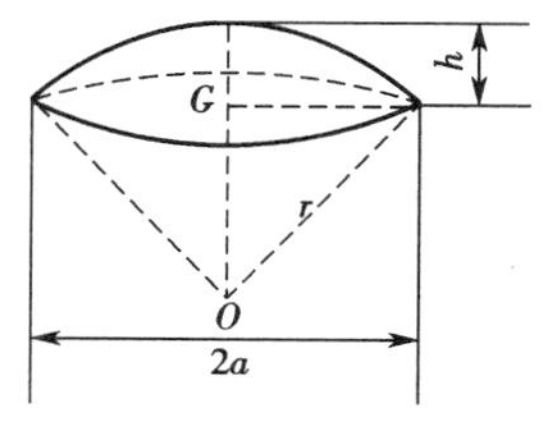 r——球半径 a——拱底圆半径 h——拱高	$V=\frac{\pi h}{6}(3a^2+h^2)$ $=\frac{\pi h^2}{3}(3r-h)$ $S=\pi(2rh+a^2)$ $=\pi(h^2+2a^2)$ 侧面积(球面部分) $S_1=2\pi rh=\pi(a^2+h^2)$	$GO=\frac{3(2r-h)^2}{4(3r-h)}$
圆环体	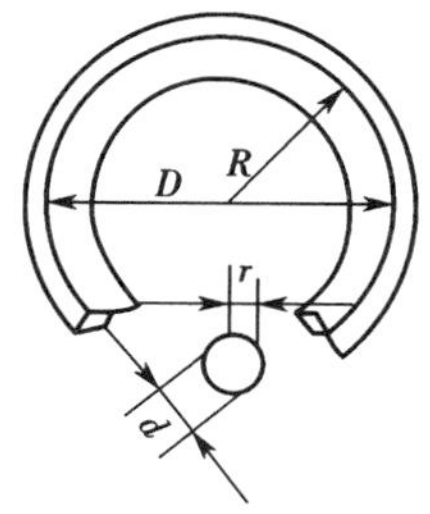 R——圆环体平均半径 D——圆环体平均直径 d——圆环体截面直径 r——圆环体截面半径	$V=2\pi^2Rr^2=\frac{1}{4}\pi^2Dd^2$ $S=4\pi^2Rr=\pi^2Dd$ $=39.478Rr$	在环中心上
球带体	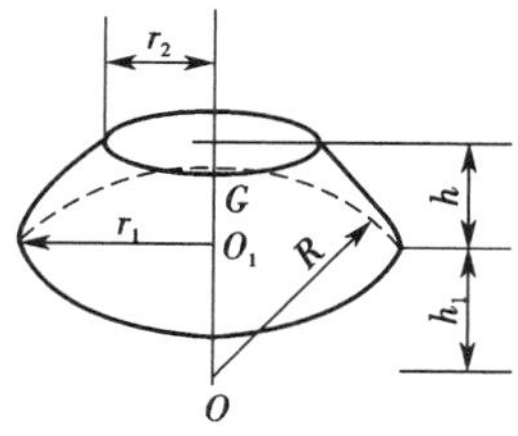 R——球半径 r_1、R_2——底面半径 h——腰高 h_1——球心 O 至带底圆心 O_1 的距离	$V=\frac{\pi h}{6}(3r_1^2+3r_2^2+h^2)$ $S_1=2\pi Rh$ $S=2\pi Rh+\pi(r_1^2+r_2^2)$	$GO=h_1+\frac{h}{2}$
桶形	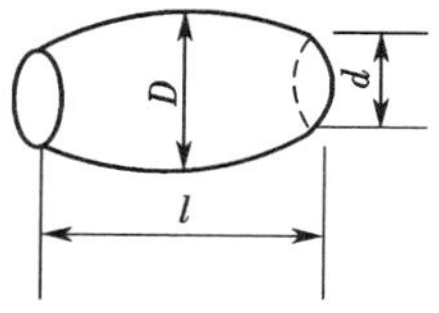 D——中间断面直径 d——底直径 l——桶高	对于抛物线形桶板: $V=\frac{\pi l}{15}\left(2D^2+Dd+\frac{3}{4}d^2\right)$ 对于圆弧形桶板: $V=\frac{\pi l}{12}(2D^2+d^2)$	在轴交点上
椭球体	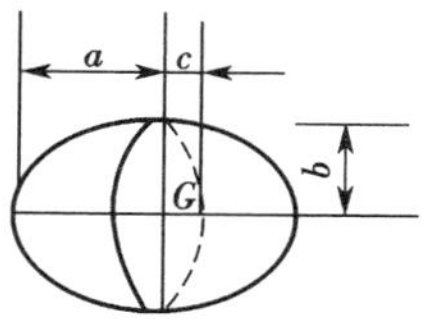 a、b、c——半轴	$V=\frac{4}{3}abc\pi$ $S=2\sqrt{2}b\sqrt{a^2+b^2}$	在轴交点上
交叉圆柱体	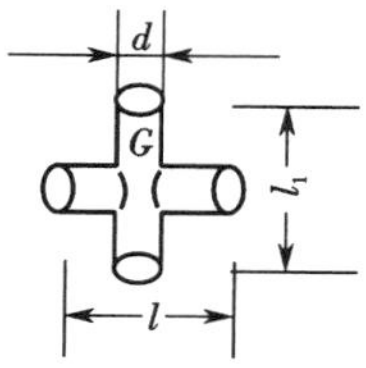 r——圆柱半径$=\frac{d}{2}$ l_1、l——圆柱长	$V=\pi r^2\left(l+l_1-\frac{2r}{3}\right)$	在二轴线交点上

续表

图　形		尺寸符号	体积(V)底面积(F) 表面积(S)侧表面积(S_1)	重心(G)
截头方椎体		a', b', a, b——上下底边长 h——高 a_1——截头棱长	$V=\frac{h}{6}[ab+(a+a')(b+b')+a'b']$ $a_1=\frac{a'b-ab'}{b-b'}$	$GQ=\frac{PQ}{2}\times$ $\frac{ab+ab'+a'b+3a'b}{2ab+ab'+a'b+2a'}$ (P、Q分别为上下底重心)
弹簧		A——截面积 x——圈数 D——弹簧外径 P——节距	$V=Ax\sqrt{9.869\ 65D^2+P^2}$	
楔形体		a、b——下底边长 c——棱长 h——棱与底边距离(高)	$V=\frac{(2a+c)bh}{6}$	

(6)储罐内液体体积计算公式(见表C-26)。

表C-26　系数K值

$\frac{h}{d}$	K	$\frac{h}{d}$	K	$\frac{h}{d}$	K	$\frac{h}{d}$	K	$\frac{h}{d}$	K
0.02	0.005	0.22	0.163	0.42	0.399	0.62	0.651	0.82	0.878
0.04	0.013	0.24	0.185	0.44	0.424	0.64	0.676	0.84	0.897
0.06	0.025	0.26	0.207	0.46	0.449	0.66	0.70	0.86	0.915
0.08	0.038	0.28	0.229	0.48	0.475	0.68	0.724	0.88	0.932
0.10	0.052	0.30	0.252	0.50	0.500	0.70	0.748	0.90	0.948
0.12	0.068	0.32	0.276	0.52	0.526	0.72	0.771	0.92	0.963
0.14	0.085	0.34	0.300	0.54	0.551	0.74	0.793	0.94	0.976
0.16	0.103	0.36	0.324	0.56	0.576	0.76	0.816	0.96	0.987
0.18	0.122	0.38	0.349	0.58	0.601	0.78	0.837	0.98	0.995
0.20	0.142	0.40	0.374	0.60	0.627	0.80	0.858	1.00	1.000

(7)物料堆体体积计算公式(见表C-27)。

表C-27　物料堆体体积计算公式

圆　形	计算公式
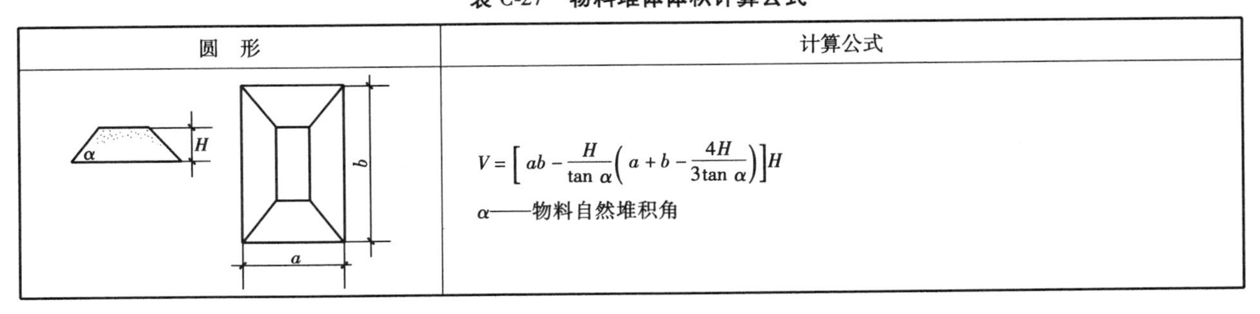	$V=\left[ab-\frac{H}{\tan\alpha}\left(a+b-\frac{4H}{3\tan\alpha}\right)\right]H$ α——物料自然堆积角

续表

圆　形	计算公式
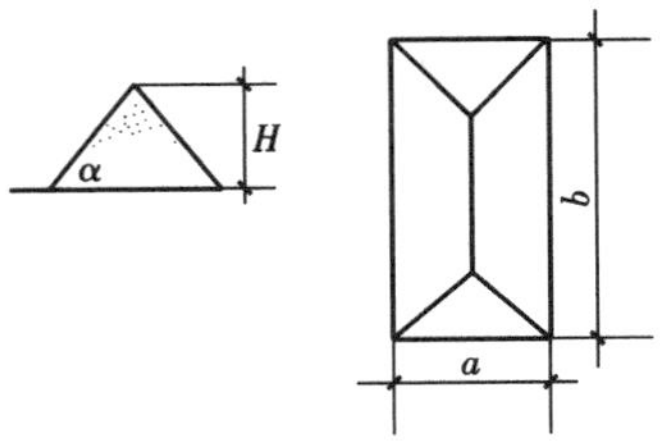	$\alpha = \frac{2H}{\tan\alpha}$ $V = \frac{aH}{6}(3b - a)$
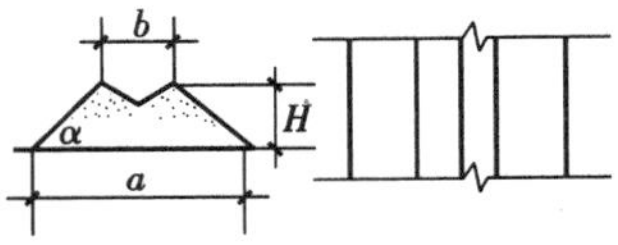	V_0（延米体积）$= \frac{H^2}{\tan\alpha} + bH - \frac{b^2}{4}\tan\alpha$

C.2　常用工程图例

C.2.1　常用建筑材料图例

常用建筑材料图例见表 C-28。

表 C-28　常用建筑材料图例

序　号	名　称	图　例	备　注
1	自然土壤		包括各种自然土壤
2	夯实土壤		
3	砂、灰土		靠近轮廓线绘较密的点
4	砂砾石、碎砖三合土	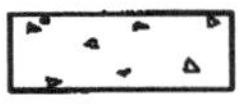	
5	石材	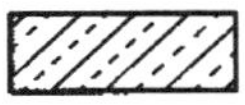	
6	毛石		
7	普通砖	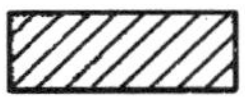	包括实心砖、多孔砖、砌块等砌体。断面较窄不易绘出图例线时，可涂红
8	耐火砖		包括耐酸砖等砌体
9	空心砖		指非承重砖砌体
10	饰面砖	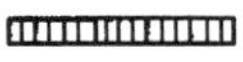	包括铺地砖、马赛克、陶瓷锦砖、人造大理石等
11	焦渣、矿渣	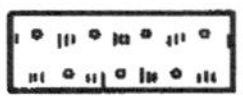	包括与水泥、石灰等混合而成的材料

续表

序　号	名　称	图　例	备　注
12	混凝土		1. 本图例指能承重的混凝土及钢筋混凝土 2. 包括各种强度等级、集料、添加剂的混凝土 3. 在剖面图上画出钢筋时,不画图例线 4. 断面图形小,不易画出图例线时,可涂黑
13	钢筋混凝土		
14	多孔材料		包括水泥珍珠岩、沥青珍珠岩、泡沫混凝土、非承重加气混凝土、软木、蛭石制品等
15	纤维材料		包括矿棉、岩棉、玻璃棉、麻丝、木丝板、纤维板等
16	泡沫塑料材料	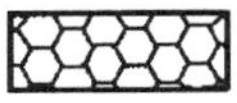	包括聚苯乙烯、聚乙烯、聚氨酯等多孔聚合物类材料
17	木材	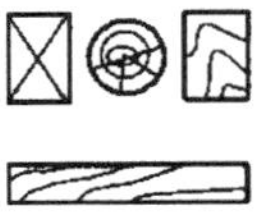	1. 上图为横断面,左上图为垫木、木砖或木龙骨 2. 下图为纵断面
18	胶合板		应注明为×层胶合板
19	石膏板	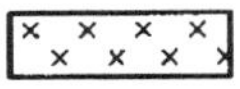	包括圆孔、方孔石膏板、防水石膏板等
20	金属		1. 包括各种金属 2. 图形小时,可涂黑
21	网状材料		1. 包括金属、塑料网状材料 2. 应注明具体材料名称
22	液体	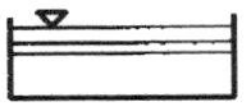	应注明具体液体名称
23	玻璃		包括平板玻璃、磨砂玻璃、夹丝玻璃、钢化玻璃、中空玻璃、加层玻璃、镀膜玻璃等
24	橡胶		
25	塑料		包括各种软、硬塑料及有机玻璃等
26	防水材料		构造层次多或比例大时,采用上面图例
27	粉刷		本图例采用较稀的点

注:序号1、2、5、7、8、13、14、16、17、18、22、23图例中的斜线、短斜线、交叉斜线等一律为45°。

C.2.2　总平面图及建筑工程图例

(1)总平面图图例(见表C-29)。

表C-29　总平面图图例

序　号	名　称	图　例	备　注
1	新建建筑物	8	1. 需要时,可用▲表示出入口,可在图形内右上角用点数或数字表示层数 2. 建筑物外形(一般以±0.000高度处的外墙定位轴线或外墙面线为准)用粗实线表示。需要时,地面以上建筑用中粗实线表示,地面以下建筑用细虚线表示
2	原有建筑物		用细实线表示
3	计划扩建的预留地或建筑物		用中粗虚线表示
4	拆除的建筑物	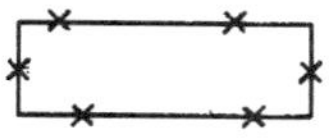	用细实线表示
5	建筑物下面的通道	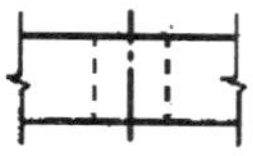	
6	散状材料露天堆场	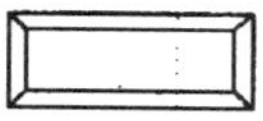	需要时可注明材料名称
7	其他材料露天堆场或露天作业场		
8	铺砌场地	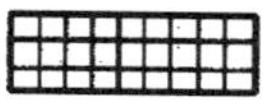	
9	敞棚或敞廊	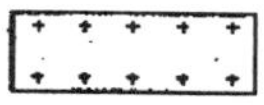	
10	高架式料仓	 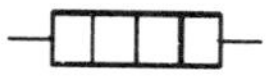	
11	漏斗式储仓		左、右图为底卸式 中图为侧卸式
12	冷却塔(池)		应注明冷却塔或冷却池

续表

序　号	名　称	图　例	备　注
13	水塔、储罐	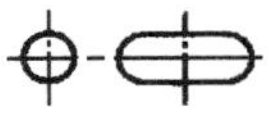	左图为水塔或立式储罐 右图为卧式储罐
14	水池、坑槽		也可以不涂黑
15	明溜矿槽(井)		
16	斜井或平洞		
17	烟囱		实线为烟囱下部直径,虚线为基础,必要时可注写烟囱高度和上、下口直径
18	围墙及大门	 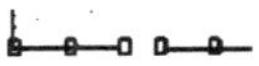	上图为实体性质的围墙,下图为通透性质的围墙,若仅表示围墙时不画大门
19	挡土墙		被挡土在“突出”的一侧
20	挡土墙上设围墙		
21	台阶	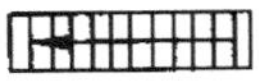	箭头指向表示向下
22	露天桥式起重机	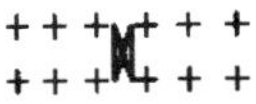	“ + ”为柱子位置
23	露天电动葫芦	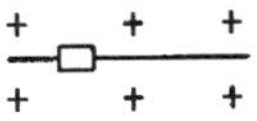 	“ + ”为支架位置
24	门式起重机	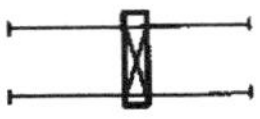 	表示有外伸臂 无外伸臂
25	架空索道		“I”为支架位置
26	斜坡卷扬机道		
27	斜坡线桥 (皮带廊等)	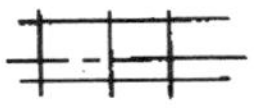	细实线表示支架中心线位置

续表

序号	名称	图例	备注
28	坐标	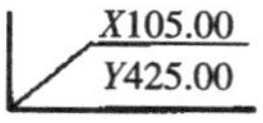 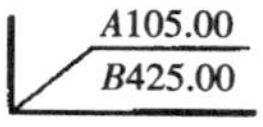 X105.00 Y425.00 A105.00 B425.00	上图表示测量坐标 下图表示建筑坐标
29	方格网交叉点标高	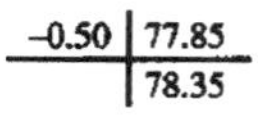 -0.50 77.85 78.35	"78.35"为原地面标高 "77.85"为设计标高 "-0.50"为施工高度 "-"表示挖方("+"表示填方)
30	填方区、挖方区、未整平区及零点线	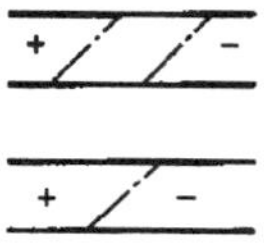 + - + -	"+"表示填方区 "-"表示挖方区 中间为未整平区 点画线为零点线
31	填挖边坡		1. 边坡较长时,可在一端或两端局部表示 2. 下边线为虚线时表示填方
32	护坡		
33	分水脊线或谷线		表示脊线 表示谷线
34	洪水淹没线		阴影部分表示淹没区(可在底图背面涂红)
35	地表排水方向		
36	截水沟或排水沟	 1 40.00	"1"表示1%的沟底纵向坡度,"40.00"表示变坡点间距离,箭头表示水流方向
37	排水明沟	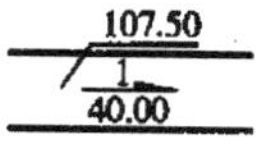 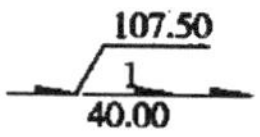 107.50 1 40.00 107.50 1 40.00	1. 上图用于比例较大的图面,下图用于比例较小的图面 2. "1"表示1%的沟底纵向坡度,"40.00"表示变坡点间距离,箭头表示水流方向 3. "107.50"表示沟底标高
38	铺砌的排水明沟	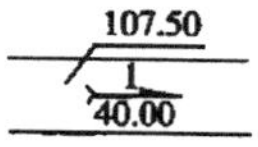 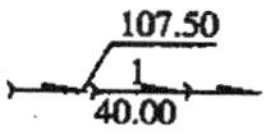 107.50 1 40.00 107.50 1 40.00	1. 上图用于比例较大的图面,下图用于比例较小的图面 2. "1"表示1%的沟底纵向坡度,"40.00"表示变坡点间距离,箭头表示水流方向 3. "107.50"表示沟底标高

续表

序　号	名　称	图　例	备　注
39	有盖的排水沟	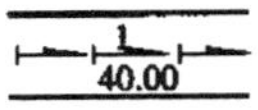 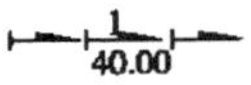 1 40.00 / 1 40.00	1. 上图用于比例较大的图面，下图用于比例较小的图面 2. “1”表示1%的沟底纵向坡度，“40.00”表示变坡点间距离，箭头表示水流方向
40	雨水口		
41	消火栓井		
42	急流槽		箭头表示水流方向
43	跌水		
44	拦水(闸)坝		
45	透水路堤		边坡较长时，可在一端或两端局部表示
46	过水路面		
47	室内标高	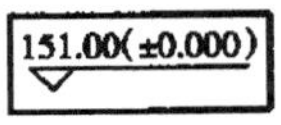 151.00(±0.000)	
48	室外标高	●143.00▼143.00	室外标高也可采用等高线表示

(2)道路及铁路工程图例(见表C-30)。

表C-30　道路及铁路工程图例

序　号	名　称	图　例	备　注
1	新建的道路	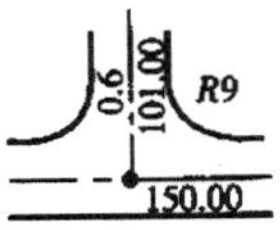 0.6 101.00 R9 150.00	“R9”表示道路转弯半径为9 m，“150.00”为路面中心控制点标高，“0.6”表示0.6%的纵向坡度，“101.00”表示变坡点间距离
2	城市型道路断面	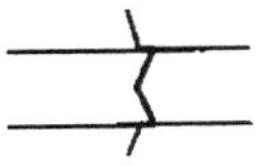 	上图为双坡 下图为单坡
3	郊区型道路断面	 	上图为双坡 下图为单坡
4	原有道路		

续表

序号	名称	图例	备注
5	计划扩建的道路		
6	拆除的道路		
7	人行道		
8	三面坡式缘石坡道		
9	单面坡式缘石坡道		
10	全宽式缘石坡道		
11	道路曲线段	JD2 R20	"JD2"为曲线转折点编号 "R20"表示道路中心曲线半径为20 m
12	道路隧道		
13	汽车衡		
14	汽车洗车台		贯通式
			尽头式
15	平交道		无防护的平交道
			有防护的平交道
16	平窿		
17	新建的标准轨距铁路		
18	原有的标准轨距铁路		
19	计划扩建的标准轨距铁路		
20	拆除的标准轨距铁路		

续表

序号	名称	图例	备注
21	新建的窄轨铁路	GJ762	“GJ762”为轨距(以“mm”计)
22	原有的窄轨铁路	GJ762	
23	计划扩建的窄轨铁路	GJ762	
24	拆除的窄轨铁路	GJ762	
25	新建的有架线的标准轨距电气铁路		
26	原有的有架线的标准轨距电气铁路		
27	计划扩建的有架线的标准轨距电气铁路		
28	拆除的有架线的标准轨距电气铁路		
29	新建的有架线的窄轨电气铁路	GJ762	“GJ762”为轨距(以“mm”计)
30	原有的有架线的窄轨电气铁路	GJ762	
31	计划扩建的有架线的窄轨电气铁路	GJ762	
32	拆除的有架线的窄轨电气铁路	GJ762	
33	工厂、矿山接轨站	8~10 4~5	尺寸以“mm”计
34	工厂、矿山车站或编组站	8~10	
35	厂内或矿内车站	4~5	
36	会让站	4~5 2~3	
37	线路所	2~4 8~10	倾斜45°角

续表

序　号	名　称	图　例	备　注
38	单开道岔	1/n 3	1. "1/n"表示道岔号数 2. "3"表示道岔编号
39	单式对称道岔	1/n 3	
40	单式交分道岔	1/n 3	
41	复式交分道岔	1/n 3	
42	交叉渡线	1/n 1/n 1 7 1/n 1/n 5 3	1. "1/n"表示道岔号数 2. "1、3、5、7"表示道岔编号
43	菱形交叉		
44	驼峰		一线驼峰
			双线驼峰
45	减速器		单侧
			双侧
46	车挡		土堆式
			非土堆式
47	警冲标		
48	坡度标	GD112.00 6 8 110.00 180.00 56 44	"GD 112.00"为轨顶标高,"6"、"8"表示纵向坡度为6‰、8‰,倾斜方向表示坡向,"110.00"、"180.00"为变坡点间距离,"56"、"44"为至前后百尺标距离
49	铁路曲线段	JD2 α-R-T-L	"JD2"为曲线转折点编号,"α"为曲线转向角,"R"为曲线半径,"T"为切线长,"L"为曲线长
50	轨道衡		粗线表示铁路
51	站台		
52	煤台		粗线表示铁路
53	灰坑或检查坑		

续表

序　号	名　称	图　例	备　注
54	转盘		粗线表示铁路
55	水鹤		
56	臂板信号机	(1) (2) (3)	1. 表示预告 2. 表示出站 3. 表示进站
57	高柱色灯信号机	(1) (2) (3)	1. 表示出站、预告 2. 表示进站 3. 表示驼峰及复式信号
58	矮柱色灯信号机		
59	灯塔		左图为钢筋混凝土灯塔 中图为木灯塔 右图为铁灯塔
60	灯桥		
61	铁路隧道		
62	涵洞、涵管		1. 上图为道路涵洞、涵管，下图为铁路涵洞、涵管 2. 左图用于比例较大的图面，右图用于比例较小的图面
63	桥梁		1. 上图为公路桥，下图为铁路桥 2. 用于旱桥时应注明
64	跨线桥		道路跨铁路
			铁路跨道路
			道路跨道路
			铁路跨铁路

续表

序号	名称	图例	备注
65	码头		固定码头
			浮动码头

(3)管线及绿化工程图例(见表C-31)。

表C-31 管线及绿化工程图例

序号	名称	图例	备注
1	管线	代号	管线代号按国家现行有关标准的规定标注
2	地沟管线	代号 代号	1. 上图用于比例较大的图面,下图用于比例较小的图面 2. 管线代号按国家现行有关标准的规定标注
3	管桥管线	代号	管线代号按国家现行有关标准的规定标注
4	架空电力、电信线	代号	1. “○”表示电杆 2. 管线代号按国家现行有关标准的规定标注
5	常绿针叶树		
6	落叶针叶树		
7	常绿阔叶乔木		
8	落叶阔叶乔木		
9	常绿阔叶灌木		
10	落叶阔叶灌木		
11	竹类		
12	花卉		

续表

序 号	名 称	图 例	备 注
13	草坪	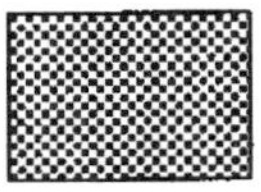	
14	花坛		
15	绿篱		
16	植草砖铺地		

(4)构造及配件图例(见表 C-32)。

表 C-32 构造及配件图例

序 号	名 称	图 例	说 明
1	墙体		应加注文字或填充图例表示墙体材料,在项目设计图样说明中列材料图例表给予说明
2	隔断		1. 包括板条抹灰、木制、石膏板、金属材料等隔断 2. 适用于到顶与不到顶隔断
3	栏杆		
4	楼梯	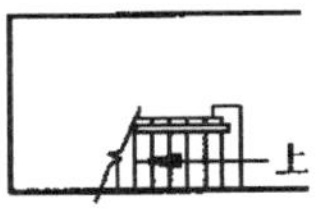 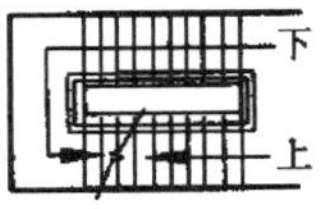 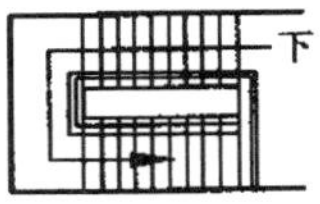 上 下 上 下	1. 上图为底层楼梯平面,中图为中间层楼梯平面,下图为顶层楼梯平面 2. 楼梯及栏杆扶手的形式和梯段踏步数应按实际情况绘制

续表

序号	名称	图例	说明
5	坡道	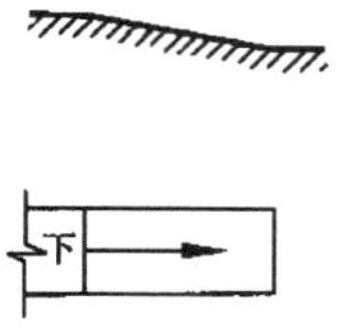 下	长坡道
		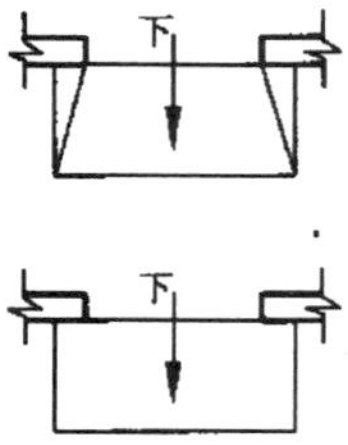 下 下	门口坡道
6	平面高差	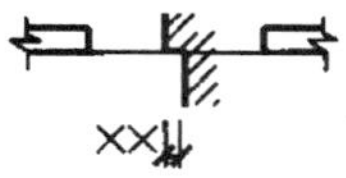 ××↓	适用于高差小于100的两个地面或楼面相接处
7	检查孔		左图为可见检查孔 右图为不可见检查孔
8	孔洞		阴影部分可以涂色代替
9	坑槽		
10	墙预留洞	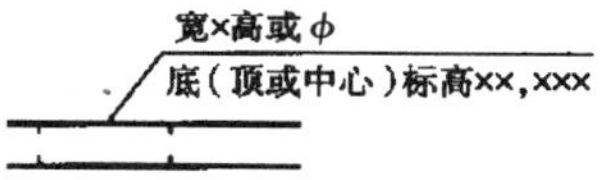 宽×高或φ 底(顶或中心)标高××,×××	1. 以洞中心或洞边定位 2. 宜以涂色区别墙体和留洞位置
11	墙预留槽	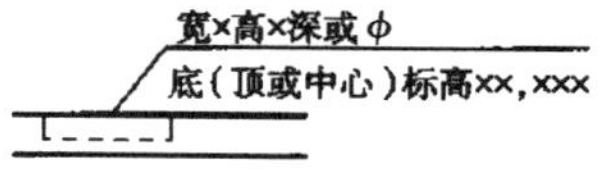 宽×高×深或φ 底(顶或中心)标高××,×××	
12	烟道	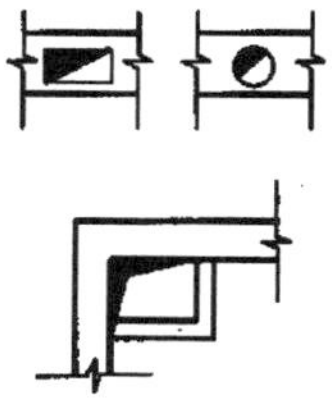	1. 阴影部分可以涂色代替 2. 烟道与墙体为同一材料,其相接处墙身线应断开
13	通风道	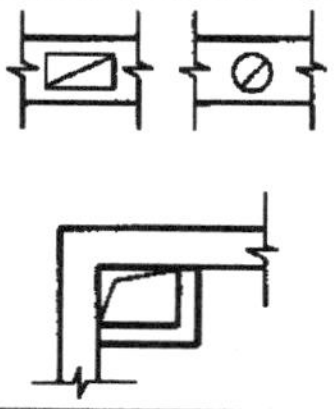	

续表

序 号	名 称	图 例	说 明
14	新建的墙和窗		1. 本图以小型砌块为图例，绘图时应按所用材料的图例绘制，不易以图例绘制的，可在墙面上以文字或代号注明 2. 小比例绘图时平面、剖面窗线可用单粗实线表示
15	改建时保留的原有墙和窗		
16	应拆除的墙		
17	在原有墙或楼板上新开的洞		
18	在原有洞旁扩大的洞		
19	在原有墙或楼板上全部填塞的洞		
20	在原有墙或楼板上局部填塞的洞		
21	空门洞	h=	h 为门洞高度

续表

序 号	名 称	图 例	说 明
22	单扇门(包括平开或单面弹簧)	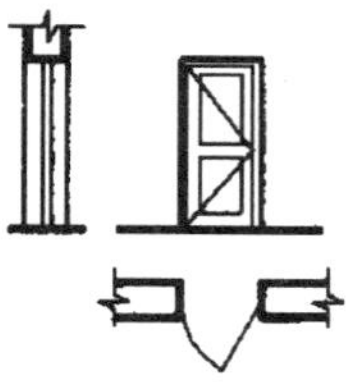	1. 门的名称代号用 M 2. 图例中剖面图左为外、右为内,平面图下为外、上为内 3. 立面图上开启方向线交角的一侧为安装合页的一侧,实线为外开,虚线为内开 4. 平面图上门线应 90°或 45°开启,开启弧线宜绘出 5. 立面图上的开启线在一般设计图中可不表示,在详图及室内设计图上应表示 6. 立面形式应按实际情况绘制
23	双扇门(包括平开或单面弹簧)	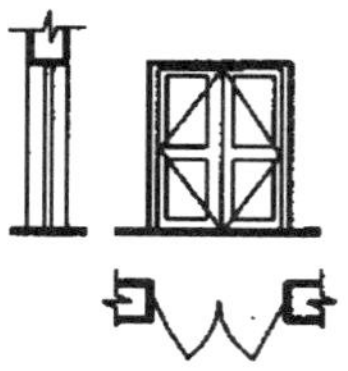	
24	对开折叠门	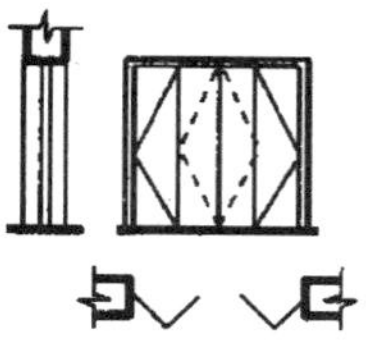	
25	推拉门	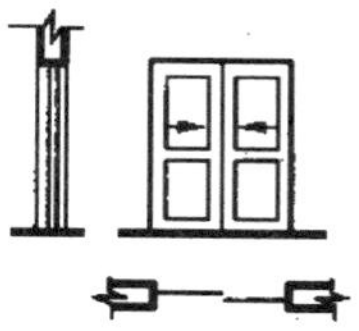	1. 门的名称代号用 M 2. 图例中剖面图左为外、右为内,平面图下为外、上为内 3. 立面形式应按实际情况绘制
26	墙外单扇推拉门	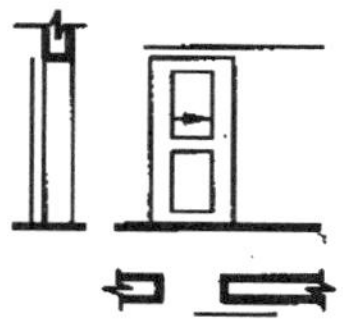	1. 门的名称代号用 M 2. 图例中剖面图左为外、右为内,平面图下为外、上为内 3. 立面形式应按实际情况绘制
27	墙外双扇推拉门	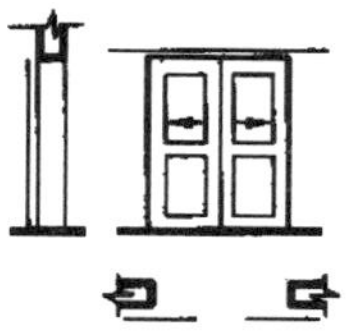	
28	墙中单扇推拉门	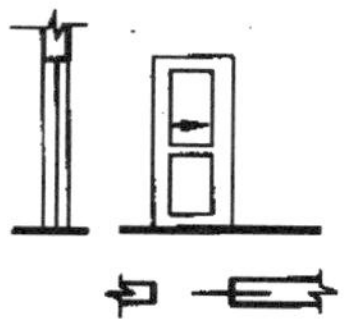	
29	墙中双扇推拉门	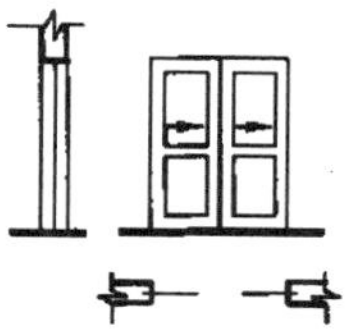	

续表

<table>
<tr><th>序　号</th><th>名　称</th><th>图　例</th><th>说　明</th></tr>
<tr><td>30</td><td>单扇双面弹簧门</td><td> 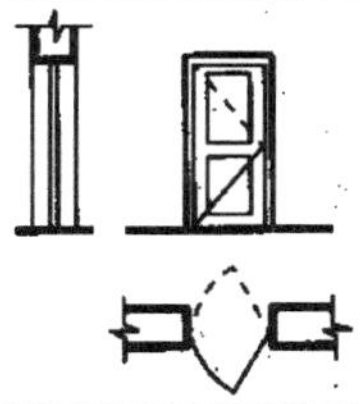</td><td rowspan="4">1. 门的名称代号用M
2. 图例中剖面图左为外、右为内，平面图下为外、上为内
3. 立面图上开启方向线交角的一侧为安装合页的一侧，实线为外开，虚线为内开
4. 平面图上门线应90°或45°开启，开启弧线宜绘出
5. 立面图上的开启线在一般设计图中可不表示，在详图及室内设计图上应表示
6. 立面形式应按实际情况绘制</td></tr>
<tr><td>31</td><td>双扇双面弹簧门</td><td> 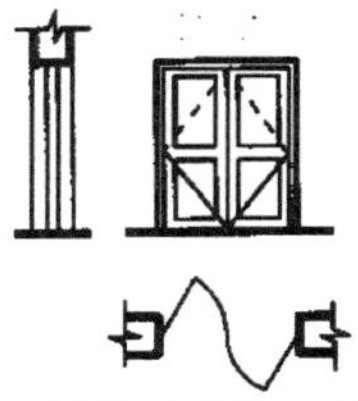</td></tr>
<tr><td>32</td><td>单扇内外开双层门（包括平开或单面弹簧）</td><td> 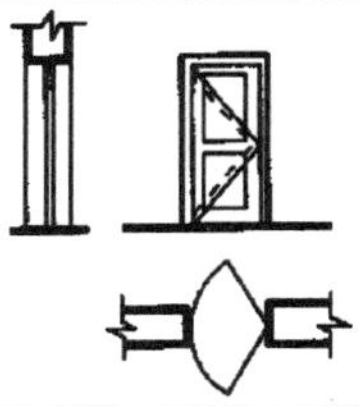</td></tr>
<tr><td>33</td><td>双扇内外开双层门（包括平开或单面弹簧）</td><td> 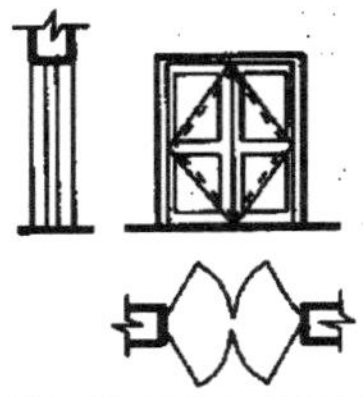</td></tr>
<tr><td>34</td><td>转门</td><td> 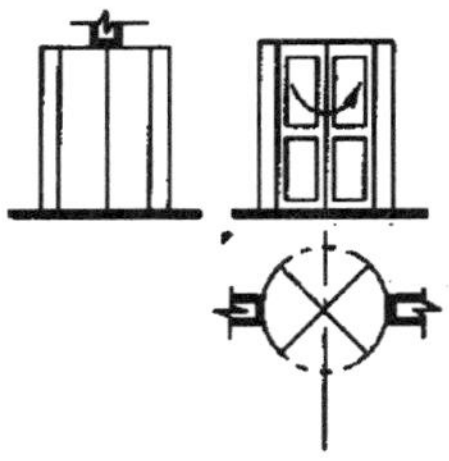</td><td>1. 门的名称代号用M
2. 图例中剖面图左为外、右为内，平面图下为外、上为内
3. 平面图上门线应90°或45°开启，开启弧线宜绘出
4. 立面图上的开启线在一般设计图中可不表示，在详图及室内设计图上应表示
5. 立面形式应按实际情况绘制</td></tr>
<tr><td>35</td><td>自动门</td><td> 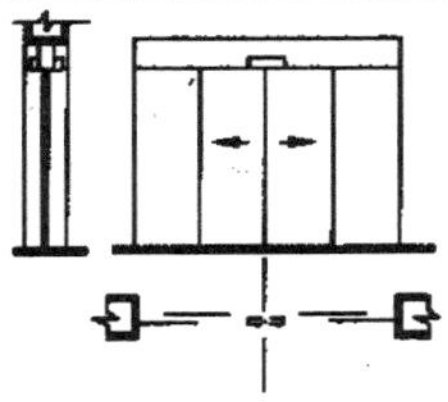</td><td>1. 门的名称代号用M
2. 图例中剖面图左为外、右为内，平面图下为外、上为内
3. 立面形式应按实际情况绘制</td></tr>
<tr><td>36</td><td>折叠上翻门</td><td> 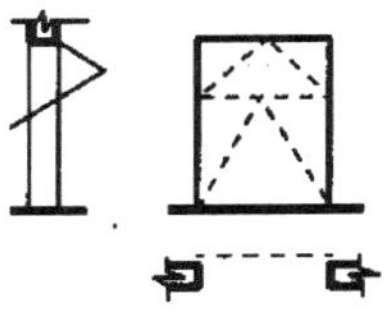</td><td>1. 门的名称代号用M
2. 图例中剖面图左为外、右为内，平面图下为外、上为内
3. 立面图上开启方向线交角的一侧为安装合页的一侧，实线为外开，虚线为内开
4. 立面形式应按实际情况绘制
5. 立面图上的开启线设计图中应表示</td></tr>
</table>

续表

序号	名称	图例	说明
37	竖向卷帘门		1. 门的名称代号用 M 2. 图例中剖面图左为外、右为内，平面图下为外、上为内 3. 立面形式应按实际情况绘制
38	横向卷帘门		
39	提升门		
40	单层固定窗		1. 窗的名称代号用 C 表示 2. 立面图中的斜线表示窗的开启方向，实线为外开，虚线为内开；开启方向线交角的一侧为安装合页的一侧，一般设计图中可不表示 3. 图例中，剖面图所示左为外，右为内，平面图所示下为外，上为内 4. 平面图和剖面图上的虚线仅说明开关方式，在设计图中不需表示 5. 窗的立面形式应按实际绘制 6. 小比例绘图时平面、剖面的窗线可用单粗实线表示
41	单层外开上悬窗		1. 窗的名称代号用 C 表示 2. 立面图中的斜线表示窗的开启方面，实线为外开，虚线为内开；开启方向线交角的一侧为安装合页的一侧，一般设计图中可不表示 3. 图例中，剖面图所示左为外，右为内，平面图所示下为外，上为内 4. 平面图和剖面图上的虚线仅说明开关方式，在设计图中不需表示 5. 窗的立面形式应按实际绘制 6. 小比例绘图时平面、剖面的窗线可用单粗实线表示
42	单层中悬窗		
43	单层内开下悬窗		
44	立转窗		

续表

序　号	名　称	图　例	说　明
45	单层外开平开窗	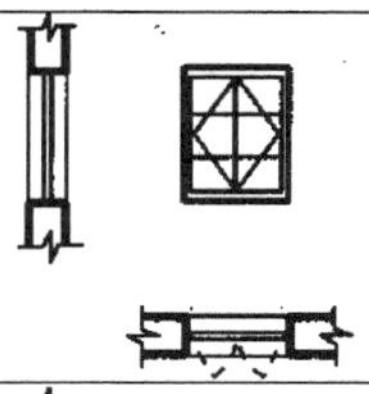	1. 窗的名称代号用 C 表示 2. 立面图中的斜线表示窗的开启方向，实线为外开，虚线为内开；开启方向线交角的一侧为安装合页的一侧，一般设计图中可不表示 3. 图例中，剖面图所示左为外，右为内，平面图所示下为外，上为内 4. 平面图和剖面图上的虚线仅说明开关方式，在设计图中不需表示 5. 窗的立面形式应按实际绘制 6. 小比例绘图时平面、剖面的窗线可用单粗实线表示
46	单层内开平开窗	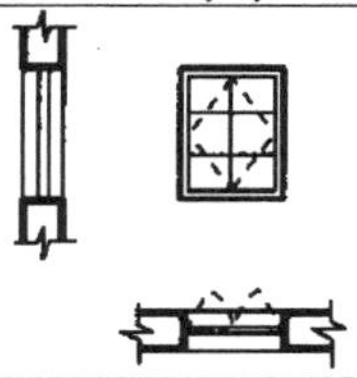	
47	双层内外开平开窗	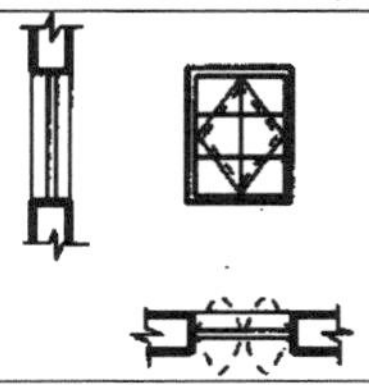	
48	推拉窗	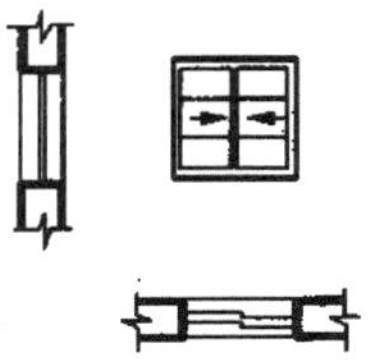	1. 窗的名称代号用 C 表示 2. 图例中，剖面图所示左为外，右为内，平面图所示下为外，上为内 3. 窗的立面形式应按实际绘制 4. 小比例绘图时平面、剖面的窗线可用单粗实线表示
49	上推窗	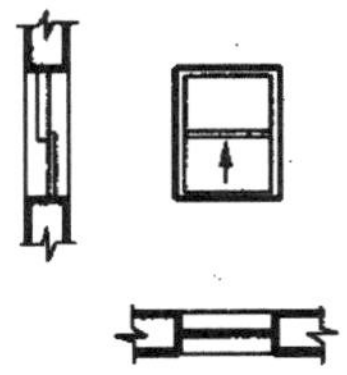	1. 窗的名称代号用 C 表示 2. 图例中，剖面图所示左为外，右为内，平面图所示下为外，上为内 3. 窗的立面形式应按实际绘制 4. 小比例绘图时平面、剖面的窗线可用单粗实线表示
50	百叶窗	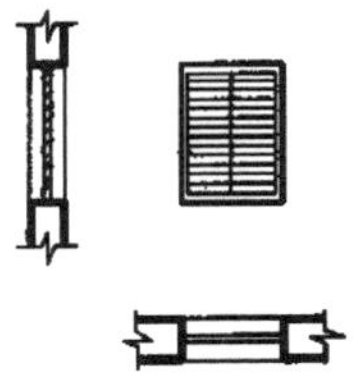	1. 窗的名称代号用 C 表示 2. 立面图中的斜线表示窗的开启方向，实线为外开，虚线为内开；开启方向线交角的一侧为安装合页的一侧，一般设计图中可不表示 3. 图例中，剖面图所示左为外，右为内，平面图所示下为外，上为内 4. 平面图和剖面图上的虚线仅说明开关方式，在设计图中不需表示 5. 窗的立面形式应按实际绘制
51	高窗	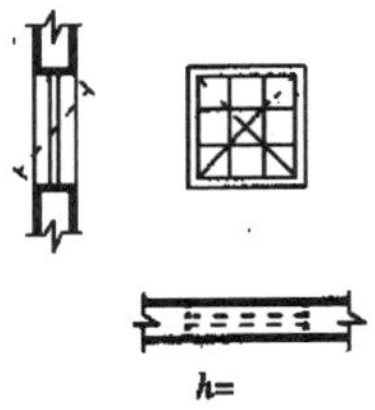 $h=$	1. 窗的名称代号用 C 表示 2. 立面图中的斜线表示窗的开启方向，实线为外开，虚线为内开；开启方向线交角的一侧为安装合页的一侧，一般设计图中可不表示 3. 图例中，剖面图所示左为外，右为内，平面图所示下为外，上为内 4. 平面图和剖面图上的虚线仅说明开关方式，在设计图中不需表示 5. 窗的立面形式应按实际绘制 6. h 为窗底距本层楼地面的高度

(5)水平及垂直运输装置图例(见表C-33)。

表C-33　水平及垂直运输装置图例

<table>
<tr><th>序　号</th><th>名　称</th><th>图　例</th><th>说　明</th></tr>
<tr><td>1</td><td>铁路</td><td></td><td>本图例适用于标准轨及窄轨铁路，使用本图例时应注明轨距</td></tr>
<tr><td>2</td><td>起重机轨道</td><td></td><td></td></tr>
<tr><td>3</td><td>电动葫芦</td><td>Gn=　(t)</td><td rowspan="6">1. 上图表示立面(或剖切面)，下图表示平面
2. 起重机的图例宜按比例绘制
3. 有无操纵室，应按实际情况绘制
4. 需要时，可注明起重机的名称、行驶的轴线范围及工作级别
5. 本图例的符号说明：
Gn——起重机起重量，以“t”计算
S——起重机的跨度或臂长，以“m”计算</td></tr>
<tr><td>4</td><td>梁式悬挂起重机</td><td>Gn=　(t)
S=　(m)</td></tr>
<tr><td>5</td><td>梁式起重机</td><td>Gn=　(t)
S=　(m)</td></tr>
<tr><td>6</td><td>桥式起重机</td><td>Gn=　(t)
S=　(m)</td></tr>
<tr><td>7</td><td>壁行起重机</td><td>Gn=　(t)
S=　(m)</td></tr>
<tr><td>8</td><td>旋臂起重机</td><td>Gn=　(t)
S=　(m)</td></tr>
</table>

续表

序　号	名　称	图　例	说　明
9	电梯		1. 电梯应注明类型，并绘出门和平衡锤的实际位置 2. 观景电梯等特殊类型电梯应参照本图例按实际情况绘制
10	自动扶梯	上 上　下	1. 自动扶梯和自动人行道、自动人行坡道可正逆向运行，箭头方向为设计运行方向 2. 自动人行坡道应在箭头线段尾部加注上或下
11	自动人行道及自动人行坡道		

(6)钢筋图例(见表C-34、C-35、C-36、C-37、C-38)。

表C-34　一般钢筋

序　号	名　称	图　例	说　明
1	钢筋横断面		
2	无弯钩的钢筋端部		下图表示长、短钢筋投影重叠时，短钢筋的端部用45°斜画线表示
3	带半圆形弯钩的钢筋端部		
4	带直钩的钢筋端部		
5	带螺纹的钢筋端部		
6	无弯钩的钢筋搭接		
7	带半圆弯钩的钢筋搭接		
8	带直钩的钢筋搭接		
9	花篮螺丝钢筋接头		
10	机械连接的钢筋接头		用文字说明机械连接的方式(或冷挤压或锥螺纹等)

表 C-35 预应力钢筋

序 号	名 称	图 例
1	预应力钢筋或钢绞线	
2	后张法预应力钢筋断面 无黏结预应力钢筋断面	
3	单根预应力钢筋断面	+
4	张拉端锚具	
5	固定端锚具	
6	锚具的端视图	
7	可动联结件	
8	固定联结件	

表 C-36 钢筋网片

序 号	名 称	图 例
1	一片钢筋网平面图	W-1
2	一行相同的钢筋网平面图	3W-1

注:用文字注明焊接网或绑扎网。

表 C-37 钢筋的焊接接头

序 号	名 称	接头形式	标注方法
1	单面焊接的钢筋接头		
2	双面焊接的钢筋接头		
3	用帮条单面焊接的钢筋接头		
4	用帮条双面焊接的钢筋接头		
5	接触对焊的钢筋接头 (闪光焊、压力焊)		
6	坡口平焊的钢筋接头	60° b	60° b

续表

序　号	名　称	接头形式	标注方法
7	坡口立焊的钢筋接头	45° b	45° b
8	用角钢或扁钢做连接板焊接的钢筋接头		
9	钢筋或螺(锚)栓与钢板穿孔塞焊的接头		

表 C-38　钢筋的画法

序　号	图　例	说　明
1	（底层）（顶层）	在结构平面图中配置双层钢筋时，底层钢筋的弯钩应向上或向左，顶层钢筋的弯钩则向下或向右
2	JM YM JM YM	钢筋混凝土墙体配双层钢筋时，在配筋立面图中，远面钢筋的弯钩应向上或向左，而近面钢筋的弯钩向下或向右 （JM 近面；YM 远面）
3		若在断面图中不能表达清楚的钢筋布置，应在断面图外增加钢筋大样图（如钢筋混凝土墙、楼梯等）
4	或	图中所表示的箍筋、环筋等若布置复杂时，可加画钢筋大样及说明
5		每组相同的钢筋、箍筋或环筋，可用一根粗实线表示，同时用一两端带斜短画线的横穿细线，表示其余钢筋及起止范围

C.2.3　给排水、采暖、燃气安装工程图例

(1)管道图例（见表 C-39）。

表 C-39　管道图例

序　号	名　称	图　例	备　注
1	生活给水管	—— J ——	
2	热水给水管	—— RJ ——	
3	热水回水管	—— RH ——	
4	中水给水管	—— ZJ ——	
5	循环给水管	—— XJ ——	

续表

序　号	名　称	图　例	备　注
6	循环回水管	—— Xh ——	
7	热媒给水管	—— RM ——	
8	热媒回水管	—— RMH ——	
9	蒸汽管	—— Z ——	
10	凝结水管	—— N ——	
11	废水管	—— F ——	可与中水源水管合用
12	压力废水管	—— YF ——	
13	通气管	—— T ——	
14	污水管	—— W ——	
15	压力污水管	—— YW ——	
16	雨水管	—— Y ——	
17	压力雨水管	—— YY ——	
18	膨胀管	—— PZ ——	
19	保温管		
20	多孔管		
21	地沟管		
22	防护套管		
23	管道立管	XL-1 平面　XL-1 系统	X:管道类别 L:立管 1:编号
24	伴热管		
25	空调凝结水管	—— KN ——	
26	排水明沟	坡向 →	
27	排水暗沟	坡向 →	

注:分区管道用加注角标方式表示:如 J_1、J_2、RJ_1、RJ_2…

(2)管道附件图例(见表 C-40)。

表 C-40　管道附件图例

序　号	名　称	图　例	备　注
1	套管伸缩器		
2	方形伸缩器		

续表

序 号	名 称	图 例	备 注
3	刚性防水套管		
4	柔性防水套管		
5	波纹管		
6	可曲挠橡胶接头		
7	管道固定支架		
8	管道滑动支架		
9	立管检查口		
10	清扫口	平面 系统	
11	通气帽	成品 钢丝球	
12	雨水斗	YD- 平面 YD- 系统	
13	排水漏斗	平面 系统	
14	圆形地漏		通用。如为无水封,地漏应加存水弯
15	方形地漏		
16	自动冲洗水箱		
17	挡墩		
18	减压孔板		
19	Y 形除污器		

续表

序 号	名 称	图 例	备 注
20	毛发聚集器	平面 系统	
21	防回流污染止回阀		
22	吸气阀		

(3)管道连接图例(见表C-41)。

表C-41 管道连接图例

序 号	名 称	图 例	备 注
1	法兰连接		
2	承插连接		
3	活接头		
4	管堵		
5	法兰堵塞		
6	弯折管		表示管道向后及向下弯转90°
7	三通连接		
8	四通连接		
9	盲板		
10	管道丁字上接		
11	管道丁字下接		
12	管道交叉		在下方和后面的管道应断开

（4）管件图例（见表 C-42）。

表 C-42　管件图例

序　号	名　称	图　例	备　注
1	偏心异径管		
2	异径管		
3	乙字管		
4	喇叭口		
5	转动接头		
6	短管		
7	存水弯		
8	弯头		
9	正三通		
10	斜三通		
11	正四通		
12	斜四通		
13	浴盆排水件		

（5）阀门图例（见表 C-43）。

表 C-43　阀门图例

序　号	名　称	图　例	备　注
1	闸阀		
2	角阀		
3	三通阀		

续表

序 号	名 称	图 例	备 注
4	四通阀		
5	截止阀	DN≥50　DN<50	
6	电动阀		
7	液动阀		
8	气动阀		
9	减压阀		左侧为高压端
10	旋塞阀	平面　系统	
11	底阀		
12	球阀		
13	隔膜阀		
14	气开隔膜阀		
15	气闭隔膜阀		
16	温度调节阀		
17	压力调节阀		
18	电磁阀	M	
19	止回阀		
20	消声止回阀		
21	蝶阀		
22	弹簧安全阀		左为通用
23	平衡锤安全阀		

续表

序 号	名 称	图 例	备 注
24	自动排气阀	平面 系统	
25	浮球阀	平面 系统	
26	延时自闭冲洗阀		
27	吸水喇叭口	平面 系统	
28	疏水器		

(6)给水配件图例(见表C-44)。

表C-44 给水配件图例

序 号	名 称	图 例	备 注
1	放水龙头		左侧为平面,右侧为系统
2	皮带龙头		左侧为平面,右侧为系统
3	洒水(栓)龙头		
4	化验龙头		
5	肘式龙头		
6	脚踏开头		
7	混合水龙头		
8	旋转水龙头		
9	浴盆带喷头 混合水龙头		

（7）消防设施图例（见表 C-45）。

表 C-45　消防设施图例

序号	名称	图例	备注
1	消火栓给水管	—— XH ——	
2	自动喷水灭火给水管	—— ZP ——	
3	室外消火栓		
4	室内消火栓（单口）	平面　系统	白色为开启面
5	室内消火栓（双口）	平面　系统	
6	水泵接合器		
7	自动喷洒水（开式）	平面　系统	
8	自动喷洒头（闭式）	平面　系统	下喷
9	自动喷洒头（闭式）	平面　系统	上喷
10	自动喷洒头（闭式）	平面　系统	上下喷
11	侧墙式自动喷洒头	平面　系统	
12	侧喷式喷洒头	平面　系统	
13	雨淋灭火给水管	—— YL ——	
14	水幕灭火给水管	—— SM ——	
15	水炮灭火给水管	—— SP ——	
16	干式报警阀	平面　系统	
17	火炮		

续表

序　号	名　称	图　例	备　注
18	湿式报警阀	平面　系统	
19	预作用报警阀	平面　系统	
20	遥控信号阀		
21	水流指示器		
22	水力警铃		
23	雨淋阀	平面　系统	
24	末端测试阀	平面　系统	
25	手提式灭火器		
26	推车式灭火器		

注：分区管道用加注角标方式表示：如 XH_1、XH_2、ZP_1、ZP_2…

(8)卫生设备及水池图例(见表 C-46)。

表 C-46　卫生设备及水池图例

序　号	名　称	图　例	备　注
1	立式洗脸盆		
2	台式洗脸盆		
3	挂式洗脸盆		
4	浴盆		
5	化验盆、洗涤盆		
6	带沥水板 洗涤盆		不锈钢制品

续表

序 号	名 称	图 例	备 注
7	盥洗槽		
8	污水池		
9	妇女卫生盆		
10	立式小便器		
11	壁挂式小便器		
12	蹲式大便器		
13	坐式大便器		
14	小便槽		
15	淋浴喷头		

(9)小型给水排水构筑物图例(见表 C-47)。

表 C-47 小型给水排水构筑物图例

序 号	名 称	图 例	备 注
1	矩形化粪池	HC	HC 为化粪池代号
2	圆形化粪池	HC	
3	隔油池	YC	YC 为隔油池代号
4	沉淀池	CC	CC 为沉淀池代号
5	降温池	JC	JC 为降温池代号
6	中和池	ZC	ZC 为中和池代号
7	雨水口		单口
			双口
8	阀门井检查井		

续表

序　号	名　称	图　例	备　注
9	水封井		
10	跌水井		
11	水表井		

(10)给水排水设备图例(见表C-48)。

表C-48　给水排水设备图例

序　号	名　称	图　例	备　注
1	水泵	平面　系统	
2	潜水泵		
3	定量泵		
4	管道泵		
5	卧式热交换器		
6	立式热交换器		
7	快速管式热交换器		
8	开水器		
9	喷射器		小三角为进水端
10	除垢器		
11	水锤消除器		
12	浮球液位器		
13	搅拌器		

(11)给水排水专业仪表图例(见表C-49)。

表C-49 给水排水专业仪表图例

序号	名称	图例	备注
1	温度计		
2	压力表		
3	自动记录压力表		
4	压力控制器		
5	水表		
6	自动记录流量计		
7	转子流量计		
8	真空表		
9	温度传感器	T	
10	压力传感器	P	
11	pH值传感器	pH	
12	酸传感器	H	
13	碱传感器	Na	
14	余氯传感器	Cl	

C.2.4 电气设备安装工程图形符号

(1)配电箱、屏、控制台图形符号(见表C-50)。

表C-50 配电箱、屏、控制台图形符号

序 号	图形符号	说 明	标 准
1	11 12 13 14 15 16	端子板(表示带线端标记的端子板)	IEC①
2		屏、台、箱、柜一般符号	GB
3		动力或动力—照明配电箱(需要时符号内可标示电流种类符号)	GB
4	⊗	信号板、信号箱(屏)	GB
5		照明配电箱(屏)(需要时允许涂红)	GB
6		事故照明配电箱(屏)	GB
7		多种电源配电箱(屏)	GB
8		直流配电盘(屏)	GB
9	～	交流配电盘(屏)	GB
10		电源自动切换箱(屏)	GB
11		电阻箱	GB

①IEC表示国际电工委员会标准。

(2)插座、开关电器图形符号(见表 C-51)。

表 C-51　插座、开关电器图形符号

序　号	图形符号	说　明	标　准
1		单相插座	GB
2		暗装	
3		密闭(防水)	
4		防爆	
5		带保护接点插座 带接地插孔的单相插座	IEC
6		暗装	GB
7		密闭(防水)	
8		防爆	
9		带接地插孔的三相插座	GB
10		带接地插孔的三相插座 暗装	
11		密闭(防水)	
12		防爆	
13		多个插座(示出三个)	IEC
14		具有护板的插座	IEC
15		具有单极开关的插座	IEC
16		具有联锁开关的插座	IEC
17		具有隔离变压器的插座(如电动剃刀用的插座)	IEC
18		插座箱(板)	GB
19		电信插座的一般符号 注:可用文字或符号加以区别 如:TP 表示电话 TX 表示电传 TV 表示电视 R 表示扬声器 M 表示传声器 FM 表示调频	IEC
20		带熔断器的插座	GB
21		开关一般符号	IEC
22		单极开关	GB
23		暗装	GB
24		密闭(防水)	
25		防爆	
26		双极开关	IEC
27		双极开关暗装	GB
28		密闭(防水)	
29		防爆	
30		三极开关	GB
31		暗装	
32		密闭(防水)	
33		防爆	

续表

序　号	图形符号	说　明	标　准	序　号	图形符号	说　明	标　准
34		单极拉线开关	IEC	40		密闭(防水)	Z
35		单极双控拉线开关	GB	41		防爆	Z
36		多拉开关(如用于不同照度)	IEC	42		具有指示灯的开关	IEC
37		单极限时开关	IEC	43		定时开关	IEC
38		双控开关(单极三线)	IEC	44		钥匙开关	IEC
39		双控开关(单极三线)暗装	Z				

(3)照明灯具图形符号(见表C-52)。

表 C-52　照明灯具图形符号

序　号	图形符号	说　明	标　准
1		灯或信号灯的一般符号 注:①如果要求指示颜色,则在靠近符号处标出下列字母: RD(红)、BU(蓝)、YE(黄)、WH(白)、GN(绿) ②如果指出灯的类型,则在靠近符号处标出下列字母: Ne(氖)、Xe(氙)、Na(钠)、Hg(汞)、I(碘)、IN(白炽)、EL(电发光)、ABC(弧光)、FL(荧光)、IR(红外线)、UV(紫外线)、LED(发光二极管)	IEC
2	S	投光灯一般符号	IEC
3		聚光灯	IEC
4		泛光灯	IEC
5		示出配线的照明引出线位置	IEC
6		在墙上的照明引出线(示出配线在左边)	IEC
7		荧光灯一般符号	IEC

续表

序　号	图形符号	说　明	标　准
8		三管荧光灯	GB
9		五管荧光灯	GB
10		防爆荧光灯	GB
11		在专用电路上的事故照明灯	IEC
12		自带电源的事故照明灯装置(应急灯)	IEC
13		气体放电灯的辅助设备 注:仅用于辅助设备与光源不在一起时	IEC
14		深照型灯	GB
15		广照型灯(配照型灯)	GB
16		防水防尘灯	GB
17		球形灯	GB
18		局部照明灯	GB
19		矿山灯	GB
20		安全灯	GB
21		隔爆灯	GB
22		顶棚灯	GB
23		花灯	GB
24		弯灯	GB
25		壁灯	GB

(4)电气线路图形符号(见表 C-53)。

表 C-53　电气线路图形符号

序　号	图形符号	说　明	标　准
1		导线、导线阻、电线、电缆、电路、传输通路(如微波技术)、线路、母线(总线)一般符号 注:当用单线表示一组导线时,若需示出导线数可加小短斜线或画一条短斜线加数字表示	IEC
2		柔软导线	IEC
3		绞合导线	IEC

续表

序 号	图形符号	说 明	标 准
4		屏蔽导线	IEC
5		不需要示出电缆芯数的电缆终端头	GB
6	3 3	电缆直通接线盒(示出带三根导线)单线表示	IEC
7	3 3 3	电缆连接盒,电缆分线盒(示出带三根导线T形连接)单线表示	IEC
8	F T V S F	电话 电报和数据传输 视频通路(电视) 声道(电视或无线电广播) 示例:电话线路或电话电路	IEC
9		地下线路	IEC
10		水下(海底)线路	IEC
11		架空线路	IEC
12		沿建筑物明敷设通信线路	GB
13		沿建筑物暗敷设通信线路	GB
14		挂在钢索上的线路	GB
15		事故照明线	GB
16		50 V及其以下电力及照明线路	GB
17		控制及信号线路(电力及照明用)	GB
18		用单线表示的多种线路	GB
19		用单线表示的多回路线路(或电缆管束)	GB
20		母线一般符号 当需要区别交直流时: 1. 交流母线 2. 直流母线	GB
21	~		

续表

序号	图形符号	说明	标准
22		装在支柱上的封闭式母线	GB
23		装在吊钩上的封闭式母线	GB
24		滑触线	GB
25		中性线	IEC
26		保护线	IEC
27		保护和中性共用线	IEC
28		具有保护线和中性线的三相配线	IEC
29		向上配线	IEC
30		向下配线	IEC
31		垂直通过配线	IEC
32		电缆铺砖保护	GB
33		电线穿着保护 注:可加注文字符号表示其规格数量	GB
34		电缆预留	GB
35		母线伸缩接头	GB
36		人孔一般符号 注:需要时可按实际形状绘制	IEC
37		手孔的一般符号	GB
38		避雷线	Z

(5)电气工程其他图形符号(见表 C-54)。

表 C-54　电气工程其他图形符号

序　号	图形符号	说　明	标　准
1	—	直流 注:电压可标注在符号的右边、系统类型可标注在符号的左边	IEC
2	～	交流 注:频率或频率范围以及电压的数值应标注在符号的右边,系统类型应标注在符号的左边	IEC
3	≂	交直流	GB
4	+ −	正极、负极	IEC
5	─▭─	电阻器一般符号	IEC
6	⊥⊤	电容器一般符号	IEC
7	─┤├─	原电池或蓄电池 注:长线代表阳极,短线代表阴极,为了强调短线可画粗些	IEC
8	─▣	电阻加热装置	GB

(6)电气设备安装施工图中常见标注和常用代号。

常见标注(见表 C-55)。

表 C-55　常见标注

标注部位	标注形式	意　义
用电设备或电动机出线口	$\frac{a}{b}$	a——设备编号 b——设备容量(kW)
在动力或照明配电设备上	$a\frac{b}{c}$或 $a-b-c$	只注编号时: a——设备编号,a 一般用 1,2,3,…表示,只注编号,为了便于区别,照明设备用一,二,三,……表示 b——设备型号 c——设备容量(kW)
配电线上	$a-b(c\times d)e-f$	末端支路只注编号时为: a——回路编号 b——导线编号 c——导线根数 d——导线截面 e——敷设方式及穿管管径 f——敷设部位
在电话线路上	$a-b(c\times d)e-f$	a——编号 b——型号 c——导线对数 d——导线芯径(mm) e——敷设方式及管径 f——敷设部位

续表

标注部位	标注形式	意 义
照明用变压器	$a-\frac{b}{c}-d$	a——型号 b——一次电压 c——二次电压 d——额定容量(V·A)
电话交接箱上	$\frac{a-b}{c}d$	a——编号 b——型号 c——线序 d——用户数
照明灯具	$a-b\frac{cd}{e}f$	a——灯具数 b——型号 c——每盏灯的灯泡数或灯管数 d——每个灯泡的功率(W) e——安装高度(m) f——安装方式
交流电	$m-f,u$	m——相数 f——频率(Hz) u——电压(V)

常用代号见表 C-56。

表 C-56 常用代号

标注内容	代号及其意义	标注内容	代号及其意义
标注线路的代号	PG——配电干线 LG——电力干线 MG——照明干线 PFG——配电分干线 LFG——电力分干线 MFG——照明分干线 KZ——控制线	表达线路敷设部位的代号	KRG——可挠型塑料管敷设 DG——薄电线管敷设 G——厚电线管敷设 GG——水煤气管敷设 GXC——金属线槽敷设
系统图中标注相序的代号	A——第一相(黄色) B——第二相(绿色) C——第三相(红色) N——中性线(黑色)	表达照明灯具安装方式的代号	X——自在器线吊式 X_1——固定线吊式 X_2——防水线吊式 X_3——吊线器式 L——链吊式 G——管吊式 B——壁装式 T——台上安装 DR——顶棚内安装 BR——墙内安装 J——支架上安装 Z——柱上安装 ZH——座装
表达线路敷设部位的代号	S——沿钢索敷设 LM——沿屋架或屋架下弦 ZM——沿柱敷设 QM——沿墙敷设 PM——沿顶棚敷设 PNM——在能进入的顶棚内敷设 LA——梁内暗敷 ZA——柱内暗敷 QA——墙内暗敷 PA——屋面或顶板内暗敷 DA——地面或地板内暗敷 PNA——暗敷在不能进入的吊顶内 GBVV——用轨型护套线敷设 VXC——塑料线槽敷设 VG——硬质塑料管敷设 VYG——半硬质塑料管敷设	其他信号	P_e——设备容量(kW) P_{ie}——计算负荷(kW) I_{ie}——计算电流(A) I_z——整定电流(A) K_x——需要系数 $\Delta U\%$——电压损失 $\cos\phi$——功率因数

C.2.5 通风空调安装工程图例

(1)水、汽管道代号(见表 C-57)。

表 C-57 水、汽管道代号

序 号	代 号	普通名称	备 注
1	R	(供暖、生活、工艺用)热水管	1.用粗实线、粗虚线区分供水、回水时,可省略代号 2.可附加阿拉伯数字1、2区分供水、回水 3.可附加阿拉伯数字1、2、3、…表示一个代号、不同参数的多种管道
2	Z	蒸汽管	需要区分饱和、过热、自用蒸汽时,可在代号前分别附加B、C、Z
3	N	凝结水管	
4	P	膨胀水管、排污管、排气管、旁通管	需要区分时,可在代号后附加一位小写拼音字母,即Pz、Pw、Pq、Pt
5	G	补给水管	
6	X	泄水管	
7	XH	循环管、信号管	循环管为粗实线,信号管为细虚线。不致引起误解时,循环管也可为"X"
8	Y	溢排管	
9	L	空调冷水管	
10	LR	空调冷/热水管	
11	LQ	空调冷却水管	
12	n	空调冷凝水管	
13	RH	软化水管	
14	CY	除氧水管	
15	YS	盐液管	
16	FQ	氟气管	
17	FY	氟液管	

(2)水、汽管道阀门和附件图例(见表 C-58)。

表 C-58 水、汽管道阀门和附件图例

序 号	名 称	图 例	附 注
1	阀门(通用)、截止阀		1.没有说明时,表示螺纹连接 法兰连接时 焊接时 2.轴测图画法 阀杆为垂直 阀杆为水平
2	闸阀		
3	手动调节阀		
4	球阀、转心阀		
5	蝶阀		

续表

序号	名称	图例	附注
6	角阀	或	
7	平衡阀		
8	三角阀	或	
9	四角阀		
10	节流阀		
11	膨胀阀	或	也称隔膜阀
12	旋塞		
13	快放阀		也称快速排污阀
14	止回阀	或	左图为通用，右图为升降式止回阀，旋向同左。其余同阀门类推
15	减压阀	或	左图小三角为高压端，右图右侧为高压端。其余同阀门类推
16	安全阀		左图为通用，中为弹簧安全阀，右为重锤安全阀
17	疏水阀		在不致引起误解时，也可用表示，也称“疏水器”
18	浮球阀	或	
19	集气罐、排气装置		左图为平面图
20	自动排气阀		
21	除污器（过滤器）		左为立式除污器，中为卧式除污器，右为Y型过滤器

续表

序号	名称	图例	附注
22	节流孔板、减压孔板	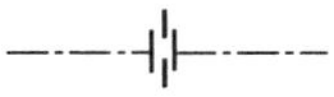	在不致引起误解时,也可用表示 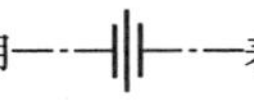
23	补偿器	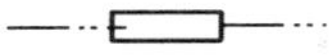	
24	矩形补偿器		
25	套管补偿器	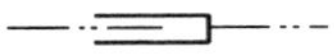	
26	波纹管补偿器	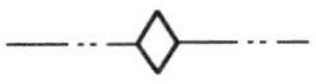	
27	弧形补偿器		
28	球形补偿器	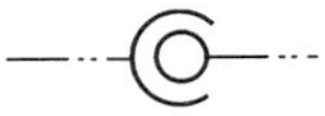	
29	变径管异径管	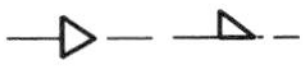	左图为同心异径管,右图为偏心异径管
30	活接头	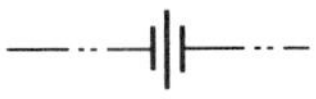	
31	法兰	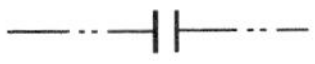	
32	法兰盖	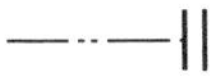	
33	丝堵		也可表示为: 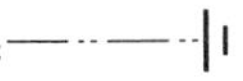
34	可屈挠橡胶软接头		
35	金属软管		也可表示为: 
36	绝热管		

续表

序号	名称	图例	附注
37	保护套管		
38	伴热管		
39	固定支架		
40	介质流向	或	在管道断开处时，流向符号宜标注在管道中心线上，其余可同管径标注位置
41	坡度及坡向	0.003 或 0.003	坡度数值不宜与管道起、止点标高同时标注。标注位置同管径标注位置

(3)风道、阀门及附件图例(见表C-59)。

表C-59　风道、阀门及附件图例

序号	名称	图例	附注
1	砌筑风、烟道		其余均为：
2	带导流片弯头		
3	消声器消声弯管		也可表示为：
4	插板阀		
5	天圆地方		左接矩形风管，右接圆形风管
6	蝶阀		
7	对开多叶调节阀		左为手动，右为电动
8	风管止回阀		
9	三通调节阀		

续表

序 号	名 称	图 例	附 注
10	防火阀	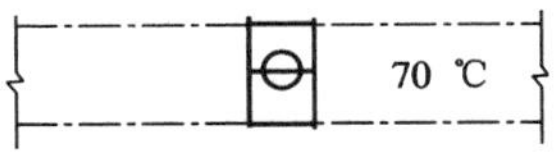 70 ℃	表示70 ℃动作的常开阀。若因图面小,可表示为:70 ℃,常开 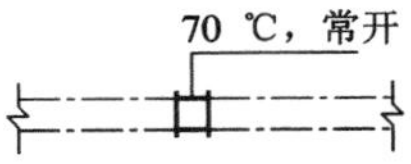
11	排烟阀	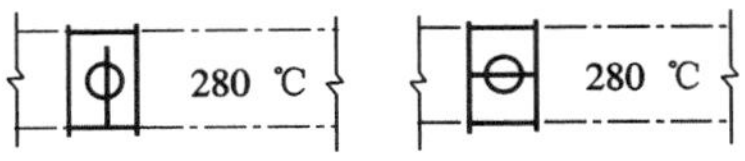 280 ℃　280 ℃	左为280 ℃动作的常闭阀,右为常开阀。若因图面小,表示方法同上
12	软接头	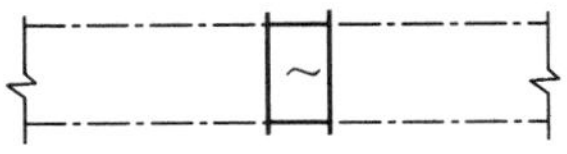 ~	也可表示为: 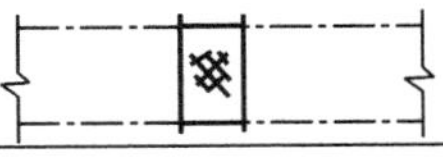
13	软管	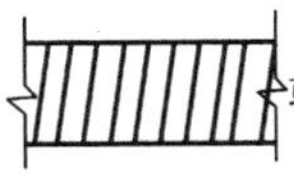 或光滑曲线(中粗)	
14	风口(通用)	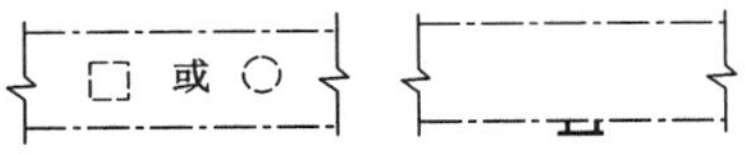 或	
15	气流方向		左为通用表示法,中表示送风,右表示回风
16	百叶窗		
17	散流器	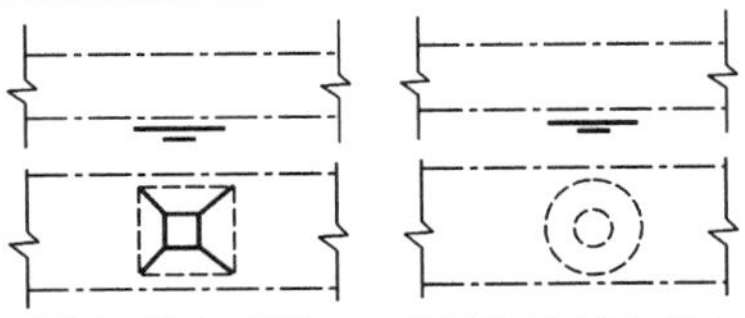	左为矩形散流器,右为圆形散流器。散流器为可见时,虚线改为实线
18	检查孔测量孔	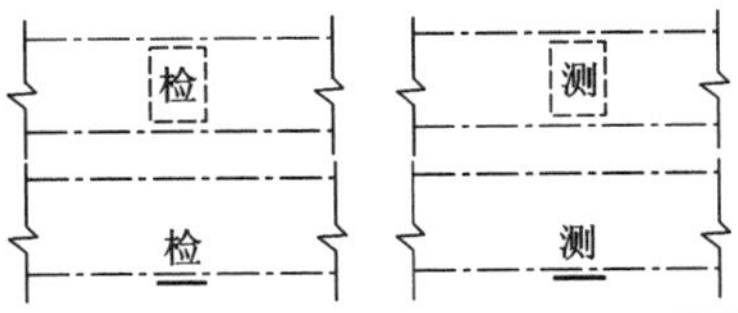 检　测　检　测	

(4)暖通空调设备图例(见表C-60)。

表C-60　暖通空调设备图例

序 号	名 称	图 例	附 注
1	散热器及手动放气阀	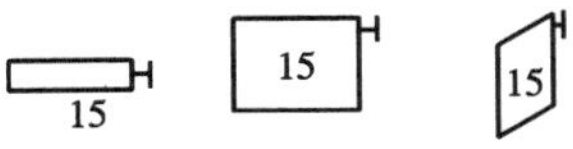 15　15　15	左为平面图画法,中为剖面图画法,右为系统图、Y轴侧图画法
2	散热器及控制阀	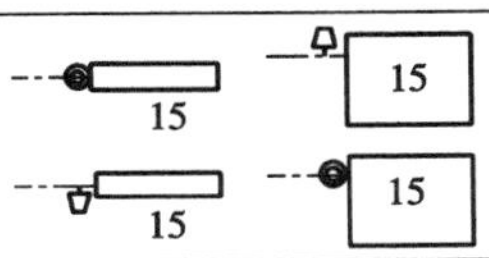 15　15　15　15	左为平面图画法,右为剖面图画法

续表

序　号	名　称	图　例	附　注
3	轴流风机	或	
4	离心风机		左为左式风机,右为右式风机
5	水泵		左侧为进水,右侧为出水
6	空气加热、冷冻器		左、中分别为单加热、单冷却,右为双功能换热装置
7	板式换热器		
8	空气过滤器		左为粗效,中为中效,右为高效
9	电加热器		
10	加湿器		
11	挡水板		
12	窗式空调器		
13	分体空调器		
14	风机盘管		可标注型号:如 FP-5
15	减振器		左为平面图画法,右为剖面图画法

(5)调控装置及仪表图例(见表C-61)。

表C-61　调控装置及仪表图例

序　号	名　称	图　例	附　注
1	温度传感器	T 或 温度	
2	湿度传感器	H 或 温度	
3	压力传感器	P 或 压力	
4	压差传感器	ΔP 或 压差	

续表

序　号	名　称	图　例	附　注
5	弹簧执行机构		如弹簧式安全阀 
6	重力执行机构	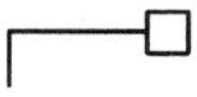	
7	浮力执行机构		如浮球阀 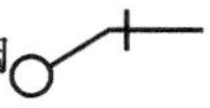
8	活塞执行机构		
9	膜片执行机构		
10	电动执行机构	 或 	如电动调节阀 
11	电磁(双位)执行机构	 M 或 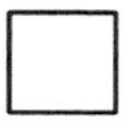	如电磁阀  M
12	记录仪	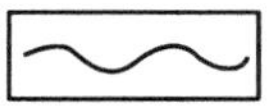	
13	温度计	 T 或 	左为圆盘式温度表,右为管式温度计
14	压力表	 或 	
15	流量计	 F.M 或 	
16	能量计	 E.M 或 T1 T1 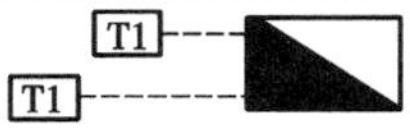	
17	水流开关	 F	

C.3　常用材料损耗率

C.3.1　土建工程损耗率

土建工程建筑材料、成品、半成品场内运输及操作损耗率见表C-62。

表C-62　土建工程建筑材料、成品、半成品场内运输及操作损耗率

序　号	名　称	工程项目	损耗率(%)
	(一)砖瓦灰砂石类		
1	红(青)砖	地面、屋面、空花墙、空斗墙	1
2	红(青)砖	基础	0.4
3	红(青)砖	实心砖墙	1
4	红(青)砖	方砖柱	3
5	红(青)砖	圆砖柱	7
6	红(青)砖	圆弧形砖墙	3.8
7	红(青)砖	烟囱	4

续表

序 号	名 称	工程项目	损耗率(%)
8	红(青)砖	水塔	2.5
9	黏土空心砖	墙	1
10	泡沫混凝土块	包括改锯	10
11	轻质混凝土块	包括改锯	2
12	硅酸盐砌块	包括改锯	2
13	加气混凝土块	包括改锯	2
14	加气混凝土	各部位安装	2
15	加气混凝土板		2
16	水泥蛭石板		4
17	沥青珍珠岩块		4
18	白瓷砖		1.5
19	陶瓷锦砖	(马赛克)	1
20	水泥花砖		1.5
21	铺地砖	(缺砖)	0.8
22	耐酸砖	用于平面	2
23	耐酸砖	用于立面	3
24	耐酸陶瓷板		4
25	耐酸陶瓷板	用于池槽	6
26	沥青浸渍砖		5
27	瓷砖、面砖、缸砖		1.5
28	水磨石板		1
29	花岗石板		1
30	大理石板		1
31	大造大理石板		1
32	混凝土板		1
33	沥青板		1
34	铸石板	平面	5
35	铸石板	立面	7
36	天然饰面板		1
37	小青瓦、黏土瓦、水泥瓦	(包括脊瓦)	2.5
38	石棉垄瓦		3.85
39	水泥石棉管		2
40	天然砂		2
41	砂	混凝土工程	1.5
42	石灰石砂		2
43	石英砂		2
44	砾(碎)石		2
45	细砾石		2
46	白石子		4
47	重晶石		1
48	碎石大理石		1
49	石膏		2
50	石灰膏		1
51	生石灰	(不包括淋灰损耗)	1
52	生石灰	(用于油漆工程)	2.5
53	乱毛石		1
54	乱毛石	砌墙	2
55	方整石		1
56	方整石	砌体	3.5
	(二)渣土粉类		
57	素(黏)土		2.5
58	硅藻土		3
59	菱苦土		2

续表

序　号	名　称	工程项目	损耗率(%)
60	炉(矿)渣		1.5
61	碎砖		1.5
62	珍珠岩粉		4
63	蛭石粉		4
64	铸石粉		1.5
65	滑石粉		1
66	滑石粉	(用于油漆工程)	5
67	石英粉		1.5
68	防水粉		1
69	水泥		1
	(三)砂浆、混凝土、胶泥类		
70	砌筑砂浆	砖砌体	1
71	砌筑砂浆	空斗墙	5
72	砌筑砂浆	黏土空心砖墙	10
73	砌筑砂浆	泡沫混凝土块墙	2
74	砌筑砂浆	毛石、方石砌体	1
75	砌筑砂浆	加气混凝土、硅酸盐砌块	2
76	水泥石灰砂浆	抹顶棚	3
77	水泥石灰砂浆	抹墙面及墙裙	2
78	石灰砂浆	抹顶棚	1.5
79	石灰砂浆	抹墙面及墙裙	1
80	纸筋磨刀灰浆	不分部位	1
81	水泥砂浆	抹顶棚、梁、柱、腰线、挑檐	2.5
82	水泥砂浆	抹墙面及墙裙	2
83	水泥砂浆	地面、屋面、构筑物	1
84	水泥白石子浆		2
85	水泥石屑浆		2
86	炉灰砂浆		2
87	素水泥浆		1
88	水磨石浆	地面	1.5
89	菱苦砂浆		1
90	耐酸砂浆		1
91	沥青砂浆	熬制	5
92	沥青砂浆	操作	1
93	沥青胶泥		1
94	耐酸胶泥		5
95	树脂胶泥	酚醛、环氧、呋喃	5
96	石油沥青玛琋脂	熬制	5
97	石油沥青玛琋脂	操作	1
98	硫磺砂浆		2
99	钢屑砂浆		1
100	混凝土(现浇)	洞库	2
101	混凝土(现浇)	二次灌浆	3
102	混凝土(现浇)	地面	1
103	混凝土(现浇)	其余部分	1.5
104	混凝土(预制)	桩、基础、梁、柱	1
105	混凝土(预制)	空心板	1.5
106	混凝土(预制)	其余部分	1.5
107	细石混凝土		1
108	轻质混凝土		2
109	炉(矿)渣混凝土		2
110	沥青混凝土		1
111	耐酸混凝土		2

续表

序 号	名 称	工程项目	损耗率(%)
112	硫磺混凝土		2
113	重晶石混凝土		1.5
114	水泥石灰炉渣混凝土		1
115	灰土		1
116	石灰炉渣		1
117	碎砾石三合土		1
118	碎砖三合土		1
	(四)金属材料类		
119	钢筋	熬制混凝土	3
120	钢筋	预制混凝土	2
121	钢筋(预应力)	后张吊车梁	13
122	钢筋(预应力)	先张高强钢丝	9
123	钢筋(预应力)	其他粗筋	6
124	铁件		1
125	铁件	洞库	2
126	镀锌薄钢板	屋面	2
127	镀锌薄钢板	水落管	6
128	镀锌薄钢板	檐沟、天沟排水	5.4
129	钢管		4
130	铸铁管		1
131	铅板		6
132	铅块		1
133	钻杆		2
134	合金钻头		0.1
135	铁钉		2
136	扒钉		6
137	镀锌螺钉代垫		2
138	铁钉代垫		2
139	钢丝		1
140	钢丝网		5
141	电焊条		12
142	小五金	成品	1
143	金属屑		2
144	钢材	其他部分	6
	(五)竹木类		
145	毛竹		5
146	木材	企口地板制作 7.5 cm	25
147	木材	企口地板制作 10 cm	17
148	木材	企口地板制作 15 cm	11
149	木材	席纹地板制作	53
150	木材	碟纹地板安装	2
151	木材	(平板)毛板、企口板安装	4
152	木材	踢脚板	2
153	木材	间壁墙墙筋制作安装	3
154	木材	地面、顶棚楞木	2
155	木材	间壁镶板、屋面储口板厚 1.5 cm	11.1
156	木材	间壁、顶棚错口板安装	4
157	木材	间壁镶板、屋面错口板厚 1.8 cm	12.1
158	木材	间壁镶板、屋面错口板厚 2.0 cm	13.1
159	木材	平口板制作	3.4
160	木材	鱼鳞板制作安装	5
161	木材	门窗框(包括配料)	5
162	木材	门窗扇(包括配料)	5

续表

序　号	名　称	工程项目	损耗率(%)
163	木材	圆窗料(包括配料)	37.5
164	木材	圆木屋架、檩、椽木	5
165	木材	屋面板平口制作	3.4
166	木材	屋面板平口安装	2.3
167	木材	瓦条(带望板)	0.5
168	木材	瓦条(不带望板)	3
169	木材	木栏杆及扶手	3.7
170	木材	楼梯弯头	36
171	木材	封条、披水、门窗贴脸	3
172	木材	窗帘盒、挂镜线	3
173	木材	封檐板	1.5
174	木材	装饰用板条	4
175	木材	油库用坑木	1
176	木材	软木(屋面)	5
177	模板制作	各种混凝土结构	5
178	模板制作	烟囱、水塔基础	3.5
179	模板制作	烟囱筒壁	2
180	模板制作	烟囱圈梁	3.88
181	模板制作	水塔塔顶、槽底	6
182	模板制作	水塔内外壁、塔身、筒身	2~3
183	模板制作	储水(油)池	1.5~3
184	模板制作	地沟	2~2.5
185	模板制作	圆形贮仓	3
186	模板安装	烟囱、水塔基础	2.5
187	模板安装	烟囱筒壁	2.5
188	模板安装	烟囱圈梁	3.88
189	模板安装	水塔塔顶、槽底	6
190	模板安装	水塔内外壁、筒身、塔身	2.5~4
191	模板安装	储水(油)池	1.5~4
192	模板安装	地沟	3
193	模板平口对缝	圆形贮仓	3
194	模板平口对缝	烟囱、水塔	5
195	模板平口对缝	水池、地沟	5
196	胶合板、纤维板	顶棚、间壁	5
197	胶合板、纤维板	门窗扇(包括配料)	15
198	胶合板、纤维板		3.5
199	锯木屑		2
200	木炭		10
201	木炭	(用于油漆工程)	8
202	隔声纸、板		4
203	石棉板、瓦		4
	(六)沥青及其制品类		
204	石油沥青		1
205	柏油、煤焦油、臭油		3
206	油毡、油纸		1
207	沥青玻璃棉		3
208	沥青矿渣棉		4
209	刷沥青	屋面、地面	1
	(七)玻璃油漆类		
210	玻璃	配制	15
211	玻璃	安装	3
212	油灰	成品	2
213	汽油	用于机械	1

续表

序 号	名 称	工程项目	损耗率(%)
214	汽油	用于其他工程	10
215	煤油		3
216	柴油	用于机械	2
217	光油		4
218	清油		2
219	清油	用于油漆工程	3
220	铅油		2.5
221	香水油		2
222	松节油		3
223	熟桐油		4
224	油漆溶剂油		4
225	大白粉		8
226	石膏粉		5
227	色粉	包括颜料	3
228	铅粉		2
229	银粉		2
230	樟丹粉		2
231	石性颜料		4
232	血料		10
233	水(骨)胶		2
234	108 胶		3
235	可赛银	装饰用	3
236	可赛银	油漆用	5
237	砂蜡		2
238	光蜡		1
239	硬白蜡		2.5
240	软黄蜡		1
241	硬黄蜡		2.5
242	地板蜡		1
243	羧甲基纤维素		3
244	聚酯酸乙烯乳液		3
245	醇酸漆稀释剂		8
246	硝基稀释剂		10
247	过氯乙烯稀释剂	喷涂	30
248	无光调和漆		3
249	调和漆		3
250	磁漆		3
251	漆片		1
252	有机硅耐热漆	喷涂	30
253	地板漆		2
254	乳胶漆		3
255	红丹防锈漆		3
256	防锈漆		3
257	磷化底漆		5
258	醇酸锌黄底漆		3
259	酚醛耐酸漆		3
260	过氯乙烯防腐漆	喷漆	30
261	环氧防腐漆		3
262	烟囱漆		3
263	过氯乙烯腻子		3
264	防火漆		3
265	黑板漆		2
266	清漆		3

续表

序 号	名 称	工程项目	损耗率(%)
267	酒精		7
268	草酸		2
	(八)化工类		
269	火碱		9
270	水玻璃		1
271	氟硅酸钠		1
272	乙二胺		2.5
273	丙酮		2.5
274	乙醇		2.5
275	苯磺酰氯		2.5
276	硫酸		2.5
277	盐酸		5
278	卤水		2
279	氯化镁		2
280	聚硫橡胶		2.5
281	甲苯		2.5
282	硫磺		2.5
283	环氧树脂		2.5
284	酚醛树脂		2.5
285	呋喃树脂		2.5
	(九)棉麻及其他		
286	麻丝		1
287	麻刀		1
288	麻布		1
289	石棉		3
290	毛毡		8
291	炸粉、雷管		2
292	电管		2
293	导火线		6
294	橡胶		1
295	纸筋		1
296	稻壳		2
297	麦草		2
298	草袋		10
299	苇箔		5
300	食盐		2
301	煤		8
302	电力	机械	5
303	焊锡		5
304	矿渣棉		5

C.3.2 安装工程损耗率

(1)电气设备安装工程(见表 C-63)。

表 C-63 电气设备安装工程

序 号	材料名称	损耗率(%)
1	裸软导线	1.3
2	绝缘导线	1.8
3	电力电缆	1.0
4	控制电缆	1.5

续表

序　号	材料名称	损耗率(%)
5	硬母线	2.3
6	钢绞线、镀锌铁线	1.5
7	金属管材、管件	3.0
8	金属板材	4.0
9	型钢	5.0
10	金具	1.0
11	压接线夹、螺钉类	2.0
12	木螺钉、圆钉	4.0
13	绝缘子类	2.0
14	低压瓷横担	3.0
15	瓷夹等小瓷件	3.0
16	一般灯具及附件	1.0
17	荧光灯、水银灯灯泡	1.5
18	灯泡(白炽)	3.0
19	玻璃灯罩	5.0
20	灯头、开关、插座	2.0
21	刀开关、铁壳开关、保险器	1.0
22	塑料制品(槽、板、管)	5.0
23	木槽板、圆木台	5.0
24	木杆类	1.0
25	混凝土电杆及制品类	0.5
26	石棉木泥板及制品	8.0
27	砖、水泥	4.0
28	砂、石	8.0
29	油类	1.8

(2)送电线路工程(见表C-64)。

表C-64　送电线路工程

序　号	材料名称	损耗率(%)
1	裸软导线　平地、丘陵	1.4
	裸软导线　山地、高山大岭	2.5
2	专用跨接线和引线	2.5
3	电力电缆	1.0
4	控制电缆	1.5
5	镀锌钢绞线(避雷线)	1.5
6	镀锌钢绞线(拉线)	2.0
7	电缆终端头交瓷套	0.5
8	塑料制品(管材、板材)	5.0
9	金具	1.0
10	螺栓、脚钉、垫片(不包括基础用底脚螺栓)	3.0
11	钢筋型钢(成品、半成品)	0.5
12	耐张压接管	2.0
13	绝缘子、瓷横担(不包括出库前试验损耗)	2.0
14	护线条	2.0
15	铅端夹	3.0
16	混凝土杆(包括底盘、拉盘、卡盘、夹盘)	0.5
17	混凝土叉梁盖板(方矩形)	3.5
18	砖	2.5

(3)通信设备安装工程(见表C-65)。

表C-65 通信设备安装工程

序 号	材料名称	损耗率(%)
1	铁线	1.50
2	钢绞线	1.50
3	铜包钢线	1.50
4	铜线	0.50
5	铝线	2.50
6	铜(铝)板、棒材	1.00
7	钢材(型钢、钢管)	2.00
8	各种铁件	1.00
9	各种穿钉、螺钉	1.00
10	直螺脚	0.50
11	各种绝缘子	1.50
12	木杆材料(包括木杆、横担、横木)	0.20
13	水泥电杆及水泥制品	0.30
14	水泥(袋装)	1.10
15	水泥(散装)	5.00
16	木材	5.00
17	局内配线电缆	2.00
18	各种绝缘导线	1.50
19	电力电缆	1.00
20	开关、灯头、插销等	2.00
21	荧光灯管	1.50
22	白炽灯泡	3.00
23	地漆布	6.00
24	橡胶垫	3.00
25	硫酸	4.00
26	蒸馏水	10.00

(4)通信线路安装工程(见表C-66)。

表C-66 通信线路安装工程

序 号	材料名称	损耗率(%)
1	铁线	1.50
2	钢绞线	1.50
3	铜包钢线	1.50
4	铜线	0.50
5	铝线	2.50
6	铅套管	1.00
7	钢筋	2.00
8	铜铝管、带材	1.00
9	钢材(型钢、钢管)	2.00
10	顶管用钢管	3.00
11	各种铁件	1.00
12	各种穿钉	1.00
13	直螺脚	0.50
14	各种绝缘子	1.50
15	水泥电杆及水泥制品	0.30
16	埋式电缆	0.50
17	管道电缆	1.50

续表

序　号	材料名称	损耗率(%)
18	架空电缆	0.70
19	局内配线电缆	2.00
20	电缆挂钩	3.00
21	绝缘导线	1.50
22	局内成端电缆(单裁)	600 mm/条
23	局内成端电缆(双裁)	500 mm/条
24	同轴电缆内外导体接续铜管	10.00
25	塑料接头保护管	1.00
26	水泥(袋装)	1.10
27	毛石	16.00
28	石子	4.00
29	砂子	5.00
30	砂浆	3.00
31	混凝土	2.00
32	白灰	3.00
33	砖(青、红)	2.00
34	木材	5.00
35	标石	2.00
36	水泥盖板	2.00
37	水银告警器	15.00
38	木杆、木担、横木、桩木	0.20

(5)工艺管道工程(见表C-67)。

表C-67　工艺管道工程

材料名称	损耗率(%)	材料名称	损耗率(%)
低、中压碳钢管	2.2	铅管	2.8
高压碳钢管	2.0	硅铁管	2.8
碳钢板卷管	2.4	法兰铸铁管	1.0
低、中压不锈钢管	1.5	酚醛石棉塑料管	2.8
高压不锈钢管	2.0	塑料管	3.0
不锈钢板卷管	2.2	玻璃管	4.0
高、中、低压铬铜钢管	2.0	玻璃钢管	2.0
有缝低温钢管	2.0	搪瓷管	2.0
无缝铝管	2.4	石墨管	1.0
铝板卷管	2.3	冷冻排管	2.0
铝镁、铝锰合金钢管	2.4	预应力混凝土管	1
铝镁、铝锰合金板卷管	2.2	承插陶土管、承插铸铁排水管	见定额
无缝铜管	2.5	螺纹管件	1.0
铜板卷管	2.2	螺纹阀门 *DN*20 以下	2.0
低、中压钛材管	2.5	螺纹阀门 *DN*20 以上	1.0
衬里钢管	3.0	螺栓	3.0

(6)长距离输送管道工程(见表C-68)。

表C-68　长距离输送管道工程

序　号	名　称	施工地点或项目	摊销率(%)	损耗率(%)
1	改性沥青	预制厂		10
2	改性沥青	现场		35

续表

序　号	名　称	施工地点或项目	摊销率(%)	损耗率(%)
3	玻璃布	沥青防腐损耗及搭边		4.5
4	聚氯乙烯工业膜	沥青防腐损耗及搭边		15
5	钢管	管道敷设和穿跨越工程		1.5
6	钢管	拱跨钢结构		3
7	型钢	不分项目	15	5
8	圆钢	不分项目		5
9	钢板	不分厚度、用于加筋板		13
10	钢板	用于其他项目		3
11	汽油	预制厂		5
12	汽油	现场		10
13	油漆	现场		2.5
14	氧气	现场		15
15	电石	现场		15
16	锯材	不分地点和项目	5	
17	道木	堆用	5	
18	道木	吊装用	10	
19	道木	拖拉用	15	
20	钢丝绳	牵引、吊装	10	
21	钢丝绳	施工主索	20	
22	煤	预制厂		10
23	煤	现场		25
24	TNT 炸药			3
25	雷管			10
26	沥青底漆			10
27	各种水泥			3
28	砂			10
29	碎(卵)石			10
30	滑轮及滑轮座		10	
31	绳卡和卡环		50	
32	铸铁管	现场		2.4

(7)给水排水、采暖、燃气工程(见表 C-69)。

表 C-69　给水排水、采暖、燃气工程

材料名称	使用部位	损耗率取定数(%)
镀锌及焊接钢管	室外管道	1.5
镀锌及焊接钢管	室内管道	2.0
承插排水铸铁管	室内排水管道	7.0
承插塑料管	室内排水管道	2.0
铸铁片式散热器	采暖	1.0
散热器对螺纹	采暖	5.0
散热器钩子	采暖	5.0
水龙头		1.0
螺纹阀门		1.0
钢管接头零件	室内外管道	1.0
妇女卫生盆		1.0
洗脸盆		1.0
洗涤盆		1.0
洗手盆		1.0
化验盆		1.0
大便器		1.0

续表

材料名称	使用部位	损耗率取定数(%)
瓷高低水箱		1.0
瓷存水弯		0.5
坐便器		1.0
小便器		1.0
小便槽冲洗管		2.0
型钢		5.0
带帽螺栓		3.0
焦炭		5.0
锯条		5.0
铅油		2.5
全损耗系统用油		3.0
油麻		5.0
青铅		8.0
木柴		5.0
石棉		10.0
砂子		10.0
水泥		10.0
石棉绳		4.0
橡胶石棉板		15.0
漂白粉		5.0
油灰		4.0
线麻		5.0
橡胶板		15.0
铜丝		1.0
清油		2.0
沥青油		2.0

(8)通风、空调工程。

风管、部件板材损耗率见表C-70。

表C-70 风管、部件板材损耗率

序号	项目	损耗率(%)	备注
	钢板部分		
1	咬口通风管道	13.8	综合厚度
2	焊接通风管道	10.8	综合厚度
3	圆形阀门	14	综合厚度
4	方形、矩形阀门	8	综合厚度
5	风管插板式风口	13	综合厚度
6	网式风口	13	综合厚度
7	单层、双层、三层百叶风口	13	综合厚度
8	连动百叶风口	13	综合厚度
9	钢百叶窗	13	综合厚度
10	活动算板式风口	13	综合厚度
11	矩形风口	13	综合厚度
12	单面送吸风口	20	$\delta=0.7\sim0.9$ mm
13	双面送吸风口	16	$\delta=0.7\sim0.9$ mm
14	单双面送吸风口	8	$\delta=1\sim1.5$ mm
15	带调节板活动百叶送风口	13	综合厚度
16	矩形空气分布器	14	综合厚度
17	旋转吹风口	12	综合厚度

续表

序　号	项　目	损耗率(%)	备　注
18	圆形、方形直片散流器	45	综合厚度
19	流线型散流器	45	综合厚度
20	135 型单层双层百叶风口	13	综合厚度
21	135 型带导流片百叶风口	13	综合厚度
22	圆伞形风帽	28	综合厚度
23	锥形风帽	26	综合厚度
24	筒形风帽	14	综合厚度
25	筒形风帽滴水盆	35	综合厚度
26	风帽泛水	42	综合厚度
27	风帽拉绳	4	综合厚度
28	升降式排气罩	18	综合厚度
29	上吸式侧吸罩	21	综合厚度
30	下吸式侧吸罩	22	综合厚度
31	上、下吸式圆形回转罩	22	综合厚度
32	手锻炉排气罩	10	综合厚度
33	升降式回转排气罩	18	综合厚度
34	整体、分组、吹吸侧边侧吸罩	10.5	综合厚度
35	各型风罩调节阀	10.5	综合厚度
36	传送带防护罩	18	$\delta=1.5$ mm
37	传送带防护罩	9.35	$\delta=4$ mm
38	电动机防雨罩	33	$\delta=1\sim1.5$ mm
39	电动机防雨罩	10.6	$\delta=4$ mm 以上
40	中型、小型零件焊接工作台排气罩	21	综合厚度
41	泥心烘炉排气罩	12.5	综合厚度
42	各式消声器	13	综合厚度
43	空调设备	13	$\delta=1$ mm 以下
44	空调设备	8	$\delta=1.5\sim3$ mm
45	设备支架 塑料部分	4	综合厚度
46	塑料圆形风管	16	综合厚度
47	塑料矩形风管	16	综合厚度
48	圆形蝶阀(外框短管)	16	综合厚度
49	圆形蝶阀(阀板)	31	综合厚度
50	矩形蝶阀	16	综合厚度
51	插板阀	16	综合厚度
52	槽边侧吸罩、风罩调节阀	22	综合厚度
53	整体槽边侧吸罩	22	综合厚度
54	条缝槽边抽风罩(各型)	22	综合厚度
55	条缝槽边抽风罩(环形)	22	综合厚度
56	塑料风帽(各种类型)	22	综合厚度
57	插板式侧面风口	16	综合厚度
58	空气分布器类	20	综合厚度
59	直片式散流器	22	综合厚度
60	柔性接口及伸缩节 净化部分	16	综合厚度
61	净化风管	14.90	综合厚度
62	净化铝板风口类 不锈钢板部分	38	综合厚度
63	不锈钢板通风管道	8	
64	不锈钢板圆形法兰	150	$\delta=4\sim10$ mm
65	不锈钢板风口类	8	$\delta=1\sim3$ mm
66	不锈钢板阀类 铝板部分	14	$\delta=2\sim6$ mm

续表

序　号	项　目	损耗率(%)	备　注
67	铝板通风管道	8	
68	铝板圆形法兰	150	$\delta=4\sim12$ mm
69	铝板风口类	8	$\delta=2\sim4$ mm
70	铝板风帽	14	$\delta=3\sim6$ mm
71	铝板阀类	14	$\delta=2\sim6$ mm

型钢及其他材料损耗率见表 C-71。

表 C-71　型钢及其他材料损耗率

序　号	项　目	损耗率(%)	序　号	项　目	损耗率(%)
1	型钢	4	22	泡沫塑料	5
2	安装用螺栓(M12 以下)	4	23	方木	5
3	安装用螺栓(M12 以上)	2	24	玻璃丝布	15
4	螺母	6	25	矿棉、卡普隆纤维	5
5	垫圈(φ12 以下)	6	26	泡沫、鞋钉、圆钉	10
6	自攻螺钉、木螺钉	4	27	胶液	5
7	铆钉	10	28	油毡	10
8	开口销	6	29	钢丝	1
9	橡胶板	15	30	混凝土	5
10	石棉橡胶板	15	31	塑料焊条	6
11	石棉板	15	32	塑料焊条(编网格用)	25
12	石棉绳	15	33	不锈钢型材	4
13	焊条	5	34	不锈钢带母螺栓	4
14	气焊条	2.5	35	不锈钢铆钉	10
15	氧气	18	36	不锈钢电焊条、焊丝	5
16	电石	18	37	铝焊粉	20
17	管材	4	38	铝型材	4
18	镀锌钢丝网	20	39	铝带母螺栓	4
19	帆布	15	40	铝铆钉	10
20	玻璃板	20	41	铝焊条、焊丝	3
21	玻璃棉、毛毡	5			

(9)自动化控制装置及仪表工程(见表 C-72)。

表 C-72　自动化控制装置及仪表工程

材料名称	损耗率(%)	材料名称	损耗率(%)
钢管	3.5	型钢	4
不锈钢管	3	补偿导线	4
铜管	3	绝缘导线	3.5
铝管	3	电缆	2
管缆	3		

(10)工艺金属结构工程(见表 C-73)。

表 C-73　工艺金属结构工程

序号	主要材料名称	供应条件	损耗率(%)
1	平板	设计选用的规格钢板	6.2

续表

序号	主要材料名称	供应条件	损耗率(%)
2	平板	非设计选用的规格钢板	按实际情况确定
3	毛连钢板		按实际情况确定
4	型钢	设计选用的规格型钢	5
5	钢管	设计选用的规格钢管	3.5
6	卷板	卷筒钢板	按钢板卷材开卷与平直执行

(11)刷油、绝热、防腐蚀工程(见表C-74、C-75、C-76、C-77)。

表C-74　瓦块、板材材料损耗率

序　号	保温项目		材料名称	损耗率(%)
1	保温瓦块安装	管道	保温瓦块	8
		设备	保温瓦块	5
2	微孔硅酸钙安装	管道	微孔硅酸钙	5
		设备	微孔硅酸钙	5
3	聚苯乙烯泡沫塑料板材、瓦块	管道	聚苯乙烯泡沫塑料瓦	2
		设备	聚苯乙烯泡沫塑料板	20
		风道	聚苯乙烯泡沫塑料板	6
4	泡沫玻璃瓦块、板材	管道	泡沫玻璃	8~15瓦块/20板
		设备	泡沫玻璃	8瓦块/20板
5	聚氨酯泡沫瓦块,板材	管道	聚氨酯泡沫	3瓦块/20板
		设备	聚氨酯泡沫	3瓦块/20板
6	软木瓦块板材	管道	软木瓦	3
		设备	软木板	12
		风道	软木板	6
7	岩棉瓦块板材	管道	岩棉瓦块	3
		设备	岩板	3
8	矿棉瓦块矿棉席安装	管道	矿棉瓦块	3
		设备	矿棉席	2
9	玻璃棉毡	管道	玻璃棉毡	5
		设备	玻璃棉毡	3
10	超细玻璃棉毡	管道	超细玻璃棉毡	4.5
		设备	超细玻璃棉毡	4.5
11	毛毡	管道	毛毡	4
		设备	毛毡	3

表C-75　保护层材料损耗率

序　号	保温项目		材料名称	损耗率(%)
1	麻刀白灰(管道)	10 mm	麻刀	6
			白灰	6
		15 mm	麻刀	6
			白灰	6
		20 mm	麻刀	6
			白灰	6
2	麻刀白灰(设备)	10 mm	麻刀	3
			白灰	3
		15 mm	麻刀	3
			白灰	3
		20 mm	麻刀	3
			白灰	3

续表

序号	保温项目		材料名称	损耗率(%)
3	石棉灰 麻刀水泥 (设备)	10 mm	石棉灰Ⅵ级 麻刀 水泥	6 6 6
		15 mm	石棉灰Ⅵ级 麻刀 水泥	6 6 6
		20 mm	石棉灰Ⅵ级 麻刀 水泥	6 6 6
4	石棉灰 麻刀水泥 (设备)	10 mm	石棉灰Ⅵ级 麻刀 水泥	3 3 3
5	石棉灰 麻刀水泥 (设备)	15 mm	石棉灰Ⅵ级 麻刀 水泥	3 3 3
		20 mm	石棉灰Ⅵ级 麻刀 水泥	3 3 3
6	缠玻璃布	管道	玻璃布	6.42
	缠塑料布	管道	塑料布	6.42
	包油毡纸	管道 设备	油毡纸 350 g 油毡纸 350 g	7.65 7.65
7	包薄钢板	管道 设备	薄钢板 2 000 mm×1 000 mm～900 mm×1 800 mm 薄钢板 2 000 mm×1 000 mm～1 800 mm×900 mm	5.32 5.32
8	包钢丝钢	管道 设备	钢丝网 钢丝网	5 5

表 C-76 耐酸转、板及耐酸胶泥损耗率

序号	砖、板规格/mm×mm×mm	衬厚	损耗率(%)	
			耐酸砖、板	耐酸胶泥
1	230×113×65	230 mm	4	5
2	230×113×65	113 mm	4	5
3	230×113×65	65 mm	4	5
4	180×110×30	一层	6	5
5	180×110×50	一层	6	5
6	180×110×20	一层	6	5
7	150×150×30	一层	6	5
8	150×150×25	一层	6	5
9	150×150×20	一层	6	5
10	150×75×20	一层	6.6	5
11	150×75×15	一层	6.6	5
12	150×75×10	一层	6.6	5

表 C-77 热力设备安装工程材料损耗率

序号	名称	损耗率(%)	序号	名称	损耗率(%)
	一、锅炉炉墙 材料及半成品		15 16	氯化镁 石棉绒	10 4

续表

序　号	名　称	损耗率(%)	序　号	名　称	损耗率(%)
1	标准耐火砖	7	17	高硅氯纤维	4
2	导型耐火砖	4	18	超细玻璃棉缝合毡	1
3	硅藻土砖	4	19	铸石板	8
4	硅藻土板	6	20	石棉剂	4
5	水泥珍珠岩板	12	21	硅质酸泥及环氧胶泥	5
6	水玻璃珍珠岩板	12	22	耐火混凝土	6
7	微孔硅酸钙板	10	23	耐火塑料	6
8	水泥	4	24	保温混凝土	6
9	瓷板	6	25	炉墙抹料	6
10	耐火泥	4	26	密封涂料	5.1
11	生料硅藻土粉	6		二、锅炉主蒸汽、主给水管道材料	
12	珍珠岩粉	6	1	高压碳钢管	4.5
13	石英粉	4	2	合金钢管	4.5
14	菱苦土	6	3	高压螺栓、螺母、垫圈	5.5

注:锅炉主蒸汽、主给水管道所有的其他各种管件(包括锻造三通、铸造三通、铸造弯头、锻造法兰、阀门、蠕动测点等)均不计损耗。

附录D 计算机辅助工程造价咨询简介

D.1 概述

随着全球信息、电子等相关产业突飞猛进的发展，计算机在为我们展示科学技术高速发展所带来诱人前景的同时，也在生产、管理等各个环节发挥着越来越重要的作用。随着建筑经济市场的发展，计算机系统取代预算员、造价师烦琐的手工计量、计价及造价管理工作已得到广泛应用。

计算机辅助造价咨询与传统造价咨询有很大的不同，它是以计算机为先进的咨询工具来执行造价咨询中的各项工作。它同传统造价咨询在方法和实践方面有着比较明显的差异。它通过计算机对所需信息采集、加工、整理、计算、分析、预测、辅助决策、传递、存储、维护和使用，从而形成咨询成果文件，使得降低咨询成本、提高工作效率。研发一种功能性强、操作简单、使用方便的造价咨询软件，则是计算机辅助工程造价咨询的关键。

造价咨询软件的类型较多，目前国内造价软件可分为三类：一是造价工具方面的软件；二是造价管理方面的软件；三是造价信息化方面的软件。造价工具软件主要包括计量、计价的编制、审核，目前这方面的软件在国内市场上使用得比较成熟，基本取代了手工计量和计价。造价管理软件和造价信息化软件，主要是通过网络平台来实现工程造价管理和工程造价数据的信息化处理，从而规范管理、提高管理效率及信息共享，目前这方面的软件在国内市场上尚比较欠缺，而需求却是非常迫切。为此，本附录将简单介绍金马威管理软件开发有限公司开发的建设项目全过程审计（造价咨询）软件框架及其使用功能。

D.2 建设项目全过程审计（造价咨询）系列软件简介

金马威建设项目全过程审计（造价咨询）系列软件是北京金马威管理软件开发有限公司开发的管理审计软件，在研发中，结合了现阶段建设项目全过程审计（造价咨询）的市场需求和现状，力求辅助造价咨询人员开展所有咨询工作。软件分为三大模块：一是基本的工具软件，包括投资估算、设计概算、工程预算（招标控制价、工程量清单等）、竣工结算、竣工决算、计量与支付、投标报价、工程变更、工程索赔以及各种文档（如招标文件、合同等）的编制和审核；二是全过程审计（造价咨询系统），它能实现咨询工作的网络传递、审查，提高管理质量和效率，同时可以满足相关单位随时了解建设项目进展和开展投资动态情况以及审计情况；三是造价信息化系统，该系统提供了造价信息查询平台，信息查询平台收集了大量的数据，能够使造价人员迅速地对各种材料设备价格、综合单价指标、工程造价指标进行查询。三个模块能够辅助不同参建单位造价人员在不同阶段的造价工作，使用对象和范围如表 D-1 所示。

表 D-1 全过程审计（造价咨询）系列软件使用对象及范围一览表

阶段	单位 / 主要软件 / 主要内容	参建单位											
		可研单位	勘察单位	设计单位	代理单位	造价咨询	施工单位	监理单位	基建单位	内审单位	会计事务所	财评单位	国家审计
决策	可研报告	文档编审				文档编审			文档编审	文档编审			
	投资估算	投资估算				投资估算			投资估算	投资估算			

续表

阶段	主要内容＼主要软件＼单位	参建单位											
		可研单位	勘察单位	设计单位	代理单位	造价咨询	施工单位	监理单位	基建单位	内审单位	会计事务所	财评单位	国家审计
设计	招标文件				文档编审	文档编审			文档编审	文档编审			
	勘计合同		文档编审	文档编审	文档编审	文档编审			文档编审	文档编审			
	设计概算			设计概算		设计概算			设计概算	设计概算			
交易	招标文件				文档编审	文档编审			文档编审	文档编审			
	工程量清单				计价软件	计价软件	计价软件		计价软件	计价软件			
	招标控制价				计价软件	计价软件			计价软件	计价软件			
	投标报价						计价软件						
	投标分析				报价分析	报价分析		报价分析	报价分析	报价分析			
	施工合同				文档编审	文档编审	文档编审	文档编审	文档编审	文档编审			
施工	工程变更、签证、索赔、暂估价、价差					价款管理	价款管理	价款管理	价款管理	价款管理			
	工程变更、签证、索赔、暂估价、价差费用调整					计价软件	计价软件	计价软件	计价软件	计价软件			
	计量支付					计价软件	计价软件	计价软件	计价软件	计价软件			
竣工	竣工结算					计价软件	计价软件	计价软件	计价软件	计价软件		计价软件	计价软件
	竣工决算					竣工决算			竣工决算	竣工决算	竣工决算	竣工决算	竣工决算
全过程造价咨询		全过程造价咨询系统											
全过程审计		全过程审计系统											
造价信息收集、查询		造价信息平台											

D.2.1　审计系统功能概览

审计系统能够实现审计流程中各环节文件的网络传递、不同单位内外部的审查，并形成审查记录，同时能够实现对造价控制及审计情况的动态报表，以便委托人及相关参建单位、人员随时了解工程进展、投资控制、审计工作等动态情况。并能够实现金马威管理审计系列软件不同应用程序的整体汇集，形成全过程、全方面的管理。审计系统界面见图 D-1。

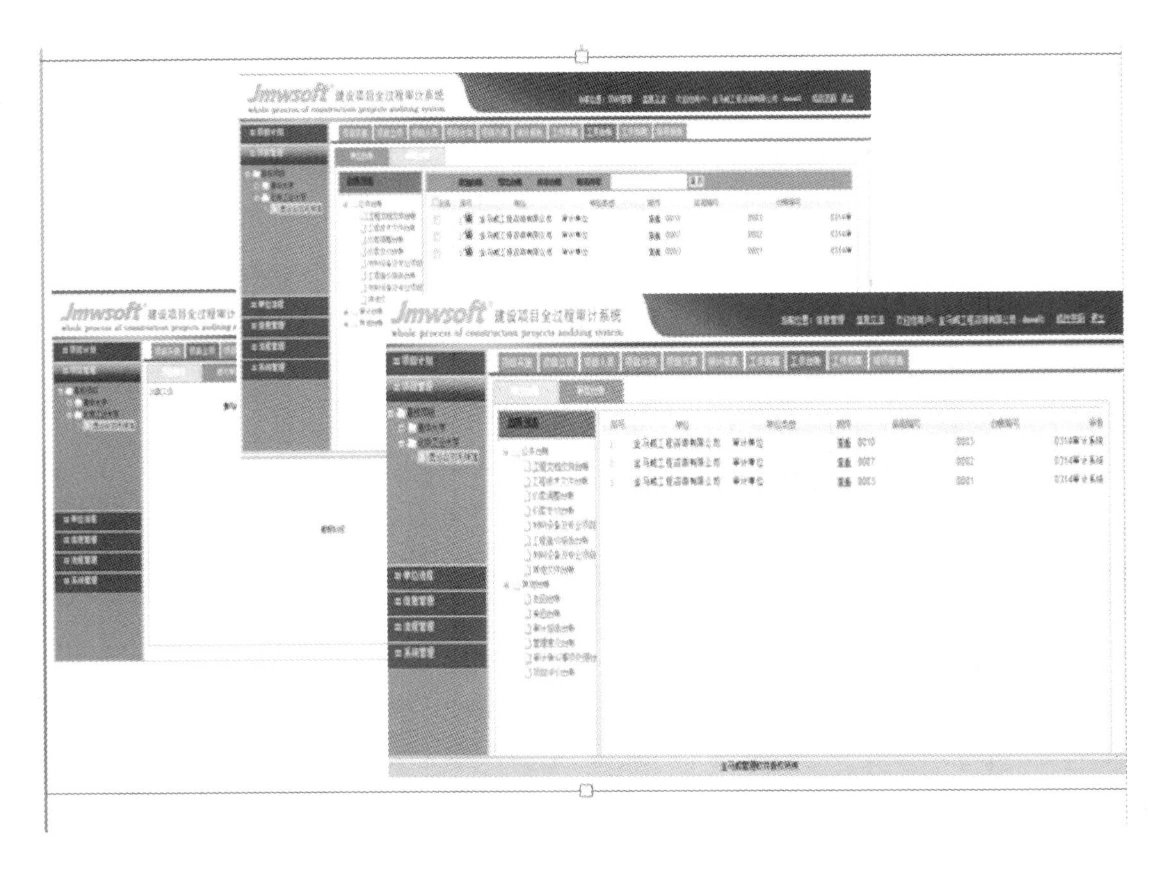

图 D-1　审计系统界面

D.2.2　造价信息平台功能概览

造价信息平台(见图 D-2)能够提供对材料设备信息价格、市场价格、历史价格的查询,能够对综合单

图 D-2　造价信息平台

价的不同历史数据进行查询，能够对估算、概算、预算、结算、决算等不同类型工程造价指标历史数据进行查询，并能够提供人工询价和厂家报价，能够使造价人员在信息平台上找到自己需要的信息价格。

D.2.3　投资估算功能概览

金马威工程估算指标软件（见图 D-3 至图 D-5）提供各种单位工程造价指标，速估工程量指标和设计参数，根据各建筑工程的特点，结合工程实际灵活快速地为所需投资提供历史数据供项目投资预算参考，并能对工程投资中的其他费用（如可研、设计、监理、招标代理等咨询收费）提供自动计算小工具，使得编制和审核工作高效、可信。

图 D-3　投资估算软件 1

图 D-4　投资估算软件 2

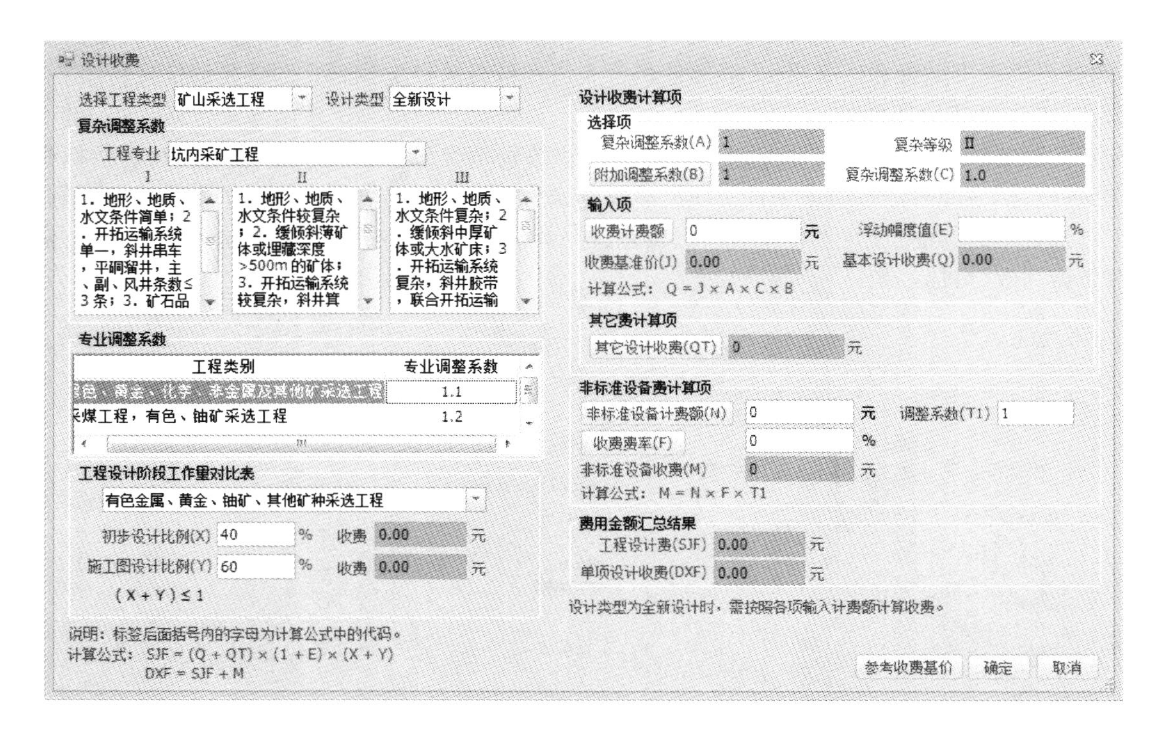

图 D-5　投资估算软件 3

D.2.4　文档编审功能概览

文档编审软件(见图 D-6、图 D-7)能够辅助工程造价管理人员对各类招标文件、合同文件进行编制与审核。它能够提供比较完善的招标文件、合同文件范本供参考,自动筛选需要编制的内容,并提供编制标准和建议,能够实现相关资质等级的自动选用和工期自动计算,从而大大提高编制效率和水平;在审核各类文件时,能够自动筛选需要审核的事项,并对审核事项提供审核标准,自动形成审核意见,从而降低了对审核人员专业水平的要求,提高了审核效率和准确度。

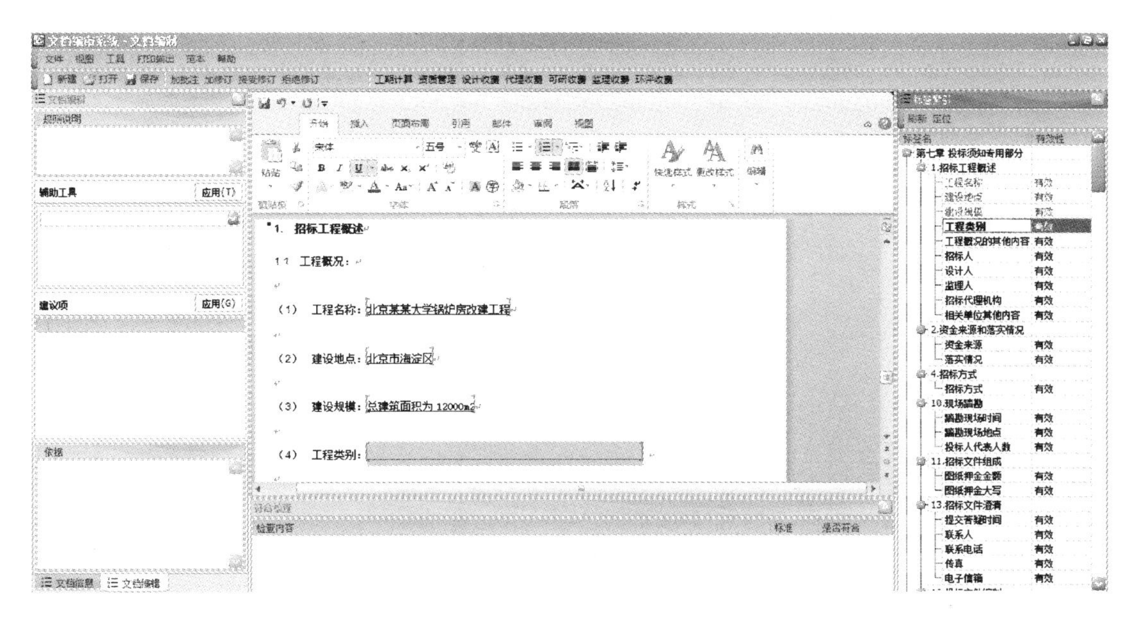

图 D-6　文档编审系统 1

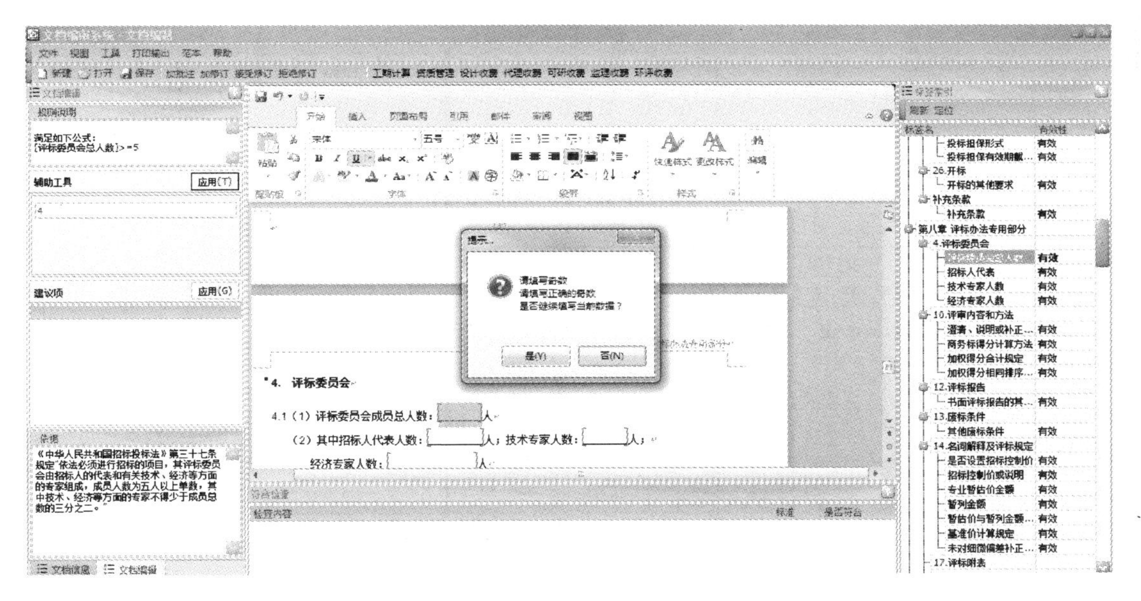

图 D-7　文档编审系统 2

D.2.5　投标报价分析功能概览

投标报价软件(见图 D-8、图 D-9)是一款能够自动对各家投标单位投标报价进行算术性检查、符合性检查和报价合理性分析的软件;如:对投标报价进行数据验算,避免单价与合价不一致;能够检查各家投标报价中的工程量清单、暂估价、暂列金额等是否符合招标文件要求;能够自动筛选出可疑的综合单价等。同时能够根据不同地区的特性自动设置检查的标准和条件,并且能够对检查出的事项提供处理意见和建议,能够有效规避报价技巧的使用。

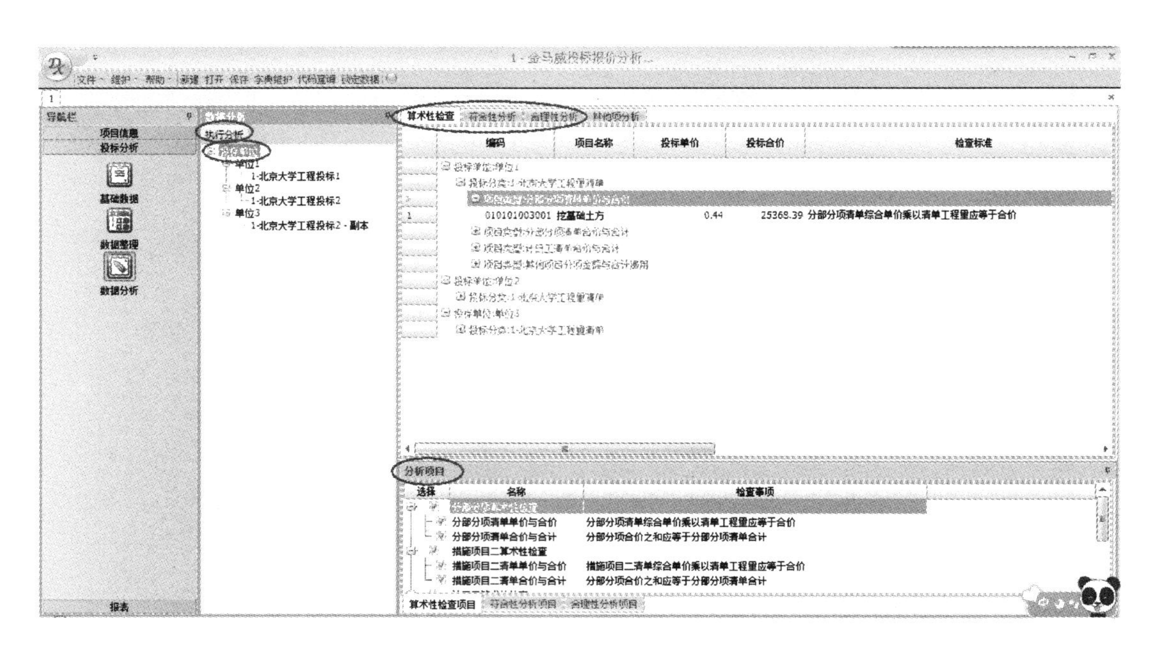

图 D-8　投标报价分析 1

投标报价符合性检查分析汇总表

序号	编号	项目名称	分析结果	处理意见或建议
投标单位：单位1				
	清单文件：1-北京大学工程量清单			
1	010101001002	平整场地	投标单位分部分项工程量清单项目工程量与招标工程量清单不一致	废标
2		玻璃雨棚	投标单位专业暂估价的金额与招标工程量清单不一致	废标
3		金属屋面板	投标单位专业暂估价的金额与招标工程量清单不一致	废标
4		火警报警及消防联动控制系统	投标单位专业暂估价的金额与招标工程量清单不一致	废标
5		安保系统	投标单位专业暂估价的金额与招标工程量清单不一致	废标
6		楼宇设备自控系统	投标单位专业暂估价的金额与招标工程量清单不一致	废标
7		其他	投标单位专业暂估价的金额与招标工程量清单不一致	废标

图 D-9　投标报价分析 2

D.2.6　计量支付功能概览

计量支付软件（见图 D-10、图 D-11）是一款能够自动计算预付款和进度款的软件。它能够根据每期支付数量、金额计算出每个清单项目支付的累计支付数量及额度，避免超合同付款；同时它能够自动抵扣预付款、预留金等，对总额超出约定比例的付款及时提醒，有效防止超付。

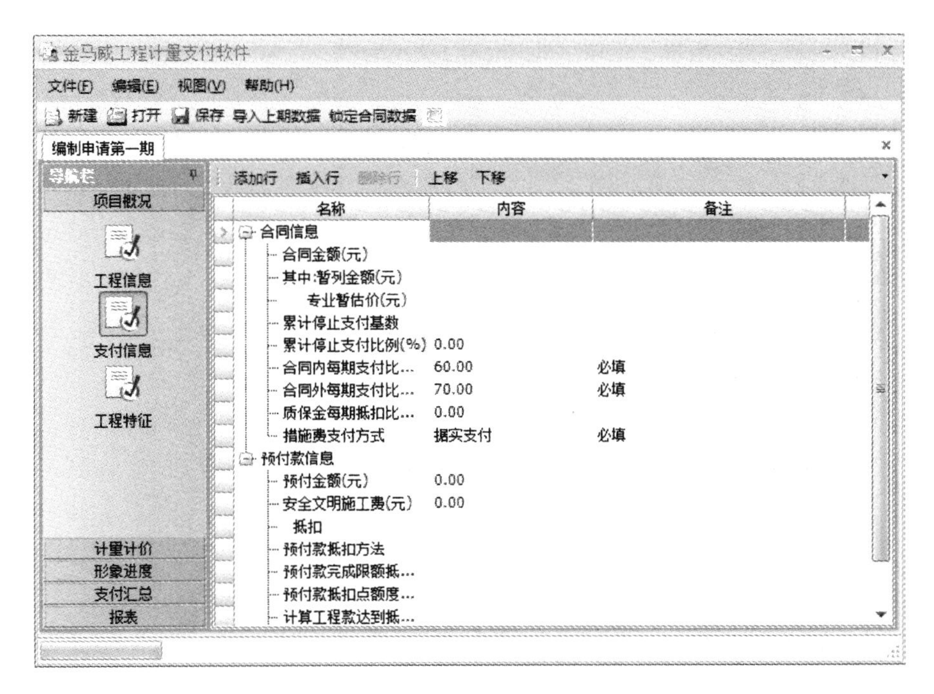

图 D-10　计量支付软件 1

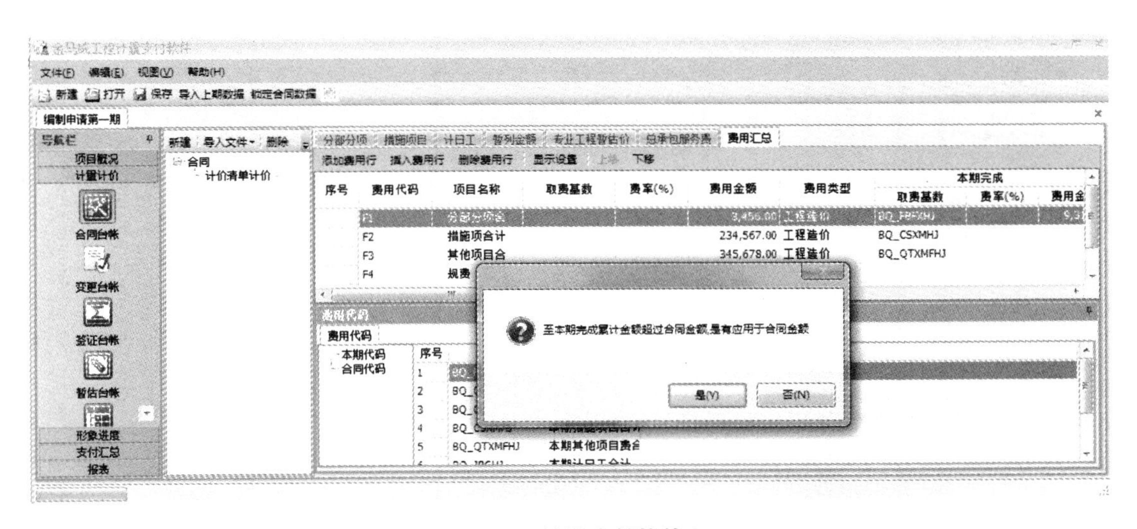

图 D-11　计量支付软件 2

D.2.7　价款管理功能概览

价款管理软件(见图 D-12、图 D-13)是融变更洽商、签证、索赔、暂估价调整、价差调整管理于一体的软件。它能够对不同价款调整申请的原因进行分类,提供根据不同地区的特性对不同价款调整事项提出符合性、程序性和价值分析标准,并自动出具审核意见。

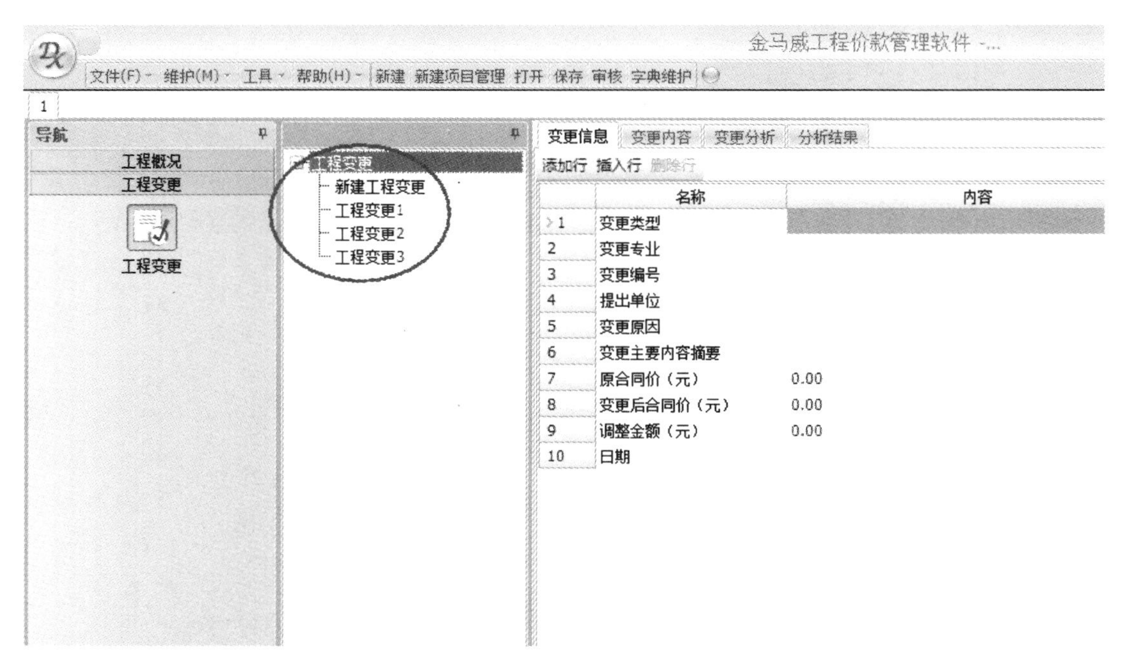

图 D-12　价款管理软件 1

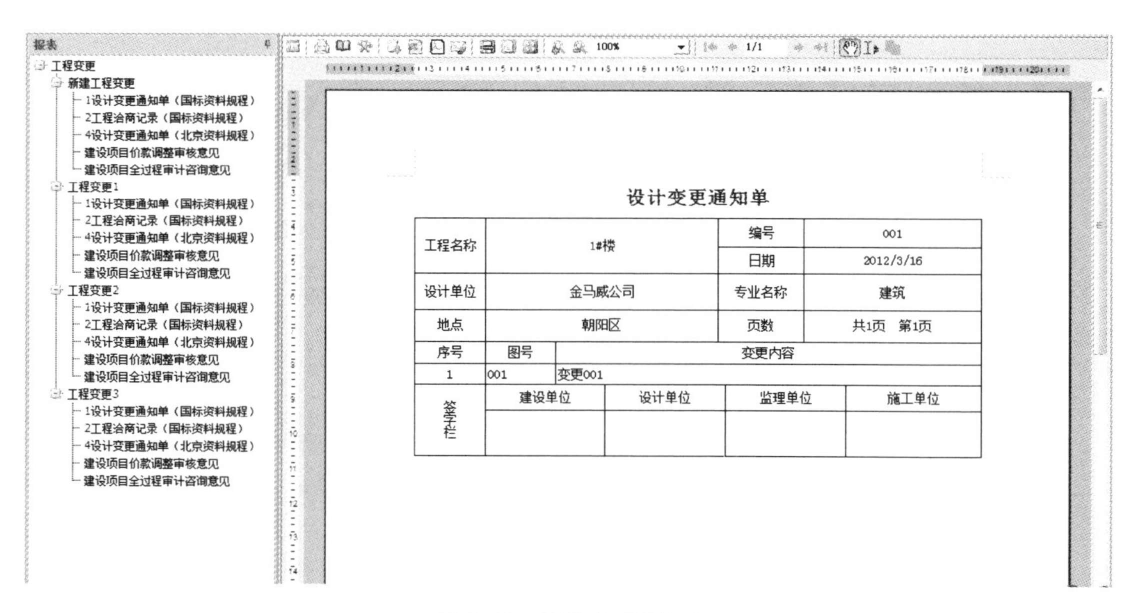

设计变更通知单

工程名称	1#楼	编号	001	
		日期	2012/3/16	
设计单位	金马威公司	专业名称	建筑	
地点	朝阳区	页数	共1页　第1页	
序号	图号	变更内容		
1	001	变更001		
签字栏	建设单位	设计单位	监理单位	施工单位

图 D-13　价款管理软件 2

D.2.8　计价软件功能概览

计价软件（见图 D-14、图 D-15）是融概算、预算、结算的编制与审核于一体的全新计价软件。它能够实现对概算工程费用和其他费用的自动计算；能够迅速地调用图集描述项目特征进行工程量清单的编制，能够实现不同省市的定额计价和清单计价；审核时能够自动筛选与合同文件不一致的数据，自动形成审核原因。

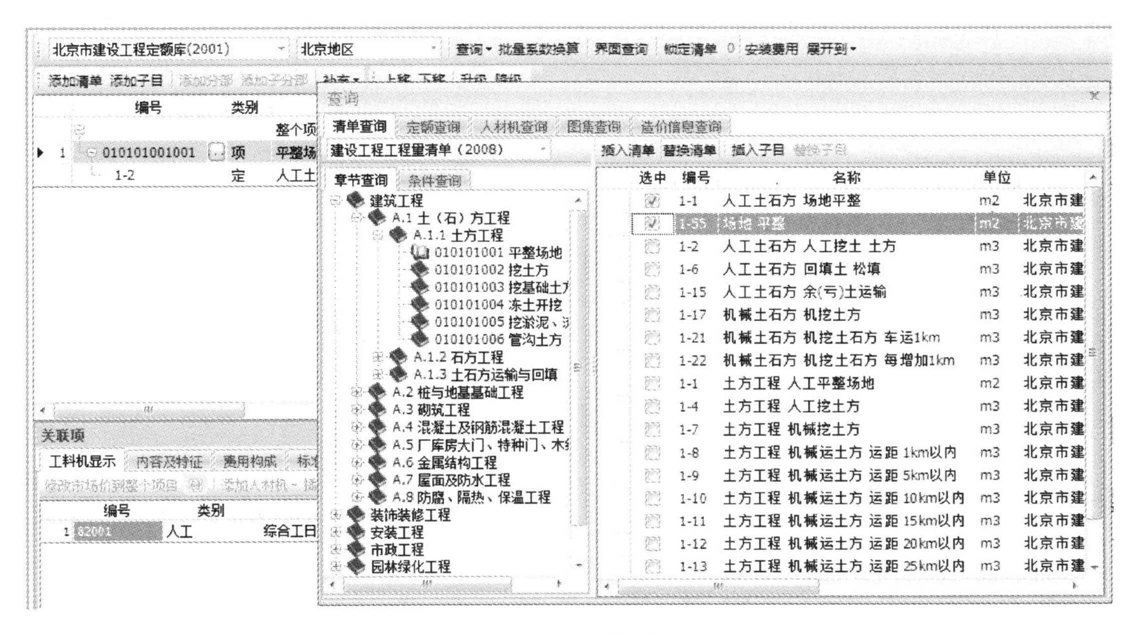

图 D-14　计价软件 1

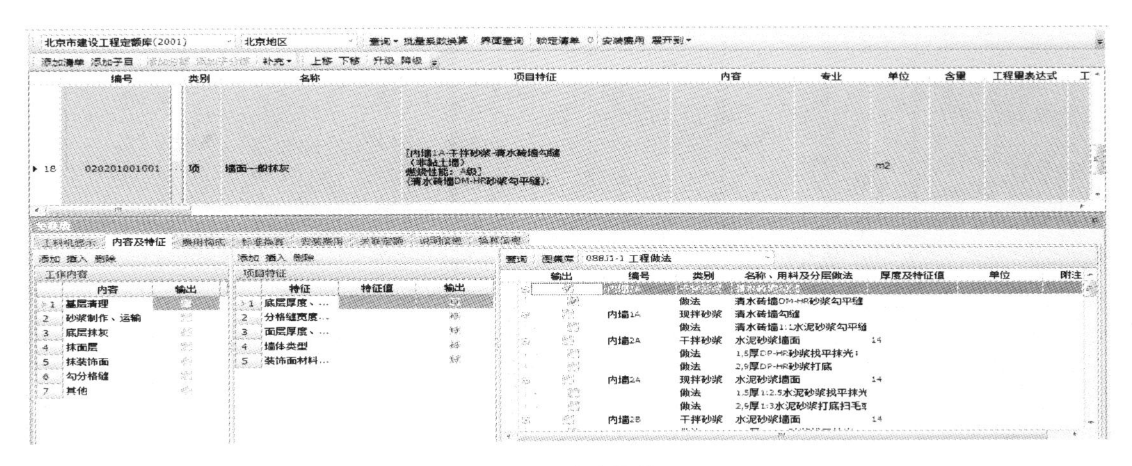

图 D-15　计价软件 2

D.2.9　竣工决算软件功能概览

竣工决算软件(见图 D-16)能够实现对建设项目竣工决算的编制与审核,通过对不同合同价款、建设管理费和其他专项费用的管理实现竣工决算造价的自动计算,并自动生成相关竣工决算报表;根据不同项目特点给予不同的定性标准,实现对工程管理情况的全面评价,并生成评价意见和管理建议,最终形成竣工决算报告。

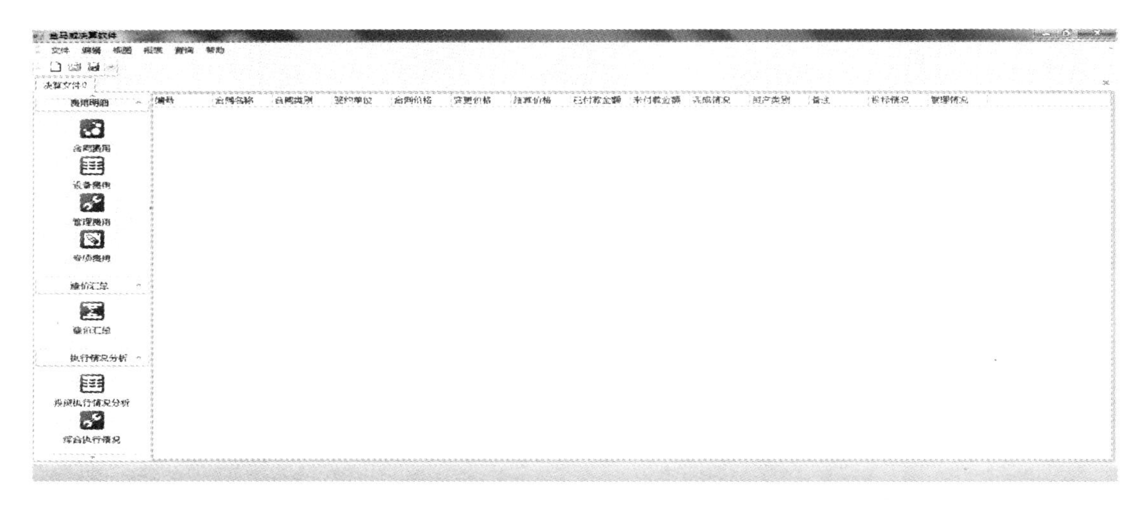

图 D-16　竣工决算软件

参考文献

[1] 房西苑,周蓉翌.项目管理融会贯通[M].北京:机械工业出版社,2010.
[2] 儒商文化公司.项目管理现用现查 [M].北京:中国建材工业出版社,2004.
[3] 严玲,尹贻林.工程计价实务[M].北京:科学出版社,2010.
[4] 周和生,尹贻林.建设工程工程量清单计价规范(GB 50500—2008)应用与发展研究[M].天津:天津大学出版社,2010.
[5] 周和生,尹贻林.建设项目全过程造价管理[M].天津:天津大学出版社,2008.
[6] 周和生,尹贻林.政府投资项目全生命周期项目管理[M].天津:天津大学出版社,2010.
[7] 刘伊生.工程造价管理基础理论与相关法规[M].北京:中国计划出版社,2009.
[8] 屈滨.建设项目方案比选研究[D].天津:天津大学,2010.
[9] 吴雷平.电力工程项目可研方案比选方法研究[D].北京:华北电力大学,2011.
[10] 陈基纯.基于改进灰色关联投影法的房地产投资环境优选研究[J].商业经济,2011(3).
[11] 柯洪.工程造价计价与控制[M].北京:中国计划出版社,2009.
[12] 中国建设工程造价管理协会. CECA/GC 2—2007 建设项目设计概算编审规程[S]. 北京:中国计划出版社,2007.
[13] 全国造价工程师执业资格考试培训教材编审委员会. 工程造价计价与控制[M].北京:中国计划出版社,2009.
[14] 张坤,李嘉明,周和生. 风险管理与内部审计[M].北京:化学工业出版社,2004.
[15] 中国内部审计协会. 建设项目审计[M].北京:中国时代经济出版社,2008.
[16] 何连峰.投资项目概预算[M].大连:东北财经大学出版社,2003.
[17] 侯春奇,陈晓明,范恩海.建筑工程概预算[M].北京:北京理工大学出版社, 2009.
[18] 宋景智,郑俊耀. 建筑工程概预算定额与工程量清单计价实例应用手册[M].北京:中国建筑工业出版社,2006.
[19] 李红,辛飞. 建筑工程概预算[M].合肥:合肥工业大学出版社,2009.
[20] 蒋红焰. 建筑工程概预算[M].北京:化学工业出版社,2007.
[21] 王维纲.土建工程概预算[M].北京:中国建筑工业出版社,2007.
[22] 中国建设工程造价管理协会.建设项目施工图预算编审规程[M].北京: 中国计划出版社,2010.
[23] 中国建设工程造价管理协会.建设项目全过程造价咨询规程[M].北京: 中国计划出版社,2010.
[24] 张建平.工程概预算[M].重庆:重庆大学出版社,2001.
[25] 严玲,尹贻林.工程计价学[M].北京:机械工业出版社,2006.
[26] 马维珍.工程计价与计量[M].北京:清华大学出版社,2005.
[27] 沈杰.工程估价[M].南京:东南大学出版社,2005.
[28] 马楠.建筑工程预算与报价[M].北京:科学出版社,2005.
[29] 沈祥华.建筑工程概预算[M].武汉:武汉理工大学出版社,2004.
[30] 中国建设工程造价管理协会.CECA/GC 4—2009 建设项目全过程造价咨询规程[S].北京:中国计划出版社,2009.
[31] 陈川生,沈力. 招投标法律法规解读评析:评标专家指南[M]. 北京:电子工业出版社,2010
[32] 中国工程咨询协会. FIDIC 招标程序[M]. 北京:中国计划出版社,1998.
[33] 严玲,尹贻林.工程估价学[M].北京:人民交通出版社,2007.
[34] 曾繁伟. 工程估价学[M].北京:中国经济出版社,2005.
[35] 邹庆梁. 建筑工程造价管理[M].北京: 中国建筑工业出版社,2005.
[36] 胡磊,彭时清. 建设工程工程量清单计价编制实例[M].北京:机械工业出版社,2006.
[37] 李希伦. 建设工程工程量清单计价编制实用手册[M].北京:中国计划出版社,2003.
[38] 吴怀俊,马楠. 工程造价管理[M].北京:人民交通出版社,2007.
[39] 中国建设工程造价管理协会.CECA/GC 6—2011 建设工程招标控制价编审规程[S].北京:中国计划出版社,2011.
[40] 尹贻林,周金娥.新清单计价规范招标控制价的有关问题分析[J].建筑经济,2009(3):98－101.

[41] 郭丽辉.如何提高工程招标控制价和工程量清单的编制质量[J].建筑经济,2010(7):65－66.
[42] 朱佑国.工程造价管理图解[M].北京:化学工业出版社,2008.
[43] 赵莹华.造价管理实务[M].北京:中国水利水电出版社,2008.
[44] 尚梅.工程估价与造价管理[M].北京:化学工业出版社,2008.
[45] 叶晓苏.工程财务与风险管理[M].北京:中国建筑工业出版社,2007.
[46] 吴现立,冯占宏.工程造价控制与管理[M].武汉:武汉理工大学出版社,2008.
[47] 崔武文.工程造价管理[M].北京:中国建材工业出版社,2010.
[48] 闫文周,李芊.工程估价[M].北京:化学工业出版社,2010.
[49] 梅月植,孙成,米晋生.监理工程师工作指南[M].北京:中国建筑工业出版社,2009.
[50] 余跃心,杨敏.建设工程监理[M].北京:中国水利水电出版社,2008.
[51] 郭楠鹏.水利工程合同管理——东改工程实践与探索[M].北京:中国水利水电出版社,2005.
[52] 韩万里.浅谈公路工程计量支付与变更[J].现代经济信息,2009(12):292－294.
[53] 宋宏才,马建勇.公路工程计量与支付管理程序与要点[J].科技信息,2008(25):178.
[54] 杨晓军.浅谈工程计量与支付[J].青海交通科技,2003(4):13－14.
[55] 韩企业,李璞茂,李桂花.浅谈影响计量支付质量的因素[J].山东交通科技,1999(2):86－87.
[56] 韩金燕.工程项目中计量支付工作应注意的几个问题[J].山西建筑,2003,29(14):107－108.
[57] 庹桦.论监理工程师对计量支付的管理[J].甘肃科技,2006,22(2):139－140.
[58] 杨丽娟,王守志.施工阶段的计量与支付控制[J].黑龙江水利科技,2008,36(1):96－97.
[59] 成虎.建设工程合同管理与索赔[M].南京:东南大学出版社,2008.
[60] 梅林.工程变更价款调整方法探析[J].现代经济,2009(8).
[61] 徐曦,张亚瑞.谈项目实施阶段工程变更价款的控制与管理[J].建筑经济,2008(4).
[62] 朱虹.建筑工程变更中定价问题的探讨与分析[J].山西建筑,2008(36).
[63] 徐曦,张亚瑞.谈项目实施阶段工程变更价款的控制与管理[J].建筑经济,2008(8).
[64] 蒋鑫亭.施工合同中工程变更的定价方法及实例[J].山西建筑,2010(12).
[65] 朱虹.建筑工程变更中定价问题的探讨与分析[J].山西建筑,2008(36).
[66] 李启龙.对改进工程变更价款核定工作的思考[J].中国金属通报,2009(35).
[67] 王京燕.试论工程变更价款的确定与控制[J].硅谷,2008(19).
[68] 成虎.工程承包合同状态研究[J].建筑经济,1995(2):39－41.
[69] 田威.FIDIC合同条件应用实务[M].北京,:中国建筑工业出版社,2002.
[70] 吕胜普.FIDIC合同条件下的工期及费用索赔研究[D].天津:天津理工大学,2006.
[71] 郭耀煌,王亚平.工程索赔管理[M].北京:中国铁道出版社,1999.
[72] 朱宏亮,成虎.工程合同管理[M].北京:中国建筑工业出版社,2008.
[73] 梁监.国际工程施工索赔[M].北京:中国建筑工业出版社,2002.
[74] 李前进.工程估价原理与清单计价实务[M].北京:人民交通出版社,2009.
[75] 马维珍,闫林君.建筑工程工程量清单计价与造价管理[M].成都:西南交通大学出版社,2009.
[76] 刘长滨,李芊.土木工程估价[M].武汉:武汉理工大学出版社,2009.
[77] 任树荣.新旧建设工程工程量清单计价规范对照使用手册[M].北京:中国电力出版社,2009.
[78] 张治成,何国欣.工程量清单计价[M].郑州:黄河水利出版社,2008.
[79] 车春鹂,杜春艳.工程造价管理[M].北京:北京大学出版社,2005.
[80] 王宗祥.工程造价[M].北京:化学工业出版社,2010.
[81] 刘钦.工程造价控制[M].北京:机械工业出版社,2010.
[82] 张毅.装饰装修工程概预算与工程量清单计价[M].哈尔滨:哈尔滨工业大学出版社,2010.
[83] 丁春静.建筑工程计量与计价[M].北京:机械工业出版社,2010.
[84] 于业伟,张孟同.安装工程计量与计价[M].武汉:武汉理工大学出版社,2009.
[85] 申玲,于凤光.工程造价计价[M].北京:中国水利水电出版社,2010.
[86] 皮振毅.建筑工程预算小全书[M].哈尔滨:哈尔滨工程大学出版社,2009.
[87] 顾云.DBB模式下合同价款调整探讨[J].山西建筑,2008,34(24):243－244.